Carl Eduard Ney

Die Lehre vom Waldbau

Verlag
der
Wissenschaften

Carl Eduard Ney

Die Lehre vom Waldbau

ISBN/EAN: 9783957006417

Auflage: 1

Erscheinungsjahr: 2015

Erscheinungsort: Norderstedt, Deutschland

Webseite: http://www.vdw-verlag.de

Cover: Tizian "Ländliches Konzert "

Die Lehre vom Waldbau für Anfänger in der Praxis.

Von

Carl Eduard Ney,

Kaiserl. Oberförster in Hagenau i. Elsaß.

Berlin.

Verlag von Paul Parey.

Verlagshandlung für Landwirthschaft, Gartenbau und Forstwesen

1885.

Seinem hochverehrten Lehrer und Freunde,

dem

wissenschaftlichen Begründer des modernen Waldbaus,

Herrn

Professor Dr. Karl Gayer

in dankbarer Verehrung gewidmet

von dem

Verfasser.

Vorwort.

Als ich vor drei Jahren einen Teil des forstlichen Unterrichtes zuerst im 9. und dann im 11. Jägerbataillon übernahm, fiel mir die Aufgabe zu, den gelernten Jägern, d. h. den auf Forstversorgung dienenden Mannschaften dieser Bataillone Waldbau und Standortslehre vorzutragen.

Der Versuch, diese Vorträge an irgend eines der vorhandenen Lehrbücher anzuschließen, mißlang. Der Gayer'sche Waldbau, der einzige, welcher auf der Höhe der heutigen Praxis steht, welcher ja in unserem Fache die Theorie fast immer um Jahrzehnte nachhinkt, war für mein Publikum zu hoch gefaßt; die Angaben der übrigen widersprechen in nicht wenigen Beziehungen denjenigen Ansichten, welche in den Kreisen wenigstens der Praktiker, mit welchen ich verkehre, seit Jahrzehnten die herrschenden sind, und welche in Gayer's klassischem Werke nachträglich ihre theoretische Begründung gefunden haben.

Stehen doch fast all diese Lehrbücher, mit Ausnahme vielleicht der Dengler'schen Ausgabe des Gwinner'schen Waldbaus, auf dem in der Praxis längst überwundenen Standpunkte der reinen Bestandswirtschaft und der Überschätzung der gleichalterigen Hochwaldbetriebe! Plenterbetrieb und die Wirtschaft der kleinsten Fläche, für sehr viele moderne Praktiker die Ideale einer intensiven und bodenpfleglichen Wirtschaft, sind wie die Bodenpflege selbst entweder ganz mit Stillschweigen übergangen, oder nur sehr nebensächlich behandelt, von den meisten aber als geradezu unwirtschaftlich an den Pranger gestellt.

Ich entschloß mich daher zur Ausarbeitung eines eigenen Kollegienheftes für diese Vorträge, und aus der weiteren Ausarbeitung dieses Heftes ist das Lehrbuch hervorgegangen, welches ich hiermit dem forstlichen Publikum übergebe. Dasselbe ist für Anfänger in der Praxis bestimmt und wie ich hoffe, auch für ausübende Verwaltungsbeamte als Nachschlagebuch nicht ohne Wert.

Ich habe mich mit Rücksicht auf diesen Zweck bestrebt, all meine Angaben zu begründen und habe es dabei grundsätzlich vermieden, große

Gelehrsamkeit vorauszusetzen, wo mir der gesunde Menschenverstand zur Erklärung auszureichen schien.

Die in dem Lehrbuche vorgetragenen Lehren sind das Resultat meiner Beobachtungen während einer 22jährigen Praxis unter teilweise recht schwierigen Verhältnissen und haben vor ihrer Veröffentlichung die Zustimmung gewiegter Praktiker gefunden, welche, obwohl unter anderen Verhältnissen wirtschaftend, zu gleichen Schlüssen gekommen sind.

Ich bin mir der Mängel desselben wohl bewußt. Es ist mir nicht wie so vielen Anderen vergönnt gewesen, die Wirtschaft in allen Forsten des Reiches aus eigener Anschauung kennen zu lernen. Der aufmerksame Leser wird deshalb leicht herausfinden, wo ich mich auf eigene Beobachtungen stütze und wo ich fremde Erfahrungen zu Hilfe zu nehmen gezwungen war.

Wenn ich in solchen Fällen die einschlägige Litteratur nicht vollständiger angegeben habe, als es geschehen ist, so liegt das nicht im Mangel an gutem Willen, sondern darin, daß ich als Verwalter eines 7200 ha großen Reviers nicht Zeit genug besaß, in unserer überreichen Litteratur nachzusuchen, wo ein mir richtig erscheinender Gedanke, welchen ich vor Jahren irgendwo in mich aufgenommen hatte, zuerst ausgesprochen ist.

Ein anderer Mangel, welchen ich selbst bei Ausarbeitung des Werkes am schwersten empfunden habe, ist der Mangel an unbedingt zuverlässigen statistischen Angaben über Samenmenge, Kosten und dergleichen. Es ist eine wichtige Aufgabe der forstlichen Versuchsanstalten, durch baldige Veröffentlichung der bisherigen Resultate der Kulturversuche hiefür Anhaltspunkte zu geben.

Daß Herr Robert Hartig in dem Buche zweimal mit seinem hochverehrten Vater verwechselt ist, ist ein bei der Korrektur übersehener Schreibfehler, welchen ich nachträglich zu berichtigen bitte.

Der Verfasser.

Inhalt.

Einleitung.

§ 1. Unter **Wald**, **Forst**, **Waldung** versteht man zur Holzzucht bestimmte Grundstücke. Die planmäßige Thätigkeit, welche man darauf verwendet, diese Grundstücke zur Bedürfnisbefriedigung tauglich zu machen, heißt **Forstwirtschaft**, **Waldwirtschaft**. Die wissenschaftliche Begründung und die Kenntnis der Regeln, nach welcher der Wald bewirtschaftet werden soll, heißt **Forstwissenschaft**.

Ein Zweig derselben ist die Lehre vom **Waldbau**, d. h. die Lehre von der Begründung und Erziehung des Waldes.

Zum Verständnis dieser Lehren ist die Kenntnis der wichtigsten Sätze der Standortslehre erforderlich.

Erster Teil.

Forstliche Standortslehre.

Benutzte Litteratur: Grebe, Carl Dr., Gebirgskunde, Bodenkunde und Klimalehre. 3. Auflage. Wien, 1872. — Gangbofer, August, Das forstliche Versuchswesen, Band I. Heft I. Augsburg, 1877. — v. Fischbach, Dr. Carl, Lehrbuch der Forstwissenschaft. Berlin, 1877. — Hartig, Dr. Theodor, Luft Boden- und Pflanzenkunde, Stuttgart, 1877. — C. Emeis, Waldbauliche Forschungen und Betrachtungen. Berlin, 1875.

Kapitel I. Begriff und Bedeutung des Standorts.

§ 2. Das Gedeihen des einzelnen Baumes und dasjenige ganzer Bestände ist innerhalb der in der Natur der betreffenden Holzart begründeten Grenzen teils von zufälligen und leicht veränderlichen, teils von fast unveränderlichen mit der Stelle, an welcher der Baum oder Bestand erwachsen soll, d. h. dem **Standorte** innigst verknüpften Verhältnissen abhängig.

Dieselben sind bedingt durch die gegebenen Eigenschaften des **Bodens** und die von der **Lage** abhängigen Eigentümlichkeiten des Klimas.

Man versteht deshalb unter **Standort** die Stelle, an welcher der Bestand oder der einzelne Baum erwächst, und unter **Standortsverhältnissen** die fast unveränderlichen Eigenschaften des an dem Standorte vorhandenen Bodens und des dort herrschenden Klimas.

Beide, Klima und Boden, ergänzen sich in mancher Beziehung insofern, als günstige Eigenschaften des Bodens über ungünstige Eigentümlichkeiten des Klimas hinaushelfen, und umgekehrt. Es ist das insbesondere der Fall inbezug auf die Feuchtigkeit, indem Holzarten, welche in trockener Luft feuchten Boden verlangen, in nasser Luft mit trockenem vorlieb nehmen und umgekehrt. Ähnlich verhält es sich mit den Wärmeverhältnissen von Boden und Luft und es unterliegt keinem Zweifel, daß jede Holzart um so geringere Anforderungen an den einen Faktor des Standortes stellt, je günstiger ihr die Verhältnisse des anderen sind.

Die „Standortsgüte“ oder die „Bonität“ hängt von Boden und Klima gleichmäßig ab. Ausgezeichnet ist deshalb nur ein Standort, bei welchem Klima und Boden gleich vorzüglich sind, während die mittleren und geringeren Bonitäten diese Eigenschaft ebenso gut Mängeln des Bodens wie des Klimas verdanken können. Die verschiedenen Abstufungen der Bonität, nennt man Bonitätsklassen, und man hat sich dabei gewöhnt, die besten Güteklassen als erste zu bezeichnen und der geringsten die höchste Nummer, im Walde meist V, zu geben.

Kapitel II. Die Lehre vom Klima.

Benutzte Litteratur: Lorenz, Dr. Jos. und Rothe, Dr. C., Lehrbuch der Klimatologie. Wien, 1874. — Lommel, Dr. Eugen, Wind und Wetter. München 1880. — Lorenz von Liburnau, Dr. Jos. Ritter von, Wald, Klima und Wasser. München, 1878.

A. Das Klima des Standortes bedingende Faktoren.

a) Allgemeine geographische Lage.

§ 3. Unter Klima versteht man die in der Atmosphäre herrschenden Wärme- und Feuchtigkeitsverhältnisse. Die Lehre vom Klima befaßt sich mit der Erklärung dieser Verhältnisse und den aus denselben hervorgehenden sogen. Witterungserscheinungen.

Das Klima einer Gegend ist vor allem bedingt durch ihre allgemeine geographische Lage, insbesondere durch ihre geographische Breite, d. h. durch ihren Abstand, vom Äquator gemessen in der Richtung der Meridiane, auf unserer Halbkugel also in nördlicher Richtung, ferner durch ihre Lage zu den Meeren und Kontinenten und endlich durch ihre durchschnittliche Erhebung über das Niveau des Meeres.

Von der geographischen Breite hängt vor allem der Winkel ab, unter welchem die Sonnenstrahlen ebengelegene Flächen treffen und damit die Wirkung, welche dieselben auf die Erwärmung desselben hervorbringen. Je senkrechter die Strahlen einfallen, desto wärmer wird der Boden und damit die über ihn hinstreichende Luft.

Die geographische Breite veranlaßt ferner infolge der Neigung der Erdachse zur Erdbahn die wechselnde Länge der Tage, während welcher die Gegend durch die Sonnenstrahlen erwärmt wird, und der Nächte, während welcher sie sich durch Ausstrahlung von Wärme an den kalten Weltraum abkühlt, und dadurch, sowie durch den gleichzeitigen Wechsel in dem Einfallswinkel der Sonnenstrahlen die Zufuhr verschiedener Wärmemengen in den verschiedenen Teilen des Jahres oder mit anderen Worten die Verschiedenheit der Jahreszeiten. Je höher die geographische Breite, desto größer ist der Wechsel in der Länge der Tage und Nächte, desto ausgeprägter der Wechsel der Jahreszeiten und desto niedriger die mittlere Jahreswärme.

§ 4. Dieses Verhältnis wird wesentlich modifiziert durch die Lage der betreffenden Gegend zu den Meeren und Kontinenten. Es beruht das auf der hohen Wärmekapacität des Wassers, d. h. auf seiner Eigenschaft, sich bei Zufuhr gleicher Wärmemengen weniger zu erwärmen und bei Abgabe von solchen weniger abzukühlen als der nackte Erdboden. Wo große Wasserflächen in der Nähe vorhanden sind, sind deshalb die Tage und Sommer kühler, die Nächte und Winter wärmer, als wo das nicht der Fall ist. Im ersteren Falle spricht man von See-, in letzterem von Kontinentalklima.

Von der Lage zu den Meeren hängt aber auch die Wärme ab, welche einer Gegend von auswärts zugeführt wird. Im Meere herrschen nämlich konstante Strömungen, veranlaßt durch das Streben der leichteren warmen Wasserteile, sich auf der Oberfläche und der kälteren, sich auf dem Meeresgrunde auszubreiten. Die Richtung dieser Ströme wird durch die Form der Küsten und des Meeresgrundes in den verschiedenen großen Meeren bestimmt. Länder, welche im Bereiche eines warmen vom Äquator kommenden Meeresstromes liegen, sind nun, weil das von der Sonne zu erwärmende Wasser bereits mit hoher Temperatur ankommt, selbstverständlich wärmer, als solche, in denen kalte Polarströmungen vorherrschen. Europa speziell verdankt seine hohe Wärme gegenüber der gegenüberliegenden Ostküste von Amerika dem Umstande, daß seine Westküste von dem warmen Golfstrome bespült wird, während an der Ostküste von Amerika ein kalter Polarstrom nach Süden geht. Derselbe Unterschied besteht zwischen der Westküste von Amerika und der Ostküste von Asien.

§ 5. Die Erhebung über die Meeresfläche wirkt abkühlend auf die Luftwärme; je höher ein Ort gelegen ist, desto geringer ist unter sonst gleichen Verhältnissen seine mittlere Wärme. Es beruht das darauf, daß die Luft einerseits ihre Wärme in der Hauptsache durch Leitung von der Erdoberfläche erhält und daß andererseits die dünne Luft der Höhen weniger Wärme absorbiert, als die dichtere der Tieflagen. Im Mittel mag in unseren Breiten einer Höhendifferenz von 180 bis 210 m ein Grad Celsius Unterschied in der mittleren Jahreswärme entsprechen. Der Unterschied wäre noch größer, wenn nicht bei Tage die infolge höherer Wärme sich ausdehnende Luft der Tieflagen in die Höhe steigen und bei Nacht die kalte Luft der Hochlagen in die Tieflagen hinabsinken würde. Außerdem gleichen die Winde die Differenzen aus; sie können aber auch veranlassen, daß die Luft in Hochlagen zeitweise wärmer ist, als im Thale, weil oben z. B. Süd- und unten Nordwinde wehen. Etwas Ähnliches wird in vielen Mittel- und Hochgebirgen bei Tage oft dadurch veranlaßt, daß im Thale Nebel herrscht, während oben die Sonne scheint.

§ 6. Von denselben Verhältnissen wie die Wärme- sind die Feuchtigkeitsverhältnisse der Luft abhängig. Warme Luft vermag mehr Wasser aufzunehmen, als kalte. Im allgemeinen ist deshalb der absolute Feuchtigkeitsgehalt der Luft wärmerer Gegenden ein größerer, als der kälterer. Umgekehrt ist bei gleichem Wassergehalte die kalte Luft relativ feuchter, d. h. sie enthält mehr Prozente des bei der gegebenen Wärme möglichen Wassergehaltes.

Gegenden, in welchen Winde vorherrschen, welche von den warmen Äquatorialgegenden in unsere Breiten kommen und sich auf diesem Wege abkühlen, sind daher stets absolut und relativ feuchter, als solche mit vorherrschendem Polarwind, welcher umgekehrt ursprünglich kalt ist, auf dem Wege zu uns aber stets wärmer und deshalb relativ trockener wird. Auch versteht es sich von selbst, daß die Luft, wo ausgedehnte Wasserflächen vorhanden sind, wie z. B. an und auf dem Meere, immer feuchter ist, als wo solche Wasserflächen fehlen.

b) Besondere örtliche Lage.

§ 7. Außer diesen ständigen, für weite Länderstrecken gleichen Faktoren, welche das allgemeine Klima eines Landes bedingen, wirken noch andere, weniger weit wirkende von der besonderen (örtlichen) Lage abhängende Faktoren auf die klimatischen Verhältnisse eines speziellen Ortes ein und bedingen sein örtliches Klima.

Unter diesen Faktoren spielen die nachbarliche Umgebung und die Gestaltung der Erdoberfläche die Hauptrolle. In ersterer Hinsicht kommt vorzugsweise inbetracht, ob und in welchem Grade der betreffende Standort höher, gleich hoch oder tiefer, als seine nähere oder entferntere Umgebung liegt, und in dem letzten Falle, ob ihn die letztere gegen schädliche Witterungseinflüsse schützt und gegen welche, oder ob dieselbe umgekehrt besondere Witterungserscheinungen hervorruft; ferner ob die Umgebung aus Wald, Ackerland, Wiesen, Weiden und Ödland oder aus Wasser besteht.

Nicht weniger wichtig ist die Gestaltung der Bodenoberfläche des betreffenden Standortes selbst, insbesondere die Bodenneigung überhaupt, d. h. die Frage, ob und in welchem Grade und die Exposition derselben, d. h. die Frage, gegen welche Himmelsrichtung dieselbe geneigt ist.

In klimatischer Hinsicht ist vorzugsweise die Exposition von Bedeutung. Sie bestimmt die Frage, von welchen Winden der Standort vorzugsweise getroffen wird und im Verein mit dem Grade der Bodenneigung diejenige, in welchen Tagesstunden und in welchen Winkeln er von der Sonne beschienen wird.

§ 8. In Rücksicht auf die nachbarliche Umgebung unterscheidet man:

1. Lage in der Ebene, und zwar in Hoch- oder Tiefebenen;
2. Lage im koupierten Terrain, und zwar
   a) im Hochgebirge mit Höhen von über 2000 m Höhe über dem Meere,
   b) in Mittelgebirgen von 500 bis 2000 m Gipfelhöhe,
   c) in niedrigen, unter 500 m hohen Gebirgen von 100 bis 500 m Gipfelhöhe,
   d) im Hügellande mit Erhöhungen unter 100 m,

und es ist dabei häufig klimatisch von Wichtigkeit, ob der Standort im Innern des Gebirges oder in den Vorbergen und Ausläufern desselben liegt, sowie ob die Ebene eine allseits **freie**, d. h. eine auf weiten Strecken nicht von Bergen unterbrochene oder eine **eingeschlossene**, d. h. ringsum von Gebirgen umgebene ist.

In koupiertem Terrain unterscheidet man zwischen **Hochlagen** in den höheren Teilen des betreffenden Gebietes, **Lagen mittlerer Höhe** und **Tieflagen**, Ausdrücke, die sich immer nur auf die Höhenlage im Verhältnisse zu der der Umgebung beziehen.

Hochlagen sind nun entweder **exponiert** und **überragend**, wenn sie die Höhe der in der Richtung der Bodenneigung zunächst liegenden Berge an Höhe übertreffen und dadurch den der Exposition entsprechenden Witterungseinflüssen schutzlos ausgesetzt sind oder gegen dieselben mehr oder weniger **geschützt**, wenn die in dieser Richtung benachbarten Höhen nicht niedriger als sie selbst sind.

Bei den Tieflagen unterscheidet man **freie** oder **offene** Tieflagen mit ungehinderter Luftcirkulation und allseits von größeren Höhen **eingeschlossene** Tieflagen.

Den Grad der Bodenneigung bezeichnet man mit den Ausdrücken:

eben und **fast eben**	bei Neigungswinkeln		unter 5°,
sanft geneigt	„	„	von 5 bis 10°,
lehn	„	„	„ 11 „ 20°,
steil	„	„	„ 21 „ 30°,
schroff	„	„	„ 31 „ 45°,
Felsabsturz	„	„	über 45°.

B. Die einzelnen Witterungserscheinungen.

a) Die Wärmeverhältnisse.

§ 9. Die Quelle der an der Erdoberfläche fühlbaren Wärme und speziell die der Luftwärme geht in letzter Instanz von der Sonne aus. Die Eigenwärme der Erde ist an ihrer Oberfläche nicht fühlbar, und was an der Erdoberfläche sonst an Wärme erzeugt wird, läßt sich immer wieder auf die Erwärmung durch die Sonnenstrahlen zurückführen. Es gilt das namentlich auch von den chemischen Prozessen, welche, so wichtig sie in mancher Hinsicht sind, doch bei den allgemeinen Verhältnissen einer größeren Fläche kaum inbetracht kommen.

Die von der Sonne ausgehenden Wärmestrahlen durchdringen die Luft, ohne von derselben in merklichem Grade aufgenommen zu werden. Dagegen werden dieselben von den die Erdoberfläche bildenden, meist glanzlosen, festen und flüssigen Körpern um so vollkommener aufgenommen, je senkrechter sie einfallen. Die Sonnenstrahlen erwärmen daher den Boden und das Wasser und erst von diesen empfängt die Luft ihre Wärme in der Hauptsache durch Leitung. Die Wärme der Luft ist daher von der Wärme der von ihr bestrichenen Erdoberfläche abhängig und sie würde ganz deren Temperatur annehmen, wenn sie nicht durch eindringende Winde und durch Aufsteigen erwärmter und Herabsinken kalter Luftschichten ständig erneuert würde.

Nun ist es klar, daß die Erdoberfläche und demgemäß auch die darüber lagernde Luft um so höher erwärmt wird, je länger die Besonnung dauert und je senkrechter die Strahlen auf sie fallen. Wo, wie am Äquator, die Sonne um Mittag immer fast genau senkrecht über wagrechten Flächen steht, sind es deshalb die ebenen Lagen, welche sich am meisten erwärmen.

Dagegen sind es in unseren Breiten, in welchen die Sonne nicht so hoch im Zenith steht, die Südhänge, welche die Sonnenwärme am vollkommensten aufsaugen, weil auf sie die Sonnenstrahlen mehr senkrecht wirken, vorausgesetzt natürlich, daß nicht vorliegende höhere Berge die Strahlen auffangen. Umgekehrt sind die Nordhänge die kältesten, weil sie am wenigsten lange und nur unter flachem Winkel von den Strahlen getroffen werden. Die Ost- und Westhänge empfangen bei gleicher Neigung gleiche Wärmemengen von der Sonne. Sie werden von ihr nicht den ganzen Tag beschienen, und zwar hauptsächlich in den Tagesstunden, in welchen die Sonne noch nicht oder nicht mehr hoch am Himmel steht. Sie müßten bei gleicher Neigung gleich warm sein, wenn nicht die Osthänge des Morgens bei noch kalter Luft, die Westhänge des Nachmittags bei wärmerer Luft beschienen würden und wenn die ersteren nicht den kalten Polarwinden mehr ausgesetzt wären. So sind Westhänge bei Tage bei uns entschieden wärmer, als Osthänge und selbst als ebengelegene Flächen.

Südwest- und dann Süd-, Südost- und Westhänge nennt man deshalb Sommer-, die übrigen Winterhänge. Die Sommerhänge sind die besten Weinlagen und auf ihnen erwacht bei genügender Feuchtigkeit die Vegetation am ersten. An ihnen gehen aber auch die Jungwüchse am ehesten durch Hitze und Spätfröste zugrunde, und an Westhängen speziell entsteht am häufigsten der Sonnenbrand, weil dort bei tiefstehender Sonne und bereits hocherwärmter Luft die Sonnenstrahlen fast senkrecht auf die senkrecht stehenden Baumstämme einfallen.

§ 10. Die bei Tage von der Sonne erhaltene Wärme strahlt der Boden bei Nacht wieder gegen den kalten Weltraum aus; dadurch kühlt sich der Boden und die Luft, welche ihre Wärme an den Boden durch Leitung abgiebt, ab. Es ist klar, daß in unseren Breiten im Sommer, in welchem die Tage länger sind als die Nächte, die Bodenwärme und damit die Luftwärme von Tag zu Tag zunimmt und im Winter, in welchem umgekehrt die Nächte länger sind, der Boden mehr Wärme ausstrahlt, als er empfängt, sich von Tag zu Tag vermindert.

Dieses Ausstrahlen der Wärme wird gehemmt, wenn zwischen Erde und Himmel ein Körper sich befindet, welcher die von der Erde ausgehenden Strahlen zurückwirft, insbesondere Wolken, Nebel und Rauch und ist umgekehrt am energischsten bei reiner Luft und wolkenlosem Himmel.

Das Bedecken junger Saaten in Gärten während der Nacht mit Decken u. dergl. und das Bestecken der Saatkämpe mit Reisig und ebenso der Zwischenbau von Bestandsschutzholz und das Überhalten von Samenbäumen hat neben der Abhaltung greller Sonnenhitze, namentlich auch den Zweck, die Strahlung zu mäßigen und dadurch die Frostgefahr zu beseitigen.

§ 11. Die Wärmestrahlung wird erhöht durch Vergrößerung der strahlenden Oberfläche, also durch Bodenlockerung und Pflanzenwuchs und durch Verminderung derselben gemäßigt.

Sie wird besonders durch die im Frühjahre nach Austreiben der Blätter eintretenden s. g. Spätfröste, weniger durch die im Herbste vor dem Laubabfalle stattfindenden Frühfröste gefährlich, weil dann die jungen Triebe leicht vom Froste zerstört werden. Manche sonst nicht empfindliche Pflanzen leiden dann, sowie die Temperatur unter den Gefrierpunkt sinkt. Die Gefahr ist da am geringsten, wo wie an Berghängen durch das Abgleiten der abgekühlten und deshalb schwerer gewordenen Luftteilchen immer wieder neue warme Luft zugeführt wird, und ist da am größten, wo wie in eingeschlossenen Thälern nicht allein die an Ort und Stelle abgekühlte Luft nicht abströmen kann, sondern auch von außen z. B. von den Berghängen ständig kalte Luft zuströmt.

Frostlagen oder wie man sie bei geringerer Ausdehnung nennt, Frostlöcher sind deshalb immer in eingeschlossenen Thälern und da zu suchen, wo durch besonders tiefe Lage oder durch angrenzende dichte Bestände der Luftabfluß gehemmt wird. Die Erleichterung des Luftabflusses vermindert die Frostgefahr.

Die Frosthöhe, d. h. die Höhe, bis zu welcher die Bäume vom Froste beschädigt zu werden pflegen, wird durch die Höhe bestimmt, bis zu welcher die von den Seiten eingeströmte kalte Luft stagniert, d. h. am Abflusse gehindert ist. Die über dieselben hinausreichenden Baumteile sind, weil dort die kalte Luft abziehen kann, nicht gefährdet.

In unseren Breiten finden häufig im Monate Mai an den Tagen der „drei gestrengen Herren", in Süddeutschland Pankraz, Servaz und Bonifaz (12. bis 14.), im Norden Mamertus, Pankraz und Servaz (11. bis 13. Mai), aus noch unbekannten Gründen starke Luftabkühlungen statt, welche in der Nacht zu Frosterscheinungen führen.

§ 12. Der Frost wirkt auf die Bäume um so mehr ein, je saftreicher dieselben sind. Auf nassen Boden wirkt deshalb der Frost immer stärker als auf trockenem. Im Zustande der Saftruhe ist der Wassergehalt der deutschen Waldbäume zu gering, als daß die gewöhnliche Winterkälte sie zerstören könnte. Nur wenn, wie das im Winter 1879/80 der Fall war, die letztjährigen Holzringe und Triebe der Bäume nicht gehörig verholzt sind, kann bei anhaltend heftiger Kälte der Fall eintreten, daß unsere einheimischen Holzarten durch Winterfrost getötet werden. Der Tod erfolgt in diesem Falle durch Vertrocknen, indem das in der Zellsubstanz enthaltene Wasser der Zellwände im Zellinnern zusammengefriert, so daß dieselben eintrocknen und schwinden, wodurch der Zusammenhang der Zellen zerstört wird. Die Bäume reißen dann auf und es entstehen Frostrisse.

§ 13. In anderer Weise erfolgt das Erfrieren saftreicher Pflanzenteile, insbesondere junger Triebe und Blätter durch die Spät- und Frühfröste. Beim Gefrieren scheidet sich auch hier das Wasser als Eis aus, es geschieht das aber in den Intercellularräumen. Die Blätter und Triebe werden dabei durch Vertrocknen der Zellwände welk. Sie besitzen aber die Fähigkeit, das gefrorene Wasser, wenn das Auftauen langsam erfolgt, wieder in sich aufzusaugen. Erfolgt das Auftauen aber zu rasch und werden gefrorene Blätter oder Triebe rasch so weit erwärmt, daß nicht nur das Eis auftaut, sondern auch die chemische Thätigkeit wieder eintritt, ehe die Zellwände wieder durch langsames Aufsaugen ihren normalen Wassergehalt erhalten haben, so vertreibt das Wasser die Luft aus den Räumen zwischen den Zellen und in den Zellen selbst tritt eine nachteilige Zersetzung des Zellstoffes ein.

Der Tod der Pflanzenteile nach Spätfrösten tritt demnach erst beim Auftauen ein und erfolgt um so sicherer, je rascher hohe Wärme eintritt, und umgekehrt ist ein Spätfrost um so unschädlicher, je weniger warm der nachfolgende Tag ist und je weniger die Sonne auf die gefrorenen Pflanzenteile einwirken kann. Beschattung gefrorener Pflanzenteile und Begießen derselben mit kaltem Wasser machen daher eingetretene Spätfröste weniger gefährlich, indem sie das Auftauen der gefrorenen Pflanzenteile verzögern.

Eine andere Art von Frostbeschädigungen ist in neuerer Zeit durch Th. Hartig[1]) bekannt geworden. Sie besteht darin, daß die beim Gefrieren sich ausdehnende Erde in ihr stehende junge Pflanzen von allen Seiten quetscht, wodurch das Cambium zerstört und die Pflanze getötet wird.

b) Der Feuchtigkeitsgehalt der Luft.

§ 14. Die Pflanzen nehmen, wenn nicht alle, so doch sicher den weitaus größten Teil der Feuchtigkeit, deren sie bedürfen, durch ihre Wurzeln aus dem Boden auf. Trotzdem ist die Feuchtigkeit der Luft für das Pflanzenleben von der höchsten Wichtigkeit; nicht allein deshalb, weil in einer feuchten Luft der Boden weniger rasch austrocknet, sondern auch darum, weil in derselben die eigene Wasserverdunstung der Pflanzen eine weniger energische ist, als bei trockener Luft. Diese wirkt um so schädlicher, je wärmer sie ist, weil sie dann größere Wassermengen aufnehmen kann und demgemäß dem Boden das vorhandene Wasser um so rascher und vollständiger entzieht. Hohe Wärme ist den Pflanzen nur schädlich, wenn die Luft gleichzeitig sehr trocken ist. Sie schadet dann dadurch, daß durch Verlust des Wassers ähnlich wie beim Froste die Zellsubstanz schwindet und zerreißt und daß bei mangelndem Wasser dem Pflanzenleben ungünstige Zersetzungen in der Pflanze vor sich gehen.

§ 15. Unabhängig von dem allgemeinen Klima wird die Luftfeuchtigkeit eines speziellen Ortes beeinflußt einesteils durch seine Lage, anderenteils durch die Gegenwart von Wasser im Boden und auf der Bodenoberfläche.

Vor allem ist die Luft überall da relativ feuchter, wo sie aus irgend einem Grunde kühler ist, weil die kühle Luft weniger Wasser nötig hat, um mit Feuchtigkeit gesättigt zu sein. Bei Windstille ist deshalb die Luft in allen kühlen Lagen, namentlich auf den Winterhängen relativ feuchter, als auf den Sommerhängen. Dieses Verhältnis ändert sich, wenn scharfe Winde wehen, bei Polarwinden, weil dieselben trockener sind und die Winterhänge mit voller Kraft treffen, bei Regenwind, weil sie davon nicht direkt getroffen werden.

c) Bildung von Tau, Reif und Duftanhang.

§ 16. Die Luft kann, wie bereits erwähnt, bei einer bestimmten Temperatur nur ein ganz bestimmtes Quantum Wasser in Dunstform enthalten. Enthält sie so viel Wasserdampf, als sie bei der gegebenen Temperatur festhalten kann, beträgt also ihre relative Feuchtigkeit 100 (Prozente des Maxi-

[1]) Allg. Forst und Jagdztg. Dezember 1882.

mums), ist sie mit anderen Worten mit Wasserdampf gesättigt und wird dann weiter abgekühlt, so muß sie den Teil ihres Wassergehalts, welcher über das Maximum bei der neuen Temperatur hinausgeht, abgeben. Man nennt diesen Moment, also die Temperatur, bei welcher eine Luft bei der geringsten Abkühlung nicht mehr alles Wasser, das sie enthält, festhalten kann, ihren Taupunkt. Derselbe wechselt mit der Wassermenge, welche die Luft enthält.

Darauf beruht z. B. das Anlaufen der Fensterscheiben geheizter Zimmer bei kalter Außenluft und das Anlaufen der Gewehre, wenn man sie bei kalter Witterung in geheizte Räume bringt. Die Wassertropfen, welche sich auf den Scheiben und den Gewehren niederschlagen, rühren von dem Wasserdampfe der Luftschichten her, welche durch ihre Berührung mit diesen kalten Gegenständen unter ihren Taupunkt abgekühlt worden sind. Die Scheiben und Gewehre laufen um so mehr an, es schlägt sich auf ihnen um so mehr Wasser ab, je größer der Temperaturunterschied zwischen der Luft im Freien und im Zimmer ist.

Sind diese Gegenstände unter den Gefrierpunkt abgekühlt, so schlägt sich das Wasser sofort als Eis nieder; die Fenster gefrieren, während sie nur „anlaufen", wenn die Scheiben wärmer als 0^0 sind.

§ 17. Ganz auf dieselbe Weise entsteht Tau, Reif und Duftanhang. Diese Erscheinungen finden statt, wenn die Gegenstände der Erdoberfläche, der Boden selbst, die darauf wachsenden Pflanzen oder die darauf liegende Bodendecke um so viel kälter sind, als die umgebende Luft, daß die letztere durch Berührung derselben unter ihren Taupunkt abgekühlt wird.

In diesem Falle entsteht Tau, wenn die kalten festen Gegenstände nicht unter den Gefrierpunkt abgekühlt sind. Das Wasser schlägt sich dann in Tropfen an den erkalteten Gegenständen nieder. Dagegen entsteht Reif, d. h. das Wasser hängt sich in Form von Eiskrystallen an, wenn dieselben unter 0^0 erkältet sind, und zwar gewöhnlicher Reif, wenn die Erscheinung nur an der Bodenoberfläche und niedrigen Pflanzen stattfindet und Rauhreif oder Duftanhang, wenn sich die Eiskrystalle auch an den Zweigen der Bäume und Sträucher anhängen.

§ 18. Wir haben gesehen, daß sich die festen Gegenstände auf der Erdoberfläche des Nachts dadurch abkühlen, daß sie ihre Wärme an den kalten Weltraum ausstrahlen und zwar mehr als die Luft, welche ihre Wärme fast nur durch Leitung aus den von ihr berührten festen und flüssigen Stoffen erhält. Wir haben ferner gesehen, daß die Abkühlung eine um so größere ist, je freier der Himmel von Wolken ist, welche die Wärmestrahlen auf den Boden zurückwerfen und je länger die Luft mit den kalten Gegenständen in Berührung bleibt.

Es ist deshalb klar, daß die Erscheinungen der Tau-, Reif- und Duftbildung weit häufiger bei Nacht, als bei Tage und am häufigsten und energischsten in den Nachtstunden eintreten, in welchen die Abkühlung die stärkste ist. Es ist ferner klar, daß die Luft um so mehr Wasser abgiebt, je feuchter sie an und für sich ist und je mehr die einzelnen Luftteilchen abgekühlt werden, je länger sie mit anderen Worten mit den kalten Gegenständen in Berührung bleiben.

Es taut und reift deshalb hauptsächlich in der Nacht, etwa 1 bis 2 Stunden vor Sonnenaufgang, mehr bei klarem, als bei bedecktem Himmel, mehr auf Kahlflächen, als im Schutze der Bestände, mehr außerhalb, als innerhalb der Schirmfläche einzelner Bäume, mehr bei Windstille, als bei bewegter Luft, mehr in feuchtem, als in trockenem Klima und deshalb mehr im Walde, als in freiem Felde, mehr nach feuchter, als nach trockener Witterung, mehr in feuchten, als in trockenen Lagen, deshalb mehr in hoch, als in tief gelegenen Ländern, mehr in der Nähe großer Wasserflächen, als fern von solchen, mehr auf ebenen Flächen, auf welchen die Luft liegen bleibt, als an Hängen, von welchen sie ständig abfließt, mehr in den Thälern, als auf den Bergrücken, an welchen die Luft meist bewegter ist.

Im allgemeinen gilt das auch vom Rauhreif. Derselbe entsteht aber auch häufig bei Tage und bei bewegter Luft, namentlich dann, wenn nach strenger Kälte die Zweige der Bäume sehr kalt sind und dann gelindere mit Wasserdampf vollkommen gesättigte oder übersättigte Winde eintreten. Das Eis heftet sich dann in langen Nadeln an den Zweigen an und verursacht durch Überlastung derselben oft großen Schaden.

d) Nebel und Wolken.

§ 19. Werden größere Luftmengen nicht allein da, wo sie feste Gegenstände berühren, sondern in ihrer ganzen Masse unter ihren Taupunkt abgekühlt, so sammeln sich die überschüssigen Wasserteilchen zu Bläschen, oder bei sehr kalter Luft zu Eiskrystallen, welche sich in der Luft längere Zeit schwebend halten. Man nennt diese Erscheinung Nebel, wenn dieselbe in unserer Umgebung und unter uns, und Wolken, wenn sie über uns statthat. Wolken sind demnach nichts als von unten gesehene Nebel. Beide bilden sich, wenn entweder nasse und warme Luftströmungen mit kälteren zusammentreffen, oder wenn solche durch längere Berührung mit kalten Gegenständen oder dadurch abkühlen, daß sie durch vorliegende Bergrücken oder durch hohe Erwärmung in kalte Luftregionen in die Höhe gehoben werden.

Sie bilden sich häufiger bei den feuchten Winden, welche vom Äquator kommen, als bei den trockenen Polarwinden, leichter, wenn gleichzeitig der Wind von verschiedener Richtung kommt; in der Ebene bei gleicher Windrichtung leichter bei Windstille als bei heftigem Winde, und demgemäß leichter in den Thälern als in den Hängen, leichter in Nächten mit starker Abkühlung als bei Tage, leichter auf kahlen Flächen als unter den Baumkronen, leichter im Gebirge als in der Ebene, leichter über Wasser und in feuchter als in trockener Lage.

Sie sind für den Forstmann um deswillen von Wichtigkeit, weil die Bildung der Nebel durch Zurückwerfen der Wärmestrahlen häufig einer weiteren Abkühlung und damit der Frostgefahr vorbeugt. Außerdem befeuchtet der Nebel die Pflanzen durch die langsam herabfallenden Nebelteilchen.

Zur Bildung von Nebeln und zum Gefrieren vorhandener Nebelbläschen scheint die Gegenwart von Staubteilchen in der Luft, an welche sich die Wasserteilchen anheften und welche den Eiskrystallen als Krystallisationskerne dienen, erforderlich zu sein. Fehlen solche, etwa infolge vorhergegangenen starken Schneefalls, so kann der Fall eintreten, daß die Luft unter den Taupunkt abgekühlt wird, ohne daß sich Nebelbläschen bilden, bezw. daß ihre Temperatur unter 0^{0} herabsinkt, ohne daß die Nebelbläschen zu Eis erstarren. Die

Luft ist dann mit Wasserdampf übersättigt, bezw. wenn sie unter dem Gefrierpunkte steht, überkältet.

e) Regen, Schnee und Hagel.

§ 20. Die Nebelbläschen und die Eisnadeln, welche den Nebel bilden, sind schwerer als die Luft. Sie sinken langsam zu Boden, wenn die Luft unbewegt ist, wie sich die Schlammteile schmutzigen Wassers langsam zu Boden senken, wenn das Wasser nicht bewegt wird. Die so langsam fallenden Bläschen bilden einen sehr feinen Staubregen oder staubartigen, sehr feinen Schnee.

Dagegen entsteht ein stärkerer aus wirklichen Tropfen bestehender Regen, wenn in Bewegung befindliche und deshalb dichtere Nebel oder Wolken bei Temperaturen über 0° in dieser Bewegung gehemmt werden und dadurch die einzelnen Nebelbläschen zu Wassertropfen vereinigen, oder wenn Nebel und Wolken etwa durch Aufsteigen oder Hinstreichen über kältere Luftschichten noch mehr abgekühlt werden, so daß eine weitere Verdichtung von Wasserdampf stattfindet, ohne daß derselbe zu Schnee gefriert. Diese vergrößern sich im Fallen, wenn sie in feuchte Luft kommen, durch die Wasserteilchen, welche sie aus derselben anziehen, und verkleinern sich oder lösen sich unter Umständen ganz auf, wenn die untere Luft trockner ist. Der Regen wird um so heftiger, die einzelnen Tropfen um so größer, je dichter und bewegter die Wolken und je feuchter die Luftschichten waren, durch welche sie gefallen sind. Überkältet ist der Regen, wenn er bei Temperaturen unter 0° fällt, ohne wegen mangelnder Krystallisationskerne in der Luft zu gefrieren.

In den höchsten Regionen, zu denen die Wolken hinanreichen, bestehen dieselben immer aus Eisnadeln; sie fallen als Regen nieder, wenn sie im Fallen auftauen, dagegen als Schnee, wenn dieses nicht der Fall ist, und zwar als sog. trockener, nur aus Eis bestehender und sich schwer ballender Schnee, wenn sie bei strenger Kälte fallen und als nasser Wasserbläschen mitführender und deshalb sich leicht ballender Schnee, wenn die Temperatur der Luftschichten, die sie passieren, auf oder nur wenig unter dem Gefrierpunkte steht. Der Schnee verdichtet sich zu Graupeln, wenn die Schneeflocken bei heftigem Winde zusammengepeitscht werden.

§ 21. Regen und Schnee fallen in Hochlagen in größeren Massen, als in Tieflagen, weil dort die Bedingungen zur Stauung und Abkühlung der Wolken mehr als hier gegeben sind und weil die bereits gebildeten Regentropfen seltener durch hohe Wärme und trockene Luft wieder aufgelöst werden. In der gleichen Regenmenge steckt der höheren Wärme halber in tiefen Lagen weniger Schnee als in höheren und mittleren Lagen. Dagegen sind die einzelnen Regentropfen und Schneeflocken in Hochlagen gewöhnlich kleiner, der Schnee selbst in der Regel trockener.

Im Walde bleibt ein Teil der Regentropfen an den Baumkronen hängen und verdunstet dort, und zwar so lange, bis der Baum vollständig naß geworden ist. Daher kommt es, daß bei schwachem Regen der Boden unter den Bäumen oft gar nicht befeuchtet wird. Ist der Baum aber einmal vollständig naß geworden, so gelangt fast alles von da an weiter fallende Wasser auf den Boden, zum größten Teile, indem es abtropft, zum kleineren, indem es an den Ästen und Schäften der Bäume herabfließt.

Auch vom Schnee gelangt, wenn er trocken fällt, der größere Teil wegen seines geringen Zusammenhangs durch die Lücken der Krone zu Boden, von nassem Schnee bleibt aber auf dichten Kronen der größte Teil hängen und veranlaßt, indem er die belasteten Baumteile abbricht, Schneebruch und indem er die ganzen Bäume aus der Wurzel reißt, Schneedruck. Beiden sind deshalb die mittleren Höhenlagen mehr ausgesetzt, als die höchsten und tiefsten.

Regen und Schnee sind die Hauptquellen des im Boden vorhandenen Wassers. Außerdem erschwert der Schnee als schlechter Wärmeleiter das Eindringen der Winterkälte in den Boden, sowie das Erfrieren und Ausfrieren der jungen Pflanzen und der Regen wirkt auch dadurch wohlthätig auf die Pflanzen, daß er sie von Staub reinigt und dadurch die Einatmung von Kohlensäure und die Ausatmung von Sauerstoff und Wasser erleichtert.

§ 22. Wenn überkältete Nebelbläschen, wie sie sich in den höchsten, staubfreien Regionen der Atmosphäre häufig finden, durch heftig aufströmende, staubführende Luftströmungen in heftige Bewegung gesetzt werden, oder wenn bei heftigem Winde zu Graupelkörnern zusammengejagte Schneeflocken durch überkältete Nebelwolken hindurchgehen, so gefrieren die in denselben vorhandenen Nebelbläschen, sowie sie von den Graupelkörnern oder den Staubteilchen berührt werden, sofort an denselben zu festem Eis und vergrößern sich unausgesetzt durch Aufnahme neuer Bläschen, so lange sie sich in dem Bereiche der überkälteten Wolken befinden.

Auf diese Weise entsteht Hagel; derselbe hat heftig aufsteigende Luftströmungen zur Veranlassung. Da nun solche Strömungen hauptsächlich durch sehr hohe Erwärmung über größeren Flächen veranlaßt werden und das Vorhandensein von Wald die Erwärmung mäßigt, so geht daraus hervor, daß die Entwaldung eines Landes die Hagelgefahr vergrößert. Im Walde schadet der Hagel durch Zerstörung der Baumblüten und durch Verletzung der Rinde junger Pflanzen.

f) Glatteis und Eisanhang.

§ 23. Glatteis entsteht, wenn gewöhnliche Regentropfen auf gefrorene Gegenstände fallen, wenn also nach starkem Frost Tauwetter mit Regen eintritt. Beim Glatteis dauert die Eisbildung nur so lange, bis die durch das Gefrieren des Regens freiwerdende Wärme die gefrorenen Gegenstände aufgetaut hat. Sie hört also an dünnen Gegenständen früher auf, als an dicken; das Eis ist deshalb schwächer an dünnen Zweigen, als an dicken Ästen und auf dem Erdboden, und da das Gefrieren allmählich vor sich geht, dicker auf der unteren Seite der Zweige als an der oberen. Infolgedessen belastet Glatteis nur ausnahmsweise, und zwar dann, wenn die gefrorenen Zweige mit nassem Schnee bedeckt und dadurch breiter und dicker gemacht sind, die Bäume in schadenbringender Weise.

§ 24. Dagegen ist Eisanhang immer gefährlich. Derselbe entsteht, wenn bei Temperaturen unter 0° überkälteter Regen fällt, der beim Auffalle sofort, auch auf nicht gefrorenen Gegenständen gefriert. Bei demselben ist immer die obere Seite der Zweige dicker mit Eis überzogen, als die untere, und da das sich bildende Eis die Zweige verdickt und die Ansetzung neuer Eismengen von der Temperatur der eingeschlossenen Gegenstände unabhängig ist, so kann der Eisanhang ganz unglaubliche Dimensionen erreichen. Einjährige Buchenzweige mit 5 cm dickem Eise sind dann keine Seltenheit, und man hat beim Eisanhange vom November 1858 ein Eichenblatt gewogen, das mit dem daran haftenden Eise etwa 220 g wog. Bei gewöhnlichem Glatteis kann die Dicke der Eiskruste kaum die Dicke des Eichenblattes übersteigen. Es versteht sich von selbst, daß der Eisanhang bei gefrorenem und deshalb brüchigem Holze gefährlicher als bei nicht gefrorenem ist.

Glatteis und Eisanhang sind von der Lage fast ganz unabhängig. Sie können überall eintreten, wenn auch der Eisanhang in den tieferen Lagen, deren Luft seltener staubfrei und deshalb seltener überkältet ist, weniger häufig als in höheren Lagen vorkommen mag.

g) Winde und Stürme.

§ 25. Eine hochwichtige, klimatische Erscheinung sind die an einem Orte herrschenden Luftströmungen. Sie werden überall im kleinen erzeugt, wo Verschiedenheiten in der Lufttemperatur vorhanden sind. Die Luft dehnt sich wie alle Körper mit Ausnahme des Wassers, beim Erwärmen immer aus und ist um so schwerer, je kälter sie ist. Infolgedessen verdrängt überall, wo wärmere und kältere Luft nahe bei einander liegen, die kältere die wärmere auf der Bodenoberfläche, während die letztere in die Höhe steigt. So entsteht beispielsweise an den Küsten eine Luftströmung bei Tage vom Meere zum festen Lande und bei Nacht vom Lande zum Meere, weil bei Tage die Luft über dem Lande und bei Nacht diejenige über dem Meere die wärmere ist. Dasselbe Verhältnis findet zwischen kahlen Erdstrecken und dem Walde und selbst zwischen Ackerland und Wiesen statt.

§ 26. Auch die großen über weite Erdstrecken sich ausdehnenden Windströmungen verdanken ihre Entstehung Unterschieden in der Luftwärme und daraus hervorgehenden Unterschieden im Luftdrucke. Die für Mitteleuropa wichtigsten derselben, der vom Äquator kommende, dem Nordpole zufließende Antipassat und der von dem Nordpole dem Äquator zuströmende Passatwind werden aber auf ihrem Wege zu uns von ihrem ursprünglichen Wege durch die Drehung der Erde abgelenkt und erhalten dadurch in unseren Breiten eine mehr südwestliche, bezw. nordöstliche Richtung, und zwar umsomehr, aus je größeren Entfernungen sie kommen. Die mit Südwind einsetzenden Äquatorialströmungen gehen deshalb, je länger sie wehen und aus je niedrigeren Breiten sie kommen, desto mehr in Südwest- und Westwinde, die ursprünglich direkt aus dem Norden kommenden Passate zuerst in Nordost- und dann in Ostwinde über.

§ 27. In unseren Breiten steigt der am Äquator nur in den höchsten Luftschichten herrschende Gegenpassat auf die Erdoberfläche nieder, die Lücken zwischen den kälteren und schwereren, von Anfang an den Boden gehefteten Passatwinden ausfüllend, welche, von dem räumlich beengteren nördlichen Kreisen kommend, die größere Fläche unserer Breitengrade nicht mehr vollständig ausfüllen können. Infolgedessen wehen bei uns, wie in der gemäßigten Zone überhaupt neben einander, und an dem einzelnen Orte zeitweise sich ablösend,

Streifen des kälteren und deshalb dichteren und trockneren Polarwindes und des wärmeren und deshalb weniger dichten und feuchteren Gegenpassates. Die Streifen des letzteren nehmen, weil wärmer und weniger dicht, den größeren Raum ein.

Daher rührt es, daß in unseren Gegenden die Äquatorialströmungen vorherrschen.

§ 28. Im Bereiche der Polarströmungen ist der Luftdruck größer, als da, wo der Äquatorialstrom weht. Daraus entsteht ihr Bestreben, in den Bereich der letzteren einzudringen und sie zu verdrängen. Infolge davon geht der Polarwind auf der rechten (östlichen) Seite einer Antipassatströmung an den Rändern zuerst in reinen Ost- und Südost, auf der westlichen Seite in reinen Nord- und Nordwest über. Da nun der Äquatorialstrom selbst durch seine südwestliche Richtung immer mehr nach Osten gerückt wird und die anschließenden Polarströme dieser Verschiebung folgen, so folgt daraus, daß in der Regel auf Ostwind Südost- und Südwind, und auf Westwind Nordwest- und Nordwind folgt, d. h. die Winde drehen sich, wenn sich Polar- und Äquatorialströmungen ablösen, in der Regel in demselben Sinne, wie die einzelnen Strömungen bei längerer Dauer, d. h. von Ost über Süd nach West und Nord.

Dieses Dove'sche Drehungsgesetz der Winde erleidet jedoch infolge des Umstandes, daß die verschiedenen Streifen beider Strömungen nicht gleiche Breite haben und daß lokale Ursachen die Temperaturverhältnisse und dadurch die Spannung der Luftschichten ändern, mannigfache Ausnahmen.

§ 29. Die reinen Polarströmungen, also die Nordost-, Ost- und Nordwinde sind unter allen Verhältnissen, weil ursprünglich kälter, trockener als die Antipassate. Sie wirken daher stets austrocknend und bei längerer Dauer aushagernd auf den Boden. Dagegen erhöhen Süd- und West-, namentlich aber Südwestwinde, die Luftfeuchtigkeit.

Die letzteren bringen in der Regel Wolken oder bilden solche durch ihre Abkühlung in unseren Breiten, während der Polarstrom meist klaren Himmel bringt.

Das ist auch für die Wärmeverhältnisse der Luft von hoher Wichtigkeit.

Die Wolken mäßigen bei Tage die Erwärmung des Bodens durch die Sonnenstrahlen und bei Nacht die Abkühlung durch Wärmestrahlung. Sie müssen deshalb im Sommerhalbjahre, in welchem die Tage länger sind, als die Nächte abkühlend, im Winter dagegen erwärmend auf die Boden- und damit auf die Lufttemperatur wirken.

In der Zeit der größten Unterschiede zwischen Tag- und Nachtlänge, also um Johanni und Weihnachten, ist ihr Einfluß so groß, daß sie den Unterschied in den Temperaturen der beiden Hauptströmungen im Winter noch verstärken, im Sommer dagegen vollständig umkehren, so zwar, daß der ursprünglich wärmere Südwestwind der Wolken, die er mitführt, halber, um Johanni kühlere, der Polarwind, sogar der reine Nordwind wärmere Witterung bringt, während im Jahresdurchschnitt, namentlich aber im Winter, das umgekehrte Verhältnis stattfindet.

Im Frühjahre erhöht der Polarwind zwar die Wärme des Tages etwas, vermindert aber dafür diejenige der Nächte. Tritt deshalb vor und in der

Zeit der gestrengen Herren Polarwind ein, so ist Spätfrost fast immer zu befürchten.

§ 30. Außer Wolken bringen namentlich die Südwestwinde in unseren Gegenden häufig auch Stürme. Es ist das eine Folge des Umstandes, daß die Gebirge Südeuropas alle Wirbelstürme, welche über Afrika und den östlichen Teilen des atlantischen Meeres entstehen, in ihrem Wege aufhalten, so daß zu uns nur die über dem westlichen atlantischen Ocean entstehenden Cyklonen mit ungeschwächter Kraft gelangen.

Da nun in der nördlichen gemäßigten Zone die Centren aller Wirbelstürme sich in nordöstlicher Richtung fortbewegen, so haben wir in Deutschland, mit Ausnahme des äußersten Nordwestens, die Mittelpunkte gerade der heftigsten Wirbelstürme in der Richtung dieser Bewegung immer zu unserer Linken. Da sich nun ferner auf der nördlichen Zone alle Wirbelwinde über Süd nach Ost, Nord und West drehen, so trifft uns nur diejenige Seite, auf welcher der Wirbel sich von Südwest nach Nordost bewegt.

Fällt ein derartiger Wirbelsturm in eine Zeit, in welcher schon vorher Südwestwind wehte, so verstärkt der letztere seine Wirkung, während dieselbe, wenn er in einen Polarstrom eintritt, gebrochen wird.

§ 31. Im allgemeinen fallen bei uns die heftigsten Stürme ungefähr in die Zeit der Tag- und Nachtgleiche, und zwar einige Wochen vor dem Frühjahrs- und ebenso lange nach dem Herbst-Äquinoctium. In diesen Zeiten kommt der absteigende Antipassat etwa zwischen dem 28. und 30. Grade nördlicher Breite auf die Erdoberfläche. Dieser Umstand scheint zu veranlassen, daß dann die Wirbelstürme an denjenigen Stellen des atlantischen Ozeans ihren Anfang nehmen, von denen aus sie ihren Weg zu uns nehmen, während sie bei höherem Stande der Sonne gewöhnlich einen nördlicheren, bei niedrigerem einen südlicheren Weg einschlagen. Diese in der Ebene fast immer aus Südwest kommenden Wirbelstürme richten in den Waldungen oft riesigen Schaden an, besonders wenn vorher starke Regengüsse den Boden aufgeweicht haben. Man spricht dann von Windwurf, wenn die Bäume als „Windfälle" aus dem Boden gerissen und von Windbruch, wenn dieselben vom Sturme nur abgebrochen werden. Auf diese Stürme muß deshalb bei vielen waldbaulichen Maßregeln Rücksicht genommen werden.

Im Süden Deutschlands veranlaßt manchmal der absteigende Gegenpassat auch unmittelbar sturmartige Erscheinungen, die s. g. Föhnstürme, deren Erklärung außer dem Rahmen gegenwärtiger Arbeit liegt. Sie haben das Eigentümliche, daß ihre Luft beim Übersteigen der Alpen ihres Wasserdampfes beraubt wird, so daß sie, obwohl vom Äquator kommend, trocken sind.

Sonst erzeugen weder der Passat, noch der Antipassat, wenn sie nicht durch besondere Umstände verstärkt werden, so starke Luftströmungen, daß sie den Waldungen besonders gefährlich werden.

§ 32. Die Richtung der Winde wird durch die Konfiguration des Terrains vielfach verändert. Sie steigen nur da in die Höhe, wo sie keinen Raum haben, entgegenstehenden Hindernissen seitlich auszuweichen.

Im Gebirge folgen sie vorherrschend den Thälern, welchen sie sich bis zur Kammhöhe in all ihren Biegungen anschließen, so zwar, daß aus einem in ein Gebirge als Südwest eintretenden Winde nach und nach recht gut ein Südost- und Ostwind und aus einem Ostwind ein Nordwestwind werden kann.

In solchen Fällen herrscht dann häufig im Thale ein ganz anderer Wind, als auf den überragenden Höhepunkten, welche der Wind in seiner ursprünglichen Richtung trifft.

Im allgemeinen verlieren indessen durch die Thalrichtung vielfach gebrochene Winde mit der Richtung auch ihre Gewalt, so daß beispielsweise Südweststürme, welche in ein nach Süden oder Westen offenes Thal eindringen, ihre zerstörende Kraft verloren haben, wenn sie in demselben wiederholt von ihrer Richtung abgelenkt wurden. So lange die Abweichungen von derselben aber noch nicht die Größe eines rechten Winkels erreicht haben, ist es immer ratsam, auf dieselben bei den waldbaulichen Maßnahmen Rücksicht zu nehmen.

So liegt z. B. der Sattel zwischen zwei Thälern, von welchen das eine nach Süden, das andere nach Westen gerichtet ist, in doppelter Hinsicht im Bereiche der Südweststürme, welche das eine Thal als Südwind, das andere als Westwind heraufkommen. Gegen beide muß bei der Wirtschaft gleichmäßig Front gemacht werden.

Kapitel III. Forstliche Bodenkunde.

Benutzte Litteratur: Cotta, Bernhard, Deutschlands Boden. Leipzig, 1858. — Dettmer, Dr. L., Die naturwissenschaftlichen Grundlagen der allgemeinen landwirtschaftlichen Bodenkunde. Leipzig und Heidelberg, 1876.

A. Die verschiedenen Schichten des Bodens.

§ 33. Durchstechen wir die obersten Schichten eines von der Hand des Menschen nicht veränderten Waldbodens, so finden wir zwischen der Oberfläche und dem aus irgend einem Grunde für den Pflanzenwuchs ungeeigneten Untergrunde drei allmählich ohne deutliche Grenze in einander übergehende Schichten, und zwar zu oberst eine aus noch unzersetzten Laub- und Nadelteilen, unter Umständen außerdem aus lebenden Pflanzen bestehende Schichte, die Streudecke oder Bodendecke, deren unterste Teile, bereits in Zersetzung begriffen, den Übergang zu der nächst unteren in der Hauptsache aus ganz und halb zersetzten organischen Stoffen bestehenden Humusschichte vermitteln.

Diese geht wiederum durch ein Gemenge zersetzter organischer und erdiger Teile in die in der Hauptsache aus erdigen Teilen bestehende Bodenkrume über, worauf beim Verwitterungsboden ein Gemenge verwitterter und unverwitterter Gesteinsteile den Übergang zum Untergrund vermittelt.

Die Mächtigkeit all dieser Schichten wechselt je nach der Örtlichkeit bedeutend, wobei im Gebirge der geringeren Wärme eine größere Mächtigkeit der Streu- und Humusschichte, der größeren Feuchtigkeit eine größere Mächtigkeit der Bodenkrume entspricht, so daß im allgemeinen in den wärmeren und deshalb unter sonst gleichen Verhältnissen auch trockeneren Örtlichkeiten, den Süd- und Westhängen, dann den Kiefern- und Lärchenbeständen, überhaupt den schlecht geschlossenen Forsten, der ganze Abstand zwischen Untergrund und Oberfläche oft wenig über 30 cm beträgt, während in den Ost- und Nordhängen, sowie in den geschlossenen Buchenbeständen häufig 20—30 cm hohe Laubschichten, von mehreren Jahren herrührend, aufgehäuft sind, unter welchen nur da, wo schlechte

Wirtschaft, menschliche Raubeinfälle oder schädliche Naturereignisse die jetzigen Bestände oder ihre Vorgänger gelichtet haben, der unzersetzte Fels zutage tritt.

§ 34. Die oberste Schichte, die Streudecke, besteht entweder ausschließlich aus den abgefallenen Blättern und Nadeln der Bäume, oder es sind ihnen Moose und Flechten, manchmal auch die s. g. Forstunkräuter Heidekraut, Heidelbeere, Preißelbeere und Besenpfrieme, sowie verschiedene Gräser und Halbgräser beigemischt.

Alle Bodendecken besitzen außerordentlich große Zwischenräume, in welche das Wasser ohne jedes Hindernis eindringt, erschweren aber wesentlich den seitlichen Abfluß desselben. Sie sind ferner schlechte Wärmeleiter und spezifisch warme Körper, d. h. sie erwärmen sich weniger leicht und kühlen sich weniger leicht ab, als der nackte Erdboden, und geben die aufgenommene Wärme nur langsam an ihre Umgebung ab. Sie schützen dadurch das tiefer eingedrungene Wasser vor oberflächlicher Verdunstung.

Sie rekrutieren sich in ihren oberen Teilen alljährlich durch die abfallenden Blätter und Nadeln, sowie durch das Weiterwachsen der Moose, Forstunkräuter und Gräser, während ihre unteren Teile in Zersetzung begriffen sind und sich nach und nach in Humus verwandeln.

Ihre Zersetzung geht je nach ihrer Zusammensetzung, je nach der Lage und je nach der Beschaffenheit der Bodenkrume mehr oder weniger rasch vor sich. Auf trockenem Standorte und auf kalkarmem Boden bedarf z. B. das Buchenlaub mehrerer Jahre zu seiner Zersetzung, während es in feuchter Lage und auf sehr kalkhaltigem Boden damit in einem Jahre fertig ist.

Als Keimbett für die Pflanzen sind namentlich die ausschließlich aus Laub bestehenden und oberflächlich leicht austrocknenden Streudecken nicht geeignet. Junge Pflanzen gehen darin durch Vertrocknen zugrunde und die Wurzeln älterer Bäume verbreiten sich nicht in ihnen. Sie werden deshalb nicht zum eigentlichen Boden gerechnet und bilden die Bodendecke oder den Bodenüberzug.

Die vorherrschend oder ausschließlich aus lebenden starkbewurzelten Pflanzen, den s. g. Forstunkräutern und Gras bestehenden Bodenüberzüge verhindern gleichfalls das Eindringen der Wurzeln junger Baumpflanzen in den Boden; sie verbrauchen aber außerdem selbst einen großen Teil des in den Boden eindringenden Wassers und begünstigen in freier Lage die nächtliche Abkühlung und damit das Auftreten von Spätfrösten.

§ 35. Die Humusschichte besteht aus Humus, d. h. aus den ersten Zersetzungsprodukten der Streudecke. Sie ist infolge ihres hohen Kohlengehaltes dunkel gefärbt und namentlich in ihren mittleren und unteren Schichten staubförmig fein, enthält indessen zahlreiche nur wenig zersetzte größere Teile, wie Holzreste, Blattrippen, Moosstengel.

Sie zersetzt sich unter normalen Verhältnissen immer weiter, indem sie sich durch Aufnahme von Sauerstoff und Umsetzung ihrer eigenen Bestandteile unter Zurücklassung der in ihr enthaltenen Aschenbestandteile in die flüchtigen Verbindungen Kohlensäure, Wasser und Ammoniak verwandelt. Ihre Existenz ist daher an das Vorhandensein der Streudecke, aus der sie sich immer von neuem rekrutiert, gebunden. Bleibt der Ersatz durch die älteren Teile derselben aus, so verschwindet der Humus nach und nach vollständig aus dem Boden.

Die Dicke der Humusschichte ist verschieden je nach der Zufuhr, welche sie alljährlich von der Streudecke empfängt, und je nach der Schnelligkeit, mit welcher sich der Humus weiter zersetzt. Wo diese Zersetzung wegen ungenügender Wärme oder wegen übermäßiger oder fehlender Feuchtigkeit sehr langsam vor sich geht, ist diese Schichte oft sehr mächtig, 30 cm tief und noch stärker, im umgekehrten Falle namentlich auf Bodenarten, deren Bestandteile die Zersetzung begünstigen, häufig kaum erkennbar. Wo sie vorhanden ist, wird die Humusschichte zum Boden gerechnet.

§ 36. Die Bodenkrume besteht in der Hauptsache aus krümeligen und staubförmigen, mehr oder weniger zerkleinerten und verwitterten Gesteinstrümmern. Dieselbe ist also aus der Verwitterung eines Gesteins hervorgegangen und zwar wenn sie sich noch in ihrer ursprünglichen Lage befindet, meist aus dem Grundgesteine, auf welchem sie auflagert. Man nennt in diesem Falle den Boden Verwitterungsboden, im Gegensatze zum Aufschwemmungs- oder Schwemmboden, bei welchem die Krume durch Wasser von ihrem ursprünglichen Lagerorte fortgeschwemmt und an einer anderen Stelle abgelagert ist.

Die Bodenkrume ist in ihrer ganzen Mächtigkeit mehr oder weniger mit humösen Bestandteilen gemischt. Dieselben sind in den oberen Lagen, welche man mit der Humusschichte zusammen auch wohl als Dammerde oder Mutterboden bezeichnet, durch Zuschwemmung aus der Humusschichte reichlicher vorhanden, als in größerer Tiefe, in welcher sich zersetzende Wurzeln fast die einzigen Humusquellen sind. Diese untere humusarme Schichte nennt man wohl auch die mineralische Krume oder den Mineralboden.

Auch der Grad der Verwitterung der einzelnen Teile der Krume ist namentlich bei dem Verwitterungsboden in der Regel in den oberen Schichten größer als in den unteren. Infolgedessen sind die oberen Bodenkrumeschichten meist dunkler gefärbt und feinkörniger als die unteren, welche heller gefärbt und meist mit gröberen Gesteinsbrocken gemischt sind. Die Feinkörnigkeit der einzelnen Krumen ist je nach dem Grade der Verwitterung und je nach ihrem Ursprunge außerordentlich verschieden; ebenso verschieden ist ihre Färbung.

In der Bodenkrume und Humusschichte verbreiten sich die Wurzeln der Bäume; sie bilden zusammen den Boden, aus welchem dieselben ihre Nahrung schöpfen; von ihren physikalischen und chemischen Eigenschaften hängt daher das Gedeihen jener ab.

§ 37. Unter der Bodenkrume liegt der Untergrund. Man versteht darunter im Schwemmlande die von den Baumwurzeln nicht durchdrungenen Erdschichten, im Gebirgslande die noch unzersetzten Gesteinsschichten. In beiden ist der Untergrund waldbaulich insofern von Bedeutung, als er, wie wir sehen werden, mit seinen Zersetzungsprodukten die Bodenkrume bereichert und als von seiner Zusammensetzung und Struktur der Wassergehalt des Bodens vielfach abhängt.

Im Gebirgslande dringen die Baumwurzeln vielfach in den Untergrund ein, wenn seine Struktur das ermöglicht. Bei horizontaler Schichtung ist das, wenn das Gestein nicht sehr zerklüftet ist, nicht möglich, ebensowenig bei schräger Neigung der Schichten auf der Seite der Berge, nach welcher die Schichten geneigt sind, während diese Art der Schichtung auf der entgegengesetzten Seite der Berge und senkrechte Schichtung überall das Eindringen der Wurzeln in den Untergrund erleichtern.

Ebenso befördert senkrechte Schichtung überall und schräge auf der Bergseite, auf welcher die Schichtenköpfe zu Tage stehen, die Zersetzung des Untergrundes und damit die Tiefgründigkeit des Bodens, während sie horizontale Schichtung vermindert.

Dagegen verliert sich das in den Boden eindringende Wasser leichter bei schräger und senkrechter Schichtung im Untergrunde. Die gleiche Wirkung hat die Zerklüftung des Untergrundes.

Auch in anderer Hinsicht ist die Schichtung des Untergrundes für den Boden von Wichtigkeit. Je steiler die Schichten aufgerichtet sind, desto weniger haftet auf der Seite, nach welcher sie geneigt sind, die Krume, desto flachgründiger ist der Boden.

B. Von den chemischen Eigenschaften des Bodens.

§ 38. Die chemischen Eigenschaften des Bodens sind für die Pflanzen insofern von Wichtigkeit, als derselbe ihnen die zu ihrer Ernährung nötigen Stoffe, soweit sie nicht aus der Luft eingeatmet werden, liefern und erhalten muß.

Von den durch die Pflanzen aufgenommenen Bodenbestandteilen finden sich die einen bei vollständiger Verbrennung der Pflanzenteile in der Asche derselben wieder, während andere sich bei dem Verbrennungsprozesse verflüchtigen. Man nennt die ersteren **feste**, die letzteren **flüchtige Pflanzennährstoffe**. Die ersteren sind bereits in den Gesteinen vorhanden, aus deren Zersetzung die Bodenkrume hervorgegangen ist, die letzteren werden der Krume von auswärts teils durch die in den Boden dringenden wässerigen Niederschläge, teils durch die Zersetzung von Vegetabilien im Innern des Bodens zugeführt.

§ 39. Die Asche ein und derselben Holzart enthält gewisse Bestandteile immer in annähernd gleicher Menge, während andere in derselben manchmal ganz fehlen, manchmal in größerer Menge vorgefunden werden. Die ersteren sind daher zum Gedeihen der Pflanzen notwendig; sie müssen in gewisser Menge im Boden in aufnehmbarer Form vorhanden sein, wenn die Pflanzen wachsen und gedeihen sollen; die anderen sind entbehrlich und werden nur zufällig von den Pflanzenwurzeln mit aufgesogen. Die letzteren kommen nur insofern inbetracht, als sie, im Überschuß vorhanden, den Pflanzen manchmal schädlich sind. Das Vorhandensein der anderen in ausreichender Menge ist Grundbedingung des Pflanzengedeihens.

Nun enthalten die Aschen aller Holzarten, aber je nach der Holzart, dem Pflanzenteile und der Jahreszeit in verschiedenem Maße insbesondere **Kalkerde, Magnesia oder Talkerde, Kali, Natron, Phosphorsäure und Kieselerde**. Diese Stoffe sind also zu ihrem Gedeihen unbedingt erforderlich; nur können sich, wie es scheint, Kalkerde und Magnesia, sowie Kali und Natron bis zu einer gewissen Grenze gegenseitig vertreten. Sie müssen in der Krume entweder in gelöster, oder in solchen Formen vorhanden sein, in welchen sie von den in den Wurzelspitzen vorhandenen Pflanzensäuren gelöst werden können.

Andere in dem Boden vorhandene Stoffe werden zwar von den Pflanzenwurzeln nicht aufgenommen, sie bedingen aber gewisse physikalische Eigenschaften des Bodens, von welchen die Menge der den Pflanzenwurzeln zugeführten Nährstoffe abhängt. Hierher gehört vor allem die kieselsaure Thonerde, der Thon, von welchem später die Rede sein wird, ferner die in nicht aufnehmbarer Form im Boden vorhandenen festen Bestandteile.

§ 40. Zu den flüchtigen Pflanzennährstoffen gehört vor allem das Wasser, welches nicht allein als Lösungsmittel der übrigen Nährstoffe, sondern als wirklicher, ganz oder teilweise in die Substanz der Pflanze übergehender Nährstoff von Wichtigkeit ist. Dasselbe wird von den Pflanzenwurzeln in ungeheuerer Menge, von der einen Pflanze mehr, von der anderen weniger, aufgesaugt und teils unmittelbar zur Bildung des Pflanzenkörpers verwendet, teils von den Blättern wieder ausgehaucht.

Um als Lösungsmittel der festen Pflanzennährstoffe tauglich zu sein, muß dasselbe etwas Kohlensäure enthalten, da sich namentlich Kalk und Kieselerde nur in kohlensäurehaltigem Wasser lösen; ebenso scheint das Wasser, um direkt als Pflanzennährmittel dienen zu können, atmosphärische Luft enthalten zu müssen, weil viele Pflanzen in stehendem also luftarmem Wasser eingehen, in fließendem und deshalb luftreichem Wasser dagegen gedeihen.

Die während der ganzen Vegetationszeit andauernde starke Verdunstung von Wasser macht es notwendig, daß während derselben unausgesetzt Wasser im Boden vorhanden ist und es gedeihen Holzarten mit sehr starkem Wasserverbrauche deshalb nur in stark bewässerten oder solchen Böden, welche aufgenommenes Wasser hartnäckig zurückhalten.

§ 41. Die Quelle alles im Erdboden überhaupt zirkulierenden Wassers sind in letzter Instanz die wässerigen Niederschläge, welche in den Boden eindringen und dort entweder oberflächlich verdunsten oder von den Pflanzenwurzeln aufgesaugt werden, oder aber in größere Tiefen vordringen. In letzterem Falle sickert es immer tiefer ein, bis es entweder eine undurchlassende oder eine mit Wasser bereits übersättigte Erdschichte trifft. Sind die undurchlassenden Schichten gegen den Horizont geneigt und treten mit ihren tiefgelegenen Teilen zu Tage, so fließt das sie treffende Sickerwasser über ihre Oberfläche hin ab und speist eine Quelle, welche an dem Berührungspunkte zwischen Bodenoberfläche und undurchlassender Erdschichte entspringt. Das Quellwasser ist bewegt und lufthaltig.

Ist die undurchlassende Schichte dagegen eben oder nach ihrer Mitte zu geneigt, so bleibt das Sickerwasser auf derselben stehen, verdrängt alle Luft aus den von ihm ausgefüllten Erdschichten und ist deshalb luftleer. Das Gleiche ist der Fall, wenn das einsickernde Wasser Erdschichten trifft, welche durch den Druck in der Nähe befindlicher Wasserläufe oder Seeen mit „Druckwasser“ übersättigt sind. Das in dieser Weise sich bildende Grundwasser bildet für viele Pflanzen ein Wachstumshindernis, weil ihre Wurzeln in dasselbe wegen Luftmangels nicht eindringen können. Es ist aber trotzdem für die Pflanzenernährung von Wichtigkeit, weil es die darüber liegenden Schichten der Bodenkrume durch Kapillarität mit Wasser speist.

Da nun letztere Kraft überall in Wirksamkeit tritt, wo trockene Erdschichten auf feuchteren aufliegen, so haben wir eine Wasserbewegung in der Erdkrume nach zweierlei Richtung, absteigend und die Zersetzungsprodukte der Bodendecke der Krume zuführend und die löslichen Teile dieser wegführend, wenn die Niederschläge und die oberflächlich eingeleiteten Gewässer in den Boden eindringen, und aufsteigend und die Verwitterungsprodukte des Untergrundes mit sich führend, so oft die Bodenkrume weniger durchfeuchtet ist als der Untergrund.

Das Wasser vermittelt auf diese Weise den Verkehr der Pflanzennährstoffe im Boden und bereichert die Krume, indem sie ihr solche sowohl aus dem Untergrunde, wie aus der Bodendecke zuführt. Es ist das aber nur dann für dieselbe von Nutzen, wenn sie fein genug zerteilt ist, um die ihr zugeführten Stoffe zurückhalten zu können.

§ 42. Weitere wichtige flüchtige Pflanzennährmittel sind das Ammoniak und die Kohlensäure. Ersteres ist die einzige Quelle des im Pflanzenkörper vorhandenen Stickstoffes, ebenso die Kohlensäure die Quelle des darin enthaltenen Kohlenstoffes. Während aber die große Masse der den Pflanzen nötigen Kohlensäure durch die Blätter unmittelbar aus der Luft eingesogen wird, wird das Ammoniak, wenn nicht ausschließlich, so doch vorzugsweise von den Wurzeln aufgenommen. Das im Boden vorhandene Ammoniak ist also unmittelbares und unentbehrliches Pflanzennährmittel, während die Kohlensäure in demselben vorzugsweise zur Löslichmachung der mineralischen Nährstoffe dient.

Beide entstehen durch Zersetzung organischer Stoffe, und zwar wird die die Kohlensäure vorzugsweise bei der Zersetzung von Pflanzen-, das Ammoniak von tierischen Stoffen erzeugt.

Ihre Quelle ist im Walde in erster Linie die sich zersetzende Bodendecke und erst in zweiter der der Waldluft von außen zugeführte Vorrat. Der letztere wird von den wässerigen Niederschlägen teilweise zu Boden gebracht und mit den Zersetzungsprodukten der Streudecke der Bodenkrume zugeführt.

Außerdem vermögen namentlich sehr feinkörnige Krumen unmittelbar aus der Luft sowohl Ammoniak wie Wasserdämpfe zu kondensieren.

C. Die physikalischen Eigenschaften des Bodens.

§ 43. Das Vorhandensein der in den §§ 38 bis 42 erwähnten Stoffe bedingt die Güte des Bodens in chemischer Hinsicht; damit derselbe aber Pflanzen ernähren kann, muß er noch gewisse physikalische Eigenschaften besitzen, welche das Gedeihen der Pflanze sichern. Es kommt in dieser Hinsicht vor allem inbetracht:

1. der Raum, welchen der Boden den darauf wachsenden Pflanzen zur Verbreitung ihrer Wurzeln bietet, die Gründigkeit oder Mächtigkeit des Bodens,
2. das Verhalten des Bodens gegen die Feuchtigkeit,
3. seine Bindigkeit,
4. sein Verhalten gegen die Wärme,
5. seine Fähigkeit, gasartige Stoffe in sich aufzunehmen und durchzulassen,
6. sein Vermögen, feste Stoffe zu absorbieren,
7. seine Neigung gegen den Horizont.

§ 44. Unter Bodenmächtigkeit oder Gründigkeit versteht man den Abstand des noch unzersetzten bezw. von den Baumwurzeln nicht erreichten Untergrundes von der Bodendecke. Sie ist in waldbaulicher Hinsicht in doppelter Richtung von Bedeutung. Sie bedingt einerseits die Tiefe, bis zu welcher die Baumwurzeln eindringen können, und damit die Bodenmenge, aus welcher diese ihre Nahrung ziehen, und beeinflußt anderseits die übrigen physikalischen Eigenschaften, weil die Einwirkungen der Luft auf den Boden mit zunehmender Tiefe abnehmen und demgemäß die den Wurzeln zugänglichen Erdschichten den Einwirkungen der Atmosphäre um so mehr ausgesetzt sind, je näher sie an der Oberfläche liegen, je geringer mit anderen Worten die Bodenmächtigkeit oder Gründigkeit ist und umgekehrt.

Man nennt einen Boden *sehr flachgründig*, wenn der Untergrund nur 15 cm unter der Bodenoberfläche liegt (die Bodendecke nicht mitgemessen),

flachgründig oder seichtgründig bei einer Mächtigkeit von 15—30 cm,
mitteltiefgründig „ „ „ „ 30—60 „ ,
tiefgründig „ „ „ „ 60—120 „ ,
sehr tiefgründig „ „ „ „ über 120 „ .

Flache und sehr flache Böden hat man in der Hauptsache auf scharfen Bergrücken und an sehr steilen Wänden, namentlich in trockener Lage und in sehr langsam verwitternden Gebirgsformationen, z. B. bei manchen Varietäten von Gneiß und Muschelkalk, überhaupt da zu suchen, wo eine Abschwemmung in der Krume stattfindet, mit welcher die Zersetzung des Untergrundes nicht Schritt halten kann. Dagegen findet man tiefgründige Böden, wo entweder eine Zuschwemmung oder doch keine Abschwemmung stattfindet, oder wo die Verwitterung des Untergrundes schneller als die Abschwemmung der Krume vor sich geht, entweder weil dieselbe an und für sich eine rasche ist, oder weil sie durch die sonstigen Standortseigenschaften befördert wird.

Daß bei horizontaler Schichtung des Grundgesteins die Plateaus und bei schiefer die Hänge auf der Seite, nach welcher die Schichten geneigt sind, gerne flachgründig werden, haben wir bereits erwähnt.

§ 45. Ein Boden ist *naß*, wenn seine sämtlichen Zwischenräume mit sichtbarem flüssigen Wasser ausgefüllt sind und dieses beim Herausheben von selbst abfließt. Ein nasser Boden ist mit Wasser *übersättigt*, d. h. er enthält mehr Wasser, als er unter normalen Verhältnissen zurückhalten kann. Kleine nasse Stellen in mehr trockener Umgebung heißen *Naßgallen*.

Feucht nennt man einen Boden, bei welchem die größeren Zwischenräume nicht vollständig mit sichtbarem Wasser ausgefüllt sind, und welcher erst beim Zusammendrücken Wasser tropfenweise abgiebt. Ein solcher Boden ist mit Wasser *gesättigt*, d. h. er enthält so viel Wasser, als er bei ständigem Zufluß von oben oder von der Seite bei ungehindertem Abfluß nach unten zurückhalten kann.

Fühlt sich ein Boden feucht an, ohne daß sich darin flüssiges Wasser erkennen läßt und ohne daß er solches beim Drucke abgiebt, so heißt derselbe *frisch*. Beim frischen Boden sind nur die Kapillarräume, nicht aber die größeren Zwischenräume mit Wasser gefüllt. Er enthält so viel Wasser, als er durch Haarröhrchenkraft von unten aufsaugen kann. *Trocken* ist ein Boden, wenn er sich nicht feucht anfühlt, aber immer noch so viel Feuchtigkeit enthält, daß er sich einigermaßen ballen läßt. Ein *dürrer* Boden zerstäubt dagegen beim Zerdrücken. Beide enthalten weniger Wasser, als sie bei unausgesetzter Zufuhr durch die Haarröhrchenkraft aufnehmen können.

§ 46. In jeden dieser Zustände kann jeder Boden gelangen. Es hängt von der Menge und Regelmäßigkeit der Wasserzufuhr und von den spezifischen

Eigenschaften eines Bodens ab, ob derselbe im allgemeinen als naß, feucht u. s. w. angesprochen werden kann.

Ein im allgemeinen also ständig oder spezifisch nasser Boden kann nur da entstehen, wo bei unausgesetzter Wasserzufuhr von außen der seitliche Abfluß des Wassers ständig gehemmt ist, also da, wo der Boden im Niveau des Druck- oder des Grundwassers liegt oder wo demselben Quellwasser schneller zufließt, als es nach unten eindringen kann.

Ein ständig feuchter Boden ist vorhanden, wo bei ungehindertem Abfluß nach unten von oben oder von der Seite ständig mehr Wasser zufließt, als zur Ausfüllung der Kapillarräume nötig ist. Spezifisch nasse und feuchte Böden setzen also ständigen Wasserzufluß von oben oder von der Seite voraus. Sie sind in dem Klima unserer Ebenen und niederen Gebirge, wo eine freie Wasserfläche mehr Wasser verdunstet, als durch die Regenmenge geliefert wird, in der Hauptsache nur in ebenen Tieflagen, zu welchen das Wasser von außen zuströmt, und in der Nachbarschaft von Quellen zu finden und nur in den höheren Gebirgen, wo die Verdunstung mit der Regenmenge nicht gleichen Schritt halten kann, finden sich solche Böden auch auf Rücken und Berghängen mit undurchlassendem Untergrunde. Sie sind im allgemeinen vermöge ihrer Lage und nicht infolge innerer spezifischer Eigenschaften feucht oder naß. Sie kennzeichnen sich dadurch, daß sich eingestoßene Löcher bei nassen Böden auch nach längerer Trockenheit, bei feuchten wenigstens bei feuchter Witterung durch seitlichen Zufluß mit Wasser füllen. Das Vorhandensein der Sumpfmoose ist ein untrügliches Zeichen nasser oder feuchter Böden.

§ 47. Dagegen hängt die Frage, ob ein Boden im allgemeinen als frisch, trocken oder dürr zu bezeichnen ist, neben der Lage wesentlich von den spezifischen Eigenschaften der betreffenden Bodenart, insbesondere von ihrer Fähigkeit, Wasser aufzunehmen und zurückzuhalten, ab.

In dieser Hinsicht verhalten sich die verschiedenen Bodenarten wesentlich verschieden.

Vor allem dringt in die verschiedenen Böden von oben zufließendes Wasser in sehr verschiedener Geschwindigkeit ein. Der Boden ist um so durchlassender, d. h. er nimmt solches Wasser um so schneller in sich auf, je größer die in ihm vorhandenen Zwischenräume, je größer mit anderen Worten seine Teile sind und je weniger Zusammenhang dieselben zeigen, und er ist umgekehrt um so undurchlassender, je feinkörniger er ist. Der Unterschied zwischen den verschiedenen Bodenarten ist so groß, daß einzelne Bodenarten 450 mal durchlassender sind, also in gleicher Zeit 450 mal mehr Wasser durchsickern lassen, als andere.

Weniger verschieden sind die einzelnen Bodenarten inbezug auf ihre Fähigkeit, aus nasser Unterlage Wasser durch Kapillarkraft aufzusaugen. Auch diese Fähigkeit hängt in der Hauptsache von der Größe der einzelnen Bodenbestandteile ab, sie ist aber abweichend von der wasseraufnehmenden Kraft um so größer, je enger und zahlreicher die Kapillarräume, je kleinkörniger also die betreffenden Erden sind und je fester sie auf einander liegen.

Mit dieser Fähigkeit identisch ist die Fähigkeit des Bodens, eingedrungenes Wasser vor Absickern zu schützen, weil eben jeder Boden nur dasjenige Wasser abtropfen läßt, welches er nicht in seine Kapillarräume aufgenommen hat.

Dagegen ist der Widerstand, welchen der Boden der Verdunstung des Wassers entgegensetzt, neben seiner Farbe und Feinkörnigkeit, insbesondere von seiner chemischen Zusammensetzung abhängig. Es giebt Bodenarten, welche in ihnen vorhandenes Wasser 3 bis 4 mal schneller durch Verdunstung verlieren, als andere. Ebenso hängt die Fähigkeit des Bodens, Wasserdampf aus der Luft zu kondensieren, vorherrschend von den Stoffen ab, aus welchen er besteht, und zwar sind es dieselben Stoffe, welche Wasser kondensieren und seine Verdunstung mäßigen.

Es ist nun klar, daß bei ein und demselben Wasserzuflusse derjenige Boden ständig der feuchtere sein muß, welcher eingedrungenes Wasser am hartnäckigsten zurückhält und aus feuchter Unterlage am begierigsten aufsaugt. Derartige Böden werden deshalb nur da als ständig trocken und dürr bezeichnet werden können, wo das von oben zufließende Wasser der Steilheit des Geländes halber nicht in den Boden gelangt und wo die unterirdischen Quellen der Feuchtigkeit so tief liegen, daß sie die Kapillarkraft nicht zu heben vermag.

Dagegen kommen Bodenarten, welche weder aufgenommenes Wasser zurückzuhalten noch im Untergrunde vorhandenes Wasser aufzusaugen vermögen, leicht in die Lage, als trocken und dürr bezeichnet werden zu müssen. Man nennt sie dürr, wenn sie die Spuren starker Befeuchtung nach einem Tage verloren haben, trocken, wenn darüber 8 Tage hingehen und frisch, wenn sie auch nach längerer Trockenheit noch Spuren von Feuchtigkeit zeigen.

§ 48. Unter Bindigkeit des Bodens versteht man seinen größeren oder geringeren Zusammenhang oder den Widerstand, welchen er der Zerkrümelung entgegensetzt. Sie ist nicht allein dadurch von Wichtigkeit, daß von ihr sein Verhalten gegen Luft, Feuchtigkeit und Wärme abhängt, sondern auch weil das Maß der Bindigkeit die Leichtigkeit, mit welcher die Wurzeln der Bäume in den Boden eindringen und die keimenden Pflanzen seine Oberfläche durchbrechen, bedingt. Man unterscheidet:

a) Feste Böden, d. h. Böden, bei welchen der Zusammenhang so groß ist, daß darüber fahrende beladene Wagen abgetrocknete Schollen nur an den Rändern abrunden. Fester Boden ist in trockenem Zustande steinhart und reißt in vielen netzförmigen Sprüngen.

b) Strenge oder schwere Böden, d. h. Böden von geringerem Zusammenhange, welche sich trocken leichter in Brocken zerbrechen lassen. Dieselben reißen beim Trocknen in zusammenhängenden tiefen Rissen und werden in trockenen Schollen von beladenen Wagen breit gedrückt, ohne zu zerfallen.

c) Milde oder mürbe Böden, welche sich leicht krümeln, aber auch in fast trockenem Zustande ballen lassen und unter Wagenrädern zerfallen, aber immerhin noch so viel Zusammenhang zeigen, daß sie bei raschem Trocknen oberflächlich zerreißen.

d) Lockere oder leichte Böden, welche in trockenen Stücken von selbst aus einander fallen, sich in feuchten aber noch ballen lassen.

e) Lose oder sehr leichte Böden. Dieselben lassen sich auch in nassem Zustande nicht ballen und zerfallen auch in feuchten Stücken.

f) Flüchtige, in trockenem Zustande vom Winde bewegte Böden.

Wasser und Humus erhöhen die Bindigkeit lockerer und vermindern diejenige leichter Böden. Ist das Wasser im Boden zu festem Eis gefroren, so wird der Boden steinhart. Da das Wasser sich jedoch beim Gefrieren ausdehnt, so lockert das Gefrieren des in dem Boden enthaltenen Wassers den Zusammenhang seiner festen Bestandteile, d. h. es lockert der Boden.

§ 49. Die Temperatur des Bodens ist für den Pflanzenwuchs von der höchsten Wichtigkeit. Die Wurzeln der Pflanzen nehmen nur dann Wasser auf, wenn dasselbe bis zu einem gewissen Grade erwärmt ist, und ihre Thätigkeit ist bis zu einer gewissen Grenze eine um so energischere, je höher diese Wärme ist. Die untere Grenze, bei welcher die Wurzelthätigkeit beginnt, und die obere, bei welcher sie aufhört, liegen bei verschiedenen Pflanzenarten in verschiedener Höhe, so zwar, daß der Saft in der einen Pflanze bei viel niedrigerer Bodentemperatur zu steigen beginnt als bei der anderen und daß die eine bei einer Temperatur am üppigsten gedeiht, in welcher die andere wegen zu hoher Wärme zugrunde geht.

Außerdem befördert hohe Bodenwärme die Fruchtreife, während sie niedrige Wärme verzögert, wie überhaupt zu allen im Pflanzenkörper vorkommenden chemischen Prozessen Wärme von außen zugeführt werden muß.

Aber auch in anderer Beziehung wirkt das Verhalten des Bodens gegen die Wärme auf das Pflanzenleben ein. Böden, welche sich in sehr hohem Grade erwärmen, trocknen durch raschere Verdunstung der in ihnen enthaltenen Feuchtigkeit rascher aus und gefährden dadurch die Vegetation. Nicht minder schädlich, namentlich für Pflanzen, welche gegen Frost empfindlich sind, ist die Eigenschaft mancher Böden, aufgenommene Wärme rasch wieder auszustrahlen und sich unter dem Gefrierpunkt abzukühlen. Umgekehrt vermindert die Zähigkeit, mit welcher andere Böden die einmal aufgenommene Wärme zurückhalten, die Frostgefahr für die darauf wachsenden Pflanzen.

Wieder andere Böden haben die Eigenschaft, infolge ihres hohen Wassergehaltes bei eintretendem Froste aufzufrieren und dadurch Sämlinge aus dem Boden zu heben und sie zu verderben.

In all diesen Beziehungen verhalten sich die verschiedenen Bodenarten je nach ihrer chemischen Zusammensetzung, je nach ihrem Wassergehalte, je nach ihrer Bindigkeit und Feinkörnigkeit, ja selbst nach ihrer Farbe verschieden.

§ 50. Von den vielerlei Quellen der Wärme im Boden sind nur zwei, die Sonnenwärme und die in dem Boden vor sich gehenden chemischen Prozesse von fühlbarer Wirkung. Was vor allem die letzteren betrifft, so ist es eine bekannte Thatsache, daß überall, wo sich chemische Stoffe großer Verwandtschaft mit einander verbinden, wie das bei der Zersetzung toter Körper immer geschieht, Wärme frei wird und daß umgekehrt die Zerreißung solcher Verbindungen, wie sie namentlich im lebenden Pflanzenkörper statthat, Wärme bindet. Nun sind in der rein mineralischen Krume die darin vorhandenen Stoffe in der Hauptsache bereits so zusammengelagert, wie sie zu einander die größte Verwandtschaft zeigen. Die chemische Thätigkeit innerhalb derselben beschränkt sich darauf, mit von außen eindringenden Stoffen, insbesondere der Kohlensäure, neue Verbindungen einzugehen. Um so größer ist sie in dem vegetabilischen Teile der Krume, insbesondere im Humus, dessen Verwandlung in Kohlensäure große Wärmemengen frei macht. Wenn also der Landmann seinen Acker mit dem rasch sich zersetzenden Stalldünger düngt, so führt er damit dem Boden nicht allein neue Pflanzennährstoffe zu, sondern er macht ihn auch wärmer. Die Wirkung der Mistbeete beruht darauf.

Der größte Teil der im Boden vorhandenen Wärme wird aber von der Sonne geliefert, welche der ganzen Erde bei Tage soviel Wärme zuführt, als diese bei Nacht durch Wärmestrahlung an den kalten Weltraum abgiebt. Die Sonnenwärme dringt aber nicht sehr tief in den Boden ein. In einer Tiefe von 10—12 m herrscht eine konstante, der mittleren Jahreswärme gleiche Temperatur. Bei 8 m Tiefe verschwinden schon die Schwankungen in der Temperatur der Jahreszeiten. Bei 1 m Tiefe betragen dieselben im Jahre nur noch etwa 10° C. Die täglichen Schwankungen in der Temperatur der Luft hören schon in 30 cm Tiefe auf, sich besonders fühlbar zu machen. Bei 15 cm Tiefe ist der Boden abends, im Hochsommer bis zu 5°, wärmer, als des Morgens. Dagegen sind an seiner Oberfläche die Temperaturschwankungen noch größer als in der Luft.

§ 51. Die Fähigkeit des Bodens, die warmen Sonnenstrahlen in sich aufzunehmen, hängt hauptsächlich von seiner Farbe ab. Je dunkler ein Boden, namentlich an seiner Oberfläche ist, desto vollkommener erfolgt die Aufsaugung der auf ihn fallenden Wärmestrahlen. Dagegen hängt der Erfolg dieser Aufsaugung trotz der Verschiedenheit in der Wärmekapacität der verschiedenen Stoffe, welche den Boden zusammensetzen, in der Hauptsache von seinem Wassergehalt ab, einmal deshalb, weil das Wasser, um sich um einen Grad zu erwärmen, 4—6 mal soviel Wärme nötig hat, als die verschiedenen Bodenarten; dann aber auch darum, weil ein Teil der aufgesaugten Wärme zur Verdunstung des Wassers verwendet wird. Je mehr Wasser ein Boden enthält, desto weniger ist er imstande, sich auf einen hohen Grad zu erwärmen und umgekehrt. Bei 20° Lufttemperatur zeigten direkte Versuche, daß sich nasse Erden im Sonnenschein um 6° weniger erwärmen, als trockene derselben Zusammensetzung.

Die wärmeaufnehmende Kraft des Bodens wird vermehrt durch die Vergrößerung seiner Oberfläche, sowie durch Beimengung dunkelgefärbter Teile.

§ 52. Die wärmeleitende Kraft des Bodens ist insofern für uns von Wichtigkeit, als von dieser Kraft die Schnelligkeit abhängt, mit welcher die von der Oberfläche aufgenommene Wärme in die tieferen Schichten, in welchen die Wurzeln sich verbreiten, vordringt. Je rascher diese Leitung vor sich geht, desto rascher erwacht im Frühjahr die Vegetation und in desto größerer Tiefe machen sich die jährlichen und täglichen Temperaturschwankungen auch in der Tiefe geltend.

Auch diese Fähigkeit des Bodens ist weniger von seiner mineralischen Zusammensetzung als von seinem Wassergehalte und von seiner Bindigkeit abhängig. Hoher Wassergehalt vermehrt, große Feinkörnigkeit vermindert die Leitungsfähigkeit des Bodens.

In wasserhaltigen grobkörnigen Böden dringt daher die Wärme schneller in größere Tiefe ein, als in trockenen feinkörnigen. Umgekehrt leiten dieselben, wenn die Bodenoberfläche sich abkühlt, die Wärme rascher nach oben. Sie haben also an der Oberfläche eine gleichmäßigere, in der Tiefe eine ungleichmäßigere Temperatur als trockene Böden.

§ 53. Im allgemeinen gilt als Regel, daß diejenigen Bodenarten, welche die Wärme am vollkommensten aufsaugen, auch die aufgenommene Wärme am schnellsten wieder ausstrahlen. Ebenso ist es klar, daß Böden, welche vermöge ihres hohen Wassergehaltes ihre Temperatur am wenigsten erhöhen, bei Ausstrahlung derselben Wärmemenge sich auch weniger abkühlen als andere.

Die wärmehaltende Kraft wird erhöht durch eine Decke von schlechten Wärmeleitern, namentlich durch Stoffe vegetabilischen Ursprungs, im Walde durch die Streudecke, und durch Schnee. Dagegen wird die Abkühlung in der Nacht vergrößert durch die Vergrößerung der wärmeausstrahlenden Oberfläche, also durch Lockerung und schollige Bearbeitung, sowie durch Graswuchs. Sie wird vermindert durch die Verminderung der Oberfläche, also durch Dichten des Bodens mit der Walze und durch Entfernung des Graswuchses.

§ 54. In unserem Klima gefriert der Boden selbst in völlig unbedecktem Zustande nur bei anhaltender sehr strenger Kälte bis zur Tiefe von 60 cm. Ist eine Decke von schlechten Wärmeleitern vorhanden, so erstarrt bei strenger Kälte nur die oberste Bodenschichte.

Beim Gefrieren dehnt sich bekanntlich das Wasser aus. Geschieht das Gefrieren plötzlich und bei feinzerteiltem Zustande des Wassers, so bildet jedes Partikelchen Wasser einen linearen Krystall, der erheblich mehr Raum einnimmt, als vorher das Wasser. Er hebt die in der senkrechten Richtung, in welcher die Krystallbildung erfolgt, im Wege liegenden Erdteilchen in die Höhe, sofern dieselben nicht fest zusammenhängen. Erfolgt ein derartiges Gefrieren in größerer Ausdehnung, so „friert der Boden auf“ und hebt die darin wachsenden Pflanzen aus, wenn sie nicht mit ihren Wurzeln in genügendem Maße in den nicht auffrierenden Bodenschichten festgehalten sind.

Der Barfrost oder das Auffrieren des Bodens ist also nur zu befürchten auf einem mindestens momentan frischen Boden, welcher einesteils nicht sehr fest zusammenhält und anderenteils vermöge seiner Färbung oder seiner ungeschützten Lage einer sehr raschen Abkühlung ausgesetzt ist. Alles, was die Abkühlung mäßigt oder den Zusammenhang der Erdteilchen vermehrt, vermindert die Gefahr des Auffrierens; was die Energie der Wärmestrahlung vermehrt und die Bindigkeit des Bodens vermindert, erhöht dieselbe.

Es ist deshalb ein Fehler, auf ihrer Natur nach dem Auffrieren ausgesetzten Böden in Saatkämpen im Spätherbste noch Jätungen vorzunehmen.

Unter schlechtleitenden Bodendecken friert die Erde nicht auf.

Bei dem gewöhnlichen langsamen Gefrieren des Bodens, dem s. g. Starrfroste, erstarrt derselbe zu einer festen, auch für Wasser undurchdringlichen Masse, welche beim Ausdehnen zwischen ihnen liegende weiche Pflanzenteile an der Bodenoberfläche quetscht und dadurch manchmal an jungen Pflanzen Schaden macht. Es zerreißt aber den Zusammenhang zwischen den einzelnen Körnchen des Bodens und läßt infolgedessen einen Boden zurück, der nach dem Auftauen lockerer ist als er vorher war. Das s. g. Ausfrieren des Bodens lockert ihn also, so zwar, daß über Winter freiliegende Schollen selbst sehr bindiger Böden dadurch von selbst zerfallen.

§ 55. Im allgemeinen geht aus dem Gesagten inbezug auf das Verhalten des Bodens gegen die Wärme hervor,

1. daß bei dunkler Färbung die Böden sich an der Bodenoberfläche schneller und mehr erwärmen, sich aber auch rascher und energischer abkühlen, als hell gefärbte; dunkle Färbung erhöht die Gefahr des Auffrierens bei genügendem Wasservorrate,

2. daß sehr wasserhaltige Böden sich langsamer an der Oberfläche, aber schneller in den tieferen Schichten erwärmen und abkühlen als trockene Böden,

3. daß bindige Böden sich in ihren tieferen Schichten langsamer erwärmen und abkühlen als trockene,

4. daß die Wärme schlecht leitende Bodendecken die Erwärmung wie die Abkühlung des Bodens erschweren.

§ 56. Jeder Boden, dessen Zwischenräume nicht vollständig mit Wasser ausgefüllt sind, enthält Luft, welche mit den äußeren Luftschichten in um so lebhafterer Wechselwirkung steht, je lockerer der Boden ist. Es ist das um deswillen von Bedeutung, weil die Luft Trägerin der Wärme und der Feuchtigkeit ist. Je leichter die Luft in den Boden eindringen kann, desto tiefer reichen die Einwirkungen der Schwankungen in dem Wärme- und Feuchtigkeitszustande der äußeren Luft in den Boden hinein.

Der Boden ist also den Einflüssen der Atmosphäre um so mehr unterworfen, je lockerer und je grobkörniger er ist. Dagegen vermag er aus der Luft um so mehr gasförmige Stoffe, insbesondere Ammoniak, Kohlensäure und Wasserdampf in sich zu kondensieren, aus je feinkörnigeren Teilen er besteht.

§ 57. Es ist eine bekannte Thatsache, daß verunreinigtes Wasser, wenn man es durch Erde langsam hindurchsickern läßt, mehr oder weniger klar aus demselben abläuft. Die das Wasser verunreinigenden festen Stoffe bleiben mechanisch an der Erde hängen. Die Erde ist aber auch imstande, in dem Wasser gelöste Stoffe aus demselben auszuscheiden und in sich zurückzuhalten, und zwar sind es gerade die festen Pflanzennährstoffe Kali und Phosphorsäure, weniger Kalk, Magnesia und Kieselerde, welche von den Böden am energischsten zurückgehalten werden, und zwar wiederum um so mehr, je feinkörniger dieselben sind. Es ist das für die Pflanzenernährung von der größten Wichtigkeit; besäße der Boden diese Fähigkeit nicht, so müßte er durch das durchsickernde Regenwasser ausgelaugt, d. h. seiner nährenden Bestandteile beraubt werden. Thatsächlich gestattet ihm diese Fähigkeit, sich gleichzeitig durch Absorption der Stoffe, welche er dem von oben eindringenden Regenwasser und dem von unten aufgesaugten Grundwasser entnimmt, sowohl mit den Zersetzungsprodukten der Bodendecke wie des Untergrundes zu bereichern.

§ 58. Die Neigung des Bodens gegen den Horizont (§ 8) ist nicht nur in klimatischer, sondern auch in anderer Hinsicht für den Pflanzenwuchs von Bedeutung. Je steiler die Neigung ist, desto größer ist die Gefahr der Abschwemmung, desto flachgründiger und ärmer an Feinerde ist deshalb in der Regel der Boden. Außerdem hat an steilen Hängen das Wasser weniger Zeit in den Boden einzudringen, es läuft leichter oberflächlich ab. Steile Hänge sind deshalb auch in der Regel trockener als weniger steile.

Umgekehrt erschwert ebene Lage den Wasserabfluß. Bei undurchlassendem Untergrunde oder bei im Überfluß zufließendem Wasser versumpfen daher ebene Flächen leichter als geneigte.

Die Pfahl- und Herzwurzeln der Bäume wachsen senkrecht auf den Horizont und nicht senkrecht auf die Bodenoberfläche in den Boden. Ihre Saugwurzeln haben deshalb auf geneigter Fläche auf der Bergseite einen größeren Raum zur Verbreitung als auf der Thalseite. Die Bewurzelung ist daher auf steilen Wänden eine einseitige, vorherrschend nach der Bergseite gerichtete, und die auf der Thalseite vorhandenen Wurzeln sind mehr den Einflüssen der Witterung ausgesetzt als die der Bergseite und mehr als die in gleicher Tiefe entspringenden Wurzeln der Ebene. Umgekehrt empfangen die Knospen der Thalseite mehr Licht, als die dem Berge zugewandten. Die an Berghängen wachsenden Bäume sind darum auch einseitig und zwar vorherrschend auf der Thalseite beastet. Die Baumspitzen auf verschiedener Höhe an Berghängen wachsender Stämme liegen ferner nicht wie diejenigen der Ebene in gleicher Höhe, sondern etagenförmig übereinander. Dieser Umstand befördert die Samenbildung bei denjenigen Holzarten, welche wie die Tanne die weiblichen Blüten in den oberen, die männlichen in den unteren Teilen der Krone tragen.

Dagegen bietet der auf geneigtem Boden erwachsene Baum im geschlossenen Bestande dem Winde mehr Fläche, weil er auf der Thalseite mehr Äste trägt und nicht wie der der Ebene von dem auf der Windseite vorstehenden Stamme vor dem Winde geschützt ist. Die Windbruchgefahr ist deshalb bei geneigter Lage unter sonst gleichen Verhältnissen größer, als auf ebenen Flächen.

§ 59. Die Bezeichnung der verschiedenen Grade der Bodenneigung haben wir im § 8 gegeben. Die obere Grenze der möglichen Neigung ist bei verschiedenen Böden je nach ihrer Bindigkeit verschieden. Je lockerer der Boden ist, desto weniger ist er zur Bildung steiler Hänge geeignet und umgekehrt. Künstlich lassen sich z. B. haltbare Böschungen aus reinem Sandboden nur herstellen, wenn die Böschung eine zweifache ist, d. h. wenn ihr oberer Rand doppelt so weit gegen den unteren zurücksteht als die Böschung hoch ist, während sehr bindende Böden bei einfacher Böschung in künstlicher Aufschüttung und noch steiler in auf gewachsenem Boden hergestellter Abgrabung halten.

Neigungen über 45°, d. h. über die Neigung einfacher Böschungen herausgehende Hänge finden sich in reiner Erde in der Natur nur in sehr bindigen Böden da, wo sich Wasserläufe ein Bett eingeschnitten haben. Bei allen anderen Böden findet das einzelne Korn in dieser Neigung keinen Halt. Es bleibt nur liegen, wo es durch zwischenliegende Steine oder Felsen festgehalten wird, wo mit anderen Worten durch vorspringende Steine und Felsen lokal eine weniger steile Böschung hergestellt wird.

Solche abschüssige Flächen kommen also nur da vor, wo der unzersetzte Fels an den meisten Stellen zu Tage tritt. Eine Bewaldung ist dort nur an Stellen möglich, an welchen lokal die Neigung eine geringere ist, und sich deshalb die Bodenkrume halten kann. Solche Hänge haben daher nur eine zufällige lückenhafte Bewaldung und sind zur Erziehung geschlossener Bestände untauglich.

D. Die Zusammensetzung des Bodens.

§ 60. Die Hauptmasse der Bodenkrume wird aus einigen wenigen Stoffen gebildet, welche ihre spezifischen Eigenschaften auf dieselbe übertragen und von deren Mischungsverhältnis ihre physikalischen und chemischen Eigenschaften abhängen. Diese Stoffe sind entweder mineralischer oder vegetabilischer Herkunft. Zu den ersteren gehören neben den das Bodenskelett bildenden unzersetzten Steinen als Hauptgemengteile der s. g. Feinerde der Sand, der Thon und der Kalk, zu den letzteren der Humus in seinen verschiedenen Formen. All diese Stoffe haben ihre besonderen Eigentümlichkeiten und müssen daher einzeln besprochen werden.

§ 61. Der Sand besteht aus Quarzkörnern, welche aus der Zertrümmerung quarzhaltiger Gesteine hervorgegangen sind. Sind die Körner nach der Zertrümmerung des Gesteins, aus welchem sie entstanden sind, durch Wasser weiter transportiert worden, so sind sie durch gegenseitiges Reiben mehr oder weniger abgerundet und zerkleinert, und zwar um so mehr, in je feinerer Zerteilung der Quarz im Grundgestein enthalten war und einen je längeren Weg sie bis zu ihrer jetzigen Lagerstätte zurückzulegen hatten. Wo das den Sand liefernde Gestein selbst durch Wasser abgesetzt ist, so entscheidet natürlich der Weg, welchen der darin enthaltene Sand vor der Ablagerung zurückgelegt hat, über die Feinkörnigkeit. Sehr feinkörniger Sand ist abgesehen von dem durch die Vegetation ausgeschiedenen „Neuquarz" der großen Härte des Quarzes halber selten. Man nennt den Sand grobkörnig, wenn die einzelnen Sandkörner mehr als 0,50, mittelkörnig, wenn sie 0,25 bis 0,50 und feinkörnig, wenn sie weniger als 0,25 mm Durchmesser haben. Sand über 1 mm Durchmesser nennt man bis zur Stärke von 3 mm wohl auch Feinkies.

Der Quarz selbst besteht aus Kieselerde, und zwar aus einer in Wasser unlöslichen Form derselben und ist als Säure ohne Einfluß auf die Bindung freier Humussäuren. Er ist deshalb zur Pflanzenernährung unbrauchbar und begünstigt die Bildung von sauerem Humus. Um so wichtiger sind seine physikalischen Eigenschaften.

Die Bindigkeit des Sandes ist eine sehr geringe. Reiner Sand hat in trockenem Zustande gar keinen, in feuchtem nur einen sehr geringen Zusammenhalt. Das Wasser haftet nicht fest an den Sandkörnern und durchdringt den Sand seines in der Regel groben Kornes halber leicht. Der Sandboden ist deshalb im allgemeinen für Wasser und Wärme sehr durchlässig und hält beide nicht zurück. Sein Feuchtigkeitsgehalt hängt hauptsächlich von der Beschaffenheit des Untergrundes ab. Auf sehr durchlässigem Untergrunde ist er meist sehr trocken. Er erwärmt sich leicht und kühlt sich rasch ab, ebenso trocknet er schnell aus. Er absorbiert weniger Feuchtigkeit, Gase und gelöste Stoffe, als die feinkörnigen Bodenbestandteile. Der Sand fühlt sich rauh und locker an und klebt nicht an der Hand, mit Säuren übergossen braust er nicht auf. Die Körner ganz reinen Sandes sind farblos, ganz reiner Sand ist deshalb weiß, durch Eisenerze verunreinigter gelb oder rot.

§ 62. Der Thon besteht aus einer Verbindung von Kieselerde, Thonerde und Wasser. Er ist wie der Sand im Wasser unlöslich, bindet aber freie Humussäuren. Er fühlt sich fettig an, klebt an der Zunge, braust aber mit Säuren nicht auf. Seine Farbe wechselt mit der Art der Beimengungen.

Der Thon ist immer höchst feinkörnig, mit Körnern von nicht meßbarer Größe, so daß er sich vom Sande durch Schlämmen trennen läßt. Er zeigt alle Eigenschaften solcher Böden, d. h. er ist für Wasser und Wärme sehr wenig durchlässig, hält aber beide mit Zähigkeit zurück. Er saugt aus nasser Unterlage gierig Wasser auf und hält die darin enthaltenen Pflanzennährstoffe hartnäckig fest. Anderen Bodenarten beigemischt, erhöht er ihre Bindigkeit, ihre Frische und ihre Fruchtbarkeit. Vermöge seiner meist hellen Farbe und seines hohen Wassergehaltes gehört er zu den kalten Böden. Unter allen Bodenbestandteilen ist er weitaus der bindigste und reißt, wo er nicht mit lockeren Bestandteilen gemischt ist, beim Austrocknen auf. Er enthält meist reichlich Kalk und andere Mineralsalze, so daß schon darum mit Thon gemischter Humus auch in nasser Lage seltener versauert.

§ 63. Der Kalk ist eine chemische Verbindung von Kohlensäure und Kalkerde. Er ist in der Form, in welcher er im Boden vorhanden zu sein pflegt, in reinem Wasser unlöslich, bindet aber freie Humussäuren. Dagegen löst ihn kohlensäurehaltiges Wasser, wenn auch langsam. Wo solches vorhanden ist, ist der im Boden vorhandene Kalk als Pflanzennährmittel tauglich. Derselbe hat ferner die Eigenschaft, daß er die Zersetzung des Humus und der noch unverwitterten Steine im Boden beschleunigt. Er liefert deshalb einen sehr thätigen, bei hinreichendem Humusvorrate auch sehr fruchtbaren, selten sauren Boden.

Der Kalk steht in physikalischer Hinsicht zwischen dem Sande und Thone, d. h. er ist weniger durchlässig für Wasser, Luft und Wärme, als der Sand, aber mehr als Thon, auch hält er die Feuchtigkeit besser zurück, als Sand. Ist er sehr grobkörnig, so steht er dem Sande, ist er feinkörnig, dem Thone näher.

Reine Kalkböden haben in der Regel eine helle Farbe, erwärmen sich aber trotzdem leicht. Das Vorhandensein von Kalk im Boden erkennt man daran, daß derselbe mit Säure übergossen aufbraust. Auch giebt es eine Menge kalkstete Pflanzen, u. a. die Elsbeere, der Maßholder, der gelbe Huflattich, die graublättrige Brombeere, deren Auftreten reichen Kalkgehalt im Boden beweist.

§ 64. Unter Humus versteht man die braun oder schwarz gefärbten Pflanzenreste, bei welchen die Zersetzung bereits so weit vorgeschritten ist, daß man ihre ursprüngliche Struktur nicht mehr erkennt. Im Ackerlande ist seine Quelle der eingebrachte Stall- und Gründünger, im Walde das alljährlich abfallende Laub, das faulende Holz und die Reste der darin wachsenden niedrigen Pflanzen.

Derselbe besteht aus verschiedenen einander nahe verwandten organischen Verbindungen, welche teilweise als schwache Säuren sich mit den mineralischen Nährstoffen verbinden.

Sein Wert besteht vor allem darin, daß er durch seine weitere Zersetzung dem Bodenwasser die Kohlensäure und das Ammoniak liefert, welch erstere zur Lösung der mineralischen Pflanzennährmittel unentbehrlich ist, während das Ammoniak selbst als Nährstoff dient. Außerdem läßt er im Boden die Asche der Pflanzen, aus welchen er entstand, in löslicher Form zurück und absorbiert aus Lösungen die darin enthaltenen Pflanzennährstoffe.

Trotz seiner dem Thone gleichen Feinkörnigkeit lockert und erwärmt er den Boden durch seine rasch fortschreitende Zersetzung und färbt ihn dunkel, was gleichfalls zu seiner Erwärmung beiträgt.

§ 65. Man unterscheidet:

1. noch wenig zersetzten Rohhumus,

2. milden oder Waldhumus, wie er bei genügendem Zutritt von Luft, Wärme und Feuchtigkeit, jedoch ohne Überschuß an Wasser entsteht und sich in Gärten und gutgepflegten Buchenbeständen in frischer, aber nicht feuchter Lage bildet,

3. saueren Humus, wie er namentlich auf an alkalischen Erden armem Boden entsteht, wenn die regelmäßige Zersetzung durch einen Überschuß von Wasser gehemmt wird. Derselbe enthält freie Säuren und wird dadurch dem Pflanzenwuchs schädlich. Ein Vorrat von Alkalien und alkalischen Erden im Boden bindet die Säuren. Man findet ihn auf Moor- und Bruchböden;

4. kohligen Humus, bei welchem die vollständige und regelmäßige Zersetzung durch Mangel an Wasser verhindert wurde und welcher gleichfalls durch freie Säuren schädlich wirkt,

5. adstringierenden oder Heidehumus, welcher sich bei ungenügender Feuchtigkeit aus gerbsäurehaltigen und Pflanzenwachs enthaltenden Pflanzen (Heide, Heidelbeere) bildet. Derselbe enthält ebenfalls freie Säuren und giebt zur Bildung des schädlichen Ortsteins Veranlassung.

Der Waldhumus ist, obwohl höchst feinkörnig, doch locker und hält in Wasser gelöste Stoffe hartnäckig zurück, ebenso saugt er Wasser und Wärme begierig auf. Er erwärmt sich vermöge seiner dunkeln Farbe leicht, verdunstet dann das Wasser, welches er sonst gierig festhält, rasch und friert bei hohem Feuchtigkeitsgrade leicht auf. Er bedarf entweder einer innigen Mischung mit der mineralischen Erde wie im Garten und einer Bodendecke wie im geschonten Walde, wenn er sich nicht zu sehr erwärmen und austrocknen und dann durch Umsetzung in kohligen Humus schädlich werden soll. In lufthaltigem, z. B. Regenwasser ist der Waldhumus löslich.

Der kohlige Humus ist im Wasser unlöslich und läßt Wasser fast nicht durch. Er ist wie der Heidehumus ziemlich bindig.

§ 66. Die dem Boden beigemengten Steine sind die Größe des Feinkieses (3 mm) überschreitende Trümmer des Gesteines, aus dessen Zersetzung der Boden hervorgegangen ist. Sie gehen bei fortschreitender Verwitterung allmählich selbst in Feinerde über. Im Gebirge bestehen sie meist aus schwer zersetzlichen Teilen gemengter, in den aufgeschwemmten Ebenen aus zugeschwemmten Trümmern harter und schwer zersetzlicher Gesteine.

Wo die Steine sich an ihrem ursprünglichen Lagerplatze befinden, sind sie mehr oder weniger scharfkantig und eckig; wo sie auf weite Strecken vom Wasser beigeschwemmt wurden, mehr oder weniger abgerundet.

Im letzteren Falle heißt man die Steine Kies und wenn die Brocken über 10 cm Durchmesser haben, Wacken. Feste und harte eckige Steine unter 5 cm Stärke nennt man Grand, ebensolche aus weichem Gestein Grus oder Grieß.

Die Gegenwart von Steinen im Boden schafft je nach ihrer Größe größere oder kleinere Zwischenräume. Steinige Böden haben alle Eigenschaften grobkörniger Böden in erhöhtem Maße, d. h. sie lassen Wasser, Luft und Wärme leicht durch, ohne sie festzuhalten. Die Gegenwart großer Steine auf dem Boden hindert indessen die Austrocknung der darunter liegenden Erde, erschwert aber ihre Befeuchtung. An Berghängen unterbrechen eingemischte über die Oberfläche hervorragende Steine das Gefälle und schaffen dadurch der lockeren Krume flachere Stellen, an welchen sie haften kann. Auch verhindern sie durch Belastung der Oberfläche das Auffrieren des Bodens.

Ob die Beimengung von Steinen den Pflanzen in chemischer Beziehung von Nutzen ist, hängt von ihrer Zusammensetzung ab. Bestehen sie aus leichtzersetzlichen Mineralien, welche die Aschenbestandteile der Pflanzen in reichem Maße enthalten, so garantieren sie bei richtiger Bodenpflege die nachhaltigste Bodenfruchtbarkeit; sind sie umgekehrt schwer zersetzlich oder arm an Pflanzennährstoffen, so ist ihre Gegenwart in chemischer Beziehung schädlich, weil sie fruchtbarer Krume den Raum versperren.

§ 67. Aus einem oder mehreren dieser fünf Stoffe sind alle in der Natur im großen vorkommenden Bodenarten zusammengesetzt.

Man unterscheidet nach dem Mischungsverhältnisse der ständigen Gemengteile von Sand, Thon und Kalk

1. Sandböden mit über 85 % Sand,
2. lehmige Sandböden mit 75—85 % Sand und 15—25 % Thon,
3. sandige Lehmböden mit 65—75 % Sand und 25—35 % Thon,
4. Lehmböden 55—65 % Sand, 35—45 % Thon,
5. lehmige Thonböden 45—55 % Sand, 45—55 % Thon,
6. Thonböden mit über 55 % Thon,
7. Kalkböden mit über 50 % Kalk,
8. thonige Kalkböden mit 35—50 % Kalk, 50—65 % Thon,
9. lehmige Kalkböden mit 25—35 % Kalk, 65—75 % Lehm,
10. Mergelböden mit 10—25 % Kalk, 75—90 % Lehm.

Sand-, Lehm- und Thonböden nennt man kalklos, wenn sie weniger als ½ %, kalkhaltig, wenn sie 5 bis 10 und kalkig, wenn sie 10 bis 20 % Kalkerde enthalten.

Alle diese Böden können nun, je nach der Mächtigkeit der Humusschichte, humusarm, etwas, ziemlich humos, humusreich, sehr und äußerst humusreich sein.

Reine Humusböden nennt man Moorböden, wenn sie aus infolge übermäßiger Feuchtigkeit saurem Humus bestehen, welcher in der Hauptsache aus Pflanzen höherer Entwickelung hervorgegangen ist. Torfboden ist eine aus unvollkommener Zersetzung niederer Pflanzen, insbesondere von Sumpfmoosen unter Wasser hervorgegangene Abart des Moorbodens. Die s. g. weißen und braunen Moore sind unfertige Torfbrüche. Nasse, mit saurem Humus gemischte Böden nennt man, je nach dem Grade der Nässe und der Humus-Beimischung etwas sumpfig, sumpfig und anmoorig, Sumpfböden.

Ebenso nennt man den Boden, je nach der Beimengung von Steinen und der Beschaffenheit der letzteren:

bei einer Beimengung von	20 %,	etwas steinig,
„ „ „ „	40 %,	ziemlich steinig,
„ „ „ „	60 %,	steinig,
„ „ „ „	80 %,	sehr steinig,
„ „ „ „	über 80 %	Stein- oder Geröllboden,

bezw. nach der Beschaffenheit der Steine in denselben Abstufungen kiesig, grandig, grusig, Kies-, Grand-, Grusboden.

In gleicher Weise unterscheidet man etwas und ziemlich felsigen, felsigen, sehr felsigen und Felsboden, wenn die Steine nicht lose in der Krume liegen, sondern fest mit dem Untergrunde zusammenhängen.

E. Der Ursprung des Bodens.

§ 68. Der Boden ist das Produkt der Verwitterung von Gesteinen, einerlei, ob er sich, wie der Verwitterungsboden im engeren Sinne, noch in seiner ursprünglichen Lage befindet oder vom Wasser als Schwemmboden nach einer anderen Stelle gebracht wurde.

Seine Zusammensetzung ist von den Bestandteilen dieser Gesteine abhängig. Es ist daher von Wichtigkeit, die Böden kennen zu lernen, welche aus der Verwitterung der verschiedenen Gesteinsarten hervorzugehen pflegen.

Für Deutschland kommen vorzugsweise inbetracht:

1. die krystallinisch-körnigen Gesteine: die Gruppe der Granite und Syenite,

2. die krystallinisch-schieferigen Gesteine: Gneiß, Glimmerschiefer, Urthonschiefer, Talkschiefer,

3. die Porphyre,

4. die Augite und Hornblendegesteine: Grünsteine, Basalte, Phonolithe, Trachyte u. dergl.

5. die Grauwackengesteine, insbesondere die eigentliche Grauwacke und die Schiefergesteine der Grauwackenformation,

6. das Rotliegende,

7. die Sandsteine der verschiedenen Formationen und

8. die Kalksteine derselben.

§ 69. Die Granite und Syenite bilden meist breitrückige Erhebungen mit wellenförmigen Plateaus und meist minder steilen Wänden. Der aus ihnen hervorgehende Boden ist je nach der Menge und der Feinkörnigkeit des in ihnen enthaltenen Quarzes verschieden. Bei sehr großem Quarzgehalte liefern sie einen mehr oder weniger grobkörnigen, in trockenen Lagen manchmal sehr flachgründigen Sand- oder Grandboden mit lehmigen Beimischungen. Bei großem Feldspat- und Glimmergehalt entsteht aus ihnen ein meist hellgefärbter, mehr oder weniger kräftiger Lehmboden, welchem mehr oder weniger grobkörnige Quarzkörner beigemischt sind.

Ähnliche, jedoch meist thonreichere Böden liefert der Gneiß. Die Plateaus sind aber bei horizontaler Schichtung ausgedehnter und flachgründiger und nur durch Erosionsthäler durchschnitten, während bei aufgerichteter Schichtung manchmal sehr steile Kuppen mit schmalen und ungleichen Kämmen entstehen.

Ähnlich sind die Bergformen des Glimmerschiefers und Urthonschiefers je nach der Art ihrer Schichtung. Der Boden des ersteren ist aber meist hell gefärbt, flachgründig, erdarm, wenig bindend und mit unzersetzten Gesteinsteilen gemischt, während der letztere bei dünner Schieferung einen tiefgründigen, bei dicker einen flachgründigen, milden, mit Schieferblättchen gemischten Thon von meist heller Färbung liefert.

Die Porphyre bilden meist steile bis sehr steile Hänge mit manchmal ziemlich breiten Plateaus. Der aus ihnen hervorgehende Boden ist sehr verschieden je nach der Struktur und Zusammensetzung des Gesteins. Während die dichten Porphyre meist flachgründige, an Feinerde sehr arme und wegen der Zerklüftung des Grundgesteins häufig auch trockene Böden, an Hängen fast reine Gerölle liefern, gehen aus den Thonporphyren milde, oft sehr tiefgründige Lehmböden hervor.

Die Hornblendegesteine und Augite bilden meist kegelförmige, mehr oder minder regelmäßige und steile Kegel, hier und da mit breiten Plateaus. Der aus ihnen hervorgehende Boden ist bei den eigentlichen Hornblendegesteinen ein demjenigen der mitteldichten Porphyre ähnlicher, erdarmer, der der Augite und Basalte ein sehr fruchtbarer, meist dunkel gefärbter, kalkhaltiger Thon- bis Lehmboden von mittlerer Gründigkeit und mehr oder minder starker Steinbeimischung.

§ 70. Die verschiedenen Grauwackengebilde zeichnen sich meist durch breite Plateaus mit tief eingeschnittenen, vielfach gewundenen Thälern und steilen Rändern aus. Der Boden, welcher aus ihnen entsteht, ist, je nach ihrer Zusammensetzung, ein außerordentlich verschiedener. Im allgemeinen herrschen fruchtbare thonige Böden mit ziemlichem Kalkgehalte vor. Thonreiche Schichten bilden meist auch sehr tiefgründige thonige Böden, während die Böden der kieseligen und schieferigen Schichten oft sehr flachgründig und erdarm erscheinen.

Ähnlich verhält sich der Boden der zum Rotliegenden gehörigen Gesteinsschichten. Die Hänge sind meist steil bis sehr steil, die Plateaus abgerundet, der Boden bei den thonreichen Schichten tiefgründiger thoniger Lehmboden, bei den Konglomeratschichten manchmal nur sehr flachgründiger und erdarmer Lehm- und Thonboden.

Bei den Sandsteinen hängt die Zusammensetzung des daraus entstehenden Bodens fast ausschließlich von der Art und der Menge des Bindemittels ab, mit welchem die Quarzkörner zusammengekittet sind. Besteht dasselbe, wie bei den untersten Schichten des Buntsandsteins, dem s. g. Vogesensandsteine, vorherrschend aus Quarz, so gehen daraus mehr oder weniger grobkörnige, manchmal stark kiesige, reine Sandböden hervor. Besteht das Bindemittel wie bei dem jüngeren Buntsandsteine und den meisten Kohlensandsteinen aus Thon, so bilden sich Lehm- und selbst Thonböden, aus Kalksandsteinen mergelige Sandböden, hie und da selbst Mergelböden. Diese Böden sind sämtlich meist hell gefärbt und in frischen Lagen auch tiefgründig.

Auch die aus den Kalksteinen und Dolomiten hervorgehenden Böden sind, je nach der Struktur und Zusammensetzung des Urgesteins, höchst verschieden. Die mehr dichten Kalksteine, wie z. B. viele Schichten des Muschelkalks, verwittern sehr langsam und bilden oft sehr flachgründige und erdarme Grusböden, während aus anderen Kalksteinen, z. B. den meisten Jura- und Tertiärkalksteinen bei genügender Feuchtigkeit tiefgründige sehr fruchtbare Mergel- und lehmige Kalkböden hervorgehen.

§ 71. Die Böden des Schwemmlandes sind, abgesehen von ihrem Humusgehalte und abgesehen von den Moor- und Torfböden, in der Hauptsache in ihrer jetzigen Gestalt und Zusammensetzung vom Wasser abgesetzt worden. Sie sind je nach der Natur der Gebirge, aus welchen sie herrühren und der Gewalt des Wassers, welches sie beigeschwemmt hat, außerordentlich verschieden.

Im allgemeinen sind die Ablagerungen ein und desselben Ursprungs um so grobkörniger, je näher die jetzigen Lagerstätten dem Ursprungspunkte der sie zusammensetzenden Teile liegen und je bewegter das sie transportierende Wasser war und umgekehrt um so feinkörniger und thonhaltiger, je weniger das Wasser bewegt war. Flüsse mit wechselndem Wasserstande setzen bei Hochwasser in Tieflagen vorherrschend grobes Geschiebe und Kies, auf alles höher liegende Gelände und da, wo ihre Geschwindigkeit nachläßt, zuerst grobkörnigen Kalk- und Quarzsand, und nur da, wo das Wasser ganz zur Ruhe kommt, die feinkörnigen Bestandteile des eigentlichen Schlammes, Feinsand, Humus und Thon, ab. Die Ablagerungen derselben Flüsse bestehen bei mittlerem und niederem Wasserstande meist aus Sand und Schlamm oder nur aus Schlamm. Die Geschiebe selbst werden um so kleiner, je geringer das Gefälle wird, so zwar, daß die deutschen Ströme in ihrem unteren Laufe fast nur Sand und Schlamm führen.

Es beruht das teils darauf, daß das Gefälle nicht mehr ausreicht, gröbere Steine fortzubewegen, so daß diese im oberen Teile des Flußgebietes liegen bleiben, teils darauf, daß die fortbewegten durch Reibung immer kleiner werden. Diese Reibung bedingt gleichzeitig eine Abrundung der Kanten und ein Zerreiben aller weichen Teile. Je weiter das grobe Geschiebe demnach transportiert worden ist, desto mehr nimmt dasselbe die Form des Kieses an und desto seltener werden darin Stücke weicher und leicht zerreiblicher oder durch Spaltung oder Beimengung leicht zersetzlicher Teile leicht zerbrechlicher Gesteinsarten.

Es ist das namentlich um deswillen von Bedeutung, weil sich daraus die geringe Zersetzlichkeit der hauptsächlich harten und aus glatten Stücken bestehenden Kiese erklärt, welche weit von ihrem Ursprungspunkte abgesetzt sind.

§ 72. Man unterscheidet:

1. Gerölle oder Geschiebe, Ablagerungen von Steinen aller Art mit größeren oder geringeren Beimengungen von Feinerde,

2. Sandablagerungen verschiedenen Korns und mit verschiedenen Beimengungen, von welchen neben dem Thon namentlich Kalk und der kalihaltige Feldspat inbetracht kommt, und zwar:

a) Meeressand, in der Diluvialzeit auf dem Boden der Meere abgesetzter Sand, meist kalk-, feldspat- und thonhaltig,

b) Flugsand der Binnenländer, von den Meeren in der Diluvialzeit ausgeworfener sehr feinkörniger Quarzsand ohne schlammige Bindemittel und meist auch ohne Feldspat- und Kalkbeimischungen,

c) Dünensand, von den heutigen Meeren an ihren Küsten ausgeworfener Sand gleicher Art,

d) Flußsand, von den heutigen Flüssen abgesetzter Sand, mehr oder weniger grobkörnig und durch häufige Auswaschung meist bindemittellos, wenn auch hie und da mit Schlammablagerungen durchsetzt und überdeckt,

e) Heide- oder Grausand, sehr feinkörniger von der Vegetation abgesetzter weißer oder durch Heidehumus grau gefärbter Sand ohne Kalk und Feldspat,

3. Lehm-, Mergel-, Thon- und aus diesen gemischte Ablagerungen, unter anderen:

a) Löß, diluviale Lehmablagerungen in den Flußthälern mit teilweise großem Kalkgehalt,

b) Flußlehm, ähnliche Ablagerungen neuerer Zeit,
c) Auboden, im Überschwemmungsgebiete unserer heutigen Flüsse bei Hochwasser durch Niedersetzen des Schlammes sich absetzender Boden, vorherrschend aus Thon und Kalk bestehend und mit humösen Bestandteilen reich gemischt,
d) Marschboden, ein ähnlicher an den Flußmündungen im Meere abgesetzter Boden,

4. Moor- und Torfböden.

F. Bodenzustände.

§ 73. Wir haben bisher nur die spezifischen, bis zu einem gewissen Grade dauernden Eigenschaften des Bodens besprochen. Es bleiben nun noch die Veränderungen zu besprechen, welche derselbe durch äußere Umstände erleidet.

In einem geschlossenen und gut gepflegten mittelalterigen Bestande, wenigstens der Schattenholzarten ist der Boden immer mit einer mehr oder weniger starken Decke abgestorbener Blätter und Nadeln bedeckt.

Diese Decke hindert die unmittelbare Einwirkung des Regens auf den Boden, befördert aber das Eindringen des Wassers in denselben und mäßigt dessen Verdunstung; sie liefert dem Boden durch ihre fortwährende Zersetzung den Humus, dessen weitere Zersetzung den Boden lockert und mit Kohlensäure versieht, welche die weitere Zersetzung der beigemengten Steine und des Untergrundes ermöglicht.

Dauernd bedeckte Böden sind daher auch in trockener Lage in der Regel frisch, humusreich und namentlich in den obersten Schichten sehr locker. Sie bereichern sich in ihren obersten Schichten fortwährend durch die Zersetzungsprodukte der Streudecke, des Bodenskeletts und des Untergrundes, welche sie vermöge ihres hohen Humusgehaltes auch dann zurückhalten, wenn die mineralischen Bestandteile dazu nicht geeignet sind. Sie befinden sich daher in einem für das Fortwachsen bereits vorhandener Bäume höchst günstigen Zustande.

Dagegen sind bedeckte Böden für das Anwachsen junger Pflanzen nicht geeignet. In toten Bodendecken, welche oberflächlich ganz vertrocknen, keimen zwar manche Holzpflanzen; sie gehen aber darin meist durch Vertrocknen wieder zugrunde. Außerdem setzen sich die oberen Bodenschichten, sowie behufs Zuführung ausreichender Luftnahrung der schützende Bestand gelichtet wird, durch rasche Zersetzung der Humusteile, so daß die darin gekeimten Pflanzen später mit den oberen Teilen der Wurzeln außerhalb des Bodens stehen.

Endlich hat das Vorhandensein einer reinen und halbfertigen Humusschichte an der Bodenoberfläche den Nachteil, daß dieselbe, wenn die Zufuhr von totem Laube aufhört, leicht auffriert und leicht austrocknet, während ihr Reichtum an Pflanzennährstoffen die Pflanzen anreizt, sich hauptsächlich in ihr zu verbreiten.

Soll bis dahin bedeckt gehaltener Boden für junge Pflanzen empfänglich gemacht werden, so muß ihm erst durch erleichterten Zutritt von Luft, Licht und Regen die Möglichkeit gegeben werden, sich zu setzen und durch rasche weitere Zersetzung der Humusteile die Höhe der reinen Humusschichte zu vermindern.

§ 74. Dieser Übergang muß allmählich vor sich gehen. Wird ein bis dahin bedeckt gewesener Boden plötzlich durch Hinwegnahme der Streudecke und durch Entfernung des die Witterungseinflüsse abhaltenden Bestandes bloßgelegt und so in einen offenen oder nackten Boden verwandelt, so verhärtet der Boden durch das unvermittelte Aufschlagen der Regentropfen oberflächlich und die Humusschichte verflüchtigt sich entweder durch zu sehr beschleunigte Zersetzung oder sie verwandelt sich in Luft und Wasser fast vollständig abschließenden kohligen Humus.

Die bis dahin durch die Streudecke und den starken Humusgehalt gemilderten spezifischen Eigenschaften der mineralischen Bodenbestandteile und der Lage kommen in diesem Zustande des Bodens, welchen man als Aushagerung bezeichnet, in voller Kraft zur Erscheinung, wenn sich nicht lebende Pflanzendecken einstellen oder der Boden nicht fortwährend gelockert wird.

Der Flugsand wird flüchtig, d. h. er verweht vor dem Winde, strenge Böden reißen auf und werden steinhart; weniger strenge aber bindende Böden verkrusten oberflächlich und verlieren viel von ihrer Fähigkeit, auffallendes Wasser rasch aufzunehmen. Infolgedessen schwemmen eintretende Platzregen auf geneigter Fläche lockere Bodenbestandteile ab, so daß sich der Gehalt der obersten Bodenschichte an Feinerde immer mehr vermindert. Außerdem vertrocknen die Böden in trockener und versumpfen in nasser Lage.

Nackte Böden verlieren daher bei längerer Dauer dieses Zustandes viel an ihrer Fruchtbarkeit, wenn den nachteiligen Folgen der Freilage nicht durch häufige künstliche Lockerung vorgebeugt wird.

§ 75. In der Regel verharren indessen Böden mittlerer Bindigkeit nicht in diesem Zustande. Verschwindet die tote Bodendecke oder reicht sie zur vollständigen Bedeckung des Bodens nicht aus, so stellen sich lebende Pflanzen ein, deren Wirkung auf den Boden je nach ihrer Art und ihrer Dichtigkeit eine verschiedene ist.

Den günstigsten, demjenigen toter Bodendecken fast gleichen Einfluß übt eine Decke derjenigen Moose aus, welche in so lockerem Zusammenhange mit dem Boden stehen, daß sie sich ohne Schwierigkeit mit dem Rechen entfernen lassen, wie das bei fast allen Astmoosen der Fall ist. Unter ihnen ist der Boden namentlich ebenso locker und frisch wie unter gleichdichten Laub- und Nadeldecken. Sie haben vor den ersteren noch das voraus, daß sie das Eindringen der Wurzeln keimender Samen in die Krume weniger erschweren und daß sie weniger vollständig austrocknen, so daß sich zwischen ihnen, wo die Polster nicht gar zu hoch sind, junge Pflanzen oft jahrelang halten, ohne die eigentliche Bodenkrume erreicht zu haben. Die meisten massenhaft auftretenden Astmoose sind an den Waldesschatten gebunden und verschwinden mit diesem.

Weit weniger günstig ist die Vermoosung des Bodens mit den festwurzelnden einstämmigen Moosarten, insbesondere den Widerthon- und Sumpfmoosen. Die ersteren durchziehen die oberste Bodenschichte mit einem so dichten Wurzelgeflechte, daß die Keime der meisten Samen zwischen ihnen nicht in den Boden eindringen können und lassen Luft fast gar nicht, Wasser ihres eigenen starken Wasserverbrauchs halber nur bei starkem Regen durch. Die Sumpfmoose dagegen halten die Feuchtigkeit gierig zurück und geben zur Sumpf- und Torfbildung Veranlassung.

Ein ähnlicher Unterschied besteht zwischen den hochstengeligen und den Krustenflechten. Die ersteren verhalten sich ähnlich wie die Astmoose, während die letzteren das Eindringen des Wassers in den Boden sehr erschweren.

§ 76. Die aus höheren Pflanzen bestehenden Bodenüberzüge haben das Gemeinsame, daß sie den oberirdischen Abfluß des Wassers mäßigen und an Berghängen das Abschwemmen der Bodenkrume selbst verhindern. Im übrigen verhalten sie sich verschieden je nach ihrer Dichtigkeit und je nachdem sie aus Gräsern, Halbgräsern und krautartigen Pflanzen oder aus niedrigen Holzgewächsen, wie Heide- und Beerkraut, aus Sträuchern oder aus Farrenkräutern bestehen.

Ein mäßiger, die Oberfläche nicht vollständig bedeckender Gras- und Kräuterwuchs, die s. g. Benarbung des Bodens, ist dem Eindringen des Wassers in den Boden wenig hinderlich; auch erschwert sie, so lange sie in diesen Grenzen bleibt, das Keimen der auf den nackten Boden fallenden Samen in keiner Weise. Dieselbe pflegt sich einzustellen, sowie vorher bedeckt gewesener Boden durch Lichtung im alten Bestande sich soweit gesetzt hat, daß er als Keimbett für junge Holzpflanzen tauglich ist. Man sieht diesen Bodenzustand daher in Verjüngungsschlägen gerne, hütet sich aber, so lange die Holzpflanzen der Gefahr der Beschädigung noch nicht entwachsen sind, durch weitere Lichtung eine Verdichtung des Graswuchses hervorzurufen.

Tritt diese Verdichtung in einem Maße ein, daß die Bodenoberfläche vollständig von den Gräsern oder anderen Pflanzen bedeckt und mit ihren Wurzeln durchzogen wird, so spricht man von einer Verrasung oder Verwilderung des Bodens und unterscheidet dabei, wenn die Verwilderung durch Gräser und Kräuter veranlaßt ist, zwischen Verangerung und Vergrasung des Bodens.

Unter Verangerung versteht man dabei die Verrasung des Bodens mit den mehr trockenen, auf freiliegenden trockenen Örplätzen wachsenden schmal- und borstenblättrigen und nicht lebhaft grün gefärbten Gräsern, Borstengras, Schafsschwingel u. dergl., und ihren krautartigen Begleitern, und unter Vergrasung das Verwachsen des Bodens mit den saftig grünen und breitblättrigen Wiesen- und Haingräsern. Erstere findet sich mehr im Freien und in trockener Lage und bildet unter sich kohligen oder Heidehumus, letztere bildet sich in frischer Lage und unter lichten Beständen und scheidet bei nicht übermäßiger Feuchtigkeit milden, bei großer Nässe saueren Humus aus.

Beide machen es kleinen Samen unmöglich, ihre Keime in den Boden zu treiben, bei sehr dichten Wurzelfilzen sind sie auch für die Keime schwerer Samen undurchdringlich. Sie nehmen weiter einen großen Teil des in den Boden eindringenden Wassers für ihre eigene Ernährung in Anspruch, so daß zwischen ihnen stehende junge Pflanzen leicht durch Trockenheit zugrunde gehen. Sie erhöhen außerdem die Spätfrostgefahr durch ihre eigene Wärmestrahlung, beschatten die zwischen ihnen stehenden Holzpflanzen oft im Übermaße und legen sich, wenn sie im Winter absterben, über dieselben. In letzteren beiden Beziehungen werden auch einjährige Kräuter, wie der klebrige Kreuzwurz, und der Adlerfarren, welche inbezug auf die Bodenverwurzelung weit weniger schädlich sind, häufig nachteilig.

§ 77. Unter den die Bodenverwilderung kennzeichnenden niedrigen Staudengewächsen stehen die gewöhnliche Heidelbeere und das Heidekraut oben an. Beide durchziehen, die Heidelbeere mehr als die Heide, die oberste Bodenschichte mit einem dichten Wurzelfilze, welcher das Eindringen der Keime in den Boden ungemein erschwert und den größten Teil des während des Sommers in den Boden eindringenden Wassers verzehrt und beide lassen, die Heide mehr als die Beerkräuter, den jungen Holzpflanzen wenig Raum zur Wurzel- und Astverbreitung. Dagegen legen sie sich nicht wie die Gräser und krautartigen Pflanzen im Winter um und befördern auch weniger die Spätfröste.

Die Heidelbeere liebt frischere licht beschattete Böden, während sich das Heidekraut mehr auf freiliegenden Stellen ansiedelt. Beide erschweren durch den Gerbsäure- und Wachsgehalt ihrer Blätter die normale Humusbildung. Sie lassen meist eine dichte Schichte von Heidehumus zurück, der sich nur durch innige Mischung mit mineralischer Erde langsam in milden Humus überführen läßt, aber freigelegt in nicht sehr frischer Lage in kohligen Humus übergeht.

Die höheren Staudengewächse, wie die Besenpfrieme und die niedrigen Sträucher, Schwarzdorn, Weißdorn, Stechpalme, Faulbaum, Wachholder und die niedrigen Weiden schaden nur durch das Eindringen der Wurzeln hindernde und die Bearbeitung erschwerende Bodenverwurzelung, sowie durch Einengung des oberen Wachsraums der Holzpflanzen und dagegen empfindlichen Holzarten durch Lichtentzug, während sie schutzbedürftige gegen Frost und Hitze schützen; die Reste junger Holzbestände werden, wenn sie nicht vom Stocke ausschlagen, nur durch Verwurzelung des Bodens unbequem.

§ 78. Ein dem Pflanzenwachstum sehr nachteiliger Zustand des Bodens ist derjenige der Versumpfung. Derselbe entsteht, wenn in irgend einer Weise, sei es durch Vermehrung des Zuflusses, sei es durch Verminderung des Abflusses oder der Verdunstung, stauende Nässe auf dem Boden eintritt und eine Vegetation von Sumpfpflanzen hervorruft, welche in kurzer Zeit oft große Vorräte von sauerem Humus absetzt.

Wird dieser Zustand sehr hochgradig, so bringt er selbst ältere längst vorhandene Bäume zum Absterben; für die weitaus meisten Holzarten ist er selbst in geringem Umfange ein absolutes Hindernis des Gedeihens in der ersten Jugend, nicht nur weil sie mit ihren Wurzeln in das luftleere stauende Wasser nicht eindringen und unter dem nachteiligen chemischen Einflusse des saueren Humus kümmern, sondern auch weil solche Böden, wenn sie freiliegen, außerordentlich leicht bis zu großer Tiefe auffrieren.

Man beseitigt diesen häufig schon durch den Abtrieb des alten Waldes, welcher bisher den Überschuß an Wasser in sich aufnahm, hervorgerufenen Übelstand durch vorsichtige Entwässerung.

Zweiter Teil.

Die Lehre vom Waldbau.

Benutzte Litteratur: Hundeshagen, Dr. J. Ch., Encyklopädie der Forstwissenschaft. 3. u. 4. Auflage, herausgegeben von Dr. J. L. Klauprecht. Tübingen 1840 bis 1843. — Stumpf, C., Anleitung zum Waldbau. 2. Auflage. Aschaffenburg, 1854. — Dengler, Leop., Dr. Gwinner's Waldbau. 4. Auflage. Stuttgart, 1868. — Parade, A., Cours élementaire de culture de bois. 4. Auflage. Paris et Nancy, 1860. — Pfeil, Dr. W., Die Forstwirtschaft nach rein praktischer Ansicht. 6. Auflage, herausgegeben von M. R. Preßler. Leipzig, 1870. — Burckhardt, H., Säen und Pflanzen nach forstlicher Praxis. 4. Auflage. Hannover 1870. — Hartig, Dr. G. L., Lehrbuch für Förster. 11. Auflage, herausgegeben von Dr. Th. Hartig. Stuttgart, 1877. — Fischbach, Dr. C., Lehrbuch der Forstwissenschaft. 3. Auflage. Berlin, 1877. — Heyer, Dr. C., Der Waldbau oder die Forstproduktenzucht, herausgegeben von Dr. Gust. Heyer. Leipzig, 1878. — Gayer, Dr. C., Der Waldbau, Berlin, 1880.

Erster Abschnitt.

Die Grundlagen des Waldbaus.

Kapitel I. Forstliche Grundbegriffe.

§ 79. Das Holz, dessen Hervorbringung Aufgabe der Forstwirtschaft ist, wird an den im Walde erwachsenden Bäumen und Sträuchern erzeugt. Beide sind Holzgewächse, d. h. auch in ihren oberirdischen Teilen verholzende und mehrere Jahre fortvegetierende Pflanzen und unterscheiden sich dadurch von einander, daß sich bei den Bäumen über der Wurzel nur ein Hauptstamm erhebt, welcher sich entweder gar nicht oder erst in größerer Entfernung vom Boden in eine Krone ausbreitet, während bei den Sträuchern unmittelbar über der Wurzel mehrere, ungefähr gleich starke und zu gleicher Höhe sich entwickelnde Stämmchen entspringen, welche meist von der Basis an verzweigt sind, ohne eine eigentliche Krone zu bilden.

Manche Holzarten, d. h. Arten von Holzgewächsen, kommen in der Natur nur als Sträucher vor; andere erwachsen von Natur nur zu Bäumen und werden gar nicht oder nur dann zu Sträuchern, wenn der Hauptstamm oder Schaft zerstört wird.

Holzarten, welche ohne künstliches Eingreifen niemals zu Bäumen erwachsen, nennt man Sträucher im engeren Sinne. Stauden sind stets ganz niedrig bleibende und zur Holznutzung nicht geeignete Sträucher.

§ 80. Der junge Baum entsteht entweder aus dem keimenden Samen, indem der aus demselben austretende Keim sich in Wurzel und Federchen teilt, welch letzteres den späteren Schaft bildet oder dadurch, daß sich aus anderen Teilen von Bäumen die fehlenden Organe, aus oberirdischen Teilen also die fehlenden Wurzeln, aus unterirdischen die fehlenden Stammteile bilden.

Unmittelbar aus dem Samen entstandene junge Bäume nennt man Kernlohden und wenn sie in größerer Menge beisammen stehen, Kernwuchs. Ist ein Kernwuchs ohne menschliches Zuthun aus schwerem ungeflügelten Samen entstanden, so nennt man ihn Aufschlag, während man so entstandene Kernwüchse aus leichtem und geflügeltem Samen als Anflug bezeichnet.

Junge Bäume oder Sträucher, welche aus anderen Pflanzenteilen hervorgegangen sind, nennt man im allgemeinen Ausschläge oder Ausschlaglohden, wobei man die aus oberirdischen Pflanzenteilen entstandenen als Stockausschläge oder Stocklohden, bezw. Kopflohden, die aus den unterirdischen Teilen hervorgegangenen als Wurzelausschläge oder Wurzellohden, und wenn sie ausschließlich aus flachstreichenden Tagwurzeln entstanden sind, als Wurzelbrut bezeichnet.

Kopf- und Stocklohden unterscheiden sich dadurch, daß die ersteren aus den Stümpfen in ziemlicher Höhe über dem Boden geköpfter, die anderen aber aus den Stöcken am Boden abgehauener Stämme hervorgehen.

§ 81. Das Holz entsteht an diesen jungen Bäumen und Sträuchern, einerlei ob sie Kernlohden oder Ausschläge sind, dadurch, daß die im ersten Jahre ausgetriebenen Schäfte, Zweige und Wurzeln verholzen und daß sich um dieselben von Jahr zu Jahr immer neue Holzschichten herumlegen, während sich an den Spitzen und Seiten neue Triebe entwickeln, welche sich in gleicher Weise verdicken und verlängern.

Das so gebildete Holz ist also das Produkt einer längeren Reihe von Jahren und wird am Baume so lange aufbewahrt, bis derselbe abstirbt oder abgehauen wird.

Der einzelne Baum wächst durch diese alljährlichen Neubildungen sowohl an Länge wie an Dicke und Masse, und da die Brauchbarkeit des Holzes im allgemeinen mit den Dimensionen wächst, auch an Qualität und Gebrauchswert. Man hat deshalb einen Länge-, Stärke-, Massen- und Qualitätszuwachs und endlich einen Wertszuwachs der Bäume zu unterscheiden, welch letzterer das Produkt ihres Massen- und Qualitätszuwachses ist.

Alle diese Arten von Zuwachs sind in den einzelnen Jahren verschieden. Man unterscheidet deshalb den von einem bestimmten Jahre zum anderen thatsächlich entstehenden laufenden Längen-, Stärken-, Masse-, Qualitäts- und Wertszuwachs von dem durchschnittlichen, d. h. dem mittleren der ganzen rückwärtsliegenden Lebensepoche und dem durchschnittlich laufenden, d. h. dem mittleren eines größeren Teiles des ganzen Lebensalters des Baumes.

§ 82. Der laufende Zuwachs, sowohl an Länge, wie an Stärke, Masse und Gebrauchswert ist am einzelnen freistehenden Baume in dem ersten Lebensalter des aus dem Samen erwachsenen Baumes gering, hebt sich dann aber allmählich, um nach Erreichung eines Maximums ebenso allmählich wieder abzunehmen. Die einfache Überlegung zeigt, daß so lange der laufende Zuwachs im Steigen begriffen ist, auch der Durchschnittszuwachs steigen muß, und daß das Wachsen des letzteren so lange fortdauern muß, als der laufende Zuwachs größer ist als der bisherige Durchschnittszuwachs. Erst wenn der laufende Zuwachs unter den durchschnittlichen sinkt, nimmt auch der letztere ab.

Der Zeitpunkt, in welchem der Durchschnittszuwachs dem laufenden Zuwachse gleich ist, bezeichnet demnach den Höhe- oder Kulminationspunkt des Durchschnittszuwachses, d. h. den Moment, in welchem der durchschnittliche Zuwachs am größten ist.

§ 83. Sowohl der laufende wie der Durchschnittszuwachs kulminiert zuerst inbezug auf die Baumlänge, und zwar bei Kernlohden im allgemeinen bei allen Holzarten kurz vor der Zeit der Mannbarkeit, d. h. der Zeit, in welcher die Bäume keimfähigen Samen in genügender Menge zu liefern vermögen.

Die größte jährliche Stärkezunahme findet statt, wenn das Längenwachstum bereits in entschiedener Abnahme begriffen ist, etwa bei Eintritt der Mannbarkeit, während das Maximum des laufenden Massenzuwachses eine Reihe von Jahren nach dem Kulminationspunkte des Stärkezuwachses eintritt.

Es beruht das darauf, daß bei gleicher Zunahme der Baumdicke, also bei gleicher Breite des im letzten Jahre erzeugten Jahresringes, die Fläche des letzteren um so größer ist, je dicker der Stamm bereits war, um welchen er sich herumgelegt hat. Eine Abnahme in der Breite der Jahresringe hat deshalb eine Verminderung der Massenzunahme nicht zur notwendigen Folge.

Am spätesten kulminiert bei fast allen Nutzholz gebenden Holzarten der Qualitätszuwachs, welcher oft im Steigen begriffen ist, so lange der Baum überhaupt gesund bleibt, während der Kulminationspunkt des Wertszuwachses in der Mitte zwischen denjenigen des Massen- und Qualitätszuwachses zu stehen pflegt.

§ 84. Im Walde sind die Bäume zu Holzbeständen oder Beständen vereinigt. Man versteht darunter zusammenhängende in sich im allgemeinen gleichartige und als zusammengehörig gleichartig behandelte Teile des Waldes. Bestandsteile, welche von ihrer Umgebung in irgend einer Weise verschieden sind, ohne durch ihre Besonderheit die Behandlung des Bestandes wesentlich zu beeinflussen, heißen Horste, und wenn sie nur aus wenigen Bäumen bestehen, Gruppe.

Die verschiedenen Bestände wechseln ihr Aussehen von Jahr zu Jahr durch ihr zunehmendes Wachstum und durch die wirtschaftlichen Maßregeln, welche der Wirtschafter in ihnen ergreift. Sie zeigen aber auch dauernde von diesen Änderungen unabhängige Verschiedenheiten. Auf den letzteren beruht die Ausscheidung in Bestandsformen, welche sich durch die Art ihrer Gründung und der Verteilung der Altersklassen in ihnen unterscheiden, und Bestandsarten, deren Unterschied auf der Verschiedenheit der Holzarten beruht, aus welchen sie sich zusammensetzen.

§ 85. Die Bestandsformen scheiden sich je nach der Art der Bestandsgründung in zwei große Klassen, in

I. Samenbestände, welche aus unmittelbar aus dem Samen entstandenen Kernwüchsen bestehen und

II. Ausschlagbestände, welche aus den Ausschlägen abgehauener Bäume hervorgegangen sind.

Die Samenbestände teilt man wieder je nach der Art der Altersklassenverteilung in:

1. Femel- oder Plenterbestände, d. h. Samenbestände, in welchen alle im Walde überhaupt vorkommenden Baumalter gleichzeitig vertreten sind und

2. Hochwaldbestände, d. h. Samenbestände, in welchen wenigstens einige Klassen der in dem Walde vorkommenden Baumalter fehlen.

Letztere sind nun entweder

1. gleichalterig, wenn alle Bäume des Bestandes von gleichem oder doch nicht merkbar verschiedenem Alter sind, oder

2. ungleichalterig, wenn Altersunterschiede bestehen, und dann entweder:

a) ungleichalterig im engeren Sinne, wenn die Bäume zwar merkbar verschiedenalterig sind, die Unterschiede aber durch zahlreiche Übergänge verwischt sind, so daß sich eine scharfe Grenze zwischen den verschiedenen Altersklassen nicht ziehen läßt, oder

b) zwei- oder mehralterig, wenn der Bestand aus zwei oder mehreren durch große Altersunterschiede ohne Übergänge scharf von einander verschiedenen Altersklassen besteht.

Ist dieses Verhältnis ein dauerndes, während des ganzen Bestandslebens anhaltendes, so spricht man von dauernd gleich-, ungleich- oder mehralterigen, im umgekehrten Falle von vorübergehend gleichalterigen u. s. w. Holzbeständen.

§ 86. In einem zwei- und mehralterigen Bestande bildet jede Altersklasse gewissermaßen einen Bestand für sich, die jüngere unter der älteren, von dieser überschirmt und mit ihren Gipfeln von den unteren Zweigen der älteren durch einen merkbaren Höhenunterschied deutlich geschieden. Jede derselben könnte daraus verschwinden, ohne daß die andere dadurch an Aussehen eine merkliche Änderung erfahren würde; im ungleichalterigen Bestande im engeren Sinne sind diese Unterschiede verwischt, weil durch zahlreiche Übergänge vermittelt.

Die jüngste Altersklasse im zwei- und mehralterigen Hochwaldbestande bildet den Unterstand, den Unterwuchs oder das Unterholz, zum Unterschiede vom Oberstande oder Oberholz, mit welchen Namen man die ältere oder die älteren Altersklassen bezeichnet.

In solchen Beständen gilt diejenige Altersklasse für den Hauptbestand im weiteren Sinne, welche wirtschaftlich den größten Wert hat und nach welcher sich demgemäß die Wirtschaft richtet. Einen aus 40 jährigen Buchen und 100jährigen Eichen bestehenden Bestand spricht man demgemäß als 100-jährigen Eichenbestand mit einem Unterstande von 40 jährigen Buchen an, wenn die Eichen den Hauptbestand bilden und als 40 jährigen Buchenbestand mit einem Oberstande oder Überhalte, hie und da auch von einer Reserve von Eichen im umgekehrten Falle. In letzterem Falle nennt man die einzelnen Eichen Überhälter und wenn sie ganz vereinzelt stehen Waldrechter. Sie sind aus einem vor dem jetzigen vorhandenen Bestande übergehalten.

§ 87. Die Ausschlagbestände sind entweder:

a) Niederwaldbestände, d. h. aus gleichalterigen Stock- und Wurzelausschlägen bestehende Bestände,

b) Mittelwaldbestände, d. h. Ausschlagwaldungen ähnlichen Ursprungs wie die Niederwaldbestände, aber mehralterig oder da die älteren Altersklassen im Mittelwalde wo möglich aus Kernwüchsen erzogen wurden, Stock- und Wurzelausschlagbestände als Unterholz unter mehralterigem Hochwalde als Oberholz und

c) Kopfholzbestände, d. h. Ausschlagbestände, welche aus Kopflohden bestehen.

Hackwaldbestände sind Niederwaldungen, welche nach dem Abtriebe eine Zeit lang landwirtschaftlich benutzt werden, Schälwaldbestände Eichenniederwaldungen, deren Rinde zur Lohgewinnung geschält wird.

§ 88. Jede dieser Bestandsformen zerfällt nun wieder je nach ihrer Zusammensetzung aus den verschiedenen Holzarten in verschiedene Bestandsarten. Die Bestände können aus einer einzigen oder aus mehreren Holzarten zusammengesetzt sein. In ersterem Falle spricht man von reinen, in letzterem von gemischten oder Misch-Beständen.

In den gemischten Beständen kann die Art der Mischung eine verschiedene sein. Stehen die gleichen Holzarten horst- oder gruppenweise beisammen, so hat man es mit horst- oder gruppenweise gemischten Beständen zu thun. Verteilen sich die Exemplare der verschiedenen Holzarten einzeln unter andere Holzarten, so stehen die Holzarten in Einzelmischung und man spricht von einzelgemischten Beständen oder Mischbeständen in Einzelmischung. Kommt eine Holzart in einem Bestande nur untergeordnet in Einzelmischung vor, so sagt man, diese Holzart sei in den betreffenden Bestand eingesprengt. Ist in einzelgemischten Beständen jede Holzart nach Maßgabe ihrer Zahl gleichmäßig über den ganzen Bestand verteilt, so spricht man von gleichmäßig, im umgekehrten Falle von ungleichmäßig gemischten Beständen.

§ 89. In Mischbeständen ist diejenige Holzart die vorherrschende oder Hauptholzart und bildet den Hauptbestand, aus welcher die Hauptmasse des Bestandes besteht und nach welcher sich die Wirtschaft vorzugsweise richtet. Man spricht deshalb von Eichenbeständen mit Buchenbeimischung, wenn die Eiche und umgekehrt von Buchenbeständen mit Eichen, wenn die Buche die Hauptsache ist und die Eiche nur untergeordnet beigemischt ist.

Bestehen die Bestände nur aus gewissen Klassen von Holzarten, so bezeichnet man sie mit dem Sammelnamen dieser Klassen. Man spricht deshalb von Laubholz- und Nadelholz-, von Weichholz-, Hartholz-, Schattenholz-, Lichtholzbeständen und man bezeichnet damit nicht allein Bestände, welche aus einer einzigen der zu einer dieser Klassen gehörigen Holzarten zusammengesetzt sind, sondern auch Bestände, welche mehrere der dazu gehörigen Holzarten enthalten. In letzterem Falle spricht man von gemischten Laubholz- oder Nadelholzbeständen u. s. w.

§ 90. Hat in einem gemischten Bestande eine beigemengte Holzart den Zweck, die Hauptholzarten vor Gefahren zu schützen oder in ihrem Wachstum zu fördern, so nennt man sie Schutzholz und zwar Bestandsschutzholz, wenn sie durch Überschirmung gegen Frost oder Hitze empfindliche Holzarten dagegen zu schützen hat, und Bodenschutzholz, wenn es ihre Aufgabe ist, die von der anderen Holzart ungenügend konservierte Bodenkraft durch dichte Beschattung des Bodens und reichlichen Laubabfall zu erhalten.

Das Bestandsschutzholz ragt, wenn es seinen Zweck erfüllen soll, mit seinen Gipfeln über die zu schützende Holzart hinaus, das Bodenschutzholz steht mit seiner Krone unter der Krone der Hauptholzart. Beide bilden, wo sie einen großen Teil des ganzen Bestandes ausmachen, scheinbar einen Bestand für sich und man nennt dann das Bestandsschutzholz, auch wenn es nicht älter ist, als die zu schützende Holzart, den Schutz- oder Schirmbestand, das Bodenschutzholz, auch wenn es nicht jünger ist als diese, Unterstand.

Holzarten, welche nur beigemischt sind, um vorübergehend den Bestandesschluß herzustellen, heißen Füllholz, und wenn sie außerdem den Hauptbestand zu vermehrtem Höhenwuchs antreiben sollen, Treibholz.

§ 91. In demselben Bestande ist die Art der Mischung und sogar die Mischung selbst keineswegs eine konstante. Manche Bestände werden in der Jugend als gemischte angelegt und mit zunehmendem Alter durch Aushieb der einen Holzart in reine übergeführt und andere, ursprünglich reine, wiederum durch nachträglichen Anbau einer zweiten Holzart in gemischte verwandelt. In wieder anderen wird durch allmählichen Aushieb der ursprünglich vorherrschenden Holzart die ursprünglich nur untergeordnet beigemischte Holzart zur herrschenden.

Man spricht in diesen Fällen von zeitweiser oder vorübergehender Bestandsmischung. Die Beimischung des Bestandsschutzholzes, sowie des Füll- und Treibholzes ist immer eine vorübergehende. Dasselbe verschwindet, sowie es seinen Zweck erfüllt hat, durch die Axt. Die Holzarten, welche im Laufe der Umtriebszeit aus dem Bestande verschwinden, heißen Nebenholzarten; ebenso diejenigen, welche im Bestande erscheinen, ohne daß bei der Wirtschaft auf ihr Gedeihen Rücksicht genommen wird.

§ 92. Ein Bestand ist geschlossen oder voll bestockt, wenn der von ihm bedeckte Boden von den Baumkronen vollkommen überschirmt ist, d. h. wenn in demselben keine Stelle des Bodens vorhanden ist, über welcher nicht lotrecht ein Teil der Baumkronen sich befindet. Der Schluß des Bestandes ist in diesem Falle vollkommen. Ist der Schluß unterbrochen, d. h. die Überschirmung eine unvollkommene, so spricht man in absteigender Skala von räumigen, lichten und sehr lichten, oder, wenn der Schluß früher ein dichterer war, von verlichteten und sehr verlichteten und wenn größere Flächen gar nicht überschirmt sind, der Bestand also durch Lücken unterbrochen ist, von lückigen und sehr lückigen Beständen. Ist die Beschirmung eine so dichte, daß überall die Ränder der Baumkronen in einander greifen oder etagenförmig über einander liegen, so spricht man von dichtem oder gedrängtem Schlusse im Gegensatze zum normalen, bei welchem beides nicht der Fall, der Boden aber trotzdem vollständig überschirmt ist.

Bestände von platzweise wechselndem Schlußgrade nennt man ungleich geschlossene oder unregelmäßige im Gegensatz zu regelmäßigen Beständen, in welchen die Bäume gleichmäßig verteilt sind und der Schlußgrad überall derselbe ist.

§ 93. Der Bestandsschluß im allgemeinen wird durch die Gesamtheit der in dem Bestande stehenden Bäume hergestellt, einerlei ob dieselben von gleicher oder verschiedener Höhe sind, in mehralterigen Beständen also gleichzeitig durch den Ober- und Unterstand.

In mancher Hinsicht ist indessen der s. g. oberste Kronenschluß von Wichtigkeit, d. h. der Grad des Schlusses, welcher durch die Krone derjenigen Bäume gebildet wird, deren Gipfel in die durch die größten Kronendurchmesser der höchsten Bäume gebildete Ebene eingreifen oder über diese Ebene hinausgewachsen sind. Derselbe kann unterbrochen sein, ohne daß der Bestand aufhört, geschlossen zu sein. Es ist das der Fall, wenn unterhalb der Lücken des oberen Kronenschlusses die Kronen die Höhenlage dieser Ebene nicht erreichender Stämme den Boden vollständig beschirmen.

Besteht der Bestand aus einem Oberstande und einem Unterstande, so kann jeder derselben in anderer Weise geschlossen sein. Man spricht dann beispielsweise von einem lückigen Oberstande von Eichen mit geschlossenem Buchenunterwuchse.

§ 94. Der Schlußgrad verschiedener Holzarten ist auch bei ganz gleicher Behandlung und gleichem Standorte ein verschiedener, je nach dem Lichtbedürfnisse der betreffenden Holzart. Schon die einzelnen Bäume der s. g. Schattenholzarten (§ 134) haben dichter belaubte und dichter verzweigte Kronen als die Lichthölzer, bei welchen durch frühzeitigeres Absterben ungenügend beleuchteter Äste und Zweige und durch Nichtentwickelung ungenügend beleuchteter Knospen die Kronen immer weniger dicht sind, als die der Schattenhölzer. Im Inneren der Bestände kommt dazu, daß überwachsene und in vermindertem Lichtzuflusse stehende Lichthölzer rascher absterben als Schattenhölzer.

Der Bestandsschluß der Lichtholzbestände ist daher immer ein weniger dichter, als der der Schattenholzbestände unter gleichen Verhältnissen.

Ebenso verschieden ist der Grad des Bestandsschlusses der gleichen Holzart auf verschiedenem Standorte. Da jede Holzart um so weniger Schatten ertragen kann, je schlechter sie ernährt ist, so bleiben bei jeder Holzart um so mehr Knospen unentwickelt und es sterben Zweige und Stämme bei ungenügendem Lichtzuflusse um so rascher ab, d. h. die einzelnen Bäume sind um so dünnkroniger und die Bestände sind um so lichter, auf je ärmerem Standorte sie stehen.

§ 95. Der Bestandsschluß ist aber auch in den verschiedenen Lebensaltern der Bestände ein verschiedener. Bei jeder Holzart nimmt das Lichtbedürfnis mit zunehmendem Alter zu. Alle Bestände werden daher von dem Augenblicke an, in welchem sie weit genug herangewachsen sind, um das Maximum des Schlusses herzustellen, um so lichter, je älter sie werden.

Man pflegt daher neuerdings die Ausdrücke „geschlossen", „räumig", „licht" und „sehr licht" immer auf den Schlußgrad zu beziehen, dessen die betreffende Holzart in dem gegebenen Alter und auf dem gegebenen Standorte fähig ist. In „verlichteten" 30jährigen Buchenbeständen ist daher der wirkliche Grad des Schlusses vielleicht größer, als in „geschlossenen" 100jährigen Eichen, und der Grad des Schlusses, welcher bei 100jährigen Kiefern V. Bonität als „voll" bezeichnet wird, würde im 30jährigen Bestande I. Bonität kaum als räumig bezeichnet werden können.

§ 96. Im geschlossenen, gleichalterigen Bestande pflegt man folgende, in der Zeit ihres Eintritts bei den verschiedenen Holzarten und auf den verschiedenen Standorten verschiedene, Altersstufen zu unterscheiden:

a) Anwuchs, eben begründete, noch nachbesserungsfähige Bestände;
b) Aufwuchs, nicht mehr nachbesserungsfähige Bestände bis zum Beginne des Bestandsschlusses;
c) Dickicht oder Dickung, geschlossene, aber von den unteren Ästen noch nicht gereinigte Bestände;
d) geringes Stangen- oder Gertenholz, von dem Beginne der Reinigung von den unteren Ästen bis zu einer durchschnittlichen Stärke der Stämme in Brusthöhe bis zu 10 cm Durchmesser;
e) starkes Stangenholz oder kurzweg Stangenholz, Bestände von durchschnittlich 10—20 cm Durchmesser;
f) geringes Baumholz, 20—35 cm stark;
g) mittleres Baumholz, 35—50 cm stark;
h) starkes Baumholz über 50 cm stark.

Schonungen sind ganz junge Anwüchse, welche durch Betreten beschädigt werden können; wo Viehweide stattfindet, rechnet man dazu auch die Aufwüchse und Dickichte, so lange sie dem Maule des Viehs nicht entwachsen sind.

Es ist klar, daß rasch wachsende Holzarten diese Altersstadien rascher durcheilen, als langsam wachsende und ebenso, daß die gleichen Holzarten in dieselben auf schlechtem Standorte später eintreten, als auf gutem.

§ 97. Infolge der Verschiedenheit in der Wuchskraft und des speziellen Standortes der einzelnen Baumindividuen entwickeln sich selbst im gleichalterigen Bestande der gleichen Holzart die denselben zusammensetzenden Bäume keineswegs gleichmäßig. Die wuchskräftigsten eilen allen anderen namentlich im Längenwachstume voran, die weniger wuchskräftigen bleiben in der Länge um so mehr und um so früher zurück, je schwächlicher sie an sich sind oder je weniger sie vom Standorte begünstigt werden.

Auf diesem Unterschiede in der Wuchskraft der einzelnen Bäume beruht die Ausscheidung des s. g. Nebenbestandes. Man versteht darunter im strengsten Sinne denjenigen Teil der den Bestand bildenden Bäume, welcher im Wachstum bereits so weit zurückgeblieben ist, daß er aufgehört hat, wipfelfrei zu sein, d. h. daß sich senkrecht über ihren Gipfeln Teile der Kronen höherer Stämme befinden. Man nennt solche Bäume beherrscht, wenn sie nur von einzelnen Zweigen, und unterdrückt, d. h. sie stehen unter dem Drucke des Hauptbestandes, wenn sie von den meisten Hauptzweigen der höheren wipfelfreien Stämme überwachsen sind, welch letztere den dominierenden oder herrschenden Hauptbestand bilden.

§ 98. Auch die zum Hauptbestande gehörigen Stämme sind im Wachstume unter sich keineswegs gleich. Die wuchskräftigsten ragen vielmehr als vorherrschende Stämme mit ihren Gipfeln weit über die Gipfel der Hauptmasse des Bestandes hinaus und sind durch Nachbarstämme in der Ausdehnung ihrer Zweige gar nicht oder nur in dem untersten Teile der Krone gehemmt. Die zweite Klasse, die der mitherrschenden Stämme, hat zwar gleichfalls noch normal entwickelte Kronen; dieselben sind aber nur in ihren oberen Teilen unbeengt durch die Zweige von Nachbarstämmen und berühren sich im normal geschlossenen Bestande gegenseitig in der Ebene ihren größten Durchmesser, während bei der dritten Klasse der zurückbleibenden Stämme, wenn sie noch normal bekront sind, der größte Kronendurchmesser unterhalb desjenigen der herrschenden Klasse steht, so daß auch ihre höher angesetzten Zweige keinen freien Wachsraum mehr haben. Infolge dieser Stellung hören ihre unteren Zweige mit der Zeit auf, sich weiter zu verlängern und sterben schließlich ganz ab, während gleichzeitig auch die oberen nur verkümmerte Entwicklung zeigen. Es entstehen auf diese Weise spindelförmige, dünne Kronen, welche die Merkmale des seitlichen Druckes deutlich an sich tragen. In diesem Zustande sind die Bäume der Unterdrückung nahe und als eingezwängte Hölzer im Begriffe, aus dem Hauptbestande auszuscheiden und zum Nebenbestande überzugehen.

§ 99. Dieser natürliche Ausscheidungsprozeß beginnt sehr frühzeitig und dauert während der ganzen Lebenszeit des Bestandes fort. Es ist dies die Folge des Umstandes, daß mit zunehmendem Wachstum der Baum immer mehr Wachsraum, d. h. immer mehr Platz zur Ausdehnung seiner Wurzeln und Äste beansprucht. Nur die wuchskräftigsten vermögen sich ihn im Kampfe um das Dasein dauernd zu verschaffen.

Die Zahl der Stämme, aus welchen sich der Hauptbestand zusammensetzt, wird daher von dem Momente an, in welchem derselbe in Schluß gekommen ist, von Jahr zu Jahr geringer, so zwar, daß beispielsweise im Fichtenwalde auf Standorten erster Güte von 6400 Stämmchen, welche im 20. Jahre pro Hektar vorhanden waren, im 120. Jahre nur 560 übrig sind.

Die übrigen sind nach und nach zum Nebenbestande übergetreten und dort, wenn sie der Waldbesitzer nicht vorher durch die s. g. Vor- oder Zwischennutzungen genutzt hat, allmählich abgestorben.

Die Ausscheidung des Nebenbestandes geht bei gleichem Standorte bei raschwachsenden Holzarten und bei der gleichen Holzart auf gutem Standorte rascher vor sich, als bei weniger rasch wachsenden Baumarten und auf geringerem Standorte.

§ 100. In ähnlicher Weise wie bei dem einzelnen Baume unterscheidet man im geschlossenen Bestande zwischen laufendem und durchschnittlichem Länge-, Stärke-, Massen-, Qualitäts- und Wertszuwachse.

Man hat aber insbesondere inbezug auf den Massen- und Wertszuwachs bei demselben zu unterscheiden zwischen dem Zuwachse des Hauptbestandes für sich und demjenigen des ganzen Bestandes mit Einschluß des Nebenbestandes.

Den laufenden Massenzuwachs des Hauptbestandes findet man durch Vergleichung der Masse des jetzigen Hauptbestandes mit der Masse, welche der Hauptbestand in seiner vorjährigen Zusammensetzung hatte. In letzterer ist auch die Masse derjenigen Bäume enthalten, welche inzwischen aus dem Hauptbestande ausgeschieden sind, während der Massengehalt dieser Bäume in der diesjährigen Masse fehlt. Ebenso bleibt bei Berechnung des Durchschnittszuwachses am Hauptbestande die ganze Masse derjenigen Stämme außer Rechnung, welche seit der Bestandsgründung zu Teilen des Nebenbestandes geworden sind. Die Zuwachsverhältnisse des Hauptbestandes geben deshalb kein richtiges Bild weder der laufenden noch der durchschnittlichen Massenerzeugung. Das Gleiche gilt von der Wertserzeugung.

Dagegen ergiebt sich der laufende Massenzuwachs des ganzen Bestandes durch Vergleichung seiner jetzigen Gesamtmasse mit Einschluß der im letzten

Jahre eingegangenen Vornutzungen mit seiner vorjährigen Masse und der durchschnittliche durch Division der Summe der jetzigen Gesamtmasse und der Summe aller etwa durch die Vornutzungen aus dem Walde gezogenen Holzmassen mit der Umtriebszeit.

Kapitel II. Waldbaulich wichtige Verschiedenheiten der Holzarten.

§ 101. Das Bestandsmaterial, mit welchem der Forstwirt arbeitet, d. h. die verschiedenen zur Holzzucht benutzten Pflanzenarten sind in ihrem waldbaulichen Verhalten ungemein verschieden.

Das zeigt sich schon inbezug auf die Samenproduktion.

Manche Holzarten haben verhältnismäßig großen und schweren, dem Winde wenig Fläche bietenden und deshalb beim Abfallen sich vom Baume kaum entfernenden Samen, während derjenige anderer außerordentlich klein und leicht und mit wolligen oder flügelartigen Anhängseln versehen ist und infolge davon vom Winde stundenweit weggeweht wird.

Es wiegen nach Nobbe[1]), Gayer[2]) und Kaysing[3]) 100 Samenkörner ohne Flügel

bei der Kastanie im Mittel . .			700	g
„ „ Stiel- und Traubeneiche	201	bis	490	„
„ „ Rotbuche	13,64	„	16,20	„
„ dem Bergahorn			10,45	„
„ der Esche	6,54	„	7,48	„
„ „ Hainbuche	4,13	„	5,42	„
„ „ Weißtanne	3,43	„	4,35	„
„ „ Winterlinde	2,83	„	2,85	„
„ „ Schwarzkiefer . . .	1,83	„	2,13	„
„ „ Akazie			1,88	„
„ „ Weymouthskiefer . .		„	1,71	„
„ „ Fichte	0,69	„	0,80	„
„ „ Kiefer	0,62	„	0,68	„
„ „ Ulme		„	0,60	„
„ „ Lärche	0,53	„	0,55	„
„ „ Schwarzerle	0,11	„	0,12	„
„ „ Weißerle			0,07	„
„ „ Birke	0,013	„	0,015	„

§ 102. Diese Früchte reifen zu sehr verschiedenen Jahreszeiten und fallen oder fliegen zu ebenso verschiedenen Zeiten ab.

So reift der Same der beiden Ulmenarten manchmal schon anfangs Mai, spätestens im Juni und fliegt gleich ab, der der Birke im Juni und Juli, fliegt aber oft erst später ab, während wiederum der gleichzeitig und teilweise noch früher reifende Samen der Pappeln und Weiden sofort ausfliegt. Der Samen der Eiche, Buche, Tanne, Weymouthskiefer reift im Spätsommer und Herbste nach der Blüte und verläßt den Baum sogleich, während die zu

[1]) Samenkunde, S. 500.
[2]) Waldbau, S. 371.
[3]) Der Kastanienniederwald. Berlin 1884. S. 22.

gleicher Zeit reifenden Samen der Esche, der Ahornarten, der Hainbuche, der Linde und Akazie, sowie der Schwarz- und Weißerle häufig, der der Fichte und Lärche immer über Winter am Baume hängen bleiben. Der Samen der gemeinen Kiefer, der Bergföhre und der Schwarzkiefer reift erst im zweiten Herbste nach der Blüte und fliegt erst im Frühjahr darauf aus.

§ 103. Nicht minder verschieden sind die verschiedenen Holzarten inbezug auf die Menge des produzierten Samens und die Häufigkeit, mit welcher Samenjahre eintreten.

Im allgemeinen tragen die einhäusigen Arten, bei welchen die Befruchtung häufig durch Regenwetter in der Blütezeit erschwert wird, sowie die zweihäusigen Holzarten seltener Samen, als die zwitterblütigen; die zweihäusigen natürlich nur dann, wenn in der Nähe der weiblichen Exemplare männliche zur Befruchtung der weiblichen Blüten vorhanden sind. Ganz vereinzelt stehende weibliche Stämme dieser Holzarten fruktifizieren sehr selten, die Pyramidenpappel in Deutschland niemals, weil es bei uns nur männliche Exemplare giebt.

Von den Holzarten, welche einhäusig sind oder Zwitterblüten tragen, sind es wiederum die gegen Frost empfindlichen, welche am seltensten Samen tragen, weil bei ihnen die Blüten häufig zerstört werden, ferner diejenigen, welche wie Eiche und Buche nur dann Blütenknospen bilden, wenn ein dem Holzwuchse besonders günstiges Jahr ein vollständiges Ausreifen des Holzes vor dem Blätterabfalle begünstigte.

Wo alle diese Umstände zusammentreffen und wo wie bei Eiche und Buche in gewissen Lagen die Blütezeit in die Zeit der stärksten Spätfröste fällt, oder wo wie bei der Eiche und Kastanie der Samen in kühlen Sommern nicht reif wird, vergehen bei einigermaßen ungünstigem Klima oft Jahre, bis ein Samenjahr eintritt, während wo die Vegetation erst nach Eintritt der letzten Spätfröste erwacht, sowie da, wo dieselben überhaupt selten sind, auch bei frostempfindlichen Holzarten viel häufiger Samenjahre eintreten.

Bei diesen Holzarten kommt es manchmal vor, daß die Blüte in warmen Lagen erfriert, während sie in kühleren des späteren Austreibens halber unbeschädigt bleibt.

Im großen und ganzen trägt, abgesehen von ortweisen Verschiedenheiten, die Rotbuche am seltensten Samen; ihr folgen Traubeneiche und Kastanie, dann Stieleiche, Tanne, Kiefer, Fichte, Weymouthskiefer, Erle, Esche und Linde, während die übrigen Holzarten fast alljährlich Samen tragen.

§ 104. Inbezug auf die Zahl der in einem Samenjahre erzeugten Samenkörner stehen natürlich unter sonst gleichen Umständen die Holzarten mit dem leichtesten Samen oben an. Die Pflanzennährstoffe, welche der Baum zur Samenerzeugung verfügbar hat, reichen zur Ausbildung einer ungleich größeren Samenmenge aus, wenn auf ein Kilogramm Samenmasse Millionen von Samenkörnern gehen, als wenn darin nur tausend Körner stecken.

Dieses Verhältnis ändert sich natürlich, wo die Holzart mit leichterem Samen gegen Witterungseinflüsse empfindlicher ist, als eine andere mit schwererem Samen, wenn sich solche in Samenjahren geltend gemacht haben. Es tritt dann manchmal der Fall ein, daß nur ein Teil der Bäume Samen trägt.

Tragen alle mannbaren, d. h. zur Samenproduktion genügend alten Bäume einer Holzart an all ihren dem Lichte genügend zugänglichen und nach Maßgabe der Art zur Samenbildung disponierten Zweigen reichlich Samen, so spricht man von vollen Samen-, und bei Holzarten, deren Samen wie der der Eiche, Buche und Kastanie von den Schweinen gefressen werden, von vollen Mastjahren und von voller oder Vollmast, bei geringerer aber auf alle mannbaren Bäume verteilter Samenproduktion dagegen von halber, Viertelsmast u. dergl.

Sprengmast tritt ein, wenn nur ein Teil der mannbaren Stämme Samen trägt und Gipfelmast, wenn es nur an den obersten Teilen der Kronen Samen giebt, entweder weil infolge eines ungenügend warmen Vorjahres nur das Holz der Gipfel genügend ausreifte, um Blütenknospen zu bilden, oder weil im Frühjahre die Blüten der unteren Zweige erfroren.

§ 105. Auch inbezug auf die Keimkraft des Samens sind die Holzarten außerordentlich verschieden.

Im Handel beispielsweise gelten folgende Samenarten für genügend, wenn unter 100 Körnern keimen

bei der Birke	10,	bei dem Ahorn	50,
„ „ Schwarzerle	15,	„ der Eiche	60,
„ „ Ulme	20,	„ „ Kastanie	60,
„ „ Lärche	35,	„ „ Buche	60,
„ „ Weymouthskiefer	50,	„ „ Kiefer	60,
„ „ Esche	50,	„ „ Fichte	60,
„ „ Hainbuche	50,	„ „ Schwarzkiefer	70,
„ „ Tanne	50,	„ „ Akazie	70.

§ 106. Dieser Unterschied beruht indessen nicht ausschließlich darauf, daß bei der weniger keimfähigen Holzart von Natur mehr taube Körner vorkommen, als bei der anderen, sondern auch auf der Verschiedenheit in der Aufbewahrungsfähigkeit der verschiedenen Holzsamen.

Während z. B. der Samen der Nadelhölzer mit Ausnahme der Tanne, dann der Esche, der Ahornarten und der Akazie bei einigermaßen sorgfältiger Aufbewahrung ihre Keimkraft ohne alle Schwierigkeit nicht nur über Winter, sondern auch, obwohl geschwächt, über das nächste Jahr hinaus und noch länger bewahrt und bei weniger Sorgfalt erst nach längerer Zeit verdirbt, verliert Ulmen-, Birken-, Erlen- und Weißtannensamen oft in wenigen Stunden seine Keimkraft, wenn er ungenügend abgetrocknet in größeren Mengen beisammenliegt und läßt sich nur mit großem Abgange im Trocknen überwintern. Andere Holzsamen, wie diejenigen der Eiche, Buche und Kastanie lassen sich zwar, aber nur bei Anwendung größter Sorgfalt ohne große Verluste über Winter aufbewahren, verlieren aber ihre Keimkraft, wenn sie länger als bis zum Frühjahre nach der Reife aufbewahrt werden.

§ 107. Auch in der Zeit und der Art des Keimens ihres Samens verhalten sich die verschiedenen Holzarten verschieden.

Während die Samen der meisten Holzarten im Frühjahre nach der Reife und die früh im Jahre reifenden Samenarten (Ulme, Birke, Pappeln und Weiden) kurz nach dem Abfalle keimen, liegt der Same der Esche, Hainbuche und des Weißdorns fast immer über, d. h. er keimt erst im zweiten Frühjahre nach der Reife. Dasselbe thun die Samen mancher sonst im ersten

Frühjahre keimenden Holzarten, z. B. der Linde, Lärche, Weymouthskiefer, Zürbelkiefer, manchmal selbst der Buche und der amerikanischen Wallnuß, wenn sie zu trocken überwintert wurden.

Die meisten Holzarten verlangen zum Keimen eine ziemlich hohe Wärme, während andere, z. B. die Eiche, die Buche und Tanne ihre Würzelchen oft schon im Laufe des Winters austreiben.

Bei genügender Wärme und Feuchtigkeit läuft der Samen bei den sehr kleinen und dünnhäutigen Samen mit Ausnahme der Erle schon nach wenigen Tagen auf, während bei den rauhschaligen und größeren Samen dazu 4 bis 6 Wochen erforderlich sind.

Beim Keimen selbst lassen die Eichen- und Kastanienarten, sowie die Roßkastanie die Keimblätter im Boden zurück, während sie alle anderen deutschen Holzarten, und zwar in der Regel mit der Samenhülle mit aus der Erde nehmen.

§ 108. Auch der Sämling entwickelt sich bei den verschiedenen Holzarten in sehr verschiedenem Tempo. Derselbe erreicht unter günstigen Verhältnissen im ersten Jahre eine Höhe

bei der	Akazie	bis zu	80 cm,	bei der	Lärche	bis zu	15 cm,
„ „	Roßkastanie	„ „	30 „	„ „	Buche	„ „	12 „
„ „	Kastanie	„ „	30 „	„ „	Rotulme	„ „	12 „
„ „	Birke	„ „	25 „	„ „	Schwarzkiefer	„ „	9 „
„ „	Eiche	„ „	25 „	„ „	Kiefer	„ „	9 „
„ „	Esche	„ „	20 „	„ „	Fichte	„ „	7 „
„ „	Roterle	„ „	18 „	„ „	Weymouthskiefer	„ „	7 „
„ „	Bergahorn	„ „	15 „	„ „	Tanne	„ „	5 „

Im zweiten Jahre ändert sich vielfach das Verhältnis. Es mißt die zweijährige Pflanze

der	Akazie	bis zu	150 cm,	der	Eiche	bis zu	40 cm,
„	Birke	„ „	100 „	„	Lärche	„ „	35 „
„	Roßkastanie	„ „	80 „	„	Rotbuche	„ „	25 „
des	Bergahorns	„ „	70 „	„	Schwarzkiefer	„ „	15 „
der	Kastanie	„ „	60 „	„	Kiefer	„ „	12 „
„	Rotulme	„ „	60 „	„	Weymouthskiefer	„ „	12 „
„	Esche	„ „	50 „	„	Fichte	„ „	12 „
„	Roterle	„ „	50 „	„	Tanne	„ „	8 „

Im fünften Jahre erreichen diese Holzarten eine Höhe

die	Birke	bis zu	300 cm,	die	Rotulme	bis zu	130 cm,
„	Roßkastanie	„ „	250 „	„	Eiche	„ „	100 „
„	Akazie	„ „	220 „	„	Weymouthskiefer	„ „	90 „
„	Roterle	„ „	200 „	„	Kiefer	„ „	60 „
„	Esche	„ „	180 „	„	Fichte	„ „	45 „
„	Kastanie	„ „	170 „	„	Buche	„ „	40 „
der	Bergahorn	„ „	160 „	„	Schwarzkiefer	„ „	40 „
die	Lärche	„ „	150 „	„	Tanne	„ „	15 „

Und im 10. Jahre

die Birke	bis zu	600 cm,		die Rotulme	bis zu	350 cm,
„ Roßkastanie	„ „	600 „		„ Eiche	„ „	300 „
„ Esche	„ „	560 „		„ Buche	„ „	300 „
„ Roterle	„ „	500 „		„ Weymouthskiefer	„ „	280 „
„ Kastanie	„ „	450 „		„ Kiefer	„ „	260 „
„ Lärche	„ „	450 „		„ Fichte	„ „	210 „
„ Akazie	„ „	450 „		„ Schwarzkiefer	„ „	180 „
der Bergahorn	„ „	420 „		„ Tanne	„ „	180 „

§ 109. Diese Höhen erreichen die angegebenen Holzarten indessen nur auf den besten Standorten und in den wuchskräftigsten Exemplaren.

Auf geringeren Standorten und im Durchschnitte der ganzen Bestände ist der Wuchs ein wesentlich langsamerer. So beträgt nach den neuesten Baur'schen[1]), Schuberg'schen[2]), Lorey'schen[3]) und Weise'schen[4]) Ertragstafeln die durchschnittliche Bestandshöhe im 10. Jahre in Metern:

auf der I. Bonität bei der Buche 1,6,	der Tanne 1,7,	der Fichte 1,5,	der Kiefer 2,2,
„ „ II. „ „ „ „ 1,3,	„ „ 1,3,	„ „ 1,0,	„ „ 1,8,
„ „ III. „ „ „ „ 0,8(?),	„ „ 1,0,	„ „ 0,6,	„ „ 1,5,
„ „ IV. „ „ „ „ 0,8,	„ „ 0,7,	„ „ 0,4,	„ „ 1,3,
„ „ V. „ „ „ „ 0,5,	„ „ 0,5,	„ „ —	„ „ 1,1.

§ 110. Das gegenseitige Verhältnis ändert sich abermals je nach der Eigenart der Holzart in höherem Alter. So beträgt nach den gleichen Ertragstafeln der laufende Höhenzuwachs auf der I. Bonität durchschnittlich jährlich

	bei der Buche cm	bei der Tanne cm	bei der Fichte cm	bei der Kiefer cm
vom 6.—10. Jahre	20	20	20	28
„ 16.—20. „	40	34	42	54
„ 26.—30. „	50	54	48	40
„ 36.—40. „	40	52	48	42 (?)
„ 46.—50. „	36	46	46	36
„ 56.—60. „	30	36	42	26
„ 66.—70. „	20	32	34	20
„ 76.—80. „	20	24	28	16
„ 86.—90. „	20	18	22	14
„ 96.—100. „	16	12	22	8
„ 106.—110. „	10	6	14	7
„ 116.—120. „	10	4	10	6

Der laufende Höhen- oder Längenzuwachs kulminiert also auf diesen Bonitäten
bei der Buche zwischen dem 26. und 30. Jahre,
„ „ Tanne „ „ 26. „ 30. „
„ „ Fichte „ „ 26. „ 40. „
„ „ Kiefer „ „ 16. „ 20. „

1) Baur, Die Rotbuche, Berlin, 1881.
2) Nach gütigen schriftlichen Mitteilungen.
3) Supplemente der Allg. Forst- und Jagdzeitung, Frankfurt a. M., 1883.
4) Weise, Ertragstafeln für die Kiefer, Berlin, 1880.

sinkt aber bei der Buche zwischen dem 61. und 65. Jahre,
" " Tanne " " 76. " 80. "
" " Fichte " " 81. " 85. "
" " Kiefer " " 56. " 60. "
unter die Hälfte und
bei der Buche zwischen dem 101. und 105. Jahre,
" " Tanne " " 96. " 100. "
" " Fichte " " 111. " 115. "
" " Kiefer " " 81. " 85. "
unter ein Viertel des Maximums.

Dieses Verhältnis ist auch auf den geringeren Bonitäten kein wesentlich anderes, nur daß sich dort das Maximum des Höhenwuchses mehr oder weniger verspätet. Es kulminiert beispielsweise der laufende Höhenzuwachs nach diesen Tafeln auf der

II. Bonität bei der Buche etwa im 30., Tanne 35., Fichte 40.[1]), Kiefer 19. Jahre,
III. " " " " " " 40., " 40., " 45., " 19. "
IV. " " " " " " 40., " 40., " 60., " 20. "
V. " " " " " " 41., " 40., " —, " 21. "

§ 111. Die absolute mittlere Höhe des Hauptbestandes ist dagegen auf den verschiedenen Bonitäten ungemein verschieden. Dieselben betragen nach obigen Quellen in Metern:

	bei der Buche auf Bonität		bei der Tanne auf Bonität		bei der Fichte auf Bonität		bei der Kiefer auf Bonität	
	I.	V.	I.	V.	I.	IV.	I.	IV.
im 20. Jahre	5,1	1,2	4,6	1,5	5,1	1,4	7,3	3,3
" 40. "	14,9	5,5	14,7	6,3	14,5	5,5	15,7	7,7
" 60. "	21,6	10,0	23,4	11,8	23,4	10,7	22,1	10,7
" 80. "	26,0	14,0	29,2	14,2	29,7	15,7	26,0	13,0
" 100. "	29,8	16,0	32,6	16,3	34,3	18,7	28,5	—
" 120. "	31,8	18,0	33,8	17,0	37,0	20,3	30,0	—

Auf geringem Standort sind also 80jährige Buchen, Tannen und Kiefern noch nicht so hoch, als 40jährige auf der besten Bonität. Dagegen besteht zwischen diesen 4 Holzarten kein sehr bedeutender Unterschied in der Gesamthöhe, welche sie bei gleichwertigem Standorte erreichen, wohl aber namentlich inbezug auf die Kurve, in welcher sich der Längenzuwachs bewegt. Während die Kiefer auf der I. Bonität der Buche, Tanne und Fichte bis zum 40. Jahre vorwüchsig ist, wird sie bis zum 100. Jahre von allen dreien überholt, wenn sie nicht in der Mischung mit ihnen zur Verstärkung ihres Höhenwuchses getrieben wird.

§ 112. Berechnet man aus den mehrerwähnten Tafeln die mittleren Durchmesser des Hauptbestandes auf Brusthöhe in den verschiedenen Lebensaltern und Standorten in Centimetern, so ergiebt sich für den Hauptbestand in gleichalterigen Beständen folgendes Resultat:

[1]) Nach den Kunze'schen Tafeln (Tharander Jahrbuch, 27. Band, Supplementheft, Dresden 1877, Seite 4) kulminiert der laufende Höhenzuwachs auf der I. Güteklasse im 25. bis 30., auf der II. im 30. bis 40., in der III. im 43. bis 50., in der IV. im 50. bis 55. Jahre.

	bei der Buche auf Bonität I.	V.	bei der Tanne auf Bonität I.	V.	bei der Fichte auf Bonität I.	IV.	bei der Kiefer auf Bonität I.	IV.
im 40. Jahre	10	—	13	5	14	—[1]	16	7
„ 60. „	19	8	23	10	23	—	24	11
„ 80. „	25	12	32	16	30	—	30	14
„ 100. „	29	17	39	20	35	—	43	—
„ 120. „	34	21	44	24	38	—	45	—

Die Kiefer hat also von Anfang an einen wesentlich größeren Stärkezuwachs als die Buche, Tanne und Fichte, wird aber in dieser Hinsicht später von der Tanne fast eingeholt.

§ 113. Infolge dieses Umstandes sind denn auch die Massen, welche die einzelnen Stämme des Hauptbestandes in den verschiedenen Lebensstufen enthalten, bei den verschiedenen Holzarten und Bonitäten ungemein verschieden.

Es hat der einzelne Baum des Hauptbestandes durchschnittlich an Derbholz und Reisig in Festmetern:

	bei der Buche auf Bonität I.	V.	bei der Tanne auf Bonität I.	V.	bei der Fichte auf Bonität I.	IV.	bei der Kiefer auf Bonität I.	V.
im 40. Jahre	0,07	—	0,13	0,01	0,17	—	0,18	0,03
„ 60. „	0,33	0,03	0,54	0,06	0,51	—	0,50	0,07
„ 80. „	0,70	0,10	1,14	0,16	1,17	—	0,93	0,12
„ 100. „	1,13	0,21	1,79	0,33	1,72	—	1,50	—
„ 120. „	1,75	0,34	2,43	0,52	1,96	—	1,95	—

Im 60. Jahre haben also auf den besten Standorten die einzelnen Stämme des Hauptbestandes im gleichalterigen Buchwalde im Durchschnitte 11, im Kiefernwalde 7 mal mehr Masse als auf der V. Bonität, und die 60jährige Tanne enthält auf der I. Bonität 64, die Fichte 55, die gleichalte Kiefer 51 % Holz mehr als die ebenso alte Buche.

§ 114. Weit weniger verschieden sind die Holzmassen, welche Bestände verschiedener Holzart und verschiedenen Standortes im Ganzen enthalten.

Es stehen nach den erwähnten Ertragstafeln im Hauptbestande auf dem Hektar in Festmetern:

	bei der Buche auf Bonität I.	V.	bei der Tanne auf Bonität I.	V.	bei der Fichte auf Bonität I.	IV.	bei der Kiefer auf Bonität I	V.
a) an Gesamtholzmasse:								
im 20. Jahre	80	17	70	12	152	35	162	57
„ 40. „	248	64	465	104	446	128	336	133
„ 60. „	422	116	724	245	743	263	472	187
„ 80. „	580	181	892	370	924	367	569	223
„ 100. „	721	241	996	464	1029	437	637	—
„ 120. „	841	297	1060	528	1100	500	684	—

[1] In den Lorey'schen Tafeln fehlen für diese Bonität die Stammzahlen.

	bei der Buche auf Bonität		bei der Tanne auf Bonität		bei der Fichte auf Bonität		bei der Kiefer auf Bonität	
	I.	V.	I.	V.	I.	IV.	I.	V.
b) an Derbholz (Holz über 7 cm Stärke) allein:								
im 20. Jahre	16	0	—	—	77	0	55	0
„ 40. „	138	10	—	—	332	36	271	63
„ 60. „	354	65	—	—	644	156	421	131
„ 80. „	491	138	—	—	815	265	519	176
„ 100. „	611	212	—	—	930	339	587	—
„ 120. „	717	258	—	—	1920	400	634	—

Die Kiefer, von welcher nach § 113 der einzelne Baum immer mehr Masse enthält, als gleichalterige Buchen auf gleichwertigem Standorte, enthält also trotzdem vom 80. Jahre an im Hauptbestande im ganzen weniger Masse als diese, und während im 120. Jahre die einzelne Buche auf der V. Bonität 5 mal weniger Holz enthält als auf der I., enthält ein auf der V. Bonität stockender Bestand dieser Holzart mehr als ein Drittel der Gesamtholzmasse der I. Standortsklasse.

§ 115. Dieser Unterschied beruht auf der Verschiedenheit der Zahl der im Hauptbestande vorhandenen Stämme je nach Alter, Holzart und Standort.

Es stehen im Hauptbestande nach den Baur'schen, Schuberg'schen, Lorey-schen und Weise'schen Tafeln auf dem Hektar Stämme:

	bei der Buche auf Bonität		bei der Tanne auf Bonität		bei der Fichte auf Bonität		bei der Kiefer auf Bonität	
	I.	V.	I.	V.	I.	V.	I.	V.
im 20. Jahre	—	—	7453	—	6400	—	—	—
„ 40. „	3400	—	3438	11179	2632	—	1816	4535
„ 60. „	1260	3700	1343	4458	1272	—	942	2600
„ 80. „	820	1840	791	2225	792	—	610	1827
„ 100. „	640	1140	557	1401	600	—	426	—
„ 120. „	480	880	437	1022	560	—	351	—

auf der I. Bonität im 120. Jahre also bei der Buche 37, bei der Tanne $24^1/_2$, bei der Fichte 60 % mehr als bei der Kiefer, welche im 80. Jahre auf der I. Bonität nur $^1/_3$ der Stämme enthält, welche auf der gleichen Fläche in der V. Bonität Platz finden.[1])

Es ist das eine Folge des Umstandes, daß die in den §§ 97 bis 99 besprochenen Ausscheidung des Nebenbestandes bei der gleichen Holzart weit rascher auf gutem Standort vor sich geht, als auf geringem und daß ferner in dieser Hinsicht ein Unterschied zwischen den verschiedenen Holzarten besteht, welcher auf spezifischen Unterschieden in der Baumform und in dem Lichtbedürfnisse derselben beruht, von welchen später die Rede sein wird.

§ 116. Aus dem Hauptbestande ausgeschieden sind nach obiger Zusammenstellung, wenn man die ursprüngliche Stammzahl bei der Buche und Tanne auf 40000, bei Fichte und Kiefer auf 10000 pro Hektar annimmt:

---

[1]) Nach den Erfahrungstafeln für den Spessart stehen dort
im 60. Jahre in der I. Bonität bei der Buche 1467, bei der Eiche 3085 Stämme,
„ 120. „ „ „ I. „ „ „ „ 525, „ „ „ 816 „
ein Beweis, wie viel langsamer dort die Eiche sich entwickelt, als die Buche.

	bei der Buche auf Bonität I.	bei der Buche auf Bonität V.	bei der Tanne auf Bonität I.	bei der Tanne auf Bonität V.	bei der Fichte auf Bonität I.	bei der Fichte auf Bonität V.	bei der Kiefer auf Bonität I.	bei der Kiefer auf Bonität V.
vom 1.—40. Jahre	36600	36300	36562	28821	3600	—	8184	5465
„ 41.—60. „	2140		2095	6721	1368	—	874	1935
„ 61.—80. „	440	1860	552	2233	480	—	332	773
„ 81.—100. „	180	700	234	824	192	—	184	—
„ 101.—120. „	160	260	120	379	40	—	75	—
oder in Prozenten der ursprünglichen Anzahl:								
vom 1.—40. Jahre	91,50	90,75	91,40	72,05	36,00	—	81,84	54,65
„ 41.—60. „	5,35		5,24	16,80	13,68	—	8,74	19,35
„ 61.—80. „	1,10	4,65	1,38	5,58	4,80	—	3,32	7,73
„ 81.—100. „	0,45	1,75	0,59	2,06	1,92	—	1,84	18,27
„ 101.—120. „	0,40	0,65	0,30	0,95	0,40	—	0,75	—
im 120., bei Kiefern V. Kl. im 80. Jahre noch vorhanden	1,20	2,20	1,09	2,56	5,60	—	3,51	—

§ 117. Bei dieser Verschiedenheit an Masse ist es klar, daß auch der **laufende Zuwachs** sowohl, wie der **Durchschnittszuwachs** am Hauptbestande je nach Holzart und Standort sehr verschieden sein muß.

Dieselben betragen nach den mehr erwähnten Tafeln in Festmetern Gesamtholzmasse:

	bei der Buche auf Bonität I.	bei der Buche auf Bonität V.	bei der Tanne auf Bonität I.	bei der Tanne auf Bonität V.	bei der Fichte auf Bonität I.	bei der Fichte auf Bonität V.	bei der Kiefer auf Bonität I.	bei der Kiefer auf Bonität V.
a) der **laufende**								
im 20. Jahre	6,7	1,8	13,0	2,6	14,0	3,4	9,6	4,0
„ 40. „	9,0	2,5	15,0	6,6	15,8	6,4	7,8	3,4
„ 60. „	8,1	3,0	10,0	6,6	12,0	6,4	6,4	2,4
„ 80. „	7,5	4,0	6,2	5,4	6,0	3,6	4,2	1,4
„ 100. „	6,5	3,0	4,0	3,8	4,2	3,2	3,0	—
„ 120. „	5,5	2,0	2,4	2,4	2,8	2,8	1,8	—
b) der **durchschnittliche**								
im 20. Jahre	3,99	0,90	3,5	0,5	7,6	1,7	8,1	2,9
„ 40. „	6,20	1,59	11,6	2,6	11,1	3,2	8,4	3,3
„ 60. „	7,03	1,94	12,1	4,1	12,4	4,4	7,9	3,1
„ 80. „	7,25	2,26	11,2	4,6	11,5	4,6	7,1	2,8
„ 100. „	7,20	2,41	10,0	4,6	10,3	4,4	6,4	—
„ 120. „	7,00	2,47	8,8	4,4	9,2	4,2	5,7	—

Fügt man aus den **Burckhardt**'schen[1]) Vorertragstafeln die durch Vornutzungen aus dem Walde entfernten Erträge hinzu, so berechnet sich der **Durchschnittszuwachs des ganzen Bestandes** wie folgt:

[1]) **Burckhardt**, Tafeln für Forsttaxatoren. Hannover, 1873. S. 70—73; Vorertragstafeln für die Tanne sind mir nicht bekannt.

	bei der Buche auf Bonität I.	bei der Buche auf Bonität V.	bei der Fichte auf Bonität I.	bei der Fichte auf Bonität V.	bei der Kiefer auf Bonität I.	bei der Kiefer auf Bonität V.
im 20. Jahre . . .	3,99	0,90	7,6	1,7	8,1	2,9
„ 40. „ . . .	7,04	1,84	12,1	3,7	9,9	4,1
„ 60. „ . . .	8,51	2,32	14,1	5,3	9,6	4,0
„ 80. „ . . .	8,96	2,69	13,4	5,6	8,8	3,6
„ 100. „ . . .	9,00	2,85	12,3	5,4	8,0	—
„ 120. „ . . .	8,75	2,88	11,2	5,2	7,2	—

Es geht daraus hervor, daß der Gesamtdurchschnittszuwachs der Fichte in der Zeit seines Maximums auf Standorten I. Bonität um 57 %, der der Kiefer dagegen nur um 10 % höher ist, als derjenige der Buche, und daß auf Böden V. Bonität die Fichte einen um 94, die Kiefer einen um 42 % stärkeren Zuwachs entwickelt als die Buche; ferner daß die Maxima des Durchschnittszuwachses an Masse bei der Kiefer etwa im 40., bei der Fichte zwischen dem 60. und 80. und bei der Buche im 100. bis 120. Jahre eintreten.

Nach Preßler[1]) sind die Unterschiede zwischen den verschiedenen Holzarten und Bonitäten noch größer. Derselbe giebt die Maxima des Durchschnittszuwachses wie folgt an:

	Bonität I.	II.	III.	IV.	V.
In Hochwaldungen für die Tanne	19,4	15,3	11,1	7,0	2,9
„ „ Fichte	17,7	13,8	10,2	6,4	2,8
„ „ Lärche	14,5	11,5	8,5	5,7	2,8
„ „ Kiefer	13,6	11,0	8,2	5,5	2,7
„ „ Erle	13,3	10,6	8,0	5,3	2,7
„ „ Buche	11,0	8,8	6,6	4,4	2,3
„ „ Schwarzkiefer	10,0	8,0	6,1	4,1	2,2
„ „ Eiche	8,5	6,8	5,3	3,7	2,2
„ „ Birke	8,4	7,0	5,3	3,6	2,0
in Niederwaldungen für Weichhölzer	10,8	8,8	6,4	4,1	1,8
„ Harthölzer	7,0	5,5	4,0	2,6	1,2

§ 118. Nicht minder verschieden sind die Holzarten inbezug auf den Qualitäts- und Wertszuwachs der Bestände und des einzelnen Baumes. Während beispielsweise das Holz der Eiche, so lange es gesund bleibt, mit zunehmender Stärke gewissermaßen unbegrenzt an Gebrauchswert zunimmt und in seinen besten Sortimenten auf den Rohstoffmärkten 10 bis 20 mal, im Walde selbst in guter Absatzlage 40 mal so teuer bezahlt wird als in seinen geringsten, steigt der Gebrauchswert des Buchenholzes, der anfangs höher ist als der des Eichenholzes, nur ausnahmsweise auf das 3- bis 4fache desjenigen seiner geringsten Qualitäten und kaum auf $1/4$ desjenigen des besten Eichenholzes und nimmt, wenn es gewisse Dimensionen erreicht hat, an Wert für seine Hauptverwendungen als Brenn- und Bahnschwellenholz eher ab als

[1]) Preßler, Forstliche Zuwachs-, Ertrags und Bonitierungstafeln, 2. Auflage, Tharand u. Leipzig, 1878.

zu. Andere Holzarten, wie die Birke, die Weide und die Hasel, sind in frühester Jugend sehr gesuchte Nutzholzsortimente, später aber dauernd nur als Brennholz oder erst eine Zeitlang nur als Brennholz, dann aber wieder als Nutzholz und dann mehr als die Buche brauchbar.

Wieder andere, wie die Saalweide und trotz der riesigen Dimensionen, welche sie erreicht, die Weißrüster, sind in jugendlichem und höherem Alter gleich geringwertig, während die als ganz junger Baum fast wertlose Aspe und Pappel vom 15. bis 20. Jahre an zur Papierfabrikation und ebenso wie die anfangs ebenso geringwertige Erle später als Bau-, bezw. Werkholz sehr gesucht ist.

Die s. g. harten Laubhölzer: Hainbuche, Rotulmen, Ahorne, Esche und Kastanie, sowie die Wildobststämme und die Akazie geben von Anfang an ein sehr gesuchtes Brennholz, erwachsen aber mit zunehmender Stärke zu immer gebrauchsfähiger werdenden Nutzhölzern.

Die Nadelhölzer liefern umgekehrt anfangs ein sehr geringwertiges Brennholz, später aber gleichfalls mit den Dimensionen an Wert sehr wesentlich zunehmendes Nutzholz; während aber Tanne, Fichte und Weymouthskiefer wenigstens im Nebenbestande auch als verhältnismäßig junge Stämmchen schon sehr gesuchte Kleinnutzhölzer liefern, ist das Holz junger Kiefern und Schwarzkiefern als Kleinnutzholz nur verkäuflich, wo die anderen Nadelhölzer fehlen; dafür ist es gerade die Kiefer, welche in hohem Alter auf geeignetem Standorte als s. g. Herzkiefer nicht der stärkeren Dimensionen, sondern der größeren Dauer des Holzes halber der Eiche an Nutzwert wenig nachsteht.

Leider fehlen über den Qualitäts- und Wertszuwachs der verschiedenen Holzarten statistische Nachweise. Was darüber aus einzelnen Revieren veröffentlicht ist, ist zu sehr von lokalen Verhältnissen, insbesondere von Transportverhältnissen und inbezug auf die Holzarten, welche wie Buche, Aspe und Pappel nur in beschränktem Maße als Nutzholz verbraucht werden, von dem Vorhandensein oder Nichtvorhandensein gewisser Holzindustrieen (Holzschleifereien, Holzschuhfabriken und Fabriken gebogener Möbel), von der Nähe von Bergwerken, von der Verwendung hölzerner oder eiserner Bahnschwellen, vom Hopfen- und Weinbau beeinflußt, um als allgemeine Norm dienen zu können.

§ 119. Auch sonst ist die Art der Entwicklung der Stämme verschiedener Holzarten ungemein verschieden. Während bei allen deutschen Nadelhölzern mit Ausnahme der Legföhre, sowie bei der Traubeneiche, der Kastanie, der Esche, den Ahornarten, der Birke, der Erle, den Pappeln und der Roßkastanie die Gipfelknospe des Endtriebes, so lange sie nicht beschädigt wird, den Schaft geradlinig mit einem alle übrigen Triebe an Kraft und Üppigkeit übertreffenden Gipfeltriebe verlängert, sind namentlich bei der Stieleiche, der Rotbuche und der Hainbuche, sowie bei den Linden-, Weiden- und Ulmenarten, die Seitenknospen teilweise ebenso kräftig wie die Gipfelknospe, so daß es lediglich auf die Gunst der Umstände ankommt, ob sich der Gipfeltrieb oder ein Seitentrieb oder mehrere derselben am kräftigsten entwickeln.

Die Folge davon ist, daß letztere Holzarten, welche ich der Kürze halber die kurzschaftigen nennen möchte, ohne künstliche Nachhilfe nur dann gerade und ungegabelte Schäfte treiben, wenn sie in dichtem Schlusse erwachsen, so daß nur die gipfelständige Knospe volles Licht und vollen Raum zur Bildung eines kräftigen Triebes erhält. Wo diese Holzarten in freiem Stande erwachsen, löst sich der Schaft frühzeitig in mehr oder weniger gleichwertige Äste auf, während die Holzarten mit kräftigerer Gipfelknospe selbst im ganz freien Stande, wenn die Gipfeltriebe nicht durch irgend einen Zufall zerstört worden sind, unter allen Umständen bis tief in die Krone hinein deutlich erkennbare gerade Schäfte treiben. Bei der Fichte, Tanne, Lärche, Weymouthskiefer und Erle dauert diese geradlinige Verlängerung des Schaftes bis ins höchste Alter, bei den übrigen hierher gehörigen Holzarten (Kiefer, Schwarzkiefer, Esche, Ahorn, Traubeneiche, Kastanie) findet nach Abschluß des hauptsächlichsten Längenwachstums ein vermehrtes Wachstum der Äste häufig auf Kosten der Schaftentwicklung statt.

§ 120. Unter den langschäftigen Holzarten treiben wiederum die Fichte, Tanne, Lärche, Weymouthskiefer, Erle und Birke selbst bei völlig freiem Stande fast niemals dem Schafte auch nur annähernd an Stärke gleichkommende Äste, weil, wenn der Gipfeltrieb zerstört wird, die ihn ersetzenden Triebe sich senkrecht in die Höhe richten, so daß in solchen Fällen der Schaft sich wohl in mehrere Gipfel, nicht aber in starke Äste auflöst.

Dagegen wachsen bei nachlassender Energie des Höhenwuchses die Äste der Traubeneiche, der Esche, der Ahornarten, der Pappeln, der Kiefer und der Schwarzkiefer stark in die Dicke und erreichen sehr starke Dimensionen.

Die kurzschäftigen Holzarten haben außerdem sämtlich, am meisten die Rotbuche, entschiedene Neigung zur Wolfbildung, d. h. zur übermäßigen Verlängerung der Äste bei hinreichend freiem Stande; von den geradschäftigen neigen dazu nur die Kiefernarten und allenfalls der Ahorn. Von der Fichte, der Tanne und der Lärche sieht man eigentliche Wölfe höchst selten und zwar dann, wenn durch Zerstörung des oberen Schaftteiles ein freistehender Baum namhaft gekürzt worden ist.

Andere Holzarten verlängern, wenn Mangel an Licht an lange unterdrückten Stämmchen, insbesondere an Vorwüchsen in wieder dicht geschlossenen Beständen, die Entwickelung normaler Gipfeltriebe hemmt, manchmal unter Verkürzung der Gipfeltriebe die am Gipfel dicht zusammengedrängten Zweige in ganz unverhältnismäßiger Weise, so daß solche Stämmchen, welche ihre unteren Äste meist schon verloren haben, das Ansehen von Schirmen annehmen. Diese Erscheinung kommt namentlich bei der Tanne, weniger bei der Fichte, manchmal aber auch bei der Stieleiche vor, während sie bei fast allen anderen Holzarten nur höchst selten oder nie beobachtet wird.

Werden solche Schirme nachträglich freigestellt, so erholen sie sich bei den geradschäftigen Schattenholzarten häufig wieder und erwachsen, am leichtesten bei der Tanne, zu fast normalen Stämmen.

§ 121. Nicht weniger groß ist der Unterschied zwischen den verschiedenen Holzarten inbezug auf das Alter, welches sie erreichen können und inbezug auf die Dimensionen, zu welchen sie überhaupt heranwachsen.

Während Eiben, Linden, Eichen und in ihrer Heimat auch Kastanien in nicht sehr geringer Zahl vorhanden sind, welche nachweislich drei bis fünf und noch mehr Jahrhunderte hinter sich haben, sind 300jährige Ulmen, Buchen und Tannen schon außerordentlich selten, während Kiefern, Lärchen, Fichten,

Eschen, Ahorne von diesem Alter, obwohl von ihnen 200- bis 250jährige Bäume bekannt sind, wohl nirgends in Deutschland vorkommen; 250jährige Hainbuchen und 150jährige Birken, Erlen, Schwarz- und Silberpappeln sind in Deutschland nur höchst ausnahmsweise zu finden und Aspen, Weißerlen und Weiden sind selbst als 100jährige Stämme kaum irgendwo nachzuweisen.

§ 122. Inbezug auf die Länge, zu welchen unsere Holzarten erwachsen, stehen dieselben weit zurück namentlich gegen die amerikanischen Riesenbäume aus der Klasse der Nadelhölzer, von welchen Exemplare von über 100 m Gesamthöhe bekannt sind.

Selbst die hochstrebendsten deutschen Hölzer, Tanne und Fichte, erreichen nur ausnahmsweise das Maximalmaß der deutschen Waldbäume von 50 bis 55 m; Kiefern und Lärchen, sowie Buchen, Eichen, Ulmen, Linden, Eschen und Breitpappeln bleiben gegen diese Länge selbst auf den besten Standorten um volle 10 bis 15 m zurück, während 32 m hohe Ahorne, Hainbuchen, Erlen, Birken, Aspen und Kirschen bereits zu den größten Seltenheiten gehören und der Feldahorn wohl nie über 25, die Kernobstbäume nie über 20, die sonstigen Nebenholzarten des Waldes, soweit sie überhaupt Baumform annehmen, nie über 10 bis 15 m hoch werden.

§ 123. Was die Dicke betrifft, welche unsere Holzarten erreichen, so steht die Linde, Eiche, Kastanie und Ulme obenan. Von ihnen sind auf Brusthöhe über 2 m dicke Stämme bekannt; viel über 1 m dicke Tannen, Buchen, Schwarz- und Silberpappeln sind sehr selten; Fichte, Lärche, Bergahorn, Spitzahorn und Esche erreichen diese Stärke von 1 m nur ganz ausnahmsweise; Hainbuchen, Akazien und Kirschbäume von mehr als 80, Kernobstbäume und Maßholder von 60, Pflaumenbäume von 40 und Sorbus-Arten von 30 cm Dicke und Brusthöhe sind im Walde kaum zu finden.

Während aber eine 1 m dicke Schwarz- oder Silberpappel häufig ihr 1. Jahrhundert noch nicht durchgemacht hat, sind meterdicke Eichen auf mittleren Standorten reichlich 200 Jahre alt.

§ 124. Dieselbe Verschiedenheit zeigt sich inbezug auf die Wurzelbildung.

Während die Holzarten, welche beim Keimen die Samenlappen in der Erde zurücklassen, also Eiche, Kastanie und Roßkastanie, sowie die Wallnuß- und Hickoryarten, gleich im ersten Jahre tief in die Erde eindringende Pfahlwurzeln treiben, welche den oberirdischen Teil der Pflanze oft um das 3- bis 4fache an Länge übertreffen, bleibt bei den meisten Holzarten die Wurzellänge im ersten Jahre unter der Länge des aus dem Boden herausschauenden Teiles des Sämlings zurück oder übertrifft sie, und zwar am häufigsten bei Esche, Kiefer und Tanne, nicht sehr bedeutend.

Eine starke Verzweigung der Wurzeln findet in der Regel auf nicht sehr kräftigem Boden im ersten Jahre nicht statt. Um so kräftiger tritt sie bei dazu disponierten Holzarten vom 2. Jahre an ein, so daß im 6- bis 10-jährigen Alter oft die ganze Art der Bewurzelung, welche der Baum im späteren Alter haben wird, bereits deutlich erkennbar ist.

Bei einer Reihe von Holzarten und zwar nicht etwa gerade bei denjenigen, welche ihren Schaft geradlinig fortzusetzen pflegen, behält die Wurzel die Tendenz, als starke Pfahlwurzel, wenn auch unten verzweigt, senkrecht in die Tiefe zu dringen, bis in ein verhältnismäßig hohes Alter bei. Das ist insbesondere der Fall bei den beiden Eichenarten, der Kastanie, den Kiefernarten und der Lärche, welche, wenn der Boden das Austreiben tiefgehender Wurzeln gestattet, erst nach Abschluß des Höhenwachstums kräftigere Seitenwurzeln entwickeln. Sie dringen in solchen Fällen mit ihren Pfahlwurzeln und den unteren Verzweigungen derselben bis zu 3 m tief in den Boden.

Bei anderen Holzarten teilt sich die Pfahlwurzel nahe an der Erdoberfläche in mehrere schwächere Wurzeln, welche entweder wie bei der Tanne, Buche, Esche, Ahorn, Ulme, Linde, Roterle als s. g. Herzwurzeln bei entsprechendem Boden tief in die Erde dringen, oder wie bei diesen Holzarten und selbst bei der Kiefer und Eiche auf einem das tiefe Eindringen der Wurzeln verhinderndem Boden, und bei der Hainbuche, Aspe, Birke, Weißerle und Fichte immer als Seiten- und Tauwurzeln sich mehr oder weniger in mehr horizontaler Richtung verbreiten.

§ 125. Die flachstreichenden Tauwurzeln und die Seitenwurzeln entfernen sich bei den verschiedenen Holzarten sehr verschieden weit vom Stamme; während bei der Fichte, Ulme, Esche, Linde, Aspe und Weißerle auf allen und bei den Kiefernarten, der Lärche, der Tanne, Buche und Hainbuche auf flachen Böden Seitenwurzellängen von 6—8 m keine Seltenheit sind, findet man sie bei den Ahornarten, der Birke und der Roterle fast niemals.

Der Wurzelraum, d. h. die räumliche Ausdehnung der von den Wurzeln durchzogenen Erdmenge, ist von allen Holzarten am geringsten bei der Birke, am größten wohl bei der Eiche; die Wurzeltiefe bei genügender Bodenmächtigkeit am größten bei der Eiche, Kastanie und den Kiefernarten, am seichtesten und 1 m kaum je überschreitend, bei der Birke, Aspe, Fichte und Hainbuche. Die übrigen Holzarten stehen zwischen den eigentlich tiefwurzelnden und den immer flachwurzelnden in der Mitte.

Flachbewurzelte Holzarten sind natürlich dem Windwurfe besonders ausgesetzt und werden, wenn ihre Kronen in irgend einer Weise, etwa durch Schnee, Rauhreif oder durch auffallende Stämme belastet werden, leichter als andere aus dem Boden gerissen.

§ 126. Indessen zeigen alle Holzarten, wenn der Boden ihnen sonst zusagt und infolge der Lage, seiner Zusammensetzung oder des Zustandes seiner Bedeckung den von ihnen verlangten Grad von Feuchtigkeit und Gleichmäßigkeit in der Bodenwärme zeigt, die Fähigkeit, ihren Wurzelbau den speziellen Bodenverhältnissen anzupassen.

Die tiefwurzelnden Holzarten verlangen deshalb nur da tiefgründigen Boden, wo flachgründiger Boden diesen Grad von Feuchtigkeit und Gleichmäßigkeit der Bodenwärme nicht besitzt.

Da nun in dieser Hinsicht von den deutschen Holzarten die Esche, der Ahorn und die Rüsternarten am empfindlichsten sind, so trifft man sie am seltensten mit ganz flacher Bewurzelung an, und zwar nur an solchen Stellen, welche in der Oberfläche vermöge ständiger Bewässerung mit Quellwasser stets frisch und stets gleich warm gehalten werden.

Die übrigen tiefwurzelnden Holzarten sind in dieser Hinsicht weniger empfindlich, am wenigsten die Kiefer und Schwarzkiefer, welche namentlich inbezug auf Bodenfeuchtigkeit die geringsten Ansprüche stellen. Sie wachsen deshalb auch auf flachgründigem Boden, suchen aber dort durch Verlängerung der

Seitenwurzeln an der Breite ihres Wurzelraumes zu gewinnen, was sie an der Tiefe desselben verlieren.

§ 127. Überhaupt sind die Ansprüche der verschiedenen Holzarten an den Boden, vor allem an die Bodenfeuchtigkeit, ungemein verschieden.

Während die Roterle überall, die Esche, der Ahorn und die Rüstern in trockenem Klima wenigstens im Untergrunde feuchten Boden verlangen, ist der Buche, Akazie, Lärche und Tanne freies Wasser im Boden entschieden zuwider, und während Kiefer, Akazie und Birke selbst in trockener Luft auf dem trockensten Boden wachsen, ertragen die übrigen Holzarten trockenen Boden gar nicht oder nur in feuchter Luft.

Die Kiefer und die Ruchbirke, weniger die Aspe, zeigen in dieser Hinsicht das größte Akkomodationsvermögen, indem sie sowohl auf ganz trockenen Böden in trockener, wie auf zeitweise nassen Böden in feuchter Luft wachsen, wenn sie auch beide ständig nasse Böden vermeiden; ihnen zunächst steht in dieser Hinsicht die Fichte, sowie bei sonst zusagendem Standorte die Eiche, welche sich bei genügender Luftfeuchtigkeit selbst auf fast dürren Böden, in trockener Luft aber auch auf förmlich nassem Boden erhalten, wenn beide auch nur bei konstanter Bodenfrische gut gedeihen.

Andere Holzarten, wie die Buche, Tanne und Lärche, vermeiden überall wirklich feuchte und in trockener Luft trockene Böden, gedeihen aber auf letzteren in feuchter Luft, während die Hainbuche in trockener Luft wirklich feuchte Böden erträgt, aber selbst in feuchter Luft frische Böden verlangt.

§ 128. Diese Verschiedenheit der Ansprüche der verschiedenen Holzarten besteht auch inbezug auf den Grad der Bodenbindigkeit, welche sie verlangen und ertragen. Während unter sonst günstigen Standortsverhältnissen lockere Böden allen Holzarten zusagen, giebt es eine Reihe von Holzarten, welchen sehr bindende Böden unbedingt zuwider sind und nur sehr wenige, welche darauf auch bei ihnen sonst zusagenden Standortsverhältnissen ihr volles Gedeihen finden. Zu den ersteren gehört die Kiefer, welche auf solchen Böden nur kurze Schäfte mit schlechtem Holze treibt, die Akazie, die Lärche, und wo der Boden zeitweise fest wird, auch die Roterle; zu den letzteren die Eiche, die Esche, die Ulmenarten, die Hainbuche, die Elsbeere, der Maßholder und die Schwarzkiefer.

§ 129. Was die chemische Zusammensetzung des Bodens betrifft, so sind allen Holzarten mit Ausnahme der Erle, Ruchbirke und Fichte selbst schwach versauerte feuchte und allen mit Ausnahme der Ruchbirke, Fichte, Kiefer und Weymouthskiefer versauerte zeitweise trockene Böden zuwider. Auf reinem Torfe gedeihen nur die letztgenannten Holzarten, auf trockenem Torfe auch die Fichte nicht. Dagegen verlangen die Elsbeere und der Maßholder starken, die Esche, der Ahorn und die Ulmen wenigstens einen mäßigen Kalkgehalt des Bodens und die Buche, Hainbuche, Eiche, sowie die Lärche und die Schwarzkiefer gedeihen auf wenigstens etwas kalkhaltigen Böden am besten. Die harten Laubhölzer: Eiche, Esche, Ahorn, Ulme, Kastanie, Buche und Hainbuche scheinen außerdem auf einen ziemlichen Kaligehalt des Bodens Anspruch zu machen, während Fichte, Tanne, namentlich aber Kiefer, Akazie und Birke auch auf Böden gedeihen, welche weder kalk-, noch kalireich sind.

§ 130. Holzarten, welche in dieser Hinsicht sehr wählerisch sind, bevorzugen deshalb gewisse Gebirgsformationen, während sie andere meiden.

So sind die bindemittelarmen Sandsteingebiete ihres geringen Kalkgehaltes halber und vielleicht auch deshalb, weil solche Böden wegen mangelnder Mineralbasen bei genügender Feuchtigkeit gerne versauern, kein Standort für die Esche und Ulme, und die Eiche, welche auf mineralisch kräftigen Böden der Buche entschieden vorwüchsig ist, wächst auf solchen Böden bedeutend langsamer als die Buche; die kalksteten Holzarten Elsbeere und Maßholder sind nur auf den Solutionen der verschiedenen Kalkgesteine als Bäume zu finden.

Manche Formationen scheinen dabei die Bildung des Samens zu begünstigen; andere befördern das Anwachsen und Gedeihen der Keimlinge, während wieder andere es erschweren. So ist in den Tannenbeständen der Vogesen die Buche auf den kalk- und, wie es scheint, auch phosphorsäurereichen Böden, welche aus der Grauwacke und den feldspatreichen Granitvarietäten hervorgegangen sind, ein wahres Unkraut, während sie im Vogesensandstein- und Porphyrgebiete in der Tanne ganz unschädlichen Grenzen bleibt.

Im allgemeinen bevorzugen die Buche und die harten Laubhölzer die aus der Zersetzung der leicht verwitternden Arten feldspat- und kalkreicher Gesteine (Basalt, Grünsteine, Grauwacke, bessere Muschel-, Keuper-, Jura- und Tertiärkalksteine,) hervorgegangenen Böden, während auf solchen Böden die Fichte gerne rotfaul wird.

§ 131. Die Eiche findet sich, abgesehen von dem besseren Schwemmlande, als Hochwald fast nur auf geschonten Böden der verschiedenen Sandsteinformationen und zwar in denjenigen Lagen, welche für Buche und Tanne nicht frisch genug sind, sowie auf leichter verwitternden Muschelkalkböden, als Niederwald außerdem auf Thonschiefer vorherrschend, während herabgekommene oder von Natur sehr arme Sandsteinböden die Domäne der gemeinen Kiefer und flachgründige Muschelkalkböden diejenige der Schwarzkiefer sind.

Ausgedehnte Tannengebiete finden sich auf Granit, Gneiß, Porphyr, Grauwacke, Vogesensandstein und Jura; Fichtengebiete auf Granit, Gneiß, Grauwacke, Alpenkalk, Molasse und Diluvium. Natürliche Kieferngebiete sind die alluvialen und diluvialen Sandablagerungen und die verschiedenen Sandsteinformationen mit geringem Thongehalte in nicht zu hoher Lage; Buchengebiete die Formationen der Grauwacke, der Grünsteine, Basalte, die mergeligen Juragebilde und die frischeren Lagen derjenigen Granit- und Sandsteingebiete, in welchen das Klima der Tanne und Fichte nicht zusagt, sowie manche der Überschwemmung entwachsene Diluvial- und Alluvialgebilde. Alle anderen Holzarten sind wohl hie und da in den Beständen vorherrschend, treten aber nirgends in solchen Massen auf, daß sie der betreffenden Gegend einen durch sie bestimmten landschaftlichen Charakter verleihen, wie das bei den vorgenannten sechs Hauptholzarten manchmal in so ausgesprochenem Maße der Fall ist.

§ 132. Die gleiche Verschiedenheit zeigt sich inbezug auf die klimatischen Ansprüche der verschiedenen Holzarten.

Während die Kastanie eine fast ebenso hohe Sommerwärme, wie die Weintraube beansprucht, verlangt umgekehrt die Fichte kühle, die Tanne und der Bergahorn wenigstens kühlere Sommer, als sie in den Tieflagen Südwestdeutschlands Regel sind, und während bei den meisten deutschen Holzarten die kurzen Vegetationsperioden sehr hoch (an der Baumgrenze) gelegener Orte dem vollständigen Ausreifen des Holzes hinderlich sind, werden sie von der

Fichte und Lärche vorzüglich ertragen und sind für die Zürbelkiefer Bedingung des Gedeihens.

Während ferner die Kiefer, Weymouthskiefer und Birke, sowie die Eiche und Buche und bei genügender Luftfeuchtigkeit auch die Fichte in Gegenden sehr verschiedener Wärme vorkommen und gedeihen, scheint die Tanne in dieser Hinsicht sehr wählerisch zu sein, indem sie sowohl eigentlich warme, wie kalte Gegenden vermeidet.

Im allgemeinen suchen in Gegenden mittlerer Wärme die Eiche, namentlich die Traubeneiche, und die Kiefer die warmen Sommerhänge, die Fichte, Tanne, Buche, Hainbuche und sonstigen harten Laubhölzer dagegen die kühleren Winterseiten auf; die letzteren gehen erst in denjenigen Höhen, in welchen der Kiefer und Eiche, sei es die Länge der Vegetationsperiode, sei es die Sommerwärme nicht mehr genügt, auch auf die Sommerseiten der Gebirge.

Feuchte Luft ist der Hainbuche und Erle, mäßig feuchte der Tanne überall, der Fichte, Buche und den harten Laubhölzern wenigstens auf trockenem Boden Bedürfnis, während die Kastanie, Kiefer und Eiche entschieden trockene Luft bevorzugen und die Birke in dieser Hinsicht am wenigsten wählerisch zu sein scheint.

§ 133. Auf dieser Verschiedenheit der Holzarten in ihren Ansprüchen an die Verteilung der Wärme und Luftfeuchtigkeit beruht auch ihre Verschiedenheit in den Höhen, zu welchen sie aufsteigen. Während die Arve, Lärche und unter günstigen Verhältnissen auch die Fichte in den Gebirgen bis zu dem oberen Rande der Baumgrenze hinansteigen und die Legföhre ihn überschreitet, bleibt die Buche, Aspe und Birke um etwa 300, die Tanne um 400, die Traubeneiche und die anderen harten Laubhölzer sowie die Kiefer um reichlich 500, die Stieleiche, Roterle und die Pappelarten um 600—700 m gegen dieselbe zurück.

Die Grenzen der möglichen Verbreitung nach Norden und Süden scheinen bei keiner deutschen Holzart mit Ausnahme vielleicht der Kastanie innerhalb Deutschlands zu liegen; nicht wenige Holzarten haben aber ihre natürliche Verbreitungsgebiete, außerhalb welcher ihnen irgend ein Faktor des Gedeihens zu fehlen scheint. Zu diesen Holzarten gehört u. A. die Tanne, welche nur in den Gebirgen Südwest- und Mitteldeutschlands zu Hause ist und ebenso wie die in Niederösterreich heimische Schwarzkiefer außerhalb derselben nur an beschränkten Örtlichkeiten volles Gedeihen finden dürfte, eine Erfahrung, welche man mit der in den Alpen heimischen Lärche beim künstlichen Anbau in tieferen Lagen und umgekehrt bei der auf Tieflagen angewiesenen Stieleiche beim Anbau in höheren Gebirgslagen vielfach bereits gemacht hat.

Gewisse klimatische Lagen bedingen Gefahren, gegen welche die eine Holzart mehr als die andere empfindlich ist; dahin gehören insbesondere die in überragenden Hochlagen und an den Seeküsten permanente Windbruch- und die in gewissen Höhenlagen durch reichlichen Fall nassen Schnees veranlaßte Schneebruchgefahr. Erstere sind für nicht sturmfeste, letztere für wintergrüne Holzarten mit brüchigem Holze, insbesondere Kiefer und Fichte nicht geeignet; ebenso Lagen, in welchen Rauhreif häufig ist, welcher außerdem auch der Lärche und Buche oft gefährlich wird.

§ 134. Auch inbezug auf das, was man das Verhalten der Waldbäume gegen Licht und Schatten genannt hat, ist die Verschiedenheit der Holzarten eine sehr große.

Wie alle grünen Pflanzen verlangen auch unsere Waldbäume ein gewisses Quantum von Licht zur Bildung des Blattgrüns und damit zu ihrer gedeihlichen Entwickelung. Es hat sich nun gezeigt, daß manche Holzarten, die s. g. Lichtpflanzen, auf die Dauer nur in vollem Lichtgenusse gedeihen, während andere, die s. g. Schattenhölzer, auch eine ziemlich starke Beschattung lange aushalten.

Es ist indessen fraglich, ob es ausschließlich die teilweise Entziehung des Lichtes ist, welche das Nichtgedeihen der Lichthölzer im Schatten veranlaßt. Im Walde wird im allgemeinen das Licht einem Baume oder Baumteile nur durch den Schatten benachbarter Bäume oder Baumteile entzogen. Mit einer solchen Beschattung ist aber immer eine Abhaltung der Sonnenstrahlen von dem beschatteten Gegenstande und damit eine Verminderung der ihm zuströmenden Wärme verbunden. Außerdem erhält, und das scheint die Hauptsache zu sein, im Walde der beschattete Baum oder Baumteil nur den Teil der wässerigen Niederschläge und der Luftnahrung, welchen der beschattende zu ihm hindurchläßt.

Es ist daher nicht nur möglich, sondern im höchsten Grade wahrscheinlich, daß die Minderleistung der beschatteten Pflanze nicht ausschließlich auf dem Mangel an Licht, sondern auch auf dem Mangel an Wärme und mehr noch an Luftnahrung und Bodenbefeuchtung beruht, welche ihr zufließen. Es geht das schon daraus hervor, daß selbst ausgesprochene Lichtpflanzen den Seitenschatten besser als die Beschattung von oben ertragen und daß ein und dieselbe Holzart um so mehr Schatten erträgt, je weniger sie auf die Befeuchtung oder die Erwärmung von oben angewiesen ist.

§ 135. Da jede Pflanze und jeder Pflanzenteil, welcher sei es nicht genügend beleuchtet, sei es nicht hinreichend ernährt wird, abstirbt, so ist es klar, daß bei gleicher Größe der Bäume auf gleicher Fläche sich weniger Lichtpflanzen erhalten können, als Schattenpflanzen und wiederum, daß an dem einzelnen Baume bei der Schattenpflanze weniger Zweige wegen Licht- und Nahrungsmangels absterben und weniger Knospen aus gleichem Grunde zugrunde gehen oder unentwickelt bleiben als bei der Lichtpflanze, d. h. daß die Schattenpflanzen unter sonst gleichen Verhältnissen in dichteren Beständen erwachsen und dichter beastet und belaubt sind, als lichtbedürftige Holzarten und wiederum, daß ein und dieselbe Holzart um so dichter belaubt ist und um so dichtere Bestände liefert, je besser der Standort ist.

Auf besonders gutem Standorte, insbesondere auf sehr kräftigem und frischem Boden in einem nicht zu trockenen Klima erträgt jede Holzart weit mehr Schatten, als auf schlechtem, ihren speziellen Bedürfnissen nicht entsprechendem Standorte, so zwar, daß eine Beschattung, welche ausgesprochenen Lichtpflanzen auf besonders gutem Standorte nicht zu stark ist, auf schlechtem, namentlich trockenem Standorte Schattenpflanzen unerträglich wird.

Bei den einzelnen Holzarten nimmt außerdem die Lichtbedürftigkeit mit zunehmendem Alter zu, weil die ältere Pflanze auch mehr Luftnahrung nötig hat, so zwar, daß manche Pflanze, welche später fast gar keine Beschattung oder besser gesagt Überschirmung erträgt, als Keim- und Jährling auf demselben Standorte unter einer ziemlich starken Beschattung aushält.

§ 136. Auf dem mit zunehmendem Alter zunehmenden Lichtbedürfnisse dürfte es auch beruhen, daß die Bestände in höherem Alter weniger dichten

Schatten geben als in dem Alter unmittelbar nach der erstmaligen Herstellung des Bestandsschlusses. Alle Holzarten ertragen als unterständige Pflanzen leichter den Druck des Altholzes, als denjenigen von Stangenhölzern und diesen wieder leichter als den von Gertenhölzern. Es beruht das indessen nicht nur auf der geringeren Bestandesdichtigkeit des Altholzes, sondern auch darauf, daß im Gertenholzalter die Zweige des Hauptbestandes fast bis zum Boden reichen, während sie später mehr und mehr in die Höhe rücken. Eine im Gertenholze unterständige Pflanze steht also fast in der Atmosphäre der Kronen des Hauptbestandes, während eine gleich alte Pflanze in älteren Beständen von diesen Kronen durch eine mehr oder weniger hohe und bewegte Luftschichte getrennt ist, in welcher die unterdrückte Pflanze mehr Luftnahrung findet, als in der fast unbewegten Luft unter den Kronen des Gertenholzes.

Daß einzelständige Oberholzbäume um so weniger verdämmen, d. h. durch Überschirmung schaden, je höher die Kronen angesetzt sind, erklärt sich außerdem daraus, daß bei hoch angesetzter Krone einerseits der Schatten mit dem wechselnden Stande der Sonne einen viel größeren Bogen beschreibt, so daß er weniger lange auf ein und derselben Stelle verharrt, daß anderseits die Wärmestrahlen weniger vollständig zum Boden zurückgeworfen werden und infolge dessen häufigere und reichlichere Tauniederschläge erfolgen, und daß endlich auch die Regen- und Schneeniederschläge leichter auf den Boden gelangen, als unter einem tiefbeasteten Stamme.

§ 137. Bei der Verschiedenheit des Lichtbedürfnisses ein und derselben Holzart bei verschiedenem Standorte ist es klar, daß, wenn man die verschiedenen Holzarten mit Rücksicht auf ihr Verhältnis zu Licht und Schatten untersuchen will, nur gleichwertige Standorte mit einander in Vergleich gezogen werden dürfen. Unterläßt man diese Vorsicht, so ist man gar zu sehr geneigt, Holzarten den Schattenhölzern beizuzählen, welche, weil sie vorzugsweise auf besten Standorten heimisch sind und dort wie alle anderen verhältnismäßig viel Schatten ertragen, weniger lichtbedürftig zu sein scheinen, als andere, welche man häufiger auf schlechtem Standorte sieht.

Nach unseren Erfahrungen ist die ausgesprochenste Lichtpflanze die Lärche, welche selbst auf sehr gutem Standorte fast gar keine Überschirmung erträgt und auf Standorten mittlerer Güte selbst unter Seitenschatten kümmert.

Ihr zunächst stehen die Akazie, die Aspe, die Birke, der Ahorn, die Kiefer und die Erle, welche auf besten Standorten die Überschirmung alter normal geschlossener Eichenbestände, nicht aber diejenige von geschlossenen Buchenalthölzern einige Zeit zu ertragen vermögen. Ihnen folgen die Eiche und die Esche, welche sich auf bestem Standorte selbst im geschlossenen Buchenaltholzbestande einige Jahre erhalten lassen und auf Standorten mittlerer Güte noch im geschlossenen Kiefernaltholze lebensfähig bleiben. In noch höherem Grade ist das bei der Kastanie, sowie den schon fast zu den Schattenhölzern gehörigen Linden- und Ulmenarten der Fall.

Daran reihen sich die eigentlichen Schattenhölzer: Hainbuche, Fichte und Weymouthskiefer, welche schon auf den mittleren Bonitäten ohne allzurasch einzugehen unter Buchenaltholz aushalten; endlich die Buche, welche selbst auf den geringeren Standorten wohl den Druck geschlossener Buchen-, nicht aber denjenigen der Tannenalthölzer einige Zeit aushält und endlich die Tanne, welche unter Buchenaltholz überall lange, unter alten Tannen selbst auf geringstem Standorte ein bis zwei Jahr lang lebensfähig bleibt.

Im Drucke dicht geschlossener Tannengertenhölzer erhält sich selbst auf bestem Standorte die Buche unterständig nur kurze Zeit, ebenso die Fichte in Buchen-, die Eiche und Esche in Fichten-, die Kiefer in Eichengertenhölzern. Auf geringem Standorte dagegen ist der Kiefer und ihren Genossen schon der Druck eines Lärchen-, der Eiche der des Kiefern-, der Fichte der des Eichen-, der Buche der des Fichten- und der Tanne der des Buchenstangenholzes zu stark.

§ 138. Die Holzarten unterscheiden sich also lediglich inbezug auf den Grad von Schatten, welchen sie nach Maßgabe des Standortes ertragen, nicht aber inbezug auf den Grad des Schattens, dessen sie zu ihrem Gedeihen bedürfen. Denn es giebt im deutschen Walde wohl lichtbedürftige, aber keine schattenbedürftige Holzarten. Auch unsere ausgesprochensten Schattenholzarten, selbst die Tanne, gedeihen von frühester Jugend in vollem Lichte, wenn, etwa durch unterirdische Befeuchtung, der Boden stets genügend frisch erhalten oder der Wasserverbrauch der Pflanze durch große Luftfeuchtigkeit gemäßigt wird, wenn ferner vermöge der klimatischen Lage die Vegetation erst erwacht, wenn die Gefahr der Spätfröste vorüber ist und endlich die Beschaffenheit des Bodens übermäßigen Gras- und Unkräuterwuchs nicht aufkommen läßt.

§ 139. Dagegen giebt es allerdings schutzbedürftige, d. h. solche Holzarten, welche in der Jugend gegen trockene Hitze, Spätfröste oder Graswuchs sehr empfindlich sind und Schutz verlangen, wo diese Gefahren drohen. Dieser Schutz kann allerdings bis zu einem gewissen Grade durch Beschattung, bezw. Überschirmung erreicht werden, aber nur so weit, als es die betreffende Holzart nach Maßgabe des Standortes erträgt.

Denn es sind keineswegs notwendig die Schattenhölzer, sondern häufig ausgesprochene Lichtholzarten, welche am schutzbedürftigsten sind, während manche Schattenholzart gar keines Schutzes bedarf, wo ihnen der Standort einigermaßen günstig ist. So leiden neben der Kiefer, Lärche und Birke die Schattenpflanzen Hainbuchen und Weymouthskiefer gar nicht, und selbst die als zweijährige und ältere Pflanze recht empfindlichen Fichte und Tanne als Sämlinge sehr wenig von Spätfrost, während unmittelbar nach der Keimung neben der Schattenpflanze Buche die Lichtpflanzen Akazie, Ahorn und Esche vom Spätfroste getötet und die Lichtpflanzen Eiche und Kastanie wenigstens schwer geschädigt werden.

Dagegen verdanken es die Eiche, Kastanie und Kiefer nicht ihrer Eigenschaft als Lichtpflanzen, sondern ihrer von vornherein tiefgehenden Bewurzelung, wenn sie unter trockener Hitze weniger leiden, als die flach bewurzelten Schattenholzarten Buche, Tanne, Fichte und Hainbuche. Die anfangs gleichfalls flachbewurzelten Lichthölzer: Erle, Ulme und selbst die Lärche leiden darunter fast ebenso sehr als die Fichte.

§ 140. Die Empfindlichkeit der jungen Pflanzen gegen Gras- und Unkräuterwuchs beruht bei den verschiedenen Holzarten auf verschiedenen Ursachen.

Die gegen Frost unempfindlichen Lichtpflanzen leiden darunter, weil ihnen im Schatten des Grases nicht das nötige Quantum Licht zugeführt wird. Sie hören auf, dagegen empfindlich zu sein, sowie sie über das Gras hinausgewachsen sind oder die Unkräuter aufhören, mehr Schatten zu werfen, als sie nach Maßgabe des Standortes ertragen.

Frostempfindliche Holzarten gehen im Grase oft zugrunde, weil das Gras die Wärmestrahlung und damit die Frostgefahr vermehrt; leicht vertrocknende Holzarten, weil sie zwischen den Graswurzeln ihre Wurzeln nicht in diejenigen Bodenschichten senden können, in welchen der Feuchtigkeitsgehalt mehr konstant ist; endlich Holzarten mit in der Jugend schwachem und wenig elastischem Stengel, weil sich dichter Graswuchs im Winter beim Vertrocknen in dichten Schichten über sie legt und sie sich dann nicht mehr aufrichten können, sondern unter dem faulenden Grase ersticken.

Es ist klar, daß der Graswuchs, je nachdem er einer Holzart im allgemeinen aus dem einen oder anderen Grunde gefährlich wird, auf dem einen Standorte ganz unschädlich, auf anderem geradezu verderblich sein kann. Wenn z. B. eine Holzart nur durch Feuchtigkeitserziehung unter dem Graswuchse leidet, wird sie von demselben nicht beschädigt, wo es auch in den obersten Bodenschichten an Feuchtigkeit nicht fehlt, und ebenso ist derselbe einer nur durch Frost im Grase notleidenden Holzart unschädlich, wo vermöge der Lage Spätfröste nicht zu befürchten sind.

§ 141. Bloß durch Entziehung der Feuchtigkeit leidet die Hainbuche unter dem Graswuchse, auf feuchtem Boden ist sie deshalb dagegen ganz unempfindlich. Durch Trockenheit, Lichtentzug und Überlagern leidet die Lärche, weniger die Kiefer; durch Lichtentzug und Erhöhung der Frostgefahr die Eiche und Esche, sowie der Ahorn, welche jedoch sämtlich der Gefahr entwachsen sind, wenn der Graswuchs erst im 2. oder 3. Jahre eintritt; Tanne, Fichte und Buche sind im Grase sowohl der Frostgefahr, wie der Gefahr des Vertrocknens und Erstickens durch das tote Gras ausgesetzt, während die Weymoutskiefer fast nur durch Erdrücken beschädigt wird und die Birke, wenn sie einigermaßen austreiben kann, ehe sich das Gras über ihr schließt, ihres raschen Wuchses halber in den meisten Lagen gegen einen nach dem Keimen erst an sie anschließenden Graswuchs ganz unempfindlich ist.

§ 142. Auch die aus dem Grase herausgewachsenen Exemplare frostempfindlicher Holzarten leiden unter den Spätfrösten. Sie werden durch dieselben zwar in der Regel nur dann zerstört, wenn sich die Fröste häufig wiederholen, leiden aber trotzdem schwer durch das Erfrieren der jungen Triebe, namentlich bei denjenigen Holzarten, welche, wie die Nadelhölzer und die Buche, in solchen Fällen nur spät erscheinende und, kurze Ersatztriebe machen, sowie bei denjenigen, welche, wie die Stieleiche, wenn die ersten Triebe erfroren sind, allzu reichlich austreiben und deshalb eine Menge gleichstarker, aber keine von vornherein zu Haupttrieben brauchbaren Ersatztriebe entwickeln. Die Bäumchen werden dadurch im Längentrieb sehr zurückgesetzt und erleiden vielfache Mißbildungen.

Bei manchen Holzarten, und zwar namentlich bei der Eiche, Buche und Kastanie, werden durch nicht auf die Bodenoberfläche beschränkte Maifröste auch die Blüten häufig zerstört und darin liegt es, daß Mastjahre bei diesen Holzarten so selten sind.

§ 143. Als Keimlinge gehen durch Spätfrost nur die Buche, die Esche, die Ahornarten und die Akazie zuweilen vollständig ein, indem sowohl ihre saftreichen Keimblätter wie die Stengel unterhalb derselben erfrieren.

Die übrigen Holzarten sind als Keimlinge oft weniger gefährdet als später.

In jedem Alter fast ganz unempfindlich gegen Spätfröste sind die Hainbuche, Ulme, Birke, Aspe, Weißerle, Kiefer, Schwarzkiefer und Weymouthskiefer. Bei der Lärche, welche im Frühjahrsanfang nur Nadelbüschel austreibt, erfrieren meist nur die Nadeln, während die spät austreibenden Triebe unbeschädigt bleiben. Bei Linde und Roterle erfrieren zwar auch die Triebe, werden aber leicht wieder ersetzt. Dagegen werden bei der Buche, Eiche, der Esche, den Ahornarten, der Tanne und Fichte nicht nur die fertigen Triebe, sondern auch die eben anschwellenden Knospen vom Froste zerstört, und zwar bei Esche und Ahorn am häufigsten die bei ihnen zuerst austreibenden Gipfelknospen und -Triebe, bei Fichte und Tanne am häufigsten die bei ihnen zuerst erscheinenden Quirltriebe, bei Buche und Eiche meist alle nicht über die Frosthöhe hinausragenden Knospen und Triebe gleichzeitig.

Früh eintretende Spätfröste setzen deshalb die beiden Nadelhölzer im Wachstum etwas zurück, vermindern aber ihren Höhenwuchs nicht; bei der Esche und Ahorn veranlassen sie Gabelbildungen, indem beide durch seitenständige Knospen den Gipfeltrieb zu ersetzen streben, während Eiche und Buche auch bei solchen Fröstеn ebenso sehr geschädigt werden, wie Tanne, Fichte, Esche und Ahorn bei Frösten, welche eintreten, wenn alle Knospen ausgetrieben haben.

Häufig teilweise erfrorene Fichten und Tannen entbehren daher meist der regelmäßigen Quirltriebe und erwachsen, bis sie die Frosthöhe überschritten haben, ohne kräftige Seitentriebe, aber mit ungeteiltem Schafte, während häufig teilweise erfrorene Eschen und Ahorne vielfach verästelt und gegabelt sind.

Dagegen werden häufig vom Froste beschädigte Eichen und Buchen, einerlei ob der Frost früh oder spät erfolgte, sowie Fichten und Tannen, wenn sie häufig nach Austrieb der Gipfeltriebe erfroren sind, wenn auch seltener zu **Kollerbüschen**, d. h. zu strauchartigen, viel verästelten Gebilden ohne Schaft und ohne Leittriebe, welche sich zum Schafte auszubilden versprechen.

§ 144. Eine ähnliche Wirkung wie die Spätfröste hat der **Wild- und Viehverbiß** auf die Holzpflanzen, wenn er dieselben fortwährend betrifft.

Im allgemeinen nehmen das Rindvieh und die Pferde nur Laubhölzer und zwar insbesondere die Esche, die Ahorn- und Ulmenarten, die Hainbuche und Rotbuche, am wenigsten die Birke und auch diese im großen nur bei mangelnder Bodennahrung, an. Die Schafe gehen außerdem auch an die Kiefer, während die Ziege alle Holzarten ohne Ausnahme und zwar gründlich verbeißt.

Das Edelwild bevorzugt Aspe und Weidenarten, macht aber auch an Eschen, Ahornen, Buchen, Hainbuchen, Eichen und Weißtannen, seltener an Kiefern beträchtlichen Schaden, während das Reh Eiche, Rotbuche und Hainbuche und im Winter die Tanne bevorzugt, aber in starkbesetzten Revieren ohne starken Wuchs von süßen Gräsern auch die Kiefer stark annimmt, ebenso wie das Rotwild aber Birke und Erle fast ganz verschont und die Fichte wenig angreift. Der Hase beißt mit Vorliebe die Knospen der harten Laubhölzer und im Winter die aus dem Schnee hervorschauenden Tannentriebe ab, verschont aber Fichte und Kiefer.

Die stärksten Beschädigungen durch Vieh- und Wildverbiß sieht man an erfroren gewesenen Pflanzen; die Ersatztriebe, welche dort an Eiche, Buche und Esche in der Zeit erscheinen, wenn frische Triebe selten sind, sind den Tieren ein leckeres Mahl. Sonst ist der größeren Reproduktionskraft halber der Schaden durch Wild- und Viehverbiß bei den Laubhölzern entschieden geringer als bei den Nadelhölzern, und unter diesen wieder aus gleichem Grunde bei der Tanne geringer als bei der Kiefer, welche, wo sie vom Wilde stark verbissen wird, nur in ganz dichten Verjüngungen, in welchen sich der Schaden auf eine größere Zahl von Individuen verteilt, aufzubringen ist.

§ 145. Was die sonstigen Beschädigungen durch Wild betrifft, so sind es hauptsächlich die Holzarten mit weicher Rinde und biegsamen Zweigen, welche von den Hirschen und Rehböcken mit Vorliebe geschlagen werden, und zwar unter ihnen immer diejenigen, welche im Walde am seltensten vorkommen. Von den Hauptholzarten sind es hauptsächlich die Nadelhölzer, namentlich die Lärche und Weymouthskiefer, und von den Laubhölzern die Eiche, die Esche und die Ahornarten, welche man am häufigsten gefegt und geschlagen findet, während man diese Beschädigungen bei der Buche und Hainbuche, namentlich wo Mehl- und Vogelbeeren, Saalweiden, Linden und Faulbaum in genügenden starken Exemplaren vorhanden sind, sehr selten findet.

Einzelständige fremde Holzarten, sowie einzelne Tannen oder Fichten in Kiefern- oder einzelne Kiefern in Tannen- oder Fichtenbeständen lassen sich in gutbesetzten Jagden ohne Schutzvorrichtungen oft gar nicht aufbringen.

Dem Schälen durch das Rotwild, welches glücklicherweise nur lokal ist, unterliegen vorzüglich Fichten und Eichen, dann Tanne, Esche, Ahorn, Rotbuche und Hainbuche, während es bei Birken, Kiefern und Lärchen selten vorkommt.

§ 146. Beschädigungen durch Insekten sind als lebende Pflanzen weitaus am meisten ausgesetzt die Kiefer und Fichte, und zwar sowohl als junge Pflanzen wie als ältere Bäume; in viel geringerem Maße leiden durch dieselben die Tanne, Lärche und Weymouthskiefer, während die Laubhölzer fast nur in höherem Alter von Insekten befallen werden und vermöge der größeren Reproduktionskraft entstandenen Schaden leicht wieder verwachsen, obwohl die Rotbuche, die Eiche, die Esche, Birke und Erle von verschiedenen Raupen und Käfern manchmal ganz entlaubt werden.

Als gefällter Baum wird die Weißtanne und Fichte, weniger die Kiefer und Lärche vom Nutzholzborkenkäfer bedeutend in ihrem Nutzwerte geschädigt, während in lebenden Eichen, Pappeln und Weiden verschiedene Bockkäfer und der Weidenholzbohrer das Holz technisch beschädigen.

Auch von Pilzen werden die Nadelhölzer häufiger in merklich schädlichem Maße befallen als die Laubhölzer, und zwar sind es wiederum Kiefer und Fichte, welche von ihnen am häufigsten getötet werden, während wiederum die Tanne, dann die Lärche und Eiche durch Pilze, und zwar erstere durch den den Krebs erzeugenden Weißtannenpilz am häufigsten an Nutzwert verlieren.

§ 147. Inneren, die technische Brauchbarkeit vermindernden Fehlern sind die Laubhölzer im allgemeinen mehr unterworfen als die Nadelhölzer. Insbesondere leiden die Weiden und Pappeln, ferner die Linden und sonstigen weichen Laubhölzer, sowie die Ulme in höherem Alter sehr häufig an Wurzel- oder Stock- und Kernfäule, welche insbesondere bei der Kiefer höchst selten ist. Nur die Rotfäule ist eine namentlich auf schweren Böden bei der Fichte häufige und da, wo sie auftritt, förmlich epidemische Krankheit, ebenso wie die bei den anderen Holzarten nur sporadisch auftretende Drehwüchsigkeit bei der Kiefer.

Eingewachsene starke dürre Äste geben bei den Laubhölzern fast immer, am meisten wiederum bei den weichen Laubhölzern und der Ulme, Hainbuche und Buche Veranlassung zu Faulstellen, welche bei ihnen viel rascher als bei der Eiche an den angrenzenden Stammteilen Fäulnis hervorrufen. Bei den Nadelhölzern pflegen solche Äste nicht zu faulen, sondern, auch wenn die Hiebsfläche nicht überwallt, als trockene, aber gesunde Hornäste in den Stamm einzuwachsen.

Eine am Stockende gesunde Kiefer, Lärche, Fichte und krebsfreie Tanne ist deshalb fast immer auch in den oberen Teilen gesund, während an den Laubhölzern hinter jedem starken Überwallungswulst faule Stellen zu erwarten sind.

Dagegen schnüren die Laubhölzer dürre Äste viel frühzeitiger und vollkommener und bis zu viel größerer Stärke ab, so daß dürre, in den Schaft eingewachsene Äste, wie sie beim Nadelholze besonders häufig sind, beim Laubholze verhältnismäßig selten vorkommen. Dürr werdende Zweige von auch nur 1 cm rindenfreiem Durchmesser werden von der Tanne, solche von $1^1/_2$ cm von der Fichte, solche von 2 bis 3 cm von Kiefer und Lärche schon nicht mehr abgeschnürt, während ein dürrer Eichenast von 5 bis 6 cm Durchmesser nach 1 bis 2 Jahren durch sein eigenes Gewicht hart am Schafte abbricht. Aus dem Schafte herausschauende dürre Aststummel von dieser Stärke sieht man deshalb bei den Laubhölzern nur, wenn sie gleich nach dem Dürrwerden mit Gewalt abgebrochen worden sind, während ganz dünne Nadelholzzweige nach jahrelangem Dürrsein sich nur zufällig am Schafte abbrechen lassen.

Für die Fragen der Baum- und Bestandspflege ist dieser Umstand von der höchsten Bedeutung.

§ 148. Nicht minder groß ist die Verschiedenheit der Holzarten inbezug auf ihre **Fähigkeit, Rindenverletzungen auszuweichen und ausnahmsweise Belastungen der Krone zu ertragen.** Die erstere hängt ab von der Biegsamkeit des Schaftes, letztere von der Zähigkeit des Holzes an Schaft und Zweigen.

Die Biegsamkeit des Schaftes vermindert sich bei der gleichen Holzart mit der Dicke des Schaftes, ist aber bei gleicher Dicke bei verschiedenen Holzarten ungemein verschieden. Sie ist am geringsten bei den Nadelhölzern, namentlich bei der Kiefer und Fichte, bei welchen 2 cm starke Schäfte, von Bäumen und ihren Kronen, welche sie beim Fallen streifen, einseitig entrindet werden, während selbst bedeutend stärkere Birken, Buchen und Eichen sich rasch genug biegen, um unverletzt davon zu kommen. Rindenverletzungen kommen in der Saftzeit, in welcher die Rinde weniger festsitzt, leichter vor und sind bei Anwendung gleicher Kraft selbstverständlich stets umfangreicher als außerhalb derselben. Auf je kürzere Zeit sich bei der einen Holzart die Saftzirkulation beschränkt und je saftreicher sie demgemäß in dieser Zeit ist, desto schwerer sind die Beschädigungen, welche sie erleidet, wenn sie beispielsweise ein fallender Baum streift. Eichen, Eschen, Ulmen, Tannen, Fichten und Kiefern werden in dieser Weise viel stärker beschädigt als Buche, Hainbuche und Birke und die übrigen zerstreutporigen Holzarten. In gefrorenem Zustande sind alle Holzarten gleich unbiegsam.

Auch die Zähigkeit des Holzes in Zweigen und Ästen ist bei der Kiefer und nach ihr bei der Fichte und Schwarzkiefer geringer als bei anderen Holzarten. Sie brechen daher, wenn auf ihre Krone, sei es durch aufliegenden Schnee anhängende Duft- oder Eismassen ein Druck oder durch fallende Bäume und Windstürme ein Stoß von großer Kraft ausgeübt wird, ungleich leichter als alle anderen Holzarten.

Die Laubhölzer und ebenso die Tanne, Lärche und Weymouthskiefer biegen in solchen Fällen wenigstens in schwachen Exemplaren ihren Schaft, in stärkeren ihre Zweige um und brechen, am meisten noch die Erle, nur bei ungleich stärkerer Belastung und meist nur bei gefrorenem und deshalb ausnahmsweise brüchigem Holze.

Die Brüchigkeit des Schaftes wird durch eingewachsene Hornäste, welche den geraden Verlauf der Fasern unterbrechen, vermehrt. Holzarten, wie Kiefer, Fichte und Weymouthskiefer, bei welchen solche häufig vorkommen, brechen deshalb unter solchen Umständen häufiger als andere.

§ 149. Auch in der Fähigkeit, erlittene äußere **Beschädigungen** im Schafte und den Zweigen **auszuheilen**, sind die Holzarten verschieden. Am raschesten überwallen noch in kräftigem Wechsel stehende Laubhölzer, am schnellsten natürlich die schnellwüchsigen Arten solche Verletzungen; dagegen widersteht bloßgelegtes Holz der harzreichen Nadelhölzer, welche Schnittwunden schnell mit einer Harzschichte überziehen, insbesondere der Kiefer, Schwarzkiefer und Weymouthskiefer, länger der Fäulnis als das derjenigen Laubhölzer, deren Holz wie das der Buche, Hainbuche und der Weichhölzer von geringer Dauer im Freien ist.

Infolgedessen heilen von allen Holzarten die Weymouthskiefer und die Lärche, nach ihnen die jüngere Eiche, Kastanie und Esche, dann die Rotulme, der Ahorn und nach ihr die Tanne äußere Verletzungen gleichen Umfanges am leichtesten aus, während diejenigen Holzarten, bei welchen sich lokale Fäulnis schnell weiter verbreitet und deren Wuchs gleichzeitig ein langsamer ist, wie die Hainbuche überhaupt und die Birke und Aspe in höherem Alter dagegen am empfindlichsten sind. Ihnen zunächst stehen Kiefer und Fichte, welche zwar erlittene Verletzungen verhältnismäßig rasch vernarben, aber an sich bei Anwendung gleicher Gewalt stärker beschädigt und dann häufiger durch sekundäre Ursachen (Pilze und Insekten) getötet werden. Die schneller wachsenden weichen Laubhölzer überwallen Wunden zwar rasch, aber bei der Schnelligkeit, mit welcher ihr Holz dürr geworden in Fäulnis übergeht, häufig nicht, ohne daß ein bleibender Schaden im Holze zurückbleibt.

In der Saftzeit erlittene Beschädigungen ertragen alle Holzarten des eintretenden Saftverlustes und der geringeren Haltbarkeit der in dieser Zeit freigelegten Holzfaser halber entschieden schwerer, als außer der Saftzeit erlittene.

Dagegen werden bei Waldbränden alte Stämme der Holzarten mit starker borkiger Rinde wie Eiche, Kiefer, Birke, Ulme und Lärche entschieden weniger beschädigt, als solche mit dünnerer Rinde wie Esche, Ahorn, Tanne, Fichte und diese weniger als Buche und Hainbuche.

§ 150. Nicht minder verschieden sind die verschiedenen Holzarten in der **Fähigkeit, die Verminderung oder gänzliche Zerstörung der Ernährungsorgane zu ertragen.**

Während die sämtlichen deutschen Nadelholzarten wegen mangelnder Fähigkeit, Adventivknospen zu treiben, unbedingt absterben müssen, wenn ihnen die ganze Krone genommen wird, ertragen die Pappeln mit Ausnahme der Aspe, die meisten Weidenarten, ferner die Erlen und Ulmen, die Akazie, Linde und Platane, weniger die Hainbuche, die Stümmelung sogar recht gut, wenn sie in der Zeit der Saftruhe vorgenommen wird; die Eichen und die Ahornarten werden durch dieselbe selten getötet, während die Buche und Birke sie zwar im Gerten-, nicht aber im Stangenholzalter zu überwinden pflegen. Die sie gut ertragenden Holzarten treiben im Falle des Stümmelns reichliche Kopfloden. Im Safte, namentlich nach Verbrauch der Reservestoffe ausgeführt, wird sie auch von den sonst dagegen nicht sehr empfindlichen Laubholzarten nur ausnahmsweise überstanden.

Bleiben die Zweige erhalten, geben aber die sämtlichen Blätter und ein namhafter Teil der fertigen Knospen mit Einschluß der Mehrzahl der meist unentwickelt bleibenden Endknospen der Kurztriebe der Kiefern und Lärchen und der Blattachselknospen der Tannen und Fichten etwa durch Raupenfraß, Winterfrost oder Feuer verloren, so stirbt die Kiefer sehr häufig infolge der Saftstockung ab, während sich die Fichte in der Regel durch Austrieb von Blattachselknospen erholt, aber dann häufig nachträglich vom Borkenkäfer getötet wird. Tanne und Lärche überstehen in der Regel auch diese Gefahr, während die Laubhölzer in solchen Fällen nur ganz ausnahmsweise absterben, weil sie die Fähigkeit besitzen, durch verstärkte Entwickelung der übrig gebliebenen Knospen und durch Austreiben neugebildeter, sich rasch wieder zu belauben.

§ 151. Auch die teilweise Entfernung von Zweigen ertragen die Nadelhölzer mit Ausnahme der Lärche entschieden schlechter als die Laubhölzer. Sie haben nicht wie diese die Fähigkeit, den aufsteigenden Saft durch namhaft stärkeres Austreiben der verbliebenen Teile der Krone zu verarbeiten und so in kurzer Zeit die verlorene Blattmenge wieder herzustellen. Wird in einem Jahre mehr als höchstens die Hälfte sämtlicher Zweige entfernt, so kränkelt die Pflanze, was sich häufig durch verkürzte Gipfeltriebe kenntlich macht, und geht nicht selten ein.

Die Laubhölzer, sowie die Lärche treiben in solchen Fällen die Knospen der verbliebenen Zweige in verstärktem Maße aus und verlängern wenigstens dann, wenn die Äste außerhalb der Saftzeit genommen wurden, insbesondere den Gipfeltrieb. Geschah bei diesen Holzarten des guten zu viel, so vermag der Schaft oft die Krone nicht zu tragen und biegt sich um. Man sieht das insbesondere häufig bei Holzarten mit verhältnismäßig schwachem biegsamen Schafte, wie Buche, Hainbuche, Kastanie, Eiche, Ulme, Linde, selten bei den mit relativ starken Schäften versehenen Holzarten, wie Esche und Ahorn.

Geschieht die Entnahme der Zweige zur Saftzeit, so tritt häufig eine starke Schwächung des Baumes durch Verblutung ein.

§ 152. Wird nur der Gipfeltrieb oder die Gipfelknospe zerstört, so suchen Seitentriebe oder endständige Knospen ihn zu ersetzen. Bei den kurzschaftigen Holzarten (§ 119) treiben in solchen Fällen alle dem Gipfel nahestehenden Zweige Triebe senkrecht in die Höhe und es vergehen Jahre, ehe wenn überhaupt ein bestimmter Zweig unbestritten die Aufgabe der Schaftbildung übernimmt. Die geradschaftigen Holzarten verhalten sich in dieser

Hinsicht verschieden. Bei den Holzarten mit gegenständigen Knospen, also bei Ahorn, Esche und Roßkastanie, gabelt sich in solchen Fällen der Schaft, indem, wenn nur die Gipfelknospe zerstört wurde, die zu beiden Seiten derselben stehenden beiden gleichstarken Knospen, wenn der ganze Gipfeltrieb zerstört wurde, die beiden obersten Zweige die Fortsetzung des Schaftes zu übernehmen streben.

Bei der Roterle übernimmt diese Aufgabe in der Regel die dem Gipfel zunächst stehende unversehrt gebliebene gesunde Knospe allein, ebenso bei der Traubeneiche, wenn der ganze Gipfelquirl und nur dieser verloren gegangen ist, während, wenn nur die Mittelknospe des Gipfels, oder der größere Teil des Gipfeltriebes beseitigt worden ist, meist eine Teilung des Schaftes in ersterem Falle, ähnlich wie bei den kurzschaftigen Holzarten durch Austreiben der gleichstarken Quirlknospen, im anderen durch Verlängerung der quirlständigen Zweige stattzufinden pflegt. In der Regel übernimmt indessen bei der Traubeneiche ein Trieb sehr bald die Führung, indem er sich durch Johannistriebe über die übrigen hinausschiebt. Ähnlich verhält sich die Lärche, Tanne und Fichte, nur daß bei letzteren der Kampf um den Vorrang sich weniger rasch als bei Lärche und Traubeneiche entscheidet.

Dagegen übernehmen bei den Kiefernarten immer bei Verlust der Gipfelknospen die Quirlknospen, bei Verlust des Gipfeltriebes die dem Gipfel zunächst stehenden Quirltriebe sämtlich die Aufgabe der Fortsetzung des Schaftes und wenn überhaupt, entscheidet sich erst spät, welcher derselben zum Schafte wird.

Die Zweige der Tanne besitzen dabei im hohen, die Fichte im geringeren Grade die Fähigkeit, bei Verlust des Gipfels sich aufzurichten und den Schaft möglichst geradlinig fortzusetzen, während die Kiefernzweige in solchem Falle in ihrer Lage verharren und nur die neuen Triebe senkrecht in die Höhe zu richten. Die Spuren der Schaftbildung aus Zweigen sind daher bei den Kiefernarten an Vorbiegungen des Schaftes dauernd deutlich erkennbar, bei Tanne und Fichte verschwinden sie in wenigen Jahren.

§ 153. Wird der ganze Stamm in der Nähe des Bodens abgehauen, so stirbt der im Boden verbliebene Teil des Baumes bei den deutschen Nadelhölzern ab, weil dieselben auch an den Wurzeln die Fähigkeit nicht besitzen, Adventivknospen zu entwickeln, es sei denn, daß der Stock teilweise mit den Wurzeln noch stehender Bäume verwachsen ist und von diesen ernährt wird, ein Fall, welcher bei der Tanne ziemlich häufig vorkommt. Aber auch dann erfolgen keinerlei Ausschläge; der Stock lebt vielmehr als nutzloser Schmarotzer von dem Safte seines Ernährers.

Die deutschen Laubhölzer besitzen dagegen sämtlich, wenigstens eine Zeitlang die Fähigkeit, aus dem Stocke oder den Wurzeln auszuschlagen, aber in sehr verschiedener Weise.

Während die Aspe nur ausnahmsweise Stocklohden, in der Regel aber nur Wurzellohden und zwar vorherrschend Wurzelbrut treibt, soll die Weißerle, welche in höherem Alter das Gleiche thut, nach Dengler[1] in der Jugend nur vom Stocke ausschlagen.

---

[1] Waldbau, 4. Auflage, S. 159.

Neben reichlichem Stockausschlage liefern die übrigen Pappeln, die Akazien und die Pflaumenarten reichliche, Ulme, Linde, Weiden und Maßholder mehr oder weniger spärliche Wurzelbrut.

Von den übrigen nur in höchst seltenen Ausnahmefällen oder nie Wurzelbrut liefernden Holzarten schlagen der Berg- und Spitzahorn und die Birke vorherrschend in den unterirdischen, die Buche vorherrschend in den oberirdischen Stockteilen, und zwar letztere bei höherem Alter fast ausschließlich in den Überwallungswülsten der Abhiebsflächen aus. Bei allen anderen baumartigen deutschen Holzarten erfolgen die Ausschläge sowohl am ober-, wie am unterirdischen Teile des Stockes.

§ 154. Inbezug auf die Reichlichkeit der Ausschläge gehen von den am Stocke ausschlagenden Holzarten die Roterle, Ulme und Hainbuche wohl allen übrigen voraus; bei ihnen erscheinen die Ausschläge oft so reichlich, daß sie sich gegenseitig einengen; bei der Eiche, der Esche, den Ahornen, Linden, Weiden und Pappeln, der Akazie und Kastanie erfolgen nur relativ wenige, aber dafür um so kräftigere Ausschläge, während Buche und Birke spärliche und nicht sehr kräftige Ausschläge liefern.

Was die Dauer der Ausschlagsfähigkeit betrifft, so scheint dieselbe mit der natürlichen Lebensdauer (§ 121) im Zusammenhange zu stehen. Die Holzarten verlieren im allgemeinen die Ausschlagfähigkeit aus dem Stocke um so eher, je kurzlebiger sie sind. Wo in dieser Hinsicht Ausnahmen bestehen, wie bei der Buche, scheinen dieselben weniger auf der Abnahme der Fähigkeit Adventivknospen zu bilden, als darauf zu beruhen, daß die Rinde zu dicht wird, um den zur Knospenbildung anreizenden Lichtstrahlen das Durchdringen zu den saftführenden jüngsten Holzschichten zu gestatten. Es spricht dafür der Umstand, daß bei allen am oberirdischen Teile des Stockes ausschlagenden Holzarten der beim Hiebe im jungen dünnrindigen Holze reichlich erfolgende Ausschlag beim Hiebe im alten dickborkigen Holze in der Regel ausbleibt und daß durch oberflächliche Rindenverletzungen, also durch Verdünnung der Rinde die Ausschlagsfähigkeit alter Stöcke verstärkt werden kann.

§ 155. Die Fähigkeit, im Freien aus vom Stamme getrennten oberirdischen Stammteilen Adventivwurzeln zu treiben, besitzen von den deutschen Holzarten nur die Weiden und Pappeln (mit Ausnahme der Aspen), von den häufigeren fremden die Platane in einem Maße, welches ihre waldbauliche Benutzung gestattet.

Dagegen treiben mit Ausnahme der Kiefer selbst die Nadelhölzer an in die Erde eingelassenen mit dem Mutterstamme noch in Zusammenhang stehenden oberirdischen Teilen unter besonders günstigen Umständen Wurzeln, welche später die Ernährung der daraus neu sich bildenden Pflanze zu übernehmen imstande sind. Diese Fähigkeit ist aber nur bei der Hainbuche, den Ulmen, Ahornen, Linden, Pappeln, Weiden und der Kastanie und auf günstigem Standorte auch bei der Buche groß genug, um im Waldbau benutzt werden zu können.

Zweiter Abschnitt.
Wahl der Wirtschaftsmethoden.
Kapitel I. Wirtschaftsziele des Waldbesitzers.

§ 156. Wir haben in der Einleitung die Forstwirtschaft definiert, als die planmäßige Thätigkeit des Menschen, dahin gerichtet, den Wald zur Befriedigung von Bedürfnissen tauglich zu machen. Diese Bedürfnisse können aber verschiedener Art sein und sind es thatsächlich bei den verschiedenen Waldbesitzern.

Für manche derselben kommt der Ertrag des Waldes an Holz und Geld kaum inbetracht gegen andere Vorteile, welche ihnen der Wald mittelbar gewährt. Sie treiben Forstwirtschaft nicht oder erst in zweiter Linie, um Holz zu erziehen, sondern um durch die Erhaltung und Pflege des Waldes ungünstigen Veränderungen des Klimas, Gewitter-, Lawinen- und Flugsandbeschädigungen vorzubeugen oder Abschwemmungen, Überflutungen und Bergrutsche zu verhindern, also um den Schutzzwecken des Waldes gerecht zu werden; vielleicht auch nur um einen schönen Hochwildstand zu erhalten oder weil sie Freude an einem landschaftlich schönen Walde haben.

Andere wiederum sehen in der Waldwirtschaft nur ein Mittel, sich oder anderen den Bezug des Holzes überhaupt oder bestimmter Holzsortimente, deren sie benötigt sind, zu sichern.

Wieder anderen ist nicht die Holzproduktion, sondern der Geldertrag, welchen dieselbe abwirft, Hauptsache. Sie betrachten aber nur den Grund und Boden als Kapital und geben derjenigen Wirtschaft den Vorzug, welche ihnen im Verhältnisse zur Größe der Waldfläche den höchsten Geldertrag abwirft.

Eine vierte Klasse von Waldbesitzern betrachtet die Forstwirtschaft als ein Unternehmen und alles was darin Geldwert hat, als Kapital, welches sich zu einem gewissen, bei den verschiedenen Waldbesitzern verschiedenen, Zinsfuße verzinsen muß, und sie bevorzugen diejenige Wirtschaft, welche ihnen nach Verzinsung des Kapitals den höchsten Reinertrag oder Unternehmergewinn gewährt.

Wieder andere verlangen im Walde eine Wirtschaft, welche nicht ihnen, sondern dem gesammten Volke die größten Reinerträge gewährt.

Diese Wirtschaftsziele des Waldbesitzers muß der Forstwirt kennen, ehe er sich darüber entscheidet, in welcher Weise er den ihm anvertrauten Wald bewirtschaften will, und es giebt nichts Thörichteres, als die Wirtschaftsmethode bestimmen zu wollen, ohne sich klar zu sein, was der Waldbesitzer bei der Bewirtschaftung des Waldes überhaupt zu erreichen beabsichtigt.

§ 157 Diese Verschiedenheit der allgemeinen Wirtschaftsziele des Waldbesitzers muß notwendig die Ziele beeinflussen, welche der Forstwirt bei der Begründung und Erziehung des Waldes im Auge hat.

Am einfachsten liegt die Frage in denjenigen Waldungen, deren Besitzer bei der Waldwirtschaft nur Holzbedürfnisse und zwar nur bestimmte Holzbedürfnisse befriedigen wollen. Hier hat sich der Forstwirt nur zu fragen, welche Holzarten das gewünschte Holzsortiment liefern, welche derselben auf dem gegebenen Standorte gedeihen, welche davon dieses Sortiment auf diesem Standorte in größter Menge und in bester Ware liefern und wie dieselben nach Maßgabe desselben zu dem Ende am besten zu bewirtschaften sind.

Ebenso handelt es sich da, wo der Waldbesitzer lediglich die Schutzzwecke des Waldes, seine Schönheit oder seinen Wildreichtum im Auge hat, nur darum, welche Holzart und welche Wirtschaftsmethode diesen in jedem einzelnen Falle speziell präcisierten Zwecken am besten entspricht.

§ 158. Etwas komplizierter wird die Frage, wenn es sich nicht mehr um die Befriedigung spezieller Holzbedürfnisse, sondern der Holzbedürfnisse überhaupt handelt. Immerhin wird dann aber der Waldbesitzer dem Wirtschafter bekannt geben müssen, die Befriedigung welcher Holzbedürfnisse ihm als die dringendste erscheint und es wird sich nur fragen, welche von den auf dem Standorte möglichen Holzarten die notwendigsten Holzsortimente liefern und wie dieselben zu bewirtschaften sind, um dieselben in größter Menge und Vollkommenheit zu erziehen. Der Preis des Holzes tritt hier nur insoferne inbetracht, als er dem Waldbesitzer den Maßstab des Bedürfnisses liefert.

Eine um so größere Rolle spielt derselbe, und zwar speziell der als erntekostenfreier Waldpreis in die Tasche des Waldbesitzers fließende Teil des Holzpreises, bei den beiden anderen Klassen von Waldbesitzern, vor allen bei der s. g. Bruttoschule, d. h. bei denjenigen Waldbesitzern, welche im Walde einen möglichst hohen Geldertrag im Verhältnis zu seiner Fläche anstreben. Bei dieser Klasse handelt es sich nicht mehr darum, ob eine bestimmte Holzart auf dem gegebenen Standorte gedeiht und welche dort die begehrtesten Sortimente liefert, sondern welche von den dort möglichen Holzarten oder Mischungen von Holzarten nach Maßgabe der Absatzlage die höchsten Durchschnittserträge an Wert abwerfen und in welcher Bestandsform. Es muß dabei untersucht werden, was jede einzelne Bestandsform und jede Bestandsart auf dem gegebenen Standorte und in der gegebenen Absatzlage an Gelderträgen durchschnittlich leistet. Die Zeit, in welcher sie das leistet, kommt dabei nur als einfacher Divisor bei der Berechnung der Durchschnittsleistung in Rechnung.

§ 159. Wieder anders liegt die Frage bei derjenigen Klasse von Waldbesitzern, welche in der Forstwirtschaft die höchsten Reinerträge anstrebt. Hier wird die Zeit zum hochwichtigen Faktor der Rechnung. Denn der Kostenbetrag, welchen sich der Waldbesitzer als Produktionsaufwand anrechnen muß, wächst mit jedem Jahre, in welchem ihm die ursprünglich verausgabten Kosten unvergütet bleiben, in geometrischer Progression und es ist nicht mehr diejenige Bestandsform und Bestandsart und diejenige Produktionsdauer in seinen Augen die vorteilhafteste, welche nach Maßgabe des Standortes und der Absatzlage die höchsten Durchschnittserträge an Geld ergiebt, sondern diejenige, bei welcher der höchste Überschuß bleibt, wenn man von dem mit Zinsen und Zinseszinsen berechneten Jetztwerte aller Gelderträge die Jetztwerte aller zu machenden Ausgaben mit Einschluß der Verzinsung des Bodenkapitals abzieht.

Ähnlich liegt die Frage bei der letzten Klasse der Waldbesitzer, nur daß sie die Rechnung nicht mit den Geldbeträgen anstellt, welche der Waldbesitzer, sondern mit denen, welche die Gesamtheit aus der Produktion der Forstwirtschaft zieht.

§ 160. Eine Wirtschaft, welche all diesen Anforderungen gleichzeitig gerecht zu werden fähig ist, giebt es selbstverständlich nicht. Dem Forstwirte, welchem die Bewirtschaftung eines Waldes anvertraut wird, wird deshalb von den Waldbesitzern, im Staatswalde von den gesetzgebenden Faktoren, anzugeben sein, welche derselben er an die Resultate der Forstwirtschaft stellt. Seine wirtschaftlichen Maßnahmen sind davon fast ebenso abhängig, wie von den Standortsverhältnissen und den in der Natur begründeten Eigentümlichkeiten der verschiedenen Holzarten. Von ihnen muß er sich leiten lassen, wenn er sich die Frage vorlegt, wie der ihm übergebene Wald weiter zu bewirtschaften ist. Sie entscheiden insbesondere:

1. bei der Bestimmung der Hiebsreife der vorhandenen Bestände,
2. bei der Wahl der Bestandsformen und Bestandsarten und der Art der Bestandsgründung für die neu zu begründenden Bestände,
3. über die Art und Weise wie die vorhandenen und neu zu begründenden Bestände weiter zu behandeln sind, über die Art der Bestandserziehung.

Kapitel II. Bestimmung der Erntereife.

1. Hiebsreife des einzelnen Bestandes und seiner Teile.

§ 161. In der Forstwirtschaft gibt es eine Reife ihrer Produkte im Sinne der Landwirtschaft nicht. Ihr Hauptprodukt, das Holz, beziehungsweise die Bäume, welche daraus bestehen, sind viele Jahre lang gleichzeitig fertige jeden Tag verkäufliche Ware und ein unentbehrliches Produktionsmittel, mit Hilfe dessen der Waldbesitzer neues Holz hervorbringt.

Ob es erntereif, oder wie der technische Ausdruck lautet hiebsreif oder haubar ist, darüber entscheidet in der Hauptsache die Wirtschaftsabsicht des Waldbesitzers.

Ein Bestand ist technisch haubar, d. h. im Sinne desjenigen Waldbesitzers, welcher im Walde nur gewisse Holzsortimente erziehen will, erntereif, wenn er dieses Sortiment in solcher Menge und Vollkommenheit enthält, wie er es später nicht mehr enthalten würde.

Der einzelne Baum ist technisch hiebsreif, wenn er die Eigenschaften erlangt hat, welche der Waldbesitzer von ihm fordert.

Mit Rücksicht auf die Schutz- und sonstigen Nebenzwecke des Waldes haubar ist ein Bestand, wenn er dauernd aufhört, dieselben in ausreichendem Maße zu erfüllen oder wenn ein neuer an seiner Stelle anzulegender Bestand diesen Zwecken vollkommener gerecht werden würde.

Teile des Bestandes sind in diesem Sinne unter gleichen Voraussetzungen hiebsreif, außerdem aber auch dann, wenn sie der Entwickelung nach der verlangten Richtung wirksamerer Bestandsteile hinderlich sind.

§ 162. Physisch haubar nennt man einen Baum, wenn er im Begriffe ist, von selbst abzusterben. In diesem Sinne physisch haubare Bestände giebt es nur infolge von Unglücksfällen, Waldbrand, Insektenfraß, Wind-, Schnee- und Eisbruch und dergleichen. Ohne solche pflegen ganze Bestände nicht auf einmal abzusterben. Man bezeichnet indessen mit diesem Namen im weiteren Sinne häufig auch Bestände, deren Wertszuwachs durch Absterben, Dürr- und Faulwerden von Teilen der Bäume, aus welchen sie bestehen, augenscheinlich mehr als aufgehoben wird, welche also an Wert nicht allein nicht mehr zu-, sondern abnehmen oder, wie der technische Ausdruck lautet, rückgängig oder überständig sind.

§ 163. **Ökonomisch haubar**, d. h. im Sinne der s. g. Bruttoschule hiebsreif ist ein Bestand, wenn er durchschnittlich weniger an Wert zunimmt, als ein an seine Stelle gesetzter neuer Bestand durchschnittlich zunehmen würde, wenn also sein Durchschnittszuwachs an Wert am größten ist. Das ist bei normal bestockten Beständen der Fall, wenn der laufende **Wertszuwachs** kleiner zu werden anfängt, als der durchschnittliche der ganzen rückwärts gelegenen Lebensepoche; denn ein neuer gleich normal erzogener Bestand würde, an seine Stelle gesetzt, künftig durchschnittlich ebenso viel an Wert zuwachsen, als der alte bisher zugewachsen ist, also mehr, als dieser jetzt thatsächlich zunimmt.

Die ökonomische Haubarkeit in diesem (neueren) Sinne erreicht der Bestand bei allen Holzarten, deren Wert pro Maßeinheit mit zunehmendem Alter fortdauernd zunimmt, also bei allen Hauptholzarten mit Ausnahme der Buche wesentlich später als den Höhe- oder Kulminationspunkt des Durchschnittszuwachses an Holzmasse, nach welchem man früher die ökonomische Haubarkeit bestimmte.

In nicht normal geschlossenen und deshalb die Standortsverhältnisse nicht völlig ausnutzenden Beständen, tritt die ökonomische Haubarkeit notwendigerweise vor dem Höhepunkte ihres eigenen Durchschnittszuwachses an Wert ein und zwar dann, wenn dieser Zuwachs unter denjenigen eines normal bestockten Bestandes gleichen Standortes herabsinkt.

Teile eines Bestandes und einzelne Bäume darin sind ökonomisch haubar, wenn ihr laufender Zuwachs an Wert unter der Wertszunahme zurückbleibt, welche ihre Herausnahme für den Rest des Bestandes verursachen würde.

Es ist klar, daß auch im weiteren Sinne physisch haubare Bestände und Bestandsteile immer auch ökonomisch haubar sind.

Es ist ferner klar, daß die ökonomische Haubarkeit in neuerem Sinne wesentlich durch die Absatzlage beeinflußt wird, d. h. in um so höherem Alter eintritt, je weniger verkäuflich die in jugendlichem Alter vorherrschend erzeugten geringwertigen Sortimente sind, je schlechter also die Absatzlage ist. Auf die auf den Höhepunkt der Holzmassenproduktion begründete ökonomische Haubarkeit in älterem Sinne hatte die Absatzlage selbstverständlich keinen Einfluß.

§ 164. **Finanziell**, d. h. im Sinne der Reinertragsschule, **haubar** ist ein normaler Bestand, wenn sein heutiger wirklich zu erreichender Abtriebswert höher ist, als der mit Zinseszinsen auf heute diskontierte Wert, welcher dafür später erzielt werden kann oder mit anderen Worten, wenn er aufhört, durch seinen Wertzuwachs seinen heutigen Abtriebswert zu dem von dem Waldbesitzer in Anspruch genommenen Zinsfuße zu verzinsen. Ist der Bestand nicht normal bestockt, so muß zu seinem eigenen Abtriebswerte der Jetztwert aller Nutzungen aus dem neu anzulegenden Bestande bei sofortigem und späterem Abtriebe zugesetzt werden.

Entspricht nur ein Teil des Bestandes dieser Forderung nicht, so ist nur dieser Teil finanziell haubar.

Physisch haubare Bestände und Bestandsteile sind daher unter allen Umständen auch finanziell haubar, ökonomisch haubare jedoch nur dann, wenn der **Zinsfuß**, welchen der Waldbesitzer in Anspruch nimmt, höher ist, als der

Wertszuwachs des betreffenden Bestandes, verglichen mit seinem jetzigen Abtriebswerte. Ist er, wie gewöhnlich, merklich höher, so erscheint dem Waldbesitzer ein Bestand oder Bestandesteil finanziell haubar, ehe er seine ökonomische Haubarkeit erreicht hat.

§ 165. Gesamtwirtschaftlich haubar, d. h. im Sinne der letzten Klasse der Waldbesitzer, des Staates, wo er nach den jetzt in Deutschland maßgebenden Grundsätzen regiert wird, ist ein normaler Bestand, wenn die Vorteile, welche er bei sofortigem Abtriebe der Gesamtheit gewährt, größer sind, als der zu niedrigem Zinsfuße berechnete Jetztwert dieser Vorteile bei späterem Abtriebe und ein nicht normaler, wenn die Summe seines jetzigen gesamtwirtschaftlichen Abtriebswerts und des Jetztwertes aller bei sofortigem Abtriebe später erfolgenden gesamtwirtschaftlichen Reinerträge größer ist, als der Jetztwert aller späteren gesamtwirtschaftlichen Reinerträge bei späterem Abtriebe.

Bestandsteile sind gesamtwirtschaftlich hiebsreif, wenn der Vorteil, welchen die Gesamtheit aus dem sofortigen Abtriebe zieht, größer ist als der Jetztwert der Vorteile aus späterem Abtriebe.

Physisch haubare Bestände und Bestandsteile sind immer, ökonomisch hiebsreife häufig auch gesamtwirtschaftlich haubar: nur finanziell haubare dagegen nur ausnahmsweise, weil in höherem Bestandsalter der gesamtwirtschaftliche Wert der Forstprodukte in der Regel in stärkerem Maße zunimmt, als der Wert für den Waldbesitzer.

§ 166. Die Thatsache, daß ein Bestand oder Bestandesteil, für sich betrachtet, je nach den Wirtschaftszwecken des Waldbesitzers als hiebreif erscheint, hat noch nicht zur Folge, daß derselbe auch als Teil eines größeren Waldes haubar ist.

In vielen Absatzlagen lassen sich nur bestimmte Quantitäten Holz, in anderen nur bessere Holzsortimente absetzen. Es kann dadurch der Fall eintreten und er tritt thatsächlich häufig ein, daß an sich hiebsreife Bestände und Bestandsteile nicht auf einmal auch wirklich geerntet werden können.

Es ist selbstverständlich, daß in diesem Falle die Einerntung derjenigen Bestände und Bestandsteile als die dringendste zu betrachten ist, deren Nutzung dem Waldbesitzer den größten Vorteil bringt. Wo physisch haubare Bestände oder Bestandsteile vorhanden sind, haben sie deshalb immer den Vorzug vor bloß ökonomisch und finanziell hiebsreifen.

Der gleiche Fall tritt ein, wenn zwar die Möglichkeit vorhanden ist, sämtliche an und für sich hiebsreife Bestände und Bestandsteile auf einmal zu guten Preisen zu verwerten, der Waldbesitzer aber Wert auf die Nachhaltigkeit des Einkommens aus dem Walde legt oder durch die Gesetzgebung darauf zu achten gezwungen ist, wenn er also bei strengster Auffassung in einem Jahre, bei weniger strenger im Laufe einer längeren Periode nicht mehr Holz ernten will oder darf, als der Wald dauernd zu produzieren vermag.

§ 167. Auch andere Erwägungen können veranlassen, daß ein an sich hiebsreifer Bestand oder Bestandsteil nicht genutzt werden darf und daß umgekehrt für sich betrachtet nicht hiebsreife Bestände abgeerntet werden.

Das tritt besonders häufig ein, wenn in einem Walde, in welchem bisher auf die Hiebsrichtung keine Rücksicht genommen worden war, die Notwendigkeit hervortritt, die Sturmgefahr mehr als bisher zu berücksichtigen.

Es muß dann häufig einer regelmäßigen Hiebsfolge, d. h. einer senkrecht gegen den Wind vorrückenden Aufeinanderfolge der Verjüngungsschläge zuliebe der auf der Windseite vorliegende Bestand nach dem dahinter liegenden geerntet werden, auch wenn er an sich weit hiebsreifer ist als der andere. Dieser vorliegende Bestand tritt für die Dauer dieses Verhältnisses in die Kategorie der Schutzwaldungen; er muß stehen bleiben, bis der zu schützende Bestand hinter ihm des Schutzes nicht mehr bedarf und umgekehrt ist der dahinter liegende an sich noch nicht haubare Bestand im Interesse des ganzen Waldes als hiebsreif zu betrachten, weil, wenn er nicht gehauen wird, der Verlust an dem bereits hiebsreifen vorliegenden noch größer sein würde.

Ebenso muß häufig ein an sich vollkommen, selbst physisch haubarer alter Baum stehen bleiben, weil die darunter stehenden jungen Pflanzen seines Schutzes noch nicht entbehren können oder weil durch seine Hinwegnahme der Schluß in den Bestand gefährdender Weise unterbrochen würde.

Ähnliche Erwägungen zwingen in zu Spätfrösten geneigten Lagen oft dazu, einen jüngeren Bestand oder Horst vor einem anstoßenden an sich hiebsreiferen zu verjüngen, weil die vorzeitige Verjüngung des älteren nach Abtrieb des jüngeren dessen Standort zu einem Frostloche machen würde.

2. Betriebsplan und Umtriebszeit.

§ 168. In einer geordneten Forstwirtschaft finden alle diese Erwägungen ihre Berücksichtigung in den Betriebs- oder Wirtschaftsplänen, in welchen alle während der Zeitperiode, für welche sie gelten, nach den Wirtschaftsabsichten des Waldbesitzers hiebsreif werdenden Bestände und Bestandsteile aufgeführt sind. Ihre Erträge sind in denselben mit thunlichster Genauigkeit im einzelnen ermittelt und aus ihnen ist der jährliche Abnutzungssatz, d. h. die Holzmenge abgeleitet, welche der Wirtschafter jedes Jahr oder im Durchschnitte mehrerer Jahre jährlich ernten darf.

In denselben ist auch die Umtriebszeit festgesetzt. Man versteht darunter in gleichalterigen und dauernd gleichalterig erhaltenen Beständen die Zeit, welche planmäßig zwischen der Gründung und der vollständigen Aberntung der Bestände gleicher Art verfließt oder das Alter, welches man die bis zuletzt den Hauptbestand bildenden Bäume planmäßig durchschnittlich erreichen läßt.

In dieser letzteren Weise ist die Umtriebszeit auch bei ungleichalterigen und mehralterigen Bestandsformen, z. B. bei den Femelwirtschaften, bei welchen der Bestand überhaupt niemals vollständig abgeerntet wird, zu definieren.

In solchen Beständen bezieht sich die Umtriebszeit immer auf den den Hauptbestand bildenden Teil derselben, in den Mittelwaldbeständen herkömmlicherweise auf das Unterholz.

§ 169. Den verschiedenen Arten der Hiebsreife entsprechend unterscheidet man technische und nach den Schutzzwecken des Waldes geregelte, ökonomische, finanzielle und gesamtwirtschaftliche Umtriebszeiten. Physische Umtriebszeiten giebt es nicht, weil, wo die Hiebsreife nach der Zeit des natürlichen Absterbens oder Rückgängigwerdens bestimmt wird, von einer planmäßigen Wirtschaft nicht die Rede sein kann.

Die ökonomische Umtriebszeit in neuerem Sinne pflegt man auch die Umtriebszeit der höchsten Wertserzeugung zu nennen, im Gegensatze zu der Umtriebszeit des höchsten Massenertrags, welche mit der ökonomischen Umtriebszeit in älterem Sinne identisch ist.

Eine Unterart der letzteren ist die Umtriebszeit des höchsten Derbholzertrags, bei welcher die Bestände hiebsreif erscheinen, wenn sie den größten Durchschnittszuwachs nicht an Holz überhaupt, sondern an Derbholz, d. h. an Holz über 7 cm Durchmesser haben.

§ 170. Die Länge der nach gleichen Grundsätzen bestimmten Umtriebszeiten ist je nach der Holzart und dem Standorte und bei denjenigen Waldbesitzern, welche dieselbe nach den Gelderträgen berechnen, welche in ihre Kassen fließen, auch je nach der Absatzlage des Waldes verschieden.

Die technische Brauchbarkeit zu bestimmten Zwecken erreicht, wenn sie sie überhaupt erreicht, die rascher wachsende Holzart schneller, als die weniger schnellwüchsige, die gleiche Holzart eher auf besserem, als auf geringem Standorte. Das Gleiche ist der Fall inbezug auf die mit Rücksicht auf die Schutzzwecke des Waldes bestimmte Umtriebszeit.

Umgekehrt tritt die physische Haubarkeit bei gleicher Holzart im allgemeinen auf besserem Standorte später ein als auf geringerem, weil auf besserem Standorte die Lebenszähigkeit der Bäume meist eine größere ist; auch ist es nicht notwendig die schnellwüchsigere, sondern die ihrer Natur nach am wenigsten ausdauernde Holzart, welche bei gleichem Standorte zuerst physisch haubar wird.

Auch die ökonomische, finanzielle und gesamtwirtschaftliche Haubarkeit erreichen die Holzarten geringer Lebensdauer früher als länger ausdauernde und von zwei gleich ausdauernden wiederum diejenige zuerst, welche in der Jugend am schnellsten wächst; dagegen scheinen diese Arten von Haubarkeit von der gleichen Holzart nur auf den besten Standortsklassen wesentlich früher erreicht zu werden, als auf den geringeren.

Im übrigen befördert alles, was die Wachstumsenergie vermehrt, die Hiebsreife; nur die physische Haubarkeit wird dadurch hinausgeschoben.

§ 171. Die durch die Entfernung von den Orten, an welchen das Holz verbraucht wird, und die Beschaffenheit der dorthin führenden Transportanstalten bestimmte Absatzlage des Waldes wirkt nur bei der Bestimmung der ökonomischen und finanziellen Umtriebszeiten mit, weil nur bei diesen der in die Kasse des Waldbesitzers fließende erntekostenfreie Waldpreis des Holzes in Rechnung gezogen wird. Sie ist aber dort von der eingreifendsten Bedeutung. Je weiter nämlich der Wald von diesen Verbrauchsorten entfernt ist, desto größer sind die Transportkosten, welche aufgewendet werden müssen, um das Holz dorthin zu schaffen. Da diese Kosten nun nach dem Gewichte und nicht nach dem Werte der Ware bezahlt werden, so sind sie für den Festmeter des geringsten Brennholzes ebenso hoch als für die gleiche Masse besten Nutzholzes derselben Holzart.

Die Folge davon ist, daß in einem Walde das junge Holz um so später anfängt, überhaupt die Werbungskosten zu decken und daß darin die jüngeren und deshalb schwächeren und weniger gebrauchsfähigen Hölzer im Vergleiche zu den älteren und deshalb stärkeren und brauchbareren um so wertloser sind, je schlechter die Absatzlage ist. Es ist deshalb klar, daß in solcher Absatzlage der Wertszuwachs des Holzes in höherem Alter verhältnismäßig größer und andauernder ist, als in besserer, in welcher die verhältnismäßigen Preisunterschiede zwischen altem und jungem Holze weit geringer sind. In guter Absatzlage, in welcher, z. B. bei ein und derselben Holzart starkes Stammholz 20, schwache Stämme 15, Brennholz 10 M pro Festmeter kosten, wird also die ökonomische und finanzielle Umtriebszeit kürzer sein, als in schlechter, in welcher, weil die Transportkosten 8 M pro Festmeter höher sind, das starke Stammholz 12, das schwache 7, das Brennholz 2 M kosten.

Kapitel III. Wahl der Holz- und Betriebsarten.

1. Wahl der Betriebsart.

§ 172. Die Regeln über die Art, in welcher die als hiebsreif erkannten Bestände und Bestandsteile geerntet und für den Waldbesitzer nutzbar gemacht werden, zu geben, ist Sache der Lehre von der Forstbenutzung. Dagegen ist es Aufgabe des Waldbaus, an ihrer Stelle und unter Umständen mit ihrer Hilfe neue Bestände und eventuell Bestandsteile zu begründen und diese, sowie die bereits vorhandenen den Wirtschaftszwecken des Waldbesitzers entsprechend zur Hiebsreife zu erziehen. Zu dem Ende muß sich der Forstwirt klar sein, welche Bestandsform und welche Bestandsart den Wirtschaftszwecken des Waldbesitzers nach Maßgabe des Standortes und, wenn der Waldbesitzer auf dem Standpunkte der Bruttoschule oder der Reinertragsschule steht, auch nach Maßgabe der Absatzlage am vollkommensten entspricht.

Diese Fragen lassen sich in der Praxis wenigstens bei der Bestandsgründung häufig nicht trennen, sie bedingen sich gegenseitig. Es geschieht deshalb nur der Übersichtlichkeit wegen, wenn sie hier getrennt vorgetragen werden.

§ 173. Die Bestandsformen, von welchen in § 85 die Rede war, sind das Resultat der Betriebsart, d. h. der Art, wie die Bestände begründet und erzogen worden sind.

Analog den Bestandsformen unterscheidet man je nach der Art der Begründung zwei große Klassen von Betriebsarten:

I. Samenwirtschaften, d. h. Betriebsarten, bei welchen die Bestandsgründung planmäßig unmittelbar aus dem Samen oder aus direkt daraus erzogenen Kernlohden und

II. Ausschlagwirtschaften, bei welchen dieselbe planmäßig aus Ausschlägen der vorhandenen Bäume bewirkt wird.

Die Samenwirtschaften scheiden sich wieder, je nachdem die Bäume verschiedenen Alters gemischt oder getrennt erzogen werden, in:

1. Plenterwirtschaften oder Femelbetriebe, bei welchen planmäßig in ein und demselben Bestande Bäume jeden im Walde überhaupt vorkommenden Alters erzogen werden, und
2. Hochwaldwirtschaften, bei welchen die Altersklassen planmäßig getrennt sind, bei welcher also in ein und demselben Bestande nicht alle im Walde überhaupt vertretenen Baumalter vorkommen.

Ebenso trennt man die Ausschlagwirtschaften je nach der Stelle, an welcher die Ausschläge erfolgen und je nachdem die Altersklassen getrennt oder auf einer Fläche erzogen werden, in

1. Niederwaldwirtschaft, d. i. eine Ausschlagwirtschaft, bei welcher die Bestandsgründung durch Stock- und Wurzelausschlag erfolgt, mit örtlich getrennten Altersklassen,
2. Mittelwaldwirtschaft, eine solche mit vereinigten Altersklassen oder da die älteren Altersklassen sich vorherrschend aus Kernlohden rekrutieren, eine Niederwaldwirtschaft unter mehralterigem Hochwalde, und
3. Kopfholzbetrieb, bei welchem die Bestände aus Kopflohden begründet werden.

Bei den den Namen einer Wirtschaft übrigens nicht verdienenden Schneidelwirtschaft sind die nach dem Abhauen vorhandener Äste an den Seiten der Schäfte neu sich bildenden Zweige Gegenstand der Nutzung.

Der Hackwald- oder Röderheckenbetrieb ist eine Verbindung der Niederwaldwirtschaft mit der Landwirtschaft.

§ 174. Innerhalb des durch die Begriffe der einzelnen Betriebsart gebildeten Rahmens kommen inbezug auf die Begründung der Bestände und die Verteilung der Altersklassen noch weitere Unterschiede inbetracht, auf welchen die Ausscheidung der Unterbetriebsarten beruht.

So unterscheidet man bei den Plenterwirtschaften:

a) ungeregelte Femelwirtschaft, einen Plenterbetrieb, bei welchem die Altersklassen planlos einzeln und horstweise gemischt sind,
b) Schachbrettfemelbetrieb mit unregelmäßiger oder regelmäßiger horstweiser Mischung der Altersklassen,
c) Saumfemelwirtschaft mit streifenweiser Anordnung der Altersklassen,
d) Ringfemelbetrieb, bei welchem sich die Altersklassen ringweise um einander legen.

Die Art der Bestandsgründung begründet bei den Femelwirtschaften eine Ausscheidung von Unterbetriebsarten nicht.

§ 175. Bei den Hochwaldwirtschaften beruht auf der Art der Verjüngung die Unterscheidung von

a) Samenschlag-, Femelschlag- oder Dunkelschlagwirtschaft und
b) Kahlschlagwirtschaft.

Man versteht unter ersterem eine Hochwaldwirtschaft, bei welcher der junge Bestand unter dem Schutze von Samen- oder Mutterbäumen, welche aus dem alten Bestande für die Dauer der Verjüngungsperiode übergehalten sind, aus dem von denselben abfallenden Samen begründet wird, und unter letzterer eine solche, bei welcher die Verjüngung ohne diesen Schutz vor sich geht. Eine Hochwaldwirtschaft, bei welcher die Verjüngung zwar unter einem Schutzbestande, aber nicht aus dem Samen desselben erfolgt, heißt Schirmschlagwirtschaft. Bei ihr sowohl wie bei der Samenschlagwirtschaft ist, so lange die Verjüngung dauert, auf der Verjüngungsfläche Alt- und Jungholz gleichzeitig vorhanden, während aus der Kahlschlagwirtschaft dauernd gleichalterige Bestände hervorgehen. Diese Mischung ist also eine vorübergehende auf den speziellen Verjüngungszeitraum, d. h. auf die Zeit, während welcher der Schirmbestand zum Schutze der Verjüngung stehen bleibt, beschränkte. Nach Durchführung derselben ist der Bestand wenigstens annähernd gleichalterig.

Man nennt sie deshalb gleichalterige Hochwaldbetriebe im Gegensatz zu den zwei- oder mehralterigen Hochwaldwirtschaften, bei welchen dauernd zwei oder mehrere scharf von einander getrennte Altersklassen über und neben einander erzogen werden. Zu den letzteren gehören die Überhalt- und die Lichtungsbetriebe, welche sich von einander dadurch unterscheiden, daß bei den Lichtungsbetrieben die jüngeren Altersklassen lediglich als Bodenschutzholz für die älteren dienen, während bei den Überhaltbetrieben auch aus dem Unterholze eine namhafte Ernte angestrebt wird.

Beide kommen sowohl bei der Kahlschlag- wie bei der Samenschlagwirtschaft vor. Man trennt sie demgemäß in Kahlschlag- und Samenschlaglichtungsbetriebe und in Kahlschlag- und Samenschlagüberhaltwirtschaften.

Eine auf wenige Jahre beschränkte Verbindung der Kahlschlagwirtschaft mit dem Ackerbau heißt Waldfeldwirtschaft oder Röderwaldbetrieb, eine länger dauernde Baumfeldwirtschaft.

§ 176. Unter den verschiedenen Betriebsarten hat man nicht immer die Wahl. So setzen die Ausschlagwirtschaften Holzarten, welche vom Stocke ausschlagen, und ein Klima voraus, bei welchem die Sommer warm und lange genug sind, um die spät erfolgenden Ausschläge noch verholzen zu lassen. Die deutschen Nadelhölzer sind deshalb zu den Ausschlagwirtschaften unbrauchbar, ebenso die Hochlagen unserer Mittel- und Hochgebirge und selbstverständlich alle Standorte, auf welchen nur Nadelhölzer gedeihen.

Umgekehrt verlangen die aus dem Samen erwachsenden Bäume, wenn sie sich vollständig entwickeln sollen, bei allen tiefwurzelnden Holzarten tiefgründigere Böden, als Stockausschläge. Auf sehr flachgründigen Böden ist deshalb mit solchen Holzarten nur Niederwaldwirtschaft möglich.

Ferner haben alle Betriebsarten, bei welchen zwei oder mehrere Altersklassen, einerlei ob dauernd oder vorübergehend, neben oder über einander erzogen werden, zur Voraussetzung, daß auf dem gegebenen Standort eine Holzart gedeiht, welche dort als jüngere Altersklasse den Druck der älteren ertragen kann.

Da nun auf sehr armen trockenen Standorten, auf welchen alle Holzarten weniger Druck als auf besseren ertragen, die Lichthölzer gar keinen Druck aushalten, so sind auf solchen Standorten alle dauernd oder vorübergehend mehralterigen Betriebsarten, also die Plenterwirtschaften mit Schirmschlagverjüngung, die Samenschlagwirtschaft, der zwei- und mehralterige Hochwaldbetrieb und der Mittelwaldbetrieb ausgeschlossen, wenn der Standort nur für Lichthölzer geeignet ist, ebenso bei nicht sturmfesten Holzarten in sehr exponierter Lage alle Betriebe, bei welchen der Bestandsschluß zeitweise unterbrochen werden muß.

Dagegen ist umgekehrt der Plenterbetrieb die einzig mögliche Wirtschaft, wo die Bestockung eine rein zufällige ist und nicht erzwungen werden kann.

Die Samenschlagwirtschaften verbieten sich ferner da von selbst, wo aus irgend einem Grunde der abfallende Samen nicht keimen oder die Keimlinge sich nicht erhalten können, also beispielsweise wo regelmäßige Frühjahrsüberschwemmungen stattfinden. Umgekehrt ist Kahlschlagwirtschaft unzulässig, wo nur Holzarten gedeihen, welche sich auf dem gegebenen Standorte im Freistande nicht aufbringen lassen.

§ 177. Wo nach Maßgabe des Standortes zwischen verschiedenen Betriebsarten die Wahl bleibt, wird es von den Wirtschaftszielen des Waldbesitzers abhängen, welcher Betriebsart er den Vorzug giebt; denn jede derselben leistet etwas, was die anderen nicht zu leisten vermögen.

So liefern insbesondere die Samenwirtschaften im allgemeinen unzweifelhaft stärkere und deshalb wertvollere und auch verschiedenartigere Sortimente als Ausschlagwaldungen, weil im Samenwalde die Bäume länger stehen bleiben als im Ausschlagwalde und deshalb stärkere Dimensionen erreichen. Dagegen müssen im Samenwalde größere Kapitalien in den Holzvorräten festgelegt werden, weil, wer jährlich einen 100jährigen Baum oder Bestand hauen will, notwendig mindestens 100 1 bis 100jährige Bäume oder Bestände vorrätig halten muß, während er beim Ausschlagbetriebe, weil man bei demselben mit Rücksicht auf den Wiederausschlag der Stöcke die Bäume nicht so alt werden lassen kann, für jeden genützten Baum oder Bestand nur vielleicht 10, 16, 20 oder höchstens 40—50 Bäume oder Bestände vorrätig zu halten hat.

Die Samenwirtschaften liefern mit anderen Worten meist absolut höhere Gelderträge als die Ausschlagbetriebe, schlagen aber das Kapital viel langsamer um und erfordern größeren Kapitalaufwand.

Die Ausschlagwirtschaften eignen sich deshalb im allgemeinen mehr für den Klein-, die Samentriebe für den Großbesitz. Die ersteren sind für den Großbesitz oft ganz ausgeschlossen, weil an vielen Orten die geringen Sortimente, welche die Ausschlagwirtschaften vorzugsweise erzeugen, in den großen Massen, in welchen sie der Großbesitz produzieren würde, nicht verkäuflich sind.

§ 178. Auf der anderen Seite kommen übrigens auch Fälle vor, in welchen der Ausschlagbetrieb absolut höhere Erträge liefert als die Samenwirtschaften. Es ist das der Fall bei denjenigen Ausschlagbetrieben, welche hochwertige Holzsortimente, z. B. Eichenlohrinde, Rebpfähle, Flechtweiden in großen Massen erzeugen, wenn dafür dauernd gute Absatzgelegenheit vorhanden ist. Sie erscheinen als die finanziell vorteilhaftesten und entsprechen dort auch den Anforderungen der Bruttoschule und denen der Gesamtwirtschaft.

Noch häufiger ist der Fall, daß Ausschlagwaldungen trotz absolut niedrigerer Erträge die im Walde steckenden Kapitalien, weil dieselben geringer sind als im Samenwalde, zu höherem Zinsfuße verzinsen als die Samenwirtschaften. Waldbesitzer, welche, auf dem Standpunkt der Reinertragsschule stehend, auf hohe Verzinsung dieser Kapitalien zu sehen haben, geben deshalb in solchen Fällen den Ausschlagbetrieben den Vorzug. Außer allem Zweifel dagegen liegt, daß bei den Ausschlagwaldungen der Boden des kürzeren Umtriebs halber häufiger bloßgelegt wird, daß er aber dabei viel schneller wieder vollkommen beschattet wird, als wenigstens im Kahlschlagbetriebe der Hochwaldungen.

§ 179. Innerhalb der Samen-, bezw. Ausschlagbetriebe bestehen zwischen den verschiedenen Betriebsarten und Unterbetriebsarten wiederum andere Unterschiede.

Was vor allem die Samenbetriebe betrifft, so rühmen die Anhänger der geregelten Femel- oder Plenterwirtschaften ihnen nach, daß sie, weil ihnen niemals ganz der Bodenschutz durch die Jungwüchse und Gertenhölzer fehle, die Bodenkraft besser konservieren, die einzelnen, namentlich aber die alten Stämme in vollerem Lichtgenusse erziehen und deshalb stärkere und damit wertvollere und veredlungsfähigere Hölzer erzeugen, und weil niemals Bäume, Hölzer gleichen Alters in Massen beisammen stehen, Insekten-, Schneedruck- und dergleichen Schäden weniger ausgesetzt seien; daß sie ferner eine individuellere Behandlung der einzelnen Bestandsteile je nach den oft auch im Inneren der Bestände wechselnden Standortsverhältnissen gestatten, als namentlich die gleichalterige Hochwaldwirtschaft und daß sie endlich, weil dem Bestande niemals die volle Bestockung fehle, den Aufgaben der Schutzwaldungen am vollkommensten gerecht werden. Sie sind außerdem, wo vermöge der klimatischen Lage die Bestandsgründung im Freien unmöglich ist und vermöge der Unbilden der Witterung der junge Bestand sehr lange des Schutzes der Althölzer bedarf, also insbesondere an der oberen Grenze der Baumvegetation, ohne allen Zweifel die einzig möglichen Bestandsformen.

Dagegen unterliegt es keinem Zweifel, daß die Hochwaldwirtschaft, und zwar am meisten die gleichalterige mit ihren völlig geschiedenen Altersklassen weit übersichtlicher und deshalb inbezug auf Nachhaltigkeit der Wirtschaft leichter zu kontrollieren ist, daß sich für sie leichter allgemein gültige Wirtschaftsregeln aufstellen lassen als für die Femelwirtschaft und daß sie auch von weniger durchgebildeten Forstwirten geleitet werden kann.

§ 180. Der Kahlschlagwirtschaft rühmen ihre Anhänger nach, daß sie die Wirtschaft wesentlich erleichtere und übersichtlicher mache, daß ihre Verjüngungen gar nicht durch die Holzhauerei beschädigt werden, was sich bei der Samen- und Schirmschlagwirtschaft nicht vermeiden läßt; ferner, daß man es bei ihr mehr als bei anderen Betrieben in der Hand hat, die Bestände nach Belieben zu mischen und für jede Pflanze die tauglichste Stelle auszuwählen, und endlich, daß man das im Boden steckende Stockholz vollständiger nutzen könne.

Dagegen behaupten ihre Gegner, daß sie durch die zeitweise völlige Bloßlegung des Bodens denselben verschlechtere und durch Schaffung großer zusammenhängender Jungholzflächen die Vermehrung der Kulturverderber, insbesondere des Maikäfers und der Rüsselkäfer begünstige, daß sie, wo eine andere Wirtschaft möglich sei, ohne Not auf den gleichzeitigen Zuwachs von Schirmbestand und Jungholz verzichte und unnötige Anlagekosten verursache und daß sie während der Zeit der Verjüngung darunter liegende Gelände weder vor Lawinen, noch vor Versandung und Abschwemmung schütze; endlich, und darin liegt ein sehr begründeter Vorwurf, daß sie in Beständen mit wechselnder Bodengüte das Eingehen auf die speziellen Bedürfnisse der einzelnen Bestandsteile unmöglich mache und den austrocknenden Winden zu leichten Zutritt gestatte.

Dem zwei- und mehralterigen Hochwaldbetriebe wird nachgerühmt, daß er die stärkeren Nutzholzsortimente durch vermehrten Lichtzufluß zu den älteren Altersklassen in kürzerer Zeit erzeuge und durch die jüngeren Altersklassen den Boden besser schütze, als dies im gleichalterigen Hochwaldbetriebe möglich sei.

Seitens der Gegner wird diese Behauptung nur inbezug auf die mit Schattenhölzern unterstellten Lichthölzer zugegeben, bezüglich der reinen Schattenholzbestände aber bestritten. Außerdem wird von ihren Anhängern behauptet, daß man bei den Lichtungsbetrieben wegen der dabei nötigen frühzeitigen Lichtung der älteren Altersklassen nicht unnötiger Weise kein Nutzholz liefernde und deshalb wenig an Wert zuwachsende Stämme bis zur Hiebsreife der Nutzholz liefernden stehen zu lassen brauche, daß man also, ohne deshalb weniger Nutzholz zu erzielen, gleichzeitig das Waldkapital vermindere und den absoluten Ertrag des Waldes erhöhe, während man seitens der Gegner bestreitet, daß die bei diesen Betrieben in geringerem Schlusse erzogenen Nutzhölzer den im Schlusse erzogenen an Güte gleichstehen.

Bezüglich der Ausschlagwaldungen ist es klar, daß wohl im Mittelwald-, nicht aber im Niederwaldbetriebe, von Lohrinde und Kleinnutzhölzern abgesehen, Nutzhölzer großer Dimensionen und hohen Gebrauchswertes erzeugt werden, daß deshalb der Mittelwald, wo im Unterholze Lohrinde und Kleinnutzhölzer in großen Massen nicht produziert werden, absolut höhere Erträge liefert als der Niederwald. Insbesondere ist es von demselben bekannt, daß die darin erwachsenen Eichen das beste Schiffsbauholz liefern. Dagegen stecken in den Holzvorräten des Mittelwaldes viel größere Kapitalien und der Schatten des darin erzogenen Oberholzes ist unzweifelhaft ein Hindernis für die Erzeugung guter und vieler Lohrinde im Unterholze, wodurch unter Umständen die höhere Wertserzeugung am Oberholze wieder aufgehoben wird.

§ 181. All diese Momente werden von den verschiedenen Waldbesitzern in verschiedener Weise berücksichtigt. Im allgemeinen vermeidet, wer hauptsächlich die Schutzzwecke des Waldes im Auge hat, die Kahlschlagwirtschaft und bevorzugt die Plenterwirtschaften und nach ihr die ungleichalterigen Hochwaldbetriebe, und wo diese der eintretenden Hochwasser halber nicht möglich sind, die Mittelwaldwirtschaft.

Die Bruttoschule giebt im allgemeinen den Samenbetrieben den Vorzug, ohne für gewisse Formen derselben besondere Vorliebe zu zeigen.

Dagegen liegt es in der Natur der Reinertragswirtschaft, daß sie unter sonst gleichen Verhältnissen denjenigen Betriebsarten den Vorzug giebt, bei welchen die Bestandsgründung mit den wenigsten Kosten erfolgt und bei welchen die verschiedenen Holzernten möglichst frühzeitig eintreten. Sie hat deshalb in Absatzlagen, in welchen die geringen Sortimente niedriger Umtriebe zu guten Preisen verkäuflich sind, eine Vorliebe für die Niederwaldbetriebe. Die mehralterigen Hochwaldbetriebe entsprechen der dabei notwendigen hohen Umtriebe halber ihren Zwecken häufig nicht, wenn auch besser als gleichalterige mit gleich langen Umtrieben.

Gesamtwirtschaftlich leisten mehralterige Bestände, weil sie auf die Erzeugung großer Nutzholzmengen abzielen und dabei die Umtriebszeit der kein Nutzholz liefernden Bestandsteile abkürzen, meist mehr als gleichälterige Bestände. In gesamtwirtschaftlichem Sinne verdienen daher fast immer die geregelten Femelbetriebe, dann mehralterige Hochwaldbetriebe und der Mittelwaldbetrieb den Vorzug vor gleichalteriger Hoch- und Niederwaldwirtschaft.

Wir werden bei Besprechung der einzelnen Betriebsarten auf all diese Unterschiede zurückzukommen haben.

2. Wahl der Holzarten.

§ 182. Auch die Wahl der Holzarten ist keineswegs immer eine freie, unbeschränkte. Es giebt eine Menge von Standorten, auf welchen nur eine Holzart möglich ist, andere, auf welchen nur sehr wenig Arten zur Wahl stehen.

So giebt es auf reinen dürren Sandböden in einem Klima, in welchem die Akazie nicht gedeiht, neben der gewöhnlichen Kiefer keine Holzart, welche für Massenanbau inbetracht kommen könnte. In nassen angesäuerten Bruchböden wächst nur die Roterle; auf trocken gelegtem reinem Torfboden nur Kiefer,

Weymouthskiefer und Birke; in Höhen welche über die obere Buchengrenze hinausragen, nur die Fichte, Lärche und Ruchbirke, noch höher nur die Zürbel- und Bergkiefer; in der Überschwemmung durch alljährlich wiederkehrende Hochwasser ausgesetzten Tieflagen kann nur von der Weide, den Pappelarten und verschiedenen geringwertigen Straucharten die Rede sein.

Noch größer ist die Zahl der Standorte, auf welchen zwar eine ganze Reihe von Holzarten gedeiht, von welchen aber die eine oder andere unbedingt ausgeschlossen ist. So schließt mangelnde Bodenfeuchtigkeit Erle, Esche, Ahorn und Ulme, gleichzeitig mangelnde Luftfeuchtigkeit Buche, Hainbuche, Fichte und Tanne, große Nässe dagegen Buche, Akazie u. s. f. von dem betreffenden Standorte aus. Wo der Boden nicht tiefgründig ist, können Eiche, Esche, Ahorn, Ulme, Linde wenigstens als Samenwald nicht inbetracht kommen. Wo im Boden nicht reichlich Kalk vorhanden ist, kann an Elsbeere und Maßholder, und wenn derselbe fast ganz fehlt, auch an Buche, Esche, Ahorn nicht gedacht werden. Wo das Klima nicht warm genug ist, können keine Kastanien und Akazien, wo die Spätfröste alljährlich auftreten, können Eichen, Buchen, Eschen, Tannen und häufig selbst Fichten, wenigstens ohne Bestandsschutzholz nicht gebaut werden. Wo die Schneebruchgefahr sehr groß ist, ist an die Kiefer, wo häufige Überschwemmungen eintreten, an die Buche nicht zu denken. Bei Nachbesserungen schließt in kleinen Lücken schon mehr herangewachsener Jungwüchse der Mangel an Licht die Lichthölzer aus, ebenso sind dieselben nirgends als Unterholz zu gebrauchen.

§ 183. Noch beschränkter wird die Wahl, wenn, wie das ja in der Regel der Fall ist, nicht die Frage inbetracht kommt, ob auf einem bestimmten Standorte eine Holzart überhaupt wächst, sondern ob sie dort auch wirklich gedeiht und ob sie oder eine andere oder eine Mischung von Holzarten und von welchen den Wirtschaftszwecken des Waldes am besten entspricht.

Da zeigt es sich denn, daß manche Holzarten nur auf ihrem natürlichen Gebiete und allenfalls auf den Verhältnissen desselben in jeder Hinsicht entsprechenden Standorten, das leisten, was sie leisten können. Das gilt insbesondere von der Stieleiche, Tanne, Lärche und Fichte, welche vielfach in ihren heimatlichen nicht entsprechende Verhältnisse gebracht worden sind und dort die an sie gestellten Erwartungen getäuscht haben und täuschen werden.

Umgekehrt mögen auch wohl manche, namentlich fremde Holzarten die an sie geknüpften Hoffnungen nur aus dem Grunde unerfüllt gelassen haben, weil man sie in ihren heimatlichen nicht entsprechende Verhältnisse gebracht hat.

§ 184. Wo alle oder mehrere Holzarten gleich gut gedeihen, da wird es bei der Wahl der anzubauenden vorzugsweise auf die Wirtschaftszwecke des Waldbesitzers ankommen.

Wer nur die Schutzzwecke des Waldes im Auge hat, wird diejenige Holzart bevorzugen, welche nach Maßgabe des Standortes diesen Zwecken am besten gerecht wird. Da nun für viele dieser Zwecke, insbesondere für die Schutzwaldungen gegen Hagelschlag und Lawinenschäden die Plenterwirtschaft die allein wirksame und für alle anderen mit alleiniger Ausnahme der zur Flugsandbindung bestimmten unzweifelhaft die wirksamste Betriebsart ist, so sind in den Schutzwaldungen in der Regel alle Holzarten, welche sich nicht femelweise bewirtschaften lassen, in einigermaßen geringem Standorte also alle ausgesprochenen Lichtholzarten ausgeschlossen und der Waldbesitzer wird, wo volle Wahl bleibt, der ausgesprochensten und dabei bestbewurzelten Schattenholzart, also der Tanne den Vorzug einräumen und in zweiter Linie die Buche, und erst in dritter die Fichte als die von diesen Holzarten am wenigsten Schatten ertragende und am schlechtesten bewurzelte inbetracht ziehen.

§ 185. Wem die Befriedigung der eigenen oder fremden Holzbedürfnisse Hauptzweck der Wirtschaft ist, der wird, wo es sich um ganz bestimmte Holzsortimente handelt, diejenige Holzart bevorzugen, welche ihm diese Sortimente am schnellsten und besten und in größter Menge liefert und wenn es sich um Befriedigung der Holzbedürfnisse im allgemeinen handelt, diejenigen Holzarten auswählen, welche auf dem gegebenen Standorte die gesuchtesten Sortimente hervorbringen. Er wird im allgemeinen die s. g. edlen Laubhölzer, Eiche, Ahorn, Esche und Rotulme und wenn er auf die Brennholzbedürfnisse hervorragende Rücksicht nimmt, auch die Rotbuche bevorzugen und auf den besten Standorten immer die anspruchsvollsten Holzarten anbauen, von der Ansicht ausgehend, daß die weniger anspruchsvollen in genügender Menge auf den schlechteren Standorten hervorgebracht werden.

Auf diesem Standpunkte stand bis vor verhältnismäßig kurzer Zeit bewußt oder unbewußt die große Mehrzahl der deutschen Forstwirte. Sie hatte sich eine Skala für die deutschen Hauptholzarten von unten anfangend, etwa in folgender Reihenfolge gebildet: Kiefer, Fichte, Tanne, Buche, Eiche und hat es für einen Fehler gehalten, die in der Reihenfolge tiefer stehende Holzart vorherrschend anzubauen, wo die in der allgemeinen Wertschätzung höher stehende edlere Holzart, wie man sich ausdrückte, mit Aussicht auf Erfolg noch angebaut werden konnte. Weiche Laubhölzer wurden, die Erle auf nassem Boden ausgenommen, geradezu als Unkraut behandelt.

Diese Rangordnung mag damals begründet gewesen sein; seidem hat die Ausdehnung der Eisenbahnen und die fortschreitende Verbesserung der Steinkohlenöfen das früher für unentbehrlich gehaltene Buchenbrennholz fast zum Surrogat der Steinkohle gemacht, so daß viele Forstwirte der vorherrschend Brennholz produzierenden Buche den zweiten Rang nur noch unter der Voraussetzung zuerkennen, daß sie nicht rein angebaut, sondern ihre große bodenbessernde Kraft auf ihr zusagenden Böden dazu verwandt wird, mit ihrer Hilfe mehr und besseres Nutzholz gebende lichtbedürftige Holzarten wie Eiche, Esche, Ahorn und Ulme, Kiefer und Lärche zu höchster Vollkommenheit zu bringen.

§ 186. Wieder anders ist die Rangordnung der Hauptholzarten für diejenigen Waldbesitzer, welche auf die Höhe der Gelderträge den höchsten Wert legen, vor allem für die Bruttoschule. Bei dem Umtriebe des größten Massenertrages und selbstverständlich auch bei dem der höchsten Wertserzeugung produzieren dieselben auf gleichem für alle Holzarten gleich gut geeignetem Standorte verschieden große Holzmassen und zwar folgen sich von unten anfangend die Hauptholzarten in folgender Reihe: Eiche, Buche, Kiefer, Fichte, Tanne, wobei die beiden ersten und die beiden letzten unter sich fast gleich stehen und die letzteren nahezu doppelt so viel Holz produzieren, als Eiche und Buche.

Dagegen ist bei der Eiche der durchschnittliche Wert des Holzes, berechnet aus dem Gesamterlöse ganzer Reviere für Eichenholzlose aller Sortimente wesentlich höher, als der der anderen Holzarten. Ihr folgen Tanne und Fichte, welche in ihren Durchschnittspreisen nur um wenige Mark gegen die Eiche zurückstehen, dann die Kiefer, welche zwischen Eiche und Buche die Mitte hält und endlich die Buche, deren Durchschnittspreis nur die Hälfte des Eichenholzes beträgt.

Wo alle Holzarten gleich gut gedeihen, werfen in reinen Beständen demnach Tanne und Fichte ihrer weit größerer Massenproduktion und des großen Nutzholzanteils an der Gesamtmasse halber die höchsten Durchschnittserträge an Geld ab, ihnen folgt die Eiche, dann die Kiefer und den Schluß macht die Buche, welche trotz ihres höheren Durchschnittswertes an durchschnittlichem Geldertrage häufig selbst von den weichen Laubhölzern, deren Nutzholzgehalt in neuerer Zeit meist ein größerer ist, übertroffen wird.

Diese Reihenfolge verschiebt sich selbstverständlich, wo der Standort einer Holzart günstiger ist, als der andere, z. B. in warmem, trockenem Klima, wo die Eiche unzweifelhaft mehr als Tanne und Fichte leistet.

§ 187. Auch für die Reinertragsschule, welche naturgemäß die das Kapital rasch umschlagenden Holzarten bevorzugt, stehen unter den vorgenannten Hauptholzarten bei für alle Holzarten gleich gutem Standorte Tanne und Fichte ihres raschen Wuchses und der großen Wertserzeugung wegen oben an. Dagegen erscheint es zweifelhaft, ob die Eiche der hohen Umtriebe halber, welche sie beansprucht und des daraus resultierenden langsamen Kapitalumschlags wegen wenigstens als Samenwald selbst auf ihr besonders zusagendem Standorte in ihrem Sinne nicht weniger leistet, als die Kiefer und ob sie nicht selbst von den rasch wachsenden, aber nicht aushaltenden weichen Laubhölzern, soweit dieselben Nutzholz geben, also von Erle, Birke und den Pappelarten, an Leistungsfähigkeit im Sinne der Reinertragsschule übertroffen wird.

§ 188. Gesamtwirtschaftlich die wertvollste Holzart ist auf ihr zusagendem Standorte der außerordentlich weitgehenden Veredlungsfähigkeit der Eichennutzhölzer halber unzweifelhaft die Eiche; ihr zunächst stehen die in der feinen Möbeltischlerei und Schnitzerei verwendeten raschwachsenden Holzarten, Esche, Ahorn, Rotulme.

Ihnen folgen Fichte und Tanne, deren Nutzhölzer zwar einer viel weniger weitgehenden Wertsvermehrung durch menschliche Arbeit fähig sind, welche aber dafür Nutzholz in ungeheuerer Menge erzeugen; sowie Lärche, Kiefer und die Nutzholz liefernden Weichhölzer. Dagegen ist neben den nur geringes Brennholz liefernden Strauchhölzern auch gesamtwirtschaftlich die Buche die am wenigsten wertvolle Holzart, soweit nur ihre eigene Holzproduktion inbetracht kommt.

§ 189. Anders stellt sich die Frage, wenn es sich nicht um die Erziehung reiner, sondern um die gemischten Bestände handelt. Die Buche, welche in reinen Beständen nur für die Schutzzwecke des Waldes zu den wertvolleren Holzarten gehört, leistet durch die Eigenschaft, den Boden dicht zu beschatten und durch ihren starken Laubabfall zu verbessern, in der Mischung Außerordentliches. Alle Holzarten zeigen, wenn ihnen die Buche in zweckentsprechender Weise beigemischt ist, eine viel größere Wachstumsenergie als in reinen Beständen. Sie konserviert die Bodenkraft wie keine andere und man hat sie deshalb mit Recht die Mutter des Waldes genannt.

§ 190. Überhaupt haben, wo verschiedene Holzarten möglich sind, richtig gemischte Bestände mancherlei Vorteile vor reinen. Sie nützen, weil sich die Wurzeln und Zweige verschiedener Holzarten in verschiedenen Boden- und Luftschichten verbreiten und dem Wechsel der Bonitäten mehr gerecht werden, die Bodenkraft besser aus und sind Beschädigungen durch Insekten und Naturereignisse weniger ausgesetzt. Diese Vorteile werden indessen in vollem Maße nur bei der Einzelmischung erreicht, sowie bei einer gruppenweisen Mischung, welche in höherem Alter von selbst in die Einzelmischung übergeht. Horstweise Mischungen haben nur den Vorzug, daß sie wechselnde Bodenverhältnisse vollständiger ausnutzen.

Abgesehen von den Schutzzwecken des Waldes, welchen im allgemeinen reine Schattenholzbestände am besten gerecht werden und den der Produktion eines bestimmten Sortimentes ausschließlich gewidmeten Wäldern entsprechen sachgemäß gemischte Bestände meist besser als reine den verschiedenen Anforderungen aller Waldbesitzer.

Sachgemäß gemischt sind die Bestände indessen nur, wenn

1. allen mit einander zu mischenden Holzarten die gegebenen Standortsverhältnisse zusagen, und
2. das Gedeihen der einen nicht durch das Wachstum der anderen beeinträchtigt wird.

Um letzteres zu vermeiden, ist bei der Einzelmischung nötig, daß

a) wenn Hölzer gleichen Lichtbedürfnisses, also Schattenhölzer mit Schattenhölzern oder Lichthölzer mit Lichthölzern gemischt werden, der langsamer wachsenden Holzart ein Altersvorsprung gewährt wird und
b) wenn die Mischung aus Hölzern verschiedenen Lichtbedürfnisses bestehen soll, die lichtbedürftigere Holzart schneller wächst, oder daß sie früher angebaut wird als die andere, damit sie von vornherein und so lange sie im Bestande bleibt, vorwüchsig wird und in vollem Lichtgenusse verbleibt.

§ 191. Die Mischung von Hölzern gleichen Lichtbedürfnisses empfiehlt sich indessen außerdem nur da, wo die Verwendungsweise beider eine verschiedene ist, oder wo bei gleicher Verwendungsweise die eine nach Maßgabe des Standortes höhere Erträge liefert, die andere aber andere Vorteile gewährt, z. B. die Bestände sturmsicherer macht oder die Bodenkraft besser erhält.

So ist die Mischung der ganz gleichen Verwendungen dienenden Tanne und Fichte, wo die Tanne so viel leistet als die Fichte, zwecklos. Die Beimischung der Fichte vermindert dort nur die Sicherheit der Bestände gegen Sturm- und Insektenschaden. Dagegen kann auf Fichtenstandorten die Beimischung der Tanne, wo sie überhaupt wächst, der Fichte nur Nutzen bringen, weil sie die Bestände sturmsicherer macht und den Insektenbeschädigungen weniger ausgesetzt ist.

Ebenso ist die Mischung von Lärche und Kiefer, weil sie gleichen Verwendungen dienen, in der Regel zwecklos und in Schneebruchlagen sogar schädlich, weil die im Winter nadellose Lärche dann den oberen Kronenschluß unterbricht.

§ 192. Am wertvollsten sind im allgemeinen die Mischungen von Lichtholzarten mit Schattenhölzern, namentlich wenn die Lichthölzer sehr vorwüchsig erzogen werden, und auf Standorten, auf welchen die Schattenhölzer, welche Nutzholz in großen Massen geben, d. h. die Tanne und Fichte nicht gedeihen, der Boden aber unter reinen Lichthölzern sehr zurückgeht. Die Schattenholzbeimischung giebt dort die Möglichkeit, die Eigenschaft der Lichtholzarten, den Boden ungenügend zu beschatten, unschädlich zu machen. Die Schattenholzarten halten, wie man sich ausdrückt, den Lichthölzern den Fuß warm, d. h. sie vermehren die Bodenfruchtbarkeit durch reichlichen Laubabfall, erhalten dem Boden die Feuchtigkeit und sichern ihm eine gleichmäßige Wärme und machen es so möglich, die beigemischten Lichthölzer ohne die Fruchtbarkeit des Bodens zu gefährden, weit über das Alter hinaus stehen zu lassen, in welchem sie in reinen Beständen infolge des Rückganges der Bodenkraft rückgängig zu werden pflegen. Namentlich auf nicht sehr frischen und kräftigen Böden in der Tanne und Fichte nicht zusagendem Klima ist es, wo die Buche ihre Eigenschaft als Mutter des Waldes, als ausgesprochenstes Bodenschutzholz am vollkommensten zeigt. Eiche, Kiefer und Lärche wachsen dort, wenn der Boden durch reichliche Buchenbeimischung frisch und fruchtbar erhalten wird, zu mächtigen Nutzstämmen heran, während sie in reinen Beständen frühzeitig zurückgehen.

In solchen Fällen entspricht die Mischung dieser Lichtholzarten mit der Buche den Anforderungen der meisten Waldbesitzer, auch denjenigen der Reinertragsschule, letzteres namentlich dann, wenn dadurch eine Verkürzung der Umtriebszeit bei der den Hauptbestand bildenden Lichtholzart herbeigeführt wird. Auf den besten Standorten bedürfen die Lichthölzer des Bodenschutzholzes weniger, ebenso auf geringeren Standorten in der ersten Jugend. Man erzieht sie dort oft ursprünglich in reinen Beständen und mischt ihnen erst, wenn sie selbst den Boden nicht mehr genügend schützen, Schattenhölzer zum Bodenschutze bei.

§ 193. Je nach den Zwecken, welche der Waldbesitzer im Auge hat, ist auch das ihm vorteilhafteste Mischungsverhältnis ein verschiedenes und im Laufe der Umtriebszeit wechselndes.

In letzterer Hinsicht insbesondere muß stets im Auge behalten werden, daß unmittelbar nach der Bestandsgründung 10 bis 100 mal mehr Bäume auf dem Boden stehen, als bis zum Haubarkeitsalter stehen bleiben können. Es ist deshalb durchaus nicht nötig, daß diejenige Holzart, welche schließlich den Hauptbestand zu bilden hat, auch von Anbeginn an die Hauptmasse des Bestandes bildet. Manche Holzarten sind im jugendlichen Alter als Holz oder bei gleichem Holzwerte für die Erhaltung der Bodenkraft wertvoller als andere, welche in höherem Alter einen unverhältnismäßig höheren Wert besitzen. In solchen Fällen erscheint es vorteilhafter, in der Jugend der Bestände die in diesem Alter wertvollere Holzart vorherrschend anzuziehen und es genügt, wenn anfangs die später wertvollere in regelmäßiger Verteilung in so vielen gesunden Exemplaren vorhanden ist, als nötig sind, um sie zur herrschenden zu machen, wenn sich das Wertsverhältnis umdreht.

In diesem Falle befindet sich z. B. die Mischung von Buche und Eiche, namentlich wo die Lohrinde an letzterer nicht gewonnen werden kann. So lange beide nur Brennholz abwerfen, ist das Buchenholz entschieden wertvoller als das Eichenholz; erst vom 50. bis 60. Jahre an liefert die Eiche wertvolleres Holz. Bis dahin bildet daher zweckmäßig die Buche, welche ja auch die Bodenkraft besser erhält, den Hauptbestand, während später die Eiche im Oberholze immer mehr vorherrschen muß, je älter der Bestand wird. Genügt dann der Bestandesschluß zur Erhaltung der Bodenkraft nicht mehr, so bringt man lieber die bodenschützende Holzart wieder als Unterstand ein.

Ähnlich verhalten sich die weichen Laubhölzer im Buchenwalde. Sie liefern ihres schnelleren Wuchses und teilweise hohen Nutzwertes halber entschieden wertvolleres Material als die Buche, sterben aber frühzeitiger ab. Sie können daher ohne Schaden für den Waldertrag im Anfange der Umtriebszeit vorherrschend sein, so lange sie die Buche nicht soweit zurückhalten, daß diese, wenn jene schließlich zur Nutzung kommen, keine vollkommenen Bestände mehr bilden kann.

Im allgemeinen gilt indessen die Regel, der bodenschützenden Holzart im gleichalterigen und nahezu gleichalterigen Bestande den Vorrang einzuräumen und sie, wenn sie im Interesse des Waldertrags aus dem bisherigen Hauptbestande verschwindet, unter demselben von neuem als Bestandsschutzholz anzubauen, wenn sich das nach Maßgabe der bis zur Erntereife des nunmehrigen Hauptbestandes noch verbleibenden Zeit noch der Mühe lohnt.

§ 194. Daß aus gruppenweisen Mischungen Einzelmischungen hervorgehen können, haben wir bereits erwähnt. Die ersteren werden hier und da angewandt, wo man aus irgend einem Grunde die langsamer wachsende oder lichtbedürftigere Holzart nicht vorwüchsig erziehen kann. Man hofft dann wenigstens die in der Mitte der Gruppen dieser Holzart stehenden Stämme vor dem schädlichen Einflusse der anderen Holzarten bewahren und sie, wenn künstliche Hilfe not thut, auch leichter auffinden zu können.

Dagegen pflegen horstweise Mischungen ihren Charakter mehr oder weniger zu bewahren und höchstens in gruppenweise überzugehen. Letzteres wird dann eintreten, wenn die Horste wenig größer gemacht werden, als der Wachstumsraum, der in höherem Alter eine Gruppe der betreffenden Holzart einzunehmen pflegt.

Dauernd horstweise Mischungen sind im allgemeinen nur da angezeigt, wo die Standortsverhältnisse innerhalb eines Bestandes sehr wechselnd sind. Sie sind dort reinen Beständen vorzuziehen, ohne den Wert einzelgemischter Bestände zu erreichen.

Kapitel IV. Wahl der Methode der Bestandsgründung.

1. Arten derselben.

§ 195. Über die Frage, in welcher Weise die Bestandsgründung später planmäßig stattfinden soll, ist durch die Wahl der Betriebsart im allgemeinen bereits entschieden.

Das schließt jedoch nicht aus, daß die nach Abtrieb der jetzt hiebsreifen Bestände neu zu begründenden das erste Mal in anderer Weise begründet werden und daß im Einzelnen von der durch die Betriebsart bedingten Verjüngungsmethode abgewichen wird. So müssen beispielsweise neu anzulegende Niederwaldbestände häufig entweder aus dem Samen oder aus unmittelbar daraus erzogenen Pflänzlingen begründet werden. Ebenso können unter Umständen von dem vorhandenen Bestande sich ergebende Stockausschläge und Wurzellohden zur Begründung von Beständen wenigstens mitbenutzt werden, deren Verjüngung später planmäßig aus dem Samen geschehen soll.

§ 196. In den früheren Kapiteln haben wir bereits gesehen, daß die Bestandsgründung entweder mittels aus dem Samen erwachsener Kernlohden oder durch Ausschläge erfolgt.

Man unterscheidet demnach:

I. Bestandsgründung aus dem Samen,
II. " " Ausschlägen.

Die erstere kann nun entweder unmittelbar aus demjenigen Samen erfolgen, welcher von den Bäumen des vorhandenen Bestandes auf natürlichem Wege abfällt oder abfliegt und an der Stelle, auf welche er fällt, keimt oder aber mittels Samen oder aus Samen unmittelbar erzogener Pflänzlinge bewirkt werden, welche unter wesentlicher Mitwirkung menschlicher Arbeit von auswärts auf die zu verjüngende Stelle gebracht sind.

In ersterem Falle spricht man von natürlicher, im anderen von künstlicher Bestandsgründung oder Kultivieren der Fläche.

Beide können wiederum entweder stattfinden, so lange der alte zu verjüngende Bestand noch ganz oder teilweise auf der zu verjüngenden Fläche vorhanden ist oder nach vollständigem Abtriebe desselben. In ersterem Falle findet Vorverjüngung oder Schirmschlagverjüngung, in letzterem Nachverjüngung oder Kahlschlagverjüngung statt.

Die künstliche Verjüngung wiederum kann erfolgen, entweder durch Saat, d. h. aus Samen, welcher künstlich unmittelbar an die Stelle gebracht wird, auf welcher die daraus entstehende Pflanze stehen bleiben soll oder durch Pflanzung, bei welcher die Verjüngung mittels Kernlohden erfolgt, welche nicht da gekeimt sind, wo sie später bleiben.

Man unterscheidet demgemäß bei den Samenbetrieben:

A. Natürliche Verjüngung:
   1. Vorverjüngung auf natürlichem Wege oder Samenschlagverjüngung,
   2. Nachverjüngung auf natürlichem Wege, Verjüngung durch Seitenbesamung.

B. Künstliche Verjüngung:
   3. Vorverjüngung durch Saat, Saat unter einem Schirmbestande, Schirmschlagverjüngung mittels Saat oder wenn sie sich nur auf eine Mischholzart erstreckt, welche vor der Verjüngung der Hauptholzart eingesät wird, Vorsaat.
   4. Vorverjüngung durch Pflanzung, Schirmschlagverjüngung mittels Pflanzung,
   5. Nachverjüngung durch Saat oder Saat auf der Kahlfläche,
   6. Nachverjüngung durch Pflanzung oder Pflanzung auf der Kahlfläche.

Die künstliche Verjüngung einer Mischholzart vor der Verjüngung der Hauptholzart heißt Vorbau. Unterbau ist die künstliche Einbringung von Bodenschutzholz unter einem stehen bleibenden Hauptbestande.

§ 197. In analoger Weise spricht man bei den Ausschlagbetrieben

A. von natürlicher Verjüngung durch die Ausschläge, welche nach dem Abhiebe an den an Ort und Stelle verbleibenden Teilen der abgehauenen Stämme und Stammteile ohne menschliches Zuthun erfolgen,

B. von künstlicher Verjüngung durch Ausschläge von Stammteilen, welche künstlich von ihrer ursprünglichen Stelle entfernt sind, und zwar:
   1. durch Ausschläge, welche von Stecklingen, Setzreisern und Setzstangen, d. h. von wurzellosen, von der Mutterpflanze völlig getrennten und künstlich auf die Kulturstelle gebrachten Zweigen oder Stammstücken erfolgen,

2. durch Ausschläge von Absenkern, d. h. von mit dem Mutterbaume anfangs in Verbindung bleibenden Zweigen und Trieben, welche künstlich zur Wurzelbildung gereizt und dann von der Mutterpflanze getrennt werden,
durch Ausschläge von Stummelpflanzen, d. h. aus den vollständigen Wurzeln am Stocke abgeschnittener junger Pflanzen und
4. durch Ausschläge von Brutwurzeln, d. h. aus von der Mutterpflanze völlig getrennten Wurzelstücken.

Jede dieser Verjüngungsmethoden hat ihre besonderen Vorzüge und Nachteile und ihre Voraussetzungen, von welchen die Möglichkeit und Wahrscheinlichkeit ihres Erfolges abhängt. Je nachdem die eine oder andere dieser Voraussetzungen eintritt, wird in einem bestimmten Falle diese oder jene Methode den Vorzug verdienen. Häufig werden bei der Verjüngung ein und desselben Bestandes zwei oder mehrere Methoden gleichzeitig in Anwendung zu kommen haben.

2. Samen- oder Ausschlagverjüngung?

§ 198. Im allgemeinen haben aus dem Samen erwachsene Bestände den Vorzug größerer Lebensdauer, aus Stockausschlägen erwachsene denjenigen rascheren Wuchses in der ersten Jugend. Letztere halten aber die Umtriebszeiten des Samenwaldes meist nicht aus. Man wird daher, wenn man künftig Samenwirtschaft treiben will, nur ausnahmsweise vorübergehend zur Ausschlagverjüngung ganzer Bestände schreiten und zwar dann, wenn man bei dem jetzt zu erziehenden Bestande aus irgend einem Grunde auf die Vorzüge der Verjüngung aus dem Samen keinen Wert legt, etwa weil derselbe einer geordneten Hiebsfolge zuliebe doch die volle Haubarkeit als Samenwald nicht erreichen würde, und wenn die Ausschläge bis zu ihrem Abtriebe einen den Wirtschaftszwecken des Waldbesitzers besser entsprechenden Bestand liefern, als Kernlohden.

Dagegen werden Stockausschläge und Wurzellohden im Samenwalde häufig bei der Bestandsgründung mit benutzt, wenn auch meist nicht in der Absicht, sie bis zur Hiebsreife in dem Bestande zu belassen. Sie dienen dort als Füllholz, d. h. zur Herstellung des Schlusses in der ersten Jugend und werden vor Erreichung der Hiebsreife mit dem Nebenbestande hinweggenommen.

Es geschieht das beispielsweise, wenn ein noch kräftige Ausschläge liefernder Laubholzbestand in Nadelholz umgewandelt oder ein Ausschlagwald in Samenwald übergeführt werden soll. Man begnügt sich dann, die Kernlohden, welche später den Hauptbestand bilden sollen, in der Zahl einzubringen, welche nötig ist, um daraus gegen Schluß der Umtriebszeit einen vollkommenen Bestand herzustellen.

Viel häufiger ist der Fall, daß künftige Ausschlagwaldungen vorübergehend mittels Kernlohden verjüngt werden. Wo die anzubauende Holzart sich nicht durch Stecklinge, Setzstangen, Setzreißer, Absenker oder Brutwurzeln verjüngen läßt und in dem alten Bestande nicht oder nicht in genügender Zahl vorhanden ist, oder wo die vorhandenen Stöcke den Ausschlag versagen, läßt sich diese Verjüngungsmethode auch im Ausschlagwalde nicht vermeiden, wie denn überhaupt die Wahl einer Verjüngungsmethode für einen ganzen Bestand im einzelnen die Zuhilfenahme anderer nicht ausschließt.

Wo die Bestände aus mehreren Holzarten gemischt erzogen werden, wird jede derselben zweckmäßig auf die ihr am meisten zusagende Art eingebracht. So erfolgt die Einsprengung von Kiefern und Lärchen in Buchen- und Tannenbeständen sehr häufig dadurch, daß unter dem alten Bestande durch natürliche oder künstliche Vorverjüngung zuerst ein Tannen- oder Buchenbestand begründet und diesem nach Abräumung des Altholzes Kiefer und Lärche auf dem Wege der Nachverjüngung durch Saat oder Pflanzung oder wohl auch auf natürlichem Wege beigemengt wird. Kiefer und Fichte werden sehr häufig in der Weise gemischt, daß die erstere gesät, die andere gepflanzt wird.

3. Vorverjüngung oder Nachverjüngung?

§ 199. Das Wesen der Vorverjüngung besteht darin, daß bei derselben der neue Bestand begründet wird, ehe der alte vollständig abgeräumt ist. Sie hat deshalb zur Voraussetzung, daß auf dem gegebenen Standorte die anzubauende Holzart den Druck von Oberholz aushält, und ist da unmöglich, wo das wie z. B. bei der Kiefer auf dürren Sandböden in trockenem Klima nicht der Fall ist.

Umgekehrt setzt die Nachverjüngung, welche erst nach vollständigem Abtriebe des auf der zu verjüngenden Fläche stehenden Holzes stattfindet, voraus, daß die gewählte Holzart auf dem gegebenen Standorte ohne Schutz- oder Schirmbestand aufkommen kann. Sie ist ihrerseits nicht zulässig, wo diese Möglichkeit nicht gegeben ist.

Wo beide zulässig sind, hat jede derselben ihre besonderen Vorzüge und Nachteile, welche in jedem einzelnen Falle gegen einander abzuwiegen sind, ehe die Wahl zwischen beiden getroffen werden kann.

§ 200. Die Vorverjüngung insbesondere hat den Vorzug,

1. daß bei ihr gleichzeitig die vom alten Bestande stehen bleibenden Stämme und der neue Bestand auf ein und derselben Fläche stehen, sodaß der Waldbesitzer den Zuwachs beider gleichzeitig gewinnt,
2. daß das Vorhandensein des Schutzbestandes häufig die Bestandsgründung auf natürlichem Wege oder durch Saat bei Holzarten ermöglicht, welche sich im Freien entweder gar nicht oder nur durch die teuere Pflanzung verjüngen lassen,
3. daß sie den Boden niemals vollständig freistellt, was für die Schutzzwecke des Waldes und die Erhaltung der Bodenkraft von hoher Bedeutung ist,
4. daß sie die Vermehrung der Maikäferlarve weniger als die Nachverjüngung begünstigt,
5. daß sie bei Holzarten, welche den Druck des Altholzes lange ertragen, eine wesentliche Abkürzung der Umtriebszeit ermöglicht, ohne daß deshalb schlechtere und wertlosere Ware erzeugt würde,
6. daß sie die Benutzung der bei dem Angriffe bereits vorhandenen Vorwüchse, d. h. der auf natürlichem Wege ohne menschliches Zuthun vor dem Angriffe des Bestandes entstandenen Jungwüchse zur Bildung des neuen Bestandes gestattet, während dieselben bei der Nachverjüngung teils durch die plötzliche Freistellung, teils durch die Holzfällung zugrunde gerichtet werden,

daß sie auf Boden, auf welchen nach dem Abtriebe des alten Bestandes übermäßige vorher nicht vorhandene Nässe zu befürchten ist, die Kosten der Entwässerung erspart.

Sie hat dagegen den Nachteil,

1. daß der Schutzbestand niemals ganz ohne Schaden für das Jungholz abgeräumt werden kann und daß die unvermeidlichen Beschädigungen desselben die Vermehrung mancher Insekten begünstigen;
2. daß die zur Erhaltung der Jungwüchse nötige Lockerung des Bestandsschlusses die Gefahr des Windbruchs vermehrt,
3. daß das Stock- und Wurzelholz nicht wie bei der Nachverjüngung ohne allen Schaden genutzt werden kann,
4. daß sie durch die notwendig werdenden Entästungen und Ausrückungen die Kosten der Holzernte vermehrt.

§ 201. All diese Vorteile und Nachteile sind aber in den einzelnen Fällen sehr verschieden hoch anzuschlagen.

So ist der gleichzeitige Zuwachs an Schutzbestand und Jungholz nur da von Bedeutung, wo der Schutzbestand auch wirklich noch einen Zuwachs hat. Dieser Vorteil ist also überhaupt nicht vorhanden, wo das alte Holz bereits rückgängig oder im Stillstande ist, oder wo es nach erfolgter Freistellung kränkelt; er ist dagegen sehr groß, wo die Bäume des Schutzbestandes noch gesund und wüchsig sind und wenn der Bestandsschluß gelockert wird, infolge davon vermehrten Zuwachs, den s. g. Lichtungszuwachs zeigen, namentlich wenn der Schutzbestand lange über den Jungwüchsen stehen bleiben kann, und umgekehrt sehr gering, wo die Bäume des Schutzbestandes, wenn sie freigestellt werden, zopfdürr werden, oder wo im Interesse der Jungwüchse der Schutzbestand abgeräumt werden muß, ehe er sich von dem Übergange von dem geschlossenen zum lichteren Stande erholt hat. In gleichem Falle ist auch der Wert der Abkürzung der Umtriebszeit ein sehr wenig fühlbarer.

Ebenso ist der Vorteil der Möglichkeit der Verjüngung auf natürlichem Wege und durch Saat nur dann inbetracht zu ziehen, wenn beide um so viel wohlfeiler sind, als die sonst notwendige Pflanzung, daß dadurch auch der Vorzug der letzteren aufgehoben wird, daß aus ihr um das Alter der Pflänzlinge ältere Bestände hervorgehen.

Der Umstand, daß bei der Vorverjüngung der Waldboden niemals vollständig freigelegt wird, verliert an Gewicht, wo der Wald keine Schutzzwecke zu erfüllen hat und der Boden kräftig genug ist, um das Freiliegen ohne Nachteil zu ertragen, ebenso die Imzaumhaltung der Maikäferlarve, wo vermöge der Lage eine besondere Vermehrung derselben nicht zu fürchten ist oder wo andere Mittel zu Gebote stehen, um diese Vermehrung zu verhindern.

Umgekehrt werden die Beschädigungen an den Jungwüchsen samt ihren Folgen bedeutungslos, wo man es mit einer Holzart zu thun hat, welche Beschädigungen leicht ausheilt, oder bei welcher die Jungwüchse so dicht aufwachsen, daß der Abgang der beschädigten Pflanzen die rechtzeitige Herstellung des Bestandsschlusses nicht hindert; ebenso kann die Möglichkeit, das Stockholz schadenloser zu gewinnen, nur inbetracht kommen, wenn dasselbe in dem betreffenden Walde überhaupt verkäuflich ist, und die Gefahr des Windbruchs nur in besonders exponierter Lage oder bei besonders schlecht bewurzelten Holzarten.

Endlich sind die Erntekosten nur da bei der Vorverjüngung wesentlich höher, wo das Holz nicht ohnehin im Interesse des Absatzes gerückt werden muß.

§ 202. Im großen und ganzen sind indessen die Vorteile der Vorverjüngung, wo sie überhaupt möglich ist, entschieden größer als die der Nachverjüngung, und ein sorgfältiger Wirtschafter wird im allgemeinen nur da zur Nachverjüngung greifen, wo

1. die zu erziehende Holzart nach Maßgabe des Standorts überhaupt keine Beschattung erträgt,
2. wo es sich um die Verjüngung bereits rückgängiger Bestände handelt, wenn die betreffende Holzart ohne große Mehrkosten sich im Freistande erziehen läßt,
3. wo der Schutzbestand nicht ohne weitgehende, nicht auszuheilende Beschädigung der Jungwüchse abgeräumt werden kann, z. B. in besonders felsigem Terrain, wo die Stämme nicht nach beliebiger Richtung gefällt, oder in Sümpfen, wo die Stämme nicht zu jeder Zeit ausgerückt werden können, oder wo, um das Ausbringen des Holzes unschädlich zu bewirken, wertvolle Stämme in geringwertigere Teilstücke zerschnitten werden müßten,
4. in exponierter Lage bei dem Windwurfe ausgesetzten Holzarten und allenfalls
5. bei gegen Beschädigungen sehr empfindlichen Holzarten, wenn nach Maßgabe des Standortes der Schutzbestand doch nur wenige Jahre stehen bleiben könnte.

4. Natürliche oder künstliche Verjüngung der Samenbestände?

§ 203. Es gehört zum Wesen der natürlichen Verjüngung, daß die Bestandsgründung aus den Kernlohden erfolgt, welche aus dem von den vorhandenen Bäumen abfallenden oder abfliegenden Samen an der Stelle, auf welche derselbe gefallen ist, hervorgehen und unverrückt an dieser Stelle verbleiben.

Dieselbe hat also zur Voraussetzung:

1. daß auf die zu verjüngende Fläche auf natürlichem Wege guter Samen der Holzarten, welche später den Bestand bilden sollen, in genügender Menge gelangen kann, daß also samentragende Bäume dieser Holzarten, und zwar wenn der Samen schwer ist, auf der Verjüngungsfläche selbst, wenn er leicht und geflügelt ist, in deren Nähe in hinreichender Anzahl vorhanden sind,
2. daß der Samen auf der Verjüngungsfläche keimen und sich gedeihlich entwickeln kann.

§ 204. Von der sofortigen natürlichen Verjüngung sind daher ihrer Natur nach ausgeschlossen:

1. alle Bestände, in welchen die anzubauenden Holzarten überhaupt nicht vorhanden sind,
2. diejenigen Bestände, in welchen Exemplare dieser Holzarten zwar vorhanden sind, aber aus irgend einem Grunde, sei es wegen zu hohen oder zu niedrigen Alters, sei es, weil die vorhandenen Bäume zum Nebenbestande gehören, keinen Samen tragen,
3. bei Holzarten mit schwerem Samen die Stellen, über welchen samentragende Bäume derselben fehlen,

4. Bestände, deren Samen keine guten Bestände zu liefern verspricht, also z. B. verkrüppelte und drehwüchsige Bestände,
5. diejenigen Flächen, deren Boden als Keimbett ungeeignet ist und nicht ohne übermäßige Kosten dazu tauglich gemacht werden kann, z. B. auffrierende Böden bei sehr flach bewurzelten Holzarten, sehr verraste und verunkrautete Böden bei Holzarten, deren Wurzeln durch Rasen nicht hindurchgehen oder welche durch Gras- und Unkrautwuchs sehr notleiden,
6. diejenigen Flächen, auf welchen die gewählte Holzart den Schutz nicht findet, welchen sie nach Maßgabe des Standorts als Keimling nötig hat, also z. B. sehr verlichtete Bestände bei sehr schutzbedürftigen Holzarten.

§ 205. Wo sie möglich und in ihrem Erfolge sicher ist, hat die natürliche Verjüngung den Vorzug:
1. daß die Bestandsgründung keine oder geringe Kosten verursacht,
2. daß dabei meist mehr junge Pflanzen auf den Boden kommen, als dieses bei künstlicher Verjüngung mit Rücksicht auf die Kosten zulässig ist, daß also der Bestandesschluß rascher wiederhergestellt wird und
3. daß man sicher ist, daß der junge Bestand aus dem Standorte angepaßtem Samen erwächst.

§ 206. Auf der anderen Seite wird aber als Nachteil der natürlichen Verjüngung bezeichnet:
1. daß der Zeitpunkt der Verjüngung von dem Eintritte der Besamungsjahre abhängig ist,
2. daß sie, wenn Samenjahre lange ausbleiben, die Beweglichkeit in der Auswahl der Schläge und der einzuschlagenden Stämme vermindert,
daß sie mehr Sorgsamkeit seitens des Wirtschafters verlangt und die Auszeichnung jedes einzelnen zu fällenden Baumes nötig macht,
4. daß nicht wie bei der künstlichen Verjüngung jeder einzelnen Pflanze die ihr zusagendste Stelle ausgewählt und die letztere nicht wie z. B. bei der Pflanzung auf das sorgfältigste zubereitet werden kann,
5. daß man weder inbezug auf den Bestandesschluß, noch inbezug auf die Bestandsmischung so freie Hand hat, wie bei der künstlichen Verjüngung,
6. daß aus ihr unregelmäßigere und ungleichalterige Bestände hervorgehen,
7. daß die künstliche Verjüngung sicherer sei und dem Waldbesitzer die Zuwachsverluste erspare, welche er erleide, wenn die Besamung fehlschlage,
daß die natürliche Verjüngung nur dann wesentlich billiger sei als die künstliche, wenn sie keine teuere Bodenvorbereitung und keine bedeutenden Nachbesserungen nötig mache.

§ 207. Die meisten dieser Nachteile lassen sich aber bei richtiger Wirtschaft vermeiden; andere haben ihre Bedeutung verloren, seit man aufgehört hat, auf Gleichartigkeit der Bestände besonderen Wert zu legen und seitdem der zunehmende Wert der Waldungen die Notwendigkeit klar gelegt hat, denselben immer intensiver zu bewirtschaften.

Wie der Vorverjüngung vor der Nachverjüngung, so giebt man jetzt auch im großen und ganzen, wo man die Wahl hat, bei der wirklichen Bestandesgründung der natürlichen Verjüngung den Vorzug vor der künstlichen und man greift von vornherein im allgemeinen nur zu der letzteren, wo die erstere unmöglich oder sehr unsicher ist oder wo sie fast ebenso viel Kosten wie diese verursacht.

Dagegen sucht man sie nicht mehr wie früher zu erzwingen, indem man im Falle des Fehlschlagens lange auf ein zweites Samenjahr wartet; sondern man greift in solchem Falle sofort zur künstlichen Nachhilfe, wo diese not thut. Man benutzt, was die Natur bietet, aber man verläßt sich nicht ausschließlich auf sie.

Es soll mit anderen Worten die natürliche Verjüngung und zwar wo möglich die natürliche Vorverjüngung, wo sie anwendbar ist, Regel, die künstliche Verjüngung, namentlich die künstliche Nachverjüngung, dagegen Ausnahme sein, zu welcher man nur, dann aber ohne Zögern greift, wenn die andere keinen Erfolg verspricht oder ihn bereits versagt hat.

Saat oder Pflanzung?

§ 208. Bei derjenigen künstlichen Verjüngungsmethode, welche wir als Saat bezeichnen, wird der Same unmittelbar an die Stelle gebracht, an welcher die daraus hervorgehende Pflanze unverrückt stehen bleiben soll, während bei der Pflanzung eine anderwärts aus dem Samen erzogene Pflanze erst als solche auf ihren künftigen Standort verbracht wird.

Die Saat hat deshalb zur Voraussetzung, daß der Samen an dem künftigen Standorte der Pflanze keimen und diese selbst sich erhalten und gedeihlich entwickeln kann, und ist ausgeschlossen, wo dieses nicht der Fall ist, wo also entweder:

1. der Samen selbst besonderen Gefahren ausgesetzt ist, wie z. B. Eicheln und Bucheckern in Revieren mit einigermaßen starkem Schwarzwildstande oder Nadelholzsamen an sehr steilen Berghängen mit leicht abschwemmbarem Boden,
2. der Boden kein brauchbares Keimbett liefert, also für nicht sofort tiefwurzelnde Pflanzen, wo er sehr leicht auffriert, oder wo die Wurzeln nicht in den Boden dringen können, weil derselbe zu hart oder zu verunkrautet ist, so lange dieser Zustand besteht, oder
3. wo der Keimling den Schutz nicht findet, welchen er nach Maßgabe des Standortes nötig hat, also z. B. auf Kahlflächen und in zu sehr verlichteten Beständen bei in der Jugend schutzbedürftigen Holzarten;
4. wo die ganz junge Pflanze Gefahren ausgesetzt ist, welchen sie nicht gewachsen ist, z. B. bei gegen Graswuchs empfindlichen Holzarten, wo der Graswuchs sehr stark ist oder nach Maßgabe des Standortes sich ein starker Graswuchs bald einstellen muß, oder bei allen Holzarten, wo Frühjahrsüberschwemmungen stattfinden,
5. bei Nachbesserungen zwischen bereits vorhandenen Jungwüchsen, wenn die einzubringende Holzart nicht so rasch wächst, daß sie die Jungwüchse einholt, wenn sie gleiches Lichtbedürfnis hat und sie nicht mehr überholt, wenn sie lichtbedürftiger ist als die Holzart, aus welcher die Jungwüchse bestehen.

§ 209. Wo sie anwendbar ist, hat sie folgende Vorzüge:

1. sie liefert dichtere Jungwüchse, als die Pflanzung, was besonders da von Wert ist,
   a) wo die Schutzzwecke des Waldes vorzugsweise inbetracht kommen,

b) wo man auf starken Abgang an den Pflanzen durch Vieh- oder Wildverbiß, durch Insektenfraß oder durch die Holzhauerei rechnen muß,
c) wo die Holzart dichten Stand in der Jugend liebt,
d) wo auf starken Anfall von Leseholz Rücksicht genommen werden muß, und endlich
e) wo die Hinwegnahme der überflüssigen Stämmchen von vornherein nicht bloß kostenlos bewirkt werden kann, sondern sogar noch einen Ertrag abwirft, also in besonders guter Absatzlage;

sie ist, wenn sie sicher zum Ziele führt und der Samen nicht zu teuer ist, und wenn sie außerdem keine weitergehende Bodenbearbeitung nötig macht als die Pflanzung, wohlfeiler als diese,

sie verspricht auf Böden, welche wenig Feinerde enthalten und vorherrschend aus Steinen, Kies, Grand oder Gruß bestehen, mehr Erfolg als die Pflanzung, wenn man bei derselben nicht viel Füllerde beitragen kann.

§ 210. Dagegen hat die Pflanzung den Vorzug:

1. daß sie in den meisten Fällen gegen Beschädigungen aller Art gesicherter ist als die Saat,
2. daß man bei derselben verunkrauteten und verrasten Boden, abgesehen von den Pflanzlöchern selbst, in geringerer Ausdehnung bearbeiten muß, daß durch die Pflanzung Bestände hergestellt werden, welche sofort um das Alter der Pflänzlinge älter sind als zu gleicher Zeit angelegte Saatbestände,
4. daß man durch Auswahl entsprechend alter Pflänzlinge bei Nachbesserungen den Altersvorsprung der vorhandenen Jungwüchse unschädlich machen kann,
5. daß man bei Holzarten, welche nicht alljährlich guten Samen liefern, bis zu einer gewissen Grenze von den Samenjahren unabhängig ist,
6. daß die Grasnutzung und andere Nebennutzungen in Pflanzbeständen unschädlicher ausgeübt werden können,
7. daß man in gemischten Beständen die Art der Mischung mehr in der Hand hat und wo nötig einer Holzart ohne Zeitverlust den nötigen Altersvorsprung geben kann,
8. daß man mit demselben Aufwande für Ankauf des Samens viel größere Flächen in Bestand bringen kann, was bei sehr teuerem Samen von Wichtigkeit ist,
9. daß Pflanzbestände den Schneebruchbeschädigungen in geringerem Grade ausgesetzt sind, wenigstens als dicht erwachsene nicht rechtzeitig durchforstete Saatbestände und
10. daß sie, wo die geringen Holzsortimente unveräußerlich sind und Saatbestände deshalb nicht rechtzeitig durchforstet werden können, früher stärkere Stämme und mehr verkäufliches Holz liefern als diese.

§ 211. In weitaus den meisten Fällen überwiegen die Vorteile der Pflanzung diejenigen der Saat bedeutend und man greift jetzt, nachdem man eine Menge sehr wohlfeiler Pflanzmethoden erfunden hat, wenn zur künstlichen Verjüngung gegriffen werden muß, bei allen Holzarten, welche sich leicht, billig und sicher verpflanzen lassen, also bei Kiefer, Fichte, Lärche, Esche, Ahorn, Ulme, Erle im allgemeinen nur zur Saat,

1. wenn die Saat aus besonderen Gründen absolut sicher und unzweifelhaft billiger ist, als die Pflanzung,
2. wenn man aus besonderen Gründen besonders dichte Verjüngungen wünscht,
3. wenn die Pflanzung wegen Mangels an Feinerde im Boden unsicher wäre oder unverhältnismäßig verteuert würde.

Häufiger wird die Saat noch angewendet bei denjenigen Holzarten, deren Samen wenigstens zeitweise besonders wohlfeil sind, welche aber wegen starker Bewurzelung oder aus sonstigen Gründen schwierig zu erziehen und zu verpflanzen, aber auf geeignetem Standorte leicht durch die Saat zu verjüngen sind, wie z. B. die Eiche, Buche, Hainbuche, Weißtanne.

Bei diesen Holzarten pflegt man Samenjahre in ausgiebiger Weise zu Saatkulturen auf Böden zu benutzen, welche keine oder nur unbedeutende Bearbeitung verlangen, und in Lagen, welche den der jungen Pflanze nötigen Schutz in ausreichender Weise bieten.

Holzarten mit sehr teuerem Samen, wie z. B. die Weymouthskiefer, werden künstlich nie anders als durch Pflanzung verjüngt.

Welche von den einzelnen Saat- und Pflanzmethoden im einzelnen Falle den Vorzug verdient, wird bei Besprechung derselben Erwähnung finden.

6. Natürliche oder künstliche Verjüngung der Ausschlagbestände?

§ 212. Wie die natürliche Verjüngung der Samenbestände das Vorhandensein der anzuziehenden Holzart in einer hinreichenden Anzahl Samen tragender Exemplare in dem zu verjüngenden Bestande voraussetzt, so ist diejenige der Ausschlagwaldungen nur möglich, wo die anzuziehenden Holzarten im alten Bestande in genügender Menge in Exemplaren vorhanden sind, welche reichliche und gute Stockausschläge zu liefern imstande sind.

Wo diese Voraussetzung gegeben ist, da ist die künstliche Verjüngung zweckwidrig, weil bei letzterer die Ausschläge aus den sich eben erst bewurzelnden Stöcken anfangs niemals in der Menge und Üppigkeit erscheinen, wie bei der natürlichen Verjüngung aus den reichbewurzelten alten Stöcken, in welchen große Mengen von Pflanzennährstoffen aufgehäuft sind.

Im Ausschlagwalde kommt die künstliche Verjüngung also nur inbetracht bei der Anlage neuer Bestände und da, wo die vorhandenen Stöcke nicht gewünschten Holzarten angehören oder die Ausschläge versagen oder zu versagen drohen.

In diesem Falle geschieht sie unbedingt aus dem Samen oder durch Kernlohden, wenn es sich um Holzarten handelt, welche sich nicht anders künstlich verjüngen lassen oder durch Stecklinge, Setzstangen, Setzreißer, Absenker und Brutwurzeln, wenn diese Verjüngungsmethoden bei der betreffenden Holzart im Freien möglich und dabei wohlfeiler und sicherer als die Verjüngung durch Kernlohden sind.

Im allgemeinen lassen sich zwar fast alle Holzarten durch Stecklinge u. s. w., sowie durch Absenker vermehren, die meisten aber mit vollkommenem Erfolge nur bei Anwendung andauernder feuchter Wärme, in unserem Klima also nur im Treibhause. Im Freien treiben bei uns nur die Pappeln, Weiden und Platanen aus Stecklingen, Setzreißern und Setzstangen und außerdem Ulmen, Ahorn, Kastanie, Hainbuche, Erle, Hasel, Buche, am wenigsten Eiche und Birke aus Absenkern, Wurzeln in befriedigender Menge.

Die Verjüngung aus Stecklingen, Setzreißern und Setzstangen ist daher auch nur bei Pappeln, Weiden und Platanen üblich, bei den ersteren aber überall anwendbar, wohin diese Holzarten passen.

Dagegen setzt die Verjüngung durch Absenker die unmittelbare Nähe von Mutterstöcken voraus und ist meist unsicherer, teuerer und mühsamer als die Pflanzung von Kernlohden. Sie ist deshalb in der wirklichen Forstwirtschaft wenig im Gebrauche.

Dasselbe gilt von der Verjüngung durch Brutwurzeln. Dieselbe ist nur bei Holzarten möglich, welche reichlich Wurzelbrut treiben, und von diesen sind, mit Ausnahme der Aspe, Kernlohden meist leichter und wohlfeiler zu beschaffen als Brutwurzeln, welche im Forstbetriebe nur ganz ausnahmsweise bei der Akazie und zur Anlage von Campzäunen bei dem Weißdorne Verwendung finden.

Um so häufiger ist die Verjüngung mittelst Stummelpflanzen; sie ist bei allen Holzarten zulässig, welche leicht und reichlich vom Stocke ausschlagen.

Kapitel V. Wahl des Schlußgrades.

§ 213. Der Grad des Bestandsschlusses überhaupt, d. h. der Grad der Bodenbeschirmung im ganzen ist für die Schutzzwecke des Waldes und für die Erhaltung der Bodenkraft des Waldes von der höchsten Bedeutung. Je vollkommener Luft und Licht vom Boden abgeschlossen sind, desto günstiger gestalten sich mit der Zeit die Verhältnisse des Bodens und desto vollkommener werden die Schutzzwecke des Waldes erfüllt.

In diesen beiden Beziehungen ist also gedrängter Schluß der wünschenswerteste.

Damit soll aber nicht gesagt sein, daß dieser Schlußgrad von einem gleichalterigen Bestande herrühren müsse. Im Gegenteil! Bei gleichem Grade der Bodenbeschattung ist es für diese Fragen gleichgültig, von welchem Teile des Bestandes der Schatten herrührt, und da, wie wir gesehen haben, Dickungen und Gertenhölzer den dichtesten Schatten werfen und die Luft am vollkommensten vom Boden abhalten, so ist diesen beiden Zwecken des Waldes sogar besser entsprochen, wenn die Beschattung vorzugsweise von Dickungen und Gertenhölzern, also von gleichalterigen Jungholzbeständen oder von dichtem Unterholze unter wenn auch licht stehenden älteren Hölzern herrührt.

Für die übrigen Zwecke der Waldbesitzer kommt dagegen weniger als der allgemeine Bestandesschluß der Schlußgrad des Hauptbestandes inbetracht.

§ 214. Bei gleichalterigen Beständen ist derselbe identisch mit dem allgemeinen Bestandsschlusse. In solchen wird wenigstens auf den im Freistande zurückgehenden Böden diesen Zwecken am vollkommensten genügt, wenn der Bestand geschlossen, aber nicht gedrängt erzogen wird, und zwar aus folgenden Gründen.

Dem geschlossenen Bestande steht im ganzen nicht weniger Boden- und Luftnahrung zur Verfügung als dem gedrängten. Er erzeugt deshalb mindestens ebenso viel Holz als der gedrängt erwachsende, und da sich die Holzmasse auf weniger Stämme verteilt, im einzelnen stärkere und deshalb wertvollere und auch die technische Haubarkeit früher erreichende Stämme.

Dagegen erzeugt er notwendigerweise mehr Holz als der nicht geschlossene Bestand, weil die im Kronenschlusse verbleibenden Lücken nicht zur Holzproduktion verwendet werden und weil sich bei dieser Stellung auf nicht sehr gutem Standorte der Boden merklich verschlechtert.

§ 215. Die dadurch veranlaßten Massenverluste werden aber durch den höheren Wert der in freierem Stande erzogenen und deshalb stärkeren Stämme wenigstens dann nicht aufgehoben, wenn die Bestände von vornherein nicht in geschlossenem Stande erzogen werden.

Je vollkommener in der Jugend der Kronenschluß ist und je früher derselbe eintritt, desto dünner bleiben die Äste, desto früher fallen sie ab und desto astreiner und vollholziger erwachsen die Stämme. Astreinheit und Vollholzigkeit erhöhen aber den Wert aller zu Nutzholz geeigneten Hölzer in hohem Grade.

In der ersten Jugend, und zwar bis zum Schlusse des Gertenholzalters müssen daher gleichalterige Bestände, wenn sie gutes Nutzholz liefern sollen, geschlossen erzogen werden, und zwar ist in dieser Zeit dichter Schluß um so notwendiger, und es muß derselbe um so frühzeitiger eintreten, je mehr Schatten die betreffende Holzart ertragen kann, je dichter also der Schatten sein muß, um die unteren Zweige frühzeitig zum Absterben zu bringen. Namentlich wenn der Gebrauchswert und damit der Preis des Holzes durch s. g. Hornäste sehr vermindert wird, wie dieses bei allen Nadelhölzern, insbesondere bei Fichte und Weymouthskiefer der Fall ist, ist frühzeitige Herstellung des Schlusses und Erhaltung desselben bis zur vollständigen Reinigung der Schäfte von Ästen dringendes Bedürfnis.

§ 216. Dagegen ist es in höchstem Grade wahrscheinlich, daß, wenn von diesem Momente an der Bestandesschluß gelockert wird, die vermehrte Stärkezunahme der astrein und vollholzig gewordenen Einzelstämme und die dadurch veranlaßte starke Wertszunahme derselben für den entstehenden Massenverlust mehr als vollen Ersatz liefert, namentlich wenn dann durch Unterbau von Bodenschutzholz der im Hauptbestand mangelnde Schluß im Unterholze wieder hergestellt wird.

Voller und möglichst frühzeitig eintretender Schluß in der Jugend und Lockerung desselben nach eingetretener Reinigung der Schäfte dürfte daher, namentlich wenn der Boden durch einen möglichst geschlossenen Unterstand gedeckt werden kann, den Anforderungen aller auf den Waldertrag an Geld oder Holz vorzugsweise reflektierenden Waldbesitzern am besten entsprechen, sofern die Herstellung dieses Schlußgrades sich kostenlos bewirken läßt und das bei stärkerer Lockerung des Schlusses im Stangenholzalter anfallende Material gut verwertbar ist.

§ 217. Ein allzu gedrängter, über das Maß vollkommener Bodenbeschirmung wesentlich hinausgehender Schluß ist aber für diese Klassen von Waldeigentümern auch in der ersten Jugend nicht unbedingtes Erfordernis. Es genügt, wenn derselbe stark genug ist, um die Zweige absterben zu lassen, ehe sie so stark geworden sind, um Hornäste oder gar faule Aststummel in dem Holze zurückzulassen, und er braucht, sofern auf die Erhaltung der Bodenkraft nicht besondere Rücksicht genommen werden muß, nicht eher hergestellt zu sein, als bis die unteren Zweige die Stärke erreicht haben, bei welcher sie aufhören, dürr geworden, von den neuen Holzschichten leicht abgeschnürt zu werden.

Diese Stärke ist bei den verschiedenen Holzarten verschieden. Sie ist bei denjenigen Holzarten, deren Zweige in dürrem Zustande rasch faulen und leicht abbrechen, größer als bei denjenigen, deren Zweige auch in dürrem Zustande hartes zähes und dauerhaftes Holz haben. Zu der ersteren Klasse gehören die s. g. ringporigen Laubhölzer, weil bei ihnen die Zweige vorherrschend aus weichem, wenig dauerhaftem und zähem Frühjahrholze bestehen, zu der anderen die Nadelhölzer, weil bei ihnen alle langsam mit engen Jahresringen erwachsenen Teile und demgemäß auch die Zweige festes, zähes und dauerhaftes Holz haben. Der Unterschied zwischen den verschiedenen Holzarten ist in dieser Hinsicht sehr groß. Während z. B. dürre Fichtenäste von 8—10 mm Stärke oft 10 Jahre lang und länger am Stamme haften und ihre Stümpfe, wenn sie weit vom Stamme abbrechen, vollständig als Hornäste in den Stamm einwachsen, brechen doppelt so starke Eichen- und Buchenäste, wenn sie 1—2 Jahre dürr sind, durch ihr eigenes Gewicht glatt am Stamme ab, ohne im Holze dessen Gebrauchswert wesentlich schädigende Spuren zurückzulassen.

Im allgemeinen kann deshalb, wenn der Boden an sich genügend kräftig und frisch ist, bei den Laubhölzern, welche außerdem künstliche Aufastung besser ertragen, länger auf Herstellung vollkommenen Schlusses verzichtet werden, als bei Nadelhölzern, wenn auch bei ihnen eine möglichst vollständige Beschattung von Anbeginn an das Wünschenswerteste wäre.

Allzu dichter Schluß ist aber in den Jungwüchsen der Entwickelung der Einzelstämme nicht minder nachteilig als in älteren Beständen, die Hinwegnahme des Überschüssigen läßt sich aber häufig seiner Wertlosigkeit halber nicht kostenlos bewirken. Es muß deshalb, wo es auf die Höhe des Waldertrags ankommt, schon bei der Bestandsgründung dahin gestrebt werden, daß einerseits der Bestand in Schluß kommt, sobald der Mangel daran der Qualität der erzeugten Hölzer oder der Bodenfruchtbarkeit Schaden bringen würde, andererseits aber nicht unnötigerweise durch zu gedrängten Schluß das Wachstum der Einzelpflanze allzusehr geschädigt wird.

§ 218. Einen annähernd richtigen Maßstab für die Bestandsdichtigkeit bei der Bestandsgründung bieten unsere Ertragstafeln insofern, als wir bei der Bestandsgründung auf keinen Fall weniger Pflanzen auf dem Hektar erziehen dürfen, als der Hauptbestand normal bestockter Bestände der gewählten Holzart nach diesen Tafeln auf der gegebenen Bonität in dem Alter enthält, in welchem der Bestand in Schluß kommen soll.

Wäre z. B. nachgewiesen, daß Fichtenzweige auf Standorten I. Bonität aufhören, ohne Bildung von Hornästen abgeschnürt zu werden, wenn der Bestand erst nach dem 20. Jahre in Schluß gebracht wird, so wäre, nachdem nach den in § 115 gegebenen Zahlen der normal bestockte Fichtenwald dieser Bonität im 20. Jahre 6400 Stämme pro Hektar im Hauptbestande enthält, der Beweis erbracht, daß 6400 Pflanzen pro Hektar das Minimum der Pflanzenzahl sind, welche nach Abzug aller Abgänge im 20. Jahre in gleichmäßiger Verteilung vorhanden sein müssen, wenn der Bestand gutes Nutzholz liefern soll.

Wäre ebenso nachgewiesen, daß ein Kiefernboden III. Bonität zurückgeht und an Fruchtbarkeit verliert, wenn der vollkommene Schluß nicht spätestens im 30. Jahre hergestellt ist, so ginge daraus hervor, daß, nachdem nach Weise der Hauptbestand bis dahin aus 6263 Stämmen pro Hektar zu bestehen hat, weniger als 6263 Pflanzen pro Hektar die Bodenkraft gefährden.

§ 219. Liegt es in der Absicht des Waldbesitzers, zu dieser Zeit oder schon früher aus dem Bestande Vornutzungen zu erzielen, so müssen natürlich von Anfang an mehr Pflanzen vorhanden sein, als in dem Jahre der ersten Nutzung der Hauptbestand zu enthalten pflegt, und wenn außerdem verlangt wird, daß das Vornutzungsmaterial schon längere Zeit, z. B. 5 Jahre zum Nebenbestande gehörte, auch mehr als der Hauptbestand 5 Jahre vor der Nutzung enthält. So unterliegt es keinem Zweifel, daß längere Zeit unterdrückt gewesene Fichten und Tannen ihrer engen Jahresringe halber dauerhaftere Kleinnutzhölzer abgeben und bei gleicher Länge unten weniger dick und daher leichter sind als eben erst überwachsene. Wo man daher z. B. gute Hopfenstangen ziehen will, müssen, wenn die Nutzung derselben in der **I.** Bonität im 30. Jahre beginnt, nicht nur mehr Stämme auf der Fläche stehen als die 4200, welche nach Lorey der Hauptbestand im 30. Jahre enthält, sondern auch mehr als die 5280, aus welchen der Hauptbestand im 25. Jahre besteht.

§ 220. Von diesem Überschusse über die zur rechtzeitigen Herstellung notwendige Stammzahl ist es nun nicht nötig, daß er regelmäßig über die Fläche verteilt ist, wohl aber verlangt man eine annähernd gleichmäßige Verteilung von den Stämmen, welche in dem Jahre, in welcher der Schluß hergestellt werden soll, den Hauptbestand zu bilden haben.

Es folgt daraus, daß die größte zulässige Entfernung der Pflanzreihen von einander sich ergiebt, wenn man durch Division der 10000 qm der Hektars mit den nach den Ertragstafeln in dem Alter, in welchem der Bestandsschluß eintreten soll, vorhandenen Stämmen des Hauptbestandes deren Wachsraum und aus diesem durch Ziehen der Quadratwurzel die Seite des Quadrates berechnet, welches diesem Wachsraume entspricht.

Dieses Maximum des zulässigen Reihenbestandes würde also für Fichtenböden **I.** Bonität, wenn der Bestand sich im 20. Jahre geschlossen haben soll, $\sqrt{\frac{10000}{6400}} = \sqrt{1,5625} = 1,25$ m betragen. Bei jedem weiteren Abstande würde sich der Schluß zwischen den Reihen später als im 20. Jahre herstellen. Würde es auf demselben Standorte genügen, wenn der Schluß erst im 30. Jahre, in welchem der Hauptbestand 4200 Stämme zählt, hergestellt würde, so dürften die Reihen $\sqrt{\frac{10000}{4200}} = \sqrt{2,381} =$ etwa 1,54 m von einander abstehen.

Dagegen ist es für den Schlußgrad bei der Bestandsanlage gleichgültig, ob diejenigen Stämme, welche in der Zeit, in welcher der Bestandesschluß eintreten muß, bereits zum Nebenbestande gehören, in oder zwischen den Pflanzenreihen stehen.

Wir werden auf diese Frage später wiederholt zurückzukommen haben.

Auf der anderen Seite geben die Ertragstafeln aber auch einen Anhalt für die Bestimmung des Maximums der zulässigen Bestandesdichtigkeit, wenigstens da, wo die rechtzeitige Entfernung des Überschusses Kosten verursacht. Werden z. B. in einer gegebenen Absatzlage die Erntekosten des vor dem 25. Jahre sich in einem Fichtenbestande I. Bonität ausscheidenden Nebenbestandes nicht von dem Verkaufspreise gedeckt, so ist es, wo nicht Rücksichten auf die Schutzzwecke des Waldes, auf die Erhaltung der Bodenkraft, auf die Qualität des erzeugten Holzes oder auf die Leseholzbedürfnisse der Bevölkerung obwalten, entschiedener Luxus, den Bestand von vornherein dichter anzulegen, als mit Rücksicht auf die zu erwartenden Abgänge nötig ist, um im 25. Jahre die 5280 Stämme der Ertragstafel in regelmäßiger Verteilung pro Hektar vorrätig zu haben.

Dritter Abschnitt.

Beschreibung der einzelnen Wirtschaftsmaßregeln.

A. Die Bestandsgründung.

Benutzte Spezial-Litteratur: Fr. Ad. von Alemann, Über Forst-Kulturwesen. 2. Aufl. Magdeburg, 1861. — Heinr. Burckhardt, Säen und Pflanzen. 4. Aufl. Hannover, 1870. — J. Ph. E. L. Jäger, Das Forstkulturwesen nach Theorie und Erfahrung. 2. Aufl. Marburg, 1874. — Dr. A. Freih. v. Seckendorff, Verbauung der Wildbäche, Aufforstung und Berasung der Gebirgsgründe. Wien, 1884.

Kapitel I. Die Bodenvorbereitung.

1. Verschiedene Zwecke derselben.

§ 221. Wenn ein neuer Bestand sei es an Stelle eines vorhandenen alten Bestandes oder auf bisher unbestockter Fläche begründet werden soll, so fragt es sich, einerlei, welche Bestandsform und Bestandsart und welche Verjüngungsmethode gewählt wird, vor allem, ob der Boden sich in einem Zustande befindet, vermöge dessen die gewählte Holzart oder Mischung von Holzarten das leisten kann, was nach Maßgabe der unveränderlichen Faktoren des Standortes der Waldbesitzer zu verlangen berechtigt ist.

Ist dieses nicht der Fall, ist insbesondere der augenblickliche Zustand des Bodens der Art, daß der junge Bestand sich nicht zu dem auf dem gegebenen Standorte möglichen Grade der Vollkommenheit entwickeln kann, so fragt es sich weiter, ob die der Entwickelung ungünstigen Zustände der Fläche durch Wahl einer anderen Verjüngungsmethode unschädlich gemacht werden können und ob und welche Vorarbeiten notwendig sind, um die eine oder andere schädliche Wirkung des jetzigen Zustandes zu vermeiden.

§ 222. Auf dem Boden wirklich gut gepflegter Waldungen sind häufig alle Arten der Bestandsgründung ohne weiteres zulässig. Ebenso häufig befindet er sich aber in einem Zustande, welcher alle oder wenigstens die an sich vorteilhafteren Methoden der Bestandsgründung davon abhängig macht, daß dieser Zustand beseitigt wird.

Zu diesen alle oder einzelne Verjüngungsmethoden erschwerenden vorübergehenden Bodenzuständen gehören:

1. übermäßige Nässe des Bodens,
2. übermäßige Bodentrockenheit,
3. vollständiger Abschluß des Untergrundes von der Bodenoberfläche durch eine für die Baumwurzeln und das Wasser undurchdringliche Schichte von Ortstein,
4. ständige Bewegung des Bodens infolge seiner Zusammensetzung aus Flugsand,
5. den Holzpflanzen hinderlicher Gras- und Unkräuterwuchs auf demselben,
6. Gefahr der Abschwemmung durch sehr steile Lage,
7. Verhärtung der obersten Bodenschichte,

8. oberflächliche Vermagerung derselben,
9. Ablagerung von dem Pflanzenwuchse schädlichen Stoffen oder Mangel an Feinerde auf der Bodenoberfläche, endlich
10. Mangel an Schutz für die Pflanzen in heftigen Winden sehr exponierter Lage.

Die Mittel zur Beseitigung dieser ungünstigen Zustände sind verschiedener Art und müssen daher einzeln besprochen werden.

2. Beseitigung übermäßiger Nässe.

§ 223. Wie aus der Standortslehre erinnerlich, kann dauernde übermäßige Nässe des Bodens veranlaßt sein entweder

1. durch das Druckwasser einer in der Nähe befindlichen freien Wasserfläche, deren Niveau nicht tiefer liegt als die Schichten des Bodens, deren Feuchtigkeitsverhältnisse für den Pflanzenwuchs von Bedeutung sind, durch oberirdischen Zufluß von höher gelegenen Wasserflächen und Wasserläufen oder von in der nassen Fläche entspringenden Quellen bei mangelndem Abflusse und undurchlassendem Untergrunde,
   von Grundwasser, welches wieder in doppelter Weise entstehen kann, entweder dadurch, daß bei undurchlassendem Untergrunde und mangelndem Abflusse auf der Fläche selbst mehr Regen fällt, als nach Maßgabe des Klimas verdunstet oder dadurch, daß unter gleichen Verhältnissen das Grundwasser größerer Flächen sich auf den tiefgelegensten Stellen des Untergrundes ansammelt.

Ist auch die Bodenoberfläche undurchlassend, so können auch anhaltende Regengüsse schädliche Wasseransammlungen auf der Oberfläche vorübergehend veranlassen.

§ 224. Im ersten Falle ist der Wasserstand fast ganz unabhängig von der Geschwindigkeit, mit welcher das Wasser von der nassen Stelle abfließt. Es stellt sich auf derselben ebenso hoch, wie der Wasserspiegel des Flusses, Baches oder Sees, welcher das Druckwasser liefert, einerlei ob der Abfluß rasch oder langsam erfolgt. Eine Beschleunigung des Abflusses von der trocken zu legenden Stelle hat keine Verminderung der Wasserhöhe, sondern nur eine Vermehrung des Wasserzudrangs zur Folge.

Derartige Stellen können deshalb nur durch Senkung des Wasserspiegels in der Wasserfläche, von welcher das Druckwasser herrührt, wirklich entwässert werden, wenn man von der für die Forstwirtschaft zu teueren Isolierung derselben durch Einschieben undurchlassender Scheidewände zwischen ihnen und der freien Wasserfläche absieht.

Mittel dazu sind die Tieferlegung der Schwellen der Abflußöffnungen bei stehenden Gewässern und die s. g. Flußkorrektionen, d. h. das Abschneiden von den Lauf hemmenden Krümmungen bei fließendem Wasser, unter Umständen verbunden mit der Wegräumung im Bette vorhandener Hindernisse oder mit einer Einengung des Bettes, um das Wasser selbst zur Vertiefung desselben zu zwingen.

Die Kosten dieser Arbeiten stehen indessen selten in richtigem Verhältnisse zu den Vorteilen, welche man für den Wald durch ihre Aufwendung erreicht, und oft genug sind sie, wenn sie Erfolg haben, geradezu zum Schaden des Waldbesitzers gemacht, weil die Senkung des Druckwasserspiegels sich notwendigerweise auch an höher gelegenen Orten geltend macht, welchen das Druckwasser nur Nutzen brachte, weil es ihnen die nötige Feuchtigkeit lieferte.

§ 225. Dagegen lassen sich durch Druckwasser naß gehaltene Stellen in anderer Weise ohne Schaden für den Waldbesitzer trocken legen. Es geschieht das, indem man sie durch Auffüllung ganz oder teilweise so weit erhöht, daß das Druckwasser aufhört, schädlich zu sein.

Wo dasselbe von Flüssen und Bächen herrührt, welche wechselnden Wasserstand haben und die nassen Stellen zeitweise überfluten und dabei Schlamm und Schlick führen, läßt sich das manchmal, wenn auch nicht in kurzer Zeit, in einfacher Weise durch die s. g. Verlandung erreichen.

Zu dem Ende gestattet man den schlickführenden Hochwassern den Zugang zu den trockenzulegenden oder wie man in diesem Falle sagt, zu den zu verlandenden Stellen, erschwert aber seinen Abfluß durch Anlage von die Stromrichtung kreuzenden Schlammfängen mittels Pflanzung von Sträuchern, welche Überflutungen aushalten, ohne ihn vollständig zu hindern.

Die Geschwindigkeit des eindringenden Wassers wird dadurch vermindert; es kann infolge davon die mitgeschleppten Massen von Kies, Sand und Schlamm nicht fortbewegen und läßt sie zu Boden sinken, wodurch sich die Bodenoberfläche nach und nach bis zur Hochwasserhöhe erhöht.

§ 226. Rascher und sicherer als die Verlandung geht die Erhöhung des Geländes durch künstliche Aufschüttung vor sich, welche auch bei der Forstwirtschaft vielfach üblich ist und auch da Anwendung findet, wo undurchlassender Boden in ebener Lage bei Regen vorübergehende schädliche Wasseransammlungen auf der Bodenoberfläche zur Folge hat.

Die vollständige Ausfüllung nasser Stellen mit künstlich von auswärts beigeschaffter Erde rentiert sich indessen im Walde wohl niemals. Sie ist auch nicht nötig. Wir besitzen eine Reihe von Holzarten, welche eines dauernden Schutzes gegen die Nässe nicht bedürfen. Es genügt, wenn sie in der ersten Jugend dagegen geschützt sind. Dazu bedarf es aber einer Auffüllung der ganzen Fläche nicht. Es ist hinreichend, wenn die Stellen, auf welche die einzelnen Pflanzen zu stehen kommen, so weit erhöht werden, daß ihnen das überschüssige Wasser keinen Schaden mehr macht.

Es kann das nun in verschiedener Weise geschehen.

§ 227. Eines der gebräuchlichsten Mittel ist das Aufschütten von Hügeln.

Manteuffel, welcher dasselbe zuerst im Großen und zwar nicht nur auf nassen Flächen anwendete, verband damit die Absicht der chemischen Verbesserung des Bodens und benutzte deshalb dazu eigens zubereitete Pflanzerde, welche er in der Weise gewann, daß er auf der Kulturfläche die besten Bodenpartieen auswählte und abschälen ließ. Die Muttererde dieser Stellen wurde auf Haufen gebracht und der Bodenüberzug über diesen Haufen zur Gewinnung des darin enthaltenen Humus ausgeschüttelt und dann verbrannt. Die gewonnene Asche wurde dem Erdhaufen gleichfalls einverleibt und dann durch Umstechen desselben für innige Mischung der einzelnen Gemengteile gesorgt. Die Erde blieb über Winter liegen und wurde dann im Frühjahre in 15 bis 25 cm hohen Hügeln auf die sonst unbearbeitete, nur durch Abmähen holziger Bodenüberzüge abgeflachte Kulturstelle verteilt.

Diese besondere Zubereitung des Bodens verteuert die Manteuffel'schen Hügel nicht unbedeutend. Man hügelt oder manteuffelt deshalb, wenn innerhalb oder in der Nähe der Kulturfläche irgend brauchbare Erde vorhanden ist, jetzt lieber mit unvorbereiteter Krume.

Auch diese gewöhnlichen Traghügel sind, namentlich wenn die Erde weit getragen werden muß, sehr teuer; man sucht deshalb auch ihre Anwendung auf das notwendigste zu beschränken und wendet sie nur da an, wo man es in der Hand hat, dafür zu sorgen, daß die jungen Pflanzen auch auf den Hügeln erscheinen, also nur bei künstlicher Verjüngung, und da man bei der Pflanzung mit einer geringeren Zahl Hügel auskommt, im allgemeinen nur bei der Pflanzung und auch bei dieser nur dann, wenn die in der nassen Fläche selbst vorhandene Erde nicht überall ohne weiteres zur Aufschüttung tauglich und zum Anwachsen der Pflanzen geeignet ist.

Müssen die Hügel hoch gemacht werden oder ist die zur Aufschüttung derselben verwendete Erde nicht sehr bindend, so muß man sie durch Rasenstücke, welche auf ihre Böschungen gelegt werden, vor Abschwemmung sichern. Die dazu verwendeten Rasen macht man entsprechend groß und giebt ihnen gerne die Form eines Halbmondes, damit sie sich der Mantelfläche des kegelförmigen Hügels besser anschließen. Ihre Ränder und Enden läßt man übergreifen, damit keine Lücke zwischen der Rasendecke entsteht.

Je nach der Entfernung der beizuschaffenden Erde erfordert das Aufschütten von 1000 Hügeln 8 bis 15 Mannstaglöhne.

Ist die auf der nassen Stelle befindliche Erde ohne vorherige Zubereitung zum Anwachsen der jungen Pflanzen geeignet, so erscheint es meist vorteilhafter, das teilweise Höherlegen des Terrains mit an Ort und Stelle gewonnenem Material lediglich mit Hilfe von Hacke und Schaufel zu bewirken.

Man legt dann, wo das Terrain ständig feucht ist, in dem doppelten Abstande der künftigen Pflanzenreihen flache Gräben an und setzt aus dem Auswurfe rechts und links derselben s. g. Grabenhügel auf, welche man in der oben geschilderten Weise mit den bei der Anfertigung der Gräben gewonnenen Rasenstücken gegen Abschwemmung sichert.

§ 228. Wo der Boden nur zeitweise naß ist, genügen s. g. Lochhügel, sowie das Umklappen von Rasenplaggen, deren Unterseite dann weit genug über das Terrain hinausschauen.

Behufs Anfertigung der ersteren wird der Bodenüberzug in quadratischen Platten von 30 bis 50 cm Seite abgeschält, der Boden darunter gelockert und in der Mitte der bloßgelegten Fläche zu einem rundum von einer vertieften Rinne umgebenen Hügel zusammengezogen, dessen Mantelfläche man dann mit dem abgeschälten Rasen bedeckt.

Die Herstellung der s. g. Plaggen geschicht in folgender Weise:

Mit der gewöhnlichen Breithacke oder noch besser mit dem s. g. Wiesenbeile, dessen eine Seite Breithacke und dessen andere ein breites, dünnes Beil ist, wird ein viereckiges Stück Rasen von 30 bis 50 cm Seite unmittelbar neben der Stelle, auf welche der Plaggen zu liegen kommen soll, auf allen vier Seiten mit der Beilseite losgehackt, nachdem vorher darauf stehendes hohes Gras oder holzige Beerkräuter abgemäht oder abgesichelt sind. Der so von seiner Umgebung isolierte Rasen wird dann mit der Hackenseite des Beils von der Erde losgeschält und dann umgeklappt, d. h. unmittelbar neben dem so entstandenen Loche die Rasenseite nach unten, die Wurzelseite nach oben auf den vorher gleichfalls von hohem Gras- und Unkräuterwuchse befreiten Boden flach ausgebreitet. Die Herstellung von 1000 solcher Plaggen mittlerer Größe erfordert 4 bis 5 Mannstaglöhne.

Wo der Boden sehr naß ist, wird wohl auf diesen Plaggen noch ein kleiner Hügel aufgeschüttet.

Hängt der Rasen sehr gut zusammen und legt er sich leicht flach auf, so wird er wohl auch in zusammenhängenden Streifen losgeschält und umgeklappt, namentlich wenn man dichte Verjüngungen anstrebt. Es entstehen dann neben zusammenhängenden durch Herausnahme der Rasen entstandenen flachen Vertiefungen erhöhte Rücken, s. g. Plaggenstreifen.

Ist der Boden der Rasen zur Bestandsgründung ungeeignet, enthält er insbesondere zu wenig mineralische Erde, so spaltet man wohl auch den umgeklappten Rasenplaggen in zwei Teile, rückt dieselben etwas auseinander und füllt die so entstandene Lücke mit guter Erde aus. Diese s. g. Spalthügel sind auf torfigem Boden vielfach im Gebrauche.

Daß man dabei, wie bei allen teilweisen Bodenbearbeitungen zu künstlicher Bestandsgründung die zur Saat oder Pflanzung gewählten Verbände einhält, versteht sich von selbst.

§ 229. Auch die zweite hierher gehörige Methode, die s. g. Rabattenkultur, d. h. das Ausheben von Gräben und die Ausbreitung der dabei gewonnenen Erde auf die ganzen zwischen ihnen liegenden, Rabatten genannten Flächen wird manchmal bei großer Nässe mit der Formierung von Hügeln verbunden. In der Regel begnügt man sich aber mit der einfachen Rabattenkultur, d. h. man legt über die zu nasse Fläche Gräben an, welche man um so tiefer macht und um so näher an einander legt, je nässer die Fläche ist. Die dabei sich ergebende Erde verteilt man gleich beim Ausheben entweder dachförmig mit einer Erhöhung in der Mitte und nach den Gräben abfallenden Seiten oder gleichmäßig über die angrenzende Fläche, indem man sie mit der Schaufel über dieselbe wirft.

Die Gräben haben hier nicht die Aufgabe, die Fläche zu entwässern, sondern den Zweck, das Material zur Erhöhung der zwischen ihnen liegenden Rabatten zu liefern. Ihre Richtung ist inbezug auf den zu erreichenden Zweck gleichgiltig. Man legt sie deshalb zweckmäßig ohne Rücksicht auf das Gefälle parallel zu einander und giebt ihnen einen Abstand, welcher die doppelte Wurfweite beim Schaufelwurfe, also etwa 5 bis 6 m betragen darf, wenn die Arbeiter geübt sind, die Erde nach rechts und links zu werfen, welcher aber zweckmäßig auf die einfache Wurfweite beschränkt wird, wenn die Arbeiter den Auswurf nur nach einer Seite zu werfen gewohnt sind.

Auf das Profil der Gräben Sorgfalt zu verwenden, ist bei Rabattenkulturen auf nur durch Druckwasser naßgehaltenen Flächen zwecklos, da sie kein Wasser abzuleiten haben und ohne Schaden nach einigen Jahren wieder zufallen können.

Es ist das insbesondere da von Wichtigkeit, wo das Abschürfen der Bodenoberfläche schwierig, das Auswerfen der Erde aber leicht ist. Man kann dort ohne Schaden Gräben mit senkrechten Wänden ausheben, welche, wo ihre Offenhaltung nötig ist, nichts taugen.

Die Kosten der Rabattenkulturen richten sich nach den Dimensionen und dem Abstande der Gräben, welche, weil ihre Profilierung keinen besonderen Aufwand erfordert, um 25 bis 30 % billiger gemacht werden können, als die Entwässerungsgräben, von welchen später die Rede sein wird.

§ 230. Den Rabattenkulturen nahe verwandt ist auch die Herstellung s. g. erhöhter Streifen; sie kommt zur Anwendung, wo der Boden nicht ständig naß, aber schwer durchlässig ist, so daß das Wasser gerne darauf stehen bleibt, oder wo sich in Vertiefungen viel Laub ansammelt, unter welchem die jungen Pflanzen ersticken würden.

Sie unterscheiden sich nur dadurch von den eigentlichen Rabattenkulturen, daß die Erde nicht auf die ganze Fläche zwischen den Gräben ausgebreitet, sondern in schmalen, oben flachen Streifen unmittelbar neben ihnen aufgesetzt wird und daß man die Gräben weniger tief macht und so nahe an einander rückt, als man die Streifen bei einander haben will.

Die Technik der Ausführung ist dieselbe wie bei den s. g. Schutzgräben (§ 249). Sie unterscheiden sich von diesen nur dadurch, daß bei ihnen die Erhöhung des Streifens und nicht die Vertiefung des Grabens die Hauptsache ist und daß man demgemäß nicht auf den Graben, sondern auf Herstellung der erhöhten Bänke die größere Sorgfalt verwendet.

Hie und da lockert man wohl auch vorher die Unterlage für die Streifen, indem man den Bodenüberzug gleichzeitig von dem Graben und der Stelle, auf welche der erhöhte Streifen zu liegen kommt, abzieht, die Stelle für den Streifen umhackt und dann erst den Graben dahinter aushebt, aus dessen Auswurf der Streifen hergestellt wird.

Die Herstellung von 1000 laufenden Meter 30 cm breiter Streifen mit 25 cm tiefen Gräben erfordert 5 bis 6 Mannstaglöhne.

§ 231. Anders liegt die Frage, wenn es sich darum handelt, die übermäßige Feuchtigkeit da zu beseitigen, wo dieselbe nicht durch Druckwasser, sondern durch oberirdischen Zufluß oder durch Grundwasser veranlaßt wird. In diesem Falle wird der Zufluß durch Beschleunigung des Abflusses nicht vermehrt; die Menge des im Boden vorhandenen Wassers kann dort also vermindert werden, indem man entweder seinen Zufluß vermindert oder seinen Abfluß beschleunigt.

Das erste Mittel ist anwendbar, wo das überschüssige Wasser von sichtbaren Wasserläufen herrührt oder wo Grundwasser von den Seiten zusickert. Man kann dasselbe im ersteren Falle durch Eindämmung ganz oder teilweise von dem trocken zu legenden Gelände abhalten oder mittelst Umfassungsgräben an Stellen leiten, an welchen es keinen Schaden macht oder vielleicht Nutzen bringt. Diese Umfassungsgräben leisten in muldenförmigem Terrain oft auch gegen Grundwasser einiges. Inbezug auf Profil und Gefäll werden sie ebenso angelegt, wie eigentliche Entwässerungsgräben.

§ 232. Wo diese Art der Entwässerung nicht möglich ist, gelingt es zwar unter besonders günstigen Verhältnissen hie und da, derartige Stellen auch durch gründliche eine reichere Vegetation begünstigende Bodenlockerung oder durch Einbringung sehr viel Wasser verdunstender Holzarten, wie der Fichte, also durch Vermehrung der vegetativen Verdunstung trocken zu legen; im allgemeinen lassen sie sich aber nur durch Erleichterung des Wasserabflusses entwässern. Es geschieht das entweder durch Ableitung des Wassers in gedeckten Leitungen oder in offenen Gräben.

Beide haben zur Voraussetzung, daß außerhalb der zu entwässernden Fläche eine Stelle vorhanden ist, nach welcher das überschüssige Wasser ohne Schaden und ohne übermäßige Kosten abgeleitet werden kann. Diese Stelle muß selbstverständlich um so viel tiefer liegen, als die tiefste Stelle des zu entwässernden Geländes, daß nach Eröffnung der Gräben das Wasser dahin abfließen kann und darf davon weder zu weit entfernt, noch durch wesentlich höheres Terrain getrennt sein.

Ist eine tiefer gelegene Stelle in erreichbarer Nähe überhaupt nicht vorhanden, so muß auf die Entwässerung wenigstens der tiefsten Stellen durch Gräben verzichtet werden. Ist sie weit entfernt oder liegt hohes Gelände zwischen ihr und der nassen Stelle, so wird in jedem Falle erst zu prüfen sein, ob die Kosten der Entwässerung den durch dieselbe zu erreichenden Vorteil nicht übersteigen. Sorgsame Wirtschafter werden dabei nicht unterlassen, auch den Erfolg, welchen die Entwässerung für das umliegende nicht versumpfte Gelände haben wird, und unter Umständen den Schaden, welchen der raschere Abfluß des Wassers bei Hochwasser tiefer gelegenen Grundstücken zufügen kann, mit in Rechnung zu ziehen.

Daß man, wo diese Stelle sich nicht auf den ersten Blick ergiebt, ein genaues Nivellement zu Hilfe zu nehmen hat, versteht sich von selbst.

§ 233. Mit der Absteckung der Gräben und gedeckten Leitungen beginnt man, wenn das Projekt nicht auf Grund eines genauen Schichtenplans bereits auf dem Papiere entworfen ist, an dem Punkte, nach welchem das Wasser geleitet werden soll, nachdem man vorher die tiefsten Punkte mit Visierstäben bezeichnet hat.

Liegen dieselben sämtlich annähernd in einer geraden oder wenig gebogenen Linie, so giebt dieselbe ohne weiteres den ungefähren Verlauf des Hauptgrabens, welcher das Wasser aus dem Gelände fortzuführen hat. Derselbe wird zwischen diesen Pfählen so abgesteckt, daß er, ohne die einzelnen bezeichneten Punkte notwendig zu berühren, in möglichst gestreckter Linie jedem durch einen Pfahl bezeichneten Tiefpunkte möglichst nahe kommt.

Liegen einzelne oder mehrere der Pfähle weit außerhalb der durch die Mehrzahl bezeichneten Richtung des ersten Hauptgrabens, so werden diese durch einen zweiten Hauptgraben unter sich und mit der Ausflußstelle in Verbindung gebracht.

Von diesen Hauptgräben aus werden nun, wenn sie nicht zur Entwässerung der Fläche ausreichen, in Abständen von 80—150 m Seitengräben abgesteckt, welche in ihrem allgemeinen Verlaufe mit dem oberen Ende ungefähr senkrecht auf den Hauptgraben verlaufen, an ihren unteren Enden aber bei starkem Wasserzuflusse zweckmäßig so gedreht werden, daß sie spitzwinklig in denselben einmünden. Sind auch diese nicht genügend, so wird an sie ein System in gleicher Weise verlaufender Schlitz- oder Sauggräben angeschlossen, deren Abstand je nach der Tiefe und der Durchlässigkeit des Bodens 10 bis 30 m beträgt.

Letztere, deren Aufgabe es ist, das in der Richtung des größten Gefälls über dem undurchlassenden Grunde abfließende Wasser aufzufangen und den

Gräben zuzuleiten, erfüllen ihren Zweck am vollkommensten, wenn sie, ohne vollständig horizontal zu sein, sich dem horizontalen Verlaufe möglichst nähern, während die Haupt- und Seitengräben, welche das in den Sauggräben aufgefangene Wasser ableiten, am besten die tiefstgelegenen Punkte auf dem geradesten Wege mit einander verbinden.

§ 234. Bei abschwemmbarem Boden giebt man offenen Gräben nicht gerne ein einigermaßen starkes Gefälle; man geht dort bei leichten Böden nicht gerne über $^1/_3$, bei Thonboden nicht über $^2/_3$ Prozente hinaus, weil sonst das abfließende Wasser die Grabenanlage gefährdet. Beträgt das Gefälle in der abgesteckten Richtung der Gräben mehr als dieses Maximum, so sind die Gräben entweder an der Stelle des Ausflusses weniger tief zu machen, als in ihrem oberen Teile, oder es ist in ihrer Sohle durch Einlegen von Schwellen das Gefälle entsprechend zu brechen. Gedeckte Leitungen können stärkere Gefälle erhalten.

§ 235. Bei der Herstellung eines offenen oder gedeckten Grabens beginnt man an seiner tiefsten Stelle, also am Ausflusse, und schlägt ihn dort gleich bis zur Sohle durch, ohne ihm bei sehr nassem Terrain gleich das Profil zu geben, welches er später erhalten soll. Es erleichtert vielmehr namentlich bei breiten Gräben in sehr nassem Terrain wesentlich die Arbeit, wenn anfangs in der Richtung des Grabens nur ein s. g. Leitgraben womöglich bis zur künftigen Sohle durchgeschlagen wird. Aus den Wänden desselben sickert das überschüssige Wasser bald ab, und die Erweiterung des Grabens auf das angenommene Profil macht dann viel weniger Arbeit, als wenn die ganze Erde in triefend nassem Zustande ausgehoben werden müßte. Auch ist es vorteilhaft, bei Herstellung des endgültigen Profils das Wasser genügend weit oberhalb der Arbeitsstelle, so lange gearbeitet wird, zu stauen, in den Ruhestunden und während der Nacht aber die Stauvorrichtung zu entfernen, wenn es nicht möglich ist, das Wasser während der Arbeit seitwärts abzuleiten.

Wo außer den Entwässerungsgräben Umfassungsgräben angelegt werden, welche bestimmt sind, von außen zufließendes Wasser abzuhalten, werden die letzteren zuerst angelegt, wie denn überhaupt alle Grabenarbeiten um so leichter auszuführen sind, je weniger naß gerade das Gelände ist. Man verlegt dieselben deshalb auch, wo man es einrichten kann, in die trockenste Jahreszeit. Man macht davon nur dann eine Ausnahme, wenn die zu entwässernde Fläche bei anhaltender Dürre ganz austrocknet und man wegen mangelnder Nivellements aus dem Laufe des Wassers die Richtung des natürlichen Gefälls ermitteln muß.

§ 236. Was das Profil betrifft, welches die Entwässerungsgräben erhalten, so hängt die durchschnittliche Tiefe vor allem von dem Grade der Entwässerung ab, welche man beabsichtigt. Eine Fläche vollständig und auf große Tiefen zu entwässern, ist im Walde nach keiner Richtung ratsam. Für das Gedeihen der Waldbäume genügt es vollkommen, wenn das überschüssige Wasser bis auf höchstens 30 cm Tiefe aus dem Boden verschwindet und wenn in das Wasser der tieferen den Baumwurzeln noch zugänglichen Schichten bis auf höchstens 90 cm Tiefe noch Bewegung gebracht wird. Was darüber ist, ist für die Erträge der Forstwirtschaft und mehr noch für die Schutzzwecke des Waldes vom Übel.

Da nun erfahrungsgemäß eine 10 bis 30 cm starke Schichte des Bodens über der Grabensohle auch nach der Herstellung des Grabens naß zu bleiben pflegt, so ist eine Tiefe von 120 cm, von einzelnen in der Grabenrichtung liegenden Stellen mit erhöhter Oberfläche abgesehen, das Maximum, über welches man im allgemeinen nicht hinausgehen sollte; für die Seitengräben genügen meist Tiefen von 60 bis 100 cm und für die Schlitzgräben mag 60 cm als Maximum angenommen werden.

Die untere Breite der Gräben richtet sich nach der Menge des abzuleitenden Wassers; man giebt ihnen nicht gerne weniger als 20 cm. Dagegen hängt die obere Breite von der Grabentiefe und der nach Maßgabe des Bodens und der Zeit, für welche der Graben halten soll, zulässigen Böschung ab. Auf leichten Böden genügen die für schwere Böden zulässigen s. g. einfachen Böschungen, d. h. Böschungen, deren oberer Rand gegen den unteren um die volle Grabentiefe zurücksteht, für auf lange Dauer berechnete offene Gräben nicht; sie müssen dort, wenn der Graben nicht mit der Zeit zufallen soll, mindestens anderthalbfach sein, d. h. ihr oberer Rand muß mindestens das anderthalbfache der Grabentiefe gegen den unteren zurückstehen, und ganz leichte Böden verlangen selbst zweifache Böschungen.

Auf schweren Böden sind also offene Gräben oben um die doppelte, auf leichten um die dreifache und bei sehr leichten um die vierfache Grabentiefe breiter zu machen, als die untere.

Ist die Böschung durch zwischenliegende schwere Steine geschützt oder kann sie mit festliegenden Rasen begrünt werden, so kann über die sonst zulässige Steilheit der Böschung hinausgegangen werden. Reiner Torf gestattet fast senkrechte Grabenwände.

Die Haltbarkeit der Gräben wird auch erhöht durch saubere Arbeit; je glätter und gleichmäßiger die Sohle ausgehoben und die Böschungen bearbeitet sind, desto weniger findet das Wasser eine Stelle, an welcher es den Graben angreifen kann.

§ 237. Häufig verlangt man indessen von den Gräben keine lange Dauer. Viele Flächen zeigen erst, wenn die auf ihnen stockenden Bäume abgehauen sind, eine übermäßige Nässe und verlieren dieselbe nach und nach wieder, sobald es gelungen ist, auf ihnen einen neuen Bestand zu erziehen und in Schluß zu bringen. Die Wurzeln der Bäume saugen dann das überschüssige Wasser auf und die Blätter verdunsten es.

In solchen Fällen genügt es selbst bei offenen Gräben vollkommen, wenn sie so lange aushalten, bis der junge Bestand die Arbeit der Entwässerung wieder übernimmt, und es schadet in diesem Falle nicht nur nichts, sondern ist sogar manchmal vorteilhaft, wenn die Gräben sich allmählich wieder zu füllen anfangen, sobald die jungen Pflanzen angewachsen sind und aufhören, von der Nässe gefährdet zu werden.

Es ist dann nicht nötig, auf das Profil der Gräben besondere Sorgfalt zu verwenden. Auch kann man die Böschungen viel steiler machen, so zwar, daß in solchen Fällen selbst bei sehr leichten Böden die einfache Böschung ausreicht.

Bei gedeckten Leitungen haben die Wandungen nur so lange zu halten, bis der Graben wieder gedeckt ist. Es genügen deshalb für sie oft senkrechte Grabenwände.

§ 238. Der Grabenauswurf wird, wenn die Gräben offen bleiben, wenn möglich sofort, jedenfalls nach Fertigstellung des Grabens zweckmäßig so über dasselbe ausgebreitet, daß zuerst auf Wurfweite neben dem Graben befindliche Löcher ausgefüllt und der Rest gleichmäßig über die Oberfläche so ausgebreitet wird, daß dieselbe eine nach dem Graben abfallende schiefe Ebene bildet.

Nur wenn man aus besonderen Gründen neben dem Graben erhöhte Stellen haben will, entweder weil derselbe ohne sie manchmal überlaufen und die angrenzende Fläche überschwemmen könnte, oder wenn man darauf Holzarten bringen will, welchen die entwässerte Fläche noch zu naß ist, benutzt man den Auswurf zur Herstellung von Wällen und Rücken längs des Grabens oder zur Formierung von Hügeln auf dem entwässerten Gelände.

Hat der Damm kein Wasser von der Umgebung des Grabens abzuhalten, so ist es notwendig, in demselben bis unter das Niveau der umgebenden Fläche herabgehende Lücken zu lassen, damit darauf sich ansammelndes Wasser abfließen kann. Namentlich auf oberflächlich schwer durchlassenden Böden darf diese Vorsicht nicht versäumt werden.

Die Kosten der Grabenarbeiten hängen natürlich von dem Profile derselben und der Bodenbeschaffenheit ab. Im allgemeinen kann man annehmen, daß ein kräftiger Mann je nach der Bodenart täglich 2 bis 6 cbm Grabenerde ausheben und auf Wurfweite verteilen kann. Sehr tiefe Gräben, bei welchen der Auswurf 2 mal auf die Schaufel genommen werden muß, kommen überall, sehr flache auf stark verunkrautetem oder verwurzeltem Boden teuerer als Gräben mittlerer Tiefe (von 50 bis 80 cm Tiefe) zu stehen.

§ 239. Gedeckte Leitungen sind im Walde im allgemeinen, vom Wegbau abgesehen, auf nahezu ebenem Terrain weniger üblich, als die in der Regel wohlfeiler herzustellenden offenen Gräben; bei richtiger Anlage und nicht übermäßiger Breite haben die letzteren fühlbare Ertragsverluste, welche beim Feldbau von ihnen absehen lassen, nicht zur Folge.

Das gilt insbesondere von der Entwässerung mittelst gedeckter Dohlen aus Trockenmauerwerk und von der s. g. Drainierung mittelst Cement- oder gebrannter Thonröhren. Beide kommen im Walde zu waldbaulichen Zwecken nur bei der Anlage von Saat- und Pflanzschulen zur Anwendung und auch da nur, wo man nicht entwässerungsbedürftige Stellen zu diesen Anlagen nicht finden kann.

Sie haben neben hohen Kosten den Nachteil, daß sie schwer zu revidieren sind und das Wasser auch dann ableiten, wenn es aufgehört hat, schädlich zu sein.

Häufiger werden die s. g. Sickerdohlen angewandt, d. h. mit Steinen oder hartem Strauchwerk ausgefüllte und darüber mit Rasenstücken und Erde überdeckte Gräben; wo offene Gräben sehr tief und weit gemacht werden müßten, haben sie den Vorteil, daß sie der Kultur weniger Fläche entziehen, und wo das Ausfüllungsmaterial leicht zu beschaffen ist, oft wohlfeiler sind als offene Gräben, weil sie nur ganz kurze Zeit offen bleiben und deshalb mit fast senkrechten Wänden angefertigt werden können.

Auf sehr steilem Terrain, auf welchem die Entwässerung zur Verhütung von Abrutschungen geschieht, sind nur gedeckte Sickerdohlen anwendbar; offene Gräben würden dort Abschwemmungen hervorrufen. Ist in solchen Sickerdohlen das Gefälle sehr stark, so muß die Sohle durch Pflasterung gegen Auswaschung geschützt werden. Flache, wenig Raum einnehmende Gräben, wie insbesondere die s. g. Schlitzgräben (§ 233) läßt man dagegen immer besser offen.

§ 240. Eine Unterart der Sickerdohlen sind die s. g. rajolten, riolten oder rigolten Streifen und die s. g. Grabenkulturen, welche namentlich da mit Vorteil angewandt werden, wo es sich weniger um eine eigentliche Entwässerung des Geländes, als darum handelt, in stehendes Grundwasser, welches dem Pflanzenwuchse schädlich ist, Bewegung und damit Luft zu bringen.

Sie unterscheiden sich von den Sickerdohlen nur dadurch, daß bei ihnen die Gräben nicht mit Steinen und Strauchwerk, sondern zu unterst mit Rasenschollen und dem abgeschälten humosen Bodenüberzuge ausgefüllt werden, und sind unter sich nur dadurch verschieden, daß bei der Grabenkultur die Ausfüllung des Grabens nachträglich geschieht, während bei der Herstellung rajolter Streifen jeder Arbeiter den Graben sofort wieder hinter sich ausfüllt.

Es geschieht das in folgender Weise: Nachdem der Streifen abgesteckt ist, hackt der Arbeiter mit Wiesenbeil oder Breithacke zwei Rasenstücke von der Länge der beabsichtigten Breite des Streifens und der Breite eines gewöhnlichen Hackenschlags auf Hackenschlagtiefe heraus und legt dieselben auf die Seite. Von der vorderen Hälfte der so bloß gelegten Fläche hebt er dann die darunter liegende Erde ebenfalls auf Hackentiefe aus. Es entsteht auf diese Weise am Anfange des künftigen Streifens ein Loch, das auf die erste Hackenschlagbreite zwei, auf die zweite einen Hackenschlag tief ist. Der Arbeiter hackt nun ein gleich großes Rasenstück an das zweite anschließend los und wirft es, die Wurzelseite nach oben, in den zwei Hackenschläge tiefen Teil dieses Lochs und bedeckt es mit der Erde, welche unter dem zweiten Rasenstücke lag, indem er sie wiederum auf Hackenschlagtiefe aushebt. Das so entstandene neue Loch wird in gleicher Weise zur Hälfte mit Rasen ausgefüllt und zur anderen mit Erde bedeckt und so wird fortgefahren, bis der Arbeiter am anderen Ende des Streifens angekommen ist. Es bleibt ihm dann ein ähnliches Loch, wie das oben geschilderte offen und er füllt dasselbe in gleicher Weise mit dem Rasen und der Erde aus, welche er am Anfang seiner Arbeit auf die Seite gelegt hat. Ist der Rasen sehr dicht, so wird die Arbeit wesentlich erleichtert, wenn er vorher an den Rändern des Streifens längs und auf Hackenschlagbreite quer mit dem Wiesenbeile losgehauen wird.

Der so entstandene Streifen bildet einen zusammenhängenden Graben, dessen Sohle mit Rasenstücken und dessen oberer Teil mit Erde ausgefüllt ist. Anfangs gestatten die Lücken der Rasenschollen, später die durch Zersetzung der vegetabilischen Teile des Rasens sich bildenden Lücken dem Wasser langsamen Abzug, wenn die selbstverständliche Vorsicht gebraucht wurde, der Sohle das nötige Gefälle zu geben und den Streifen an einer Stelle münden zu lassen, von welcher das Wasser abfließen kann, also in einen mit der Sohle unter der tiefsten Stelle der Streifensohle liegenden Graben oder Sickerdohlen.

Ein kräftiger Arbeiter vermag in 12stündiger Arbeit 80 bis 200 laufende Meter rajolter Streifen von 40 cm Breite und 35 cm Tiefe anzufertigen.

3. Beseitigung übermäßiger Bodentrockenheit.

§ 241. Die übermäßige Trockenheit eines Bodens kann durch verschiedene Gründe veranlaßt sein, entweder

1. dadurch, daß demselben überhaupt im Verhältnis zu seinem Verbrauche zu wenig Wasser zugeführt wird,

daß das zugeführte Wasser wegen ungünstiger Beschaffenheit der Bodenoberfläche ohne in den Boden einzudringen, über dieselbe abläuft und endlich

3. dadurch, daß der Boden vermöge seiner Struktur oder seiner Zusammensetzung oder wegen Vorhandenseins zu tiefer Abflußrinnen die aufgenommene Feuchtigkeit nicht zurückhalten kann.

Die Maßregeln, welche gegen die Bodentrockenheit zu ergreifen sind, sind nun verschiedene, je nachdem der eine oder andere dieser Gründe sie veranlaßt. Sie bestehen in ersterem Falle in der Zuleitung von Wasser von außen, also in der Bewässerung der Fläche, in dem zweiten in der Verhinderung des oberflächlichen Wasserabflusses und im dritten in der Vermehrung der wasserhaltenden Kraft des Bodens. In vielen Fällen müssen alle diese Maßregeln gleichzeitig ergriffen werden.

§ 242. Die künstliche Bewässerung einer Fläche setzt das Vorhandensein eines Wasserlaufes voraus, über welchen der Waldbesitzer frei verfügen kann und dessen Spiegel höher liegt oder höher gestaut werden kann, als das zu bewässernde Gelände.

Wo diese Gelegenheit gegeben ist und ausgiebig benutzt wird, liegt darin ein vorzügliches Mittel, nicht allein die Walderträge zu heben, sondern auch Überschwemmungsschäden vorzubeugen und den Wassergehalt der Quellen zu vermehren und damit den niedersten Wasserstand der Flüsse zu erhöhen. Es wird dereinst als eine der wichtigsten Aufgaben des Forstwirtes, insbesondere des Gebirgsforstwirtes betrachtet werden, derartige Gelegenheiten in der ausgiebigsten Weise zu benutzen.

In der Ebene sind solche Gelegenheiten selten, weil dort wohl alles ohne unverhältnismäßige Kosten bewässerbare trockene Gelände sich in landwirtschaftlicher Benutzung befindet. Auch versumpfen eben gelegene Flächen leicht, wenn ihnen ständig Wasser zugeleitet, für die Ableitung desselben aber nicht ausreichend Sorge getragen wird. Um so häufiger finden sie sich im Gebirge, wo den meisten s. g. Sommerhängen die Bewässerung eine Wohlthat wäre und wo sie auch inbezug auf die wasserpolizeilichen Aufgaben des Waldes am segensreichsten wirkt.

§ 243. Die Flächen, um deren Bewässerung es sich im Gebirgswalde handelt, sind nicht wie bei der Landwirtschaft ebenes oder fast ebenes Gelände; denn die Hochplateaus bedürfen im Gebirge nur sehr selten der Bewässerung und entbehren dann der Wasserläufe, mit deren Hilfe man sie bewässern könnte; ebenso sind die Thalsohlen, soweit sie eben liegen, in der Regel eher zu naß als zu trocken.

Man hat es vielmehr dort fast immer mit mehr oder weniger steilen, manchmal sehr steilen Hängen zu thun. Es ist deshalb klar, daß die Regeln der Wiesenbewässerung nicht ohne weiteres auf den Wald anwendbar sind. Insbesondere kommt es im Walde nicht wie bei der Wiese darauf an, daß die oberste Bodenschichte möglichst gleichmäßig mit Wasser überrieselt wird, sondern darauf, daß möglichst viel Wasser in die tieferen Bodenschichten eindringt. Dort verbreitet es sich ganz von selbst in wünschenswerter Weise.

Die Verteilung des Wassers auf der Oberfläche kommt hier nur in so weit inbetracht, als dafür gesorgt werden muß, daß auf eine Stelle nicht mehr Wasser gelangt, als auf einmal aufgenommen werden kann.

§ 244. Die Bewässerung geschieht in folgender Weise. Von dem dazu zu benutzenden Bache aus wird an einer passenden Stelle, am besten da, wo er, nachdem er eine Zeitlang annähernd in der Richtung gelaufen ist, in welcher die zu bewässernde Fläche liegt, wieder nach der anderen Seite umbiegt, ein Graben in der Richtung nach dieser Fläche geschlagen.

Der Sohle desselben giebt man, um Stauungen zu vermeiden, zweckmäßig anfangs das Gefälle des Baches, vermindert dasselbe aber rasch so weit, daß von der Stelle an, bei welcher der Graben das zu bewässernde Gelände berührt, die Grabensohle fast ganz horizontal läuft und nicht mehr als höchstens 1 m auf 1000 m Grabenlänge fällt. Dieses Gefällmaximum überschreitet man nur dann, wenn die Bewässerung gleichzeitig den Zweck hat, dem Boden zur Erhöhung seiner wasserhaltenden Kraft die Schlammteile des Wassers zuzuführen. Man kann dann, namentlich in Geröllwänden, bis zu Gefällen von 1 m auf 100 m gehen.

Führt der Bach, welchem man das Wasser entnimmt, Geschiebe, das man nicht zur Übererdung der Fläche benutzen will, oder hat man nur einen Teil seines Wassergehaltes nötig, so legt man die Sohle des Grabens an der Einflußstelle gerne etwas höher als die Bachsohle. Ist umgekehrt der ganze Wasserlauf erforderlich, so verbaut man das alte Bett von der Einmündung des Grabens an durch ein einfaches Wehr und zwingt so das Wasser, vollständig dem Bewässerungsgraben zu folgen.

Diesen selbst macht man, wenn er nicht sehr lang wird, nicht gerne sehr breit und tief aus dem doppelten Grunde, weil tiefe Gräben in Berghängen sehr teuer sind und dann, weil kleinere Wassermengen sicherer und vollständiger einsickern. Man legt deshalb lieber mehrere kleinere Gräben in 20 bis 40 m Höhenabstand über einander als einen großen an. Über 60 cm Tiefe und entsprechende Breite geht man, namentlich bei leichtem Boden, nicht gerne hinaus. Im übrigen giebt man ihm das Profil der Entwässerungsgräben, wo das Terrain so flache Böschungen gestattet.

§ 245. Sollen die Gräben ihren Zweck erfüllen, so müssen sie das von ihnen aufgenommene Wasser vollständig nach der zu bewässernden Fläche leiten, dasselbe dort aber allmählich an den Boden abgeben. Sie müssen daher in den Strecken außerhalb dieser Fläche, in welchen sie nur Leitungskanäle sind, vollkommen dicht, in der Fläche selbst aber durchlässig sein und es erscheint besonders wünschenswert, wenn ein namhafter Teil des Wassers, bis es ihr Ende, welches immer auf flachen Rücken ausmünden muß, erreicht, unterwegs versickert.

Der erste nur als Leitkanal dienende Teil des Grabens muß deshalb, wo nötig, mittels Rasen und Letten gedichtet werden, während in dem eigentlichen Wässergraben, wenn seine Sohle nicht durchlassend genug ist, in Abständen von 20 bis 30 m durch Einfügung von Drainröhren oder schmalen Sickerdohlen in den Wandungen der Thalseite für künstliche Verteilung des Wassers gesorgt werden muß. Auch diese Drainröhren und Sickerdohlen dürfen niemals in Mulden, welche sich durch einspringende Bögen im Verlaufe des

Grabens kennzeichnen und in welchen das auslaufende Wasser beisammen bleibt, münden; sie werden vielmehr, wo irgend möglich, auf vorspringenden, durch ausspringende Bögen in der Richtung der Gräben gekennzeichneten Rücken eingelegt, weil dort sich das Wasser am vollkommensten verteilt. Fehlt es am Berghange an solchen Rücken, so müssen vor dem Ausflusse einer jeden Röhre kleine streng horizontal laufende Gräben, wo nötig mehrere unter einander, angelegt werden, damit das Wasser sich vollkommener zerteilen muß.

Beim Wegneubau kann die Bewässerung trockener Hänge oft ohne besondere Kosten nebenher bewirkt werden, indem man in Mulden herabsickernde Wasserfäden nicht in den Mulden unter den Wegen hindurchleitet, sondern den Straßengräben folgen und erst an vorspringenden Rücken mittels Dohlen die Weglinie kreuzen läßt und jenseits derselben durch Quergräben zwingt, wieder in den Boden einzudringen.

Ein sorgsamer Wirtschafter kann in dieser Hinsicht außerordentlich viel für Verbesserung des Waldbodens thun.

§ 246. Es ist aus der Standortslehre bekannt, daß die Fähigkeit der verschiedenen Bodenarten, von oben zufließendes Wasser in sich aufzunehmen, eine sehr verschiedene und um so geringere ist, je feinkörniger der Boden ist. Nun liegen in der Regel in dem eigentlichen Boden die feinkörnigeren Schichten zu oberst.

Daher rührt es, daß wenn, sei es infolge heftigen Regens, sei es bei raschem Schneeabgange, einigermaßen große Wassermengen auf einmal auf den Boden gelangen, dieser nicht imstande ist, es so rasch aufzusaugen, als es anlangt.

In absolut ebener Lage hat das wenig zu sagen. Der nicht sofort aufnehmbare Teil des Wassers bleibt so lange auf dem Boden stehen, bis derselbe Zeit gefunden hat, es nach und nach in sich aufzusaugen.

Auf geneigter Fläche ist das anders. Dort fließt jeder Tropfen Regenwassers, der nicht sofort aufgenommen werden kann, über die Oberfläche hin der Richtung des größten Gefälles folgend seitwärts ab, und es geht dem Boden ein um so größerer Teil der jährlichen Regenmenge verloren, je heftiger die einzelnen Regen, je glatter und undurchlassender die Oberfläche und je geneigter das Gelände ist.

§ 247. Dieses seitliche Abfließen des Wassers zu verhindern, ist eine der wichtigsten Aufgaben der Streudecke des Waldes. Ihre außerordentlich zahlreichen und weiten Zwischenräume gestatten ihr, auch die größten in unserem Klima durch Regen oder Schneeabgang auf einmal unmittelbar auf die Oberfläche gelangenden Wassermengen fast vollständig aufzunehmen, und sie vermag dieselben auch, wenn sie in ausreichender Stärke vorhanden ist, vermöge der zahlreichen Hindernisse, welche sie in ihren senkrecht und stumpfwinkelig zu der Richtung des stärksten Gefälls stehenden Teilen dem seitlichen Abflusse des Wassers entgegensetzt, auch längere Zeit zurückzuhalten. Ist das Wasser einmal in den Boden eingedrungen, so schützt sie es als schlechter Wärmeleiter gegen oberflächliche Verdunstung.

Wo also im Walde eine reichliche Streudecke den Boden bedeckt und wo dieselbe in einem so innigen Zusammenhange mit dem eigentlichen Boden steht, daß sie von dem seitwärts abfließenden Wasser nicht selbst mitgenommen wird, da sind weitere Maßregeln zur Zurückhaltung des an Ort und Stelle fallenden oder frei werdenden Regen- und Schneewassers nicht erforderlich.

§ 248. Es giebt aber im Walde leider Fälle genug, in welchen sich eine gehörige Streudecke nicht bilden oder nicht erhalten kann. Häufig wird dieselbe absichtlich entfernt und auf dem glattgerechten Boden haftet dann neufallendes Laub Jahre lang nicht mehr; an anderen Stellen sind die Bestände zu licht bestockt, um ausreichende Bodendecken zu liefern und um dem Winde das Abwehen des Laubes zu verwehren; an wieder anderen liefert die angebaute Holzart nur ungenügende Streudecken oder hohe Luftfeuchtigkeit veranlaßt eine allzu rasche Zersetzung derselben.

An solchen Stellen muß für die den oberflächlichen Wasserabfluß hindernde Wirkung der Streudecke künstlich Ersatz geschaffen werden, und zwar ist die Hilfe um so nötiger, je steiler die Bergwand und je glatter die Oberfläche ist.

In dieser Hinsicht erweist sich nun alles wirksam, was die Bodenoberfläche unebener und die obersten Bodenschichten durchlassender macht, also jede Bodenbearbeitung. In vollkommenem Maße wird der Zweck aber nur erreicht, wenn die Bodenoberfläche so viele und so tiefe Vertiefungen erhält, als nötig sind, um das Wasser, welches im Momente des Auffallens nicht in den Boden selbst eindringen kann, vollständig in sich aufzunehmen.

§ 249. Es geschieht das am zweckmäßigsten durch die s. g. Laubfänge, Schutzfurchen, Schutzgräben oder Horizontalgräben, im Spessarte Grabenkulturen genannt, kleine je nach der Steilheit des Terrains in 1,5 bis 3 m Abstand wagrecht an den Berghängen hinlaufende Gräben von 20 bis 30 cm Tiefe mit erhöhtem Rande auf der Thalseite. Vergrößert man den Abstand oder unterbricht man die Gräben, was dann immer so geschehen muß, daß den Unterbrechungen in der nächsten Reihe durchgeführte Gräben gegenüber stehen, so müssen dieselben entsprechend vertieft werden.

Das Querprofil derselben wird mit der Rodhacke in der Weise hergestellt, daß auf der Bergseite auf Hackentiefe eingehauen und die gewonnene Erde auf der Thalseite 30 bis 40 cm breit ausgebreitet wird. Auf diese Weise entsteht eine nahezu ebene Fläche, welche nun dadurch zu einem Graben gemacht wird, daß am hinteren, der Bergseite zu gelegenen Rande abermals auf Hackentiefe eingehauen und die Erde am vorderen Rande aufgehäuft wird.

Dieser Arbeit geht, wenn die Fläche verrast oder mit Unkräutern überzogen ist, ein Abschürfen des Bodenüberzugs auf 50 bis 60 cm Breite und ein Aufsetzen oder Umklappen desselben nach der Thalseite voraus.

Die Gräben verlaufen horizontal und dem Berghange parallel und werden am zweckmäßigsten an der höchsten Stelle des zu bearbeitenden Berghanges und auf seiner linken Seite begonnen. Jeder Arbeiter macht dabei seinen Graben für sich, und es erleichtert die Arbeit, wenn der Arbeiter, welcher die obere Furche zieht, dem nächst unter ihm arbeitenden um drei bis vier Schritte voraus ist. Es ist das insbesondere dann nötig, wenn die Arbeiter kein besonders gutes Augenmaß haben. Man steckt dann die oberste Furche mit Hilfe irgend eines Gefällmessers mit 0 %, d. h. vollkommen horizontal ab; die folgenden Arbeiter können dann leicht, indem sie von dem oberen Graben bei gleicher Steilheit des Hanges gleichen Abstand nehmen, und wo das Terrain steiler oder flacher wird, diesen Abstand entsprechend vermindern oder vergrößern, hinlänglich genau horizontal verlaufende Gräben herstellen, namentlich, wenn jedesmal, wenn die Arbeiterkolonne neu angestellt wird, der oberste Graben wieder genau abgesteckt wird. Sind die Arbeiter von verschiedener Gewandtheit, so erscheint es zweckmäßig, die gewandtesten gleichmäßig unter die anderen zu verteilen, dem Vorarbeiter aber die Anfertigung der abgesteckten Schutzfurchen, nach deren Verlauf sich die übrigen Arbeiter richten, zu übertragen, oder aber die Zahl der abgesteckten Furchen entsprechend zu vermehren.

Wo Felsen, Schlittwege oder sonstige Hindernisse in den Weg treten, werden die Gräben unterbrochen, die nächst tiefer gelegenen dafür aber entsprechend tiefer gemacht.

Die Schutzgräben werden zwar in der Regel nicht unmittelbar zum Zwecke der Bestandsgründung gemacht. Sie sind vielmehr ein Hilfsmittel der allgemeinen Bodenpflege. Sie erleichtern aber, namentlich wenn sie längere Zeit vor der Verjüngung angelegt werden, die Gründung des neuen Bestandes in hohem Grade.

Soll der Grabenauswurf, als erhöhter Streifen zur Bestandsgründung verwendet werden, so wird derselbe oben auf 20 bis 40 cm Breite abgeflacht, so daß sich auf demselben ein horizontalverlaufendes Band bildet, welches längs des Grabenrandes hinläuft und etwa 2 Hackenschläge höher liegt als die Grabensohle.

§ 250. Der Boden kann das eingedrungene Wasser in verschiedener Weise ohne Nutzen für den Holzbestand wieder verlieren, entweder dadurch, daß er es wegen allzugroßer Durchlässigkeit, veranlaßt durch Mangel an Feinerde, allzurasch in den Wurzeln der Bäume unzugängliche Tiefen entweichen läßt oder dadurch, daß offene Rinnen vorhanden sind, welche das eingedrungene Wasser allzurasch ableiten, oder endlich dadurch, daß er der oberflächlichen Wasserverdunstung ungenügende Hindernisse entgegensetzt.

Gegen letzteren Nachteil schützt eine dichte Bestockung und eine vollkommene Streudecke, welche auch nach und nach durch ihre allmähliche Zersetzung einem sehr durchlässigen Boden in dem Waldhumus einen Stoff liefert, welcher das unterirdische Absickern des Wassers wesentlich erschwert.

Die Streudecke und den dichten Bestand in dieser Beziehung zu ersetzen, besitzen wir im Walde kein im Großen anwendbares sofort wirksames Mittel. Alle das Eindringen des Wassers in den Boden bedeutend erleichternden Mittel vergrößern seine Oberfläche und befördern damit seine Austrocknung durch oberflächliche Verdunstung.

Wo solche Verhältnisse gegeben sind, muß sich der Waldbesitzer damit begnügen, möglichst rasch eine vollkommene Beschattung des Bodens und die Bildung einer wirksamen Streudecke hervorzurufen und bis das durch Erziehung eines jungen Bestandes erreicht ist, wenigstens einer Verschlechterung dieses Zustandes vorzubeugen. Er thut das, indem er durch gründliche Bodenlockerung die wasseraufsaugende Kraft des Bodens vermehrt, und durch Entfernung wasserverzehrender Bodenüberzüge den Niederschlägen den Zugang zu dem Boden möglichst erleichtert, durch Erhaltung eines möglichst dichten Seitenschutzes aber ihre Verdunstung so lange zu erschweren sucht, bis der junge Bestand selbst den Boden ausreichend beschattet.

Ist es möglich, gleichzeitig durch Bewässerung mit schlammführendem Wasser die wasserhaltende Kraft des Boden zu vermehren, um so besser.

Rührt die übermäßige Trockenheit des Bodens von dem Vorhandensein tief eingeschnittener das Wasser allzurasch ableitender Rinnen, etwa zu tief angelegter Entwässerungsgräben oder ausgefressener natürlicher Rinnsale her, so läßt sich dem Übel leicht dadurch abhelfen, daß man die Rinnen durch eingestellte Stauvorrichtungen (Wehre u. dergl.) zwingt, ihre Sohlen so weit nötig zu erhöhen.

4. Ortsteinkulturen.

§ 251. Unter Ortstein versteht man mittels Heidehumus zu einer dichten Masse zusammengekittete Schichten von Quarzsand und etwas Eisenoxyd. Derselbe ist für das Wasser und die Wurzeln der Bäume gleich undurchdringlich und macht deshalb, wenn er in zusammenhängender Schichte vorhanden ist, einerseits den unterirdischen Abfluß des Regenwassers und das Aufsteigen des Grundwassers und andererseits das Eindringen der Baumwurzeln in größere Tiefen unmöglich. An die Luft gebracht, zerfällt er bald in Sand.

Er liegt in Tiefen bis zu 1 m und hat oft eine Mächtigkeit von 50 cm und darüber und bildet sich fast nur unter nahezu eben gelegenen Flächen.

Liegt die untere Grenze des Ortsteins nicht tiefer als 60 cm und ist er nicht mächtiger, als 30 cm, so läßt er sich nach vorheriger Stockrodung durch doppeltes Pflügen mittels von Pferden gezogener Pflüge durchbrechen. Der zweite Pflug, am besten ein Untergrundspflug, folgt dem ersten in der von ihm gezogenen Furche. Es genügt dann häufig ein streifenweises Durchbrechen des Bodens in der Entfernung der Streifen, in welcher man die jungen Pflanzen erziehen will. Die Streifen stellt man her, indem man 2 bis 3 Furchen unmittelbar neben einander zieht; bei geringer Mächtigkeit genügt wohl auch eine einzelne tiefgepflügte Furche.

Die selbstverständlich nur bei großen Flächen anwendbaren Dampfpflüge arbeiten tiefer (bis zu 80 cm).

§ 252. Liegt der Ortstein noch tiefer oder ist seine Mächtigkeit eine größere, so muß zur Handarbeit gegriffen werden, welche überhaupt vorzuziehen ist, weil dabei die Ortsteinschichten an die Oberfläche kommen, dort zerfallen und für immer unschädlich gemacht werden.

Der Kosten halber begnügt man sich in der Regel mit streifenweiser Durchbrechung des Ortsteins.

Man verfährt dabei in ähnlicher Weise wie bei der Herstellung behufs der Entwässerung angelegter rajolter Streifen (§ 240), nur daß dann die Gräben bis zu $2^1/_2$ m breit und so tief gemacht werden, daß man den Ortstein mit Hilfe des Stoßeisens auf der Grabensohle durchbrechen, herausholen und auf der Oberfläche ausbreiten kann. Ist das geschehen, so stürzt man wohl auch die nebenan über dem Ortstein liegende Erde nicht durch einzelne Hackenschläge, sondern mittels Spaten oder Stoßeisen auf einmal in das durch die Herausnahme des Ortsteins entstandene Loch und wirft darauf den darunter gelegenen Ortstein, welcher binnen Jahresfrist zu Sand zerfällt.

Bei der Menge der Erde, welche am Anfang des Streifens bei einigermaßen tiefer Lage des Ortsteins ausgeworfen werden muß, erscheint es von Wichtigkeit zur Ersparung unnötiger Transportkosten, daß man die einzelnen Streifen in entgegengesetzter Richtung bearbeitet, d. h. bei dem zweiten Streifen auf der Seite beginnt, an welcher man bei dem ersten aufgehört hat. Man füllt dann das Loch am Ende des ersten Streifens mit dem Auswurfe aus, welches man bei dem Eröffnen des zweiten erhält u. s. f.

Wo der Boden oberhalb der Ortsteinschichte stark versauert ist, schreitet man wohl auch zur Grabenkultur (§ 240), d. h. man wirft die Erde nicht wie beim Rajolen sofort wieder ein, sondern setzt sie in Bänken neben den Gräben auf, läßt sie dort ein oder zwei Jahre liegen und schüttet sie erst dann wieder ein.

§ 253. Die Fläche vollständig zu rajolen, erscheint nur bei kleinen Flächen rätlich. Es wird dann an dem einen Ende der Fläche ein Graben mit senkrechten Wänden bis unter die Ortsteinschichte geschlagen und die Erde auf der der zu bearbeitenden Fläche entgegengesetzten Seite desselben aufgesetzt. An diesen Graben schließt sich ein zweiter an, dessen Auswurf zur Auffüllung des ersten in der Weise verwendet wird, daß der Ortstein zu oberst zu liegen kommt. In dieser Weise wird fortgefahren, bis die ganze Fläche rajolt ist; der am Ende übrig bleibende Graben wird dann mit dem Aushube des ersten zugeworfen.

Wo der Ortstein naß liegt, ist er in der Regel weit weniger undurchlässig als in trockener Lage. Man muß deshalb mit der Entwässerung von verheideten Sandböden, unter welchen sich der Ortstein ausschließlich bildet, besonders vorsichtig sein.

Das Rajolen der vollen Fläche erfordert pro ha bei 50 cm Tiefe je nach dem Bodenzustande einen Aufwand von etwa 250 bis 350 Mannestagschichten.

Bindung des Flugsandes.

§ 254. Der Flugsand ist ein sehr feinkörniger und reiner Quarzsand, welcher, weil ihm bindige Bestandteile fehlen, in trockenem Zustande vom Winde bewegt wird. Ihn zu binden, giebt es zwei Mittel, ihm Stoffe beizumischen, welche seine Bindigkeit und wasserhaltende Kraft vermehren und die Fortbewegung des Sandes durch mechanische Mittel zu verhindern.

Beide Aufgaben erfüllt im Laufe der Jahrhunderte eine reiche Streudecke; sie selbst hält die Winde von dem beweglichen Boden ab, belastet ihn mit ihren dem Wegwehen weniger ausgesetzten Teilen und erschwert als schlechter Wärmeleiter seine Austrocknung durch Verdunstung des aufgenommenen Wassers, während der aus ihrer Zersetzung hervorgehende Humus den Boden bindiger und zur Zurückhaltung des Wassers fähiger macht.

Wo es deshalb einmal gelungen ist, über Flugsandflächen eine vollkommene Streudecke zu schaffen und zu erhalten, da kommt der Sand so leicht nicht wieder in Bewegung. Es kann dort selbst ohne Bedenken der Boden behufs Bestandsgründung streifen- oder plätzeweise freigelegt werden, wenn man die Vorsicht gebraucht, nicht zu große Flächen auf einmal dem Winde preiszugeben.

Wo bisher Wald war, entstehen deshalb nur da Sandwehen, wo die Streudecke vollkommen entfernt oder durch unvorsichtige Bearbeitung die unteren nicht mit Humus gemischten Bodenschichten zu Tage gefördert wurden.

An solchen Stellen sowie da, wo Flugsandflächen, s. g. Sandschollen bisher als Acker- oder Weideland im Betrieb waren und an Seeküsten, wo fortwährend neuer Flugsand vom Meere ausgeworfen wird, fällt häufig dem Forstwirte die Aufgabe zu, die Scholle durch Anlage von Wald von neuem dauernd zu binden.

§ 255. Wo wie an den Seeküsten sehr heftige Winde freien Zutritt zum Boden haben, läßt sich das in der Regel nicht ohne weiteres bewirken. Die jungen Baumpflanzen sind dann selbst der Versandung, sowie der Vertrocknung durch Bloßlegen ihrer Wurzeln ausgesetzt.

Es kommt dann vor allem darauf an, den Sand zu beruhigen. Das geschieht entweder durch Belastung desselben mit gleichzeitig den Wind abhaltenden Decken aller Art oder durch Anpflanzung von Sandgräsern.

In beiden Fällen muß vorher die Fläche dossiert und planiert, d. h. durch Abböschen aller durch ihre Steilheit dem Winde einen Angriffspunkt bietenden Wände und Ausfüllung aller Vertiefungen, insbesondere der vom Winde gewühlten Sandkehlen dem Winde weniger zugänglich gemacht werden.

Hierauf wird, und zwar immer von der der gefährlichsten Windrichtung, und das sind in der Regel die trockenen Polarwinde, zugewandten Seite der Fläche anfangend, im ersten Falle mit der Bedeckung, im anderen mit der Berasung begonnen.

Zu ersterer ist alles tauglich, was ohne selbst vom Winde fortbewegt zu werden, leicht zu beschaffen ist und so lange auszuhalten verspricht, bis die angewachsenen Waldpflanzen den Schutz selbst übernehmen. Man verwendet dazu entweder Kiefernäste, welche mit allen Nadeln, die Abhiebsfläche gegen den Wind gerichtet, flach in den Boden gesteckt werden, oder Kiefernhackreisig (kurze Zweigspitzen), Beer- und Heidekraut, Schilf, Besenpfrieme, an der Meeresküste auch wohl Seetang, welche am besten im Herbste, wenn der Boden etwas feucht ist, gleichmäßig reichlich über die Fläche ausgebreitet und, so weit sie nicht genügend schwer sind, mit darübergelegten Stangen am Boden festgehalten werden.

Wo Rasenplaggen, namentlich von Moorboden, in der Nähe zu haben sind, zieht man die Bedeckung mit diesen allen anderen Arten von Deckwerk vor. Zu dem Ende werden entweder Rasenstücke von etwa 30 cm im Quadrat mit dem Spaten oder Wiesenbeile losgehackt und dann die Wurzelseite nach unten in engem Verbande über die Fläche verteilt oder aber 12 bis 18 cm breite möglichst lange Rasenriemen an einander anschließend in gleicher Weise netzförmig so auf die Fläche gelegt, daß sie Quadrate von $1^1/_2$ bis 2 m Seite einschließen. In die Mitte dieser Quadrate legt man dann noch einzelne quadratförmige Rasenbrocken. Auch diese Arbeit geschieht am zweckmäßigsten bei feuchtem Boden.

§ 256. Zur Berasung von Flugsand, welche im allgemeinen nur an der Meeresküste üblich ist, bedient man sich des s. g. Sandrohrs (Arundo arenaria L.) und des Sandroggens (Elymus arenarius L.), zweier durch außerordentlich dichte und zählebige Bewurzelung ausgezeichneter Gräser, welche man in 40 bis 60 cm Abstand in regelmäßigem Verbande (meist Dreiecksverband) anpflanzt. Die Pflänzlinge gewinnt man von Ausläufern älterer Pflanzen oder erzieht sie in besonders dazu angelegten Saatbeeten.

Die früher viel gebräuchlichen Koupierzäune, d. h. dünne, den Wind durchlassende, in spitzem Winkel die Windrichtung schneidende Flechtzäune, welche die Gewalt des Windes brechen sollte, werden jetzt ihres im Verhältnisse zu den Kosten meist geringen Effektes halber wenig mehr angewendet.

Dagegen soll die Herstellung der s. g. Vordünen, d. h. im Bereiche der Flut liegender 3 m hoher Dämme mit nicht allzu steilen Böschungen sich bewährt haben. Da sie indessen nicht waldbaulichen Zwecken dienen, sei hier nur erwähnt, daß man behufs ihrer Herstellung durch Anlage zweier entsprechend hoher, dem Strande parallel laufender Strauchzäune von etwa 2 m Abstand das Meer zwingt, den Dünensand zwischen, vor und hinter ihnen abzulagern, und daß sie den Zweck haben, ohne selbst vom Meere angegriffen zu werden, durch die verhältnismäßige Steilheit ihrer Böschungen das Meer zu veranlassen, bei zurücktretendem Wasser den angespülten Sand wieder mitzuführen.

6. Unschädlichmachung lebender Bodenüberzüge.

§ 257. Gras-, Moos- und Unkräuterwuchs können der Bestandsgründung in verschiedener Weise hinderlich sein. Sie können, wenn sie von Anbeginn vorhanden sind, mechanisch verhindern, daß das Würzelchen des keimenden Samens in den Boden eindringt oder daß man die Wurzeln eines Pflänzlings in den Boden bringen kann, und können nachträglich das Eingehen der jungen Holzpflanzen veranlassen, indem sie zu Spätfrösten Veranlassung geben, den Holzpflanzen die nötige Feuchtigkeit entziehen, junge Lichtpflanzen zu stark beschatten oder sie nach ihrem Absterben durch Überlagern ersticken. Bei richtiger Bodenpflege und richtiger Schlagführung können diese Beschädigungen im allgemeinen hintan gehalten werden. Wo dieselbe versäumt wurde oder wirkungslos blieb, muß, wenn die anzuziehende Holzart gegen die Wirkungen des Gras- und Unkräuterwuchses empfindlich ist, künstlich Abhilfe geschaffen werden.

§ 258. Handelt es sich dabei lediglich darum, auf einem verrasten oder verunkrauteten Boden den Wurzeln der Keimlinge den Zugang zur eigentlichen Bodenkrume oder das Einbringen der Pflänzlinge zu ermöglichen, so kann dieser Zweck in verschiedener Weise erreicht werden, entweder dadurch, daß man durch Entfernung der Bodenüberzüge die Bodenkrume bloßlegt oder dadurch, daß man dieselben künstlich mit Erde bedeckt.

Letztere Maßregel, das s. g. Übererden, ist im allgemeinen nur gebräuchlich, wo man damit gleichzeitig eine Entwässerung der Fläche oder eine entsprechend tiefe Bedeckung des Samens beabsichtigt.

Das Übererden ist nichts als eine Rabattenkultur, wie wir sie in § 229 beschrieben haben, und unterscheidet sich von derselben nur dadurch, daß nicht die Trockenlegung der Fläche, sondern die Bedeckung der Unkräuter mit Erde der Endzweck der Arbeit ist, und daß sich die Tiefe der Gräben nicht darnach richtet, wie hoch die Rabatten über den Wasserspiegel, sondern wie hoch sie über ihre jetzige Oberfläche erhöht werden sollen. Wo eine Entwässerung der Fläche nicht beabsichtigt wird, macht man die Gräben selten tiefer als 30 cm bei 60 cm obererWeite, wenn man den Aushub nur nach einer Seite wirft.

Daß bei der Anlage gewöhnlicher Entwässerungsgräben die anstoßende Fläche zweckmäßig nebenher mit dem Grabenauswurfe übererdet wird, haben wir in § 238 bereits erwähnt.

Ein weiteres Mittel, nackte Erde auf die Oberfläche zu bringen, ist das Roden der Stöcke des gefällten Holzes, verbunden mit der Wiederausfüllung der Stocklöcher. Dasselbe schafft zwar in den Stocklöchern gleichzeitig tiefgelockerte Stellen; ein teilweises Übererden der dieselben umgebenden Flächen ist aber immer damit verbunden.

§ 259. Wo nicht Nebenzwecke zu erfüllen sind, weit gebräuchlicher ist die Entfernung der der Keimung hinderlichen Bodendecke. Es geschieht das mit dem hölzernen oder eisernen Rechen, wo die Decke mit dem Boden nicht fest zusammenhängt, und mit der Rode- oder noch besser mit der breiteren Plaggen- oder Breithacke, eventuell unter Mithilfe des Wiesenbeils im umgekehrten Falle. Der Pflug ist da, wo es sich lediglich um Bloßlegung des Bodens handelt, wenig im Gebrauche. Wo man ihn anwendet, bezweckt und erreicht man damit gleichzeitig eine Lockerung des Bodens.

Die Bodendecke ganz zu entfernen erscheint, wo es sich nur um Bloßlegung des Bodens handelt, nur in Ausnahmsfällen, und zwar da rätlich, wo dieselbe dicht, der Boden aber undurchlässig ist, so daß das Wasser sich in den durch Entfernung der Streudecke vertieften Teilflächen ansammeln würde; sonst begnügt man sich, um dem Boden ihre Zersetzungsprodukte zu erhalten und ihn nicht ganz bloßzulegen, in der Regel damit sie streifenweise oder plätzeweise abzuziehen. Sie als Streuwerk zu verkaufen ist ein Hilfsmittel, zu welchem man nur greift, wenn Bodenstreu von bestockter Fläche abgegeben werden muß.

§ 260. Bei der Herstellung von Streifen im weiteren Sinne werden zusammenhängende, mit einander parallel laufende und durch 0,80 bis 1,60 m breite, nicht bearbeitete Teilflächen getrennte Streifen von 20 bis 100 cm Breite von dem Bodenüberzuge in der Weise befreit, daß sich der Arbeiter senkrecht auf ihre künftige Längsrichtung stellt, hierauf links anfangend den Bodenüberzug auf dem ihm gegenüberliegenden Rande loslöst, ihn dann rückwärts gehend auf die Breite, welchen die Streifen erhalten sollen, bis auf die Bodenkrume abzieht und auf die unbearbeitet bleibenden s. g. Zwischenstreifen die Wurzelseite nach oben wirft.

Die Streifen sorgfältig abzustecken, erscheint nur bei Versuchsflächen nötig. Für gewöhnliche Fälle genügt es, wenn sie der Arbeiter gleich breit macht und von den früheren gleichen Abstand hält und zu dem Ende sich von Zeit zu Zeit durch Nachmessen von der Richtigkeit seiner Arbeit überzeugt.

Ist der Bodenüberzug sehr stark und wenig biegsam, so fördert es die Arbeit, wenn man die oberirdischen Teile vorher abmähen läßt und wenn das Gewürzel vorher mit dem Wiesenbeile von einem neben dem Streifen hergehenden Manne an den beiden Rändern des Streifens mit kräftigem Hiebe von den Zwischenstreifen losgehauen und dann durch senkrecht auf die Längsrichtung des Streifens laufende Schläge in handliche Stücke getrennt wird. Der Arbeiter, welcher diese Lostrennung bewirkt, folgt zuerst der Längsrichtung des Streifens und löst, rückwärts gehend, zuerst die eine, beim Rückwege die andere Kante ab und stellt sich dann senkrecht auf die Längsrichtung, um die Querteilung vorzunehmen. Weniger verwurzelte Überzüge können ohne Schaden an ihren dem Arbeiter zugewendeten Rändern an dem Bodenüberzuge des Zwischenstreifens hängen bleiben. Der Abraum wird dann nur auf diese Zwischen- oder Abraumstreifen umgeklappt und bildet dort die Balken.

In kupiertem Terrain pflegt man die Streifen ähnlich wie die Schutzfurchen (§ 249) in wagrechter Richtung den Berghängen folgen zu lassen, und man macht davon nur dann eine Ausnahme, wenn der Unkräuterwuchs sehr stark und namentlich sehr hochstengelig ist, so daß sich im Winter die auf den Zwischenstreifen erwachsenen Unkräuter unter der Last des Schnees über horizontalverlaufende Streifen legen würden. Die Bearbeitung erfolgt in letzterem Falle zweckmäßig in der Längsrichtung des in der Richtung des stärksten Gefälls verlaufenden Streifens und beginnt an seinem obersten Ende. Bei einigermaßen steilem Terrain läßt man zur Verhütung der Abschwemmung in 2 bis 3 m Entfernung einen 20 bis 30 cm breiten Riemen des Bodenüberzugs quer über den Streifen stehen.

In der Ebene werden die Streifen in warmer und trockener Lage zweckmäßig so angelegt, daß dieselben in ihrer Längsrichtung von Osten nach Westen verlaufen und der Abraum auf der Südseite des Streifens abgelagert wird und dort womöglich einen den Streifen beschattenden Rücken bildet. Wo darauf keine Rücksicht zu nehmen ist, legt man die Streifen einem der Schlagränder parallel.

Streifen im engeren Sinne, Riefen oder Schmalstreifen sind Streifen von mehr als Hackenschlag- bis zu 60 cm Breite, schmälere nennt man Rillen, breitere Bänder oder Breitstreifen.

Wo der Rechen Anwendung finden kann, erfordert das Hektar Streifen einen Aufwand von 9 bis 18 Mannestagschichten, also wo die Streifen $1/3$ der kultivierten Fläche einnehmen, von 3 bis 6 Tagschichten pro Hektar Kulturfläche. Bei Anwendung der Hacke sind pro Hektar Streifen 30 bis 60, pro Hektar Kulturfläche unter obiger Voraussetzung also 10 bis 20, wo das Wiesenbeil nötig wird, pro Hektar Streifen 60 bis 75 oder pro Hektar Kulturfläche 20 bis 25 Mannestaglöhne erforderlich.

§ 261. Bei der plätzeweisen Bearbeitung der Fläche verfährt man in ähnlicher Weise wie bei der streifenweisen, mit dem Unterschiede jedoch, daß die bearbeiteten Teilflächen nicht zusammenhängen. Sie erfordern bei gleicher Ausdehnung der wirklich bearbeiteten Fläche einen etwas höheren Aufwand wie diese, wenn auf regelmäßige Verteilung der Plätze gesehen wird, weil dann der Bodenüberzug mindestens auf drei Seiten losgehauen werden muß, und einen etwas geringeren, wenn man ohne Rücksicht auf den Verband die am leichtesten zu bearbeitenden Stellen für sie herauswählt.

Man wendet sie vorzugsweise an, wo, wie häufig bei der Pflanzung, nur Raum für eine einzige Pflanze zu schaffen ist, sowie da, wo der Boden nicht überall gleichmäßig zum Pflanzenwuchs geeignet ist und man die besten Stellen zur Bestandesgründung auswählen will, ferner da, wo es sich nur um Ergänzung vorhandener Verjüngungen handelt, und endlich da, wo bei der Saat von durch das Wild oder die Mäuse angenommenen Samenarten die streifenweise Bearbeitung den Tieren die Auffindung der Samen erleichtern würde.

Man unterscheidet je nach der Größe der bearbeiteten Einzelflächen teller-, plätze- und plattenweises Abziehen des Bodenüberzugs, wenn dieselben eine runde oder viereckige Gestalt erhalten. Teller haben einen Durchmesser von unter 30, Plätze im engeren Sinne von 30 bis 60, Platten von über 60 cm. Stückstreifen sind Platten von länglicher Gestalt.

§ 262. Auch das s. g. Überlandbrennen wird hie und da zur Bloßlegung der Bodenkrume angewendet, ist aber nur bei der Nachverjüngung und auch da nur auf nicht allzusteilem Terrain thunlich.

Dasselbe geschieht in der Weise, daß nach anhaltend trockener Witterung an einem möglichst windstillen Tage der Bodenüberzug in Brand gesteckt wird; es hat aber auf nicht sehr trockenem Boden einen vollkommenen Erfolg nur, wenn über der Erde so viel brennbares Material vorhanden ist, daß durch seine Verbrennung auch der im Boden steckende Teil des Bodenüberzugs, also die Wurzeln mit zerstört werden. Es ist deshalb auf solchem Boden zweckmäßig, um die Intensität des Feuers zu vermehren, wertloses Reisig auf der Fläche zu verteilen und allzu tief wurzelnde Büsche von Unkraut vom Boden loszuhacken und vor dem Brennen dürr werden zu lassen. Hie und da hackt man wohl auch den ganzen Bodenüberzug einige Wochen vor dem Überlandbrennen los, die Verbrennung erfolgt dann viel vollkommener, wird aber natürlich bedeutend teuerer.

Es versteht sich von selbst, daß bei dieser Methode der Bodenfreilegung alle Vorsicht gebraucht werden muß, damit das Feuer nicht durch Überlaufen in Nachbarbestände oder sonstwie Schaden anrichtet. Das Anzünden muß daher in der Regel bei möglichst schwachem Winde gegen denselben und im Gebirge, wo das Feuer von selbst einen starken aufströmenden Luftstrom erzeugt, am oberen Teile des Hanges erfolgen. Ferner müssen die Brandflächen selbst und die auf derselben zu erhaltenden Stämme und Stöcke dadurch isoliert werden, daß rund um dieselben auf einem mindestens 5 m breiten Streifen der Bodenüberzug abgelöst und auf die Brandfläche geworfen wird, und endlich müssen während der ganzen Dauer des Brandes Leute mit Hacken, Schaufeln und belaubten Zweigen bereit stehen, um etwa trotzdem überlaufendes Feuer sofort zu löschen. Brennt man mit dem Winde, so müssen vor dem Anzünden der ganzen Fläche die Schutz- oder Isolierstreifen durch gegen den Wind laufende Gegenfeuer erweitert werden.

Es ist klar, daß, wo die Fläche des Schutzstreifens der Gesamtfläche gegenüber irgend ins Gewicht fällt, durch das Überlandbrennen so wenig Arbeitslohn erspart wird, daß die Gefahr des Überlaufens den ganzen Vorteil aufhebt. Das Überlandbrennen ist daher nur bei großen Flächen und bei sehr dichten Bodenüberzügen als Vorbereitung zur Begründung von Holzbeständen anwendbar.

Daß es beim Hackwaldbetriebe auch unter anderen Verhältnissen zur Anwendung kommt, werden wir später sehen.

§ 263. Auch das s. g. Schmoden oder Schmoren der Bodenüberzüge findet hier und da zum Zwecke der Freilegung des Bodens Anwendung, wenn es auch gewöhnlich als Hauptzweck die Gewinnung der dabei entstehenden Rasenasche hat.

Zu dem Ende wird der Bodenüberzug in der früher beschriebenen Weise ganz oder teilweise vom Boden losgeschält, die Fläche wird gehaint, wie man sich ausdrückt. Die gewonnenen Rasen und Plaggen werden dann behufs besserer Austrocknung je zu zweien auf die schmalen Kanten gestellt und wenn sie trocken sind, in der Weise auf kleine Haufen, welche man vorher aus Reisig, geringem Wurzelholz und dergleichen hergestellt hat, gelegt, daß, wenn man die Reiser anzündet, zwar genügender Luftzug entsteht, um sie in Brand zu halten, nicht aber um sie rasch verbrennen zu machen, in ähnlicher Weise wie das bei den Kohlenmeilern üblich ist. Die brennbaren Teile der Rasen und Plaggen verbrennen dann langsam und bilden mit ihren erdigen Bestandteilen und der Asche des Reisigs die s. g. Rasenasche, welche entweder über die Fläche ausgestreut wird oder als vorzügliches Düngemittel anderweitige Verwendung findet.

§ 264. Wo die Bodenbearbeitung nicht allein das Anwachsen der Holzpflanzen ermöglichen, sondern sie auch vor späteren Beschädigungen durch Gras und Unkräuterwuchs schützen soll, reichen häufig die nur in ersterer Absicht ausgeführten Arbeiten nicht aus. Gras und Unkräuter erscheinen bald wieder auf der bearbeiteten Teilfläche, indem sie von der unbearbeiteten herüberwachsen oder durch abgefallenen Samen neu entstehen, oder sie beschädigen von dort aus die Pflanzen.

Wo diese dagegen empfindlich sind, muß darauf bereits bei der Bodenvorbereitung Rücksicht genommen werden. Es muß dabei dafür gesorgt werden, daß auf den bearbeiteten Flächen die Unkräuter nicht eher wieder erscheinen und von den den unbearbeiteten Flächen aus nicht eher bis zu den erzogenen Pflanzen hinreichen, als bis dieselben aufgehört haben, unter ihren Beschädigungen zu leiden.

§ 265. Ein vorzüglich wirksames, aber nicht überall anwendbares Mittel dazu ist der landwirtschaftliche Zwischenbau, namentlich wenn er noch einige Jahre über die Zeit der Bestandsgründung hieraus fortgesetzt wird und abwechselnd Hack- und Halmfrüchte gebaut werden. Die mit dem Ackerbau verbundene sorgfältige Rodung und wiederholte gründliche Reinigung des Bodens von Unkraut hält dasselbe sehr zurück und hinterläßt in der Regel einen von hochstengeligen und dichtrasigen Unkräutern freien Boden.

Der landwirtschaftliche Zwischenbau ist aber nur auf nicht allzusehr geneigten Flächen und nur bei der Nachverjüngung und auch bei dieser nur da anwendbar, wo die hohen Rodekosten durch den Erlös aus dem Stock- und Wurzelholze oder durch die Pachtzinse für das Röderland gedeckt werden, also in dichtbevölkerten Gegenden, wo geringe Holzsortimente verwertbar sind und sich Pächter für gerodetes Waldland finden.

§ 266. Wo das nicht der Fall ist, muß in anderer Weise geholfen werden.

Zu dem Ende muß vor allem die Teilbearbeitung eine ausgedehntere und auf sehr graswüchsigen Boden oder bei langsam wachsenden Holzarten auch eine viel gründlichere sein, als notwendig wäre, wenn es sich nur darum handelte, den Graswuchs für die Zeit des Anwachsens unschädlich zu machen; d. h. es werden in diesem Falle bei plätzeweiser Bearbeitung die Plätze und Platten um so größer, bei streifenweiser die Streifen um so breiter gemacht, je größer die Gefahr späterer Beschädigung durch den Gras- und Unkräuterwuchs ist. Auch wird bei beiden mehr als sonst wohl nötig darauf geachtet, daß durch tiefes Abschälen der Bodenüberzüge die Wurzeln der Gräser und Unkräuter vollständig entfernt, beziehungsweise beim Übererden tief bedeckt werden.

Auch greift man wohl bei gegen Graswuchs empfindlichen Holzarten zu streifenweiser Entfernung des Bodenüberzugs, wo für unempfindliche ein teller-

und plätzeweises Abschürfen desselben genügen würde. Die erstere kommt kaum merklich teuerer zu stehen, als die Herstellung großer Plätze und bietet den Vorteil, daß in den zusammenhängenden Streifen gefährdete Pflanzen leichter aufzufinden und zu schützen und die Unkräuter unschädlicher herauszuschneiden sind, als bei platten-, plätze- und namentlich tellerweiser Bearbeitung.

§ 267. Bei sehr üppig wuchernden oder sehr hochstengelig werdenden Forstunkräutern, zu welchen in diesem Sinne auch die wertlosen Sträucher gehören, namentlich wenn sie wie die Brombeeren üppig von der Wurzel ausschlagen, hilft übrigens die Erweiteruag der bearbeiteten Fläche und die tiefere Bearbeitung des Bodens nichts. Je vollständiger man die oberirdischen Teile, namentlich der Brombeere entfernt hat, desto dichter und üppiger erscheinen die Stock- und Wurzelausschläge und selbst das Herausreißen und Ausgraben der Wurzeln auf Hackenschlagtiefe, eine äußerst teuere Arbeit, hat keinen, wenigstens keinen dauernden Effekt, wenn es nicht wie beim landwirtschaftlichen Zwischenbau in kurzen Zwischenräumen wiederholt wird.

Diese Forstunkräuter lassen sich nur durch dichten Bestandesschluß vernichten. Wo sie einmal im Übermaße vorhanden sind, bleibt nichts übrig, als Holzarten oder Methoden der Bestandsgründung zu wählen, bei welchen das Gedeihen der Jungwüchse durch das Vorhandensein dieser Unkräuter nicht gefährdet ist, was überhaupt überall als das Geratenste erscheint, wo derartige Beschädigungen nur durch künstliche Mittel hintan gehalten werden können. Wie trotz aller Vorsichtsmaßregeln in gefährdender Weise auftretende Forstunkräuter unschädlich gemacht werden, wird in dem Kapitel über Bestandspflege besprochen werden.

7. Terrassenkultur.

§ 268. An steilen Berghängen liegt oft die Gefahr vor, daß die Jungwüchse, wenn der Boden in der zu ihrem Gedeihen notwendigen Weise bloßgelegt ist, durch Abschwemmung der Erde in der Umgebung ihrer Wurzeln gefährdet werden. Gegen diese Beschädigung schützen unter gewöhnlichen Verhältnissen die bereits in § 249 beschriebenen Schutzgräben am vollkommensten, weil sie gleichzeitig das Eindringen des Wassers in den Boden erzwingen.

Wo die Zwischenstreifen ausreichend berast und die Hänge nicht allzusteil sind, führen übrigens auch die s. g. Terrassen oder eben gelegten Streifen zum Ziele. Sie unterscheiden sich von den Schutzfurchen nur dadurch, daß der hintere Rand der Streifen nicht tiefer oder wenigstens nur gleich nach Fertigstellung der Arbeit etwas tiefer, wenn der vordere Rand sich aber einmal gesetzt hat, ebenso hoch liegt als dieser. Sie werden in ähnlicher Weise wie diese angefangen, sind aber mit der Ebenlegung des Streifens fertig und erfordern deshalb nur die Hälfte der Arbeit.

§ 269. Auf sehr schroffen Berghängen, wie sie in Hochgebirgen häufig vorkommen, sind indessen häufig weder Terrassen noch Schutzgräben haltbar. Die Böschungen zwischen den Streifen werden durch diese Art der Bearbeitung noch steiler und die Gräben und Streifen füllen sich bei dem nächsten starken Regen mit dem Auswurfe der nächst oberen Terrassen- oder Gräbenreihe. Ebenso wenig schützen sie da vor Abschwemmung, wo sich wie in den s. g. Runsen oder Wasserrissen der Hochgebirge bei Gewitterregen oder starkem Schneeabgange große Wassermengen ansammeln.

Soll unter solchen Verhältnissen auf nackter Fläche ein Bestand begründet werden, so muß der Kultur mit den zur Bestandsbildung bestimmten Holzarten eine Vorkultur von Strauchwerk vorausgehen oder es muß der Boden in anderer Weise gebunden werden.

Die Vorkultur auf Strauchwerk bewirkt man an Berghängen, an welchen die Böschungen der Terrassen nicht halten, durch die Contourier'sche Kordonpflanzung.[1]) Bei derselben stellt man am unteren Teile der zu kultivierenden Fläche eine horizontalliegende 30 bis 40 cm breite Terrasse in der vorhin geschilderten Weise mit dem einzigen Unterschiede her, daß man den Abtrag nicht zur Erweiterung der Terrasse verwendet, sondern über die Böschung hinabwirft und daß man die Böschung der Bergseite senkrecht macht. Auf diese Terrasse legt man nun Akazien-, Weißdorn-, Ulmen- oder Haselpflänzlinge derart wagrecht auf, daß die Krone nach außen gerichtet ist und der Wurzelhals etwa 10 cm vom äußeren Böschungsrande zu liegen kommt. Die Wurzeln dieser Pflanzen bedeckt man zunächst dadurch, daß man den oberen Rand der Böschung auf der Bergseite der Terrasse mit einigen Hackenschlägen abschrägt und die so gewonnene Erde auf die Wurzeln wirft und darauf festtritt. Hierauf wird oberhalb der ersten eine zweite Terrasse ausgehoben, deren Abtrag man dann in die erste hinabgleiten läßt, wodurch die frühere Form des Hanges wiederhergestellt und eine vollständige Bedeckung der Wurzeln erreicht wird.

Die zweite Terrasse wird in gleicher Weise bepflanzt und mit dem Abtrage der dritten gefüllt u. s. w. und hierauf der ganze Hang mit Gras besät, um die noch lockere Erde festzuhalten. In wenigen Jahren halten die sich aufrichtenden Kordonpflanzen die Erde fest und ermöglichen den Zwischenbau der zur Bestandsbildung bestimmten Holzart, welche man oberhalb der Kordonpflanzen in die zur Wiederausfüllung der Terrassen aufgeschüttete Erde bringt.

§ 270. In den Einbiegungen der Berghänge, in welchen sich die Runsen und Wasserrisse gewöhnlich bilden, läßt sich der Boden in dieser Weise nicht befestigen. Es sammelt sich dort, so lange das Wasser nicht in den Berghängen durch Schutzfurchen und dergleichen vollständig zurückgehalten wird, zu viel Wasser an, als daß nicht der nächste Gewitterguß die ganze Anlage zerstören würde. Es muß deshalb dort, so lange der Wasserzufluß sich wiederholen kann, jede Wundmachung des Bodens in der Sohle der Runse vermieden werden.

Die zweckmäßigsten Arten der Befestigung derselben sind, so lange die Wasserrisse noch nicht zu tief geworden sind, auf beiden Seiten in gewachsenes Erdreich eingelassene, quer über die Runse gelegte und durch Pfähle im Boden festgehaltene Faschinenwürste aus Holzarten, welche an vom Mutterstamme losgetrennten oberirdischen Teilen im Freien Wurzeln zu treiben pflegen.

Man giebt denselben gerne eine nach der Thalseite konvexe Gestalt und eine von beiden Seiten nach der Mitte zunehmende Dicke und bedeckt sie, wo nicht auf baldige Anschwemmung zu rechnen ist, auf der Bergseite soweit mit Erde, als nötig ist, um sie ausschlagfähig zu erhalten. Die dazu nötige Erde gewinnt man durch Abschrägung der oberen Teile der Runsenränder.

---

[1]) Seckendorff a. a. O., S. 65.

§ 271. Bei tieferen Wasserrissen genügt eine derartige Befestigung nicht. Man legt dort entweder steinerne oder s. g. lebende, d. h. aus wurzelfassendem Flechtwerke bestehende Sperren an.

Zur Herstellung der letzteren treibt man am zweckmäßigsten da, wo die Runse sich verengt, solide Holzpfähle quer über dieselbe in den Boden ein und durchflicht sie dicht mit wurzeltreibendem Reisig, welches genügend tief in die Seitenwände eingelassen wird und füllt dann den Raum hinter denselben mit durch Abschrägung der Runsenränder gewonnener Erde soweit aus, als zur Frischerhaltung des Reisigs nötig ist.

Ist Reisig wurzelfassender Holzarten in der zum Flechten nötigen Länge nicht in ausreichender Menge zu haben, so genügt zur Herstellung des Flechtzaunes auch anderes Reisholz. Man legt dann Stecklinge ausschlagender Holzarten schichtenweise zwischen dem Flechtwerke so ein, daß ihre Spitzen auf der Thalseite aus demselben heraussehen und ihre unteren Enden durch die hinter der Sperre eingeworfene Erde genügend tief bedeckt werden.

Sind Steine reichlich vorhanden, so sind bei nicht übermäßigem Wasserzuflusse auch kunstlos quer über die Runse aufgesetzte Steinwälle, hinter welchen man Nadelholzreisig einwirft, um vom Wasser mitgeführte Erde festzuhalten und den Stoß des Wassers zu brechen, zweckmäßig.

Sowohl die lebenden Sperren, wie die Steinwälle macht man nicht gerne höher als 50 bis 60 cm. Bei größerer Höhe müßten sie auf der Thalseite gegen Unterspülung geschützt werden. Man macht deshalb lieber mehrere hinter einander derart, daß die obere etwas oberhalb des Punktes angelegt wird, an welchem die Runsensohle von der Ebene, in welcher der Kamm der unteren liegt, geschnitten wird und wiederholt die Arbeit, wenn der leere Raum hinter den Sperren durch Anschwemmung ausgefüllt ist.

Wo diese Arbeiten nicht ausreichen, sind gemauerte Thalsperren erforderlich, deren Beschreibung nicht in den Rahmen des Waldbaues gehört.

8. Bodenlockerung.

§ 272. Ist der Boden verhärtet oder wünscht man ein besonders kräftiges Wachstum der Pflanzen hervorzurufen, so muß derselbe künstlich gelockert werden. Diese Lockerung hat den Zweck, nicht allein den Wurzeln und den Atmosphärilien das Eindringen in den Boden zu erleichtern, sondern auch die Bodenschichten mit einander zu mischen, dadurch die normale Zersetzung des Humus zu fördern und die Kapillarität des Bodens und seine Fähigkeit, aus dem Untergrunde Wasser und aus der Luft Wasser und Ammoniak aufzusaugen, zu erhöhen.

Das billigste und bei richtiger Anwendung auch in den meisten Fällen wirksamste Mittel dazu ist ein jahrelang bis zum Tage der Bestandesgründung fortgesetzter Eintrieb zahmer Schweine. Wo der Rasen nicht allzu stark ist, schaffen die Schweine durch ihr ständiges Wühlen im Boden einen Zustand der Bodenoberfläche, wie er günstiger für das Anwachsen der Pflänzlinge und das Keimen des Samens nicht gedacht werden kann. Sie mischen Bodenkrume und Humusschichte auf das innigste mit einander und befördern die Zersetzung der Bodendecke und der Unkräuter, indem sie dieselben auswühlen und mit Erde bedecken und ihren Samen verzehren.

Wo immer Schweine zur Mast in den Wald getrieben werden, sollten dieselben hauptsächlich in den zur Verjüngung bestimmten Beständen gehalten werden. Beobachtet man dabei die Vorsicht, daß ein gehöriger Wechsel in den Waldorten stattfindet, so daß die Schweine im Boden immer ausreichende Erdmast finden und nicht nötig haben, aus Hunger die Wurzeln und Stöcke der Bäume anzugreifen, so ist der Schaden, welchen sie anrichten, geradezu verschwindend gegen den Nutzen, welchen sie schaffen. Namentlich auf sehr zum Graswuchs geneigtem oder oberflächlich verhärtetem, glattem und das Laub nicht festhaltendem Boden ist ihre Arbeit, wenn mit dem Eintriebe rechtzeitig, d. h. vor Bildung einer dichten Grasnarbe begonnen wird, geradezu unbezahlbar. Für jedes Pflänzchen, welches sie etwa auswühlen, schaffen sie Hunderten die Bedingungen des Gedeihens.

§ 273. Mit dem Schweineeintriebe muß frühzeitig begonnen werden und er kann mit Vorteil bis zur Verjüngung, ja bei der Vorverjüngung auf natürlichem Wege bei Holzarten mit schwerem Samen bei der nötigen Vorsicht bis zum Keimen des Samens fortgesetzt werden.

Ist der Boden verrast, so empfiehlt es sich, den Schweinen durch plätzeweises Anhacken desselben Angriffspunkte zum Brechen zu geben. Sie werfen, wenn sie einmal unter den Rasen zu kommen vermögen, selbst große Rasenstücke heraus, welche vertrocknen und, wenn der Schweineeintrieb lange genug fortgesetzt wird, ebenso wie die von ihnen ausgeworfenen Schollen unter der Einwirkung des Winterfrostes und unter dem Tritte der Schweine zerfallen. Werden dieselben nur kurze Zeit unmittelbar vor der Verjüngung eingetrieben, so wird die Oberfläche des Bodens zu grobschollig und dadurch zur Saat mit leichtem Samen und zur Pflanzung kleiner Pflänzlinge ungeeignet.

§ 274. Eine andere Methode der Bodenlockerung ist das Umhacken der obersten Bodenschichte mit der Rodhacke oder dem zweizinkigen s. g. Karste, wie er zum Ausmachen der Kartoffeln benützt wird. Beide kommen zur Anwendung, wenn man Schweine nicht zur Verfügung hat oder wenn diese wegen zu starker Verrasung des Bodens nicht brechen, oder wenn die Bearbeitung erst kurz vor der Bestandesgründung zur Ausführung kommt. Man benutzt dabei den Karst, wenn die Bearbeitung nur eine oberflächliche sein soll und der Boden nicht allzu hart ist, die Hacke, wenn der Boden verhärtet ist oder tief bearbeitet werden muß.

Beide Arten der Bearbeitung können sowohl auf die ganze Fläche ausgedehnt, wie auf Bänder, Streifen, Rillen, Platten, Plätze und Teller beschränkt werden.

Bei beiden hackt man entweder schollig oder rauh, d. h. man wirft die herausgehackten Erdschollen, ohne sie weiter zu zerkleinern, hinter und neben sich, oder kurz oder klar, d. h. man zerschlägt die Schollen nachträglich auf dem Boden. Ersteres geschieht, wenn man sicher ist, daß die Schollen bis zur Bestandsgründung zerfallen, oder wenn man es bei der Saat oder natürlichen Verjüngung mit Holzarten zu thun hat, deren Samen eine tiefe Bedeckung ertragen, letzteres im umgekehrten Falle.

Unter Häckeln versteht man ein ganz oberflächliches Aufhacken des Bodens mit leichten Instrumenten, wie z. B. mit dem Gartenhäckchen. Es kommt zur Anwendung, wenn die Bodenlockerung keinen anderen Zweck verfolgt, als den, den Würzelchen eben keimender Samen das Durchbrechen der obersten verhärteten Bodenschichte zu erleichtern, also nur bei der Saat und natürlichen Verjüngung.

§ 275. Beim vollen Herumhacken, d. h. beim Behacken der ganzen Fläche, beginnt man bei Berghängen am unteren Rande, ebenso bei der einzelnen Platte und bei bergabwärts laufenden Streifen; bei horizontal verlaufenden an dem einen Ende derselben, wobei sich der Arbeiter in den Streifen selbst stellt und in seiner Längsrichtung fortschreitet. Wo gleichzeitig der Bodenüberzug abgeschürft wird, geschieht die Bodenlockerung bei teller-, platz- und plattenweiser Bearbeitung von demselben Arbeiter, welcher den Bodenüberzug abgelöst hat, unmittelbar nach dieser Arbeit und ehe er die bloßgelegte Fläche verläßt. Bei streifenweiser Bearbeitung dagegen werden zweckmäßig zwei verschiedene Arbeiter zu diesen Arbeiten verwendet, der Schürfer, welcher, senkrecht auf die Längsrichtung des Streifens arbeitend, außerhalb desselben seitwärts fortschreitet, und der Hacker, welcher im Streifen selbst in dessen Längsrichtung weiter arbeitet.

An einigermaßen steilen Wänden beginnt man dabei der allenfalls sich loslösenden Steine halber immer am oberen Teile des Hanges und es ist dort, um Unglücksfälle zu vermeiden, zweckmäßig, wenn die am oberen Hange beschäftigten Arbeiter gegen die unteren immer um einige Schritte voraus sind.

Auch mit der plätze- und plattenweisen Lockerung fängt man im Gebirge immer am besten am oberen Rande an, an welchem man die Arbeiter in eine wagrecht laufende Reihe stellt. Rückwärts schreitend haben sie den Abstand zwischen den einzelnen Platten besser im Auge und es liegt, so lange sie sich in gleicher Höhe bewegen, keine Gefahr vor, daß durch herabrollende Steine bearbeitete Stellen bedeckt oder Arbeiter beschädigt werden.

Wo die plätzeweise Bodenlockerung als Vorbereitung zur Pflanzung dient, wirft man häufig die losgehackte Erde aus dem Pflanzloche heraus und überläßt die weitere Lockerung dem Winterfroste.

Man rechnet auf das Hektar wirklich behackte Fläche beim Schollighacken auf einfache Hackenschlagtiefe 15 bis 30, bei Kurzhacken 25 bis 35 Mannstaglöhne. Die Kosten der Bloßlegung des Bodens sind dabei nicht mitgerechnet.

§ 276. Ein weiteres im Walde gebräuchliches Mittel der Bodenlockerung ist das **Umgraben, Umstechen** oder **Umspaten** desselben mit dem gewöhnlichen Gartenspaten, in manchen Gegenden Stechschaufel genannt. Bei demselben wird mit dem Spaten, und zwar bei voller Bearbeitung auf geneigtem Terrain immer zuerst am oberen Rande eine Rinne von der Tiefe seines Blattes gestochen, die gewonnene Erde am oberen Rande ausgebreitet und die Rinne mit dem Auswurfe einer unmittelbar daran anstoßenden neuen gleicher Art zugeworfen, welche wie alle folgenden in gleicher Weise ausgefüllt wird.

Diese Methode der Bodenlockerung ist nur anwendbar, wo zur Bearbeitung des Bodens keine große Kraftanwendung erforderlich ist und wo insbesondere weder Steine, noch Baumwurzeln dem Eindringen des Spatens widerstehen und wo ferner das Gelände nicht zu steil ist. Sie liefert aber, wo sie anwendbar ist, die sauberste Arbeit. Sie kommt deshalb nur da zur Anwendung, wo es auf besonders saubere Arbeit ankommt oder wo es sich nicht der Mühe lohnt, den Pflug herbeizuschaffen, welcher zur Lockerung zusammenhängender

Flächen überall anwendbar ist, wo man mit dem Spaten arbeiten kann. Das Hektar bearbeitete Fläche erfordert 20 bis 35 Mannestagschichten.

§ 277. Auch der Pflug wird zum Umbrechen des Bodens vielfach angewendet; seine Benutzung setzt aber größere Flächen und wie die des Spatens nicht allzu steile Lage und das voraus, daß der Boden in der für den Pflug zugänglichen Schichte keine starken Wurzeln und keine groben Steine enthält. Wo bisher bereits Wald war, beschränkt sich die Anwendung des Pfluges deshalb im allgemeinen auf die Nachverjüngung und auch bei dieser nur auf ebene und wenig geneigte und durch Stock- oder Baumrodung von Stöcken und groben Wurzeln gereinigte und deshalb schon teilweise gelockerte Flächen.

Man hat zum Gebrauche im Walde verschiedene Waldpflüge konstruiert, welche stark und schwer genug sind, um die bei der Stockrodung im Boden bleibenden schwachen Wurzeln, über welche der Ackerpflug hinausgleitet, wenn er nicht daran hängen bleibt, zu durchschneiden.

Bei der vollen Bearbeitung verfährt man damit in der vom Ackerbau her jedermann bekannten Weise; nur pflügt man geneigte Flächen mit leichtem zur Abschwemmung geneigtem Boden nicht gerne bergab, bezw. bergauf, sondern von oben anfangend in horizontaler Richtung. Bei teilweisem Pflügen werden eine oder mehrere Furchen neben einander gezogen, hierauf ein Zwischenstreifen von entsprechender Breite übersprungen, dann eine neue Furche gepflügt u. s. f. Beabsichtigt man eine sehr tiefgehende Lockerung, so läßt man einen zweiten Pflug, am besten einen Untergrundspflug dem ersten folgen.

Die Aufstellung von Dampfpflügen rentiert sich nur bei ausgedehnten zusammenhängenden Neuanlagen. In einem bestehenden Walde sind die einzelnen Kulturflächen bei rationellem Betriebe zu klein für ihre Anwendung.

Zum einfachen Pflügen sind pro ha gepflügter Fläche 2 bis 6, zum Doppelpflügen 3 bis 8 Gespannstaglöhne erforderlich.

§ 278. Wo nur eine ganz oberflächliche Bodenlockerung, ein s. g. Wundmachen des Bodens erforderlich ist, genügt das Aufkratzen des Bodens und zwar mit gewöhnlichen eisernen, womöglich schweren Rechen oder Harken, oder mit dem aus einer eisernen Platte mit mehreren Reihen starker Zähne versehenen s. g. Jante'schen Kratzrechen, welcher wie die Harke gebraucht wird und dem ähnlich konstruierten aber an einem senkrechten Stiele befestigten Kreisrechen, welcher bei dem Gebrauche behufs tellerweiser Bodenverwundung in den Boden gestoßen und dann gedreht wird, bei teilweiser, der gewöhnlichen Feldegge mit eisernen Zähnen bei voller Bearbeitung. Sollen die Zähne der letzteren tiefer eingreifen, so beschwert man sie mit großen Steinen und läßt den Fuhrmann, auf der Egge stehend, die Pferde leiten.

Auf steilen Flächen ist die Egge überhaupt, bei unebenem Boden wenigstens die feststehende Feldegge nicht zu gebrauchen. In letzterem Falle bedient man sich der s. g. schottischen Gliederegge, welche sich, da ihre Zähne nicht auf einem unbeweglichen Gestelle, sondern auf durch bewegliche Ringe verbundenen Gliedern sitzen, der Ausformung des Bodens anschließt und auch vertiefte Stellen, über welche die gewöhnliche Egge hinausgleitet, aufkratzt.

Eine für den Pflanzenwuchs merklich fühlbare Bodenlockerung hat zwar das Aufkratzen des Bodens nicht zur Folge; sie ist aber eine vorzügliche Vorbereitung für die natürliche Bedeckung leichten Samens. Derselbe fällt zumeist in die von der Egge oder dem Rechen gezogenen Vertiefungen und wird, wenn die ausgekratzte Erde wieder zusammenfällt von dieser genügend bedeckt.

Es ist ohne weiteres nur anwendbar bei mangelnder oder sehr leichter Bodendecke; bei dichterer muß ihm ein Losschälen derselben, vorausgehen.

§ 279. Eine sehr gründliche Bodenlockerung erreicht man mit dem Lang'schen Spiralbohrer, einem namentlich auch für die Bodenmischung und ortweise tiefe Bodenlockerung unbezahlbaren Instrumente, welches aus einem im Querschnitte Sförmig gebogenen spitz zulaufenden Spaten von etwa 20 cm Länge und 12 cm Breite besteht und an einem etwa 80 cm langen eisernen, mit einer hölzernen Krücke versehenen Stiele befestigt ist.

Derselbe findet hauptsächlich bei Plaggenkulturen Anwendung und hat das Gute, daß er die beiden auf einander liegenden Rasennarben durchbricht, zerkleinert und innig mit Erde und dem Humus, welcher unter dem Rasen liegt, mischt, ohne die Ränder der Plaggen zu beschädigen, was mit keinem anderen Instrumente möglichst ist.

Bei der Arbeit setzt der Arbeiter die Spitze des senkrecht gestellten Bohrers an die Stelle, deren Lockerung er beabsichtigt, und dreht ihn mit kräftigem Rucke in der Art, daß die ihm zugerichtete Schneide nach seiner Linken, die entgegengesetzte nach rechts einschneidet, so oft, bis der Bohrer so weit eingedrungen ist, als das Bohrloch tief werden soll. Soll dann die Erde in dem Loche bleiben, so hebt er den Bohrer, indem er ihn in entgegengesetztem Sinne dreht, aus dem Bohrloche heraus. Soll dagegen ein Teil der Erde aus dem Loche herausgeholt werden, so unterläßt der Arbeiter beim Herausheben die Drehung oder dreht ihn dabei leicht in derselben Richtung wie beim Einbohren.

Der Bohrer lockert selbstverständlich nur Teilflächen, welche sehr wenig größer sind, als der seinem oberen Durchmesser entsprechende Kreis. Er ist daher nur anwendbar, wo jedem Samenkorne oder jeder Pflanze ihre spezielle Stelle angewiesen werden kann, also bei künstlicher, nicht aber bei natürlicher Verjüngung.

Ein Mann kann in 12 Stunden 500 bis 1000 Löcher bohren.

§ 280. Wo eine über die Tiefe eines Spatenstichs oder Hackenschlages hinausgehende Bodenlockerung beabsichtigt wird, wird die Fläche rajolt. Es geschieht das bei streifenweiser Bearbeitung in der in § 240, bei voller in der in § 253 beschriebenen Weise, in letzterem Falle mit dem Unterschiede, daß nicht die Tiefe, in welcher der Ortstein liegt, sondern diejenige, bis zu welcher die Lockerung beabsichtigt wird, die Tiefe der zu dem Ende zu schlagenden Gräben bestimmt und daß man Sorge dafür trägt, daß die Bodenüberzüge und ihre Wurzeln möglichst tief in den Boden kommen. In der Regel rajolt man nicht tiefer, als auf doppelte Hackenschlag- oder Spatenstichtiefe. Die bearbeitete Fläche kostet dann 150 bis 500 Mannestagschichten pro ha.

Auch einzelne Löcher werden in analoger Weise als Vorbereitung zur künstlichen Verjüngung rajolt. Man entfernt dann aber im Loche befindliche Steine und bei der Vorbereitung zur Pflanzung auch Baumwurzeln aus dem Loche und sucht die in dasselbe kommenden Rasenstücke so zu legen, daß bei späterer Pflanzung die Wurzeln der Pflänzlinge nicht unmittelbar mit ihnen in Berührung kommen.

§ 281. Daß beim Stock- und Wurzelroden eine sehr gründliche, wenn auch nur ortsweise Bodenlockerung erzielt wird, haben wir bereits erwähnt. Ebenso ist es selbstverständlich, daß alle anderen bisher erwähnten Arbeiten der Bodenvorbereitung, soweit damit eine vollständige oder teilweise Ortsveränderung der Bodenkrume verbunden ist, für den fortbewegten Teil eine oft sehr gründliche Lockerung zur Folge haben. Wo dabei die Schollen nicht zerkleinert werden, wird dieselbe teils durch den Winterfrost, teils dadurch bewirkt, daß zwischen ihnen notwendigerweise Lücken bleiben, welche sich durch langsames Abkrümeln nach und nach füllen.

Dahin gehören alle Arbeiten zur Erhöhung des Geländes über den Wasserspiegel, die Graben- und Ortsteinkulturen, die Schutzfurchen, sowie das Übererden.

9. Verbesserung vermagerter Böden.

§ 282. Die chemische Analyse beweist, daß die jungen Holzpflanzen verhältnismäßig viel aschenreicher sind, als alte. Da sie nun vermöge ihrer wenig tiefgehenden Bewurzelung auf die Ernährung durch die obersten Bodenschichten angewiesen sind, so folgt daraus, daß, wenn ein eben begründeter Bestand gedeihen soll, in den obersten Schichten des Bodens größere Mengen mineralischer Pflanzennährstoffe aufgehäuft sein müssen als die unteren den Bäumen erst in höherem Alter zugänglichen zu enthalten brauchen.

Diese zur Erhaltung des Waldes notwendige Verbesserung der obersten Bodenschichten wird in einem sich selbst überlassenen Walde in vollkommenster Weise dadurch erreicht, daß, was die Wurzeln der Bäume aus den tiefsten Bodenschichten aufgenommen haben, der Bodenoberfläche wieder zugeführt wird, sowie die oberirdischen Teile der Bäume, Laub und Holz absterben und verfaulen.

Im Kulturwalde hat das Verfaulen des Holzes aufgehört; es sind dort nicht mehr alle von den Baumwurzeln aufgenommenen, sondern nur noch die in die Blätter übergegangenen Nährstoffe, welche der Bodenoberfläche durch die Zersetzung derselben nach ihrem Abfalle zugeführt werden. Da nun die Blätter weit mehr dieser Stoffe enthalten, als das Holz, so ist die Annahme gerechtfertigt, daß, wenn Zersetzungsprodukte sehr großer Laubmengen dem Boden zugeführt würden, die Bodenoberfläche sich fortwährend, wenn auch nicht in dem Maße wie im Urwalde, bereichert, und zwar um so mehr, je reicher der Laubabfall und je aschenreicher die abgefallenen Blätter sind.

In dicht geschlossenen Schattenholzbeständen, in welchen wegen der Dichtigkeit der Belaubung und der Bestockung der Laubabfall ein sehr starker ist, findet also auch jetzt noch thatsächlich eine fortlaufende Verbesserung der obersten Bodenschichten statt. Man nennt sie deshalb mit um so mehr Recht bodenbessernde Holzarten, als ihre Beschattung und die Dichtigkeit der Streudecke den Boden auch physikalisch in gutem Zustande erhält und ihm die zur fortwährenden Zersetzung des Untergrundes nötige Kohlensäure in ausreichendem Maße zuführt.

Lichtbestockte und lichtbelaubte Bestände haben diese bodenbessernde Eigenschaften nicht, und es gehört bei sehr ausgesprochenen Lichtholzarten schon ein sehr guter Schluß dazu, wenn sich die Bodenoberfläche durch den jährlichen Laubabfall auf gleicher Fruchtbarkeit halten soll.

Ist der Schluß ein sehr lichter oder wird die Streudecke nicht auf das allersorgfältigste dem Walde erhalten, so geht der Boden an Fruchtbarkeit sichtlich zurück, wobei chemische und physikalische Verschlechterung Hand in Hand gehen. Die bis dahin vielleicht als alter Baum noch frohwüchsige Holzart findet dann als junge Pflanze auf der Bodenoberfläche die Voraussetzungen ihres Gedeihens nicht mehr, während die tieferen noch immer in der Lage sind, sie als alten Baum ausreichend zu ernähren.

Der Landwirt düngt in solchen Fällen den Boden, indem er ihm im Dünger neue Pflanzennährstoffe zuführt; im Walde ist das der Kosten halber nur in beschränktem Maße anwendbar, wenn auch von diesem Mittel zur Zeit weniger Gebrauch gemacht wird, als vielleicht zulässig wäre.

§ 283. Die dem Forstmanne zur Verfügung stehenden Düngemittel sind, nachdem die tierischen Dünger ihres hohen Preises im Walde nur ausnahmsweise Anwendung finden können, entweder ausschließlich mineralischer oder außerdem auch vegetabilischer Herkunft.

Unter den rein mineralischen Düngemitteln steht der frisch gebrannte noch nicht gelöschte Kalk oben an. Derselbe besteht in der Hauptsache, in den reinsten Sorten ausschließlich, aus Ätzkalk oder Kalkerde. Derselbe liefert dem Boden nicht allein, indem er sich mit der bei Zersetzung vegetabilischer Stoffe freiwerdenden Kohlensäure verbindet, ein von den meisten Holzpflanzen in großer Menge aufgenommenes Pflanzennährmittel, den kohlensauren Kalk, sondern er schließt ihn auch auf, indem er die darin enthaltenen sonst unlöslichen kieselsaueren Kali- und Natronsalze löslich macht. Er beschleunigt außerdem die Zersetzung der im Boden vorhandenen toten Pflanzenstoffe, geht mit den darin vorkommenden freien Pflanzensäuren zur Pflanzennahrung taugliche Verbindungen ein und entsäuert dadurch den Boden.

Vor seiner Umsetzung in kohlensauren Kalk direkt an die Wurzeln gebracht, zerstört er dieselben. Es ist deshalb notwendig, daß die Einbringung des Kalkes in den Boden so frühzeitig erfolge, daß, bis Pflanzen darin wachsen sollen, die Umsetzung vorgegangen sein kann, wozu wenige Monate genügen. Außerdem muß er, weil er als kohlensaurer Kalk nur in kohlensäurehaltigen Wasser löslich ist, das an die Oberfläche gelangende Regenwasser aber sehr wenig Kohlensäure enthält, in den Boden hineingebracht werden.

Die Düngung mit unvermischtem Kalk ist also nur anwendbar, wo der Boden in irgend einer Weise umgebrochen wird. Man wendet sie im Freien im allgemeinen nur bei künstlicher Verjüngung an und zwar am liebsten da, wo man sich des Spiralbohrers zur Bodenlockerung bedient. Man legt dann eine Hand voll Kalk an die Stelle, an welcher das Loch gebohrt werden soll, unmittelbar vor dem Bohren auf die Oberfläche. Beim Bohren des Loches vermischt er sich dann auf das innigste mit dem gelockerten Boden desselben. Auf Torf, Moor und Heidehumus leistet diese Art der Düngung Vorzügliches, ebenso aller Voraussicht nach auf reinem Thonboden. Über ihre Wirksamkeit auf sehr geringem Sandboden lauten die Urteile verschieden.

Der Ätzkalk wird durch unmittelbar auffallendes Regenwasser gelöscht und geht mit dem Wasser chemische Verbindungen ein, welche seine düngende Wirkung beeinträchtigen. Es ist deshalb dringend nötig, ihn bis zum Gebrauche trocken aufzubewahren.

Von der Verwendung des gebrannten Kalkes zur Kompostbereitung wird weiter unten gesprochen werden.

§ 284. Sonstige in der Forstwirtschaft zur Verwendung kommende Mineraldünger sind insbesondere die unter dem Namen Staßfurter Abraumsalze bekannten Kali-, Natron- und Magnesiaverbindungen aller Art und die daraus hergestellten Kalisalze, weniger der Gips (schwefelsaure Kalkerde), welcher, so wirksam er namentlich beim Kleebau ist, im Walde entschieden weniger leistet, als der weit wohlfeilere Ätzkalk.

Was die verschiedenen Phosphate und Superphosphate betrifft, welche in der Landwirtschaft eine so große Rolle spielen, so haben dieselben auch in der Forstwirtschaft, aber nur in sehr bescheidenem Umfange Anwendung gefunden. Ihre Hauptwirkung üben sie in der Landwirtschaft auf die Reichlichkeit der Fruchtbildung aus, also auf eine Seite der Pflanzenentwickelung, für welche im Walde nicht der Zustand der Bodenoberfläche, sondern derjenige der tieferen Schichten, in welchen ältere Bäume wurzeln, von Bedeutung ist. Diesen Phosphorsäure zuzuführen, ist aber mit für die Forstwirtschaft unerschwinglichen Kosten verbunden.

Der Preis all dieser Düngemittel mit einziger Ausnahme des Kalkes ist ein so hoher, daß sich eine unmittelbare Verwendung derselben für den Forstwirt nur in den Saat- und Pflanzschulen rentiert.

§ 285. Ihre Hauptverwendung finden sie und außer ihnen wohl auch Kali- und Chili- (Natron-) Salpeter und der in der Nähe der Städte oft außerordentlich billig zu habende Gaskalk, d. h. der in den Gasfabriken zur Reinigung des Gases von Kohlensäure, Ammoniak und Schwefel benutzte und dadurch zum größten Teile in Calciumsulphit verwandelte Kalk, bei der Herstellung des Kompostes oder Mengedüngers. Derselbe wird in folgender Weise bereitet:

Rasen, womöglich mit der ganzen Grasnarbe und sonstige Bodenüberzüge, sowie der Auswurf alter Gräben, die beim Jäten der Saatkämpe ausgezogenen Unkräuter, überhaupt alle leicht faulenden und aschenreichen Vegetabilien, insbesondere Farrenkraut, wo die Straßen mit Kalk-, Grünsteinen, Basalt oder feldspatreichen Graniten beschottert sind, auch der Straßenkot und, wo sie zu haben sind, Holzasche, Erde von Feuerstellen und alten Kohlenmeilern, Torf oder moorige Erde werden mit den vorerwähnten Mineraldüngern gemischt in der Weise auf Haufen gesetzt, daß auf eine 10 bis 20 cm hohe Schichte Erde und Vegetabilien eine dünne Schichte Kalk und sonstiger Mineraldünger in möglichst staubförmigem Zustande gleichmäßig ausgestreut wird. Hierauf kommt eine neue Schichte Erde und Vegetabilien, darauf wieder Mineraldünger u. s. f., bis eine reine Erdschichte den Schluß macht. Wo verschiedene Mineraldünger verwendet werden, trennt man sie bei der ersten Anlage zweckmäßig durch Rasenschichten.

§ 286. Dem Haufen giebt man zweckmäßig eine breite viereckige Form und macht ihn, um die Feuchtigkeit, welche die Zersetzung des Rasens befördert, zu erhalten, möglichst flach; auch setzt man, damit das Regenwasser nicht abläuft, oben an den Rändern kleine Rücken auf.

In diesem Zustande bleibt der Haufen, je nachdem das Klima die Zersetzung mehr oder weniger befördert, zwei Monate bis ein halbes Jahr. Dann wird er umgesetzt, d. h. mit Spaten, Schaufel oder Hacke auf einem um Wurfweite entfernten Platze vollständig in gleicher Form neu aufgesetzt. Man achtet dabei darauf, daß seine verschiedenen Bestandteile möglichst innig gemischt werden. Man sucht deshalb noch zusammenhängende Rasen zu zerschlagen oder durch weiten Wurf zu zerkrümeln und, wo Materialien verschiedener Art, z. B. Torf und Straßenkot verwendet wurden, den Torf auf Kot und den Kot auf Torf zu werfen.

Das Umsetzen wird nach längerer Zeit wiederholt, wenn beim ersten Umsetzen die Mischung eine unvollständige oder der Rasen noch nicht genügend zerfallen war.

§ 287. Der Kompost ist brauchbar, wenn er durch vollständige Zersetzung der vegetabilischen Teile zu einer gleichartigen lockeren Masse geworden ist.

Man stellt ihn wohl auch ohne alle Mineraldünger her, muß dann aber sorgfältiger darauf achten, daß die verwendeten Vegetabilien reich an mineralischen Pflanzennährstoffen sind; man gewinnt dann, wo es sich einrichten läßt, die Rasen von den fruchtbarsten Böden der Umgebung und mischt ihnen reichlich die sehr kalihaltigen Farrenkräuter bei.

Daß man im übrigen nicht nur die Mineraldünger, sondern auch die sonstigen Bestandteile des Mengedüngers je nach der Beschaffenheit des zu düngenden Bodens auswählt, daß man insbesondere zur Düngung von Kalkböden keinen Kalk verwendet und zu derjenigen von schweren Böden lieber auf Sandboden erwachsene Rasen benutzt und umgekehrt, und daß man für Moor- und Torfböden Komposthaufen herrichtet, welche vorzugsweise erdige Bestandteile enthalten, versteht sich von selbst.

Die Düngung mit Kompost bezweckt gleichzeitig eine chemische und physikalische Verbesserung des Bodens; seiner Schwere, bezw. seines großen Volumens halber ist er aber nur anwendbar, wo er sowohl, wie seine schweren Bestandteile nicht weit zu transportieren sind. Wo der Rasen und die sonstigen erdigen Bestandteile nicht in nächster Nähe der Kulturstelle gewonnen oder die Komposthaufen nicht hart an derselben aufgesetzt werden können, ist die Kompostdüngung trotz aller ihrer Vorzüge in der Regel zu teuer.

§ 288. Zu den vorzüglichsten, wenn auch nur chemisch wirkenden Düngemitteln für alle Böden gehört die Holzasche. Nur darf sie nicht im Übermaße angewendet werden und darf nicht frisch mit den Pflanzenwurzeln in Berührung kommen. Sie enthält alle festen Pflanzennährstoffe in aufnehmbarer Form und mischt sich vermöge ihrer feinen Zerteilung vorzüglich mit der zu düngenden Erde. Ein Teil ihrer wichtigsten Bestandteile, namentlich die Kali- und Natronsalze, ist aber so leicht löslich, daß sie aus dem Regen ausgesetzten Haufen sehr rasch ausgelaugt werden. Es ist deshalb notwendig, Holzasche, wenn sie unvermischt zur Düngung benutzt werden soll, bis zur Verwendung trocken aufzubewahren. Es geschieht das im Freien, indem man sie auf Haufen bringt und mit Nadelholzreisig, Farrenkraut und dergleichen möglichst dicht überdacht oder an trockenen Stellen in Gruben wirft und diese mit Rasen vollständig bedeckt. Ist das aus irgend einem Grunde nicht zulässig und geht es auch nicht an, sie sofort zu verwenden, so thut man gut, sie zur Kompostbereitung zu benutzen. Die löslichen Teile werden dann von dem Rasen des Kompostes aufgesaugt und zurückgehalten.

In einer geordneten Wirtschaft wird die Asche von den Feuern der Holzhauer und Waldarbeiter, wo sie in irgend großer Menge anfällt, sorgfältig gesammelt und zum Gebrauche entsprechend aufbewahrt.

§ 289. Auch die Rasenasche, deren Bereitung wir in § 263 bereits besprochen haben, ist, wenn auch weniger als die Mineraldünger und die Holzasche, ein konzentriertes Düngemittel, welches frisch mindestens in größerer Menge nicht direkt mit den Wurzeln in Berührung kommen darf. Wo sie ausschließlich zum Zwecke der Düngung hergestellt wird und weiter transportiert werden muß, gewinnt man die dazu nötigen Rasen zweckmäßig auf den mineralisch fruchtbarsten Böden, welche nicht allzuweit von der Kulturstelle zu finden sind, und klopft die Rasen nach dem Abtrocknen und vor dem Schmoden gehörig aus, um eine möglichst reine Pflanzenasche zu gewinnen. Bei dem geringen Raume, welchen sie gegenüber den Rasen, aus welchen sie bereitet wurde, einnimmt, erträgt sie einen viel weiteren Transport als die Komposterde, und man verwendet sie deshalb vorzugsweise da, wo zur Herstellung guten Kompostes taugliche Erde in nächster Nähe der Kulturstelle nicht zu haben ist, aber kein Grund vorliegt, etwa mit Rücksicht auf die physikalische Verbesserung des Bodens, der Kompostdüngung den Vorzug zu geben. Die Rasenasche wird ebenso wie die Holzasche aufbewahrt.

§ 290. Hie und da wird im Walde auch der s. g. milde oder Waldhumus zur Düngung verwendet. Da derselbe sich aber nur auf bestockter Fläche bildet, welche durch seine Hinwegnahme schwer geschädigt wird, ist seine Gewinnung nur ausnahmsweise thunlich, z. B. wenn eine bisher bestockte Fläche zu Weganlagen benutzt wird. Für diese Fläche hat dann der Humus seinen Wert verloren und kann unbedenklich hinweggenommen werden.

Seine Verwendung rentiert sich aber nur, wenn er wie häufig in Buchenbeständen eine fast reine mit Erde kaum vermischte Schichte bildet, oder wenn im umgekehrten Falle der Transport ein sehr naher ist.

§ 291. Von all diesen Düngemitteln wird nur der Humus und die Komposterde so verwendet, daß sie unmittelbar und unvermischt an die Pflanzenwurzeln kommen. Es geschieht das, indem man bei der Pflanzung das Pflanzloch, bei der Saat die Saatrinne oder das Saatloch ganz oder teilweise mit diesen Stoffen füllt oder den Samen mit denselben bedeckt.

Häufig werden aber auch diese Dünger lediglich mit der zu verbessernden Erde gemischt. Bei den konzentrierten Düngern, welche in reinem Zustande die feine Membran an den Spitzen der Saugwurzeln zerstören, ist das sogar ausnahmslose Regel.

Bei der Volldüngung, sowie bei der Düngung voll bearbeiteter Streifen und Platten geschieht das meist in der Weise, daß man den Dünger auf die zu düngende Fläche, bei Streifen und Platten auf diese, nach dem Abschürfen des Bodenüberzugs, aber vor der Lockerung ausbreitet und dann beim Umbrechen, Umspaten oder Behacken gleichmäßig mit der Erde zu mischen sucht; bei der Bodenlockerung mittels des Bohrers dadurch, daß man auf die Bohrstelle da, wo man das Instrument einsetzt, ein Häufchen des Düngemittels vor dem Bohren aufsetzt. Beim Umdrehen des Werkzeugs fällt dasselbe dann in die entstehenden Spalten und mischt sich bei den späteren Umdrehungen bei genügender Lockerheit leicht mit der Erde. Im Notfalle zieht man wohl auch den Bohrer einmal mit der Erde heraus und schiebt mit der Spitze die auf der Oberfläche etwa liegen gebliebenen Teile des Düngstoffes in das Loch und dreht dann den Bohrer noch einigemal darin um.

In Pflanzschulen ist es hie und da, namentlich bei sehr konzentriertem Dünger, welchen man nicht direkt an die Wurzeln bringen will, Gebrauch, den Dünger erst während der Arbeit des Verschulens einzustreuen. Wo mit dem Spaten verschult wird, geschieht das in der Weise, daß man, wenn die Wurzeln der ersten Reihe mit Erde bedeckt sind, auf die den Pflanzen zugewendete Böschung der Rinne, welche sie von der noch unbepflanzten Fläche trennt, den Dünger dünn aussät und ihn dann wieder mit Erde bedeckt, ehe man die zweite Reihe Pflanzen in den Boden bringt. Man bezweckt damit, zu verhüten, daß das Düngemittel zu tief in den Boden kommt und dadurch die Pflanzen anreizt, zu tiefgehende Wurzeln zu treiben.

§ 292. Die Obenaufdüngung, d. h. das Ausstreuen der Düngemittel auf die Bodenoberfläche ohne nachfolgende Vermischung mit dem Boden ist im allgemeinen nur bei Düngern zu empfehlen, welche sich im Regenwasser leicht auflösen und von ihm vollständig in den Boden gewaschen werden. Sie hat aber selbst bei diesen den Nachteil, daß sie weniger den Holzpflanzen, als den flacherwurzelnden Forstunkräutern zugute kommen. Nur bei Flächen, welche in kurzen Zwischenräumen umgebrochen werden, wie z. B. in Saat- und Pflanzschulen mag es sich empfehlen, durch Einstreuen von solchen Düngern zwischen die Pflanzreihen kümmernde Pflänzlinge zu vermehrtem Wachstum anzuregen oder, wo in den Beeten aus irgend einem Grunde eine Auffüllung nötig ist, dazu Kompost zu verwenden. Bei späteren Wiederbestellungen kommt der verwendete Dünger tiefer in den Boden und dadurch nachträglich doch noch zu voller Wirkung.

§ 293. Auch die Gründüngung kommt beim Waldbau nicht selten zur Anwendung. Versteht man darunter die Verwendung grüner lebender Pflanzenteile zur Düngung durch innige Vermengung derselben mit der Bodenkrume im allgemeinen, so gehört dazu jede Art der Bodenbearbeitung, bei welcher lebende Bodenüberzüge in irgend einer Weise mit Erde bedeckt werden, insbesondere alle Arten des Übererdens, das Rajolen verraster Flächen und die Graben- und Plaggenkulturen. In diesem weitern Sinne begegnet man der Gründüngung sogar häufiger in der Forst-, als in der Landwirtschaft.

Aber auch die Gründüngung im engeren Sinne, das Unterbringen eigens zu diesem Zwecke erzogener Pflanzen zum Zwecke der Düngung wird hie und da im Walde angewendet, wenn auch in der Regel nur bei der Pflanzenerziehung in Saat- und Pflanzschulen.

Feste und wenig thätige Böden, wie z. B. steifer Letten, werden durch die Gründüngung allein gleichzeitig genügend gelockert und thätiger gemacht, während bei sehr armen und trockenen Böden und ausgebauten Kämpen die Verbindung derselben mit der Mineraldüngung den Vorzug verdient.

Man verfährt dabei in der Weise, daß man anfangs Mai, gegebenen Falls nach vorheriger Mineraldüngung, die zu düngende Fläche mit rasch und dicht erwachsenden rasch faulenden Pflanzen, am besten Lupinen oder Wicken dicht besät, diese im August niederwalzt und dann unterpflügt oder unterhackt.

Ein weiteres Hilfsmittel der Verbesserung oberflächlich vermagerter Böden ist das Herausschaffen der besseren tieferen Bodenschichten durch tiefes Umbrechen oder durch Rajolen in der in den früheren Paragraphen besprochenen Weise, sowie das Aufschütten von Hügeln aus die vorhandene Krume chemisch verbessernder Erde, einerlei ob sie wie bei den Manteuffel'schen Hügeln besonders zubereitet oder nur von Natur besseren Böden entnommen ist.

10. Beseitigung sonstiger Mängel der Bodenoberfläche.

§ 294. Es ist eine im Walde häufige Erscheinung, daß die oberste Bodenschichte, auch abgesehen von der Streudecke, mit dem Gedeihen junger Pflanzen hinderlichen oder ihr Anwachsen erschwerenden Substanzen überlagert ist.

Zu den letzteren gehört insbesondere der kohlige und Heidehumus. Derselbe findet sich sehr häufig unter dichten Überzügen von Heide- und Beerkraut in manchmal recht mächtigen Schichten. Auch geht Rohhumus, plötzlich bloßgelegt, manchmal in kohligen Humus über. Die meisten Holzpflanzen kümmern darin, weil sie freie Säuren enthalten und, einmal trocken geworden, Wasser nur sehr unvollständig aufnehmen.

Wo sich die Bodenbearbeitung auf das Abziehen der Bodendecke beschränkt, ist es dringend notwendig, daß die vorhandene Schichte von Heide- und Rohhumus mit der Bodendecke abgezogen wird, so daß die nackte Krume freiliegt.

Mit der Bodenkrume innig gemischt, geht der Rohhumus fast immer, der kohlige und Heidehumus nur, wenn er nicht allzu mächtig ist, in milden Humus über.

Wenn daher der bloßgelegte Boden noch gelockert wird, ist es bei dem Rohhumus nicht nur thunlich, sondern sogar zweckmäßig, ihn nicht mit dem Bodenüberzuge abzuschürfen, sondern bei der Lockerung des Bodens mit diesem zu vermischen. Beim kohligen und Heidehumus empfiehlt sich das nur, wenn die Schichte nicht zu mächtig und die Lockerung eine tiefgehende ist. Im entgegengesetzten Falle muß er mit der Bodendecke abgezogen werden.

§ 295. Nicht minder häufig ist, namentlich im Gebirge, die Überlagerung des Bodens mit Steinen, Kies und dergleichen. Wo dieselben in dünner Schichte liegen, genügt ein einfaches Abziehen oder Ablesen derselben, bis die Krume freigelegt ist, in ähnlicher Weise wie es mit vegetabilischen Bodenüberzügen geschieht.

Manchmal ist aber die Schichte reiner Steine so mächtig, daß sie auf Metertiefe und darüber hinaus fast gar keine Feinerde enthält. Sollen derartige Stellen in Bestand gebracht werden, so ist das Ablesen und Abziehen der Steine meist zwecklos. Hier muß Feinerde von auswärts herbeigeschafft werden.

Es geschieht das in folgender Weise: An Stellen, an welchen sprossendes Gras, Brombeeren oder dergleichen beweisen, daß zwischen den Steinen wenigstens etwas Feinerde vorhanden ist, sowie da, wo durch Herausnahme einiger Steine ein gehöriges Loch in die Geröllfläche gemacht werden kann, endlich da, wo zwischen groben festliegenden Steinen verbliebene Lücken mit kleinen Steinbrocken ausgefüllt sind, werden durch Herausziehen einzelner loser Steine mit der Hand oder der Rodehacke Löcher gemacht, welche groß genug sind, um etwa einen Korb Erde zu fassen. Der Boden dieser Löcher wird, nachdem die herausgenommenen Steine auf der Thalseite mauerartig so aufgesetzt sind, daß sie nicht von selbst zusammenfallen, und nachdem man auf der Bergseite alle losen Steine, welche in das Loch hineinfallen könnten, hinweggenommen sind, mit Moos und der den Steinen anhaftenden Feinerde ausgefüttert und das Loch selbst hierauf mit reiner Erde ausgefüllt. In solchen mit Erde ausgefüllten Löchern wachsen die Pflanzen vorzüglich an, und die an solche Stellen taugenden Pflanzen wachsen auch vortrefflich weiter, wenn ihre Wurzeln aus der beigetragenen Erde herausgewachsen sind. Sie finden in dem reinen milden Humus, welcher die kleinen Lücken zwischen dem Gerölle ausfüllt, ausreichende Nahrung. Bei der Saat genügen häufig wenige Hände voll durch sorgfältige Ausfütterung der Löcher festgehaltener Erde, ja bei einigermaßen reichem Vorrate von Feinerde zwischen den Steinen schon das Abschütteln der ihnen anhaftenden Erde in das Loch, um die Pflanzen anwachsen zu lassen, und, wenn das geschehen ist, sind dieselben meist geborgen.

§ 296. Mit dieser Arbeit beginnt man zweckmäßig am oberen Rande der zu kultivierenden Fläche, und man vermindert häufig die Kosten und vermeidet auf jeden Fall Unglücksfälle, wenn man vor Beginn der eigentlichen Arbeit von der Stelle, an welcher man die Füllerde gräbt, schmale ohne Gefahr gangbare Pfädchen quer durch die Kulturfläche anlegt. Die die Erde beitragenden Arbeiter kommen dann rascher und ungefährdeter an die auszufüllenden Löcher. Auch ist es klar, daß die Erde leichter bergab als bergauf getragen wird, daß man deshalb womöglich die Erde über oder neben der Kulturstelle zu graben und, wenn sie beigefahren wird, abzuladen hat.

Derartige Kulturen sind selbstverständlich sehr teuer. Man legt deshalb die Löcher in möglichst weitem Verbande an und macht von ihnen bei der natürlichen Verjüngung nur Gebrauch, wo man es mit Holzarten zu thun hat, welche sehr reichlich Samen tragen.

Daß man, wo es möglich ist, in solche Hänge gerne Geschiebe führende Wasserläufe einleitet, ist natürlich. In welcher Weise das geschieht, haben wir in § 244 bereits besprochen.

Ebenso ist es selbstverständlich, daß, wo fortdauernde Ursachen, z. B. fortgesetzte Abschwemmung den Mangel an Feinerde verursachen, diese Ursachen erst beseitigt werden müssen. Wirksame Mittel dazu sind die Horizontalgräben (§ 249), Terrassen (§ 268) und Sperren (§ 271) und, wo die Schäden durch ständige Wasserläufe verursacht werden, die Eindämmung derselben.

In Gegenden, in welchen schwaches Reisig keinen Wert hat, kann man solche Böden nach und nach verbessern, indem man sie mit Reisig überwirft. Indem dasselbe zwischen den Steinen verfault, liefert es dem Boden nicht allein den die Feinerde ersetzenden Humus, sondern befördert auch die Zersetzung des Gerölles, indem es dem Boden Kohlensäure zuführt und die Verdunstung des eindringenden Wassers mäßigt.

11. Brechung der Gewalt der Winde in exponierter Lage.

§ 297. Ein weiteres weniger in den Verhältnissen des Bodens, als in denjenigen der Lage liegendes Hindernis der Bestockung sind die in sehr exponierter Lage über kahle Flächen hinstreichenden scharfen Winde, welche namentlich in den Regionen zunächst der Baumgrenze und an den Seeküsten jede Kultur in ungeschützter Lage unmöglich machen. Jede baumartige Holzpflanze, welche in vollem Winde ohne Schutz erwächst, geht dort in den ersten Jahren unter dem ewigen Hin- und Herpeitschen um so sicherer zugrunde, je kräftiger sie gewählt worden ist.

In solchen Lagen muß dem Walde das Terrain schrittweise erobert werden; es erhalten sich nur diejenigen Pflanzen, welche hinter einem zufällig vorhandenen oder künstlich hergestellten Windschirme so lange Schutz gefunden haben, bis sie sturmfest geworden sind. Solche natürlichen Windschirme sind Felsen, hohe gegen den Windschatten steil abfallende Böschungen, Hecken von Alpensträuchern und Legföhren. Als künstliche dienen senkrecht auf die vorherrschende Windrichtung stehende aus zusammengetragenen Steinbrocken hergestellte Steinwälle. Auch hat man in neuerer Zeit Flechtzäune quer über die Windrichtung als solche angelegt. Ob sie sich bewähren, wird die Zukunft lehren. Jedenfalls werden dieselben stellenweise unterbrochen werden müssen, damit sie dem Winde nicht zu viel Fläche darbieten. Wo mehrere unterbrochene Zäune angelegt werden, sorgt man dafür, daß der durch die Lücke des ersten Zaunes hindurchpfeifende Wind in der geraden Richtung nicht im zweiten wiederum eine Zaunlücke antrifft. Auch pflanzt man wohl Streifen rasch wachsender oder besonders wetterfester Holzarten als Windfänge und empfiehlt dazu an den Küsten der Nordsee besonders die kanadische Pappel, welche sich durch Setzstangen vermehren läßt;[1] in den Hochgebirgen die wetterfeste Legföhre und Bergkiefer.

In den Vogesen bildet Kahsing nach brieflicher Mitteilung bei der Herstellung der Pflanzlöcher aus den um dieselben abgeschälten Rasen, nötigenfalls unter Zuhilfenahme von Steinen auf der Sturmseite der einzelnen Pflanzen s. g. Schutzhauben, d. h. bis 50 cm hohe Haufen, welche nach der Windseite flach abfallen, auf der Seite der Pflanze aber etwas überhängen und so hoch gemacht werden, daß die Pflanzen ganz hinter Wind stehen. Wo ein sehr starker Filz von Forstunkräutern vorhanden ist, lassen sich diese Schutzhauben ohne übermäßige Kosten herstellen; wo er fehlt, verzichtet man auf die Pflanzung starker Pflänzlinge.

Es versteht sich von selbst, daß man derartige teuere Vorbereitungsmaßregeln nur trifft, wo man Grund hat, die Bewaldung mit Rücksicht auf die Schutzzwecke des Waldes zu erzwingen; rein forstlich rentabel sind sie wohl niemals.

12. Zeit der Bodenvorbereitung.

§ 298. Die Zeit, in welcher die verschiedenen Arbeiten der Bodenvorbereitung vorgenommen werden müssen, ist natürlich je nach dem Zwecke, welchen sie verfolgen, und der Art, in welcher sie auf den Boden einwirken sollen, außerordentlich verschieden.

Im allgemeinen läßt sich als Regel angeben, daß alle Arbeiten, welche eine sehr fühlbare Änderung der Bodenbeschaffenheit in den unter der Pflanze befindlichen Bodenschichten hervorrufen, namentlich wenn diese Änderungen keine dauernden sind oder längere Zeit nötig haben, ehe ihre Folgen eintreten, vor und zwar möglichst lange vor der beabsichtigten Bestandsgründung stattfinden müssen.

So dauert es z. B. längere Zeit, bis angelegte Entwässerungsgräben eine Fläche in der beabsichtigten Weise trocken gelegt haben, und noch länger, bis eben entwässerter Boden sich soweit gesetzt hat, daß mit der Bestandsgründung ohne Gefahr vorgegangen werden kann. Je frühzeitiger deshalb die Gräben angelegt werden, desto besser pflegt die Verjüngung auf der entwässerten Fläche

---

[1] Gerdes in Allgem. Forst- und Jagdzeitung 1883, S. 7.

anzuschlagen. Bei Böden, welche sich sehr stark setzen, ist ein Jahr das Minimum der Zeit, welche die Entwässerung der Bestandsgründung vorauszugehen hat.

§ 299. Eine gleichlange Zeit ist erforderlich, um in größerer Menge unter Boden gebrachte vegetabilische Stoffe in genügender Weise zu zersetzen. So legen sich z. B. verheidete oder verraste Plaggen nur dann genügend fest auf den Boden und geben nur dann ein gutes Keim- und Wurzelbett, wenn sie mindestens ein Jahr vor der Bestellung umgeklappt wurden. Ist der ganze oberirdische Teil des Bodenüberzugs vorher entfernt worden, so genügt es wohl auch, wenn die Plaggen vor der Bestellung über Winter liegen. Sie unmittelbar oder kurz vor der Benutzung herzustellen, ist schon um deswillen nicht rätlich, weil die weitere Bearbeitung derselben (z. B. das Durchbohren) in frischem Zustande schwieriger und deshalb kostspieliger ist, als wenn die Zersetzung der Stengel und Wurzeln bereits begonnen hat.

Auch das Rajolen und tiefe Umgraben der Kulturstellen, sowie das Aufschütten hoher Hügel und Grabenauswürfe, namentlich auf vegetabilischer Unterlage, muß der Bestandsgründung so lange vorausgehen, daß der Boden Zeit hat, sich wieder zu setzen. Man nimmt sie deshalb zweckmäßig spätestens im Herbste vor, wenn im Frühjahre die Pflanzung ausgeführt wird oder der Samen im Frühjahre keimt.

Daß das Freilegen der Bodenkrume durch Entfernung der Bodenüberzüge vor der Bestandsgründung zu geschehen hat, ist selbstverständlich. Es kann derselben aber unmittelbar vorhergehen, wenn nicht tiefgehende Bodenlockerungen damit verbunden werden.

Dagegen werden seichte Bodenlockerungen und das Übererden der Flächen, wenigstens bei der Saat und natürlichen Verjüngung, zweckmäßig erst, wenn der Samen auf die Oberfläche gekommen ist, ausgeführt, soferne dabei der Samen nicht tiefer in die Erde kommt, als er nach seiner Eigenart erträgt. Im anderen Falle muß natürlich auch diese Arbeit vor Einbringen des Samens zur Ausführung kommen.

§ 300. Im allgemeinen erscheint es indessen schon mit Rücksicht darauf, daß die meisten Pflanzungen und Saaten in die kurze Zeit von Abgang des Schnees bis zur Laubentfaltung fallen, notwendig, alle eigentlichen Vorbereitungsarbeiten, welche nicht durch frühere Ausführung Gefahr laufen, ihren Zweck zu verfehlen oder zerstört zu werden, in die Zeit zu verlegen, in welcher keine Pflanzungen und Saaten stattfinden, und sie auszuführen, sobald es thunlich ist. Mit denjenigen, welche notwendigerweise frühzeitig vorgenommen werden müssen, ist natürlich der Anfang zu machen.

Nur das Aufkratzen des Bodens zum Zwecke der Saat oder natürlichen Verjüngung und das Aufschütten kleiner Hügel von leicht abschwemmbarer Erde wird zweckmäßig unmittelbar vor oder gleichzeitig mit der Bestandsgründung vorgenommen.

Kapitel II. Vorverjüngung auf natürlichem Wege.

1. Wesen derselben.

§ 301. Bei dieser Verjüngungsmethode erfolgt die Verjüngung auf natürlichem Wege unter einem Schutzbestande; sie vereinigt die Vorteile und Nachteile der Vorverjüngung im allgemeinen mit denjenigen der natürlichen Verjüngung; was die eine oder die andere ausschließt, macht damit selbstverständlich die Vereinigung beider unmöglich. Wo keiner dieser Fälle vorliegt, ist sie die naturgemäßeste und in weitaus den meisten Fällen auch dem Waldbesitzer vorteilhafteste Verjüngungsmethode und prinzipiell nur da ausgeschlossen,

1. wo guten Samen tragende Bäume der anzuziehenden Holzart fehlen,
2. wo der Boden kein gutes Keimbett bietet und dieses Keimbett nur mit hohen Kosten hergestellt werden kann,
   wo die junge Pflanze nicht den nötigen Schutz findet, weil dort die natürliche Verjüngung, ferner
4. wo vermöge des Standorts die anzuziehende Holzart gar keine Beschattung erträgt,
5. wo die Lage mit Rücksicht auf die Windwurfgefahr die notwendige Lockerung des Bestandsschlusses nicht zuläßt und
6. wo die Verjüngung durch den nachträglichen Aushieb der Reste des Oberholzes wieder zerstört würde, weil dort die Vorverjüngung unmöglich ist, endlich
7. wo der zu verjüngende Bestand im Rückgange begriffen ist, und
8. wo die Verjüngung nur ganz kurze Zeiträume erfordert, weil dort die Vorverjüngung keine Vorteile bietet.

In allen anderen Fällen erscheint es vorteilhaft, sie wenigstens versuchsweise zur Anwendung zu bringen und, was sie bietet, zu benützen; schlägt sie fehl, so läßt sich immer noch zu den teuereren Methoden der Bestandsgründung auf künstlichem Wege schreiten, deren rasche Mithilfe auch bei dieser Verjüngungsmethode ohnehin nicht vermieden werden kann.

2. Vorbereitungshieb.

§ 302. Ein von Jugend auf nach den Lehren der Boden- und Bestandspflege, von welchen später die Rede sein wird, gehörig behandelter gleichalteriger Bestand oder Bestandsteil befindet sich gegen Schluß der Umtriebszeit in der Regel in dem Zustande, daß die ihn bildenden Bäume vollkommen geschlossen stehen, aber eine zu reichlicher Samenbildung noch zu beengte Krone besitzen; auch der Boden unter ihnen ist wenigstens bei den Schattenhölzern häufig noch zu sehr beschattet und hat sich zu wenig gesetzt, um zur Aufnahme des abfallenden Samens vollkommen empfänglich zu sein.

Soll ein in diesem Zustande befindlicher Bestand verjüngt werden, so kommt es vor allem darauf an, durch Verminderung des Bestandsschlusses die Samenbildung in den Kronen hervorzurufen und durch vermehrten Luft- und Lichtzutritt zum Boden die Zersetzung der darauf liegenden Streudecke und Humusschichte so weit zu fördern als nötig ist, um dem abfallenden Samen ein gutes Keimbett zu schaffen.

§ 303. Es geschieht das durch die Vorbereitungshiebe, welche etwa ein Jahrzehnt vor der beabsichtigten Verjüngung in den zur Verjüngung bestimmten Bestand eingelegt werden.

Dieselben haben also den doppelten Zweck, die Samenbildung in den Baumkronen und die Zersetzung der Bodendecke zu befördern. Es geschieht das durch Herausnahme nicht allein der unterdrückten, sondern auch der eingezwängten und zurückbleibenden Stämme (§ 98), soweit das möglich ist, ohne den oberen Kronenschluß so weit zu unterbrechen, daß statt einer regelmäßigen Zersetzung eine Verrasung oder Verunkrautung des Bodens eintritt.

Bei den Überhaltbetrieben haben dieselben außerdem die Aufgabe, die bei sachgemäßer Wirtschaft bereits in der ersten Hälfte des Bestandslebens eingeleitete allmähliche Loslösung der zum Einwachsen in den neuen Bestand bestimmten Überhälter in verstärktem Maße fortzusetzen.

Die Vorbereitungshiebe sind inbezug auf die Bodenzersetzung richtig geführt, wenn einige Jahre nach derselben der Boden sich mit einer ganz leichten Grasnarbe überzieht, welche licht genug ist, um den Boden überall durchblicken zu lassen. Befindet sich der Boden wie in der Regel unter reinen Lichtholzbeständen bereits in diesem Zustande oder ist er gar bereits verrast oder verunkrautet, so hat der Vorbereitungshieb sich auf die Lichtung über den Vorwüchsen zu beschränken. Auf unbesamter Fläche würde er statt einer Verbesserung eine Verschlechterung des Bodens hervorrufen.

In ein und demselben Bestande dürfen die Vorbereitungshiebe nicht auf größere Flächen ausgedehnt werden, als man später gleichzeitig im Besamungsschlag stellen will; daß man damit an der Stelle des Bestandes zu beginnen hat, welche man zuerst in Besamungsschlag stellen will, ist selbstverständlich.

§ 304. Wo mit Rücksicht auf den Bestandsschluß zwischen verschiedenen Stämmen die Wahl bleibt, sind bei den Vorbereitungshieben immer diejenigen Bäume herauszunehmen, welche entweder gar keinen Samen liefern oder einer Holzart angehören, welche man in dem jungen Bestande nicht oder nicht vorwüchsig haben will; ferner mit Rücksicht auf die beim späteren Aushieb möglichen Beschädigungen diejenigen Stämme, welche sich aus irgend einem Grunde nicht in beliebiger Richtung fällen lassen, oder welche vermöge ihrer Stärke später besonderen Schaden anrichten würden.

In letzterem Falle wird es manchmal geboten sein, unter Schonung der unterdrückten und eingezwängten Hölzer ganz schwere dominierende Stämme schon bei den Vorbereitungshieben hinwegzunehmen, wenn man sich sagen muß, daß, wenn man jetzt das unterdrückte Holz herausnimmt, bei dem späteren Aushiebe des starken Baumes der Schluß auf einmal zu sehr unterbrochen und, wenn der Baum bis zuletzt stehen bleibt, der junge Bestand allzusehr beschädigt werden wird. Unter Umständen kann in solchen Fällen auch eine teilweise Entästung solcher starken Stämme geboten sein, um die unterdrückten Stämme zu erhalten und später als Samenbäume benutzen und mit geringerem Schaden herausnehmen zu können.

In den Überhaltbetrieben sind namentlich auch die die künftigen Überhälter unmittelbar beengenden Stämme zur Fällung zu bringen.

§ 305. Weiter sind bei den Vorbereitungshieben alle nicht entwicklungsfähigen oder sonst zur Bestandsbildung nicht geeigneten Vorwüchse, (§ 200), soweit dies ohne allzustarke Bloßlegung des Bodens möglich ist, wegzuhauen oder nötigenfalls aufzuästen.

Dagegen sind alle zur Bestandsbildung brauchbaren Vorwüchse, insbesondere in sich geschlossene Vorwuchshorste der vorwüchsig anzuziehenden Holzart durch stärkere Lichtung und durch Aufästung in dem alten Bestande unter möglichster

Schonung des obersten Kronenschlusses so weit freizustellen, als nötig ist, um sie bis zur Samenschlagstellung gesund zu erhalten, soferne nicht die Rücksicht auf die Windbruchgefahr es ratsamer erscheinen läßt, auf ihre Erhaltung zu verzichten.

Als erhaltungsfähig, bezw. erhaltungswürdig sind nicht zu betrachten:

1. alle durch die Holzfällungen und die Holzabfuhr oder sonst an der Rinde oder in der Krone merklich beschädigten, sowie die umliegenden oder krummgewachsenen oder krebsigen Vorwüchse.
2. bei Holzarten, welche, wie die meisten Lichthölzer, nicht die Fähigkeit haben, wenn sie einmal schirmförmig geworden sind, sich wieder zu normalen Stämmen zu entwickeln, alle durch Aufhören des Höhenwuchses bereits schirmförmig gewordenen Vorwüchse;
3. bei Holzarten, welche wie z. B. Buche und Kiefer die Neigung haben, sich im Einzelstande in die Äste zu verbreiten, alle einzelständigen, nicht in geschlossenen Horsten erwachsenen Vorwüchse,
4. alle diejenigen Vorwüchse, welche sich bei dem mit Rücksicht auf die Windgefahr zulässigen Grade der Lichtung nicht bis zum eigentlichen Angriffshiebe erhalten lassen;
5. die Vorwüchse derjenigen Holzarten, welche man im jungen Bestande entweder gar nicht oder nicht vorwüchsig haben will oder welche in demselben nur untergeordnet vertreten sein sollen, in letzterem Falle, wenn sie ebenso rasch oder rascher als die Hauptholzarten wachsen.

Im allgemeinen darf man indessen bei den Vorbereitungshieben mit der Erhaltung der Vorwuchshorste nicht zu ängstlich sein. Namentlich bei den Schattenholzarten erholen sich scheinbar ganz hoffnungslos gewordene Vorwüchse zusehends, wenn man die Vorsicht gebraucht, sie ganz allmählich freizustellen und nach und nach an vollen Lichtgenuß zu gewöhnen. Läßt man sie bis zum eigentlichen Angriffe unbeachtet, so sind sie bis dahin oft rettungslos verloren oder gehen bei allzu starker Lichtung ein.

Die Vorbereitungshiebe werden wiederholt, wenn Samenjahre zu lange ausbleiben und sich wieder ein allzudichter Schluß herstellt oder erhaltenswerte Vorwüchse zugrunde zu gehen drohen.

Ihre Auszeichnung erfolgt bei allen sommergrünen Holzarten mit Rücksicht auf die im Winter leicht übersehbaren Vorwüchse, so lange dieselben belaubt sind, also im Sommer, bei den wintergrünen Nadelhölzern umgekehrt besser im Winter, am besten bei leichtem Spurschnee, aus welchem die jungen Pflänzchen deutlich erkennbar herausschauen.

Zeigt sich in Vorbereitungsschlägen Bodenverhärtung oder -Verwilderung so sind Schweineeintrieb und die Herstellung von Schutzfurchen (§ 249) die sichersten Mittel, bis zur Bestandsgründung ein brauchbares Keimbett herzustellen.

Der Besamungsschlag.

§ 306. Tritt in den durch die Vorbereitungshiebe zur Verjüngung gehörig vorbereiteten Beständen ein Samenjahr ein, so erfolgt der eigentliche Angriff derselben durch die Stellung des Dunkelschlages, Besamungsschlages oder Samenhiebes.

Derselbe hat vor allem zum Zwecke, was an erhaltungswerten Vorwüchsen vorhanden ist, zu erhalten und zu gedeihlicher Entwickelung zu bringen und auf den noch unbesamten Stellen eine Besamung hervorzurufen.

Diese Besamungsschläge kann man über größere, zusammenhängende Flächen ausdehnen, wenn man es mit Holzarten zu thun hat, welche in der gegebenen Lage von den Sturmwinden nicht zu leiden haben; im umgekehrten Falle muß man sie auf schmale Streifen auf der der vorherrschenden Richtung der Sturmwinde abgewendeten Seite des Bestandes beschränken, und zwar müssen diese Streifen um so schmäler sein, je größer nach Maßgabe der Holzart und Lage die Windgefahr ist und je länger man die Mutterbäume auf der angehauenen Fläche stehen lassen will oder muß. Daß damit im Gebirge niemals am unteren Teile der zu verjüngenden Bestände begonnen werden darf, wenn nicht ein den Bestand quer teilender Weg die schadenlose Ausbringung der oben zu füllenden Hölzer ermöglicht, versteht sich von selbst. Man haut dann lieber im halben Windschutze in bergab laufenden Streifen.

§ 307. Die erste Aufgabe bei den Besamungsschlägen ist wie gesagt die, den brauchbaren Vorwüchsen innerhalb der zum Angriffe bestimmten Fläche den zur gedeihlichen Entwicklung notwendigen Lichtzutritt zu gewähren, und erst, wenn diesen der nötige Lichtgrad gegeben ist, ist zu untersuchen, ob der infolge dieser Lichtung über den Vorwüchsen auf den unbesamten Flächen eintretende Grad des Seitenlichtes hinreicht, um auf den noch unbesamten Stellen eine neue Besamung hervorzurufen und während des ersten und allenfalls auch zweiten Jahres lebensfähig zu erhalten. Ist das nicht der Fall, so muß auch über den unbesamten Stellen der Altholzbestand entsprechend gelichtet werden.

§ 308. Der Grad der Lichtung, sowohl über den Vorwüchsen, als da, wo diese fehlen, ist aber je nach Standort und Holzart ein außerordentlich verschiedener. Während sich bei den ausgesprochenen Schattenholzarten auf gutem Standorte ein gehörig gesetzter Boden in dem Schlusse der Vorbereitungsschlagstellung bei eintretenden Samenjahren vollkommen besamt und auf Standorten mittlerer Güte eine merkliche Lichtung über Vorwuchspartieen genügt, um im weiten Umkreise um dieselben eine volle Besamung hervorzurufen, ist bei ihnen auf inbezug auf Bodenfruchtbarkeit und Feuchtigkeit geringem Standorte, namentlich in trockener Lage, oft eine recht energische über $1/_3$ der Gesamtholzmasse hinausgehende Lichtung erforderlich, wenn die unbesamten Teile in Bestockung kommen sollen.

Ebenso genügt bei den Lichtholzarten auf sehr gutem Standorte, namentlich auf sehr frischem und fruchtbarem Boden, oft eine kaum merkliche Lichtung zur Herstellung einer vollkommenen Besamung, während auf den dürrsten Böden den jungen Lichtpflanzen selbst die lockerste Stellung des Besamungsschlages zu schattig ist.

§ 309. Es giebt daher für die einzelnen Holzarten keine für alle verschiedenen Standorte giltige Generalregel über den Grad von Licht, welcher ihnen bei der Samenschlagstellung gewährt werden muß. Die Stellung, welche der Lichtpflanze Eiche auf den besten Standorten genügt, ist der Schattenpflanze Tanne in trockenem Klima auf schlechtem, namentlich trockenem Boden zu dunkel, und umgekehrt ist der Grad der Lichtung, welche die ausgesprocheuste Schattenholzart, die Tanne, in trockener Lage verlangt, der Lichtpflanze Eiche in sehr kräftigem und frischem und deshalb sehr graswüchsigem Boden, namentlich wo Spätfröste häufig sind, viel zu hell.

Da nun die Vorteile dieser Verjüngungsmethode nur dann vollkommen ausgenutzt werden, wenn auf der Verjüngungsfläche gleichzeitig ein möglichst großer Teil des Altbestandes erhalten und eine möglichst vollständige Verjüngung erzielt wird, da ferner ein Übermaß der Lichtung bei allen durch Graswuchs oder Spätfröste notleidenden Holzarten entschieden schädlicher wirkt, als eine zu dichte Beschattung, da endlich, wenn sich die Stellung als zu dunkel erweist, das Übermaß der Mutterbäume leicht im nächsten oder zweiten Winter beseitigt werden kann, so gelten für die Stellung der Besamungsschläge folgende Regeln:

1. Die Schlagstellung kann und soll für die gleiche Holzart eine um so dunklere sein, je fruchtbarer und frischer der Boden und je feuchter die Luft ist;
2. auf gleichem Standort muß für die lichtbedürftigere Holzart die lichtere Stellung gewählt werden;
3. im Zweifel ist die Stellung lieber etwas zu dunkel, als zu licht zu wählen, es sei denn, daß die Holzart auf dem gegebenen Standorte von Graswuchs oder Spätfrost nicht zu leiden hat und besondere Verhältnisse, z. B. die Notwendigkeit, die Jungwüchse im Interesse der Hiebsfolge zu besonders beschleunigtem Wachstum zu bringen oder eine die schadenlose spätere Herausnahme der Althölzer sehr erschwerende Terrainform und dergleichen, Ausnahmen von dieser Regel rechtfertigen.

§ 310. Der zum Gedeihen der Jungwüchse nötige Lichtgrad kann nun in verschiedener Weise hergestellt werden. In früherer Zeit hat man bei allen Holzarten und auf allen Standorten auf möglichst **gleichmäßige Verteilung der stehenbleibenden Samenbäume** einen besonderen Wert gelegt und genaue Regeln gegeben, wie weit die Spitzen der Zweige der Samenbäume bei den verschiedenen Holzarten von einander entfernt sein sollten.

Diese Regeln hatten, wenn man dabei die verschiedenen Anforderungen des Standortes in Rechnung zog, ihre Berechtigung, so lange man vorzugsweise auf reine und ganz gleichalterige Bestände hinwirtschaftete und glaubte, gleich beim Besamungsschlage den Beständen die Stellung geben zu müssen, welche den Anwuchs befähigte, unter seinem Drucke mehrere Jahre lang auszuharren. Sie sollte außerdem namentlich bei Holzarten mit schwerem Samen eine möglichst gleichmäßige Verteilung des Samens und allen schutzbedürftigen Pflänzlingen gleichmäßigen Schutz sichern.

§ 311. Dieselbe hatte jedoch mancherlei forst- und finanzwirtschaftliche Nachteile zur Folge. Vor allem mußten dabei der Regelmäßigkeit der Stellung zuliebe oft Mutterbäume stehen bleiben, deren spätere Herausnahme nicht ohne großen Schaden für die entstandenen Jungwüchse bewerkstelligt werden konnte, oder welche leicht vom Winde geworfen wurden, namentlich sehr schwere, krummgewachsene, faule oder sehr langschaftige Stämme mit hoch angesetzter Krone. Dabei standen, wenn die Verjüngung glückte, die Mutterbäume überall im Jungholze verteilt, und kein Teil der ersteren war, bis die letzteren vollständig abgeräumt waren, von den Beschädigungen durch ihren Aushieb verschont. In Mischwaldungen kam dazu, daß oft Holzsortimente in großen Massen zum Hiebe kamen, deren Preis momentan gedrückt war. Endlich verraste oder verangerte der Boden, namentlich bei etwas lichter Schlagstellung, wenn aus von der Schlagstellung unabhängigen Gründen, etwa infolge starker, durch die Mutterbäume nicht abgehaltener Spätfröste oder durch anhaltende Dürre, die Besamung fehlschlug. Auf sehr graswüchsigem oder sehr leicht verhärtendem Boden war dann oft die Möglichkeit der natürlichen Verjüngung auch für die nächsten Samenjahre ausgeschlossen.

Dabei lehrte die Erfahrung daß sich zufällige Bestandslücken, namentlich wenn sie noch im vollen Seitenschatten des sonst noch geschlossenen Bestandes lagen, leicht von selbst besamten und ebenso, daß sich an Schlagrändern, unter dem Einflusse des Seitenlichtes, unter noch geschlossenem Bestande volle Besamungen einstellten und sich mindestens ein bis zwei Jahre erhielten. Man schloß daraus mit Recht, daß, um eine Besamung zu erzielen, weder Licht, noch Schatten notwendigerweise von oben kommen müsse, daß man den nötigen Grad von beiden ebenso gut von der Seite erhalten könne.

Eine regelmäßige Verteilung des Samens erfolgte aber bei allen Holzarten, deren Samen im Herbste, also vor der Ausführung des Samenhiebes abfällt oder abfliegt, auch bei unregelmäßiger Schlagstellung ganz von selbst. Ehe der Schlag gefällt wird, hat die Verteilung schon stattgefunden.

§ 312. Man legt deshalb jetzt auf eine regelmäßige Verteilung der Samenbäume nur noch da Gewicht, wo dieselben entweder hauptsächlich die Aufgabe haben, die in der Nacht vom Boden ausgehenden Wärmestrahlen zurückzuwerfen und dadurch die Spätfröste zu verhindern, also bei gegen Spätfröste empfindlichen Holzarten auf zu Spätfrösten geneigtem Standorte oder wo die zu erziehenden Holzarten nur eine sehr lichte Überschirmung ertragen, der Samen aber erst nach der Fällung abfliegt, wie bei der Kiefer. Aber selbst im ersteren Falle mehren sich die Stimmen für die s. g. löcherweise Verjüngung. Von der nicht unberechtigten Ansicht ausgehend, daß nicht das Gefrieren, sondern das rasche Auftauen die Pflanzen zerstört, behauptet man, daß der Seitenschatten der beim Löcherhiebe geschlossen bleibenden Bestandsteile die Pflanzen besser vor wirklichem Frostschaden schütze, als direkte Überschirmung, welche zwar das Gefrieren erschwert, rasches Auftauen aber weniger verhindert, als dichter Seitenschutz.

§ 313. In allen anderen Fällen, namentlich aber bei allen gegen Hitze empfindlichen Holzarten auf trockenem Standorte, giebt man jetzt überall der löcherweisen Verjüngung entschieden den Vorzug vor der regelmäßigen Schlagstellung und pflegt bei der Auszeichnung der Samenhiebe, oder wie man sie bei den Schattenhölzern gewöhnlich auch zu nennen pflegt, der Dunkelschläge im allgemeinen in folgender Weise zu verfahren:

Man sucht vor allem die im Bereiche der Hiebsfläche vorhandenen brauchbaren Vorwuchshorste auf und sucht ihnen durch Aushieb gerade über ihnen stehender oder mit ihren Kronen über sie hinaushängender Stämme den zu ihrer gedeihlichen Weiterentwicklung nötigen Lichtgrad zu geben. Man wählt dabei wie bei den Vorbereitungshieben zuerst diejenigen Stämme heraus, welche bei ihrer späteren Herausnahme oder durch etwaigen Windwurf am Jungholze den größten Schaden machen würden. Wo man die Wahl hat, greift man zu den in der Mitte der Vorwuchshorste stehenden und verschont umgekehrt die am Rande derselben erwachsenen, wie denn überhaupt bei allen Verjüngungsschlägen darauf hingearbeitet werden muß, daß, wenn die Junghölzer einmal so weit herangewachsen sind, daß sie sich, durch darauf fallende Stämme umgedrückt, nicht mehr von selbst aufrichten können, kein Holz mehr in sie geworfen wird.

Wo die Holzart oder der Standort eine energische Lichtung über den Vorwüchsen nötig machen, zieht man es mit Rücksicht auf diesen letzteren Umstand in der Regel vor, lieber das Centrum der Vorwuchspartieen ganz frei zu hauen und ihre Ränder relativ dunkel zu halten.

§ 314. Sind so die Vorwüchse genügend freigestellt, so ist damit durch das von der Seite einströmende Seitenlicht häufig für die anstoßenden Teile der noch unbesamten Fläche der zu ihrer Besamung nötige Lichtgrad gegeben. Ist das nicht der Fall, so muß auch im unbesamten Teile gehauen werden und zwar nimmt man zunächst in der nächsten Umgebung der freigestellten Vorwuchshorste, soweit das zur Erzielung des nötigen Lichtgrades nötig ist, Stämme hinweg, welche später in die Vorwuchshorste fallen würden und wenn auch das nicht ausreicht, von da ausgehend immer zuerst diejenigen Stämme, welche man auch im Innern der Vorwuchspartieen vorzugsweise zu Leibe geht, also kranke, krumme, besonders starke, sehr tiefbeastete oder sehr hochkronige Stämme und wählt dabei, wo man die Wahl hat, immer diejenigen, welche nach der momentanen Handelslage im Verhältnisse zu ihrem Gebrauchswerte gerade am besten bezahlt werden, also Nutzholz gebende in Jahren guter Nutzholzpreise, vorherrschend Brennholz liefernde bei hohen Brennholzpreisen. Dagegen läßt man, namentlich wo die Fällung des Holzes, wie z. B. bei der Kiefer, vor dem Samenabfalle erfolgen muß, oder wo die erste Besamung fehlschlagen könnte, gesunde, weder zu tief beastete noch zu hochkronige Stämme mit gesunder Krone als Mutterbäume stehen.

Sind die Holzpreise normal, so bestimmt man, wenn zwei Stämme als Mutterbäume gleich gut sind, immer den stärkeren und verschont den schwächeren, weil der stärkere bei späterer Fällung größeren Schaden macht.

§ 315. Über Stellen, welche besondere Neigung zu starkem Graswuchse zeigen, sowie über solchen, auf welchen sich bereits der anzuziehenden Holzart schädliche hochstengelige Forstunkräuter, z. B. Brombeeren, Besenpfriemen, Adlerfarren, Weidenröschen, Fingerhut, angesiedelt haben, sowie über vermöge ihrer eingeschlossenen Lage oder großer Feuchtigkeit im Falle der Freistellung den Spätfrösten ausgesetzten Stellen läßt man, sofern es sich um die Verjüngung gegen Unkräuterwuchs oder Spätfrost empfindlicher Holzarten handelt, den Bestand nach oben geschlossen und sucht den nötigen Lichtgrad durch stärkere Lichtung in der Umgebung herzustellen.

Unentbehrliche Holzlagerplätze im Inneren des Bestandes müssen, weil dort doch keine Besamung zu erwarten ist, ganz dunkel gehalten werden.

In den Überhaltbetrieben sind die von Jugend auf zu Überhältern erzogenen einzelnen Stämme, Gruppen oder Horste älteren Holzes durch vorsichtige Lichtung in ihrer Umgebung, die Gruppen und Horste außerdem durch Herausnahme nicht überhaltfähiger Stämme aus ihrem Inneren allmählich an den ganz freien Stand zu gewöhnen. Ist dazu nicht schon bei den letzten Durchforstungen und bei dem Vorbereitungshiebe der Anfang gemacht, so ist es wenigstens bei der Eiche meist zwecklos, sie nachträglich beim Besamungsschlage auszuwählen und in den freien Stand überzuführen. Sie ertragen die schroffe Änderung in der Beleuchtung dann in der Regel nicht mehr.

§ 316. Wo Vorwüchse vorhanden sind, hat auch die Auszeichnung der Besamungsschläge bei allen sommergrünen Holzarten bei belaubtem Zustande derselben stattzufinden. Auch versteht es sich von selbst, daß man die zu fällenden Stämme auszeichnet, wenn die Mehrzahl der Bäume als Mutterbestand stehen bleibt, dagegen die Mutterbäume, wenn die Mehrzahl der Stämme gefällt wird. In letzterem Falle ist natürlich eine Art der Kennzeichnung der stehen bleibenden Bäume zu wählen, welche sie nicht beschädigt.

Die Fällung und Aufarbeitung des Holzes erfolgt zweckmäßig im Spätherbste und Winter, und zwar bei allen Holzarten, deren Samen im Herbste abfallen und einer Decke bedürfen, nach Abfall des Samens, weil dann der Samen durch die Arbeiter in den Boden getreten oder unter die Laubdecke oder zwischen die Rasen geschoben wird.

Daß dabei alles empfänglichen Boden überdeckende Reisig aufgearbeitet, alles in Vorwüchsen anfallende Holz, soweit es nicht ohne Schaden gefällt oder abgeführt werden kann, entästet, bezw. ausgerückt und alles auf unbesamten, aber zur Besamung bestimmten Flächen sitzende Holz vor der Keimung des Samens abgefahren sein muß, daß ferner über erhaltenswerten Vorwüchsen bei Frostwetter nicht gehauen werden darf, versteht sich von selbst.

§ 317. Der Boden der Verjüngungsschläge befindet sich indessen nicht immer in dem Zustande, daß er dem abfallenden Samen ohne weiteres ein gutes Keimbett liefert. Häufig ist derselbe namentlich in Lichtholzbeständen, manchmal aber auch in mißhandelten Schattenhölzern durch Freiliegen oberflächlich verhärtet und verunkrautet oder durch stattgehabte Streunutzung oberflächlich verarmt. Hie und da haftet wohl auch auf dem Boden das abfallende Laub nicht, welches dem Samen über Winter als Decke dienen könnte; an anderen Stellen ist es vom Winde in solchen Mengen zusammengeweht, daß der abfallende Samen darunter vermodert oder seine Wurzel beim Keimen nicht in den Boden dringen kann.

Es ist dann nötig, dem fallenden Samen künstlich ein gutes Keimbett zu schaffen und bei allen einer neuen Decke bedürftigen Samen ihn künstlich zu bedecken.

Das beste, in den meisten Fällen wirksame Mittel dazu ist der Schweineeintrieb, wie wir ihn in §§ 272 und 273 beschrieben haben. Bei Eintritt des Samenjahres speziell ist der Schweineeintrieb bis zum Abfalle des Samens, bei Holzarten, deren Samen eine ziemlich starke Bedeckung vertragen, über diese hinaus bis zur Keimung fortzusetzen; bei Holzarten, deren Samen die Schweine annehmen, jedoch nur dann, wenn die Mast eine sehr reichliche ist, und auch dann mit der Beschränkung, daß man die Schweine, ehe man sie in die zur Verjüngung bestimmten Flächen einläßt, sich in anderen noch nicht zur Verjüngung bestimmten sättigen läßt. Sie suchen dann in den Samenschlägen mehr nach Insekten und Würmern und wühlen dabei die Masse der Samen, welche sie meist unberührt lassen, in die Erde. Wo der Schweineeintrieb während und nach Abfall des Samens eingestellt wurde, werden die zwischen die Erdschollen gefallenen Samen beim Zerfallen derselben infolge Gefrierens oder Zertretens, sowie durch das abfallende an den Schollen haften bleibende Laub ausreichend bedeckt.

Der Schweineeintrieb erfüllt also inbezug auf die Herstellung des Keimbetts die vierfache Aufgabe, die Krume freizulegen, sie zu lockern, den abfallenden Samen zu bedecken und den Unkräuterwuchs zurückzuhalten. Er ist das vollkommenste und dabei billigste Mittel zur Herstellung eines guten Keimbettes.

§ 318. Häufig stehen indessen bei ungenügender Beschaffenheit der Bodenoberfläche dem Wirtschafter Schweineherden nicht zur Verfügung oder es ist der Boden oberflächlich so verhärtet oder mit so dichtem Unkraute bewachsen, daß die Schweine nicht brechen, oder der Boden hat Mängel, wie übermäßige Nässe oder ungenügende Feuchtigkeit, welche durch den Schweineeintrieb nicht beseitigt werden können.

Es sind dann zu geeigneter Zeit alle die Hilfsmittel zu ergreifen, welche wir in dem Kapitel über die Bodenvorbereitung besprochen haben, soweit sie nicht ihrer Natur nach nur bei der künstlichen oder nur bei der Nachverjüngung anwendbar oder mit Rücksicht auf den zu erzielenden Effekt zu teuer sind.

Zu den bei der Samenschlagverjüngung nicht anwendbaren Arten der Bodenvorbereitung gehören die Grabenkulturen im Sinne des § 240 und die Herstellung rajolter Streifen, die Ortsteinkulturen, bei dichter Stellung des Schirmbestandes auch das Umpflügen und der landwirtschaftliche Zwischenbau, weil ihre Ausführung durch die Wurzeln der Mutterbäume gehindert wird, das Überlandbrennen, weil es die Samenbäume gefährdet und die Vorwüchse zerstört, das Aufschütten von Hügeln und die Plaggenkultur, weil die Hügel und Platten durch die spätere Aufarbeitung des Holzes zerstört werden, die Bodenlockerung durch Bohren und endlich alle Arten der Düngung mit herbeigeschafftem Dünger, vielleicht mit Ausnahme des wohlfeilen Kalkes, weil man es nicht in der Hand hat, den Samen auf die gelockerten und gedüngten Stellen zu bringen, die Lockerung und Düngung der ganzen Fläche aber zu teuer wird. Dagegen liefern einige Jahre vor dem Samenhiebe ausgeführte Horizontalgräben (§ 249) vorzügliche Keimbette.

Flugsandbindungen pflegen bei der natürlichen Vorverjüngung nicht vorzukommen. Flugsandböden eignen sich im allgemeinen nur für die Kiefer, also für eine ausgesprochene Lichtholzart, welche auf so geringem Boden, wie es der Flugsand immer ist, gar keine Beschattung erträgt.

§ 319. Bei allen bei der natürlichen Vorverjüngung auszuführenden Bodenvorbereitungen muß darauf Rücksicht genommen werden, daß der auf den Boden gelangende Samen infolge derselben nicht zu stark, aber doch genügend bedeckt wird.

Im allgemeinen kann man annehmen, daß mit Ausnahme der Akazie ein einzelner Samenkern beim Keimen keine Decke zu heben oder zu durchdringen vermag, welche erheblich dicker als er selbst ist.

Es folgt daraus, daß alle Bodenvorbereitungen in Besamungsschlägen, welche die bisherige Bodenoberfläche tiefer in den Boden bringen, als der Same der zu erziehenden Holzart bedeckt werden darf, also das tiefe Umhacken und Umspaten des Bodens, sowie das Stockroden bei allen Holzarten und das Übererden, die Rabattenkulturen und das oberflächliche Umhacken, bei Holzarten mit leichtem Samen unbedingt vor Samenabfall stattfinden müssen, ebenso selbstverständlich alle Arbeiten, bei welchen es sich lediglich um die Bloßlegung des Bodens handelt. Würde in letzterem Falle die Bearbeitung nach Abfall des

Samens stattfinden, so würde der Samen mit den Bodenüberzügen entfernt und an nicht bearbeitete Stellen gebracht oder zerstört werden. Bei Holzarten mit mittelschwerem Samen, z. B. bei der Tanne, führt es indessen manchmal zum Ziele, wenn man die nach Samenabfall abgeschürften Bodenüberzüge über der freigelegten Krume ausschüttelt. Auch empfiehlt es sich bei solchen Holzarten, wenn man die Stöcke in Besamungsschlägen erst nach Samenabfall roden kann, den Holzhauern aufzugeben, daß sie die auf den Rodeflächen vorhandenen Bodendecken auf die Seite legen und bei Holzarten mit schwerem Samen darauf liegenden Samen sammeln und dann die Bodendecken über dem ausgefüllten Stockloche ausschütteln und den gesammelten Samen auf dasselbe säen. Streng genommen hat man es aber in beiden Fällen mit der Saat und nicht mit der natürlichen Verjüngung zu thun.

Ferner folgt daraus, daß die Bodenoberfläche um so weniger grobschollig bearbeitet werden darf, daß mit anderen Worten bei der Bearbeitung die einzelnen Erdschollen in um so kleinere Stücke zerschlagen werden müssen, je leichter der Samen der anzuziehenden Holzart ist. Wird darauf keine Rücksicht genommen, so werden die vorherrschend zwischen die Schollen fallenden Samenkörner, wenn dieselben während des Winters unter dem Einflusse des Frostes zerfallen oder durch die Aufarbeitung des Holzes zerdrückt oder verschoben werden, viel zu tief bedeckt.

§ 320. Hie und da ist es aber nicht möglich, die Bodenbearbeitung vor dem Samenabfalle zu bewirken, etwa weil man vorher nicht Arbeiter genug zur Verfügung hatte und bei Holzarten mit schwerem Samen, weil es nur eine vorher nicht zu beurteilende Sprengmast gab und man nur diejenigen Flächen bearbeiten wollte, auf welche sicher guter Samen fällt.

In solchen Fällen kann dieselbe unter Umständen auch nach dem Samenabfalle stattfinden; sie muß sich dann aber nach den Verhältnissen der betreffenden Holzart richten und darf auf keinen Fall den Samen tiefer in die Erde bringen, als es seine Eigenart erfordert.

Es muß deshalb insbesondere bei Holzarten mit leichtem Samen nach dem Samenabfalle nicht nur auf jede nachträgliche Entfernung der Bodendecke, sondern auch auf jede einigermaßen tiefgehende Bodenlockerung verzichtet werden. Die einzig zulässige Methode der Lockerung ist in diesem Falle das Aufkratzen mit Harke und Egge.

Bei Holzarten mit schwererem Samen hat man sich auf eine entsprechend flache Bearbeitung zu beschränken und auch dann darf bei nicht ganz schwerem Samen die Bearbeitung keine schollige sein, wenn der Boden nicht so locker ist, daß er über Winter von selbst zerfällt; d. h. es darf der Boden bei Holzarten mit mittelschwerem Samen nur kurz gehackt (§ 274) oder nur ganz oberflächlich mit leichten Instrumenten gehäckelt werden, wenn bei früherer Ausführung scholliges Hacken thunlich ist.

Wo man vorher weiß, daß man die gesamte Arbeit der Bodenvorbereitung nicht rechtzeitig vollenden kann, thut man gut, die Freilegung der Bodenkrume und alle tiefgehenden Bearbeitungen so bald wie möglich vorzunehmen, die Arbeiten aber, welche im Notfalle auch nach dem Samenabfalle stattfinden können, auf zuletzt zu verschieben.

§ 321. Besondere Arbeiten zur Bedeckung des Samens sind bei der natürlichen Vorverjüngung nur bei schwerem Samen und auch da nur dann erforderlich, wenn keine schollige Bearbeitung des Bodens vorhergegangen ist und das abfallende Laub auf dem Boden nicht in genügender Menge haftet, oder wenn man durch tiefere Unterbringung des Samens ein zu frühzeitiges Keimen verhindern will. Leichte Samen werden überall, schwere wenigstens auf schollig bearbeitetem oder von Schweinen umgebrochenem Gelände durch die mit der Holzhauerei verbundene Bodenverwundung ausreichend bedeckt. Wo die Decke nicht ausreicht, wird schwerer Samen in der eben geschilderten Weise untergehackt oder übererdet, eine Manipulation, welche bei solchem Samen immer erst nach dem Samenabfalle stattfinden darf.

Es versteht sich nach dem in den früheren Paragraphen Gesagten von selbst, daß die günstigen Wirkungen der Bodenbearbeitung verstärkt werden, wenn man, nachdem der Boden durch dieselbe für die Schweine zugänglich gemacht ist, nach ihrer Fertigstellung Schweine in die zu verjüngenden Bestände eintreibt, und zwar bis zum Abfalle des Samens, wenn es sich um Holzarten mit leichtem, keine starke Bedeckung vertragendem Samen handelt und mit den angegebenen Vorsichtsmaßregeln bis zur Keimung desselben bei Holzarten mit schwerem, eine tiefe Bedeckung ertragendem Samen.

§ 322. Daß, wo durch die zu besamende Fläche zur Holzausbringung notwendige Holzlagerplätze, Wege, Schleifen und Schlittwege oder von der Bevölkerung viel benutzte, bedeutende Umwege abschneidende Fußpfade führen, diese wie bei allen Kulturen nicht allein bei der Arbeit übersprungen, sondern wenn sie unnötige Krümmungen zeigen, auch rektifiziert werden müssen, sei hier nur erwähnt, weil diese eigentlich selbstverständliche Regel von den Beamten in übertriebenem Diensteifer häufig nicht beachtet wird. Namentlich die Fußpfade zwischen zwei Dörfern läßt sich die Bevölkerung, wenn sie wirklich merkliche Umwege abschneiden, doch nicht nehmen. Ihre Richtung wird doch eingehalten, und der Schaden ist, wenn der alte Pfad verwischt ist, weil dann jeder einen anderen Weg durch die Verjüngung einschlägt, ein größerer, als wenn man den alten von der Bearbeitung ausgeschlossen und dadurch holzfrei gehalten hätte.

§ 323. Ist auf diese Weise der Mutterbestand in Besamungsschlagstellung gebracht und der Boden zur Keimung der abfallenden Samen tauglich gemacht, so erscheint im Frühjahre eine mehr oder weniger vollkommene Besamung, ein mehr oder weniger reichlicher Aufschlag oder Anflug; die Fläche hat sich besamt.

Die Keimlinge sind in der ersten Jugend mancherlei Gefahren ausgesetzt. Bei vielen Holzarten erfrieren sie sehr leicht oder gehen durch anhaltende Hitze zugrunde; andere werden ihrer Kleinheit halber vom sprossenden Grase leicht erstickt, Gefahren, gegen welche nur eine richtige Bodenpflege und eine richtige Hiebsführung einigermaßen schützen. Alle sind sie aber, so lange das Stämmchen noch nicht verholzt ist, gegen äußere Beschädigungen sehr empfindlich.

Es ist daher erste Regel bei jeder vernünftigen Wirtschaft, daß von dem Augenblicke an, in welchem der erste Keimling erscheint, der Schlag in jeder Hinsicht in Schonung gelegt, d. h. nicht allein von niemanden ohne Not betreten, sondern auch von Vieh- und Schweineeintrieb, von jeder Holzabfuhr und von jeder Nebennutzung verschont wird. Namentlich darf in Besamungsschlägen liegendes Holz, soweit es nicht ausgerückt werden konnte und deshalb auf zur Besamung bestimmter Fläche geladen oder über dieselbe gefahren werden muß, nicht abgefahren werden, so lange die Keimlinge nicht verholzt sind. Was an solchem Holze Mitte April noch in den Besamungsschlägen liegt, muß bis zum Herbste darin liegen bleiben; auch ist es mit Rücksicht auf diesen Umstand geboten, im Spätherbste von allen Schlägen zuerst die Besamungsschläge in Angriff zu nehmen und womöglich alles in denselben anfallende Holz auszurücken und, wenn das nicht möglich ist, so schnell als möglich zu verkaufen.

Unbesamt gebliebene Stellen werden, wenn die Schlagstellung über ihnen das Eintreten der Bodenverschlechterung befürchten läßt, zweckmäßig alsbald durch Anlage von Schutzgräben dagegen geschützt.

4. Nachhiebe und Endhieb.

§ 324. Gelingt die Besamung, d. h. geht sie im ersten Jahre nicht durch Frost oder Hitze zugrunde, so bleibt der Bestand in strenger Hege; selbst Schweine werden nicht mehr eingetrieben. Dagegen muß, sobald sich das Bedürfnis zeigt, dem Aufschlage oder Anfluge ein stärkerer Lichtzufluß gewährt werden.

Man erkennt dieses Bedürfnis leicht an dem Aussehen der jungen Pflanzen. Sind dieselben saftig grün, und innerhalb der von der Natur der Holzart gezogenen Grenzen kräftig im Stämmchen und in der Größe der Blätter, erscheinen im Herbste die Knospen normal ausgebildet, so ist der Grad von Schatten, welchen die Pflanzen genießen, ihnen vollkommen zusagend. Ein Bedürfnis zu helfen, ist dann nicht gegeben.

Erscheinen die Pflanzen dagegen schwächlich, sind die Blätter bleichgrün oder kleiner als bei normal entwickelten Pflanzen, bilden sich die Knospen nicht gehörig aus, so ist es ihnen in der gegebenen Schlagstellung nicht behaglich; dieselbe ist ihnen zu dunkel oder zu hell, ersteres, wenn die mehr freistehenden, letzteres, wenn die mehr beschatteten Pflanzen ein besseres Aussehen zeigen.

In ersterem Falle muß durch weitere Lichtung da, wo sich diese Erscheinungen zeigen, unter Schonung der Stellen, auf welchen kein Aufschlag erfolgt ist oder der vorhandene keiner Lichtung bedarf, dem Aufschlage mehr Licht verschafft werden, sofern derselbe reichlich genug ist, um mit einiger Nachhilfe mindestens einen in sich geschlossenen Horst zu bilden.

Es geschieht das durch die s. g. Nachhiebe oder Lichthiebe, welche bei verschiedenen Holzarten und Standorten um so eher eingelegt und um so lichter gestellt werden müssen, je lichtbedürftiger die Holzart und je ärmer und trockener der Standort ist, und bei gleichen Standorten und Holzarten wiederum, je dunkler verhältnismäßig der Samenschlag gehalten wurde und je länger man mit ihnen gewartet hat.

§ 325. Bei der Auszeichnung derselben, welche selbstverständlich in einer Zeit vorgenommen werden muß, in welcher man den Zustand der Besamung genau erkennen kann, also bei Laubhölzern gegen Herbst vor Abfall des Laubes, verfährt man im allgemeinen in der gleichen Weise, wie in den Besamungsschlägen bei Freistellung der Vorwüchse.

Man nimmt also immer diejenigen Stämme zuerst heraus, welche durch ihr Verbleiben oder durch ihre spätere Herausnahme an den Jungwüchsen den größten Schaden machen oder leicht vom Winde geworfen oder gebrochen werden, und wo man die Wahl hat, die in der Mitte der Jungwüchse stehenden und unter diesen wieder die gerade am besten bezahlten zuerst. Ebenso sucht man, wenn die schon bei dem Besamungsschlage vorhandenen Vorwüchse mehr erstarkt sind und sich dem Alter nähern, in welchem sie von gefällten Stämmen zu Boden geschlagen werden, kümmerndem Aufschlage in ihrer Nähe durch stärkere Lichtung über den Vorwüchsen vermehrtes Seitenlicht zuzuführen, sofern es nicht besonders trockene Lage es wünschenswert erscheinen läßt, durch Wegnahme unmittelbar über ihnen stehender Stämme die wässerigen Niederschläge vollständiger zu ihnen gelangen zu lassen.

§ 326. Handelt es sich in letzterem Falle um Holzarten, welche durch Trockenheit oder Sonnenbrand leicht zugrunde gehen, aber durch Spätfröste wenig leiden, so erscheint es in der Regel ratsam, lieber über dichtem Aufschlage förmliche Löcher in den Oberstand zu hauen, den Rest des Bestandes aber ziemlich geschlossen zu halten, auch wenn dadurch der unter diesem Reste stehende Teil der Besamung wieder zugrunde geht. Der nach oben freigestellte Teil der Verjüngung gedeiht dann um so sicherer in dem Seitenschatten des geschlossen gehaltenen Oberstandes, und in dem dunkel gehaltenen Teile stellen sich bei dem nächsten Samenjahre leicht neue Besamungen ein, welche dann durch Erweiterung der beim ersten Nachhiebe eingehauenen Löcher nach oben freigestellt und durch Konservierung des im übrigen immer noch geschlossen zu haltenden Oberholzrestes von der Seite beschattet werden können.

Diese Form der Nachhiebe hat man früher den Spottnamen Löcherwirtschaft gegeben. Sie hat sich aber, wo die Gefahr der Spätfröste nicht sehr groß ist, in den angegebenen Fällen als die zweckmäßigste erwiesen und gewinnt, da sie das einmal Vorhandene in der denkbar vollkommensten Weise konserviert, ohne den Lichtungszuwachs ganz preiszugeben, unter dem Namen Verjüngung durch Kesselschläge auch da an Boden, wo sie nicht zur Notwendigkeit geworden ist.

§ 327. Der Hieb selbst darf bei Nachhieben niemals bei gefrorenem Holze stattfinden. Dagegen erscheint es als ein günstiger Umstand, wenn er bei nicht zu hohem Schnee ausgeführt werden kann, weil dann die Ausbringung des Holzes am unschädlichsten zu bewirken ist. Die gehauenen Stämme müssen sofort nach der Fällung aufgearbeitet und das anfallende Holz, wo es irgend ausführbar ist, aus den Jungwüchsen an holzfreie Stellen ausgerückt werden. Das Brennholz speziell darf dabei nicht geworfen oder gestürzt werden, sondern ist, wenn nicht so hoher Schnee liegt, daß es ohne Schaden auf Schlitten ausgebracht werden kann, von den Holzhauern auf den Schultern herauszutragen und zwar, wo irgend möglich, das Scheitholz, ehe es gespalten wird. Das Nutzholz wird am besten bei Schnee und weichem Wetter auf Schlitten ganz aufgeladen und, wo das nicht möglich ist, mindestens mit auf Schlitten oder Vorderwagen geladenem Erdstamme aus den Verjüngungen geschleift. Beides geschieht so bald als möglich, aber stets bei weichem Wetter.

§ 328. Ist so das vom Altholze angefallene Material aus den Besamungen herausgeschafft, so müssen alle dabei zerschlagenen, geknickten und zerschundenen jungen Pflanzen, soweit sie sich nicht mehr vollständig zu erholen versprechen, bei den vom Stocke ausschlagenden Laubhölzern mit scharfem Hiebe oder Schnitte glatt am Boden, bei den nicht ausschlagenden unterhalb der verwundeten Stelle abgehauen oder abgeschnitten werden, und man thut dabei gut, namentlich bei Holzarten, welche gegen Beschädigungen sehr empfindlich sind oder welche, wenn beschädigt, sehr von Insekten leiden, wenn nach Aushieb der beschädigten noch genug zur Bestandsbildung übrig bleibt, lieber alles Beschädigte ganz hinwegzunehmen. Ist die Besamung dazu nicht dicht genug, so sind nur krummgedrückte Pflanzen lediglich aufzurichten und, wo nötig, zu verpfählen. Bei dieser Gelegenheit werden auch Holzarten, welche man auch vorübergehend nicht im Bestande haben will, herausgenommen oder eventuell entgipfelt.

§ 329. Daß wo die Jungwüchse die Fähigkeit sich wieder aufzurichten bereits verloren haben, sowie da, wo die anzuziehende Holzart gegen Verletzungen besonders empfindlich ist, Stämme, welche in sie hineingeworfen werden müssen, vor der Fällung entästet und die hinein fallenden Äste sofort aufgearbeitet werden müssen, sowie, daß, wo irgend möglich, die Hölzer dahin zu werfen sind, wo sie den geringsten Schaden machen, und im Gebirge womöglich bergaufwärts versteht sich von selbst; ebenso daß, wenn durch vollständige Herausnahme eines Baumes der Lichtgrad zu stark würde, durch teilweise Aufastung desselben geholfen werden muß.

Wo man die Wahl hat, wird ein vorsichtiger Forstmann nur seine zuverlässigsten Holzhauer in Nachhieben beschäftigen.

Die Nachhiebe werden je nach Bedürfnis wiederholt und thut man gut, damit lieber öfter zu kommen und weniger zu nehmen, als durch starke Hauungen auf einmal die Jungwüchse zu raschem Lichtwechsel auszusetzen. Nur, wo besondere Bringungsanstalten, welche sich nur bei großen Holzmassen rentieren, hergestellt werden müssen, kann von dieser Regel abgesehen werden.

§ 330. Der letzte Nachhieb ist der Endhieb, Abtriebsschlag oder Räumungshieb. Derselbe kann eingelegt werden, sobald die Besamung keines Schutzes mehr bedarf, und muß eingelegt werden, sobald die unter den letzten Mutterbäumen stehenden Jungwüchse ihren Druck nicht mehr ertragen können, oder wenn sie bereits so weit herangewachsen sind, daß die Herausnahme der Althölzer später nicht mehr ohne ernstliche Gefährdung des jungen Bestandes möglich ist.

Dieser letztere Zeitpunkt tritt bei rasch wachsenden und gegen Beschädigungen empfindlichen Holzarten früher ein, als bei langsam wachsenden oder weniger empfindlichen; ebenso bei solchen, welche, weil sie bei dünnem Schafte nur im Wipfel belaubt sind, im Schlusse erwachsen, sich selbst nicht tragen können, wie z. B. bei der Buche früher als bei solchen, welche auch im Schlusse standfest bleiben, weil sie bei kräftigem Schafte bis zur Basis belaubt und beastet und nicht auf die Unterstützung der Nachbarbäumchen angewiesen sind, und bei sich ungenügend tragenden Holzart in sehr dichten Verjüngungen wiederum früher als in weniger dichten.

§ 331. Was den Zeitpunkt betrifft, in welchem die Jungwüchse aufhören, den Druck der Mutterbäume zu ertragen, so ist es selbstverständlich, daß derselbe bei gleichem Standorte bei den lichtbedürftigen Holzarten früher eintritt, als bei den schattenertragenden und bei gleicher Holzart wiederum um so früher, je ärmer und namentlich je trockener der Standort ist. Während z. B. die Tanne auf ihren besten Standorten recht gut 30 Jahre im Drucke eines lichten

Oberholzbestandes aushält, muß sie in trockenen Lagen schon nach 10 bis 12 Jahren vom Oberholze geräumt werden und, während umgekehrt die Kiefer auf ganz trockenen mageren Böden schon im ersten Jahre unter dem Drucke eines noch so lichten Oberstandes zugrunde geht, kann sie denselben auf sehr frischen Böden 10 Jahre lang ertragen.

§ 332. Ebenso verschieden ist je nach Holzart und Standort das Alter, in welchem der Aufschlag aufhört, schutzbedürftig zu sein.

Während die Birke, Kiefer und Weymouthskiefer schon als Keimlinge eines Schutzes gar nicht bedürfen und die gegen Spätfröste unempfindlichen Holzarten, wie z. B. die Hainbuche, auf frischem nicht allzu graswüchsigem Boden ohne Bedenken als Jährlinge ganz freigestellt werden können, verkrüppeln die Eiche, Buche, Esche, Tanne und Fichte in Frostlagen, wenn der Schirmbestand ganz hinweggenommen wird, ehe sie die Frosthöhe überschritten haben, wozu bei der Esche 3 bis 5, bei Eiche und Buche 4 bis 10, bei der Fichte 6 bis 8, bei der Tanne manchmal 15 Jahre erforderlich sind.

Der Gefahr des Vertrocknens sind Eichen, Kastanien, Kiefern und Weymouthskiefern überhaupt kaum ausgesetzt, Buche, Hainbuche und Fichte entwachsen ihr auf ihnen zusagendem Standorte in 3 bis 5, die Tanne in 4 bis 6 Jahren und der Gras- und Unkräuterwuchs, wird nur in den seltensten Fällen in hohem Maße schädlich, wenn er erst eintritt, wenn die Besamungen einmal 2 bis 4 jährig geworden sind.

§ 333. Dieselben Erwägungen, welche es bei allen noch einen Lichtungszuwachs von Belang versprechenden Beständen ratsam erscheinen lassen, die Samenschläge so dunkel zu führen, als es die Lichtbedürfnisse der betreffenden Holzart nach Maßgabe des Standortes nur irgend gestatten, führen auch dazu, in solchen Beständen die völlige Abräumung des Altholzes nach Thunlichkeit hinauszuschieben.

Je länger Alt- und Jungholz neben und über einander stehen, desto vollkommener werden die Vorzüge dieser Verjüngungsmethode ausgenutzt, desto länger kommt dem Waldbesitzer der Lichtungszuwachs der Althölzer zu Gute und desto mehr kann er die Umtriebszeiten abkürzen, ohne Gefahr zu laufen, privat- oder gesamtwirtschaftlich geringwertige Hölzer zu produzieren.

Der Endhieb wird mit anderen Worten nur da schon dann ausgeführt werden dürfen, wenn die Besamung aufhört schutzbedürftig zu sein, wo entweder

1. gleichzeitig mit dem Schutzbedürfnisse die Fähigkeit des Jungholzes aufhört, den Schatten des Altholzes zu ertragen oder die durch seine Herausnahme entstehenden Verletzungen zu überwinden, oder
2. wo am Altholze auf einen den Zuwachsverlusten am Jungholze ersetzenden Lichtungszuwachs nicht zu rechnen ist, oder endlich
3. wo mit Rücksicht auf die Herstellung einer regelmäßigen Hiebsfolge, sei es die Entwicklung des neuen Bestandes möglichst gefördert, sei es die Abräumung des Altholzes zur Ermöglichung der rascheren Inangriffnahme auf der Windseite vorliegender haubarer Bestände thunlichst beschleunigt werden muß.

§ 334. Der Zeitraum nun, welcher zwischen dem Besamungsschlage und dem Endhiebe verfließt, während dessen also die Verjüngung sich vollzieht, heißt der Verjüngungszeitraum, und man unterscheidet speziellen Verjüngungszeitraum der speziellen Hiebsfläche und allgemeinen des ganzen Bestandes. Letzterer ist notwendig länger als der erstere, wenn nicht der ganze Bestand auf einmal in Besamungsschlag gestellt wurde und er ist ihm gleich, wenn sich der Samenschlag gleich über alle Teile des Bestandes erstreckte und auch der Endhieb überall im Bestande gleichzeitig erfolgte.

Auf dem Unterschiede des allgemeinen Verjüngungszeitraums beruht der Unterschied zwischen Plenterwirtschaft und Hochwaldbetrieb und zwischen ein- und mehralterigen Hochwaldwirtschaften. Je kürzer der allgemeine Verjüngungszeitraum ist, desto gleichalteriger werden die Bestände, je länger desto größer sind die in ihnen vorkommenden Altersunterschiede.

Im Plenterwalde ist derselbe so lange als die Umtriebszeit; es befindet sich zu jeder Zeit ein Teil eines jeden Bestandes im Verjüngungszustande und es finden sich deshalb darin immer alle Altersklassen vom Anwuchse bis zum haubaren Stamme; im Hochwalde ist die allgemeine Verjüngungsdauer des Bestandes immer kürzer als die Umtriebszeit. Es giebt deshalb eine Zeit, während welcher im Hochwalde die Verjüngung, welche im Plenterwalde permanent ist, ruht. Besteht diese Zeit der Ruhe aus einem einzigen zusammenhängenden Zeitraume, so entstehen dadurch nahezu gleichalterige Bestände, wenn die speziellen Verjüngungszeiträume sehr kurz sind, dagegen ungleichalterige, wenn dieselben lange dauern.

Dagegen wechseln im zwei- und mehralterigen Hochwaldbetriebe während der Umtriebszeit längere Perioden der Ruhe mit Zeiten, in welchen Verjüngung stattfindet, und daher rührt es, daß in demselben die Altersklassen scharf durch längere Altersunterschiede getrennt sind.

Der spezielle Verjüugungszeitraum ist bei der Vorverjüngung immer ein mehrjähriger. Er umfaßt bei Lichthölzern auf geringem Standorte oft nur wenige Jahre, indem dem Samenschlage nach einem oder zwei Jahren vielleicht der Lichthieb und nach einem oder zwei weiteren Jahren der Endhieb folgt; manchmal folgt wohl auch der Endhieb, ohne daß ein Lichtschlag stattfindet, unmittelbar dem Samenschlage. Dagegen wird er bei Schattenhölzern, namentlich der in der Jugend sehr langsam wachsenden Tanne oft sehr weit, manchmal über das 20. und 30. Jahr hinausgeschoben.

§ 335. Bei dem Endhiebe werden alle nicht zum Einwachsen als Überhälter geeigneten Stämme in derselben Weise wie bei den Nachhieben hinweggenommen, und zwar geschieht das ohne Rücksicht darauf, ob die Besamung unter ihnen erfolgt ist oder nicht.

Die Hoffnung, daß sich unbesamte Stellen bei etwa später eintretenden Samenjahren noch besamen, bleibt, wenn die Schlagstellung einigermaßen licht war, in der Regel unerfüllt, wie denn überhaupt, wenn die erste Besamung infolge zu kräftiger Lichtstellung beim Samenhiebe fehlschlägt, ein langes Zuwarten auf weitere Besamung selten zum Ziele führt. Auf eine solche ist nur zu rechnen, wenn die Schlagstellung kaum über die Stellung des Vorbereitungshiebes hinausging. Ist in dieser Hinsicht ein Fehler geschehen, so thut man wohl, auf der betreffenden Stelle ganz auf die natürliche Vorverjüngung zu verzichten und rasch mit der künstlichen Verjüngung vorzugehen.

Bei der Ausführung der Endhiebe sind inbezug auf Fällen, Aufarbeiten und Ausrücken des Holzes alle Vorsichtsmaßregeln zu beobachten, welche wir bei den Nachhieben als notwendig kennen gelernt haben. Auch erscheint es zweckmäßig, bei Gelegenheit derselben, was bei den Vorbereitungs-, Samen- und Nachhieben an nicht erhaltenswerten, namentlich einzelständigen Vorwüchsen, sowie an beschädigten Jungwüchsen und dieselben schädigenden Weichhölzern stehen geblieben ist, hinwegzunehmen.

5. Fortsetzung der Verjüngung.

§ 336. Wo, wie bei Tanne und Fichte, mit Rücksicht auf den Wind der Verjüngungsbetrieb nicht über den ganzen Bestand ausgedehnt werden darf, sondern auf einen mehr oder minder schmalen Streifen beschränkt werden muß, darf selbstverständlich keine neue Fläche in Besamungsschlag gestellt werden, ehe nicht ein entsprechender Teil der in Besamungs- und Lichtschlag stehenden Fläche auf der dem Winde abgewendeten Seite durch den Endhieb von Altholz geräumt ist.

Auf diesen Umstand ist bereits bei dem ersten Angriffe die gebührende Rücksicht zu nehmen.

Beträgt z. B. die Breite des Streifens, auf welchem der noch geschlossene Bestand dem Besamungs- und Lichtschlage genügenden Schutz gewähren kann, nur 200 m, so darf der in Verjüngung begriffene Teil des Bestandes zu keiner Zeit mehr als 200 m breit sein. Soll nun der Endhieb erst 20 Jahre nach dem Samenhiebe geführt werden und finden die Nachhiebe etwa alle 5 Jahre statt, so kann entweder von vornherein ein 200 m breiter Streifen angehauen werden; der unangegriffene Teil muß dann aber bis nach dem Endhiebe geschlossen bleiben oder aber, und diese Art des Vorgehens ist die entschieden zweckmäßigere, es ist der Samenschlag von vornherein auf die Breite von 50 m zu beschränken, und es darf ein weiterer gleich breiter Streifen erst angegriffen werden, wenn in dem zuerst angegriffenen der erste Lichtschlag geführt wird; diesem zweiten Samenschlage folgt der dritte, wenn in dem ersten der zweite und in dem zweiten der erste Nachhieb geführt wird und so fort, so daß der fünfte Anhieb erst zur Ausführung kommt, wenn nach 20 Jahren im ersten der vierte Nachhieb, d. h. in diesem Falle der Endhieb eingelegt wird.

§ 337. In diesem Falle schließt sich also an den noch vollkommen geschlossenen Bestand in der Richtung des Windes ein 50 m breiter Streifen Besamungsschlag an, diesem folgen gleichbreite Streifen, in deren erstem der erste, dem zweiten der zweite, dem dritten der dritte Nachhieb geführt und deren letzter bereits von Altholz geräumt ist.

Diese Art der Aneinanderreihung der Schläge schützt die im dritten und vierten Lichtschlage stehenden Bestandsteile namentlich gegen Ende der Verjüngungszeit viel vollkommener als die erstere, bei welcher sich an den geschlossenen Bestand unmittelbar ein breiter Streifen Verjüngungsfläche mit überall gleich lichtem Schutzbestande anschließt.

Es ist selbstverständlich, daß, wo sich schon infolge des Vorbereitungshiebes zahlreicher, erhaltungswerter Vorwuchs einstellt, darauf schon bei der Führung desselben Rücksicht genommen und derselbe nicht weiter ausgedehnt wird, als man den nächsten Samenschlag auszudehnen beabsichtigt. Wo dieser Regel nicht entsprochen wird, läßt man sich bei Stellung des Besamungsschlages gar zu leicht verführen, zu große Flächen auf einmal in Angriff zu nehmen und dadurch entweder den Schutzbestand der Gefahr des Windwurfs auszusetzen oder aber eine Menge von Jungwüchsen hervorzurufen, welchen man später ohne Überschreitung des zulässigen Hiebssolls nicht helfen kann.

Kapitel III. Nachverjüngung auf natürlichem Wege.

§ 338. Die natürliche Nachverjüngung hat das Wesentliche, daß der Bestand vollständig abgeräumt und dann erst auf natürlichem Wege verjüngt wird. Sie setzt also als Keimbett tauglichen Boden und Holzarten voraus, welche auf dem gegebenen Standorte eines Schutzes von oben, d. h. eines Schutzes gegen die Spätfröste nicht bedürfen; bei Holzarten, deren Samen erst im Frühjahre, also nach dem Abtriebe der zu verjüngenden Fläche abfallen oder abfliegen, außerdem, daß dieser Samen leicht und beweglich ist und daß in der Nachbarschaft der Hiebsfläche guten Samen tragende Exemplare der anzuziehenden Holzart vorhanden sind. Sie ist vorzugsweise bei Holzarten in Übung, welche wie Fichte, Tanne und Kiefer geflügelten Samen haben und bei welchen Samenjahre häufig eintreten, wenn nach Maßgabe des Standortes entweder

1. die betreffende Holzart gar keine Beschattung erträgt oder
2. der Schutzbestand nach erfolgter Lockerung der Gefahr des Windwurfes sehr ausgesetzt ist.

Das Verfahren ist in beiden Fällen ungefähr das Gleiche, nur mit dem Unterschiede, daß, wo die betreffende Holzart auch des Seitenschutzes nicht bedarf, die Entfernung, in welcher auf ausreichende Besamung von dem stehenden Holze aus gerechnet werden kann, bei des Seitenschutzes bedürftigen Holzarten dagegen die Breite des Streifens, welcher von dem stehenden Bestande beschattet wird, die Breite der Hiebsfläche bestimmt und daß in letzterem Falle der Bestandsrest stehen bleiben muß, so lange die Besamung seines Schutzes bedarf, während sonst mit der Abräumung fortgefahren werden kann, sowie die ursprüngliche Hiebsfläche ausreichend besamt ist.

§ 339. Man verfährt dabei in folgender Weise:

Von dem zu verjüngenden Bestande wird ein mehr oder weniger breiter Streifen vollständig abgetrieben oder, wie man sich ausdrückt, a b g e s ä u m t. Wo man freie Wahl hat, beginnt man damit immer auf der der vorherrschenden Richtung der Windstürme abgewendeten Seite desselben, so zwar, daß die Richtung der größten Länge des Streifens auf der Windrichtung senkrecht steht, im Gebirge aber niemals an Stellen, durch welche das in den später abzutreibenden Bestandsteilen anfallende Holz gerückt werden muß, also wo den Bestand quer durchschneidende Wege nicht vorhanden sind, niemals am unteren Teile der Berghänge, sondern womöglich oben am Kamme und, wenn dieser in vollem Winde liegt, in bergab laufenden Streifen.

Diese Streifen werden niemals breiter gemacht, als erfahrungsgemäß der Samen des stehenden Holzes in größerer Menge fliegt, und innerhalb dieser Maximalgrenze um so schmäler, je empfindlicher die betreffende Holzart gegen Hitze und, wo der Boden zu Graswuchs geneigt ist, auch gegen Graswuchs ist, und in ersterem Falle außerdem, je trockener und wärmer der Standort ist und je weniger weit nach Maßgabe der Lage und der Bestandeshöhe der Seitenschatten reicht.

Das darin anfallende Holz braucht aber nicht ausgerückt zu werden, wo es nicht im Interesse der Verwertung geschehen muß; es muß aber vollständig abgefahren und der Schlag von Reisig, Rindenbrocken und Spänen geräumt sein, ehe der anfliegende Samen keimt, wenn man unnötige Zuwachsverluste und die Verangerung des Bodens vermeiden will.

§ 340. Dem Saumschlage geht ein Vorbereitungshieb voraus, wenn der Boden, um ein gutes Keimbett zu liefern, vermehrten Lichtzuflusses bedarf. Ist der Boden umgekehrt verhärtet oder verrast, so erleichtert es die Besamung, wenn er durch Horizontalgräben oder Schweineeintrieb gelockert wird. Dagegen unterbleibt jede in den Hauptbestand eingreifende Lichtung.

Bei dem Angriffshiebe selbst werden womöglich sämtliche Stöcke gerodet, damit der anfliegende leichte Samen nackten Boden vorfindet. Wo Stockrodung aus irgend einem Grunde nicht zulässig ist, werden Bodenüberzüge, welche zu dicht sind, als daß der Boden durch die Fällung und Abfuhr des Holzes ausreichend wund gemacht würde, wenigstens streifenweise abgezogen. Ist der Boden außerdem verhärtet, so wird er wohl auch mit dem Pfluge oder der Rodehacke je nach Bedürfnis gelockert. Überlandbrennen ist bei dieser Verjüngungsmethode ohne Zuwachsverlust nur möglich, wenn der Schlag nicht rechtzeitig geräumt wird, so daß die Besamung des ersten Jahres doch zugrunde geht.

Eine künstliche Bedeckung des Samens findet bei dieser Verjüngungsmethode in der Regel nicht statt. Auf nicht gelockertem Boden läßt sie sich indessen durch Eintrieb von Schafherden bewirken.

§ 341. An den ersten Saumstreifen anschließend führt man den zweiten Saumhieb in gleicher Weise, sowie der erste ausreichend besamt und die Besamung des Seitenschutzes nicht mehr bedürftig ist, und zwar bei Holzarten, welche nicht alljährlich Samen tragen, wenn auf Räumung des Schlages vor Beginn der Keimung gerechnet werden kann, immer in Samenjahren, andernfalls bei Kiefern, Schwarzkiefern und Lärchen in Jahren, in welchen viele einjährige Zapfen vorhanden sind, und man fährt damit fort, bis der ganze Bestand abgeräumt ist.

Schlägt in einem Samenjahre die Besamung fehl oder bleibt, wenn man ohne Rücksicht auf die Samenproduktion zu hauen gezwungen war, ein Samenjahr zu lange aus, so ist es bei dieser Verjüngungsmethode noch weniger als bei der natürlichen Vorverjüngung rätlich, ein weites Samenjahr abzuwarten. Der völlig freigelegte Boden würde verangern oder verrasen und bis dahin kein passendes Keimbett mehr liefern. Man greift deshalb alsbald zur Vervollständigung der Besamung auf künstlichem Wege, sowie sich unbesamte Stellen deutlich erkennen lassen und wählt dabei eine Methode, bei welcher die künstlich erzogenen Pflanzen gleichzeitig mit dem natürlichen Anfluge aufhören, schutzbedürftig zu sein.

§ 342. Eine Abart dieser s. g. Saumschlag- oder besser Saumkahlschlag-Verjüngung ist die früher ziemlich verbreitete Verjüngung durch Koulissenhiebe. Dieselbe unterscheidet sich von ersterer dadurch, daß sich die einzelnen Saumschläge nicht an einem Ende des Bestandes unmittelbar aneinander anschließen, sondern daß gleichzeitig mit dem Saumhiebe im Innern des Bestandes solche in ihrer Längsrichtung auf der Sturmrichtung senkrechte Streifen kahl abgetrieben und dann in gleicher Weise verbreitert werden, wie diese. Bei den Koulissenhieben wird also der zu verjüngende Bestand gleichsam in so viele Teile zerlegt, als Koulissenschläge angelegt werden; jeder dieser Teile wurde aber in derselben Weise verjüngt, wie bei der Saumschlagverjüngung der ganze Bestand. Man hatte dabei die Absicht, die Verjüngung des letzteren zu beschleunigen oder den allgemeinen Verjüngungszeitraum abzukürzen.

Diese Art der Verjüngung hatte jedoch das Nachteilige, daß wenn einmal die Koulissenschläge breiter wurden, die dahinter liegenden noch stehenden Teile des alten Bestandes in breiter Front den Sturmwinden ausgesetzt waren und daß die letzten übrig bleibenden Streifen nur auf künstlichem Wege verjüngt werden konnten.

Man hilft sich jetzt, wenn die Verjüngung eines Bestandes ausnahmsweise rasch durchgeführt werden soll, damit, daß man, wo die Ränder der Bestände nicht genau senkrecht auf der Sturmrichtung stehen, bezw. nicht genau parallel mit derselben verlaufen, an den beiden dem Winde abgewendeten Seiten Saumschläge ausführt, welche also im Zusammenhang eine gebrochene Linie darstellen. Wo dieses nicht möglich ist, greift man zur künstlichen Verjüngung, welche man im Notfalle auf breitere Streifen ausdehnen kann.

Kapitel IV. Bestandsgründung durch Saat.

1. Arten derselben.

§ 343. Was man unter Saat versteht und unter welchen Verhältnissen sie anwendbar erscheint, haben wir in §§ 208 bis 211 besprochen; ebenso, daß sie sowohl bei der Vor-, wie bei der Nachverjüngung vorkommt. Da sie jedoch bei beiden in gleicher Weise ausgeführt wird, oder vielmehr, da fast alle Arten von Saaten sowohl bei der Vor-, wie bei der Nachverjüngung vorkommen, erscheint eine prinzipielle Trennung beider Arten, der Saat unter Schutzbestand und ohne solchen, hier nicht erforderlich; nur sei hier wiederholt, daß außer den allgemeinen Voraussetzungen, unter welchen die Saat überhaupt zulässig ist, die Saat unter Schutzbestand speziell noch voraussetzt, daß die betreffende Holzart auf dem gegebenen Standorte die Beschattung des Schutzbestandes erträgt und durch die nachträgliche Entfernung desselben nicht allzusehr leidet, und umgekehrt die Saat ins Freie, daß die Holzart auf dem betreffenden Standorte keinen Schutz von oben, also gegen Spätfröste und, wenn Seitenschutz nicht vorhanden ist, auch keinen Seitenschutz verlangt. Auch versteht es sich von selbst, daß bei der Saat unter Schirmbestand die Stellung und nachträgliche Abräumung desselben, wo ein völlig neuer Bestand erzogen werden soll, sich nach den Grundsätzen richtet, welche wir bei der natürlichen Vorverjüngung kennen gelernt haben. Soll durch die Saat nur ein Boden- oder Bestandsschutzholz herangezogen werden, so richtet sich ihre weitere Behandlung nach den Regeln der Boden- und Bestandespflege.

§ 344. Die Saat selbst kann in verschiedener Weise ausgeführt werden. Man unterscheidet je nach der Art wie der Samen ausgestreut wird,

1. Breitsaat oder breitwürfige Saat, bei welcher der Samen in größerer Menge gleichmäßig auf die ganze zur Aufnahme des Samens bestimmte Fläche ausgestreut wird, wobei es dem Zufalle überlassen bleibt, auf welche Stelle derselben der einzelne Kern fällt;

2. Rinnen- oder Furchensaat, bei welcher der Samen in eine der Eigentümlichkeit der Holzart entsprechend vertiefte, fortlaufende Rinne oder Furche gestreut wird, so daß die keimenden Pflanzen in schmaler Reihe beisammen stehen,
3. Löchersaat, bei welcher der Samen in kleine, nicht über Hackenschlaggröße große Löcher in ganz kleinen Mengen eingelegt und
4. Stecksaat, bei welcher jedem einzelnen Samenkerne durch Einstecken in die Erde seine Stelle angewiesen wird.

§ 345. Die Breitsaat ist nun entweder

a) Vollsaat, d. h. eine breitwürfige Saat über die ganze Kulturstelle, oder
b) Streifen-, Riefen- oder Bändersaat, d. h. eine Breitsaat in zusammenhängende, durch unbesäete Stellen getrennte Bänder, Streifen oder Riefen (§ 260) von mehr als Hackenschlagbreite, oder endlich
c) Platten-, Plätze- oder Tellersaat, eine Breitsaat auf nicht zusammenhängende Platten, Plätze und Teller (§ 261).

Ebenso können die Rinnen-, Furchen-, Löcher und Stecksaaten über die ganze Fläche ausgedehnt oder auf Streifen, Rillen und Plätze beschränkt werden. Rillensaaten, d. h. Saaten in Streifen, deren Breite diejenige eines Hackenschlages nicht überschreitet, bilden den Übergang der Rinnensaat zur Breitsaat.

§ 346. Auch die Verschiedenheit der Bodenvorbereitung hat den Saaten verschiedene Namen gegeben. So unterscheidet man bei den Streifensaaten

1. Streifensaaten auf unbearbeitetem oder voll bearbeitetem Gelände, d. h. Saaten, bei welchen, ohne daß der Boden an den Saatstellen eine andere Behandlung erfahren hätte, als der Rest der Fläche, der Samen streifenweise ausgesäet wird,
2. gewöhnliche Riefen- oder Streifensaaten, d. h. Breitsaaten in Riefen, Streifen- und Bänder, welche durch Abschürfen des Bodenüberzuges entstanden und unter das Niveau der Zwischenstreifen vertieft sind, und welche wiederum unbearbeitet, aufgekratzt, gehäckelt, grobgehackt, kurzgehackt, gepflügt oder umgestochen sein können;
3. Saat auf rajolte Streifen und wieder ausgefüllte Gräben, wobei die Saatstreifen, sobald sich das bearbeitete Gelände wieder vollständig gesetzt hat, im Niveau der Zwischenstreifen liegen;
4. Saat auf erhöhte Streifen und bankförmig aufgesetzte Grabenauswürfe, welche dauernd höher liegen, als die unbearbeiteten Zwischenstreifen und die an sie anstoßenden Gräben;
5. Terrassensaaten, Saaten auf wagrecht gelegte und wagrecht verlaufende Streifen zwischen mehr oder minder steilen Zwischenstreifen.

Die Rabattensaaten bilden den Übergang von den Streifen- zu den Vollsaaten.

§ 347. In ähnlicher Weise unterscheidet man bei den Plätzesaaten gewöhnliche Plätze- und Plattensaat auf unbearbeitete, aufgekratzte oder gelockerte Plätze, Saat auf rajolte Plätze, Hügel- und Plaggensaat, und bei den Vollsaaten Breitsaat auf nicht besonders vorbereitetes oder von Schweinen umgebrochenes Gelände, auf abgesengtes, aufgekratztes, kurzgehacktes, umgespatetes, gepflügtes, gerodetes und übererdetes oder zu übererdendes Terrain.

Alle diese Unterarten der Streifen- und Plätzesaaten kommen auch bei der Rinnen-, Löcher- und Stecksaat vor. So unterscheidet man beispielsweise Rinnen-, Löcher- und Stecksaat in ganz unvorbereitetes und in voll bearbeitetes Gelände, Rinnensaat in durch Abstreifen des Bodenüberzugs bloßgelegte oder in verschiedener Weise gelockerte Riefen, in erhöhte Streifen und auf Terrassen und Rabatten, auf verschieden bearbeitete Saatplätze.

§ 348. Jede dieser Saatmethoden hat ihre Vorzüge und Nachteile und ihre bestimmten Voraussetzungen.

Was vor allem die Art und Weise der Aussaat selbst betrifft, so verwendet die Breitsaat entschieden weniger Sorgfalt auf die Zubereitung des Keimbettes und auf die gehörige Bedeckung des einzelnen Samens, als die anderen Saatmethoden. Der Platz, welchen jedes einzelne Samenkorn findet, ist mehr dem Zufalle überlassen. Der Abgang durch ungenügende oder zu starke Bedeckung, durch Fallen des Samens an Stellen, an welchen er nicht keimen kann, und dergleichen ist daher notwendigerweise ein größerer. Sie erfordert deshalb größere Samenmengen und trotzdem, wo überhaupt eine Bodenvorbereitung nötig ist, einen größeren Aufwand für Bodenvorbereitung und ist schwerer gegen Gras- und Unkräuterwuchs und gegen Überlagerung mit Laub und dergleichen zu schützen, wenigstens als die Rinnensaat.

Dagegen ist die Aussaat selbst leichter und billiger als bei den anderen Saatmethoden, und der einzelne Keimling erwächst unter Verhältnissen, welche seiner normalen Entwickelung entschieden günstiger sind, als namentlich bei der Rinnensaat, bei welcher die Keimlinge von zwei Seiten gedrängt erwachsen und nach den beiden anderen freien Wachsraum haben. Die letztere hat außerdem bei allen Samenarten, welche vom Wilde und den größeren Vögeln angenommen werden, den Nachteil, daß sie von den Tieren leichter gefunden und dann vollständiger aufgezehrt werden, als sowohl bei der Breit-, wie bei der Löcher- und Stecksaat, welch letztere nur bei größeren Samen üblich ist.

Man säet deshalb im allgemeinen nur wohlfeile und leichte Samen, welche mit einfachen Mitteln ausreichend bedeckt werden können, breitwürfig, schwerere nur dann, wenn Breitsaaten mit nachträglichem Bedecken des Samens billiger sind, als Löcher- und Stecksaat. Bei teuerem, leichtem Samen bevorzugt man die Rinnen-, bei teuerem, schwerem Samen die Furchen-, Löcher- und Stecksaat und bringt außerdem die Löchersaat da in Anwendung, wo es wegen Vermagerung der Bodenoberfläche wünschenswert erscheint, den Samen in gedüngter Erde keimen zu lassen.

§ 349. Bei Beantwortung der Frage, ob die Bestellung auf die ganze Fläche auszudehnen oder auf Teilflächen zu beschränken ist, sind einerlei, ob dieselbe durch Breit-, Rinnen-, Löcher- und Stecksaat geschieht, folgende Gesichtspunkte im Auge zu behalten.

An und für sich ist die volle Bestellung der Kulturfläche das naturgemäße; sie ahmt am vollkommensten die Naturbesamung nach und giebt der einzelnen Pflanze in den ersten Jahren nach allen Seiten hin den freiesten Wachsraum. Sie setzt aber voraus, daß die Bodenoberfläche in ihrer ganzen Ausdehnung ein gutes Keimbett liefert und Beschädigungen durch Gras- und Unkräuterwuchs nicht zu befürchten sind. Wo der dazu nötige Zustand erst künstlich geschaffen werden muß, ist sie bei gleicher Bearbeitung teuerer, als die Teilbestellung.

Umgekehrt kann bei dieser mit gleichem Aufwande die Bodenvorbereitung sorgfältiger ausgeführt werden. Man kommt deshalb dabei mit weniger Samen aus und erzielt trotzdem Verjüngungen, welche sich, wenn sie auch im Ganzen später als Vollsaaten in Schluß kommen, im Einzelnen früher schließen und so rascher als bei der Vollbestellung, wenigstens der in der wirklich besäeten Fläche aufkeimenden Gräser und Forstunkräuter Herr werden.

Man greift deshalb im allgemeinen nur dann zur Vollbestellung der Kulturfläche, wenn gleichzeitig

1. die Fläche gar keiner oder nur einer wenig kostspieligen Bearbeitung bedarf oder dieser Bearbeitung zu anderen Zwecken (z. B. behufs landwirtschaftlichen Zwischenbaues oder Durchbrechung des Ortsteines) ohnehin unterzogen worden ist,
2. wenn die anzuziehende Holzart gegen den nach Maßgabe des Standortes unvermeidlichen Gras- und Unkräuterwuchs unempfindlich ist und endlich
3. der Samen so billig ist, daß der Mehraufwand bei Vollbestellung nicht ins Gewicht fällt.

§ 350. Bei der Teilbestellung giebt man im allgemeinen den Streifensaaten, bezw. den Rinnen-, Löcher- und Stecksaaten in Streifen den Vorzug vor der plätze- und plattenweisen Saat. Sie bieten den großen Vorteil, daß die darin keimenden Pflanzen leichter aufzufinden und deshalb im Notfalle leichter vor dem Unkraut zu schützen und leichter nachzubessern sind, und man greift nur da zur platzweisen statt streifenweisen Bestellung, wo entweder

1. bei gutem Wildstande vom Wilde stark angenommene Samenarten längere Zeit im Boden liegen müssen oder
2. wo das Terrain die Anlage zusammenhängender Streifen nicht gestattet oder endlich, wo
3. Holzarten nur vereinzelt in natürliche Verjüngungen oder vorhandene Besamungen eingesprengt werden sollen, oder wo es sich um Vervollständigung von solchen auf ganz kleinen Teilflächen handelt.

§ 351. Welche Art der Bodenbearbeitung der Saat im Einzelnen voranzugehen hat, hängt von den Beschädigungen und Benachteiligungen des Pflanzenwuchses ab, welche man durch dieselbe vermeiden will. Im allgemeinen muß jedoch immer im Auge behalten werden, daß die aus der Saat hervorgehenden Holzpflanzen ihre ganze Entwicklung, namentlich aber das erste und zweite Lebensjahr, in welchen sie Gefahren aller Art ausgesetzt sind, im Freien durchzumachen haben, und daß es viel länger dauert, als bei der Pflanzung, bis sie so weit erstarkt sind, daß ihr Fortkommen als gesichert betrachtet werden kann.

Auf diesen Umstand muß bei allen Arbeiten der Bodenvorbereitung geeignete Rücksicht genommen werden. Insbesondere muß bei allen auf Unschädlichmachung des Unkräuterwuchses gerichteten Arbeiten dafür gesorgt werden, daß derselbe in gefährdender Nähe der jungen Pflanzen erst wieder eintritt, wenn sie aufgehört haben, dagegen empfindlich zu sein. Es müssen daher bei der Vorbereitung zur Saat wieder austreibende Wurzeln und Rasen der Forstunkräuter sorgfältiger vernichtet oder beseitigt, und die Streifen und Platten breiter gemacht werden, als zur Pflanzung notwendig wäre.

§ 352. Außerdem giebt es eine Reihe von Bodenzuständen, welche nur der Saat, nicht aber der Pflanzung hinderlich und manche Arten der Bodenvorbereitung, welche wohl für die Pflanzung, nicht aber für die Saat zulässig sind.

So lassen sich namentlich einigermaßen kräftige Pflänzlinge auch auf undurchlassendem Boden in durch Abziehen der Bodendecke vertiefte Streifen ohne Gefahr pflanzen, Saaten gehen in solchen in nassen Jahren häufig durch Nässe zugrunde. Ebenso schadet eine leicht auffrierende Bodenschichte an der Oberfläche, wenigstens starken Pflänzlingen nichts, sie können selbst ohne Gefahr auf Hügel gepflanzt werden, welche aus solcher Erde aufgeschüttet sind, während Keimlinge flach bewurzelter Holzarten darin in der Jugend zugrunde gehen. In dieser Notwendigkeit besonderer Schutzmaßregeln für die Saat liegt der Hauptgrund, warum sie mehr und mehr durch die an sich teuerere Pflanzung verdrängt wird.

2. Samengewinnung.

§ 353. Die Lehre von der Gewinnung des Holzsamens wird zwar meist als Teil der Lehre von der Forstbenutzung behandelt. Trotzdem erscheint es wichtig, die Hauptsätze derselben auch hier hervorzuheben. Die Beschaffung guten Samens ist Grundbedingung des Anschlagens jeder Saat.

Man gewinnt den Samen entweder

1. durch Auflesen und Zusammenkehren des nach der Reife von selbst abgefallenen Samens,
2. durch Abschütteln und Abklopfen des noch an den Bäumen hängenden reifen Samens und Auffangen desselben in untergehaltenen Tüchern,
3. durch Abpflücken und Abstreifen der einzelnen Früchte oder der sie enthaltenden Zapfen.

Das Auflesen und Zusammenkehren des Samens ist nur thunlich bei Holzarten mit schwerem Samen, wie Eiche, Buche, Kastanie, Roßkastanie, Wallnuß und allenfalls bei Esche, Ahorn und Hainbuche, wenn sie ihren Samen bei Windstille fallen lassen, sowie bei der Lärche auf dem harten Schnee der Alpen. Durch Abklopfen und Abschütteln lassen sich gleichfalls nur schwere Samen gewinnen; dagegen ist es einer der leichtesten Samen, der der Erle, welcher nach dem Abfallen im stillen Wasser, bei Bächen am besten an den Stauwehren aufgefischt zu werden pflegt. Bei dem Auflesen abgefallener und dem Abklopfen hängender Samen hat man zu beachten, daß die zuerst fallenden Früchte immer taub oder wurmstichig sind. Man thut deshalb gut, mit dem Abklopfen erst zu beginnen, wenn gute Früchte von selbst zu fallen anfangen, und vor dem Auflesen die schlechten entfernen zu lassen. Andernfalls sind die tauben nachträglich durch Benutzung der Wasserprobe oder durch Schwingen zu beseitigen.

§ 354. Bei den anderen Holzarten und meist auch bei Esche, Ahorn und Hainbuche gewinnt man den Samen in der Regel durch Abpflücken der Einzelfrüchte und Zapfen, und man gebraucht bei den letzteren die Vorsicht, daß man, wo sie sehr leicht zerfallen, wie bei Tanne und Birke, die Säcke, in welchen die Samen aufgehoben werden, offen unmittelbar unter die abzubrechenden Zapfen hebt, so daß, wenn dieselben zerfallen, der Samen doch in den Sack gleiten muß. Bei Holzarten, deren Zapfen fest hängen und nicht auseinanderfallen und welche den Samen erst im Frühjahre ausfliegen lassen, wie bei der Kiefer, Fichte, Lärche, Berg- und Schwarzkiefer, sammelt man die Zapfen zweckmäßig an gefällten Stämmen, während die bereits im Sommer und Herbste abfliegenden von stehenden Bäumen gepflückt werden müssen.

Bei manchen der letzteren ist bezüglich der Zeit des Sammelns besondere Vorsicht zu gebrauchen: es sind das diejenigen, welche, einmal reif, nicht mehr lange am Baume hängen bleiben, sondern beim ersten warmen Tage, wie der Samen der Weymouthskiefer und Tanne, oder beim ersten einigermaßen heftigen Winde, wie der der Ulme, abfliegen. Bei solchen Holzarten muß man den Samen sammeln lassen, sowie er reif oder in der Reife so weit vorgerückt ist, daß er abgepflückt nachreift; bei allen übrigen wählt man zweckmäßig einen windstillen Tag aus. Die Arbeit des Pflückens ist dann weniger mühsam und gefährlich und mehr erfolgreich, weil weniger Samen abgeweht wird.

§ 355. Die mit den Zapfen gesammelten Samen gewinnt man aus denselben, soweit die Zapfen zerfallen, durch einfaches Umstoßen der aus den Zapfen gebildeten Haufen. Bei Holzarten, deren Zapfen fest zusammenhängen, also bei Kiefer, Fichte, Lärche, Weymouths-, Berg- und Schwarzkiefer muß die Wärme zu Hilfe genommen werden, unter deren Einflusse die Zapfen sich von selbst öffnen. Wird dabei zu starke Hitze angewandt, so verliert der Samen an Keimkraft. Das ist der Grund, warum man hier und da, insbesondere bei der Kiefer statt des Samens die noch mit Samen besetzten Zapfen säet.

Bei den Samenhändlern geschieht dieses s. g. Ausklengen in eigenen Kleng-Anstalten, deren Beschreibung in die Lehre von der Forstbenutzung gehört; im kleinen läßt es sich recht gut in geheizten Zimmern etwa auf der Platte von Porzellan- und Kachelöfen oder in genügend (bis zu 40° R.) abgekühlten Backöfen bewirken.

Von fremden Beimischungen, sowie von Zapfenschuppen werden die Samen durch Schwingen und Sieben oder durch Durchlaufen der s. g. Windmühle gereinigt.

§ 356. Bei der Selbstgewinnung des Samens ist darauf zu achten, daß derselbe nur von gesunden, völlig geschlechtsreifen und von Erbfehlern freien Bäumen gewonnen wird. Zu junge oder verkrüppelte Bäume geben in der Regel keinen guten Samen; auch erscheint es wahrscheinlich, daß sich die Neigung z. B. zur Drehwüchsigkeit durch den Samen auf die daraus hervorgehenden Pflänzlinge vererbt.

Bezieht man den Samen von auswärts, so ist es außerdem von Wichtigkeit, darauf zu achten, daß derselbe aus Gegenden herrührt, welche nicht wesentlich wärmer sind, als der Standort, auf welchen der Same gesät werden soll. Samen aus milderen Klimaten keimen erst bei höherer Temperatur und erzeugen Pflanzen, welche namentlich gegen Frost empfindlicher sind, als solche aus kälteren Gegenden. So hat man in dieser Hinsicht, z. B. mit s. g. Maronen, d. h. großen Kastanien aus Südtirol, Südfrankreich und Italien in Süddeutschland schlimme Erfahrungen gemacht. Umgekehrt versagen Samen aus kälteren Klimaten die Keimung bei hoher Luft- und Bodentemperatur.

3. Aufbewahrung der Waldsamen.

§ 357. Es ist nicht immer thunlich, den Waldsamen sofort nach der Gewinnung in den Boden zu bringen, obwohl das bei allen schwierig zu konservierenden Samenarten, insbesondere bei Ulme, Buche und Tanne das Geratenste wäre. Häufig muß derselbe über Winter aufbewahrt werden.

Zu dem Ende ist es nötig, ihn zuerst durch dünnes Ausbreiten auf einem luftigen Orte, bei nasser Witterung natürlich unter Dach von der äußerlich anhängenden Feuchtigkeit zu befreien. Der so abgetrocknete und abgelüftete Samen wird nun je nach dem Grade seiner Lebenszähigkeit in verschiedener Weise überwintert.

Samen, welche durch Frost nicht leiden, vermöge ihrer dichten Haut nicht leicht austrocknen und auch keine Neigung zeigen, in dichten Lagen sich zu erhitzen, oder welche sich vermöge ihrer Gestalt sehr locker legen, lassen sich leicht konservieren, indem man sie an luftigen trockenen Orten in locker nur halb gefüllten Säcken aufhängt oder in durchlöcherte Kisten einfüllt. Von Zeit zu Zeit wiederholtes Umschütteln oder Umrühren des Samens genügt dann, um ihn über Winter vollkommen keimfähig zu erhalten.

§ 358. Mehr Sorgfalt erfordern sich leicht erhitzende Samen, wie der Weißtannen-, Buchen- und Ulmensamen. Dieselben dürfen nur mit anderen Stoffen, z. B. Knospenschuppen gemischt oder in ganz dünner Schichte ausgebreitet und müssen bei einigermaßen warmer Witterung täglich gewendet werden.

Trocknet leicht sich erhitzender Samen außerdem leicht aus, wie der der Buche, so ist es nötig, ihn von Zeit zu Zeit mit der Brause zu benetzen, wenn das Verbleichen oder Einschrumpfen der Samenschale auf zu große Trockenheit schließen läßt.

Leidet der Samen außerdem durch Frost, wie der der Eiche und Kastanie, so erscheint es notwendig, den Samen auch dagegen zu schützen. Es geschieht das durch Aufbewahrung in gedeckten Haufen oder Gruben im Freien oder unter Dach, oder durch Aufbewahrung an frostfreien Orten, insbesondere in Alemann'schen Schuppen oder in trockenen frostfreien Kellern.

§ 359. Bei all diesen Aufbewahrungsarten muß dafür Sorge getragen werden, daß der Samen trocken eingebracht wird und trocken liegt, daß die Luft, namentlich bei warmem Wetter, wenigstens einigermaßen eindringen und strenge Kälte vollständig abgehalten werden kann, und daß er endlich gegen die Mäuse geschützt ist. Man erreicht das bei Aufbewahrung im Freien durch die Grundfeuchtigkeit und die Mäuse abhaltende Isolierungsgräben und regendichte Bedachung; wo ein Umwenden des Samens nicht beabsichtigt wird, wie in Gräben und Haufen, durch Einlegen und Einstellen die Luft leicht durchlassender und mit der äußeren Luft in Verbindung stehender, mit dünnen Samenschichten abwechselnder Schichten anderer trockener Stoffe, wie Stroh, Schilf, Moos, Laub, Besenpfrieme und im anderen Falle durch Anbringen verschließbarer Luken und durch fleißiges Wenden.

Im Keller pflegt man derartige Samen mit nicht allzutrockenem grobkörnigem Sande oder frischem Sägemehl gemischt aufzubewahren. Eicheln kann man auch unter Wasser in Brunnen und nicht bis zum Grunde zufrierenden Weihern und Bächen in mit Steinen belasteten Säcken überwintern. Kastanien überwintert man am besten mit den Hülsen gemischt in 40 cm hohen, von Zeit zu Zeit umgeschippten Schichten an trockenen Orten.

§ 360. Im allgemeinen läßt sich nur der Samen der Nadelhölzer mit Ausnahme der Tanne, sowie der Eichen-, Ahorn- und Hainbuchensamen länger als über Winter mit fast voller Keimkraft aufbewahren. Alle anderen deutschen Holzsamen verlieren schon durch das Überwintern mehr oder weniger an Keimkraft, und manche erlangen durch zu trockene Aufbewahrung die Eigenschaft überzuliegen, d. h. erst im zweiten Frühjahre nach der Reife zu keimen.

Holzsamen, bei welchen das immer der Fall ist, wie derjenige der Esche, Hainbuche und Eibe, sowie des Weißdornes und der erst im Frühjahre bezogene Samen der Arve werden zweckmäßig über den ersten Sommer in Gräben in durch dürres Laub, Farrenkraut u. dergl. getrennten Schichten von höchstens 3 cm Dicke aufbewahrt und mit Erde zugedeckt. Es ist dann aber nötig, daß die Aussaat im Herbste oder zeitig im Frühjahre erfolgt, da der Samen, namentlich in warmen Wintern, oft sehr frühzeitig austreibt und die Keime dann beim Herausnehmen aus dem Winterlager leicht abgestoßen werden.

4. Untersuchung der Samengüte.

§ 361. Die Qualität des Samens ist bis zu einer gewissen Grenze an äußeren Merkmalen kenntlich. Taube Samen, d. h. nicht mit Pflanzeneiweiß gefüllte Samenschalen sind unschwer an ihrem geringen Gewichte und daran zu erkennen, daß sie zusammengedrückt keine Reste des Eiweißkörpers austreten lassen und stark erhitzt nicht in die Höhe springen. Bei Holzsamen, welche wie die Eichel im frischen Zustande spezifisch schwerer sind, als Wasser, schwimmen taube Samen auf dem Wasser, während die guten untersinken (Wasserprobe). Durch Frost, Gärung oder zu große Feuchtigkeit zugrunde gegangene Samen kennzeichnen sich durch nicht normale Färbung und Trockenheit der Eiweißkörper, welche mit Ausnahme der Ahornarten, deren Sameneiweiß grün gefärbt ist, bei allen deutschen Holzarten in gesunden Samen weiß oder gelblich und stets saftig ist. Auch nur teilweise schwarze oder braune Färbung desselben ist der Beweis beginnender oder schon beendigter Zersetzung, Trockenheit desselben der Beweis zu starker Austrocknung.

Schneidet man deshalb die Samenkerne mit scharfem Messer so durch, daß man den Zustand des Eiweißkörpers erkennen kann, so kann man die Güte des Samens prüfen; man nennt diese Art der Prüfung Schnittprobe, durch welche man auch erkennt, ob die Samen wurmig sind, was z. B. bei Eichel und Buchel häufig vorkommt.

Auch das äußere Ansehen giebt einen gewissen Maßstab; je glatter und ausgefüllter die Oberfläche der Samenschale ist, desto größer ist die Wahrscheinlichkeit, daß der Samen wenigstens gut war, während matte ungleiche Färbung auf von vornherein schlechten Samen und starkrunzelige Oberfläche auf verdorbenen Samen schließen läßt. Bei Nadelhölzern giebt auch die s. g. Feuerprobe einigen Anhalt. Gute Nadelholzsamen springen auf heiße Ofenplatten gelegt unter Geräusch auf, während taube einfach verkohlen.

§ 362. Sicherer als diese auf äußere Zustände basierenden Untersuchungen sind namentlich bei kleineren Samen die direkt auf Ermittelung der Keimkraft gerichteten Keimproben. Zu denselben gehören die Topfprobe, die Lappenprobe und die Proben mittels der s. g. Keimplatten und Keimapparate.

Bei der Topf- oder Scherbenprobe wird ein gewöhnlicher möglichst niedriger Blumentopf mit lockerer Erde gefüllt, welche durch Einstellen in flache mit Wasser gefüllte Gefäße oder durch Bedecken mit nassem Moose feucht gehalten wird. Zweckmäßiger als Töpfe sind s. g. Keimkasten, Cigarrenkistchen mit durchlöchertem Boden, welche mit festzusammengedrücktem Sägemehl angefüllt sind, welches mittels durch die Bodenlöcher durchgezogener, in ein mit Wasser gefülltes Gefäß hängender Sauglappen von Flanell fortwährend befeuchtet wird.

Zur Lappenprobe verwendet man auf flachen Tellern liegende doppelt gelegte Flanelllappen, welche man durch fleißiges Begießen oder dadurch feucht erhält, daß man ein Ende derselben in ein mit Wasser gefülltes Gefäß hängt. Der Samen wird dabei zwischen die beiden Flanellflächen gelegt.

Eine Unterart der Lappenprobe ist die s. g. Flaschenprobe. Bei derselben legt man den Samen in die Falten eines zusammengerollten und in dieser Lage durch eine Stecknadel festgehaltenen Stückes Flanell und befestigt dasselbe an einen Sauglappen von gleichem Stoff, welcher in eine zur Hälfte mit Wasser gefüllte Flasche so eingehängt wird, daß die den Samen enthaltende Rolle in der Mitte der Flaschenleere hängt, während das eine Ende des Sauglappens im Wasser liegt und das andere zum Flaschenhalse heraushängt.

Die Keimplatten sind flache Platten aus leicht gebranntem, porösem und unglasiertem Thon, in welche Vertiefungen zum Einlegen des Samens und davon getrennte Rinnen zur Aufnahme des Wassers angebracht sind und welche mit einem lose aufliegenden Deckel zugedeckt werden.

All diese Keimapparate werden, so lange der Versuch dauert, feucht und wo möglich in einer Temperatur von 16 bis 20° C. erhalten, indem man sie in geheizten Zimmern in die Nähe des Ofens stellt. Wird des Nachts nicht geheizt, so verzögert sich die Keimung. Der Versuch muß dann entsprechend verlängert werden.

Die genauesten und sichersten Resultate geben die komplizierteren Keimapparate, deren Beschaffung für kleine Waldbesitzer und die einzelnen Staatswaldreviere zu teuer ist. Aus diesem Grunde wäre es wünschenswert, wenn die forstlichen Versuchsanstalten als Samenkontrollestationen die Samen sämtlicher Handlungen alljährlich auf ihre Keimkraft prüfen und den Revierverwaltern von den Resultaten rechtzeitig Nachricht geben würden.

§ 363. Bei allen Samenproben wird eine bestimmte Zahl von Samenkörnern abgezählt und die Zahl der guten darunter ermittelt. Bei den Keimproben speziell entfernt man zu dem Ende, so oft man nachsieht, die Körner, welche gekeimt haben, und notiert ihre Zahl und den Tag der Keimung. Nach Abschluß des Versuchs wird das Keimungsprozent, d. h. das Verhältnis der Zahl der gekeimten Körner zu derjenigen der zum Versuche benutzten in Prozenten ermittelt und mit demjenigen verglichen, welches für die betreffende Holzart als untere Grenze guten Samens angenommen ist und je nach der Holzart zwischen 20 und 75 % wechselt. Erfolgt die Keimung langsamer als gewöhnlich, so ist auf alten oder zu trocken gehaltenen Samen zu schließen. Rasch keimender Samen ist deshalb langsam austreibendem vorzuziehen.

Bei Samen, welcher von nicht als unbedingt reell bekannten Händlern bezogen wird, empfiehlt es sich, ihn vor der Probe gründlich zu mischen. Auch ist es hie und da notwendig, zu untersuchen, ob auch Samen der verlangten Holzart geliefert wurde. Früher wurde z. B. sehr häufig Kiefernsamen durch Beimengung des sehr billigen Fichtensamens verfälscht. Solche Verfälschungen und Betrugsversuche kommen übrigens infolge der großen Konkurrenz unter den Samenhandlungen jetzt seltener mehr vor und lassen sich leicht erkennen. Nur sei bemerkt, daß die Samenhändler inbezug auf die Trennung verschiedener Varietäten derselben Art, z. B. bei der Bergkiefer nicht allzu gewissenhaft sind und daß Samen, welcher an der Hand kleben bleibt, wenn man mit derselben in die gefüllten Säcke kräftig hineingreift, in der Regel genäßt ist und nach sorgfältiger Abtrocknung nachgewogen werden muß.

Schwer zu konservierende Samen sammelt man sich am zweckmäßigsten im eigenen Bezirke oder bezieht sie gleich nach der Reife. Man muß dann aber bei Samen, welche leicht in Gärung kommen, zum Transporte möglichst kühle Witterung und von zwei Bezugsorten denjenigen und von zwei Transportmitteln dasjenige wählen, bei welchen der Transport am wenigsten lange dauert. Die Säcke mit solchem Samen, zu welchen nur die Luft durchlassende weitmaschige Stoffe zu nehmen sind, sind sofort bei der Ankunft zu öffnen und womöglich zu leeren.

Die im Handel üblichen Minimal-Keimungsprozente haben wir in § 105 angegeben.

5. Samenmenge.

§ 364. Die Menge des Samens, welcher zur Bestellung einer Fläche mittels Saat notwendig ist, hängt ab:

1. von der beabsichtigten Bestandesdichtigkeit,
2. von dem Durchschnittsgewichte des einzelnen Samenkorns,
3. von der Güte des zur Verfügung stehenden Samens,
4. von dem Zustande des Keimbetts.

Soll z. B. eine Fläche in der Weise besät werden, daß darauf 100 000 junge Pflanzen aufgehen, so sind dazu bei einem Samen, von welchem 50 % keimfähig sind, 200 000 Samenkerne und bei einem Gewichte des einzelnen Samens von 0,01 g 2 kg erforderlich, wenn das Keimbett so beschaffen ist, daß alle keimfähigen Samen auflaufen. Kommen nur 50 % davon zur Keimung, so hat man 4 kg nötig.

§ 365. Die verlangte Bestandesdichtigkeit ist wiederum verschieden je:

a) nach der Holzart; rasch wachsende und gegen Beschädigungen weniger empfindliche Holzarten brauchen weniger dicht aufzuwachsen als andere; Holzarten mit weit auslaufenden Tagwurzeln beanspruchen mehr Wachsraum als tief wurzelnde mit geringer Ausdehnung in die Breite,

b) nach dem Standorte; auf schlechtem die Herstellung des Schlusses verzögerndem Standorte, auf auffrierendem Boden und in Frostlöchern müssen die Bestände dichter angelegt werden, als auf gutem Standorte; auf flachgründigen Böden darf weniger dicht gesät werden, als auf tiefgründigen gleicher Zusammensetzung, weil dort die Wurzeln der Keimlinge durch oberflächliche Verbreitung zu ersetzen suchen, was sie an Wurzelraum durch die Nähe des Untergrundes verlieren; ebenso in Schneedrucklagen, weil dichte Bestockung die Schneedruckgefahr vergrößert;

c) nach den den Pflanzen drohenden vom Standorte unabhängigen Gefahren; wo Beschädigungen durch Wild oder Insekten zu befürchten sind, muß dichter gesät werden, als im umgekehrten Falle;

d) nach den Wirtschaftsabsichten des Waldbesitzers; wo der Wald hauptsächlich Schutzzwecken dient, wo auf Geradschaftigkeit und Astreinheit Wert gelegt wird oder wo man auf starke Vornutzungen, namentlich an Kleinnutzhölzern, oder an Leseholz rechnet, müssen die Bestände dichter angelegt werden als im umgekehrten Falle. Ebenso sät man dichter, wo man die Absicht hat, einen Teil der erzogenen Pflänzlinge zur Ausführung von Pflanzungen zu benutzen.

§ 366. Auch die Art der Bodenvorbereitung, bezw. der Saatmethode ist von Einfluß auf die Samenmenge. Vollsaaten nehmen mehr, Streifen- und Plätzesaaten weniger Samen, und zwar etwa $^2/_3$ bis $^4/_5$ der Samenmenge der Vollsaat, in Anspruch. Es beruht das indessen weniger auf dem Umstande, daß in letzterem Falle nur ein Teil der Fläche bestellt wird, als darauf, daß bei der Streifen- und Plätzesaat die wirklich besäten Stellen sorgfältiger zur Aufnahme des Samens vorbereitet zu sein pflegen, so daß ein geringerer Abgang durch Nichtkeimen des Samens und nachträgliches Zugrundegehen der Keimlinge stattfindet.

Die Streifen und Plätze selbst pflegt man dichter zu besäen, als bei der Vollsaat für die ganze Fläche üblich ist, weil einem Teile der darin erwachsenden Pflanzen die Aufgabe zufällt, die unbearbeitet gebliebenen Flächen zu überschirmen, und man überhaupt nicht die Absicht hat, die stellenweisen Saaten dauernd weniger dicht als Vollsaaten zu erziehen.

§ 367. Die auf Standorten mittlerer Güte bei genügender Keimfähigkeit des Samens und mittlerer Bestandsdichtigkeit üblichen Mengen abgeflügelten und abgelüfteten Samens sind etwa folgende:

Holzart.	Breitsaat		Rinnen- und Furchensaat		Löcher- und Stecksaat	
	voll.	in Streifen.	voll.	in Streifen und Plätzen.	voll.	in Streifen.
	kg	kg	kg	kg	kg	kg
Eiche	800	600	500	400	250	200
Buche	250	200	—	—	60	—
Hainbuche	60	40	—	—	—	—
Esche	60	45	—	—	—	—
Ahorn	50	40	—	—	—	—
Ulme	35	25	—	—	—	—
Erle	20	15	—	—	—	—
Birke	50	35	—	—	—	—
Kastanie	—	—	700	—	200	200
Fichte	12	9	—	—	—	—
Tanne	70	60	50	40	—	—
Kiefer	7	6	6	—	—	—
Schwarzkiefer	12	9	—	—	—	—
Lärche	15	12	—	—	—	—

6. Saatzeit.

§ 368. Bei der Saat ins Freie sind die Samenkörner, sowie sie einmal ausgesäet sind, den verschiedensten Gefahren ausgesetzt. Je länger sie im Boden liegen, desto größer ist naturgemäß der Abgang durch Vogel- und Mäusefraß, durch vorzeitiges Keimen und durch Erfrieren. Bei allen Holzarten, deren Samen sich leicht und sicher im Trocknen überwintern lassen, pflegt man deshalb die Saatzeit so zu wählen, daß der Samen möglichst kurze Zeit ungekeimt im Boden liegt. Man säet deshalb diese Holzarten im allgemeinen im Frühjahre und zwar so spät im Frühjahre, als mit Rücksicht auf die Verholzung der Keimlinge im ersten Jahre thunlich ist. Wo die Sommer kurz und kühl sind, die Frühfröste daher früher eintreten und die Entwickelung der Pflanzen langsam vor sich geht, muß früher gesäet werden, als da, wo die Sommer lang und warm sind und man mit der Saat warten kann, bis die Gefahr der Spätfröste vorüber ist. Man säet im letzteren Falle im allgemeinen erst, wenn die Frühjahrspflanzungen fertig sind.

§ 369. Es giebt indessen Fälle, in welchen es zweckmäßig ist, von dieser Regel abzuweichen. Eine Hauptbedingung der Keimung ist das Vorhandensein ausreichender Feuchtigkeit. Wo daher in einer Gegend im Frühjahre Perioden großer Trockenheit einzutreten pflegen, thut man auf trockenem Standort immer gut, entweder so frühzeitig zu säen, daß der Samen schon aufgelaufen ist, ehe die Periode der Dürre einzutreten pflegt, oder damit zu warten, bis sie vorüber ist.

Überliegende Samen säet man, nachdem sie im Boden in der (§ 360) angegebenen Weise übersommert sind, gleichfalls immer möglichst frühzeitig, weil sie in den Gruben, in denen sie aufbewahrt werden, namentlich nach warmem Winter sehr frühzeitig keimen und ihre Keime bei späterer Aussaat abgestoßen werden.

Auch im Hochgebirge ist man häufig genötigt, andere Saatzeiten zu wählen. Der Sommer ist dort häufig so kurz, daß, wenn erst nach Abgang des Schnees gesäet wird, der Keimling keine Zeit mehr hat, zu verholzen. Es muß dort dafür gesorgt werden, daß, wenn der Boden schneefrei wird, die Keimung bereits dadurch eingeleitet ist, daß der Samen die zur raschen Keimung nötige Feuchtigkeit eingesogen hat. In solchen Lagen säet man, da sie im Winter meist unzugänglich sind, im Herbste.

§ 370. Die nur mit großem Abgange aufzubewahrenden Samenarten, z. B. den der Ulmenarten, säet man dagegen allgemein am zweckmäßigsten sobald als möglich, am besten unmittelbar nach der Reife. Das Gleiche thut man mit denjenigen Samensorten, deren Überwinterung zwar nicht unsicher, aber kostspielig ist, weil Herbstsaaten sehr frühzeitig aufzulaufen pflegen, nur dann, wenn die Holzart gegen Spätfröste nicht empfindlich oder der Standort denselben nicht ausgesetzt ist. Werden solche Samen vom Wilde oder anderen Tieren angenommen, so muß trotzdem auf die Herbstsaat verzichtet werden, wo die Gefahr eine große ist, so z. B. Eichelsaaten bei starkem Schwarzwildstande.

Einige keiner Decke bedürftige und gegen Spätfrost unempfindliche Holzarten säet man wohl auch im Winter auf den Schnee. Der Samen sinkt darin nach und nach zu Boden und wird später durch den schmelzenden Schnee in kleine Vertiefungen des Bodens gewaschen, in welchen er die richtige Bedeckung findet und sehr rasch keimt, weil er die dazu nötige Feuchtigkeit aus dem Schnee aufgesogen hat.

Aussaat des Samens.

§ 371. Ist der Boden zur Saat gehörig vorbereitet und hat er sich bei tiefgehender Bearbeitung wieder ausreichend gesetzt, so erfolgt die Aussaat des Samens.

Bei Vollsaaten verfährt man dabei in der bei der Getreidesaat üblichen allbekannten Weise, nur daß man in der Ebene gerne übers Kreuz säet, d. h. die Säer die eine Hälfte des Samens in der Richtung z. B. von Ost nach West, die andere in der von Süd nach Nord auswerfen läßt. Sollen dabei Samenarten verschiedener Schwere auf dieselbe Fläche gesäet werden, so säet man die eine in der einen, die andere in der andern Richtung. Gleich schwere werden vor der Saat mit einander gemischt. Eine Mischung des Saatguts mit Sand empfiehlt sich noch weniger als eine solche mit frischem Sägemehl.

Um eine gleichmäßige Saat zu erreichen, ist es nötig, daß die Säer nicht allein den Samen gleichmäßig auswerfen, sondern auch in gerader Richtung gehen und gleichen Abstand halten. Wo das zu besäende Gelände in durchgehenden Furchen gepflügt ist, erreicht man das dadurch, daß man jedem Manne in dem Abstande von etwa drei Schritten seine Furche anweist und ihn dieselbe verfolgen läßt. Wo dieses Hilfsmittel fehlt, thut man gut, die Grenzen der Saatgänge mit einer Reihe von Visierstäben oder Stangen zu bezeichnen. Die Säer haben sich dann in der Mitte zwischen je zwei Reihen zu halten.

Erfolgt die Einsaat kreuzweise, so erleichtert es die Arbeit, wenn man die Visierstangen in den Reihen in dem Abstande einsteckt, welchen dieselben unter sich haben, nachdem man die Endpunkte der ersten Reihen in eine gerade auf ihre Richtung senkrechte Linie gebracht hat. Die zweiten Reihen stehen dann sämtlich in gerader, auf die ersten senkrechter Linie und haben den gleichen Abstand wie jene.

§ 372. Ein mühsameres Geschäft ist die Breitsaat in Streifen und Plätze. Der Säer darf dabei nicht wie bei der Vollsaat den Samen in der Höhe der Hand oder vielmehr des Ellenbogens auswerfen, weil sonst ein Teil davon auf die Zwischenstreifen fallen würde. Er muß vielmehr seine den Samen enthaltende Hand um so näher am Boden halten, je schmäler die Saatstellen sind, und bei bewegter Luft, je stärker der Wind weht. Bei scharfem Winde darf überhaupt nicht gesät werden.

Der Säer hat dabei auf gleichmäßige Verteilung des Samens zu achten. Er schreitet bei der Streifensaat links neben, an Hängen natürlich unter dem einzusäenden Streifen in gebückter Stellung einher und streut den Samen ein, wobei er darauf achtet, daß derselbe in trockener Lage vorzugsweise auf die tiefer gelegenen durch den Abraum beschatteten, in feuchter hauptsächlich auf die höheren und trockeneren Teile der Streifen zu liegen kommt.

Bei den Streifensaaten benutzt man hier und da die Schulz'sche Saatflinte oder Säeflinte, einen langgestreckten hölzernen Trichter mit einem Endstücke von Eisenblech mit verstellbarer Öffnung, welcher beim Gebrauche das spitze Ende nach unten, über die Schulter gehängt wird und beim Fortbewegen des Trägers den Samen nach und nach fallen läßt. Obwohl eine Vorrichtung zur Lockerung des Samens für den Fall, daß er sich in der Ausflußöffnung stopft, angebracht ist, soll sich das Instrument namentlich bei feuchtem Wetter doch sehr häufig verstopfen, was seine Brauchbarkeit entschieden vermindert. Eine Vorrichtung zur Bedeckung des Samens besitzt es nicht.

§ 373. Die zur Rinnensaat erforderliche fortlaufende Vertiefung wird bei der Handsaat im Freien in der Regel mit einem kleinen langstieligen Häckchen, z. B. mit dem s. g. Rillenzieher, einer kleinen spitzigen Hacke an langem Stiele oder mit dem Rillenpfluge, einer kleinen Pflugschar an festem Stiele unmittelbar vor der Saat hergestellt; im Notfalle genügt auch bei sehr kleinen Samen die Spitze des Rechenstiels, welche hin- und herbewegt oder die Hinterkante eines eisernen Rechens, welche eingedrückt oder eingestoßen wird.

Die Tiefe der Rinne richtet sich nach der Stärke der Bedeckung, welche der betreffende Samen nach Maßgabe des Bodens erträgt, wobei jedoch zu beachten ist, daß bei der Rinnensaat, bei welcher die nahe neben einander keimenden Pflanzen die Decke gemeinschaftlich heben, die Bedeckung eine stärkere sein darf, als bei der Breitsaat.

Die verschiedenen in Gebrauch befindlichen Säemaschinen, welche meist für Rinnensaat bestimmt sind, schaffen sich die nötige Saatrinne selber, sei es, indem sie sie durch ein vor der Saatvorrichtung hergehendes Rad in den Boden eindrücken oder durch eine Pflugschar aufreißen oder mit einem Rechen aufkratzen. Sie leisten teilweise Vorzügliches, sind aber bei der geringen Ausdehnung, welchen man den Freisaaten heute noch giebt, im allgemeinen zu teuer. Die bekanntesten sind die von Roch, Runde, Göhren und Drewitz.

§ 374. In den meisten Fällen pflegt man auch bei der Rillensaat den Samen mit der Hand einzustreuen, indem man schwere Samen einzeln einlegt, von leichten aber kleine Portionen in die Hand nimmt und durch die Finger langsam in die Saatrinne laufen läßt. Man hat dabei darauf zu achten, daß der Samen nicht zu dicht gesäet wird.

Bei leichten Samen bedient man sich dazu auch des s. g. Säehorns. Man versteht darunter ein schiefkegelförmiges Blechgefäß, welches an dem unteren Teile eines hohlen Blechcylinders schief angelötet ist. Die weit auslaufende Spitze des Kegels ist abgeschnitten, und die entstandene Öffnung läßt sich durch Ansetzen und Abnehmen von beweglichen Gliedern, welche mittels Bayonnetverschlusses befestigt werden, beliebig verengern und erweitern, so daß das Instrument für Samen verschiedener Größe benutzbar wird. Beim Gebrauche wird dasselbe mit Samen gefüllt, welcher von selbst durch die untere Öffnung herausgleitet. Die Dichtigkeit der Saat wird durch die Weite der Ausflußöffnung und die Geschwindigkeit geregelt, mit welcher man das Säehorn über der Saatrinne fortbewegt. Wo es auf ganz regelmäßige Verteilung des Samens oder darauf ankommt, daß kein Kern neben die Rinne fällt, ist die Saat mit dem Säehorne der Handsaat entschieden vorzuziehen.

§ 375. Die Löchersaat wird bei leichtem Samen nur angewendet, wenn man Gründe hat, dafür zu sorgen, daß jedes einzelne Samenkorn in besonders günstige Verhältnisse gebracht wird, also bei sehr teuerem Samen, und auf vermagertem Boden, welchen man zu düngen beabsichtigt.

Ohne vorherige Bodenbearbeitung ist sie nur anwendbar, wenn Beschädigungen durch Graswuchs und selbstverständlich auch durch Nässe nicht zu befürchten sind.

Bei der eigentlichen Löchersaat wird der Samen in das mit einer schmalen Hacke hergestellte und mit Komposterde gefüllte oder mit dem Bohrer tiefgelockerte und mit Kalk oder Rasenasche gedüngte Saatloch bei leichten Arten in kleinen Prisen, bei schweren zu zweien und dreien mit der Hand eingestreut und sofort mit der Hand den Bedürfnissen der betreffenden Holzart entsprechend bedeckt.

§ 376. Bei der weit gebräuchlicheren Form der Löchersaat, dem s. g. Einstufen, dagegen hat die Herstellung des Saatloches nur den Zweck, die nötige Vertiefung zu schaffen, um den Samen ausreichend mit Erde zu bedecken. Dasselbe ist nur bei Holzarten mit schwerem und halbschwerem Samen üblich, dort aber bei der künstlichen Vorverjüngung allgemein auf Böden in Gebrauch, welche keiner besonderen Bearbeitung bedürfen, um für die betreffenden Holzarten als Keimbett tauglich zu sein.

Das Einstufen der Holzsamen erfolgt in ähnlicher Weise, wie dasjenige der Kartoffeln. Mit der Hacke oder der eigens dazu konstruierten Doppelhacke, welche zwei Stufen auf einmal macht, werden meist im Abstande von 0,30 bis 0,60 m, nur ausnahmsweise weiter, mit einem einfachen Schlage, je nach der Holzart verschieden tiefe Kauten oder Stufen gehackt, in welche sofort zwei bis vier Früchte eingeworfen und dadurch bedeckt werden, daß man die auf der Hacke liegende Erde in die Stufe zurückfallen läßt und im Notfalle mit dem Fuße festtritt. Die Erde wird also in der Regel nicht aus der Stufe herausgeworfen, sondern überhaupt nur soweit gehoben, als nötig ist, um den Samen rasch darunter bringen zu können.

Besteht die oberste Bodenschichte aus sehr leichten Stoffen, z. B. aus mildem Humus oder sehr lockerer Erde, so läßt sich das Einstufen wohl auch ohne alle künstliche Hilfsmittel mit dem Fuße bewirken. Man macht mit demselben eine kleine Vertiefung und deckt sie, nachdem der Samen eingeworfen ist, sofort mit der weggeschobenen Erde.

Wo der Eichelhäher stark vertreten ist, erscheint es namentlich bei Herbstsaaten nicht rätlich, die Stufen in irgend einer Weise leicht kenntlich zu machen. Er weiß die Samen sonst vortrefflich aufzufinden. Man thut in solchen Fällen gut, Laub und sonstige leichte Bodenüberzüge, welche man zur Herstellung der Stufe auf die Seite geschoben hat, nach der Saat wieder über dieselbe auszubreiten und das ganze Aussehen der Oberfläche möglichst unverändert zu lassen.

§ 377. Bei der Stecksaat wird der Same einzeln in das für sie bestimmte Loch gebracht. Sie ist für Freisaaten nur bei ganz schwerem Samen, welcher eine ziemlich starke Bedeckung erträgt, z. B. bei der Eiche und Kastanie, üblich. Das dazu nötige Loch wird in der Regel mit dem gewöhnlichen Setzholze oder besser dem eisenbeschlagenen Setzpfahle, wie man ihn im Garten zum Pflanzen des Gemüses gebraucht, in schiefer Richtung in die Erde gestoßen und dann nach Einstecken des Samens durch Zutreten mit dem Fuße geschlossen. Der schiefe Stoß hat den Vorteil, daß dann der Samen mehr horizontal zu liegen kommt und dadurch nicht wie bei senkrechter Stellung zu Verkrümmungen von Wurzel oder Stengel veranlaßt wird und dann, daß dabei ein zu tiefes Einsinken des Samens leichter verhindert werden kann.

Um letzteres zu vermeiden, hat man wohl auch eigene Instrumente konstruiert, bei welchen eine Querspange von Eisen oder Holz verhindert, daß das Saatloch tiefer wird als nötig. Man hat die Spitze wohl auch gekrümmt, um die Herstellung eines schiefen Loches auch bei senkrechtem Stoße zu ermöglichen, wie dieses z. B. bei dem oberhessischen Eichelsetzer der Fall ist. Diese Instrumente sind meist auch darauf eingerichtet, daß der Arbeiter bei ihrem Gebrauche aufrecht stehen kann. Sie leisten aber nur da mehr als der Setzpfahl, wo Stecksaaten so häufig sind, daß die Arbeiter Zeit haben, sich an ihren Gebrauch zu gewöhnen. Wo dieses nicht der Fall ist, und wo man nicht ausschließlich mit erwachsenen Männern arbeitet, welchen das Bücken schwer fällt, bleibt man besser bei den den Arbeitern gewohnten Kulturinstrumenten.

Der früher viel empfohlene hölzerne Saathammer, ein birnförmiger Holzschlegel mit lang ausgezogener Spitze, welcher das Loch senkrecht in den Boden einschlägt, ist, weil der Samen bei dessen Gebrauch statt wagrecht, senkrecht zu liegen kommt, jetzt wenig mehr im Gebrauche.

Bei der Stecksaat geht man bei voller Bestellung der Fläche nicht gerne über 50 bis 60 cm Abstand des einen Saatlochs von dem anderen hinaus. Bei der Stecksaat in Streifen und Platten rückt man dieselben in der Regel noch näher zusammen.

8. Bedeckung des Samens.

§ 378. Bei künstlichen Saaten pflegt man den Samen nicht in der Menge auszustreuen, in welcher er bei der natürlichen Verjüngung auf die zu besamende Fläche fällt. Auch sind namentlich bei der Nachverjüngung die Verhältnisse nur ausnahmsweise der Art, daß man von der Natur eine ausreichende Bedeckung des Samens erwarten darf. Um so notwendiger ist es deshalb, für künstliche Bedeckung des Samens zu sorgen, und zwar nicht allein deshalb, weil unbedeckter Samen leichter von Tieren aufgefunden und leichter vom Froste zerstört wird, sondern weil eine nicht allzustarke Bedeckung dem Samen die zur Keimung nötige Feuchtigkeit sichert und das bei den meisten Holzarten höchst empfindliche Würzelchen vor Vertrocknen und Erfrieren bewahrt.

§ 379. Der Grad der Bedeckung, welchen die verschiedenen Holzarten verlangen und ertragen, ist aber bei den verschiedenen Holzarten verschieden, wie wir das in § 319 besprochen haben. Je kleiner der Samen ist, desto weniger Bedeckung kann er ertragen. Selbst wenn er keimt, vermag er die ihn deckende Erde nicht zu durchdringen. Von den deutschen und in Deutschland akklimatisierten Waldbäumen macht von dieser Regel nur die Akazie eine Ausnahme; obwohl ihr Samen 100 bis 200 mal leichter ist, als der der Eiche, keimt er doch am vollkommensten bei der der Eiche zuträglichen starken Deckung von 4 bis 5 cm. Stärkere Decken sind selbst schweren Samen zu stark, die kleinsten versagen die Keimung schon, wenn sie in den Saatrinnen 15 mm tief unter ganz lockerer Erde liegen; von bindiger, die Luft abschließender Erde sind ihnen noch viel schwächere Decken entschieden zu schwer.

Im allgemeinen erträgt wie bereits erwähnt die Rinnensaat eine dichtere Decke als die Vollsaat. Bei bindenden Böden darf dieselbe nicht so stark sein, als auf lockeren, einmal, weil sie die Luft vollständiger abschließen, und dann, weil die jungen Pflanzen nicht allein ihr Gewicht zu heben, sondern auch ihre Kohäsion zu überwinden haben.

§ 380. Bei der Vorverjüngung durch Breitsaat wird der Samen, wenn die Saat im Herbste stattfindet, ebenso wie wir es bei der natürlichen Vorverjüngung besprochen haben, häufig durch die während des Winters stattfindende Aufarbeitung des Holzes auf natürlichem Wege in genügender Weise bedeckt. Das Gleiche geschieht bei leichtem Samen, wenn der Boden unmittelbar vor der Saat aufgekratzt wurde, dadurch, daß die ausgeworfene Erde vom Regen wieder in die Vertiefungen gespült wird, in welche der größte Teil des Samens gefallen ist. In der Regel zieht man es aber vor, die Bedeckung künstlich zu bewirken; bei der Nachverjüngung ist die künstliche Bedeckung fast ausnahmslose Regel.

Bei schweren Samen erreicht man dieselbe, wenn man auf schollig bearbeitetem oder von Schweinen schollig umgebrochenem Boden gesäet hat, durch Übereggen der Fläche in der in § 278 beschriebenen Weise. Auch verwendet man dazu mit Steinen beschwerte Dornwellen, s. g. Dorneggen, welche über das Gelände geschleift werden.

Ist die Fläche nicht schollig bearbeitet, so pflegt man schweren und halbschweren Samen seiner Eigenart entsprechend unterzuhacken oder zu übererden. Bei solcher Beschaffenheit des Samens geschieht das Übererden immer erst nach der Saat. Der zweite Zweck desselben, die Zurückhaltung des Graswuchses wird auch dann noch erfüllt.

§ 381. Breit gesäete leichte Samen werden bei der Vollsaat mit einer leichten Egge oder einer Dornegge, bei der Streifen- und Plätzesaat mit dem Rechen, am besten durch Häckeln mit demselben untergebracht. Ist der Boden vorher wund gemacht, so genügt ein Ebenrechen desselben, wenn man die Bedeckung des Samens nicht der Natur überlassen oder durch Eintrieb von Vieh bewirken will. Das Übererden leichten Samens mit dem Siebe ist bei Freisaaten zu mühsam und kostspielig.

Rinnensaaten aus der Hand oder mit dem Säehorne werden im Freien durch Wiederausfüllung der Rinne mit dem Rechen oder der Hand gedeckt. Bei Maschinensaat besorgt die Bedeckung in der Regel die Maschine mittels eines hinter der Säevorrichtung angebrachten kleinen eisernen Rechens.

Bei Löcher- und Stecksaaten erfolgt die Bedeckung gleichzeitig mit der Saat meist mit dem Fuße.

Kapitel IV. Bestandsgründung durch Pflanzung.

A. Wahl des Pflanzmaterials.

1. Verschiedene Arten desselben.

§ 382. Beim Waldbau versteht man unter Pflanzung nicht allein das Versetzen vollständiger mit Wurzel und Krone versehener Pflanzen an einen anderen Ort zu dem Zwecke, daß dieselben dort ihre bereits vorhandenen Teile weiter entwickeln, sondern auch das Verbringen von Pflanzenteilen, wie Stecklinge, Stummel und Brutwurzeln in die Erde, um aus den erfolgenden Stock- und Wurzelausschlägen neue vollständige Individuen zu erziehen.

Man unterscheidet bei bewurzelten Pflanzen je nach ihrer Stärke:

1. Keimlinge oder Keimpflanzen, Pflanzen, welche ihren ersten Jahrestrieb noch nicht vollendet haben,
2. Jährlinge, Pflanzen mit vollendetem ersten Jahrestriebe,
3. Kleinpflanzen, unter 20 cm hohe Pflänzlinge,
4. Halblohden, Pflanzen von 0,2 bis zu 0,5 m Höhe,
5. Lohden, Pflänzlinge von 0,5 bis 1 m Höhe,
6. Starklohden, Pflänzlinge von 1,0 bis 1,5 m Höhe,
7. Halbheister, 1,5 bis 2 m hohe Pflanzen,
8. Heister, 2 bis 2,5 m hohe Pflänzlinge,
9. Starkheister, Pflänzlinge über 2,5 m.

Werden die Pflänzlinge einzeln in den Boden gebracht, so nennt man sie Einzelpflanzen, zum Unterschiede von den Büschelpflanzen oder besser Pflanzenbüscheln, von welchen mehrere auf einmal in ein einziges Pflanzloch gebracht werden. Geschieht die Verpflanzung mit den anhangenden Erdschollen, den Ballen, so nennt man sie Ballenpflanzen, erfolgt sie umgekehrt mit von Erde entblößter Wurzel ballenlose Pflanzen. Werden die Pflanzen vor der Versetzung am Wurzelhalse abgeschnitten, so hat man es im Gegensatze zu bekronten Pflänzlingen mit Stutz- oder Stummelpflanzen zu thun. Sind die Pflänzlinge in eigens dazu bestimmten Saat- und Pflanzschulen entnommen, so nennt man sie Zucht- oder Kamppflanzen und zwar Saatpflanzen, wenn sie unmittelbar der Stelle entnommen sind, an welche sie gesäet wurden, und Schulpflanzen, verschulte oder umgelegte Pflanzen, wenn sie im Kampe schon ein oder mehrere Male verpflanzt worden sind. Der Gegensatz von Zuchtpflanzen ist Schlagpflanzen, d. h. Freisaaten oder Wildlinge, d. h. natürlichen Verjüngungen entnommene Pflänzlinge.

Alle bewurzelten Pflänzlinge faßt man in dem Sammelnamen Setzlinge zusammen; dagegen heißen wurzellose, von der Mutterpflanze völlig getrennte oberirdische Teile von Holzpflanzen, welche man in den Boden steckt, um sie zur Wurzelbildung zu veranlassen, Stecklinge im allgemeinen, bei einer Stärke über 3 cm Setzstangen, schwächere Setzreißer und wenn die Spitzen abgeschnitten sind, Stecklinge im engeren Sinne oder Stopfer.

2. Stecklinge oder Setzlinge?

§ 383. Es liegt in der Natur der Sache, daß an und für sich die Pflanzung bewurzelter und bekronter Setzlinge mehr Sicherheit bietet, als diejenige von Stecklingen, welche erst Wurzeln zu bilden haben, ehe sie sich weiter entwickeln. Außerdem lehrt die Erfahrung, daß aus Stecklingen erzogene Pflanzen eine geringere Lebenszähigkeit besitzen, als Kernpflanzen; das massenhafte Absterben der außerhalb ihrer Heimat ausschließlich durch Stecklinge fortgepflanzten Pyramidenpappel in den letzten Jahren scheint zu beweisen, daß sich diese Art der Verjüngung nicht bis ins Unendliche fortsetzen läßt.

Die Verjüngung durch Stecklinge ist daher überall nur ein Notbehelf, zu welchem man greift, wenn die Beschaffung guten Samens Schwierigkeiten bietet und anderseits die Verjüngung durch Stecklinge besonders leicht ist. Von den deutschen Waldbäumen gehören nur die zweihäusigen Laubhölzer, d. h. die

Pappeln und Weiden in diese Kategorie. Bei den Pappeln, welche sich zumeist aus Wurzelbrut natürlich verjüngen, finden sich Blüten tragende Exemplare verschiedenen Geschlechts häufig nicht nahe genug bei einander, so daß die weiblichen Blüten häufig unbefruchtet bleiben, während bei den Weiden die Befruchtung in der Regel dadurch bewirkt wird, daß der männliche Blütenstaub durch Bienen und andere Insekten auf die weiblichen Blüten übertragen wird. Diese bringen daher zwar verhältnismäßig reichlich keimfähigen Samen, aber man hat keine Garantie, ob die Befruchtung durch Pollen derselben Art erfolgte. Man kann deshalb bei den Weiden, welche zur Bastardbildung sehr geneigt sind, nur bei der Verjüngung durch Stecklinge mit Bestimmtheit darauf rechnen, daß die Eigenschaften des Mutterbaums sich auf die Tochterpflanze übertragen; bei aus Samen gezogenen Pflanzen riskiert man immer, Bastarde zu erziehen, welche die verlangten gerade bei der Weide besonders wichtigen Eigenschaften nicht besitzen.

Bei Weiden und Pappeln ist daher die Verjüngung durch Stecklinge allgemein im Gebrauche, bei allen übrigen deutschen Waldbäumen ist die Verwendung von bewurzelten Setzlingen ausnahmslose Regel.

3. Stummel- oder bekronte Pflanzen?

§ 384. Auch die Stummelpflanzung ist, wenigstens im Samenwalde, ein Notbehelf. Man bringt sie nur in Anwendung, wenn man Pflanzen versetzen muß, deren Wurzeln behufs der Pflanzung sehr stark gekürzt werden müssen, oder solche, deren oberirdischer Teil beschädigt oder nicht normal entwickelt ist.

Bei Holzarten, welche sehr leicht und sicher vom Stocke ausschlagen, z. B. bei den Eichenarten, der Kastanie, Akazie, Esche und Hainbuche, aber nur bei solchen zieht man es dann vor, durch Hinwegnahme des ganzen oberirdischen Teiles es der Wurzel zu überlassen, das gestörte Gleichgewicht zwischen Krone und Bewurzelung wiederherzustellen oder bessere Stämmchen zu treiben.

Die in solchen Fällen erfolgenden kräftigen Stockausschläge sind besser geeignet, die von den Wurzeln aufgenommene Pflanzennahrung zu verarbeiten, als die im ersten Jahre immer kränkelnden und schlechtbelaubten oberirdischen Teile alter nicht gestummelter Pflanzen. Auch überwallen die Schnittwunden meist sehr gut und die Stockausschläge erfolgen in so geringer Zahl oder sind ohne große Mühe auf eine so kleine Zahl zu reduzieren, daß sie sich ganz wie Kernwüchse verhalten, wenn die abgeschnittenen Schäfte nicht bereits zu stark waren, um die Schnittflächen in einem Jahre überwallen zu können.

In Samenwaldungen greift man übrigens nicht gerne zu dieser Verjüngungsmethode, weil noch nicht erwiesen ist, daß nicht später doch noch von den Schnittflächen aus Stockfäule eintritt, obwohl das nicht allzu wahrscheinlich ist.

Wo die Wurzel ohne übermäßige Kosten ungekürzt in den Boden gebracht werden kann und der oberirdische Teil normal gebildet ist, thut man immer gut, die Pflanzen ungestutzt in den Boden zu bringen. Bei den nicht vom Stocke ausschlagenden deutschen Nadelhölzern verbietet sich die Stummelpflanzung von selbst.

4. Einzel- oder Büschelpflanzen?

§ 385. Die einzelne in den Boden gebrachte Pflanze hat nach allen Seiten freien Wachsraum, während die in Büscheln verpflanzten sich gegenseitig in der Entwickelung hindern. Bei zunehmendem Dickewachstum berühren sich dann die Schäfte und Wurzeln, und die Rinden scheuern sich an einander. Bei den Laubhölzern giebt dasselbe, obwohl die Stämmchen häufig ohne Schaden zusammenwachsen, nicht minder häufig zur Bildung von Faulstellen Veranlassung; bei den Nadelhölzern aber erfolgt Harzausfluß und nicht selten schädliche Saftstockung.

Es unterliegt deshalb keinem Zweifel, daß, wo von dem erzogenen Bestande eine namhafte Ernte erwartet wird, unter normalen Verhältnissen, namentlich bei den Nadelhölzern die Einzelpflanzung immer den Vorzug vor der Büschelpflanzung verdient und daß nur ganz besondere Umstände die Anwendung von Büschelpflanzen rechtfertigen können.

Solche Umstände sind gegeben, wo wie in den Fichtenwaldungen des Harzes Rechtsverhältnisse es unmöglich machen, die Pflanzungen vor den Beschädigungen des Viehtriebs zu sichern. Man wendet in solchen Fällen die Büschelpflanzung in der Hoffnung an, daß dann wenigstens eine Pflanze vom Viehtritte unbeschädigt bleibt. Man thut aber dann gut, sowie Beschädigungen durch Zusammentreten nicht mehr zu befürchten sind, die überschüssigen Pflänzlinge durch Ausschneiden zu entfernen. Im allgemeinen zieht man es jetzt aber auch unter solchen Verhältnissen vor, von vornherein stärkere, dem Viehtritte wenig mehr ausgesetzte Einzelpflanzen zu wählen.

Dagegen ist die Buchenbüschelpflanzung auch heute noch vielfach im Gebrauche und zwar da, wo die Buche lediglich als Unter- und Bodenschutzholz eingebracht werden soll und auf eine hohe Holzernte aus ihr nicht gerechnet wird. Wo in der Nähe solcher Kulturflächen dichte Buchenanwüchse vorhanden sind, aus welchen die Büschel mit Ballen entnommen werden können, hat diese Pflanzmethode den Vorzug der Billigkeit und Sicherheit.

Bei anderen Holzarten, als Fichte und Buche und unter anderen Verhältnissen wird sie nicht angewendet.

5. Schlag- oder Kamppflanzen?

§ 386. So lange im Walde die natürliche Verjüngung und die Saat bei der ersten Bestandsgründung Regel war, wurden die zur Ergänzung derselben nötigen Pflänzlinge ausschließlich den benachbarten Jungwüchsen entnommen. Erst als bei der künstlichen Verjüngung die Pflanzung die Saat zu verdrängen anfing und der Vorrat an abgängigen Schlagpflanzen immer geringer wurde, entschloß man sich notgedrungen dazu, in den Saat- und Pflanzschulen einen entsprechenden Vorrat von Zuchtpflanzen bereit zu halten.

Dabei zeigte es sich nun bald, daß rationell erzogene Kamppflanzen mancherlei Vorzüge vor den Schlagpflanzen voraus hatten.

Vor allem war bei denselben, weil sie in gleichmäßig gut gelockertem und fruchtbarem Boden erwachsen waren, das ganze Wurzelsystem, obwohl reichlicher entwickelt, doch auf einen kleineren Raum konzentriert und dadurch der Verpflanzung günstiger als bei den Schlagpflanzen, deren Wurzeln in dem ungleich fruchtbaren und weniger gleichmäßig bearbeiteten Boden gezwungen waren, Steinen auszuweichen und ihre Nahrung in weitem Umkreise zu suchen. Die Kamppflanzen waren deshalb viel leichter ohne Beschädigung ihrer eigenen Wurzeln und derjenigen ihrer Nachbarn auszuheben und wuchsen bei gleicher Bearbeitung des Pflanzloches sicherer an, als Wildlinge und Pflänzlinge aus Freisaaten.

Der Unterschied war ein so großer, daß man sich bald nicht mehr scheute, Zuchtpflanzen von Holzarten[1], welche man bis dahin nur mit dem Ballen zu verpflanzen gewagt hatte, mit entblößter Wurzel zu versetzen. Die auf diese Weise erzielte Ersparnis an den Kosten der Pflanzung selbst und des Aushebens der Pflänzlinge wogen aber reichlich die Kosten der Pflanzenerziehung auf.

Man hat sich daher jetzt überall daran gewöhnt, in der Regel nur Kamppflanzen zu verwenden, und greift im allgemeinen nur dann zur Benutzung von Wildlingen, wenn man Zuchtpflanzen nicht zur Verfügung hat.

Man macht davon nur dann eine Ausnahme, wenn die betreffende Holzart überhaupt oder in dem Alter, in welchem man sie verwenden will, besonders leicht zu verpflanzen ist und die Wildlinge nicht mühsam zusammenzusuchen sind, sondern in großer Zahl auf kleinem Raume beisammen stehen, oder wenn einzelne Lücken in dicht stehenden Saaten und natürlichen Verjüngungen mit der Holzart auszupflanzen sind, aus welcher diese Verjüngungen bestehen, die Saat- und Pflanzschulen aber weit von der Kulturstelle entfernt sind.

6. Saat- oder Schulpflanzen?

§ 387. Das Verschulen, d. h. das Umsetzen der Pflänzlinge in den Baumschulen hat den Zweck zu verhüten, daß Pflänzlinge, welche nicht in ganz jugendlichem Alter ins Freie versetzt werden sollen, durch längeres Stehen im Kampe die Eigenschaften der Schlagpflanzen annehmen, d. h. ihre Wurzeln weit und unregelmäßig ausdehnen und durch zu dichten Stand auf Kosten der unteren Zweige zu sehr in die Höhe getrieben werden. Bei der Verschulung erhält jede Pflanze nach allen Seiten freien Wachsraum für ihre Wurzeln und Zweige; die ersteren kommen in gleichmäßig gelockerte und gleichmäßig fruchtbare Erde. Jede einzelne Wurzelknospe kommt deshalb zur Entwickelung und wird gleichmäßig ernährt.

Die Folge davon ist, daß bei der Schulpflanze nicht wie bei den Schlag- und älteren Saatpflanzen eine Wurzel sich auf Kosten aller anderen entwickelt, sondern daß die Wurzeln wiederum zwar in großer Zahl vorhanden, aber auf einen kleinem Raum zusammengedrängt sind.

Verschulte Pflanzen sind daher ungleich leichter unbeschädigt auszuheben und bei allen Holzarten, welche nicht wie Hainbuche und Erle in hohem Grade die Fähigkeit besitzen, neue Wurzeln in kurzer Zeit zu bilden, leichter und sicherer zu verpflanzen, als gleich große unverschulte, welche durch längeres Stehen im dichten Schlusse der Saat und in einem Boden, welcher durch Setzen ungleich locker und durch einseitige Aufsaugung der Pflanzennährstoffe ungleich fruchtbar geworden ist, ihre Wurzeln und Zweige ungleich entwickelt haben. So lange dieser Moment bei den Saatpflanzen nicht eingetreten ist, sind unverschulte Pflänzlinge ebenso gut als Schulpflanzen. Es sind mit anderen Worten verschulte Pflänzlinge den Saatpflanzen nur dann vorzuziehen, wenn die letzteren so lange im Kampe bleiben müssen, bis sich die Nachteile des dichteren Standes in der Saat und der ungleichen Wurzelentwickelung geltend zu machen anfangen.

§ 388. Das Alter, in welchem dieser Fall eintritt, ist je nach der Schnelligkeit, mit welcher die betreffende Holzart wächst, und bei der gleichen Holzart je nach der Dichtigkeit der Saat und der Beschaffenheit des Bodens verschieden. Er tritt bei rasch wachsenden Holzarten eher ein als bei langsam wachsenden, bei dichter eher, als bei dünner Saat, bei Rinnensaat eher, als bei Breitsaat, bei ungleich fruchtbarem oder ungleich lockerem eher, als in gleichmäßig gemischtem und gelockertem Boden. Im allgemeinen läßt man indessen bei allen Holzarten Pflänzlinge, welche erst im 4. Jahre ins Freie verpflanzt werden, nur ausnahmsweise unverschult; manche sehr rasch wachsende, z. B. die Lärche werden häufig schon als Jährlinge verschult, wenn sie als 2jährige Verwendung finden sollen. Auch bereits verschulte Pflanzen läßt man nicht gerne länger, als 3 bis 4 Jahre auf derselben Stelle stehen. Wenn sie erst später ins Freie kommen, verschult man sie zum zweiten und im Notfalle wohl auch zum dritten und vierten Male. Die Verschulung von Keimlingen erfolgt in der Regel nur zu dem Zwecke, natürlichen Aufschlag und Anflug zur Pflanzenerziehung zu verwenden.

Ballenpflanzen oder Pflanzen mit entblößter Wurzel?

§ 389. Es unterliegt keinem Zweifel, daß alle Pflanzen, wenn sie mit der ganzen Erdscholle, in welcher sie erwachsen sind, ausgehoben und verpflanzt werden, namentlich wenn dabei durch scharfen Stich und sorgfältiges Ausheben die Wurzeln in ihrer Lage erhalten werden, leichter anwachsen und ungestörter fortwachsen, als bei der Pflanzung mit entblößten Wurzeln. Bei der Ballenpflanzung werden die im Ballen eingeschlossenen Wurzeln auch nicht einen Moment der Gefahr der Vertrocknung ausgesetzt, ebensowenig werden sie verbogen oder ihre Spitzen in mit Luft gefüllte leere kleine Höhlungen der Erde gebracht, worin sie nachträglich leicht austrocknen. Selbst starke Stämme lassen sich mit Erfolg verpflanzen, wenn es gelingt, sie mit dem vollständigen Ballen auszuheben und wieder in den Boden zu bringen.

Auf der anderen Seite ist aber die Ballenpflanzung infolge der Notwendigkeit, mit den verhältnismäßig leichten Pflanzen die ungleich schwereren Ballen zu transportieren, wo die Pflänzlinge nicht in allernächster Nähe der Pflanzstelle gewonnen werden können, um sehr viel teuerer als die ballenlose Pflanzung.

Man wird deshalb nur da zur Ballenpflanzung greifen, wo die Pflanzung mit entblößter Wurzel sehr unsicher ist, etwa weil die Pflänzlinge nicht ganz gesund sind oder sich in dem Alter, in welchem man sie mit Rücksicht auf die Umgebung verpflanzen muß, nicht mehr ohne Ballen sicher verpflanzen lassen, oder weil der Boden leicht auffriert, ferner da, wo der geringen Zahl der zu verwendenden Pflänzlinge halber der Unterschied in den Transportkosten nicht allzusehr ins Gewicht fällt, und endlich da, wo man mit der Ballenpflanzung außer der Bestandsgründung andere Zwecke zu erfüllen beabsichtigt; letzteres ist z. B. bei Flugsandkulturen der Fall; die Ballen, welche um zu halten aus einigermaßen bindiger Erde bestehen müssen, haben dort neben der Herstellung des Bestandes den Zweck, der Bodenoberfläche Stoffe beizumischen, welche vom Winde nicht angegriffen werden.

8. Alter der Pflänzlinge.

§ 390. Je jünger die Pflänzlinge sind, desto sicherer wachsen sie an, wenn die Pflanzung in einer günstigen Jahreszeit stattfand. Manche Holzarten, insbesondere die Nadelhölzer, lassen sich in höherem Alter überhaupt nicht mehr ohne Ballen mit Sicherheit verpflanzen, so die Kiefer und Schwarzkiefer vom 4., die Birke, Fichte und Weymouthskiefer vom 6. bis 8., die Tanne und Buche etwa vom 10., die meisten Laubhölzer etwa vom 20. Jahre an.

Auf der anderen Seite gehen aber die Vorteile der Pflanzung gegenüber der Saat, größere Sicherheit gegen äußere Gefahren, Zuwachsgewinn u. s. w., bei der Wahl sehr junger Pflänzlinge mehr oder weniger verloren. Namentlich müssen alle zur Sicherung der Saaten gegen Auffrieren, Graswuchs und Vertrocknung nötigen Vorsichtsmaßregeln, wenn auch in geringerer Ausdehnung, auch bei der Pflanzung sehr junger Setzlinge angewendet werden.

Das Alter, in welchem die verschiedenen Holzarten vor den ihnen nach Maßgabe des Standortes nach der Pflanzung drohenden Gefahren ohne besondere Vorsichtsmaßregeln sicher sind, bildet daher die untere Grenze des Alters, unter welche man bei den Pflanzungen ins Freie nicht gerne hinausgeht, welche man aber auch ohne besondere Gründe nicht gerne nach aufwärts überschreitet, weil ältere Pflanzen, ohne deshalb leichter anzuwachsen, größere und tiefere Pflanzlöcher verlangen und höhere Transport- und Erziehungskosten verursachen.

§ 391. Dieses Alter ist nun bei den verschiedenen Holzarten auf gleichem Standorte und bei der gleichen Holzart auf verschiedenem Standorte ein verschiedenes.

Holzarten, welche, weil sie sofort mit ihren Wurzeln tief in den Boden eindringen und im ersten Jahre nicht allzu winzige Stämmchen treiben, können, wenn sie gegen Gras- und Unkräuterwuchs und gegen Hitze und Spätfrost unempfindlich sind, unbedenklich als Jährlinge ins Freie verpflanzt werden, so z. B. die Kiefer, während empfindliche Holzarten vor dem 3. und 4. Jahre nicht ins Freie gebracht werden dürfen, wenn an dem Standorte nicht für Hintanhaltung der drohenden Gefahren gesorgt ist.

Unter Schutzbestand auf unkrautfreiem Boden, wo Graswuchs und Spätfröste im Zaume gehalten werden und im Seitenschatten, wo Hitzebeschädigungen abgehalten sind, können auch die gegen diese Schäden empfindlichen Holzarten in sehr jugendlichem Alter gepflanzt werden. Dagegen hat man überall, wo geringe Bodenkraft oder rauhes Klima die Entwickelung der Pflänzlinge verzögert, ohne die Entwicklung der Unkräuter zu hemmen, bei empfindlichen Holzarten ältere Pflänzlinge zu wählen, als im umgekehrten Falle. Auch ist es klar, daß, wo Gras- und Unkräuterwuchs bereits vorhanden ist, dagegen empfindliche Holzarten in stärkeren Exemplaren gepflanzt werden müssen, als wo er sich erst bilden muß, und daß man in solchen Fällen mit jüngeren Pflänzlingen auskommt, wenn man z. B. breite Streifen macht, als bei schmalen. Umgekehrt ist in sehr heftigen Winden ausgesetzten Lagen die Pflanzung kleiner kaum über den Boden herausragender Pflänzlinge ungleich sicherer, als diejenige langer vom Winde gepeitschter Pflanzen.

§ 392. Überhaupt muß immer im Auge behalten werden, gegen welche Gefahren die betreffende Holzart empfindlich ist, sowie welche derselben, und wann sie nach Maßgabe des Zustandes der Bodenoberfläche zu befürchten sind. Ist z. B. eine Holzart im Alter von 4 Jahren dem Graswuchse entwachsen und auf dem gegebenen Standorte eine schädliche Ausdehnung desselben erst in zwei Jahren zu fürchten, so können unbedenklich zweijährige Pflänzlinge gewählt werden, wenn im übrigen Holzart und Standort die Verwendung von solchen gestatten. Ihre Pflanzung ist dann wohlfeiler und namentlich in Sturmlagen auch sicher, als diejenige älterer.

Gegen Frost empfindliche Holzarten pflegt man in Frostlöchern ohne Schutzbestand nur in Exemplaren anzupflanzen, deren Gipfel über die Frosthöhe hinausreichen. Man erkennt dieselbe leicht an den Spuren älterer Beschädigungen an Schlagrändern und Vorwüchsen.

§ 393. Gründe, welche zur Wahl älterer Pflänzlinge als sie durch die Natur der Holzart und des Standortes bedingt sind veranlassen, sind:

1. die Rücksicht auf die vorhandene Bestockung, in deren Kronenschluß die anzupflanzenden Setzlinge noch einwachsen sollen, also beispielsweise bei der nachträglichen Einsprengung von Eichen in Buchenverjüngungen auf Standorten, auf welchen die Buche so rasch als die Eiche wächst,
2. die Notwendigkeit, der einzubringenden Holzart einen Vorsprung vor den mit ihr zu mischenden einzuräumen.

In beiden Fällen müssen die Pflänzlinge so alt gewählt werden, daß sie von dem vorhandenen Bestande oder den Mischhölzern nicht überwachsen, und wenn es sich um Lichthölzer zwischen Schattenhölzern handelt, auch von diesen nicht eingeholt werden.

§ 394. Im allgemeinen verpflanzt man ohne Ballen nicht gerne ganz in's Freie

die Eiche	jünger als	1 jährig	und älter als	10 bis 12 jährig
„ Buche	„ „	3 „	„ „ „ „	6 jährig
„ Hainbuche	„ „	2 „	„ „ „ „	6 „
„ Esche	„ „	2 „	„ „ „ „	8 „
„ Ahorn	„ „	2 „	„ „ „ „	8 „
„ Ulme	„	2 „	„	8
„ Birke	„ „	2 „	„	4 „
„ Erle	„ „	2 „	„	4 „
„ Kastanie	„ „	2 „	„ „	6 „
„ Akazie	„ „	1	„ „	6 „
„ Fichte	„ „	2 „	„ „	5 „
„ Tanne	„ „	4 „	„ „	8
„ Kiefer	„ „	1 „	„ „	2
„ Schwarzkiefer	„ „	1 „	„	3
„ Weymouthskiefer	„ „	1 „	„ „ „	3
„ Lärche	„ „	2 .	„ „ .	5 „

Unter besonders günstigen Verhältnissen und unter Schutzbestand geht man unter diese Minimalgrenze noch hinab.

9. Eigenschaften guter Pflänzlinge.

§ 395. Von jedem Pflänzlinge, welchen man im Walde ins Freie versetzt, verlangt man

1. daß er die Pflanzung selbst oder das Anwachsen nicht in unverhältnismäßiger Weise erschwert,
2. daß er das unvermeidliche Kränkeln infolge der Verpflanzung ohne dauernden Nachteil erträgt und endlich

3. daß er, einmal angewachsen, zu einem gesunden und normal gewachsenen Baume sich entwickeln kann.

Die Pflanzung selbst wird nun erschwert durch übermäßige Ausdehnung aller oder einzelner Wurzeln, das Anwachsen aber außerdem durch abnorme Entwickelung des Gipfels auf Kosten der Zweige, letzteres aus dem doppelten Grunde, einmal weil derartige Pflänzlinge vom Winde ständig hin und herbewegt und dadurch in ihren Wurzeln gelockert werden, und dann, weil der Boden, in welchem sie wurzeln, nicht wie unter normal entwickelten Pflanzen durch den Schatten der unteren Zweige frisch erhalten wird.

Pflänzlinge mit abnormer Wurzelausdehnung und ohne gehörige Astentwickelung sind daher zur Verpflanzung nicht geeignet. Ebensowenig sind es solche, bei welchen abnorm verkürzte Gipfeltriebe, bleiche oder abnorme Farbe oder Kleinheit der Blätter und Nadeln, sowie die Schmächtigkeit der Knospen beweisen, daß sie jetzt schon kränkeln und deshalb den Gefahren der Verpflanzung nicht gewachsen sind, oder bei welchen Verkrümmungen oder Beschädigungen am Schafte eine normale Entwickelung in späterem Alter als unwahrscheinlich erscheinen lassen.

§ 396. Eine Pflanze muß, wenn sie mit entblößter Wurzel als bekronte Pflanze ins Freie versetzt werden soll, vielmehr:

1. zahlreiche aber auf möglichst kleinen Raum konzentrierte Saugwurzeln besitzen,
2. gerade, dem Alter entsprechend kräftig und stufig sein, d. h. nicht einen geil in die Höhe getriebenen walzenförmigen, sondern einen stark kegelförmigen Schaft und normale Astentwickelung zeigen,
3. kräftige Knospen und in belaubtem Zustande eine gesunde dunkelgrüne Farbe und ihrem Alter entsprechende Gipfeltriebe besitzen und endlich
4. frei von starken Verbiegungen und Verkrümmungen, sowie von nicht völlig ausheilenden Beschädigungen des Schaftes sein.

Auch ist es klar, daß durch Frost oder Schütte beschädigte Pflanzen erst wieder brauchbar werden, wenn sie diese Beschädigungen vollständig verheilt haben.

Nicht normal bekronte, krummgewachsene, oberirdisch beschädigte oder nicht stufig erwachsene Pflanzen können indessen bei den reichlich vom Stocke ausschlagenden Holzarten als Stummelpflanzen Verwendung finden; auch braucht man inbezug auf die Gesundheit der Pflänzlinge weniger ängstlich zu sein, wenn eine besonders sichere Pflanzmethode, z. B. die Ballenpflanzung gewählt wird.

B. Beschaffung von Wildlingen und Schlagpflanzen.

§ 397. Wo die Verwendung von Schlagpflanzen und Wildlingen thunlich ist, ist es vor allem von Wichtigkeit, daß dieselben Stellen entnommen werden, deren Verhältnisse namentlich inbezug auf Licht und Schatten nicht allzusehr von denjenigen der Kulturstelle verschieden sind; insonderheit ist es in keiner Weise rätlich, unter dichtem Schutzbestande erwachsene Pflanzen in volles Licht zu versetzen. Solche Pflänzlinge wachsen sehr schwer an, weil sie gleichzeitig nicht allein den Wechsel des Bodens, sondern auch den der Beschattung durchzumachen haben.

Im allgemeinen sind Pflänzlinge, welche schon mindestens ein Jahr in vollem Lichte stehen, zur Verpflanzung ganz ins Freie Pflanzen vorzuziehen, welche noch unter Schutzbestand stehen. Müssen trotzdem noch unter Schirmbestand stehende Pflanzen verwendet werden, so wähle man unter denselben die an den lichtesten und nach oben freiesten Stellen erwachsenen.

Ferner nehme man die Pflänzlinge nicht da, wo sie allzu dicht aufgewachsen sind, sondern da wo die einzelne Pflanze Raum gehabt hat, die ihrem Alter entsprechenden Seitentriebe ungehindert auszutreiben, hebe aber an solchen Stellen, wenn die Pflanzen einer zur Bestandsgründung bestimmten Verjüngung entnommen werden, lieber auf Flächen von 0,2 bis 1 qm, oder in Streifen- und Rinnensaaten auf Strecken von 0,6 bis 1 m Länge alle Pflanzen aus und lasse gleich große Flächen der Besamung unberührt, als daß man durch Ausheben einzelner Pflänzlinge in allen Teilen der Verjüngung überall die Wurzeln der stehen bleibenden beschädigt und dadurch diese selbst in Frage stellt.

Diese Vorsicht ist besonders da notwendig, wo die Pflanzen tief bewurzelt sind und ohne merkliche Beschädigung der Nachbarpflänzlinge nicht ausgehoben werden können, sowie da, wo die Pflanzen mit den Ballen ausgestochen und dadurch Vertiefungen geschaffen werden, von deren Wänden aus der Boden leicht austrocknet. Wo die Pflänzlinge mit Ballen ausgehoben werden sollen, ist außerdem darauf zu achten, daß die Ballen halten, d. h. beim Transporte nicht aus einander fallen. Man wählt deshalb mit einer Grasnarbe überzogene Stellen mit wenigstens einigermaßen bindigem, nicht steinigem Boden.

§ 398. Beim Ausheben selbst verfährt man, je nachdem die Wildlinge mit oder ohne Ballen versetzt werden sollen, in verschiedener Weise. Zum Ausheben von Ballenpflanzen bedient man sich bei ganz kleinen Pflänzlingen im Gebirge gerne der Hochmann'schen Kegelschippe, eines Kegelspatens in verkleinertem Maßstabe, welches wie der gewöhnliche Kegelspaten (§ 399) gebraucht wird, bei größeren bis zu 30 cm Höhe des Heyer'schen Hohlbohrers, eines vorne offenen umgekehrten abgestutzten Hohlkegels von Eisen von 4 bis 12 cm unterem und 4,5 bis 14,5 cm oberem Durchmesser an senkrechtem hölzernem Stiele mit 47 bis 53 cm langer Krücke. Beim Ausbohren wird das Instrument von der offenen Seite so um das auszuhebende Pflänzchen (oder die Pflanzbüschel) geschoben, daß dasselbe, nachdem es durch den Seitenspalt hindurchgeschlüpft ist, in der Mitte der eingeschlossenen Fläche steht. Man drückt den Bohrer alsdann senkrecht so tief in den Boden, daß seine Oberkante mit der Bodenoberfläche in einer Ebene liegt. Um ein tieferes Eindrücken zu verhindern, ist auf seiner Rückseite ein starkes eisernes Plättchen in der Höhe der Oberkante angebracht. Hierauf wird durch Drehung des Bohrers der Ballen auch da abgeschnitten, wo der Seitenspalt desselben in den Boden eingedrungen ist, und alsdann das Werkzeug mit der linken Hand so hoch gehoben, daß man mit dem Finger der rechten Hand unter den Ballen fassen kann, worauf man die Pflanze mit dem Ballen durch einen Druck von unten mit dem dem Zwischenspalte folgenden Finger aus dem Bohrer herausschiebt. Das Herausziehen der Ballenpflanzen am Stämmchen ist schädlich, weil die Wurzeln leicht abreißen.

§ 399. Zum Ausheben größerer, über 30 cm hoher Pflänzlinge mit dem Ballen bedient man sich gut geschärfter Gartenspaten mit nicht zu schwachem flachem oder eigens dazu konstruierter Hohl- oder Kegelspaten mit konkavem Blatte. Man stößt dieselben in geeigneter Entfernung von der auszuhebenden Pflanze in schiefer Richtung so in den Boden, daß die untere Schneide auch die unterirdische Verlängerung der Schaftlinie schneidet, zieht dann den Spaten wieder heraus und wiederholt den Stich in gleicher Weise von den anderen Seiten der Pflanze. Ist so der Ballen nach allen Seiten gelöst, so hebt man ihn mittels des Spatens aus der Erde. Mit dem flachen Gartenspaten hat man mindestens vier Stiche nötig, um den Ballen zu lösen; beim Kegel- oder Hohlspaten genügen meist zwei bis drei; darin und in dem Umstande, daß letzterer einen annähernd runden, der Gartenspaten aber einen viereckigen und dadurch unnötig schweren Ballen sticht, liegen seine Vorzüge.

Werden Ballenpflanzen transportiert, so ist strenge darauf zu achten, daß der Ballen beim Auf- und Abladen immer von unten unterstützt und niemals am Pflänzchen in die Höhe gehoben wird. Kleine Ballen faßt man dabei mit einer Hand; zum Heben größerer müssen beide Hände verwendet werden. In den Körben und Wagen sind sie möglichst dicht auf eine feste Unterlage zu stellen. Doppelte Lagen über einander sind unzulässig.

§ 400. Ballenlose Pflänzlinge hebt man bis zur Halbheisterstärke mit dem Spaten und auf steinigem Boden mit der Hacke oder dem zweizinkigen Karste aus. Man sticht oder hackt dabei in ähnlicher Weise wie beim Ausheben von Ballenpflanzen die einzelnen Pflänzlinge, am zweckmäßigsten ganze Büschel von solchen auf einmal mit dem Ballen nach allen Seiten von der Erde frei, hebt dann mit dem Spaten oder der Hacke den Ballen mit den Pflänzlingen aus und lockert die Erde desselben, indem man ihn etwas in die Höhe wirft und wieder auffängt. Bei einigermaßen lockerer Erde zerfällt dann der Ballen und die Pflänzlinge können mit einiger Vorsicht mit den Händen aus demselben losgelöst werden.

§ 401. Stehen die Pflänzlinge in einer Reihe, wie das z. B. bei Rinnensaaten der Fall ist, so kann man kleinere Pflänzlinge bei leichtem Boden ausheben, indem man von beiden Seiten die Reihe durch schiefen Stoß von der Erde loslöst, dann mit dem Ballen in der geschilderten Weise aushebt und die einzelnen Pflänzlinge trennt. Ist der Boden mehr bindig oder sind die Pflänzlinge schon mehr erstarkt, so schlägt man einen kleinen Graben auf der einen Seite der Reihe, dessen Sohle etwas tiefer liegt, als man die Pfahlwurzeln lang lassen will, sticht dann die Reihe auf der anderen mit dem Spaten los und drückt sie in den Graben, wodurch der Ballen zerfällt und die Pflanzen durch Klopfen an den Ballen leicht gelöst werden können.

Wo mehrere Reihen hinter einander stehen, ist diese Art des Aushebens auch bei leichterem Boden und bei kleineren Pflänzlingen Regel. Aber auch hier ist es zu vermeiden, wenn sich die Pflanze nicht ohne Kraftanwendung vom Ballen löst, die Loslösung durch Ziehen an dem Stengel zu forcieren. Vielmehr muß das Loslösen durch Schütteln und Klopfen des Ballens und Abbröckeln der Erde mit den Händen bewirkt und nötigenfalls der Ballen zu dem Ende von unten aus dem Graben gelüpft werden.

Dagegen können kleine Erdteilchen durch Schütteln des Pflänzchens selbst losgelöst werden. Die Wurzeln etwa durch Abwaschen oder starkes Ausschütteln von der namentlich an den Saugwurzeln hängenden Erde zu befreien, ist aber in keiner Weise anzuraten.

Auf sehr bindigen Böden ballenlose Pflanzen aus Schlägen zu holen, ist im allgemeinen nicht rätlich, bei trockenem Wetter aber unbedingt zu verwerfen. Die feinen Haarwurzeln, deren reichliches Vorhandensein das Anwachsen der Pflänzlinge bedingt, reißen in festem Boden beim Ausheben gewöhnlich ab.

Heister und selbst die Halbheister tiefwurzelnder Holzarten müssen förmlich gerodet, d. h. Wurzel für Wurzel bloßgelegt werden. Man bedient sich dazu, wo solche Pflänzlinge häufig zur Verwendung kommen, eines ganz aus Eisen konstruierten 7 bis 10 kg schweren Stoßspatens, des s. g. Solinger Rodeeisens, welches gleichzeitig als Spaten zum Losstechen der Erde und Wurzeln und als Hebel zum Heben und Lockern des Ballens dient.

§ 402. Ohne Ballen ausgehobene Pflänzlinge müssen sobald als möglich in nicht allzu lebhaft fließendes Wasser gelegt oder besser in wenigstens frische Erde eingeschlagen, d. h. mit ihren Wurzeln in dazu hergestellte Gräben gelegt und bis zum Wurzelhalse mit frischer Erde bedeckt werden. Sie auch nur minutenlang starker Sonnenhitze oder trockener Luft auszusetzen, ist unbedingt zu verwerfen, weil das die wichtigsten Organe, die Saugschwämmchen an den Spitzen der Haarwurzeln gefährdet. Das an manchen Orten übliche Verteilen ballenloser Pflänzlinge in die vor der Pflanzung hergestellten Löcher ist bei trockenem Wetter gleichbedeutend mit absichtlichem Ruin derselben.

Müssen sie weiter transportiert werden, so sind dazu die kühlsten Stunden des Tages auszuwählen; nur darf die Temperatur nicht unter dem Gefrierpunkt sinken. Die Pflänzlinge sind außerdem die Wurzeln nach innen möglichst dicht, am besten in abgezählten Päcken, zu verpacken und mit schlechten Wärmeleitern, am besten mit nassem Moose, zu decken und nötigenfalls zwischen den Wurzeln damit auszufüttern und mit schlechten Wärmeleitern, z. B. Tannenzweigen zu umgeben. Ist der Weg, auf welchem der Transport stattzufinden hat, holperig, so ist beim Transporte mittels Fuhrwerks nötig, auch unter die Pflanzen und zwischen die einzelnen Schichten Moos zu legen, um das Abscheuern der Rinde von den Wurzeln zu verhüten

Wird während des Transportes das Moos trocken, so muß es von neuem befeuchtet werden. Auf der Kulturstelle angekommen, sind die Pflänzlinge, soweit sie nicht augenblicklich zur Verwendung kommen, sofort wieder mit den Wurzeln in stehendes oder langsam fließendes Wasser einzulegen oder an einem schattigen, womöglich feuchten Orte von neuem einzuschlagen.

§ 403. Wo die Pflänzlinge in dieser Weise behandelt werden, halten sie sich auch ohne weitere Vorsichtsmaßregeln vorzüglich. Wo man sich aber nicht auf alle Beteiligte vollständig verlassen kann, thut man gut, sie außerdem anzuschlämmen, d. h. bündelweise mit den Wurzeln in einen dünnen Lehmbrei zu tauchen und dann die Wurzeln mit Sand zu bestreuen, um ihr Zusammenkleben zu verhindern. Die dünne Schichte von Lehm, welche an den Wurzeln haften bleibt, hält sie dann auch bei geringerer Vorsicht frisch.

Bei diesem Anschlämmen ist aber namentlich dann große Vorsicht nötig, wenn die Pflänzlinge in sehr warmen und trockenen Boden kommen. Ist der Lehmbrei nur etwas zu dickflüssig gewesen, so bildet derselbe gerade an den

Wurzelspitzen dicke Krusten, welche in heißem trockenen Boden steinhart werden und die Aufnahme von Wasser durch die Wurzeln verhindern.

Es ist deshalb von Wichtigkeit, daß das Anschlämmen unter den Augen des Forstbeamten geschieht und daß er sich dazu wie überhaupt zu allen Arbeiten des Aushebens der Pflänzlinge, sowie des Auf- und Abladens derselben nur seiner zuverlässigsten Arbeiter bedient.

C. Erziehung von Kamppflanzen.

Benutzte Litteratur: Ad. Schmitt, Anlage und Pflege der Fichtenpflanzschulen. Weinheim, 1875. — Herm. Fürst, Die Pflanzenzucht im Walde. Berlin, 1882.

1. Wanderkämpe oder ständige Forstgärten?

§ 404. Die zur Ausführung der Pflanzungen nötigen Kamppflanzen erzieht man in eigens dazu bestimmten Saatkämpen oder Saatschulen, in welchen die Saatpflanzen und Pflanzschulen oder Pflanzkämpen, in denen die Schulpflanzen erzogen werden. Beide sind entweder dauernd dazu benutzte ständige Kämpe oder Forstgärten oder nur vorübergehend dazu hergerichtete, s. g. Wanderkämpe.

Beide Arten von Kämpen haben ihre Vorteile und ihre Nachteile, und der aufmerksame Wirtschafter wird in jedem einzelnen Falle zu untersuchen haben, ob er die Pflänzlinge zur Auspflanzung dieser oder jener Kulturstelle zweckmäßiger in provisorischen Wanderkämpen oder in ständigen Baumschulen erzieht. Weder die einen, noch die anderen wird er aber auf die Dauer ganz entbehren können.

§ 405. Die Anlage ständiger Forstgärten, d. h. die fortgesetzte Benutzung ein und derselben Fläche zur Pflanzenzucht hat den Vorteil,

1. daß die einmal aufgewendeten Kosten der Rodung des Kampes sich nicht mehr wiederholen,
2. daß es sich bei ständiger Benutzung derselben Fläche eher rentiert, große Ausgaben für Verbesserung des Bodens, für Ent- und Bewässerung, für sorgfältige Einfriedigung und für Anstalten zur Aufbewahrung der Kulturwerkzeuge zu machen,
3. daß in denselben der ganze Zuchtbetrieb konzentriert werden kann, so daß die Arbeiter weniger Zeit mit nutzlosen Gängen verlieren,
4. daß man die Kämpe mehr in die Nähe der Forsthäuser und des Wassers legen kann, wodurch eine sorgfältigere Pflege ermöglicht wird,
5. daß die größere Fläche einen verhältnismäßig kleineren Umfang hat, also mit geringeren Kosten gleich sicher eingefriedigt werden kann und endlich
6. daß sich durch die ständige regelmäßige Bearbeitung der wünschenswerte Grad der Bodenlockerheit von selbst herstellt.

§ 406. Dagegen haben sie unzweifelhaft den Nachteil, daß sie

1. mit der Zeit ausgebaut, d. h. ihrer Pflanzennährstoffe durch die fortwährende Hinwegnahme der Pflänzlinge beraubt werden und infolge dessen einer fortwährenden Düngung bedürfen,
2. daß sich in ihnen, wie in allen längere Zeit freiliegenden Grundstücken, Maikäferlarven und Maulwurfsgrillen zum Schaden der Pflanzen leicht in großer Zahl einfinden,

daß schutzbedürftige Pflanzen in ständigen Forstgärten besonderer Schutzvorrichtungen bedürfen, während man dieselben bei richtiger Wahl der Stelle für Wanderkämpe unter Umständen entbehren kann,

4. daß der Transport der Pflänzlinge zur Kulturstelle mehr Kosten verursacht und endlich

daß sich in ihnen leichter als in Wanderkämpen schwer zu vertilgende Acker- und Gartenunkräuter, wie z. B. die Quecke ansiedeln.

§ 407. Diese Vorzüge und Nachteile sind aber je nach den Umständen von sehr verschiedenem Gewichte. Auf ebenem Terrain mit steinlosem Boden in guter Absatzlage zahlt häufig der Erlös für das gewonnene Wurzelholz einen so erheblichen Teil der Rodekosten, daß die Anlage eines neuen Kamps kaum teuerer zu stehen kommt, als das Umstechen und Düngen eines alten. Ebenso ist es bei Pflänzlingen, welche einer besonderen Pflege nicht bedürfen, ziemlich gleichgiltig, ob der Förster in der Nähe wohnt oder Wasser zum Begießen vorhanden ist oder ob bei der geringen Arbeit, welche sie verursachen, etwas Zeit unnötig weit verlaufen wird. Die Ersparung an Einfriedigungskosten fällt nicht ins Gewicht, wo solche überhaupt nicht nötig werden, weil weder Wild noch Weidevieh vorhanden ist oder weil die betreffende Holzart von dem Wilde nicht angenommen wird, ebensowenig die Vorteile fortgesetzter Lockerung, wo der Boden an sich locker ist.

Um so schwerer wiegen diese Vorteile im umgekehrten Falle. Wo, wie häufig im Gebirge, die Rodung einer Fläche 4 mal mehr kostet als die sorgfältigste Düngung und das Umstechen einer bereits gerodeten Fläche oder wo man die Pflänzlinge nur durch feste dauerhafte Zäune gegen Wild und Weidevieh schützen kann oder wo es sich um Holzarten handelt, deren Pflänzlinge einer sorgfältigen, lange fortgesetzten Pflege bedürfen, da liegen die Vorteile der ständigen Kämpe auf der Hand.

§ 408. In sehr vielen Fällen wird deshalb ein sorgfältiger Wirtschafter sowohl ständige Forstgärten, wie Wanderkämpe neben einander benutzen und zwar die letzteren

1. wo es gilt, Ballenpflanzen für eine weit vom Forstgarten entfernte Kulturstelle zu erziehen,
2. wo er Flächen mit wesentlich rauherem Klima, als es sein Forstgarten besitzt, zu kultivieren hat,

   wo in nächster Nähe der Kulturstelle leicht zu rodende Stellen vorhanden sind, welche der zu erziehenden Holzart den Schutz bieten, welchen er im Forstgarten nur durch künstliche Mittel erreichen könnte, (z. B. alte Kohlenmeiler unter Schutzbestand für schutzbedürftige Schattenhölzer),

4. wo es sich um nicht schutzbedürftige und vom Wilde nicht angenommene Holzarten handelt, deren Pflänzlinge nur ganz kurze Zeit im Kampe verbleiben, wenn in der Nähe der Kulturstelle Stellen vorhanden sind, welche ohne besondere Bearbeitung zur Pflanzenzucht benutzt werden können.

Dagegen wird jeder Forstwirt im Forstgarten erziehen:

1. alle einer sorgfältigen Pflege bedürftigen Holzarten, namentlich wenn sie sehr lange im Kampe bleiben,

   alle Holzarten mit sehr teuerem Samen,

3. alle vom Wilde stark angenommenen Holzarten in gut besetzten Jagdrevieren.

2. Auswahl des Platzes für Forstgärten und Wanderkämpe.

§ 409. Die fortgesetzte Benutzung ein und derselben Stelle zur Pflanzenzucht hat eine fortgesetzte Düngung der Fläche zur Voraussetzung. Daraus ergiebt sich inbezug auf die Wahl des Platzes für ständige Forstgärten die Notwendigkeit, sie möglichst nahe an gut fahrbare Wege zu legen, damit die Herbeischaffung des nötigen Düngers, bezw. der zur Herstellung desselben nötigen Stoffe mit möglichst wenig Kosten bewerkstelligt werden kann.

Weniger unumgänglich notwendig, aber wo es sich ermöglichen läßt, in hohem Grade erwünscht ist die Lage ständiger Forstgärten in der Nähe der Wohnung des die Aufsicht über dieselben führenden Beamten. Dagegen ist wenigstens in trockenem Klima die Nähe von Wasser oder doch die Möglichkeit, dasselbe in die nächste Nähe des Forstgartens zu leiten oder ohne übermäßige Kosten zu erbohren, für alle ständigen Kämpe unbedingtes Erfordernis, in welchen der Pflege sehr bedürftige Holzarten erzogen werden sollen.

§ 410. Ständige Forstgärten müssen ferner vermöge ihrer Lage unabhängig von den umgebenden Beständen gegen klimatische Beschädigungen durch Hitze, Spätfrost und heftige rauhe Winde möglichst gesichert sein. Man legt sie daher im Gebirge nur im Notfalle an s. g. Sommerhänge, und dann immer an Stellen, welche im Seitenschatten eines vorliegenden Berges oder noch lange stehen bleibenden alten Bestandes liegen, und von welchen die s. g. Widerhitze durch teilweisen Abtrieb des nördlich anstoßenden Bestandsteiles abgehalten werden kann. Man vermeidet auf das sorgfältigste sowohl eingeschlossene Frostlöcher, wie exponierte Hochlagen oder nur durch einen bald verschwindenden Bestand gegen die Hitze geschützte Lagen.

Ein guter Forstgarten darf außerdem nur wenig geneigt sein oder wenigstens aus möglichst wenig geneigten Teilen bestehen, d. h. die dazu bestimmte Fläche muß an sich nahezu eben liegen oder ohne allzugroßen Aufwand durch Terrassierung in ebene Teile zerlegt werden können.

§ 411. Hat man inbezug auf den Boden die Wahl, so wähle man, wenn im Kampe alle Holzarten erzogen werden sollen, lockere, lehmige oder mergelige, fruchtbare Böden und vermeide womöglich reine Sand-, Thon-, Kalk- oder Humusböden, ebenso von Natur nasse oder trockene und flachgründige, oder auf undurchlassendem Untergrunde liegende Böden. Je besser der Boden an sich ist, desto besser sind bei richtiger Behandlung die darin erzogenen Pflänzlinge. Daß solche Pflanzen die Versetzung in schlechteren Boden nicht aushalten, ist eine durch die Praxis längst widerlegte Fabel.

Beimengungen größerer Steine sind für Forstgärten, wenn sie sich bei der Rodung entfernen lassen, kein Grund, einen sonst besonders gut geeigneten Platz nicht zu wählen; dagegen sind wirkliche steinige, namentlich aber stark kiesige und grandige Böden für ständige Kampanlagen nicht geeignet.

Mit nicht allzu dicht geschlossenem Bestande bestockt gewesene Flächen sind im allgemeinen lange Zeit freiliegenden Flächen, namentlich wenn dieselben viel Heidehumus enthalten, entschieden vorzuziehen. Auch ist auf stark graswüchsigem Boden die Nähe großer verunkrauteter Schläge nicht erwünscht.

§ 412. Überhaupt sehe man bei der Auswahl des Platzes für ständige Forstgärten nicht allzusehr auf die Kosten der ursprünglichen Anlage. Alles, was sich künstlich verbessern läßt, fällt bei denselben wenig in die Wagschale, wenn der gewählte Platz in seinen unveränderlichen Verhältnissen allen Wünschen entspricht.

Ein mit großen Kosten gerodeter, be- oder entwässerter, aber wohlfeil zu unterhaltender Forstgarten ist jedenfalls besser, als ein leicht zu rodender, aber nur mit großen Kosten zu unterhaltender oder klimatisch schlecht situierter Kamp. Ebenso verdient ein Forstgarten auf ursprünglich schlechtem, aber vermöge seiner Lage leicht zu düngendem Boden entschieden den Vorzug vor einem anderen auf ursprünglich gutem Boden in für Fuhrwerk unzugänglicher Lage.

§ 413. Gerade umgekehrt liegt in dieser Hinsicht die Sache bei den Wanderkämpen. Es rentiert sich bei denselben nicht, große Ausgaben für Verbesserung des jetzigen Zustandes zu machen. Fruchtbarer, und wo es sich um die Erziehung von Ballenpflanzen handelt, genügend bindiger Boden und geringe Rodekosten sind bei ihnen Haupterfordernisse. Steinige und bei schlechter Absatzlage auch stark verwurzelte oder arme Böden sind für Wanderkämpe ganz ungeeignet. Ebensowenig fällt bei ihnen die Lage zu den Forsthäusern und Straßen ins Gewicht. Von um so größerer Bedeutung ist namentlich, wo Ballenpflanzen zu erziehen sind, die Nähe der Kulturstelle, für welche sie bebestimmt sind, und bei schutzbedürftigen Holzarten der Grad des Schutzes, welchen die Pflanzen an dem gewählten Orte finden.

Für Wanderkämpe wählt man mit anderen Worten möglichst leicht zu rodende Stellen in nächster Nähe des Kulturortes mit möglichst gutem Boden und in der wünschenswerten Weise, einerlei ob ständig oder nur durch den jetzt vorhandenen Bestand geschützter Lage, am liebsten Meilerstellen und nicht allzu verraste holzfreie Plätze, deren Vegetation auf guten Boden hinweist.

Eine regelmäßige Form der Kämpe, auf welche man bei ständigen Forstgärten Wert legt, ist bei Wanderkämpen nur dann von Bedeutung, wenn mit Rücksicht auf den Wildstand eine dichte Verzäunung nötig ist. Andernfalls können dieselben auch aus lauter ganz kleinen, von einander getrennten Teilflächen, z. B. aus wieder ausgefüllten Stocklöchern bestehen, deren Rodung gar keine Kosten verursacht.

3. Größe, Gestalt und Absteckung der Kämpe.

§ 414. Die Gesamtgröße der Kämpe eines Reviers richtet sich nach der Menge und dem Alter der zu erziehenden Pflanzen. Dieselbe ist verschieden je nach der Größe des Bezirks, für welchen die Pflanzen bestimmt sind, je nach der Betriebsart, je nach der Verjüngungsmethode, welche man gewählt hat, und je nach dem Pflanzenabstande, welchen man für nötig hält.

Der Raum, welcher zu ihrer Erziehung erforderlich ist, ist aber verschieden je nach der Holzart, je nach dem Alter, in welchem die Pflänzlinge ins Freie kommen und je nach der Dichtigkeit, in welcher man sie im Kampe säen und verschulen zu müssen glaubt.

Im allgemeinen wird ein aufmerksamer Wirtschafter darnach streben, immer etwas mehr Pflänzlinge im Vorrat zu haben, als er unbedingt nötig hat. Er wird insbesondere die Forstgärten größer anlegen, als sich rechnungsmäßig als notwendig ergiebt, schon um deswillen, weil zeitweise Ruhe der

Beete die Fruchtbarkeit derselben zu erhöhen scheint. Wir werden bei der Besprechung der einzelnen Holzarten angeben, wieviel Pflänzlinge verschiedenen Alters sich im Mittel auf einer bestimmten Fläche erziehen lassen. Ist der durchschnittliche Pflanzenbedarf bekannt, so wird eine einfache Rechnung ergeben, wie groß die notwendige Kampfläche ist. Wird die betreffende Holzart als verschulte Pflanzen versetzt, so darf dabei nicht übersehen werden, den Umstand in Rechnung zu ziehen, daß man um dreijährige Schulpflanzen zu erhalten, einjährige Saatpflanzen und zwei- und dreijährige Schulpflanzen erziehen muß.

Der auf diese Weise sich ergebenden Fläche der bestellt zu haltenden Beete ist außerdem die Fläche der anzulegenden Wege, der Einfriedigung und der Gräben zuzuschlagen.

Wie groß nun die einzelnen Kämpe werden sollen, wie viel von der Gesamtfläche auf die Wanderkämpe, wie viel auf die ständigen Forstgärten kommt, und wie viele Forstgärten anzulegen sind, hängt ganz von den Umständen ab. Im allgemeinen erscheint es indessen zweckmäßig, wo die Bodenverhältnisse es erlauben, die Zahl der ständigen Forstgärten in den einzelnen Schutzbezirken möglichst zu beschränken, in jedem aber mindestens einen anzulegen. Es wird dadurch erreicht, daß jeder Schutzbeamte die von ihm zu verwendenden Pflänzlinge selbst heranzieht und dadurch vermehrtes Interesse an der Erziehung guter Pflanzen gewinnt, ohne daß die Vorteile der Konzentration der Arbeit verloren gehen.

§ 415. Wo man sich bei Anlage der Kämpe nach Belieben ausdehnen kann, giebt man denselben gerne eine regelmäßige Gestalt. Die Form des Rechteckes insbesondere erleichtert die Übersicht über das Ganze und namentlich die Berechnung der Fläche und aller darauf basierenden Größen. Man sieht deshalb von dieser Form der Kämpe nur ab, wo gar keine Verwahrung nötig ist, also bei Wanderkämpen, und auch da nur, wenn dadurch an Kosten etwas Wesentliches erspart wird. Bei kleinen Kämpen wählt man dazu, namentlich wenn sie eingefriedigt werden müssen, gern die Form des Quadrates, weil quadratförmige Flächen weniger Umfang haben, als gleich große nicht quadratförmige Rechtecke.

Bei ganz großen Kämpen hat aber die Quadratform mancherlei Nachteile, namentlich da, wo vorherrschend Holzarten anzuziehen sind, welchen der Seitenschutz benachbarter Bestände wohlthätig ist. In großen quadratförmigen Kämpen läßt sich dieser Schutz nur für einen kleinen Teil der Fläche erzielen. Man giebt daher in solchen Fällen bei Forstgärten langgestreckten Rechtecken den Vorzug vor Quadraten. Im Gebirge ist man in der Regel zu solchen Formen gezwungen.

§ 416. Dagegen ist es förderlich, wo man es einrichten kann, bei Bestimmung der Breite darauf Rücksicht zu nehmen, daß der Garten oder Kamp leicht in Quadratflächen von genau einem Ar zerlegt werden kann; d. h. man giebt wo möglich den Forstgärten eine Länge und Breite, welche nach Abzug der Wegbreiten mit 10 teilbar sind, also bei einer Breite des Hauptweges von 2 m und der Nebenwege von 1 m zur Erreichung einer Kampfläche z. B. von 8 Ar, unter der Voraussetzung, daß der Hauptweg der Länge nach den Garten schneidet und ein Nebenweg rings um den Kamp herumläuft, eine Länge von $4 \cdot 10 + 5 \cdot 1 = 45$ m und eine Breite von $2 \cdot 10 + 2 + 2 \cdot 1 = 24$ m.

Lassen sich solche Längen nicht erreichen, so ist wenigstens dahin zu trachten, daß die nach Abzug der Wege bleibenden Längen in 100 ohne Rest teilbar sind.

Kann z. B. in obigem Falle, die volle Länge von 45 m nicht erreicht, die Breite aber um 5 bis 6 m vergrößert werden, so empfiehlt es sich, den Kamp 29 m breit zu machen. Es bleiben dann nach Abzug der Wegbreiten noch 25 m = 2   12,5 m. Um 1 a = 100 qm große Länder zu erhalten, brauchen dieselben dann nur 8 m breit zu sein, woraus sich eine Gesamtlänge des Kämpes von 4   8 + 5 = 37 m ergiebt.

§ 417. Um unnötige Rodungskosten zu ersparen, erscheint es zweckmäßig, bei Absteckung des Kampes auch die in ihm anzulegenden Wege mit abzustecken. Solche anzulegen, ist bei allen 2 a und darüber großen Kämpen wünschenswert, bei großen Forstgärten unumgänglich notwendig.

Bei kleinen Kämpen genügt eine Breite der Wege von 1 m. Dieselben haben dort nur den Zweck, die Zirkulation der Arbeiter im Notfalle mit dem Schiebkarren zu ermöglichen und die Einteilung der Kämpe in Länder von womöglich 1 a Größe dauernd zu markieren.

In ganz großen Forstgärten müssen außerdem zur Anfuhr von Dünger und zur Abfuhr der Pflanzen für Fuhrwerk fahrbare Wege angelegt werden. Bei quadratischer Form sind deren zwei erforderlich, welche sich in der Mitte des Kampes kreuzen, während in langen Rechtecken einer, welcher den Kamp der Länge nach durchschneidet, genügt. Man giebt diesen Hauptwegen gewöhnlich eine Breite von 2 m und bringt, wenn es sich ermöglichen läßt, gegenüber der Einfahrt außerhalb des Kampes, andernfalls in demselben einen Kehrplatz an.

Die Fahrwege sollen womöglich kein starkes Gefäll erhalten. Sie sind deshalb bei stark geneigtem Terrain nicht in der Richtung des stärksten Gefälls, sondern senkrecht auf dieselbe anzulegen.

§ 418. Bei der Absteckung wird zuerst diejenige Linie festgelegt, welche sich an Gegebenes anzuschließen hat, bei an geraden Straßen liegenden Kämpen also die mit derselben parallel zu legende Seite des Kampes.

Man steckt zu dem Ende an der ausgewählten Stelle an mehreren Punkten in gleicher Entfernung von der Straßenkante Visierstäbe ein; dieselben bilden dann eine mit der Straße parallel laufende Linie. In dieser Linie mißt man nun die beabsichtigte Länge dieser Seite ab und bezeichnet die beiden Endpunkte mit Pfählen. Hierauf errichtet man in diesen Punkten auf die zuerst abgesteckte Linie die Senkrechten, wozu man sich am besten der Kreuzscheibe, des Winkelspiegels oder eines anderen Winkelinstrumentes, in Ermangelung desselben des Dreiecks 3, 4, 5 oder der Methode des Halbierens des auf den verlängerten Grundlinien stehenden Kreisbogens bedient.

Fehlt es zu diesen Operationen mit primitiven Hilfsmitteln an Raum oder an Aussicht, so kann man sich dadurch helfen, daß man in der angegebenen Weise an beliebigen Punkten der Grundlinie innerhalb der beiden Endpunkte Senkrechte errichtet und dieselben gleich lang, womöglich so lang, als der Kamp tief werden soll, macht. Die Linie, welche die Endpunkte dieser Senkrechten verbindet, läuft dann parallel mit der Grundlinie; verlängert man sie nach beiden Seiten um die Abstände ihrer Fußpunkte von den Endpunkten des Kampes, so liegen ihre Enden in den Linien, welche in diesen Endpunkten senkrecht auf der Grundlinie stehen und die gesuchten Seitengrenzen des Kampes darstellen. Zieht man diese Linien und giebt ihnen die beabsichtigte Tiefe des Kampes als Länge, so bildet die ihre Endpunkte verbindende gerade Linie die vierte (Rück-) Seite des Kampes.

Zeigt sich dabei, daß zur Kampanlage ungeeignete Stellen in die von den Eckpunkten eingeschlossene Fläche fallen, so läßt sich durch entsprechende Verkürzung der einen und Verlängerung der anderen Dimension die Fläche definitiv abstecken, ohne daß eine neue Absteckung der Winkel nötig wird. In solchen Fällen ist es aber durch die Vorsicht geboten, die Richtigkeit der Absteckung an den nicht abgesteckten Winkeln zu prüfen. Mißt man von dem zu prüfenden Winkelpunkte in der Richtung des einen Schenkels 3, in der des anderen 4 m oder Stangenlängen ab, so muß die gerade Entfernung der Enden dieser beiden Hilfslinien genau 5 m oder Stangenlängen betragen. Das Dreieck 3, 4, 5 ist ein rechtwinkeliges und läßt sich deshalb zur Absteckung rechter Winkel benutzen.

§ 419. Sind auf diese Weise die vier Eckpunkte des Kampes bestimmt und verpfählt, so sind zunächst an den durch sie bestimmten Kamprändern die Punkte abzustecken, an welchen sie von den Wegrändern geschnitten werden. Es geschieht das einfach in der Weise, daß, von einem Endpunkte aufangend, zuerst der innere Rand des Umfassungsweges markiert wird und von da am Rande des Kampes fortschreitend zuerst die beabsichtigte Breite des einzelnen Feldes, dann eine Wegbreite, hierauf wieder die Feldbreite u. s. f. gemessen wird, bis sämtliche Schnittpunkte am Rande festgelegt sind. Dieselben werden verpfählt, wenn nicht sofort mit der Rodung vorgegangen wird.

4. Erstmalige Rodung der Kämpe.

§ 420. Die erstmalige Bodenbearbeitung bei Herstellung der Kämpe ist eine verschiedene, je nach den Zwecken, zu welchen dieselben benutzt werden sollen.

Nur vorübergehend benutzte Wanderkämpe pflegt man nicht tiefer zu roden, als die Wurzellänge, welche man von den zu erziehenden Pflänzlingen verlangt. Die Bearbeitung derselben kann daher unter Umständen eine ganz oberflächliche sein und sich auf Lockerung der obersten 15 bis 20 cm tiefen Bodenschichten und auf Reinigung derselben von Wurzeln und Steinen beschränken, eine Arbeit, welche sich häufig unmittelbar vor der Bestellung bewerkstelligen läßt.

Für ständige Forstgärten ist dagegen schon, um bei der späteren Benutzung den Spaten benutzen zu können, und mit Rücksicht auf den Umstand, daß dieselben möglicherweise später zur Anzucht anderer Holzarten oder von älteren Pflänzlingen benutzt werden sollen, eine förmliche *Rodung*, d. h. eine sorgfältige Säuberung des Bodens auf mindestens 40 bis 50 cm Tiefe von Wurzeln und Steinen erforderlich.

Ehe mit der Rodung selbst vorgegangen wird, werden zuerst die auf der Fläche vorhandenen Bodenüberzüge abgeschürft und zur Kompost- oder Rasenaschebereitung aus dem Kampe geschafft und dann die vorhandenen Stöcke ausgegraben. Hierauf werden die Ränder der anzulegenden ständigen Wege unter Benutzung der bei der Absteckung eingeschlagenen Pfähle mit Hilfe der Gartenleine abgesteckt und mit dem Spaten längs derselben abgestochen und dann die Wege selbst ausgehoben.

Bei ständigen Forstgärten, in welchen die Wege zweckmäßig vertieft werden, wird dabei der ganze Mutterboden zwischen den ausgestochenen Rändern ausgeworfen, und wo keine große Niveauverschiedenheiten bestehen über die zu rodenden Felder ausgebreitet, in anderem Falle zur eventuellen Benutzung auf die Seite gesetzt. Die in den Weglinien etwa vorhandenen Vertiefungen bleiben vorerst unausgefüllt, wenn bei der Rodung voraussichtlich dazu taugliche Steine gefunden werden.

§ 421. Bei der Rodung, welche sich in der Regel zweckmäßig auf die von den Wegen eingeschlossenen Felder beschränkt, verfährt man in folgender Weise:

Am unteren Ende des zuerst zu rodenden Feldes wird ein 40 bis 50 cm, bei ungünstiger Beschaffenheit des Untergrundes noch tieferer Graben mit senkrechten Wänden geschlagen und die ausgehobene Erde auf die der Kampfläche abgewendete Seite des Grabens, also auf den Weg geworfen; an diesen Graben unmittelbar anschließend wird ein zweiter Graben ausgehoben, dessen Aushub zur Ausfüllung des ersten verwendet wird. In dieser Weise wird fortgefahren, wie wir das in §§ 253 und 280 beim Rajolen beschrieben haben.

Das Roden, wie es bei Anlage der Forstgärten üblich ist, unterscheidet sich vom Rajolen nur dadurch, daß bei demselben alle Steine und Wurzeln bis zu der Grabensohle entfernt werden und daß man den Boden, wenn er nicht in allen seinen Schichten gleich fruchtbar ist, nicht stürzt, sondern sorgfältig mischt.

Um das erstere sorgfältig zu bewirken, läßt man die Arbeiter alle bei der Arbeit sich vorfindenden gröberen Wurzeln und Steine hinter sich auf Haufen werfen, die kleineren Wurzeln und Steine aber in vor ihnen auf der noch ungerodeten Fläche stehenden Körben sammeln und von Zeit zu Zeit aus der Fläche hinausschaffen. Die Wurzeln werden zur Bereitung von Asche allein oder mit den Rasen verbrannt, die Steine zur Ausfüllung von Löchern in den Wegen verwendet.

Die Mischung der Erdschichten erreicht man, indem man nicht wie beim gewöhnlichen Rajolen die obere Erdschicht in groben Schollen auf kleinen Raum unmittelbar neben sich auf die anstoßende Grabensohle wirft, sondern jeden einzelnen Hackenschlag auf größeren Raum, als er vorher eingenommen hat, ausbreitet, ohne indessen die Schollen ganz zu zerschlagen. Die Mischung vollzieht sich dann dadurch, daß, weil zur Ausfüllung der größeren Fläche jeweils mehrere Hackenschlagbreiten erforderlich sind, die obere Schichte der zweiten Hackenschlagbreite auf die untere der ersten zu liegen kommt und so fort.

§ 422. Das hier und da übliche Roden der Kämpe vor Entfernung des Bodenüberzugs und das Stürzen derselben auf die Sohle des Rajolgrabens ist im allgemeinen nicht rätlich, einmal, weil sich durch Verwesung derselben tief im Boden eine besonders fruchtbare Erdschichte bildet, welche die Pflanzen zu unlieber Verlängerung ihrer Wurzeln veranlaßt, und dann darum, weil manche, namentlich Graswurzeln, auch bei tiefem Untergraben fortwuchern und die Kämpe verunkrauten. Von dieser Regel macht man nur eine Ausnahme, wenn man absichtlich besonders tiefbewurzelte Pflänzlinge zu erziehen sucht.

Wurzel- und steinfreie Flächen können auch durch doppeltes Pflügen in genügender Weise gerodet werden. Die Wegflächen werden dabei zweckmäßig mitgepflügt und erst nachträglich ausgehoben.

§ 423. Mit der Rodung der Forstgärten gleichzeitig oder bei großer Unebenheit der Fläche besser ihr vorhergehend, wird die allgemeine Ausebnung, bezw. Terrassierung der Fläche vorgenommen.

Bei wenig unebenem Terrain läßt sich das leicht dadurch bewirken, daß man beim Roden selbst an den erhöhten Stellen die Rajolgräben etwas tiefer macht und den Überschuß der dort ausgehobenen Erde nach den tiefer gelegenen wirft oder karrt. Man hat dabei jedoch darauf zu achten, daß die aus der Tiefe hervorgeholte Roherde nicht in unvermischtem Zustande an die Bodenoberfläche kommt. Man verwendet dieselbe vielmehr zur Ausfüllung der tiefsten Löcher bis zum Niveau der Sohle der Rajolgräben und sorgt dafür, daß die oberste Schichte bis zu der Tiefe, in welcher die Rodung im allgemeinen stattfand, aus sorgfältig gemischter Erde aller Schichten bestehe.

Bei sehr unebenem, im allgemeinen aber flachen Terrain wird es manchmal nötig, darin vorhandene Rücken vor Beginn der Rodearbeit abzutragen und vorhandene Vertiefungen damit auszufüllen. Es ist dann aber notwendig, den Mutterboden vorher bis zu der beabsichtigten Bodenmächtigkeit auf die Seite zu schaffen und nur die darunter befindliche Roherde zur Ausfüllung der Löcher bis zur Sohle der Rajolgräben zu verwenden und erst zur weiteren Aufschüttung die Muttererde der künftigen Hauptwege zu benutzen.

§ 424. Zu sehr geneigtes Terrain pflegt man während oder vor der eigentlichen Rodearbeit zu terrassieren, d. h. in eben gelegte Flächen verschiedenen Niveaus zu zerlegen.

Es geschieht das bei nicht sehr starker Neigung in der Weise, daß man, von unten anfangend, den ersten Rajolgraben, statt in horizontaler Richtung, in derjenigen des größten Gefälles bis zur Roherde durchschlägt und dabei den Mutterboden auf die Seite legt.

Diesen Graben macht man so lang als die einzelne Terrasse ausschließlich der unteren Böschung breit werden soll. In demselben wird alsdann die Roherde am oberen Ende so weit ausgehoben und nach dem unteren Rande geworfen, daß dadurch eine nach dem Setzen der aufgeschütteten Erde horizontale Fläche im Graben hergestellt wird. Das am oberen Rande anstoßende Terrain wird dabei soweit abgeflacht, als zur Herstellung einer haltbaren Böschung zwischen dieser und der nächst höheren Terrasse nötig ist.

Hierauf wird an dem ersten Graben anstoßend ein ähnlicher Graben gleicher Länge bis zur Roherde durchgeschlagen, der dabei sich findende Mutterboden aber gleichmäßig auf die im vorigen Graben hergestellte ebene Fläche ausgebreitet und der Graben selbst in gleicher Weise ebengelegt. In dieser Weise wird unter Überspringung des einzulegenden Hauptweges fortgefahren, bis die erste Terrasse durch Ausfüllung des letzten Grabens mit dem Mutterboden des ersten fertig ist. Ihr unterer Rand muß natürlich gleichfalls gehörig abgeböscht und zum Schutze gegen Abschwemmung mit Rasen belegt werden. Alle folgenden Terrassen werden in gleicher Weise hergestellt. Die zwischen ihnen liegen bleibenden Böschungsflächen bleiben ungerodet.

Ihre Breite bemißt sich nach der Steilheit des Geländes. Im allgemeinen schüttet man die Roherde nicht gerne höher als 30 bis 40 cm hoch auf. In einem Terrain von 5 % Steigung würde das eine Terrassenbreite von 12 bis 16, bei 10 % eine solche von 6 bis 8 m zwischen den Böschungen ergeben.

§ 425. Noch steileres Gelände wird, wo es benutzt werden muß, zweckmäßig durch Trockenmauern, welche fast senkrecht (mit etwa 15 % Anzug) gemacht werden können und deshalb weniger Fläche als Erdböschungen einnehmen, terrassiert. Man beginnt damit am unteren Rande des Kampes, an welchem man zuerst die Trockenmauer gehörig fundamentiert und in gutem Verbande in ihrer ganzen Länge aufführt, nachdem man vorher den Mutterboden an der Baustelle entfernt hat.

Die Breite der ersten Terrasse richtet sich nach der Neigung des Geländes und der Höhe, welche man den Trockenmauern geben will. Sie ist bei gleichmäßig geneigtem Terrain doppelt so groß als die Entfernung der Mauerkrone von dem Punkte, an welchem die Horizontalebene, in welcher sie liegt, die Bodenoberfläche schneidet. Da man eine Trockenmauer nicht gerne höher als 120 cm macht, von welchen 60 in den Auftrag und 60 in den Abtrag kommen, so beträgt bei einer Steigung des Geländes von 20 % oder 0,20 m auf 1 m Länge die Entfernung der Basis der ersten Mauer von der der zweiten 2 · 3 = 6 m und die Terassenbreite zwischen den Mauern bei 30 cm oberer Mauerstärke und 15 % = 0,18 m Anzug, 6 — (0,30 + 0,18) = 5,52 m, während bei einfacher Böschung gleicher Höhe nur 6 — 1,20 = 4,80 und bei anderthalbfacher Böschung nur 6 — 1,80 = 4,20 m für die wirklich zu bestellende Fläche samt der Wege übrig bleiben würde.

§ 426. Wo Trockenmauern nötig werden, ist es zweckmäßig, sämtliche Mauern anzulegen, ehe mit der eigentlichen Rodung begonnen wird. Es ist dazu nötig, die Abstände der Mauern vorher zu berechnen und sie regelrecht abzustecken. Bei Anlage der zweiten und folgenden Mauern haben dann die Erdarbeiter die Muttererde an der Baustelle abzuheben und das Fundament soweit auszuheben, daß dasselbe mindestens 30 cm unter dem Niveau der Krone der ersten Mauer liegt. Die dabei gewonnene Roherde haben sie sofort in die Lücke hinter der ersten Mauer zu werfen. Die unterste Mauer erhält bei gleichmäßig geneigtem Terrain nur die halbe Höhe der übrigen.

Erst dann kann mit der eigentlichen Rodung der Fläche in der vorhin beschriebenen Weise vorgegangen werden.

Alle Rodungsarbeiten müssen auf einigermaßen sich setzendem Boden drei bis sechs Monate vor der ersten Bestellung, bei erst im Frühjahre zu bestellenden spätestens im Herbste oder Vorwinter ausgeführt werden.

Einfriedigung der Forstgärten und Wanderkämpe.

§ 427. Ständige Forstgärten bedürfen einer dauerhaften, Wanderkämpe meist einer provisorischen Einfriedigung, welche selbstverständlich vor der Bestellung fertig sein muß. Es hängt aber von den Umständen ab, in welcher Weise dieselbe zu bewirken ist.

Handelt es sich nur darum, das Weidevieh vor den Kämpen abzuhalten, so genügen manchmal die zur Entwässerung des Kampes angelegten Umfassungsgräben, im Gebirge, wenn eine starke Vermehrung der Mäuse nicht zu befürchten ist, wohl auch Steinwälle, welche man mauerartig rund um dem Kamp herum aufgesetzt hat, auf alle Fälle einfache Stangen- und Drahtzäune von 1,10 bis 1,20 m Höhe, mit 2 bis 3 horizontal laufenden Reihen 30 bis 40 cm von einander entfernter Drähte oder Stangen. Wo die Einfriedigungen auch Rehe abzuhalten haben, welche 1,20 m hohe Zäune leicht überspringen und sich unter den Stangen und Drähten durchschieben, müssen die Zäune höher gemacht und die Stangen und Drähte näher an einander gerückt werden. Für Hochwild sind erfahrungsgemäß selbst 2 m hohe Zäune kein Hindernis.

Gegen Hasen schützen horizontal laufende Stangen und Drähte, wenn sie nicht sehr dicht liegen nicht mehr; es müssen dann durch senkrecht oder schief verlaufende Hölzer oder Drähte die Zwischenräume so verkleinert werden, daß kein Hase durchschlüpfen kann; sind Kaninchen zu fürchten, so müssen die vertikalen oder schiefen Wehren auch noch in die Erde reichen. Lebende Zäune schützen auf die Dauer weder vor Hasen, noch vor Kaninchen. Gegen Sauen müssen die Zäune nicht nur ziemlich dicht, sondern auch stark sein.

§ 428. Die einfachsten Zäune sind die bereits erwähnten wagrechten Stangenzäune und die ihnen nachgebildeten horizontalen Drahtzäune. An 3 bis 4 m aus einander stehenden senkrechten Pfählen, welche bei Forstgärten aus möglichst dauerhaftem, an Wanderkämpen aus wohlfeilem Holze hergestellt werden, werden Nadelholzstangen oder starker verzinkter Draht in horizontaler Lage in irgend einer Weise so befestigt, daß sie von außen nicht losgedrückt werden können. In ihrer einfachsten Form, der s. g. Verlanderung, dienen sie vorzugsweise zum Schutze der Wanderkämpe gegen Weidevieh. Zur Herstellung benützt man ganz geringes Material und begnügt sich, wo thunlich, mit der Befestigung der Querstangen mittels Wieden an stehenden Bäumen.

Der Weidhag ist ein nur zum Abhalten des Weideviehs eingerichteter, aber aus starkem Holze hergestellten Stangenzaun.

Wo Draht- oder Stangenzäune besonders hoch gemacht werden müssen, um das Übersetzen des Reh- und Hochwildes zu verhüten, brauchen die oberen Stangen nicht mehr so nahe an einander gerückt zu werden, wie die unteren. Es empfiehlt sich aber nicht, wie dieses häufig geschieht, wenn ein Zaun nachträglich erhöht werden muß, Stangen kreuzweise an die zu kurzen Pfähle zu befestigen. Das Wild findet leicht die ausreichend niedrigen Stellen oder weiten Lücken zwischen gekreuzten Pfählen. Man nagelt dann besser Verlängerungen an dieselben und verbindet sie durch horizontale Drähte.

Bei ständigen Forstgärten empfiehlt es sich, um den ganzen Kamp und vor dem Zaune einen Graben anzulegen und den Zaun auf den auf der Seite gegen den Garten aufzusetzenden Aushub anzubringen.

§ 429. Zum Schutze von Wanderkämpen bedient man sich wohl auch transportabler Lattenzäune, insbesondere der Hordenzäune, bei welchen die Querstangen an den Pfählen dadurch festgehalten werden, daß sie in in die senkrechten Pfähle eingebohrte Löcher passen; die obersten Stangen gehen durch die Pfähle hindurch und werden durch hart an denselben eingesteckte Zapfen beiderseits festgehalten. Es wird dadurch vermieden, daß sich die Pfähle oben aus einander schieben und die Stangen fallen lassen.

Auch die s. g. Hürdenzäune oder Gatterzäune gehören hierher. Sie sind wie die Hürden der Schäfer nichts als Stücke gewöhnlicher Stangenzäune zwischen zwei bis drei Pfählen, welche vermittels in schräger Richtung aufgenagelter Latten oder gespaltener Stangen zu einem festen Ganzen verbunden sind. Um sie leicht ausheben zu können, stecken die Pfähle weniger tief in der Erde, als dieses bei feststehenden Zäunen üblich ist. Es ist darum nötig, sie durch Streben besonders zu befestigen.

§ 430. Gegen Hasen und sonstiges niederes Haarwild schützen gewöhnliche horizontale Latten- und Drahtzäune wie gesagt nicht; wo solches Wild zu fürchten ist, verbindet man, da horizontale Flechtzäune leicht faulen, auf die Höhe des gewöhnlichen Schneefalls horizontale Querstangen mit senkrecht oder in schiefer Richtung verlaufenden Pfählen, Gerten, Latten oder Drähten.

Der gebräuchlichste derselben ist der s. g. Spriegelzaun. Derselbe entsteht, wenn man zwischen den drei unteren Querstangen eines starken Stangenzaunes grüne Fichten- oder besser Tannengerten oder ausgeputzte Tannenäste von geradem Wuchse von der Stärke der Bohnenstangen in senkrechter Richtung möglichst dicht in der Weise durchflechtet, daß die erste, dritte und fünfte Gerte hinter der oberen und unteren Querstange, aber vor der mittleren, die zweite und vierte dagegen umgekehrt vor der oberen und unteren und hinter der mittleren durchgesteckt wird. In dieser Lage werden die einzelnen Gerten durch ihre Federkraft festgehalten, indem sie bei dem Bestreben, sich gerade zu richten, in entgegengesetzter Richtung auf die obere und untere Stange einerseits und die mittlere anderseits drücken.

Wo sehr lange unterdrückt gewesenes und deshalb sehr engringiges Flechtmaterial verwendet und vor dem Gebrauch geschält worden ist, halten solche Zäune sehr lange. Sie haben außerdem den Vorzug vor genagelten Zäunen, daß die einzelnen Gerten, wenn sie einmal trocken geworden sind, festsitzen und nicht durch Abrosten einiger Nägel Lücken entstehen.

Sie müssen aber, weil sich die Gerten nach rechts und links verschieben lassen, von Anfang an dichter gemacht werden und bieten dadurch dem Winde mehr Fläche, so daß sie leichter durch denselben zerstört werden.

Man rechnet auf 100 m Zaunlänge 20 Mannstaglöhne.

§ 431. Werden auf die Querstangen eines horizontalen Stangenzauns in senkrechter Richtung Stangen mit Drahtstiften von außen aufgenagelt, so entsteht der senkrechte Stangenzaun. Es genügen zu demselben zwei in gehörigem Abstande zu einander stehende und hinreichend befestigte Querstangen. Den senkrecht verlaufenden Stangen giebt man von Stange zu Stange gemessen 5 bis 7 cm Abstand. Man wählt auch dazu am besten unterdrückt gewesene und möglichst langsam erwachsene Tannen-, Weymouthskiefern- oder Fichtengerten, welche man vor der Benutzung zur Erhöhung der Dauer schält. Sind solche Gerten nicht zu haben, so erfüllen gerissene, d. h. durch Aufspalten glattrissiger möglichst harzreicher alter Kiefern und Lärchen oder Eichen und Kastanien gewonnene Latten den gleichen Zweck. Man giebt diesen Latten eine Breite bis zu 5 cm und eine Stärke von 15 bis 25 mm. Die daraus hergestellten Lattenzäune halten besser als solche aus geschnittenen Latten. Zur Erhöhung der Dauerhaftigkeit empfiehlt es sich, sie zu teeren.

Die Anfertigung von 100 m solcher Zäune erfordert 10 bis 13 Mannestaglöhne und 1,40 bis 1,60 Festmeter Holz für die Latten.

Werden die Gerten und Latten statt senkrecht, in schiefer Richtung sich kreuzend aufgenagelt, so entsteht der **Rautenzaun**, welcher indessen zur Erreichung gleicher Dichtigkeit größere Holzmengen verbraucht und doppelt so viel Taglohn kostet, als der senkrechte Latten- oder Stangenzaun.

Bei beiden macht man ebenso wie beim Spriegelzaune die dichte Verwahrung nicht höher, als nötig ist, das Einkriechen und Übersetzen von Hasen auch bei gewöhnlichem Schneefalle zu verhindern. Auf außergewöhnlich hohen Schnee braucht man dabei keine Rücksicht zu nehmen, da dann die Hasen nicht weit wechseln.

§ 432. Müssen die Zäune mit Rücksicht auf Rehe und Hochwild höher gemacht werden, so macht man die senkrechten Pfähle entsprechend höher und verbindet sie quer mit s. g. **Sprungstangen** oder -**Drähten** in entsprechendem Abstande, d. h. man macht einen hohen Stangenzaun und dichtet ihn nur auf die notwendige Höhe durch Einflechten oder Aufnageln senkrechter oder schieflaufender Wehren.

Aus oben durch Querhölzer zusammengehaltenen eingerammten Pfählen bestehende hasen- und kaninchendichte **Pfahl**- oder **Pallisadenzäune** faulen, wenn sie aus Nadelholz hergestellt werden, unten rasch ab. Nimmt man dagegen Eichen- oder Kastanienrundholz, so ist es sehr schwer, die genügende Zahl zur vollständigen Dichtung ausreichend gerader Pfähle zu finden; sie sind daher wenig im Gebrauche und sehr teuer.

Dagegen bedient man sich jetzt vielfach rautenförmig **geflochtener Drahtzäune**, die in allen möglichen Maschenweiten in den Drahtfabriken fertig zu haben sind und bei ständigen Forstgärten zweckmäßig an Eisenpfählen oder Steinsäulen, in Wanderkämpen auch an Holzpfählen befestigt werden. Mit denselben ist bei gutem Reh- und Hochwildstande ein horizontaler Drahtzaun oberhalb der Rauten zu verbinden.

In neuerer Zeit flechten die Fabriken in die Knoten eiserne Stacheln ein; die so hergestellten **Stachelzäune** sollen sich gut bewährt haben.

§ 433. Zur Herstellung **lebender Zäune**, welche sich, wo nur Vieh und hohes Wild abzuhalten ist, auf geeignetem Boden sehr gut bewähren und namentlich für große Forstgärten empfehlen, verwendet man vorzugsweise den Weißdorn, die Hainbuche und die Fichte, wohl auch die Eibe und den Lebensbaum.

Dieselben werden, die Laubhölzer am besten als Stummelpflanzen, die Nadelhölzer als zwei- bis dreijährige Pflänzlinge in etwa 12 cm Entfernung nach der Schnur in entsprechend tiefe Gräben gepflanzt und vom zweiten oder dritten Jahre an regelmäßig im Hochsommer mit der Gartenschere, die Fichten anfangs nur in den Gipfeln, hart unter den Knospen beschnitten.

Bei Weißdorn und Hainbuchen thut man dabei gut, um möglichst dichte Zäune zu erzielen, von den anfangs aus den Stummeln austreibenden Trieben nur je zwei stehen zu lassen und dieselben kreuzweise in schiefer Richtung mit denen der Nachbarpflanze zu verflechten. Die Ruten werden zweckmäßig an einigen Kreuzungspunkten mit Bast locker zusammen gebunden und an dem provisorischen Stangenzaune befestigt, welcher bis zu der Zeit, in welcher der lebende Zaun die nötige Höhe und Stärke erreicht hat, als Einfriedigung dienen muß.

Leider lassen sich gute Hainbuchen- und Weißdornzäune nur auf gutem frischem Boden anziehen. Fichtenzäune haben aber den Nachteil, daß ihre

Wurzeln sehr weit flach austreiben und dadurch eine ziemlich große Fläche der eigentlichen Pflanzenzucht entziehen. Es empfiehlt sich deshalb, bei Fichtenzäunen auch auf der Gartenseite des Zaunes einen Graben anzulegen.

§ 434. Alle Einfriedigungen müssen die nötigen Thüröffnungen zwischen feststehenden Säulen oder Pfählen enthalten und diese müssen mit einfachen Verschlußvorrichtungen versehen sein.

An den nur vorübergehend benutzten Wanderkämpen, in welchen Fuhrwerk nicht zu verkehren hat, genügt in der Regel eine einzige Thüröffnung von Meterbreite; bei ständigen Forstgärten sind mindestens zwei Thüren an den entgegengesetzten Enden des Gartens erforderlich und diese müssen so weit sein, daß man mit dem zum Transporte des Düngers verwendeten Fuhrwerke in den Garten gelangen kann.

Zum Verschlusse bedient man sich entweder förmlicher in den Angeln sich bewegender Thüren, welche mit hölzernen Riegeln oder eisernen Haken mit Ösen geschlossen werden, oder einfacher Gatter von der Breite der Thüröffnung, deren auf beiden Seiten hervorragende Querhölzer in hölzerne Haken eingehängt werden. Sind diese Gatter sehr breit, weil sie bespannten Fuhrwerken Einlaß gewähren müssen und infolge dessen schwer, so empfiehlt es sich, kleinere Thüröffnungen zum Verkehre der Menschen neben den großen Thoren anzubringen. Im allgemeinen sind Gatter unbequem und nur bei Wanderkämpen zu empfehlen.

Eiserne Teile komplizierter Natur zu verwenden, empfiehlt sich im allgemeinen nicht. Selbst eiserne Thürbeschläge sind nicht empfehlenswert. Sie rosten zu leicht und werden häufig gestohlen. Sie verlangen außerdem, wenn man sie fertig kauft, eine zu sorgfältige Konstruktion der Thür. Man bedient sich deshalb entweder fester Wieden von zähem Holze oder hölzerner Zapfenlager oder hölzerner Ösen, die an den Thürpfosten so befestigt sind, daß sich die eine Seite der Thüre darin drehen kann, als Thürangeln.

6. Herrichtung des gerodeten Bodens zur Bestellung durch Saat.

§ 435. Bei der eigentlichen Rodung pflegt man den Boden noch schollig zu lassen, um ihn den Einflüssen der Luft möglichst zugänglich zu machen. Er muß deshalb, wenn er sich gehörig gesetzt hat, um zur Einsaat tauglich zu werden, in seinen obersten Schichten, womöglich einige Zeit vor der Einsaat nochmals, dieses Mal aber gartenmäßig bearbeitet, d. h. geklärt werden.

Zu dem Ende wird der Boden in den einzelnen Feldern auf die Tiefe, bis zu welcher die zu erziehenden Pflänzlinge mit den Wurzeln eindringen sollen, womöglich mit dem Spaten umgestochen, andernfalls mit der Rodhaue oder Breithaue umgehackt. Die sich dabei ergebenden Schollen werden sorgfältig zerschlagen, sich vorfindende Steine und Wurzeln sorgfältig ausgelesen.

Hierauf wird das ganze Feld mit dem hölzernen Rechen eben gerecht und meist durch eingetretene und nötigenfalls ausgehobene 25 bis 30 cm breite Pfade in 1 bis höchstens 1,2 m breite Beete zerlegt. Die Zerlegung in Beete hat den Vorzug, daß das Ausjäten der Kämpe dadurch erleichtert wird. Sie unterbleibt, wo man, um Ballenpflanzen auf nicht bindendem Boden zu erziehen, absichtlich möglichst wenig jätet. Die Pfäde läßt man, wenn die Felder selbst nicht vollkommen eben liegen, bergab laufen, um die quer über dieselben anzulegenden Saatrillen und Pflanzenreihen genau horizontal legen zu können.

§ 436. Bei der Einteilung ist zu beachten, daß man einen Pfad weniger nötig hat, als das Feld Beete erhält. Man hat daher die Pfadbreite der Breite des Feldes zuzuschlagen, wenn man aus derselben durch Division mit der Zahl der Beete die Entfernung von Pfadmitte zu Pfadmitte berechnen will.

Der erste Pfad wird vom Wegrande aus, mit welchem die Pfade parallel laufen sollen, abgesteckt. Die Entfernung seiner Mittellinie von dem Wegrande ist um eine halbe Pfadbreite geringer, als der berechnete Abstand von Pfadmitte zu Pfadmitte. In dieser Entfernung werden an den beiden auf die Pfadrichtung senkrechten Rändern des Feldes die Pfähle der stramm angezogenen Gartenleine eingesteckt.

Der Arbeiter stellt sich nun so auf, daß er die Leine zwischen den fest an einander gestellten Füßen hat und bewegt sich in der Richtung der Schnur weiter bis an das Ende derselben. Er tritt so den ersten Pfad fest in den Boden ein. Hierauf setzt er einen eisernen Rechen, welcher ungefähr die beabsichtigte Pfadbreite hat, so auf die Leine, daß er dieselbe zwischen den mittleren beiden Zähnen des Rechens hält und recht dann den Pfad, rückwärts gehend und die Leine immer wieder in die Mitte des Rechens nehmend, aus. Hierauf wird der zweite Pfad aber im vollen Pfadabstande in gleicher Weise abgesteckt und hergestellt und so fortgefahren, bis sämtliche Pfäde fertig sind. Die ausgerechte Erde wird hierauf auf die dazwischen liegenden Beete mit dem Rechen verteilt, wenn man es nicht für nötig hält, die Pfäde behufs Ent- oder Bewässerung noch mehr zu vertiefen, was in einfacher Weise mit der Schaufel geschieht und sich namentlich auf leicht auffrierendem Boden empfiehlt. In letzterem Falle geschieht jetzt erst die Verteilung der ausgehobenen Erde mit dem Rechen.

§ 437. In ganz ähnlicher Weise werden leergewordene Beete alter Kämpe und auf geeigneten Stellen die Wanderkämpe zur Bestellung hergerichtet.

Nur muß in beiden Fällen vorher etwa vorhandenes Unkraut entfernt und bei alten Kämpen der Boden außerdem gedüngt werden. Es geschieht das zumeist durch Volldüngung in der in § 291 beschriebenen Weise, am zweckmäßigsten unmittelbar vor der Bearbeitung, bei der Düngung mit löslichen Düngemitteln auch wohl schon im Winter, falls die Beete bis dahin schon geleert und von Unkraut gesäubert sind. In letzterem Falle ist es zweckmäßig, die Fläche vorher rauhschollig umzuhacken.

§ 438. Sind in dieser Weise die Beete hergerichtet, so muß ihnen Zeit zum Setzen gelassen werden. Ist dieses nicht möglich, so ist ein Festdrücken des Bodens mit dem Trittbrette oder ein Plätten mit einem an einem Stiele befestigten Brette wenigstens für sehr leichte Samen unerläßlich. Mit schwereren Samen können sie ohne weiteres mittels Voll- und Stecksaat besäet werden. Zu der heutzutage vorherrschend in Anwendung gebrachten Rillen- oder besser Rinnensaat ist aber noch eine weitere Bodenvorbereitung, die Anlage der Saatrinnen erforderlich.

Die Art der Herstellung derselben ist eine verschiedene je nach der Tiefe und Breite, welche man ihnen geben will.

Die erstere hängt von der Holzart, bezw. dem Grade der Bedeckung ab, welche ihr Samen erträgt; die letztere wird jetzt allgemein so gewählt, daß in derselben von großen Samen eine, von leichten zwei Reihen Platz finden; man giebt also jetzt allgemein schmalen Rinnen den Vorzug, weil die Pflänzlinge in denselben, wenigstens nach einer Seite, freieren Wachsraum haben.

Tiefe Rinnen lassen sich in derselben Weise herstellen, wie wir das bei der Freisaat besprochen haben, also mit dem Rillenpfluge, dem Rillenzieher oder einem Gartenhäcken aus der Hand. Flache Rinnen werden aber bei nicht allzu schwerem Boden zweckmäßiger in den Boden eingedrückt.

Man bediente sich dazu früher der s. g. Saatlatte, eines Lattenstücks von der Beetbreite als Länge und der beabsichtigten Rillenbreite als Breite. Sie wird in den entsprechenden Abständen mit den Händen, im Notfall auch mit den Füßen quer über das Beet eingedrückt, hat indessen den Nachteil, daß die Abstände der Rillen und ihre Tiefen, wenn man sie nicht messen will, ungleich ausfallen und daß die dazwischen liegende Erde nicht festgedrückt wird, was auch bei größeren Samen zur Verhütung des Auffrierens häufig wünschenswert erscheint.

§ 439. Man benützt deshalb jetzt vorzugsweise die s. g. Saatbretter, oder besser Rinnenbretter, welche neben dem Eindrücken der Rillen gleichzeitig das Dichten der Zwischenräume besorgen, d. h. Bretter von der Länge der Beetbreite, auf welche bei den verschiedenen Arten verschieden geformte Leisten in den beabsichtigten Rinnenabständen aufgenagelt sind. Bei dem s. g. bayerischen Saatbrette sind sie 4 kantig, 3 cm breit und auf der unteren Fläche mit einem Rundhobel ausgekehlt, bei den Danckelmann'schen sind zwei 3 kantige Leisten von 3 cm Breite unmittelbar neben einander genagelt. Beide bilden beim Eindrücken 3 cm von einander abstehende ganz schmale Doppelrillen, zwischen welchen ein beim bayerischen Saatbrett abgerundeter, beim Danckelmann'schen scharfkantiger Rücken stehen bleibt. Derselbe bezweckt, daß sich beim Säen der Samen in zwei Reihen ordnet, sodaß alle keimenden Pflanzen nach zwei Seiten für Sämlinge genügenden freien Wachsraum haben. An anderen Saatbrettern und ebenso bei der böhmischen Rinnenwalze, einer gewöhnlichen Walze mit aufgenagelten Leisten, sind die Leisten einfache Latten mit flacher Unterseite.

§ 440. Die Anwendung der Saatbretter geschieht in der Weise, daß dieselben zuerst an dem einen Ende des Beetes senkrecht quer über das Saatbeet gelegt werden. Hierauf tritt der Arbeiter auf das Brett, wodurch sich dessen Ränder und Relief in dem Boden abdrücken. Es wird dann sorgfältig gehoben und indem man seine Kante an den beim erstmaligen Auflegen eingedrückten Rand anlegt, auf der noch nicht berillten Fläche eingedrückt. Damit der Abstand der Rinnen ein gleichmäßiger wird, beträgt der Abstand der äußeren Leisten von der Brettkante halb so viel, als der beabsichtigte Rinnenabstand.

Für sehr leichten Boden können die Saatbretter breiter gemacht werden und bis zu 4 Leisten enthalten, auf bindigerem schaffen schmälere mit nur 3 Leisten, welche selbstverständlich langsamer arbeiten, saubere Arbeit. Auf ganz schwerem Boden sind die Saatbretter, namentlich diejenigen, welche Doppelrinnen eindrücken, nicht brauchbar. Bei feuchtem Wetter bleibt die Erde an dem Brette hängen, bei trockenem giebt sie nicht genügend nach. Man muß deshalb solche Böden in entsprechender Höhe mit leichter Erde übersieben, wenn man die Saatbretter anwenden will. Sie arbeiten auf bindemittellosem Boden bei nasser, auf bindigem bei trockener Witterung am besten.

Die Rillen legt man allenthalben am besten quer über das Beet, weil dadurch das Jäten und eventuell das Aufhäckeln der Zwischenstreifen sehr erleichtert wird; sie müssen aber, um nicht zu versanden, bezw. nicht ausgewaschen zu werden, horizontal verlaufen. Auf geneigtem Gelände muß man darauf bereits bei der Anlage der Pfäde und Beete die geeignete Rücksicht nehmen.

Der Rinnenabstand richtet sich nach der Holzart und dem Alter, bis zu welchem die Pflanzen im Saatbeete bleiben. Er soll nicht mehr betragen als nötig ist, um die Pflanzen s. Z. unbeschädigt ausheben zu können.

Saatzeit.

§ 441. In gehörig eingefriedigten Kämpen ist der Samen weniger Gefahren ausgesetzt, als im Freien; auch hat man es in der Hand, trotz der Einfriedigung drohende von den Kämpen abzuhalten. Es liegt deshalb hier weniger Grund als bei Freisaaten vor, bei Samen, welche sich schwer im Trockenen überwintern lassen, von der natürlichen Saatzeit abzuweichen.

Man säet deshalb in eingefriedigten Kämpen alle schwer zu überwinternden Samen womöglich im Herbste gleich nach der Reife und hält sich, um das zu ermöglichen, in den Kämpen bei der Frühjahrsbestellung die nötige Fläche pflanzenfrei.

Von dieser Regel weicht man nur ab, wenn die zum Schutze des Samens notwendigen Anstalten, von welchen später die Rede sein wird, nicht ohnehin in ausreichender Menge vorhanden sind, oder wenn nach der Lage des Standortes bei frühzeitigem Keimen das Erfrieren der Keimlinge zu befürchten ist. Leicht zu überwinternde Samen säet man auch im Forstgarten im Frühjahre. In nicht eingefriedigte Wanderkämpen ist Frühjahrssaat für alle Samenarten Regel.

8. Samenmenge.

§ 442. Bei der Bestimmung der einzusäenden Samenmenge sind im allgemeinen die bei der Freisaat angegebenen Gesichtspunkte maßgebend. Nur wird selbstverständlich im Kampe, in welchem die Pflanzen nur vorübergehend stehen bleiben sollen, viel dichter gesäet, als im Freien. Es entscheidet mit anderen Worten nicht die beabsichtigte Bestandesdichtigkeit, sondern die beabsichtigte Dichtigkeit des Standes in den Saatrillen über die Dichtigkeit der Saat.

Neben Standort, Holzart und dem Grade der den Pflänzlingen drohenden Gefahren fällt dabei hauptsächlich die Zeit, während welcher die Pflanzen im Saatbeete stehen bleiben sollen, ins Gewicht. Je länger dieselbe ist, desto mehr Wachsraum beanspruchen die einzelnen Pflanzen; desto dünner muß deshalb bei gleicher Art der Samen eingestreut werden. Auch ist es klar, daß bei gleicher Dauer des Standes im Saatbeete von vornherein weniger rasch sich entwickelnde Holzarten dichter gesäet werden dürfen, als in der Jugend rasch wachsende.

Auch die Art der Bodenvorbereitung ist vom Einfluß auf die im Saatbeete zu verwendende Samenmenge. Je mehr durch dieselbe dafür gesorgt ist, daß jedes Samenkorn in die ihm zusagendsten Verhältnisse gebracht wird, desto geringere Samenmengen sind erforderlich. So erfordert wie bei der Freisaat die Breitsaat mehr Samen, als die Rinnensaat und bei der Rinnensaat bei

Holzarten mit kleinem Samen wieder die Saat in eingedrückte und deshalb überall gleich tiefe Rinnen bei der gleichen Holzart weniger Samen, als die Saat in mit dem Rillenzieher aus der Hand gezogene und deshalb ungleich tiefe Rinnen.

Im allgemeinen steht indessen fest, daß bei allzudichter Saat die einzelnen Pflänzlinge sich ungenügend entwickeln.

So hat ein von Riedel[1]) mitgeteilter Versuch ergeben, daß Kiefernjährlinge bei dichter Saat um ein Viertel weniger wiegen als bei dünner.

§ 443. Im großen Durchschnitte verwendet man unter normalen Verhältnissen an Samen (die Nadelholzsamen ohne Flügel) pro Ar

bei der Eiche	25	kg,	Rinnenabstand	25	bis	30	cm
„ „ Buche	15	„	„	20	„	25	„
„ „ Hainbuche	$1^3/_4$	„	„	15	„	20	„
„ „ Esche	$1^3/_4$	„	„	15	„	20	„
„ den Ahornarten	$1^3/_4$	„	„	15	„	20	„
„ der Ulme	$1^2/_4$	„	„	15			„
„ „ Birke	1	„	„	15	bis	20	„
„ „ Akazie	$1^1/_4$	„	„	15			„
„ „ Roterle	3	„	„	15			„
„ „ Weißerle	4	„	„	15			„
„ „ Kastanie	35	„	„	30			„
„ „ Kiefer	1	„	„	15			„
„ „ Fichte	$1^1/_4$	„	„	15			„
„ „ Lärche	$1^3/_4$	„	„	15			„
„ „ Tanne	10	„	„	15			„
„ „ Weymouthskiefer	$2^2/_4$	„	„	15			„
„ „ Schwarzkiefer	$2^1/_4$	„	„	15			„

Bei Ulme, Birke und Erle werden indessen die Beete häufig, bei der Kiefer hie und da vollbesät.

9. Vorbereitung des Samens zur Einsaat.

§. 444. Es unterliegt keinem Zweifel, daß der ausgesäte Samen im Boden der Saatbeete ebenso gut und besser zur Keimung kommen kann, wie im Freien. Es kommt im Kampe jedoch mehr als dort darauf an, daß die Keimung vollständig und möglichst gleichmäßig erfolgt und daß deshalb jedes einzelne Korn vor den Gefahren geschützt wird, welche es selbst oder den daraus entstehenden Keimling gefährden.

Manchen dieser Gefahren läßt sich durch geeignete Behandlung des Saatgutes vor der Einsaat vorbeugen.

Zu diesen Gefahren gehört namentlich das Aufzehren der Nadelholzsamen durch die Finken, welche nicht allein den Samen vor der Keimung in den Beeten aufsuchen und verzehren, sondern auch, und das mit besonderer Vorliebe, die eben aus der Erde gekommenen Keimlinge durch Abbeißen der noch in der Samenhülle steckenden Keimblätter zugrunde richten. Der

[1]) Zeitschrift für das Forst- und Jagdwesen. VI. S. 114.

durch die Einführung einer Menge ausländischer Holzarten für die deutsche Forstwirtschaft hochverdiente Pflanzschulbesitzer Booth in Flottbeck wendet dagegen folgendes auch anderwärts erprobte Verfahren an. Der Samen wird in einen Kübel oder einen Eimer geschüttet und mit Wasser befeuchtet, so daß jedes einzelne Korn naß ist. Hierauf läßt man das überschüssige Wasser ablaufen, überschüttet den Samen mit rotem Bleimennig und rührt ihn so lange um, bis jedes einzelne Korn rot gefärbt ist. Dann schüttet man den Samen aus und trocknet ihn an der Sonne oder in der Nähe des Ofens, bis die einzelnen Körner aufhören, an einander hängen zu bleiben. Auf 4 kg Samen wird etwa 1 kg Mennig nötig.

§ 445. Auch der verspäteten Keimung des Samens und den daraus für die Keimlinge resultierenden Gefahren kann man bis zu einer gewissen Grenze begegnen, indem man durch Einquellen oder Ankeimen des Samens vor der Aussaat den Keimungsprozeß beschleunigt.

Dasselbe ist an manchen Orten schon seit Jahrhunderten im Gebrauche und wird auch jetzt noch bei Holzarten empfohlen, welche infolge ihrer dichten Samenhülle sehr langsam keimen, namentlich wenn sie durch die Überwinterung sehr trocken geworden sind.

Die einfachste und natürlichste Art des Ankeimens besteht in der Mischung des Samens mit feuchtem Sande oder Sägemehle und die Aufbewahrung der Mischung bis zur Verwendung im Keller. Man hat früher den Samen in dieser Mischung belassen, bis die Samenhüllen zu springen anfingen. Wo man den Samen nach der Aussaat nötigenfalls begießen kann, ist dieser Zeitpunkt unbedingt der günstigste zur Aussaat. Sind die Keime einmal hervorgetreten, so werden viele Pflanzen durch Zerstörung des Keimes bei der Saat getötet. Geschieht die Aussaat vorher, so ist das Anquellen nutzlos, wenn der Boden nicht mindestens frisch ist, und durch Unterbrechung des Keimungsprozesses schädlich, wenn er förmlich trocken geworden ist.

Das ist wohl auch der Grund, warum die Ansichten über den Erfolg auch der anderen Arten des Anquellens mit chemischen Mitteln so verschieden lauten. Man hat dazu verdünnte Mistjauche und sehr verdünnte Lösungen von Chlor, Salpetersäure und Kalk empfohlen und sollen namentlich Chlor- und Kalkwasser, eine namhafte Beschleunigung der Keimung veranlaßt haben, während von anderen Seiten behauptet wird, die Anwendung dieser Mittel habe eine Verminderung des Keimungsprozentes zur Folge gehabt.

Man wird deshalb vorerst mit der Anwendung dieser Mittel vorsichtig sein und sie nur in sehr dünnen Lösungen und nur dann benutzen dürfen, wenn aus irgend einem Grunde die Aussaat so verspätet werden mußte, daß bei der gewöhnlichen Keimdauer auf gehörige Verholzung der Keimlinge nicht gerechnet werden kann.

Angekeimten oder auch nur eingequellten Samen in trockenen Boden zu säen, ist, wenn man den Boden nicht begießen und dann vollkommen frisch erhalten kann, jedenfalls zwecklos, auf bis zur Keimung frisch bleibendem Boden dagegen wohl in der Regel von gutem Erfolge.

Daß solcher Samen vor der Saat durch Mischung mit trockenem Sande oder Sägemehl so weit abgetrocknet werden muß, daß er sich bequem säen läßt, versteht sich von selbst.

10. Einsaat der Beete.

§ 446. Bei der Vollsaat, welche jetzt fast nur noch bei Holzarten, deren Samen fast gar keine Bedeckung ertragen und deren junge Pflanzen fast gar keiner Pflege bedürfen, z. B. bei Erle, Ulme und Birke, und dann gebräuchlich ist, wenn die zu erziehenden Pflänzlinge als Saatpflanzen mit dem Ballen versetzt werden sollen, erfolgt das Einstreuen des Samens breitwürfig aus der Hand in der in § 372 geschilderten Weise.

Bei der Rinnensaat mit schwerem Samen verfährt man wie bei der Rinnensaat ins Freie, indem man die Samenkörner einzeln einlegt; leichte Samen läßt man entweder wie bei der Freisaat mit der Hand oder dem Säehorne in die Rinne einlaufen, oder man bedient sich eigens zur Rinnensaat in Saatschulen konstruierter Vorrichtungen.

Bei der Handsaat und der Saat mit dem Säehorne jät man dabei immer von der einen Seite des Beetes die eine, von der anderen die andere Hälfte jeder Rinne an und läßt bei Doppelrinnen den Samen auf den zwischen den Rinnen liegenden Rücken fallen, von welchem er von selbst in dieselben gleitet. Man verwendet dazu am besten Frauen und Mädchen, welchen die nötige gebückte Haltung weniger beschwerlich fällt und deren Hände weniger schwielig sind, als dieses bei männlichen Waldarbeitern der Fall zu sein pflegt. Es fördert die Arbeit, wenn die beiden Hälften der Rinnen gleichzeitig von zwei einander gegenüber knieenden Arbeiterinnen eingesät werden.

§ 447. Ähnlich verfährt man bei der Saat mit der Saatrinne, welche entweder aus zwei rechtwinklig auf einander genagelten glattgehobelten Brettchen oder einem rechtwinklig zusammengeknickten glatten Pappendeckel besteht. Man läßt aus derselben durch Hebung des einen Endes und gleichmäßige Fortbewegung den Samen ausrinnen. In gleicher Weise geht die Saat aus der Flasche vor sich. Man verwendet dazu gewöhnliche Weinflaschen, welchen man durch Einschieben eines 6 cm breiten Stückes starken Leders oder Pappendeckels eine Art Schnabel angesetzt hat, aus welchem der Samen ausläuft.

Bei diesen Arten der Einsaat ist die Gleichmäßigkeit der Samenverteilung lediglich von der Aufmerksamkeit und dem Augenmaße der Arbeiterinnen abhängig. Es ist deshalb zweckmäßig, vor der Einsaat den Samen in so viele gleiche Teile zu teilen, als die anzusäende Fläche Beete enthält. Die Arbeiterinnen merken dann schon im ersten Anfange der Arbeit, ob sie zu stark oder zu schwach säen, und sind imstande, sich rechtzeitig zu korrigieren.

§ 448. Das ist auch bei der von Ebert erfundenen und von Fürst[1]) beschriebenen Vorrichtung zur gleichmäßigen Verteilung des Samens in die Doppelrillen, wie sie durch das bayerische Saatbrett hergestellt werden, nötig. Diese Ebert'sche Saatkrippe, wie wir sie nennen möchten, besteht aus zwei gleichen und einem kleineren 3seitigen Holzprisma von der Länge der Beetbreite, welche durch Schrauben so an einander befestigt sind, daß die Prismen gleichen Querschnittes einander gegenüber stehen und oben eine offene Rinne bilden, in welcher ein viertes Prisma von der Größe des kleineren Platz finden würde. Zwischen den 3 Prismen ist nun so viel Raum gelassen, daß

[1]) a. a. O. S. 101.

eingestreuter Samen zwischen den Kanten der oberen größeren hindurch auf die Oberkante des unteren Prismas fallen und auf den beiden Seitenflächen desselben abgleiten kann. Dadurch wird bewirkt, daß, wenn das mit 4 eisernen Füßen versehene Instrument, dessen Gesamtbreite diejenige der Doppelrinnen um eine Kleinigkeit überschreitet, und dessen Länge der Beetbreite gleich ist, über die Doppelrinnen gestellt und der Samen in dasselbe gestreut wird, der Samen in gleicher Verteilung in jede der beiden Rinnen gleitet. Das Einstreuen in das Instrument erfolgt aus der Hand oder mit dem Säehorn.

§ 449. In dem Saatholze und der von Fürst[1]) als Saatbrett beschriebenen Saatklappe besitzen wir dagegen Instrumente, welche die Samenmenge bis zu einer gewissen Grenze selbstthätig regeln, indem sie nur bestimmte, je nach ihrer Größe verschiedene Samenmengen in gleichmäßiger Verteilung fassen.

Das Saatholz besteht aus einer der allgemeinen Form nach 3 kantigen Leiste von der halben Rinnenlänge. Von den 3 cm breiten Seitenflächen sind zwei flach, die dritte aber konvex gehobelt. Eine der an die letztere anstoßenden Kanten ist scharfkantig ausgekehlt. Die so entstandene Rinne ist zur Aufnahme des Samens bestimmt, von welchem sie um so mehr faßt, je tiefer sie ist. Man hat es daher vollständig in der Hand, durch die Wahl des richtigen Saatholzes die Dichtigkeit der Saat zu regulieren.

Beim Gebrauche des Instrumentes verfährt man in folgender Weise. Die am Beete einander gegenüberstehenden Arbeiterinnen schütten den Samen in eine flache Kiste, welche sie auf dem Beete zwischen sich her fortschieben. Jede füllt dann die Rinne ihres Saatholzes, indem sie den Samen darüber aufschüttet. Hierauf hebt sie das Holz an beiden Enden gleichzeitig, die Rinne natürlich nach oben, in die Höhe. Es bleibt dann darin in ganz gleichmäßiger Verteilung gerade so viel Samen liegen, als die Rinne fassen kann. Hierauf wird das Saatholz, die konvexe Seite nach vorne gerichtet, an die anzusäende Rille gelegt und dann mit Hilfe eines Hebels, welcher an der der runden gegenüberliegenden Seite desselben angebracht ist, umgekippt. Der Same gleitet dann in gleich regelmäßiger Verteilung in die Rinne.

§ 450. Weniger einfach in der Anwendung ist die Saatklappe. Sie besteht aus zwei durch Scharniere senkrecht auf einander befestigten Brettchen von der Länge der Beetbreite. Die innere Kante des aufsitzenden Brettes ist auf etwa 0,4 der Brettstärke abgestumpft. Es entsteht dadurch bei geöffnetem Zustande der Klappe eine Rinne, in welcher die nötige Menge von Samen liegen bleibt, wenn von den beiden Arbeitern, welche sie handhaben, der eine etwas mehr als das für die Rille beabsichtigte Quantum einstreut und der andere auf der anderen Seite des Beetes stehende den außerhalb der Rinne liegenden Samen in seine untergehaltene Schürze streift. Die Samenmenge reguliert sich durch den Druck, welchen der letztere Arbeiter mit dem Finger auf den in der Rinne liegenden Samen ausübt.

Ist die Rinne der Klappe in der beabsichtigten Weise gefüllt, so legen sie die Arbeiter über die anzusäende Rille und klappen sie zu. Der Samen fällt dann gleichmäßig verteilt zwischen den beiden Teilen der Klappe hindurch in dieselbe.

[1]) a. a. O. S. 99.

Größere Samen mit festhaftendem Flügel werden wohl auch durch Stecksaat mit der Hand einzeln eingebracht, ohne daß vorher Rinnen gezogen werden.

11. Bedeckung des Samens.

§ 451. Die inbezug auf die Stärke der Bedeckung maßgebenden Gesichtspunkte haben wir bereits bei der Freisaat (§ 379) besprochen. Wie man aber bei allen Arbeiten im Kampe vorsichtiger zu wege geht, so ist es auch bei der Bedeckung des Samens.

Man deckt dort den Samen in der Regel mit lockerer Erde oder anderen nicht fest zusammenhängenden Stoffen und verbindet damit gerne eine Düngung des Bodens. Die bei Anlage der Rille ausgeworfene Erde wird auf einigermaßen bindendem Boden nur bei Holzarten mit schwerem Samen zur Bedeckung benutzt. Bei leichterem Samen zieht man es vor, zur Deckung lockeren Kompost, milden Humus, nicht zu frische Rasenasche oder Sägespäne, im Notfalle selbst reinen Sand bis zur erforderlichen Stärke in die Saatrillen mit der Hand einzustreuen oder noch besser einzusieben. Wo die Rinnen in den Boden eingedrückt werden, ist eine andere Art der Bedeckung ohnehin nicht möglich.

Man füllt dabei die Rinnen bis etwas über das Niveau des zwischen denselben Geländes aus und drückt die eingefüllte Erde dann auf dieses Niveau nieder, indem man das Rinnenbrett verkehrt, die Leisten nach oben darüber legt und festtritt oder das ganze Beet mit einer leichten Walze überwalzt.

Dieses Zusammendrücken der eingefüllten Erde hat den Zweck, einerseits ihre wasserhaltende Kraft zu vermehren, sie fester an den Samen anzudrücken und so die Keimung zu erleichtern und anderseits zu verhüten, daß bei heftigem Regen das Wasser sich in den Rinnen sammelt und die Samenkörner aus der spezifisch schwereren Erde heraushebt.

Vollsaaten werden am zweckmäßigsten mit lockeren Stoffen übersiebt und nachher überwalzt oder mit einem mit einem Stiele versehenen Brette geglättet.

12. Schutz der Saaten im Kampe.

§ 452. Nach der Aussaat ist der Samen im Kampe der Gefahr ausgesetzt, von den Vögeln und Mäusen verzehrt oder durch Trockenheit zerstört zu werden. Die Keimlinge laufen Gefahr, vom Barfroste ausgehoben, von Insekten, vom Spätfroste, von der Hitze oder durch Trockenheit beschädigt und von Unkräuterwuchs unterdrückt zu werden. Es gehört zu den wichtigsten Aufgaben des Pflanzenzüchters, seine Forstgärten und Kämpe gegen diese Gefahren zu schützen, soweit er ihnen nicht durch richtige Auswahl des Standortes und sachgemäße Bestellung vorbeugen kann.

Es giebt eine Reihe von Mitteln, welche gegen mehrere derselben gleichzeitig schützen. Zu den vorzüglichsten derselben gehört das Schmitt'sche[1] Saatgitter.

Dasselbe besteht aus einem 15 cm hohen hölzernen Rahmen von 20 bis 25 m starken Brettern von etwas mehr als Beetbreite, über deren schmale obere Kanten geschnittene Lättchen oder gerade Fichten- oder Tannengerten in

[1] a. a. O. S. 57

einem das Einschlüpfen der Vögel verhindernden Abstande quer aufgenagelt sind. Um das Gitter handlicher zu machen, ist dasselbe aus mehreren 1,20 bis 1,25 m langen Stücken zusammengesetzt, von welchen die mittleren nur aus einander gegenüberstehenden Rahmenstücken und den darüber genagelten Latten bestehen, während bei den beiden Endstücken auch die dritte Seite mit einem Rahmenstücke geschlossen ist. Über die Latten, bezw. Gerten jedes dieser Teilstücke ist eine Latte in diagonaler Richtung aufgenagelt, um dem Ganzen mehr Halt zu geben. Zur Vermehrung der Dauerhaftigkeit werden die Gitter zweckmäßig geteert.

Beim Gebrauche werden dieselben so über die zu schützenden Beete gestellt, daß die Rahmen die Ränder der Beete vollständig einschließen. An die beiden Enden kommen Gitterteile mit drei, dazwischen solche mit zwei geschlossenen Seiten, welche mit den offenen Seiten dicht neben einander gelegt werden.

§ 453. Diese Saatgitter bieten wenigstens einigermaßen Schutz gegen Mäuse und vollständigen gegen Vögel, so daß, wo sie in Anwendung kommen, das Färben des Samens mit Mennig unterbleiben kann. Sie verhindern bei nicht sehr strenger Kälte auch das Auffrieren des Bodens und das Erfrieren der Keimlinge und jungen Triebe; sie verzögern ferner das Auftauen gefrorener Teile und hindern die rasche Austrocknung des Bodens, haben aber den bei anhaltend trockener Witterung schwer ins Gewicht fallenden Nachteil, daß sie auch die Taubildung erschweren und gelinde Regen nicht auf den Boden gelangen lassen. Holzarten mit sehr teueren Samen sollten, wenn der Same von den Vögeln angenommen wird, nie anders als unter Saatgitter gesät, unter denselben aber nötigenfalls begossen werden.

Sie bleiben bei gegen Frostbeschädigungen empfindlichen Holzarten stehen, bis keine Fröste mehr zu befürchten sind, bei dagegen unempfindlichen, bis die Keimlinge die Samenhülle abgeworfen haben, und werden dann allmählich durch Lüpfen auf der einen, und zwar der Nord- oder Ostseite, gehoben und, wenn die Pflanzen überhaupt nicht mehr schutzbedürftig sind, bei regnerischem oder doch trübem Wetter entfernt. Sie bei trockener oder gar heißer Witterung hinwegzunehmen, erscheint bei den Saatgittern ebenso wie bei allen anderen Schutzvorrichtungen nachteilig, weil es die Pflanzen unvorbereitet dem Wechsel in den Temperaturverhältnissen aussetzt. Dagegen ist es vorteilhaft sie bei gelindem Regen oder wenn Tauniederschläge ohne Frost zu erwarten sind, über Nacht zu entfernen, morgens oder nach Aufhören des Regens wieder aufzulegen.

Dienen die Saatgitter nur zum Schutze gegen Vögel und Mäuse, so ersetzt man die die Decke bildenden Latten zweckmäßig durch ein auf den Rahmen aufzuschraubendes Drahtgitter, welches Luft, Licht und Regen vollständiger durchläßt und deshalb für als Keimlinge nicht schutzbedürftige Holzarten den Vorzug verdient.

§ 454. In heißen Lagen empfiehlt es sich, bei gegen die Hitze empfindlichen Holzarten als Übergang von dem Stande unter den allseitig geschlossenen Saatgittern zur völlig freien Stellung die Schmitt'schen[1]) Pflanzgitter anzubringen. Dieselben unterscheiden sich nur dadurch von den Saatgittern, daß die Latten oder Gerten nicht auf hohe kistenförmige Rahmen, sondern auf

[1]) a. a. O.

einfache starke Latten aufgenagelt sind und einen etwas größeren Abstand haben können. Auch können sie weit leichter und deshalb länger gemacht werden. Sie werden an in verschiedener Höhe mit Haken versehene Pfosten zu beiden Seiten der Beete oder in eingeschlagene Holzgabeln eingehängt, und zwar um so höher, je mehr die Pflänzlinge bereits an den Freistand gewöhnt sind.

Dieselben dienen namentlich auch dazu, ältere Pflänzlinge im Frühjahre vor der Frostgefahr zu schützen. Hie und da sieht man sie auch als Schirm über frischen Saaten verwendet. Sie leisten dort aber weniger, als die Saatgitter, weil sie die Vögel weniger abhalten und das Einströmen kalter Luft von den Seiten weniger vollständig abhalten, sind aber bei weniger empfindlichen Holzarten mit nicht allzuteuerem Samen recht gut zu gebrauchen.

Ähnlich wie die Schmitt'schen Pflanzgitter werden die einfacher konstruierten s. g. **Schutzgitter** benutzt. Sie bestehen aus einem aus Latten oder Nadelholzgerten zusammengenagelten Gestelle von Beetbreite und in die Beetlänge teilbarer Länge, zwischen dessen Teile möglichst zähes und haltbares Reisig von Saalweiden, Birken u. dgl. eingeflochten ist.

§ 455. Die Anschaffung und Aufbewahrung der verschiedenen Arten von Gittern verursacht indessen ziemlich hohe Kosten, welche sich nur rentieren, wo sie, wie in ständigen Forstgärten, während längerer Jahre wiederholt in Anwendung kommen, und wenn sie an Ort und Stelle sicher aufbewahrt werden können. In Wanderkämpen und mit einer Hütte nicht versehenen Forstgärten ist ihre Anwendung meist zu teuer, weil sie, um zu halten, jeden Winter unter Dach gebracht werden müssen.

Unter solchen Umständen ist man gezwungen, zu primitiveren Mitteln zu greifen. Zu diesen Mitteln gehört das **Bedecken der Saatbeete** zur Abhaltung der Vögel und zur Verhinderung der Austrocknung bis zur erfolgten Keimung und das **Bestecken derselben** zum Schutze gegen Frost und Hitze.

Zum Bedecken bedient man sich am besten des Reisigs derjenigen Nadelhölzer, welche dürr werdende Nadeln nicht allzu rasch fallen lassen, also insbesondere des Kiefern- und Tannen-, nicht aber des Fichtenreisigs, welches seine Nadeln bei trockenem Wetter sehr rasch verliert; im Notfalle wohl auch des Strohs, des Farrenkrautes, der Besenpfrieme und anderer leicht aufzulegender und durch einfaches Aufheben abzunehmender, aber ganz locker und hohl aufliegender schlechter Wärmeleiter. Moos ist dazu namentlich, wenn es nicht in kleinen Rasen fest zusammenhängt, weit weniger geeignet, weil das Auflegen, namentlich aber das Abnehmen nach erfolgter Keimung viele Arbeit macht und weil es zu nahe auf der Erde aufliegt, so daß vorzeitig erscheinende Keimlinge in dasselbe hineinwachsen und durch seine Hinwegnahme beschädigt werden.

§ 456. Bei der Verwendung von Reisig nimmt man, wenn die Beete nach der Keimung besteckt werden, darauf Bedacht, daß man dasselbe auch dazu verwenden kann. Man nimmt also etwa 1,20 m lange Zweigspitzen, welche möglichst vollständig benadelt und am unteren Ende stark genug sind, um, in die Erde gesteckt, den Zweig zu tragen; bei Kiefern gewinnt man dasselbe am besten von älteren Beständen, deren Jahrestriebe nicht mehr so lang, welche aber dafür im Verhältnisse zu ihrer Schwere vollständiger benadelt sind. Die Zweige werden so aufgelegt, daß ihre am Baume untere Seite nach oben kommt. Es geschieht das, weil die Spitzen der mehr oder weniger stumpfwinkelig vom Baume ausgehenden Zweige stets nach oben gerichtet sind, so daß der Zweig selbst einen Bogen nach außen bildet, welcher beim Auflegen in die Höhe kommt und sich ganz locker auflegt.

Die Decken werden bei der Frühjahrssaat immer unmittelbar nach der Saat aufgelegt; bei der Herbstsaat, bei welcher sie hauptsächlich den Zweck haben, die Keimung im Frühjahre zu verzögern, dagegen erst bei gefrorenem Boden, dessen rasches Auftauen sie erschweren. Im Herbste aufgelegt, würden sie nicht nur das Gefrieren des Bodens erschweren und dadurch unter Umständen eine vorzeitige Keimung hervorrufen, sondern auch den Mäusen als willkommener Unterschlupf dienen.

Sie werden bei gegen Frost und Hitze unempfindlichen Holzarten, deren Keimlinge von den Vögeln nicht angenommen werden, auf einmal, sonst allmählich entfernt, wenn man in letzterem Falle nicht vorzieht, die Besteckung sofort vorzunehmen, was bei drohenden Spätfrösten oder warmem Sonnenschein stets vorzuziehen ist.

§ 457. Beim Bestecken der Kämpe werden die Zweige ihre Oberseite nach innen, ihre Biegung nach außen, an den Rändern der Saatbeete so eingesteckt, daß sie über denselben ein mehr oder weniger dichtes Dach bilden. Die Lücken zwischen den unteren licht belaubten Teilen der Zweige verschließt man, wenn es sich um Holzarten handelt, deren Samen die Vögel fressen, mit kleinen Zweigen, ebenso die Giebel an beiden Enden. Die so entstandenen Dächer sind zwar für Finken nicht dicht, schützen aber doch einigermaßen dagegen, weil die Vögel darunter nicht rasch auffliegen können. Sowie die Keimlinge die Samenhülle abgeworfen haben, werden die kleinen Zweige entfernt, um den Pflanzen mehr Licht und Luft zu geben. Ist die Frostgefahr vorüber, so wird auch das Dach vorsichtig, selbstverständlich nur bei trübem Himmel oder noch besser bei regnerischem Wetter, wiederholt gelichtet, indem man zuerst auf der Nord- oder Ostseite der Beete einen Teil der Zweige hinwegnimmt. Dasselbe kann unterbleiben, wenn die Zweige inzwischen ihre Nadeln teilweise verloren haben. Gegen Mitte Juli wird die Bedeckung bei gegen die Hitze nicht sehr empfindlichen Holzarten ganz hinweggenommen; andernfalls muß die Besteckung auf der Süd- bezw. Westseite der Beete erneuert werden, wenn die zuerst verwendeten Zweige durch Verlust der Nadeln aufgehört haben, Schutz zu gewähren. Gegen Spätfrost empfindliche Holzarten müssen in jedem Jahre besteckt oder mit Schutzgittern überdacht werden.

§ 458. Durch Begießen den Pflänzlingen in den Saatbeeten bei trockenem Wetter die nötige Feuchtigkeit zuzuführen, ist im allgemeinen zu teuer und bei richtiger Lage der Kämpe auch nicht nötig. Man schützt, wo ausnahmsweise sehr trocken gelegene Orte als Kämpe benutzt werden müssen, die Pflänzlinge besser durch Einlegen von Moos und ausreichende Besteckung. Dagegen wird es häufig nötig, die Saatkämpe vor der Keimung zu begießen, wenn auf leicht austrocknendem Boden zu einer Zeit anhaltende Trockenheit eintritt, in welcher der Keimungsprozeß, sei es durch künstliches Ankeimen, sei es durch vorhergegangene nasse Witterung, bereits eingeleitet ist. In diesem Zustande gehen sehr leichte Samen durch Trockenheit gerne zugrunde. Das Begießen erfolgt zweckmäßig am Abend mit hart am Boden gehaltener Brause, bei sehr leichtem Samen noch besser morgens und abends. Bei manchen sehr wasserbedürftigen Holzarten befördert es das Gedeihen der jungen Pflanzen, wenn man in den Pfäden zwischen den Beeten Wasser so weit aufstaut, daß es durch Kapillarität den Boden feucht erhält, ohne ihn zu bedecken. Man wählt deshalb zur Anzucht solcher Holzarten zweckmäßig Kämpe aus, nach welchen Wasser ohne Schwierigkeit geleitet werden kann.

§ 459. Wo eine Holzart weder gegen Hitze, noch gegen Spätfrost empfindlich ist, auch durch Vertrocknung als Samen wenig leidet, kann die Bedeckung häufig unterbleiben. Es ist in diesem Falle nötig, von den Vögeln angenommene Samenarten in anderer Weise gegen dieselben zu schützen.

Das beste Mittel dagegen ist das kreuzweise Überspannen der Beete mit Zwirnfäden, in welche Kartoffeln mit eingesteckten Federn, bunte Zeugstückchen u. dgl. eingeknüpft sind, etwa 15 cm über dem Boden.

Die als Vogelscheuchen hie und da angewandten ausgestopften Raubvögel haben keinen Erfolg; besser dienen lärmende Scheuchen jeder Art, breite Blechstücke, welche vom Winde bewegt aneinander oder an Flaschen schlagen, u. dgl. Wo sehr viele Finken sind, wird es manchmal nötig, sie hinwegzuschießen, und um das zu ermöglichen, in den Kamphütten Schießscharten anzubringen oder, wo diese fehlen, eigene Schießhütten zu errichten.

§ 460. Zur Vertilgung der Mäuse bedient man sich am zweckmäßigsten vergifteten Weizens und anderer Gifte, welche man, damit sie nicht durch Beregnen ihre Wirksamkeit verlieren, am besten in zerbrochene Drainröhren, unter Hohlziegel, unter hohle Rindenschalen oder in eigens dazu errichtete Stein- oder Reisighaufen legt.

Auch fangen sich manche in in die Pfäde und Wege eingegrabenen tiefen Töpfen oder eingebohrten Löchern mit senkrechten Wänden. Wo sie, wie das in der Nähe der Feldfluren vorkommt, von außen einwandern, empfiehlt es sich, die Umgebung der Forstgärten fleißig durch Schweine bewühlen zu lassen und, wo der Boden es gestattet, den Umfassungsgräben möglichst steile Böschungen zu geben.

§ 461. Ein besonders gefährlicher Feind namentlich der Forstgärten in niedriger Lage ist der Engerling oder die Maikäferlarve.

Wo die Lage eine starke Vermehrung des in den Gebirgen bekanntlich nicht hoch aufsteigenden Insektes befürchten läßt, ist es unbedingt nötig, durch Aushängen zahlreicher Starenkästen in der Umgebung des Kampes die Vermehrung der Feinde des Maikäfers möglichst zu begünstigen. Auch das Behüten der Umgebung des Kampes im Sommer, wenn der Engerling sich nahe an der Bodenoberfläche aufhält, durch Schweine vermag seine Vermehrung zu mäßigen.

Ist ein Kamp von Engerlingen einmal befallen, so müssen dieselben bei jedem Umgraben des Bodens gesammelt und getötet werden. Zu dem Ende ist dasselbe, wo es sich irgend machen läßt, bei warmer Witterung, bei welcher die Larven nicht sehr tief stecken, vorzunehmen und im Notfalle wohl auch tiefer zu bewirken, als sonst wohl nötig wäre. Auch mag es sich in Flugjahren des Maikäfers empfehlen, sich bei der Bestellung der Forstgärten so einzurichten, daß der Käfer möglichst wenig frischbearbeitetes Feld, in welches er seine Eier am liebsten ablegt, vorfindet und daß das vorhandene während der Flugzeit dicht mit Reisig oder Saatgittern bedeckt ist.

§ 462. Machen sich Engerlinge in bestellten Beeten durch Beginn des Welkens bei einzelnen Pflänzlingen bemerklich, so gelingt es hie und da, die Larve unter denselben mit der Hand oder einer kleinen Schippe zu fangen und zu töten. Wo sehr viele Engerlinge vorhanden sind, mag sich auch das Witte'sche Engerlingseisen, eine Art Spaten mit in zahlreiche lange Spitzen aufgelöster Schneide, welcher quer über die Pflanzenreihen denselben längs folgend eingestoßen wird, bewähren, wenn der Kamp fortbenutzt werden soll. Im allgemeinen wird man aber gut thun, Beete, welche so stark mit Engerlingen besetzt sind, daß die Anwendung dieses Mittels Erfolg hat, baldmöglichst zu leeren und entweder bei warmem Wetter gründlichst von Larven zu säubern oder bis nach dem nächsten Flugjahre unbenutzt zu lassen. In letzterem Falle ist der Boden nach dem Ausfliegen der Käfer bis zur Beendigung der Flugzeit dicht bedeckt zu halten.

§ 463. Die Werre oder Maulwurfsgrille wird am zweckmäßigsten dadurch vertilgt, daß man in der Paarzeit im Juni des Abends die dicht unter der Bodenoberfläche sitzenden Insekten mit der Hacke herauswirft, wenn sie durch ihre bekannten Locktöne ihre Anwesenheit kundgeben.

Auch gelingt es außer der Paarzeit manchmal, durch Verfolgen ihrer kreisförmigen Gänge, welche sich in den Saatrillen durch einzelne absterbende Pflanzen kennzeichnen und nach Regenwetter etwas über die Erdoberfläche herausragen, ihre in 7 bis 10 cm Tiefe liegenden Nester zu finden, die darin steckende Brut herauszuwerfen und auf festem Erdboden zu zertreten. Auch sollen sich Werren häufig in den zum Mäusefange in die Erde eingegrabenen Töpfen fangen, besonders dann, wenn sie mit ihrem oberen Rande unter der Sohle der Grillengänge liegen und wenn man Latten von einem Topfe zum andern legt, welchen sie gerne entlang laufen.

Erdflöhe, welche den Laubholzpflanzen hie und da schädlich werden, können von den Pflänzlingen durch Bestreuen der Erdoberfläche mit staubartigen Stoffen, Holzasche, gebranntem Kalk u. dgl., oder durch Begießen mit stinkenden Lösungen abgehalten werden.

§ 464. Zu den Beschädigungen, welche in den Forstgärten und Kämpen am sorgfältigsten hintangehalten werden müssen, gehört die Beschädigung durch den Unkräuterwuchs. Sie gehören aber auch zu denjenigen, welche bei genügender Sorgfalt am leichtesten vermieden werden können.

Dem Unkräuterwuchse läßt sich durch geeignete Wahl des Platzes einigermaßen vorbeugen. Man wählt deshalb auf mineralisch kräftigen Böden nicht gerne allzufrische Böden und vermeidet womöglich auch die Nachbarschaft stark verunkrauteter Schläge, von welchen aus Unkräutersamen anfliegen könnte. Wo Kompost verwendet wird, sieht man außerdem darauf, daß demselben Unkraut mit reifem Samen nicht einverleibt wird, und sorgt durch reichliche Kalkbeimischung und häufiges Umsetzen dafür, daß der trotzdem hineingekommene Unkrautsamen direkt zerstört oder nach dem Keimen durch Unterhacken unschädlich gemacht wird. Ebenso sind bei jedem Umgraben Quecken und andere von der Wurzel ausschlagende Unkräuter sorgfältig zu entfernen. Das Einlegen von Moos u. dgl. zwischen die Rillen zur Zurückhaltung des Unkrautes verteuert die Bodenlockerung und ist deshalb nicht zu empfehlen.

§ 465. Im Kampe auftretendes Unkraut ist so schnell wie möglich und zeitig im Frühjahre, am besten gleich nach einem Regen auszujäten. Zur Samenreife darf man dasselbe unter keiner Bedingung kommen lassen.

Bleibt der Regen allzulange aus, so muß auch bei trockenem Wetter gejätet werden. Bei solchem Wetter sitzen die Unkräuter aber gewöhnlich sehr fest. Der Boden muß dann vorher zwischen den Saatrillen gelockert werden; bei sehr schwerem Boden ist dies auch bei nassem Wetter nötig. Es geschieht das entweder mit dem gewöhnlichen Gartenhäckchen oder mit dem Rillenzieher oder mit eigens dazu konstruierten, je nach dem Rillenabstand drei- oder fünfzackigen Karsten, oder endlich mit dem Nördlinger'schen Reihenkultivator, einem Instrumente, welches aus zwei kleinen Pflugscharen besteht, die mit veränderlichem Abstande an einem Querholze mit langem Stiele befestigt sind. Die dabei nicht ausgerissenen Unkräuter werden mit der Hand ausgezogen, bezw. mit einem im Griffe feststehenden Messer möglichst tief aus den Wurzeln ausgeschnitten. Bei den in den Pflanzrillen selbst stehenden Unkrautpflänzchen ist das Ausschneiden auch bei nassem Wetter Regel.

Das ausgerissene Unkraut wirft man auf den Kompostbaufen, sofern es keine Quecken und andere von der Wurzel ausschlagende Unkräuter und keinen reifen Samen enthält. Andernfalls muß es verbrannt oder auf einen Haufen für sich geworfen werden.

§ 466. Das Jäten der Kämpe wird wiederholt, so oft sich das Bedürfnis zeigt, und ist eine um so leichtere Arbeit, je häufiger es geschieht. Auf der anderen Seite rentiert es sich nicht, für eine Arbeit von 2 bis 3 Stunden Tagelöhner anzustellen; es empfiehlt sich deshalb, die Reinhaltung der Beete in Accord zu vergeben; die Accordanten haben dann ein Interesse daran, kein Unkraut aufkommen zu lassen, so daß die Beete viel reiner gehalten werden, als dieses bei Taglohnarbeit möglich ist.

Die letzte Jätung hat Ende August oder Anfang September stattzufinden, damit sich der Boden vor Eintritt des Frostes wieder setzen kann, und auch diese hat sich bei einigermaßen leicht auffrierendem Boden auf das Ausschneiden des Unkrautes zu beschränken. Jede Lockerung des Bodens in dieser Jahreszeit begünstigt das Auffrieren desselben im Winter und ist deshalb in Beeten, welche mit dem Ausfrieren ausgesetzten Pflänzlingen besetzt sind, verwerflich.

Das Jäten hat sich in dem der Verwendung der Pflänzlinge vorhergehenden Jahre auch im Sommer auf das Ausschneiden hochstengeliger Unkräuter und das Ausziehen nicht perennierender Pflanzen zu beschränken, wo auf einem sehr losen Boden Ballenpflanzen erzogen werden sollen. Die im Kampe sich bildende Grasnarbe oder Widerthonmoosdecke, so schädlich sie sonst ist, und welche man deshalb unter anderen Verhältnissen nicht aufkommen lassen darf, hält die sonst zerfallenden Ballen zusammen.

§ 467. Ein Mittel, das Gedeihen der Sämlinge zu befördern, ist auch die Bodenlockerung zwischen den Pflanzenreihen während des Sommers. Sie erleichtert das Eindringen von Wasser und Luft in den Boden und erhöht dadurch die Thätigkeit desselben. Sie wird am zweckmäßigsten gleichzeitig mit der Jätung vorgenommen und mit ihr begonnen und beendet.

Sie geschieht mit dem in § 373 erwähnten Rillenzieher oder dem Rillenpfluge in der Weise, daß dieselben zwischen den Rillen mit einem leichten Drucke hin- und herbewegt werden; beim Gebrauche des Gartenhäckchens werden die Zwischenrillen auch wohl gehäckelt, was sich namentlich auf schwerem Boden empfiehlt. Bei dem Gebrauche des Rillenziehers, des Rillenpflugs und des etwas breiteren und schwereren, aber sonst ähnlich konstruierten s. g. bayerischen Handpfluges werden die Reihen der Sämlinge gleichzeitig etwas angehäufelt, indem sich die von dem Instrumente in der Mitte des Zwischenstreifens ausgerissene Erde rechts und links an die Pflanzenreihen anlegt. Bei sehr kleinen Pflanzen muß man sich deshalb in acht nehmen, daß dabei des Guten nicht zu viel geschieht und die Erde sich nicht unmittelbar an die Pflänzlinge anlegt, sondern zu beiden Seiten derselben einen kleinen Wall bildet. Nur wenn durch zu spätes Abdecken der Saaten die Stengel etwas zu lang geworden sind, empfiehlt es sich, die Erde dicht an die Pflanzenreihen anzudrücken, wenn man in diesem Falle nicht vorzieht, lockere und trockene Erde über die Beete so weit einzusieben, daß die Sämlinge einen festeren Stand erhalten. Es geschieht das mit Vorteil auch bei der letzten Lockerung Ende August, Anfang September, wenn man es mit einem leicht auffrierenden Boden zu thun hat. Die Pflanzen kommen dann tiefer in den Boden und frieren weniger leicht ganz aus.

§. 468. Überhaupt ist, wo der Boden Neigung zum Auffrieren zeigt, bei allen anfangs flach bewurzelten Holzarten auf die Beseitigung dieser Gefahr vor Eintritt der ersten Fröste namentlich im ersten Winter nach der Saat sorgfältig zu achten. Es sind deshalb in solchen Fällen die Zwischenräume zwischen den Pflanzenreihen vor Eintritt des Winters sorgfältig mit Moos und sonstigen sich fest auflegenden Wärmeleitern auszufüttern. Auch das Einlegen von Holzscheiten oder Rasenplaggen zwischen die Rillen, überhaupt die Belastung der Zwischenriefen erschwert das Auffrieren derselben.

Diese Zwischenlagen werden, wenn die Frostgefahr vorüber ist, entfernt, weil sie der Bodenlockerung hinderlich sind.

§ 469. Sind trotz aller Vorsichtsmaßregeln Pflänzlinge ausgefroren, so müssen die ganz ausgefrorenen, ehe die Wurzeln trocken geworden sind, gesammelt und sorgfältig zur Verwendung im Frühjahre eingeschlagen werden. Nur teilweise ausgefrorene, d. h. mit den Wurzelenden noch im Boden haftende dagegen sind aufzurichten und durch Anhäufeln senkrecht zu stellen. Reicht dazu die zwischen den Rillen vorhandene Erde nicht aus, so ist Erde, am besten Komposterde, bis zur erforderlichen Höhe aufzufüllen. Das an vielen Orten übliche Andrücken halb ausgefrorener Pflänzlinge ist, wenn es nicht ganz besonders sorgfältig geschieht, unbedingt zu verwerfen. Die Wurzeln werden dabei, weil ihre Spitzen im Boden feststecken, fast immer in schädlicher Weise verbogen.

Wo der Boden sehr frisch oder gar feucht ist, ist es nicht rätlich, Waldhumus, welcher bekanntlich besonders leicht ausfriert, zur Düngung zu verwenden; ebensowenig empfiehlt sich bei solchen Kämpen die Verwendung von Torf zur Kompostbereitung.

Von vornherein tief wurzelnden Pflänzlingen ist das Auffrieren nur in sofern gefährlich, als dadurch manchmal die oberen Faserwurzeln abgerissen werden.

Gegen das von Theodor Hartig beobachtete Zerquetschen des Cambiums der jungen Pflanzen durch Starrfrost (§ 13) dürfte ein reichliches das feste Gefrieren des Bodens hinderndes Bedecken der Kämpe Schutz gewähren.

§. 470. Eine unter Umständen sehr nützliche Arbeit in den Saatkämpen ist die Lichtung zu dicht ausgefallener Saaten. In solchen erwachsene Pflänzlinge werden schwächlich und sind zur Pflanzung ins Freie sowohl, wie zum Verschulen wenig geeignet. Wo sich dieser Übelstand zeigt, muß frühzeitig geholfen werden.

Zu dem Ende werden nach einem reichlichen Regen, wenn der Boden gründlich aufgeweicht ist, am besten gleichzeitig mit dem ersten oder zweiten Jäten die überzähligen Pflänzlinge mit der Hand ausgerupft oder bei sehr bindendem Boden mit der Schere abgeschnitten. Man wählt dazu, wenn ein Unterschied in der Entwickelung noch nicht bemerkbar ist, unter Schonung der Randpflanzen die in der Mitte der Rille stehenden, als diejenigen, bei welchen sich der Nachteil zu gedrängten Standes am ehesten geltend macht, andernfalls die Schwächlinge. Um die stehen bleibenden Pflanzen nicht unnötig zu lockern, empfiehlt es sich bei etwas bindendem Boden, den einen Fuß hart an die Pflanzenreihe zu stellen und dieselbe so im Boden festzuhalten.

Diese Manipulation ist besonders da notwendig, wo die Sämlinge mehrere Jahre unverschult stehen bleiben und erst als zweijährige oder dreijährige Pflanzen Verwendung finden. Bei Holzarten, welche wie die Fichte teils als einjährige Pflänzlinge verschult, teils zu zwei- und dreijährigen Saatpflanzen stehen gelassen werden, muß dieselbe unter Umständen im zweiten und dritten Jahre wiederholt werden. Es geschieht das sowie feststeht, daß sie noch ein Jahr stehen zu bleiben haben, also im Frühjahre nach Beendigung des Pflanz- und Verschulungsgeschäftes gleichzeitig mit der ersten Jätung.

Die ausgerupften Pflänzlinge zur Verschulung zu verwenden oder die Rillen durch Ausrupfen des Verschulungsmaterials zu lichten, erscheint nur bei ganz gleicher Entwickelung der Sämlinge und auch da nur dann zulässig, wenn der Boden ganz besonders locker ist, so daß man die Pflänzchen bei nassem Wetter ganz unbeschädigt mit vollständigen Saugwurzeln herausbringt. Im allgemeinen bleiben beim Ausziehen die für das Anwachsen der Pflanzen besonders wichtigen Wurzelspitzen im Boden.

13. Düngen der Saatbeete.

§ 471. Die fortgesetzte Benutzung der Forstgärten setzt eine regelmäßige Düngung derselben voraus. Man benutzt dazu die in den §§ 283 bis 290 angegebenen Düngemittel in der dort geschilderten Weise.

Die Notwendigkeit derselben muß bereits bei der ersten Anlage der Gärten insbesondere bei der Auswahl ihres Platzes im Auge behalten werden. Auch darf nicht übersehen werden, daß alle nicht rein mineralischen Dünger erst nach längerem Liegen, bezw. Gären und Faulen brauchbar werden. Es gilt das insbesondere von den im Walde gebräuchlichsten Düngemitteln, der Komposterde und der Rasenasche.

Ein aufmerksamer Wirtschafter legt daher bei jedem ständigen Kampe gleichzeitig mit dessen Rodung einen Komposthaufen an, welchem alles einverleibt wird, was zersetzt düngt, insbesondere also die abgeschürften Bodenüberzüge, soweit sie nicht zu Rasenasche gebrannt und sofort verwandt wurden, die Asche der verbrannten Wurzeln, das später ausgejätete Unkraut, soweit es keine ausschlagenden Wurzeln und keinen reifen Samen enthält, die als überzählig ausgerupften und die als unbrauchbar weggeworfenen Pflanzen, der von mit gutem Material überschotterten Straßen abgezogene Kot, die zur Deckung benutzten Farrenkräuter und Ginster.

§. 472. Von ganz besonderer Wichtigkeit erscheint aber in allen Böden die Mischung des Kompostes mit Kalisalzen und Phosphaten und in allen nicht sehr kalkhaltigen Böden außerdem mit gebranntem Kalk, nachdem die chemische Analyse einen sehr großen Verbrauch der Grundstoffe dieser Düngemittel durch die Massenerziehung junger Pflanzen nachgewiesen hat. Insbesondere ist der Kalkverbrauch junger Fichten im ersten Jahre ein sehr großer.

In Forstgärten muß daher der Art der Komposterzeugung besondere Sorgfalt gewidmet und bei Bereitung desselben auf vollen Ersatz der erwähnten Pflanzennährstoffe geachtet werden. Man mischt mit anderen Worten den Komposthäufen nicht allein den in jeder Hinsicht nützlichen gebrannten Kalk, sondern auch Phosphate und Kalisalze bei. Während aber der erstere, welcher um den Preis von 15 bis 25 M. pro cbm überall zu haben ist, und der Gaskalk, welcher manchmal ganz unentgeltlich abgegeben wird, jedem neuen Komposthaufen zweckmäßig in großer Menge, bis zu 0,06 dem Volumen nach, beigemischt wird, zwingt der hohe Preis der Kalisalze und Phosphate dazu, dieselben nur nach Maßgabe des wirklichen Verbrauchs den Komposthäufen einzuverleiben, wozu je 50 bis 75 kg pro Jahr und pro ha Kampfläche je nach der Art der verwendeteten Dünger genügen dürften.

Kämpe, in welche wir zehn Jahre lang bei jeder Bestellung zur Saat zwei, zum Verschulen drei bis vier cbm mit 0,05 bis 0,07 Kalk gemischten garen Kompostes pro Ar verwendeten und bei jeder dritten Bestellung mit 1,5 bis 2,25 kg Staßfurter Abraumsalz und ebenso viel aufgeschlossenem Knochenmehl überstreuten, haben nicht allein ihre Fruchtbarkeit bewahrt, sondern es sind gerade die ärmeren, z. B. Vogesensandsteinböden entschieden kräftiger geworden, obwohl Pflanzen jeder Art und jeden Alters auf denselben erzogen worden sind. Wo den Komposthäufen viel Farrenkraut oder viel Holzasche einverleibt werden konnte, und selbst da, wo viel Straßenkot von mit feldspatreichen Gesteinen überschotterten Straßen zur Verfügung stand, zeigte sich die Düngung mit Kalisalzen bei reichlicher Kalkmischung ganz entbehrlich.

Da nun der Mengedünger namentlich bei der Verwendung von Gaskalk zwei Jahre nötig hat, um vollständig gar zu werden, so sind an jedem Forstgarten zwei Komposthaufen bereit zu halten, deren jeder für je 1 Ar in dem betreffenden Jahre neu durch Saat zu bestellender Fläche mindestens 2, für jedes Ar Schulfläche 3 bis 4 cbm zu enthalten hat. An einem 12 a großen Forstgarten, von welchem alljährlich 4 a zur Zucht von Jährlingen und 4 a zum Verschulen 2 Jahre in der Pflanzschule stehender Pflänzlinge verwendet werden, müssen demnach stets 2 4 + 3 4 = 20 cbm frischen und ebenso viel alten Kompostes vorhanden sein, wenn nicht abwechselnd auch mit Holz- und Rasenasche oder Mineraldüngern gedüngt zu werden pflegt.

§ 473. In den Kämpen ausschließlich Rasenasche oder sonstige konzentrierte Dünger zu verwenden, halten wir nicht für ratsam. Sie verbessern den Boden nur chemisch, nicht aber physikalisch. Außerdem wird durch die Entnahme der Pflänzlinge und das Jäten des Unkrautes immer etwas Erde mitgenommen, so daß namentlich wo hie und da Ballenpflanzen geholt werden das Niveau der Kampoberfläche immer niedriger wird und immer mehr Roherde auf die Oberfläche gelangt.

Die ausschließliche Anwendung dieser Düngemittel können wir nur als Notbehelf betrachten, zu welcher wir nur greifen, wenn versäumt wurde, rechtzeitig Komposthaufen anzulegen, oder wenn die zur Herstellung derselben nötigen Materialien so weit hergeholt werden müssen, daß die regelmäßige Düngung damit zu teuer kommt. Aber auch da scheint es uns notwendig, wenigstens von Zeit zu Zeit, mit Kompost zu düngen und, wenn das nicht möglich ist, zur Gründüngung, zu welcher wir auch das Untergraben unverwendbarer Nadelholzpflanzen rechnen, zu greifen.

Die hie und da übliche Düngung der Kämpe mit mildem Waldhumus halten wir nur unter der in § 290 angeführten Voraussetzung und auch da nur in trockenen, dem Ausfrieren nicht ausgesetzten Lagen für zulässig. Ihn in frischen Lagen für Kämpe zu verwenden, in welchen dem Auffrieren ausgesetzte Holzarten als Sämlinge erzogen werden sollen, ist ein unbedingter Fehler.

§. 474. Bei der Düngung wird das Düngemittel in der Regel vor dem zweiten Umgraben der Beete gleichmäßig über dieselbe ausgestreut und dann untergegraben; außerdem werden die Saatrinnen damit ausgefüllt. Konzentrierte Dünger sät man außerdem wohl auch, um eine vollständigere Mischung zu bewirken, in die beim Umgraben entstehenden Rinnen auf die schiefe Fläche der gelockerten Seite oder streut sie, soweit sie löslich sind, nach dem Umgraben auf die bearbeitete Fläche. Letzteres Verfahren empfiehlt sich indessen im allgemeinen nur bei Vollsaaten, bei Rillensaaten kommen die Düngemittel weniger den Holzpflanzen, als den oberflächlich wurzelnden Unkräutern zu gute. Wo vorhandene Saaten infolge mangelnder Bodennahrung kümmern, ist man indessen manchmal zur Obenaufdüngung mit löslichen Düngmitteln gezwungen; aber auch da thut man besser, zwischen den Rillen mit dem Rillenzieher oder dem Gartenhäckchen eine kleine Furche zu ziehen, den Dünger hineinzustreuen und wieder zu decken oder ihn in Wasser aufzulösen und die Lösung in diese Furchen zu gießen. Vor allzu starker Düngung hat man sich aber in den Kämpen zu hüten. Die Pflänzlinge wachsen auf zu stark gedüngten Beeten bei dichtem Stande geil in die Höhe, ohne sich tragen zu können, und bilden deshalb ein schlechtes Pflanzmaterial.

14. Verschulen der Saatpflanzen.

§ 475. Das **Verschulen** oder **Umlegen** der Pflanzen in den Kämpen wird, wie bereits erwähnt, notwendig, wenn dieselben über die Zeit, in welcher sich ihre Wurzeln in der Weise der Schlagpflanzen auszudehnen pflegen, hinaus in den Kämpen stehen bleiben sollen. Dasselbe hat den Zweck, einerseits zu dicht stehenden Pflanzen bis zur Verwendung ins Freie den nötigen Wachsraum zur normalen Entwickelung ihrer oberirdischen Teile zu geben, anderseits aber durch den Wechsel in der Lage der Wurzeln zu verhüten, daß sich eine besonders gut ernährte Wurzel auf Kosten der übrigen unverhältnismäßig verlängere; bei Holzarten, welche wie Eiche, Kastanie, Roßkastanie frühzeitig eine Pfahlwurzel treiben, beabsichtigt man durch Kürzen derselben beim Verschulen außerdem die übermäßige Entwickelung derselben aufzuhalten und die Bildung von Seitenwurzeln zu begünstigen und dadurch die Verpflanzung ins Freie zu erleichtern. Es ist heute allenthalben in Übung, wo der Standort oder die Eigenart der Holzart nicht eine sehr frühzeitige Verpflanzung ins Freie gestatten.

§ 476. Inbezug auf das Alter, in welchem die Verschulung stattfindet ist als Regel angenommen, daß dieselbe bei allen nicht besonders rasch sich entwickelnden Holzarten mindestens zwei Jahre vor der Verwendung ins Freie stattzufinden hat und bei manchen Holzarten drei Jahre vor derselben stattfinden kann.

Im ersten Jahre nach der Verschulung kümmern die meisten Pflanzen mehr oder weniger; sie verwenden ihre Kraft zur Bildung neuer Wurzelknospen und treiben erst im 2. Jahre an Wurzel und Stamm normal aus. Im dritten macht sich dagegen der Vorteil des günstigen Standes im Kampe voll geltend. Alle zu einer raschen Entwicklung geneigten Holzarten entwickeln sich in diesem Alter nach allen Richtungen auffallend stark.

Bei allen nicht sehr leicht anwachsenden Holzarten, besonders aber bei denjenigen, welche ein Beschneiden der Wurzeln nicht sehr gut ertragen, ist das aber ein Hindernis bei der Pflanzung.

Da nun nach den in § 391 bis 393 ausgesprochenen Grundsätzen jede Holzart in der Regel so jung, als mit Rücksicht auf die ihr an ihrem künftigen Standorte drohenden Gefahren möglich, verpflanzt wird, so ist es klar, daß auch das Verschulungsalter auf gleichem Standorte bei verschiedenen Holzarten und bei gleicher Holzart auf verschiedenem Standorte verschieden ist.

§ 477. Im allgemeinen kann man indessen sagen, daß als Jährlinge und zweijährige Pflanzen ins Freie kommende Pflänzlinge in der Regel gar nicht, als 3jährige zu verpflanzende immer als Jährlinge, als 4jährige zu versetzende als 2jährige, als 5jährige hinauskommende dagegen entweder 2 mal als 1 und 3jährige oder einmal als 2 oder 3jährige Pflanzen verschult werden, während bei allen mehr als 5jährig zu verpflanzenden die zwei- und nötigenfalls mehrmalige Verschulung Regel ist.

Bei Holzarten, bei welchen die Verschulung hauptsächlich den Zweck hat, die Entwickelung der Pfahlwurzel aufzuhalten, die aber sonst leicht zu verpflanzen sind, begnügt man sich wohl auch bei älteren Pflanzen mit einmaliger Verschulung, sucht dann aber durch frühzeitiges Abstechen der Pfahlwurzel im Saatbeete das erstmalige Umlegen zu ersetzen.

Auch Keimlinge werden nicht selten verschult. Es geschieht das dann aber weniger in der Absicht, ihre Entwicklung zu fördern, als zu dem Zwecke, an Orten an welchen sie sich nicht halten können, gekeimte Wildlinge zur Pflanzenzucht zu benutzen und so die Kosten der Erziehung derselben in Saatbeeten zu ersparen. Bei Holzarten, welche in Samenjahren in Massen beisammenstehenden Aufschlag liefern, z. B. bei Buche und Hainbuche, ist dieses Verschulen von Keimlingen sehr gebräuchlich.

§ 478. Was die Jahreszeit betrifft, in welcher die Verschulung stattfindet, so ist die Frühjahrsverschulung Regel und man verschult nur ausnahmsweise frühzeitig austreibende Laubhölzer im Herbste, die als Keimlinge zu verschulenden natürlich im Sommer. Bei der Frühjahrsverschulung selbst bringt es der Umstand, daß die Pflänzlinge meist in eben geleerte Beete kommen, mit sich, daß sie erst nach den Pflanzungen ins Freie zur Ausführung kommt. Es hat das namentlich bei den Nadelhölzern selbst dann keinen Nachteil, wenn die Pflanzen bis dahin schon etwas ausgetrieben haben sollten.

§ 479. Das Ausheben der Pflänzlinge aus dem Saatkampe geschieht in der in den §§ 401 bis 403 geschilderten Weise.

Ein Beschneiden der oberirdischen Teile derselben findet bei der erstmaligen Verschulung, vom Wegschneiden zweiter Gipfeltriebe abgesehen, im allgemeinen nicht statt; dagegen werden bei denselben Wurzeln, welche vermöge ihrer Länge der Verschulung und später der Verpflanzung hinderlich sind, so weit als nötig gestutzt. Bei kleinen Pflänzlingen mit lauter dünnen Wurzeln geschieht das zweckmäßig summarisch, indem man sie in kleinen Bündelchen, die Grenze von Wurzel und Stengel in gleicher Höhe, zusammenfaßt und die über das zweckmäßig scheinende Maß hinausragenden Wurzeln mit einer guten gewöhnlichen Schere abschneidet oder auf einem untergelegten Hackklotze mit scharfer Axt oder Hippe abhaut.

Bei Pflanzen mit dickeren Wurzeln, namentlich aber bei solchen mit starker Pfahlwurzel und demgemäß ungleich entwickelten Seitenwurzeln ist diese Art der Behandlung in der Regel nicht thunlich. Es muß dann jede Pflanze für sich vorgenommen und je nach ihrer Bewurzelung beschnitten werden. Es ist dabei immer im Auge zu behalten, daß eine möglichst starke Kürzung der Pfahlwurzel an sich erwünscht ist, weil es die spätere Verpflanzung ins Freie erleichtert, daß aber oberhalb der Schnittfläche eine größere Anzahl von Faserwurzeln vorhanden sein muß, wenn die Pflanze mit Sicherheit anwachsen und die beabsichtigte dichte Bewurzelung in der Nähe des Wurzelhalses erreichen soll. Wird zu viel von der Pfahlwurzel hinweggenommen, so wächst die Pflanze nicht leicht an oder treibt wenige sich bald zu neuen Pfahlwurzeln ausbildende Seitenwurzeln.

Beim Beschneiden der Wurzeln solcher Pflänzlinge nimmt man einige wenige derselben in die linke Hand und kürzt mit der Rechten die zu langen Wurzeln derselben entweder mit einer gut schneidenden Baumschere in freier Haltung oder mit einem sehr scharfen Beile auf einem untergelegten Hackklotze.

Bei dem zweitmaligen Verschulen starker Pflänzlinge findet dagegen bei allen Holzarten, welche das Beschneiden gut ertragen, also bei den Laubhölzern und der Lärche, nicht aber bei den übrigen Nadelhölzern ein Beschneiden nicht allein der Wurzeln, sondern auch der oberirdischen Stammteile statt. Dieselbe beschränkt sich indessen, wenn die Pflanzen bereits vorher in zweckmäßiger Weise beschnitten worden sind, auf das Einstutzen übermäßig langer Äste und Wurzeln und die Entfernung von Mißbildungen (Gabelwüchse und dergleichen) und unverholzt gebliebener oder beschädigter Zweige.

Wo die Stämmchen im Kampe nicht gehörig beschnitten worden sind, wird das bei der Verschulung nachgeholt und dabei nach den in § 494 bis 497 gegebenen Grundsätzen verfahren.

§ 480. Bei der Verschulung hat eine **sorgfältige Auswahl der Pflänzlinge** stattzufinden. Das Verschulen von Schwächlingen erscheint in keiner Weise rätlich, wenn es auch noch nicht zweifellos erwiesen ist, daß etwa infolge allzu dichten Standes und daraus folgender schlechter Ernährung im Kampe schlecht entwickelte Pflanzen sich nicht mehr erholen und normal entwickeln können.

Jedenfalls bieten von vornherein kräftig entwickelte Pflanzen eher eine Garantie gedeihlicher Fortentwickelung als im Wuchse zurückgebliebene, deren schlechter Zustand eben so wohl von Erbfehlern, wie von schlechter Ernährung herrühren kann.

Nur bei Holzarten mit sehr teurem Samen läßt sich die Verwendung nicht ganz fehlerloser Pflanzen rechtfertigen; bei allen anderen thut man besser, gleich bei der Anlage der Saatbeete darauf Rücksicht zu nehmen, daß ein gewisser Prozentsatz von Pflänzlingen wegen ungenügender Entwickelung unverwendet bleiben muß.

§ 481. Der Abstand der Pflänzlinge im Pflanzkampe richtet sich

1. nach der Zeit, während welcher sie in demselben verbleiben und
2. nach der Ausdehnung, welche bis dahin ihre Wurzeln und Zweige nach der Eigenart der betreffenden Holzart annehmen werden.

Derselbe muß so bemessen werden, daß

1. die Pflänzlinge s. Z. ohne Beschädigung ihrer Wurzeln ausgehoben werden können, daß die letzteren also bis dahin die Stellen noch nicht erreicht haben, an welchen beim Ausheben der Spaten angesetzt werden muß und
2. daß die Zweige erst im letzten Jahre vor der Herausnahme der Pflänzlinge sich kreuzen.

Nach der Ausdehnung der Wurzel richtet sich der Abstand der Pflanzreihen, nach dem Raumbedürfnis der (stehen bleibenden) Zweige derjenige der Pflanzen in den Reihen. Der Reihenabstand muß etwas größer sein als der Durchmesser des Kreises, in welchem sich die Wurzeln im Jahre der Verpflanzung ins Freie verbreiten, der Abstand in den Reihen etwas größer als der Durchmesser der Kronenausdehnung im Frühjahre vor derselben.

Diese Durchmesser sind nun bei den verschiedenen Holzarten in den gleichen Lebensaltern außerordentlich verschieden. Während in der Jugend sehr langsam wachsende Holzarten, z. B. Tanne und Fichte, erfahrungsgemäß in Pflanzbeeten bei 12 cm Reihen- und 8 cm Pflanzenabstand bis zum 3. und 4. Lebesjahre ausreichend Platz finden, fühlen sich andere, z. B. Eiche, Birke, bei doppelter Distanz schon zu beengt.

§ 482. Im allgemeinen dürfte jedoch als Regel angenommen werden, daß der Reihenabstand größer anzunehmen ist, als die Entfernung der Pflanzen in den Reihen und daß man, wenn der Raum knapp ist, lieber die letztere, als den ersteren vermindert. Wachsen im letzten Jahre vor dem Ausheben die Wurzeln der Pflänzlinge der einen Reihe zwischen diejenigen der andern, so kann es nicht ausbleiben, daß beim Einstechen des Spatens in der Mitte zwischen beiden Reihen die Wurzeln beider Reihen beschädigt werden: dagegen lassen sich die in einander gewachsenen Wurzeln und Zweige der Pflanzen derselben Reihe, weil der Spaten zwischen ihnen nicht eingestochen wird, leicht unbeschädigt lösen. Nur darf der Abstand in den Reihen nicht so knapp bemessen werden, daß die letzten Triebe der Zweige sich nicht ungehindert entwickeln können und daß dadurch die Pflanze zu einer unverhältnismäßigen Entwickelung der Höhentriebe auf Kosten der Zweige gezwungen wird

Der quadratische Verband erscheint in der Pflanzschule nur dann angezeigt, wenn es sich um das Verschulen von Pflänzlingen handelt, welche bereits in das Alter eingerückt sind, in welchem der Durchmesser der Kronen denjenigen des Wurzelsystems übersteigt, also bei der zweiten Verschulung von Holzarten, deren Wurzeln sich mehr in die Tiefe, als in die Breite ausdehnen.

§ 483. Als zweckmäßige Abstände bei der Verschulung haben sich auf Böden mittlerer Güte folgende bewährt:

	Bei der Verwendung:											
	als Kleinlohde			als Lohde			als Halbheister			als Heister		
	Alter bei der Verschulung. Jahre.	Reihenabstand cm	Abstand in den Reihen cm	Alter bei der Verschulung. Jahre.	Reihenabstand cm	Abstand in den Reihen cm	Alter bei der Verschulung. Jahre.	Reihenabstand cm	Abstand in den Reihen cm	Alter bei der 2. Verschulung. Jahre.	Reihenabstand cm	Abstand in den Reihen cm
Eiche	—	—	—	1 bis 2	35	30	3 bis 4	40	35	6 bis 8	60	60
Buche	—	—	—	2	30	20	—	—	—	—	—	—
Roterle	1	15	12	—	—	—	—	—	—	—	—	—
Ulme, Esche und Ahorn	—	—	—	1	15	15	2	30	30	4	60	60
Birke	1	12	8	—	—	—	—	—	—	—	—	—
Kiefer	1	12	10	1	25	20	—	—	—	—	—	—
Fichte	1	12	8	2	15	10	—	—	—	—	—	—
Tanne	2	12	8	2	15	10	—	—	—	—	—	—
Lärche	1	15	10	1	20	15	2	30	30	2	50	50
Weymouthskiefer	1	15	10	2	20	15	—	—	—	—	—	—
Kastanie	—	—	—	1	20	20	3	30	30	—	—	—

§ 484. Zur Verschulung werden die Kämpe in derselben Weise hergerichtet, wie zur Saat, nur daß die Einteilung in Beete entbehrlich wird, wenn der Reihenabstand so groß genommen werden muß, daß man die Zwischenstreifen ohne Beschädigung der Pflänzlinge betreten kann, also über etwa 25 cm beträgt. Bei geringerem Abstande sind die Beete zur Pflege der Kämpe unerläßlich. Die Pflanzenreihen laufen dann bei der Verschulung in Einzellöcher oder in mit dem Spaten gestochene Pflanzgräbchen zweckmäßig parallel mit den schmalen Seiten der Beete, welche so leichter gereinigt und gepflegt werden können. Bei der Verschulung mit Pflanzlatte und Rillenpflug muß man auf diesen Vorzug verzichten. Auf geneigtem Terrain legt man deshalb die Beete in ersterem Falle so, daß die Pfäde bergab, im zweiten so, daß sie horizontal verlaufen. Im letzteren Falle werden sie erst bei der Arbeit der Verschulung selbst angelegt.

Die Düngung erfolgt beim Verschulen am besten nicht vor, sondern während der Arbeit in der Weise, daß man die Düngemittel durch Einstreuen in die zum Zwecke der Verschulung hergestellten Löcher und Gräbchen einstreut, wie das in den folgenden Paragraphen beschrieben werden wird.

Die Bearbeitung des Bodens erfolgt zweckmäßig vor dem Verschulen, wenn derselbe locker ist und sich nach derselben setzt, kann aber bei schwererem Boden auch während desselben stattfinden.

Auf lockerem Boden ist es nötig, um ein ungleiches Zusammendrücken desselben zu verhindern, den auf der gelockerten Beetfläche beschäftigten Arbeitern Bretter unterzulegen, auf welchen sie sich, so lange sie in den Beeten beschäftigt sind, ausschließlich bewegen, und welche sie mit dem Fortgange der Arbeit rückwärts fortrücken.

Bei der Lockerung während des Verschulungsgeschäftes wird dagegen immer nur ein Streifen der zu benutzenden Beete umgestochen und geebnet, welcher gerade breit genug ist, eine Pflanzreihe aufzunehmen.

§ 485. Das Verschulen selbst geschieht in verschiedener Weise, je nach der Größe der umzulegenden Pflanzen.

Bei ganz kleinen Pflanzen bedient man sich dazu, wo das Geschäft nur in geringem Umfange stattfindet, wohl hier und da des in den Gärten zum Setzen des Salats gebräuchlichen Setzholzes oder Setzpfahles oder irgend eines anderen kurzstieligen Instruments der Klemmpflanzung oder eines in den gewählten Abständen mit Zapfen versehenen Zapfenbrettes, indem man damit in dem beabsichtigten Abstande für jede Pflanze ein besonderes Loch in die gelockerte und durch Plätten wieder geglättete Erde einsticht, die zu verschulende Pflanze senkrecht in dieselbe hineinhebt, sodaß sie bei sehr lockerem Boden etwas tiefer, sonst ebenso tief als bisher zu stehen kommt und dann neben der Pflanze ein zweites Loch in schiefer Richtung sticht und die zwischen dem ersten und zweiten liegenden Erde in das erste Loch drückt.

Diese Art der Verschulung erfordert indessen große Aufmerksamkeit, damit die Wurzeln nicht krummgebogen werden. Es empfiehlt sich deshalb die Löcher etwas weit zu machen und die Wurzeln der Pflänzlinge, damit sie nicht an den Wänden des Loches hängen bleiben, etwas durch leichtes Anschlämmen und Bestäuben mit leichter Erde zu belasten.

§ 486. Bei der Verschulung mit dem Setzholze knieen die dabei ausschließlich verwendeten Arbeiterinnen, Front gegen die Pflanzenreihe, in der Mitte der Beete, und zwar, wenn die ganze Fläche vorher bearbeitet wurde, auf zwei hart neben einander liegenden Brettern von der Beetbreite als Länge und hinlänglicher Breite, um das Betreten der unbedeckten Teile des Beetes zu verhindern. Das vordere der Pflanzreihe zugewandte Brett wird dabei möglichst nahe an die Pflanzreihe geschoben, damit die Erde für die folgende während der Arbeit gehörig festgedrückt wird.

Die Verschulung von den Pfäden aus vorzunehmen, erscheint namentlich beim Gebrauche des Setzholzes und Zapfenbrettes nicht rätlich; der Abstand der Beetmitte von den Pfäden ist zu groß, als daß die Arbeiterinnen die dorthin kommenden Pflanzen ohne Unterstützung des Körpers richtig in das enge Loch setzen könnten.

§ 487. Wo der Verschulungstrieb ein ausgedehnterer ist und wo man deshalb seine Arbeiter nicht besonders auswählen kann, empfiehlt sich die Anwendung des Setzholzes auch bei kleinen Pflanzen und die Verschulung in Einzellöcher überhaupt nicht. Die Arbeit geht dabei zu langsam zu statten, die Abstände werden weniger genau eingehalten, viele Pflanzen kommen mit gebogenen Wurzeln in die Erde und die spezielle Düngung der Pflanzenreihe läßt sich nicht ohne besondere Mühe bewerkstelligen.

Man zieht es deshalb in solchen Fällen vor, für die Pflanzen statt einzelner Löcher gemeinschaftliche Gräbchen von der erforderlichen Tiefe zu machen, in dieselben die umzulegenden Pflänzlinge reihenweise in dem beabsichtigten Abstande einzulegen oder besser einzuhängen und dann durch Zuwerfen der Gräbchen zu bedecken.

Diese Arbeiten ohne Zuhilfenahme eigens dazu konstruierter Apparate vorzunehmen ist um so weniger anzuraten, als das unentbehrlichste derselben die Pflanz= oder Verschulungslatte sehr leicht zu beschaffen ist. Beim Umlegen kleiner Pflänzlinge ohne eine solche, etwa längs der Schnur, verlangt jede Pflanze inbezug auf Abstand und Pflanztiefe und Festdrücken eine ebenso individuelle Behandlung, wie bei dem Verschulen mit dem Steckholze, während bei Benutzung der Pflanzlatte diese selbst den Abstand und die Tiefe der Pflanzung reguliert.

§ 488. Die gewöhnliche Verschulungslatte besteht in ihrer ursprünglichen Form aus einem 4 bis 5 m langen, 3 cm starkem Brette, dessen Breite dem gewählten Reihenabstande gleich ist. Auf der einen Seite desselben sind in dem Abstande, welchen die Pflanzen in den Reihen erhalten sollen, 15 mm tiefe Einschnitte gemacht, welche gerade weit genug sind, um die verschulenden Pflänzlinge leicht einlegen zu können, aber doch enge genug, um sie einigermaßen festzuhalten (also je nach der Holzart und dem Alter der Pflanzen 5 bis 7 mm breit). Um die Pflanzlatte für verschiedene Holzarten benutzen zu können, versieht man sie wohl auch auf beiden Seiten mit Einschnitten verschiedenen Abstandes, z. B. auf der einen Seite von 8, auf der anderen von 12 cm.

Die in neuerer Zeit von v. Fischbach[1]) beschriebene Mutscheller'sche Pflanzlatte unterscheidet sich von derselben dadurch, daß die Einschnitte nicht in der Latte selbst, sondern in einem auf dem Rande der breiten Fläche aufgeleimten Leisten von 3 bis 4 cm Breite angebracht sind und daß über die Latte eine mit einer Spannvorrichtung versehene Schnur hinläuft, welche die Pflanzen festhält. Außerdem sind an beiden Enden dieser Latte Pfähle angebracht, welche bei horizontaler Lage ihre Verschiebung in horizontaler Richtung verhindern und die Latte festhalten, wenn sie auf die Kante gestellt wird.

§ 489. Die Pflanzlatte dient vor allem mit ihrer glatten Seite als Lineal zur Herstellung der Pflanzenrinne. Sie wird zu dem Ende parallel zu der oberen horizontal verlaufenden Kante des zur Verschulung bestimmten Feldes, die glatte Seite nach der zu ziehenden Rinne gerichtet; flach auf den Boden gelegt, bezw. durch Eindrücken der Pfähle flach auf den Boden gedrückt. Hierauf hebt der Arbeiter längs derselben entweder mit dem Spaten unter Überspringung der Pfäde einen Graben auf die Tiefe der Wurzellänge, mit einem Fuße auf der Latte stehend aus oder drückt ihn mit einem dreikantigen mit Stielen versehenen Holze ein oder aber er zieht ihn mit der Hacke, dem Rillenzieher oder einem eigens dazu konstruierten Rillenpfluge, in letzterem Falle immer über die ganze Breite des Feldes.

Dieser Rillenpflug besteht entweder aus einer doppelten Pflugschar von 10 bis 20 cm Höhe, 40 cm unterer und 30 cm oberer Länge und 15 cm Spannweite mit scharfer Schneide oder aus einer einfachen ähnlicher Dimension mit völlig glatter und ebener Rückseite. Derselbe ist bei beiden Arten an einem gekrümmten hölzernen Stiele befestigt, an welchem er von einem Arbeiter ge=

---

[1]) Allgem. Forst= und Jagdzeitung. S. 7.

halten und in den Boden gedrückt wird, während ein zweiter ihn mit einem an einem Haken befestigten Seile an der Kante der Pflanzlatte hinzieht.

Wir geben von all diesen Werkzeugen neben dem Spaten dem Schmidt'schen Rillenpfluge mit der glatten Rückseite namentlich vor dem Schmitt'schen[1]) mit zwei gleichen Seiten den Vorzug, weil er die zur Wiederausfüllung der Rinne nötige Erde nur nach einer Richtung, derjenigen der unbestellten Seite der Beete auswirft.

§ 490. Ist auf diese Weise die Pflanzrinne ausgehoben, so legt man die gewöhnliche Verschulungslatte auf die andere Seite, so daß die glatte Kante an dem Rande des Beetes, die innere mit Einschnitten versehene dagegen genau über dem Rande der Rinne, steht und hängt in die Einschnitte die zu verschulenden Pflänzchen ein, füllt dann die Rinne wieder mit der ausgeworfenen Erde und eventuell mit Kompost aus und drückt diese Erde dann fest, wozu man sich zweckmäßig eines besonderen hart an die Pflanzenreihe gelegten Trittbretts oder einer zweiten Pflanzlatte bedient, welche dann gleich als Lineal liegen bleiben kann. Bei Benutzung des Trittbrettes zieht man dann die Latte sorgfältig von der Pflanzenreihe hinweg, hebt sie heraus und legt sie auf der anderen Seite wieder, die glatte Seite nach außen, die andere nach der eben verschulten Pflanzreihe gerichtet, hart an diese an, zieht dann eine zweite Rinne längs der glatten Seite und fährt in dieser Weise fort. Die nötigen Pfäde stellt man bei Benutzung des Rillenpflugs dadurch her, daß, wenn die Pflanzreihen die Beetbreite erreicht haben, der Raum einer oder zweier Pflanzreihen freigelassen wird.

§ 491. In die Einschnitte der Mutscheller'schen Latte werden die Pflänzlinge nach dem Ziehen der Rinne einzeln so gelegt, daß der Wurzelhals mit der Brettkante abschneidet; dann wird die Schnur angespannt, die Latte mit den Pfählen hierauf aus dem Boden gezogen und an dem Rande der Rinne so auf die Kante gestellt, daß die Wurzeln in die Rinne hineinhängen. Die jetzt als Querhölzer dienenden Pfähle halten die Latten in dieser Lage fest. Die Bedeckung der Wurzeln mit Erde und die Hinwegnahme der Latte erfolgt in der oben beschriebenen Weise; nur versteht es sich von selbst, daß vor Abheben der Latte die Schnur gelöst werden muß.

Auch bei dieser Art der Verschulung müssen die Beete, solange und soweit die Arbeiter darauf zu gehen haben, mit Brettern belegt werden, wenn das Umspaten vor der Verschulung stattfand. Andernfalls wird nur so viel umgestochen, als zum Ziehen einer Rinne erforderlich ist. Man muß dann aber beim Umstechen vorsichtig darauf achten, daß namentlich kleine Pflanzen nicht mit Erde bedeckt oder beim Glattrechen ausgerissen werden.

§ 492. Stärkere Pflänzlinge bis zur Lohdenstärke werden in ähnlicher Weise verschult, nur daß man die Pflanzrinne breiter und tiefer und die Pflanzenabstände größer macht und zur Vermeidung von Wurzelverbiegungen die Verschulungslatte mit den Pflanzen nicht an den Rand, sondern über die Mitte der Rinne legt und die Rückseite hinter den Wurzeln nötigenfalls mit der Hand mit Erde ausfüllt. Man benützt deshalb zur Herstellung der Rinne vorzugsweise den Spaten, oder, aber nur bei leichtem Boden besonders

---

[1]) a. a. O. S. 56.

tiefgehende Handpflüge und bedient sich breiterer Bretter mit weiter von einander stehenden Einschnitten.

Infolge des größeren Pflanzenabstandes werden aber die Pfäde im Innern der Beete entbehrlich. Man hat deshalb nicht nötig, die in die künftigen Pfäde fallenden Pflanzreihen zu überspringen.

Halbheister und Heister dagegen werden in der gleichen Weise, wie wir das später bei der Pflanzung so starker Pflänzlinge ins Freie sehen werden, in den Kämpen verschult. Nur pflegt man auch hier, wo die für die einzelnen Pflanzen herzustellenden Löcher sich beinahe berühren, einen für eine ganze Pflanzenreihe ausreichenden Graben zu ziehen und die Ausfüllung desselben von der Seite her vorzunehmen. Sehr wertvolle Pflanzen begießt oder schlämmt man auch wohl während der Pflanzung, um die Zwischenräume zwischen den Wurzeln möglichst vollständig mit Erde auszufüllen und das Anwachsen zu erleichtern.

§ 493. Ein wichtiges Geschäft bei der Verschulung, namentlich von Kleinpflanzen ist, das Frischerhalten der Wurzeln. Die Pflänzlinge müssen zu dem Ende bis zum Gebrauche sorgfältig eingeschlagen und dürfen nur nach Maßgabe des Verbrauchs ausgehoben werden. Die Arbeiterinnen dürfen ferner nicht mehr Pflanzen aus der Erde nehmen, als sie in einem mitzuführenden zur Hälfte mit Wasser gefüllten Topfe unterbringen können. Manche Holzarten, insbesondere die Tanne sind in dieser Hinsicht außerordentlich empfindlich.

Gegen Spätfrost werden die Pflanzkämpe in ähnlicher Weise, wie die Saatbeete durch Bestecken und Beschirmen mit den Pflanzgittern, welch' letztere man entsprechend höher hängt, verwahrt. Gegen Trocknis pflegt man indessen im allgemeinen nur in dieser Hinsicht empfindliche Holzarten und auch diese nur im Jahre der Verschulung zu schützen.

Auch die Bodenlockerung muß in den Pflanzschulen von Zeit zu Zeit stattfinden. Man bedient sich dazu bei Kleinpflanzen derselben Instrumente wie in den Saatschulen, bei größeren, in weiterem Abstande verschulten der Hacke. Reinhalten des Bodens von Unkraut ist auch hier erforderlich. Wo die verschulten Pflanzen ausnahmsweise als Ballenpflanzen ins Freie versetzt werden, thut man indessen gut, die letzte Jätung im Juni vor der Pflanzung vorzunehmen.

§ 494. Eine namentlich bei der Heisterzucht hochwichtige Aufgabe des Pflanzenzüchters ist das Beschneiden der Pflänzlinge im Kampe. Dasselbe hat die Beseitigung von Mißwüchsen, die Beförderung eines geraden Wuchses und die Vermehrung des Längenwachstums ohne Beeinträchtigung des stufigen Wuchses der Pflanze zum Zwecke.

Es ist besonders bei denjenigen Holzarten von Wichtigkeit, welche Neigung zeigen, in dem freien Stande der Pflanzschule sich auf Kosten des Schaftes in die Zweige zu verbreiten, wie das z. B. bei der Stieleiche der Fall ist, sowie bei denjenigen, welche, wie die Ulmen, in dieser Stellung ihre Gipfel nicht gerade in die Höhe treiben.

Bei diesen Holzarten kann man sich nicht, wie bei den von Natur zur Bildung eines geraden Schaftes veranlagten Nadelhölzern, welche das Beschneiden überhaupt schlecht ertragen, und der Esche, dem Ahorn, der Traubeneiche, Kastanie und Erle darauf beschränken, zu Mißwuchs Veranlassung gebende Bildungen, wie Gabelwüchse hinwegzuschneiden und schlecht verholzte oder übermäßig lange Äste einzustutzen, sondern man muß die Pflanzen durch regelmäßiges Einstutzen der unteren Zweige förmlich zwingen, ihre Kraft zur Ausbildung des Schaftes zu verwenden und durch Wegschneiden der namentlich bei der Stieleiche besonders häufig erscheinenden überzähligen Gipfeltriebe manchmal die Bildung eines Schaftes erst ermöglichen.

§ 495. Im allgemeinen ist bei der Heisterzucht im Walde bei diesen Holzarten der Pyramidenschnitt der häufigste und zweckmäßigste. Das Erziehen in den unteren zwei Dritteilen der Höhe astloser Hochstämme in der Art der Obstbaumhochstämme kommt im Walde nur ausnahmsweise da vor, wo die Heister als Alleebäume gepflanzt werden sollen. Bei der Pflanzung in das Innere der Bestände liebt man diese Baumform nicht, weil wohl der Hochstamm, nicht aber die Pyramide eines Pfahles bedarf, dessen Anwendung im Walde im allgemeinen nicht thunlich ist.

Beim Pyramidenschnitte werden vor allem die längsten über die Grenzen der beabsichtigten Form der spitzen Pyramide hinausragenden Äste bis zu dieser Grenze gekürzt; außerdem werden dabei relativ starke Äste, wenn sie in der Verlängerung ausbiegender Krümmungen des Schaftes sitzen und infolge dessen den Saft an sich ziehen und, wie überall, bei Doppelwipfeln der schwächere Wipfel je nach Umständen glatt am Stamme oder in einiger Entfernung von demselben hinweggeschnitten.

Bei Holzarten, welche gerne spät Johannistriebe treiben, die häufig ungenügend verholzen, wie das z. B. bei der Stieleiche der Fall ist, wird es weiter oft nötig, diese Triebe bis etwas über einer kräftigen Seitenknospe an dem völlig verholzten Stammteile zurückzuschneiden und wo gerade aufstrebende Gipfeltriebe nicht vorhanden sind, möglichst hochangesetzte kräftige vom Schaft ausgehende Seitentriebe, nötigenfalls durch Anbinden an einen Pfahl, so aufzurichten, daß sie später den Schaft fortsetzen können. Der bisherige Gipfel muß dann gekürzt oder ganz weggeschnitten werden.

§ 496. Bei dem obstbaumartigen Schnitte, welchen jedoch die Buche und Lärche schlecht ertragen, werden dagegen die unteren Äste von unten anfangend allmählich durch scharfen Schnitt glatt am Stamme entfernt und durch gleichzeitiges Einstutzen stärkerer oberer Zweige Sorge getragen, daß der infolge dieser Behandlung auf den oberen Stammteil konzentrierte Saft nicht zur übermäßigen Ausdehnung der Zweige, sondern vorherrschend zur Verstärkung und Verlängerung des Schaftes verwendet wird.

Es ist aber dabei ganz besondere Vorsicht nötig. Viele Holzarten treiben, wenn bei dieser Art des Schnittes zu viel auf einmal hinweggenommen wird, so starke Kronen, daß der Schaft die Last derselben nicht tragen kann und sich umbiegt. Man beginnt daher bei den zu dieser Baumform bestimmten Pflänzlingen den Schnitt schon im Jahre nach der ersten Verschulung und wiederholt ihn mit Ausnahme des Jahres der zweiten Verschulung alljährlich, indem man jedesmal nur einige wenige Zweige hinwegnimmt.

§ 497. Alle Arbeiten des Beschneidens werden zweckmäßig in der Zeit der Saftruhe vorgenommen. Namentlich im Jahre der Verschulung selbst ist das Schneiden im Safte möglichst zu vermeiden.

Dagegen kann man durch rechtzeitiges Ausbrechen von Knospen und schwachen Trieben während des Sommers mancher Mißbildung, namentlich der von Doppelwipfeln vorbeugen. Ist z. B. bei Eschen oder Ahornen der Gipfeltrieb erfroren, so streben die später austreibenden beiden Seitenknospen, denselben zu ersetzen. Bricht man die eine und dann natürlich immer die schwächere gleich darauf aus, so hat man im Herbste nicht nötig, den entstandenen Trieb, zu dessen Bildung ein Teil der Nährstoffe verwendet ist, welcher sonst der anderen zu gute gekommen wäre, hinwegzuschneiden. Ebenso ist es bei der Stieleiche, welche oft mehrere gleich kräftige und außerdem eine Menge schwächerer Knospen um den Gipfel herum sitzen hat, möglich durch Ausbrechen aller stärkeren Knospen bis auf eine, die büschelförmige Verbreitung der Krone zu verhindern, welche gerade bei dieser Holzart so häufig lästig wird.

§ 498. Das in den großen Handelsgärtnereien bei den Laubhölzern vielfach übliche Abschneiden der Pflänzlinge im Winter nach der Verschulung zu dem Zwecke, um aus den erfolgenden Stockausschlägen den kräftigsten zum Hochstamm heranzuziehen, ein Verfahren, welches allerdings meist sehr gerade und im Stamme kräftige Pflanzen liefert, möchten wir im Walde, wo es darauf ankommt, sehr lange gesund bleibendes Holz zu erziehen, so lange, als nicht der Nachweis geliefert ist, daß es keine Stockfäule zur Folge hat, nicht empfehlen, am wenigsten, wenn die Schnittfläche zu groß ist, um gleich im ersten Jahre vollständig zu überwallen.

Trotzdem wird es sich nicht ganz umgehen lassen, wenn man zur Verschulung kein anderes Material zur Verfügung hat, als solches, welches man nach § 384 bei der Pflanzung ins Freie als Stummelpflanze verwenden müßte.

§ 499. In den Pflanzschulen müssen manchmal auch aus Stecklingen und Absenkern bewurzelte Pflänzlinge erzogen werden.

In ersterem Falle bedient man sich ausschließlich auf 30 bis 35 cm Länge beschnittener Setzreiser, kräftigen ein- bis dreijährigen Wasserreisern oder Stock- und Kopfausschlägen entnommen. Dieselben werden ganz in der Weise wie bewurzelte Pflanzen in der Art verschult, daß nur einige wenige Knospen aus der Erde hervorsehen. Nur legt man die Steckreiser absichtlich schief in den Boden, was man bei bewurzelten Pflanzen thunlichst vermeidet. Die erfolgenden Ausschläge werden im Herbste nach der Pflanzung bis auf einen hinweggeschnitten.

Die Erziehung von bewurzelten Pflanzen aus Absenkern ist bei den Handelsgärtnern vielfach üblich.

Nach Burckhardt[1]) ist das Verfahren bei der Ulme folgendes:

Zu Mutterstämmen werden Heister oder Halbheister gewählt, welche im Herbste auf lockeren 1 m tief rajolten Boden in 2,5 bis 3,5 m □ gepflanzt und dicht an der Erde abgeschnitten werden. Die erfolgenden Ausschläge biegt man im nächsten Herbste, nachdem sie die Blätter abgeworfen haben, vorsichtig nieder und legt sie in 30 cm tief ausgestochene Rinnen, welche dann unten mit Kompost und weiter mit der ausgehobenen Erde wieder gefüllt und fest angetreten werden. Die Zweigspitzen läßt man je nach Umständen 6 bis 30 cm lang hervorstehen und richtet sie einigermaßen empor. Haben die Ausschläge Seitenzweige, so

[1]) a. a. O. S. 179.

werden auch diese in gleicher Weise eingelegt; zur Gewinnung zahlreicher Pflänzlinge legt man überhaupt ab, was irgend möglich ist, schneidet aber die Ausschläge hinweg, welche zum Ablegen keinen Platz mehr finden, während neu erfolgende Stockausschläge stehen bleiben, um später abgelegt zu werden. Schon im folgenden Herbste, mithin nach einjährigem Liegen, werden die Ableger, welche sich inzwischen gut bewurzelt haben, vom Mutterstamme getrennt und ausgehoben.

Auf die Erhaltung vieler Faserwurzeln wird kein Gewicht gelegt; man schneidet den Ableger unten lieber so ab, daß das bewurzelte Ende einigermaßen die gerade Fortsetzung des Stammes bildet, und nur bei allzu schwacher Bewurzelung führt man den Schnitt mehr in der durch das Ablegen entstandenen Krümmung der neuen Wurzeln aus. Die so gewonnenen selbstständigen Pflanzen werden dann 12 bis 18 cm hoch über dem Wurzelknoten schräg abgeschnitten und auf das mit Kompost mäßig gedüngte, aber 45 cm tief riolte Pflanzfeld gebracht und hier in 45 cm Pflanzweite bei 60 cm Reihenweite flach eingeflanzt. Weiteres Verschulen findet nicht statt, dagegen werden die Pflänzlinge im folgenden Herbste abermals abgeschnitten und zwar jetzt dicht an der Erde, wobei nur etwa nachgepflanzte Stämmchen übergangen werden, um diese vor Überwachsen zu schützen. Im folgenden Frühling bleibt allein die beste Ausschlaglohde stehen, welche nun in 5 bis 6 Jahren zum starken Heister erwächst. Reinhalten der Pflanzschule bildet inzwischen die einzige Pflege. Beschneiden der Pflänzlinge findet vorläufig nicht statt, jedoch schneidet man den unteren Stammteil etwas auf, um zwischen den Reihen besser verkehren zu können.

15. Nebenanstalten der Forstgärten.

§ 500. In jedem größeren Forstgarten sind gedeckte Räumlichkeiten zur Aufbewahrung der Kulturwerkzeuge, Saat- und Pflanzgitter und dergleichen unbedingtes Erfordernis, wenn die Vorteile der Konzentration des Pflanzenzuchtgeschäftes voll ausgenutzt werden sollen. Das Hin- und Hertragen der Instrumente, namentlich aber der Transport der Saat- und Pflanzgitter, welche bei der Aufbewahrung im Freien nicht lange halten und sich, wenn sie nicht flach aufgelegt werden, leicht werfen, verursacht hohe Kosten, wo nicht für trockene und sichere Aufbewahrung gesorgt werden kann.

Eine einfache, zur Aufnahme der Kulturinstrumente und allenfalls einer Bank und eines einfachen Tisches, vielleicht auch eines kleinen eisernen Ofens hinreichend große verschließbare Holzhütte von 16 bis 25 qm Fläche mit geteerten Brettern oder Schindeln oder mit Eichen- oder Tannenborke bekleidet und damit gedeckt und vielleicht auf einem gemauerten Fundamente ruhend, mit daran angebauten offenen Schuppen dürfte den Bedürfnissen in der Regel entsprechen. Einige rings um die Wände angebrachte Bretter mit Einschnitten auch Art der alten Gewehrstände befördern die Möglichkeit, Ordnung zu halten.

§ 501. Nicht minder wünschenswert ist das Vorhandensein eines kleinen Wasserreservoirs im Forstgarten oder in dessen nächster Nähe. Um es herzustellen, genügt in der Ebene manchmal das Ausheben eines unter den tiefsten Grundwasserspiegel hinabreichenden Loches, während im Gebirge das Wasser häufig von auswärts beigeleitet und in einer nötigenfalls mit Lehm auszuschlagenden Grube, wohl auch in einem steinernen oder hölzernen Troge aufgefangen werden kann.

Ist beides nicht möglich, so rentiert es sich bei großen Forstgärten, bei nicht allzutiefem Grundwasserstande Brunnen abzuteufen; in kleinen kann der notwendige Wasservorrat dadurch verschafft werden, daß die Dachtraufen der Kamphütten und Schuppen mit einfachen Dachrinnen, aus ausgehöhlten gespaltenen Stangen oder zwei rechtwinklig auf einander genagelten schmalen Brettern hergestellt, versehen werden und das von ihnen ablaufende Wasser in Petroleumfässern aufgefangen wird, welche zur Verminderung der Verdunstung mit Deckeln versehen und teilweise in die Erde eingegraben werden.

§ 502. Förmliche Bewässerungsanstalten sind in den Saatschulen nur bei einigen wenigen sehr wasserbedürftigen Holzarten, z. B. bei der Erle im Gebrauche, wenn auch nicht verkannt werden kann, daß eine regelmäßige nicht übertriebene Befeuchtung der Pflanzen nur nützlich sein kann.

Wo es möglich ist, Wasser in einen Kamp so einzuleiten, daß es die Wege und Pfäde desselben überrieselt, ist es entschieden rätlich, von dieser Möglichkeit zur Zeit großer Trockenheit Gebrauch zu machen. Es müssen dann aber die Kämpe, bezw. die zu bewässernden Teile genau horizontal gelegt und ihre Wege und Pfäde soweit vertieft werden, daß durch die Stauung des Wassers in diesen die Beete selbst nicht überflutet, sondern nur durch Kapillarität von unten befeuchtet werden.

Als Stauvorrichtungen dienen einfache Stellbretter, welche in den Wegen von Rand zu Rand reichend das Wasser festhalten. Um die Pflanzen der bewässerten Beete nicht durch Nässe zu gefährden, ist es nötig, die Bewässerung nur bei trockenem Wetter und nur zeitweise, selbst bei sehr wasserbedürftigen Holzarten mit Unterbrechungen von 12 Stunden, bei weniger wasserbedürftigen von mehreren Tagen, eintreten und nur 3 bis 12 Stunden wirken zu lassen.

D. Verfahren bei der Pflanzung ins Freie.

1. Arten desselben.

§ 503. Die verschiedenen Arten des zu den Pflanzungen verwendeten Materials haben wir bereits in den § 382 kennen gelernt.

Diesen entsprechend unterscheidet man

1. je nach dem Alter und der Größe desselben: Jährlings-, Lohden- und Heisterpflanzung, unter Umständen mit den in § 382 gegebenen Abstufungen (Halblohden, Starklohden u. s. w.),
2. je nach dem Vorhandensein von Krone und Wurzeln: Pflanzung bekronter und bewurzelter Pflanzen, Stummel- und Stecklingspflanzung,
3. je nach der Herkunft der Pflänzlinge: Wildlingspflanzung und Pflanzung von Kamppflanzen und zwar von Saat- oder Schulpflanzen,
4. je nach der Art der Verteilung in die Pflanzlöcher: Einzel- und Büschelpflanzung,
5. je nach der Benutzung oder Nichtbenutzung des Pflanzballens: Ballenpflanzung oder ballenlose Pflanzung.

§ 504. Im übrigen spricht man, je nachdem der Wurzelhals des Pflänzlings in und unter das Niveau der zu kultivierenden Fläche oder höher als dasselbe zu stehen kommt, von Tiefpflanzung, bezw. von Obenauf- oder Hochpflanzung.

Beide Arten sind je nach der Art, wie die Löcher für die Pflanzen hergestellt und die Wurzeln in denselben untergebracht werden, entweder

1. Loch- und Grabenpflanzung im weiteren Sinne, d. h. eine Pflanzung in ausgestochene oder ausgehobene, mehr oder weniger weite Löcher oder Gräben, in welchen die Wurzeln durch allseitiges Beischieben von Erde in möglichst natürlicher Lage untergebracht werden oder
2. Klemmpflanzung, d. h. eine Pflanzung in enge in den Boden eingestoßene Löcher, in welchen die Wurzeln durch einseitiges Beidrücken der Erde von der Seite an der Wandung des Loches mehr oder weniger in eine Ebene zusammengedrückt oder eingeklemmt werden.

§ 505. Bei der Hochpflanzung unterscheidet man je nach der Art, wie die Pflanzen über die Bodenoberfläche erhöht werden:

1. Die Manteuffel'sche Hügelpflanzung auf Hügel, welche in der § 227 beschriebenen Weise aufgeschüttet sind, auf die unbearbeitete Fläche mit besonders zubereiteter Erde,
2. Grabenhügelpflanzung auf Hügel, welche aus auf der Kulturfläche ausgehobener Erde hergestellt werden (§ 227),
3. Plaggenpflanzung auf umgeklappte Rasen (§ 228),
4. Spalthügelpflanzung in die mit guter Erde ausgefüllte Lücke zwischen den etwas auseinander gerückten Teilen eines in der Mitte gespaltenen umgeklappten Rasenplaggens,
5. Lochhügelpflanzung, Pflanzung auf Hügel, welche in einem ausgehobenen Loche aus der darin vorhandenen Erde formiert werden, wozu auch die s. g. Ballenhügelpflanzung gehört,
6. Rabattenpflanzung auf die in § 229 beschriebenen Rabatten,
7. Pflanzung auf erhöhte Streifen (§ 230) und Grabenauswürfe.

Ebenso kann die Tiefpflanzung und zwar sowohl die Graben- und Lochpflanzung, wie die Klemmpflanzung stattfinden

1. in mit Ausnahme der Pflanzlöcher oder Gräben unvorbereiteten Boden,
2. in vollgelockerten oder in seiner ganzen Fläche von Unkraut gesäuberten Boden,
3. in Pflugfurchen,
4. in nur vom Unkraut gereinigte oder außerdem gelockerte oder rajolte Streifen,
5. auf nur von ihrer Bodendecke befreite oder in außerdem ganz oder teilweise gelockerte Platten und Plätze.

§ 506. Unter welchen Umständen die in dem vorigen Paragraphen erwähnten Arten der Bodenvorbereitung der Pflanzung vorherzugehen haben und wie dieselben ausgeführt werden, haben wir in dem Kapitel von der Bodenvorbereitung besprochen. Hier bleibt demnach nur zu erörtern, in welcher Weise die Pflanzung selbst vor sich geht und unter welchen Verhältnissen statt der weit wohlfeileren Tiefpflanzung die Hochpflanzung gewählt und wann statt zu der im allgemeinen naturgemäßen Loch- und Grabenpflanzung im weiteren Sinne zur Klemmpflanzung geschritten wird.

Was letzteren beiden Fragen betrifft, so greift man nur zur Hochpflanzung, wo der durch Tiefpflanzung in das Niveau der Bodenoberfläche gebrachte Setzling in Gefahr ist, durch Wasser oder abfallendes Laub beschädigt zu werden, also auf nassem Boden und bei dem Vorbau langsam wachsender Pflanzen, z. B. der Tanne in viel Laub abwerfende Bestände. Manche empfehlen sie auch für flachgründige Böden, um die Bodenmächtigkeit zu vergrößern.

Zweck der Klemmpflanzung ist Kostenersparung; sie ist nur zulässig, wo die Wurzeln durch das Zusammendrücken an den Rand des Pflanzlochs nicht geknickt oder gebogen werden, also bei unbewurzelten Stecklingen und noch sehr jungen Wurzelpflanzen, deren nicht ohnehin in einer Ebene liegende Wurzeln noch sehr biegsam sind, d. h. bei Jährlingen und Kleinpflanzen derjenigen Holzarten, welche in diesem Alter entweder lauter sehr dünne Wurzeln haben, wie die Nadelhölzer, oder welche dann zwar eine starke Pfahlwurzel, aber nur schwache Seitenwurzeln entwickeln, wie die Eiche in den ersten beiden Jahren.

Die Klemmpflanzung setzt von Natur lockeren oder künstlich gelockerten und von gröberen Steinen freien Boden voraus. Auf wirklich festem Boden ist sie nur bei nassem Wetter, wenn der Boden ganz aufgeweicht ist, möglich, aber auch dann eine anstrengende und wenig fördernde Arbeit von nicht allzu sicherem Erfolge. Bei steinigem Boden dringt das Werkzeug nicht gehörig ein und wird rasch stumpf; außerdem werden die Steine in dem Pflanzloche an die Ränder gedrückt und kommen beim Wiederzudrücken desselben unmittelbar an die Wurzeln.

Zur Grabenpflanzung an Stelle der Lochpflanzung greift man, wenn die Pflänzlinge in den Reihen so nahe an einander rücken, daß der Graben mit geringeren Kosten als die einzelnen Löcher hergestellt werden kann.

2. Der Pflanzverband.

§ 507. Die erste Frage, welche sich der Forstwirt inbezug auf die Ausführung der Pflanzung zu stellen hat, ist diejenige nach dem Pflanzverbande, d. h. nach der gegenseitigen Stellung, in welche die Pflänzlinge auf der Kulturfläche gebracht werden sollen.

Dieser Verband ist nun entweder ein unregelmäßiger, d. h. die Pflanzen werden ohne regelmäßige Ordnung über die Fläche verteilt oder ein regelmäßiger, d. h. die Pflanzen stehen in allen Richtungen nach vorher bestimmten Abständen zu einander.

In letzterem Falle stehen die Pflanzen immer in unter sich parallelen Reihen von sich gleichbleibendem Abstande.

Ist der Abstand der Pflanzen in den Reihen dem Reihenabstande gleich und stehen die einander entsprechenden Pflanzen verschiedener Reihen sich einander genau gegenüber, d. h. sämtlich in den auf den Pflanzenreihen senkrechten Linien, so hat man es mit dem Quadrat- oder Vierverbande oder mit dem Fünfverbande zu thun. Letzterer ist nichts als ein Quadratverband mit um einen Winkel von 45° verdrehter Front, bei welchem man völlig zweckloser Weise die Abstände statt nach der Entfernung jeder einzelnen Pflanze von den vier zunächstliegenden nach derjenigen von den vier am zweitnächst liegenden Punkten bestimmt. Er entsteht, wenn man nicht nur in die vier Eckpunkte des Quadrates, welche diese zweite Entfernung zur Seite hat, sondern auch jeweils in den Mittelpunkt desselben je eine Pflanze setzt. Beim Fünfverbande stehen noch einmal so viel Pflanzen auf der Fläche als bei dem Vierverbande des gleichen Abstandes. Der Abstand jeder Pflanze von den vier zunächst stehenden verhält sich zu demjenigen der Eckpunkte des im Fünfverbande gepflanzten Quadrats wie 1 zu $\sqrt{2} = 1$ zu 1,414 oder mit anderen Worten der s. g. Fünfverband ist ein Quadratverband, in welchem die Abstände 1 1,414 = 0,707 der Quadratseite des Fünfverbandes betragen.

§ 508. Stehen die Pflänzlinge so in den einander parallelen Reihen, daß der Abstand jeder einzelnen Pflanze von den nächststehenden ihrer Reihe ihrer Entfernung von je zwei Pflanzen der beiden zunächstliegenden Reihen gleich ist, so stehen sie im *Drei-* oder *Dreiecksverbande*. Die drei einander zunächststehenden Pflänzlinge bilden dann die Eckpunkte eines gleichseitigen Dreiecks und der Reihenabstand verhält sich zu dem Pflanzenabstande in den Reihen wie $\sqrt{1-0{,}5^2}$ zu $1 = \sqrt{0{,}75}$ zu 1 oder wie 0,866 zu 1.

Laufen die Pflanzreihen parallel, ohne daß die Pflänzlinge einer Reihe mit den entsprechenden der nächststehenden die Eckpunkte weder eines Quadrates noch eines gleichseitigen Dreiecks bilden, so spricht man von *einfachem Reihenverbande*.

Manchmal stehen auch nur die Pflanzlöcher oder Pflanzplaggen in regelmäßigem Verbande. Auf jede derselben werden aber zwei oder mehrere Pflanzen in geringem Abstande gepflanzt. Es ist dann nur der Verband der entstehenden Pflanzengruppen ein regelmäßiger.

§ 509. Das Produkt des Reihenabstands mit dem Abstande der Pflanzen in den Reihen nennt man den *Wachsraum* derselben. Multipliciert man damit die Zahl der verwendeten Pflänzlinge, so erhält man bei Nachbesserungen, bei welchen eine direkte Messung der Kulturfläche häufig nicht möglich oder zu zeitraubend ist, die Fläche derselben. Umgekehrt ergiebt die Division der Größe der zu kultivierenden Fläche mit dem Wachsraume die Zahl der dazu notwendigen Pflanzen mit ausreichender Genauigkeit. Wo nur die Pflanzstellen im Verbande stehen, auf jeder aber mehrere Pflanzen stehen, ist zuerst der Wachsraum jeder einzelnen Pflanzengruppe und daraus durch Division in die Fläche die Zahl der Pflanzstellen und durch Multiplikation derselben mit der Zahl der in jeder Gruppe vorhandenen Pflanzen, der Pflanzenbedarf zu berechnen.

Bei dem Dreiecksverbande beträgt der Wachsraum der einzelnen Pflanze nur 0,866 desjenigen beim Vierverbande des gleichen Pflanzenabstandes und es faßt die gleiche Fläche bei ersterem 1 : 0,866 = 1,155 mal mehr Pflanzen als bei letzterem, obwohl die Pflanzen sich mit ihren Zweigen nicht früher berühren.

Der Dreiverband ist daher derjenige, welcher bei gleichem Abstande am schnellsten den vollkommenen Schluß herstellt und bei gleicher Pflanzenzahl jeder Pflanze am längsten nach allen Seiten freien Wachsraum gestattet. Er ist es daher, bei welchem, wenn es möglich wäre, lauter Pflanzen gleicher Wachstumsenergie zu pflanzen und sie bis zum Schlusse der Umtriebszeit ständig in diesem Verbande zu erhalten, die größten Erträge erzielt werden müßten.

Thatsächlich ist aber die Entwickelung der einzelnen Pflanzen eine sehr verschiedene und der Umstand, daß bei der Bestandsanlage viel mehr Pflänzlinge eingebracht werden müssen, als auch nur bis zum 40. Jahre stehen bleiben können, bringt es mit sich, daß nach kurzer Zeit ein Teil der Pflanzen auf dem Durchforstungswege entfernt werden muß. Dazu wählt man aber nicht etwa, wie zur Erhaltung des Verbandes nötig wäre, je die zweite Pflanze, sondern, wie später nachgewiesen werden wird, fast ohne Rücksicht auf den Verband die im Wuchse zurückgebliebenen und von den übrigen überwachsenen Exemplare. Die Folge davon ist, daß schon nach der ersten Durchforstung die stehen bleibenden Stämme des Hauptbestandes nicht mehr im Dreiverbande stehen.

§ 510. Ähnlich verhält es sich mit dem Quadratverbande und dem in die Kategorie der nutzlosen Spielereien gehörigen Fünfverbande. Im fünfzigsten Jahre sieht man wohl noch an den zwischen den Pflanzenreihen unbestockt gebliebenen Lücken, daß die Kultur ursprünglich in genauem Verbande angelegt wurde; man kann wohl auch an dem Winkel, in welchem sich diese unbestockten Streifen kreuzen, erkennen, ob man es mit dem Dreiverbande, dem Vierverbande oder einem gewöhnlichen Reihenverbande zu thun hatte; die Bäume stehen wohl noch in den durch den Verband bezeichneten Reihen; aber sie stehen selbst auch nicht annähernd mehr in diesen Verbänden.

Es ist das auch nicht einmal wünschenswert; denn es müßten, um die Regelmäßigkeit des Verbandes zu wahren, bei jeder Durchforstung je die zweite Reihe und je die zweite Pflanze in den stehen bleibenden Reihen, also jedesmal $^3/_4$ sämtlicher Stämme ganz verschwinden, während selbst bei den ersten Durchforstungen nur der dritte, später nur noch der zehnte Teil der Stämme und noch weniger von einer Durchforstung zur andern abgängig wird.

§ 511. Unter diesen Umständen vermögen wir einen besonderen Wert in der Herstellung g a n z regelmäßiger Pflanzenverbände nicht zu erkennen. Wir bekennen uns sogar offen als unbedingten Gegner derselben, wo die Kulturflächen nicht zu wissenschaftlichen Versuchen dienen, und zwar deshalb, weil die Schaffung schnurgerader Linien im Innern der Bestände die durch die geradlinige Jageneinteilung schon stark beeinträchtigte Naturschönheit des Waldes vollständig zerstört.

Die wirklichen Vorteile regelmäßiger Verbände, wie das leichtere Wiederauffinden der Pflanzstellen zum Zwecke der Nachbesserung und des Schutzes gegen Unkraut, die Ermöglichung der Gras- und Unkräuternutzung zwischen den Reihen, sowie die Regelmäßigkeit der Bestandsmischung, lassen sich auch bei annähernd regelmäßigem Verbande und dann fast kostenlos erreichen, während das Abstecken genauer Verbände, welche die Bezeichnung der Stelle für jede einzelne Pflanze voraussetzt, ohne allen Zweck nicht unbedeutende Kosten verursacht.

Wir verzichten daher darauf anzugeben, wie die verschiedenen Verbände mit mathematischer Genauigkeit abgesteckt werden, und bemerken nur, daß dazu große Kulturflächen erst in Quadrate oder Rechtecke zerlegt werden müssen, welche ein Mehrfaches der Pflanzen-, bezw. Reihenabstände als Seiten haben und daß in diesen wiederum durch Spannen geölter oder geteerter Schnüre, in welchen in den gewählten Abständen farbige Wollfäden eingesteckt sind, die

Stelle für jede einzelne Pflanze markiert wird. Die Löcher für die Pflanzen werden dann immer auf derselben Seite der Schnur an den durch die Fäden bezeichneten Stellen gebohrt, gestochen oder eingehauen.

§ 512. Dagegen haben annähernd regelmäßige Verbände vor ganz regellosen den großen Vorteil, daß bei denselben ähnlich wie bei den Streifensaaten die einzelnen Pflanzen leichter aufgefunden werden können und daher eingegangene leichter zu ersetzen und alle leichter vor Beschädigungen durch Unkräuterwuchs und durch die Grasnutzung zu sichern sind.

Den ihnen von Carl und Gustav Heyer[1]) nachgerühmten Vorzug größerer Massenerträge besitzen aber auch sie nicht und zwar aus dem einfachen Grunde, weil auch die annähernde Regelmäßigkeit des Verbandes bei der Bestandsgründung nach der ersten Durchforstung vollkommen verschwindet.

Die Frage der Form des Verbandes, ob Drei-, Vier- oder Reihenverband, ist daher bei primitiver Anlage des Bestandes nicht von der Wichtigkeit, welche ihr beigelegt wurde, wenn der gewählte nur die Möglichkeit gewährt, in dem Alter, in welchem der Bestand in vollkommenen Schluß kommen soll, eine annähernd gleichmäßige Verteilung der zum Hauptbestande gehörigen Stämme zu bewirken.

Wir können uns daher nur dann für die Wahl des Drei- oder Vierverbandes bei der Bestandsanlage aussprechen, wenn derselbe keine besonderen Kosten verursacht oder wenn überhaupt nicht mehr Pflanzen gesetzt werden, als zur Herstellung des Schlusses in dem dazu in Aussicht genommenen Alter nötig sind.

Da nun überall, wo zur Sicherung der Pflanzungen gegen Unkraut der Bodenüberzug in großem Umfange um jede einzelne Pflanze abgezogen werden muß, die streifenweise Bodenbearbeitung unzweifelhaft billiger ist, als die platzweise, so können wir als allgemeine Regel aufstellen, daß, wo bei der Pflanzung das Minimum der zur Herstellung des Schlusses in der beabsichtigten Zeit nötigen Pflanzenzahl überschritten wird, der Reihenverband mit verschiedenem Reihen- und Pflanzenabstande vor der Pflanzung in ganz gleichen Abständen überall den Vorzug verdient, wo die anzubauende Holzart überhaupt oder in dem gewählten Alter gegen Unkraut empfindlich ist und durch besondere Maßregeln gegen Beschädigung durch dasselbe geschützt werden muß. Dagegen kann man den Quadrat- oder den Dreiverband wählen, wo die anzubauende Holzart überhaupt oder in dem gewählten Pflanzalter gegen Unkräuterwuchs unempfindlich ist, und man muß einen derselben wählen, wenn man nicht mehr Pflänzlinge verwendet, als nötig sind, um bis zu der Zeit, in welcher unvollkommener Schluß die Qualität des Holzes gefährdet, den vollkommenen Schluß herzustellen.

In letzterem Falle bemißt sich der Wachstum der einzelnen Pflanze durch Division der 10000 qm des Hektars mit der Pflanzenzahl und der Abstand der Pflanzen im Vierverbande durch Ziehen der Quadratwurzel aus diesem Wachsraume. Für den Dreiverband berechnet man den Abstand, indem man den Wachsraum mit 0,866 dividiert und aus dem Quotienten die Quadratwurzel zieht. Beträgt z. B. die zur Herstellung des Schlusses bis zum

---

[1]) Waldbau S. 155, 156.

20. Jahre nötige Pflanzenzahl 6400, so beträgt, wenn nicht mehr Pflanzen als diese 6400 pro Hektar gepflanzt werden sollen, der Wachsraum jeder Pflanze 10000 : 6400 = 1,56 qm, der Pflanzenabstand im Quadratverbande also $\sqrt{1{,}56} = 1{,}25$ m, der im Dreiverbande $\sqrt{1{,}56 \quad 0{,}866} = \sqrt{1{,}80} = 1{,}34$ m.

§ 513. Zur Herstellung eines annähernd regelmäßigen Verbandes, wie er unserer Ansicht nach allen waldbaulichen Anforderungen vollkommen genügt, reicht das durch Abstecken weniger Linien und durch gelegentliche Kontrolmessung von Zeit zu Zeit berichtigte Augenmaß der Arbeiter aus. Zu dem Ende wird die Arbeiterkolonne an einem, an Berghängen immer dem oberen, Ende der Arbeitsstelle in eine gerade Reihe rangiert und jedem Arbeiter seine Stelle in dem Abstande angewiesen, welche die Pflanzreihen erhalten sollen, deren Distanz beim Dreiverbande 0,866 des Pflanzenabstandes in den Reihen beträgt. Gleichzeitig wird dem ersten und letzten Arbeiter und bei langer Kolonne wohl auch einigen in der Mitte die Richtung ihrer Reihe mit zwei geraden Stangen abgesteckt, von welchen die erste hart am Rande der Kulturstelle, die andere 20 bis 30 m außerhalb derselben steht. Diesen Reihen giebt man in dem Schneebruche ausgesetzten ebenen Lagen gerne die Richtung der vorherrschenden Windströmungen, damit der Wind leichter den Zwischenstreifen folgen und den Schnee von den Zweigen abschütteln kann, im Gebirge immer diejenige des größten Gefälls.

Die Arbeiter machen nun die ersten Löcher und zwar beim Vier- und gewöhnlichen Reihenverbande alle in einer Linie, beim Dreiverbande je der zweite Arbeiter um die Hälfte des einzuhaltenden Löcherabstandes zurück jeder ein Loch; sie gehen dann, die Arbeiter an den Richtlinien in der durch die Visierstangen bezeichneten Richtung, rückwärts und halten unter sich gleichen Abstand. Hierauf wird jedem Arbeiter die Entfernung von dem ersten Loche bezeichnet, im Notfalle vorgemessen und die zweiten Löcher geschlagen u. s. f. Nach mehrmaliger Wiederholung gewöhnen sich die Arbeiter daran, in einer, beim Dreiverbande in zwei geraden Linien rangiert zu bleiben und unter sich gleichen Abstand zu halten; auch geben die vor ihm in einer geraden Linie liegenden bereits gemachten Löcher jedem Arbeiter eine die Einhaltung der geraden erleichternde Visierlinie. Zu ihrer etwa nötigen Richtigstellung führt der Aufseher einen Stab von der Länge des größten Pflanzenabstandes, auf welchem auch der kleinere markiert ist, mit sich und kontrolliert fortwährend die Abstände. Er sorgt dabei dafür, daß, wenn die Visierstangen in den Richtlinien nicht mehr beide sichtbar sind, neue eingeschaltet werden.

§ 514. Will man noch genauere Arbeit haben, oder gestattet die Verschiedenheit der Kräfte der Arbeiter oder diejenige des Terrains nicht ein gleichmäßiges Fortschreiten der Arbeiterkolonne, so empfiehlt es sich, jedem einzelnen oder jedem zweiten Arbeiter die Richtung seiner Reihe in der angedeuteten Weise zu bezeichnen und die Arbeiter anzuweisen, von Zeit zu Zeit sich durch Einrichten der Stiele ihrer Kulturwerkzeuge auf die Visierstangen zu kontrollieren. Daß man diese bei langen Reihen nicht durch Messung ihrer Abstände von der nächsten Richtlinie auf kurze Distanzen einmißt, sondern, um Messungsfehler nicht zu vervielfältigen, ihre Stelle umgekehrt durch Einvisieren von langen Visierlinien aus bestimmt, ist selbstverständlich.

Die auf diese Weise erreichte Genauigkeit der Absteckung ist für waldbauliche Zwecke vollkommen ausreichend, namentlich wenn der die Kultur beaufsichtigende Beamte ein wachsames Auge hat und Arbeiter mit schlechtem Augenmaße rechtzeitig berichtigt. Kommt aber ja einmal eine Pflanze aus der Reihe oder rücken zwei Arbeiter weiter auseinander als beabsichtigt, so ist es kein Unglück, wenn zwischen ihren Reihen eine neue mit vielleicht etwas größerem Abstande der Pflanzen in den Reihen eingeschoben werden muß. Wir sehen es sogar nicht ungern, wenn von Zeit zu Zeit die sämtlichen Reihen abgebrochen und um die halben Reihenabstände verschoben werden. Die langweiligen geraden Linien werden dadurch unterbrochen und die Spuren derselben in späterem Alter mehr verwischt.

§ 515. Wo die Stöcke nicht gerodet sind, und an steilen, steinigen oder felsigen Bergwänden läßt sich eine absolut gerade Reihe und ein gleicher Abstand in den Reihen überhaupt nicht einhalten; die in den Reihen vorhandenen Felsen, Steine und Stöcke zwingen jeden Augenblick dazu, die Löcher auf- und ab- oder seitwärts zu verschieben, wenn man die betreffenden Stellen nicht ganz unbestockt lassen will. Man begnügt sich dort vollauf mit einem ungefähr geraden Verlaufe der Reihen und ungefähr gleichem Reihen- und Pflanzenabstande und selbst, um das zu erreichen, müssen an Berghängen besondere Absteckungen gemacht werden.

Wo eine streifenweise Bearbeitung des Bodens, welche den Reihen die Richtung und zwar meist in der Linie der Horizontalen vorschreibt, der Pflanzung nicht vorangeht, laufen im Gebirge die Pflanzenreihen immer in der Richtung des stärksten Gefälls steil bergab. Die Horizontallinien anders als nahezu senkrecht kreuzende Reihen sind nicht nur in hohem Grade häßlich, sondern lassen auch die Vorteile der Reihenpflanzung verloren gehen, weil ihre Richtung in kurzer Zeit nicht mehr zu erkennen ist. Da nun die Bergwände höchst selten gleichmäßige schiefe Ebenen bilden, so kann es nicht ausbleiben, daß sich die Reihenabstände auf Rücken und unteren Teile der Hänge auseinander schieben und in Einbeugungen einander nähern und daß die Reihen hie und da geknickt werden müssen. In ersterem Falle müssen neue Reihen eingelegt, im anderen alte Reihen fallen gelassen werden.

§ 516. Um nun in solchen Fällen dem Terrain entsprechende Reihen herzustellen, wird zuerst an einer möglichst gleichmäßig verlaufenden Stelle eine gerade die Horizontalen senkrecht schneidende Richtlinie und, wenn das obere Ende auf den Kamm eines Bergrückens oder das untere in die Sohle einer Einbeugung fällt, sofern auch die andere Seite des Rückens oder Thales kultiviert werden soll, gleichzeitig die daran anschließende Richtlinie auch nach dieser Seite mit Visierstäben markiert. Von diesen Hauptrichtlinien aus wird dann oben und unten der beabsichtigte Reihenabstand in horizontaler Richtung abgemessen und durch Einstecken von Visierstäben in das Terrain übertragen. Die durch dieselben bezeichneten Geraden bilden die zweiten Richtlinien und ihre oberen und unteren Enden befinden sich da, wo sie auf dem Kamme oder im Thale von der gleichweit von der ursprünglichen Richtlinie abgesteckten zweiten Richtlinie der anderen Bergwand geschnitten werden. Diese zweiten und alle folgenden in gleicher Weise ermittelten Richtlinien steckt man zweckmäßig nicht von ihren Enden, sondern von ihrem Innern aus ab, weil sich nur dort der beabsichtigte Reihenabstand mit einfachen Mitteln richtig, d. h. wagrecht messen läßt.

Sind die beiden Endpunkte der Reihen bezeichnet, so richtet man auf sie die dritten Visierstäbe außerhalb der Kulturfläche ein, welche mit den am oberen Ende der Linien eingesteckten Stäben den von oben anfangenden Arbeitern die Richtlinie liefern.

§ 517. Wo der Bodenüberzug vor der Pflanzung streifenweise abgezogen ist, pflanzt man selbstverständlich in dem angenommenen Abstande in die Mitte des bloßgelegten Streifens, ohne sich dabei viel um strenge Einhaltung der geraden Linien zu kümmern. Bei koupiertem Terrain, wo die Streifen horizontal laufen und deshalb der Terrainform mit ihren Aus- und Einbuchtungen folgen, wäre das ohnehin nicht möglich.

Die so hergestellten durchaus nicht geraden Pflanzreihen genügen aber den Bedürfnissen vollkommen. Sie bieten alle Vorteile regelmäßiger Pflanzenverbände, ohne besondere Kosten zu verursachen.

§ 518. Ganz außer allem Verbande zu pflanzen, empfiehlt sich aber im allgemeinen nur da, wo auf sehr steinigem Terrain die für die Pflanzung tauglichste Stelle benutzt werden muß, und bei Nachbesserungen, wo die Notwendigkeit von den unregelmäßigen Grenzen der vorhandenen Besamung genügende Entfernung zu wahren, bei kleinen Flächen die Einhaltung eines annähernd regelmäßigen Verbandes häufig unmöglich macht. Bei größeren Lücken wird man aber auch bei Nachbesserungen womöglich einen bestimmten Verband im Inneren derselben einzuhalten suchen. Man wird sich dabei aber nur da an den früher eingehaltenen Verband halten, wo die in denselben fallenden Punkte ebenso gut zur Auspflanzung geeignet sind, wie alle anderen.

Wo das nicht der Fall ist, wo außerhalb dieses Verbandes besser geeignete Stellen vorhanden sind, wird man unbedenklich diese wählen.

Dieser Fall tritt sehr häufig da ein, wo bei der ursprünglichen Bestandsgründung sehr dichte Bodendecken streifenweise abgezogen und umgeklappt worden sind. In den Abraumstreifen, welche bei der ersten Bestandsanlage unbestockt geblieben sind, hat sich im Laufe der Zeit durch die Zersetzung der Bodenüberzüge ein zur Pflanzung vorzüglich geeignetes Terrain gebildet, während sich die Riefen selbst wieder mit dichtem Unkraute überzogen haben. Diesen Vorteil dem Verbande zuliebe unbenutzt zu lassen, wäre, wo es sich nicht speziell um Versuchsflächen über den Einfluß des Verbandes auf die Massenproduktion handelt, Thorheit.

Die Pflanzzeit.

§ 519. Es unterliegt keinem Zweifel, daß sich vollkommen gesunde Pflanzen zu jeder Jahreszeit verpflanzen lassen, wenn es gelingt, sie vollständig unbeschädigt in den Boden und dort in Verhältnisse zu bringen, welche sie vor Verderben sicher stellen. Insbesondere lassen sich Ballenpflanzen, wenn der Ballen so groß gemacht wird, daß weder Wurzeln verletzt noch durch Austrocknen der Ballenränder der Gefahr des Austrocknens ausgesetzt werden, selbst im Hochsommer mit Erfolg verpflanzen. Bei ballenlosen Pflänzlingen gelingt das in dieser Jahreszeit, in welcher die Pflanzen mit am meisten Feuchtigkeit verbrauchen und sowohl die Wurzeln wie die Blätter der hohen Wärme halber am schnellsten verwelken, nur, wenn die Wurzeln nur ganz kurze Zeit den Einwirkungen der Luft ausgesetzt werden und wenn sie im Boden nach der Pflanzung sofort die zur Wiedereinleitung des Stoffwechsels und zur Wiederherstellung des Wassergehaltes etwa welk gewordener Teile nötige Wassermenge vorrätig finden, und wenn die Zwischenräume, namentlich zwischen den Faserwurzeln so vollständig mit mindestens frischer Erde angefüllt werden, daß ein nachträgliches Vertrocknen der Wurzeln nicht stattfinden kann.

§ 520. Diese Grundbedingungen des Anschlagens der Pflanzungen während der Zeit üppigster Vegetation lassen sich aber im Walde bei ausgedehnten Pflanzungen in der Regel nicht erfüllen. Sehr große Ballen verteuern die Pflanzung zu sehr, Pflanzen mit kleinen Ballen und ballenlose Pflänzlinge lassen sich bei den großen Entfernungen, auf welche die Transporte der Pflanzen häufig stattzufinden haben, in dieser Jahreszeit nur sehr schwer vollkommen frisch in den Boden bringen; auch gestattet der große Umfang des Pflanzengeschäftes in der Regel nicht, auf die Einbringung der Pflänzlinge die in dieser Jahreszeit unumgänglich nötige peinliche Sorgfalt zu verwenden.

Im Winter dagegen erschwert, wenn nicht gefrorener Boden oder eine Schneedecke die Pflanzung mechanisch unmöglich macht, die Kälte des Bodens und der Luft die sorgfältige Pflanzung.

Es erscheint daher zweckmäßig, die Pflanzungen in eine Jahreszeit zu verlegen, in welcher weder die Kälte des Bodens und der Luft eine unsorgfältige Pflanzung, noch hohe Wärme bei großem Wasserbedürfnis der Pflänzlinge ein rasches Austrocknen derselben befürchten lassen. Beiden Anforderungen entspricht sowohl der Herbst, wie das Frühjahr. Das letztere hat aber vor dem Herbste den Vorzug, daß die Pflanzen kurz nach der Versetzung neue Wurzeln treiben und deshalb rasch anwachsen, während die vor dem Eintritt des Winters versetzten Pflänzlinge den Winter über stehen, ohne angewurzelt zu sein, und deshalb leichter vom Barfroste ausgehoben und vom Winde gelockert werden.

§ 521. Im allgemeinen ist deshalb jetzt die Frühjahrspflanzung Regel geworden und man pflanzt nur ausnahmsweise im Herbste, dann aber, wo man es vermeiden kann, niemals dem Ausfrieren ausgesetzte Pflänzlinge auf zum Auffrieren geneigtem Boden. Wo im Herbste gepflanzt werden muß, weil sich nicht das ganze Pflanzgeschäft im Frühjahre bewältigen läßt, führt man im Herbste diejenigen Pflanzungen aus, bei welchen die Gefahr des Auffrierens am geringsten ist, also Ballenpflanzungen und die Pflanzung tiefbewurzelter ballenloser Pflänzlinge in nicht auffrierenden Boden, und unter diesen vorzugsweise diejenigen Holzarten, welche wie Lärche, Kastanie und Ulme im Frühjahr sehr frühzeitig austreiben.

Außerdem müssen diejenigen Stellen im Herbste ausgepflanzt werden, welche im Frühjahre wegen Nässe nicht zugänglich sind, oder in welchen die Vegetation so spät erwacht, daß ein nicht vollständiges Verholzen der neuen Triebe zu erwarten wäre, wenn deren Austreiben durch die Frühjahrspflanzung verspätet würde.

§ 522. Im Frühjahre selbst beginnt man mit den zuerst austreibenden Holzarten, also Lärche, Ulme, Birke, Kastanie und sonstigen Laubhölzern und mit den wärmsten Lagen und macht den Schluß mit den frischesten und kühlsten Lagen und denjenigen Holzarten, welche sich erfahrungsgemäß auch mit Erfolg verpflanzen lassen, wenn sie bereits ausgetrieben haben, wie Fichte und Kiefer und bis zu einem gewissen Grade auch die Tanne. Unter den einzelnen Holzarten selbst wählt man wiederum für die am schwierigsten anwachsenden älteren Pflänzlinge die dem Anwachsen günstigste Jahreszeit unmittelbar vor dem Ausbrechen des Laubes und pflanzt die leichter anwachsenden jüngeren vor und nach dieser Zeit.

Diejenigen Pflänzlinge, welche, wenn sie ausgetrieben haben, nur schwer anwachsen, müssen, wenn der Kamp, in welchem sie stehen, wärmer ist, als ihr künftiger Standort, vor Beginn des Austreibens ausgehoben und auf der Kulturstelle eingeschlagen werden.

4. Die Klemmpflanzung.

§ 523. Die einfachste Pflanzmethode ist die Klemmpflanzung. Bei derselben wird, wie bereits erwähnt, mit irgend einem Werkzeuge ein Loch oder ein Spalt in die Erde gestoßen oder geschlagen, die Pflanze so hineingehoben, daß der Wurzelhals bei ganz unvorbereitetem Boden mit der Erdoberfläche abschneidet, bei gelockertem und sich deshalb setzenden Boden etwas tiefer als diese zu stehen kommt, und daß die Wurzeln möglichst senkrecht hängen und dann durch einen zweiten Stoß neben das eigentliche Pflanzloch an die Wandung desselben festgedrückt.

Das Detail der Ausführung ist ein verschiedenes je nach dem Werkzeuge, welches man dazu verwendet. Insbesondere geschieht die Anfertigung der Löcher und die Pflanzung von ein und demselben Arbeiter, wenn die Werkzeuge kurzstielig sind und deshalb eine gebückte Stellung des Arbeiters voraussetzen und von zwei verschiedenen Arbeitern, wenn man sich zur Anfertigung der Löcher langgestielter Instrumente bedient, bei deren Gebrauch der Arbeiter aufrecht steht.

§ 524. Zu den kurzstieligen Werkzeugen der Klemmpflanzung gehören:

1. das gewöhnliche Setzholz mit oder ohne Krücke und in letzterem Falle mit oder ohne Biegung am oberen Ende, wie es in den Gärten im Gebrauche ist. Die Anwendung desselben setzt ganz lockeren, von den leichtesten Bodenarten abgesehen, also in der Regel vorher künstlich gelockerten Boden voraus;
2. das eisenbeschlagene Setzholz, wie das gewöhnliche geformt, aber mit eiserner Spitze,
3. der dreikantige Pflanzdolch, ein Setzholz mit dreikantigem eisernem Schuh, beide gleichfalls nur in lockerem Boden brauchbar, aber einen geringeren Grad von Lockerheit, als das gewöhnliche Setzholz voraussetzend und endlich
4. das s. g. Buttlar'sche Pflanzeisen, ganz von Eisen konstruiert, mit lederüberzogenem Griffe und auf der vorderen Seite flacher, hinten gewölbter 20 bis 25 cm langer Spitze. Dasselbe hat ein Gewicht von $3^1/_4$ kg und ist infolge dessen bei nicht allzu festem Boden auch ohne vorherige Bodenlockerung verwendbar.

§ 525. Bei Anwendung all dieser Werkzeuge kniet der Arbeiter vor der Stelle, an welche die Pflanze gesetzt werden soll, und trägt in der linken Hand ein Bündelchen der Pflänzlinge, am besten in einem zur Hälfte mit Wasser gefüllten Topfe nach, während er mit der rechten Hand das Instrument handhabt. Dasselbe wird in senkrechter Richtung in die Erde gestoßen, das

Buttlareisen wohl auch in dieselbe geworfen und hierauf, wenn das entstandene Loch zur Aufnahme der Wurzeln nicht groß genug ist, in demselben hin- und herbewegt. Mit der linken Hand nimmt er dann eine einzelne Pflanze, deren Wurzeln vorher durch Herumziehen im Sande oder Bestreuen mit Erde so beschwert werden, daß sie sich senkrecht hängen, hebt sie in der in § 523 angedeuteten Weise an die ihm gegenüber liegende Wand des Pflanzloches und drückt, indem er das Werkzeug nochmals in der Nähe des Pflänzlings in schiefer Richtung, die Spitze dem Pflänzlinge zugerichtet, in die Erde stößt und dann den Griff nach dem Pflänzlinge zu bewegt, die Erde zwischen dem ersten und zweiten Loche so gegen das erste, daß dasselbe vollständig ausgefüllt wird. Ein Tritt mit dem Fuße schließt dann auch das zweite Loch. Hängen sich die Wurzeln wegen Enge des Loches nicht senkrecht, so gelingt es in trockener lockerer Erde oft, durch Einlaufenlassen von etwas Erde die Wurzeln in die richtige Lage zu bringen.

§ 526. Auch das gewöhnliche Beil oder die Barte, sowie die schwere Spaltaxt der Holzhauer und das eigens dazu konstruierte Pflanzbeil gehören zu den kurzstieligen Werkzeugen der Klemmpflanzung. Der Arbeiter haut mit demselben einen Spalt in den Boden, welchen er durch Hin- und Herbewegen des Instrumentes nötigenfalls erweitert, hebt die Pflanze in der mehr erwähnten Weise in denselben und klopft dann mit dem Rücken (dem Hause) des Werkzeuges das Loch wieder mit der rechten Hand zu. Diese Art der Pflanzung bezeichnet man als Spaltpflanzung mit dem Beile oder der Barte.

Zu den Instrumenten der Spaltpflanzung mit kurzen Stielen gehört auch das Klemmeisen, 25 cm lang, 20 cm breit und oben 5 cm dick nach unten in eine Schneide verlaufend und mit senkrechtem eisernem Stiele und eiserner Krücke versehen; dasselbe wird wie das Setzholz aber mit beiden Händen in den Boden gestoßen und setzt lockeren Boden voraus, schafft aber ein tiefes Pflanzloch.

§ 527. Mit den kurzstieligen Werkzeugen läßt sich auf einigermaßen festem Boden ein ausreichend tiefes Loch für nicht ganz kurz bewurzelte Pflänzlinge nicht oder nur sehr mühsam herstellen. Das hat Veranlassung gegeben, zur Klemmpflanzung mit länger bewurzelten Pflanzen schwerere durch Anfügung eines langen Stieles den Gebrauch beider Hände gestattende Werkzeuge zu verwenden.

Dazu gehören:

1. das Wartenbergische Stieleisen, ein Eisen von der Form der Spitze des Buttlar'schen Eisens, aber länger und um 2 kg schwerer, mit langem geradem eisernen Stiele und hölzernen Krücke,
2. das ähnlich konstruierte dreikantige Pflanzeisen, mit zur Hälfte hölzernem Stiele;
3. eine Modifikation desselben mit einerseits flachen, anderseits konvexem Dorne, der halbkegelförmige Setzpfahl,
4. das Alemann'sche Vorstoßeisen mit langem kegelförmigem Dorne an hölzernem Stiele,

welche sämtlich Löcher verschiedener Form in den Boden stoßen; ferner

5. der gewöhnliche Gartenspaten mit oben möglichst starkem Blatte,

6. der hölzerne, am Blatte mit Eisen beschlagene, oben 3 bis 4 cm breite Keilspaten und
7. das Solinger Rodeeisen, ein besonders schwerer Spaten, mit Ausnahme der hölzernen Krücke ganz von Eisen,

welch' letztere spaltförmige Pflanzlöcher herstellen.

§ 528. All diese langstieligen Werkzeuge werden von einem Arbeiter senkrecht in die Erde gestoßen und sodann, soweit sie oben nicht genügend breit sind, zur Erweiterung des Loches hin- und herbewegt. Ein zweiter Arbeiter, am besten Frauen und Kinder, hebt die Pflanze wie der Arbeiter bei der Pflanzung mit kurzstieligen Instrumenten in das Loch, worauf der Löchermacher dasselbe durch einen zweiten schiefen Stoß schließt. Die Pflanzerin oder der Lochmacher schließen dann das zweite Loch mit dem Fuße. Bei sehr lockerem Boden kann das Pflanzloch auch einfach mit dem Fuße geschlossen werden. Bei dem Gebrauche des gewöhnlichen Spatens, welcher beim Hin- und Herbewegen oben und unten erweiterte Spalte schafft, ist das Schließen des Spaltes mit dem Fuße Regel. Der Arbeiter, welcher die Pflanze einsetzt, nimmt zu dem Ende den Pflanzenspalt zwischen die Füße und schließt, indem er zuerst die äußeren und dann die inneren Fußränder eindrückt, zuerst die untere und dann die obere Erweiterung des Spaltes.

Auch der Spiralbohrer (§ 279) kann zur Spaltpflanzung benutzt werden. Zu dem Ende bewegt ihn der Arbeiter, wenn das Pflanzloch gebohrt ist, hin und her, wie das vorhin bei dem Spaten geschildert ist und zieht ihn dann vorsichtig aus dem Loche.

§ 529. Die Spaltpflanzung hat vor der Klemmpflanzung mit runden, halbrunden, sowie mit vier- oder dreikantigen Werkzeugen bei Pflänzlingen mit schon mehr ausgedehnten Wurzeln den Vorzug, daß die letzteren auf weniger engen Raum fächerartig zusammengedrückt werden. Sie ist daher auch bei relativ stärkeren Pflänzlingen zulässig. Um diesen Vorteil auszunutzen, haben die Arbeiter natürlich beim Einheben der Pflanzen die Wurzeln fächerartig zu ordnen.

Wo die Pflänzlinge außer einer tiefgehenden wenig verzweigten Pfahlwurzel oben ein dichtes Fasergewurzel haben, wie das z. B. bei zweijährigen Eichen der Fall ist, vereinigt man nach dem Vorgange v. Alemann's zweckmäßig beide Methoden, indem man für den oberen verzweigten Teil der Wurzeln mit irgend einem Spaten Pflanzspalten anfertigt und in die Sohle derselben mit dem Vorstoßeisen Löcher für die Pfahlwurzel einstößt.

§ 530. Bei allen Arten der Klemmpflanzung werden die Löcher zur Aufnahme der Pflänzlinge unmittelbar vor dem Einsetzen der letzteren gemacht. Vorher gemachte Löcher und Spalte würden bei den lockeren Bodenarten, um welche es sich bei diesen Pflanzungen gewöhnlich handelt, wenigstens teilweise zufallen. Außerdem geht bei derselben das Einstoßen des Pflanzlochs, das Einsetzen der Pflanze und das Schließen des Loches, einerlei, ob dabei ein oder zwei Arbeiter thätig sind, so Hand in Hand, daß die zeitliche Trennung beider entschieden große Mehrkosten verursachen würde.

Dagegen geht, wie in den meisten Fällen, die Lockerung der Pflanzstelle, wo sie überhaupt stattfindet, einerlei, ob sie durch Umhacken, Umspaten, Rajolen oder Bohren vorgenommen oder durch Aufschütten von Hügeln veranlaßt wird, der Pflanzung zweckmäßig voraus und zwar um so länger, je mehr mit Rücksicht auf die Tiefe der Bearbeitung auf ein starkes Setzen des Bodens gerechnet werden muß.

Beim Pflanzgeschäfte ist natürlich dafür zu sorgen, daß die fertige Pflanzung nicht durch die Arbeiter wieder beschädigt wird. Die Arbeiter haben daher rückwärts schreitend die Arbeit zu verrichten und an Berghängen oben anzufangen, derart, daß sie während der Arbeit die fertige Pflanzung vor sich, die noch leere Fläche hinter sich haben.

5. Die Loch- und Grabenpflanzung.

§ 531. Bei der Loch- und Grabenpflanzung geht die Anfertigung des Pflanzloches, bezw. Grabens nur ausnahmsweise so Hand in Hand mit der Pflanzung, daß beide unmittelbar nach einander von demselben oder zwei sich begleitenden Arbeitern ausgeführt werden könnten. Im allgemeinen ist die Anfertigung derselben eine zeitraubendere Arbeit, als das Pflanzen selbst. Es werden daher, selbst wenn beide an einem Tage vorgenommen werden, zwei Arbeiterkolonnen eingestellt, von welchen die eine, aus kräftigen Männern bestehend, die Pflanzlöcher oder Gräben macht, während die andere, aus Frauen und Kindern bestehende, den Männern folgend die Pflanzung besorgt.

Unter diesen Umständen ist es klar, daß man, wo in der eigentlichen Pflanzzeit im Verhältnisse zur Ausdehnung des Pflanzgeschäftes eine vollauf genügende Arbeiterzahl nicht zur Verfügung steht, mit der Anfertigung der Löcher und Gräben sehr frühzeitig beginnt und sie im Notfalle sogar schon im Herbste vor der Pflanzung vornimmt. Letzteres ist sogar Regel auf schweren Böden, deren Lockerheit durch Ausfrieren im Winter gefördert wird.

§ 532. Dieses frühzeitige Anfertigen der Löcher und Gräben hat aber auf lockerem Boden mancherlei Nachteile, namentlich wenn man die Pflanzlöcher offen läßt und die ausgehobene Erde neben den Löchern aufhäuft. Auf der einen Seite wäscht eintretender Regen die Erde zwischen das Gras und die Unkräuter der Umgebung oder diese breitet sich von selbst zerfallend auf dem Boden aus, so daß es, wenn die Pflanzung beginnen soll, schwer hält, die zur Ausfüllung nötige lockere Erde zusammenzubringen; tritt umgekehrt trockene Witterung ein, so wird die Erde bei längerem Liegen zum Pflanzen zu trocken.

Man füllt daher, wenn die Pflanzlöcher und Gräben längere Zeit vor der Pflanzung gemacht werden müssen, die ausgehobene lockere Erde unter Ausschluß der bei der Pflanzung selbst nicht verwendbaren Steine und Baumwurzeln und der auch außerhalb des Loches nicht zerfallenden Rasen wieder in dieselben ein und läßt sie nur dann außerhalb derselben liegen, wenn man sie absichtlich ausfrieren lassen will oder wenn die Pflanzung dem Löchermachen so rasch folgt, daß weder eine Abschwemmung noch eine Austrocknung des Bodens zu fürchten ist, oder endlich, wenn man wie bei der Ballenpflanzung oder bei der Verwendung von Füllerde nur einen kleinen Teil der ausgehobenen Erde zur Pflanzung nötig hat. Bei sehr trockenem Wetter und scharfem Ostwinde trocknet dieselbe manchmal so rasch aus, daß man selbst, wenn auch nur Stunden zwischen der Herstellung der Löcher und der Pflanzung vergehen, gut thut, die Pflanzlöcher nicht offen zu lassen.

Es unterliegt keinem Zweifel, daß dieses Wiedereinfüllen der Erde und das bei der Pflanzung nötig werdende Wiederöffnen des Pflanzlochs mit der Hand oder der Hacke Mehrkosten verursacht; es läßt sich aber nur da vermeiden, wo man im Frühjahre Arbeiter in ausreichender Zahl zur Verfügung hat. Wo man es einschränken kann, thut man gut, nur diejenigen Gräben und diejenigen Löcher längere Zeit vor der Pflanzung zu machen, bei welchen man auch die Erde außerhalb des Pflanzlochs liegen lassen kann. Nur das Abziehen des Bodenüberzugs bewirkt man, wo es ohnehin von der Herstellung der Pflanzlöcher getrennt ausgeführt wird, auch sonst zu jeder beliebigen Zeit.

§ 533. Bei der Anfertigung des Pflanzlochs oder Grabens kann es sich um Verschiedenes handeln. Dasselbe bezweckt entweder nur die Herstellung der zur Aufnahme des Pflänzlings nötigen Öffnung im Boden, welche bei der Pflanzung mit dem Ballen des Pflänzlings oder mit Füllerde wieder ausgefüllt wird, oder gleichzeitig die Gewinnung lockerer und guter Erde zur Wiederausfüllung des Loches, namentlich in der unmittelbaren Umgebung der Wurzeln.

Im ersteren Falle genügt es, das Loch oder den Graben in der möglichst einfachen Weise herzustellen und, was darin befindlich ist, möglichst auf einmal auszuheben. Zur Anfertigung kleinerer Löcher bedient man sich auf dazu geeignetem Standorte zweckmäßig des Heyer'schen Hohlbohrers (§ 398) und zwar desselben Kalibers, welches man auch zum Ausheben der Pflänzlinge benutzen will, wenn es sich um die Versetzung von Ballenpflanzen handelt, welche man mit diesem Instrumente ausheben kann, und eines dem Durchmesser der Wurzelverbreitung der zu verwendenden Pflanzen entsprechenden Kalibers, wenn man kleine ballenlose Pflanzen in die Ballen haltenden Boden pflanzen will.

Der Gebrauch ist derselbe wie beim Ausheben der Pflänzlinge (§ 398) nur daß dann selbstverständlich nicht das Pflänzchen, sondern sein künftiger Standort in die Mitte des Bohrers genommen wird und daß man den im Bohrer steckenden Erdballen nicht eigens aus dem Instrumente zu heben braucht. Vielmehr wird derselbe beim Bohren des zweiten Loches von selbst von unten aus dem Bohrer herausgedrückt.

Größere Löcher, sowie die Pflanzgräben werden je nach der Bodenbeschaffenheit mit dem Spaten, der Hacke oder dem Rodeeisen hergestellt. Ihre Tiefe und Weite richtet sich bei der Pflanzung ohne Ballen nach der Länge der in die Tiefe gehenden Wurzeln und nach dem Durchmesser der oberen Wurzelverbreitung, bei der Ballenpflanzung nach der Größe des Ballens. Sie sollen mindestens so groß sein, daß alle an dem Pflänzlinge bleibenden Wurzeln ohne Verbiegung in ihnen Platz finden und womöglich im ersten Jahre weiter wachsen können, ohne ungelockertes Erdreich zu treffen. In der Sohle vorhandene flache Steine sind womöglich ganz oder teilweise aus dem Loche herauszuschaffen.

§ 534. Soll die ausgehobene Erde ganz oder teilweise wieder zur Füllung des Pflanzloches verwendet werden, so ist eine Trennung der etwa darin vorhandenen Schichten verschiedenen Wertes um so nötiger, je mehr sich darunter ganz unbrauchbare Teile befinden. Insbesondere müssen aus dem Loche oder Graben ausgeworfene Steine und Holzstücke als zur Ausfüllung des Loches ganz untauglich auf die Seite gelegt werden. Außerdem sind die durch Wurzeln von Gräsern und Forstunkräutern zusammengehaltenen Schollen, wenn sie sich nicht ausschütteln oder zerkrümeln lassen, weil sie sich bei der Pflanzung den Wurzeln nicht vollkommen anschließen, besonders zu legen, damit die lockere eigentliche Feinerde, welche sich zur Ausfütterung der Löcher unmittelbar um die Wurzeln am besten eignet, auf einem Haufen beisammen liegt. Wo man die Pflanzung besonders gut machen will, empfiehlt es sich sogar, die Feinerde wieder zu trennen, indem man die humose Mutter- oder Dammerde als die fruchtbarste zur Verwendung hart an den Wurzeln zurecht legt und von der weniger fruchtbaren mineralischen Krume getrennt hält.

§ 535. Bei der Pflanzung selbst ist es, einerlei ob mit oder ohne Ballen gepflanzt wird, die Hauptsache, daß die Pflänzlinge namentlich an den Wurzeln unbeschädigt in die Erde kommen, daß bei in dieser Hinsicht empfindlichen Holzarten, wie z. B. bei den meisten Nadelhölzern, insbesondere die Pfahl- und Herzwurzeln nicht verbogen werden und daß durch sorgfältige Ausfüllung aller Lücken in ihrer Umgebung mit möglichst frischer Erde das nachträgliche Vertrocknen der Wurzelspitzen vermieden wird, und daß endlich die Pflanze nicht tiefer und nicht höher in den Boden zu stehen kommt, als ihre Eigenart erträgt.

Bei der Ballenpflanzung ist das eine einfache Sache. Hier befindet sich bei der Pflanzung der Pflänzling selbst, soferne er beim Ausheben, beim Transporte und bei der Aufbewahrung richtig behandelt wurde, in der denkbar besten Verfassung. Es genügt, zu verhüten, daß dieser Zustand durch die Pflanzung selbst nicht verändert werde.

Bei der Tiefpflanzung mit Ballen wird der Ballen einfach in das vorher ausgehobene Pflanzloch so gestellt, daß seine Oberfläche mit derjenigen seiner nächsten Umgebung abschneidet und etwaige Lücken zwischen ihm und den Wandungen und der Sohle des Loches sorgfältig ausgefüllt werden können.

Sind die Pflanzen mit Hohlbohrern desselben Kalibers ausgestochen, mit welchen die Löcher gebohrt wurden, so genügt ein einfaches Andrücken der Erde gegen den Ballen mit der Hand oder dem Fuße, oder einem dazu mitgeführten hölzernen Schlägel, um die nötige Verbindung zwischen dem Ballen und seiner Umgebung herzustellen. Es ist dann nur nötig, dafür zu sorgen, daß die Wurzeln nicht beim Pflanzen selbst dadurch beschädigt werden, daß man den Pflänzling statt am Ballen am Stämmchen anfaßt, oder daß man statt die Erde der Umgebung an den Ballen umgekehrt den Ballen an seine Umgebung andrückt.

Insbesondere ist jeder sehr nahe am Stämmchen senkrecht geführte Druck oder Stoß bei dieser Pflanzung wie bei jeder anderen zu vermeiden, weil er die oberen Würzelchen abreißt und die stärkeren beschädigt.

§ 536. Werden die Löcher mit dem Spaten oder der Hacke hergestellt, so passen natürlich die Ballen der Pflänzlinge niemals so genau in dieselben, wie bei Benutzung von Hohlbohrern ein und desselben Kalibers.

Die Pflanzer haben deshalb in diesem Falle eine Hacke mitzuführen, um zu enge Löcher zu erweitern oder zu flache zu vertiefen. Sie haben außerdem zu tief geratene Löcher mit lockerer, möglichst fruchtbarer Erde soweit aufzufüllen, daß der Ballen, wenn seine Oberfläche mit der seiner Umgebung abschneidet, überall aufsteht, und haben endlich alle größeren Zwischenräume zwischen dem Ballen und den Seitenwandungen des Loches, soweit sie sich nicht durch einfachen Druck von der Seite her vollkommen schließen lassen, mit den Fingern mit lockerer Erde auszufüttern.

Der etwa abgezogene Rasen und die übrig gebliebene Erde werden entweder, in der Ebene auf der Süd-, in Hängen an der Thalseite, auf ein Häufchen vor dem Loche zusammengezogen oder in Spannweite von den Pflanzen, die Rasen mit den Wurzeln nach oben ringförmig um dieselbe aufgehäufelt.

§ 537. Auch die in Manteuffel'scher Manier formierten Hügel, sowie die Grabenhügel werden manchmal mit Ballenpflanzen besetzt oder es werden solche Hügel um die bei wenig verrastem Boden direkt auf die Oberfläche, bei stärker verunkrautetem auf eine dünne Zwischenlage lockerer Erde gestellten Ballenpflanzen nachträglich hergestellt.

In ersterem Falle wird die zur Aufnahme des Ballens nötige Vertiefung einfach mit der Hand oder zweckmäßiger mit der Pflanzkelle, einem der Maurerkelle ähnlich konstruiertem Instrumente, in der Spitze des aufgeschütteten Kegels ausgehöhlt, der Ballen hineingestellt, die Erde um denselben wieder angedrückt und hierauf die etwa beschädigte Böschung und Deckung wieder hergestellt. Im anderen Falle stellt man den Ballen auf die Erde, schüttet um ihn die nötige Menge Erde an, drückt sie am Ballen fest, regelt dann die Böschung und deckt den so entstandenen Hügel in der in § 227 beschriebenen Weise.

§ 538. Die s. g. Ballenhügelpflanzung oder König'sche Plattenpflanzung unterscheidet sich von der gewöhnlichen Hügelpflanzung mit Ballen nur dadurch, daß der Bodenüberzug vor der Pflanzung plattenweise abgezogen und der Boden auf den Platten umgehackt und teilweise zur Bildung des Hügels verwendet wird. In die Mitte der Platte wird dann der Ballen auf die gelockerte Erde gestellt und um ihn herum ein Hügel formiert, zu welchem man das Material dem gelockerten Boden der Platte in der Umgebung des Ballens entnimmt. Die letztere kommt dadurch am Rande unter das Niveau des Geländes zu stehen und bildet dort um den in der Mitte gebildeten Hügel eine Art Graben, über welchen dieser hinausragt.

§ 539. Bei ballenlosen Pflänzlingen ist das bei ballenlosen Pflänzlingen zulässige Verteilen der Pflänzlinge vor der Pflanzung immer ein Fehler, namentlich bei trockener Witterung, weil es die Wurzeln der Pflanzen dem Vertrocknen preisgiebt.

Die Pflanzlöcher dazu werden bei der eigentlichen Lochpflanzung ebenso gemacht wie für Ballenpflanzen. Nur vermeidet man, wo man es nicht mit sehr lockerer Erde zu thun hat, den Gebrauch des Hohlbohrers, weil er die ausgehobene Erde nicht lockert. Man bevorzugt die zur Lockerung besser geeigneten Werkzeuge, wie Hacke, Spaten und Spiralbohrer, von welchen man den letzteren da anwendet, wo bei kleinen in einem Bohrloche von höchstens 18 cm Durchmesser Platz findenden Pflänzlingen nicht eine Auswahl unter den Bodenschichten, sondern eine innige Mengung derselben wünschenswert erscheint, also da, wo einerseits nicht Steine und Baumwurzeln aus dem Loche zu nehmen sind, und wo anderseits die beim Bohren sich ergebende Bodenmischung zum Ausfüttern der Wurzeln vollauf geeignet ist.

§ 540. Sind die Löcher mit dem Bohrer hergestellt, so bleibt in der Regel ein Teil der Erde in dem Pflanzloche zurück, auch wenn man sie beim Herausziehen des Bohrers durch Drehen desselben in der Richtung des Einbohrens herauszuheben sucht. Es muß deshalb bei Anwendung des Bohrers fast immer die Hand oder ein besonderes Werkzeug zur vollständigen Aushebung des Loches zu Hilfe genommen werden. Wo man den Bohrer beim Herausziehen in umgekehrten Sinne drehte und infolge davon alle Erde im Bohrloch zurückblieb, ist das immer notwendig, ebenso natürlich da, wo man die mit dem Spaten oder der Hacke gemachten Löcher absichtlich wieder ausfüllte. Dasselbe ist der Fall, wo die Hügel in Manteuffel'scher Manier aufgeschüttet sind.

In diesem Falle höhlt der Arbeiter bei der Pflanzung in der Mitte des mit lockerer Erde ausgefüllten Loches mit der Hand, einer kleinen Hacke oder der Pflanzkelle im Loche eine Grube aus, welche groß genug ist, um sämtliche Wurzeln der Pflanze ungeknickt und die Pfahl- und Herzwurzeln auch unverbogen unterzubringen. In der Mitte dieser Grube wird, wo es sich um Pflanzen handelt, deren Wurzeln sich wie die der Fichte vorherrschend seitlich verbreitet, ein kleiner Hügel belassen, um welchen sich die Wurzeln rangieren.

§ 541. Ist so das Pflanzloch ausgehöhlt, so wird der Pflänzling nun so über die Mitte des ausgehobenen Loches und über den Hügel gehalten, daß der Wurzelhals mit der künftigen Bodenoberfläche im Loche abschneidet und der oberirdische Stammteil senkrecht steht.

Es geschieht das bei Pflänzlingen bis zur Stärke von schwachen Lohden von demselben Arbeiter, welcher das Loch später wieder ausfüllt, mit der linken Hand, bei stärkeren von einem zweiten Arbeiter.

Der erste Arbeiter ordnet dann, wenn er allein pflanzt, mit der rechten, sonst mit beiden Händen die Wurzeln möglichst ihrer natürlichen Lage entsprechend, füllt dann die Zwischenräume mit der besten im Pflanzloche vorhandenen Erde, welche er mit der Hand oder der Kelle von der Seite beischiebt und umgiebt dann die Wurzeln unmittelbar mit solcher Erde. Während dieser Ausfüllung hält die linke Hand, bezw. der zweite Arbeiter den Pflänzling so lange in der angegebenen Lage fest, bis er von der eingefüllten Erde aufrecht gehalten wird. Diese wird hierauf von der Seite her festgedrückt, wobei der Arbeiter bei Pflänzlingen mit starken, sich nicht mehr biegenden Seitenwurzeln die Erde mit gespreizten Fingern zwischen die Wurzeln schiebt, um so die Zwischenräume zwischen denselben möglichst vollständig auszufüllen. Was sonst noch an guter lockerer Erde aus dem Pflanzloche vorhanden ist, wird hierauf so nahe als möglich an die Wurzeln gebracht und die im Pflanzloche dann noch bleibenden Lücken mit dem Reste der Erde und im Notfalle auch mit Rasen ausgefüllt.

§ 542. Sind die Pflanzlöcher vorher vollkommen ausgeleert, so erfolgt die Pflanzung in analoger Weise nur mit dem Unterschiede, daß man, wenn die Löcher wesentlich tiefer sind als die Wurzeln der Pflanzenreihen, die Ecken der Pflanzlöcher mit Rasenstücken ausfüllen kann, und daß man die Erde von den außerhalb des Pflanzlochs aufgeschütteten Häufchen nimmt. Die Pflanzkelle leistet in diesem Falle, namentlich wenn die Erdhäufchen von langem Liegen flach geworden sind, sehr gute Dienste. Das Zusammenkratzen der lockeren Erde geht damit rascher von statten als mit der Hand, und im Notfalle läßt sich mit derselben von den Rasen und der unbearbeiteten Fläche das Nötige abkratzen.

Ist das Loch in obiger Weise ausgefüllt, so wird die Pflanze festgedrückt. Es geschieht das bei kleinen Pflänzlingen durch Drücken oder Schlagen mit der Faust oder einem hölzernen Schlägel von der Seite her in schiefer Richtung; bei größeren durch Antreten, wobei der Arbeiter die Pflanze zwischen die Füße nimmt und durch Druck auf die äußeren Ballen die Erde schief gegen die Wurzeln andrückt.

Die von der Pflanze weiter entfernten Teile des Pflanzlochs, in welchen keine Wurzeln sich befinden, können durch kräftigen Schlag und senkrechten Stoß oder Tritt festgedrückt werden.

Bei diesem Festdrücken ist jeder unmittelbar auf den Pflänzling wirkende Druck, weil er die Wurzeln verbiegt, zu vermeiden, ebenso jeder hart an demselben senkrecht geführte Stoß oder Druck, weil er die Faserwurzeln unmittelbar unter dem Wurzelhalse abreißt.

Es versteht sich von selbst, daß man, wo man Kompost oder Humus verwendet, dieselben möglichst nahe an die Wurzeln bringt, während man konzentrierte Dünger entweder vorher mit der Pflanzerde mischt, oder aber auf die Erdschichten streut, mit welchen man die Wurzeln der Pflänzlinge unmittelbar umgeben hat.

§ 543. Im allgemeinen ist indessen diese besonders sorgfältige Art der Pflanzung nur bei älteren schwer anwurzelnden Pflänzlingen gebräuchlich. Sicherer anwachsende Pflanzen pflanzt man ungleich rascher an den Rand des Pflanzlochs, bezw. der in das Pflanzloch gemachten Grube. Der Arbeiter hebt dann die Pflanze mit der linken Hand an den linken Rand des Pflanzloches, vor welchem er knieet, so daß ihre am meisten bewurzelte Seite dem Loche zugewandt ist und füllt dann die Zwischenräume zwischen den freien Wurzeln in der angegebenen Weise aus. Die Pflanze steht dann früher fest, weil ihr der feste Rand des Loches einen Halt bietet, und der Arbeiter kann seine linke Hand früher zum eigentlichen Pflanzgeschäfte gebrauchen. Außerdem arbeitet er bequemer, weil er die linke Hand, während sie die Pflanze hält, auf den Lochrand auflegen kann.

Die Pflanze genießt aber dann nur mit der dem Loche zugewandten Seite die Vorteile der Lockerung im Pflanzloche und der unversehrten Unterbringung der Wurzeln. Auf der dem Lochrande zugewandten Seite werden, namentlich wenn in dieser Weise in ganz geleerte Löcher gepflanzt wird, die Wurzeln wie bei der Klemmpflanzung verbogen und kommen mit ungelockerter Erde in Berührung. Letzterer Nachteil wird vermindert, wenn man nicht an den Lochrand, sondern an den Rand der Grube, welche in der gelockerten Erde des wieder gefüllten Pflanzlochs gemacht wird, pflanzt, oder wenn man vor der Pflanzung die linke Seite des Pflanzlochs mit lockerer Erde füllt und an ihren Rand in der angedeuteten Weise pflanzt.

Grabenpflanzungen werden in analoger Weise gemacht, nur fördert es bei denselben die Arbeit, wenn die Arbeiterin nur die Wurzeln der an der einen Grabenwand festgehaltenen Pflänzlinge knieend mit der besten Erde bedeckt und unterfüttert, den Rest der Arbeit aber, insbesondere das völlige Ausfüllen des

Grabens und das Festtreten der dazu verwendeten Erde, auf einmal stehend verrichtet.

Das Ausfüllen des Grabens beschränkt sich auf die vollständige Bedeckung der Wurzeln der einzelnen Pflänzlinge unter Offenlassung der Zwischenräume, wenn man nach Maßgabe des Standortes Ursache hat, diese Zwischenräume dauernd als Wasser- und Laubfänge (§ 249) zu benutzen.

Diese Carl'sche Schutzgrabenpflanzung hat sich in dem Bezirke ihres Erfinders, der lothringischen Oberförsterei Bitsch-Süd sowohl beim Vorbau von Buchen auf herabgekommenen, zur Umwandlung in Mischbestände bestimmten Böden, wie beim Unterbau vorzüglich bewährt.

§ 544. Bei der s. g. Biermans'schen Pflanzmethode wird an die linke Wand des mit dem Spiralbohrer hergestellten und mit der Hand geleerten Pflanzlochs eine Handvoll Rasenasche gedrückt, daran die Pflanze gehoben und mit Rasenasche festgedrückt, worauf das Loch so ausgefüllt wird, daß zunächst der Pflanze der bessere Teil der ausgehobenen Erde zu liegen kommt. Sie bildet daher ebenso wie die Klemmpflanzungen mit Füllerde und die Alemann'sche Klapppflanzung[1]) den Übergang von der Klemm- zur Lochpflanzung. Die Wurzeln bleiben dabei nicht in ihrer natürlichen Lage, es wird aber doch nicht in so primitiver Weise verfahren, wie bei der eigentlichen Klemmpflanzung.

Bei der Klapppflanzung wird zuerst das Pflanzloch von drei Seiten etwa 15 cm tief umstochen, dann der Rasenplaggen, wie in § 228 beschrieben, umgeklappt und alsdann durch einen scharfen Stoß mit dem Spaten oder Hieb mit dem Wiesenbeile parallel mit den beiden losgetrennten Seiten in 2 gleiche Teile geteilt. Hierauf wird die in dem Loche befindliche Erde noch etwas gelockert, für Pflanzen mit Pfahlwurzeln mit dem Vorstoßeisen ein Loch für die Pfahlwurzel eingestoßen, dann die Pflanze in die Mitte des Loches eingestellt und an den Wurzeln mit Erde, welche der Unterseite des umgeklappten Rasens entnommen wird, bedeckt. Zum Schlusse werden die beiden Hälften der Rasenplagge, eine nach der andern in ihre ursprüngliche Lage zurückgeklappt und dort festgetreten. Sie schließen dann die Pflanze beiderseits ein.

Der Erfinder empfiehlt diese Pflanzmethode für nassen, schmierigen Bruchboden, wo bei den gewöhnlichen Pflanzmethoden der Pflänzling nicht den nötigen Halt findet und deshalb leicht auffriert.

§ 545. Wo bei der Pflanzung die Löcher oder Spalte in den Boden gestoßen und nicht durch Herausheben der Erde, sondern durch Aufdieseitedrücken des Bodens hergestellt werden, wird, wenn Kompost- oder sonstige Füllerde zur Ausfüllung der Löcher verwendet wird, der Pflänzling wie bei der Lochpflanzung zweckmäßig mit der linken Hand in die Mitte des Pflanzloches gehalten und dieses mit der rechten Hand aus einem vom Arbeiter mitgetragenen Korbe ringsum mit Füllerde bestmöglichst ausgefüllt. Zum vollständigen Schließen des Loches ist man trotzdem gezwungen, die Ränder des Pflanzlochs von der Seite einzudrücken, so daß auch hier die Wurzeln, wenn auch nicht in eine Ebene, so doch auf in einer Richtung sehr schmalen Raum zusammengedrückt werden.

---

[1]) a. a. O. S. 51.

§ 546. Ein gut gepflanzter Setzling muß nach der Pflanzung senkrecht und so fest stehen, daß er nicht ohne Anwendung von Gewalt herausgezogen werden kann. Er darf ferner mit dem Wurzelhalse nicht tiefer im Boden stehen, als es die Eigenart der Holzart gestattet, bei den meisten Holzarten nicht tiefer, als daß er, wenn der Boden sich gesetzt hat, gerade so tief steht, wie er an seinem früheren Standorte gestanden hat.

Manche Holzarten, insbesondere Fichte, Tanne, Lärche und Buche, sind gegen tiefes Pflanzen außerordentlich empfindlich und kränkeln oft Jahre lang, ohne sich je zu erholen. Andere, wie z. B. die Kiefer, ertragen tiefes Pflanzen, namentlich auf leichtem Boden sehr gut. Stummelpflanzen pflegt man, um die Austrocknung der Schnittwunden zu verhüten, immer etwas tief zu pflanzen und den Stummel speziell noch mit einem Häufchen Erde zu bedecken.

§ 547. In der Sonne sehr ausgesetzten Lagen ist es bei manchen schwer anwachsenden oder gegen Sonnenbrand empfindlichen Holzarten, z. B. der Buche, von Wichtigkeit, daß sie der Sonne nicht ihre unbeschützten oder an ihre Wirkungen nicht gewöhnten Seiten zuwenden. Man pflanzt deshalb solche Holzarten immer so, daß ihre am meisten beastete Seite und bei gleicher Beastung die in ihrem früheren Stande nach Süden gerichtete Seite dem Süden zugewendet ist.

Eine Verpfählung der Pflänzlinge behufs Erhaltung eines geraden Wuchses ist im allgemeinen nur an Alleeen und bei im Verhältnisse zu ihrer Höhe zu schlank aufgewachsenen, namentlich bei obstbaumartig beschnittenen Pflänzlingen, nötig. Dagegen müssen in Revieren mit starkem Rehstande seltene Holzarten zur Verhütung des Fegens und Schlagens manchmal durch Einschlagen von drei bis vier Pfählen um die Pflanze geschützt werden.

Gegen das Verbeißen durch die Rehe hilft bei schwachen Kiefern das Teeren der Gipfelknospen mit nicht dickflüssigem Teer. Es genügt, dieselben im Vorwinter mit in Teer getauchten Fingern anzufassen. Auch die Kalkmilch wird dazu verwendet. Dieselbe wird mit dem Pinsel an die Pflanzen geschmiert und gespritzt. In Württemberg will man mit dem Kalken gute Erfolge erzielt haben.

Kapitel VI. Natürliche Verjüngung durch Ausschläge.

§ 548. Wie bereits erwähnt, erfolgt die natürliche Verjüngung der Nieder- und Mittelwald-, sowie der Kopfholzbestände durch die Ausschläge nach dem Abhiebe an den an Ort und Stelle verbleibenden Teilen der abgehauenen Stämme und Stammteile ohne menschliches Zuthun.

Um sie hervorzurufen, muß also der Stamm entweder am Boden oder in einiger Höhe über demselben abgehauen werden. Die Ausschläge erfolgen dann je nach der Art, wie und der Stelle, an welcher der Abhieb geschieht, in verschiedener Üppigkeit und Reichlichkeit und an verschiedenen Stellen. Die ersteren werden außerdem beeinflußt durch die Holzart und das Alter der Stöcke und Baumstümpfe, aus welchen die Ausschläge hervorgehen, sowie durch den Standort und die Zeit, in welcher der Abhieb geschieht.

Wie bei der natürlichen Verjüngung der Samenbestände die Schlagstellung, so ist bei derjenigen der Ausschlagwaldungen die Art und Weise und die Zeit der Hiebsführung ein integrierender Teil des Verjüngungsbetriebes.

§ 549. Die Verschiedenheit der Holzarten zeigt sich vor allem in der oberen Grenze, welche der Umtriebszeit im Interesse der Verjüngung der Ausschlagwaldungen gezogen werden muß.

Im allgemeinen erfolgen bei jeder Holzart die Ausschläge am reichlichsten und am kräftigsten vor Abschluß ihres stärksten Höhenwuchses. Von da an nimmt die Ausschlagfähigkeit mehr oder weniger rasch ab. Eine wesentlich über dieses Alter hinausreichende Umtriebszeit macht deshalb die natürliche Ausschlagverjüngung unsicher.

Dieser Zeitpunkt tritt bei den verschiedenen Holzarten in verschiedenem Alter ein. Er liegt bei den eigentlichen Sträuchern meist zwischen dem 5. und 10., bei den weichen Laubhölzern zwischen dem 10. und 30. Lebensjahre und geht auch bei den Harthölzern selten über das 50. Lebensjahr hinaus.

Die Ausschlagfähigkeit hält am längsten an auf gutem und hört am frühesten auf auf schlechtem Standorte. Auch ertragen an sich junge Stöcke eine längere Umtriebszeit als ältere und es gestatten noch nie abgeworfene Kernwüchse, weil auch ihr Höhenwuchs später seinen Höhenpunkt erreicht, einen späteren Abtrieb als bereits einmal abgetriebene Ausschläge.

Von zwei Holzarten, deren Höhenwuchs in gleichem Alter kulminiert, verliert diejenige zuerst die Ausschlagfähigkeit, welche nur an den oberirdischen Stockteilen ausschlägt, und unter diesen wieder zuerst diejenige, welche die dichteste die Einwirkung des Lichtes von dem Kambium am vollkommensten abschließende Rinde besitzt, die glatt- und dichtrindige Buche, also vor der Eiche mit rissiger, in den Rissen dünner Rinde.

§ 550. Dagegen existiert eine untere Grenze für die mit Rücksicht auf die Ausschlagfähigkeit der Stöcke zulässige Umtriebszeit kaum.

Die Ausschläge erfolgen, wenn nur die Stöcke selbst alt genug sind, bei den meisten Holzarten, auch bei alljährlichem Abtrieb fast ebenso reichlich, als bei längerer Umtriebszeit, sofern nur die neuen Ausschläge Zeit finden, im ersten Jahre gehörig zu verholzen. Manche allerdings sehr reichlich ausschlagende Holzarten, wie die Korbweiden, werden grundsätzlich in ein- und zweijährigem, andere in vier- bis zehnjährigem Umtriebe bewirtschaftet. Bei der Eiche sind, obwohl sie ihre Ausschlagfähigkeit mit am längsten von allen Holzarten beibehält, wo sie geschält wird, Umtriebszeiten von 12 bis 20 Jahren Regel.

§ 551. Die Dauer der Stöcke, d. h. die Zeit, während welcher die ursprünglichen oder die aus ihnen hervorgehenden neuen Stöcke ihre Ausschlagfähigkeit behalten, ist bei denjenigen Holzarten am größten, welche auch von dem Wurzelstocke reichlich ausschlagen, wie Ahorn, Eiche, Hainbuche, weil die dort erfolgenden Ausschläge sich leicht bewurzeln und so zu selbständigen Pflanzen erwachsen, also gewissermaßen bei jedem Abtriebe neue Stöcke bilden.

Solche Stöcke behalten ihre Ausschlagfähigkeit oft weit über das Alter hinaus, in welcher dieselbe Holzart als Kernwuchs abzusterben oder als vollständig hohl umzubrechen pflegt. Das Herz des Stockes ist dann oft vollständig ausgefault, während die der Rinde zunächst gelegenen Teile fortgesetzt Ausschläge liefern. Solche im Kerne faule Stöcke liefern übrigens nicht immer gesunde Ausschläge; bei manchen Holzarten, insbesondere bei den Ulmen- und Erlenarten, sowie bei der Aspe überträgt sich die Fäulnis der Stöcke, bezw. die Kernfäule der Wurzeln, häufig auf die Ausschläge. Wo das der Fall ist, müssen kernfaule Stöcke natürlich entfernt werden.

§ 552. Inbezug auf die mit Rücksicht auf die möglichst vollständige Verjüngung zweckmäßigste Füllungszeit lassen sich allgemein giltige Regeln nicht aufstellen. An und für sich erscheint die Zeit der Saftruhe als die naturgemäßeste. Die Ausschläge erscheinen dann frühzeitig und haben bis zum Eintritte der Winterfröste vollauf Zeit zu verholzen. Der späte Safthieb gefährdet dagegen überall, der frühe wenigstens da, wo die Sommer kurz sind, die Ausschläge des ersten Jahres. Erfrieren dieselben vor Abschluß der Vegetation, so tritt häufig Saftstockung ein und die Stöcke entbehren im nächsten Frühjahre der Reservestoffe zu neuen Ausschlägen. Sie sterben dann häufig ab, ein Umstand, welchen man zur Ausrottung lästiger Sträucher durch Sommerhieb zu benutzen pflegt.

Dagegen lehrt die Erfahrung in den seit Jahrhunderten Ende April bis Ende Mai abgetriebenen Eichenschälwaldungen, daß wo die Vegetationszeit lange genug ist, der Hieb in den ersten $1^1/_2$ Monaten der Saftzeit die Dauer der Stöcke nicht vermindert.

Auf der anderen Seite setzt der frühe Winterhieb die frischen Stöcke der Einwirkung des Winterfrostes aus, welcher die der Abhiebfläche zunächst liegenden Schichten des Kambiums tötet, durch das Gefrieren des zwischen Rinde und Holz vorhandenen oder infolge zufälliger Verletzungen eindringenden Wassers die Rinde vom Holze löst und dadurch die prompte Überwallung der Ränder der Hiebsfläche erschwert.

§ 553. Man giebt deshalb bei allen nicht sehr leicht ausschlagenden Holzarten, insbesondere der Buche, Birke und den gegen Beschädigungen der Stöcke empfindlichen Ulmen, dem Spätwinter- und Frühjahrshiebe den Vorzug und zwar bei allen Holzarten, bei welchen nicht die Rücksicht auf die Gewinnung der Rinde zum Safthiebe zwingt, der Zeit kurz vor Eintritt des Saftes, weil dann starke Fröste nicht mehr zu befürchten sind und der bald austretende Saft die Abhiebsfläche des Stockes mit einer einigermaßen vor Vertrocknung schützenden dünnen Kruste überzieht.

Auch diese Hiebszeit hat ihre Nachteile. Sie zwingt nämlich dazu, das anfallende Holz aus dem Schlage zu rücken, wenn man die erfolgenden Ausschläge nicht durch das Setzen der Holzhaufen auf die Stöcke und durch die Holzabfuhr gefährden will. Diese Kosten erspart man, rechtzeitigen Verkauf vorausgesetzt, beim Hiebe im Vorwinter und Spätherbste. Man bevorzugt deshalb, wo man die Rinde nicht gewinnen will, bei allen gegen Beschädigungen der Stöcke wenig empfindlichen Holzarten, aber nur bei diesen, letztere Hiebszeit.

Auf sehr sumpfigem Boden ist man mit Rücksicht auf die Holzabfuhr an die Fällung bei starkem Frost gebunden. Wo die Rinde oder der Bast gewonnen werden soll, ist natürlich nur der Safthieb und zwar in der Zeit zulässig, in welchen das Kambium am saftreichsten ist, also bei steigendem Safte im Beginne der Vegetationszeit. Beim s. g. zweiten Saft zu hauen, ist im allgemeinen nicht rätlich, weil die erfolgenden Ausschläge dann meist ungenügend verholzen. Erfolgt der Hieb nach dem zweiten Safte, aber vor Eintritt der Saftruhe, so gehen häufig die Stöcke durch Saftstockung ein.

§ 554. Was die Art und Weise des Hiebes betrifft, so ist bei allen Holzarten, welche in allen Lagen Wurzelbrut treiben oder vorherrschend an den unterirdischen Teilen des Stockes ausschlagen, also bei Birke, Weißerle, Ahorn, Maßholder, Kastanie, Akazie, Aspe, Pappeln und den meisten Sträuchern tiefer Hieb möglichst glatt am Boden allgemeine Regel. In Frankreich geht man bei denjenigen Holzarten, welche sich sehr reichlich durch Wurzelbrut verjüngen, sogar so weit, daß man die Stöcke noch unterhalb des Wurzelhalses aus der Pfanne haut, um den Saft mehr den Wurzelbrut treibenden Seitenwurzeln zuzuführen.

Umgekehrt muß bei denjenigen Holzarten, welche wie die Buche in höherem Alter überall vorherrschend an den oberirdischen Stockteilen ausschlagen, im jungen Holze gehauen, d. h. ein 5 bis 10 cm langer Teil der letzten Ausschläge stehen gelassen werden, wenn die Rinde der alten Stöcke so dicht geworden ist, daß sie die Bildung von Adventivknospen erschwert. Die bei jenen Holzarten oft ganz vortreffliche Maßregel des nachträglichen tiefen Abhauens früher zu hoch gehaltener Stöcke hat bei diesen in der Regel ein Eingehen derselben zur Folge.

Bei dem Kopfholzbetriebe ist das Hauen oder Schneiden im jungen Holze gleichfalls nötig.

§ 555. Bei denjenigen Holzarten, welche wie die Eiche, Hainbuche, Roterle, Ulme, Esche, Linde, Schwarzpappel und die meisten Weiden sowohl ober-, wie unterirdisch vom Stocke ausschlagen, hängt es von dem Standorte und dem Grade der Beschattung ab, ob der hohe oder der tiefe Hieb den Vorzug verdient. Zur Bildung der Ausschläge ist Wärme und Feuchtigkeit erforderlich. Ist deshalb die Lage warm und sind die Wurzeln der Einwirkung der Sonnenwärme zugänglich, so erfolgen bei diesen Holzarten die Ausschläge leichter an dem im Boden steckenden Teile der Stöcke; ist umgekehrt die Lage von Natur oder durch Beschattung kühl, so sind die Bedingungen zur Entwickelung von Ausschlägen mehr in den oberirdischen Teilen der Stöcke gegeben. Man haut deshalb diese Holzarten möglichst tief ab, wenn der Boden warm und flachgründig ist, läßt sie dagegen etwas über die Bodenoberfläche herausschauen, wenn die Lage frisch oder der Boden so tiefgründig ist, daß die Wurzeln sich vorherrschend in tieferen und darum kühleren Bodenschichten verbreiten. Sehr dichtrindige Stöcke müssen auch bei diesen Holzarten im jungen Holze gehauen werden.

Wo Überschwemmungen häufig sind, müssen die Stöcke so hoch gemacht werden, daß die Schnittfläche des Stammes nicht lange unter Wasser bleibt. Auch in Geröllwänden macht man die Stöcke gerne etwas hoch, um die Beschädigung der Ausschläge durch abrollende Steine zu verhüten.

§ 556. Der Hieb hat mit sehr scharfer Axt, bei schwachen Stämmchen mit der Hippe oder mit der Durchforstungsschere, einer langschenkeligen Baumschere, in schiefer, womöglich nach Süden schauender Richtung, bei hohem Hiebe am besten von unten nach oben so zu erfolgen, daß das Wasser nicht auf den Schnittflächen stehen bleiben kann. Stärkere Stangen werden vorher durch aufwärts gerichtete Axthiebe von beiden Seiten eingekerbt, damit sie nicht aufreißen. Bei schwächeren mit einem Hippenhiebe abzuhauenden Stängchen ist das nicht nötig; dagegen ist bei diesen das Umbiegen zu vermeiden, weil dann die Stöcke leichter reißen. Wo wie bei Kernwüchsen schwer oder vorherrschend an oberirdischen Teilen ausschlagender Hölzer darauf besondere Rücksicht zu nehmen ist, bedient man sich entweder der Durchforstungsschere oder der Säge und glättet die Schnittfläche nachträglich mit der Axt oder dem Messer oder man läßt durch einen zweiten Arbeiter einen zur leichteren Handhabung mit einem Stiele versehenen kleinen Hackklotz während des Hiebes gegen das Stämmchen heben. Der Abhieb erfolgt dann entweder mit einem schief aufwärts gerichteten Schlag mit horizontal stehender Schneide oder mit horizontalem Schlage bei schiefer Stellung der Schneide, in beiden Fällen in der Richtung auf die an das Stämmchen gehaltene Fläche des Klotzes.

Auch der tiefe Hieb vermindert durch den Widerstand, welchen die den Stock umgebende Erde dem seitlichen Ausweichen der angehauenen Stangen entgegensetzt, die Gefahr des Splitterns, gegen welche alle an sich schwer ausschlagenden, aber auch manche leicht ausschlagende Holzarten, wie z. B. der Ahorn recht empfindlich sind.

Je schärfer die benutzten Instrumente sind, desto weniger ist ein Splittern des Stockes zu befürchten. Es ist daher, namentlich wo es sich um vorherrschend aus den oberirdischen Stockteilen ausschlagende Holzarten handelt, strenge darauf zu sehen, daß die Holzhauer fortwährend ihr Geschirr scharf erhalten.

Werden die Stämmchen stehend geschält, so muß zur Vermeidung der Rindenverletzung am Stocke, die Rinde unten rings um den Stamm losgehauen und von unten nach oben vom Stamme gelöst werden.

Das an manchen Orten auf flachgründigem Boden übliche Verfahren, die zu schälenden Stangen auf die Länge der Rindengebunde durchzuhauen und die Rinde dann von oben nach unten loszulösen, schafft ungleiche Ränder der Rinde an dem verbleibenden Stocke und beschädigt nicht selten die Rinde der Wurzeln. Wir können dieses Verfahren deshalb um so weniger empfehlen, als sich der beabsichtigte Zweck, die Ausschläge möglichst tief erscheinen zu lassen, auch bei der gewöhnlichen Methode des Stehendschälens dadurch erreichen läßt, daß man die Einkerbung der Rinde sehr tief am Stocke vornimmt.

§ 557. Der Gebrauch der Säge wird in der Regel nicht empfohlen, weil er weniger glatte und deshalb leichter faulende Schnittflächen liefert. Da sie gerade bei den am leichtesten splitternden ganz schwachen Hölzern auch verhältnismäßig langsam arbeitet, empfiehlt sich ihre Anwendung im allgemeinen nur bei sehr unzuverlässigen Arbeitern, dann aber als allgemeine Regel für alle gegen Beschädigung des Stockes einigermaßen empfindlichen Holzarten. Mit der Säge schlecht abgeschnittene Stöcke sind zwar wesentlich schlechter, als gut, aber bei schiefem Schnitte, welcher sich kontrollieren läßt, bedeutend besser als schlecht abgehauene Stöcke. Bedient man sich der Sägen, so verdienen kleinzähnige des glatteren Schnittes halber den Vorzug.

§ 558. Die Ausschlagfähigkeit der Stöcke wird gesteigert durch Frischerhaltung der der Schnittfläche zunächst liegenden Holzschichten und durch die Einwirkung des Lichtes und der Wärme auf die vor Vertrocknung geschützte Rinde. Das erstere erreicht man, indem man den Schnittflächen der Stöcke eine Neigung nach Süden giebt. Der austretende Saft vertrocknet dort rasch und überkleidet die Fläche mit einem die Luft ziemlich vollständig abschließenden dünnen Überzuge, der die darunter liegenden Holzschichten frisch erhält. Das Bedecken der Schnittfläche mit Rasen hat den gleichen Zweck.

Dagegen entblößt man die unter dem Abhiebe gelegenen Teile des Stockes, sowie flachstreichende Wurzeln gern von Moos und Erde, um durch vermehrten Lichtreiz die Bildung von Adventivknospen und bei ersteren außerdem das Austreiben schlafender Augen hervorzurufen. Einen gleichen Erfolg haben oberflächliche Verletzungen dickborkiger Rinden unter Schonung der inneren Rindenschichten.

Dagegen dürfte das von manchen vorgeschlagene Einkerben der Stöcke 3 bis 6 cm unter der Hiebsfläche weniger eine Vermehrung der Ausschläge, als eine Beschränkung derselben auf den tieferen Teil der Stöcke, wo sie sich leichter bewurzeln, zur Folge haben. Es empfiehlt sich deshalb nur da, wo man nicht Gründe hat, an den oberen Stockteilen erfolgenden Ausschlägen den Vorzug zu geben, wie das z. B. in Überschwemmungsgebieten der Fall ist.

§ 559. In rauhem Klima, in welchem die Stockausschläge an sich nicht sehr reichlich erfolgen und die erfolgenden häufig durch Spätfröste zerstört werden, sowie auf sehr trockenem Boden, auf welchem die Stöcke manchmal den Ausschlag versagen, endlich in Sommerhochwassern ausgesetzten Lagen, wo die Ausschläge manchmal ertrinken, empfiehlt es sich, für alle Fälle einen oder mehrere alte Ausschläge auf jedem Stock als Saftzieher stehen zu lassen und erst in einigen Jahren nachzuholen. In allen anderen Fällen ist der Abtrieb aller nicht zum Überhalten in den nächsten Antrieb bestimmten Ausschläge Regel und es werden dabei immer auch die kleinen auf dem Boden liegenden wertlosen Ausschläge, das s. g. Fegholz, mit hinweggenommen.

§ 560. Wo Überhälter, welche man bei den Ausschlagwaldungen beim erstmaligen Überhalten Laßreitel, später Oberholzbäume zu nennen pflegt, stehen bleiben, wählt man dieselben aus den etwa vorhandenen Kernwüchsen geeigneter Holzarten und den besten Ausschlägen möglichst junger Stöcke. Man läßt davon immer nur einen auf einem Stocke stehen und läßt von ihnen nicht mehr einwachsen, als daß sie bei der Verjüngung $^1/_3$ bis $^1/_5$ der Fläche beschatten, ersteres, wo das Unterholz aus Schattenhölzern besteht und der Standort besonders günstig ist, letzteres auf geringerem Standorte und bei Lichthölzern.

400 bis 600 Stöcke pro Hektar, also ein Abstand der gesunden Stöcke von 4 bis 5 m hält man zur Erzielung einer ausreichenden Bestockung für Ausschlagwaldungen in nicht zu niedrigem Umtriebe für ausreichend.

§ 561. Windbruch ist in Ausschlagwaldungen wenig zu befürchten. Auf die vorherrschende Richtung der Sturmwinde braucht in denselben deshalb bei Wahl der Hiebsrichtung nicht geachtet zu werden, wenn auch die oberirdischen Ausschläge mancher Holzarten, z. B. der Eiche, bei heftigem Winde gerne ausreißen.

Dagegen erschweren trockene Winde möglicherweise das Anschlagen der Verjüngung, jedenfalls aber die Gewinnung der Rinde in dazu bestimmten Ausschlagbeständen. Man läßt deshalb im Ausschlagwalde die Schläge in umgekehrter Richtung wie im Samenwalde, also von Südwest nach Nordost fortschreitend einander folgen. Besondere Opfer dafür zu bringen, wie sie im Samenwalde häufig nötig werden, dürfte sich aber im Ausschlagwalde kaum rentieren.

Kapitel VII. Künstliche Verjüngung durch Ausschläge.

1. Verjüngung durch Absenker.

§ 562. Unter besonders günstigen Verhältnissen läßt sich fast jede Holzart durch Absenker verjüngen. Es gehört dazu ständige feuchte Wärme, wie sie in den Warmhäusern unserer Gärtner künstlich erzeugt wird. Im Freien, wo Feuchtigkeit und Wärme häufigem Wechsel unterworfen sind, gelingt diese Art der Verjüngung im allgemeinen nur bei den dazu besonders disponierten Holzarten, insbesondere bei den Ulmen, Ahornen, Hainbuchen, Kastanien, Linden, Pappeln, Weiden, selbst bei der Buche und bei den meisten Sträuchern.

Zur Erziehung von Ablegern wählt man kräftige, möglichst lange Stockausschläge von 4 bis höchstens 10 cm Durchmesser, in Ermangelung von solchen auch tief angesetzte lange Äste gleichen Durchmessers. Dieselben werden im Frühjahre, im Notfalle auch im Sommer, bei Ulmen auch im Herbste von ihren unteren Zweigen gereinigt und dann in eine etwa 30 cm tiefe Rinne eingelegt, welche vorher in der Richtung eingegraben wird, in welcher sich die gewählte Stange oder der gewählte Ast am leichtesten biegen läßt, was leicht durch Versuch festzustellen ist. Auf der Sohle dieser Rinne muß der Ableger ohne Zwischenräume fest aufliegen. Zu dem Ende wird derselbe, wenn er sich nicht in diese Lage biegen läßt, an seiner Verbindungsstelle mit dem Stamme, so weit nötig, eingekerbt, von allen in dieser Lage nach unten gerichteten Zweigen befreit, auch wohl absichtlich auf der Unterseite durch flache bis zum Splinte reichende Schnitte mit scharfem Messer an der Rinde verwundet und dann durch hölzerne Hacken oder mit der Wurzelseite nach unten aufgelegte Rasen in dieser Lage befestigt. Hierauf wird die bei Herstellung der Rinne gewonnene Erde und noch besser fruchtbare Komposterde so in die Rinne wieder eingefüllt, daß der Absenker möglichst dicht von derselben eingeschlossen wird. Zum Schlusse werden die Spitzen der bis zum letzten Triebe einzugrabenden, bezw. mit Erde zu bedeckenden Zweige und Gipfel sorgfältig in die Höhe gerichtet und durch untergelegte Rasen in dieser Stellung erhalten.

Auf besonders frischem Boden legt man die Absenker auch wohl nur auf die vorher gehörig gelockerte Bodenoberfläche und deckt sie dort 15 bis 20 cm hoch mit aufgeschüttteter guter Erde; verfährt aber im übrigen in gleicher Weise.

Das Bewurzeln der Absenker erfolgt bei Buchen, Hainbuchen, Ulmen und Ahornen meist schon im ersten, bei anderen erst im zweiten und dritten Jahre. Es wird befördert durch die obenerwähnte Verletzung der Rinde, in deren Überwallungswülsten sich gern Adventivwurzeln bilden, sowie durch kräftige Düngung und wiederholte Bodenlockerung.

Im allgemeinen im 4. oder 5. Jahre nach dem Ablegen wird dann der bewurzelte Absenker von dem Mutterstocke getrennt. Diese Trennung kann zwar bei sehr leicht Wurzel fassenden Holzarten schon früher geschehen; im großen Betriebe thut man aber besser, die Abtrennung nicht allzusehr zu beeilen.

2. Verjüngung durch Stecklinge.

§ 563. Unter den Stecklingen in weiterem Sinne unterscheidet man je nach der Größe und Art des Schnittes:

1. Setzreiser, Ruten- oder Reiserbüsche, am oberen Ende nicht gekürzte Zweige und Triebe bis zu 3 cm Durchmesser,
2. starke Setzruten, über 3 cm starke nicht gekürzte ältere Triebe,
3. eigentliche Stecklinge oder Stopfer, oberseits gekürzte 15 bis 30 cm lange 1 oder 2jährige Triebe und
4. Setzstangen, auf 2 bis 3,5 m Länge gekürzte ältere Triebe mit 2 bis 5 cm Oberstärke.

Die letzteren dienen fast ausschließlich zur Anzucht von Kopfholzbäumen, während die anderen da zur Anwendung zu kommen pflegen, wo man später auf Verjüngung durch Stockausschlag reflektiert oder wo man die Ruten zu nicht geköpften Hochstämmen erziehen will.

§ 564. Zu Stecklingen im weiteren Sinne nimmt man am besten Stock- und Kopfholzausschläge, sowie Klebäste oder Wasserreiser, d. h. infolge von Beschädigungen der Krone oder von plötzlicher Freistellung unmittelbar aus dem Schafte aus Adventivknospen und schlafenden Augen entstehende Ausschläge. Gewöhnliche Zweige fassen weniger leicht Wurzel, haben auch meist nicht die Wachstumsenergie jener Ausschläge. Man schneidet oder haut sie mit möglichst scharfen Instrumenten mit schiefer Schnittfläche ab und zwar am zweckmäßigsten im Frühjahre vor Austreiben der Knospen, jedenfalls aber in der Zeit der Saftruhe, womöglich unmittelbar vor der Pflanzung. Ist das nicht auszuführen, so werden die Stecklinge entweder bis zur Verwendung wie Setzlinge eingeschlagen oder bündelweise mit dem unteren Teile in Wasser eingestellt.

Einjährige Stecklinge wählte man früher nicht gern, am wenigsten von Holzarten mit weiter Markröhre. Dengler[1]) empfahl das Stehenlassen wenigstens eines Knotens vom vorjährigen Triebe. Auf tief rajoltem Boden ist diese Vorsicht aber erfahrungsgemäß nicht nötig. Die teueren Kulturweidenstecklinge werden allenthalben ohne solche Knoten mit Erfolg gepflanzt.

Stopfer und Setzstangen werden dann noch gestutzt und durch Abstreifen von allen Knospen mit Ausnahme der zwei bis vier obersten befreit.

§ 565. Die Pflanzung selbst geschieht in verschiedener Weise.

Unbeschnittene Weidenbüsche oder Setzreiser, wie sie vorzugsweise auf der Überschwemmung ausgesetzten Flächen als Schlammfänge zum Zwecke der Verlandung verwendet zu werden pflegen, werden am zweckmäßigsten, wo das Gelände häufig überflutet wird, selbstverständlich bei möglichst niederem Wasserstande in 30 bis 45 cm tiefe Gräben gepflanzt, deren Richtung senkrecht auf dem Flußlaufe steht. Es geschieht das in der Weise, daß die Gräben mit ziemlich steilen Wänden ausgestochen werden. In die Sohle dieser Gräben steckt man die Ruten im Notfalle unter Benutzung eines Vorstoßeisens schief, das eingestoßene Ende flußaufwärts gerichtet 20 bis 30 cm tief ein, so daß sie mindestens mit den Spitzen über die Mittelwasserhöhe hinausragen, und wirft dann den Graben, die lockere Erde nach unten, wieder zu. Zum Schlusse werden die Ruten 30 cm hoch angehäufelt, was die Festigkeit ihres Standes vermehrt und die Bewurzelung erleichtert.

---

[1]) a. a. O. S. 414.

Bei sehr weichem Boden, wie er im Schlemmlande der Flüsse häufig vorkommt, lassen sich manchmal die Ruten auch ohne Graben unbeschädigt genügend tief in den Boden stecken, beziehungsweise ein Loch für dieselben ohne Schwierigkeit vorstechen. Hie und da steckt man wohl auch beide Enden der Ruten in den Boden. Sie fassen dann beide Wurzeln und ernähren die Triebe des sie verbindenden Bogens gemeinschaftlich.

Auch das Einpflügen von Weidenbusch ist hie und da üblich.

§ 566. Auch Löcherpflanzungen werden mit Buschreisig gemacht; man pflegt dann in der Regel mehrere Ruten in dasselbe Loch zu legen.

In der bayerischen Pfalz macht man in den in Verlandung begriffenen Altrheinen die Löcher für die s. g. Entennester bis metertief und entsprechend weit. In ihre Mitte stellt man Bündel von 15 bis 30 und mehr Ruten und löst dann die Wiede; die an die Ränder des Loches sich anlehnenden Ruten werden hierauf annähernd gleichmäßig auseinander gelegt, worauf das Loch bei weitem Verbande mit der daraus ausgeworfenen Erde, bei engerem mit der des angrenzenden vor der Bepflanzung des ersten Loches herzustellenden zweiten wieder ausgefüllt wird.

Anderwärts erhalten diese Nester oder Kessel nur 30 bis 50 cm Weite und Tiefe und werden nur mit 5 bis 8 Ruten belegt.

Ein eigentümliches Verfahren empfiehlt Reuter[1]) für sehr graswüchsige Böden. Man durchzieht die Kulturfläche mit 45 cm tiefen und oben 1 m breiten Gräben in Abständen von gleichfalls 1 m und überdeckt dieselben während der Arbeit quer mit über mehrere Gräben hinausreichenden Weidenruten, welche man dann auf den zwischen den Gräben liegenden Rabatten mit dem Grabenauswurfe bedeckt. Die Ausschläge erfolgen dann in den über den Gräben liegenden unbedeckten Teilen der Ruten, welche sich, soweit sie mit Erde bedeckt sind und auf den Bänken aufliegen, bewurzeln.

§ 567. Einzelne Holzarten, insbesondere die verschiedenen Pappelarten, werden zur Erziehung von Hochstämmen einzeln als stärkere, möglichst gerade Ruten von 4 bis 7 cm Unterstärke mit ungekürztem Gipfel gepflanzt.

Zu dem Ende werden 40 bis 50 cm tiefe Löcher ausgehoben und in ihrer Mitte mit dem Verstoßeisen engere eben so tiefe Löcher eingestoßen, in welche die Rute, nachdem sie bis auf den obersten 50 bis 60 cm langen Gipfel von allen Seitenzweigen und Knospen befreit ist, senkrecht eingestellt und durch seitliches Einstoßen des Vorstecheisens befestigt wird. Das Loch wird dann mit lockerer Erde, noch besser mit Kompost ausgefüllt und die Rute dann angehäufelt.

Auf sehr weichem, lockerem Boden genügt wohl auch das Einstoßen von Löchern mit dem Stoßeisen in sonst unbearbeiteten Boden und das Einstoßen der Ruten mit gespitzter Basis in diese Löcher, in welchen sie in ähnlicher Weise, wie die Setzlinge beim Pflanzen mit dem Setzpfahl festgedrückt werden.

Im allgemeinen ist indessen die Pflanzung in ungelockerter Erde wenig empfehlenswert. Alle Arten von Stecklingen sind gegen die Rindenbeschädigungen außerordentlich empfindlich, und diese lassen sich namentlich beim Einstoßen der Ruten und Stangen in unvorbereitete Erde kaum vermeiden, namentlich wenn

---

[1]) Die Kultur der Eiche und der Weide. Berlin, 1867. S. 36.

etwas Kies sich im Boden befindet. Es sollte deshalb immer mit dem Vorstoßeisen ein Loch vorgestoßen werden, vorher aber mit dem Spiralbohrer vorgebohrt werden.

Im Laufe des Sommers sich entwickelnde Seitentriebe unterhalb der Krone, bezw. unter dem grünbleibenden Teile derselben werden wiederholt abgestreift.

§ 568. In ganz ähnlicher Weise werden die zu Kopfholzstangen bestimmten Setzstangen, das dünne Ende natürlich nach oben, gepflanzt. Sie unterscheiden sich von den Setzruten nur dadurch, daß der Gipfel durch scharfen Hieb in schiefer Richtung abgehauen wird.

Die Setzstangen schlagen im allgemeinen um so besser am oberen Abhiebe aus, je kürzer sie sind. Man läßt sie deshalb wohl nie über 2 bis 2,5 m aus der Erde herausschauen und auch das nur, wenn entweder unter den Kopfholzbäumen eine fortgesetzte Grasnutzung stattfinden soll, oder wenn das Hochwasser niedrige Kopfstämme regelmäßig überschwemmen würde oder wenn sie als Oberholz über Buschwaldungen dienen sollen.

Wo diese Rücksichten nicht obwalten, macht man die Setzstangen weniger hoch, in Überschwemmungsgebieten aber auf alle Fälle so hoch, daß die Köpfe von gewöhnlichen Hochwassern nicht überflutet werden.

Am Rheine geht man mit dem Pflanzen von Setzstangen nicht gerne weiter, als in die nur vom Hochwasser überschwemmten Auen und vermeidet tiefere Lagen, weil dort die Stangen zu lang gemacht werden müssen, um fest zu stehen. Die längsten Stangen kommen an die tiefsten Stellen, und man pflegt dort die Köpfe der Setzstangen in eine gerade Linie zu legen, welche entweder horizontal liegt, so daß alle Stangen bei Hochwasser gleichweit aus dem Wasser hervorragen, oder gegen das Land ansteigt.

Das Eintreiben der am Rheine Stickel genannten Setzstangen durch Schläge auf die Abhiebsfläche ist, weil die Rinde gefährdend und das Splittern veranlassend, zu unterlassen; ebenso muß in dem Jahre, in welchem der Stickel sich bewurzelt hat, jedes Rütteln am Stamme, als die Wurzeln der Gefahr des Abreißens aussetzend, möglichst vermieden werden, worauf beim Abschneiden etwa eingetrockneter Zöpfe oder sich bildender Seitenzweige zu achten ist. Alle nicht am Kopfe erscheinenden Ausschläge werden, sowie sie erscheinen, spätestens im Spätsommer entfernt.

§ 569. Die eigentlichen Stecklinge oder Stopfer werden auf 20 bis 30 cm Länge aus ein- und zweijährigen Ruten geschnitten und ähnlich wie schwächere Ruten in Löcher und Gräben gepflanzt. Auch werden dieselben in Pflugfurchen eingelegt und mit dem Auswurfe der zweiten Furche gedeckt oder mit dem Setzholze gepflanzt. Man legt sie allgemein schief in die Erde und läßt nicht gerne mehr als zwei, höchstens drei Knospen aus der Erde herausschauen.

In neuerer Zeit hat die Stecklingspflanzung bei Anlage von Weidenhegern zum Zwecke der Erzeugung von guten Flechtweiden bedeutend an Wichtigkeit gewonnen, wenn dieselbe auch mehr auf land- als auf forstwirtschaftlichem Gebiete liegt.

Sie werden allgemein auf im Herbste vor der Pflanzung auf 40 bis 60 cm Tiefe voll rajoltem Boden und in sehr engem Verbande (30 auf 30 oder 30 auf 50 cm) angelegt. Man steckt die bei den Kulturweiden am liebsten aus einjährigen Trieben geschnittenen 25 bis 30 cm langen Stopfer, die untere Seite zur Vermeidung des Ausreißens der erfolgenden Ausschläge bei Südweststürmen, und um im ersten Jahre die Regengüsse vollständiger auf die im Boden steckenden Teile der Stecklinge gelangen zu lassen, nach Westen gerichtet, so tief in den Boden ein, daß die obere Schnittfläche nach dem Setzen des Bodens mit dessen Oberfläche abschneidet. Das Einstecken geschieht in einem Winkel von 45°, damit die Spitzen beim Setzen der Erde in dieser Richtung verharren. Die erfolgenden Ausschläge müssen im 1. Jahre durch wiederholtes Häckeln und Jäten gegen Unkräuterwuchs geschützt werden, sind aber dann den Beschädigungen durch denselben entwachsen.

Wo man Stecklinge ausnahmsweise auf nicht rajoltem Boden pflanzt, pflegt man mit dem Bohrer ein Loch vorzubohren oder wenigstens mit dem Weidenpflänzer, einem mit einem Quergriffe versehenen eisernen Dorne, welchem auf die Länge der Stecklinge ein zu tiefes Eindringen verhinderndes Blatt angeschweißt ist, vorzustoßen.

Die Anzucht bewurzelter Pflänzlinge aus Stecklingen haben wir in § 499 besprochen.

3. Stummelpflanzung.

§ 570. Die Stummel- oder Stutzpflanzung, deren Vorzüge und Nachteile wir in § 384 bereits besprochen haben, unterscheidet sich inbezug auf die Art der Ausführung nur dadurch von der Pflanzung bewurzelter Setzlinge, daß bei ihr der Pflänzling unmittelbar vor der Pflanzung knapp über dem Wurzelhalse mit scharfem Schnitte, am besten mit einer guten Baumschere oder einem s. g. Rebmesser abgeschnitten oder mit sehr scharfer Axt auf einem Holzklotze liegend abgehauen wird. Stummelpflanzungen gestatten ein verhältnismäßig starkes Einstutzen der Wurzeln, namentlich auch der Pfahlwurzel. Man stummelt aber allzu junge Pflanzen nicht gerne, insbesondere lehrt die Erfahrung, daß einjährige Pflänzlinge weit schwächere Ausschläge liefern und diese häufiger versagen als zwei- und mehrjährige.

Ein leichtes Bedecken der Schnittfläche mit Erde befördert das Erscheinen der Ausschläge, zu tief zugedeckte Stummel versagen dieselben.

4. Verjüngung durch Brutwurzeln.

§ 571. Die Pflanzung von Brutwurzeln ist im Walde wenig im Gebrauch. Die Holzarten, welche sich auf diese Weise verjüngen lassen, wie fast alle Wurzelbrut treibenden Baumarten und die meisten Sträucher, sind als Kernpflanzen und selbständig gewordene Wurzelbrutschößlinge in der Regel leicht zu beschaffen.

Wo sie zur Anwendung kommt, wie hie und da bei der Akazie zur Befestigung von Böschungen, schneidet man fingerdicke Wurzeln in 15 bis 20 cm lange Stücke und pflanzt sie wie Stecklinge, aber das dünne Ende nach unten, derart in den Boden, daß das obere Ende etwas über die Bodenoberfläche herausragt. Anhängende Faserwurzeln werden natürlich sorgfältig erhalten, weil sie das Anwachsen erleichtern.

B. Die Bestandserziehung.

Kapitel I. Aufgabe und Mittel derselben.

§ 572. Der den Wirtschaftsabsichten des Waldbesitzers entsprechend angelegte Bestand erwächst nicht von selbst in der diesen Zwecken vollkommen entsprechenden Weise; sich selbst überlassen, entwickelt er sich häufig in einer den Bedürfnissen seines Besitzers nicht entsprechenden Richtung; außerdem veranlassen Eingriffe des Menschen und schädliche Einflüsse der Naturkräfte oder Beschädigungen durch Tiere und Pflanzen eine diesen Bedürfnissen nicht gerecht werdende Entwickelung desselben.

Die letzteren zu verhindern, ist Aufgabe des Forstschutzes. Die Aufgabe desselben ist also eine negative, die Abhaltung von Beschädigungen aller Art hindernde. Er bedient sich dazu indessen manchmal waldbaulicher Maßregeln, welche deshalb bei der Lehre vom Waldbau zu besprechen sind.

Ihr steht als positive Aufgabe diejenige der Bestandeserziehung gegenüber. Dieselbe hat zum Zwecke, die weitere Entwickelung des Bestandes in Bahnen zu leiten und dauernd in Bahnen zu erhalten, welche den Wirtschaftszwecken des Waldeigentümers in der vollkommensten Weise entsprechen. Sie thut das, indem sie nicht wie der Forstschutz von außen kommende Schädlichkeiten von dem Bestande abhält, sondern durch positives Eingreifen den Bestand zwingt, von der Richtung seiner natürlichen Entwickelung soweit abzuweichen, als es mit Rücksicht auf die Wirtschaftsabsichten des Waldbesitzers erforderlich erscheint.

§ 573. Es ist klar, daß die Art, die Richtung und der Grad dieses Eingreifens, je nach der Verschiedenheit dieser Absichten, verschieden sein müssen. Wollte der Waldbesitzer nichts als einen Urwald erziehen, wie ihn die Natur giebt, so wäre jedes Eingreifen in die Entwickelung der Bestände überhaupt etwas zweckwidriges. Dagegen ist es unvermeidlich, wo der Bestand nach der Absicht seines Besitzers etwas anderes als der Urwald leisten soll. Aber es wird, wenn der Besitzer lediglich die Schutzzwecke des Waldes im Auge hat, ein wesentlich anderes sein, als wo die Erziehung von Holz bestimmter Art oder von möglichst viel Holz in Absicht liegt; ein anderes, wo es sich um die Erzeugung hoher gesamtwirtschaftlicher Werte, als wo es sich um möglichst hohe Verzinsung der im Walde steckenden Kapitalien handelt. Eine für den einen Waldbesitzer absolut notwendige Maßregel der Bestandserziehung kann für den anderen nutzlos und für den dritten geradezu zweckwidrig sein.

§ 574. In die Entwickelung der Bestände kann nun der Forstwirt in verschiedener Weise eingreifen, entweder

1. indem er die dieselben bedingenden Verhältnisse des Standortes verbessert, bezw. den Wirtschaftsabsichten des Waldbesitzers nicht entsprechende natürliche Änderungen derselben verhindert,
2. indem er die Zusammensetzung des Bestandes ändert, bezw. dem Waldbesitzer nachteilige Änderungen in dieser Zusammensetzung hintanhält, und endlich

3. indem er durch unmittelbares Eingreifen die Entwickelung des einzelnen Baumes in die den Wirtschaftsabsichten des Waldbesitzers entsprechende Richtung leitet.

Die Lehre von der Bestandserziehung zerfällt demgemäß in drei Kapitel:
1. von der Standortspflege,
2. von der Bestandspflege und
3. von der Pflege des einzelnen Baumes, der Baumpflege.

Kapitel II. Standortspflege.

Benutzte Litteratur: Haag in Verhandlungen des Pfälz.-Forstvereins. Bergzabern, 1883. — Kaiser, Beiträge zur Pflege der Bodenwirtschaft. Berlin, 1883.

§ 575. Die Standortsverhältnisse sind teils unveränderlich, wie die vor der allgemeinen geographischen und orographischen Lage abhängigen klimatischen Erscheinungen, teils bis zu einem gewissen Grade veränderlich, wie die Bodenbeschaffenheit und die davon und von der Umgebung abhängigen klimatischen Verhältnisse, welche wiederum in dem Boden mancherlei Veränderungen hervorrufen.

Unter den veränderlichen klimatischen Verhältnissen obenan steht die durch die Lage zwischen die Luftcirkulation erschwerenden Beständen veranlaßte und durch die Nässe des Bodens verschärfte besondere Neigung der Örtlichkeit zu Früh- und Spätfrösten.

Diese Neigung zu vermindern, ist bis zu einem gewissen Grade eine waldbauliche Aufgabe. Es ist vor allem Aufgabe des Waldbaus, durch eine richtige Hiebsfolge zu vermeiden, daß eben gelegene, namentlich muldenförmige Flächen oder die Sohlen vielfach gewundener Thäler rings von Beständen eingeschlossen werden, welche den Abfluß der durch die nächtliche Wärmestrahlung abgekühlten Luft erschweren.

Da nun vorzugsweise die auf dem Boden geschlossenen Dickungen und Gertenhölzer dem raschen Abströmen dieser Luft hinderlich sind, so ist bei allen gegen Spät- und Frühfrost empfindlichen Holzarten zu vermeiden, zu Frostlöchern veranlagte Örtlichkeiten kurz nach ihrer Umgebung zu verjüngen. Kann ihre Verjüngung nicht gleichzeitig mit oder vor derjenigen der Umgebung erfolgen, so verjünge man sie lieber erst dann, wenn die Umgebung wenigstens auf der Thalseite so weit herangewachsen ist, daß die Luft wieder leichter abströmen kann.

§ 576. Bei ganz ebener Lage vermindert sich die Frostgefahr bereits, wenn auch nur die eine Seite der derselben ausgesetzten Fläche an Altholz anstößt. Ein regelmäßiges Fortschreiten der Verjüngung in einer Richtung, ähnlich wie dieses bei den Nadelhölzern durch die Rücksicht auf den Wind geboten ist, ist in solchen Lagen bei frostempfindlichen Holzarten mit Rücksicht auf die Spätfröste erforderlich und es ist dort bei Eichen und Buchen ein ebenso großer Fehler, einen etwas jüngeren Bestand stehen zu lassen, bis seine ganze Umgebung verjüngt ist und ihn dann rasch zu verjüngen. Wie man im Nadelwalde durch eine solche Wirtschaft den vorübergehend vom Hiebe verschonten alten Bestand oder Horst dem Windwurfe preisgiebt, so setzt man dadurch in zu Spätfrösten geneigter Lage im Buchen-, Eichen- und Tannenwalde den an seine Stelle tretenden jungen Bestand der Gefahr des Spätfrostes aus. Bei in einer Richtung fortschreitender Verjüngung dagegen grenzt an jeden vermöge seines Alters den Spätfrösten ausgesetzten Jungholzbestand zwar auf der einen Seite eine Dickung, auf der anderen Seite aber ein Altholz, in welches die Luft beinahe ungehindert abstreichen kann.

Aus dem gleichen Grunde ist es ein Fehler, in solchen Lagen bei der Verjüngung sich zeigende Fehlstellen längere Zeit unbesamt zu lassen. Je schneller dieselbe in Bestand gebracht werden, desto weniger sind Spätfroste zu befürchten.

§ 577. Ist ein **Frostloch** einmal entstanden, so sind es wiederum vorherrschend waldbauliche Maßregeln, welche dazu dienen, die Frostgefahr zu vermindern oder sie unschädlich zu machen.

Dazu gehört vor allem thunlichste Lichtung in den angrenzenden Beständen zur Erleichterung des Luftabflusses. In wirksamer Weise läßt sich das allerdings nur in älteren, mehr in den oberen Teilen beasteten Beständen erreichen, die Lichtung ist aber auch in jüngeren nicht ohne allen Erfolg, wenn auch dort das Einlegen förmlicher **Windgassen**, d. h. der Kahlabtrieb schmaler geradliniger Streifen, welche mitten durch den den Luftabfluß hindernden Bestand in der Richtung des stärksten Gefälls verlaufen, eher einen Erfolg haben.

Auch die Verminderung des Wassergehaltes des Bodens durch Entwässerung ist insofern einer Verminderung der Frostgefahr gleichzuachten, als durch die Trockenlegung des Bodens in der Verdunstung ein weiterer Faktor der Abkühlung der Luft beseitigt wird und als bei geringerer Wasserfülle die Pflanzen selbst weniger leiden.

Ein weiteres Mittel, den Standort in dieser Hinsicht zu verbessern, ist das Überhalten der Frosthöhe entwachsener Vorwüchse und Althölzer in der ganzen Zeit, während welcher Frostgefahr vorliegt. Sind solche Hölzer nicht vorhanden, so muß auf künstlichem Wege für die Beimischung von Bestandsschutzholz aus gegen den Frost unempfindlichen Holzarten gesorgt werden.

Schlägt die Hauptholzart nicht vom Stocke aus, wie beispielsweise die Nadelhölzer, so kann rasch wirkende Hilfe nur dadurch gebracht werden, daß zur Erziehung des Bestandsschutzholzes Pflänzlinge von einem Alter gewählt werden, welches das baldige Überwachsen der Hauptholzart erwarten läßt. Bei vom Stocke ausschlagenden Hölzern genügen häufig auch schwächere Pflänzlinge; man muß dann aber die Hauptholzart auf den Stock setzen, sowie das Bestandsschutzholz den Boden deckt und ihr auch wirklich Schutz gewähren kann. Namentlich bei der Eiche hat diese Art der Behandlung von Frostlöchern oft durchschlagenden Erfolg. Auch hilft fleißiges sachgemäßes Beschneiden den Pflanzen manchmal rasch über die Frosthöhe hinaus.

§ 578. Wichtiger als die Maßregeln der Standortspflege in klimatischer Hinsicht sind die Maßnahmen der eigentlichen **Bodenpflege**, d. h. die Verbesserung oder mindestens die Verhinderung der Verschlechterung des Bodens.

Letztere kann nun in all den Beziehungen eintreten, welche wir in dem Kapitel über die Bodenvorbereitung, § 221, besprochen haben. Wir haben dort auch die Mittel angegeben, welche dazu dienen, die dort angeführten der Verjüngung und meist auch sonst schädlichen Bodenzustände zu beseitigen. Wir können uns daher hier darauf beschränken, die Mittel anzugeben, durch welche das Eintreten dieser Zustände vermieden werden kann, und wie sich der Boden im Laufe der Umtriebszeit durch sachgemäße Wirtschaft verbessern läßt.

§ 579. Was vor allem die übermäßige Nässe betrifft, so kann sie auf einem bis dahin nicht zu nassen Boden veranlaßt werden

1. durch Zufluß bis dahin nach anderen Richtungen abfließenden Wassers,
2. durch Erschwerung des bisher ungehinderten Wasserabflusses und endlich
3. in gewissen Lagen durch zunehmende Verlichtung der Bestände.

Den auf die beiden erstgenannten Arten entstehenden Versumpfungen läßt sich durch Beseitigung der Ursachen vorbeugen; insbesondere wird dafür zu sorgen sein, daß dazu Veranlassung gebende Wasserläufe ihr Bett nicht erhöhen, und daß vorhandene Gräben und natürliche Ablaufrinnen nicht verstopft werden.

Die infolge zunehmender Bestandsverlichtung entstehende Bodennässe tritt ausschließlich auf undurchlassenden oder auf undurchlassendem Untergrunde ruhenden Böden auf und zwar dann, wenn vermöge feuchten Klimas weniger Wasser oberflächlich verdunstet, als der Regen oder seitlicher Zufluß zuführt. Ein dichter Bestand ist in solchen Lagen häufig imstande, den Überschuß aufzusaugen und zu verdunsten. Sowie durch Verlichtung des Bestandes der Wasserverbrauch desselben sich mindert, beginnt die Versumpfung und hat dann meist ein weiteres Absterben von Stämmen zur Folge.

In solchen Fällen bleibt, wenn man nicht zu der meist sehr teueren Hochpflanzung greifen will, da wir keine in wirklich nassem Boden wachsenden Schattenhölzer besitzen, Lichthölzer aber unter dem vorhandenen Bestande nicht aufzubringen sind, nichts übrig, als die Fläche oberflächlich zu entwässern. Es ist dabei aber ganz besondere Vorsicht nötig und eine tiefgehende Entwässerung zu vermeiden. An solchen Stellen ist immer ein reicher Grundwasserstand vorhanden gewesen, an dessen Vorhandensein der vorhandene Bestand gewöhnt ist. Leitet man auch diesen, und nicht bloß den entstehenden Überschuß in den obersten Schichten ab, so wirkt die Entwässerung meist schädlicher als die Versumpfung. Die Ableitungsgräben sollen deshalb, wo es sich um die Entwässerung bestockter Flächen handelt, die Durchschnittstiefe von höchstens 60 cm nicht überschreiten.

Wiederherstellung des Schlusses durch Obenaufpflanzung von Schattenhölzern, unter welchen in dieser Hinsicht die Fichte obenan steht, rentiert sich in solchen Fällen nur, wenn der Bestand noch so lange stehen bleibt, daß die nachgepflanzten Hölzer bis zum Abtriebe noch einen Ertrag abwerfen.

§ 580. Mangelnde Bodenfrische kann in einem bis dahin genügend befeuchteten Bestande entstehen:

1. auf geneigtem Terrain durch Verminderung der Wasseraufnahme infolge Verhartung der Bodenoberfläche oder Abnahme der Dichtigkeit der die Wasseraufnahme fördernden Streudecke,
2. durch Vermehrung der Wasserverdunstung infolge erleichterten Zutrittes austrocknender Winde, abnehmender Bodenbeschattung, Verminderung der Dichtigkeit der toten oder Verdichtung der lebenden Bodendecken oder des Gehaltes des Bodens an Humus und Feinerde,
3. durch beschleunigten Abfluß des aufgenommenen Wassers infolge der Abschwemmung von Feinerde oder der Entstehung neuer oder der Vertiefung alter Abflußrinnen, oder endlich
4. durch allzustarke Entwässerung von Nachbarflächen, bezw. durch Tieferlegen benachbarter Wasserläufe und Wasserflächen.

Die Verminderung der Wasseraufnahme infolge Verhärtung oder Verrasung der Bodenoberfläche läßt sich sofort nur durch gründliche Bodenlockerung und durch Anlage der in § 249 beschriebenen Schutzfurchen beseitigen. Die Bodenlockerung, am zweckmäßigsten durch Schweineeintrieb, ist indessen an steilen Bergwänden nur zulässig, wenn die Streudecke dicht genug ist, um die Abschwemmung der gelockerten Krume zu verhindern.

§ 581. Die Bestände vor dem Eintritte die Wasserverdunstung beschleunigender Windströmungen zu schützen, ist in an sich trockenen Lagen eine hochwichtige Aufgabe des Forstwirtes, welche er bei allen seinen wirtschaftlichen Maßnahmen im Auge behalten muß. Je älter namentlich gleichalterige Bestände werden, desto leichteren Zutritt haben die Winde unter den immer mehr in die Höhe rückenden Kronen. Es ist deshalb in solchen Lagen unbedingt erforderlich, die Bestandsränder, namentlich unmittelbar über dem Boden möglichst dicht zu erhalten. Es geschieht das dadurch, daß man diese Ränder bei den Durchforstungen, von welchen später die Rede sein wird, von vornherein auf 10 bis 30 m Breite unberührt läßt und in ihnen alles unterdrückte Holz vom Hiebe verschont. Läßt sich dieses unterdrückte Holz nicht erhalten, wie das bei Lichtholzarten auf solchen Böden Regel ist, so muß möglichst frühzeitig dafür gesorgt werden, daß durch Unterbau von Schattenhölzern, im Notfalle unter Anwendung von Füllerde aus im Drucke aushaltenden Holzarten ein **Windmantel** angezogen wird, wenn bei der Bestandsanlage die in solchen Fällen immer ratsame Herstellung eines Streifens von Schattenhölzern um den Bestand versäumt wurde. In dem Winde sehr exponierten Lagen ist die Schaffung solcher Windmäntel und die Belassung für den Wind undurchdringlicher Streifen auch im Innern des Bestandes nötig und die vorzeitige Abräumung einzelner Bestandsteile auf der Windseite zu vermeiden.

§ 582. Ein weiteres hochwichtiges Mittel der Bodenpflanze und nicht bloß in dieser Richtung ist die sorgfältigste **Erhaltung** der s. g. toten Streudecken, d. h. der abgefallenen Blätter der Bäume, welche wo sie der Wind entführt, durch die in diesem Falle als Laubfänge dienenden Schutzfurchen zurückgehalten werden müssen. Wir haben auf die hohe Bedeutung der Streudecke wiederholt (u. a. in §§ 247 und 250) hingewiesen und wollen hier nur noch bemerken, daß manche Holzarten vermöge ihrer dünnen Belaubung, andere wegen ihrer raschen Zersetzung nur unvollkommene Bodendecken bilden. Ihnen dichte Streudecken bildende und demnach bodenbessernde Holzarten als **Bodenschutzholz** beizugesellen und sich lichtende Lichtholzbestände mit ihnen zu **unterbauen**, ist deshalb eines der wichtigsten Mittel der Bodenpflege. Es befördert nicht allein die Bildung einer vollkommenen Streudecke, sondern es beschattet auch den Boden und verbessert ihn physikalisch und chemisch, indem es ihm reichliche Humusquellen und in dem Humus nicht allein die Aschenbestandteile des Laubes, das als Pflanzennährmittel unentbehrliche Ammoniak und die die Untergrundszersetzung fördernde Kohlensäure in Menge zuführt, sondern auch seine wasserhaltende Kraft vermehrt.

§ 583. Inbezug auf die Erzeugung möglichst wirksamer Bodendecken steht unter allen deutschen Holzarten als „Mutter des Waldes" die Rotbuche, weche auch als Mittel zu möglichst dichter Beschattung nur mit der Weißtanne rivalisiert, oben an.

Beide haben vor der ihnen in der Wirksamkeit zunächst stehenden Hainbuche das voraus, daß sie inbezug auf die mineralische Zusammensetzung und den Feuchtigkeitsgehalt des Bodens viel weniger anspruchsvoll sind, so zwar, daß sie sich in Lichtholzbeständen mit Ausnahme der allerdürrsten Böden fast überall als Bodenschutzholz anbauen lassen, während die Hainbuche fast nur da fortkommt, wo das Bodenschutzholz weniger die Erhaltung der Bodenfeuchtigkeit als die Erhöhung des Vorrates von Pflanzennährstoffen an der Bodenoberfläche zum Zwecke hat. Ähnlich verhalten sich die Ulmenarten, während die edle Kastanie und die Linden bei im Untergrunde frischem Boden an manchen Orten Befriedigendes leisten.

Auch die Weymouthskiefer mag zu Bodenschutzholz vorzüglich geeignet sein; doch fehlen darüber noch positive Erfahrungen.

Die, wo es sich um die Beseitigung der Bodentrockenheit handelt, zu Schutzholz ungeeignetste Schattenholzart ist die Fichte, insbesondere da, wo die Regenmenge und namentlich die Winterfeuchtigkeit eine geringe ist. Ihre hart an der Bodenoberfläche sich ausbreitenden Wurzeln nehmen das Bischen Regen, welches in den Boden eindringt, vornweg und verbrauchen dasselbe vollständiger, als es ohne sie verdunsten würde. Die Fichte gewährt in dieser Hinsicht den vor Vertrocknung zu schützenden tiefer wurzelnden Bäumen nicht nur keinen Schutz, sondern beraubt sie noch der geringen Mengen von Feuchtigkeit, welche den Weg zu ihren Wurzeln gefunden hätten. Sie ist deshalb zu Bodenschutzholz nur geeignet, wo es im Boden an Feuchtigkeit nicht fehlt, wo also das Bodenschutzholz nur die chemische Verbesserung der Bodenoberfläche oder die Verhinderung der Abschwemmung und Ähnliches oder gar die Entwässerung der Bodenoberfläche bezweckt.

§ 584. Außer dem eigentlichen Unterbau steht dem Forstmann manchmal ein anderes Mittel zur Schaffung von Bodenschutzholz zur Verfügung, welches zwar weniger als jenes, aber immerhin einiges leistet und keine Kosten verursacht. Wir meinen den Abtrieb unterdrückter und rückgängiger Exemplare leicht vom Stocke ausschlagender Holzarten.

In manchen an die Stelle rückgängiger Laubholzbestände getretenen Kiefernwaldungen finden sich alte kümmernde Stockausschläge von Eichen, Kastanien, hie und da auch von Linden und Hainbuchen. In ihrer jetzigen Gestalt bieten sie dem Boden einen nicht nennenswerten Schutz. Werden sie dagegen auf den Stock gesetzt, so erscheinen meist reichliche Stockausschläge, welche zwar nicht lange aushalten, aber den Boden sehr gut beschatten und diesen Schatten fortdauernd liefern, wenn sie immer wieder abgetrieben werden, sowie sie aufhören, als Bodenschutzholz wirksam zu sein. Uns sind solche Kiefernbestände bekannt, in welchen die darin vorkommenden schlechten Eichen etwa im 20. Jahre zum erstenmale herausgehauen wurden und die erfolgten Eichenstockausschläge seitdem schon zum drittenmale geschält worden sind. Dieselben haben nicht allein einen hohen Ertrag abgeworfen, sondern haben auch dem Boden einen viel vollkommeneren Schutz gegeben, als sie als Kernwüchse je hätten liefean können.

§ 585. Wird der Mangel an Bodenfeuchtigkeit dadurch erzeugt, daß das in den Boden aufgenommene Wasser infolge zu tiefer Gräben und Rinnen zu rasch wieder abläuft, oder dadurch, daß eine Wasserfläche, welche dem Bestande bisher Druck- oder Sickerwasser zugeführt hatte, tiefer gelegt wurde, so sind nicht allein alle Maßregeln zu ergreifen, welche geeignet sind, die Wasserverdunstung zu vermindern, sondern es ist dafür zu sorgen, daß wenigstens das von oben in den Boden eindringende Wasser vor allzuraschem Abflusse bewahrt wird. Es geschieht das durch Anbringen einfacher Stauvorrichtungen, welche auf zeitweise überschwemmten Flächen so eingerichtet sein müssen, daß sie leicht geöffnet oder entfernt werden können. Andernfalls dient dazu auf geneigtem Terrain das Einlegen fester Schwellen in die Abflußrinne, welches ein Erhöhen ihrer Sohle zufolge hat und in ebener Lage, namentlich bei schwachem Wasserabflusse, das stellenweise Zuwerfen der Gräben bis zur erforderlichen Höhe. Daß jede sich bietende Gelegenheit zur Bewässerung (§ 244) durch Trockenheit notleidender Bestände benutzt werden muß, versteht sich von selbst.

§ 586. Gegen die **Neubildung von Ortstein** und gegen das **Flüchtigwerden gebundenen Flugsandes** schützen nur möglichst vollständige Beschattung des Bodens, verbunden mit möglichst vollkommener Erhaltung der Streudecke. In gut geschlossenen und weder zu viel noch zu wenig befeuchteten Beständen geht die Streudecke nicht in Haidehumus, sondern in milden Humus über und selbst vorhandene Schichten von Haidehumus zersetzen sich in normaler Weise. Damit ist aber die Grundbedingung der Ortsteinbildung, das Vorhandensein von Heidehumus beseitigt. Ist bereits Heidehumus vorhanden, so befördert das Umbrechen des Bodens durch Schweineeintrieb oder durch Anlage von Horizontalgräben seine Umsetzung in milden Humus.

Gegen das Flüchtigwerden des Sandes bildet die Streudecke nicht allein ein mechanisches Hindernis, sondern sie hält ihn auch feucht und liefert ihm den Humus, der den Sand bindet. Leider sind Flugsandböden meist so arm, daß keine unsrer Schattenholzarten darauf gedeiht und keine den Druck eines lichten Kiefernbestandes auf ihnen aushält.

§ 587. Auch der **Gras- und Unkräuterwuchs** sowie die **Verhärtung der Bodenoberfläche** werden durch dichten Schluß, in Lichtholzbeständen verstärkt durch ein dichtes Unterholz, im Notfalle durch Schweineeintrieb und Schutzfurchen, hintangehalten, während die Neigung zur Abschwemmung und der Mangel an Feinerde auf dem Boden durch das Vorhandensein einer reichen Streudecke, welche dem Boden Humus zuführt und die Verwitterung der im Boden vorhandenen Steine befördert, unschädlich gemacht wird.

Sind die erwähnten nachteiligen Eigenschaften in einem Boden schon vorhanden, so können sie mit Ausnahme des Ortsteins mit den in dem Kapitel von der Bodenvorbereitung besprochenen Mitteln auch in dem bereits gebildeten Bestande beseitigt werden.

Von Wichtigkeit ist davon insbesondere der Mangel an Bodenlockerheit, für dessen Beseitigung alle, namentlich aber die tiefwurzelnden Holzarten höchst dankbar sind. Bei Holzarten sehr hohen Wertes, z. B. der Kastanie, ist die künstliche Bodenlockerung in den Jungwüchsen allgemein im Gebrauche; im großen Betriebe ist sie zu allgemeiner Anwendung zu teuer; man beschränkt sich deshalb dort auf die Bodenlockerung auf den Stellen, an welchen die den Boden locker haltende Streudecke verloren gegangen ist.

Dagegen ist ein mit der nötigen Vorsicht fortgesetzter Schweineeintrieb für alle Bestände eine Wohlthat, deren Teile nicht mehr von den Schweinen ausgewühlt werden können. Nur dürfen die Tiere nicht immer und nicht zu lange in dieselben Waldorte getrieben werden, da sie sonst wegen mangelnder Erdmast die Wurzeln und Rinden der Bäume annehmen oder durch Scheuern und Reiben beschädigen.

§ 588. Die Maßregeln der Bodenpflege empfehlen sich nur für diejenigen Waldbesitzer ausnahmslos, welche einen hohen Wert darauf legen, daß kein Teil ihres Waldes zu irgend einer Zeit auch nur vorübergehend nutzlos daliegt. Jeder andere wird sich fragen müssen, nicht ob sie ihm Vorteil bringen, sondern ob die aus der Beseitigung der ungünstigen Standortszustände jedem von ihnen erwachsenden Vorteile für die zu bringenden Opfer ausreichende Entschädigung bieten.

Diese Erwägungen werden namentlich bei denjenigen Waldbesitzern schwer ins Gewicht fallen, welche in jeder zu machenden Ausgabe und in jeder unterlassenen Nutzung eine Kapitalanlage sehen, welche ihnen mit Zinseszinsen zurückbezahlt werden muß. Solche Waldbesitzer werden häufig in der Lage sein, auf eine intensive Standortspflege zu verzichten, nicht weil sie ihnen keinen Vorteil bringt, sondern weil dieser Vorteil nicht so groß ist, als er sein müßte, um die Kapitalanlage ihren Ansprüchen entsprechend zu verzinsen.

Kapitel III. Bestandspflege.

Benutzte Litteratur: Krafft, Beiträge zur Lehre von den Durchforstungen. Hannover, 1884. — Rebmann im Vereinsheft Nr. 7 des Elf. Lothr. Forstvereins. Barr, 1882.

1. Aufgaben derselben.

§ 589. Ganz anders als bei der Standortspflege liegen die Verhältnisse bei der Bestandspflege. Bei derselben sind die Interessen der verschiedenen Waldbesitzer nicht bloß darin verschieden, daß der eine eine an sich vorteilhafte Maßregel unterlassen muß, weil sie sich für ihn nicht rentiert, sondern, wie wir sehen werden, auch darin, daß eine dem einen unzweifelhaft nützliche Maßregel den Interessen des anderen direkt zuwiderläuft.

Diese Verschiedenheit der Interessen zeigt sich bei der Pflege des ebenbegründeten und mehr noch bei der des älteren Bestandes.

Derselbe kann sich in verschiedener Weise in einer den Wirtschaftsabsichten des Waldbesitzers nicht entsprechenden Weise entwickeln. Er kann durch zahlreiches Absterben von Pflänzlingen oder durch mangelhafte Entwickelung derselben den beabsichtigten Schlußgrad zu spät erreichen oder ihn infolge von zufälligen Beschädigungen oder von aus anderen Gründen notwendigen Eingriffen des Menschen zu frühe wieder verlieren; er kann sich durch freiwillige Ansiedlung oder durch übermäßige Entwickelung absichtlich beigemischter Exemplare von Holzarten oder Arten von Baumindividuen, welche man nicht oder nur in untergeordneter Weise beigemischt haben will, in nicht gewollter Richtung auswachsen und kann sich endlich dichter stellen, als es den Wirtschaftsabsichten des Eigentümers entspricht.

Demgemäß ist es die Aufgabe der Bestandspflege:

1. das zulässige Minimum des mit Rücksicht auf die Wirtschaftszwecke des Waldbesitzers wünschenwerten Schlußgrades zu erhalten und wenn es verloren gegangen ist, wieder herzustellen,

2. die dem Waldbesitzer in den verschiedenen Lebensaltern zweckmäßig erscheinende Art der Bestandesmischung herzustellen und zu erhalten, und endlich
3. die Bestände zu verhindern, das zulässige Maximum dieses Schlußgrades zu überschreiten.

2. Erhaltung des Schlußminimums.

§ 590. Die Grundsätze, nach welchen der in den verschiedenen Lebensperioden notwendige Schlußgrad bestimmt wird, haben wir in den §§ 213 bis 220 besprochen.

Die zur Herstellung desselben nötige annähernd regelmäßige Verteilung der Pflanzen über die Fläche bei der primitiven Bestandsanlage sofort zu erreichen, haben wir bei keiner Art von Verjüngung ganz in der Hand, am meisten noch bei der Pflanzung; aber auch bei dieser ist es möglich, daß mehr Pflänzlinge eingehen, als erwartet, oder daß die verbleibenden sich langsamer, als angenommen entwickeln.

Die s. g. Schlagnachbesserung, d. h. die nachträgliche Besamung unbestockt gebliebener Teile läßt sich daher in der Regel nicht umgehen.

Bei derselben gilt inbezug auf die Zeit der Vornahme als erste Regel, sie so bald als möglich vorzunehmen, sowie die Besamung so weit herangewachsen ist, daß man etwaige Fehlstellen mit Sicherheit erkennen kann. Man macht davon nur da eine Ausnahme, wo man besondere Gründe hat, die Nachbesserung zu verschieben, etwa weil man eine Holzart einbringen will, welche derart schneller wächst, als die vorhandene, daß man den bereits bestehenden Altersvorsprung der letzteren nicht für genügend hält. Je länger man nach diesem Momente damit wartet, desto stärkere Pflanzen muß man wählen, desto mehr verteuert die zunehmende Verangerung des Bodens die Nachbesserung und desto enger wird die Wahl zwischen den Holzarten. Auf der anderen Seite läuft man namentlich bei Saaten und natürlichen Verjüngungen auf verrastem Boden und sich in der Jugend langsam entwickelnden Holzarten bei früheren Nachbesserungen Gefahr, mit kleinen im Grase schlecht sichtbaren Pflanzen bereits ausreichend besetzte Stellen unnötigerweise künstlich zu verjüngen.

Bei der natürlichen Vorverjüngung hat die Nachbesserung spätestens zu erfolgen, sowie über die betreffende Stelle kein Holz mehr gerückt wird, und es ist ein Hauptvorzug der Verjüngung durch Löcherhiebe, daß bei derselben die Komplettierung der einzelnen Junghohlzhorste rascher erfolgen kann als bei regelmäßiger Verteilung der Samenbäume.

Wo es sich bei dieser Verjüngungsmethode um die Erziehung frostempfindlicher Holzarten handelt, darf in zur Bildung von Frostlöchern geneigter Lage nicht einmal so lange gewartet werden, namentlich wenn der Endhieb spät erfolgt. Ein Frostloch bildet sich in solchen Lagen überall, wo die Besamung ausbleibt, während sie in der Umgebung in die Höhe wächst. Die Bildung desselben wird vermieden, wenn die Besamung vor dem Endhiebe die Höhe der Umgebung erreicht hat.

§ 591. Eine zweite hochwichtige und in der Praxis nicht immer richtig beantwortete Frage ist die, wo nachgebessert werden soll.

Am einfachsten liegt dieselbe bei Pflanzungen. Ist bei denselben von vornherein der Pflanzverband richtig gewählt, so bezeichnet, wenigstens bis zum

2. Jahre nach der Bestandsgründung, die Stelle, an welcher eine Pflanze eingegangen oder beschädigt worden ist, im allgemeinen den Platz, an welchem eine neue zu setzen ist.

Ist die Kultur schon mehr herangewachsen oder ist von vornherein auf den Abgang vieler Pflänzlinge gerechnet worden, so erscheint, so lange die nachträglich eingebrachte Pflanze bis zu dem Alter, in welchem vollkommener Schluß eingetreten sein soll, noch in den Bestand einwachsen kann, die Nachpflanzung nur da erforderlich, wo eine Lücke vorhanden ist, deren Durchmesser das nach § 220 zulässige Maximum des Reihenabstandes überschreitet. Ein Mehr wird nur dann einzubringen sein, wenn dasselbe noch Vornutzungen zu liefern verspricht. In gleicher Weise beantwortet sich die obige Frage in Saaten und natürlichen Verjüngungen.

Von dieser Regel muß abgewichen werden, wo infolge schlechten Wachstums die vorhandenen Pflanzen nicht bis zu der beabsichtigten Zeit in Schluß zu kommen versprechen. In diesem Falle ist der Abstand von vornherein zu groß gewählt und muß durch Zwischenpflanzung entsprechend verengt werden.

Versprechen die vorhandenen Pflanzen überhaupt nicht oder nicht ohne Füll- und Treibholz, in die Höhe zu kommen, so muß manchmal die Nachpflanzung ebenso dicht gemacht werden, als wenn die ursprüngliche Pflanzung ganz fehlgeschlagen und gar nicht vorhanden wäre.

§ 592. Sind der Bestand oder die vorhandenen Teile desselben so weit herangewachsen, daß der nachgepflanzte Pflänzling bis zu dem Alter, in welchem je nach den Wirtschaftszwecken des Waldbesitzers der Bestand in Schluß kommen soll, nicht mehr in den Bestandsschluß einwachsen kann, so entscheidet nicht mehr der Wachsraum der in diesem Alter im Hauptbestande unter normalen Verhältnissen vorhandenen Pflanzen, sondern derjenige desjenigen Alters, in welchem er in den Hauptbestand einzuwachsen verspricht.

Besteht überhaupt keine Hoffnung, daß eine auf eine bestimmte Lücke gebrachte Pflanze je in den Hauptbestand einwachsen kann, so ist sie *auf den Tod gepflanzt*, wenn die Verhältnisse derart sind, daß sie sich auch nicht als Teil des Unterholzes oder des Nebenbestandes erhalten kann.

Der letztere Fall ist immer gegeben, wenn der vorhandene Bestand bereits so sehr erstarkt ist, daß die eingebrachte Pflanze bis sie einen energischen Höhenwuchs entwickeln kann, unter der normalen Schirmfläche der älteren Pflanzen stehen muß und wenn außerdem dieser Bestand entweder aus Schattenhölzern besteht, oder aber, zwar aus Lichthölzern zusammengesetzt ist, aber auf einem Boden stockt, welcher nur den Anbau von Lichthölzern gestattet.

Wo es in derartigen Beständen aus irgend einem Grunde nicht zulässig ist, die an den Rändern von Bestandslücken sich immer übermäßig verlängernden Äste des vorhandenen Bestandes auf das normale Maß zu kürzen, da bezeichnet die Länge dieser Äste in dem Zeitpunkte, in welchem die eingebrachte Pflanze gehörig ins Treiben kommen kann, die Minimalentfernung von den vorhandenen Pflanzen, welche bei Nachbesserungen dieser Art eingehalten werden muß.

In solchen Fällen sind also nur solche Lücken *nachbesserungsfähig*, deren Größe den Wachsraum der Bäume des Hauptbestandes in dem erwähnten Alter übersteigt und auch diese nur in ihren Mittelpunkten in einer kreisförmigen Fläche, deren Durchmesser sich ergiebt, wenn man von dem Durchmesser der ganzen Lücke denjenigen dieses Wachsraums abzieht und selbst dort können die Randpflanzen nur im Nebenbestande heranwachsen, während in der Mitte unter Umständen selbst Lichtpflanzen am Platze sein können.

Gegen diese Regel wird außerordentlich häufig gefehlt, namentlich in natürlichen Vorverjüngungen mit sehr langen Verjüngnngszeiträumen, wo man häufig Lücken von 5 m Durchmesser in 20jährigen Besamungen vollständig bis 1 m von der vorhandenen Verjüngung ausgepflanzt sieht, während der Augenschein zeigt, daß wenigstens die Randpflanzen völlig überschirmt sein müssen, ehe sie in die Höhe wachsen können.

§ 593. Anders liegen die Verhältnisse bei Lichtholzverjüngungen, deren Boden die Anzucht von Schattenhölzern gestattet. Hier ist jede auch die kleinste Lücke nachbesserungsfähig, allerdings nur mit Schattenhölzern und zwar in ganz kleinen Lücken nur mit den ausgesprochensten Schattenhölzern, Tanne und Buche, wenn der Bestand aus Holzarten besteht, welche in der Jugend relativ dichte Bestände liefern, wie z. B. die Kiefer auf gutem Standorte.

Hier erhält sich jede nachgesetzte Schattenpflanze, auch wenn sie nicht in den Hauptbestand einwachsen kann, wenigstens als Nebenbestand und Bodenschutzholz und macht den Wald für jede Kategorie von Besitzern wertvoller.

Es empfiehlt sich in solchen Beständen, auch jede noch in höherem Alter entstehende Lücke aufzuforsten und, wenn der Schluß im Ganzen unter das wünschenswerte Maß herabsinkt oder aus wirtschaftlichen Gründen unter das mit Rücksicht auf die Erhaltung der Bodenkraft notwendige Maß gelockert werden muß, einen geschlossenen förmlichen Unterbestand heranzuziehen, dessen Vorteile wir in den § 582 bereits besprochen haben. In Schattenholzbeständen ist das nur bei starker Lichtung thunlich.

§ 594. Eine andere, nicht minder wichtige, in der Praxis gleichfalls häufig falsch beantwortete Frage ist die, mit welchem Material die Vervollständigung des Schlusses geschehen soll. Die Beantwortung wird eine verschiedene sein, je nachdem das Material in den Hauptbestand einwachsen, oder nur zur Bildung eines Nebenbestandes oder zu Bodenschutzholz bestimmt ist.

Hier gilt nun als erste Regel, daß Lichtholzarten nur da zur Wiederherstellung des Schlusses brauchbar sind, wo die Lücken so groß sind, daß sich der Hauptbestand über ihnen überhaupt nicht schließt, oder wo sie in kleineren Lücken wenigstens vorübergehend in den obersten Kronenschluß des Bestandes einwachsen können, wenn sie unter Lichthölzern stehen, und daß sie die vorhandene Bestockung noch überwachsen können, wenn dieselbe aus Schattenhölzern besteht. Wo das nicht der Fall ist, sind nur Schattenhölzer am Platze, und zwar um so ausgesprochenere Schattenholzarten, je vollständiger die Überschirmung ist und je früher sie eintritt.

Sollen die nachträglich eingebrachten Pflänzlinge noch in den oberen Kronenschluß einwachsen oder noch über denselben hinausragen, so ist weiter erforderlich, daß sie die vorhandene Bestockung eingeholt, bezw. überwachsen haben können, ehe sich die Kronen derselben über ihnen zusammenzuschließen anfangen. Mit Rücksicht darauf muß nicht allein die Holzart, sondern auch die Kulturmethode und bei der Pflanzung das Alter der Pflänzlinge gewählt werden.

§ 595. Im allgemeinen schließen selbst bei raschwachsenden Holzarten Altersdifferenzen von zwei und drei Jahren zwischen dem Alter der vorhandenen und der nachträglich einzubringenden Pflanze und bei langsam wachsenden selbst solche bis zu 10 Jahren die Möglichkeit nicht aus, daß die jüngere die ältere einholt. Man wird aber, namentlich bei Lichthölzern, bei welchen die nicht in den Bestandsschluß einwachsende Pflanze meist verloren ist, gut thun, den Altersunterschied nicht zu groß zu machen, wenn man die im Bestande vorhandene Holzart zur Nachbesserung wählt.

Sind entsprechend alte Pflänzlinge der betreffenden Holzart nicht vorhanden oder läßt sich dieselbe in diesem Alter nicht ohne übermäßige Kosten verpflanzen, so muß eine rascher wachsende Holzart gewählt oder aber auf das Einwachsen der nachträglich eingebrachten Pflanzen in den oberen Kronenschluß Verzicht geleistet und zum Bau von Schattenhölzern gegriffen werden.

So werden z. B. in 6jährigen Kiefernjungwüchsen kleine nur wenige Pflanzen fassende Lücken und die Ränder größerer Lücken, wenn man keine Kiefernballenpflanzungen machen will, nicht mit Kiefernjährlingen oder „Kleinpflanzen, sondern am besten mit Schattenpflanzen, Tanne, Weymouthskiefer, Fichte, oder wenn es eine Lichtpflanze sein muß, mit der rascher als die Kiefer wachsenden Lärche nachzubessern sein.

Die Saat wird aus diesem Grunde bei eigentlichen Nachbesserungen nur selten, um so häufiger dagegen beim Unterbau Anwendung finden können; im ersteren Falle im allgemeinen nur, wenn die Nachbesserung der ursprünglichen Anlage sehr rasch nachfolgt, oder wenn eine sehr rasch wachsende Holzart zwischen langsam wachsenden Baumarten, z. B. Lärche zwischen Tanne, anzubauen ist, und auch da natürlich nur, wenn der augenblickliche Zustand des Bodens die Saat überhaupt gestattet.

3. Erhaltung der wünschenswerten Zusammensetzung der Bestände.

§ 596. Fast in allen Verjüngungen siedeln sich durch Anflug von den Nachbarbeständen nicht erwünschte Holzarten oder durch Ausschlag von den abgehauenen Stämmen Stockschläge ein, deren Erziehung nicht Wirtschaftsabsicht ist und welche die Umtriebszeit des Hauptbestandes nicht aushalten können; in vielen finden sich außerdem als Bestandsschutzholz übergehaltene oder bei der Schlagabräumung übersehene oder, weil damals noch unschädlich, vom Hiebe verschonte unbrauchbare Vorwüchse und Stock- und Wurzelausschläge oder aus früheren Umtriebszeiten übergehaltene Stämme, von welchen es sich nachträglich herausstellt, daß sie sich in gesundem Zustande nicht bis zum Schlusse der Umtriebszeit überhalten lassen. In wieder anderen finden sich im Hauptbestande krebskranke oder sonst schadhafte, die Umtriebszeit nicht aushaltende und gesunden Stämmen hinderliche Stämme des Hauptbestandes. Endlich kann es, namentlich bei natürlicher Verjüngung vorkommen, daß sich eine an sich erwünschte Holzart im Übermaße ansiedelt oder sich in einer der mitzuerziehenden Holzart schädlichen Weise entwickelt.

All diese Beimischungen wirken, wenn sie zu lange im Bestande verbleiben, ohne Zweifel hemmend auf die Entwicklung des Hauptbestandes. Ihre rechtzeitige Entfernung ist die erste Aufgabe der Bestandserziehung. Sie wird in absichtlich gemischten Beständen zweckmäßig verbunden mit der Herstellung des

Mischungsverhältnisses, welches je nach den verschiedenen Stadien der Bestandsentwickelung den Wirtschaftszwecken des Waldbesitzers entspricht.

§ 597. Diese Aufgaben werden erfüllt durch die Ausjätungen, Läuterungs- oder Reinigungshiebe einerseits und durch die Auszugshauungen anderseits.

Unter beiden versteht man den Aushieb dominierender Hölzer, welche dem zum Hauptbestande bestimmten Teile des Bestandes durch Überschirmung und Einengung der Kronen schädlich werden und von dem Hauptbestande entweder nach der Holzart oder nach der Art des Entstehens oder nach dem Alter verschieden sind, unter thunlichster Wahrung des Schlusses im Hauptbestande. Sie unterscheiden sich unter einander nur in der Zeit ihrer Ausführung und in ihrem Objekte.

Sie heißen Reinigungshiebe, wenn sie vor dem Abschlusse des Gertenholzalters stattfinden und sich auf den Aushieb von Material beschränken, welches dem Hauptbestande wenigstens annähernd gleichalterig und ihm in der Hauptsache vorwüchsig ist und Auszugshiebe oder Plenterhiebe, wenn sie in höherem Alter zur Ausführung kommen und sich auf dem Hauptbestande im allgemeinen gleichwüchsiges und gleichalteriges Material ausdehnen oder vorherrschend alte Überständer zur Nutzung ziehen.

§ 598. Bei den Läuterungshieben ist die normale Entwickelung des Hauptbestandes ausschließlicher Zweck; sie werden in jeder geordneten Wirtschaft, so weit als für den Hauptbestand nötig, ausgeführt, auch wenn sie Kosten verursachen; bei den Auszugshieben ist die Nutzung der die Umtriebszeit nicht aushaltenden Hölzer häufig erster Zweck, welcher selbst dann zur Ausführung kommt, wenn ihre Herausnahme dem Hauptbestande keinen Vorteil mehr bringen kann. Sie sind in diesem Falle ausschließlich Gegenstand der Holzernte und gehören nur dann zur forstlichen Vornutzung, wenn sie den seinerzeitigen Haubarkeitsertrag des Bestandes nicht vermindern. Im anderen Falle gehören sie im Gegensatze zu den Reinigungshieben, welche immer zur Vornutzung zählen, zur Hauptnutzung.

In der Praxis bezeichnet man gewöhnlich nur solche Auszugshauungen mit diesem Namen, während man den den seinerzeitigen Haubarkeitsertrag nicht beeinträchtigenden Aushieb einzelner dominierender Stämme den Durchforstungen und Lichtungshieben, von welchen später die Rede sein wird, zuzählt, weil sie gelegentlich derselben vorgenommen werden. Ihrer ganzen Natur nach gehören sie nicht dazu.

§ 599. Die Ausführung der Reinigungshiebe war, so lange man vorherrschend die Erziehung reiner Bestände anstrebte und so lange man eine Holzart für „edler" als die andere hielt, eine sehr einfache. Alles, was weniger edel, als die gewählte Hauptholzart war, vor allem alle weichen Laubhölzer und zwischen harten Laubhölzern auch die Nadelhölzer wurde als Unkraut behandelt und schonungslos ausgejätet oder ausgeläutert, soweit es die Hauptholzart irgend ertrug. Jeder Stockausschlag wurde dem Kernwuchse, jede Aspe und Birke wurde der Kiefer, jede Kiefer der Fichte, die Fichte der Tanne, die Tanne der Buche und diese wieder der Eiche ohne Bedenken geopfert und nicht das Bedürfnis des Hauptbestandes, sondern die Möglichkeit, ob er sich nach Hinwegnahme der für weniger edel gehaltenen Hölzer, des

Unholzes früherer Jahrhunderte, noch tragen könne, bestimmte das Maß des Eingreifens in den Bestand.

Heutzutage ist man sich darüber einig, daß bei den Reinigungshieben, wenigstens so lange das dabei anfallende Material noch an Wert zunimmt, nicht was abkommen kann, sondern was im Interesse des Hauptbestandes abkommen muß, was ihm also schon jetzt, oder ehe der nächste Reinigungshieb eingelegt werden kann, Schaden bringt, zum Hiebe gebracht werden darf und man behält sich für jede einzelne Stelle des Bestandes die Beantwortung der Frage vor, welcher Bestandsteil Hauptbestand ist und bleiben soll.

Man beseitigt nur noch das Übermaß, nicht mehr die Gesamtheit der unerwünschten Holzarten; man hat keine Vorurteile mehr, insbesondere gegen die, weil sie die Umtriebszeiten der „edleren" Holzarten nicht aushalten, früher allenthalben als Unkraut nnd Unholz behandelten weichen Laubhölzer und man scheut sich durchaus nicht, auch einmal die Buche der Tanne, selbst die Eiche der Kiefer und den Kernwuchs dem Stockausschlage zum Opfer zu bringen, wenn sie den Wirtschaftszwecken des Waldbesitzers weniger als diese entsprechen.

§ 600. Unter diesen Umständen ist die Ausführung der Reinigungshiebe zu einer schwierigen Aufgabe geworden, welche nicht nach der Schablone gelöst werden kann, sondern das unmittelbare Eingreifen des Wirtschafters erfordert. Er hat sich klar zu machen, welcher Bestandsteil nach Maßgabe der Standortsverhältnisse den Wirtschaftszwecken des Waldbesitzers an sich am besten entspricht, ob er sich an der gegebenen Stelle diesen Zwecken entsprechend entwickeln kann und ob und inwieweit dazu die Beseitigung der übrigen Teile nötig ist.

Die Entscheidung darüber wird aber unter sonst gleichen Verhältnissen bei verschiedenen Waldbesitzern sehr verschieden ausfallen.

Wer nur Hölzer bestimmter Art produzieren will, z. B. nur Hopfenstangen oder nur gutes Brennholz, für den ist jedes Stämmchen, welches selbst keine Hopfenstange, bezw. kein gutes Brennholz giebt, Unkraut. Wer es sich zur Aufgabe gemacht hat, möglichst viel Nutzholz zu erzeugen, betrachtet als solches jeden nur Brennholz liefernden Baum, und wem es auf die höchsten Gelderträge ankommt, der bringt denjenigen Baumindividuen, welche die höchsten Erträge abwerfen, die weniger einträglichen zum Opfer, einerlei welchen Namen dieselben führen.

§ 601. Gemeinsam ist allen Waldbesitzern nur die Regel, daß bei den in der Periode der ersten Bestandsentwickelung ausgeführten Läuterungshieben der je nach ihren Wirtschafszwecken weniger wertvolle Bestandsteil dem wertvolleren weichen muß, soweit er der gewünschten Art dieser Entwickelung Schaden bringt, und daß der Schluß des Hauptbestandes nicht unterbrochen werden darf.

Das geschieht aber bei verschiedener Zusammensetzung des Bestandes in verschiedener Weise.

Besteht der zum Hauptbestande bestimmte Teil des Bestandes nicht aus ausgesprochenen Schattenholzarten, so ist jedes Stämmchen einer wesentlich mehr Schatten ertragenden und demnach auch mehr beschattenden Holzart, welches vorwüchsig ist, d. h. jene überwachsen hat oder zu überwachsen droht, soweit entwicklungsfähige Pflanzen der Hauptholzart im Bereiche ihrer bis zur nächsten Läuterung erreichten Schirmfläche vorhanden sind, unbedingt Unkraut.

Ist dagegen der Unterschied zwischen dem Lichtbedürfnis beider Holzarten nur ein sehr geringer, besteht ein solcher überhaupt nicht oder erträgt der Hauptbestand mehr Schatten als die vorwüchsigen Stämmchen der Nebenholzart, so sind letztere im allgemeinen am schädlichsten, wenn sie große Neigung zeigen, in die Äste zu gehen, oder wenn ihre Kronen unmittelbar über denen des Hauptbestandes liegen. Bei hoch angesetzter Krone ist der Schaden vorerst ein sehr geringer und die Beseitigung kann verschoben werden, bis das Stämmchen einen höheren Wert erreicht hat.

§ 602. Demgemäß geht man jetzt bei den Reinigungshieben in erster Linie vorwüchsigen Exemplaren derjenigen Nebenholzarten zuleibe, welche mehr und den gleich- oder wenig vorwüchsigen Stämmchen der Holzarten, welche ebensoviel oder weniger Schatten ertragen und werfen, als diejenige, welche den Hauptbestand bilden sollen, soweit unter ihnen entwicklungsfähige Exemplare der Hauptholzarten in ausreichender Menge vorhanden sind, und man verschont bei letzteren vorzugsweise hochkronige Stämmchen Nutzholz gebender Holzarten.

In einem Eichenbestande z. B. sind die dichter belaubten Tannen, Fichten, Hainbuchen, Buchen, wenn sie vorwüchsig über entwickelungsfähigen Eichen stehen, häufig Objekt schon der ersten Reinigungshiebe, welche man vorzugsweise mit dem Ausdruck Ausjätungen bezeichnet, und zwar um so mehr, je mehr sie die Eiche überwachsen haben.

Von den früher als böses Unkraut behandelten, die Eiche an dünner Belaubung und Lichtbedürftigkeit übertreffenden weichen Laubhölzern, Aspe, Erle, Weide und Birke, sind es hauptsächlich diejenigen Stämmchen, deren Kronen zwischen und hart über den Kronen der Eichen stehen, während diejenigen Exemplare, deren Kronen hoch über den Gipfeln der Eichen angesetzt sind, in mäßiger Zahl ohne Schaden noch eine Weile stehen bleiben können und, soweit sie den Nutzholzarten Birke, Erle und Aspe angehören, auch zweckmäßig noch einige Zeit stehen bleiben.

Namentlich bei dem ersten Reinigungshiebe giebt eine derartige, die vorwüchsigsten Exemplare verschonende Lichtung der weichen Laubhölzer, im Notfalle verbunden mit der Aufastung vorwüchsiger Birken, Erlen und Aspen über der Eiche, für diese geeigneten Standort vorausgesetzt, derselben ausreichend Licht. Die verbleibenden erwachsen dann, bis wieder ein Eingreifen nötig wird, zu einem Werte, welcher für den etwaigen Verlust an Zuwachs an der Eiche ausreichend entschädigt.

§ 603. Wo die Hauptholzart durch die Nebenholzart sehr im Drucke gehalten worden war, ist eine derartig vorsichtige, auf die dem Hauptbestande gleich- und nur wenig vorwüchsigen Exemplare des Nebenbestandes beschränkte Lichtung der letzteren sogar im Interesse der Hauptholzart nötig, selbst wenn die Nebenholzart dichter als jene belaubt ist. Die erstere muß erst allmählich an vermehrten Lichtzufluß gewöhnt werden. Das geschieht aber nicht dadurch, daß man die bisher im Drucke gehaltenen Gipfel durch Aushieb, bezw. Entgipfeln aller vorwüchsigen Exemplare der nicht gewollten Holzart plötzlich freistellt, sondern dadurch, daß man diesen Gipfeln durch Wegnahme der sie unmittelbar beengenden Kronen und Zweige unter Schonung der sie nur überschirmenden Stämmchen vorerst unmittelbar Raum zur Ausdehnung giebt, derart, daß die Nebenholzart gewissermaßen einen lichten Oberholzbestand über dem künftigen Hauptbestande bildet.

In solchen Fällen erscheint es, weil der künftige Hauptbestand sich noch nicht selbständig tragen kann, häufig nötig, die Stämmchen der abkömmlichen Nebenholzarten stehen zu lassen und lediglich ihre den Hauptbestand schädigenden Gipfel hinwegzunehmen.

Man bedient sich dazu, wie beim ersten Läuterungshiebe überhaupt, der Hippe oder der s. g. Durchforstungsschere, einer langschenkeligen Baumschere; zur Aufastung benutzt man dagegen die Hippe nur, wenn der aufzuästende Stamm bis zu seiner definitiven Herausnahme kein Nutzholz liefert, andernfalls die Säge.

§ 604. Die Reinigungshiebe müssen wiederholt werden, so oft sich das Bedürfnis zeigt, und sollen in der Hauptsache ihren Abschluß erreicht haben, ehe der Hauptbestand in die Periode stärksten Längenwachstums eintritt. Sie müssen um so schwächer geführt werden, je größer der Grad der Überschirmung war und je leichter sich der Hauptbestand umlegt.

Wo das anfallende Holz bei den ersten Reinigungshieben unverwertbar ist, haben sich diese auf das absolut Notwendige zu beschränken, und man wählt dann beim Hiebe die auch später wertlosesten und diejenigen Hölzer, bei welchen bei gleicher Arbeit der größere Effekt erzielt wird, also weitbeastete und dichtbelaubte, nur Brennholz liefernde Exemplare der nicht zum Hauptbestande gehörigen Bestandteile.

Bei solcher Behandlung vermehren die verbleibenden Teile der letzteren ihre Dimensionen rasch so weit, daß sie bei den nächsten Reinigungshieben die Kosten decken und bei sachgemäßer Behandlung eine hohe Vornutzung abwerfen.

Wo der Waldbesitzer auf Erzielung hoher Gelderträge wirtschaftet oder wo er hauptsächlich Nutzholz zu ziehen oder die Holzbedürfnisse im allgemeinen zu befriedigen beabsichtigt, da ist jede andere Art des Vorgehens bei den Reinigungshieben geradezu ein Verbrechen am Vermögen des Waldbesitzers. Schablonenhaftes Vorgehen schädigt hier mehr als bei anderen wirtschaftlichen Maßregeln seine Interessen. Einen entwickelungsfähigen Baum in dem Alter des zunehmenden Wachstums, in welchem die Reinigungshiebe stattzufinden pflegen, unnötiger Weise hinwegzunehmen, einen dominierenden Baum, der Nutzholz zu geben verspricht, hinwegzuhauen, wenn die Bestandsteile, zu deren Gunsten die Hinwegnahme geschieht, nicht unzweifelhaft etwas besseres leisten oder wenn der gleiche Zweck durch Aufastung oder Hinwegnahme minder wertvoller Teile des Bestandes erreicht werden kann, ist mit den heutigen Begriffen von Forstwirtschaft unvereinbar.

§ 605. Nicht minder schädlich ist die Schablonenwirtschaft bei den Auszugshieben. Auch bei ihnen ist eine individuelle Behandlung jedes einzelnen ihnen verfallenden Baumes erforderlich. Er muß herauskommen, sowie er anfängt, seinen Zweck schlechter zu erfüllen, als ihn die an seine Stelle tretenden Bäume des Hauptbestandes erfüllen würden; in auf Geldertrag bewirtschafteten Waldungen beispielsweise, wenn sein Wertszuwachs unter die Wertsmehrung herabsinkt, welchen die ihn ersetzenden Stämme des Hauptbestandes infolge seiner Herausnahme erfahren würden.

Das wird immer der Fall sein, wenn er physisch haubar ist, selbst dann, wenn in den Hauptbestand einwachsende Ersatzstämme nicht vorhanden sind, bei rückgängigen in diesem Falle nur dann, wenn der Hauptbestand nicht aus den

Sturmwinden ausgesetzten Holzarten besteht oder die Lage Windbruchschaden nicht in hohem Grade befürchten läßt. Wo Ersatzstämme vorhanden sind, tritt der Moment der Hiebsreife für die Stämme des Nebenbestandes natürlich bereits früher ein, und zwar im allgemeinen, soweit es sich um Weichhölzer handelt, in der Regel vor der Zeit, in welcher der laufende Massenzuwachs des Hauptbestandes kulminiert.

Bei Auszugshauungen müssen in der Regel die Stämme vor der Fällung entästet, bei nicht gefrorenem Holze gefällt und dahin geworfen werden, wo sie am wenigsten Schaden machen.

§ 606. Zu den Auszugshieben gehören, genau genommen, auch die absichtlichen Veränderungen der Bestandsmischung, soweit sie durch Herausnahme von Stämmen des bisherigen Hauptbestandes bewirkt werden.

Sind beispielsweise in einem aus Eichen und Buchen gemischten Bestande beide Holzarten gleichwüchsig, so kann das in höherem Alter gebotene Vorherrschen der Eichen im Hauptbestande, wenn die Buche, wie das unter Umständen wünschenswert ist, anfangs im Bestande vorherrschend erzogen wurde, nur durch Auszug von den Eichen gleich- oder vorwüchsigen Buchen bewirkt werden. Ebenso ist es in einem Mischbestande von Fichten und Tannen, wenn diese Mischung erhalten werden soll, nötig, daß die Tanne vorverjüngt wird und auf diese Weise einen Vorsprung vor der nachzuverjüngenden Fichte erhält. Um das zu ermöglichen, ist es notwendig, daß gegen Ende der Umtriebszeit die Tanne durch allmählichen Aushieb der Fichten zur vorherrschenden Holzart gemacht wird.

In diesen Fällen geschieht der Aushieb in derselben Weise, wie derjenige der Weichhölzer und der alten Überhälter, wenn er auch gewöhnlich bei Gelegenheit der Durchforstungen vollzogen wird.

4. Beseitigung übermäßiger Schlußgrade.

§ 607. Ein die Wünsche des Waldbesitzers überschreitender Schlußgrad in dem von der Hauptholzart gebildeten Bestandsteile kann in den Beständen in verschiedener Weise hervorgerufen werden, entweder dadurch:

1. daß infolge von vornherein zu dichter Bestandsanlage die einzelnen Pflanzen von frühester Jugend an so in ihrer Entwickelung gehemmt werden, daß keine sich normal entwickeln kann, so daß es ohne Eingreifen des Menschen zu der Ausscheidung eines Nebenbestandes gar nicht oder sehr verspätet kommt, oder
2. daß die Pflanzen zwar im ersten Lebensalter genügenden Wachsraum haben, so daß die schwächeren von den kräftigeren überwachsen werden und frühzeitig einen Nebenbestand unter einem vollkommen geschlossenen Hauptbestande bilden, daß aber dieser Nebenbestand die Entwickelung des Hauptbestandes hindert, und endlich dadurch
3. daß im höherem Bestandesalter ein vollkommener Schluß des Hauptbestandes die dem Waldbesitzer wünschenswerte Art der Entwickelung der einzelnen Bäume verhindert.

Die erste Art des Übermaßes vom Schluß widerspricht den Interessen aller Arten von Waldbesitzern. In dieser Weise geschlossene Bestände entsprechen, weil sie sich nicht zu der für die Schutzwecke des Waldes wirksamsten Form des Bestandes, der eigentlichen Dickung und dem Gertenholze entwickeln, selbst den Anforderungen des nur auf diese Zwecke sehenden Besitzers nicht.

Die zweite entspricht bis zu einem gewissen Grade diesen Anforderungen, ist aber den Wirtschaftszwecken aller anderen Waldbesitzer schädlich, weil sie die Erträge des Waldes an Holz und Geld vermindert, während die dritte den Interessen nur einzelner Klassen von Waldbesitzern widerspricht und zwar derjenigen, welche entweder ein Interesse daran haben, die Produktionszeit abzukürzen oder den Nutzwert der erzeugten Stämme wesentlich zu erhöhen.

§ 608. Übermäßig dichter Stand von Jungwüchsen kommt in besonders schädlicher Weise vorherrschend in Fichten- und Tannensaaten und in natürlichen Buchenverjüngungen auf geringem Standorte vor. Die Pflanzen erwachsen fadenförmig, ohne daß, wie bei den Lichthölzern und den individuell mehr verschiedenen übrigen Laubhölzern überall und auch bei Fichte und Tanne auf besserem Standorte, die eine über die andere hinauswächst. Sie stehen wie „die Haare auf der Bürste", alle wie geschoren gleich hoch und nahezu gleich dick. Der jährliche Höhenwuchs reduziert sich auf ein Minimum, so zwar, daß solche Bestände Jahrzehnte lang nicht vom Platze kommen.

Die Beseitigung des Überflusses durch Ausrupfen ist nur ausnahmsweise, wenn die Nachteile des dichten Standes sich besonders frühe bemerklich machen, möglich. In der Regel müssen die beiden nachgerade zu hochwichtigen Kulturinstrumenten herangewachsenen Werkzeuge der Forstbenutzung, die Hippe und die Axt zuhilfe genommen werden, erzielen aber häufig auffallend günstige Resultate.

Die Hinwegnahme erfolgt nach oder bei der Ausführung nötig werdender Reinigungshiebe und kann in verschiedener Weise geschehen, entweder durch Durchreiserung, d. h. durch Abhieb eines größeren Teiles der Pflanzen, wo ein Unterschied bemerkbar ist, natürlich unter Schonung der kräftigsten, auf der ganzen Fläche oder durch das Einhauen von Gassen, auf welchen alle Pflanzen weggenommen werden.

Die Breite dieser Gassen und ihr Abstand richtet sich nach der Zeit, in welcher der Bestand wieder in Schluß kommen soll, und darf den zu dem Ende nötigen Reihenabstand (§ 220) nicht überschreiten.

§ 609. Bei der Durchreiserung erholt sich der Bestand rascher und in allen seinen Teilen, schließt sich aber häufig bald wieder in gleicher Weise, ohne daß, namentlich wenn man wegen fadenförmigen Wuchses der Pflänzlinge sehr vorsichtig zu Werke gehen mußte, ein Nebenbestand sich ausscheidet. Sie muß deshalb manchmal wiederholt werden.

Beim Einhauen von Gassen, der s. g. Holleben'schen Hilfskultur, dagegen sind es vorherrschend die Randpflanzen, denen die Operation zugute kommt. Dieselben entwickeln sich manchmal so energisch, daß die im Innern der unberührten Streifen stehenden Pflanzen in kurzer Zeit unterdrückt werden, so daß es einer Wiederholung der von vornherein wohlfeileren Operation nicht bedarf.

Das ist der Grund, warum wir bei Fichten und Tannen, welche sich weniger leicht umlegen, als die Buche, dem streifenweisen Durchhauen solcher Bürstenwüchse den Vorzug vor der Durchreiserung geben, wo immer, bis die Operation wiederholt werden muß, das gewonnene, bei Fichten manchmal als Christbäume veräußerliche Material die Kosten des Abhauens nicht deckt.

Umgekehrt verdient die Durchreiserung der normaleren Bestandsentwicklung halber den Vorzug, wo der Erlös aus dem anfallenden Material die Kosten deckt oder übersteigt, oder wo es, wie auf gutem Standorte in der Regel und bei den Laubhölzern fast immer, gewissermaßen nur einer Anregung der wuchskräftigsten Exemplare bedarf, um sie zu so energischer Entwickelung zu bringen, daß ein förmlicher Nebenbestand sich ausscheidet.

Diese Ausscheidung wird befördert, wenn man, wo der Hauptbestand sich noch nicht allein zu tragen vermag, nicht die ausgesprochenen bereits definitiv unterdrückten Schwächlinge, sondern diejenigen herausnimmt und im Notfalle auch nur entgipfelt, welche den demnächst den Hauptbestand bildenden wuchskräftigsten Stämmchen im Wuchse am nächsten stehen. Die Herausnahme dieses Bestandsteils schafft nicht nur den Wurzeln, sondern auch den Kronen des künftigen Hauptbestandes mehr Raum und wirkt ungleich nützlicher als die Beseitigung der namentlich die Kronen fast gar nicht beengenden Schwächlinge.

§ 610. Die zweite Art der Überfüllung der Bestände ist die notwendige Folge des natürlichen Wachstums der einzelnen Bäume und der Vergrößerung ihres Wachsraumes. Sie tritt überall ein, wo bei der Bestandsanlage mehr Pflanzen eingebracht wurden, als bis zur Erreichung der Haubarkeit Platz finden, und zwar bei gleicher Holzart und auf gleichem Standort um so eher, je größer der Unterschied in der Pflanzenzahl ist. Sie bleibt nur aus, wo von vornherein die Stammzahl des haubaren Bestandes nicht überschritten wurde, oder wo das Plus vorher durch die Reinigungs- und Läuterungshiebe entfernt worden ist (§ 597).

Da nun, wie bereits in § 115 erwähnt, bei gleicher Holzart der bessere Standort und bei verschiedenen Holzarten auf gleichem Standorte die Lichtholzart im Hauptbestande die geringere Stammzahl enthält, so tritt bei gleicher Pflanzenzahl zur Zeit der Bestandsanlage die Überfüllung des Bestandes durch Ausscheidung eines die Entwickelung des Hauptbestandes hemmenden Nebenbestandes um so eher ein, je besser bei gleicher Holzart der Standort und je größer das Lichtbedürfnis der Holzart ist.

Bei Holzarten gleichen Lichtbedürfnisses scheinen in der Jugend die Laubhölzer, in höherem Alter die Nadelhölzer die größere Stammzahl zu ertragen.

§ 611. Die Hinwegnahme dieses Nebenbestandes geschieht durch die Durchforstungen. Man versteht darunter den Aushieb derjenigen Bestandsteile, welche infolge der zunehmenden Anforderungen des einzelnen Baums an Wachsraum durch Zurückbleiben auf natürlichem Wege aus dem Hauptbestande ausgeschieden sind oder in kurzer Zeit ausscheiden würden.

Dieselben sind thatsächlich schon seit Jahrhunderten in Übung, wenn sie auch, wie das in der Forstwirtschaft üblich ist, erst lange nachher ihre theoretische Begründung gefunden haben und erst später planmäßig ausgeführt wurden. Anfangs beschränkten sie sich auf die Hinwegnahme solcher unterdrückter Hölzer, welche zu Nutzzwecken besonders geeignet waren. Insbesondere hieb man die s. g. Ökonomiehölzer, Rebstecken, Baumpfähle, Hopfenstangen und dergleichen, mit Vorliebe im Nebenbestande, weil die dazu gehörigen Stämmchen beim Nadelholze engere Jahresringe und deshalb größere Dauer zeigten. Bald zeigte es sich, daß man dieselben nicht allein ohne Schaden, sondern mit Vorteil für den Hauptbestand hinwegnehmen könne, wie schon in den churpfälzischen Forstordnungen von 1568 und 1580 besonders hervorgehoben wird. In Brennholzbeständen fand das unterdrückte Material als Klafterwieden und zu Kohlholz ausgedehnte Verwendung, welch letzteres nach den erwähnten Forstordnungen hauptsächlich an „überständigem" schwachem, d. h. an unterdrücktem und deshalb nicht mehr entwicklungsfähigem Holze gewonnen werden durfte.

Anfangs war bei diesen Hauungen indessen die Holzernte Hauptsache, und es scheint in dieser Hinsicht ortsweise ein solcher Mißbrauch mit ihnen getrieben worden zu sein, daß sie in Frankreich durch die bis 1827 giltige Ordonnanz von 1669 ganz verboten worden sind. Zur als notwendig erkannten waldbaulichen Kulturmaßregel haben sie sich erst sehr allmählich entwickelt.

Heutzutage sind sie als solche allgemein im Gebrauche, selbst bei denjenigen Waldbesitzern, deren Wirtschaft nur auf die Erfüllung der Schutzzwecke des Waldes gerichtet ist, wenn sie sich auch bei diesen, wenigstens im höheren Bestandsalter, mehr in den Grenzen einer auf Nutzung physisch haubarer Bestandsteile gerichteten Holzernte zu halten pflegen.

§ 612. Dagegen weichen die Durchforstungen inbezug auf die Zeit ihres Beginnes und auf die Art ihrer Ausführung in den Waldungen verschiedener Besitzer unter sonst gleichem Verhältnisse so sehr von einander ab, daß es unmöglich ist, wie das die meisten Lehrbücher des Waldbaues thun, allgemein gültige Regeln auch nur für ganz bestimmte Bestandsformen aufzustellen.

Die inbezug auf die Wahl des Schlußgrades maßgebenden Faktoren haben wir in den §§ 213 bis 220 bereits besprochen und haben dem dort Gesagten nur noch hinzuzufügen, daß für einen auf dem Boden der Reinertragsschule stehenden Waldbesitzer die Erträge aus den Durchforstungen um so schwerer ins Gewicht fallen, je früher sie eintreten und je höher sie sind. Die aus denselben erzielten Erlöse wachsen in seinen Augen bis zur Nutzung des Hauptbestandes zu so hohen Beträgen an, daß sie die aus einer Forcierung derselben entstehenden Minderwerte der Hauptnutzung reichlich aufwiegen.

§ 613. Betrachten wir vor allem die Art des Vorgehens derjenigen Waldbesitzer, welche es sich zum Ziel gesetzt haben, ohne Rücksicht auf die Höhe der Gelderträge und ihre Verzinsung in ihrem Walde möglichst gutes Holz zu erziehen. Für sie wird ein Bestand durchforstungsfähig und durchforstungsbedürftig, sowie sich ein Nebenbestand gebildet hat, dessen Herausnahme ohne Verminderung der Qualität der bleibenden Stämme erfolgen kann.

Dieser Moment tritt ein, sobald der vorher durch die Läuterungs- und Auszugshiebe von dominierenden, nicht zum Einwachsen bestimmten Hölzern befreite Hauptbestand sich auch nach Hinwegnahme des Nebenbestandes tragen und von seinen unteren Zweigen vollständig und ohne Hinterlassung die Brauchbarkeit des Holzes vermindernder Stümpfe und Hornäste reinigen kann. Bei manchen Holzarten ist dieser Moment beim Eintritte in das Gertenholzalter (§ 96) bereits vorüber, namentlich wenn bei der Bestandsgründung rationell verfahren und ein etwaiges Zuviel durch Durchreiserung (§ 609) rechtzeitig beseitigt wurde, bei anderen, insbesondere bei Holzarten, welche zur Bildung von Hornästen neigen, z. B. Fichte, Tanne, Weymouthskiefer noch nicht erreicht.

§ 614. Die erste, in diesem Momente vorzunehmende wirkliche Durchforstung muß bei Holzarten mit harten, Hornäste bildenden Zweigen eine mäßige sein, d. h. sich auf die Hinwegnahme des wirklich unterdrückten, oder unter Schonung dieses auf einen entsprechenden Teil des zurückbleibenden Materials beschränken, wo es auf die Qualität des erzeugten Holzes ankommt; eine stärkere gefährdet die Reinigung des Bestandes von seinen in den späteren Schaft fallenden Zweigen. Im Sinne der forstlichen Versuchsanstalten schwach zu durchforsten, d. h. sich auf die Hinwegnahme der wirklich abgestorbenen Stämmchen zu beschränken, mag hie und da schon vorher angängig sein. Auf die Bestandsentwicklung haben derartige Durchforstungen keinen Einfluß. Sie gehören in das Kapitel von der Forstbenutzung und nicht in das des Waldbaues.

Die erste Durchforstung kann kräftig geführt, d. h. gleichzeitig auch auf alle unterdrückten und nur beherrschten Exemplaren ausgedehnt werden, wo wie im Brennholzwalde auf die Astreinheit keine Rücksicht zu nehmen ist, oder wo sich, wie bei Holzarten mit weichen leicht abschnürenden Zweigen, z. B. bei der Eiche, die Reinigung auch bei stärkeren Durchforstungen in vollkommener Weise vollzieht. Nur darf auch in diesen Fällen damit nicht so weit gegangen werden, daß sich Stämme des Hauptbestandes umlegen, und daß sich bei Nutzholzarten unterhalb der Stelle des Schaftes, an welcher nach Abschluß des Höhenwachstums die Krone ansetzt, Äste bilden, welche sich nicht glatt am Stamme abschnüren.

§ 615. Die Durchforstung wird wiederholt, so oft sich wieder ein Nebenbestand gebildet hat, und wird so lange in derselben Weise, wie begonnen, fortgesetzt, bis beim Abschlusse des stärksten Längenwuchses die tiefsten Zweige des Hauptbestandes in der Höhe angesetzt sind, in welcher beim haubaren Baume die Krone beginnt.

Von diesem Augenblicke an kann und muß der Durchforstungsgrad allmählich verstärkt werden; der astreine Stamm ist dann gebildet; die Aufgabe der Durchforstungen ist dann, ihn zu möglichst kräftigem Stärkewuchse zu veranlassen. Der Bestand wird dann auch bei bis dahin mäßig zu durchforstenden Beständen stark oder kräftig durchforstet, und man trägt dann kein Bedenken mehr, nicht allein die bereits unterdrückten und beherrschten, sondern auch die zurückbleibenden, insbesondere aber die eingezwängten (§ 98) Stämme hinwegzunehmen, welche zwar jetzt noch dem Hauptbestande angehören, aber in wenigen Jahren durch Überwachsen der Nachbarkronen aus demselben ausscheiden würden.

§ 616. Auch wirklich dominierende Stämme können und müssen in diesem Alter unter Umständen auf dem Durchforstungswege hinweggenommen werden. Namentlich in spät durchforsteten Saatbeständen, natürlichen Verjüngungen oder ehemaligen Büschelpflanzungen kommt es häufig vor, daß zwei oder mehrere gleichkräftige Stämme hart bei einander stehen, welche sich gegenseitig genieren und gemeinsam andere Stämme zu unterdrücken drohen. Hier ist es mit Rücksicht auf die normale Entwicklung des Hauptbestandes notwendig, einen dieser Stämme zu fällen und zum Ersatze einen oder mehrere unterdrückte und beherrschte Stämme stehen zu lassen, welche besser in den Verband passen und in die Lücke hineinwachsen.

Ebenso nimmt man bei den Durchforstungen, namentlich bei Nutzholzarten, dominierende Stämme und zwar sobald als möglich hinweg, wenn sie infolge krummen Wuchses oder wegen Beschädigungen aller Art zur Nutzholzerzeugung untauglich sind, oder wie Krebstannen zur Verbreitung von Baumkrankheiten Anlaß geben, ferner solche, welche in ihrer Basis sehr nahe bei anderen Stämmen des Hauptbestandes stehen, aber infolge schiefen Wuchses entwicklungsfähige geradwüchsige Stämme unterdrücken oder sie zu unterdrücken drohen. Immer sucht man aber bei allen in den Bereich der Durchforstungen gehörigen Hauungen, wenn nicht den oberen Kronenschluß, so doch den Schluß des Hauptbestandes intakt zu erhalten oder doch nur so weit zu lockern, daß er sich binnen weniger Jahre wieder herstellt.

§ 617. Von fühlbarer Wirksamkeit auf das Gedeihen des verbleibenden Hauptbestandes ist ferner fast nur die Hinwegnahme der mitherrschenden Stämme und des den letzteren im Wuchse zunächst stehenden Teiles des Nebenbestandes. Der Wachsraum dieses Teiles des Durchforstungsmaterials ist ein um so viel größerer, als der des völlig unterdrückten Teiles des Nebenbestandes, daß letzterer dagegen kaum inbetracht kommt.

Es ist das für die Art der Ausführung der Durchforstungen in doppelter Weise von Bedeutung. Auf der einen Seite verteuert gerade die Herausnahme des völlig unterdrückten und wertlosen Materials die Kosten der ersten Durchforstungen, während das stärkere und den Hauptbestand am meisten beschädigende Holz die Gewinnungskosten zu decken pflegt.

Wo deshalb nicht die Rücksicht auf die Verhinderung der Vermehrung schädlicher Insekten die Entfernung des völlig unterdrückten Materials nötig macht, ein Fall, welcher im Laubwalde niemals, im Nadelwalde fast nur in der Nähe ausgedehnter Kulturflächen eintritt, denn kein einziger Bestandsverderber lebt in derartig geringwertigem Material, kann man die Kosten der ersten Durchforstung wesentlich beschränken, indem man das wertlose Material stehen läßt und nur das herausnimmt, was die Kosten deckt und dem Hauptbestande wirklich fühlbar mehr Luft verschafft.

Auch das unterdrückte Holz bekommt dadurch mehr Luft und neue Kraft, so daß es sich wenigstens als Bodenschutzholz erhalten und sich unter günstigen Verhältnissen zu verwertbarem Material entwickeln kann. Wo der Hauptbestand viel Lichthölzer enthält, ist die Erhaltung völlig unterdrückter Schattenholzstämmchen auch im Interesse des Bodenschutzes geboten.

§ 618. Auf der anderen Seite sind bei manchen Holzarten, z. B. bei der Kiefer und hie und da auch bei der Fichte und Tanne die Hölzer des Nebenbestandes, wenn sie eine ganz bestimmte Länge und Stärke erreicht haben, z. B. zu Hopfenstangen brauchbar geworden sind, eine gut bezahlte Ware, während sie vorher und nachher nur als Brennholz und auch da nur in den besten Lagen Absatz finden. Beschränkt man dort in dem Alter, in welchem die mitherrschenden Stangen die Hopfenstangenstärke erreichen, die Durchforstung auf die zu Hopfenstangen brauchbaren Stämme, so rücken die beherrschten und bei den Schattenhölzern wohl auch die bereits unterdrückten Hölzer in die Lücken des Kronenschlusses ein, und wenige Jahre genügen, um die heute, weil zu kurz und zu schwach, fast wertlosen Hölzer zu gut bezahlten Hopfenstangen zu machen.

In älteren Beständen vom eigentlichen Stangenholzalter an Gestrüpp ohne Verkaufswert abzuhauen, ist, wo man nicht auf bodenbessernden Stockausschlag rechnen kann, nutzlos und in Lichtholzbeständen, welchen jeder Bodenschutz nur nützlich sein kann, ein entschiedener Fehler.

Endlich gewährt die Herausnahme der zurückbleibenden Stämme des Hauptbestandes unter gleichzeitiger Schonung des eigentlichen Nebenbestandes ein wünschenswertes Mittel, zu Überhältern bestimmte Stämme allmählich an den freieren Stand zu gewöhnen.

§ 619. Ebenso ist es in gemischten Beständen ein großer Fehler, unterdrückte aber noch gut belaubte bodenbessernde Schattenhölzer hinwegzunehmen, wenn der Hauptbestand aus Lichthölzern besteht oder zur Hauptholzart gehörige Stämme, wenn sie nur von Bäumen unterdrückt sind, welche voraussichtlich später auf dem Wege der Auszugshiebe aus dem Bestande verschwinden. Wo immer später dominierende Stämme hinweggehauen werden sollen, muß von den ersten Durchforstungen an für Erhaltung der nötigen Ersatzstämme Sorge getragen werden. Dagegen werden in solchen Beständen gelegentlich der Durchforstuugen zweckmäßig dominierende Exemplare nicht aushaltender Lichtholzarten auszugsweise hinweggenommen, wenn sie die Hauptholzart genieren und jedenfalls sobald sie ihren Zweck erfüllt haben und haubar geworden sind.

Daß wenn Auszugs- und Reinigungshiebe gleichzeitig in demselben Bestande nötig werden, die Durchforstungen erst ausgezeichnet und ausgeführt werden dürfen, wenn das bei ersteren anfallende Holz gehauen ist, versteht sich von selbst. Die umgekehrte Reihenfolge der Hauungen würde die Möglichkeit aufheben, durch die Herausnahme der Auszugshölzer entstehende Lücken im Hauptbestande aus dem Nebenbestande zu füllen.

§ 620. Ein besonderes Augenmerk ist bei allen Durchforstungen auf diejenigen Stämme der Nutzholzarten zu richten, welche vermöge ihrer Gesundheit und ihres Wuchses voraussichtlich am längsten im Bestande verbleiben werden. Solchen Stämmen ist von den ersten Durchforstungen an ein bis zu der nächsten ausreichender Wachsraum zu geben, und es ist in ihrer Umgebung von vornherein im Zweifel mehr den sie einengenden Stämmen des Hauptbestandes als dem wirklich unterdrückten Holze zuleibe zu gehen. Man nimmt um solche Bäume herum prinzipiell diejenigen Stämmchen zuerst hinweg, welche ihrer gedeihlichen Entwickelung den größten Schaden verursachen, auch wenn sie zum Hauptbestande gehören, und verschont, wo es zur Erhaltung des wünschenswerten Schlußgrades nötig ist, lieber einen entsprechenden Teil des bereits zum Nebenbestande ausgeschiedenen Materials. Diesem Materiale und im Notfalle der künstlichen Aufastung bleibt die notwendige Reinigung der zur Nutzholzerzeugung bestimmten Stämme von Ästen überlassen.

§ 621. Dieser gewissermaßen normale Gang des Durchforstungsbetriebes läßt sich übrigens, wo außer auf die bestmögliche Entwickelung des Nutzwertes auf andere Verhältnisse Rücksicht genommen werden muß, nicht überall durchführen. In Schneedrucklagen z. B. müssen auch Fichtenbestände von vornherein kräftig durchforstet werden, obwohl die Qualität des Holzes dadurch notleidet; man ist dort gezwungen, die Güte des Holzes der Sicherung des Bestandes gegen Schneedruck zum Opfer zu bringen.

Auch Rechtsverhältnisse greifen manchmal störend ein. So haben manche Gerichte den Besitzern mit Leseholzrechten belasteter Waldungen die Durchforstungen vor Ablauf der halben Umtriebszeit verboten.

Hie und da machen auch die Absatzverhältnisse eine Abweichung von diesen Regeln notwendig. So sind namentlich die Kleinnutzhölzer im allgemeinen nur zu guten Preisen verkäuflich, wenn der Hopfen- und Weinbauer Geld hat. Solche Jahre abzuwarten, lohnt sich für jeden Waldbesitzer. An vielen Orten, namentlich im höheren Gebirge, müssen ferner zur Bringung des Holzes eigene Anstalten getroffen werden, welche sich nur rentieren, wenn viel Holz auf denselben transportiert wird. Es ist dort nicht möglich, mit den Durchforstungen zu kommen, so oft sich ein Nebenbestand gebildet hat; man muß warten, bis so viel Durchforstungsmaterial anfällt, daß sich die Herstellung der Riesen und dergleichen bezahlt macht. Auch geht man dort inbezug auf den Grad der Durchforstung lieber an die obere Grenze des Zulässigen, als da, wo die Absatzverhältnisse eine öftere Wiederholung gestatten. Ferner zwingt schlechte Absatzlage bei mangelnden Kulturmitteln manchmal dazu, die erste Durchforstung hinauszuschieben, wenn auch ohne Zweifel ihre rechtzeitige Einlegung sich für jeden, welcher die Rentabilität seiner Wirtschaftsmaßregeln nicht mit Zinseszinsen berechnet, auch dann rentiert, wenn das gewonnene Material vollkommen unverkäuflich ist und nicht einmal einen Teil der Kosten der Operation deckt.

§ 622. Schwieriger ist die Frage der Durchforstungen in nach den Grundsätzen der Reinertragsschule bewirtschafteten Waldungen. Jede durch den Erlös aus dem verkauften Materiale nicht gedeckte Ausgabe belastet und jeder Überschuß darüber entlastet dort den Selbstkostenwert der haubaren Bestände um so mehr, je früher sie gemacht werden. Dadurch wird der Zeitpunkt der ersten Durchforstung und der Grad aller folgenden mehr als anderwärts von der Absatzlage abhängig, insofern als gute Absatzlagen zu möglichst frühzeitigen und starken Durchforstungen geradezu herausfordern, schlechte dagegen ein möglichst langes Verschieben derselben veranlassen.

Es ist in solchen Waldungen der Fall sehr wohl denkbar, daß der Waldbesitzer bei schlechter Absatzlage das Einlegen der ersten Durchforstung um Jahrzehnte verschiebt und sich anfangs auf ganz schwache Durchforstungen beschränkt, und daß er umgekehrt in guter Absatzlage alle Durchforstungen forciert, d. h. möglichst frühzeitig und möglichst kräftig einlegt, wo mit Rücksicht auf die Qualität der Hauptnutzung mäßige Eingriffe geboten wären.

Auch die nur auf die Schutzzwecke des Waldes Bedacht nehmenden Waldbesitzer sind oft gezwungen, von obigen Regeln abzuweichen. Dauernde Erhaltung eines möglichst dichten, über das Maß des normalen weit hinausgehenden Schlusses ist für viele dieser Zwecke Grundbedingung. Solche Waldungen werden daher meist nur schwach, im besten Falle mäßig durchforstet, es sei denn, daß nicht Beschattung und dichte Bewurzelung, sondern wie in den Schutzwaldungen gegen Lawinen kräftige Entwickelung der Einzelstämme den speziellen Schutzzwecken am besten gerecht werden. In letzterem Falle wird umgekehrt, ähnlich wie in Schneebruchlagen kräftig durchforstet, auch da, wo die Rücksicht auf die Qualität des Holzes mäßige Durchforstungen fordern würde.

§ 623. Von den Durchforstungen wesentlich verschieden sind die s. g. Lichtungshiebe. Erstere unterbrechen den Schluß des Hauptbestandes überhaupt nicht oder doch nur wenig und dann immer nur für ganz kurze Zeit, weil bei ihnen der Hauptbestand den Bodenschutz dauernd zu übernehmen hat. Letztere lichten den Hauptbestand prinzipiell in einem Grade, welcher die

Wiederherstellung des Schlusses in demselben für immer oder doch für ein Jahrzehnt unmöglich macht, und überlassen den Bodenschutz, wo ein solcher nötig ist, einem anzuziehenden Unterstande von Schattenhölzern. Sie haben den Zweck, durch vermehrten Lichtzufluß zu den verbleibenden Stämmen deren Stärkezuwachs zu erhöhen und die Voraussetzung, daß der Boden an sich eines Schutzes nicht bedarf oder daß Bodenschutzholz in ausreichender Menge vorhanden ist oder sich unmittelbar nach der Lichtung auf natürlichem oder künstlichem Wege einstellt, und weiter, daß die betreffende Holzart auf dem gegebenen Standorte sich auch in gelichtetem Zustande erhalten kann.

Nicht sturmfeste Holzarten, wie z. B. die Fichte, sind deshalb von den Lichtungsbetrieben ihrer Natur nach ausgeschlossen. Um so besser eignen sich dafür die sturmfesteren Nutzholzarten, namentlich wenn sie wie die ringporigen Laubhölzer bei stärkerem Lichtzuflusse nicht allein an Stärke, sondern auch an innerem Werte zunehmen.

Bei diesen Holzarten bieten die Lichtungsbetriebe ein vorzügliches Mittel, den Nutzholzertrag in hohem Grade zu steigern, ohne dazu untaugliche Exemplare übermäßig lange Umtriebszeiten durchmachen lassen zu müssen.

§ 624. Der **Zeitpunkt**, in welchen die Lichtungen eintreten, ist je nach den Holzarten und je nach den Wirtschaftsabsichten des Waldbesitzers verschieden. Im allgemeinen kann jedoch als Grundsatz aufgestellt werden, daß mit denselben in einer den Grad kräftiger Durchforstungen überschreitenden Weise erst begonnen werden darf, wenn die Schäfte sich in der Hauptsache von Ästen gereinigt haben, und daß die Lichtung nur allmählich geschehen darf, wo die Holzart, welche zum Hauptbestande bestimmt ist, wie die Eiche, Neigung zeigt, sich im Falle plötzlicher Freistellung mit Klebästen und Wasserreisern zu überziehen, während bei dazu nicht geneigten und auch gegen Sonnenbrand nicht empfindlichen Holzarten die Lichtung mehr plötzlich erfolgen darf. Holzarten, welche die Hinwegnahme grüner Äste erfahrungsmäßig gut ertragen und die Schnittwunden ohne bleibenden Nachteil verheilen, können wo ein reger Aufastungsbetrieb möglich ist, auch vor natürlicher Reinigung der Schäfte über das Maß kräftiger Durchforstungen hinaus gelichtet werden. Der Zeitpunkt, in welchem die Lichtung in diesem Falle beginnen darf, liegt dann da, wo frühere Lichtung die Erzeugung so starker Äste erzeugen würde, daß unschädliche Aufastung nicht mehr möglich wäre.

Bei allen Lichtungsbetrieben, welche wir im Einzelnen später kennen lernen werden, ist eine sorgfältige Auswahl der zu erhaltenden Bäume dringend erforderlich. Gar kein oder nur geringes Nutzholz liefernde Bäume, also Schwächlinge, irgend wie beschädigte, von Pilzen befallene, kurze oder auf geringe Längen geradschaftige, bei den Nadelhölzern alle nicht ganz geradwüchsigen Stämme sind dazu nicht geeignet, sie müssen von allen zuerst entfernt werden.

Kapitel IV. Baumpflege.

§ 625. Die Erziehung möglichst brauchbarer Hölzer liegt im Interesse aller Waldbesitzer, welche nicht ausschließlich die Schutzzwecke des Waldes im Auge haben. Es liegt daher auch in aller Interesse, bei allen Maßregeln der Bestandspflege die möglichst vollständige Entwickelung namentlich derjenigen

Einzelstämme im Auge zu behalten, welche bis zuletzt im Bestande verbleiben und deren Ertrag den wichtigsten Teil der Gesamtnutzung darstellt. Diesen Zweck haben bereits die Reinigungshiebe und Durchforstungen und mehr noch die Lichtungshiebe. Bei all diesen Hauungen werden nicht allein die hoffnungsreichsten Exemplare der Hauptholzart verschont, sondern man sucht ihnen von vornherein den nötigen Wachsraum zu verschaffen.

Durch diese Art der Pflege des Einzelbaumes wird zwar immer eine bedeutende Mehrung des Stärkezuwachses, aber nur, wenn damit rechtzeitig, d. h. schon bei den Durchreiserungen und Reinigungshieben oder doch bei den ersten Durchforstungen begonnen wurde und der Bestand von vornherein normal bestockt war, Astreinheit und eine vollkommen normale Baumform desselben mittelbar erreicht.

Andernfalls wird es häufig nötig, sei es die normale Form, sei es die Astreinheit durch unmittelbare Einwirkung auf den Baum selbst zu erzwingen.

§ 626. Es geschieht das durch sachgemäßes **Beschneiden** und **Aufasten** der betreffenden Stämme.

Beide sind Notbehelfe, welche in der Regel einen nicht unbedeutenden Kostenaufwand verursachen, welcher sich nur dann rentiert, wenn sie auf Baumindividuen beschränkt bleiben, bei welchen sie eine in den Erträgen fühlbare Vermehrung der Brauchbarkeit zur Folge haben. Das ist aber nur bei denjenigen Stämmen der Fall, welche nicht allein überhaupt Nutzholz liefern, sondern welche auch voraussichtlich bis zu dem Alter stehen bleiben, in welchem gute Baumform und Astreinheit eine wesentliche Vermehrung der Brauchbarkeit zur Folge haben.

Die Zahl dieser Individuen ist aber auf einer gegebenen Fläche eine sehr beschränkte. Sie erreicht pro ha nur ausnahmsweise die Zahl von 1000 Stück und gerade bei denjenigen Holzarten, welche einerseits durch ihre Anlage zu übermäßiger Astverbreitung das unmittelbare Eingreifen des Menschen am häufigsten nötig machen und andererseits durch Astreinheit und guten Wuchs besonders an Wert gewinnen, wie Stieleiche und Rotulme gehen selten mehr als 300 bis höchstens 500 Stämme pro ha in das hier inbetracht kommende Alter über.

Wesentlich mehr Stämmchen regelrecht zu beschneiden oder aufzuasten, ist auch in der ersten Jugend, abgesehen von dem überall vorteilhaften Wegschneiden sich bildender Zwillingswüchse, fast zwecklos, wenn es auch mit Rücksicht auf den immerhin möglichen Abgang geboten erscheint, etwas mehr Stämme als absolut nötig diesen Maßnahmen zu unterziehen.

Man wählt dazu selbstverständlich nur ganz gesunde kräftige, normal entwickelte Stämmchen und, wo man unter solchen die Wahl hat, am zweckmäßigsten solche, welche zu den bereits ausgesuchten annähernd in demjenigen Verbande stehen, welchen die Stämme gegen Schluß der Umtriebszeit bei gleichmäßiger Verteilung über die Fläche einnehmen werden, bei 400 Stämmen pro ha also solche, deren Abstand im Vierverbande $= \sqrt{10000 / 400} = \sqrt{25} = 5$ m beträgt.

§ 627. Beim **Beschneiden** verfährt man in der in § 494 bis 498 geschilderten Weise. Man wählt dabei bei Holzarten, welche wie die Esche und Kastanie, die Roßkastanie und etwa noch der Ahorn einen besonders kräftigen Stamm treiben, namentlich in dichtem Stande, außerdem bei Kopfholzbäumen und Setzstangen den obstbaumartigen Schnitt; in allen anderen Fällen, in welchen das Beschneiden überhaupt zulässig ist, was unter unseren Nadelhölzern im allgemeinen nur bei der Lärche der Fall ist, giebt man dem Pyramidenschnitte den Vorzug, achtet aber dabei darauf, daß alle Zweige, welche Anlage zeigen, zu starken Ästen zu erwachsen, namentlich wenn sie an ausspringenden Verkrümmungen der Schäfte sitzen, möglichst frühzeitig durch scharfen Schnitt glatt am Stamme enfernt werden.

Man bedient sich zum Kürzen der Zweige scharfer Baumscheren, zum Abschneiden derselben aber eines sehr scharfen gekrümmten s. g. Rebmessers. Sie schneiden sich am glattesten ab, wenn man sie mit der linken Hand etwas abwärts biegt und dabei mit sägenartigem Schnitte senkrecht nach unten schneidet. Man muß dann aber, um das Reißen der Rinde unterhalb des Zweiges zu vermeiden, wenn der Zweig beinahe durchschnitten ist, mit dem Biegen nachlassen. Noch besser schneidet man eine kleine Kerbe senkrecht aufwärts vor. Den Zweig senkrecht nach oben abzuschneiden, geht nur bei Zweigen bis etwa 1,00 bis 1,20 m vom Boden an; bei höher entspringenden hat man in dieser Richtung keinen sichern Schnitt.

Das Beschneiden geschieht am zweckmäßigsten gleich nach Abfall des Laubes. Es erfordert große Vorsicht und wird deshalb am zweckmäßigsten von dem Forstschutzbeamten selbst gelegentlich vorgenommen. Die Arbeit ist bei der geringen Zahl der Stämme, um welche es sich in einem Schutzbezirke handelt, eine wenig mühsame und für jeden, welcher Interesse am Walde hat, anziehende, und ein gewissenhafter Förster kann, wenn er gelegentlich seiner Dienstgänge rechtzeitig mit Messer und Baumschere zur Hand ist, hier einen Doppelgipfel, dort einen zu stark werdenden Zweig abschneidend, auf die späteren Erträge des Waldes ungemein vorteilhaft wirken.

§ 628. Dagegen ist die Aufastung eine Arbeit, welche zweckmäßig von Waldarbeitern besorgt wird, aber die unmittelbare Leitung des Wirtschafters und die Verwendung seiner zuverlässigsten Arbeiter nötig macht.

Man versteht darunter die allmähliche Hinwegnahme derjenigen Zweige eines Baumes, welche unterhalb der Stelle angesetzt sind, an welcher bei einem im Schlusse erwachsenen dominierenden Baume gleicher Art die Krone zu beginnen pflegt und unterscheidet:

1. Trockenastung, d. h. die Hinwegnahme dürrer Aststummel, um das Einwachsen derselben in den Stamm und dadurch die Bildung von Hornästen und Faulstellen zu vermeiden und
2. Grünastung, d. h. die Beseitigung grüner Zweige und Äste, entweder nur zum Zwecke der Erzeugung langschaftiger, astreiner und vollholziger Stämme, oder mit dem Nebenzwecke vorwüchsige Hölzer, welche andernfalls zur Erhaltung von ihnen überwachsener Stämmchen hinweggenommen werden müßten, dauernd oder doch für einige Zeit noch zu erhalten.

§ 629. Die Trockenastung greift bei sorgfältiger Ausführung in das Leben des Baumes in keiner Weise ein, sie verhindert nur, daß abgestorbene Teile in die nach ihrem Absterben sich neubildenden Holzschichten des Schaftes hineinwachsen, und befördert das Zusammenschließen der Rinde durch Erleichterung der Überwallung. Sie schafft also keine neuen, das Holz den Witterungseinflüssen aussetzende Wunden, sondern strebt darnach, die vorhandenen möglichst rasch zu verheilen. Sie ist daher, wenn bei der Ausführung nur im toten Holze geschnitten, das grüne Holz und die Rinde aber nicht beschädigt wird, unter allen Umständen nützlich, einerlei wie viel Holz auf einmal hinweggenommen wird und wie groß die Schnittwunden ausfallen. Die Stümpfe tragen zur Ernährung des Stammes nichts bei und würden, wenn sie blieben, der Luft und der Feuchtigkeit noch in höherem Grade ausgesetzt sein und weit schwerer überwallen, als die senkrechten in der Linie des stärksten Saftflusses liegenden Wunden, welche durch ihre Hinwegnahme entstehen.

§ 630. Die Grünastung ist dagegen ein tiefer Eingriff in das Leben des Baumes. Sie entfernt in den Blättern der beseitigten Zweige wichtige Ernährungsorgane des Baumes und schafft Wunden, von welchen aus die Witterungseinflüsse zerstörend auf die Holzfaser wirken können. Die Rücksicht auf die gestörte Ernährungsthätigkeit zwingt dazu, inbezug auf die Zahl, die Rücksichtnahme auf die stattfindenden Verletzungen inbezug auf die Stärke der hinwegzunehmenden Äste vorsichtig zu sein.

In ersterer Hinsicht gilt es deshalb als Regel, dem Baume mindestens so viel Zweige übrig zu lassen, daß die an denselben sich bildenden Blätter zur Verarbeitung der in den Wurzeln aufgespeicherten Reservestoffe hinreichen. Man nimmt deshalb einen Baum nicht gern auf einmal mehr als höchstens ein Drittel der vorhandenen Zweige und zieht es vor, lieber mehrmals aufzuasten und dann immer nur ein Fünftel und noch weniger auf einmal zu entfernen. Wo die Schäfte noch schwach sind, ist namentlich bei Holzarten, welche nach der Aufastung sehr stark in die Äste treiben, in dieser Hinsicht ganz besondere Vorsicht nötig.

In letzterer Hinsicht hat die Erfahrung gelehrt, daß selbst bei raschwüchsigen Holzarten Schnittwunden, wie sie durch die Hinwegnahme von mehr als 6 cm starker Äste entstehen, auch bei der größten Sorgfalt nicht rasch genug überwallen, um alle und jede Fäulnis zu verhindern. Man nimmt deshalb Äste, welche diese Stärke überschreiten, bei Nutzholzarten nur dann hinweg, wenn die aufgeasteten Stämme nicht mehr lange genug stehen bleiben, um die Fäulnis um sich greifen zu lassen, also nur bei Stämmen, welche nicht um ihrer selbst willen, sondern zum Besten anderer Hölzer oder auch an Feldrändern zur Verhütung von Schaden an Feldern und Wiesen aufgeastet werden und bald zur Nutzung kommen und allenfalls in Mittelwaldungen mit kurzen Unterholzumtrieben.

Bei richtiger Bestandsanlage und Bestandspflege und rechtzeitigem Beginn der Baumpflege wird aber auch die Hinwegnahme stärkerer Äste niemals nötig werden. Wo dieselben versäumt wurden, wird durch nachträgliche Aufastung wenig Förderliches mehr erreicht werden, am wenigsten an Überhältern, welche, wenn sie allzu starke Äste im Bereiche derjenigen Schaftteile haben, auf welche sich die Aufastungen zu erstrecken haben, zum Überhalten einfach nicht geeignet sind.

§ 631. Mit den Grünastungen muß frühzeitig begonnen werden und zwar sobald der Schaft die Last der Krone ohne Unterstützung tragen kann und sowie es sich herausstellt, daß die im Bereiche des künftigen Schaftes vorhandenen Zweige der zur Erziehung wertvollen Nutzholzes bestimmten

Stämme bei dem gegebenen Schlusse nicht früh genug von selbst absterben können, um bei zunehmendem Stärkewachstum des Stammes glatt abgeschnürt zu werden.

Im Mittelwalde, in welchem die Oberholzbäume immer nur zeitweise und dann nur bis zur Höhe des Unterholzes in dichten Schluß kommen, ist die frühzeitige Aufastung doppelt Bedürfnis, wenn auf die Erziehung astreinen Holzes gesehen wird. Es müssen dort spätestens beim jeweiligen Abtriebe des Unterholzes nicht nur die älteren Oberholzklassen, sondern auch diejenigen Exemplare der jüngeren aufgeastet werden, aus welchen sich die älteren rekrutieren.

Dasselbe ist im Plenterbetriebe inbezug auf diejenigen Stämme nötig, welche vermöge ihres kräftigen Wuchses voraussichtlich die Umtriebszeit aushalten werden und an denjenigen Bäumen der Waldsäume, welche bis zu dem Alter stehen bleiben, in welchen Astreinheit eine wesentliche Wertsmehrung zur Folge hat.

In den den verschiedenen Lichtungsbetrieben unterstellten Waldungen ist der späteste Termin des Beginnens der Grünastung die Zeit unmittelbar nach oder besser einige Jahre vor Einlegung des ersten Lichtungshiebes.

Bei Holzarten, welche wie die Eiche gern Wasserreiser treiben, muß die Aufastung wiederholt werden, ehe die Klebäste die Maximalstärke von 6 cm Unterstärke erreicht haben.

§ 632. Zur Trockenastung sowohl wie zur Grünastung bedient man sich, wo man die Erziehung astreinen Holzes beabsichtigt, ausschließlich feinzähniger Bügelsägen oder der Axt und der Hippe.

Die Bügelsägen werden auf den Stoß gestellt und mit kurzen Griffen versehen, wenn die Basis der Zweige von dem Boden oder der Leiter aus oder wenn der Arbeiter auf dem Baume steht, vom Baume aus mit der Hand erreicht werden kann; andernfalls werden sie an Stangen befestigt und auf den Zug, die Zähne gegen den Arbeiter gerichtet, gestellt. Besteigt der Arbeiter den Baum, so muß das ohne Anwendung von Steigeisen geschehen, am besten mit der Leiter. Werden Steigeisen benutzt, so macht der Arbeiter bei nicht sehr dickborkigen Stämmen mehr Schaden, als er durch die Aufastung Gutes schafft.

Die Sägen geben zwar nicht ganz den glatten Schnitt, wie die Anwendung einer sehr scharfen Axt oder Hippe. Sie verlangen aber viel weniger Vorsicht, als diese Instrumente, bei deren Gebrauche, wenn der Arbeiter nicht ganz feststeht, der Ast oft splittert oder der Schaft durch ausgleitende Hiebe beschädigt wird.

Wir geben daher der Säge überall den Vorzug vor der Axt und der Hippe, wo der Arbeiter die Basis des Astes nicht vom Boden aus mit aller Sicherheit erreichen kann und wo die vorhandene Arbeiterschaft nicht unbedingt zuverlässig ist.

§ 633. Beim Gebrauche der Axt und Hippe geschieht der Abhieb zweckmäßig vollständig in der Richtung von unten nach oben, weil dann, wenn der Ast splittert, die Splitterung sich weniger leicht auf den Stamm überträgt. Ist das nicht möglich, so muß der Ast, wenn er grün und einigermaßen lang ist zur Verhütung des Splitterns, wenigstens von unten auf ein Drittel der Dicke eingekerbt werden.

Auch bei Benutzung der Säge ist bei langen, durch die Länge des Hebelarms das Aufreißen nach halbem Durchschneiden veranlassenden Zweigen das Vorschneiden von unten erforderlich, wenn man nicht vorzieht, die Äste vorher so weit kürzen zu lassen, daß sie nicht mehr durch ihre Schwere merklich nach unten drücken.

Der Schnitt oder Hieb erfolgt so hart als möglich am Stamme in senkrechter Richtung. Das früher empfohlene Stehenlassen von Aststummeln erschwert die Überwallung und vermindert die Zahl der beim seinerzeitigen Abhiebe im Schafte vorhandenen astreinen Holzringe. Sie empfiehlt sich nur, wo die Aufastung nicht zur Erziehung astreinen Holzes, sondern zu anderen Zwecken erfolgt und wo der Stamm nur noch kurze Zeit stehen gelassen werden soll.

Bei Nadelhölzern überzieht sich die Schnittfläche in kurzer Zeit mit einer die Luft vollständig abschließenden Harzschichte; an Laubhölzern wird dieselbe zweckmäßig wenigstens zweimal mit Abständen von 2 bis 3 Jahren mit haltbaren antiseptischen Stoffen überstrichen. Man verwendete dazu früher vorherrschend den wohlfeilen Steinkohlenteer, giebt aber jetzt dem Holzteer den Vorzug, weil derselbe weit weniger schwarz gefärbt ist und deshalb die Schönheit des Holzes kaum merklich beeinträchtigt.

§ 634. In den Bereich der Baumpflege gehören auch alle Maßregeln, welche wir ergreifen, um das Wachstum infolge mangelnden Lichtzuflusses oder infolge von Beschädigungen kümmernder Holzpflanzen zu fördern.

Es ist eine bekannte Erscheinung, daß ungenügend beleuchtete Pflanzen zwar in ihren oberirdischen Teilen verkrüppeln, aber eine ihrem Alter vollkommen entsprechende Bewurzelung haben. Durch allmähliche Freistellung läßt sich in dieser Hinsicht schon sehr vieles erreichen. Selbst Lichthölzer, wie die Eiche, erholen sich, wenn sie durch vorsichtige Lichtungen allmählich an den freien Stand gewöhnt werden, oft noch recht gut, während sie bei plötzlicher Freistellung zugrunde gehen.

Ist der Fehler zu rascher Freistellung gemacht, so läßt sich derselbe bei gut ausschlagenden Holzarten, wie Eiche und Esche, oft dadurch wieder gut machen, daß man dieselben auf den Stock setzt, d. h. hart am Boden mit scharfem Schnitte oder Hiebe abwirft. Die erfolgenden Ausschläge überragen dann oft schon im 2. Jahre die nicht auf den Stock gesetzten Kümmerlinge.

Rührt die oberirdische Verkrüppelung von Beschädigungen her, so erholen sich die Pflanzen häufig von selbst, sowie die Beschädigungen aufhören. Es wird dann aber häufig nötig, durch sachgemäßes Beschneiden, insbesondere durch Hinwegnahme überzähliger und Einstutzen zu langer Zweige, die Schaftbildung zu befördern und bei vom Stocke ausschlagenden Hölzern, wenn der oberirdische Teil zur Bildung eines normalen Schaftes untauglich geworden ist, die ganze Pflanze auf den Stock zu setzen und so entwicklungsfähige Ausschläge hervorzurufen. Vom Rehbocke gefegte, durch Vieh- und Wildverbiß oder durch Holzhauer- und Abfuhrschäden verdorbene Eichen, Eschen, Ahorne, Ulmen und Kastanien setzt man immer am besten auf den Stock, während man an so beschädigten Nadelhölzern am besten einen unbeschädigten Zweig durch Aufbinden, unter Umständen verbunden mit der Hinwegnahme oder dem Zurückstutzen etwa konkurrierender Seitenzweige, zum Haupttriebe zu machen sucht.

Bei durch Frost beschädigten Pflanzen hilft das Abwerfen nur dann, wenn die neu erfolgenden Ausschläge vom Froste verschont bleiben, also in der Regel nur, wenn inzwischen Bestandsschutzholz in genügendem Maße eingewachsen ist oder wenn die erfolgenden Ausschläge schnell über die Frosthöhe hinauskommen.

Vierter Abschnitt.

Besondere Regeln für die einzelnen Betriebsarten.

Kapitel I. Die reine Kahlschlagwirtschaft.

§ 635. Die reine Kahlschlagwirtschaft ist ein gleichalteriger Hochwaldbetrieb mit ausschließlicher künstlicher oder natürlicher Nachverjüngung. Sie ist allgemeine Regel bei allen ausgesprochenen Lichtholzarten auf geringen, den Unterbau von Schattenhölzern nicht gestattenden Standorten, soweit sie wie Kiefer, Schwarzkiefer und Birke auf solchen Standorten angebaut werden, ferner bei nicht sturmfesten Holzarten, z. B. der Fichte, in den Sturmwinden sehr ausgesetzten Lagen und endlich bei als Kleinpflanzen leicht ausfrierenden Holzarten auf sehr stark auffrierenden Böden.

Es gilt bei derselben namentlich bei allen Holzarten, welche wie die Nadelhölzer in der Jugend häufig von Insekten beschädigt werden, als erster Grundsatz, die Verjüngungsflächen im Zusammenhange nicht zu groß werden zu lassen und, wo die Insektengefahr groß ist, grundsätzlich kein an eine vorhandene Kulturfläche anstoßendes neues Kulturobjekt zu schaffen, ehe die Verjüngung der ersteren gegen alle Gefahren geschützt ist.

Man treibt deshalb nicht gerne größere zusammenhängende Flächen auf einmal ab und sucht den allgemeinen Verjüngungszeitraum möglichst auszudehnen. Man vermeidet insbesondere breite Schläge auch da, wo die Rücksicht auf die Bestandesgründung nicht wie bei der natürlichen Nachverjüngung dazu zwingt. Man haut außerdem auf ein und derselben Seite des gleichen Bestandes nur in Zwischenräumen von mehreren Jahren und zwar in Lagen, in welchen die Maikäferlarve vielen Schaden macht, zweckmäßig immer in den Jahren, welche den in Süddeutschland alle 3, in Norddeutschland alle 4 Jahre eintretenden Hauptflugjahren unmittelbar folgen. Man erreicht dadurch, daß bis zum nächsten Flugjahre der neue Bestand schon zwei, bezw. drei und, bis die Engerlinge groß geworden sind, schon fünf bis sieben Jahre lang besteht und ihren Beschädigungen nicht mehr so leicht unterliegt.

In solchen Lagen im Winter vor Hauptflugjahren Kahlabtriebe zu machen ist ein unverantwortlicher Fehler.

§ 636. Vorbereitungshiebe sind in Lichtholzbeständen, welche dem Kahlschlagbetriebe unterliegen, in der Regel nicht nötig. Dieselben stellen sich von selbst so licht, daß eine weitere Lichtung ohne Unterbau, welcher sich mit der reinen Kahlschlagwirtschaft nicht verträgt, eine Verangerung des Bodens zur Folge haben müßte. In im Kahlschlagbetriebe bewirtschafteten Fichten- und Tannenbeständen dagegen können Vorbereitungshiebe ebenso gut nötig werden, als bei der Samenschlagwirtschaft. Sie haben dann aber nur den Zweck, den Boden zur Verjüngung empfänglich zu machen, nicht aber den, vorhandene Vorwüchse zu erhalten.

Sie beschränken sich auf das Maß starker Durchforstungen und lassen den prädominierenden Teil des Hauptbestandes grundsätzlich unberührt.

§ 637. Der Angriff erfolgt immer auf der, der vorherrschenden Sturmrichtung entgegengesetzten Seite, also in der Regel auf der Nordostseite des Bestandes in schmalen mit ihrer Längsrichtung auf der Sturmrichtung senkrecht stehenden Streifen.

Der Hieb selbst wird, wo es sich einrichten läßt, so frühzeitig ausgeführt, daß bis zur Kulturzeit der Schlag geleert ist. Andernfalls empfiehlt es sich, das anfallende Holz aus dem Schlage zu rücken. Bleibt das Holz über die Kulturzeit hinaus im Schlage liegen, so geht häufig nicht allein ein Jahr Zuwachs verloren, sondern es tritt auch eine Verschlechterung des Bodens ein, welche die Verjüngung verteuert und erschwert.

Bei der Fällung beginnt man am äußeren Schlagrande und wirft die Bäume, weil man auf die Erhaltung der Vorwüchse keinen Wert legt, in der Richtung, in welcher sie sich am leichtesten fällen lassen, soweit nicht Gründe der Forstbenutzung zu besonderer Aufmerksamkeit auffordern. Nur vermeidet man es, die Stämme in anstoßende Jungwüchse und wo Beschädigungen zu befürchten sind, auch in den vorerst stehen bleibenden Teil des Bestandes zu werfen. Entästungen vor der Fällung sind daher, wo sie nicht im Interesse des zu fällenden Baumes selbst vorgenommen werden, nur ausnahmsweise und dann nur an den Schlagrändern geboten.

Die Stöcke werden, wo sie verwertbar sind, in den Kahlschlägen des Nadelwaldes vor der Bestandsgründung in der Regel gerodet, um dem großen Rüsselkäfer und anderen Kulturverderbern die Brutplätze zu entziehen. Man verbindet dieses Geschäft im Inneren des Schlages zweckmäßig mit der Fällung durch Baumrodung, welche nur an den Schlagrändern für diejenigen Stämme ausgeschlossen ist, welche bei derselben stehen bleibendes Holz beschädigen würden.

Vorhandene Vorwüchse werden bei der eigentlichen Kahlschlagwirtschaft abgeräumt, soweit sie dem anzulegenden Bestande nicht ganz gleichwüchsig sind, ebenso werden bei der reinen Kahlschlagwirtschaft Teile des alten Bestandes nicht konserviert.

§ 638. Die Verjüngung folgt der Schlagräumung auf dem Fuße; bei natürlicher Verjüngung wird das erreicht, indem man mit dem Hiebe ein Samenjahr der nachzuziehenden Holzarten abwartet, und dann so frühzeitig im Herbste haut, daß der Schlag bis zur Kulturzeit geräumt ist, bei künstlicher, indem man im Frühjahre nach der möglichst zu beschleunigenden Schlagräumung mit der gewählten Kulturmethode vorgeht. Von dieser Regel weicht man, wo man es einrichten kann, nur dann ab, wenn der Kultivierung der Hiebsfläche Bodenvorbereitungen vorhergehen müssen, nach welchen der Boden vor der Kultur längere Zeit liegen muß, sei es, weil sich derselbe infolge sehr tiefgehender Bearbeitung stark setzt, sei es, weil lebende Pflanzenteile in den Boden gebracht werden, deren Zersetzung erst abgewartet werden muß, ehe mit der Kultur vorgegangen werden kann.

Die natürliche Verjüngung erfolgt nach den §§ 338 bis 342 gegebenen Regeln, die künstliche je nach Umständen durch Saat oder Pflanzung in der früher geschilderten Weise, und zwar, wo Holzarten verschiedenen Entwickelungsganges, aber gleichen Lichtbedürfnisses mit einander gemischt werden sollen, entweder derart, daß die langsamer wachsende Holzart gepflanzt, die schneller wachsende gesät wird, oder aber in der Weise, daß die schneller wachsende erst eingebracht wird, wenn die langsamer wachsende einen Vorsprung erreicht hat oder endlich so, daß die langsamer wachsende in älteren Exemplaren gepflanzt wird.

Von dieser Regel macht man eine Ausnahme, wenn die schneller wachsende Holzart der langsamer wachsenden als Bestandsschutzholz zu dienen hat, und es ist in diesem Falle sogar rätlich, der Schutzholzart einen Altersvorsprung vor der zu bemutternden, d. h. zu schützenden einzuräumen, wo sich das ohne große Mehrkosten bewirken läßt.

Holzarten verschiedenen Lichtbedürfnisses mischt man dagegen in der Weise, daß die Lichtholzart so lange vorwüchsig bleiben kann, als sie im Bestande verbleibt; man pflanzt sie also gleichalterig oder nur wenig jünger mit der Schattenholzart, wenn sie schneller, und giebt ihr einen Altersvorsprung vor derselben, wenn sie langsamer als diese wächst.

Wo die im Kahlschlagbetriebe anzubauenden Holzarten häufigen Insektenbeschädigungen ausgesetzt sind, wie das bei den Nadelhölzern zu sein pflegt, darf die Obsorge für Verhütung des Insektenschadens bei der Kahlschlagwirtschaft noch weniger als bei anderen Wirtschaftsmethoden außer acht gelassen werden.

§ 639. Bei der Pflege der Kahlschlagbestände darf nicht vergessen werden, daß bei Eintritt der Hiebsreife alles beisammen stehende Holz gleichzeitig abgetrieben wird. Es lohnt sich deshalb bei dieser Betriebsweise nicht, Bestandsteilen, welche erst nach Eintritt der Haubarkeit des ganzen Bestandes einen Wert im Sinne des Waldbesitzers erreichen würden, besondere Pflege angedeihen zu lassen oder solche Bestandsteile künstlich heranzuziehen.

Man unterläßt es deshalb, wo nicht die Rücksicht auf die Erhaltung der Bodenkraft dazu zwingt, in Kahlschlagbeständen in höherem Alter entstehende Lücken aufzuforsten oder entstehende Vorwuchshorste und zu lange im Drucke gestandene Schattenholzhorste freizustellen, wenn dieselben bis zum Abtriebe des ganzen Bestandes nicht so weit herangewachsen sein werden, daß sie die entstandenen Kulturkosten decken oder einen höheren Wert erreicht haben, als der ihnen zum Opfer gebrachte Bestandsteil erreicht haben würde.

Ebensowenig liegt bei der Kahlschlagverjüngung ein Grund vor, gegen Ende der Umtriebszeit mit Rücksicht auf die künftige Bestandsgründung eine Holzart zu begünstigen oder eine andere zu beseitigen, wie das bei anderen Betriebsarten so häufig nötig wird. Die Reinigungshiebe und Durchforstungen haben bei denselben nur den Zweck, die Zusammensetzung des Bestandes den Wirtschaftsabsichten des Waldbesitzers entsprechend zu regeln und das Wachstum des Hauptbestandes zu fördern. Die Anzucht von Samenbäumen, wie sie bei der einfachen Samenschlagwirtschaft und von Überhältern, wie sie bei den Überhalt- und Lichtungsbetrieben nötig ist, macht dem Bewirtschafter der Kahlschlagwaldungen keine Sorgen.

Infolge davon ist der ganze Betrieb der Schlag- und Bestandspflege ein viel einfacherer, als beispielsweise beim Samenschlagbetriebe, wenn auch bei ihr die Schablonenwirtschaft ebensowenig angebracht ist, wie bei anderen Betriebsarten.

Auch die Bodenpflege erfordert, wenn die Verjüngung auf künstlichem Wege stattfindet, weniger Sorgfalt als bei denjenigen Betriebsarten, bei welchen die Bestandsgründung auf dem Wege natürlicher Vorverjüngung erfolgt. Wo sie eintritt, beschränkt sie sich auf Bodenlockerung durch Schweineeintrieb und Zurückhaltung des Wassers durch Anlage von Schutzgräben. Die künstliche Verjüngung läßt sich zur Not auch auf verwildertem Boden erzwingen.

§ 640. In dieser wenig individuellen Behandlung der einzelnen Bestandsteile liegen neben dem Nachteile aller gleichalterigen Betriebe, dem erleichterten Zutritte von Licht und Luft zum Boden, die Vorzüge und Schwächen dieser Wirtschaftsmethode. Die Einfachheit des Schlagbetriebes, welcher eine reine Flächenwirtschaft ermöglicht und das Auszeichnen der einzelnen Bäume erspart und die von dem Bodenzustande fast unabhängige Nachverjüngung läßt sich mit sehr wenig geschultem Wirtschafts-, Schutz- und Arbeiterpersonale durchführen und gestattet sehr große Wirtschaftsbezirke. Sie nützt aber die Bodenkraft, wo andere Betriebsarten möglich sind, viel weniger aus, als alle anderen Samenbetriebe, obwohl sie sie mehr als alle anderen erschöpft, und zwingt dazu, zur Erhaltung der Bodenfruchtbarkeit den Hauptbestand geschlossener zu halten, als zur Erzeugung wertvoller Hölzer wünschenswert erscheint.

Sie ist ohne Zweifel, wenn nach Maßgabe des Standortes und der Holzart möglich, da die ökonomisch und finanziell geeignetste Wirtschaftsmethode, wo ein zu intensivem Betriebe brauchbares Personal nicht zu beschaffen ist, oder wo die Holzpreise so niedrig sind, daß sich eine intensivere Wirtschaft nicht rentiert, ohne so niedrig zu sein, daß nur die besten Sortimente verkäuflich sind, in welchem Falle die Plenterwirtschaft am Platze sein dürfte. Die Gefahr übermäßiger Insektenvermehrung, welche der Kahlschlagwirtschaft mit großen Hiebsflächen unzweifelhaft anhaftet, läßt sich durch zweckmäßige Verkleinerung derselben und durch häufigen Wechsel der Hiebsorte recht gut vermeiden.

Die reine gleichalterige Kahlschlagwirtschaft erfordert, wenn bei ihr Starkhölzer erzogen werden sollen, weil sie den Lichtungszuwachs unbenutzt läßt, von allen Betriebsarten die längsten Umtriebszeiten, welche je nach Holzart, Standort und Wirtschaftsabsichten des Waldbesitzers im großen Betriebe zwischen 40 und 120 Jahren schwanken.

Kapitel II. Waldfeldwirtschaft und Röderwaldbetrieb.

§ 641. Wird eine im Kahlschlagbetriebe bewirtschaftete Waldfläche nach dem jedesmaligen Abtriebe einige Zeit zum Feldbau benutzt, so hat man es mit der Waldfeldwirtschaft zu thun, wenn die Holzproduktion dem Besitzer die Hauptsache ist, und mit der Röderwaldwirtschaft, wenn der Holzanbau nur dazu dient, den durch die landwirtschaftliche Zwischennutzung erschöpften Boden wieder zu Kräften zu bringen.

Bei der Waldfeldwirtschaft werden die Bestände bis zum Abtriebe ganz wie andere Kahlschlagwaldungen behandelt und insbesondere in den Umtriebszeiten, welche dem Waldbesitzer auch in den reinen Kahlschlagbetrieben zweckdienlich erscheinen, bewirtschaftet; in den Röderwaldungen bestimmt den Umtrieb nicht die Frage, in welcher Zeit der Bestand, für sich betrachtet, hiebsreif ist, sondern diejenige, wann der Boden wieder landwirtschaftlich benutzbar ist.

Beim Waldfeldbau wird die Hiebsfläche entweder sofort nach dem Abtriebe wieder in Bestand gebracht, so daß nur ein landwirtschaftlicher Zwischenbau stattfindet, oder er bleibt einige Jahre ausschließlich dem Feldbau gewidmet und die Wiederbestockung erfolgt erst gleichzeitig mit oder nach der letzten Fruchtsaat. Man spricht dann von landwirtschaftlichem Vorbau.

Im Röderwalde ist landwirtschaftlicher Vorbau ausnahmslose Regel und die Wiederbesamung bleibt häufig der Natur überlassen, sowie der Feldbau aufhört, nutzbringend zu sein.

§ 642. Die Röderwaldwirtschaft gehört deshalb unzweifelhaft in die Kategorie der Raubwirtschaften; die ihm unterstellten Waldungen müssen in ihrem Ertrage von Umtrieb zu Umtrieb um so mehr heruntergehen, je kürzer einerseits die Umtriebszeit des Waldbestandes ist und je länger der landwirtschaftliche Vorbau dauert. Sie müssen selbst auf den kräftigsten Böden mit der Zeit einen sowohl forst-, wie landwirtschaftlich ertragslosen Boden zurücklassen.

Wo die Röderwaldwirtschaft in Übung ist, ist die Umtriebszeit 20 bis 50jährig, die Dauer der landwirtschaftlichen Nutzung 2 bis 10jährig und es schließt sich daran häufig eine während der ganzen Umtriebszeit fortgesetzte Weide, welche einen beschlossenen Bestand nicht aufkommen läßt. Die Holzarten sind entweder Fichte, Lärche und Kiefer, wie in den österreichischen Alpen, Kiefer und Birke, wie im Odenwalde oder nur die Birke, wie in den Birkenbergen des bayerischen Waldes. Die Vorbereitung des Bodens zur landwirtschaftlichen Bestellung besteht in Überlandbrennen (§ 262), oder in Schmoden oder Schmoren des Bodenüberzugs (§ 263) und nachträglicher Lockerung des so gedüngten Bodens. Die angebauten Gewächse sind teils Roggen, Staudenkorn, Hafer und Buchweizen, teils Hackfrüchte wie Kartoffeln und Rüben.

§ 643. Dagegen ist die Waldfeldwirtschaft eine sehr rationelle Wirtschaftsmethode da, wo die Verhältnisse den Kahlschlagbetrieb bedingen und eine im Verhältnis zur Fläche des Ackerlandes dichte Bevölkerung bei ungenügender Arbeitsgelegenheit vorhanden ist, wo ferner der Boden an sich mineralisch sehr kräftig ist oder wo, und diese Bedingung ist wesentlich, ein wenigstens zeitweise hoher Grundwasserstand den oberen Bodenschichten die Zersetzungsprodukte des Untergrundes zuführt und ihnen dadurch eine dauernde Fruchtbarkeit sichert. Solche Böden sind in der Regel in hohem Grade graswüchsig, setzen sich stark und erschweren die Bestandsgründung ungemein. Eine rationell geleitete landwirtschaftliche Zwischennutzung hält den Graswuchs über ihre Dauer hinaus in unschädlichen Schranken und die Holzpflanzen gedeihen vorzüglich in dem tief gelockerten Boden.

Unter solchen Verhältnissen ist der Waldfeldbau von höchstem Werte für die Bevölkerung und gleichzeitig eine vorzügliche Vorbereitung zur Bestandsgründung. Besonders wohlthätig zeigt sich das wiederholte Bearbeiten der Hackfrüchte für die Holzgewächse.

§ 644. Das Verfahren bei dem Waldfeldbau ist ein örtlich verschiedenes. Der landwirtschaftliche Ertrag und der Vorteil, welchen der junge Bestand aus der Bodenlockerung zieht, wächst unzweifelhaft mit der Tiefe der Bearbeitung. Ein Umbrechen des Bodens mit dem Wald- und Untergrundspfluge oder ein förmliches Rajolen des Bodens (§ 280) macht sich deshalb doppelt bezahlt und ist auch da üblich, wo, wie in der hessischen Rheinebene, der Waldfeldbau in der höchsten Blüte steht.

Das Rajolen erfolgt, sowie die Stöcke durch Baum- oder Stockrodung beseitigt sind und der Schlag geräumt ist, auf 40 bis 50 cm Tiefe in der gewöhnlichen Weise durch Handarbeit; nur wird das sich vorfindende Wurzelholz ähnlich wie bei der Rodung der Saatschulen entfernt. Hierauf folgt im Frühjahre die Bestellung mit Holzpflanzen mittels Reihensaat oder Pflanzung in einem Abstande der Reihen von etwa 1,20 bis 1,50 m und bei Pflanzungen mit einem je nach der Holzart wechselnden Abstande Pflanzen in den Reihen von 0,50 bis 1,50 m.

Zwischen diesen geradlinig abzusteckenden Reihen werden die Feldfrüchte angebaut und zwar, wenn die Holzpflanzen keines Schutzes bedürfen, zweckmäßig im ersten und eventuell zweiten Jahre Kartoffeln und dann Winterroggen oder Hafer, welcher bei der Ernte mit der Sichel so hoch geschnitten wird, daß die Holzpflanzen unbeschädigt bleiben. Zwischen frostempfindlichen Holzarten werden umgekehrt in den ersten zwei Jahren Wintergetreide und erst dann Kartoffeln gebaut.

Der von Cotta vorgeschlagene Baumfeldbau, d. h. ein langjähriger landwirtschaftlicher Zwischenbau zwischen zu dem Ende sehr licht angelegten Beständen ist, von kleinen fehlgeschlagenen Versuchen abgesehen, nie praktisch geworden.

Kapitel III. Der Samenschlagbetrieb.

§ 645. Der einfache Samenschlagbetrieb oder die Dunkel- oder Femelschlagwirtschaft, d. h. die Hochwaldwirtschaft mit natürlicher Vorverjüngung ist bei allen Holzarten, welche wenigstens zeitweise große Samenmengen bringen und durch die lockere Stellung des Samenschlages nicht gefährdet werden, und deren junge Pflänzlinge einigen Schatten ertragen, insbesondere bei der Buche, Tanne und Eiche seit langer Zeit in Gebrauche, gewinnt aber auch bei anderen Holzarten immer mehr und mehr Eingang.

Die Art, wie die Bestände bei dieser Betriebsart begründet werden, und die Hiebsführung insbesondere haben wir in den §§ 301 bis 337 ausführlich besprochen. Sie liefert bei der Buche und Eiche in besonders guten Mastjahren oft merkwürdig gleichalterige Verjüngungen auf großen, gleichzeitig in Besamungsschlag gestellten Flächen. So haben sich im Frühjahre nach dem Mastjahre 1822 in vielen Gegenden alle verlichteten und bis dahin unbesamt gebliebenen alten Buchenbestände wie mit einem Schlage natürlich verjüngt, so daß jetzt ganz ausgedehnte Flächen mit Buchen aus diesem Mastjahre bestockt sind. Ähnliche Erscheinungen zeigte die Eiche in den Mastjahren 1834/35 und 1857/58.

Bei den übrigen Holzarten sind solche auf großen zusammenhängenden Flächen fast absolut gleichalterige Besamungen höchst selten. Es rührt das daher, daß sie häufiger Samen liefern, als jene, und daß man deshalb nicht wie im Buchen- und Eichenwalde gezwungen ist, bei eintretenden Mastjahren große Flächen gleichzeitig anzuhauen.

Bei nicht ganz sturmfesten Holzarten, namentlich bei der Tanne und mehr noch bei der Fichte, zwingt außerdem die Rücksicht auf die Sturm- und bei den Nadelhölzern überhaupt auf die Insektengefahr zu kleinen Besamungsschlägen. Auch entsteht zwischen den vorhandenen Pflanzen fast alljährlich neuer Anflug.

§ 646. Die allgemeine Verjüngungsdauer (§ 334) ist deshalb bei Eiche und Buche, weil meist die ganzen Bestände auf einmal in Besamungsschlag gestellt und fast gleichzeitig abgeräumt werden können, in der Regel eine kürzere als bei Fichte und Tanne und selbst bei der Kiefer, weil man bei diesen Holzarten immer einen großen Teil des Bestandes geschlossen hält, wenn der andere längst im Besamungs- und Lichtschlage steht.

Dagegen ist die spezielle Verjüngungsdauer, d. h. die Zeit zwischen Angriff und Abräumung der einzelnen Hiebsflächen unter sonst gleichen Verhältnissen eine entschieden kürzere bei den Lichtholzarten, Kiefer und Eiche, als bei den Schattenhölzern und unter diesen wieder eine kürzere bei der gegen Beschädigung empfindlicheren Fichte, als bei Buche und Tanne. Sie kann bei der gleichen Holzart auf gutem Standorte mehr hinausgeschoben werden, als namentlich in trockener Lage oder auf geringem Boden und ist bei der Kiefer meist nur eine 2 bis 3jährige, bei der Fichte und der bessere Standorte suchenden Eiche eine 4 bis 10jährige, bei der Buche oft eine 10 bis 20jährige, bei der Tanne auf gutem Standorte meist eine 12 bis 25 und selbst 30jährige.

§ 647. Die Samenschlagwirtschaft erfordert mehr als insbesondere die Kahlschlagwirtschaft eine sorgfältige Bodenpflege. Verwildert der Boden, so ist damit die natürliche Verjüngung zur Unmöglichkeit gemacht.

Auch der Schlag- und Bestandespflege ist bei ihr ein weites Feld gegeben. Insbesondere ist es bei ihr von Wichtigkeit, mit den Schlagnachbesserungen rasch bei der Hand zu sein und, wo sich das Bedürfnis zeigt, mit den Ausjätungen und Durchreiserungen nicht zu lange zu zögern, auch dann, wenn etwa nur die Vorwuchshorste der Hilfe bedürftig sind. Ein Hauptaugenmerk ist dabei auf die Ränder der vermöge ihres höheren Alters oder wegen rascheren Wuchses vorwüchsigen Bestandsteile gegen niedrigere Horste und Gruppen zu richten, namentlich wenn die letzteren für den Waldbesitzer einen höheren Wert besitzen. Der vermehrte Lichtzutritt von der Seite her veranlaßt dort namentlich die unterdrückten Stämmchen der vorwüchsigen Partieen, durch schiefen Wuchs über den jüngeren die Luftnahrung zu suchen, welche sie bei senkrechtem Wuchse unter den wuchskräftigeren Stämmen ihres eigenen Horstes nicht finden. Sie wachsen in die Lücke im oberen Kronenschlusse hinein und unterdrücken die jüngeren Bestandsteile, ohne selbst hohen Wert zu erreichen. Gleichzeitig verlängern die dominierenden älteren Stämmchen ihre Zweige in die Lücke hinein.

Durch rechtzeitiges Eingreifen läßt sich mancher jüngere Horst und manche Eichengruppe zwischen älteren oder infolge des Standortes vorwüchsigen Buchen noch retten, welche sonst den von der Seite hereinwachsenden Stämmchen und Ästen oder möglicher Weise auch der Frostgefahr unterliegen würden.

§ 648. Auch bei dem Durchforstungsbetriebe erfordert diese Betriebsweise, namentlich bei sehr langsamer und ungleichmäßiger Verjüngung, eine viel aufmerksamere individuellere Behandlung, als die gleichalterigen Kahlschlagverjüngungen. Die meist horstweise Ungleichalterigkeit der Bestände bringt es mit sich, daß häufig in dem einen Teile des Bestandes noch Ausjätungen vorgenommen werden, während andere schon mäßig, wieder andere bereits stark durchforstet werden müssen. Auch zwingt die wenigstens horstweise meist sehr dichte Besamung zu viel frühzeitigeren Durchforstungen, als sie namentlich in den Pflanzbeständen des Kahlschlagbetriebes nötig werden.

Bei keiner Betriebsart, die Plenterwirtschaft mit natürlicher Verjüngung vielleicht ausgenommen, ist die Hinausschiebung der ersten Durchforstungen mit so großen Ertragsverlusten verbunden, als gerade in den dichten Verjüngungen der Samenschlagwirtschaften, namentlich auf geringerem Standorte, wo der Kampf um das Dasein zwischen den verschiedenen Baumindividuen sich weniger prompt, als anderwärts entscheidet. Der nicht hinwegzuläugnende Mehrertrag der jetzt haubaren Pflanzbestände gegenüber den aus der Samenschlagwirtschaft hervorgegangenen Beständen beruht ohne Zweifel in der Hauptsache darauf, daß die letzteren nicht rechtzeitig durchreisert und durchforstet worden sind.

§ 649. Eine besondere Aufmerksamkeit erfordert im Samenschlagwalde bei den Durchforstungen die Erziehung der künftigen Mutterbäume. Je mehr dieselben von Anfang an mit möglichst vollkommenem Wachsraum erzogen werden, desto voller werden ihre Kronen und desto früher und reichlicher bringen sie gesunden und entwickelungsfähigen Samen.

Es ist das insbesondere dann von Bedeutung, wenn das Interesse des Waldbesitzers kurze Umtriebszeiten fordert. Durch zweckmäßige Behandlung läßt sich die Samenbildung wesentlich beschleunigen und die durch die Rücksicht auf dieselbe bestimmte Umtriebszeit abkürzen.

Daß bei dieser Wirtschaftsmethode brauchbare Vorwüchse erhalten und zu dem Ende Vorbereitungshiebe geführt werden, ist bereits bei der Art, wie die Verjüngung stattfindet, gesagt worden. Hier sei nur noch erwähnt, daß sich die Kultivierung von Bestandslücken auch in höherem Bestandsalter rentiert; geben dieselben bis zum Abschlusse der Verjüngung keine Ernte, so können sie in den neuen Bestand einwachsen.

§ 650. Der Wahl der Umtriebszeit setzt bei dieser Betriebsart das Alter der eintretenden Mannbarkeit der Stämme eine untere, das Alter abnehmender Fruchterzeugung eine obere Grenze, welche je nach Holzart und Standort zwischen 60 und 150 Jahren zu liegen pflegt. Der an den Samenbäumen während des Verjüngungsbetriebes eintretende starke Lichtungszuwachs ermöglicht die Erziehung sehr starker Stämme in wesentlich kürzeren Umtrieben, als bei der Kahlschlagwirtschaft, ohne es in dieser Hinsicht den mehralterigen Samenschlagbetrieben gleich zu thun.

In sehr fühlbarer Weise ist das aber nur bei denjenigen Holzarten der Fall, welche, wie die Tanne, sehr lange spezielle Verjüngungszeiträume gestatten. Wo der Endhieb dem Angriffshiebe rasch folgen muß, wie bei der Eiche, oder gar bei der Kiefer ist der Unterschied zwischen beiden Betriebsformen in dieser Hinsicht ein recht geringer.

Sie hat bei diesen Holzarten, wenn auch in geringerem Grade, mit der Kahlschlagwirtschaft den Nachteil gemeinsam, daß man entweder im Interesse des Waldertrags auf die Starkholzzucht verzichten oder im Interesse der letzteren, wenn man den Boden geschützt erhalten will, auch zur Nutzholzzucht ungeeignete Stämme weit über ihr ökonomisches Haubarkeitsalter, ja bis zur Grenze ihrer physischen Hiebsreife stehen lassen muß.

Sie kommt deshalb in ihrer reinen Form in reinen Beständen nur bei denjenigen Holzarten zu ihrem vollen Werte, bei welchen, wie in den meisten Absatzlagen bei der Buche, Starkholz nicht wesentlich höher im Werte steht, als schwächeres, oder bei welchen, wie bei der Tanne, und, wenn auch in bedeutend geringerem Grade, in geschützter Lage auch bei der Fichte, die Länge des speziellen Verjüngungszeitraums zur Erziehung der gesuchten Starkholzsortimente aus den Stämmen des Hauptbestandes hinreicht. Bei Eiche und Kiefer hat sie fast nur den Vorzug wohlfeiler Bestandsgründung.

§ 651. Zu den einfachen Samenschlagbetrieben gehört auch der *ringweise Samen- oder Femelschlagbetrieb* oder, wie man ihn im badischen Schwarzwalde, wo er vorzugsweise üblich ist, irrtümlicher Weise nennt, die *geregelte Fehmelwirtschaft*.

Sie ist nichts als eine Samenschlagwirtschaft mit sehr langen, bis 60 jährigen, allgemeinen und 20 bis 40jährigen speziellen Verjüngungszeiträumen und vorzugsweise löcherweiser Verjüngung und unterscheidet sich von den wirklichen Femelbetrieben dadurch, daß der allgemeine Verjüngungszeitraum wesentlich kürzer ist als die Umtriebszeit, daß mit anderen Worten in jedem Bestande der Verjüngungsbetrieb während eines Teiles der Umtriebszeit ruht und daß bei ihr nicht alle im Walde vorkommenden Altersklassen in ein und demselben Bestande vertreten sind.

Bei dieser, im übrigen ganz der gewöhnlichen Samenschlagwirtschaft entsprechenden Wirtschaft wird von beschränkten Kernpunkten aus, auf welche sich anfangs der Angriff beschränkt, die Verjüngung in der gewöhnlichen Weise durch Löcherwirtschaft (§ 312) sehr langsam derart durchgeführt, daß nach der Verjüngung der primären Kernpunkte ihre nächste Umgebung und zwischen ihnen liegende sekundäre Kernpunkte und zuletzt die Hauptmasse des Bestandes in Angriff genommen wird.

Die Verjüngung schreitet dabei in der Weise fort, daß ein neuer Bestand erst angegriffen wird, wenn in den ursprünglichen Kernpunkten der Endhieb bereits geführt ist.

§ 652. Bezeichnet in nachfolgender Zeichnung im Querschnitte

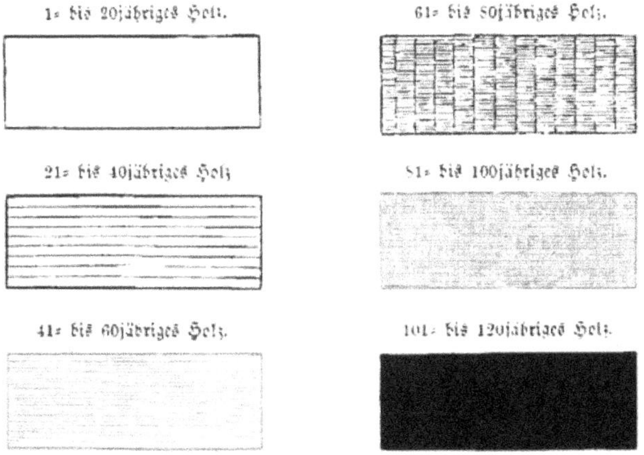

so sind sowohl bei der gewöhnlichen Samenschlag-, wie bei der reinen Kahlschlagwirtschaft die Altersklassen bei 120jähriger Umtriebszeit und 20jähriger allgemeiner Verjüngungsdauer wie folgt verteilt:

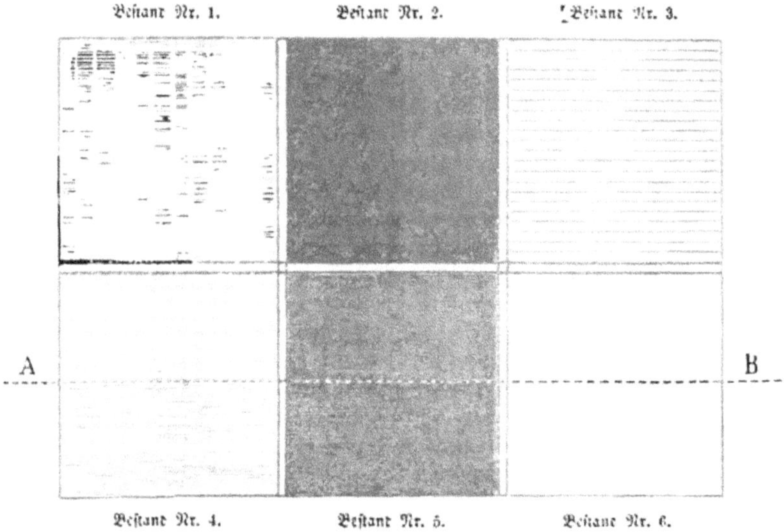

Nr. 6 enthält 1 bis 20, Nr. 3 21 bis 40, Nr. 4 41 bis 60, Nr. 1 61 bis 80, Nr. 5 81 bis 100 und Nr. 2 101 bis 120jähriges Holz. Die Verjüngung der 6 Bestände hat vor 40 Jahren in Nr. 3 begonnen, ist in den letzten 20 Jahren in Nr. 6 durchgeführt worden und soll jetzt in Nr. 2 in Angriff genommen werden.

Unter Zugrundelegung der in den Baur'schen Ertragstafeln für die Fichte auf Standorten I. Güte angegebenen Höhen geben die Bestände im Vertikalschnitte in der Richtung A B folgendes Bild:

Vertikalschnitt in der Richtung A B.

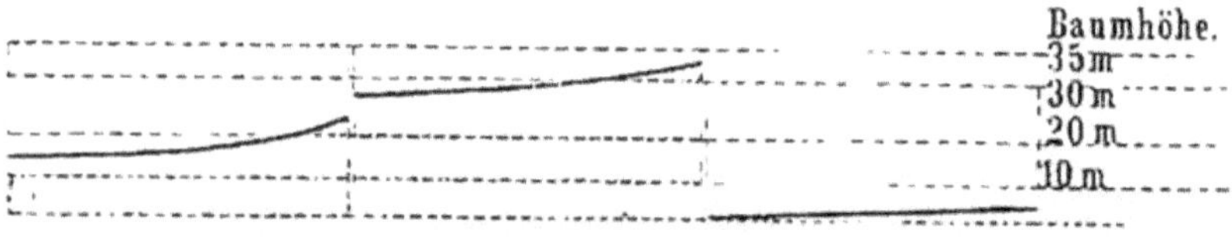

§ 653. Beim ringweisen Samenschlagbetriebe ist bei gleichem Umtriebe, 60jähriger allgemeiner und 20jähriger spezieller Verjüngungsdauer die Altersklassenverteilung die folgende:

Ringweiser Samenschlagbetrieb:

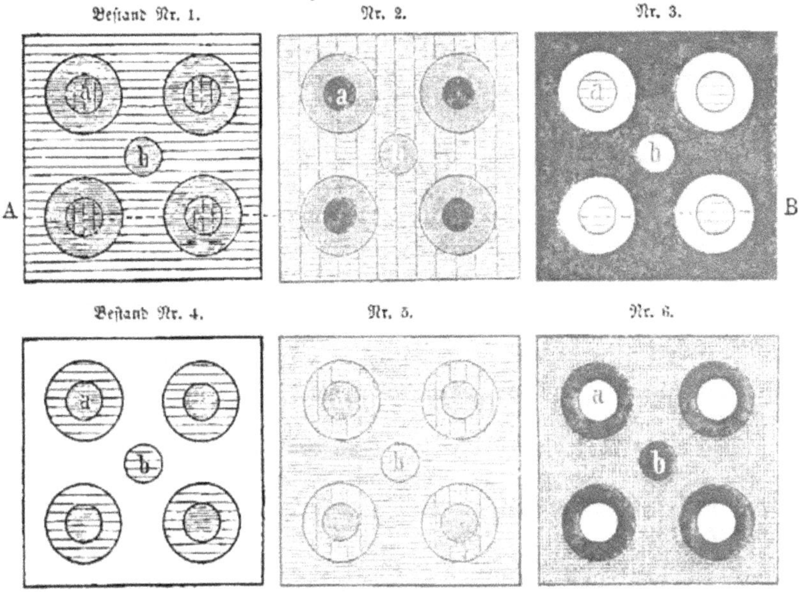

Der Bestand Nr. 2 ist eben zum Angriffe reif, die bei der letzten Verjüngung eingehauenen primären Kernpunkte a sind 100 bis 120 jährig, ihre Umgebung und die sekundären Kernpunkte b 81 bis 100 jährig, die Hauptmasse des Bestandes dagegen 61 bis 80 jährig.

Im Bestande Nr. 6 stehen die primären Kernpunkte im Lichtschlage, der Endhieb erfolgt dort im kommenden Winter, ihre Umgebung und die sekundären Kernpunkte sind, als 101 bis 120 jährig, hiebsreif.

Die Hauptmasse des Bestandes 81 bis 100 jährig.

In Nr. 3 ist die Verjüngung bereits in der Umgebung der primären Kernpunkte und in den sekundären Kernpunkten durchgeführt, das Gros des Bestandes ist zum Angriffe bereit. In Nr. 4 ist der ganze Bestand verjüngt und 1 bis 60, in Nr. 1 21 bis 80, in Nr. 5 41 bis 100 jährig; in diesen drei Beständen ruht also die Verjüngung, sowie der Endhieb in Nr. 4 geführt ist.

Die so erzeugten Verjüngungen bilden bis zur neuen Inangriffnahme des Bestandes nach allen Seiten Front machende Verjüngungskegel und haben beispielsweise im Vertikalschnitte in der Richtung A B im Fichtenwalde I. Bonität folgende Form:

Baumhöhe. Vertikalschnitt in der Richtung A B.

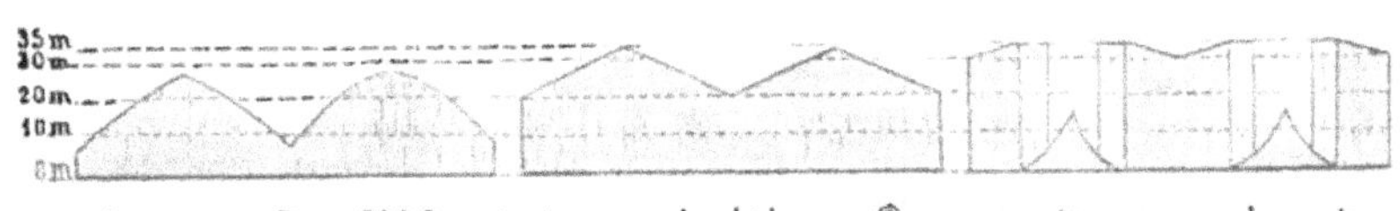

§ 654. Der Abstand der primitiven Kernpunkte von einander richtet sich nach der zulässigen allgemeinen Verjüngungsdauer. Er muß so groß sein, daß nach Ablauf derselben die verjüngten Flächen sich überall berühren.

Das hängt aber wiederum von den Grenzen der zulässigen speziellen Verjüngungsdauer und bei nicht windfesten Holzarten davon ab, in welcher Breite die im Samen- und Lichtschlage stehenden Bestandsteile vor Windbruch gesichert sind.

Beträgt letztere z. B. nach Maßgabe der Lage 50 m und die spezielle Verjüngungsdauer 20 Jahre, so werden bei 60jähriger Verjüngungsdauer die Verjüngungskegel sich berühren, wenn die Abstände der Kernpunktränder 4 . 50 = 200, und weil die Kernpunkte selbst nur 50 m Durchmesser haben dürfen, diejenigen ihrer Mittelpunkte 200 + (2 50 2) = 250 m betragen, 250 m ist also in diesem Falle das Maximum der zulässigen Entfernung der Kernpunktcentren.

Soll die allgemeine Verjüngungsdauer nur 40jährig sein, so würde sich unter sonst gleichen Verhältnissen dieses Maximum auf 2 . 50 + 50 = 150 m berechnen.

Das Minimum dieser Abstände wird bestimmt durch die allgemeine Verjüngungsdauer, die Zahl der Mastjahre, welche während derselben zu erwarten sind und benutzt werden sollen und durch das Lichtbedürfnis der betreffenden Holzart.

Erfordert beispielsweise auf dem gegebenen Standorte die gewählte Holzart zum Anschlagen der Verjüngung Lichtungen auf Flächen von mindestens 40 m Durchmesser und ist alle 10 Jahre auf eine Vollmast zu rechnen, so wird, wenn eine 30jährige allgemeine Verjüngungsdauer eingehalten und jedes Mastjahr benutzt werden soll, der Abstand der Kernpunktcentren nicht geringer gewählt werden dürfen, als 2 [(30 : 10) — 0,5] 40 = 200 m, und wenn alle 5 Jahre Mastjahre eintreten 2 . [(30 : 5) — 0,5] 40 = 440 m.

Rückt man die Kernpunkte näher zusammen, so müssen Mastjahre unbenutzt gelassen werden, wenn man nicht früher als in dem beabsichtigten Zeitraume von 30 Jahren mit der Verjüngung des Bestandes fertig werden will.

§ 655. Es folgt daraus, daß bei gleicher allgemeiner Verjüngungsdauer der Abstand der Kernpunkte von einander um so größer gewählt werden muß, je lichtbedürftiger die Holzart und je trockener der Standort ist und je häufiger nach Maßgabe beider auf Samenjahre gerechnet werden muß.

Das ist der Grund, warum diese Wirtschaftsmethode nur bei ausgesprochenen Schattenholzarten und auch bei diesen nur auf guten Standorten in Gebrauch ist. Bei Lichthölzern und auf sehr trockenen Standorten erfordert die Verjüngung so breite Lichtungsflächen, daß sie in Beständen durchschnittlicher Größe, welche die heutige Forsteinrichtung nicht gerne das Maß von 25 bis 30 ha überschreiten läßt, in Zeiträumen durchgeführt ist, welche die gewöhnliche Verjüngungsdauer des Samenschlagbetriebes nicht überschreitet.

Der Zweck des ringweisen Femelschlagbetriebes, durch Schaffung wesentlich ungleichalteriger Bestände den Zutritt der Sonne und austrocknender Winde zum Boden zu verhindern, wird in diesen Fällen nicht erreicht. Die erreichbaren Altersunterschiede sind so gering, daß der beabsichtigte Zweck besser durch die zwei- und mehralterigen Hochwaldbetriebe erreicht wird, von welchen später die Rede sein wird.

Kapitel IV. Die Überhaltbetriebe.

§ 656. Die Überhaltbetriebe sind zwei- oder mehralterige Hochwaldwirtschaften, bei welchen bei eintretendem Abtriebe ein Teil des Hauptbestandes stehen bleibt, um in den neuen Bestand einzuwachsen und mit demselben eine oder mehrere weitere Umtriebszeiten durchzumachen. Sie unterscheiden sich von den Lichtungsbetrieben dadurch, daß die unter den Überhältern erzogenen Jungwüchse nicht wie bei jenen ausschließlich dazu dienen, als Bodenschutzholz die übergehaltenen Bäume zu konservieren und ihr Wachstum zu fördern, sondern daß man von ihnen eine namhafte Holzernte erwartet. Diese Jungwüchse sind also Selbstzweck und nicht nur Mittel zum Zweck. Aus ihnen gehen die Überhälter hervor, während die bei den Lichtungsbetrieben übergehaltenen Stämme aus eigens zu diesem Zwecke erzogenen Verjüngungen hervorzugehen pflegen.

Bei den Überhaltbetrieben ist jeder Bestandsteil dauernd zweialterig, bei den Lichtungsbetrieben in der Regel in der ersten Hälfte der Umtriebszeit einalterig und dann erst zweialterig.

Sie sind nach Einführung der Schlagwirtschaft aus dem Bedürfnisse hervorgegangen, der Nachwelt die besonders starken Hölzer zu hinterlassen, welche sich bei den gleichalterigen Betrieben nicht erzeugen lassen. Sie setzen wie alle mehralterigen Betriebe voraus, daß auf dem gegebenen Standorte die unter den Überhältern zu erziehende Holzart den Druck derselben erträgt. Sie sind deshalb u. a. von allen Standorten ausgeschlossen, in welchen nur die Kiefer gedeiht und diese gar keinen Druck erträgt.

§ 657. In ihrer ursprünglichen, an vielen Orten noch üblichen Form hatten sie ausschließlich diesen Zweck. Man verjüngte die Bestände in demselben Alter, wie Bestände gleicher Art ohne Überhalt und ließ bei dieser Verjüngung die zum Einwachsen geeigneten Stämme einfach stehen. Die Überhälter machten also zwei und unter Umständen auch mehrere volle Umtriebszeiten mit.

In dieser Form sind die Überhaltsbetriebe so alt, als die Schlagwirtschaft überhaupt und nicht wenige Forstordnungen aus dem 16. und 17. Jahrhundert, insbesondere die französische Ordonnanz von 1667 machten sie obligatorisch, indem sie vorschrieben, daß eine bestimmte Anzahl Stämme (etwa 20 pro Hektar) bei der Schlagführung übergehalten werden müßte.

Die Absicht des Gesetzes war dabei selbstverständlich die, nur solche Stämme überzuhalten, welche bei größerer Stärke auch einen wesentlich höheren Gebrauchswert haben. Wenn man trotzdem auch andere Hölzer überhielt, so geschah es, weil zu dieser Klasse gehörige Stämme im Schlage fehlten, oder weil man überhaupt nur der Form des Gesetzes Genüge leisten wollte.

Wo man dem Sinne desselben zu entsprechen suchte, wählte man ausschließlich Exemplare, welche nicht allein vermöge der Holzart, sondern auch vermöge ihrer Form und ihres Wuchses nach Ablauf der zweiten Umtriebszeit besonders gesuchte Nutzholzsortimente zu geben versprachen, und man schloß vom Überhalte alle Stämme aus, welche den nächsten Umtrieb nicht vollkommen gesund durchmachen konnten, also alle Holzarten, welche überhaupt nicht so lange aushalten und von den übrigen alle nicht gesunden oder nicht normal erwachsenen Stämme.

§ 658. Allmählich zeigte es sich, daß die Überhälter gewisser Holzarten, z. B. der Fichte, sich, obwohl sie die gewöhnliche Umtriebszeit recht gut in gesundem Zustande zweimal durchmachen können, doch als Überhälter allzu oft zum Schaden der Jungwüchse vom Winde geworfen wurden und daß andere durch ihre Beschirmung dem jungen Bestande zu vielen Schaden machten.

Man gewöhnte sich deshalb nach und nach daran, im Inneren der Bestände nur sturmfeste Lichtholzarten von sehr hohem Gebrauchswerte in hohem Alter, insbesondere Eiche und Kiefer überzuhalten. Man schloß davon die Fichte als nicht sturmfest, die weichen Laubhölzer als den zweiten Umtrieb nicht aushaltend und die Schattenhölzer als zu sehr verdämmend aus und ließ letztere nur an Wegrändern, Waldsäumen und dergl. Orten zu.

Auch das Überhalten der übrigen Nutzholz gebenden Lichthölzer, Lärche, Esche und Ahorn ist im allgemeinen im Hochwaldbetriebe um deswillen weniger gebräuchlich, weil sie in der Regel zweier Hochwaldumtriebe nicht bedürfen, um die gesuchtesten Dimensionen zu erreichen und dann, weil es fraglich ist, ob sie zwei einigermaßen lange Umtriebszeiten völlig gesund durchmachen können.

§ 659. Im allgemeinen beschränken sich deshalb die Überhaltbetriebe auf Kiefer und Eiche als diejenigen Holzarten, welche

1. genügende Sturmfestigkeit und Lebenszähigkeit genug besitzen, um einen zweiten Umtrieb ungefährdet durchzumachen,
2. nach Abflusse des zweiten Umtriebes sehr gesuchte Holzsortimente liefern, wie sie in einem einfachen Umtriebe nicht erzeugt werden können und
3. als ausgesprochene Lichthölzer dem jungen Bestande wenig Schaden machen,

beziehungsweise auf Bestände, in welchen diese Holzarten, wenn auch nur vereinzelt, vorkommen.

In ihrem Verhalten beim Überhalte zeigen sie indessen in drei wesentlichen Beziehungen scharf markierte Unterschiede:

Die Eiche ist fast unbedingt sturmfest, die Kiefer nur in geschützter Lage da, wo ihre Wurzel nach Belieben in die Tiefe des Bodens eindringen kann, und auch dann nur, wenn ihr Holz frei von starken Hornästen ist, welche ihre Brüchigkeit vermehren.

Während man daher bei der Eiche überall die längsten Exemplare überhalten kann und bei Auswahl der Überhälter auf einen Abgang durch Windbruch und Windwurf nicht zu rechnen hat, muß man bei der Kiefer anfänglich meist mehr Stämme stehen lassen, als man dauernd überzuhalten beabsichtigt und in allen nicht vollkommen geschützten Lagen Stämme auswählen, welche dem Winde keinen allzulangen Hebelarm bieten.

Dabei ist die Eiche oft mit innern Fehlern behaftet, welche bei der Kiefer äußerst selten sind und in vielen Lagen überhaupt nicht vorkommen. Die Auswahl der Eichenüberhälter erfordert daher die größte Sorgfalt inbezug auf ihre Gesundheit, während bei der Kiefer die äußere, auf den ersten Blick erkennbare Form in der Regel genügenden Anhalt giebt.

Endlich, und darin liegt der Hauptunterschied zwischen dem Verhalten beider Holzarten als Überhälter, treibt die Eiche gern Klebreiser, namentlich wenn sie plötzlich aus dem Schlusse gleichalteriger Altholzbestände in den freien

Stand als Einzelüberhälter übergeführt wird. Sie verwendet dann zum Nachteile der Krone die Hauptmasse ihres Saftes zur Bildung dieser Wasserreiser. Sie wird dadurch fast immer zopftrocken und erholt sich davon nur, wenn ihr Schaft sehr bald wieder seitlich beschattet wird. Die Kiefer thut das niemals. Sie läßt sich deshalb ohne weiteres als Einzelbaum überhalten, während die Eiche fast von Jugend an durch allmähliche Freistellung dazu erst erzogen werden muß.

Wo diese Vorsicht in den früheren Bestandesaltern versäumt wurde, ist es selten rätlich, die Eiche im Einzelstande zu reservieren, obwohl derselbe an und für sich, wo die Klebäste ausbleiben, dem Überhälter den höchsten Zuwachs sichern würde.

Man sieht deshalb die Kiefern häufiger einzeln, die Eichen dagegen häufiger in Gruppen und Horsten übergehalten, in welchen die Bildung der Wasserreiser durch die Beschattung der Nachbarbäume vermieden oder doch auf ein geringeres Maß beschränkt wird.

§ 660. Beim Einzelnüberhalte sieht man, wo man, wie in der Regel bei der Kiefer, ziemlich freie Wahl unter den vorhandenen Stämmen hat, auf möglichst regelmäßige Verteilung der Reservestämme, deren Zahl vom Standorte und der den jungen Bestand bildenden Holzart abhängt. Ist der Standort ein geringwertiger, so ist die Zahl der Überhälter, wenn dort der Überhaltsbetrieb überhaupt zulässig ist, sehr niedrig zu greifen, namentlich wenn der Bestand wiederum auf Kiefern oder sonstige Lichthölzer verjüngt werden muß. Fünf bis zehn Waldrechter pro ha sind dort, wo das Jungholz an sich wenig Beschattung erträgt und das Altholz sehr nieder angesetzte Kronen hat, schon ein sehr starker, nur durch bedeutende Verluste am Ertrag des neuen Bestandes zu erkaufender Überhalt, während auf den besten Kiefernstandorten, wo auch die Stämme sehr langschaftig sind, unbedenklich 20 Reserven über Kiefern und noch bedeutend mehr über Schattenhölzern stehen bleiben können.

In letzterem Falle läßt man die Kiefern, namentlich wo einzelne Stämme leicht vom Winde gebrochen werden, gerne in Gruppen stehen, eine Stellung welche, wenn der Bestand ausschließlich aus Lichthölzern besteht, unter allen Umständen unstatthaft ist.

Bei der Kiefer wählt man als Überhälter geradwüchsige Stämme mit normaler, aber in einigermaßen exponierter Lage nicht mit zu hoch angesetzter Krone und von Hornästen freiem Schafte. Kiefern, welche äußerlich bei dem Abtriebe des Bestandes noch wahrnehmbare Spuren der Überwallung von Aststumpfen zeigen, sind, weil dem Windbruche besonders ausgesetzt und wenig wertvolles Holz liefernd, als Überhälter unbrauchbar.

Man bezeichnet dieselben, wenn der größere Teil des Bestandes abgetrieben wird, in einer den saftführenden Teil der Rinde nicht beschädigenden Weise und man thut dabei mit Rücksicht darauf, daß manche Fehler erst nach erfolgter Freistellung erkannt werden können und der eine oder andere Überhälter durch fallende Stämme beschädigt werden könnte, immer gut, anfangs mehr Waldrechter auszuzeichnen, als man überzuhalten beabsichtigt. Nach Fällung des übrigen, von vornherein zum Abtriebe bestimmten Materials lassen sich dann die tauglichen besser auswählen und namentlich ist dann eine regelmäßige Verteilung leichter zu bewerkstelligen.

Die nicht tauglichen werden dann sofort nachgeholt, wenn man nicht vorzieht, mit Rücksicht auf den möglichen Abgang durch Windbruch und dergleichen in den ersten Jahren einige Stämme mehr stehen zu lassen, als dauernd stehen bleiben sollen. Geschieht das letztere, so ist, namentlich wenn der junge Bestand aus Kiefern besteht, der Überschuß baldmöglichst, spätestens aber im 3. Jahre zu beseitigen, da später der Aushieb sich nicht ohne größeren Schaden bewirken läßt.

§ 661. Beim Einzelnüberhalte von Eichen, welche bei plötzlicher Freistellung sich rasch mit Wasserreisern überziehen, ist es Hauptsache, daß die künftigen Überhälter frühzeitig an freie Stellung gewöhnt und vor Beginn der stärkeren Durchforstungen an allmählich in dieselbe übergeführt werden. Man giebt ihnen deshalb schon bei den letzten Durchforstungen durch Aushieb herrschender und mitherrschender Stämme zur Bildung voller Kronen ausreichenden Wachsraum und verschont lieber unter ihnen stehende unterdrückte und beherrschte Hölzer. Finden sich unter ihnen Vorwüchse namentlich von Schattenhölzern ein, so ist denselben so frühzeitig wie möglich von der Seite Luft zu machen. Wo sie fehlen, sind sie möglichst frühzeitig künstlich hervorzurufen. Zu je größerer Höhe diese Vorwüchse bis zur eintretenden Verjüngung des ganzen Bestandes herangewachsen sind, desto mehr schützen sie die Schäfte vor der unmittelbaren Einwirkung des Sonnenlichtes und damit vor der Bildung der Klebäste, deren Entwickelung immer auf Kosten der Krone stattfindet.

Bei der Kiefer ist die letztere Vorsicht weniger nötig, wenn sie sich auch ebenso für Warmhaltung des Fußes dankbar zeigt.

§ 662. Das Überhalten ganzer Gruppen und Horste setzt voraus, daß unter denselben ein junger Bestand aus Schattenholzarten erzogen werden kann, oder daß der Boden vermöge seiner natürlichen Frische und Fruchtbarkeit eines besonderen Schutzes nicht bedarf. Bei derselben wird wenigstens innerhalb der Horste der Überhalt zum Hauptbestande.

Derselbe ist vorzugsweise bei der Eiche üblich und durch die schlechten Erfahrungen hervorgerufen, welchen man mit ihr beim Überhalte im Einzelstande vielfach gemacht hat.

Zu dieser Art von Überhaltbetrieben gehört insbesondere der doppelhiebige Eichenhochwaldbetrieb, wie er u. a. im Spessarte und im Pfälzerwalde üblich war, welchen man aber auch dort wesentlich zu modifizieren im Begriffe ist.[1])

Bei demselben erzieht man neben einander gleichalterige junge Eichenhorste ohne oder fast ohne Überständer und Horste alter Eichen mit einem Buchenunterstande dadurch, daß man bei eintretender Hiebsreife auf denjenigen Bestandspartieen, welche zum Überhalten geeignete Eichen nicht enthalten, aber zur Eichenzucht geeignet sind, die Eiche durch natürliche oder künstliche Vorverjüngung einbringt und ganz in der gleichen Weise wie gleichalterige Eichenverjüngungen nach und nach vom Schutzbestande befreit, die mit gesunden überhaltsfähigen alten Eichen bestockten Horste dagegen auf natürlichem oder künstlichem Wege auf Buchen verjüngt und darin nach Durchführung der Verjüngung

---

[1]) Dr. Gayer, die neue Wirtschaftsrichtung in den Staatswaldungen des Spessarts. München, 1884.

alles Holz stehen läßt, was zur Nutzholzzucht geeignet ist und den nächsten Umtrieb gesund durchzumachen verspricht.

Zur Eichenverjüngung wählt man dann immer die Stellen, an welchen Eichen entweder überhaupt nicht vorhanden sind, vorausgesetzt, daß der Standort für sie geeignet ist, sowie diejenigen, auf welchen vorherrschend Eichen stehen, welche schon zwei oder gar drei Umtriebe durchgemacht haben; zur Buchenverjüngung mit Eichenüberhalt dagegen die Horste s. g. mittelalteriger, d. h. solcher Eichen, welche zwar einen ganzen Buchen-, aber nur einen halben Eichenumtrieb hinter sich haben.

Es versteht sich von selbst, daß auch bei dieser Betriebsmethode alle Maßregeln der Standorts-, Bestands- und Bodenpflege in der früher geschilderten Weise ausgeübt werden müssen; insbesondere darf auch hier nicht versäumt werden, die zum Überhalte bestimmten Eichen frühzeitig an den freieren Stand zu gewöhnen.

§ 663. Die Überhaltsbetriebe in ihrer alten Form erreichen zwar, bei der Eiche allerdings nur, wenn die Überhälter durch sehr allmähliche Lichtung in ihrer Umgebung gehörig auf die freiere Stellung vorbereitet sind, den Zweck der Starkholzzucht, aber, weil sie die Zeit von der erfolgten Bestandsreinigung bis zur Haubarkeit des gleichalterigen Bestandes unbenutzt lassen, nicht denjenigen der wirksamen Abkürzung der Umtriebszeiten im allgemeinen, insbesondere nicht für diejenigen Teile des Bestandes, welche von der Bestandsreinigung an bis zur Haubarkeit des ganzen Bestandes nicht mehr entsprechend an Wert zunehmen und welche, deshalb bei den Lichtungsbetrieben dem Hiebe zum Opfer fallen. Auch tritt die Freistellung für die Überhälter zu spät, d. h. in einem Alter ein, in welchem auf einen wesentlichen Lichtungszuwachs nicht mehr zu rechnen ist.

Diesem Fehler sucht die Homburg'sche Nutzholzwirtschaft abzuhelfen, indem sie die Bestände nicht bis zu dem Alter stehen läßt, in welchem sie als gleichalterige Bestände verjüngt worden wären.

Dieselbe charakterisiert sich als Überhaltsbetrieb mit abgekürzter Umtriebszeit.

Sie verjüngt die Bestände prinzipiell in einem Alter, welches weit unter demjenigen steht, in welchem man bei der gleichalterigen Hochwaldwirtschaft die betreffenden Holzarten anzugreifen pflegt, und hält vom alten Bestande nicht mehr über, als sich mit der gedeihlichen Entwickelung der Jungwüchse verträgt.

Bei der von Homburg[1]) selbst beschriebenen und in Waldgegenden mit gutem Buchenboden in vorherrschend aus Buchen bestehenden Beständen angewendeten Art dieser Betriebsmethode findet die Bestandsgründung den Eigenschaften des Standortes und der Holzart entsprechend in der Hauptsache auf natürlichem Wege durch langsame Nachhiebe statt, um auf diese Weise den Lichtungszuwachs an einer möglichst großen Anzahl möglichst gesunder Bäume zu gewinnen.

Die definitive Stellung des Überhaltes erfolgt nach mehreren Nachhieben in derselben Zeit, in welcher, wenn der Bestand ohne Überhalt verjüngt würde, der Endhieb stattzufinden hätte.

---

[1]) G. Th. Homburg. Die Nutzholzwirtschaft im geregelten Hochwald-Überhaltsbetriebe und ihre Praxis. Kassel 1878.

Bei demselben werden, wie bei allen vorhergehenden Hauungen, vor allem alle unwüchsigen und kranken und alle vermöge ihrer Baumform oder vermöge der Holzart zur Nutzholzerzeugung untauglichen Hölzer entfernt und nicht mehr Stämme, und zwar in der Regel einzeln, übergehalten, als sich nach Maßgabe des Standortes mit der gedeihlichen Entwickelung des Unterstandes verträgt. Man wählt dazu, wo man die Wahl hat, vorherrschend Nutzholz gebende Lichthölzer, von welchen man etwa 70 bis 80 Stämme einwachsen läßt, während man von Schattenhölzern, unter welchen man wiederum die lange aushaltenden Nutzholzarten, Fichte, Weißtanne und Weymouthskiefer, bevorzugt, weniger stehen zu lassen pflegt.

Bei den Nachbesserungen ist man bestrebt, in alle nach dem Endhiebe vorhandenen Lücken Nutzholzarten einzubringen, wobei man auf oberholzfreien Stellen Lichthölzer, an den anderen Schattenhölzer wählt. Fehlen ortweise die Nutzholzarten gänzlich, so werden sie auch in geschlossene Buchenverjüngungen künstlich eingebracht. Auch ist man in reinen Buchenbeständen bestrebt, sie schon bei der Besamungsschlagstellung durch künstliche Vorverjüngung in Horsten den Jungwüchsen beizumischen.

§ 664. Es unterliegt gar keinem Zweifel, daß die auf diese Weise im wuchskräftigsten Alter in vollen Lichtgenuß tretenden Überhälter die Dimensionen, welche man bei den gewöhnlichen Überhaltsbetrieben anstrebt, in weit kürzerer Zeit erreichen, als wenn man erst die Zeit abwartet, in welcher der laufende Zuwachs unter den bisherigen Durchschnittszuwachs herabgesunken ist. Auch werden bei dieser Wirtschaft wenig an Wert mehr zu wachsende Bestandsteile weit früher als bei den gewöhnlichen Überhaltsbetrieben entfernt.

Sie läßt aber die Vorteile des Lichtungszuwachses auf längere Zeit nur einer verhältnismäßig geringen Zahl von Exemplaren zukommen und bringt die große Masse des Bestandes in einem Alter zu Markte, in welchem ihr Nutzwert ein relativ geringer ist.

Sie ist deshalb nur in Absatzlagen zulässig, in welchen solches Material in großen Mengen abgesetzt werden kann; in anderen nur bei Holzarten, welche wie die Buche zwar in höherem Alter wertvollere Sortimente liefern, bei welchen aber diese besseren Sortimente nur in geringen Quantitäten Absatz finden.

In solchen Fällen läßt sich durch die Homburg'sche Nutzholzwirtschaft sogar eine sehr namhafte Erhöhung der Waldrente selbst im Sinne der Bruttoschulen erreichen, wenn sie auch gegen die eigentlichen Lichtungsbetriebe an gesamtwirtschaftlichen, und wo die Absatzlage weniger günstig ist, auch an finanziellem Effekte ganz entschieden zurücksteht.

Dasselbe gilt von allen anderen Überhaltsbetrieben mit verkürzter Umtriebszeit. Sie sind meist ein Kompromiß zwischen den Forderungen der Reinertragsschule auf Abkürzung der Umtriebszeit und Verminderung des Waldkapitals und den Bedürfnissen der Nation an stärkeren Nutzhölzern, welche in den finanziellen Umtriebszeiten nicht erzeugt werden können.

Kapitel V. Die Lichtungsbetriebe.

§ 665. Unter Lichtungsbetrieben versteht man zweialterige Hochwaldwirtschaften, bei welchen vor Erreichung der Haubarkeit des ganzen Bestandes der Hauptbestand sehr stark gelichtet und mit einem Bodenschutzholze unterstellt wird, welches nur den Zweck hat, die zur Entwickelung des Hauptbestandes nötige Bodenkraft zu konservieren.

Die einfachste Art derselben ist die Kahlschlaglichtungswirtschaft.

Dieselbe ist ein Lichtungsbetrieb, bei welcher der Hauptbestand durch Nachverjüngung, das Bodenschutzholz durch künstliche Vorverjüngung begründet wird. Bei derselben wird also der Bestand abwechselnd einmal durch Kahlschlagverjüngung vollständig neu begründet und bis zur erfolgten Bestandsreinigung wie ein gleichalteriger Kahlschlagbestand behandelt, dann aber mehr oder weniger stark gelichtet und auf künstlichem Wege mit einem Unterholze von bodenbessernden Holzarten versehen.

Sie ist im allgemeinen nur bei auf dem gegebenen Standorte einigermaßen sturmfesten Lichtholzarten und nur auf Standorten, welche die Anzucht von Bodenschutzholz gestatten, möglich und im allgemeinen nur bei Lichtholzarten, deren Bestände in höherem Alter wertvolles Nutzholz liefern, also bei Kiefer, Lärche, Eiche und Esche üblich und hat vor der reinen Kahlschlagwirtschaft bei diesen sich frühzeitig lichtstellenden Holzarten den großen Vorzug, daß sie durch Einbringung des Bodenschutzholzes nicht allein die Bodenkraft besser konserviert, sondern auch die Möglichkeit gewährt, die zur Nutzholzerzeugung untauglichen Stämme frühzeitig zu entfernen und dem Reste das zur Hervorrufung eines kräftigen Lichtungszuwachses nötige Licht zu geben.

§ 666. Die Lichtung beginnt, sowie einerseits das dabei anfallende Material seinen höchsten durchschnittlichen Wertszuwachs überschritten hat und anderseits der Hauptbestand sich von den Ästen bis zu der Höhe, bei welcher nach Abschluß des Haupthöhenwachstums die Krone beginnt, gereinigt hat; bei der Esche, Kiefer und Lärche also etwa im 40. bis 50., bei der Eiche im 60. bis 70. Jahre. Sie wird, nachdem bis dahin die Bestände in normaler Weise durchforstet worden sind, mit der Herausnahme aller Stämme des Hauptbestandes, welche infolge von Krankheit, krummem Wuchs oder Beschädigungen aller Art zur Nutzholzzucht offenbar untauglich geworden sind, ohne Rücksicht auf ihre Verteilung über die Fläche eingeleitet. Reicht der auf diese Weise hergestellte Lichtgrad nach Maßgabe des Standortes hin, um dem anzubauenden Bodenschutzholze das Gedeihen für einige Jahre zu sichern, so ist damit die erste Lichtung des Bestandes beendet, andernfalls muß der Hauptbestand weiter gelichtet werden. Es geschieht das durch Herausnahme der am wenigsten hoffnungsvollen Stämme des Hauptbestandes, welche man derart auswählt, daß der verbleibende Rest sich möglichst gleichmäßig über die Fläche verteilt.

Während man also bei Herausnahme der für Nutzholz untauglichen Stämme auf den Verband der verbleibenden Bäume gar nicht sieht und mit lauter solchem Holze bestockte Flächen, auch wenn Bestandslücken entstehen, ganz abräumt, sucht man beim Aushiebe der minder tauglichen einen annähernd regelmäßigen Verband möglichst zu wahren. Man erreicht dadurch eine wesentliche Abkürzung der Umtriebszeit für die nur Brennholz liefernden Stämme und eine bedeutende Zuwachsmehrung bei den zur Nutzholzzucht geeigneten Bäumen.

§ 667. Der Grad der ersten Lichtung ist je nach der Holzart, aus welcher der Hauptbestand besteht, und je nach den Lichtbedürfnissen derjenigen, welche als Bodenschutzholz eingebracht werden soll, je nach der bisherigen Bestandsdichtigkeit und je nach dem Standorte verschieden.

Bisher dicht geschlossen gehaltene Bestände, deren schwache Stämme nach erfolgter Freistellung die Last der Krone nicht tragen könnten, müssen erst durch allmählich verstärkte Durchforstungen auf die Lichtung vorbereitet werden, auch wenn sie das zulässige Lichtungsalter bereits erreicht haben. Diese Hauungen können sich ziemlich rasch folgen und richten sich hauptsächlich auf die Freistellung der überzuhaltenden Stämmchen von beherrschten und eben noch mitherrschenden Stämmen. Solche Bestände dürfen alsdann nur schwach, d. h. in einem Maße gelichtet werden, welches den Stämmen des Hauptbestandes nur für wenig Jahre freien Wachsraum gewährt; ebenso Holzarten, welche sich bei plötzlicher Freistellung leicht mit Wasserreisern überziehen, wie die Eiche, oder welche auf dem gegebenen Standorte nicht ganz sturmsicher sind.

Unter gleichen Verhältnissen muß die Lichtung eine stärkere sein, wo die Kastanie und Fichte, als wo Hainbuche und Buche, und bei diesen wieder stärker, als wo die Tanne unterbaut wird. Ebenso verlangt bei gleicher Holzart der trocknere und ärmere Standort eine kräftigere Lichtung, als in frischer Lage und auf fruchtbarem Boden nötig ist.

§ 668. Zum eigentlichen Unterbau, mit welchem man vorgehen kann und auf geringen Böden vorgehen muß, sobald das Bodenschutzholz nach Maßgabe der Stellung des Oberholzes sich erhalten kann, verwendet man selbstverständlich ausschließlich Schattenholzarten, und zwar, wo auf eine Holzernte vom Unterholze nicht gerechnet werden kann, wo irgend möglich die Buche als diejenige Holzart, welche neben der Tanne den Boden am vollkommensten beschattet und unter allen die vollkommensten Streudecken liefert. Wo, wie auf zeitweise nassem oder oberflächlich sehr trockenem und kalkarmem Boden die Buche nicht gedeiht, vertritt sie in ersterem Falle zweckmäßig die Hainbuche, in letzterem in geeignetem Klima die edle Kastanie und bei frischem Untergrunde auch die Linde.

Die schattenertragenden Nadelhölzer Fichte und Tanne verwendet man beim zweialterigen Kahlschlagbetriebe nur dann, wenn das Bodenschutzholz lange genug stehen bleibt, um selbst einen höheren Nutzwert zu erreichen, als die bodenbessernden Laubhölzer.

Auf trockenem Boden empfiehlt sich, wie bereits in § 583 erwähnt, die Fichte nicht, dagegen wird sie auf geeignetem Standorte zweckmäßig zur Auspflanzung größerer mit Oberholz nicht versehener Lücken verwendet.

§ 669. Da der Unterbau unter einem ziemlich geschlossenen Oberholze stattfindet, so sind bei demselben, wenn eine Bodenverwilderung noch nicht eingetreten ist, meist alle Kulturmethoden und zwar speziell auch die Saat und die Pflanzung mit ganz kleinen Setzlingen zulässig. Man wählt deshalb unter den nach Maßgabe des Bodenzustandes möglichen immer die wohlfeilste; bei der Buche speziell in Mastjahren die Saat, bei verunkrautetem Boden in gelockerte Streifen vom 30 bis 40 cm Breite und 1,20 bis 1,30 m Mittelabstand, andernfalls in Stufen von 0,5 bis 0,8 m Abstand über die ganze Fläche; wenn es keine Bucheckern giebt, die Pflanzung von Jährlingen und Keimpflanzen, welche auch natürlichen Verjüngungen entnommen werden können. Da die Buche erfahrungsgemäß sich rascher entwickelt, wenn der Boden unter ihr genügend bedeckt ist, so pflanzt man sie zu Zweien und Dreien auf Platten, welch letzteren man Abstände von 1,20 bis 2,00 m giebt. Auf den Platten selbst erhalten die Pflänzlinge 0,25 bis 0,35 m Abstand. Auch Büschelpflanzungen in dem vorhin erwähnten Plattenabstande sind üblich, namentlich wenn man dichte natürliche Verjüngungen in der Nähe hat. Wo der Boden trocken ist, leistet die Carl'sche Schutzgräbenpflanzung (§ 543) Vorzügliches.

§ 670. Die Hainbuche, deren Samen stets sehr billig ist, pflegt man, wo der Boden frisch genug für sie ist, einzusäen und läßt der Saat als Bodenvorbereitung längere Zeit Schweineeintrieb vorangehen und bis zum Winter vor der Keimung folgen. Wo dazu nicht gegriffen werden kann und der Boden an sich zur Saat nicht empfänglich ist, empfiehlt sich auch bei der Hainbuche Saat in gelockerte Saatstreifen oder Pflanzung.

Auch die Tanne wird häufig durch Saat eingebracht, unter Eichen aber zweckmäßig in Rillen auf erhöhten Streifen (§ 249), weil Tiefsaaten leicht durch das abfallende Laub der Eiche erstickt werden. In der Regel greift man indessen zur Pflanzung und zwar des langsamen Wuchses der Tanne halber mit stärkeren den Boden frühzeitiger deckenden Pflanzen.

Die Fichte wird zum Zwecke des Unterbaus fast nur gepflanzt, und zwar wählt man zweckmäßig 2jährige Pflänzlinge, welche, wo sie kein Nutzholz zu liefern brauchen, bei nassen Stellen auf Hügeln, so gepflanzt werden, daß sie 2 bis 4 qm Wachsraum haben.

Kastanien werden entweder eingestuft oder als Jährlinge und stärker, eventuell als Stummelpflanzen, gepflanzt. Sie werden als Bodenschutzholz meist wiederholt auf den Stock gesetzt, d. h. gewissermaßen wie das Unterholz im Mittelwalde behandelt und können deshalb in weiteren Verbänden (2 : 2 m) angelegt werden.

Für die Ausbesserung größerer Lücken im Hauptbestande sind die in §§ 590 bis 595 gegebenen Gesichtspunkte maßgebend, d. h., man bringt ausschließlich Schattenhölzer in dieselben ein, soweit ein späteres Übergreifen der Äste des Hauptbestandes zu befürchten ist, und beschränkt den nachträglichen Anbau von Lichthölzern auf die vor Überwachsung durch den Hauptbestand dauernd geschützten Centren großer Lücken, wenn man dieselben nicht mit Nutzholz liefernden Schattenhölzern besetzen will.

§ 671. Die Lichtungen werden fortgesetzt, so oft der Hauptbestand über dem Bodenschutzholze in vollkommenen Schluß zu kommen anfängt. Man wählt dazu wiederum die schlechtesten Stämme des Hauptbestandes heraus, die beschädigten und kranken natürlich zuerst und sucht dabei dem Hauptbestande jedesmal eine Stellung zu geben, bei welcher einerseits jeder einzelne Stamm auf etwa 10 Jahre hinaus vollen Wachsraum behält, anderseits aber durch möglichst gleichmäßige Verteilung möglichst viele gesunde Stämme erhalten werden.

Dem Hauptbestande die gegen Schluß der Umtriebszeit wünschenswerte sehr lockere Stellung schon bei den ersten Lichtungshieben zu geben, erscheint nur zweckmäßig, wenn das zu dem Ende herauszunehmende Material an Masse wenig und an Nutzwert gar nicht mehr zuwächst, also ausschließlich Brennholz liefert. In diesem Falle wird der Verlust an Masse bei ausreichend langer Umtriebszeit durch den vermehrten Zuwachs am Bodenschutzholze reichlich ersetzt. Das ist nicht der Fall, wenn zur Herstellung dieses Lichtgrades Nutzholz liefernde Stämme vorzeitig hinweggenommen werden müssen.

Man giebt deshalb diese Stellung von vornherein nur Beständen, welchen vor der Lichtung im Hauptbestande kein Nutzholz liefernde oder nicht aushaltende Holzarten reichlich beigemischt sind, oder in welchen z. B. durch Frost zahlreiche Stämme des Hauptbestandes zur Nutzholzzucht untauglich geworden sind, indem man alles, was nur Brennholz abwirft, sobald als möglich hinwegnimmt. Was Nutzholz giebt und noch an Nutzwert zuwächst, bleibt besser stehen, so lange es den Zuwachs der zum Überhalten bis zum Schlusse bestimmten Stämme nicht durch Einengung des Wachsraumes beeinträchtigt.

§ 672. Die Umtriebszeiten des Hauptbestandes sind bei dieser Betriebsart auf nicht sehr kräftigem Boden meist länger, als sie sich bei den ihr unterworfenen Holzarten bei der reinen Kahlschlagwirtschaft aufrecht erhalten ließen. Dadurch, daß nur die gesündesten und die wuchskräftigsten Stämme stehen bleiben und diesen stets der Kopf nach allen Seiten frei und der Fuß durch das Bestandsschutzholz warm gehalten wird, wächst der Hauptbestand viel länger als in einalterigen Beständen zu. Dabei entlastet die frühzeitige Herausnahme der an Wert wenig mehr zunehmenden Stämme nicht allein den Kostenwert des Bestandes am Schlusse der Umtriebszeit im Sinne der Reinertragsschule, sondern sie erhöht auch die Durchschnittserträge an Wert, indem sie für die nicht mehr an Wert zuwachsenden Hölzer die Umtriebszeit verkürzt. Sie vermindert endlich die Masse der sich relativ wenig vermehrenden Holzvorräte und erhöht dadurch die Zuwachsprozente, indem sie nur die zuwachsenden Bestandsteile im Walde beläßt, und ersetzt in höherem Alter die die Bodenkraft mindernden und die Schutzzwecke des Waldes unerfüllt lassenden reinen Lichtholzbestände durch bodenbessernde und bodenschützende Mischbestände.

Diese Betriebsweise ist daher auf dazu geeignetem Standorte bei dazu geeigneten Holzarten der reinen Kahlschlagwirtschaft überall vorzuziehen, wo die Preisverhältnisse eine intensive Wirtschaft gestatten.

Sie macht, um zur vollen Wirkung gelangen zu können, eine eingehende Baumpflege im Sinne der §§ 625 bis 634 notwendig.

§ 673. Eine andere Art der Lichtungswirtschaften ist der Samenschlaglichtungsbetrieb.

Man versteht darunter einen Lichtungsbetrieb, bei welchem sowohl die erste Bestandsgründung, wie die Erziehung des Bodenschutzholzes auf natürlichem Wege durch Vorverjüngung erfolgt. Es folgt daraus, daß bei dieser Wirtschaft das Bodenschutzholz, sowohl bei der ersten Lichtung, wie bei der eigentlichen Verjüngung des Hauptbestandes in Samen tragenden Exemplaren vorhanden sein muß.

Daraus geht nun die Notwendigkeit hervor, einmal, daß schon bei der eigentlichen Verjüngung die Schattenholzart dem Bestande wenigstens beigemischt und dann, daß mit der erstmaligen Lichtung bis zur Mannbarkeit des Bodenschutzholzes gewartet werden muß, und endlich, daß man, wenn man die natürliche Verjüngung streng durchführen will, entweder eine Anzahl älterer Exemplare der Nebenholzart bis zur Haubarkeit des Hauptbestandes stehen zu lassen oder aber mit der Verjüngung des Hauptbestandes so lange zu warten hat, bis auch die zweite Generation des Bodenschutzholzes keimfähigen Samen zu tragen anfängt.

§ 674. Tritt dieser Zeitpunkt relativ frühzeitig ein und wächst die Hauptholzart rascher als das Bodenschutzholz, wie z. B. die Eiche und Esche in der Mischung mit der Hainbuche, so sind diese Notwendigkeiten kein Hindernis für die Wirtschaft. Man hat dann bei der Wahl der Zeit der ersten Lichtung ebenso freie Hand, wie bei der Bestimmung der Umtriebszeit im Hauptbestande. Ist außerdem der Samen der Nebenholzart, wie wiederum der der Hainbuche geflügelt, so genügt das Eingreifen weniger Exemplare der letzteren in den Hauptbestand, um die Fläche ausreichend zu besamen, und die Holzarten können dann von vornherein einzeln gemischt werden.

Man hat dann nur bei den Durchforstungen darauf zu achten, daß auch den künftigen Samenbäumen der Nebenholzart frühzeitig Luft gemacht wird, um sie zu reichlicher Samenbildung anzureizen. Man wählt dazu dann selbstverständlich Stämmchen aus, deren Freistellung nicht den Aushieb guter Exemplare der Hauptholzart nötig macht.

§ 675. Anders ist die Sachlage, wenn die Nebenholzart der lichtbedürftigen Hauptholzart vor- oder gleichwüchsig ist, wie auf vielen Standorten die Buche der Eiche.

Eine Einzelmischung beider Holzarten bei der Verjüngung des Hauptbestandes hat dann ihre schwere Bedenken. Die Hauptholzart läßt sich nur durch häufig wiederholte Reinigungshiebe gegen die Nebenholzart schützen. Ist dann der Samen der letzteren auch noch schwer und ungeflügelt, wie wiederum der der Buche, so sind zur Herstellung eines genügenden Unterstandes so viele Mutterbäume der Nebenholzart erforderlich, daß weniger Exemplare der Hauptholzart übergehalten werden können, als bei künstlicher Einbringung des Bodenschutzholzes stehen bleiben könnten.

Das ist der Grund, warum man in solchen Fällen bei der Lichtung auf die Einbringung des Bodenschutzholzes auf natürlichem Wege um so lieber verzichtet, als man sich dann inbezug auf den Zeitpunkt derselben nur nach der Beschaffenheit des Hauptbestandes zu richten hat.

Man zieht es vor, bei der Hauptverjüngung, ähnlich wie bei der zweialterigen Kahlschlagwirtschaft die Hauptholzart ziemlich rein zu erziehen, indem man bei den Besamungsschlägen hauptsächlich dem Bodenschutzholze zuleibe geht, und zu geeigneter Zeit in gleicher Weise künstlich zu unterbauen, ohne deshalb auf zufällig sich ergebende natürliche Verjüngung des Bodenschutzholzes zu verzichten.

§ 676. Ist wie namentlich auf schweren tiefgründigen Böden die Eiche und überall auf für sie geeignetem Standorte die Esche, Kiefer und Lärche der Nebenholzart mit schwerem Samen, speziell der Buche, dauernd vorwüchsig, so hat es umgekehrt durchaus kein Bedenken, die letztere schon bei der Hauptverjüngung in Einzelmischung einzubringen; ja es empfiehlt sich dort bei sich nicht übermäßig in die Äste verbreitenden Hölzern, wie der Lärche immer, bei anderen wenigstens dann, wenn der Unterschied in der Schnelligkeit des Wuchses kein sehr großer ist, wie z. B. zwischen Eiche und Buche, die Schattenholzart anfänglich vorherrschend anzuziehen und bis zum eigentlichen Lichtungshiebe allmählich zu entfernen. Die Hauptholzart genießt dann von vornherein den Vorteil der Beimischung des Bodenschutzholzes, ohne sich übermäßig in die Äste ausdehnen zu können. Außerdem ist in jugendlichem Alter die Nebenholzart oft auch inbezug auf die Walderträge wertvoller als die Hauptholzart. Es genügt kann, wenn bei der Bestandsanlage so viele Exemplare der letzteren vorhanden sind, daß bei der Lichtung ein vollkommener Bestand der ausgebildet werden kann.

Nur wenn der Unterschied im Wuchse ein sehr großer ist und die Hauptholzart Neigung zur Astverbreitung hat, wie die Kiefer, muß diese auch im jungen Bestande so reichlich vorhanden sein, daß sich ihre Reinigung von Ästen von selbst rechtzeitig vollziehen kann.

Aber auch in diesen Fällen wird die Einbringung des Bodenschutzholzes nach der Lichtung in der Hauptsache auf künstlichem Wege zu erfolgen haben, wenn die Zeit der im Interesse der Hauptholzart zweckmäßigsten Lichtung nicht zufällig mit dem Eintritte der Mannbarkeit der Nebenholzart zusammentrifft.

§ 677. Die ursprüngliche Bestandsanlage erfolgt bei dem Samenschlag-Lichtungsbetriebe in derselben Weise wie bei dem gleichalterigen Samenschlagbetriebe. Nur muß bei derselben selbstverständlich darauf geachtet werden, daß sich die Holzart, welche später den Hauptbestand bilden soll, im jungen Bestande in im Sinne der vorigen §§ ausreichender Weise einfindet.

Erfordert das gegenseitige Verhältnis von künftiger Hauptholzart und Bestandesschutzholz nach Maßgabe des Standortes ein Vorherrschen der ersteren im jungen Bestande, so ist nicht allein der ganze Verjüngungsbetrieb den Anforderungen dieser Holzart anzupassen, sondern es muß auch vom Vorbereitungshiebe an dafür gesorgt werden, daß die Nebenholzart mehr und mehr aus dem Schutzbestande verschwindet, und daß der Besamungsschlag fast vollständig mit Stämmen der Hauptholzart gestellt wird. Auch ist es selbstverständlich, daß Vorwuchspartieen der Nebenholzart nicht konserviert werden, daß man ferner es unterläßt, dem bei Vollmast sich massenhaft einfindenden Aufschlage dieser Holzart den zur Erhaltung nötigen Lichtgrad zu geben, und daß man endlich, wo im vorhandenen Altholze die künftige Hauptholzart fehlt oder ungenügend vertreten ist, die letztere künstlich einbringt.

Man wird also beispielsweise in einem aus Buchen und Eichen gemischten Bestande auf einem Standorte, in welchem, wie auf Vogesensandstein in kühlerer Lage, die Buche der Eiche vorwüchsig ist, gegen Ende der Umtriebszeit die Buche mehr und mehr aus dem Hauptbestande verdrängen, trotzdem eintretende Buchenbesamungen durch Unterlassung aller Lichtungen über denselben wieder zugrunde gehen lassen, bei eintretendem Eichenmastjahre den Besamungsschlag nach den Erfordernissen der Eiche stellen und diese in den reinen Buchenpartieen auf künstlichem Wege einbringen. Um diese künstlichen Eichenbesamungen vor dem Eindringen der Buchen zu schützen, wird man die Eiche in in den Bestand eingehauenen Löchern anbauen und den nach Maßgabe des Standortes vielleicht nötigen Schutzbestand, wo alte Eichen fehlen, so weit möglich aus Bäumen des Nebenbestandes bilden, welche erst längere Zeit freigestellt sein müssen, ehe sie Samen tragen können.

§ 678. Diese Vorsicht ist nicht nötig, wo umgekehrt die künftige Hauptholzart der Nebenholzart vorwüchsig oder ihr doch vollkommen gleichwüchsig ist, und wo deshalb die letztere im Anfange des Bestandeslebens im Bestande vorherrschend sein darf, also beispielsweise bei der Mischung von Eiche und Buche auf schweren Bodenarten in warmer Lage.

Die Verjüngung wird dort den Bedürfnissen derjenigen Holzart entsprechend durchgeführt, welche im Bestande anfangs vorherrschen soll, im gegebenen Falle also der Buche. Man hat dann nur darauf zu achten, daß auch die künftige Hauptholzart in allen für sie geeigneten Teilen des Bestandes in so viel Exemplaren vertreten ist, als nötig sind, um daraus später den Hauptbestand zu bilden.

Zu dem Ende pflegt man, wenn die Hauptholzart lichtbedürftiger ist, als die Nebenholzart, die speziellen Verjüngungszeiträume nicht unnötig zu verlängern, d. h. man lichtet so frühzeitig und stark, als es die Nebenholzart nach Maßgabe des Standortes nur irgend erträgt, um so eine Besamung auch bei der Lichtholzart hervorzurufen. Es hat das kein Bedenken, weil ja der Wertszuwachs am Altholze der Nebenholzart in der Regel ein unbedeutender ist.

Findet sich die Hauptholzart trotzdem auf natürlichem Wege nicht in genügender Zahl ein, so muß sie nachträglich künstlich eingebracht werden und zwar in einer Weise, welche sie vor der vorübergehend den Hauptbestand bildenden Nebenholzart ausreichend sichert, also durch Pflanzung von Pflänzlingen, welche größer sind als die vorhandenen Pflanzen der Nebenholzart, wenn diese ihr gleichwüchsig ist, durch Pflanzung mindestens gleich großer Pflänzlinge, wo die Nebenholzart zwar langsamer wächst, der Hauptholzart aber momentan schädlich werden könnte. Freie Hand in der Wahl des Alters der Pflänzlinge hat man nur da, wo die zur Hauptholzart bestimmte Art wesentlich schneller wächst, als diejenige, welche später den Nebenbestand bilden soll und von der Überschattung der letzteren nicht leidet, entweder infolge ihrer Natur oder des Umstandes, daß Lücken vorhanden sind, aus welchen die nachträglich eingebrachte Holzart herausgewachsen sein kann, ehe sie die andere einholt. In solchen Fällen ist sogar unter Umständen die Saat als Mittel zur nachträglichen Einbringung der Hauptholzart thunlich; so können beispielsweise Kiefern häufig mit Erfolg in noch junge Buchenbesamungen eingesät werden, auch finden sie sich bei genügend rascher Lichtung in Buchenbesamungsschlägen oft in ausreichender Menge von selbst ein.

§ 679. Bei der zweiten die Anzucht des Bodenschutzholzes unter dem gelichteten Hauptbestande bezweckenden Verjüngung hat sich selbstverständlich der ganze Verjüngungsbetrieb nach der Anforderung des Bodenschutzholzes zu richten, mit Ausnahme derjenigen Stellen, welche, weil im vorhandenen Bestande zum Stehenbleiben geeignetes Material fehlt, womöglich auf die Hauptholzart zu verjüngen sind.

Es werden bei dieser zweiten Verjüngung vorhandene Vorwüchse oder Stockausschläge bodenbessernder Holzarten sorgfältig erhalten, sofern sie unter überhaltsfähigen Exemplaren der Hauptholzart stehen und den Rest der Umtriebszeit auszuhalten versprechen. Einzelständigkeit, krummer oder sperriger Wuchs und dergleichen machen bei dieser Verjüngung vorhandene Vorwüchse nicht zum Einwachsen untauglich, weil es bei ihr nicht auf die Quantität und Qualität des im Unterbestande erzeugten Holzes, sondern auf möglichst vollständige und frühzeitige Beschattung des Bodens ankommt.

Aus demselben Grunde werden an solchen Stellen vorhandene oder sich bildende Stockausschläge bodenbessernder Holzarten zur Bildung des Bodenschutzbestandes ohne Bedenken mit benutzt, wenn sie nach Maßgabe der Holzart und des Alters und Zustandes der Stöcke bis zum Abtriebe des Hauptbestandes auszuhalten versprechen.

Dagegen verjüngt man, weil bei den Lichtungshieben fast sämtliche zum Hauptbestande gehörigen Exemplare der Nebenholzarten dem Hiebe zum Opfer fallen, für die Hauptholzarten ausreichend große Horste, in welchen diese fehlen, wie bei der ersten Verjüngung, d. h. vorherrschend auf die Hauptholzart, wenn diese langsamer als die Nebenholzart wächst und auf eine Mischung beider im umgekehrten Falle, d. h. man erzieht dort horstweise einen reinen Hauptbestand.

§ 680. Einer besonderen Pflege bedarf der Bodenschutzholzbestand nach Ausführung der Lichtungshiebe nicht. Die sämtlichen in die Rubrik der Bestandspflege im weiteren Sinne gehörigen Arbeiten beschränken sich auf die Erhaltung des zulässigen Schlußminimums. Ein Übermaß von Schluß im Bodenschutzholz ist bei den Lichtungsbetrieben niemals schädlich, und die Baumpflege ist zwecklos, da von diesem Teile des Bestandes eine Nutzholzernte nicht erwartet wird.

Um so reger muß dieselbe im Hauptbestande und zwar von frühester Jugend an sein; am regsten in denjenigen Beständen, in welcher die künftige Hauptholzart anfänglich nur untergeordnet angebaut ist. Alle in den früheren Kapiteln erwähnten Maßregeln der Bestands- und Baumpflege sind dort notwendig, wenn der Wirtschaftszweck die Erziehung hochwertigen Nutzholzes in großen Massen erreicht werden soll. Insbesondere müssen solche Bestände durch Aushieb der Nebenholzarten allmählich in solche übergeführt werden, in welchen die künftige Hauptholzart vorherrscht, und es muß bei allen Durchforstungen und Reinigungshieben dafür gesorgt werden, daß diejenigen Stämme, welche später den Hauptbestand bilden sollen, nicht allein eine vollkommene gesunde Krone ansetzen, sondern daß sie auch bis zur Lichtung schon einigermaßen an den freien Stand gewöhnt sind.

§ 681. Die Lichtung ist in allen Beständen, deren Hauptbestand aus Holzarten besteht, welche schon bei oder doch bald nach der Lichtung als Nutzholz brauchbar sind, wie bei den Kahlschlag-Lichtungsbetrieben (§ 665) eine allmähliche, auf freien Stand der einzelnen Bäume für 10 Jahre berechnete und dann sich wiederholende.

Über dieses Maß geht man auch bei den Samenschlaglichtungsbetrieben nur in den dort angegebenen Fällen hinaus. Dieselben treten indessen bei diesen Betriebsmethoden häufiger als bei den Kahlschlaglichtungsbetrieben ein, entweder weil, wie häufig in aus Eiche und Buche gemischten Beständen, von der Hauptholzart nicht genug gesunde Exemplare vorhanden sind, oder weil der ganze Bestand aus Holzarten besteht, welche erst lange nach der Lichtung zu Nutzholz erwachsen.

§ 682. Letzteres ist beispielsweise der Fall bei der Buche. Der Nutzwert 70jährigen Holzes ist bei ihr bei gleicher Masse kaum merklich größer, als derjenige 30jährigen Materials. Erst im 80. Jahre und noch später erreicht sie selbst beim Lichtungsbetriebe die Dimensionen, in welchen sie zu Nutzholz verwendet wird.

Bei ihr hat sich deshalb insbesondere im Solling eine besondere Form des Lichtungsbetriebes herausgebildet: die s. g. Seebach'sche modifizierte Buchenhochwaldwirtschaft, welche in den Verhältnissen ihrer Heimat den Anforderungen der meisten Waldbesitzer vorzüglich entspricht.

Bei derselben werden im 60. bis 80. Jahre die Bestände in Besamungsschlag gestellt und erhalten nach Durchführung der Verjüngung, welche nötigenfalls auch auf künstlichem Wege erstrebt wird, eine Stellung, welche so licht ist, daß der Bestand erst nach 30 Jahren wieder in Schluß kommt, worauf bald die Hauptverjüngung stattfindet.

Der von G. L. Hartig vorgeschlagene Buchenkonservationshieb, bei welchem schon im 40. bis 50. Jahre eine starke Lichtung mit einem Überhalte von 600 bis 800 der stärksten Stangen pro ha stattfinden und das Bodenschutzholz aus den erfolgenden Stockausschlägen gebildet werden sollte, hat sich nicht bewährt. Die zu frühzeitige Lichtung hatte nachteilige Folgen für die Stämme des Hauptbestandes, insbesondere häufig Rindenbrand zur Folge, ohne daß, weil die Stöcke teilweise den Ausschlag versagten, ein vollkommener Unterstand sich erzeugt hätte.

Kapitel VI. Die Plenter- oder Femelwirtschaften.

§ 683. Unter Plenter- oder Femelwirtschaft versteht man einen Samenbetrieb, bei welchem die sämtlichen im Walde überhaupt vorkommenden Altersklassen in ein und demselben Bestande vereinigt erzogen werden. Die Verjüngung unter einem lange stehen bleibendem Schutzbestande ist keineswegs, wie man allgemein annimmt, ein notwendiges Kriterium der Femelwirtschaft. Vielmehr geht die Bestandsgründung im Femelwalde ganz in derselben Weise vor sich, wie im Hochwalde, nur daß sich die Verjüngungsflächen in anderer Form an einander reihen.

Die Bestandsform des Plenterwaldes ergiebt sich im Urwalde ganz von selbst. Wo immer durch das natürliche Absterben, durch Windwurf und dergleichen eine Lücke im Kronenschlusse entsteht, findet abfallender Samen das nötige Licht, um zu keimen, und vorhandener Aufschlag den nötigen Raum, sich weiter zu entwickeln. Bei der Verschiedenheit des Zeitpunktes, in welcher diese Lücken entstehen, müssen sich auf diese Weise nach und nach um so mehr alle Altersklassen im Bestande einfinden, als das Erscheinen und die Erhaltung der Schattenhölzer nicht an das Entstehen von Lücken im Kronenschlusse gebunden sind.

Die Mischung ist indessen, weil die Lücken stets klein sind, in der Regel bei den älteren in den obersten Kronenschluß eingreifenden Altersklassen eine einzelne, während die jüngeren Altersklassen ein sehr verschiedenalteriges, bei Schattenholzarten geschlossenes, bei Lichtholzarten in Kleingruppen verteiltes Unterholz darstellen, dessen Teile in das Oberholz einwachsen, sowie sich Raum dazu findet.

§ 684. Diese Art der Verteilung ändert sich, sowie der Wald Gegenstand der Holznutzung wird, insbesondere, sobald der Bedarf an Brennholz und Holzkohlen nicht mehr aus dem trockenen oder sonst zu Boden gekommenen Holze gedeckt werden kann. Man giebt sich dann nicht die Mühe, das Brennholz von einzelnen hie und da zu anderen Zwecken gefällten Stämmen zusammenzusuchen, sondern fällt, wo sich in der Nähe der Wohnungen gutes Brennholz in größeren Mengen beisammen findet, so viele möglichst nahe beisammen stehende Stämme, als man zu einer Wagenladung oder zur Bildung eines Kohlenmeilers nötig hat. Auf diese Weise entstehen größere Lücken im Oberholze, in welches ganze Gruppen und Horste jüngeren Holzes auf einmal einwachsen.

Die horst- und gruppenweise Mischung der Altersklassen überträgt sich auch ins Innere der Waldungen, sobald nicht mehr bloß einzelne Bäume aus dem Walde geholt werden, sondern ganze Altersklassen verkäuflich werden. Es versteht sich dann von selbst, daß die Käufer dieselben dann auf möglichst kleinem Raume vereinigt haben wollen. Man schlägt dann, was auf einer gegebenen Fläche nach Maßgabe der Holzpreise veräußerlich ist, ohne Rücksicht auf den Nachwuchs auf einmal ein und giebt dadurch wiederum Veranlassung, daß Horste gleichalterigen Holzes entstehen und in den Hauptbestand einwachsen.

Diese Horste werden um so größer, je weiter nach unten sich die Grenzen des veräußerlichen, bezw. verwendbaren Holzes verschieben, und werden zu förmlichen Kahlschlägen, sobald jeder Baum, welcher auf der Fläche steht, veräußerliches Holz enthält.

Die eigentliche Kahlschlagwirtschaft und der Niederwaldbetrieb sind, nebenbei gesagt, auf diese Weise entstanden, während alle anderen schlagweisen Betriebe aus der bewußten Absicht hervorgegangen sind, der Nachwelt die zur Deckung ihres Bedarfs nötigen Holzvorräte zu erhalten.

In vielen Waldungen Deutschlands trat die Notwendigkeit der Erhaltung eines ausreichenden Waldbestandes zu Tage, ehe der Übergang zur Kahlschlagwirtschaft stattgefunden hatte. Dieselben sind daher entweder unmittelbar in Samenschlag- und Mittelwaldungen übergeführt worden oder auf dem Stadium gruppen- und horstweise gemischter Plenterwaldungen stehen geblieben, weil man bei der Masse der in ihnen steckenden Holzvorräte noch keine Zeit gefunden hatte, in den schlagweisen Betrieb überzugehen, ehe man die Nachteile desselben erkannt hatte.

§ 685. Diese Waldform, welche wir u n r e g e l m ä ß i g e n S c h a c h b r e t t f e m e l w a l d nennen möchten, ist deshalb in schwer zugänglichen Gebirgen Deutschlands noch vielfach vertreten, am meisten bei denjenigen Holzarten, bei welchen wie bis vor kurzem bei der Tanne im Schwarzwalde ganz bestimmte Stärken und Längen verlangt werden, wenn sie auch durch Unterlassen des Aushiebes der alten Hölzer in den letzten Jahrzehnten in vielen Beständen wesentlich verdunkelt ist.

Sie charakterisiert sich durch regelloses Nebeneinanderstehen von Horsten und Gruppen sehr verschiedenen Alters und hat den Nachteil, daß bei ihr, wenn man sie beibehalten will oder muß, wie die anderseitige schematisierte Zeichnung beweist, die Althölzer häufig in Stangen- und Mittelhölzer geworfen werden müssen, was nicht ohne schwere Beschädigungen möglich ist oder doch bei dem ganzen Fällungsbetriebe ganz besondere Vorsicht, namentlich häufige Entästungen nötig macht und daß die jüngeren Horste häufig über Gebühr lange des vollen Lichtgenusses entbehren müssen und dadurch nicht selten zu wenig brauchbaren Stämmen erwachsen.

Werden die verschiedenen Altersklassen im Querschnitte wie in § 652 bezeichnet, so ergiebt der unregelmäßige Schachbrettfemelbetrieb bei 120jähriger Umtriebszeit und 20jähriger spezieller Verjüngungsdauer, gleichmäßige Abnutzung vorausgesetzt, im Querschnitte etwa folgendes Bild:

Unregelmäßiger Schachbrettfemelbetrieb
mit 120jähriger Umtriebszeit und 20jähriger spezieller Verjüngungsdauer

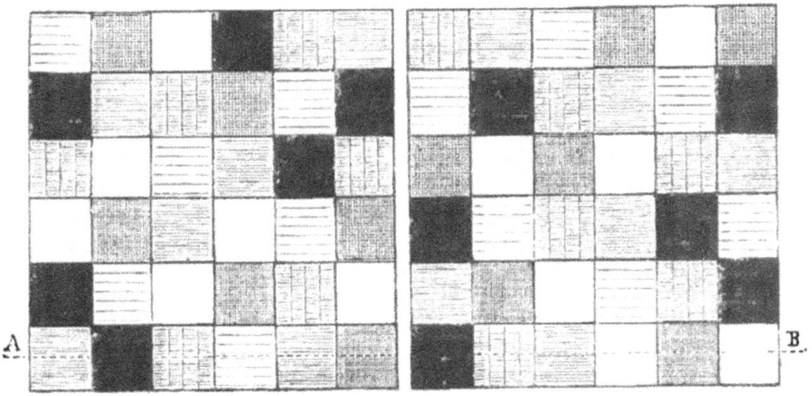

und im Vertikalschnitte in der Richtung A B.

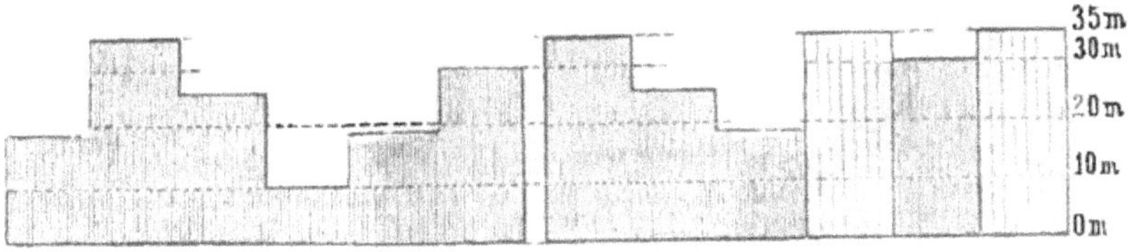

§ 686. Es ist klar, daß diese Form des Femelbetriebs den heutigen Forderungen der Waldpflege nicht entspricht und daß sie, wo sie noch besteht, wenn irgend möglich, verlassen werden muß.

Diese Möglichkeit ist nicht vorhanden, wo, wie häufig in sehr rauher Lage oder auf sehr feinerdearmem Boden oder wegen unbeschränkter Alpenweideberechtigungen die Bestockung eine rein zufällige ist, von selbst nur unter Schutzbestand eintritt, ohne solche unmöglich ist und selbst unter ihm nicht ohne unverhältnismäßige Kosten erzwungen werden kann. In solchen Örtlichkeiten bestimmt das Eintreten oder Ausbleiben der Besamung die Frage, ob ein an sich haubarer Baum entfernt werden darf oder nicht, einerlei wie sich nach seiner Hinwegnahme die Altersklassen gruppieren.

Es sind das Bestände, bei welchen die Holzernte Nebensache, die Erfüllung der Schutzzwecke des Waldes Hauptsache ist, und in welchen deshalb solche Mißstände, wenn sie nicht vermieden werden können, hingenommen werden müssen. Sie, wo irgend möglich, zu vermeiden und durch sorgfältige Holzhauerei möglichst unschädlich zu machen und alle dazu nötigen Maßregeln der Standorts- und Bestandspflege zu ergreifen, ist, wo die Absatzlage eine intensive Wirtschaft gestattet, eine hochwichtige Aufgabe des Wirtschafters. Insbesondere wird derselbe dort bemüht sein, wo sich die Möglichkeit dazu ergiebt, unter abgängigen Stämmen auf künstlichem Wege Besamungen hervorzurufen, vorhandene Besamungen, wo sie mehr als das vorhandene Altholz zu leisten vermögen, zu erhalten und den verschiedenalterigen Horsten eine Gestalt zu geben, welche die schadenlose Ausbringung des Holzes gestattet.

§ 687. Die in den vorigen Paragraphen geschilderten Gefahren werden vermieden, wenn in den Beständen die Altersklassen nicht unregelmäßig, sondern so an einander gereiht sind, daß neben haubaren Horsten auf der im Windschatten liegenden Seite immer Jungwüchse liegen und alle anderen Altersklassen in der Richtung des Windes nur die nächst ältere, in der anderen die nächst jüngere Altersklasse neben sich haben und wenn so die älteren Horste immer durch vorliegende jüngere Horste vor dem Winde geschützt werden.

Das kann nun in verschiedener Weise erreicht werden.

Behält man die horstweise Gruppierung der Altersklassen bei, so entsteht der regelmäßige Schachfemelbetrieb, wie er unter gleichen Voraussetzungen wie vorhin hier unten in Bestand Nr. 3, bei streifenweiser Anordnung dagegen der Saumfemelbetrieb, wie er in Bestand 4 dargestellt ist.

Regelmäßiger Schachbrettfemelbetrieb. Bestand Nr. 3. — Saumfemelbetrieb. Bestand Nr. 4.

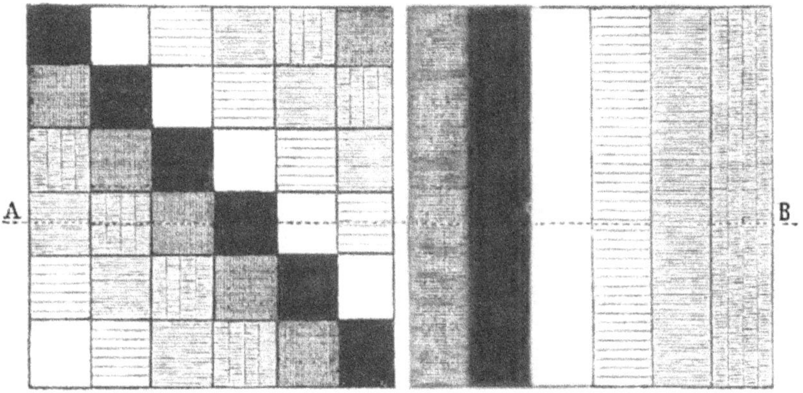

Vertikalschnitt in der Richtung A B.

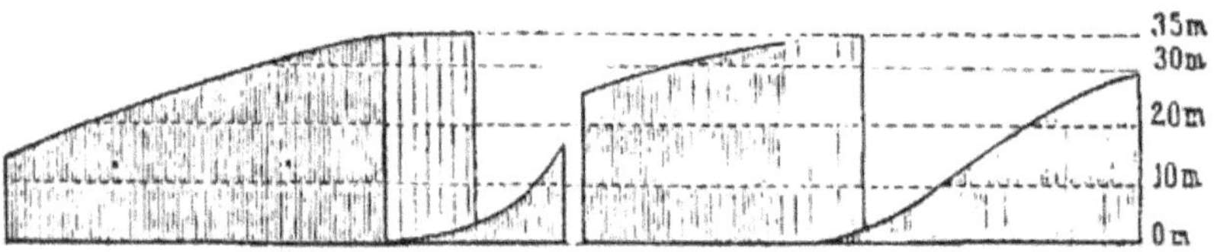

§ 688. Bei diesen beiden Arten der Femelwirtschaft würde also jeweils ein Bruchteil eines jeden Bestandes in Verjüngung begriffen sein, dessen Größe sich zur Größe des Bestandes verhält wie die spezielle Verjüngungsdauer zur Umtriebszeit, bei 120jähriger Umtriebszeit und 20jähriger Verjüngungsdauer also $^1/_6$, bei 100jährigem Umtriebe und 5jähriger Verjüngungsperiode $^1/_{20}$ der Fläche des Bestandes.

Beide würden sich von einander dadurch unterscheiden, daß die Grenzen der Altersklassen bei dem Saumfemelbetriebe geradlinig, bei dem regelmäßigen Schachbrettfemelbetriebe zickzackförmig verlaufen und daß bei ersterem der Angriff in zusammenhängenden Streifen, bei letzterem in schnurartig an einander gereihten, sich nur mit den Ecken berührenden Horsten erfolgen würde.

Diese letztere Anordnung der Altersklassen hat aber gegenüber derjenigen der Saumfemelwirtschaft keinen Vorzug, wohl aber den Nachteil, daß die vorspringenden Ecken dem Windwurfe ausgesetzt sind und die schadenlose Ausbringung des Holzes erschweren. Sie ist deshalb auch nicht allein nirgends im Gebrauche, sondern wird auch schwerlich je in die Praxis übertragen werden.

§ 689. Dagegen wird die durch große zusammenhängende Verjüngungen begünstigte fortschreitende Zunahme der Kulturverderber aus der Klasse der Kerfe und Pilze unzweifelhaft an vielen Orten mit der Zeit zu immer kleineren Hiebsflächen, bezw. zu immer weiterer Ausdehnung des allgemeinen Verjüngungszeitraums und damit von selbst zur allmählichen Überführung der jetzt im Kahlschlagbetriebe bewirtschafteten Waldungen in den Saumfemelbetrieb führen, wenn sich auch diese Überführung nur mit großen Opfern und nicht im Laufe eines Umtriebs bewirken läßt.

Derselbe ist, weil die Verjüngung nur nach einer Seite vorrückt, in einigermaßen großen Beständen auf gutem Standorte auch bei Lichtholzarten möglich.

Verlangt z. B. eine Holzart eine 50 m breite Lichtung, erträgt aber freigestellt den Seitenschatten geschlossener Bestände 10 Jahre lang, so finden in einem 500 m langen Bestande 10 Verjüngungsschläge mit 10jährigem Altersabstande Raum; d. h. es kann dort diese Holzart im Saumfemelbetriebe in 100jährigem und ein 600 m langer Bestand in 120jährigem Umtriebe bewirtschaftet werden.

Ist der Bestand kleiner oder das Lichtbedürfnis der betreffenden Holzart größer, so ist in der gewöhnlichen Größe der Bestände, wie sie uns die Forsttaxatoren geliefert haben, kein Raum für die Saumfemelwirtschaft.

§ 690. Wo dieselbe anwendbar ist, hat sie vor den entsprechenden Hochwaldwirtschaften unzweifelhaft den Vorzug voraus, daß sie durch Verminderung der Ausdehnung der zusammenhängenden Jungholzflächen die Insekten- und Pilzgefahr vermindert und durch Verkleinerung zusammenhängender Altholzflächen die Bodenkraft besser konserviert. Diese Vorzüge lassen sich bei den Lichtholzarten noch wesentlich verstärken durch Unterbau in den zu lichtenden älteren Teilen der Bestände, weil sich dann an die Jung- und Gertenholzflächen unmittelbar mit geschlossenem Unterholze versehene Stangen- nnd Althölzer anschließen würden.

Auf für die Kiefer nicht ganz sturmsicheren Standorte käme dazu, daß die Fläche gelichteter Stangen- und Althölzer im Zusammenhange bedeutend kleiner und damit geschützter würde, als bei den gewöhnlichen Lichtungsbetrieben mit mehreren gelichteten Beständen neben einander.

Wir glauben daher, daß in den bisherigen Kahlschlagwaldungen in allen Lagen, welche der Insekten- und Pilzgefahr oder der Gefahr der Bodenverwilderung und -Verschlechterung in hohem Grade ausgesetzt sind, die Zukunft, wo die Voraussetzungen der Wirtschaft der kleinsten Fläche, von welcher später die Rede sein wird, nicht gegeben sind, bei den Schattenhölzern dem einfachen Saumfemelbetriebe, bei den hohe Umtriebe gestattenden Lichtholzarten dagegen, wo genügend Raum dazu in den Beständen vorhanden ist, einer Kombination desselben mit den Lichtungsbetrieben, welche wir als Saumfemel-Lichtungsbetrieb oder als zweihiebigen Saumfemelbetrieb bezeichnen möchten, gehört.

Bei derselben gehen alle Wirtschaftsmanipulationen, insbesondere die Bestandsgründung und die Bestandserziehung im einzelnen in derselben Weise vor sich, wie wir sie bei der reinen Kahlschlagwirtschaft (§ 635 bis 639) bezw. bei dem Kahlschlaglichtungsbetriebe (§ 665 bis 672) kennen gelernt haben; insbesondere sind inbezug auf die Hiebsfolge die in § 339 und 637 gegebenen Regeln giltig mit dem einzigen Unterschiede, daß an dem einzelnen Bestande den ganzen Umtrieb hindurch verjüngt wird und deshalb entweder die einzelnen Hiebsflächen kleiner gemacht oder in längeren Zeitabständen erweitert werden, während bei der reinen Kahlschlagwirtschaft und dem Kahlschlaglichtungsbetriebe die Verjüngung in kürzeren Zeiträumen und zwar in den eingerichteten Forsten im Laufe einer Periode von 20 bis 30 Jahren angestrebt zu werden pflegt.

§ 691. Auch bei den durch Vorverjüngung zu begründenden Waldungen ähnlicher Lage könnte der einfache und bei dazu geeigneten Holzarten der zweihiebige Saumfemelbetrieb Eingang finden.

Die Wirtschaft im einzelnen, insbesondere die Verjüngung und Bestandserziehung würde sich dann wiederum nach den Regeln des einfachen Samenschlagbetriebes, bezw. des Samenschlaglichtungsbetriebes richten und sich von beiden ebenso unterscheiden, wie der Saumfemelbetrieb mit Kahlschlagverjüngung von der gewöhnlichen Kahlschlagwirtschaft, bezw. dem Kahlschlaglichtungsbetriebe.

Er würde auch diesen Betriebsarten gegenüber den Vorteil besserer Erhaltung der Bodenkraft und der Verminderung der Sturm-, Insekten- und Pilzgefahr voraus haben, ohne weniger übersichtlich als diese zu sein und ohne die Wirtschaft übermäßig zu zersplittern.

§ 692. Die erstgenannten Vorteile hat auch der s. g. Ringfemelbetrieb, eine Wirtschaft, welche sich von dem ringweisen Samenschlagbetriebe (§ 653) nur dadurch unterscheidet, daß bei ihr der allgemeine Verjüngungszeitraum der Umtriebszeit gleich ist und infolge dessen in jedem Bestande alle Altersklassen vertreten sind, welche sich ringweise um die primären Kernpunkte lagern.

Der Abstand der Kernpunktcentren wird, wo ein Bestand mehr als einen Kernpunkt zu fassen vermag, in der in § 654 angegebenen Weise berechnet. Das Minimum derselben ist, weil die Verjüngung nach allen Seiten vorschreitet, nur um die einfache Breite der zum Anschlagen der Verjüngung nötigen jeweiligen Lichtung geringer, als das doppelte Produkt dieser Breite mit der Zahl der während der Umtriebszeit zu benutzenden Samenjahre.

Es folgt daraus, daß in quadratischen Beständen von 25 ha Fläche und demgemäß von 500 m Seite für den Ringfemelbetrieb mit 120jährigem Umtriebe kein Platz ist, wenn die betreffende Holzart nach Maßgabe des Standortes 50 m breite Lichtungen erfordert und alle 10 Jahre Samenjahre eintreten, welche benutzt werden sollen.

Bei kreisförmigem Fortschreiten der Verjüngung würde dieselbe unter solchen Umständen schon nach 50 Jahren die Grenzen des Bestandes überschritten haben.

Der Ringfemelbetrieb ist deshalb gleichfalls nur bei Schattenholzarten, welche wenigstens den Seitendruck genügend lange ertragen, möglich; bei Lichtholzarten verbietet ihn die Notwendigkeit breiterer Schläge zur Erhaltung der Jungwüchse von selbst.

§ 693. Im Quer- und Vertikalschnitte zeigt derselbe unter den Voraussetzungen des § 652 etwa folgende Form, wobei jedoch ein Bestand auch mehrere Verjüngungskegel enthalten kann und diese selbst im Querschnitte wohl mehr Ellipsen- als Kreisform annehmen:

Ringfemelbetrieb
mit 120jähriger Umtriebszeit und 20jähriger spezieller Verjüngungsdauer.

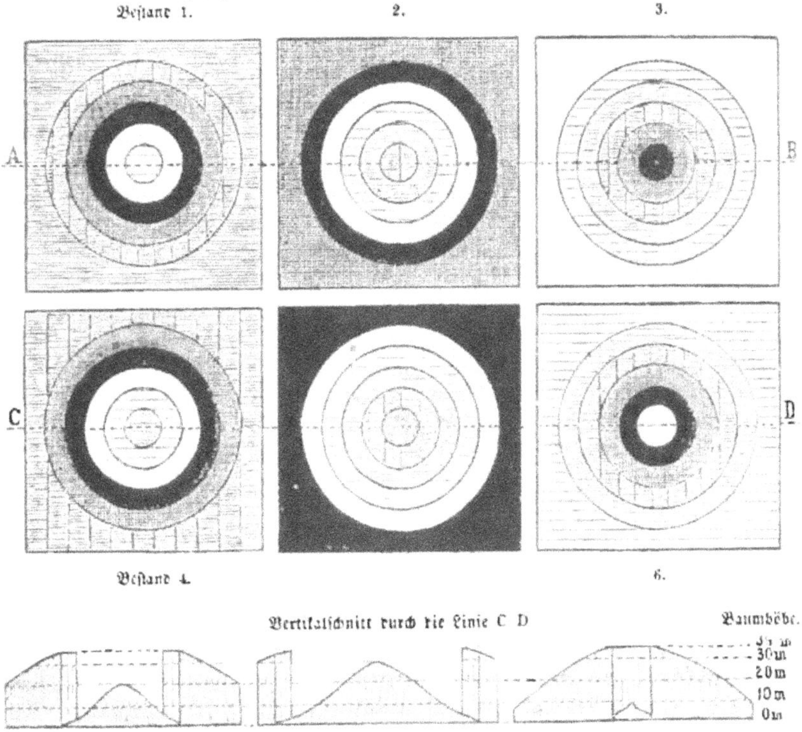

Im Bestande Nr. 6 hat die Verjüngung vor 20 Jahren begonnen, in Nr. 1 ist sie in den ersten, in Nr. 4 in den zweiten, in Nr. 2 in den dritten, in Nr. 5 in den vierten Ring vorgerückt, während in Nr. 3 der äußerste Rand des Distriktes in Verjüngung begriffen ist.

Der Augenschein zeigt, daß bei dieser Wirtschaftsmethode die Verjüngungsfläche um so größer wird und der einzelne Bestand um so mehr Material aus den Verjüngungsschlägen liefert, je mehr sich die Verjüngung von den Kernpunkten entfernt.

§ 694. In diesem die Übersicht und die Forsttaxation ungemein erschwerenden Umstande liegt die Schwäche dieser Wirtschaftsmethode, welche an und für sich die naturgemäßeste ist und sich überall da von selbst ergiebt, wo man in zufälligen Bestandslücken erscheinendem Aufschlage oder Anfluge je nach

Bedürfnis Luft macht. Diese Lichtung genügt bei Schattenhölzern, um um die gelichteten Flächen herum neuen Aufschlag hervorzurufen. Die sich bildenden Bestände machen außerdem nicht nur gegen die Südweststürme, sondern auch gegen die austrocknenden Polarströmungen Front und erschweren den Zutritt zu dem Waldboden. Sie ist deshalb wie keine andere geeignet, die Bodenkraft zu konservieren, wenn ihr in dieser Hinsicht auch der Saumfemelbetrieb wenig nachsteht.

Was die Beschädigungen durch die Holzfällung und Holzausbringung betrifft, so sichert sie dagegen nur in ziemlich ebener Lage in völlig ausreichender Weise. An steilen Bergwänden sind dieselben, wo die Hänge nicht durch zahlreiche Schlittwege durchschnitten sind, nur zu umgehen, wenn die Querschnitte der Verjüngung die Form keilförmig nach dem oberen Teile der Bergwand sich zuspitzender Dreiecke oder Kreisausschnitte annehmen, an deren Rändern dann die in der Umgebung anfallenden Hölzer ohne Schaden ausgerückt werden können.

In solchen Lagen wird deshalb der erste Angriff an einem Punkte in dem unteren Drittel des Bestandes erfolgen und dafür gesorgt werden müssen, daß die Querschnitte der Verjüngungskegel die Keilform beibehalten.

§ 695. Die Maßregeln der Bestandsgründung, sowie der Boden- und Bestandspflege sind bei dem Ringfemelbetriebe, wie bei allen geregelten Femelbetrieben überhaupt, die gleichen wie bei den entsprechenden Hochwaldwirtschaften. Insbesondere kann die Bestandsgründung sowohl durch Vorverjüngung wie durch Nachverjüngung, sowohl auf natürlichem wie auf künstlichem Wege erfolgen. Die natürliche Vorverjüngung ist zwar Regel bei den jetzt den Femelbetrieben unterworfenen Holzarten, aber nicht ein notwendiges Kriterium derselben.

Bei allen Femelbetrieben ist namentlich an den Schlagrändern eine sehr rege Baumpflege erforderlich.

Kapitel VII. Die Niederwaldwirtschaften.

§ 696. Die bei der reinen Niederwaldwirtschaft für die Verjüngung maßgebenden Grundsätze haben wir in den §§ 548 bis 561 gegeben. Es bleibt nur übrig zu erwähnen, daß die Verjüngung, die Fälle des § 559 ausgenommen, in der Regel durch Kahlschlag und zwar in 1- bis 40jährigen Umtrieben, ersteres bei den feinen Flechtweiden, letzteres bei Buchen- und hier und da bei Erlenwaldungen, stattfindet. Die Umtriebszeiten der übrigen Holzarten bei diesem Betriebe liegen meist zwischen 15 und 30 Jahren, nur die Strauchhölzer werden hier und da in 5jährigem Umtriebe bewirtschaftet.

Wo Laßreitel (§ 560) übergehalten werden, hat man es entweder mit einem Niederwaldüberhaltsbetriebe oder mit der Mittelwaldwirtschaft zu thun, welch letztere sich von einander nur dadurch unterscheiden, daß bei dem ersteren die Laßreitel nur einen einzigen weiteren Umtrieb durchmachen, während bei dem eigentlichen Mittelwalde ein Teil der Laßreitel als Oberholzbäume während mehrerer Umtriebe stehen bleibt.

§ 697. Ein Hauptaugenmerk ist in den Niederwaldungen auf die rechtzeitige Ersetzung abgängiger Stöcke zu richten.

Dieselbe geschieht bei dazu geeigneten Holzarten durch Absenker (§ 562), bei Pappeln und Weiden durch Stecklinge und Setzstangen (§§ 563 bis 569), bei Eichen, Kastanien und Akazien durch Pflanzung bekronter oder häufiger gestummelter Pflänzlinge, oder, aber nur auf größeren Lücken, sowie da, wo die vorhandene Bestockung nur aus sehr lichtbelaubten Holzarten besteht, dann aber, weil sich neben den Ausschlägen der Stummelpflanzen die Sämlinge am besten an den Lichtmangel gewöhnen, immer durch Saat.

Bei all diesen Kulturen darf jedoch nicht übersehen werden, daß, abgesehen von den in sehr kurzen Umtrieben bewirtschafteten Weidenhegern, 400 bis 600 gute und gesunde Stöcke der anzuziehenden Holzart zur vollen Bestockung genügen. Es sind deshalb nur solche leere Stellen nachbesserungsbedürftig, welche mehr größer als 10000 600 = rund 16, bis 10000 400 = 25 qm enthalten.

Diese Nachbesserung geschieht bei allen einigermaßen langen Umtrieben am zweckmäßigsten einige Jahre vor dem Abtriebe des Bestandes und zwar deshalb, weil die Pflänzlinge in dem Schatten der verhältnismäßig hoch angesetzten Kronen des fast hiebsreifen Bestandes entschieden weniger verdämmt werden, als zwischen den dichten mit ihnen nahezu gleichhohen Ausschlägen, wie sie nach Abtrieb des Bestandes erfolgen.

Die Ergänzungspflanzen erwachsen allerdings auch so unter ungenügendem Lichtzuflusse und leiden Not, wenn sie beim Abtriebe des Bestandes freigestellt werden. Sie sind dann aber bis zum Abtriebe in ihren unterirdischen Teilen so erstarkt, daß sie ohne Bedenken mit den alten Stöcken abgeworfen werden können. Ihre sie ersetzenden Ausschläge erwachsen dann von vornherein im vollen Lichte und vermögen sich zwischen denjenigen der alten Stöcke zu erhalten.

Gehen die Stöcke erst nach dem Abtriebe ein oder ist die rechtzeitige Nachbesserung versäumt worden, so kann der Schlag auch nachträglich ergänzt werden. Es müssen dann aber entsprechend stärkere Pflanzen oder Setzreiser gewählt werden und man thut gut, bei dazu geeigneten Holzarten zur Stummelpflanzung und zwar mit älteren Pflänzlingen zu greifen.

Bei den Nachbesserungen hält man von gesunden Stöcken einen Abstand von mindestens 2 m und bringt dort mit Rücksicht auf möglichen Abgang die Pflanzen lieber in der Mitte der Lücken in engeren Verband. Näher an die vorhandenen Stöcke heranzurücken ist, weil zwecklos, zweckwidrig.

§ 698. Reinigungshiebe sind in Niederwaldungen namentlich auf den sehr kräftigen Böden der Auwaldungen nicht selten nötig. Die Dornhecken und andere wertlose Sträucher erscheinen dort in einer Üppigkeit, welche sie den gewählten Hauptholzarten oft gefährlich macht. Auf diesen kräftigen Böden ertragen dieselben, obwohl sie in der Hauptsache zu den Lichtholzarten gehören, den Druck der Hauptholzart in so hohem Maße, daß der auf geringeren Standorten für mehrere Umtriebe genügende einmalige Aushieb der Nebenholzarten in dem ersten Drittel des ersten Umtriebs den gewünschten Erfolg nicht hat. Die Ausschläge und Stöcke der Nebenholzarten gehen dort bei dieser Behandlung nicht wie auf geringerem Standorte wegen Lichtmangels zugrunde, sondern vegetieren weiter, und ihre Ausschläge wachsen bald wieder in den Schluß des Hauptbestandes hinein und über denselben hinaus.

Ebensowenig führt die bei der Wertlosigkeit des gewonnenen Holzes sehr teuere Stockrodung zum Ziele. Diese Holzarten treiben sämtlich Wurzelbrut aus den kleinen Würzelchen, welche auch bei sorgfältigster Stockrodung im Boden zurückbleiben.

Es bleibt bei diesen Holzarten, wo sie dem Hauptbestande hinderlich sind, nichts übrig, als sie im Laufe eines jeden Umtriebes wiederholt und zwar am besten so spät in der Saftzeit abzutreiben, daß die erfolgenden Ausschläge nicht mehr verholzen können, aber doch nicht so spät, daß ein Teil der Reservestoffe schon in die Wurzeln zurückgekehrt ist, also etwa im Juni und Juli. Eine Menge Stöcke gehen dabei durch Saftstockung zugrunde.

Wo Ergänzungskulturen gemacht sind, wird mit den Reinigungshieben die nötige Freistellung der Ergänzungspflanzen durch Entfernung überhängender Zweige der Ausschläge alter Stöcke verbunden.

§ 699. Durchforstungen sind beim Niederwaldbetriebe im allgemeinen nur da üblich, wo der durch dieselben erreichte Qualitätszuwachs des Hauptbestandes finanziell ins Gewicht fällt.

In den Niederwaldungen haben dieselben aller Wahrscheinlichkeit nach eine Zunahme der Holzproduktion im ganzen nicht zur Folge; sie wirken, weil der Nebenbestand von denselben Wurzeln ernährt wird, wie der Hauptbestand nur dadurch, daß die bis dahin zur Mehrung der Holzmasse des Nebenbestandes verwendeten Pflanzennährstoffe nunmehr ausschließlich dem Hauptbestande zugute kommen. Die verbleibenden Ausschläge geben deshalb beim Abtriebe allerdings stärkeres Holz; dafür ist das bei den Durchforstungen anfallende Material um so viel schwächer. Ein Vorteil erwächst deshalb dem Waldbesitzer aus den Durchforstungen nur dann, wenn der vermehrte Zuwachs das Holz des Hauptbestandes zu besser bezahlten Verwendungen fähig macht, oder wenn der vermehrte Lichtzutritt die inneren Eigenschaften der nach der Durchforstung verbleibenden Ausschläge in fühlbarer Weise verbessert.

Das wird in der Regel nicht der Fall sein, wenn der Umtrieb so kurz ist, daß auch der durchforstete Hauptbestand nur Brennholz abwirft; denn was die gleichen Raummaße der s. g. besseren Brennholzsortimente der gleichen Holzart mehr wert sind, als die geringeren, ist weniger die Wirkung besserer innerer Eigenschaften, als des Umstandes, daß sich von dem besseren Sortimente mehr Holz in das Raummeter setzen läßt, als von dem geringeren. So groß der Unterschied zwischen dem Preise eines Raummeters Buchenscheitholz und -Reiserknüppel sein mag, so gering ist der Unterschied im Preise, bezogen auf die in den Raummaßen wirklich vorhandene Masse.

§ 700. Anders liegt die Sache, wenn der Hauptbestand lange genug steht, um auch zu Nutzzwecken tauglich zu werden. Die Durchforstungen haben dort, weil sie die durchschnittliche Stärke der stehen bleibenden Ausschläge vermehren, ohne alle Zweifel eine Erhöhung des Nutzholzanfalls und damit des Waldertrags zur Folge. Dasselbe ist in Eichenschälwaldungen auch dann, wenn das anfallende Holz nur Brennholz giebt, in der Regel der Fall. Die aus durchforsteten Schälschlägen herrührende Rinde ist um so viel besser als diejenige nicht durchforsteter, daß nur, wenn die Durchforstungsrinde gar nicht gewonnen werden konnte, der Fall denkbar ist, daß der Ausfall an Quantität des Rindenanfalls nicht durch die bessere Qualität derselben überreichlich gedeckt wird.

Die Durchforstungen werden, wo der Umtrieb lange genug, um sie zu wiederholen, in der in §§ 613 bis 615 geschilderten allmählichen Steigerung vorgenommen. Gestattet die Kürze des Umtriebes nur eine Durchforstung, so wird dieselbe nur auf frischen, durch ungenügende Beschattung nicht notleidenden Boden stark gegriffen werden dürfen. In der Regel wird sie sich auf das wirklich unterdrückte Material, das **Fegholz**, und zwar auf das von Ausschlägen desselben Stockes unterdrückte Material zu beschränken haben. Ausschläge, welche von denjenigen anderer Stöcke unterdrückt sind, sowie Kernwüchse der zu erhaltenden Holzarten müssen, wenn nicht auf demselben Stocke zur Erhaltung desselben ausreichende dominierende Stangen vorhanden sind, nicht allein vom Hiebe verschont, sondern auch so weit freigehauen werden, daß sich der Stock ausschlagfähig erhalten kann. Wo nicht erwünschte Nebenholzarten reichlich vorhanden sind, sind starke Durchforstungen, weil sie verstärkten Ausschlag dieser Holzarten hervorrufen würden, unthunlich.

§ 701. Der **zweihiebige Niederwaldbetrieb** oder der **Niederwaldüberhaltsbetrieb** unterscheidet sich von der reinen Niederwaldwirtschaft in ähnlicher Weise wie die Hochwaldüberhaltsbetriebe von den einhiebigen Hochwaldwirtschaften. Wie diese, befolgt er den Zweck, einzelne Hölzern die Stärken erreichen zu lassen, welche bei der gewählten Umtriebszeit in einem einfachen Umtriebe nicht erreicht werden können.

Zu Überhältern, oder wie sie bei diesem Betriebe immer heißen, zu **Laßreiteln** oder **Laßreisern** wählt man, wo man die Wahl hat, vorzugsweise Lichthölzer, und zwar hauptsächlich bei doppeltem Umtriebe Nutzholz gebende Lichthölzer, und womöglich Kernwüchse, im Notfalle auch Nadelhölzer, und in Ermangelung von solchen Ausschläge möglichst junger Stöcke, und zwar solche, welche nicht allein gesund und normal entwickelt, sondern auch so gewachsen sind, daß sie sich im Einzelstande tragen können. Wo vermöge der Lage Schnee-, Duftbruch oder Windbruch zu fürchten ist, sind natürlich dagegen empfindliche Holzarten und ihnen besonders ausgesetzte Individuen vom Überhalte auszuschließen.

Sehr schlanke Stämmchen mit hoch angesetzter Krone, aber noch biegsamem Schafte sind dazu ebensowenig zu gebrauchen, wie tiefbeastete an der Basis mit starken Ästen versehene Exemplare. Ist man gezwungen, tief beastete Stämme zu wählen, so sind nur solche als Laßreitel brauchbar, deren Äste noch schwach genug sind, um durch Grünastung schadenlos entfernt werden zu können (§ 630), weil die Rücksicht auf den zu erziehenden jungen Bestand einen obstbaumartigen Schnitt (§ 496) der Laßreitel nötig macht.

§ 702. Die **Zahl der Laßreitel** ist selbstverständlich verschieden, nicht allein nach der Holzart, aus welcher der Überhalt und aus welcher der Hauptbestand bestehen, sondern auch je nach dem Standorte und den Wirtschaftsabsichten des Waldbesitzers.

Wo dem letzteren das Holz der Laßreitel Hauptsache ist, wird er dieselben natürlich in größerer Zahl stehen zu lassen haben, als wo er auf das Material des Hauptbestandes großen Wert legt.

Die obere Grenze der je nach diesen Absichten zulässigen Zahl bestimmen Holzart und Standort. Besteht der Hauptbestand aus Schattenholzarten, der Überhalt aus Lichthölzern, so liegt bei starkem Überhalte die Gefahr des Versagens der Ausschläge und der schlechten Entwicklung derselben viel ferner, als wo auch das Unterholz aus Lichthölzern besteht. Ist der Standort gut, insbesondere der Boden kräftig und frisch, so ist bei gleicher Zusammensetzung des Bestandes eine viel größere Zahl von Laßreiteln zulässig, als im umgekehrten Falle.

22*

Auch die Länge des Umtriebes ist von Bedeutung. Je kürzer derselbe ist, desto geringer ist die Schirmfläche des einzelnen Laßreitels, d. h. der von seiner Krone überdachte Raum und desto mehr Reitel sind erforderlich, um die ganze Fläche vollständig zu überschirmen. Dazu kommt, daß bei kurzen Umtriebszeiten einerseits die Laßreitel weniger Zeit haben, ihre Kronen weit auszubreiten und anderseits auch das Lichtbedürfnis des Unterholzes mit zunehmendem Alter wächst, d. h., daß beispielsweise 20jährige Ausschläge den Schatten nicht ertragen können, unter welchen sich 10jährige erhalten.

§ 703. Allgemeine Regeln über die Schlagstellung bei diesem Betriebe lassen sich deshalb ebenso wenig wie bei allen übrigen geben. Nur steht so viel fest, daß, wenn überhaupt auf eine Ernte von Bedeutung aus dem Unterholze gerechnet wird, die Laßreitel über demselben selbst auf günstigsten Standorten, und wenn das Unterholz aus Schattenhölzern besteht, nicht lange vor Schluß der Umtriebszeit, und wenn sie aus Lichthölzern besteht, überhaupt nicht für sich in Schluß kommen dürfen. Auf schlechtem Standorte gefährdet die Überschirmung der halben Fläche in der Mitte der Umtriebszeit bereits die Existenz der Stöcke der Schattenhölzer und diejenige von einem Fünftel derselben schon diejenige der Lichthölzer im Unterholze. Auf flachgründigem wenn auch noch so gutem Boden stockende Stämmchen tiefwurzelnder Holzarten sind als Überhälter nicht zu gebrauchen. Daß, wenn die Bonität innerhalb des Bestandes wechselt, darauf bei der Stellung des Laßreitelbestandes gebührende Rücksicht genommen werden muß, versteht sich von selbst.

§ 704. Die Auszeichnung der Laßreitel geschieht im großen Betriebe am zweckmäßigsten während der Fällung in der Weise, daß die Holzhauer beauftragt werden, beim Abtriebe des Unterholzes von den zum Überhalte bestimmten Holzarten auf jedem Stocke je den besten Ausschlag und sämtliche gesunden Kernwüchse stehen zu lassen. Unter den so aus dem Bestande herausgeschälten, zu Laßreiteln geeigneten Hölzern wählt nun der Wirtschafter bei gleicher Bonität in möglichst gleichmäßiger Verteilung, bei wechselnder unter Beobachtung der dadurch gebotenen Rücksichten die tauglichsten in der zum Überhalten bestimmten Zahl aus, wobei er selbstverständlich die zu fällenden in beliebiger Weise bezeichnet, wenn die Mehrzahl stehen bleibt, und die stehenbleibenden, dann aber selbstverständlich in einer die Rinde nicht schädigenden Weise, etwa mit Farbe oder Strohwischen, markiert, wenn der größere Teil gefällt wird.

Es empfiehlt sich dabei, mit Rücksicht auf den möglichen Abgang durch Wind-, Schnee- und Duftbruch und Umlegen anfangs eine größere Zahl von Reiteln stehen zu lassen und gleichzeitig durch ein besonderes Zeichen, z. B. durch Doppelstriche diejenigen Laßreitel zu bezeichnen, welche aufgeastet werden sollen.

Die nach Ablauf von zwei bis drei Jahren überzähligen Reitel werden später, eventuell gelegentlich der Reinigungshiebe nachträglich gefällt.

§ 705. Ist die Umtriebszeit eine so hohe, daß die Laßreitel Samen tragen, so empfiehlt es sich zur Nachzucht anderer, gegen Ende der Umtriebszeit in Samenjahren nötigenfalls den Boden unter ihnen zu verwunden und etwa erfolgendem Aufschlage durch den Anforderungen der betreffenden Holzart entsprechende Lichtung Luft zu machen.

Es geschieht das vorzugsweise durch Aufastung der als Mutterbäume fungierenden Laßreiser und entsprechende Lichtung des Unterholzes über dem Aufschlage, nicht aber durch Hinwegnahme noch gesunder Laßreitel.

Wo Aufschlag auf natürlichem Wege nicht erfolgt, bringt man wohl auch die zur Rekrutierung des Oberholzes nötigen Kernwüchse an geeigneten Stellen künstlich ein, am zweckmäßigsten durch Heisterpflanzung, wenn die verfügbaren Lücken eng und die einzubringende Holzart gegen Überschirmung sehr empfindlich ist, andernfalls durch Saat oder Stummelpflanzung.

Auf ärmeren, namentlich leichteren Böden eignet sich dazu vorzüglich die Kiefer, auf besseren die Lärche, während die Fichte als nicht sturmfest und als leicht in die Äste gehende Schattenholzart dazu weniger geeignet ist. Dagegen läßt sich auf besseren Standorten trotz ihrer dichten Krone die Tanne im Notfalle als Laßreiser benutzen. Sie muß aber dann soweit aufgeastet werden, daß ihre Krone die Stockausschläge nicht unmittelbar geniert, eine Maßregel, welche sie entschieden besser als die Fichte erträgt.

Im übrigen entspricht die Behandlung der zweihiebigen Niederwaldungen ganz derjenigen des reinen Niederwaldes.

Kapitel VIII. Die Hackwaldwirtschaft.

Benutzte Litteratur: Strohecker, Die Hackwaldwirtschaft. München, 1867.

§ 706. Wird im Frühjahre nach dem Abtriebe eines Niederwaldes und zwar sowohl des einfachen wie des zweihiebigen die Hiebsfläche gehaint (§ 263) der dabei gewonnene Bodenüberzug durch Schmoden (§ 263) oder durch Überlandbrennen oder Sengen (§ 262) zu Asche gebrannt oder nach dem Abdürren in kleinen Stücken untergehackt und zur Düngung der Hiebsfläche verwendet und werden auf dieser nach vorherigem Umhacken landwirtschaftliche Gewächse gebaut, so lange es der sich schließende junge Bestand gestattet, so hat man es mit dem Hackwaldbetriebe, der Haubergs- oder Röderheckenwirtschaft zu thun. Derselbe ist also eine Niederwaldwirtschaft mit zeitweiliger landwirtschaftlicher Bodenbenutzung.

Die letztere dauert selten bis zum 3. Jahre. Im ersten Jahre wird, wenn das Schmoden oder Sengen vor Mitte Juni beendigt werden kann, Heidekorn (Buchweizen) gesät, welches im August geerntet wird.

Dieser Ernte folgt entweder die Herbstsaat von Winterroggen oder von Dinkel oder im nächsten Frühjahre die Bestellung mit Kartoffeln oder mit Staudenkorn. Mit der letzten Fruchtsaat wird, wo eine Komplettierung des Holzbestandes nötig ist, eine Holzsaat verbunden, auf deren Erhaltung bei der Ernte natürlich gebührende Rücksicht genommen werden muß.

Im allgemeinen giebt man bei der am Neckar üblichen Verbrennung der Bodenüberzüge dem Schmoden den Vorzug vor dem Sengen, weil es eine gleichmäßige Verteilung der Rasenasche möglich macht, welche beim Überlandbrennen nur durch gleichmäßige Verteilung des Reisigs und der abgeschälten Rasenplaggen über den Boden bewirkt werden kann. Außerdem ist das Schmoden weniger als das Sengen von der Witterung abhängig und gestattet deshalb eine frühzeitigere landwirtschaftliche Bestellung. An der Donau werden die Bodenüberzüge nur untergehackt.

§ 707. Der Hackwaldbetrieb hat in industriearmen Gebirgsgegenden mit ziemlich dichter, aber armer Bevölkerung, bei geringer Ausdehnung des zu regelmäßigem Ackerbau tauglichen Geländes eine hohe volkswirtschaftliche Bedeutung, ist aber, wo es den armen Leuten nicht an Arbeitsgelegenheit fehlt, nicht am Platze. Die landwirtschaftliche Bestellung der Hackwaldflächen mit ihren Vorbereitungen ist ein so mühsames und schlecht rentierendes Geschäft, daß sich die Arbeiter nur da dazu entschließen, wo es ihnen an ausreichend bezahlter Arbeit fehlt und leichter bestellbares Ackerland nicht zu haben ist.

Nur, wo wie im Odenwalde der Arbeitsmangel groß ist, ergiebt die landwirtschaftliche Zwischennutzung für den Waldbesitzer eine einigermaßen ins Gewicht fallende Rente.

Die Hackwaldwirtschaft setzt, wenn der Waldbestand erhalten werden soll, auf nicht sehr kräftigem Boden ziemliche Tiefgründigkeit und tiefwurzelnde und deshalb in ihrem Gedeihen von dem Raubbau an der Bodenoberfläche möglichst unabhängige oder sehr anspruchslose Holzarten voraus. Am häufigsten findet man in den Hackwaldungen an tiefwurzelnden Holzarten die Eiche, den Ahorn und die Kastanie, die Roterle und Hasel, an anspruchslosen die Birke.

Die Behandlung der Bestände nach Aufhören der landwirtschaftlichen Zwischennutzung ist ganz dieselbe, wie bei der gewöhnlichen Niederwaldwirschaft; die Umtriebszeit schwankt zwischen 10 und 20 Jahren. Kürzere Umtriebszeiten nützen durch die zu oft wiederkehrende landwirtschaftliche Benutzung den Boden zu sehr aus, gefährden dadurch den Waldbestand und geben nur geringe landwirtschaftliche Ernten.

Kapitel IX. Die Mittelwaldwirtschaft.

Benutzte Litteratur: Carl im 3. Vereinsheft des Elf.-Lothr. Forstvereins.

§ 708. Die Mittelwaldwirtschaft ist ein mehralteriger Ausschlagbetrieb und, insofern sich die älteren Altersklassen vorzugsweise aus Kernwuchs rekrutieren, eine Verbindung der Niederwaldwirtschaft mit einem mehralterigen Hochwaldbetriebe.

Sie unterscheidet sich von der zweihiebigen Niederwaldwirtschaft dadurch, daß die Laßreitel nicht wie bei dieser nur den doppelten Umtrieb des Unterholzes durchmachen, sondern teilweise in den dritten, vierten und selbst fünften und sechsten Umtrieb übergehalten werden.

Sie führen in ihrer Gesamtheit den Namen Oberholz und setzen sich aus ehemaligen Laßreiteln zusammen, welche im 2., 3., 4. u. s. w. Umtriebe des Unterholzes stehen.

Wo dieser Umtrieb lange genug ist, um das Alter der verschiedenen Oberholzklassen auf den ersten Blick unterscheiden zu können, führen dieselben auch verschiedene Namen, und man nennt sie

im 2. Umtriebe des Unterholzes	Laßreiser oder Laßreitel,
3.	Oberständer,
4.	angehende Bäume,
5.	Hauptbäume,
6.	alte Bäume.

Ist der Umtrieb des Unterholzes zur deutlichen Unterscheidung der Altersklassen zu kurz, so faßt man alle Überhälter, welche den 2. Umtrieb des Unterholzes bereits hinter sich haben, unter dem Namen Oberholzstämme zusammen, während die jüngeren den Namen Laßreitel behalten, die im 4. und höherem Umtriebe stehenden Oberhölzer nennt der Verein deutscher Versuchsanstalten[1]) ältere Oberholzklassen.

§ 709. Das Oberholz im Mittelwalde rekrutiert sich in derselben Weise, wie die Laßreitel bei der zweihiebigen Niederwaldwirtschaft, also womöglich aus Kernwüchsen oder Ausschlägen ganz junger Stöcke von Nutzholz liefernden Holzarten und zwar am besten von Lichthölzern; die Oberholzbäume im engeren Sinne natürlich aus den besseren Laßreiteln und zwar unter diesen selbstverständlich aus denjenigen Holzarten, welche die weiteren Umtriebe auszuhalten versprechen und durch längeres Stehenlassen entsprechend an Wert gewinnen.

Während deshalb die jüngeren Altersklassen recht gut weiche Laubhölzer von kurzer Lebensdauer, wie Birke, Erle und selbst Aspe, auf geeignetem Standorte auch Schwarz-, Silber- und Pyramidenpappel in größerer Anzahl enthalten können, werden die älteren vorherrschend aus langlebigen Holzarten wie Eichen, Ahorn, Rotulmen, Kiefern, Lärchen, Akazien, Kastanien und Eschen und die ältesten vorherrschend aus Eichen und allenfalls Kiefern zu bestehen haben und es wird darauf schon bei der Auswahl der Laßreitel die genügende Rücksicht zu nehmen sein.

§ 710. Auch im Mittelwalde darf, wenn das Unterholz sich erhalten soll, nur auf den besten Standorten und nur, wenn im Unterholze die Schattenholzarten vorherrschen, das Oberholz so dicht stehen, daß es gegen Schluß des laufenden Umtriebes den Boden vollkommen überschirmt. Auf geringeren Standorten, und wenn das Unterholz viele Lichthölzer enthält, überschreitet oft die Überschirmung von einem Viertel der Fläche die Grenze des Zulässigen; das ist der Grund, daß die Mittelwaldwirtschaft nur auf besseren und besten Standorten zu ihrem vollen Werte kommt.

Da nun die Schirmfläche des einzelnen Baumes mit dem Alter wächst, so ist es klar, daß bei jedem Abtriebe des Unterholzes ein Teil des Oberholzes und zwar jeder einzelnen Oberholzklasse zum Hiebe kommen muß, wenn der Oberholzbestand nicht zu sehr in Schluß kommen soll.

Nehmen wir an, daß die Schirmfläche eines Oberholzbaumes sich von Umtrieb zu Umtrieb verdoppelt, ein Verhältnis, welches natürlich je nach Holzart und Umtriebszeit wechselt, so beschirmen

2 Hauptbäume,
4 angehende Bäume,
8 Oberständer oder
16 Laßreitel

die Fläche in demselben Maße, wie ein alter Baum.

Es müßte in diesem Falle, wenn am Schlusse des eben beginnenden Umtriebes im Oberholze derselbe Schlußgrad vorhanden sein soll, wie in dem eben beendigten die älteste Klasse ganz und von jeder jüngeren Klasse je der

---

[1]) A. Ganghofer, das Forstliche Versuchswesen I. 1. S. 11.

zweite Baum zum Hiebe kommen, und es müßten für jeden alten Baum, welcher hinweggenommen wird, 16 neue Laßreiser stehen bleiben.

Betrüge die Zunahme der Schirmfläche von Abtrieb zu Abtrieb nur in den ersten zwei Umtrieben 100, von da ab aber nur 50 Prozente ihrer Größe beim Abtriebe, so würden

12 Hauptbäume,
18 angehende Bäume,
27 Oberständer oder
54 Laßreitel

dieselbe Schirmfläche, wie 8 alte Bäume haben, und es müßten als Ersatz für jeden gefällten alten Baum $^{54}/_{8}$ = rund 7 Laßreitel neu übergelassen werden, während die Hälfte aller bisherigen Laßreitel und Oberständer und ein Drittel sämtlicher angehender und Hauptbäume zum Hiebe zu kommen hätten.

§ 711. Da nun ein Oberholzbaum nur bei völlig gipfelfreier Krone sich normal entwickelt, so folgt weiter daraus, daß die neuen Laßreitel vorherrschend da überzuhalten sind, wo ein alter Baum zum Hiebe gebracht wurde, sowie da, wo durch Herausnahme eines älteren Oberholzstammes zwischen den verbliebenen eine Lücke geblieben ist, welche ohne neuen Überhalt nicht in der beabsichtigten Weise überschirmt würde. Unter den bisherigen Laßreiteln wird zum Überhalte neuer in der Regel kein Raum sein, wenn von demselben nicht mehr als das normale Maß genutzt wurde.

Daraus ergiebt sich nun mit Notwendigkeit, daß wenigstens da, wo der zulässige Schlußgrad des Oberholzes ein hochgradiger ist, die verschiedenen jüngeren Oberholzklassen sich gruppenweise über die Fläche verteilen, während die ältesten Klassen vereinzelt stehen.

Eine strenge Regelmäßigkeit der Verteilung des Oberholzes ist bei dem Wechsel der Bonitäten auf den dem Mittelwalde in der Regel eingeräumten Standorten meist nicht zu erreichen. Sie würde auch bei der regelmäßigsten Verteilung der Laßreitel in sehr kurzer Zeit verloren gehen.

§ 712. Der Gang der Hiebsführung ist folgender:

Nachdem auf der Hiebsfläche sämtliches Unterholz mit Ausnahme der in analoger Anwendung der Regeln des § 701 vorerst zu reservierenden Individuen, aus welchen sich die Laßreitel rekrutieren, gefällt und aufgearbeitet ist, werden von den bisherigen Laßreiteln und Oberhölzern zuerst ohne Rücksicht auf den Verband diejenigen zur Fällung bestimmt, welche als beschädigt, fehlerhaft, rückgängig, aus Rücksichten der Form zu Nutzholz ungeeignet oder den Umtrieb nicht aushaltend, unbedingt genutzt werden müssen, sowie solche, welche wertvollere Oberständer zu verdämmen drohen, eine Operation, welche eine genaue Untersuchung eines jeden einzelnen Baumes nötig macht, aber von zuverlässigen Schutzbeamten recht gut bewirkt werden kann.

Erst wenn auch diese Stämme gefällt sind, wird der Anfänger im Mittelwaldbetriebe diejenigen Stämme auszeichnen dürfen, welche zur Herstellung des beabsichtigten Lichtgrades, der natürlich auch innerhalb des einzelnen Bestandes je nach Standort und Zusammensetzung des Unterholzes wechselt, noch gefällt werden müssen.

Es sind dazu in erster Linie diejenigen Stämme zu bestimmen, deren eigener Wertzuwachs ein verhältnismäßig geringer ist, sowie diejenigen, welche durch starke, weit ausladende oder relativ niedrig angesetzte Kronen dem Unterholze den meisten Schaden machen und umgekehrt, und zwar wieder ohne Rücksicht auf den Verband, die wuchskräftigsten und schönwüchsigsten Exemplare der am längsten und meisten an Wert zuwachsenden Holzarten wie Eiche, Rotulmen, Eschen, Kiefern, Lärchen mit dem Hiebe zu verschonen. Geradwüchsigkeit ist kein Erfordernis für die Oberhölzer des Mittelwaldes. Vielmehr werden oft bestimmte Krümmen, für Schiffbauten bei der Eiche, für Wagner bei Birke, Esche und Ahorn, besonders gut bezahlt.

§ 713. Die bei dem Abtriebe des Unterholzes stehen gelassenen Laßreitel bleiben sämtlich während des Fällungsbetriebs so lange stehen, bis in ihrem Bereiche kein altes Oberholz mehr gefällt wird, durch dessen Fällung sie beschädigt werden könnten. Erst dann kann die endgiltige Auswahl derjenigen unter ihnen erfolgen, welche in den neuen Umtrieb einwachsen sollen, und auch hier empfiehlt es sich, wie im zweihiebigen Niederwalde, anfangs mehr Laßreitel überzuhalten, als man einwachsen zu lassen beabsichtigt. Nach zwei bis drei Jahren werden die überzähligen nachgeholt. Wo der Umtrieb des Unterholzes so kurz ist, daß die Laßreitel im Einzelstande sich noch nicht zu tragen vermögen, hält man sie am besten gruppen- und horstweise über, eine Maßregel, welche namentlich bei Stieleiche und Rotulme auf gutem Boden die Regel bildet, weil sie den Vorzug hat, die Bildung astreiner Schäfte zu veranlassen.

§ 714. Die Stellung des Oberholzes auf einmal auszuzeichnen, erscheint selbst für geübte Wirtschafter nur da rätlich, wo das Oberholz so spärlich übergehalten wird, daß die Fällung der Oberständer ohne Beschädigung anderer möglich ist. Aber selbst da wird die Auswahl der Laßreitel an das Ende des ganzen Fällungsgeschäftes verlegt werden müssen. Sie kann aber bei genügender Instruktion recht gut einem zuverlässigen Unterbeamten übertragen werden, während uns die Auswahl der länger überzuhaltenden alten Oberhälter eine nur von dem Wirtschafter selbst genügend zu lösende Aufgabe zu sein scheint.

Bei der Auszeichnung des Oberholzes darf niemals außer acht gelassen werden, daß in der Zeit von einem Abtriebe des Unterholzes zum anderen, von dem schadenlos zu bewirkenden Nachholen der überzähligen Laßreitel abgesehen, Fällungen im Oberholze mit Rücksicht auf das Unterholz nach Thunlichkeit vermieden werden müssen, daß also nicht die heutige, sondern die gegen Schluß des beginnenden Umtriebes eintretende Ausdehnung der Schirmflächen für die Bestimmung des Schlußgrades maßgebend ist.

Je länger demgemäß die Umtriebszeit des Unterholzes ist, desto lichter muß die anfängliche Stellung des Oberholzes gewählt und desto sorgfältiger muß bei der Auswahl des Oberholzes verfahren werden. Nur in den Horsten der neu übergehaltenen Laßreitel darf die Grenze des im allgemeinen zulässigen Maßes von Überschirmung im Interesse besserer Schaftbildung bei dem Oberholze überschritten werden. Der Abstand derselben ist meist so gering, daß Stöcke, welche unter ihnen eingehen, beim nächsten Abtriebe leicht aus den Ausschlägen bis dahin überzählig werdender Laßreitel ersetzt werden können.

§ 715. Das Oberholz bedarf einer sehr eingehenden Baumpflege, welche bereits im Unterholze mit der sorgfältigen Freistellung und, wo nötig, dem

Beschneiden zu Laßreiteln geeigneter Kernwüchse zu beginnen hat und bei jedem Abtriebe mit einer vorsichtigen Aufastung fortzusetzen ist.

Es sind dabei immer alle Gabelwüchse und diejenigen Äste hinwegzunehmen, welche Anlage zeigen, einen wesentlichen Teil des Saftes an sich zu ziehen, namentlich dann, wenn sie in den unteren Teilen der Schäfte entspringen, ferner diejenigen, welche so tief angesetzt sind, daß sie der Entwickelung des Unterholzes schädlich sind.

Bei dieser Behandlung gelingt es in der Regel, wenn nicht schaftreine, so doch solche Stämme heranzuziehen, an welchen die vorhandenen Äste den Gebrauchswert nicht allzu sehr vermindern, und welche das Unterholz nicht ungebührlich überschirmen.

Äste über 6 cm Stärke hinwegzunehmen, ist auch im Mittelwalde nicht rätlich. Es hat sicher nur ausnahmsweise eine Verbesserung, häufig aber eine Verschlechterung der Qualität des im Oberholze erzeugten Holzes zur Folge, und ist im Interesse des Unterholzes nur an Bäumen zulässig, welche nur noch einen Unterholzumtrieb durchzumachen haben.

Das bei allen ausschließlich im Interesse der Schaftreinheit auszuführenden Aufastungen unbedingt verwerfliche Stehenlassen eines meterlangen Aststummels hat in solchen Fällen seine volle Berechtigung. Selbst, wenn der Stummel bis zum Abtriebe des Stammes absterben sollte, bleibt bei den im Oberholze meist vorherrschenden Holzarten mit haltbarem Holze das Holz des Schaftes selbst in der Regel gesund, weil die auf der Schnittfläche beginnende Fäulnis keine Zeit hat, bis zum Schafte vorzudringen. Nicht rechtzeitig überwallte Schnittflächen am Schafte selber sind der Qualität des Schaftholzes viel nachteiliger, als solche Aststummel.

§ 716. Für die Rekrutierung des Oberholzes aus Kernwüchsen muß in ähnlicher Weise, wie bei dem zweihiebigen Niederwaldbetriebe Sorge getragen werden.

Es sind dazu vorzugsweise zufällige Lücken und die Schirmflächen bei dem nächsten Hiebe hinwegkommender Oberholzbäume zu benutzen. In Jahren, in welchen die Oberholzbäume Samen tragen, ist der Boden unter den hinwegkommenden nötigenfalls zu verwunden und dem erfolgenden Aufschlage durch Lichtung im Unterholze und Aufastung im Oberholze entsprechend Luft zu machen.

Die künstliche Rekrutierung wird einige Jahre vor dem Abtriebe, meist durch Saat oder Stummelpflanzung in nötigenfalls durch Hinwegnahme überhängender Äste und Stockausschläge zu erweiternden Lücken zu erfolgen haben. Nur die Lärche, welche Beschattung gar nicht erträgt, wird in kleinen Lücken zweckmäßiger erst nach dem Abtriebe des Unterholzes, dann aber in so starken Exemplaren eingebracht, daß sie von den nach dem Abtriebe erfolgenden Ausschlägen nicht eingeholt werden kann.

Das Unterholz wird ganz in der Weise verjüngt und behandelt, wie bei dem Niederwaldbetriebe; insbesondere werden in demselben Reinigungshiebe und bei ausreichend langem Umtriebe auch Durchforstungen vorgenommen und mit letzteren all die zur Erhaltung der erhaltungswürdigen Kernwüchse erforderlichen Hiebsoperationen verbunden.

Bei diesen Operationen ist vor allem darauf zu achten, daß nicht allein die zur Rekrutierung des Oberholzes nötigen Lichthölzer, sondern auch die zur

Ersetzung ausgehender Stöcke des Unterholzes erforderlichen Schattenhölzer nachgezogen und erhalten werden.

§ 717. Der Abtrieb des Unterholzes erfolgt ebenso wie beim Niederwaldbetriebe auf der ganzen Hiebsfläche, nach den in §§ 548 bis 561 gegebenen Regeln auf einmal, nur daß darin die zu Oberholz tauglichen Laßreitel stehen bleiben. Beim Abtriebe des Oberholzes wird also das Unterholz in keiner Weise beschädigt.

In diesem Umstande liegt der Hauptvorzug des Mittelwaldbetriebes vor den mehralterigen Hochwaldbetrieben, bei welchen Holzhauerschäden weniger leicht vermieden werden können.

Dagegen liegt ihre Schwäche darin, daß die Oberholzbäume in einem Alter völlig freigestellt werden müssen, in welchem sich ein längerer astreiner Schaft noch nicht gebildet hat. Die Stämme sind daher im Mittelwalde entschieden kurzschaftiger, ästiger und abfälliger, als in rationell betriebenen Lichtungs- und Überhaltsbetrieben der Samenwirtschaften. Dagegen erreichen sie im Mittelwalde bedeutend stärkere Durchmesser als gleich alte auch im intensivsten Hochwaldlichtungsbetriebe. Die einzelnen Jahresringe sind von Jugend an breiter.

Daraus ergiebt sich zwar für alle Nadelhölzer ein geringeres, bei den ringporigen Laubhölzern (Eiche, Esche, Ulme, Kastanie und Akazie) ein größeres spezifisches Gewicht und ein höherer Gebrauchswert des Holzes, während dieser Unterschied auf den Wert der zerstreutporigen Laubhölzer Buche, Ahorn u. s. w. von geringem Einflusse zu sein scheint.

Insbesondere werden im Mittelwalde anerkannt die besten Eichen für alle Verwendungsarten erzogen, in welchen es vorzugsweise auf Festigkeit und Dauer ankommt, während die Mittelwaldeichen für alle Verwendungen, zu welchen glatte Faser und gerader Wuchs brauchbar macht, gegen Hochwaldeichen zurückstehen.

§ 718. Wo im Mittelwalde auf im Verhältnisse zum Standorte große Oberholzanfälle gesehen wird, muß die Hauptmasse des Unterholzes aus Schattenhölzern bestehen, nicht allein deshalb, weil Lichthölzer als Unterholz starken Überhalt nicht ertragen, sondern auch darum, weil auf von Natur nicht sehr frischem Standorte nur dichte Beschattung des Fußes das Oberholz gesund und wüchsig erhalten kann.

Auf sehr kräftigen Böden findet man indessen auch Mittelwaldungen, bei welchen auch das Unterholz vorherrschend aus Lichtholzarten besteht. Die Mittelwirtschaft leistet dann aber, weil dann der Oberholzbestand im Interesse des Unterholzes sehr licht gehalten werden muß, wenigstens bei langem Umtriebe an Wertproduktion auch nicht annähernd das, was er auf gleichem Standorte mit einem Unterholze von Schattenholzarten liefern könnte. Der Anfall an Oberholz ist der notwendigen lichten Stellung halber ein weit geringerer; trotzdem leidet das Unterholz und leistet sowohl quantitativ wie qualitativ wenig. Das gilt insbesonders auch von der Eiche. Sie liefert als Unterholz im Mittelwald geringe Massen und eine verhältnismäßig geringwertige Rinde.

Ähnlich verhalten sich Mittelwaldungen, bei welchen nicht nur das Unterholz, sondern auch das Oberholz aus Schattenhölzern besteht. Wenn das Unterholz sich erhalten soll, muß zum Schaden seines Ertrags das Oberholz sehr licht gehalten werden.

§ 719. Eine besondere Form der Mittelwaldwirtschaften ist der Buschholz- oder Faschinen-Mittelwaldbetrieb, wie er sich in den Auwaldungen solcher Flüsse ausgebildet hat, in welchen der Uferschutz große Mengen von Faschinen nötig macht.

Das Unterholz dieser Waldungen besteht zum großen Teile aus Ausschlägen aller möglichen Straucharten, welche auf dem vorzüglichen Boden außerordentlich üppig wuchern und nach Verlauf von 2 bis 3 Jahren nicht allein zu Faschinen vorzüglich geeignet sind, sondern auch, wenn sie länger stehen bleiben, merklich im Wuchse nachlassen.

Die beigemischten Ausschläge der Bäume sind in diesem Alter zu Faschinen zu kurz und auch zu keiner anderen Verwendung tauglich. Man bewirtschaftet sie deshalb in einem mehrfachen Umtriebe des Strauchholzes, indem man bei dem ersten, manchmal auch bei dem zweiten und dritten Abtriebe des letzteren sämtliche Ausschläge baumartiger Holzarten verschont. Dieselben erwachsen dann zu Dimensionen, welche sie nicht allein zu Faschinen, sondern auch zu besser bezahlter Verwendung tauglich machen.

Auch das Unterholz ist also bei diesem Betriebe zweialterig und besteht aus Strauchholz in 2 bis 5 jährigem Umtriebe und Ausschlägen der verschiedenen Baumarten, deren Umtriebszeit ein mehrfaches derjenigen der Strauchhölzer ist.

§ 720. Im Oberholze wird bei diesem Betriebe nur gehauen, wenn im Unterholze auch die Ausschläge der Baumarten zum Hiebe kommen.

Beträgt beispielsweise die Umtriebszeit der letzteren 15, die der Sträucher 3 Jahre, so wird das Strauchholz 4 Mal allein und erst das 5. Mal mit Baumausschlägen gehauen und wir haben im Faschinenmittelwalde 15 Jahre nach dem letzten vollständigen Abtriebe des Unterholzes 3 jährige Sträucher unter 15 jährigen Baumausschlägen im Unterholze und dieses wieder unter 30 jährigen Laßreiteln und 45, 60, 75, 90, 105 u. s. f. jährigen Oberständern. Die Wirtschaft charakterisiert sich also als zweialterige Niederwaldwirtschaft unter mehralterigem Oberholze.

Wo der Bedarf an Faschinen nicht die ganze Produktion des Unterholzes in Anspruch nimmt, ist man bestrebt, die Bestockung durch Vermehrung der baumförmigen Holzarten mittels Pflanzung zu verbessern. Andernfalls beschränkt man sich darauf, die zu Oberholz tauglichen Holzarten in dem zur regelmäßigen Ergänzung des Oberholzes nötigen Maße zu erhalten.

Im übrigen ist die Behandlung dieselbe, wie diejenige auf gleichem Boden stockender gewöhnlicher Mittelwaldungen.

Kapitel X. Die Kopfholzwirtschaft.

§ 721. Der Kopfholzbetrieb ist im großen Forstbetriebe im allgemeinen nur bei den baumartigen Weiden- und Pappelarten und zwar da üblich, wo häufige Sommerhochwasser andere Wirtschaften unsicher machen oder wo neben der Nutzung von Binde- und Flechtweiden eine reichliche Graserute angestrebt wird.

Wo sie bei anderen Holzarten in Gebrauch ist, hat man es nicht mit einer planmäßigen forstlichen Ausnutzung, sondern ebenso wie bei der Schneidelwirtschaft entweder mit einer landwirtschaftlichen Nebennutzung, bei welcher zufälliger Weise ein Waldbaum als Substrat dient, oder mit einer planlosen Raubwirtschaft zu thun. In den Bereich waldbaulicher Thätigkeit gehört die Kopfholzwirtschaft mit solchen Holzarten ebenso wenig, wie die Bewirtschaftung der niederwaldartig behandelten Knicks oder Paatwerke, mit welchen die schleswig-holsteinischen Bauern ihre Koppeln umgeben oder gar diejenige lebender Zäune um landwirtschaftlich benutzte Grundstücke oder der Linden-, Eschen- und Pappelalleeen längs der Landstraßen. Ihre Hauptaufgabe ist keine forstliche, wenn sich ihre Besitzer auch waldbaulicher Mittel bedienen.

§ 722. Zur ersten Anlage der Pappeln- und Weidenkopfholzwaldungen bedient man sich fast ausschließlich der Pflanzung von Setzstangen, welche in der in § 568 geschilderten Weise vorgenommen wird.

Mit dem Verbande geht man dabei nicht gerne unter 3 bis 3,5 m herunter, pflegt aber, wo eine Grasnutzung unter den Kopfholzbäumen stattfindet, zur Erleichterung des Abmähens einen genauen Quadratverband einzuhalten. Da die Setzstangen selbst dabei als Visierstangen benutzt werden können, läßt sich diese Genauigkeit ohne besondere Mehrkosten erreichen.

Die Nutzung der Kopflohden erfolgt je nach der Holzart in Umtrieben von 1 bis höchstens 10 Jahren, wobei die niedrigeren denjenigen Weidenarten zukommen, deren junge Triebe als Flecht- und Bindeweiden Verwendung finden, während die höheren bei Pappeln und denjenigen Weidenarten üblich sind, deren Ausschläge nur als Brennholz und zu Faschinen benutzt werden.

Der Hieb oder Schnitt richtet sich nach den Regeln der Niederwaldwirtschaft und erfolgt im jungen Holze, bei jungen Stämmen mit noch weicher glatter Rinde hart am Stamme, bei alten unter Belassung etwa 10 cm langer Aststümpfe oder Stifte, inbezug auf Zeit und Hiebsweise in analoger Anwendung der für die Ausschlagverjüngung überhaupt giltigen Regeln (§§ 548 bis 559), selbstverständlich in der Höhe vom Boden, in welcher man die neuen Ausschläge erscheinen sehen will, gewöhnlich 2 bis 2,5 m. Beim Abhauen bedient sich der Arbeiter der Leiter. Wo die Ausschlagfähigkeit der Kopfholzstämme unsicher ist, läßt man beim Abtriebe einige Lohden als s. g. Saftzieher stehen und holt sie, wenn die Ausschläge erfolgt sind, im nächsten Jahre nach. Durchforstungen kommen beim Kopfholzbetriebe bei Weiden insofern vor, als die schwächeren Lohden während des Umtriebes als Flecht- und Bundweiden benutzt werden.

Die Ausschlagfähigkeit der Weiden- und Pappelnkopfholzstämme geht über das 60. Jahr kaum hinaus, dieselben sind in diesem Alter meist in so hohem Grade hohl, daß sie von selbst zusammenbrechen und erneuert werden müssen.

Hie und da sieht man auch Kopfholzbäume als Oberholz in Weidenniederwaldungen. Eine wesentliche Ertragserhöhung dürfte von ihnen nicht zu erwarten sein.

Kapitel XI. Die Mischung verschiedener Betriebsarten.

§ 723. Keine der bisher geschilderten Betriebsarten ist, wie wir gesehen haben, überall anwendbar; je nach dem Standorte, je nach der Absatzlage und je nach den allgemeinen volkswirtschaftlichen Verhältnissen entspricht bald die eine, bald die andere mehr den wechselnden Bedürfnissen der Wirtschaftsabsichten des Waldbesitzers.

Von diesen die Wahl der Betriebsart bedingenden Faktoren sind die Absatzlage und die allgemeinen Erwerbsverhältnisse des Landes zwar zu einer gegebenen Zeit für den einzelnen Bestand von gleicher Wirkung, aber dafür zeitlichem Wechsel unterworfen. Der Bau einer Eisenbahn oder eines Kanals, die Anlage großer Fabriken, ja eine Änderung in der Zollpolitik der Regierungen können die Erwerbsverhältnisse der Bevölkerung und die Absatzverhältnisse eines Waldes mit einem Schlage gründlich ändern und damit eine bisher vollständig sachgemäße Wirtschaft irrationell machen. Insbesondere sind es die ihrer Natur nach extensiven Betriebsarten, welche zuerst dem Wechsel der Zeit zum Opfer fallen müssen. Denn es ist das Bestreben einer jeden aufgeklärten Regierung, die ganze Entwicklung des Volkes in Bahnen zu leiten, welche zu einer möglichst intensiven Bewirtschaftung aller Kapitalgüter, insbesondere auch des Waldes zwingen.

In vielen Teilen Deutschlands sind wir bereits in dieses Stadium der Volkswirtschaft eingetreten; wir sind in vielen deutschen Waldungen gezwungen, intensiv zu wirtschaften, d. h. zu produzieren, was sich darin an Werten überhaupt produzieren läßt.

§ 724. Diese höchste Stufe der Intensität der Wirtschaft erreichen wir in einem Bestande auch durch die intensivsten Betriebsarten nur dann, wenn alle Teile desselben ihnen in ganz gleicher Weise zusagen. Wo, wie dieses in der Regel der Fall ist, der dritte Faktor bei der Wahl der Wirtschaftsmethoden, der Standort, innerhalb desselben Bestandes in hohem Grade wechselt, da ist die Bestandswirtschaft, d. h. die ausschließliche Anwendung irgend einer Betriebsart innerhalb des Bestandes ihrer Natur nach extensiv. Sie zwingt dazu, um die Gleichartigkeit des Bestandes zu wahren, nicht allein den in ihrer Bonität von der Hauptmasse des Bestandes abweichenden Flächen eine ihnen nicht zusagende Betriebsart aufzuzwingen, sondern auch dem Hauptbestande zuliebe längst hiebsreife Bestandsteile ungebührlich lange stehen zu lassen und noch nicht hiebsreife vor der Zeit zu nützen.

§ 725. Diesen Fehler haben alle Betriebsarten, die gleichalterigen allerdings in viel höherem Grade, als die ungleichalterigen; aber auch diese können sich davon niemals ganz frei erhalten.

So wenig in allen Teilen ausgedehnter Bestände ein und dieselbe Holzart überall die dem Waldbesitzer zweckdienlichste zu sein pflegt, ebensowenig entspricht, wo die allgemeinen Verhältnisse eine intensive Wirtschaft erheischen, bei wechselnden Bonitäten die Bewirtschaftung aller Teile eines Bestandes in derselben Betriebsart den Interessen des Waldbesitzers.

Eine Mischung der Betriebsarten ist dort ebenso sehr geboten, wie eine Mischung der Holzarten. In volkswirtschaftlich hoch entwickelten Gegenden ist die schablonenhafte Ausdehnung ein und derselben Betriebsart und Umtriebszeit auf große ausgedehnte Flächen mit wechselnden Standortsverhältnissen ebenso fehlerhaft, wie der Anbau ein und derselben Holzart.

Die durch gleichartige Behandlung erzielte annähernde Gleichartigkeit der Bestände aus dem früher im großen und ganzen gleichbehandelten Walde durch die Schlag- oder Bestandswirtschaft, welche in der Zeit, in welcher sie eingeführt wurde, unzweifelhaft ein großer Fortschritt war und den damaligen volkswirtschaftlichen Verhältnissen vollkommen entsprach, entspricht den Anforderungen unserer Zeit überall da nicht mehr, wo nur die höchstmögliche Steigerung der Produktion die wachsende Bevölkerung zu ernähren vermag.

Wir müssen dort die Bestände wieder auflösen in Kleinbestände und Horste, deren jeder je nach den Anforderungen des Standortes, soweit sich das mit der Rücksicht auf die Produktion der umgebenden Waldteile irgend verträgt, nicht allein inbezug auf die Holzart, sondern auch inbezug auf Umtriebszeit und Betriebsart seine individuelle Behandlung zu erfahren hat.

§ 726. Dieser Wirtschaft der kleinsten Fläche, wie wir sie nennen möchten, welcher man, wo sie in Übung ist, mit einem gewissen Rechte den Namen Femelwirtschaft gegeben hat, weil sich dort naturgemäß nicht nur die Holz- und Betriebsarten, sondern auch die Altersklassen mischen, gehört unzweifelhaft die Zukunft in allen Waldungen Deutschlands, welche mit der Zeit in den unmittelbaren Verbrauchsbereich dichter Bevölkerungen gezogen werden können; es gehört ihr die Gegenwart, wo eine dichte Bevölkerung die ganze Produktion des ganzen Waldes ohne übermäßige Transportkosten jetzt schon zu verbrauchen imstande ist.

Wo solche Verhältnisse gegeben sind, nimmt man schon längst keinen Anstand mehr, mitten im Mittelwalde schöne Kernwuchspartieen als Hochwald zu behandeln und flachgründige Bodenpartieen der reinen Niederwaldwirtschaft zu widmen. Man verjüngt dort längst mitten im Samenschlagwalde vorkommende Kiefernpartieen auf armem Boden durch Kahlschlag und Nachverjüngung und femelt in darin vorkommenden Geröllpartieen. Man scheut sich längst nicht mehr, mitten im Hochwalde vorkommende Erlenbrücher nicht nur in einem anderen Umtriebe als den Hauptbestand, sondern selbst als Niederwald zu bewirtschaften und schlechtbestockte Partieen in Niederwaldbeständen in Kiefernhochwald umzuwandeln, in Hochwaldbeständen auf den Stock zu setzen und so wenigstens vorübergehend in Niederwald überzuführen. Man treibt in dem mit Lichthölzern bestockten Teile des Bestandes längst Lichtungs- oder Überhaltswirtschaft, indem man ihn mit Schattenhölzern unterbaut, während man die Schattenhölzer des gleichen Bestandes als einhiebigen Hochwald bewirtschaftet, und treibt Waldfeldbau- oder Hackwaldwirtschaft an einzelnen Stellen eines Bestandes, von dessen übrigen Teilen man die landwirtschaftliche Zwischennutzung fernhält.

Man beschränkte sich dabei anfangs allerdings im großen und ganzen auf diejenigen Bestände, bei welchen die Unmöglichkeit der Schablonenwirtschaft auf der Hand lag; aber man hat längst angefangen, die einzelnen Bestandsteile auch da als selbständige Individuen abweichend von ihrer Umgebung zu behandeln, wo diese Behandlung nicht unbedingt nötig, sondern nur zweckmäßig war.

Zweckmäßig ist aber die verschiedene Bewirtschaftung der auf verschiedenen Standorten stockenden Teile immer, wenn die Vorteile, welche dem Waldbesitzer auf dem von dem Hauptbestande verschieden behandelten Teile erwachsen, die Nachteile überwiegen, welche diese Verschiedenheit für den Hauptbestand hervorruft.

§ 727. Diese Nachteile lassen sich, soweit sie sich auf die Holzproduktion beziehen, sämtlich auf den Umstand zurückführen, daß, wo immer ein Teil des

Bestandes in einer anderen Betriebsart oder Umtriebszeit behandelt wird, als der andere, ständig oder doch zu gewissen Zeiten ein wesentlicher Unterschied in der Baumhöhe der verschieden bewirtschafteten Teile besteht.

Dieser Unterschied in der Baumhöhe kann nun für den höheren Teil des Bestandes die nachteilige Folge haben,

1. daß die Windbruchgefahr vermehrt wird,
2. daß von den Rändern gegen den niedrigen Bestand aus Sonne und austrocknende Winde den Boden verschlechtern und
3. daß die Randbäume ihre Äste in einer ihrer technischen Brauchbarkeit schädlichen Weise verlängern oder zum Nachteile der Krone Klebäste bilden,

ebenso für den niedrigen Bestandsteil,

1. daß derselbe an den Rändern von dem höheren in dem Wachstum schädlicher Weise überschirmt wird,
2. daß sich durch Hemmung des Luftabflusses Frostlöcher bilden,
3. daß er durch die Fällung und Aufarbeitung des Holzes im höheren Teile des Bestandes beschädigt wird.

All diese Nachteile sind indessen an bestimmte Bedingungen gebunden und lassen sich selbst, wo diese vorliegen, wenn nicht ganz beseitigen, so doch wesentlich mildern.

§ 728. Was vor allem die Windbruchgefahr betrifft, so kann von derselben allgemein nur bei nicht sturmfesten Holzarten, bei bedingt sturmfesten nur auf flachgründigem Boden oder in exponierter Lage die Rede sein. Sie kann kein Hindernis für die Durchlöcherung von Eichen-, Eschen-, Ahorn-, Ulmen- und Erlenbeständen auf tiefgründigem Boden abgeben.

Sie ist bei allen nicht unbedingt sturmfesten Holzarten mit Ausnahme der exponiertesten Lagen zu umgehen, wenn die Durchlöcherung in einem Alter vorgenommen wird, in welchem der Bestand der Gefahr des Windwurfs noch nicht ausgesetzt ist. Die Ränder der Horste werden dann so sturmfest, wie die Waldränder. Wo die Sturmgefahr nicht wie auf überragenden Bergrücken chronisch ist, läßt sie sich selbst in höherem Alter noch vermeiden, wenn der förmlichen Durchlöcherung des Bestandes eine kräftige Durchforstung vorausgeht und das Einhauen der Löcher nicht auf einmal, sondern in schmalen Absäumungen in längeren Zwischenräumen vorgenommen wird. Wie an den Rändern der eigens zu diesem Zwecke geführten Loshiebe gewöhnen sich die Bäume allmählich an den freien Stand und verbreiten ihre Wurzeln in einer Weise, welche sie fähig macht, den Sturmwinden zu widerstehen.

Der Oktobersturm 1870 hat in vielen Orten Süddeutschlands mitten aus dicht geschlossenen Beständen heraus Hektaren große Lücken eingerissen; wo die Ränder dieser Lücken von den Stürmen im November 1875 und März 1876 verschont geblieben sind, sind an ihnen die seit 1876 eingetretenen Stürme spurlos vorübergegangen und es dürfte den Gegnern der Wirtschaft der kleinsten Fläche schwer halten zu beweisen, daß beispielsweise im Gertenholzalter durch Schneebruch stark durchlöcherte Bestände im höherem Alter dem Windwurfe mehr ausgesetzt sind, als stets geschlossen gehaltene Bestände.

§ 729. Ähnlich verhält es sich mit der befürchteten **Verschlechterung des Bodens**. Abgesehen davon, daß das stetige Vorhandensein des niedriger bleibenden Bestandsteiles der Verbreitung austrocknender Winde einen entschieden größeren Widerstand entgegensetzt als die Schäfte gleichalteriger Altholzbestände, darf nicht übersehen werden, daß an den Rändern des höheren Holzes infolge vermehrten Lichtzuflusses die Kronen dichter werden und der Nebenbestand sich besser erhalten läßt. Dazu kommt, daß wo Absatzlage und die allgemeinen volkswirtschaftlichen Zustände die Wirtschaft der kleinsten Fläche zulässig erscheinen lassen, eine energische Bodenpflege, durch welche sich die Verhagerung des Bodens vermeiden läßt, ohnehin geboten ist.

§ 730. Dagegen ist der Einwurf nachteiliger Entwicklung der Randbäume des höheren Bestandsteiles inbezug auf die Qualität des Holzes nicht ohne Schein von Berechtigung, wenigstens dann, wenn es sich um Holzarten handelt, welche zur Bildung von Klebästen geneigt sind, sofern sie spät und welche zu starker Astentwicklung neigen, sofern sie frühzeitig einseitig freigestellt worden sind.

Aber auch da bietet die günstige Absatzlage, in welcher allein die Wirtschaft der kleinsten Fläche mehr als die Bestandswirtschaft leistet, die Möglichkeit, derartige Schäden kostenlos hintanzuhalten. In solcher Absatzlage ist es leicht, zuverlässige Arbeiter zu finden, welche die Aufastung gegen Überlassung des anfallenden Astwerkes unentgeltlich ausführen, und nicht selten wird der Verkauf des letzteren die Kosten der Aufastung noch übersteigen, wenn sie gelegentlich anderer Hiebsoperationen in dem betreffenden Bestande vorgenommen wird.

Aber selbst wenn diese Aufastung besondere Kosten verursachen sollte, welche indessen in solchen Absatzlagen, in welches alles Material verwertbar zu sein pflegt, für den einzelnen Baum niemals sehr groß sein werden, so sind es doch immer nur die wenigen zu Starkholz erwachsenden Stämme des Horstrandes, welche eine Aufastung nötig machen. Der geringe Qualitätsverlust der nicht dazu bestimmten, welche doch die große Mehrzahl bilden, wird durch ihren vermehrten Massenzuwachs, welcher durch die einseitige Freistellung veranlaßt wird, mehr wie gedeckt.

§ 731. Damit wird aber auch der Einwand, daß der niedrigere Bestandsteil durch die Überschirmung des höheren übermäßig leide, völlig hinfällig, wenn der letztere nicht aus so ausgesprochenen Lichtholzarten besteht, daß sie nicht nur durch Überschirmung, sondern auch durch Seitenschatten leiden. So gut man im Eichenüberhaltsbetriebe die Nachteile der Seitenverdämmung der jungen Eichenhorste durch die Horste alter Überhälter dadurch zu vermeiden vermag, daß man beide von einander durch Gürtel solcher Holzarten trennt, welche unter diesem Seitenschatten nicht notleiden, ebensogut kann man auch Eichenschälwaldpartieen im Hochwalde mit Hainbuchen- oder Buchenbändern umgeben, welche, damit sie selbst den Eichen nicht schädlich werden, in dem Umtriebe des Schälwaldes als Niederwald behandelt werden.

Zudem wird ein denkender Wirtschafter an sich für Lichthölzer besonders geeignete Bodenpartieen nur dann zur Bestockung mit solchen in dem niedrigeren Bestandsteile bestimmen, wenn sie im Zusammenhange ausgedehnt genug und ihrer Form nach geeignet sind, das zu ihrer gedeihlichen Entwickelung nötige Licht zwischen dem älteren Bestandsteile in genügender Weise zu erhalten. Er wird nicht daran denken, um auf das Beispiel der Schälwaldinklaven im

Hochwalde zurückzukommen, schmale im größten Teile ihrer Breite im Seitenschatten liegende Streifen flachgründigen, aber fruchtbaren Bodens mitten zwischen Altholz in Schälwald umzuwandeln, während er sich keinen Augenblick besinnt, diese Umwandlung vorzunehmen, wenn die Fläche bei gleicher Größe eine rundliche Form zeigt und dabei so groß ist, daß die Fläche des nur für Schattenhölzer geeigneten Isolierungsgürtels dabei nicht ins Gewicht fällt.

Er wird insbesondere die verschieden behandelten Gruppen überhaupt nicht mit Zickzacklinien, sondern womöglich durch gerade oder Kreislinien, oder zwischen beiden liegende Kurven begrenzen und ihnen im Gebirge eine Gestalt geben, welche das schadenlose Ausbringen des während des Umtriebes in allen Teilen des Bestandes anfallenden Holzes ermöglicht.

§ 732. Auch die Gefahr der Bildung von Frostlöchern besteht nur, wo die Lage überhaupt dazu geneigt ist, insbesondere nur in nahezu ebener Lage und selbst da entsteht ein Frostloch nur, wenn mitten zwischen sehr dichten Beständen durch abweichende Behandlung eines Teiles derselben eine Lücke entsteht, in welcher die durch Strahlung abgekühlte Luft stehen bleibt.

Solche Stellen sind aber auf den ersten Blick erkennbar und kein aufmerksamer Wirtschafter wird dort frostempfindliche Holzarten in einer von der Umgebung abweichenden Betriebsart bewirtschaften, wenn dieselbe die zeitweise völlige Bloßlegung des Bodens zwischen geschlossen bleibenden Bestandsteilen nötig macht. Er wird dort, wenn der spezielle Standort die Anwendung einer der im Reste des Bestandes üblichen Betriebsarten unvorteilhaft macht, Holz- und Betriebsarten zu finden wissen, für welche die Frostgefahr nicht besteht.

§ 733. Dagegen unterliegt es keinem Zweifel, daß die Beschädigung der niedrigeren Bestandsteile durch Fällungen in dem höheren, namentlich im Gebirge nur durch einen sehr sorgfältigen Fällungsbetrieb hintangehalten werden können. Es werden häufig die Stämme vor der Fällung entästet und durch Anwendung von Seilen in einer bestimmten Richtung geworfen und die anfallenden Hölzer aus dem Schlage gerückt werden müssen.

Diese Vorsichtsmaßregeln sind aber bei allen Betriebsarten, bei welchen die Bestandsgründung durch Vorverjüngung stattfindet, und in den Lichtungsbetrieben bei allen nach dem Unterbau stattfindenden Hauungen gleichfalls nicht zu vermeiden. Außerdem pflegt schon der höhere Holzwert in solchen Absatzlagen eine besondere Sorgfalt bei der Aufarbeitung des Holzes zu bedingen und die Konkurrenz der Konsumenten das Ausrücken des Holzes an gut fahrbare Straßen bezahlt zu machen. Die dazu nötigen Anstalten, Schlittwege und dergleichen sind in jedem intensivem Betriebe ohnehin unentbehrlich.

§ 734. Zwei andere Nachteile hat jedoch die Wirtschaft der kleinsten Fläche allerdings; sie verlangt einerseits das unmittelbare Eingreifen des Wirtschafters überall und setzt deshalb kleine Wirtschaftsbezirke voraus und erschwert anderseits die Berechnung des nachhaltigen Ertrags.

Beide Nachteile fallen aber kaum ins Gewicht gegen die enormen Opfer, welche bei der Bestandswirtschaft gebracht werden müssen, um wechselnde Bonitäten innerhalb des Bestandes nach der Schablone einer Betriebsart und einer Umtriebszeit bewirtschaften zu können. Die durch die Vermehrung des wirtschaftenden Personals entstehenden Mehrausgaben des Waldbesitzers sind geradezu verschwindend gegen den Nutzen, welcher dem Waldbesitzer daraus erwächst, daß jeder, auch der kleinste Waldteil in der ihm vorteilhaftesten Weise bewirtschaftet wird.

Was aber die Berechnung des nachhaltigen Ertrags betrifft, so ist es ohnehin hohe Zeit, daß mit dem starren Begriffe der Nachhaltigkeit gebrochen wird, welcher für jeden noch so kleinen Waldkomplex eine Gleichmäßigkeit der Nutzung für alle Zeiten als höchstes erstrebenswertes Ziel der Wirtschaft betrachtete, und welcher um dieses Ziel zu erreichen, hier noch nicht hiebsreife Bestände zum Hiebe bestimmte und dort jetzt schon überhaubare zum Stehenlassen in ferne Perioden verurteilte.

Seitdem die ungeheuere Ausdehnung der Verkehrswege den Holzkonsumenten von der Holzerzeugung in ganz bestimmten Waldungen unabhängig gemacht hat, ist die Notwendigkeit der nachhaltigen Wirtschaft in dem alten starren Sinne selbst für diejenigen Waldbesitzer hinfällig geworden, welche, wie der Staat, sich die dauernde Befriedigung der Holzbedürfnisse der Bevölkerung zur Aufgabe gemacht haben. Die, wo sie sich ohne übermäßige Opfer erreichen läßt, im Interesse aller Waldbesitzer liegende annähernde Gleichmäßigkeit der Nutzung sichern aber selbst bei der Wirtschaft der kleinsten Fläche die auch in dem schablonenmäßig bewirtschafteten Walde von Jahrzehnt zu Jahrzehnt stattfindenden Inventaraufnahmen, welche man im Walde Waldstandsrevisionen zu nennen pflegt, in ausreichender Weise. Bei denselben muß es zutage kommen, ob der Wald überhauen oder ob zu wenig Holz zum Hiebe gekommen ist. Eine große, einigermaßen ins Gewicht fallende Abweichung von der zulässigen Nutzung kann ohnehin nicht leicht vorkommen, wenn dabei mit Verständnis verfahren wurde.

§ 735. Bestimmte Regeln für diese Wirtschafsmethode zu geben, ist nicht möglich. Die Verschiedenartigkeit der möglichen Fälle ist dazu zu groß. Nur das wird als erster Grundsatz im Auge zu behalten sein, daß für jede einzelne Stelle des Bestandes der Wirtschafter sich klar zu machen hat, einerseits, ob sie jetzt ganz oder teilweise hiebsreif ist, und welche Holzart, Betriebsart und Umtriebszeit für sie nach Maßgabe des Standortes, der Absatzlage und der Wirtschaftsabsichten des Waldbesitzers die zweckmäßigste ist und ob die Behandlung der nicht hiebsreifen Bestandsteile diesen Absichten entspricht, und anderseits, ob der Vorteil, welchen die Einführung dieser an sich zweckmäßigsten Wirtschaftsmethode auf dieser Stelle unter sorgfältiger Abwägung aller maßgebenden Faktoren die Nachteile überwiegt, welche sie für ihre Umgebung zur Folge hat.

Sind die Nachteile größer, so muß die Maßregel natürlich unterbleiben; sind sie geringer, so hat sich der Wirtschafter weiter zu fragen, ob dieselbe vorteilhafter jetzt oder später zu ergreifen sein wird.

§ 736. Als zweiter Grundsatz dürfte der festzuhalten sein, daß die Ausscheidung der Kleinbestände nicht bis ins Kleinliche getrieben werden darf. Daß denselben, namentlich dann, wenn sie dauernd niedriger bleiben, als ihre Umgebung keine schmale langgestreckte Gestalt und keine zickzackförmige Grenze und im Gebirge keine das schadenlose Ausbringen des Holzes unmöglich machende Form gegeben werden darf, haben wir bereits erwähnt. Sie dürfen aber auch, wo die Wirtschaft eine wesentlich andere, als diejenige ihrer

Umgebung ist, namentlich wenn sie von dieser in nachteiliger Weise beeinflußt werden oder sie selbst nachteilig beeinflussen, nicht so klein gemacht werden, daß der zu erreichende Vorteil überhaupt nur unbedeutend ist, während die Verschiedenheit der Wirtschaft eine besondere Obsorge nötig macht.

So unterliegt es beispielsweise keinem Bedenken, in einem gleichalterigen sturmfesten Schattenholzbestande vorkommende Lichtholzhorste auch bei kleinster Fläche durch Lichtung und Unterbau mit Schattenhölzern als zweihiebigen Hochwald zu behandeln, weil alle nötigen, von denen im Hauptbestande abweichenden Hiebsmaßregeln, insbesondere die Lichtungshiebe gleichzeitig mit Durchforstungen im Hauptbestande vorgenommen werden können; dagegen wird es sich kaum rentieren, einen kleinen Eichenhorst mitten im reinen Kiefernhochwalde als Schälwald zu bewirtschaften, weil die Hiebsoperationen in letzterem zeitlich in eine andere Jahreszeit fallen, als in ersterem. Eine kleine Ecke flachgründigen Bodens wird im Mittelwalde ohne Anstand durch Unterlassung jeglichen Überhaltes als Niederwald behandelt werden können, während umgekehrt die mittelwald- oder gar hochwaldmäßige Behandlung ganz kleiner, besonders tiefgründiger Stellen nicht ohne Bedenken ist.

Erfordert der niedriger bleibende Bestandteil Isolierstreifen schattenertragender Hölzer, so kann, wie schon erwähnt, von ihrer gesonderten Behandlung keine Rede sein, wenn ihre Fläche im Verhältnis zu diesen Streifen zu gering ist. Paßt dann die Stelle nicht für die Betriebsart des Hauptbestandes, so muß eine andere ihr ähnlichere Bestandsform gewählt werden.

§ 737. Es ist ein wesentliches Erfordernis dieser Wirtschaft, daß, so oft in irgend einem Bestande irgend eine Operation bestimmter Art, sei es eine Fällung, eine Kultur oder eine Maßregel der Bestands-, Boden- oder Baumpflege vorgenommen wird, in allen Teilen desselben gleichzeitig die nach Maßgabe des Zustandes jedes einzelnen Teiles *notwendige* Maßregel ähnlicher Gattung zur Ausführung kommt.

Das gilt insbesondere von den Hiebsoperationen, namentlich da, wo zur Bringung des Holzes besondere Anstalten getroffen werden müssen. Man führt dort zweckmäßig z. B. den Abtrieb kleiner zur Umwandlung bestimmter Flächen und die Niederwaldschläge aus, wenn in dem Teile des Hauptbestandes, in dessen Bereiche sie liegen, eine Durchforstung, ein Auszugshieb, ein Besamungsschlag u. s. w. ausgeführt wird; ebenso werden, wenn im Hauptbestande kultiviert wird, nachbesserungsfähige Lücken in anders behandelten Horsten natürlich in deren Anforderungen entsprechender Weise gleichzeitig in Bestand zu bringen sein. Die Individualisierung der Wirtschaft in dem Sinne, wie sie jetzt bei den Beständen stattfindet, ist bei den Kleinbeständen, Horsten und Gruppen nicht möglich. Sie würde die Thätigkeit des Wirtschafters zu sehr zersplittern und bei den Fällungen den Holzabsatz erschweren.

§ 738. Die Wirtschaft der kleinsten Fläche ist nicht am Platze, wo der niedere Stand der Holzpreise zu einer extensiven Wirtschaft zwingt, am wenigsten da, wo nur große zusammenhängende Schläge oder nur die schwersten Stämme Käufer finden.

In solchen Lagen bleibt man zweckmäßiger in der Schablone der Bestandswirtschaft.

Das Gleiche ist der Fall, wo in sehr exponierter Lage der Standort nur für nicht sturmfeste Holzarten geeignet ist, wie in den der Baumgrenze nahen Regionen der Hochgebirge häufig für die Fichte.

Sie bleibt in bescheidenen Grenzen und wechselt nur auf größeren Flächen mit den Betriebsarten, wo Absatz- oder Berechtigungsverhältnisse eine sehr seltene Wiederkehr der Hauungen in denselben Bestand bedingen, und kommt zu ihrem vollen Werte da, wo die Möglichkeit alle Produkte des Waldes auch in kleinen Quantitäten abzusetzen, alle Betriebsarten möglich macht und der rasche Wechsel der Standorte bald die eine, bald die andere vorteilhafter erscheinen läßt.

§ 739. Diese Wirtschaft führt mit der Zeit unzweifelhaft zu einer femelwaldartigen Ungleichalterigkeit der Bestände, wo immer die Standortsverhältnisse innerhalb derselben in hohem Grade verschieden sind.

Das wird nicht allein der Fall sein, wo Ausschlag- und Samenwirtschaften mit einander gemischt werden, sondern auch da, wo ein und dieselbe Betriebsart für alle Teile des Bestandes anwendbar bleibt. Denn es liegt in ihrem Wesen, daß bei ihr nicht allein die Schablone gleicher Betriebsarten, sondern auch die Zwangsjacke einheitlicher Umtriebszeiten innerhalb des Bestandes aufgegeben wird.

Bei der Wirtschaft der kleinsten Fläche ist jeder Bestandteil haubar, wenn er für sich betrachtet im Sinne des Waldbesitzers haubar ist, vorausgesetzt natürlich, daß der durch die rechtzeitige Nutzung zu erreichende Vorteil nicht durch den Schaden aufgehoben wird, welchen die Nutzung der verschiedenen Kleinbestände eines größeren Bestandes zu verschiedener Zeit veranlaßt.

In Kiefernkahlschlagbeständen z. B. befinden sich immer einige Stellen, welche infolge schlechten oder flachgründigen Bodens, wie er im Gebirge an den oberen Berghängen vorhanden zu sein pflegt, oder infolge von Beschädigungen oder mangelnder Nachbesserungen schlecht bestockt sind und wenn sie in der Umtriebszeit des im übrigen gleichbehandelten Hauptbestandes bewirtschaftet werden, wesentliche Ertragsverluste verursachen. Umgekehrt ertragen alle unteren Teile der Berghänge, weil sie besseren und tieferen Boden haben, höhere Umtriebszeiten.

Nicht minder häufig sind in allen Samenwaldungen Partieen, in welchen die erste Besamung fehlschlug oder durch Frost, Feuer oder Schneebruch zerstört oder so gelichtet wurde, daß sie abgetrieben und zu einer Zeit neu verjüngt wurden, in welcher der Rest des Bestandes vielleicht schon in das Gerten- oder Stangenholzalter eingerückt war. Solche Stellen mit dem Hauptbestande abzutreiben, bringt, wenn das Abtriebsalter für den letzteren richtig gewählt wurde, unbedingt große Ertragsverluste an dem jüngeren Bestandsteile.

Sie, wo sie sich halten lassen, selbstverständlich unter Rectifizierung schlecht verlaufender Grenzen zu konservieren, wird Aufgabe jeder intensiven Wirtschaft sein.

In dieser Verschiedenalterigkeit der Bestände erblicken wir einen Hauptvorzug der Wirtschaft der kleinsten Fläche. Sie wirkt dadurch bodenpflegend wie keine andere und erschwert die Ausdehnung von Feuer- und Insektenschäden auf große Flächen ungemein.

§ 740. Es ist klar, daß bei allen nicht unbedingt sturmfesten Holzarten der Wirtschafter inbezug auf die Einführung der Wirtschaft der kleinsten Fläche um so mehr freie Hand hat, je jünger die Hauptmasse des Bestandes ist.

Erwachsen die aneinander stoßenden Horste und Kleinbestände von Jugend an verschiedenalterig, dann werden ihre Ränder wie bereits erwähnt, vollkommen sturmfest, während sie in höherem Alter nur durch sehr vorsichtige Wirtschaft sturmfest gemacht werden können.

In älteren Beständen dieser Art wird deshalb der Wirtschafter häufiger als in jungen genötigt sein, die wünschenswerte Individualisierung eines Horstes oder Kleinbestandes vorerst zu unterlassen und bis zu dem Zeitpunkte zu verschieben, in welchem dieselbe schadenlos stattfinden kann.

Daß bei der Wirtschaft der kleinsten Fläche alle Maßregeln der Bestandsgründung und Bestandserziehung nach den Regeln der an der betreffenden Stelle eingeführten Betriebsart ausgeführt werden, versteht sich von selbst.

Fünfter Abschnitt.

Von der Änderung der Wirtschaftsmethode.

§ 741. Wir haben bereits früher erwähnt, daß von den Faktoren, welche die Wahl der Holz- und Betriebsarten vorzugsweise bedingen, die allgemeinen volkswirtschaftlichen und die Absatzverhältnisse einem zeitlichen Wechsel unterworfen sind. In einem gut regierten Staate vollzieht sich dieser Wechsel in dem Sinne, daß der Wald selbst und seine Produkte immer mehr an Wert gewinnen und dadurch eine immer mehr intensive Wirtschaft nötig machen. Insbesondere gewinnen bei unentwickelten Verhältnissen unverkäufliche Holzsortimente mit der Zeit einen die Erntekosten übersteigenden Tauschwert, wenn auch häufig die Entwickelung der Verkehrsverhältnisse durch Vermehrung der Konkurrenz der Holzsurrogate die Preise des Brenn- und Bauholzes drückt.

Dadurch erweitert sich mit zunehmendem Wohlstande der Kreis der möglichen Wirtschaftsmethoden und es bleibt schließlich nur noch der Standort, welcher die eine oder andere von einem bestimmten Walde ausschließt. Manche Betriebsart, welche bis dahin wegen mangelnden Absatzes unmöglich war, wird dann inbezug auf ihre Zweckmäßigkeit mit der bisherigen in Vergleich gezogen und, wenn sie unter den veränderten Verhältnissen den Zwecken des Waldbesitzers besser entspricht, an ihrer Stelle eingeführt werden müssen.

§ 742. Auch der Wechsel in den Wirtschaftsabsichten des Waldbesitzers kann den Übergang von einer Betriebsart zu der anderen veranlassen. Giebt beispielsweise der Waldbesitzer den Betrieb einer Glashütte auf, zu deren Alimentierung sein Wald bisher diente, so hört für ihn die Erzeugung der dazu notwendigen Sortimente auf, eine Notwendigkeit zu sein. Er kann andere Wirtschaftsmethoden wählen, welche seinen veränderten Zwecken besser entsprechen.

Ebenso giebt die Veränderung in der Standortsgüte häufig Anlaß zur Änderung in der Wirtschaftsmethode; die Verschlechterung des Standortes kann die bisherige Wirtschaft unmöglich, die Verbesserung desselben sie unvorteilhaft machen.

Noch häufiger sind die Fälle, in welchen die Wirtschaft schon bisher den Wirtschaftsabsichten des Waldbesitzers nicht entsprach, aber nicht aufgegeben werden konnte, weil bis jetzt die Umwandlung noch mit zu großen Opfern verbunden war. Wir werden später sehen, daß eine große Zahl von Wirtschaftsänderungen nur zu gewissen Zeiten, insbesondere in der Zeit der Bestandsgründung ohne große Opfer bewirkt werden kann.

Die Möglichkeit einer später notwendig werdenden Änderung der Wirtschaftsziele und damit der Wirtschaftsmethode wird jeder denkende Forstwirt bei all seinen Maßnahmen im Auge behalten. Bei der Häufigkeit des Wechsels insbesondere der Absatzverhältnisse eines Reviers ist nichts thörichter, als durch übermäßige Betonung eines einzigen Produktes das ganze Spiel auf eine einzige Karte zu setzen. Je beweglicher die Wirtschaft ist, d. h. je leichter und mit je geringeren Opfern sie sich dem Wechsel der Verhältnisse anschließt, desto mehr entspricht sie den Anforderungen unserer raschlebigen Zeit.

Die Art und Weise, wie die Überführung eines ganzen Waldes in eine andere Betriebsart mit möglichst geringen Opfern erreicht wird, insbesondere die Disposition über den Gang der Umwandlung und die Auswahl der zuerst umzuwandelnden Bestände, ist Sache der Forsteinrichtung Hier wird nur die Frage zu besprechen sein, in welcher Weise die Umwandlung eines schon dazu bestimmten Bestandes oder Bestandsteiles vor sich geht.

§ 743. Bei allen Änderungen in der Betriebsweise muß als erster Grundsatz festgehalten werden, daß dazu der richtige Zeitpunkt abgewartet werden muß. Wenn hundertmal nachgewiesen wäre, daß an einer gewissen Stelle des Waldes zweckmäßiger Eichenstockausschläge als Kiefern ständen, so wäre es doch gänzlich verfehlt, diese Umwandlung in einer Zeit vorzunehmen, in welcher die Kiefern im besten Wachstum stehen. Denn in weitaus den meisten Fällen dieser Art wird der durch Einführung des Eichenschälwaldbetriebes zu erzielende Gewinn den Verlust nicht aufwiegen, welchen die vorzeitige Nutzung des Kiefernbestandes mit sich bringt. Ebenso kann sich ein bisher in reiner Kahlschlagwirtschaft behandelter Bestand vermöge aller Verhältnisse vorzüglich zum Kahlschlaglichtungsbetriebe eignen. Ist er aber bereits nahezu hiebsreif, so wird mit der Einführung des Lichtungsbetriebes bis nach der Verjüngung gewartet werden müssen, weil die Lichtung ohne Unterbau nicht zulässig und die Zeit bis zur nächsten Hauptverjüngung zu kurz ist, um vom Unterbau noch eine wohlthätige Wirkung erwarten zu können.

§ 744. Bei der Änderung der Betriebsweise kann entweder der vorhandene Bestand direkt in eine andere Betriebsart übergeführt werden oder er muß ganz oder teilweise durch einen anderen ersetzt werden, welcher an seiner Stelle erst herangezogen werden muß.

Der erstere Fall ist der weit einfachere und häufigere. Eine Menge von Mittel- und Samenwaldungen sind durch einfachen Abtrieb in Niederwaldungen, einfache Niederwaldungen durch Überhalten von Laßreiteln zuerst in zweihiebigen Niederwald und dann in Mittelwald, oder ebenso wie Plenter- und Mittelwaldungen durch einfaches Wachsenlassen der Kernwüchse und der zur Komplettierung des Schlusses nötigen Ausschläge im Hochwald übergeführt worden.

Um so schwieriger ist der Wechsel der Betriebsmethode, wenn erst ein neuer Bestand herangezogen werden muß, namentlich wenn damit ein Wechsel in den Holzarten verbunden werden muß.

§ 745. Zu den einfachsten Arten der Bestandsumwandlung gehört die Überführung der einfachen Kahlschlag- und Samenschlagbetriebe, in die entsprechenden Überhalts- und Lichtungsbetriebe, wenn die zur Hauptholzart bestimmte Holzart in dem Hauptbestande des umzuwandelnden Bestandes in ausreichender Weise vertreten ist.

Da bei beiden Betrieben die Bestände lange Zeit, bei den Überhaltbetrieben bis zum Abtriebe, bei den Lichtungsbetrieben bis zur Lichtung, fast in derselben Weise wie reine Kahl-, bezw. Samenschlagwaldungen behandelt werden, so erfolgt die Umwandlung einfach dadurch, daß bei der Überführung in die Überhaltswirtschaft bei dem Abtriebe des Bestandes und bei der Überführung in den Lichtungsbetrieb in dem zum Beginne der Lichtungen geeigneten Alter, nach den Regeln dieser Unterbetriebsarten verfahren wird. Nur wird von dem Augenblicke an, in welchem man sich zu der Umwandlung entschlossen hat, bis zur wirklichen Änderung des Betriebes durch allmähliche Freistellung tauglicher Exemplare der Hauptholzart für die Heranziehung zum Überhalte brauchbarer Stämme, und durch gut geleitete Baumpflege für eine gute Qualität der Bäume des Hauptbestandes gesorgt werden müssen. In ganz analoger Weise geht die Überführung des einfachen Niederwaldes in zweihiebigen und dieses in Mittelwald vor sich.

§ 746. Bei der Umwandlung der Kahlschlag- in Samenschlagwaldungen gleicher Holzart wird der Wirtschafter, sowie er sich zur Umwandlung entschlossen hat, für Erhaltung brauchbarer Vorwüchse, für Heranziehung guter Samenbäume und für ein brauchbares Keimbett zu sorgen haben. Er wird mit anderen Worten von diesem Momente an, die aus der Kahlschlagwirtschaft hervorgegangenen Bestände einfach nach den Regeln des Samenschlagbetriebes behandeln und wird bei der Verjüngung, wenn gleichzeitig eine Änderung in der Zusammensetzung des Bestandes beabsichtigt ist, die in dem Bestande zu dieser Zusammensetzung fehlenden Holzarten in der Weise einzubringen streben, wie es ihre Natur erheischt.

Die umgekehrte Umwandlung, diejenige des Samenschlagwaldes in die Kahlschlagwirtschaft erfordert gar keine vorbereitenden Maßregeln.

§ 747. Auch die Überführung eines Niederwaldbestandes in irgend eine Hochwaldwirtschaft kann unter Umständen unter Benutzung der Hauptmasse des vorhandenen Bestandes erfolgen. Es wird das dann der Fall sein, wenn Kernwüchse und die Umtriebszeit des Samenwaldes aushaltende Ausschläge der Holzarten, welche im künftigen Samenwalde vorherrschen sollen, im Niederwalde bereits in dem Maße und in der Verteilung als dominierende Stämmchen vorhanden sind, welche nötig sind, um daraus einen ausreichend geschlossenen Hauptbestand herzustellen. Bei einigermaßen langer Umtriebszeit des Hochwaldes werden dabei nur Ausschläge junger Stöcke inbetracht kommen können.

Es ist alsdann durch rechtzeitige Reinigungshiebe und Durchforstungen dafür zu sorgen, daß die brauchbaren Kernwüchse und Stockausschläge sich erhalten. Man wird dabei namentlich darauf zu achten haben, daß die zur Bestandsbildung zu benützenden Ausschläge durch baldigen Aushieb der übrigen auf demselben Stocke stehenden Ausschläge möglichst gekräftigt werden. Den zur vollständigen Beschattung des Bodens nötigen Schlußgrad sucht man dadurch zu erreichen, daß man auf denjenigen Stöcken, welche keine für den neuen Hauptbestand brauchbaren Ausschläge enthalten, unterdrückte oder sonst dem Hauptbestande ungefährliche Lohden in der nötigen Zahl und Verteilung stehen läßt, während alle Lohden, welche brauchbare Kernwüchse und Ausschläge verdämmen, den Reinigungshieben zum Opfer fallen.

Auf diese Weise schält sich der künftige Hauptbestand allmählich aus dem Niederwaldbestande heraus, indem der ungeeignete Teil desselben, soweit er nicht früher zum Hiebe kommt, nach und nach von selbst zum Nebenbestande wird, welcher schließlich nur noch aus den Ausschlägen derjenigen Stöcke besteht, deren Ausschläge die Umtriebszeit nicht aushalten, oder welche man im Hauptbestande des Hochwaldes nicht haben will.

§ 748. Sind in einem zur Umwandlung in Hochwald bestimmten Niederwaldbestande die zur Bestandsbildung nötigen Kernlohden und aushaltenden

Ausschläge zwar nach Zahl und Verteilung ausreichend vorhanden, aber von Ausschlägen alter Stöcke oder für den Hochwald unbrauchbarer Holzarten unterdrückt oder in Gefahr es zu werden, so erscheint es oft nötig, den für den Hochwald untauglichen Teil der Bestockung als Niederwald mit möglichst kurzem Umtriebe fortzubewirtschaften und so lange auf den Stock zu setzen, bis der taugliche Teil zum dominierenden Hauptbestande geworden ist, ähnlich wie wir das im Unterholze des Faschinenmittelwaldes gesehen haben.

Nur werden in diesem Falle nicht alle Ausschläge der zum Hauptbestande bestimmten Holzarten, sondern nur diejenigen mit dem Hiebe verschont, welche zum Einwachsen tauglich sind, und es werden dabei insbesondere auch die überzähligen Ausschläge derjenigen Stöcke gefällt, welche brauchbare Lohden tragen.

§ 749. **Bei der Überführung des Mittelwaldes in Hochwald** wird die Behandlung eine sehr verschiedene sein, je nachdem gleichalterige oder mehralterige Hochwirtschaft angestrebt wird.

Die Umwandlung ganzer Bestände in absolut gleichalterigen Hochwald ist, wenn die vorhandene Bestockung benutzt werden soll, nur zu erreichen, wenn der Bestand zuerst durch Aushieb sämtlichen Oberholzes in Niederwald umgewandelt und aus dem Unterholze ein Hochwaldbestand in der in den vorigen Paragraphen geschilderten Weise herangezogen wird. Mit der Fällung sämtlichen Oberholzes, insbesondere der jüngeren Klassen sind aber so enorme Ertragsverluste verbunden, daß man selbst zu der Zeit, in welcher man in der Erziehung ganz gleichalteriger Bestände noch das Ideal der Forstwirtschaft erblickte, auf diese gewaltsame Art der Umwandlung verzichtete. Man zog es schon damals vor, lieber für den ersten Umtrieb einen sehr ungleichalterigen Hochwald zu erziehen, als zahlreiche Bäume des Oberholzes in der Zeit ihres besten Wachstums zum Hiebe zu bringen.

Man benutzte daher von Anbeginn in jedem Bestande zur Bestandsbildung alle Oberholzstämme und Laßreitel, welche noch bis zu der Zeit auszuhalten versprachen, in welcher der Bestand nach Maßgabe des Betriebsplanes zur Wiederverjüngung kommen sollte und machte davon nur da eine Ausnahme, wo ein solcher Oberholzbaum eine Mehrzahl zum Einwachsen geeigneter Kernwüchse und Stocklohden verdämmte.

Wo zwischen dem Oberholze nach Abtrieb des Unterholzes und der nicht aushaltenden Oberholzstämme Lücken blieben, suchte man dieselben durch Stehenlassen neuer Laßreitel, und wo dazu taugliche Lohden fehlten, durch künstliche oder natürliche Verjüngung so weit zu füllen, als nötig war, um den bleibenden Hauptbestand bis zu der gewünschten Zeit in Schluß zu bringen.

Es entstanden so Bestände, deren Hauptbestand unmittelbar nach der Umwandlung fast femelwaldartig verschiedenalterig war, nur daß darin abweichend vom Femelwalde die ältesten Altersklassen fehlten. In diesen Beständen suchte man dann im Laufe der ersten Umtriebszeit eine größere Altersgleichheit herzustellen, indem man die ältesten Stämme, wo es ohne Unterbrechung des Schlusses möglich war, auf dem Wege der Auszugshiebe, die jüngsten auf dem Wege der Durchforstung entfernte und neue Verjüngungen innerhalb des Bestandes unterließ.

Wenn dann der Hauptbestand im Durchschnitte haubar war, und dieser Fall trat der großen Astverbreitung der alten Oberholzbäume und der daraus folgenden Stammarmut der Bestände halber verhältnismäßig frühzeitig ein, so würde der ganze Bestand ohne Rücksicht auf die noch nicht hiebsreifen, jüngeren Horste ganz nach den Regeln der gleichalterigen Hochwaldwirtschaft, sei es durch Kahlschlag, sei es durch Samen- oder Schirmschläge, verjüngt.

§ 750. Es konnte gar nicht ausbleiben, daß bei dieser Art der Umwandlung dem Waldbesitzer der Schablone gleichalteriger Bestände zuliebe ganz enorme Ertragsverluste zugefügt würden. Entweder blieben die ältesten unter den bei der Umwandlung stehen gebliebenen Oberholzbäumen weit über ihr Haubarkeitsalter auf dem Stocke oder die jüngsten würden lange vor ihrer Zeit zum Hiebe gezogen.

Man ging deshalb bald um so lieber zur Umwandlung, sei es in die Überhaltswirtschaft, sei es in die Lichtungsbetriebe über, als die im Mittelwalde vorzugsweise vorkommenden Holzarten dazu vorzüglich geeignet zu sein pflegen. Man verjüngte zu dem Ende die mit den ältesten Oberholzklassen überstellten Partieen, wo nötig, mit Zuhilfenahme der Rodung der Stöcke des Unterholzes auf die Hauptholzart, soweit dieselbe im Unterholze nicht in ausreichendem Maße in überhaltsfähigen Exemplaren vertreten waren, ergänzte in denjenigen, welche vorherrschend mit Oberhölzern mittleren Alters versehen waren, den Hauptbestand durch Stehenlassen der nötigen Zahl von Laßreiteln und versah ihn mit Bodenschutzholz, indem man dazu geeignetes Unterholz je nach Befinden wachsen ließ oder durch nochmaliges Abtreiben zur Bildung neuer bodenschützender Ausschläge veranlaßte, oder indem man sie künstlich unterbaute, während man diejenigen Bestandsteile, in deren Oberholze nur die jüngsten Altersklassen vertreten waren, gerade so wie aus lauter Kernwuchs entstandene Bestände gleichen Alters behandelte, d. h. nach den bekannten Regeln läuterte und durchforstete, sobald als zulässig lichtete und nach der Lichtung in irgend einer Weise, womöglich durch nochmaligen Abtrieb der aus dem früheren Unterholze noch vorhandenen Schattenhölzer mit einem Bodenschutzholze unterstellte.

§ 751. Solche ehemaligen Mittelwaldbestände bestehen unmittelbar nach der Umwandlung aus drei deutlich von einander verschiedenen Teilen:

1. den neuen Verjüngungen an Stelle der ehemaligen Hauptbäume und alten Bäume, welche häufig durch sorgfältige Ausjätungen vor der Verdämmung durch die Ausschläge des Unterholzes geschützt werden müssen,
2. den durch neue Laßreitel ergänzten ehemaligen Oberständern und angehenden Bäumen mit einem deutlich niedrigeren Unterholze und
3. den ehemaligen Laßreiteln in fast gleichmäßiger Mischung mit dem stehen gelassenen Unterholze, aus welchem die zum Hauptbestande untauglichen Individuen allmählich nach den Regeln der Lichtungsbetriebe auf dem Wege der Reinigungshiebe, Durchforstungen und Lichtungshiebe verschwinden.

Es unterliegt keinem Zweifel, daß diese Art der Umwandlung den Interessen des Waldbesitzers in weit höherem Grade gerecht wird, als diejenige in die gleichalterige Hochwaldwirtschaft. Sie ist daher jetzt auch überall da noch in Übung, wo man sich nicht entschließen kann, den letzten Schritt von der mehralterigen Hochwaldwirtschaft zu der Wirtschaft der kleinsten Fläche zu thun.

§ 752. In ähnlicher und doch in mancher Beziehung höchst verschiedener Weise wie die Umwandlung von Mittelwald geht diejenige von Femelwald in Hochwald vor sich. Auch bei den im Femelbetriebe behandelten Beständen würde die unmittelbare Überführung in gleichalterige Hochwaldbestände der Verschiedenalterigkeit der darin vorkommenden Bäume halber dem Waldbesitzer großartige Opfer auferlegen.

Dagegen sind die im Femelwalde vorherrschend vertretenen Holzarten, durchgängig Schattenholzarten, zu den Lichtungs- und Überhaltsbetrieben nicht geeignet; sie haben dafür die Eigenschaft, sehr lange specielle Verjüngungszeiträume zu ertragen.

Wo daher bisherige Femelwaldungen in Hochwald umgewandelt werden, eine Umwandlung, welche indessen in der Regel nicht im Interesse des Waldeigentümers liegt, sind es nicht die Überhalts- und Lichtungsbetriebe, sondern die Dunkelschlagwirtschaften mit langen Verjüngungszeiträumen, welche man zu wählen pflegt.

Behufs der Umwandlung werden diejenigen Bestandesteile, in welchen die ältesten Altersklassen vorherrschen, nach den Regeln der Samenschlagwirtschaften, also unter Erhaltung der erhaltungswerten Vorwüchse durch Samen-, Licht- und Endhiebe verjüngt. In denjenigen Bestandsteilen dagegen, welche vorherrscheud die jüngsten Altersklassen, etwa bis zur halben Umtriebszeit, enthalten, werden darin vorkommende Althölzer auf dem Wege der Auszugshiebe entfernt, wo die Junghölzer lange im Drucke gehalten waren, natürlich erst, nachdem diese durch Aufastung und vorsichtige Lichtung im Altholze allmählich an die freie Stellung gewöhnt worden sind.

Vorherrschend aus Stangen- und Mittelhölzern bestehende Horste, welche die halbe Umtriebszeit bereits hinter sich haben, aber noch nicht hiebsreif sind, pflegt man durch so scharfe Durchforstungen, als sie die Holzart und der Standort nur immer gestattet zur Verjüngung vorzubereiten und baldmöglichst zu verjüngen, über der Verjüngung aber die Samenbäume zur möglichsten Ausnutzung des Lichtungszuwachses möglichst langsam hinwegzuräumen.

§ 753. Erst mit der vollständigen Verjüngung dieser Bestandsteile ist die Überführung für den ersten Umtrieb vollendet. Der Bestand besteht dann aus ganz jungen seit Beginn der Umwandlung verjüngten Partieen und Stangen- und Mittelhölzern, von welchen die ältesten um die Umwandlungsdauer älter sind, als die halbe Umtriebszeit. Die älteste Altersklasse ist aus dem Bestande verschwunden und der größte Altersunterschied innerhalb desselben, welcher bis dahin der Umtriebszeit gleich war, beträgt nur noch $^2/_3$ bis $^3/_4$ desselben.

Zur Überführung in den gleichalterigen Bestand genügt es dann, die zweitmalige Verjüngung in den Zeitpunkt zu verlegen, in welchem das **mittlere** Bestandsalter der Umtriebszeit gleich ist. Die ältesten Bestandsteile sind dann um etwa $^1/_3$ der Umtriebszeit älter, die jüngsten um ebenso viel jünger, als der ganze Bestand im Durchschnitte.

Daß in dieser ganzen Zeit in all diesen Bestandsteilen fortgesetzt alle Maßregeln der Bestands- und Bodenpflege vorgenommen werden müssen, wie in normal bestockten Beständen, mit dem Unterschiede natürlich, daß nach den Bedürfnissen des betreffenden Bestandsteiles hier geläutert, dort durchforstet und dort ein Auszugshieb gehauen wird, versteht sich von selbst. Insbesondere ist es ein Fehler, welchen der Waldbesitzer teuer bezahlen muß, wenn man die normale Entwickelung der ältesten derjenigen Bestandesteile, welche in dem neuen Bestand einzuwachsen bestimmt sind, durch Unterlassung oder ungenügende Ausführung der Durchforstungen in der Absicht hemmt, dadurch den Bestand scheinbar gleichalteriger zu machen. Die Stämme des Hauptbestandes nähern sich dann allerdings in ihren Dimensionen denjenigen der normal behandelten jüngeren Bestandsteile, aber sie gewinnen durch diese Behandlung nicht an der Fähigkeit, bis zur Wiederverjüngung des ganzen Bestandes auszuhalten, geben aber bis dahin bedeutend geringere Vorerträge und bei der Verjüngung namhaft wertlosere Sortimente, als bei normaler Bestandeserziehung.

§ 754. Auch diese Art der Umwandlung bringt namhafte Ertragsverluste für den ersten und zweiten Umtrieb mit sich, Opfer, welche sich um so weniger rechtfertigen lassen, als neben dem Mittelwalde der Femelwald diejenige Betriebsform ist, von welcher sich am leichtesten zu der Wirtschaft der kleinsten Fläche übergehen läßt, weil die verschiedenen Teile des Bestandes an relativ freie Stellung gewöhnt sind.

Wo sich der Plenterbetrieb bisher halten konnte, ist ihm der Standort unzweifelhaft günstig und in der langen Zeit, welche nötig ist, um zur gleichalterigen Hochwirtschaft überzugehen, müssen sich in unserer raschlebigen Zeit auch alle übrigen Verhältnisse für die Wirtschaft der kleinsten Fläche günstig gestalten. Während der Übergangszeit selbst erfordert aber die Umwandlung, einerlei nach welcher Richtung, wenn sie rationell betrieben werden soll, eine ebenso intensive Obsorge, wie die Wirtschaft der kleinsten Fläche selbst.

§ 755. Nicht mindere Obsorge verlangt aber auch der Übergang von der Hochwaldwirtschaft zur eigentlichen Plenterwaldwirtschaft, und sie ist mit ebenso großen Ertragsverlusten verbunden, wenn sie nach der Schablone irgend einer ihrer Formen ausgeführt werden soll. Ebensowenig wie sich ein sehr ungleichalteriger Bestand ohne große Opfer in einen gleichalterigen verwandeln läßt, ist die umgekehrte Umwandlung, wie sie die Rückkehr vom Hochwalde zum Femelwalde mit einigermaßen regelmäßiger Altersklassenverteilung nötig macht, ohne große Opfer zu bewirken.

Auch hier wird der Übergang nicht unvermittelt stattfinden dürfen, wenn nicht der ganze Vorteil der Umwandlung durch die Einbuße am Ertrage des stockenden Bestandes verloren gehen soll. Vielmehr wird der gleichalterige Hochwald erst in einen ungleichalterigen übergeführt werden müssen und erst dieser am Ende des neuen Umtriebs in Femelwald umgewandelt werden dürfen.

Zu dem Ende werden, wenn die Umwandlung in den Ringfemelbetrieb beabsichtigt ist, vorerst in allen Alt- und Stangenholzbeständen schlecht bestockte Partieen möglichst rasch, wo nötig, durch Pflanzung verjüngt und dort vorhandene Vorwuchspartieen baldigst freigestellt werden müssen; gleichzeitig ist in der nächsten Umgebung dieser Kernpunkte durch starke Durchforstung in jüngeren und durch Vorbereitungshiebe in älteren Beständen das Entstehen einer neuen Besamung hervorzurufen, während die weiter abliegenden Bestandsteile noch so dunkel gehalten werden, daß eine etwa auftretende Besamung sich nicht halten kann. Während man nun in den Kernpunkten die Entwickelung des Jungbestandes durch so rasche Lichtungen und Endhiebe, als sie die betreffende

Holzart auf dem gegebenen Standorte nur irgendwie erträgt und durch baldige Durchreiserungen nach Möglichkeit forciert, sucht man außerhalb derselben, und in je größerer Entfernung desto mehr, die Verjüngung nach Thunlichkeit zu verzögern, um so im neuen Bestande eine Altersverschiedenheit hervorzurufen.

Man verlängert also den allgemeinen Verjüngungszeitraum soweit, als es der stockende Bestand ohne allzugroße Nachteile erträgt und sucht die Opfer der vorzeitigen Verjüngung der jüngeren Bestände durch möglichste Verlängerung des speciellen Verjüngungszeitraumes nach Thunlichkeit zu vermindern, d. h. man geht im ersten Umtriebe nur in Beständen, welche die halbe Umtriebszeit noch nicht überschritten haben, direkt in den Ringfemelbetrieb, in den älteren dagegen erst in den ringweisen Samenschlagbetrieb und erst von diesem in den Femelbetrieb über.

§ 756. Um in diesen Beständen seiner Zeit zum Ringfemelbetriebe übergehen zu können, ist es nötig, daß ein Teil der Kernpunkte der ringweisen Schlagwirtschaft als Kernpunkte für den Ringfemelbetrieb benutzt werden kann. Die Abstände der letzteren müssen sich daher zu den bei dem Femelbetrieb notwendigen Entfernungen verhalten, wie die allgemeine Verjüngungsdauer des ersten Umtriebes zur Umtriebszeit. Beträgt dieselbe 120 und die allgemeine Verjüngungsdauer der Übergangsperiode 60 Jahre, so müssen die bei der Umwandlung benutzten Kernpunkte halb so weit von einander entfernt sein und in viermal größerer Zahl angelegt werden, als sie bei dem Ringfemelbetriebe nötig sind.

Bei der Umwandlung der ringweisen Schlagwirtschaft in den Ringfemelbetrieb wird also in diesem Falle nur je der vierte ursprüngliche Kernpunkt zur Herstellung des neuen Femelbestandes benutzt und man beginnt in demselben bei 120jähriger Umtriebszeit die Verjüngung, wenn sie 60 Jahre alt geworden sind. Die Hauptmasse des Bestandes wird dann bis sie verjüngt wird 120-, die ältesten Partieen, die unbenützt gebliebenen Kernpunkte, wenn sie nicht als sekundäre Kernpunkte benutzt werden, 180jährig.

§ 757. Bei der Überführung der schlagweisen Hochwaldwirtschaft in den Saumfemelbetrieb wird in analoger Weise zu verfahren sein, d. h. man wird den letzteren nur in den jüngeren Beständen unmittelbar einführen, in den älteren aber erst den allgemeinen Verjüngungsprozeß nach Thunlichkeit verlängern und dann erst in den Femelbetrieb übergehen.

Bei Altholzbeständen wird man dabei zweckmäßig in der Weise zu verfahren haben, daß man den Bestand in so viele parallel laufende Streifen teilt, als die zulässige Verjüngungszeit in der Umtriebszeit enthalten ist.

Lassen sich beispielsweise die am längsten stehen bleibenden Bestandsteile noch 60 Jahre halten, so wird bei 120jährigem Turnus ein jetzt 120jähriger Bestand in 2 Streifen zu zerlegen sein, deren Grenzen senkrecht auf der Windrichtung stehen. Von jedem dieser Streifen wird in jedem Jahre $^1/_{60}$, oder in jedem 10. Jahre $^1/_6$ der Fläche auf der dem Winde abgewendeten Seite zu verjüngen sein. Die letzten Hiebsflächen sind dann bei der Verjüngung 180jährig.

Nach 60 Jahren besteht der Bestand aus zwei je 0 bis 59jährigen Teilen. Es kann dann direkt mit der Saumfemelwirtschaft begonnen werden, indem man die im ersten Jahre der Umwandlung verjüngte Fläche des hinteren

Streifens in Angriff nimmt und dann mit der Verjüngung dieses Streifens in gleicher Weise wie bei der ersten Umwandlung fortfährt. Dieselbe ist dann bis zu ihrer Wiederverjüngung 60jährig. Dasselbe Alter erreichen sämtliche Hiebsflächen dieses Streifens; die erste Hiebsfläche des vorderen Streifens kommt dann erst nach weiteren 60 Jahren zum Hiebe und ist wie alle anderen Teile dieses Streifens bis zu ihrem Abtriebe 120jährig.

§ 758. Unter gleichen Voraussetzungen wird ein jetzt 60jähriger Bestand unmittelbar in die Saumfemelwirtschaft übergeführt werden können, indem man alljährlich je $^1/_{120}$ oder alle 10 Jahre $^1/_{12}$ der Fläche verjüngt. Die zuletzt zum Hiebe kommenden Teile eines solchen Bestandes werden dann 180jährig.

Noch jüngere Bestände werden dieses Alter abzuwarten haben, wenn nicht schlechtbestockte Teile darin zu frühzeitigerem Beginn der Umwandlung Veranlassung geben. Dagegen werden Bestände, welche das halbe Umtriebsalter überschritten, das volle aber noch nicht erreicht haben, wie haubare Bestände in zwei Streifen zerschnitten werden müssen, wenn sich die zuletzt zum Hiebe kommenden Teile nicht um mehr als die halbe Umtriebszeit halten lassen. Die Breite dieser Streifen wird aber um so ungleicher werden müssen, je jünger der Bestand ist.

Läßt sich z. B. bei 120jähriger Umtriebszeit ein Bestand nicht über das 180. Jahr halten, so würde, wenn alle Jahre $^1/_{120}$ der Fläche abgesäumt wird, ohne die Teilung, der letzte Schlag noch 120 Jahre zu stehen haben, bei jetzt 90jährigem Alter also 210jährig werden. Die letzten 30 Hiebsflächen würden also das zulässige Maximalalter beim Hiebe überschreiten. $^{30}/_{120}$ des Bestandes müssen deshalb im Laufe der Umtriebszeit zweimal verjüngt werden und zu dem Ende auf der dem Winde abgewendeten Seite des Bestandes ein Streifen dieser Größe abgeschnitten werden, dessen Grenze da liegt, wo bei sofortiger Umwandlung der 31. Jahresschlag beginnen würde. Der hintere Streifen würde dann 30, der vordere 90 Jahresschläge enthalten.

Beträgt das Alter des Bestandes 70 Jahre, so würden ohne Teilung des Bestandes die letzten 10 nach 110 Jahren zum Hiebe kommenden Jahresschläge das Maximalalter von 180 Jahren überschreiten; der 11. muß daher, um dieses zu vermeiden, mit dem 1., der 12. mit dem 2. Jahresschlage verjüngt werden. Der im Winde liegende Streifen würde dann $^{110}/_{120}$, der dahinter liegende $^{10}/_{120}$ des Bestandes enthalten müssen.

Nach 110 Jahren ist dann der ganze Bestand verjüngt, und es kommen die ersten 10 Jahresschläge bei dem zweiten Umtriebe im Alter von 110, alle anderen im Alter von 120 Jahren zur Verjüngung; ebenso in dem jetzt 90jährigen Bestande die ersten 30 Jahresschläge im Alter von 90, die übrigen im Alter von 120 Jahren.

§ 759. Auch die unmittelbare Umwandlung von Hochwald in Niederwald erfordert unter Umständen eine Teilung der Bestände und zwar dann, wenn Gefahr besteht, daß die zuletzt zum Hiebe kommenden Bestandsteile bis dahin zu alt werden, um brauchbare Stockausschläge zu liefern.

Beträgt z. B. die gewählte Umtriebszeit 20 Jahre und das Alter, in welchem nach Maßgabe der Holzart und des Standortes auf Stockausschlag zu rechnen ist, 50 Jahre, so sind nicht allein alle über 50jährigen Bestände zur unmittelbaren Umwandlung in Niederwald untauglich, sondern es müssen auch alle jüngeren in kleinere Teile zerschnitten werden, wenn der Waldbesitzer in ihnen so viele Jahresschläge haben will, als der Umtrieb Jahre zählt, wenn der Bestand nicht um die Umtriebszeit des Niederwaldes jünger ist, als 50 Jahre. Die Teilung geschieht dann in der im vorigen Paragraph geschilderten Weise.

Im allgemeinen pflegt man indessen die Niederwaldungen nur bei kleinem Besitze die einzelnen Bestände in viele Jahresschläge zu zerlegen.

Alle älteren Bestände müssen, ehe sie umgewandelt werden, erst noch einmal in hochwaldartiger Weise selbstverständlich auf diejenigen Holzarten verjüngt werden, welche man im Niederwalde haben will.

§ 760. Ungleich schwieriger wird in Umwandlung, wenn das Material zur Bildung der neuen Bestände erst erzogen werden muß, sei es, weil die vorhandene Holzart den Forderungen der neugewählten Betriebsart nicht entspricht, sei es, weil das dazu taugliche Material nach Qualität oder Quantität nicht ausreicht. In solchen Fällen ist die vorhandene Bestockung häufig mehr ein Hindernis, als ein Hilfsmittel der Umwandlung, namentlich wenn es sich um die Umwandlung von Laubholzbeständen in noch jugendlichem Alter handelt.

Das Vorhandensein einer solchen Bestockung, wenn auch in ungenügendem Schlusse, ist der Verjüngung auf Lichthölzer entschieden hinderlich; haut man sie weg, so entstehen Stockausschläge, welche den neuen Bestand verdämmen. Dabei beraubt das einzige radikale Mittel des kahlen Abtriebes mit Stockrodung und nachfolgendem künstlichen Anbau den Wirtschafter der Möglichkeit, die vorhandene Bestockung oder die daraus erfolgenden Stockausschläge zur Bestandsbildung mitzubenützen, was mit Rücksicht auf die Kosten der totalen Umwandlung immer wünschenswert erscheint.

§ 761. Am einfachsten liegt die Frage, wenn, sei es zur Vervollständigung, sei es zur völligen Neubildung des Bestandes, Schattenhölzer verwendet werden sollen. Man erzieht dieselben unter dem Schutze des vorhandenen Bestandes, welchen man durch Aushieb des Nebenbestandes und, wo nötig, eines Teiles des Hauptbestandes und durch Aufastungen so weit lichtet, als es die anzubauende Holzart verlangt. Man bestellt dabei die ganze Fläche ohne Rücksicht auf die vorhandenen Stöcke, wenn weder die jetzt vorhandenen Bäume, noch ihre Ausschläge zur Bestandsbildung benutzt werden sollen und nur die Lücken zwischen ihnen, wenn die einen oder andern, sei es auch nur vorübergehend, in den neuen Bestand einwachsen sollen und zwar, wo die Räumung nicht forciert werden soll, immer durch natürliche Verjüngung, Saat oder Pflanzung mit Kleinpflanzen, letzteres darum, weil junge Pflanzen sich leichter an die Überschirmung gewöhnen, als ältere, welche bereits in vollem Lichtgenusse gestanden haben, und weil sie billiger zu verpflanzen sind.

Bei den nach Bedürfnis der anzuziehenden Holzart vorzunehmenden Nachlichtungen werden immer diejenigen Teile des alten Bestandes zuerst hinweggenommen, deren Kronen dem Niveau der Kronenverbreitung des jüngeren am nächsten stehen, und umgekehrt diejenigen am längsten konserviert, deren Kronen am höchsten angesetzt sind. Es geschieht das nicht allein deshalb, weil Stämme mit niederangesetzten Kronen dem neuen Bestande am schädlichsten sind, sondern auch deshalb, weil von relativ hochkronigen Stämmen eine größere Zahl als Schirmbestand stehen bleiben kann. Man gewinnt bei dieser Art der Schlagstellung nicht allein den Lichtungszuwachs von einer größeren Zahl, sondern auch an den im allgemeinen wertvolleren Stämmen. Hat man die Wahl, so treibt man diejenigen Stämmchen zuerst ab, deren Wertszuwachs am geringsten ist und von welchen die Verjüngung bei der jetzigen Schlagstellung schädigende Ausschläge nicht zu erwarten sind.

Die Abräumung der zum Einwachsen nicht brauchbaren Stämme kann stattfinden, sobald der junge Bestand so weit herangewachsen ist, daß er keines Schutzes mehr bedarf und durch die noch erfolgenden Ausschläge nicht mehr überwachsen wird, und muß umgekehrt immer stattfinden, wenn der junge Bestand keine Beschattung mehr erträgt, und falls die Ausschläge in den neuen Bestand einwachsen sollen, sowie die Entwickelung der eingebrachten Holzart anfängt, dem Einwachsen noch erfolgender Ausschläge hinderlich zu werden.

§ 762. Auch Lichthölzer lassen sich auf diese Weise heranziehen, aber nur dann, wenn der vorhandene Bestand gleichfalls aus Lichtholzarten besteht und relativ hoch angesetzte Kronen hat, z. B. Eichen unter Kiefernstangen- und Althölzern. Nur muß natürlich auf nicht sehr kräftigem Boden die Schlagstellung von Anfang an eine lichtere sein.

In der Regel macht aber die Nachzucht von Lichtholzarten entweder den Kahlabtrieb des Bestandes unter gleichzeitiger Rodung ausschlagender Stöcke oder wiederholtes Zurückschneiden der erfolgenden Stockausschläge oder aber Heisterpflanzung zwischen den vorhandenen Bestand notwendig. Nur in größeren Bestandeslücken werden sich dieselben ohne weiteres anziehen lassen.

Wo daher, wie es heutzutage für die meisten Fälle Regel geworden ist, Licht- und Schattenholzarten gemischt erzogen werden sollen, kultiviert man in solchen Beständen die für Lichthölzer ausreichend großen Lücken mit Lichthölzern, die im Bereiche der Beschirmung durch den stockenden Bestand liegenden Partieen dagegen mit Schattenhölzern, welchen man, wo es nötig erscheint, die zur Erziehung der gewünschten Bestandsmischung notwendigen Lichthölzer durch Heisterpflanzung beimischt.

Sind in solchem Falle für Lichthölzer ausreichende Lücken nicht vorhanden, so wählt man für sie diejenigen Stellen, welche am lichtesten oder mit schlechtausschlagenden Holzarten bestockt sind, oder schafft durch Aushieb und nötigenfalls auch Rodung des darauf stehenden Holzes die Lücken künstlich.

Daß man, wo Teile des vorhandenen Bestandes in den neuen einwachsen sollen, bei der Wahl der Holzart und der Art der Pflänzlinge zur Komplettierung der in diesen Teilen vorhandenen Lücken nach denselben Grundsätzen verfährt, wie bei gewöhnlichen Nachbesserungen (§§ 590 bis 595), versteht sich von selbst.

§ 763. Bei den meisten der bisher erwähnten Umwandlungen werden, wenn der ganze Bestand derselben unterworfen werden soll, die in der Natur jeder Bestandswirtschaft auf einigermaßen wechselndem Standorte liegenden Nachteile wesentlich dadurch erhöht, daß zur Erreichung der gewünschten Gleichartigkeit des Bestandes Bestandsteile, für welche die bisherige Wirtschaftsmethode vorzüglich geeignet ist, mit umgewandelt werden und daß andere, sei es vor, sei es erst lange nach Erreichung der Haubarkeit gefällt werden müssen.

Diese Nachteile werden vermieden, wenn man direkt zur Wirtschaft der kleinsten Fläche übergeht, welcher, wir wiederholen es, ohne allen

Zweifel die Zukunft in allen deutschen Waldungen in dem Winde nicht allzusehr exponierter Lage mit auf kleinerem Raume wechselnden Standortsverhältnissen gehört.

Dieselbe begnügt sich nicht mit der Beantwortung der Frage, welche Holz- und Betriebsart und welche Umtriebszeit den durchschnittlichen Verhältnissen am besten entspricht, sondern, sie untersucht die jetzige Bestockung jedes einzelnen Bestandsteiles darauf, wie dieselbe, einerlei, welches die Behandlung der Umgebung ist, weiter behandelt werden muß, damit sie den Wirtschaftsabsichten des Waldbesitzers am besten entspricht. Sie fragt sich ferner, ob nicht eine neue Bestockung diesen Absichten besser entsprechen würde, als die jetzige, und wenn ja, ob die Umwandlung besser jetzt oder besser später stattfindet, all das unter steter Berücksichtigung der Frage, welchen Einfluß die abweichende Behandlung dieses Bestandsteiles auf die wirtschaftlichen Leistungen aller übrigen hervorbringen.

Sie legt also nirgends der Natur einen Zwang an, sondern verändert die Wirtschaft stets erst in dem Augenblicke und in dem Maße, in welchen die Vorteile der Betriebsänderung die Nachteile, welche daraus hervorgehen, nicht überhaupt, sondern am meisten überwiegen.

Der Übergang in diese Wirtschaft läßt sich deshalb überall direkt ohne Opfer vollziehen; denn sie unterläßt prinzipiell jede örtliche Änderung, wo dieselbe z. B. dem Waldbesitzer nicht vorteilhaft und nicht vorteilhafter ist, als zu jeder anderen Zeit. Er vollzieht sich unmerklich in der Weise, daß, wenn in einem Bestande irgend eine Hiebsoperation stattfindet, die verschiedenen Bestandsteile ihren speziellen Anforderungen entsprechend durchhauen, bezw. abgetrieben werden.

Ist beispielsweise in einem bisher im einfachen Samenschlagbetriebe bewirtschafteten Eichen- und Buchen-Gertenholze ein Läuterungshieb oder eine Durchforstung zu hauen, so wird mit dieser Hauung nicht allein der Kahlabtrieb derjenigen Partieen verbunden, welche vermöge ihres flachgründigen Bodens besser zur Niederwaldwirtschaft geeignet sind, sondern es werden auch an geeigneten Stellen die Vorbereitungen zum Lichtungsbetriebe durch örtlich verschärfte Durchforstungen gemacht. Ist ein Teil des Bestandes etwa infolge schlechter Wahl der Holzart bei der letzten Verjüngung schlecht bestockt, so wird er bei dieser Gelegenheit behufs Umwandlung kahl abgetrieben, entsprechend gelichtet oder unberührt gelassen, je nachdem er nach den über die Bestimmung der Hiebsreife gegebenen Regeln (§§ 161 bis 171) für sich betrachtet, haubar ist oder nicht, und je nachdem die anzuziehende Holzart einen Schirmbestand verlangt oder nur auf kahlen Flächen gedeiht.

§ 764. In gleichalterigen Stangenholz- und älteren Beständen nicht sturmfester Holzarten werden Umwandlungen des Betriebes auf einzelnen Stellen, soweit sie eine wirkliche Unterbrechung des oberen Kronenschlusses nötig machen, in der Regel bis zur Verjüngung des ganzen Bestandes unterbleiben müssen. Dagegen sind das diejenigen Bestände, in welchen die durch verschiedene Behandlung des Nebenbestandes und durch Kulturen zu erreichenden Umwandlungen, z. B. der Übergang von der gleichalterigen Hochwaldwirtschaft zu den Lichtungs- und Überhaltsbetrieben oder die Umwandlung von Licht- in Schattenholzbestände teils durchzuführen, teils anzubahnen sind.

Dagegen werden wiederum in den haubaren Beständen alle wünschenswerten Umwandlungen wenigstens in so weit vorbereitet werden können, als damit ein Wechsel in den Holzarten verbunden ist. Auch fällt, wie bei der Bestandswirtschaft in dieses Alter der Zeitpunkt, in welchem man von der Kahlschlag- zur Samenschlag- und von der gewöhnlichen Samenschlag- zur ringweisen Samenschlagwirtschaft übergehen kann.

Sechster Abschnitt.

Die waldbauliche Behandlung der einzelnen Holzarten.

Benutzte Spezial-Litteratur: Schacht, Dr. H., Der Baum. Berlin, 1868. — Roßmäßler, E. A., Der Wald. Leipzig und Heidelberg, 1863. — Nördlinger, Dr., Deutsche Forstbotanik, II. Band. Stuttgart, 1876. — Booth, John, Die Naturalisation ausländischer Waldbäume. Berlin, 1882. — Weise, Das Vorkommen gewisser fremdländischer Holzarten in Deutschland. Berlin, 1882. — Heß, Dr., Richard, Die Eigenschaften und das forstliche Verhalten der wichtigeren in Deutschland vorkommenden Holzarten. Berlin, 1883.

Kapitel I. Die deutschen Eichenarten.

Benutzte Litteratur: Reuter, Fr., Die Kultur der Eiche und Weide. Berlin, 1867. — Reck, Freih. v. d., Über die Erziehung der Eiche im Hochwalde; in der Zeitschrift für Forst- und Jagdwesen. Band VII. 1875. — Osterheld und Sauer in Verhandlungen des Pfälz. Forstvereins in Kandel. Bergzabern, 1882.

a) Waldbauliche Eigentümlichkeiten derselben.

1. Die Traubeneiche.

§ 765. Die Trauben-, Stein- oder Wintereiche (Quercus sessiliflora, Salisb.) ist ein Baum erster Größe, sie wird bis 40 m hoch und 2 m und darüber stark, ohne hohl zu werden.

Sie schlägt selbst beim Safthiebe lange und kräftig vom Stocke aus und zwar aus dem Wurzelhalse und den Rindenrissen unterhalb der Hiebsflächen, treibt aber keine Wurzelbrut. Am Schafte treibt die Traubeneiche, wenn sie plötzlich freigestellt wird, gerne reichliche Klebäste oder Wasserreiser aus schlafenden Augen und diese entziehen dann häufig der Krone die nötige Nahrung, so daß die Stämme in solchen Fällen häufig zopftrocken werden.

Sie treibt eine Pfahlwurzel, welche oft im ersten Jahre die Länge von 30 cm und darüber erreicht, und mehrere Herzwurzeln, welche sehr tief in den Boden eindringen. In höherem Alter entwickeln sich auch die Seitenwurzeln kräftig und übernehmen, wenn die Pfahl- und Herzwurzeln zu faulen beginnen, die Ernährung des Stammes.

Samen trägt die Traubeneiche etwa vom 60. bis 80. Jahre an, und zwar nur an voll beleuchteten Stämmen und Zweigen und deshalb am häufigsten an Randbäumen und Einzelständern und seltener als die Stieleiche; im allgemeinen in voller und dann sehr reicher Mast nur in guten Weinjahren. In schlechten erfriert entweder die anfangs Mai erscheinende Blüte oder der Samen kommt nicht zur Reife. Man sagt, daß, wenn um Jakobi die Eichel nicht aus dem Fruchtbecher herausschaue, der Samen nicht mehr reife. 100 gut überwinterte Traubeneicheln wiegen etwa 200 bis 400 g, der Hektoliter wiegt frisch 80, trocken 60 kg. Samen, welche bei der Keimprobe 60% keimende ergeben, gelten für genügend. Der Samen reift im Oktober und fällt sofort ab, wurmiger zuerst. Derselbe behält seine Keimkraft nur bei sorgfältiger Aufbewahrung über Winter.

Die ziemlich schwere Eichel wird von wilden und zahmen Schweinen, von Hoch- und Rehwild, von Mäusen und von Eichelhäher begierig aufgenommen. Sie bleibt beim Fallen in nächster Nähe des Baumes und treibt beim Keimen ihr Würzelchen, wenn sie feucht liegt, in nicht allzukalten Winter oder unter dichter Laubdecke oft sehr frühzeitig, manchmal gleich nach dem Abfalle aus. Sie vermag die Spitze derselben, wenn sie erfriert oder abgebrochen wird, zu ersetzen. Bei der Frühjahrssaat erfolgt das Auflaufen in 4 bis 6 Wochen.

Die Wurzel durchdringt Moospolster und nicht übermäßig dichte Rasen, ebenso das Federchen, welches unter Zurücklassung der Keimblätter im Boden im April erscheint und gegen Frost sehr empfindlich ist. Da aber bei ausreichender Bedeckung in der Regel das untere Stück desselben im Boden zurückbleibt, in welchem es dem Froste weniger ausgesetzt ist, so entwickeln sich häufig neue Triebe aus den schlafenden Augen in den Achseln seiner Keimblätter. Spätfröste zerstören daher junge Eichenbesamungen nie so vollständig wie junge Buchen; sie setzen sie aber bedeutend im Wachstum zurück. Unter allzutiefer Bedeckung verschimmelt die Eichel.

Dem Ausfrieren ist die junge tiefwurzelnde Eiche höchstens auf nassem Humusboden ausgesetzt. Auch schadet anhaltende Trockenheit der Eiche im allgemeinen nur auf sehr flachgründigen Böden, auf tiefgründigen Böden nur, wenn sie namentlich mit gekürzter Pfahlwurzel frisch gepflanzt ist.

§ 766. Die Traubeneiche verlangt, wenn sie zu ihrer Vollkommenheit gelangen soll, tiefgründige frische Böden; sie bevorzugt lehmige und humöse Böden, kommt aber auf allen nicht stark versäuerten Bodenarten vor, meidet jedoch eigentlich nasse Böden. Stauende Nässe erträgt sie weniger als die übrigen deutschen Laubhölzer mit Ausnahme der Buche. Auf reinem Sande vegetiert sie nur. Sie verlangt, und zwar mehr als die Stieleiche, eine verhältnismäßig hohe Luft- und Bodenwärme, begnügt sich aber mit kürzeren Vegetationszeiträumen, wenn nur die Durchschnittstemperatur im Mai nicht zu weit herabgeht. Frostlagen sind ihr zuwider, weil ihre frischen Triebe bei Spätfrösten erfrieren und die nachkommenden bei Frühfrösten nicht mehr verholzen.

Im Gebirge bevorzugt sie Sommerhänge, wenn der Boden gehörig frisch ist. Sie steigt im Gebirge viel höher hinauf als die Stieleiche, in den Vogesen bis 1000 m, und geht weiter nach Süden als diese. Wo beide Eichenarten beisammen stehen, nimmt die Traubeneiche die höheren und trockneren Stellen ein.

Die Traubeneiche ist eine Lichtholzart, weniger allerdings als Birke, Lärche, Kiefer und selbst die Stieleiche, aber mehr als die übrigen Hauptholzarten des Waldes. Zum vollen Gedeihen will sie aber selbst auf den besten Standorten den Gipfel frei haben.

Gegen Duft-, Schnee- und Windbruch ist sie die unempfindlichste aller Holzarten. Auch leidet sie niemals durch Rindenbrand. Gegen Graswuchs ist sie nur insofern empfindlich, als derselbe die Frostgefahr vermehrt. Andauernde trockene Hitze schädigt selbst die junge Traubeneiche wenig.

Verheerend schädliche Insekten fressen nicht an ihr.

§ 767. Die junge Traubeneiche wird im ersten Jahre 10 bis 15, wenn sie Johannistriebe treibt, was in günstigen Jahren auf allen guten Standorten geschieht, 25, manchmal 40 cm hoch und, ist wenn sie nicht durch Frost beschädigt wird, im 5. Jahre meterhoch, manchmal noch bedeutend höher. Sie treibt einen geraden bis über das Stangenholzalter hinaus deutlich erkennbaren Schaft aus der besonders kräftig entwickelten Mittelknospe des Gipfeltriebs und ist daran von weitem kenntlich. Geht diese Knospe verloren, so zieht in der Regel eine andere gipfelständige Knospe die Hauptmasse des Saftes an sich und bildet in kurzer Zeit eine geradlinige Fortsetzung des Schaftes. Zu übermäßiger Ausbreitung ihrer Äste ist die Traubeneiche in jüngerem Alter weniger geneigt, als die meisten anderen Laubhölzer.

Das Holz ihres Schaftes ist neben demjenigen der Stieleiche, Akazie, Kastanie, Lärche und der harzreichen Kiefer dasjenige, welches im Freien am längsten aushält. Sie erträgt deshalb Rindenverletzungen besser, als die meisten anderen Holzarten. Glatte nicht zu große Wundflächen überwallt sie leicht und wenn die Überwallung in 5 bis 6 Jahren vollendet ist, häufig ohne Schaden für die Qualität des Holzes.

Umgekehrt ist das Holz langsam erwachsener und schlecht ernährter Äste sehr wenig dauerhaft. Sterben solche schwache Äste bis etwa 6 cm Stärke ab, so werden sie binnen 2 bis 3 Jahren so morsch, daß sie von den neuen Holzschichten des Schaftes abgeschnürt werden und durch ihr eigenes Gewicht glatt am Stamme abbrechen. Sie hinterlassen keine Spur im Holze, wenn sie nicht vor völligem Morschwerden in irgend einer Weise abgebrochen werden, in welchem Falle dann der bleibende Stumpf nicht mehr lang genug ist, um durch sein eigenes Gewicht hart am Stamme abzubrechen. Er wächst dann in das Holz ein und giebt zu Fäulnis Veranlassung.

Die Fäulnis des Holzes selbst schreitet nur sehr langsam weiter, soferne nicht die Wunde offen bleibt und so dem Wasser den Zutritt zum Holze ermöglicht.

Das Holz der zum Hartholze zählenden Traubeneiche ist für Nutzzwecke von vorzüglicher Brauchbarkeit; die besten Nutzholzsortimente kosten als Rundholz an den Verbrauchsorten bis 100, in ausgewählten Stücken bis zu 150 M, die geringsten 20 M pro Festmeter. Als Brennholz ist das Eichenholz von geringerem Werte. Der Nutzholzanfall wechselt je nach dem Umtriebe und dem Standorte zwischen 25 und 70 % des Derbholzanfalls. Die s. g. Spiegelrinde, d. h. die glatte Rinde 15 bis 18 jähriger Stockausschläge und Kernwüchse wird im Walde bis zu 7 M pro Centner bezahlt.

Die von der Traubeneiche gelieferte Streudecke ist wenig mächtig, der aus ihrer Zersetzung hervorgehende Humus des hohen Gerbsäure- und Wachsgehaltes der Blätter halber meist adstringierend und wenig bodenbessernd.

Die Stieleiche.

§ 768. Die Stieleiche (Quercus pedunculata, Willd.) unterscheidet sich waldbaulich von der Traubeneiche insbesondere dadurch, daß sie entschiedene Neigung zur Teilung ihres Schaftes in Gabeln oder mehrere Zweige zeigt, und daß sie bei genügendem Freistande ihre Äste zum Nachteile der Schaftbildung übermäßig entwickelt. Sie bildet daher im Freistande ohne künstliche Hilfe niemals einen geraden Schaft. Vielmehr ist derselbe, weil er sich in der Regel aus einem Seitentriebe bilden muß, bis zum Stangenholzalter vielfach hin und her gebogen und geknickt. Soll die Stieleiche brauchbares Nutzholz liefern, so muß sie entweder von früher Jugend in dichtem Schlusse erzogen oder fleißig beschnitten werden.

Inbezug auf ihre Ausschlagsfähigkeit verhält sich die Stieleiche ähnlich wie die Traubeneiche. Im allgemeinen geben indessen die Gerber der Rinde der Traubeneiche den Vorzug, wohl nur deshalb, weil dieselbe die wärmeren Standorte, an welchen die Rinde überhaupt besser wird, einnimmt. Die Steileiche zeigt entschiedene Neigung, wenn die Gipfeltriebe wiederholt durch Frost, Stich der Gallmücken oder Vieh- und Wildverbiß verloren gegangen sind, zu verkrüppeln. Sie treibt dann unter gänzlicher Einstellung der Gipfeltriebe einen oder mehrere Seitentriebe horizontal aus. Das Gleiche thut sie gerne im gedrückten Stande, z. B. als Unterholz in Kiefernbeständen, während die Traubeneiche auch in diesem Stande das Bestreben zeigt, in den Kronenschluß einzuwachsen.

§ 769. Im Gebirge steigt die Stieleiche lange nicht so hoch in die Höhe als die Traubeneiche. In den Vogesen und im Hardtgebirge dürfte sich kaum eine ohne Zuthun von Menschen oder Vögeln gekeimte Eiche befinden, deren Standort die Meereshöhe von 500 m übersteigt. Im Odenwalde werden 500, im Thüringer Walde 450, im Schwarzwalde 580 m, im Jura 700, in den Centralalpen 800 bis 1000 m als Maximalhöhe angegeben.

In der Ebene nimmt die Stieleiche die feuchteren und deshalb kälteren Lagen, in den Gebirgen die unteren Thalränder ein.

Daher kommt es, daß die Stieleiche, welche, wo sie unmittelbar neben der Traubeneiche steht, ungefähr gleichzeitig mit derselben blüht und deshalb mit ihr häufig Bastarde erzeugt, im Gebirge im allgemeinen früher, in der Ebene aber später als diese zur Blüte kommt. In der Ebene wird deshalb die Blüte der Stieleiche seltener von den Spätfrösten zerstört, sodaß sie dort häufiger Mast trägt, als die Traubeneiche. 100 Stieleicheln wiegen 200—490 g, das Hektoliter 60 bis 80 kg. Im übrigen verhält sie sich ähnlich wie die Traubeneiche, erträgt aber stauende Nässe weit besser als diese und besser als alle anderen deutschen Holzarten. Die übrigen Abweichungen haben wir in den vorigen Paragraphen bereits angegeben.

Der Preis der Stieleiche und der, wo beide Eichenarten beisammen vorkommen, nicht seltenen Bastarde beider Arten, Quercus sessiliflora-pedunculata. Ney, und Qu. pedunculata.sessiliflora, Ney [1]), erstere mit fast sitzenden Blättern und kurzgestielter Frucht, letztere mit Traubeneichenblatt und Stieleichenfrucht, ist dem der Traubeneiche gleich. Sie liefern aber ihres weniger geraden Wuchses halber weniger Nutzholz.

Im übrigen stehen die Bastarde in ihrem forstlichen Verhalten zwischen Stiel- und Traubeneiche.

b) Betriebsarten und Umtriebszeiten.

§ 770. Als spezifische Lichtholzart und der schlechten Beschaffenheit ihrer Streudecke halber hat die Eiche die Eigenschaft, namentlich in höherem Alter die Bodenkraft sehr schlecht zu konservieren. Unter ganz alten reinen Eichen-

1) Dr. F. Schultz, Beiträge zur Flora der Pfalz in Flora, Regensburg 1871.

beständen geht der Boden sichtlich zurück und wird sehr häufig zur Eichennachzucht untauglich. Auf der anderen Seite hat keine Holzart zur Erzeugung ihrer wertvollsten Sortimente so lange Umtriebszeiten nötig und keine ist für freien Kronenstand bei warm gehaltenen Fuße so dankbar, als gerade die Eiche.

Das sind die Gründe, welche die moderne Forstwirtschaft veranlaßt haben, in allen Beständen und Bestandsteilen, in welchen die Eiche Hauptholzart ist, von den einhiebigen Betriebsarten und den reinen Bestandsformen abzusehen, wenn die Eiche bis in das Baumalter stehen bleiben soll.

Man erzieht mit anderen Worten jetzt die Eiche nur in denjenigen Betriebsarten dauernd rein und gleichalterig, in welchen die Hauptnutzung in das Gerten- und Stangenholzalter fällt, also im Niederwalde, während man sie im Mittelwalde und in allen Samenbetrieben prinzipiell niemals anders als höchstens vorübergehend rein und gleichalterig aufwachsen läßt.

Bei den mehralterigen Betrieben schließt die Eiche wiederum ihre Eigenschaft als Lichtholzart von der Verwendung als Unterholz aus.

Man bewirtschaftet deshalb die Eiche, wo sie Hauptbestand ist, jetzt nicht mehr, weder in der einhiebigen Kahlschlag-, noch in der einhiebigen Samenschlagwirtschaft, obwohl sie an sich unter günstigen Verhältnissen beide Betriebsarten erträgt, sondern nur als Oberholz im Mittelwalde und den verschiedenen Überhalts- und Lichtungsbetrieben, und dann immer wenigstens in der zweiten Hälfte ihres Lebens mit einem in der Hauptsache aus Schattenhölzern bestehenden Unterholze.

Zu den Plenterwaldbetrieben mit Ausnahme vielleicht des Saumfemelbetriebs mit Unterbau in der zweiten Hälfte der Umtriebszeit sind vorherrschend aus Eichen bestehende Bestände ihrer Natur nach nicht geeignet.

§ 771. In den Samenbetrieben sind es insbesondere die Lichtungsbetriebe, welche der Natur der Eiche am meisten zusagen. Die in der Natur dieser Betriebsart liegende Freistellung der Bäume des Hauptbestandes in der Zeit des größten Stärkezuwachses hat nicht ein Absterben der Kronenspitzen, sondern im Gegenteile eine ganz energische Zuwachsmehrung zur Folge. Diese Zuwachsmehrung hat aber bei der Eiche als ringporigen Holzart eine Vermehrung ihres spezifischen Gewichtes und damit ihres inneren Wertes zur Folge. Außerdem macht der hohe Wert ihrer astreinen Starkhölzer all die Ausgaben der Baum- und Bodenpflege rentabel, welche mit den Lichtungsbetrieben so innig verbunden sind.

Diesen gehört deshalb die Zukunft in allen Bestandsteilen, deren Hauptbestand aus Eichen besteht, vorausgesetzt, daß der Standort den Unterbau von Schattenhölzern gestattet und die Absatzverhältnisse nicht die Mitelwaldwirtschaft rentabeler erscheinen lassen.

§ 772. Bei den Lichtungsbetrieben kann die Eiche, wenn der Boden kräftig genug ist und die bei den Durchforstungen anfallenden Hölzer durch Gewinnung der Rinde zu hohen Preisen verkauft werden können, bis zur Zeit der Lichtung und des ihr folgenden Unterbaues rein erzogen werden.

In diesem Falle sind dichte Verjüngungen, aber frühzeitige scharfe Reinigungshiebe, denen namentlich auch alle vorwüchsigen Schattenholzarten, selbst wenn sie Nutzholz geben und die Eichenstockausschläge zum Opfer fallen, und sich bis zum 60. Jahre allmählich verschärfende Durchforstungen geboten.

Unter weniger günstigen Standorts- oder Absatzverhältnissen ist es dagegen geboten, ihr schon bei der Hauptverjüngung eine bodenbessernde Holzart, und zwar anfangs weitaus vorherrschend, beizugeben.

Es genügt dann, wenn in dem Bestande so viele Eichen vorhanden sind, daß aus den nach Abzug der unvermeidlichen Abgänge an absterbenden oder sich schlecht entwickelnden Exemplaren zur Zeit der Lichtungen ein ausreichender Hauptbestand aus vollkommen gesunden und normal entwickelten Stangen gebildet werden kann.

§ 773. Als Mischholz für dieses Stadium der Entwickelung sind die schattenertragenden Nadelholzarten Tanne, Fichte und Weymouthskiefer vollkommen ungeeignet; sie überwachsen die Eiche spätestens vom 30. Jahre an bedeutend, und müßten in kurzen Zwischenräumen entgipfelt werden, wozu man sich bei dem trotzdem zweifelhaften Erfolge ihres eigenen hohen Nutzwertes halber nur schwer entschließt. Dabei sind diese Holzarten, wenn sie in diesem Alter durch wiederholtes Köpfen zu Nutzzwecken untauglich gemacht würden, als Brennholz entschieden weniger wertvoll als die schattenertragenden Laubhölzer.

Das natürliche Mischholz für die Eiche für die Zeit vor der Lichtung ist die Buche, und wo ihr der Standort zusagt, in noch höherem Grade die Hainbuche. Letztere wächst als Kernwuchs nur ausnahmsweise der Eiche vor, und wenn das auf ärmeren Böden bei der Rotbuche auch häufiger vorkommt, so verlieren beide Holzarten durch das notwendige Köpfen nichts an ihrem hohen Werte als Brennholz und brauchen ihres der Eiche in der Regel mehr gleichen Wuchses viel seltener entgipfelt zu werden. Vielmehr genügt häufig ein einmaliges Köpfen des Mischholzes, verbunden mit einer sachgemäßen Ausschneidelung und Aufastung der Eichen und die nötige Vorsicht bei den Durchforstungen, um die Eiche bis zur Lichtung vorwüchsig zu erhalten.

Wo das, wie auf ärmeren Standorten mit der Buche nicht ausreicht, führt Vorverjüngung der Eiche vor der Buche in durch dunkel gehaltene Altholzstreifen isolierten Horsten und eine die Eiche mehr als die Buche begünstigende Schlagstellung bei den Samen- und Nachhieben in der Regel zum Ziele.

Es versteht sich von selbst, daß, wo die Schattenholzart schon bei der Hauptverjüngung beigemischt ist, bei den Durchforstungen dafür gesorgt werden muß, daß die zur seinerzeitigen Herstellung des Hauptbestandes nötige Anzahl Eichen nicht allein vom Hiebe verschont, sondern durch Aushieb ihrer Kronenentwickelung hinderlicher Buchen oder Hainbuchen nach den früher gegebenen Regeln auf die Freistellung vorbereitet wird.

Mit raschwachsenden Lichthölzern mischt man die Eiche nur, wo dieselben nur als Bestandsschutzholz dienen, und sobald dieser Zweck erfüllt ist, aus dem Bestande verschwinden; dagegen sind Esche, Ahorn und selbst Rotulme zu gleichalteriger Mischung mit der Eiche recht gut geeignet. Auf dem vorzüglichen Standorte dieser Holzarten erträgt die Eiche ihre Nachbarschaft sehr gut.

Die gewöhnliche Umtriebszeit der Eichen im Lichtungsbetriebe ist 140 bis 160 Jahre, wobei die Lichtung in der halben Umtriebszeit stattfindet. In den Überhaltsbetrieben erreichen die Eichen ein Alter bis zu 300 Jahren.

§ 774. Im Mittelwalde rekrutieren sich aus der Eiche die ältesten Oberholzklassen. Sie erzeugt dort die wertvollsten Holzsortimente für alle Verwendungen, bei welchen es vorzugsweise auf Dauer und Festigkeit ankommt, aber der lichteren Stellung halber natürlich nicht in den Massen, wie in den Lichtungsstrieben, bei welchen vom Zeitpunkte der Lichtung an auf eine Ernte aus dem Unterholze nicht gerechnet wird. Man läßt sie dort ein Alter bis zu 200 Jahren und darüber erreichen.

Ein Hauptaugenmerk ist in diesem Betriebe auf die Nachzucht zum Überhalten brauchbarer Eichen zu richten. Es geschieht das dadurch, daß man bei eintretenden Eichensamenjahren unter bei dem nächsten Abtriebe herauskommenden Oberholzstämmen nötigenfalls den Boden lockert und das Unterholz so weit lichtet, als zur Erhaltung des erfolgenden Aufschlages erforderlich erscheint. Im Notfalle wird auf künstlichem Wege dafür gesorgt.

Daß die Oberholzeichen von ihrem erstmaligen Stehenlassen an so weit als nötig aufgeastet werden, haben wir bereits bei der Lehre von der Mittelwaldwirtschaft gesehen. Bei keiner Holzart ist das nötiger, als bei der Eiche, welche sich namentlich bei langem Umtriebe des Unterholzes nach dem Abtriebe desselben gerne dicht mit Klebreisern überzieht.

Als Unterholz erhält sich die Eiche im Mittelwalde bei einigermaßen dichter Stellung des Oberholzes nur auf den kräftigsten Böden. Sie liefert aber als solches nur geringe Ernten und namentlich keine sehr gute Rinde; auch versteht es sich von selbst, daß der Zuwachs des Oberholzes mit einem Eichenunterstande geringer ist, als wenn das Unterholz aus bodenbessernden Schattenhölzern besteht.

§ 775. Dagegen ist der Ertrag der Eiche als reiner Niederwald und als Hackwald auf entsprechendem Standorte, so lange die Lohrinde, welche in keinem anderen Betriebe in so guter Qualität erzeugt werden kann, in Massen begehrt wird, ein sehr hoher, namentlich auch mit Rücksicht auf die geringe Höhe des zu diesen Betrieben nötigen Holzkapitals. Der Bedarf an Lohrinden ist indessen zu beschränkt und das Fortbestehen des jetzigen Bedarfes der zunehmenden Konkurrenz der Surrogate und der Zunahme der Lohrindenerzeugung in anderen Betriebsarten halber zu ungewiß, um eine Ausdehnung dieser Wirtschaft im großen auf von ihr bisher nicht eingenommene, auch für andere Betriebsarten passende Lokalitäten ratsam erscheinen zu lassen. Von dem Augenblicke an, in welchem die Lohrinde aufhört, verkäuflich zu sein, ist der Eichenschälwald wertlos und der Waldbesitzer muß Jahrzehnte lang fast auf alle und jede Rente aus dem Walde verzichten, ehe er die zum Übergange in eine andere Betriebsart nötigen Holzvorräte angesammelt hat.

Das schließt natürlich nicht aus, daß im kleinen flachgründige, aber kräftige Böden in warmer Lage, welche für diesen Betrieb besser als für alle anderen geeignet sind, ihm zugeführt werden.

Der Umtrieb in der Eichenschälschlagwirtschaft, einerlei, ob sie wie beim Hackwaldbetriebe mit landwirtschaftlichem Zwischenbau verbunden ist oder nicht, beträgt 15 bis 30 Jahre, ersteres, wenn auf beste Qualität der Rinde gesehen wird, letzteres, wenn auch das Holz zu Nutzwecken (Rebpfahlholz u. dergl.) tauglich sein soll.

Dem Abtriebe, welcher für sämtliche zum Schälen bestimmte Eichen selbstverständlich in der Saftzeit und zwar so frühe als die Rinde sich löst, für die Mischhölzer im Winter stattzufinden hat, geht bei intensiver Wirtschaft eine Durchforstung voraus. Der Hieb erfolgt bei der Eiche im Niederwalde auch an alten Stöcken so tief als möglich. Die Art und Weise des Lohschälens selbst gehört in die Lehre von der Forstbenutzung; nur sei bemerkt, daß von waldbaulichem Standpunkte im allgemeinen das Liegendschälen vor dem Stehendschälen den Vorzug verdient, weil dabei die Ausschläge früher erfolgen und besser verholzen.

§ 776. Die beste und meiste Rinde wird da erzeugt, wo die Eiche auf warmem Boden kräftig wächst und Wärme und Licht zu der einzelnen Stange ungehinderten Zutritt haben. Da nur Rinden bester Qualität doppelt und dreifach besser als geringwertige bezahlt werden und keine Holzart, die Kastanie ausgenommen, bei dem Umtriebe der Eichenschälwaldungen so hohe Erträge liefert als die Eiche, so unterliegt es keinem Zweifel, daß, wo der Boden kräftig genug ist, um reine Eichenbestände kräftig wachsen zu lassen, jede Beimengung anderer Holzarten verfehlt ist.

Dagegen ist auf den geringeren Eichenschälwald-Standorten die Beimengung bodenbessernder Holzarten, zu welchen bei so niedrigen Umtrieben außer Buche, Hainbuche und Linde auch die Kastanie und Kiefer gehört, zur Erhaltung der Bodenkraft unerläßlich. Ohne diese Beimischung liefert auf diesen Standorten die Eiche auf die Dauer fast gar kein schälbares Material.

c) Verjüngung und Pflanzenerziehung.

§ 777. Die Eichen gelangen nur auf kräftigen Böden in nicht zu rauher Lage zu ihrer Vollkommenheit und leisten nur dort mehr als andere Holzarten. Auf geringerem Standorte liefern sie weniger Nutzholz und dieses wenige ist von verhältnismäßig geringem Werte.

Ihre Anzucht ist deshalb nur in mildem Klima und auf sehr gutem und, wo es sich um Hochwald handelt, auch tiefgründigem Boden angezeigt.

Auf solchem Boden ertragen aber beide Eichenarten, obwohl ausgesprochene Lichtpflanzen, eine ziemlich starke Überschirmung recht gut. Sie lassen sich deshalb auch auf natürlichem Wege unter Schutzbestand verjüngen. Auf einigermaßen den Spätfrösten ausgesetzten Standorten ist diese Verjüngung aber entschieden schwieriger, als bei manchen anderen Holzarten, weil die Eiche einerseits als Lichtpflanze eine lichte Schlagstellung verlangt, andererseits aber der Spätfröste halber eine Überschirmung oder doch eine das rasche Auftauen gefrorener Triebe hindernde Beschattung nicht entbehren kann.

§ 778. Die erste Regel für die Stellung des Eichenbesamungsschlages, sowie des Schirmbestandes bei künstlicher Verjüngung ist die, daß derselbe nicht eher eingelegt werden darf, als bis sich der Boden so weit gesetzt hat, daß eine bedeutende Veränderung seines Volumens nach dem Auflaufen des Samens nicht mehr zu erwarten ist. Keimt die Eichel in hohen Schichten von mildem Humus, wie sie sich in geschlossen gehaltenen Laubwaldungen mit reichlicher Buchenbeimischung gegen Ende der Umtriebszeit finden, so steht die Pflanze, wenn sich der Boden durch Zersetzung des Humus gesetzt hat, gewissermaßen auf Stelzen, d. h. ein Teil ihrer Wurzeln liegt bloß und außer Zusammenhang mit dem Boden. Dieser Zustand ist in dem Gedeihen der Eiche nicht weniger ungünstig, als umgekehrt zu tiefes Pflanzen. Sie kränkelt und erholt sich davon nur sehr schwer.

Wo immer also noch ein starkes Setzen des Bodens zu erwarten ist, ein Fall, welcher in reinen Eichenbeständen wohl niemals, wohl aber in solchen mit starker Beimischung von Schattenhölzern, wenn auch nur als Unterholz zu erwarten ist, hat dem Besamungsschlag, bezw. der Stellung des Schirmschlages ein Vorbereitungshieb vorherzugehen und man hat nach demselben eine glückliche Durchführung der Eichenverjüngung erst zu erwarten, wenn eine leichte sich auf dem Boden bildende Grasnarbe den Nachweis liefert, daß ein der Eiche zusagendes Keimbett vorhanden ist.

§ 779. Eine wichtige Aufgabe dieser Vorbereitungshiebe ist auch bei der Eiche die Erhaltung in sich geschlossener Partieen von Vorwüchsen. Man findet solche Gruppen auf frischem Boden häufig da, wo durch Aushieb eines alten Oberständers oder sonstwie eine Bestandslücke entstand, und zwar Dank der Thätigkeit des Eichelhähers selbst in Beständen, in welchen alte Eichen nicht vorkommen, in zur völligen Herstellung des Schlusses bis zum Stangenholzalter ausreichendem Verbande.

Wo der Boden wenigstens in den tieferen Schichten frisch und nicht allzu arm ist, halten sich solche Vorwüchse merkwürdig lange und bilden ein förmliches Unterholz unter geschlossenen alten Lichtholzbeständen, namentlich unter Kiefern. In dieser Stellung verkrüppelt die Stieleiche gewöhnlich und nimmt Regenschirmform, dagegen behält die Traubeneiche ihr Bestreben, in die Höhe zu treiben, bei. Solche Partieen sind in der Regel ziemlich stammarm und nicht selten verhältnismäßig starkastig.

Die Erfahrung lehrt nun, daß sowohl die noch jungen, wie die bereits in das Gertenholzalter eingetretenen Vorwüchse nicht selten sich umlegen oder in anderer Weise zugrunde gehen, wenn sie plötzlich freigestellt werden. Man treibt dieselben deshalb in der Regel bei den Angriffshieben ab, in der Hoffnung, aus den erfolgenden Stockausschlägen neue Eichenhorste erziehen zu können.

Dieses Abwerfen hat auf alle Fälle Zuwachsverluste zur Folge und liefert meist lückige Horste, welche nicht selten den Spätfrösten erliegen.

Nach unseren Erfahrungen lassen sich diese Vorwüchse unmittelbar zur Bestandsbildung verwenden, wenn man die Vorsicht gebraucht, bei allen in dem Bestande vorkommenden Hiebsoperationen auf sie die gebührende Rücksicht zu nehmen und sie sehr vorsichtig, wo nötig durch Aufastungen im Altholze und Aushieb schirmförmig gewordener Exemplare freizustellen und darin vorkommende ästige Stämmchen vorsichtig aufzuasten. Verstärkt man, so oft man in dem betreffenden Bestande haut, den Lichtzutritt allmählich, so sind sie, bis die Verjüngung in den betreffenden Bestandsteil kommt, so erstarkt, daß sie den Übergang in volles Licht ertragen.

Sie bilden dann vorwüchsige Horste und Gruppen, welche sich im Genusse vollen Lichtes besonders kräftig entwickeln und rechtzeitig unterbaut in den Bestand einwachsen können.

Buchenvorwüchse sind in Eichenverjüngungen immer als Unkraut zu behandeln, wenn der Altersvorsprung irgend bedeutend ist, wo wie auf Vogesensandstein die Buche überhaupt der Eiche vorwüchsig ist, unter allen Umständen.

§ 780. Die zweite Regel bei der Stellung des Eichenbesamungs- und Schirmschlages ist die, denselben in stark graswüchsigen Lagen nicht lichter zu stellen, als zur notdürftigen Erhaltung der Eiche im ersten Jahre absolut notwendig ist, obwohl die Eiche in frostfreier Lage des Schutzes nicht bedarf.

Diese Vorsicht ist nötig, weil der Samen bei der Eiche oft stellenweise taub ist und im Winterlager nicht selten von Tieren aufgezehrt wird oder infolge ungünstiger Witterung verdirbt und weil manchmal auch ein Teil der Keimlinge durch Spätfrost zugrunde gerichtet wird. War dann die Stellung des Besamungsschlages eine lichte, so überzieht sich, wenn die Verjüngung fehlschlug, der Boden meist derart mit Gras, daß nicht nur die natürliche, sondern auch alle wohlfeilen Methoden der künstlichen Bestandsgründung zur Unmöglichkeit werden.

Wo der Boden sehr frisch und kräftig ist, wie z. B. in den Lehmanschwemmungen längs der Flüsse, ist das Maß der notwendigen Lichtung ein sehr geringes. Die richtige Stellung des Vorbereitungshiebes vorausgesetzt, genügt dort die Herausnahme weniger gleichmäßig über die Fläche verteilter und die Aufastung tiefbeasteter Stämme. Die Besamung erhält dadurch von der Seite das nötige Licht, wenn auch ohne allen Zweifel die in den Lücken keimenden Pflanzen sich am kräftigsten entwickeln. Viele reine Eichenalthölzer befinden sich ohne weiteren Eingriff bereits in dieser Stellung.

Auf trockenerem und weniger fruchtbarem Boden, wie auf humösem Vogesensandstein, nicht humöser ist kein Standort für die Eiche, da reicht eine solche dunkele Stellung auch nicht annähernd hin.

Die jungen Eichen gedeihen dort am besten ohne alle Überschirmung, vorausgesetzt, daß ihr Standort noch den Seitenschutz des umgebenden Bestandes genießt, und erhalten sich nur unter ganz schwacher Beschirmung. Löcherhiebe in frostfreier Lage, z. B. an Berghängen ohne allen, in frostgefährdeter Lage mit einem mäßigen, womöglich aus dem Nebenbestande entnommenen Oberstand sind dort die zweckmäßigste Form des Besamungsschlages.

§ 781. Wichtiger als die Art der Stellung des Besamungsschlages ist die Beschaffenheit des Keimbettes. Daß der Boden sich gesetzt haben muß, haben wir bereits erwähnt. Der Zustand derselben muß aber auch derart sein, daß der Samen die ihm zur schadenlosen Überwinterung nötige Decke findet.

Zu dem Ende ist eine tiefgehende Wundmachung des Bodens dringendes Bedürfnis. Dieselbe wird am zweckmäßigsten durch Schweineeintrieb (§§ 272, 273, 317) vor oder selbst nach dem Abfalle des Samens bewirkt.

Sind Schweine nicht zu beschaffen, so ist der Boden durch scholliges Umhacken (§ 274) zu verwunden. Dasselbe geschieht bei sehr reicher Mast in 30 bis 40 cm breiten, 1,00 bis 1,20 m von einander abstehenden Streifen, andernfalls über die ganze Fläche und zwar jedesmal nach Abfall des Samens, wenn eine genügende Bedeckung desselben durch das Auseinanderfallen der Schollen oder durch abfallendes Laub nicht zu erwarten ist, oder wenn nur eine Sprengmast vorhanden ist, deren Umfang erst nach dem Abfalle des Samens erkennbar.

Auf nassen Stellen bewirkt man die Bedeckung des Samens durch etwa 5 cm starkes Übererden desselben (§ 258). Dasselbe erfüllt dort den dreifachen Zweck, mit der ausgehobenen Erde den Samen zu bedecken, das Unkraut zurückzuhalten und durch Eröffnung der Gräben, welchen die Erde entnommen wird, das Gelände zu entwässern.

§ 782. Die Nachhiebe haben bei der Eiche dem Besamungsschlage sehr rasch zu folgen, namentlich da, wo man mit Rücksicht auf den Graswuchs den Samenschlag möglichst dunkel gehalten hat.

Man ist dort oft genötigt, schon im Winter nach der Keimung des Samens nachzuhelfen, wenn fadenförmiger Wuchs und bleiche Belaubung darauf schließen lassen, daß es den Pflanzen bei der jetzigen Schlagstellung zu dunkel ist. Man nimmt dann die derartigen Anwuchs direkt überschirmenden Althölzer hinweg, sucht aber durch sorgfältige Schonung derjenigen Bäume des Schutzbestandes, unter welchen der Aufschlag noch ein gesundes Aussehen zeigt, für Seitenschutz zu sorgen. Es ist das um deswillen nötig, weil eine plötzliche völlige Freistellung den in ungenügendem Lichte erwachsenen Pflanzen schädlich werden könnte.

Normal erwachsener Aufschlag erträgt, wo es sich nicht um ausgesprochene Frostlagen handelt, die völlige Freistellung im 2. Jahre vorzüglich.

Trotzdem und trotz des Umstandes, daß bei der Eiche, wenn sie nicht sehr vorsichtig an den freien Stand gewöhnt worden ist, auf Lichtungszuwachs nicht zu rechnen ist, möchten wir so rasche Räumung nicht anraten, wo die Eichenverjüngungsflächen irgend bedeutend sind, namentlich wenn die Besamung aus einem Mastjahre stammt, welches sich über große Länderstrecken ausdehnte.

Der Holzmarkt kann nur ein bestimmtes Quantum Eichennutzholz konsumieren. Wird dieses Quantum überschritten, so muß der Überschuß zu Schleuderpreisen abgegeben werden. Dasselbe wird aber nach solchen Mastjahren notwendig überschritten, wenn jeder Eichenzüchter seinen Verjüngungen möglichst rasch Luft zu machen sucht.

Wir möchten deshalb die Regel aufstellen, daß man sich auch bei den Nachhieben auf das Notwendigste beschränken und durch thunlichst lange Erhaltung der den Jungwüchsen noch nicht übermäßig hinderlichen Stämme die Abnutzung des Altholzes auf eine möglichst lange Reihe von Jahren, womöglich von der Länge des durchschnittlichen Abstandes zweier Vollmastjahre verteilen soll.

Zu dem Ende wird man den Nach- und Endhieb nur da beschleunigen dürfen, wo trockener Boden es unbedingt verlangt, überall aber, wo der Anwuchs sich auch unter dem vorhandenen Schutzbestande gesund erhält, möglichst langsam vorzugehen und nicht früher vollständig zu räumen haben, als bis auf ein neues Mastjahr, welches neue Massen von Eichenholz auf den Markt wirft, gerechnet werden muß. Selbst 2 m hohe Jungwüchse werden, wo sie die Überschirmung so lange ertragen, durch den nachträglichen Aushieb der Samenbäume, die nötige Vorsicht vorausgesetzt, nicht übermäßig geschädigt.

§ 783. Aus dem gleichen Grunde halten wir es auch, abgesehen von allen sonstigen Nachteilen nicht für richtig, bei der löcherweisen Verjüngung, welcher wir entschieden den Vorzug geben, die Verjüngung der noch unbesamten Altholzpartieen zwischen den in den Löchern entstandenen Jungwuchshorsten zu sehr zu beeilen. Vielmehr wird es genügen, diese Horste sobald als möglich durch Nachbesserung der Lücken in ihrem Innern zu komplettieren, die Verjüngung der unbesamten Teile aber späteren Mastjahren zu überlassen, und um das zu ermöglichen, den Boden durch Anlage von Schutzfurchen empfänglich zu erhalten. Sollen in dieselben andere Holzarten gebracht werden, so ist gerade die Verzögerung ihrer Verjüngung das beste Mittel, der Eiche den für sie unter allen Umständen wünschenswerten Vorsprung zu geben.

§ 784. Einen Nachteil bringt jedoch die natürliche Verjüngung in Gegenden, in welchen Eichenmastjahre selten eintreten, mit sich. Sie zwingt den Wirtschafter, wenn nach langer Zeit eine Vollmast eintritt, große Flächen auf einmal in Besamungsschlag zu stellen. Das hat aber, abgesehen davon, daß auch bei der Eiche, obwohl sie fast vollkommen sturmsicher ist und auch von Insekten wenig leidet, kleine Verjüngungsflächen mit Rücksicht auf die Erhaltung der Bodenkraft den Vorzug verdienen, namentlich wo die Trockenheit des Bodens zu rascher Räumung zwingt, schlimme Folgen; entweder wird der Holzmarkt mit Eichenholz überfahren, oder es erhalten, wenn man davon nicht mehr als in gewöhnlichen Jahren auf den Markt bringen will, namentlich in der Nachhiebsperiode, die Verjüngungen nicht genügend Licht, oder es werden Bestände in Besamungsschlag gestellt, deren Boden sich noch nicht in einer den Bedürfnissen entsprechenden Weise gesetzt hat, Fehler, zu welchen sich der Anfänger allzu leicht verführen läßt.

Das ist der Grund, warum man selbst da, wo sich die Eiche sehr leicht auf natürlichem Wege verjüngen läßt, die künstliche Verjüngung derselben selbst bei der Neuanlage der Bestände nicht ganz entbehren kann. Man verjüngt lieber einen Teil der haubaren Eichenbestände auf künstlichem Wege, als daß man die wertvollen Holzvorräte derselben durch übermäßige Ausdehnung der natürlichen Verjüngung in Mastjahren, in welchen vielleicht nur beschränkte Nachfrage nach Eichenholz besteht, entwertet. Wo sie durch die bisherige Wirtschaft aus ihren besten Standorten, namentlich durch die Buche, verdrängt worden ist, ist dieselbe ohnehin unentbehrlich.

§ 785. Wo in solchen der Eiche verloren gegangenen Standorten der Boden noch nicht förmlich verrast ist, ist die Nachahmung der natürlichen Verjüngung durch die Saat unter Schutzbestand ohne Zweifel die naturgemäßeste Verjüngungsmethode, welche sich, wenn Eicheln der richtigen Art zu haben sind, nur da nicht empfiehlt, wo ein starker Schwarzwildstand die Saaten gefährdet. Es muß dort aber und noch viel mehr als unter Eichen mit der Saat der Zeitpunkt abgewartet werden, in welchem sich infolge eines richtig geführten Vorbereitungshiebes der Boden in gehöriger Weise gesetzt hat.

Das Einstufen (§ 376) mit 2 Eicheln in eine Stufe und Stecksaaten (§ 377) sind dann bei unkrautfreien, Streifensaaten, bei welchen die Eicheln in den vorher bloßgelegten Streifen breit gesät und dann untergehackt werden, bei verunkrautetem und Vollsaaten mit nachträglichem Übererden auf feuchtem Boden die zweckmäßigste leider nur in Mastjahren zulässige Kulturmethode.

§ 786. Bei der Saat auf Kahlflächen ist auf allen nicht frostsicheren Lagen der Waldfeldbau und zwar die Beisaat von Wintergetreide im ersten und zweiten Jahre zweckmäßig. Für die zur landwirtschaftlichen Bestellung nötige wiederholte Bearbeitung des Bodens, wie für jede Bodenlockerung ist die Eiche um so dankbarer, je tiefer dieselbe geht. Wo der Boden einigermaßen verhärtet ist, empfiehlt sich daher die Saat auf ausgeebneten Stecklöchern, in doppelt gepflügte Furchen oder auf rajolte Streifen (§ 240). Es muß dann aber die Bodenlockerung der Saat mindestens ein halbes Jahr vorhergehen. Wo in frostgefährdeten Kahlflächen der landwirtschaftliche Zwischenbau aus irgend einem Grunde nicht zulässig ist, ist Vorbau von Bestandesschutzholz, unter welchem die Eiche erst angebaut wird, wenn es den Boden ausreichend bedeckt, oft das einzige Mittel, die Eiche durchzubringen. Zur Erziehung eines solchen Vorbestandes ist die Kiefer ihres, obwohl lichten, doch ausreichenden Schirmes halber entschieden die geeignetste Holzart. Schattenhölzer verdämmen zu viel, die Birke beschattet den Boden zu wenig.

Bei jeder Eichelsaat im Gebirge ist außerdem genau darauf zu achten, daß man in allen Höhen über 400 bis 500 m, nur Traubeneicheln verwendet. Eine Menge mißglückter Eichelsaaten in höheren Lagen verdankt ihr Mißlingen dem Umstande, daß der Samen aus der Ebene bezogen wurde, wo die Stieleiche viel häufiger als die Traubeneiche Mast trägt.

Die zweckmäßigste Saatzeit ist trotz der Kosten der Überwinterung der Eicheln in der Regel das Frühjahr. Nur in reichen Mastjahren, in welchen Wild, Mäuse und Eichelhäher anderwärts Eicheln genug finden, ist es rätlich, an gegen Spätfrost geschützten Stellen Herbstsaaten vorzunehmen; aber auch dort thut man gut, Saatmethoden zu wählen, welche die Saatstellen nicht allzu deutlich markieren.

§ 787. Die Eichen lassen sich bis zum Heisteralter auf gutem Boden recht gut ohne Ballen verpflanzen. Die Länge der Pfahlwurzeln macht aber ein Einstutzen derselben oder besonders tiefe Pflanzlöcher nötig. Über die Zulässigkeit der erstgenannten Maßregel sind die Akten insofern noch nicht geschlossen, als noch nicht feststeht, ob nicht die beim Stutzen der Wurzeln entstehenden Wunde in höherem Alter Wurzelfäulnis zur Folge hat. Die bisherigen Erfolge der Pflanzung mit gekürzten Wurzeln lassen eine solche Wirkung derselben indessen wenig wahrscheinlich erscheinen.

Es unterliegt aber keinem Zweifel, daß die mit wesentlich auf weniger als 20 cm gestutzter Pfahlwurzel gepflanzte Eiche kümmert, bis sie die verloren gegangenen unterirdischen Ernährungsorgane wieder ersetzt hat, was auf geringem Standorte oft recht lange dauert.

Dagegen ist die Pflanzung mit ungekürzter Wurzel unverhältnismäßig teuer, namentlich im Gebirge, wo das bei dem steinlosen Boden der Ebene häufig angewandte Hilfsmittel des Einstoßens oder Einbohrens enger Löcher in die Sohle der gewöhnlichen Pflanzlöcher oder Pflanzgräben nicht zulässig ist. Man bedient sich dazu des Alemann'schen Vorsteckeisens oder wohl auch des Stößers, welcher in der Landwirtschaft zum Einstoßen der Löcher für Pfähle, Hopfenstangen u. dergl. verwendet wird.

§ 788. Ein- und zweijährige Eichen, welche man nötigenfalls auch natürlichen Verjüngungen und Saaten entnehmen kann, pflegt man nur ausnahmsweise in Einzellöcher zu pflanzen. Man treibt in der Regel Pflanzung in zusammenhängende Gräben und Furchen, in welchen man die Pflänzlinge ähnlich wie bei der Verschulung in den Boden bringt. Auf sehr lockerem, namentlich auch auf doppeltgepflügtem Boden und in mit dem Spiralbohrer gemachten Bohrlöchern empfiehlt sich für solche Pflänzlinge auch die Spaltpflanzung und zwar mit dem Klemmeisen (§ 526) oder Keilspaten (§ 527) allein, wenn mit gekürzter und mit Klemmeisen oder Keilspaten und Vorstoßeisen, wenn mit ganzer Pfahlwurzel gepflanzt wird. Auf weniger lockerem Boden ist die Klemmpflanzung auch für Eichenjährlinge nicht geeignet. Man pflanzt dieselben im allgemeinen nur, wo ein ausreichender Schutzbestand, die natürliche Beschaffenheit des Bodens oder sehr gründliche Bodenvorbereitung den Graswuchs zurückhalten. Sonst pflanzt man ins Freie nur ältere, mindestens 3 jährige Pflänzlinge.

Man bringt dabei die Pflanzen lieber etwas tiefer in den Boden, als sie im Kampe gestanden haben, namentlich wenn man es mit einem Boden zu thun hat, welcher sich nach der Pflanzung noch merklich setzt. Allzutiefes Einsetzen, welches oberirdische Teile dauernd in den Boden bringt, ist der Eiche übrigens ebenso zuwider, als zu hohes, Wurzelteile zutage bringendes Pflanzen.

Sich stark setzende Böden, also Böden, welche unmittelbar vor der Pflanzung tief gelockert worden sind, oder solche, welche noch große Mengen unzersetzter Vegetabilien enthalten, sind, solange dieser Zustand dauert, kein Standort für die Eiche, deren starke, meist auf dem Boden des Pflanzloches aufstehende Pfahlwurzel es ihr unmöglich macht, die Bewegung des sich setzenden Bodens mitzumachen.

Man macht daher die Bodenvorbereitung für die Eichenpflanzung, wenn sie einigermaßen tief geht oder die Bodendecke in die tieferen Schichten bringt, spätestens im Herbste vor der Pflanzung und wartet mit der Einsprengung der Eiche in Buchenorte, bis der Boden sich soweit gesetzt hat, daß sich sein Volumen nach der Pflanzung nicht mehr allzusehr verändert.

Hügelpflanzungen kommen bei der Eiche nur höchst selten vor. Böden, welche die Anfertigung von Hügel nötig machen, sind für die Eiche meist zu sehr versauert.

Eine Pflanzmethode, zu welcher die Eiche ganz vorzüglich geeignet ist, ist die Stummelpflanzung. Sie empfiehlt sich überall, wo das zu verwendende Pflanzmaterial in seinen oberirdischen Teilen nicht ganz normal entwickelt ist. Wo sie bei den Samenbetrieben Anwendung findet, wird darauf zu sehen sein, daß im Jahre nach der Pflanzung die überzähligen Ausschläge entfernt werden. In warmen Lagen befördert das Bedecken der Schnittwunde mit Erde die Bildung der Ausschläge.

§ 789. Zu ihrer normalen Entwickelung verlangt namentlich die zur Astverbreitung sehr geneigte Stieleiche anfangs dichten Schluß. Man wählt daher sowohl bei der Saat, wie bei der Pflanzung, wo das nötige Füllholz sich nicht von selbst einfindet oder künstlich eingebracht wird, was sich mit Rücksicht auf die Kosten empfiehlt, enge Verbände, beim Einstufen, z. B. Abstände der Stufen von 50 bis 60 cm, bei der Jährlingspflanzung Reihenverbände von 1 bis 1,20 m zu 0,50 bis 0,60 m, bei der Lohdenpflanzung höchstens 1 m Abstand in den Reihen bei nicht über 1,50 m Reihenabstand. Wo Füllholz anderer Art vorhanden ist, genügen Verbände von 2 auf 2 m vollauf. Es ist dann aber ein stetes Augenmerk auf die Erhaltung der Eiche zu richten.

Bei Heisterpflanzungen, welche im allgemeinen nur im Mischwalde üblich sind, in welchem die Mischhölzer den Boden decken, begnügt man sich dagegen mit sehr weiten Verbänden. Die Pflanzung hat dort nur den Zweck, in höherem Alter, etwa vom 60. Jahre an die Eiche im Hauptbestande ausreichend vertreten zu sehen.

§ 790. Man erzieht die Eiche ausschließlich in ständigen Forstgärten und zwar im Saatkampe, welcher sich in spätfrostfreier Lage befinden muß, aber ganz frei liegen kann, durch Rillensaat, Eichel an Eichel bei Verwendung nach einem, mit 2 bis 3 cm Abstand der Eicheln in den Reihen bei Verwendung nach 2 Jahren, in auf 30 bis höchstens 40 cm Tiefe gelockerten, zur Anreizung der Bildung von Faserwurzeln in den oberen Schichten stark gedüngten Beeten. Die Rillen erhalten im ersten Falle 25, sonst 30 cm Abstand; die Samenmenge beträgt 40, resp. 25 kg. Man erzieht auf diese Weise 4000 bis 7000 Eichenpflänzlinge pro a Saatfläche.

Das Unterbringen der Bodenüberzüge auf die Sohle des Rajolgrabens beim Roden des Kampes ist bei keiner Holzart, Kastanie, Roßkastanie, Wallnuß und Hickoryarten ausgenommen, schädlicher als bei der Eiche. Dieselben reizen nach ihrer Zersetzung die bis zu ihnen vorgedrungene Pfahlwurzel zu starker Faserwurzelentwickelung an. Infolgedessen haben in solchen Kämpen erzogene Eichen die Hauptmasse der Saugwurzeln am unteren Wurzelende und damit an der die Pflanzung am meisten erschwerenden Stelle.

Wo Frost zu befürchten ist, säet man erst im Mai und besteckt Wintersaaten so lange, bis die Frostgefahr vorüber ist. Gegen die Einwirkungen der Sonnenhitze und gegen Ausfrieren brauchen die jungen Eichen nicht geschützt zu werden; dagegen verlangen sie Reinhalten der Beete und sind für häufige Lockerung zwischen den Rillen sehr dankbar. Die Eichensaatbeete müssen namentlich vor dem Aufkeimen vor Mäusen und Hähern geschützt werden.

§ 791. Die Verschulung geschieht, wenn die Pflanzung ins Freie im dritten Jahre stattfinden soll, in einjährigem, andernfalls in zweijährigem Alter in Abständen der Reihen von 30 bis 40 cm und von 25 bis 30 cm in den Reihen.

Bei der Verwendung im 3. Jahre kann man sich dieselbe ersparen, wenn man im 2. Frühjahre durch schiefen Stoß von den Zwischenrillen aus mit sehr scharfem Spaten die Pfahlwurzeln 15 bis 20 cm unter der Bodenoberfläche absticht. Die Pflanzen entwickeln dann, wenn die obersten Bodenschichten genügend gedüngt sind, an dem Stumpfe eine Menge von Faserwurzeln.

Sollen Heister erzogen werden, so findet spätestens 2 bis 3 Jahre nach der ersten Verschulung oder nach dem Abstechen der Pfahlwurzeln eine zweite und, wo Starkheister notwendig werden, nach weiteren 2 bis 3 Jahren eine dritte Verschulung, womöglich mit den Ballen statt. Die dazu verwendeten Länder werden 40 cm tief umgegraben und stark gedüngt.

Beim Verschulen ist ein Kürzen der Pfahlwurzeln allgemein üblich; ebenso ein Beschneiden der Pflanze nach den Regeln des Pyramidenschnitts (§ 495). Bei der Stieleiche ist dasselbe ganz unentbehrlich und ist bei ihr hauptsächlich auf die Reduktion der Zahl gleichwertiger Gipfeltriebe auf einen und auf die Beseitigung schlecht verholzter Johannistriebe zu richten.

Kapitel II. Die Rotbuche.

Benutzte Litteratur: C. A. Knorr, Studien über die Buchenwirtschaft. Nordhausen, 1863. — Heiß und Danckelmann im Bericht über die IX. Versammlung deutscher Forstmänner in Wildbad. Berlin, 1881.

a) Waldbauliche Eigentümlichkeiten.

§ 792. Die Rotbuche, oder gemeine Buche (Fagus sylvatica L.) ist in waldbaulicher Beziehung in sehr vielen Beziehungen das gerade Gegenteil der beiden Eichenarten.

In allen Teilen Deutschlands heimisch, verlangt sie zum vollen Gedeihen mäßige Luft- und mittlere Bodenfeuchtigkeit. Nasse, trockene oder gar dürre Böden sind ihr gleich zuwider.

Ihr Aschenverbrauch ist ein sehr großer. Sie verwendet aber den größten Teil der mineralischen Nährstoffe zur Blattbildung und giebt dieselben in der Hauptsache in den abfallenden Blättern zurück, welche eine physikalisch und chemisch gleich vorzügliche Bodendecke liefern. Sie schafft sich infolge dessen, wo sie sich überhaupt zu halten vermag, den ihr zusagenden Bodenzustand mit der Zeit von selbst, indem sie den Boden frisch erhält und an seiner Oberfläche die mineralischen Pflanzennährstoffe in der löslichsten Form ablagert.

Gegen Spätfröste und anhaltende Trockenheit ist sie namentlich in der ersten Jugend sehr empfindlich. Senkrecht auffallende Sonnenstrahlen veranlassen bei ihr häufig Rindenbrand, ein sich später in das Holz fortsetzendes Absterben der betroffenen Rindenteile. Sie bevorzugt deshalb in niedrigen Gebirgen entschieden die Winterhänge. Sie geht im Berglande viel höher hinauf als selbst die Traubeneiche, in den bayerischen Alpen bis zu 1400, in den Vogesen bis 1200, im Erzgebirge bis zu 950, im Harze bis zu 650 m, und steigt bis zum Meeresniveau herab, vermeidet aber, weil ihre Knospen auch bei vorübergehenden Überflutungen zugrunde gehen, in Tieflagen der Überschwemmung ausgesetzte Standorte. Stauende Nässe erträgt sie schlechter als irgend eine Holzart mit Ausnahme vielleicht der Tanne.

Sie ist eine ausgesprochene Schattenholzart. Sie bildet deshalb bis ins hohe Alter dicht geschlossene und dichtbelaubte Bestände und erträgt direkte Überschirmung verhältnismäßig lange. Gegen plötzlichen Übergang aus der Überschirmung in volles Licht ist sie sehr empfindlich. Sie wird dann häufig durch Sonnenbrand beschädigt. Sie gehört deshalb ihrer Empfindlichkeit gegen Spätfrost und Dürre wegen entschieden zu den schutzbedürftigsten Holzarten des deutschen Waldes.

§ 793. Die Rotbuche blüht nach Sommern mit großer Jahreswärme im Frühjahre mit Blattausbruch reichlich, in der Regel aber nur an den in vollem Lichtgenusse stehenden Zweigen über 50jähriger Stämme. Die Knospen, aus welchen sich die Blüten entwickeln, sind dick angeschwollen, so daß man schon während des Winters erkennen kann, ob ein Buchenblütenjahr in Aussicht steht. Die Blüte wird indessen häufig vom Froste zerstört, so daß Buchenmastjahre fast so selten wie Eichenmastjahre sind. Sie treten im allgemeinen nur in Jahren ein, in welchen es vielen, wenn auch saueren Wein giebt, weil im Vorjahre das Holz gut ausgereift und die Blütezeit frostfrei verlaufen ist. Der ungeflügelte mittelschwere Samen, von welchem im Frühjahre 100 Kerne 13 bis 16 g und 100 l 40 bis 55 kg wiegen, fällt in guten Mastjahren in großen Massen, bis zu 20 hl pro ha, gleich nach der im Oktober stattfindenden Reife. Er entfernt sich nur bei Sturmwind weiter als 10 bis 15 m aus der Schirmfläche des Mutterbaumes und wird durch Auflesen oder Zusammenkehren unter demselben gesammelt und von den Menschen außer als Saatgut zur Ölbereitung verwendet. Auch stellen ihm Hoch-, Reh- und Schwarzwild, sowie Mäuse, Eichelhäher und Finken begierig nach. Das Wild bevorzugt allerdings der scharfen Kanten der Buchecker wegen die Eichel. Der Samen verdirbt durch Erhitzen in dichten Lagen und behält seine Keimfähigkeit nur bei sorgfältiger Aufbewahrung über Winter, wenn er auch, spät gesät, bei trockenem Wetter manchmal überliegt.

§ 794. In warmen nassen Wintern treibt die Buchecker manchmal die Keimspitze schon während des Winters aus. Dieselbe erfriert dann, wenn sie nicht bedeckt ist, und wird weniger leicht als diejenige der Eicheln durch Bildung von Seitenwurzeln ersetzt. Bei der Frühjahrssaat keimt sie in 5 bis 6 Wochen.

Das Würzelchen dringt nur schwer in einigermaßen festen oder verrasten Boden ein; dagegen durchdringt der Keimling, welcher im Gegensatze zur demjenigen der Eiche die Samenhülle mit den Keimblättern aus der Erde hebt, ihn überdeckende lockere Erd- und Laubschichten bis zu 6 cm Stärke, erstickt aber unter gleichstarken festen Erdschollen und Rasen.

In den ersten Tagen ist der Keimling, welcher je nach der Tiefe der Bedeckung früher oder später, in Massen in der Regel in der zweiten Hälfte des April und anfangs Mai erscheint, in all seinen Teilen außerordentlich saftreich. Es erfrieren dann, wenn Frost eintritt, nicht allein die Keimblätter, sondern auch die Stengelchen unterhalb derselben, wodurch die ganze Pflanze vernichtet wird. Nach einigen Tagen werden aber sowohl der Stengel wie die Keimblätter derber und widerstehen gelindem Froste. Das Federchen erfriert zwar, so oft die Temperatur unter den Gefrierpunkt sinkt; es bilden sich aber sehr häufig in den Achseln der Keimblätter neue Triebe, welche dasselbe ersetzen.

Dagegen bleiben die jungen Buchen noch lange gegen anhaltende trockene Hitze in hohem Grade empfindlich und gehen, wenn solche eintritt — selbstverständlich da am meisten, wo dichter Graswuchs oder feste Beschaffenheit des Bodens die Wurzel in den obersten Bodenschichten festhält, — massenhaft ein. Dem Ausfrieren ist die junge Buche wenig ausgesetzt. Sie dringt, wo der Boden locker genug ist, um aufzufrieren, im ersten Jahre tief genug in den Boden ein, um vom Froste nicht ausgehoben zu werden.

§ 795. Die junge Buche wächst anfangs ziemlich rasch, wird aber vom 20. Jahre an von den Nadelhölzern und auf schweren Böden auch von den Eichenarten überwachsen. Der Schaft ist, wo sie in dichten Besamungen aufwächst, dünn und für sich nicht imstande, die Last der Krone zu tragen. Umgekehrt verbreitet sie sich im Einzelstande sehr in die Äste und wird zum Wolfe.

In dichtem Schlusse schnürt sie die dort schwach bleibenden Äste ebenso glatt wie die Eiche ab und erwächst dort zu auffallend geraden, runden, vollholzigen und astreinen Stämmen. Starke Äste faulen, wenn sie dürr werden, regelmäßig ein und veranlassen eine oft sehr rasch um sich greifende Fäulnis des Holzes. Dieses selbst hat in freier Luft keine Dauer; daher rührt es, daß die Buche, obwohl sie Wundflächen ebenso rasch wie die Kiefer vernarbt, gegen Rindenverletzungen, welche den Holzkörper bloßlegen, sehr empfindlich ist.

§ 796. Die Buche treibt keine eigentliche Pfahlwurzel, dringt aber mit ihren Herzwurzeln in tiefgründigen Boden tief ein. Auf flachgründigem treibt sie weitausgehende Seitenwurzeln und wird dort nicht selten vom Winde geworfen.

Zur Bildung von Adventivknospen ist die Buche wenig geneigt. Sie treibt Ausschläge nur am jungen Holze und auch an diesem in der Regel nur in den Überwallungswülsten der Abhiebsflächen. Ihre Ausschlagfähigkeit verliert sie etwa zwischen dem 50. und 60. Jahre vollständig.

Als Brennholz gehört die Buche zu den vorzüglichsten Holzarten; das Raummeter Scheitholz wird in den Verbrauchsorten bis zu 20 M bezahlt. Dagegen ist der Nutzholzabsatz, obwohl das Buchenholz zum Hartholze zählt und bei hohem Umtriebe 60 % des Derbholzanfalls und darüber zu Nutzzwecken verwendbar sind, überall, wo nicht zufällig eine Buchennutzholz konsumierende Industrie sich niedergelassen hat, bei keiner Holzart gleicher Dimensionen gleich gering. Der Bedarf an Buchennutzholz ist so unbedeutend, daß in den meisten Buchenrevieren eine Menge vorzüglicher Stämme zu Brennholz aufgespalten werden muß. Die Preise des Buchennutzholzes übertreffen an den Verbrauchsorten denjenigen des Buchenscheitholzes in der Regel nicht um die Hälfte.

b) Betriebsarten und Umtriebszeiten.

§ 797. Unter allen deutschen Laubholzarten ist die Buche ohne allen Zweifel die am meisten verbreitete. In zahlreichen deutschen Waldgebieten, namentlich im Gebirge sind die Begriffe Laubwald und Buchenwald fast identisch. Sie bildet dort heute noch ausgedehnte Bestände, in welchen sie allein oder als weitaus vorherrschende Holzart vorkommt. In der ungeheueren Mehrzahl dieser Bestände wurde sie bisher selbst da, wo reichlich Eichen beigemischt waren, in der einfachen Samenschlagwirtschaft, ungleich seltener als Nieder- und Mittelwald und nur an sehr beschränkten Orten als Plenterwald bewirtschaftet.

Man schätzte die Buche als am meisten bodenbessernde und gleichzeitig diejenige Holzart, welche die Brennholzbedürfnisse des Volkes in vollkommenster Weise befriedigt, viel zu hoch, als daß man ihr auf ihr zusagendem Standort nicht alle ihr irgend hinderlichen Holzarten mit Ausnahme der Eiche und allenfalls der Esche und des Ahorns zum Opfer gebracht hätte.

§ 798. Für die weitaus größte Zahl der Standorte, welche diese Bestände jetzt einnehmen, ist die Zeit der reinen Buchenwirtschaft vorüber. Der immer noch zunehmende Wettbewerb der Steinkohle hat das Buchenholz als Produkt entwertet, und die Bedeutung der Buche selbst liegt heute nicht mehr in ihrer eigenen Produktion, sondern in ihrem Werte als bodenbesserndes Mischholz und dem Mehrwerte der Produktion derjenigen Holzarten, welche in der Mischung mit ihr, der „Mutter des Waldes“, erzogen werden.

Nach den Bedürfnissen dieser Mischhölzer und nicht nach denjenigen der Buche richtet sich daher die Wirtschaft in den meisten Beständen, in welchen sie bereits vorhanden sind, und man sucht sie, wo sie fehlen, spätestens bei der nächsten Verjüngung einzubringen.

Die gesamte Buchenwirtschaft ist mit anderen Worten in einer großen Krisis begriffen, welche ohne allen Zweifel damit enden wird, daß die reinen Buchenbestände und -Kleinbestände nach Abschluß der laufenden Umtriebszeit von der Bildfläche verschwinden und neuen Beständen Platz machen, in welchen die Buche, wenn sie auch in der ersten Hälfte der Umtriebszeit die Hauptmasse des Bestandes bildet, nicht mehr Selbstzweck, sondern Mittel zum Zwecke ist.

Diese Umwandlung zum mindesten vorzubereiten, ist die Aufgabe eines jeden Wirtschafters, welcher reine Buchenbestände zu bewirtschaften hat, für deren Besitzer nicht die Erzeugung von Buchenholz oder die Erfüllung der Schutzzwecke des Waldes ausschließlicher Wirtschaftszweck ist. Jeder andere Waldbesitzer wird mit Recht verlangen, daß in seinem Walde mehr gesuchte und besserbezahlte Hölzer als die Buche, wenn auch mit Hilfe derselben, erzogen werden.

§ 799. Wo die reine Buchenwirtschaft nach Maßgabe der Zwecke des Waldbesitzers heute noch am Platze ist, da ist in den Schutzwaldungen die Femelwirtschaft, in den Nichtschutzwaldungen die Samenschlagwirtschaft, beide mit langen speziellen Verjüngungszeiträumen Regel. In beiden Fällen liegt, wenn nicht ausnahmsweise die Erziehung starken Buchenholzes angestrebt wird, wo die Absatzverhältnisse die Herabsetzung der Umtriebszeiten gestatten, kein Grund vor, die Umtriebszeit über 80 bis 100 Jahre auszudehnen. Als Brennholz ist 80 bis 100jähriges Buchenholz besser als 120jähriges und der Bedarf an Buchennutzholz ist nicht groß genug, um die mit Umtriebszeiten von 120 Jahren verknüpften Verluste an Massenertrag und Brennholzwert zu decken. Jüngere Bestände erfüllen aber auch im Buchenwalde die Schutzzwecke des Waldes besser als ganz alte.

Im Samenwalde verlangt der reine Buchenbestand dichte Verjüngungen, aber um so vorsichtigere Reinigungshiebe und Durchforstungen, je später mit denselben begonnen worden ist. Erst wenn die Buchen sich für sich tragen können, ein Zeitpunkt, welcher in geschlossenen Verjüngungen auch auf besten Standorten selten vor dem 30. Jahre, bei sehr verspätetem Beginne der Durchforstungen und auf geringem Standorte aber manchmal erst nach dem 60. Jahre eintritt, darf außer unterdrücktem auch zurückbleibendes Material zum Hiebe gezogen werden.

Den Reinigungshieben speziell verfallen im Buchenwalde entwicklungsfähige Exemplare von Nutzholzarten mit Einschluß von Birke und Erle, einerlei ob Kernwuchs oder Stockausschlag, erst wenn sie hiebsreif sind.

Dagegen sind gegen Ende der Umtriebszeit starke Durchforstungen auch bei der Buche angezeigt, und bei keiner Holzart sind, namentlich in trockenem Klima, Vorbereitungshiebe notwendiger als bei dieser.

Im Niederwalde, welcher sich bei der Buche indessen nur auf den besten Standorten auf die Dauer durchführen läßt, ist die Umtriebszeit der Buche 30 bis 40=, im Mittelwalde 20 bis 40jährig. Sie ist in letzterem die zum Oberholze ungeeignetste Laubholzart, weil sie zu dicht belaubt ist, wenig wertvolles Nutzholz liefert, häufig durch Sonnenbrand beschädigt wird und Aufastungen nicht erträgt.

§ 800. Wo, wie in den meisten reinen Buchwaldungen die Notwendigkeit einer Änderung des Betriebes vorliegt, da werden es, wo die Nutzholz gebenden Lichtholzarten gedeihen, vorzugsweise die Überhalts= und mehr noch die Lichtungsbetriebe sein, in welche die Umwandlung vor sich zu gehen hat. Die Buche spielt in denselben in der zweiten Hälfte des Gesamtalters, welche der Hauptbestand erreicht, die Rolle des Bodenschutzholzes, kann aber in der ersten einen wesentlichen Teil, anfangs sogar die Hauptmasse des Bestandes ausmachen, wo sie nicht, wie auf geringeren Standorten der Eiche, der künftigen Hauptholzart vorwüchsig ist.

Ist die Umwandlung eines Buchensamenbestandes in einen Lichtungsbestand beschlossen, so werden diejenigen Teile desselben, in welchen die künftigen

Hauptholzarten in ausreichender Zahl vorhanden sind, nach den Regeln der Lichtungswirtschaft behandelt, also vor erreichtem Lichtungsalter in einer die Hauptholzart begünstigenden Weise durchforstet, beim Eintritte in dieses Alter unter Schonung der Hauptholzart und, wo dieselbe eine zu große Lücke läßt, auch einer guten Buche entsprechend gelichtet und auf natürlichem oder künstlichem Wege mit einem Bodenschutzholze versehen.

Ist das Alter, in welchem die Lichtung noch vorteilhaft erscheint, in solchen Bestandsteilen bereits überschritten, so wird zur Umwandlung ihre völlige Haubarkeit abgewartet, inzwischen aber durch allmählichen Freihieb unter Verschonung unterständiger Buchen unter ihnen für möglichst kräftige Entwickelung der Nutzholzarten und dafür gesorgt, daß diese bei der Hauptverjüngung in der nötigen Zahl nachgezogen werden können.

Die reinen Buchenpartieen dagegen, sowie diejenigen, in welchen die künftige Hauptholzart ungenügend vertreten ist, werden, da durch vorzeitige Verjüngung reiner Buchen irgend ins Gewicht fallende Zuwachsverluste nicht erwachsen, wo es die Rücksicht auf die Nachhaltigkeit der Wirtschaft und auf die Absatzverhältnisse gestattet, in der für die betreffende Lichtungswirtschaft passenden Weise verjüngt, sowie in den übrigen Teilen der erste Lichtungshieb stattfindet. Ist die Zeit desselben vorüber, so werden solche Partieen zweckmäßig, sobald als möglich in gleicher Weise jung gemacht. Über das Verhalten der Buche im Eichen-Lichtungsbetriebe ist in §§ 676 bis 678 das Nötige angegeben.

§ 801. Es giebt indessen auch Buchenstandorte, in welchen die Hauptholzarten der Lichtungsbetriebe, Eiche, Kiefer, Esche und Ahorn, nicht gedeihen.

Auch dort verzichtet man indessen heutzutage nicht mehr auf die Erziehung Nutzholz gebender Holzarten im Buchenwalde. Es sind dort aber vorherrschend die Schattenholzarten Tanne und Fichte und allenfalls die Lichtholzart Lärche, welchen die Aufgabe der Erzeugung hoher Nutzwerte mit Hilfe der Buche zufällt.

Es giebt keinen Buchenstandort, auf welchem nicht die eine oder andere dieser Holzarten gleichfalls gedeiht, und sie, wo sich dazu Gelegenheit giebt, in bisher reine Buchenorte in solcher Zahl einzusprengen, daß sie bis zur Haubarkeit den Hauptbestand bilden wird, ist Aufgabe eines jeden Buchenwirtschafters, bei dessen Maßnahmen der Preis des Holzes irgendwie ins Gewicht fällt.

Die günstigste Gelegenheit dazu ist die Periode der Verjüngung und zwar nicht nur die Zeit der Nachbesserungen in der fertigen Buchenverjüngung, sondern die ganze Verjüngungsperiode von den Vorbereitungsschlägen an. Namentlich die Tanne, welche in der allerersten Jugend entschieden langsamer als die Buche wächst, wird am zweckmäßigsten durch Vorverjüngung in der Zeit vor Stellung des Buchenbesamungsschlages eingebracht, während Fichte und Lärche zur Auspflanzung der nach der Verjüngung verbleibenden Lücken an für sie passenden Stellen verwendet werden. Buchenverjüngungen mit Buchen zu vervollständigen, ist auch dann, wenn sie anfangs den Hauptbestand bildet, nirgends angezeigt.

Aber auch später bietet sich noch Gelegenheit, die Nutzholzarten beizumengen. Schneedruck, sowie Duft- und Eisbruch und andere Beschädigungen durchlöchern nicht selten die Bestände und die so entstehenden Lücken sind auch bei reiner

Bestandswirtschaft bis über das Stangenholzalter hinaus Stellen, in welche wenigstens die Schattenhölzer Tanne und Fichte so eingebracht werden können, daß sie bis zur Haubarkeit des Bestandes noch nicht allein einen Ertrag abwerfen, sondern auch bei der Verjüngung für die Beimischung dieser Holzarten sorgen können. Daß bei der Wirtschaft der kleinsten Fläche auch später entstehende Lücken noch dazu benutzt werden können, liegt in ihrem Wesen.

§ 802. In allen Beständen dieser Art richtet sich die Verjüngungsmethode und auch sonst die ganze Wirtschaft nach den Bedürfnissen der Buche, nur daß man nötigenfalls durch Köpfen und Aushieb hinderlicher Buchen dafür Sorge trägt, daß bis zur Haubarkeit des Bestandes die Mischhölzer in demselben vorherrschen, und daß nicht die Buche, sondern die gegen Schluß der Umtriebszeit vorherrschende Holzart die Länge des Umtriebes bestimmt.

Im Eichen- und Tannenverjüngungen ist die Buche oft ein böses Unkraut, welches im Eichenwalde durch Köpfen und allmähliches Ausläutern zum Nebenbestande gemacht, im Tannenwalde aber durch anfangs auf die niedrigsten Stämmchen beschränkte Durchreiserungen und durch Aufastungen allmählich gelichtet und dann entfernt werden muß.

c) Verjüngung und Pflanzenerziehung.

§ 803. Es giebt mit Ausnahme der Weißtanne keine Holzart, welche sich auf günstigem Standorte so leicht, als die Rotbuche auf natürlichem Wege verjüngen läßt. Es ist das die Folge einmal des Umstandes, daß sie auf solchen Standorten eine sehr dunkele, die Beschädigungen durch Spätfrost und Hitze hindernde Schlagstellung erträgt und dann, daß sie in Vollmastjahren ungeheuere Mengen von gutem Samen erzeugt, nach dessen Keimung die jungen Pflanzen „wie die Haare auf dem Hunde" zu stehen pflegen.

Namentlich auf sehr kräftigen frischen Böden an Orten, in welchen infolge großer Luftfeuchtigkeit das dürre Laub sich rasch zersetzt und so ein permanent günstiges Keimbett schafft und infolge hoher Lage die Vegetation spät erwacht, hinterläßt jedes Buchenmastjahr ohne alle Bodenvorbereitung eine Menge von kräftigen Sämlingen, welche sich überall erhalten, wo im Bestande die kleinste Lücke sich findet. Die Buche verdrängt dort jede andere Holzart, wenn derselben nicht künstlich Luft gemacht wird.

§ 804. Wo der Standort ärmer oder trockener ist und die Vegetation frühzeitig erwacht, ist die natürliche Buchenverjüngung eine weit schwierigere. Es mißglücken dort in der Regel alle Verjüngungen geschlossener Bestände, in welchen der Vorbereitungshieb versäumt oder zu spät eingelegt wurde. In der hohen Schichte von reinem mildem Humus, welche dort zwischen Streudecke und Bodenkrume zu liegen pflegt, verbreiten sich die Wurzeln des Keimlings mit Vorliebe. Dieselbe erhitzt sich in hohem Grade und trocknet rasch aus. Dadurch geht aber eine Menge von Keimlingen zugrunde, wenn im Sommer des ersten oder zweiten Jahres auch nur Wochen anhaltende regenlose Witterung eintritt.

Dazu kommt, daß in solchen Lagen die Buchenkeimlinge meist schon erscheinen, wenn die Samenbäume noch unbelaubt sind und daß dort der Lichtbedarf der jungen Pflanze ein entschieden größerer ist und deshalb die Schlagstellung so gewählt werden muß, daß sie nicht überall vor Spätfrost schützt.

Infolgedessen richten dort auch die Spätfröste großen Schaden an und zerstören nicht selten die ganze Besamung. Diesen Mißständen läßt sich nur durch richtig und rechtzeitig geführte Vorbereitungshiebe (§ 303) und dadurch begegnen, daß die Keimung durch tiefe Bedeckung des Samens möglichst verzögert wird.

Bei den Vorbereitungshieben ist bei der Buche nur ganz junger, bis höchstens 6 bis 8jähriger Vorwuchs zu beachten. Älterer ist meist krummwüchsig und außer stande, sich zu erholen. Die wenig gerade gebliebenen Exemplare sind aber meist so sehr vorwüchsig, daß sie bei der Neigung der Buche zur Astverbreitung zu Wölfen werden. Einzelständige Vorwüchse sind, wo die Buche nicht bloß Schutzholz sein soll, aus gleichem Grunde immer unbrauchbar. Die Vorbereitungshiebe haben also bei der Buche in der Hauptsache nur den Zweck, den jungen Pflanzen das nötige Keimbett zu schaffen. Auf verunkrautetem oder vermagertem Boden empfiehlt es sich, nach Einlegung derselben den Boden durch Anlage von Schutzfurchen (§ 249) neu zu beleben.

§ 805. Das Unterhacken oder Übererden des Samens, das Unterbringen desselben durch Schweineeintrieb oder endlich die Vorsorge für Bedeckung desselben durch vorherige schollige Bodenbearbeitung, Maßregeln, welche in frischer Lage und auf kräftigem Boden meist vollständig entbehrt werden können, sind auf trockenen Standorten höchstens auf steilen Winterhängen entbehrlich. Auf Plateaus und in der Ebene muß unter solchen Verhältnissen der Samen zur Verhütung von Spätfröstén künstlich bedeckt, an Sommerhängen zur Verhütung von Trocknis außerdem in tiefgelockerte Erde gebracht werden.

Nur wo längere Zeit vor dem Besamungsschlage Schutzfurchen gezogen oder zur Tannenvorsaat erhöhte Streifen (§ 230) gemacht wurden, hält sich in solchen Lagen die junge Buche wenigstens in den vertieften Furchen und Gräben ohne neue Bodenbearbeitung, obschon auch in solchen Fällen der unter den nötigen Vorsichtsmaßregeln bis nach dem Samenabfalle ausgeübte Schweineeintrieb von günstigster Wirkung ist. Wo künstliche Bodenbearbeitung nach dem Abfalle des Samens nötig ist, muß einigermaßen bindiger Boden kurzgehackt werden (§ 274). Schollige Bearbeitung ist auf solchem Boden, weil das Federchen des Keimlings Schollen nicht zu durchdringen vermag, nur vor dem Samenabfalle thunlich.

§ 806. In frischen Lagen und auf sehr kräftigen Böden sind mit Rücksicht auf die Jungwüchse ganz dunkele, über die Stellung des Vorbereitungshiebes kaum hinausgehende Stellungen des Besamungsschlages mit regelmäßiger Verteilung der Samenbäume zulässig und mit Rücksicht auf die Zurückhaltung des Graswuchses wünschenswert. Es sind dann aber, spätestens vom dritten Jahre an, zur Erzielung eines Lichtungszuwachses ausreichende Nachhiebe, d. h. Schlagstellungen, bei welchen jeder Baum mindestens auf 2 bis 3 Jahre völlig freien Wachsraum hat, nötig. Eine große Ausdehnung der Angriffsflächen hat dort keinerlei Bedenken, weil die Abnützung des Materials ohne Schaden auf viele Jahre verteilt werden kann.

In trockener frostfreier Lage ist löcherweise Verjüngung mit baldiger völliger Freistellung der Mittelpunkte der regelmäßigen Verteilung der Samenbäume vorzuziehen. Die Jungwüchse genießen dadurch die wässerigen Niederschläge vollständiger und werden durch den Seitenschatten der geschlossen gehaltenen Particen vor Vertrocknung geschützt. Die nach der Lage wechselnde Länge dieses Seitenschattens bedingt dann die zulässige Breite der einzuhauenden Löcher, in welchen beim Besamungsschlage einzelne Stämme mit einem Minimalkronenabstande von 3 bis 5 m stehen bleiben können. Auf solchen Standorten größere Flächen auf einmal in Angriff zu nehmen als bis zum nächsten Samenjahr geräumt sein können, bringt dem Waldbesitzer durch Überfahrung des Marktes mit Buchenholz große Verluste.

§ 807. Wo auf trockenem Standorte Frostgefahr zu befürchten ist, ist neben tiefem Unterbringen des Samens und gründlicher Bodenlockerung auf eine Stellung des Besamungsschlages zu sehen, welche den Regen ortsweise den Zugang zum Boden gestattet, ohne die Frostgefahr zu vermehren.

Die Verjüngung der ganzen Hiebsfläche mit einem Schlage gelingt dort nur in sehr günstigen Jahren, in welchen sowohl Spätfröste, wie andauernde Hitze ausbleiben. Man verzichtet deshalb in solchen Fällen zweckmäßig auf die vollständige Besamung bei dem ersten Samenjahre und verjüngt gleichfalls durch Löcherhieb.

Man macht dann aber die Löcher wesentlich kleiner als in frostfreier Lage und zwar nicht größer, als sie durch Aushieb eines einzelnen starken vorherrschenden Baumes erzeugt werden, rückt sie aber näher zusammen. Es entstehen dann, weil in solch kleinen Lücken höchstens in den Centren erhöhte Frostgefahr besteht, wenigstens Gruppen von Aufschlag, zwischen welchen dann bei Eintritt eines zweiten Samenjahres die Verjüngung durch Erweiterung der Lücken fortgesetzt wird und aus welchen sich, wenn diese zweite Verjüngung fehlschlägt, immer noch ein Bestand mit starker Buchenbeimischung erziehen läßt.

Diese Art der Verjüngung ist der früher allgemein üblichen durch regelmäßige Verteilung licht stehender Samenbäume entschieden vorzuziehen. Mißlingt die erste Verjüngung, so ist dadurch der zweiten in keiner Weise präjudiziert, weil der vollkommene Schluß der unberührt gebliebenen Bestandsteile den Boden vor Verschlechterung schützt, während bei regelmäßiger Schlagstellung in solchen Lagen durch das Fehlschlagen der ersten Besamung die natürliche Verjüngung der Buche und damit die Buchennachzucht überhaupt durch Verwilderung des Bodens in der Regel unmöglich gemacht wird.

Unbrauchbare Vorwüchse sind bei dem Besamungsschlage abzuräumen.

§ 808. Die Nachhiebe haben spätestens stattzufinden, wenn der Aufschlag unter dem Schirmbestande not zu leiden beginnt, was bei der Buche an der Verkümmerung der Blätter und Knospen und der bleichen Farbe der ersteren, im Winter auch daran zu erkennen ist, daß, wenn gesunde Exemplare ihr Laub vollständig verloren haben, dasjenige kränkelnder noch haftet.

Sie dürfen aber, wo die Frostgefahr groß ist, in verstärktem Maße nicht vorgenommen werden, ehe die Pflanzen der Frosthöhe entwachsen sind. Verlangt der Aufschlag in solchen Lagen mehr Licht, so ist durch Aufastung und womöglich durch Lichtung in anstoßender frostfreier Lage zu helfen.

Den Endhieb pflegt man des bedeutenden Lichtungszuwachses der Buchensamenbäume halber nicht zu übereilen, schiebt ihn aber nicht gerne in die Zeit hinaus, in welcher die jungen Buchen die Fähigkeit verlieren, wenn sie umgeschlagen werden, sich wieder aufzurichten. Dieser Zeitpunkt tritt um so früher ein, in je dichterem Schlusse die Besamungen aufwachsen. Wo diese Vorsicht nicht beachtet wird, legen sich die Ausschläge nach dem Endhiebe von beiden Seiten in die bei der Fällung der letzten Samenbäume geschlagenen Gassen, wobei sie durch ihren Druck selbst solche Exemplare umdrücken, welche sich sonst nicht umlegen würden. Es entstehen so Streifen von der dreifachen Breite dieser Gassen, in welchen kein Baum zu normaler Entwickelung kommen kann.

§ 809. Wo also im Interesse des Lichtungszuwachses der Endhieb möglichst lange hinausgeschoben werden soll, muß durch frühzeitige Durchreiserung Sorge getragen werden, daß die jungen Pflanzen sich stets für sich tragen können. War diese Durchreiserung bisher unterblieben, so thut man wenigstens, wenn das Stammholz aus irgend einem Grunde nicht sofort ausgerückt werden kann, besser, den Endhieb noch weiter und zwar so lange hinauszuschieben, bis sich die kräftiger werdenden Stämmchen wieder tragen können. Um diesen Zustand rascher herbeizuführen, ohne der Verjüngung zu schaden, sind in der Zwischenzeit die noch vorhandenen Samenbäume so weit als thunlich aufzuasten und die Verjüngung wiederholt zu durchreisern.

Ist ein längeres Warten nicht angängig, so ist es unumgänglich nötig, daß alles gefällte Holz sofort aus den Dickungen gerückt und, wenn das nicht möglich ist, daß jedes umgedrückte Stämmchen, wenn es nicht wieder aufgerichtet werden kann, sofort hart an dem aufliegenden Stamme abgehauen wird. Der Stumpf richtet sich dann wieder auf und verhindert wenigstens die Bildung bis zum Boden reichender breiter Gassen.

Legen sich trotzdem die anstoßenden Jungwüchse um, so bleibt nichts übrig, als sie unter Schonung der sich allein tragenden so weit zu entgipfeln, daß der Stumpf aufrecht stehen bleibt. Setzt man sie ganz auf den Stock, so legen sich nach ihrer Wegräumung ihre Nachbarn in gleicher Weise in die breiter gewordene Gasse, während an den Spitzen der geköpften Buchen neue Ausschläge entstehen, welche die Lücke bald wieder schließen.

§ 810. Auf künstlichem Wege verjüngt man die Buche durch Saat nur da, wo ein nach Maßgabe des Standortes ausreichender Schirmbestand vorhanden ist. Die gebräuchlichste Saatmethode ist, wo ein brauchbares Keimbett vorhanden ist, das Einstufen in Entfernungen von 50 zu 50 cm, wobei man in jede Stufe etwa so viel Bucheckern bringt, als sich zwischen den fünf ausgestreckten Fingern fassen lassen.

Bei ungenügendem Keimbette muß die entsprechende Bodenvorbereitung vorhergehen und dabei vor allem darauf gesehen werden, daß der Boden rund um die junge Buche etwa 3 Jahre lang von starkem Rasen frei bleibt und daß, wo unter der Bodendecke Rohhumus vorhanden ist, dieser mit der Bodendecke abgezogen oder noch besser tief untergehackt wird.

Die Bearbeitung geschieht dann gewöhnlich streifen- oder plattenweise, und die Saat erfolgt entweder durch Einstufen in die vorher gelockerten oder durch Breitsaat und nachträgliches Unterhacken in die ungelockerten Platten und Streifen.

Die zweckmäßigste Saatzeit ist, wo Schwarzwild und Mäuse, namentlich aber Spätfröste nicht zu fürchten sind, entschieden der Herbst, andernfalls der Frühling. In letzterem Falle werden die Bucheckern auf luftigen, aber mäusesichern nicht zu trockenen Speichern und Tennen unter häufigem Umschaufeln und, falls sie zu trocken werden, unter zeitweisem leichtem Begießen überwintert.

§ 811. Auch die Pflanzung mit Jährlingen und zweijährigen Pflänzlingen findet allgemein nur unter Schutzbestand und auch dort nur unter günstigen Bodenverhältnissen statt und zwar die von Einzelpflanzen mit entblößter Wurzel mittels Klemmpflanzung, wo nötig, in bloßgelegte und gelockerte Streifen, diejenige von Büschelpflanzen durch Ballenpflanzung mit Hilfe des Heyerschen Hohlbohrers. Wildlinge sind dazu vollkommen brauchbar.

Dreijährige und ältere Pflanzen, welche bei ungünstigem Bodenzustande immer den Vorzug verdienen, werden allgemein nur durch Löcherpflanzung oder durch die Carl'sche Schutzgräbenpflanzung (§ 543) in den Boden gebracht. Es sind dazu außer Kamppflanzen mit der nötigen Sorgfalt ausgehobene Schlagpflanzen verwendbar, wenn sie stufig erwachsen und im Schlage annähernd in demselben Lichtgrade erwachsen sind, welchen sie auf dem neuen Standorte vorfinden.

Solche stufige Wildlinge sind aber nicht überall leicht zu finden und nicht überall abkömmlich.

In sehr dichtem Schlusse erwachsene Buchen haben zu dünne Stämmchen und zu hoch angesetzte Blattbüschel, um selbst unter Schirmbestand gut anzuwachsen. Sie werden vom Winde hin und hergeweht und dadurch ständig in den Wurzeln gelockert. In volles Licht gepflanzt, leiden sie außerdem, ebenso wie in Dunkelschlägen erwachsene Pflänzlinge durch Sonnenbrand.

Im Kampe nicht zu dicht erzogene Pflänzlinge sind deshalb Schlagpflanzen auch bei der Buche überall da vorzuziehen, wo ihr auf der Kulturfläche die Verhältnisse einigermaßen ungünstig sind oder wo eine rasche Entwickelung der Pflänzlinge nötig erscheint, also bei allen nicht ausnahmsweise günstig situierten Kulturen auf freier Fläche. Bei Unterpflanzungen dagegen, bei welchen die Buche nur als Bodenschutzholz dient, bei welchen es also auf ein rasches Wachstum der einzelnen Pflänzlinge nicht allzusehr ankommt, zieht man es, wo Buchenverjüngungen in großer Ausdehnung zur Verfügung stehen, im Allgemeinen vor, Schlagpflanzen zu verwenden. Die Beschaffung derselben ist um so viel billiger als diejenige von Kamppflanzen, daß man mit demselben Aufwande fast doppelt so viel Schlag- als Kamppflanzen pflanzen kann. Eng gepflanzte gesunde und kräftige Schlagpflanzen decken aber den Boden ebenso rasch und rascher als weniger dichte Pflanzungen von Kamppflanzen.

Ältere als 5jährige Pflanzen verwendet man indessen im allgemeinen nur im Notfalle, Heister nur in mit Weiderechten belasteten Waldungen und da, wo die dichtbekronte Buche vorhandene unliebsame Holzarten (Strauchhölzer u. dgl.) totmachen soll.

Die Buche will bei allen Pflanzmethoden nicht tiefer als in ihrem ursprünglichen Standorte in den Boden kommen. Tieferes Pflanzen ist ihr schädlich.

§ 812. Das **Beschneiden** der Wurzeln, welche bis zur Pflanzung frisch erhalten werden müssen, ist bei der Buchenpflanzung nach Thunlichkeit zu vermeiden, ebenso bei stufig gewachsenen Pflanzen das Beschneiden der oberirdischen Teile. Muß zur Herstellung des Gleichgewichtes zwischen den Ernährungsorganen am oberen Teile geschnitten werden, so stutzt man am besten die Gipfeltriebe ein, verschont aber sorgfältig die tiefangesetzten Zweige, deren Schatten das Anwachsen und Gedeihen der Pflänzlinge ungemein fördert.

Dieses Zurückschneiden der Gipfeltriebe muß stattfinden, wenn ausnahmsweise nicht stufig erwachsene Pflänzlinge verwendet werden müssen. Man stutzt dann aber immer über einer entwicklungsfähigen Knospe, weil die Buche im Jahre der Pflanzung nur sehr schwer Adventivknospen bildet, eine Eigenschaft, welche sie zur Stummelpflanzung ungeeignet macht.

Das obstbaumartige Beschneiden der Pflanzen vor der Pflanzung ist bei der Buche mehr als bei allen anderen Laubholzarten vom Übel.

Als Schattenholzart wird die Buche vorwüchsig nur gepflanzt, wo sie zwischen rascher wachsenden Schattenholzarten oder zwischen anfangs sehr dicht aufschießenden Strauchhölzern gepflanzt wird, gegen welche sie vorwüchsig oder welchen sie gleichwüchsig bleiben soll. In der Mischung mit wertvollen Lichtholzarten wie Eiche, Esche, Kiefer und Lärche erfüllt sie ihren Zweck am besten, wenn sie von Anfang an nur neben- und unterständig erzogen wird.

§ 813. Um Buchen im Kampe zu erziehen, ist frischer Boden und frostfreie Lage unbedingtes Erfordernis. Am besten sind im Seitenschatten anstoßender Bestände liegende, im Gebirge womöglich etwas nach Norden oder Nordwesten geneigte Flächen. Wo in den ständigen Forstgärten solche Flächen fehlen, sät man die Buche in Wanderkämpe und wählt dazu mit Vorliebe zufällige Lücken in haubaren Beständen.

Zur Saat wird der Boden auf 30 cm Tiefe gelockert. Die Einsaat erfolgt aus der Hand in 3 bis 4 cm tiefe und breite Rillen von 20 bis 25 cm Abstand so, daß der Samen in der Breite von 2 Bucheckern die ganze Rinnensohle bedeckt. Bei dieser Art der Einsaat werden pro Ar 12 bis 18 kg Bucheln verwendet und man erzieht so etwa 20000 bis 30000 Sämlinge. Die Rillen werden zweckmäßig durch Übersieben mit Komposterde oder einem Gemische von Erde und Rasenasche 2 bis $2^1/_2$ cm hoch geschlossen. Zu Vermeidung von Spätfrost ist die Keimung durch Frühjahrssaat oder bei der der schwierigen Überwinterung halber vorzuziehenden Herbstsaat durch Bedecken mit Reisig zu verzögern und jedes Beet, bis die Spätfrostgefahr vorüber ist, durch Saatgitter oder Bestecken mit Nadelholzzweigen zu schützen.

Diese Schutzmittel dürfen, wo der Standort nicht sehr frisch ist, nur sehr allmählich und dann nur bei trübem Wetter entfernt und in trockener Lage im ersten Sommer nur gelichtet werden. Sie werden im zweiten und, wo Spätfröste zu befürchten sind, auch im 3. Jahre vor Laubausbruch wieder angebracht, aber nach der Frostperiode rascher als im ersten Jahre beseitigt. Bis zum Abwerfen der Fruchthüllen müssen die Buchelsaatbeete gegen Wild, Mäuse, Häher und Bergfinken geschützt werden.

§ 814. Sorgfältiges Reinhalten der Kämpe vom Eintritte des Saftes an bis zum Herbste ist bei der Buche mit Rücksicht auf Frost und Hitze notwendig; dagegen empfiehlt es sich, auf leicht auffrierendem Boden von Anfang September an sprossendes Gras im ersten Jahre in den Beeten zu belassen. Wenn die einjährige Buche auch nicht annähernd so leicht ausfriert, wie gleichalterige Nadelhölzer, so ist sie doch dagegen nicht ganz gesichert.

Soll die Buche erst 4jährig verpflanzt werden, so pflegt man sie als 2jährig in Abständen von 20 auf 30 cm und, wo sie ausnahmsweise erst als Starkheister ins Freie kommt, etwa im 5. Jahre abermals in Abständen von 50 auf 80 bis 80 auf 80 cm zu verschulen. Sie ist auch als solcher stets nur schwach und in Pyramidenform zu beschneiden.

Ein vielfach angewendetes Mittel der Pflanzenbeschaffung ist auch das Verschulen der einjährigen Wildlinge, welche man natürlichen Besamungen an Orten entnimmt, wo man dieselben nicht zu erhalten beabsichtigt. Nach zwei Jahren geben solche Pflänzlinge ein vorzügliches Pflanzmaterial. Wildlinge als Keimlinge zu verschulen, halten wir nur bei anhaltend nasser Witterung für zulässig und nur in Ausnahmefällen für notwendig.

Im Ausschlagwalde verlangt die Buche den Hieb im jungen Holze; tief ausgehauene alte Stöcke versagen den Ausschlag.

Kapitel III. Die übrigen baumartigen harten Laubhölzer.

A. Die Hainbuche.

§ 815. Die Hain- oder Weißbuche (Carpinus Betulus L.) hat in ihrem forstlichen Verhalten viele Ähnlichkeit mit der Rotbuche; sie hat aber das Besondere, daß ihre Lebensdauer eine kürzere ist und daß sie sehr lange Umtriebe nicht erträgt. Sie ist ein Baum II. Größe, welcher selten große Längen und. noch seltener große Stärken erreicht.

Geradschaftig ist die Hainbuche nur in dichtem Schlusse. Freistehend verbreitet sie sich in viele Äste, schnürt dieselben aber im Schlusse ebenso vollkommen wie die Buche ab.

Sie vertritt die Buche hauptsächlich in nassen und Frostlagen und verlangt zu vollem Gedeihen feuchte Luft, frischen, mineralisch kräftigen und tiefgründigen Boden. Stauende Nässe ist ihr verhältnismäßig wenig schädlich; dagegen leidet sie fast in demselben Maße wie die Buche durch Sonnenbrand. Im Gebirge liebt sie vorzugsweise die Thäler, steigt aber in denselben nur bis zu mittlerer Höhe, in den Vogesen bis zu 660 m, also bedeutend weniger hoch hinauf als die Rotbuche. In der Ebene, z. B. im Hagenauer Forst, nimmt sie die Lagen ein, welche der Buche zu naß sind.

Die Hainbuche ist, wenn auch weniger wie die Buche, eine Schattenholzart; sie erwächst deshalb auf gutem Standorte in sehr dichten Beständen; sie bewahrt diese Eigenschaft aber nur in Standorten mit feuchter Luft und feuchtem kräftigem Boden im hinlänglichem Maße, um als Bodenschutzholz in Lichtholzbeständen Verwendung finden zu können. In armen und trockenen Böden, sowie in Hochlagen ist sie dazu nicht geeignet.

Die Hainbuche schlägt sehr kräftig vom Stocke aus und treibt auf sehr gutem Standorte bei tiefem Hiebe selbst Wurzelbrut.

Auch erträgt sie vermöge ihrer großen Reproduktionskraft die Kopf- und Schneidelwirtschaft und ist zur Anlage lebender Zäune sehr geeignet.

§ 816. Die Hainbuche trägt etwa vom 30. Jahre an fast alljährlich, häufig selbst an unterdrückten Bäumen, geflügelten Samen, welcher lange hängen bleibt, weit abfliegt, seine Keimkraft 2 bis 3 Jahre behält und überliegt. 100 Kerne ohne Flügel wiegen 4 bis $5^1/_2$ g, mit Flügel 6 bis 7 g, das Hektoliter ohne Flügel 45 bis 50 kg, mit Flügel 9 bis 12 kg. Der Samen wird von vierfüßigen Tieren, mit Ausnahme der Mäuse und Eichhörnchen, und wohl auch von Vögeln nicht angenommen.

Der Keimling nimmt die Samenlappen unter Zurücklassung ihrer Hülle mit aus der Erde. Letztere sind kurzgestielt aus herzförmig eingeschnittener Basis fast rund, die Primordialblätter gesägt. Der Keimling ist in den ersten Jahren sehr klein und hat in nicht gelockertem Boden eine sehr kurze Wurzel; er friert deshalb leicht aus, ist aber gegen Spätfrost fast gar nicht, gegen Graswuchs nur im ersten Jahr empfindlich, leidet dagegen durch Hitze.

Die Hainbuche siedelt sich deshalb in ihr zusagenden, genügend feuchten Örtlichkeiten ganz von selbst an. Sie bildet dort ein vorzügliches Füllholz in lichten Eichenverjüngungen. Man sammelt den Samen durch Abstreifen von stehenden und gefällten Bäumen, auch durch Auflesen.

Hainbuchen-Brennholz kostet in den Verbrauchsorten etwa 2 M pro Festmeter mehr als Buchen, Hainbuchen-Nutzholz zu welchem schon Hölzer von 18 bis 20 cm Durchmesser gehören, bis zu 50 M.

§ 817. Man findet die Hainbuche auf ihr zusagendem Standorte in allen Bestandformen, wenn auch rein meist nur horst- und gruppenweise. Sie findet sich dort selbst in Kahlschlagwaldungen reichlich durch Seitenbesamung ein und bildet dann in Lichtholzbeständen sehr willkommene bodenbessernde Unterstände. Im Buchendunkelschlagbetriebe wird sie meist vom 20. Jahre an von der Buche überwachsen und verfällt, weil sie die gewöhnliche Umtriebszeit der Buche nicht aushält, allmählich den Durchforstungen. Sie verschwindet so gegen Ende der Umtriebszeit aus dem Hauptbestande des Bestandsinneren, hält sich aber, wenn auch nur als Stockausschlag, an den Bestandsrändern, von welchen aus sie bei eintretenden Lichtungen ihr zusagende Stellen besamt.

Für die Zukunft dürfte die Bedeutung der Hainbuche vorzugsweise in ihrem Werte als Bodenschutzholz in den Lichtungsbetrieben liegen.

Namentlich zu Mischholz für die Eichensamenschlag-Lichtungsbetriebe ist sie, wo ihr der Standort zusagt, ganz entschieden besser geeignet als die Buche. Die Zeit ihrer ökonomischen Haubarkeit fällt etwa in das 60. bis 80. Jahr, also gerade in das Alter, in welchem die vollständige Freistellung der Eichen am zweckmäßigsten erfolgt. Dabei wächst sie zu keiner Zeit wesentlich rascher als die Eiche und verjüngt sich auf solchen Standorten ohne Schwierigkeit in nach den Bedürfnissen der Eiche gestellten Besamungsschlägen. Außerdem ist ihr Holz bis zu diesem Alter entschieden wertvoller, als dasjenige gleichalteriger Eichen und Buchen und sie fruktifiziert reichlich selbst da, wo sie von der Eiche überwachsen ist, und schlägt auch in höherem Alter reichlich vom Stocke aus. Sie kann deshalb in den Besamungen, aus welchen die Eichenlichtungsbestände bei der Hauptverjüngung hervorgehen, bis zur Lichtung weitaus vorherrschend erzogen werden; ja es genügt, da sie auch der jungen Eiche wenig gefährlich ist, wenn die Eichenbesamung fehlschlug, in die Hainbuchenbesamungen um wenig Jahre ältere Eichen einzeln in Verbänden von 3 bis 4 m im Quadrat einzupflanzen, um bis zur Lichtung einen zur Stellung des Hauptbestandes ausreichenden Eichenbestand zu erzielen. Bei einiger Vorsicht bildet sich dann bei und nach der Lichtung sehr leicht eine ausreichende Hainbuchenbesamung, welche durch die erfolgenden Stockausschläge vervollständigt wird.

Mit der Buche ist eine derartige leichte Behandlung der Lichtungsbestände leider auf den meisten Standorten nicht zulässig. Es ist deshalb in hohem

Grade zu bedauern, daß die ihr als bodenbessernde Holzart fast gleichstehende, sie aber an Holzwert und an verträglichem Verhalten gegen die Hauptholzart der Lichtungsbetriebe weit übertreffende Hainbuche so außerordentlich wählerisch inbezug auf den Standort ist.

Reine Hainbuchensamenhorste, welche sich besonders häufig da finden, wo auf frischem Boden in eingeschlossenen Thälern und sonstigen Forstlagen der Spätfrost die Buche zerstört, werden am zweckmäßigsten im 60. bis 80. Jahre verjüngt; es werden ihnen dann aber zweckmäßig mehr Nutzholz liefernde und länger aushaltende Lichtholzarten beigemischt, und zwar Eichen, Eschen, Ahorn, Lärchen in frostfreien, Kiefern in Frostlagen.

Auch im Ausschlagwalde ist die Hainbuche am besten als Unterholz im Mittelwalde und im zweihiebigen Niederwalde am Platze; sie erträgt nicht nur den Druck des Oberholzes, sondern gedeiht darunter in trockener Lage auch besser, als ganz im Freien; doch giebt sie, wo die Brennholzpreise hoch sind, auch im einfachen Niederwaldbetriebe hohe Erträge. Ihr Umtrieb beträgt dort 20 bis 40 Jahre.

Inbezug auf Durchforstungen und Reinigungshiebe gelten für sie dieselben Regeln wie für die Buche.

§ 818. Bei ihrer Unempfindlichkeit gegen Spätfrost siedelt sich die Hainbuche auf nicht stark verrastem Boden auf ihr zusagendem Standorte, d. h. auf auch in der Oberfläche frischem kräftigen Boden in feuchter Lage, nach Stellung des Vorbereitungsschlages überall von selbst an, wo man sie aus dem alten Bestande nicht mit Gewalt verdrängt hat. Selbst ziemlich dichter Graswuchs ist dort ihrer Verbreitung nicht hinderlich, so lange nur zwischen den einzelnen Grasbüscheln Lücken vorhanden sind, in welchen der Samen die nackte Erde erreichen kann. Will man, wo alte Hainbuchen ausreichend vorhanden sind, ein Übriges thun, so genügt eine leichte Bodenverwundung. Es ist dabei ziemlich gleichgiltig, ob der Samenschlag wie für die Buche dunkel oder wie für die Eiche licht gestellt wurde, weil an solchen Standorten die junge Hainbuche zwar recht vielen Schatten ertragen kann, aber keinen nötig hat.

Wo der Boden oberflächlich trocken ist, findet sich die Hainbuche in Buchen- und Eichenbesamungen nur in feuchten Jahren und auch dann, wenn nicht eine kräftige Bodenbearbeitung vorhergegangen ist, nur sehr spärlich ein. Ihr Erscheinen an solchen Stellen zu erzwingen, ist aber zwecklos; sie leistet dort in keiner Weise mehr, als Bodenschutzholz aber entschieden weniger als die Rotbuche.

Wo die Hainbuche nur Mischholz zwischen gleichalterigen Nutzholzarten ist, sind vorhandene Vorwüchse bei einigem Altersvorsprung auf den Stock zu setzen, als Unterholz dagegen, wenn sie keine kräftigen Ausschläge versprechen, sorgfältig zu schonen.

§ 819. Dagegen kann man häufig in die Lage kommen, die Hainbuche auf ihr zusagendem Standorte da künstlich anzubauen, wo sie durch die Durchforstungen und Lichtungshiebe auf ihr mehr als der Buche zusagendem Standorte aus den Lichtholzbeständen oder in solche umzuwandelnde Buchenbeständen verschwunden ist.

Bei genügender Beschaffenheit des Keimbetts genügt dann Vollsaat ohne Vorbereitung, bei ungenügender muß der Boden vorher streifenweise verwundet und event. gelockert werden.

In beiden Fällen empfiehlt es sich, den in der bekannten Weise übersommerten Samen im Herbste des 2. Jahres zu säen und denselben, wenn an den Kulturstellen nach der Saat nicht gehauen wird, mittels Eggen oder eiserner Harken oder durch dünnes Übererden leicht zu bedecken. Der Schweineeintrieb ist, so vorteilhaft er vor der Saat ist, nach Ausführung derselben nicht zu empfehlen, obwohl die Schweine den Samen nicht fressen. Sie bringen ihn zu tief in die Erde.

§ 820. Auch die Pflanzung ist bei Hainbuchenanlagen zweckmäßig. Die Hainbuche wächst bis ins Heisteralter hinein ungemein leicht an und erträgt Wurzelbeschädigungen besser als die meisten anderen Holzarten. Da sie ferner außerordentlich leicht oberirdische Teile ersetzt und deshalb bei stattgehabten Wurzelkürzungen unbedenklich auch oberirdisch eingestutzt und im Notfalle gestummelt werden kann und außerdem meist nur als Bodenschutzholz angebaut wird, ist bei ihr die Erziehung der nötigen Pflänzlinge im Kampe wenig gebräuchlich. Der erste beste nicht allzuschwächliche Wildling leistet dieselben Dienste wie die Kamppflanze und ist, wo die Hainbuche hingehört, überall leicht zu beschaffen.

Will man sie im Kampe erziehen, so wähle man frischen, aber nicht auffrierenden Boden und säe den übersommerten Samen (etwa $1^3/_4$ kg pro Ar) im Herbste in nicht zu tiefe Rillen. Bei richtiger Wahl der Saatstelle, zu welcher auch Wanderkämpe brauchbar sind, sind Schutzvorrichtungen gegen Hitze vollkommen entbehrlich. Schutz gegen Spätfrost hat sie nirgends nötig. Fürst[1]) empfiehlt, zur Erzielung guten Pflanzmaterials die Keimlinge, welche sich in zu ihrer Erhaltung noch zu sehr geschlossenen Althölzern oft massenhaft einfinden, mit Hilfe des Hohlbohrers zu verschulen.

Im Ausschlagwalde sagt der Hainbuche tiefer Hieb am meisten zu.

B. Die Esche und die Ahornarten.

a) Waldbauliche Eigentümlichkeiten.

1. Die Esche.

§ 821. Die Esche oder Steinesche (Fraxinus excelsior L.) ist ein Baum erster Größe. Sie hat sehr stark entwickelte Terminalknospen mit zwei gegenständigen Seitenknospen, welche beide gleich kräftig im Falle des Verlustes der Gipfelknospe diese zu ersetzen streben. Infolgedessen teilt sich die Esche, welche von frühester Jugend das entschiedene Bestreben hat, schnurgerade in die Höhe zu wachsen, in Gabeln, wenn die Endknospe oder der Endzweig zerstört wird. Die Seitenzweige streben, und darin unterscheidet sich die Esche wesentlich von den Ahornarten in die Höhe, sodaß sie bis über das Stangenholzalter hinaus nie breitkronig wird.

Die Esche hat eine tiefgehende Pfahlwurzel, an welcher sich ebenso wie an dem Wurzelstocke später mehrere Herzwurzeln ansetzen, welche auch aus besonders kräftig sich entwickelnden Seitenwurzeln entstehen.

---

[1]) a. a. O. S. 241.

Sie wird unter der direkten Einwirkung der Sonnenstrahlen leicht brandig und verlangt feuchten, tiefgründigen, lockeren und fruchtbaren Boden; auf trockenen, armen und saueren Böden gedeiht die Esche nicht. Sie liebt die Nähe der Quellen und Wasserläufe, bleibt daher im Gebirge in den Thälern, in welchen sie allerdings ziemlich hoch, in den Alpen bis 1200 m hinaufgeht, und bevorzugt in der Ebene die Tieflagen mit lehm- und kalkhaltigem Boden. In Böden, welche durch stehendes Wasser feucht gehalten werden, gedeiht sie nur, wenn dieselben reichlich Kali, Kalk oder andere Alkalien und alkalische Erden enthalten, welche die Humussäure neutralisieren.

§ 822. Verlorene Teile ersetzt die Esche leicht durch die Bildung neuer Knospen und Triebe. Sie schlägt deshalb gerne und kräftig vom Stocke aus und treibt unter besonders günstigen Verhältnissen selbst, wenn auch spärlich, Wurzelbrut. Sie läßt sich auch als Kopfholzstamm behandeln.

Beim Verpflanzen erträgt sie das Beschneiden der Wurzeln sehr gut; sie ist überhaupt sehr leicht zu verpflanzen und zwar sowohl als Lohde, wie als Heister und Hochstamm. Bei keiner Holzart ist es vorteilhafter als bei der Esche, beschädigte junge Exemplare auf den Stock zu setzen. Die sich bildenden Stockausschläge holen in kurzer Zeit die gleichalterigen Kernpflanzen ein.

Schnittwunden heilt sie rasch und leicht aus. Sie erträgt infolge davon das Schneideln sehr gut. Ihr Schaft ist von Anbeginn kräftig und biegt sich nicht so leicht, wie z. B. der der Eiche krumm, wenn bei der Aufastung zu weit gegangen und demgemäß der Gipfel überlastet wird.

Gegen Spätfröste sind die jungen Eschentriebe sehr empfindlich, obwohl bereits verholzte Pflanzen wegen ihrer großen Reproduktionskraft dadurch nicht getötet werden. An solchen Pflanzen veranlassen die Spätfröste hauptsächlich die Bildung von Gabeln, weil der Gipfeltrieb der Esche sich nicht wie der der Nadelhölzer später, sondern früher als die Seitentriebe entwickelt und deshalb häufiger dem Spätfroste zum Opfer fällt. Ältere Eschen entgehen in der Regel dem Spätfroste, weil sie erst sehr spät austreiben. Dagegen erfriert der Eschenkeimling bei Spätfrösten bis zur Wurzel, während die im Winter schon ziemlich tief bewurzelte einjährige Pflanze auch auf nassem Boden selten ausfriert.

Die Esche ist im allgemeinen noch lichtbedürftiger als die Eiche; da sie aber nur auf den besseren Standorten vorkommt, auf welchen jede Holzart mehr Beschattung ertragen kann, als auf geringerem, so sieht man sie auch manchmal als, wenn auch nur auf besten Standorten gutwüchsigen Unterstand unter lichtem Oberholze. Auf sehr gutem Standorte erholt sie sich aber, nachträglich frei gestellt, sehr rasch; sie läßt sich deshalb auch als Lückenbüßer in schon ziemlich herangewachsenen Schonungen verwenden; ihr an solchen Standorten in der Jugend sehr rascher Wuchs läßt sie die vorwüchsige Umgebung bei einiger Pflege bald einholen.

Ihr Baumschlag ist bis über das Stangenholzalter hinaus ziemlich licht. Sie eignet sich deshalb vortrefflich zum Oberholze im Mittelwald.

§ 823. Die Esche trägt vom 40. bis 50. Jahre an fast alljährlich reichlich geflügelten und sich deshalb ziemlich weit verbreitenden Samen, welcher in der Regel seine Keimkraft 1 bis 3 Jahre behält und wie der Hainbuchensamen gesammelt und, weil er gleichfalls in der Regel überliegt, übersommert wird. Derselbe reift im Oktober, fliegt aber meist erst im Februar und März ab. 100 Kerne mit Flügel wiegen $6\frac{1}{2}$ bis $7\frac{1}{2}$ g, der Hektoliter 15 bis 16 kg.

Die junge Esche nimmt ihre ziemlich großen länglich-eiförmigen gestielten, anfangs hell-, später dunkelgrünen Keimblätter mit aus dem Boden; ihre ersten Blätter (die Primordialblätter) sind noch nicht gefiedert, sondern ganz, etwa von der Form der Fiederblättchen eines gewöhnlichen Eschenblattes.

Sie wird im ersten Jahre bis 30 cm, im zweiten bis 1 m hoch und hat eine kräftige Wurzel, welche nicht allzudichte Rasen zu durchdringen vermag. Dagegen ist der oberirdische Teil der jungen Esche nicht besonders kräftig und erträgt deshalb keine zu starke Bedeckung. Unterhacken des abgefallenen Eschensamens ist daher nicht rätlich; dagegen ist sie bei ihrer Empfindlichkeit gegen Spätfröste, welche bekanntlich durch starken Graswuchs befördert werden, für Vertilgung des letzteren durch kräftige Bodenbearbeitung vor dem Samenabfalle recht dankbar, obwohl sie später darunter nicht leidet.

Die Esche liefert vorzügliches Nutzholz, das bis 100 M an den Verbrauchsorten bezahlt wird, und Brennholz so gut und teuer wie die Buche. Sie verdient daher an geeigneter Stelle vermehrten Anbau, namentlich als Mischholz in Buchenbeständen besten Standorts.

2. Der Bergahorn.

§ 824. Der Bergahorn (Acer Pseudoplatanus L.) hat mit der Esche in forstwirtschaftlicher Beziehung manches gemeinsam. Wie diese an frische und fruchtbare Böden gebunden und entschiedene Lichtpflanze, bildet der Bergahorn fast noch seltener als diese reine Bestände. Er erwächst, wie die Esche, zu einem Baume erster Größe und treibt wie diese, namentlich in früher Jugend, einen deutlich sich hervorhebenden Schaft aus gerade aufschießenden Gipfelknospen. Seine Äste treiben aber fast wagrecht aus, sodaß er viel mehr Wachsraum als die Esche beansprucht. Dabei ist sein Schaft schwächer, so daß er sich leichter unter der Last der Äste biegt. Beim Beschneiden junger Bergahorne muß man deshalb vorsichtig zu Werke gehen und sich oft auf ein Einstutzen der Seitenäste beschränken.

Der Bergahorn hat in der Jugend eine Pfahlwurzel: dieselbe teilt sich bei ihrem späteren Wachstume in mehrere sehr tief absteigende Herzwurzeln, welche sich nicht weit verzweigen. Der Bergahorn verlangt daher wie die Esche einen tiefgründigen oder doch bis in große Tiefe zerklüfteten Boden; derselbe darf sehr steinig sein, wenn nur die Feinerde fruchtbar und wie der Boden der Esche frei von Säuren ist. Dagegen genügt ihm ein einigermaßen frischer Boden; eigentlich nasse Böden liebt er nicht, wenn er auch häufig auf quelligen Böden gefunden wird. Er geht im Gebirge bis über die Buchenregion hinaus, folgt ihr aber nicht in die Ebene hinab. So lange die Rinde glatt ist, leidet der Bergahorn durch Rindenbrand.

Seine Reproduktionskraft ist groß, wenn auch geringer als die der Esche. Der Bergahorn verheilt deshalb Beschädigungen durch Viehverbiß u. s. f. weniger leicht und verlangt mehr Vorsicht bei der Verpflanzung. Die Schwierigkeit derselben wird noch dadurch vermehrt, daß die Faserwurzeln fast alle an den Wurzelenden sitzen. Frühzeitiges Verschulen der Pflänzlinge ist bei dem Bergahorn mehr als bei der Esche Bedürfnis.

Die Stockausschläge erfolgen in der Hauptsache am Wurzelhalse.

Der Bergahorn wächst in der ersten Jugend merklich, später nur wenig rascher als die Buche. Er muß deshalb als Lichtpflanze vorwüchsig angebaut werden.

Zur Aufforstung von Geröllwänden im Urgebirge und im plutonischen Gesteine ist er bei genügender Frische des Untergrunds vorzüglich geeignet. Es genügen dann einige Hände voll Erde, um ihn anwachsen zu lassen. Seine tiefgehenden Wurzeln finden zwischen den Steinen die nötige Nahrung.

§ 825. Der Bergahorn trägt vom 40. bis 50. Jahre an fast alljährlich etwas, in jedem zweiten Jahre vielen geflügelten Samen, der seine Keimfähigkeit bis zum 2. Frühjahr behält und nur dann überliegt, wenn er bei der Überwinterung zu trocken gehalten wurde. Derselbe reift im September, fliegt aber häufig erst im Winter ab, 100 Kerne mit Flügel wiegen 10 bis 11, ohne solche 20 bis 24 g, der Hektoliter mit Flügel 13 bis 14, ohne solche 42 bis 50 kg.

Die Keimblätter, welche wie die der Esche über den Boden herausgehoben werden, sehen den Keimblättern dieser Holzart sehr ähnlich, sind aber nicht wie diese mit einem sondern mit 3 Hauptnerven versehen. Die Primordialblätter haben die Bezahnung gewöhnlicher Bergahornblätter, sind aber nicht gelappt, sondern aus eiförmiger Basis lang zugespitzt.

Die Wurzel des Keimlings, welcher 5 bis 6 Wochen nach der Frühjahrssaat erscheint, ist weniger kräftig als bei der Esche, so daß der Bergahorn in der Regel nicht auf verastem Boden keimt. Dagegen erscheint natürlicher Anflug gerne auf nacktem oder mit dünner Laubschichte bedecktem Boden, ebenso in dünnem Moose. Er hält sich dort, ohne daß die Wurzel tief in den mineralischen Boden eindringt, in hinlänglich feuchter Luft lange, wenn er nicht vorher durch Spätfrost vernichtet wird, gegen welchen der Keimling recht empfindlich ist. Im übrigen schadet Graswuchs dem Bergahorne wenig.

Das Holz des Bergahorns wird faß ebenso hoch, wie das der Esche bezahlt.

3. Der Spitzahorn.

§ 826. Der Spitzahorn (Acer platanoides L.) unterscheidet sich in forstlicher Beziehung von dem Bergahorn vor allem dadurch, daß er sich mit geringerer Sommerwärme begnügt und deshalb weiter nach Norden geht als dieser. Dagegen steigt er im Gebirge nicht so hoch hinauf, in den Vogesen etwa bis 700 m. In der Ebene ist er häufiger als der Bergahorn, wohl nur deshalb, weil er, außer als Keimling, gegen Spätfröste entschieden weniger empfindlich ist.

Er ist inbezug auf die Bodenfeuchtigkeit weniger wählerisch als der Bergahorn, begnügt sich mit weniger tiefgründigen Böden und kann Schatten besser und länger ertragen.

Seine Krone ist dichter und ebenso wie sein Schaft regelmäßiger als diejenigen des Bergahorns, welchem er im übrigen in seinem forstlichen Verhalten und seinem Holzwerte sehr ähnlich ist.

4. Der Feldahorn.

§ 827. Der Feldahorn oder Maßholder (Acer campestre, L.) tritt nur in der Ebene und niedrigen Gebirgen auf frischem, sehr kalkhaltigem, kräftigem Boden, der nicht sehr tiefgründig zu sein braucht, als Baum 2. Größe auf; sonst bleibt er meist strauchartig, verhält sich dort aber ähnlich wie der Spitzahorn, nur daß er seltener Samen trägt, noch flacher bewurzelt ist, noch mehr Schatten erträgt, weniger hoch wird und viel reichlicher Stockausschläge und Wurzelbrut liefert. Er ist als Brenn- und Nutzholz gleich gesucht.

Ihm nahe verwandt ist der in Südwestdeutschland auf Felsen der Grünsteine vorkommende, sonst ziemlich seltene dreilappische oder französische Ahorn (Acer monspessulanum, L.) mit noch besserem Holze.

b) Betriebsarten und Umtriebszeiten.

§ 828. Sowohl die Esche, wie die Ahornarten sind vorzugsweise Mischhölzer und zwar als Lichtholzarten hohen Nutzwertes vor- und gleichwüchsige Mischhölzer zwischen anderen Holzarten, insbesondere im Buchen-, die Ahorne auch im Tannen- und Fichtensamenwalde und im Mittelwald- und Niederwaldbetriebe. Sie bilden in denselben und zwar die Esche entschieden häufiger als die Ahorne, nur ausnahmsweise reine Horste und Kleinbestände für sich.

Ihre Bewirtschaftung richtet sich daher, sowohl was Betriebsart, wie was Umtriebszeit betrifft, nach der Hauptholzart der Bestände, in welchen sie vorkommen. Mit Ausnahme des Maßholders halten sie die gewöhnliche Umtriebszeit des Buchenhochwaldes recht gut aus; sie werden darum ihres hohen Wertes halber sorgfältig bis zur Wiederverjüngung reserviert und bilden, und darin liegt ihre Hauptbedeutung, als ausgesprochene Lichtholzarten auf ihnen zusagendem Standorte das Material, aus welchem sich, wo die Eiche fehlt, in den Lichtungsbetrieben der Hauptbestand und in den Überhaltsbetrieben mit abgekürzter Umtriebszeit der Überhalt gewöhnlich zusammensetzt.

Dagegen gehen sie in den gewöhnlichen Überhaltbetrieben in der Regel nicht in den neuen Bestand über, weil sie einen zweiten Umtrieb der Hauptholzarten nicht aushalten und eines solchen zur Erzeugung der gesuchtesten Sortimente auch nicht bedürfen.

Im Mittelwalde gehört namentlich die Esche zu den wertvollsten Oberholzbäumen. Man läßt in denselben die Esche, den Berg- und Spitzahorn bis 120jährig, den Maßholder bis 80jährig werden.

Wo in Samenwaldungen Esche und Ahorne in Horsten von so großer Ausdehnung vorherrschend vorkommen, daß in denselben eine individuelle Wirtschaft möglich ist, ist ohne Zweifel der Lichtungsbetrieb in 100- bis 120-jährigem Umtriebe mit Lichtungsbeginn in der halben Umtriebszeit und Unterbau mit Buchen oder Hainbuchen die zweckmäßigste Wirtschaft. Sie verlangen dort dieselbe Behandlung wie die Eiche und sind für ein dichtes Bodenschutzholz ebenso dankbar.

Im Faschinenmittelwalde verlangen sie im Unterholze mindestens die doppelte Umtriebszeit der Strauchhölzer. Im gewöhnlichen Mittel- und Niederwalde, für welche übrigens die Esche entschieden mehr als der Ahorn geeignet ist, beträgt die Umtriebszeit 20 bis 40 Jahre.

§ 829. Eine häufige und ihr dann meist vorwüchsige Begleiterin der Esche auf ihr besonders günstigen Standorten ist die Schwarzerle. Die Esche ist dort, wenn die Erle in großer Zahl vorhanden ist, wenn nicht rechtzeitig geholfen wurde, fast immer zum Nebenbestande geworden, läßt sich aber durch allmähliche Lichtung und schließlichen Aushieb der Erlen nach und nach zum Hauptbestande erziehen. Diese Umwandlung erfordert jedoch sehr langsames Vorgehen und mißlingt immer, wenn den unterdrückten Eschen zu rasch Luft gemacht wird. Sie erholen sich dann zwar sehr rasch, treiben aber unter dem vermehrten Luftzutritte so starke Kronen, daß sie die schwachen Schäfte nicht tragen können.

Im Ausschlagwalde ist es unter gleichen Verhältnissen zweckdienlich, die Eschen einige Jahre vor dem Abtriebe auf den Stock zu setzen und gleichzeitig die Erle durch Aushieb eines großen Teiles der Ausschläge eines jeden Stockes so weit zu lichten, daß die Eschen kräftig vom Stocke ausschlagen können. Die Eschenlohden sind dann beim vollständigen Abtriebe der Erlen vorwüchsig und erstarken genügend, um die neuen Ausschläge derselben in Schach zu halten.

Bei rechtzeitiger Lichtung der Erlen gelingt es indessen in der Regel, die Eschen auch bei gleichzeitigem Abtriebe beider Holzarten zu erhalten.

c) Verjüngung und Pflanzenerziehung.

§ 830. Die Esche und die Ahornarten haben inbezug auf die Verjüngung neben annähernd gleicher Größe des Samens das gemeinsam, daß ihre frühzeitig erscheinenden Keimlinge durch Spätfrost oft vollständig zerstört werden, während sie darunter später, die Esche noch mehr als die Ahornarten, weniger leiden.

Der auf Kahlflächen fallende Samen liefert deshalb in der Regel keine Besamungen, weil der Keimling fast immer erfriert. Dagegen hält sich trotz ihrer Eigenschaft als Lichtpflanzen unter nicht zu dichten, aber gegen Spätfrost schützenden Schirmbeständen erscheinender Anflug auf sehr frischem und kräftigem Boden vorzüglich. Dieser Anflug erscheint aber nur, wo der Samen die nackte Erde erreichen kann. Der Ahorn keimt zwar auch im Laube, krümmt dann aber seine Wurzeln um die einzelnen Blätter herum und verdorrt, wenn das Laub austrocknet, ehe die Spitze den Boden erreicht hat.

Auf weniger günstigem Standorte dagegen verlangen sie zu viel Licht, als daß der mit Rücksicht darauf zulässige Schirmbestand sie gegen Spätfrost schützen könnte.

Das ist der Grund, warum an solchen Orten natürliche Verjüngungen und Saaten dieser Holzarten in der Regel fehlschlagen. Die letzteren dürften dort am ehesten gedeihen, wenn sie im Seitenlichte vorhandener Bestandslücken in die Schirmfläche nicht allzu hochkroniger Stämme gemacht werden. Die Keimlinge erhalten so das nötige Licht von der Seite, ohne durch Spätfröste zerstört zu werden. Sie müssen dann aber sehr rasch, spätestens im 3. Jahre, nach oben freigestellt werden. Das bei anderen als Keimlinge frostempfindlichen Holzarten oft zum Ziele führende Mittel, durch späte Saat die Keimung so lange hinauszuschieben, bis die Spätfrostgefahr vorüber ist, ist bei der Esche, welche in Gruben übersommert, oft sehr frühzeitig keimt, nicht zulässig und bei den Ahornarten meist erfolglos, weil spät gesäter Samen meist überliegt und im zweiten Frühjahre erst recht frühzeitig aufläuft.

Auf alle Fälle verlangt die natürliche Verjüngung sowohl, wie die Saat bei Esche und Ahorn zu sicherem Erfolge nackten und oberflächlich wenigstens einigermaßen lockeren Boden und ausreichenden Schutz gegen Frost. Man sät sie, da sie meist nur als Einsprenglinge dienen, auf verwundete und gelockerte Platten, Stocklöcher u. dergl., den Ahorn wohl auch in mit etwas Erde gefüllte Löcher etwaiger Geröllpartieen.

Vorwüchse dieser Holzarten sind, auch wenn sie allein stehen, erhaltenswert, sofern sie sich allein tragen können und normal gewachsen sind. Schwächliche oder krummgewachsene Vorwüchse namentlich der Esche setzt man besser auf den Stock; die Ausschläge erreichen dann oft schon im ersten Jahre die Höhe des abgehauenen Kernwuchses.

§ 831. Im allgemeinen wird indessen bei der künstlichen Vermehrung von Esche und Ahorn fast nur die Pflanzung angewendet, und zwar pflanzt man von beiden Gattungen nicht gerne Pflänzlinge ins Freie, welche die gewöhnliche Höhe des Grases noch nicht überschritten haben, trägt aber kein Bedenken, sie als Starkheister zu verpflanzen.

Beide verlangen — die Esche, weil sie vorherrschend auf bindenden Böden eingebracht wird, der Ahorn, weil er den Wurzelschnitt schlecht erträgt, tiefe und weite Pflanzlöcher; die Klemmpflanzung ist bei ihnen, wo nicht besonders günstige Verhältnisse die Jährlingspflanzung zulässig machen, nicht am Platze.

Zur Pflanzung werden bei den Ahornarten ausschließlich, bei der Esche vorherrschend Kamp- und zwar Schulpflanzen verwendet. Dieselben ertragen bei der Esche einen vorsichtigen obstbaumartigen Schnitt recht gut, während man sich bei den Ahornarten zweckmäßiger mit dem Einstutzen zu langer Zweige und dem Wegschneiden zweiter Gipfel begnügt. Verwendet man Wildlinge, welche bei der Esche recht gut anwachsen, aber einige Jahre kümmern, so dürfen dieselben nicht aus zu dichten Verjüngungen entnommen werden, wenn man der Notwendigkeit enthoben sein will, sie zu verpfählen oder als Stummel zu verpflanzen, wozu sich übrigens die Esche recht gut eignet.

Der Ahorn verlangt besondere Sorgfalt beim Ausheben und will wie die Esche, lieber etwas zu tief als zu hoch gepflanzt sein. Eine kleine Vertiefung um die Pflanze herum zur Festhaltung der wässerigen Niederschläge ist beiden willkommen. Um beide Gattungen in der Mischung mit Buche und Hainbuche vorwüchsig zu erhalten, ist ein Altersvorsprung derselben nicht nötig. Die Esche überholt auf ihr passendem Standorte um 50 cm vorwüchsige Buchen und ist dort zur Auspflanzung kleiner Lücken trotz ihrer Eigenschaft als Lichtpflanze vorzüglich geeignet. Nur muß ihr in den ersten Jahren der Kopf frei gehalten werden.

§ 832. Esche und Ahorn werden womöglich in ständigen Kämpen erzogen und darin auf frischen, gut gedüngten und gelockerten Boden zweckmäßig unter Saatgitter gesäet oder bis die Frostgefahr vorüber ist so dicht besteckt, als zur Verhütung von Frostschaden nötig ist. Später werden die Schutzmittel hinweggenommen, aber im zweiten Frühjahre während der Frostperiode erneuert.

Die Saat, zu welcher man bei der Esche nur übersommerten Samen verwendet, erfolgt in 2 bis 3 cm tiefe einfache Rillen von 15 bis 20 cm Abstand derart, daß die Samen etwa die Hälfte der Rillensohle bedecken, wenn die Pflänzlinge 2jährig aus den Saatbeeten kommen, bei Verwendung derselben in einjährigem Alter um die Hälfte dichter. Die Bedeckung geschieht durch Übersieben mit Kompost oder mit Rasenasche gemischter lockerer Erde, welche, wo der Boden etwas trocken ist, zweckmäßig festgedrückt wird. Der Ahornsamen wird wohl auch einzeln in 15 bis 20 cm von einander entfernten Reihen in 3 bis 4 cm Abstand so in den Boden eingedrückt, daß die Hälfte der Flügel sichtbar bleibt. Man verwendet von beiden Gattungen etwa $1^3/_4$ kg pro Ar und erzielt damit etwa 8000 Ahorn- und 11000 Eschenpflänzlinge.

Im 2. oder spätestens 3. Frühjahre werden die jungen Eschen und Ahorne in der gewöhnlichen Weise in Abständen von 15 zu 15, bezw. 30 zu 30 cm verschult. Eines Schutzes gegen Spätfröste bedürfen sie nur, so lange sie die Höhe von 25 bis 30 cm noch nicht überschritten haben.

Zur Eschen- und Ahornerziehung sind nur mineralisch kräftige nicht rasch austrocknende Böden verwendbar; bei der Esche speziell verdienen einigermaßen bindige Böden entschieden den Vorzug. Sind solche in den ständigen Forstgärten nicht vorhanden, so ist die Benutzung von Wanderkämpen geboten, welche dann aber gegen Wild- und Weidevieh gut verwahrt werden müssen.

Die Esche hat man auch schon mit Erfolg Juni und Juli als Keimling verschult, zu welchen man das Material aus natürlichen Verjüngungen entnommen hat. Gleichmäßige Feuchtigkeit der Schulbeete ist für diese Art der Verschulung unbedingtes Erfordernis.

C. Die Rotulmen.

§ 833. Die Rotulmen (Ulmus campestris L.), d. h. die deutschen Rüsterarten mit hartem dunklem Holze: Bergulme (Ulmus montana Sm.), Feldulme (U. campestris Sm.) und Korkulme (U. suberosa Mönch.) erwachsen gleichfalls, die Feldulme am häufigsten zu Bäumen erster Größe, aber mit meist unregelmäßigem Schafte. Ihre Bewurzelung besteht aus mehreren sehr tief gehenden Herzwurzeln, zu welchen in höherem Alter flachstreichende Seitenwurzeln kommen. Sie verlangen tiefgründigen, fruchtbaren und frischen bis feuchten Boden und lieben warme Lagen, leiden aber mit am wenigsten unter stauender Nässe und Überschwemmungen, ebensowenig durch Sonnenbrand.

Sie gehen im allgemeinen nicht gerne in die Berge und finden ihre weiteste Verbreitung in den Auwaldungen der Flüsse. Im Gebirge bleiben sie in den Thalsohlen, in welchen die Bergulme allerdings bis zu bedeutenden Höhen ansteigt. Sie ertragen weniger Schatten als Buche und Hainbuche, aber mehr als Esche und Ahorn und haben dichtere Kronen als diese.

Die Rotulmen tragen vom 30. Jahre an fast alljährlich vielen sehr kleinen, aber breit geflügelten Samen, von welchem 100 Kerne mit Flügeln nur 0,6 g wiegen. Derselbe reift sehr frühe, oft schon im Mai, und fliegt sehr rasch ab. Frisch gesammelt, zersetzt er sich auf Haufen und in Säcken in wenigen Stunden und verdirbt.

Gleich gesät, läuft er, gehörig feucht gehalten, sehr bald, also noch im Jahre der Reife auf, vermag aber in verrasten und verhärteten Boden nicht einzudringen. Die junge Pflanze ist sehr klein und hat ganz kleine, wenig gekerbte, verkehrteiförmige, gestielte Keimblätter. Die Primordialblätter gleichen in der Form den übrigen Ulmenblättern, sind aber sehr klein. Der Ulmensamen läuft deshalb nur auf nacktem Boden auf. Im ersten Jahre erreicht die Ulme eine Höhe von 20 cm. Die Spätfröste schaden den Ulmenarten wenig, dagegen sind sie gegen Trockenheit und deshalb auch gegen Graswuchs empfindlich. Der Saft steigt sehr frühe, weshalb man die Ulmen im Herbste verpflanzt.

Der Wuchs der Rotulmen ist in den ersten Jahrzehnten ein sehr rascher. Sie erreichen in freiem Stande manchmal in 6 Jahren eine Höhe von 3 m. Sie zeigen aber entschiedene Neigung frühzeitig flache Kronen und gekrümmte Schäfte zu treiben. Zur Bildung gerader Schäfte und astreiner Stämme verlangen sie daher dichten Schluß oder künstliche Nachhilfe. Sie besitzen eine große Reproduktionskraft in allen ihren Teilen, lassen sich deshalb bis über das Heisteralter hinauf gut verpflanzen, namentlich auch durch Absenker vermehren und treiben reichlich Stockausschlag und an verletzten Wurzeln Wurzelbrut. Das Rotulmenholz ist als Nutz- und Brennholz gleich gut. Die Rotulmen verdienen daher vermehrten Anbau. Sie sind vorzügliche Alleebäume, haben aber Neigung zur Bildung von Wasserreisern.

§ 834. Auch die Rotulmen sind vorzugsweise Mischhölzer. Vermöge ihrer Stellung zwischen Licht- und Schattenholz, welche auf den vorzüglichen Standorten, auf welche ihr Vorkommen beschränkt ist, ganz besonders scharf zutage tritt, sind sie aber in allen mehralterigen Betrieben sowohl im Oberholze, wie im Unterholze zu finden.

Insbesondere ist das in den Mittelwaldungen der Flußauen der Fall. Man läßt sie dort im Oberholze fast das höchste Alter des Eichenoberholzes erreichen und kann sie im Unterholze ihrer starken Ausschlagfähigkeit halber in jedem im Mittelwalde überhaupt üblichen Umtriebe bewirtschaften.

Im Hochwalde werden sie in den Umtrieben der vorherrschenden Holzart bewirtschaftet. Zu den eigentlichen Lichtungsbetrieben sind sie aber ihrer Neigung zur Astverbreitung und Klebreiserbildung wegen entschieden weniger geeignet, als namentlich Eiche und Esche. Ihre Hauptbedeutung liegt in ihrer Verwendung als Einsprengling im gleichalterigen Laubholzhochwalde und als Oberholz im Mittelwalde.

§ 835. Die den Rotulmen zusagenden Standorte sind ihrer Natur nach sehr graswüchsig; sie verjüngen sich deshalb auf natürlichem Wege im allgemeinen nur, wo zufällig durch Stockrodungen oder starke An- oder Abschwemmungen der Boden während des Keimungsprozesses bloßgelegt wurde und sich längere Zeit unkrautfrei erhalten kann.

Ulmensaaten ins Freie sind daher nicht gebräuchlich: auch gelingt es nur ausnahmsweise, die zu den Pflanzungen nötige Anzahl von Wildlingen in brauchbarer Ware zu finden.

Man verwendet deshalb zur Ulmenpflanzung fast nur Kamppflanzen.

Man erzieht dieselben in im Seitenschatten liegenden Beeten mit frischer fruchtbarer Erde, wenn nötig in Wanderkämpen am besten durch Obenaufsaat von 1,5 kg Samen in 3 cm breiten Streifen von 15 cm Abstand. Man sät den Samen gleich nach der Reife, und zwar so dicht, daß der Boden in den Streifen ganz davon bedeckt wird, und übersiebt ihn so hoch, daß er eben verschwindet, mit feinkörniger lockerer Erde. Zur Frischerhaltung des Samens werden die Beete nach der Saat mit einer leichten Walze oder durch Eindrücken von Brettern gedichtet und im Notfalle begossen. Bei trockenem Wetter wird das Begießen auch nach der Keimung einige Zeit fortgesetzt und durch Saatgitter für die Verminderung der Bodenverdunstung gesorgt.

Die Verschulung findet behufs Lohdenerziehung in einjährigem Alter in Abständen von 15 zu 15, sonst im Alter von 2 Jahren in Abständen von 30 zu 30 cm statt.

Im Pflanzkampe werden die Rotulmen, obwohl die Schnittwunden vorzüglich ausheilen, zweckmäßig nur pyramidal beschnitten. Bei nicht sehr vorsichtigem obstbaumartigem Schnitte biegen sich die Schäfte unter der Überlast der Krone.

Eine andere Art der Pflanzenerziehung bei der Ulme haben wir in § 499 beschrieben.

Die Pflanzung findet, wie diejenige der Esche und des Ahorns statt; nur vermeidet man noch mehr als bei den Ahornarten den obstbaumartigen Schnitt, wo man nicht, wie an Alleen durch Baumpfähle für geraden Wuchs sorgen kann, und zieht des frühen Safteintrittes halber die Herbstpflanzung vor.

Im Ausschlagwalde erträgt die Ulme sowohl den tiefen, wie den hohen Hieb. Tiefer Hieb ist indessen vorzuziehen, weil sich die dabei entstehenden Ausschläge leichter bewurzeln. Kernfaule Stöcke sind baldmöglichst durch Pflanzung zu ersetzen, weil sich die Fäulnis des Stockes nicht nur den Stocklohden, sondern selbst der Wurzelbrut mitteilen soll.

D. Die zahme Kastanie.

Benutzte Litteratur: Osterheld, in Verhandlungen des Pfälz. Forstvereins in Albersweiler. Bergzabern, 1883. — Kaysing, Der Kastanienniederwald. Berlin, 1884.

§ 836. Die Kastanie (Castanea vesca L.) erwächst zu Stämmen 1. Größe und hat bei entschieden rascherem Wuchse in der Kronen-, Schaft- und Wurzelbildung viel Ähnlichkeit mit der Eiche, welcher sie auf günstigem Standorte auch an Lebensdauer gleichkommt. Sie fordert lockeren, tiefgründigen, kalihaltigen Boden, der sonst nicht besonders kräftig zu sein braucht, aber nicht naß sein darf, und entschieden warmes Klima, so zwar, daß sie wenig über die Grenzen des Weinbaues hinausgeht.

Sie steigt in den Bergen Südwestdeutschlands bis zu 700 m, geht aber nicht gerne in die Ebene hinab. Sie bevorzugt die Ostseiten der Vorberge und soll an Nordseiten weniger gutes Holz liefern. Ihre Reproduktionskraft ist eine sehr große, auch sehr lange andauernde, weniger allerdings, was ihre Befähigung zur Bildung neuer Wurzeln, als was ihre Ausschlagfähigkeit betrifft. Selbst 100jährige Stöcke liefern reichen und kräftigen Stockausschlag. Wurzelbrut treibt die Kastanie nicht, läßt sich aber durch Absenker vermehren.

Dieselbe trägt bei uns etwa vom 25. Jahre an, als Stockausschlag noch früher, in Weinjahren keimfähigen Samen, welcher vom Wilde, von Mäusen und den Eichelhähern begierig gefressen und als vortreffliche Speise vom Menschen benutzt wird. Derselbe ist doppelt so schwer, wie der der Eiche und keimt wie diese, d. h. er läßt die Samenlappen in der Erde zurück und treibt eine sehr kräftige Wurzel, die auch starke Rasen durchdringt. Freiliegend erfriert die Frucht im Winter.

Die Kastanie erträgt mehr Schatten, als die Eiche und ist auf günstigem Standorte ein brauchbares Bodenschutzholz unter ausgesprochenen Lichtholzarten. Man findet sie als Einsprengling selbst im Tannenhochwald. Gegen Spätfröste ist die Kastanie sehr empfindlich. Auch leidet sie durch Rindenbrand. Sie liefert Holz von großer Dauer und deshalb hohem Nutzwerte. Ihr Preis ist dem der Eiche nahezu gleich, in den schwachen Sortimenten sogar höher.

§ 837. Die Kastanie findet sich in den deutschen Samenwaldungen nur als Mischholz in den wärmsten Teilen des Reiches; sie verhält sich dort in ihr zusagendem Klima ähnlich wie die Eiche und wird ebenso behandelt werden müssen. Sie hat aber vor der Eiche das voraus, daß sie wesentlich rascher wächst, sehr bodenbessernde Streudecken liefert und auf nur oberflächlich verarmtem, aber tiefgründigem und im Untergrunde nicht allzu armem Boden besser als selbst die Kiefer fortkommt.

In dieser bodenbessernden Eigenschaft der Kastanie liegt ihre Hauptbedeutung für manche Gegenden. Wo ihr das Klima warm genug ist, hat der seit vielen Jahrhunderten bestehende Weinbau die Streunutzung in bedenklichster Weise einreißen lassen und an vielen Orten, wie an den an die Weinberge grenzenden Vorbergen der pfälzischen Haardt, auf welchen die Kiefer nur noch als Krüppel vegetiert, ist die Kastanie die letzte Zuflucht der Forstwirte.

Man ist dort durch die liebe Not am frühesten dazu gezwungen worden, die Schablone der Bestandswirtschaft zu verlassen und zur Wirtschaft der kleinsten Fläche überzugehen. Man hat dort zuerst mitten in aus dem Kahlschlagbetriebe hervorgegangene Kiefernkrüppelbestände Löcher von elliptischer Form und von 15 bis 25 a Fläche eingehauen und mit Kastanien angepflanzt, obwohl die teilweise Bewirtschaftung derselben als Niederwald in Absicht lag, und man hat denselben an günstigeren Standorten Lärchen und Kiefern beigemischt, welche in diesen Niederwaldungen als Laßreitel stehen bleiben sollen, während wüchsige Kiefernpartieen in den Lichtungsbetrieb vielleicht mit Kastanienunterholz übergeführt und weniger wüchsige als solche fortbewirtschaftet werden.

In den Kastanienhorsten selbst läßt man dort die wüchsigsten als Hochwald 40 bis 60 jährig und einzelne Randbäume noch älter werden, während man die geringwüchsigeren ohne bestimmten Umtrieb in demjenigen Alter auf den Stock setzt, in welchem sie die dort gesuchten mehrspältigen Weinbergshölzer liefern. Die Kastanie wird also gewissermaßen mitten im Hochwalde mittelwaldartig mit horstweiser Verteilung des Oberholzes bewirtschaftet.

§ 838. Auf weniger verarmtem Boden wirft die Kastanie in ihr zusagendem Klima indessen im reinen Niederwaldbetriebe Erträge ab wie keine andere Holzart. Sie wird dort in 15 jährigem Umtriebe bewirtschaftet und liefert dann eine Menge des in Gegenden, in welchen die Kastanie gedeiht, immer sehr gesuchten Rebpfahlholzes. Neu angelegte Kastanienwaldungen pflegt man zur Kräftigung der Stöcke im 10. Jahre abzuwerfen.

Bereits zum zweitem Male abgetriebene Stöcke ergeben meist so reichliche Ausschläge, daß eine Durchforstung zur Kräftigung der in den Hauptbestand eingewachsenen Ausschläge wünschenswert erscheint. Dieselbe wird etwa im 8. und 10. Jahre eingelegt und mit einer vorsichtigen Aufastung im Hauptbestande verbunden. Der obere Kronenschluß darf dabei aber nicht unterbrochen werden, weil der vermehrte Lichtzutritt die Stöcke zum Schaden der vorhandenen Ausschläge zur Bildung neuer anreizen würde.

Häufige Bodenlockerungen, namentlich in den ersten Jahren, sind der Kastanie höchst wohlthätig. Sie ist daher auch zum Waldfeldbau bei der ersten Anlage und wohl auch zum Hackwaldbetriebe geeignet.

§ 839. Die Kastanie kommt z. B. selbst in denjenigen Teilen Deutschlands, in welchen sie seit den Zeiten der Römer akklimatisiert ist, nur vereinzelt in Samen tragenden Exemplaren vor. Wo das der Fall ist, findet man hie und da natürlichen Aufschlag, wo eine Kastanie von den Menschen und Tieren nicht gefunden oder vom Häher verloren oder vergessen wurde.

Im allgemeinen ist der Samen aber viel zu teuer, um ihn zur natürlichen Besamung verwenden zu können. Man zieht es vor, ihn zu sammeln und nur das unbedingt Nötige als Saatgut zu verwenden. Die künstliche Verjüngung geschieht auch auf Kahlflächen sowohl durch Saat wie durch Pflanzung. Die beste Saatzeit ist der April. Die jungen Pflanzen erscheinen dann Ende Mai nach Beendigung der Frostgefahr.

Die im Herbste reifenden Samen müssen daher überwintert werden. Es geschieht das am besten in der Weise, daß man die Samen mit den Hülsen durch Abschütteln und Auflesen sammelt und mit diesen gemischt, an trockenen mäusesicheren Orten in 35 bis 40 cm hohen Schichten aufbewahrt.[1] Aus aus dem Süden bezogenem Samen erzogene Pflanzen sind entschieden empfindlicher gegen Spätfrost als solche aus einheimischem Samen.

Die Saat selbst geschieht bei hinreichend lockerem Boden durch Stecksaat oder Einstufen in Abständen von 0,45 bis 0,80 m auf unvorbereitetem Boden, andernfalls durch Stecksaat auf tiefgelockerte Platten im Verbande von 1,20 zu 1,20 m.

§ 840. Sicherer als die Saat ist indessen die Pflanzung, insbesondere mit Jährlingen und 2jährigen Pflanzen, welche in der gleichen Weise wie bei der Eiche vor sich geht. Ältere Pflänzlinge werden häufig als Stummel gepflanzt. Was die Pflanzzeit betrifft, so verdient bei der Kastanie, welche sehr frühe im Jahre in Saft kommt, die Herbstpflanzung den Vorzug vor der Frühjahrspflanzung. Bei der Pflanzung füllt man, um übermäßige Feuchtigkeit zu vermeiden, die Pflanzlöcher vollständig an. Gegen allzutiefes Pflanzen ist sie ziemlich empfindlich.

Die Kastanie erträgt den obstbaumartigen Schnitt, der sich bei Nachbesserungen der rascheren Entwickelung der Gipfel halber empfiehlt.

Man erzieht die Kastanie nur in gut eingefriedigten Forstgärten und behandelt sie dort wie die Eiche. Nur legt man den Samen der rascheren Entwickelung halber einzeln, in 6 cm Abstand, in 4 bis 5 cm tiefe Saatrinnen von 30 cm Abstand; man gebraucht dazu 1/2 hl pro Ar und kann dann auf 2000 bis 3000 2jährige Pflänzlinge rechnen. Kansing[2]) empfiehlt große Sorgfalt beim Einlegen des Samens, dessen Spitze zu besserer Bewurzelung nach unten gerichtet sein soll, widerrät aber dem Abbrechen der Keimspitzen zur Bildung kürzerer Pfahlwurzeln. Die als Heister zu verwendenden Pflänzlinge

[1]) Kansing, 20.
[2]) Kansing, 21.

werden als 1 oder 2jährige Pflanzen in etwas weiterem Abstande als die Eiche verschult.

Im Ausschlagbetriebe verlangt die Kastanie tiefen Hieb und Anhäufeln der Stöcke mit Erde.

E. Die Akazie.

§ 841. Die Akazie (Robinia Pseudoacacia L.) ist ein Baum 2. Größe, hat eine sehr lichte Krone und eine sehr flache Bewurzelung. Sie trägt etwa vom 20. Jahre an, fast alljährlich kleinen ungeflügelten Samen, der im Oktober reift, aber über Winter hängen bleibt und sich lange aufbewahren läßt. 100 Körner wiegen etwas weniger als 2 g. Die Akazie nimmt beim Keimen ihre beiden eiförmigen Samenlappen aus der Erde und zeigt im ersten Jahre von allen deutschen Holzarten die energischste Entwickelung.

An den Boden stellt sie die denkbar geringsten Ansprüche und wächst selbst auf dürrem Flugsande; nur muß derselbe in heißer Lage trotz ihrer flachen Bewurzelung tiefgründig sein, um den obersten Schichten durch Kapillarität die nötige Wassermenge zuführen zu können. Dagegen verlangt sie sturmfreie Lage und ein mildes Klima mit langer Vegetationszeit, weil sie nicht allein ihres sehr leicht brechenden Holzes halber von Sturme beschädigt wird, sondern auch sowohl gegen Früh- wie Spätfrost sehr empfindlich ist. Sie wird vom Hochwilde, von Rehen, Ziegen und Schafen, namentlich aber von Hasen begierig angenommen, welch letztere sie hauptsächlich durch Benagen der Rinde schwer schädigen. Ihre Ausschlagfähigkeit ist eine sehr große, sie treibt namentlich sehr reichlich Wurzelbrut. Als ausgesprochene Lichtholzart ist sie leider als Bodenschutz nicht zu gebrauchen. Ihr Holz ist von noch größerer Dauer, als dasjenige der Eiche.

§ 842. Die der Akazie am meisten zusagende Wirtschaft ist der **Niederwaldbetrieb**, in welchem sie in nicht allzu gut besetzten Hasenrevieren, namentlich in der Mischung mit langsamer wachsenden Schattenhölzern, in 10 bis 25jährigem Umtriebe hohe Erträge liefert. Im Mittelwalde bildet sie an geschützten Orten ein wertvolles Oberholz, welches man indessen nur selten über das 60. Jahr hinaus wachsen läßt. Im **Samenwalde** hält sie die dort üblichen Umtriebszeiten nicht aus, könnte dort aber im Buchenwalde als vorwüchsiges, frühe aus dem Bestande verschwindendes Mischholz geeigneten Ortes Verwendung finden. Zur Befestigung steiler Böschungen mit leichtem Boden ist die Bepflanzung derselben mit Akazien ein vorzügliches Mittel.

Auch der Anbau der Akazie wird vorherrschend künstlich durch **Pflanzung** bewirkt.

Man erzieht die Pflänzlinge in gut besetzten Jagdrevieren nur in Forstgärten und zwar durch Saat in Beeten mit leichtem Boden, in welchen die Samenkörner in, je nach der Zeit der Verwendung, 20 bis 30 cm von einander abstehende tiefe Rillen dünn eingesät und trotz ihrer Kleinheit 4 bis 6 cm tief bedeckt werden. Eines Schutzes gegen Hitze und Trockenheit bedürfen die Pflänzlinge ebensowenig, wie, wenn sie nicht als Heister verwendet werden, der Verschulung. Dagegen sind in gut besetzten Hasenrevieren dichte Einfriedigungen Bedürfnis.

Im Walde werden sie meist als Jährlinge und 2jährige Pflanzen versetzt und zwar als Jährlinge bei hinreichend lockerem Boden auch mittelst Klemmpflanzung. Die Akazie erträgt tiefe Pflanzung. Auch Stummelpflanzung ist bei ihnen anwendbar und in ihrem Erfolge sicher.

F. Die Wildobstbäume und ihre Verwandten.

§ 843. Hierher gehören aus der Familie der Amygdaleen, (Juss.) die Waldkirschen und die Schlehen und Pflaumen. Von den ersteren sind die verbreitetsten die auf jedem Boden fortkommende Vogelkirsche (Prunus avium, L.), und die an fruchtbare frische Böden gebundene Ahl- oder Traubenkirsche (Prunus Padus, L.), beide unter günstigen Verhältnissen zu Bäumen 2. und 3. Größe erwachsend; weit seltener sind die Sauerkirsche (Prunus cerasus, L.), die Strauchkirsche (Prunus chamaecerasus Jacq.) und der echte, bei uns nur auf heißen Felswänden vorkommende türkische Weichsel oder Steinweichsel (Prunus Mahaleb L.), sämtlich die Grenzen des Strauchwuchses nicht überschreitend. Die Waldkirschen schlagen ausnahmslos vom Stocke aus, liefern aber mit Ausnahme der Traubenkirsche keine oder nur sehr spärliche Wurzelbrut. Letztere allein ist Schattenholzart und ist deshalb ein im Mittelwalde nicht ungern gesehenes Unterholz, wird aber durch die üppig ausschlagende Wurzelbrut im Hochwalde zum lästigen Unkraute. Die übrigen stehen im Lichtbedürfnisse etwa der Eiche, vielleicht auch der Birke gleich. Die Vogelkirsche wird im Hochwalde ähnlich wie die Birke behandelt; sie wird so lange konserviert, als es die Hauptholzart erträgt, fällt dann aber den Auszugshieben zum Opfer.

Zu den Schlehen und Pflaumen gehört der im Walde fast nur als Unkraut auftretende, stets strauchartige Schleh- oder Schwarzdorn (Prunus spinosa, L.) und die hie und da zum schwachen Baume erwachsende Haferschlehe (Prunus insititia, L.), beide mehr Schatten als die Kirschen ertragend und reichlich Wurzelbrut liefernd, aber ohne waldbauliche Bedeutung.

§ 844. Aus der Familie der Pomaceen (Lindl.) kommen vor allem die Wildbirne (Pyrus communis, L.) und der Wildapfel (Pyrus Malus, L.) inbetracht, ersterer zum Baume 2., letzterer 3. Größe erwachsend, beide wenig dauernde Stockausschläge liefernd und mäßigen Schatten ertragend. Man sieht sie auf schweren Böden nicht selten als Oberholz im Mittelwalde, wo die Birne bis 4, der Apfel höchstens 3 Umtriebszeiten des Unterholzes durchmacht.

Zu derselben Familie gehört die auf mildes Klima angewiesene Mispel (Mespilus germanica, L.), die auf warmen Geröllwänden vorkommende Felsenbirne (Aronia rotundifolia, Pers.) und der schwere Böden bevorzugende, aber dort allgegenwärtige Weißdorn (Crataegus oxyacantha, L.), sämtlich strauchförmig bleibend und ohne waldbaulichen Wert, der Weißdorn sogar oft ein lästiges Unkraut, aber zu lebenden Zäunen auf kräftigem Boden vorzüglich geeignet.

Waldbaulich wichtiger sind die gleichfalls zu den Pomaceen gehörigen Sorbusarten, insbesondere die nach unseren Erfahrungen stets einen starken Kalkgehalt des Bodens anzeigende Elsbeere (Sorbus torminalis, Crantz.), ein Baum dritter Größe mit vorzüglichem Holze, welcher vom Stocke ausschlägt und ziemlich Schatten erträgt; ferner die gleichfalls baumartige Eberesche oder Vogelbeere (Sorbus aucuparia, L.), die Mehlbeere (Sorbus Aria, L.), ihr Bastard, die Bastardvogelbeere (Sorbus hybrida, L.) und endlich der Bastard von Els- und Mehlbeere, die Saubeere (Sorbus latifolia, Pers.), sämtlich, mit Ausnahme der Elsbeere, welche im Mittelwalde häufig als Laßreitel stehen bleibt, nur als in Hochlagen und auf Felsboden manchmal recht wertvolles Vor- und Bestandsschutzholz von waldbaulicher Bedeutung.

§ 845. All diese Holzarten finden sich nur zufälligerweise im Walde. Für ihre natürliche oder künstliche Vermehrung wird trotz ihres teilweise höchst wertvollen Holzes keine Sorge getragen, weil sie im Wachstume mit den Hauptholzarten des Waldes auch nicht annähernd gleichen Schritt halten können und meist auch ihre Umtriebszeiten nicht aushalten.

In alter Zeit, als die Mast noch die Hauptnutzung im Walde war, gehörten sie mit Ausnahme der stets als Unkraut behandelten Dornsträucher (des Schwarz- und Weißdorns) und der als Weichholz betrachteten Traubenkirsche, zum geforsteten Holze, weil sie Früchte tragen, welche für Schweine und teilweise auch für Menschen genießbar sind. Man verschonte sie deshalb mit dem Hiebe und auch heute läßt man sie aus alter Gewohnheit bei allen Hiebsoperationen stehen, so lange sie lebensfähig sind, obwohl sie bald überwachsen werden und dann als Lichthölzer rasch absterben.

Der türkische, echte oder Steinweichsel (die Mahalebkirsche) ist an den sehr beschränkten Orten seines Vorkommens als vorherrschende Holzart, z. B. auf dem Mandelsteingerölle des Nahe- und Glangebietes Gegenstand, wenn nicht des Waldbaus, so doch der Forstbenutzung. Er wird dort in 2 bis 4 jährigen Umtrieben als Niederwald bewirtschaftet.

G. Die übrigen Sträucher mit hartem Holze.

§ 846. Von dem Heere der im deutschen Walde vorkommenden Sträucher mit hartem Holze ist der Sanddorn (Hippophae rhamnoides, L.) insofern von waldbaulicher Wichtigkeit, als er den Reigen der Holzarten eröffnet, welche sich auf eben abgesetztem Flußsande einfinden.

Die übrigen sind, soweit sie nicht wie die Stechpalme (Ilex Aquifolium L.) manchmal in auf kräftigen Böden stockenden Verjüngungen zum lästigen Unkraute werden, nur als Mischholz in Nieder- und Mittelwaldungen von niedrigen Umtrieben Gegenstand forstwirtschaftlicher Thätigkeit; sie verschwinden daraus, sowie die Umtriebszeiten über 10 Jahre hinaus verlängert werden.

Hierher gehören als ständige Beimengungen, namentlich im Unterholze des Faschinenmittelwaldes: die Schneeballarten (Viburnum Lantana, L. und Opulus, L.), der Spindelbaum oder das Pfaffenhütchen (Evonymus europaeus, L.), der Hartriegel (Cornus sanguinea, L.), der Weg- oder Kreuzdorn (Rhamnus cathartica, L.), der Goldregen (Cytisus Laburnum, L.), und der Sauerdorn (Berberis vulgaris, L.), und als Randbäume im Hochwalde in mildem Klima die Pimpernuß (Staphylea pinnata, L.), die Kornelkirsche (Cornus mas, L.) und der Buchsbaum (Buxus sempervirens, L.), welch letzterer hie und da, ebenso wie die Stechpalme, ein im Altholze willkommenes Bodenschutzholz bildet, bei der Verjüngung aber recht lästig wird.

Kapitel IV. Die weichen Laubhölzer.

A. Die Schwarzerle.

§ 847. Die Rot- oder Schwarzerle (Alnus glutinosa, Gaertn.) erreicht in sehr günstigen Standorten, und zwar in verhältnismäßig kurzer Zeit, fast die Dimensionen von Bäumen 1. Größe. Sie wächst in der Jugend sehr rasch, läßt aber viel früher als Eiche und Buche im Wachstum nach und hält über das 100. Jahr nicht aus. Sie hat unter allen deutschen Laubhölzern auch als Stockausschlag die entschiedenste Neigung zur Bildung durchgehender gerader Schäfte.

Die Schwarzerle ist gegen Trockenhitze sehr empfindlich und verlangt unbedingt feuchte Luft und feuchten Boden. Sie erträgt selbst nassen Boden, wenn derselbe genügend tiefgründig ist und nicht allzuviel Pflanzensäuren enthält. Sie liebt im allgemeinen Tieflagen und geht im Gebirge meist nicht sehr hoch hinauf und auch da nur in den Thälern.

Sie treibt keine Pfahlwurzeln, sondern eine Menge dünner, aber mit zunehmendem Alter ziemlich tiefgehender Wurzelbüschel, welche sich an ihrem Ende in viele Saugwurzeln zerteilen.

Die Roterle reproduziert verlorene Stammteile an ihrem ganzen Stamme leicht, liefert aber keine Wurzelbrut und schlägt an dickborkig gewordenen Stammteilen nur selten aus. Die Blätter sind gegen starke Fröste, namentlich an Stockausschlägen, ziemlich empfindlich; die Erle ersetzt aber erfrorene Teile rasch wieder. Überschwemmungen in der Zeit der Knospenentfaltung sind ihr schädlich.

§ 848. Samen bringt die Schwarzerle fast alljährlich. Derselbe reift im September, fliegt aber erst im November und noch später ab. Der Samen ist sehr klein und erträgt deshalb fast keine Bedeckung. Auf ein Gramm gehen 800 bis 900 Samenkörner. Derselbe wird durch Abpflücken der Zapfen im Oktober oder durch Auffischen im Wasser im Winter gewonnen. Die junge Pflanze ist anfangs sehr klein, wird aber im 1. Jahre bis 30 cm hoch. Die kleinen kurzgestielten, fast ganzrändigen, verkehrteiförmigen Keimblätter treten zutage. Die ersten Blätter sind buchtig gesägt. Sie erfriert bei starkem Froste in dichtem Grase, ist aber sonst, wenn sie bei der Keimung nackten Boden fand, gegen Graswuchs nur insofern empfindlich, als sie als Lichtpflanze unter ihrem Schatten leidet. Die Gefahr des Vertrocknens durch dichten Graswuchs ist auf den spezifischen Erlenstandorten kaum zu befürchten. Dagegen friert sie dort als Sämling sehr leicht aus.

Die Erle läßt sich bis zur Heisterstärke sehr leicht verpflanzen.

Sie gehört mehr oder weniger zu den Lichtholzarten, in ausgesprochenem Maße allerdings nur auf geringerem Standorte. Sie schlägt dort im Drucke fast gar nicht vom Stocke aus. Auf besserem Standorte bildet sie wenigstens als Niederwald ziemlich dicht geschlossene Bestände, mit reichlichem bodenbessernden Laubabfalle, unter welchem die Grasnarben ersticken; in höherem Alter, wenn die in den Stöcken aufgespeicherten Reservestoffe aufgezehrt sind, lichten sich die Bestände so sehr, daß sich der Boden mit dichtem Grase überzieht.

Ihr Holz ist in neuerer Zeit sehr gesucht als Rohstoff für Cigarrenkästchen und Holzschuhe und wird dazu taugliches Holz an den Verbrauchsorten bis zu 40 M pro Festmeter bezahlt. Bei ausreichend hohem Umtriebe sind Nutzholzanfälle von 70 % des Derbholzanfalles nicht selten. Ihr Ertrag ist deshalb, wo ihr der Standort vollkommen zusagt, ein hoher, obwohl das Brennholz von den Konsumenten selten über 13 M bezahlt wird.

§ 849. Die der Schwarzerle zusagenden Standortsverhältnisse sind häufig für andere Holzarten ungeeignet. Daher kommt es, daß sie selbst zu einer Zeit, als die Bestandswirtschaft in höchster Blüte stand, mitten in den Beständen anderer Holzarten und anderer Bewirtschaftung niemals ganz von ihren spezifischen Standorten hat verdrängt werden können, so viel Mühe man sich auch, sehr häufig zum Schaden des Waldes, gegeben hat, durch Entwässerung die Natur dieser Standorte zu ändern und ihnen andere Holzarten, insbesondere die Fichte, aufzuzwingen.

Sie hat sich dort gruppen- und nesterweise, hie und da auch in Horsten und Kleinbeständen und, wo die Standortsverhältnisse ihr ausschließlich günstig waren, auch in sehr ausgedehnten Beständen und Waldkomplexen als herrschende Holzart erhalten und hat dort überall der Wirtschaft den Stempel der ihr am meisten zusagenden Betriebsform der Niederwaldwirtschaft mit zwar hohen, aber die gewöhnliche Umtriebszeit der Samenwaldungen nicht erreichenden Umtrieben aufgedrückt.

Man hat mit anderen Worten die Wirtschaft der kleinsten Fläche bewußt oder unbewußt getrieben, wo Erlenpartieen mitten in Beständen anderer Art vorkamen und die Erlen für sich in 20 bis 40 und selbst 60jährigen Umtriebszeiten bewirtschaftet, wenn auch die Umtriebszeit des Hauptbestandes eine längere war.

Diese langen Umtriebszeiten machen Durchforstungen notwendig, welche bei der Menge der Ausschläge, welche ein gesunder Erlenstock liefert, und bei der Schnelligkeit, mit welcher sich dieselben entwickeln, sehr frühzeitig, manchmal schon im 10. Jahre beginnen können und sich auf die allmähliche Verminderung der auf den gleichen Stöcken stehenden Ausschläge zu beschränken haben, bis schließlich auf jedem Stocke nur sehr wenige Ausschläge stehen bleiben. Da nun die Stöcke bei so hohem Umtriebe faulen, die Ausschläge sich aber selbstständig bewurzeln, so erhält der Bestand, obwohl er in der Hauptsache aus Stockausschlägen besteht, mit der Zeit ein hochwaldartiges Aussehen.

§ 850. Wo der Standort der Erle auch anderen Holzarten zusagt, ist sie in der Regel nur Mischholz und pflegt im Samenwalde, weil sie die gewöhnliche Umtriebszeit nicht aushält, auf dem Wege der Reinigungs- und Auszugshiebe, aus der Mischung der Kiefer auch durch die Durchforstungen nach und nach aus dem Bestande zu verschwinden. Bei ihrem hohen Nutzwerte und dem Umstande, daß sie einerseits lange Zeit hindurch allen auf gleichem Standorte wachsenden Hauptholzarten bedeutend vorwüchsig ist und daß auf den wasserreichen Erlenstandorten jede Holzart verhältnismäßig viel Schatten erträgt, ist es indessen nicht nötig, der Erle allzu stark zu Leibe zu gehen. Vielmehr ist es neben der Birke vorzugsweise die Erle, deren am meisten vorwüchsige Exemplare, einerlei ob sie Stockausschlag oder Kernwuchs sind, von allen Nebenholzarten am längsten in mäßiger Zahl im Interesse des Waldertrages stehen bleiben können. Ihr Aushieb wird erst dringend, wenn nach Nachlassen ihres Höhenwuchses die ausdauernden Lichtholzarten in ihren Kronenschluß einwachsen und dadurch in ihrer gedeihlichen Entwickelung gehindert werden.

Bis dahin ist es ganz entschieden zweckmäßig, bei Erlenstockausschlägen die Zahl der Ausschläge auf demselben Stocke frühzeitig zu reduzieren und allmählich auf einen herabzubringen. Die bleibenden werden dann den Hauptholzarten um so vieles vorwüchsig, daß sie in lichter Stellung selbst Lichtholzarten, mit Ausnahme der rasch wachsenden Kiefer, nicht vor dem 40. Jahre schädlich werden.

Auf diese Weise gelingt es, die Erle ohne Schaden für den Hauptbestand bis in das Alter zu erhalten, in welchem sie wertvolles Nutzholz liefert. Sie liefert dadurch sehr hohe Vornutzungen und verdient deshalb um so mehr vermehrten Anbau an ihr zusagenden Stellen, als sie dort frostempfindlichen Holzarten als wertvolles Bestandsschutzholz dient.

In den Lichtungsbetrieben fällt sie natürlich meist schon der ersten Lichtung zum Opfer, soweit sie den bis zum Schlusse der Umtriebszeit aushaltenden Hölzern hinderlich ist. Sie kann aber einzeln recht gut bis zur zweiten und dritten Lichtung also bis zum 60. bis 80. Jahre stehen bleiben, wenn da, wo sie steht, zum Einwachsen taugliche Stämme der Hauptholzart fehlen.

Im Mittelwalde bildet sie selbst als Stockausschlag vorzügliches Oberholz, welches bis zum 80. Jahre stehen bleiben kann.

§ 851. An zufällig bei dem Samenabfalle gras- und unkrautfreien Stellen fliegen, wo Samen tragende Erlen vorhanden sind, junge Erlen in großer Zahl an. Sie erhalten sich auch, wenn diese Stellen ausreichend beleuchtet sind.

Trotzdem ist die natürliche Verjüngung aus dem Samen bei der Roterle im allgemeinen nicht im Gebrauch. Ihr zusagende Standorte sind in der Regel so graswüchsig, daß sie bei der lichten Stellung, welche die junge Erle als Lichtpflanze verlangt, nur durch tiefgehende Bearbeitung ausreichend grasfrei gehalten werden können. Tiefe Bearbeitung erhöht aber die in den Standorten der Erle ohnehin große Neigung des Bodens zum Auffrieren und gefährdet so etwa sich einfindende Besamungen in anderer Weise.

Aus den gleichen Gründen ist die Saat und die Pflanzung mit Kleinpflanzen bei der Schwarzerle zur Bestandsgründung wenig geeignet.

Die gewöhnlichste Methode derselben ist die P f l a n z u n g mit 2 bis 3jährigen ballenlosen Lohden bis zu Meterhöhe, welche bei feuchtem und nassem Boden auf Hügel, umgeklappten Rasen, oder Grabenauswürfe gepflanzt zu werden pflegen.

Auch soll auf solchen Böden die A l e m a n n'sche Klapppflanzung (§ 544) gute Resultate ergeben haben.

Zur Stummelpflanzung ist die Schwarzerle ihrer großen Ausschlagfähigkeit halber an und für sich vorzüglich geeignet. Bei der Empfindlichkeit ihrer Knospen gegen Überschwemmung ist diese Pflanzmethode indessen nur an dagegen geschützten Orten zulässig und bei der Sicherheit, mit welcher gute bekronte Pflänzlinge anwachsen, auch nur da nötig, wo man unvollkommenes Pflanzmaterial zu verwenden gezwungen ist.

§ 852. Zur E r z i e h u n g v o n R o t e r l e n sind ständige Forstgärten, wo der Bedarf kein sehr großer ist, in der Regel nicht geeignet. Die Böden, welche die Zucht dieser Pflanzen verlangt, sind für alle anderen Holzarten zu naß. Man erzieht sie deshalb meist in Wanderkämpen und wählt dazu ständig gleichmäßig feuchte Böden und in Ermangelung von solchen, Stellen, welche durch Anlage von Gräben entwässert und durch Zuleitung von Wasser ohne große Kosten auch bewässert werden können. Verstellbare Stauvorrichtungen haben dann in den Gräben für gleichmäßig hohen Wasserstand zu sorgen, welcher derart zu bemessen ist, daß die Bodenoberfläche zwar durch Kapillarität stets frisch erhalten, aber nicht eigentlich naß wird. Dieser Zustand wird erreicht, wenn das Wasser in den Gräben je nach der Bodenart 10 bis 20 cm unter der Beetoberfläche steht.

Einer tiefen Bearbeitung bedarf das Erlensaatbeet nicht; vielmehr ist, wenn durch Herausnahme von Stöcken oder durch Herausnahme tiefwurzelnder Unkräuter der Boden in irgend fühlbarer Weise tief gelockert wurde, ein nachträgliches Dichten, jedenfalls aber ein ausreichend langes Setzenlassen desselben erforderlich.

§ 853. Die Einsaat der Beete erfolgt im Frühjahre, bei Benutzung von Wassersamen sofort nach Abtrocknung desselben, behufs Erleichterung des Aushebens am besten durch Rillensaat in mit Hilfe des bayerischen Saatbrettes (§ 439) mit nicht über 20 mm hohen Leisten eingedrückte Doppelrinnen von 15 bis 25 cm Abstand, je nach der Zeit, während welcher die Pflanzen im Saatbeete verbleiben. Der Samen (2,5 bis 3,5 kg pro Ar) wird und zwar zur Erreichung einer gleichmäßigen Saat am besten mit irgend einer der dazu bestimmten Rinnensaat-Vorrichtungen (§§ 446 bis 450) sehr dicht gesäet und höchstens 15 mm tief mit ganz leichter Erde übersiebt und das Beet alsdann mit dem umgekehrten Saatbrette festgetreten.

Zur Feuchthaltung des Bodens wird der Kamp während der Keimperiode mit Reisern belegt oder mit Saatgittern überstellt und nötigenfalls begossen. Nach erfolgtem Auflaufen der Keimlinge sind die Saatgitter zu entfernen; auch sind, wenn der Standort richtig gewählt wurde, Überbrausungen der Saat dann nicht mehr nötig.

Einfriedigungen, Bodenlockerung und Beschneiden sind in Erlensaatbeeten entbehrlich; dagegen ist sorgfältiges Jäten derselben bis anfangs September notwendig. Über Winter thut man aber wohl, das später kommende Gras im Kampe zu belassen.

Ein Verschulen von Erlen findet, weil die Erlen auch als Saatpflanzen bis zum 4. Jahre gut anwachsen, nur statt, wo ausnahmsweise Heister zur Verwendung kommen sollen. Man verschult die Pflanzen dann 2jährig in Verbänden von 40 auf 50 cm.

Im Ausschlagwalde verlangt die Erle den Hieb im jungen Holze und, wo die Gefahr der Frühjahrsüberschwemmungen vorliegt, auch im jungen Holze hohe Stöcke.

B. **Die Weißerle.**

§ 854. Die Weißerle (Alnus incana, Willd.) unterscheidet sich in ihrem forstlichen Verhalten in manchen Dingen wesentlich von der Schwarzerle, der sie in anderen außerordentlich nahe steht. Sie hat eine flache, sehr weit ausstreichende Bewurzelung und treibt sehr reichlich sich rasch entwickelnde Wurzelbrut, was die Schwarzerle nicht thut. An raschem Wuchse in der Jugend und Ausschlagsfähigkeit verhält sie sich wie diese. Sie meidet Bruchböden und begnügt sich überhaupt mit trocknerem Boden und hält weniger lange als die Roterle, in Süddeutschland nicht über 30 bis 40 Jahre, aus, so daß sie nur ausnahmsweise für Nutzholz stark genug wird. Sie ist dort aber neben Birke, Akazie und Lärche die ausgesprochenste Lichtholzart, so zwar, daß ein reichlicher Überhalt von Eichenlaßreiteln sie zum Absterben bringt. Dagegen ist sie auf solchen Böden ein vorzügliches Bestandsschutzholz da, wo ihre Produkte verwertbar sind.

Der Weißerlensamen ist noch kleiner als der der Roterle.

Ihr Holz ist sehr geringwertig, da sie die zu Nutzzwecken erforderlichen Dimensionen meist nicht erreicht.

Die Art der Verjüngung ist dieselbe wie die der Schwarzerle. Nur verlangt sie, auch im Kampe, weniger Wasser. Sie wird fast nur im Niederwaldbetriebe und dann in 10 bis 30jährigem Umtriebe bewirtschaftet. Im Mittelwalde ist sie der Wertlosigkeit ihres Holzes halber für Oberholz unbrauchbar und hält sich dort im Unterholze nur auf frischem Boden. Sie verlangt möglichst tiefen Abhieb, welcher in weitem Umkreise Wurzelbrut hervorruft, so daß künstliche Nachbesserungen im Weißerlenniederwalde nur dann nötig werden, wenn derselbe nach dem Abtriebe ganz überschwemmt war, wogegen die Weißerle noch empfindlicher ist, als die Roterle. In der Regel genügt der Abtrieb der neuen Wurzellohden im 3. oder 4. Jahre nach dem Abtriebe des Bestandes, um nach demselben verbliebene Lücken mit neuer Wurzelbrut zu füllen.

Wo ausnahmsweise Pflanzungen nötig sind, können dazu gut bewurzelte Wurzelbrutschößlinge recht gut verwendet werden. Fehlen solche, so wird die Weißerle ebenso wie die Roterle, aber in trockneren Kämpen erzogen.

C. Die Birken.

§ 855. Von den beiden baumartigen deutschen Birkenarten zeigt namentlich die Ruchbirke (Betula pubescens, Ehrh.) ein sehr großes Accomodationsvermögen inbezug auf den Standort. Man findet sie auf den ärmsten und auf den fruchtbarsten, auf ganz trockenen und ganz nassen Böden, in Hoch- und den ausgesprochensten Tieflagen. Sie wächst auf dürrem Sande und auf reinem Torfe. Auf besseren, insbesondere wärmeren Standorten findet man mehr die Weißbirke (Betula verrucosa, Ehrh.), auf geringeren Böden und in rauheren Lagen mehr die Ruchbirke. Beide erwachsen bei sehr raschem Wuchse in der ersten Jugend nur zu Bäumen 2. Größe mit guter Schaftbildung.

Beide Birkenarten haben eine geringe, aus wenigen verhältnismäßig kurzen horizontal, aber etwas tiefer als die der Fichte verlaufenden Seitenwurzeln bestehende Bewurzelung. Beide sind gegen Spätfröste, obwohl sie sehr frühe austreiben, auch als Keimlinge und junge Pflanzen fast ganz unempfindlich und sind ausgesprochene Lichtholzarten, mehr als alle anderen deutschen Laubhölzer, die Akazie ausgenommen.

Ihre Bekronung ist eine sehr dünne, die von ihr gelieferte Streudecke eine sehr wenig bodenbessernde; ihre Lebensdauer ist verhältnismäßig kurz, ihre Ausschlagfähigkeit im allgemeinen gering und nicht lange andauernd, wenn sie auch auf sehr günstigem Standorte in früher Jugend manchmal überreichlich ausschlägt. Die Ausschläge erfolgen aus dem Wurzelhalse.

Sie treiben ziemlich gerade, aber dünne und deshalb unter der Ungunst äußerer Verhältnisse sich leicht verbiegende Gipfeltriebe.

Ihr Holz ist als Nutzholz und Brennholz von mittlerer Güte, aber wegen seiner Zähigkeit in frühester Jugend schon zu Nutzzwecken verwendbar.

Das Holz ist im Freien von ebenso geringer Dauer, wie das der Buche. Sie ertragen deshalb Rindenverletzungen ebensowenig wie diese.

Samen tragen die Birkenarten fast alljährlich. Der Same ist sehr klein, sodaß 7000 bis 8000 Körner ohne Flügel auf ein Gramm gehen. Derselbe fliegt meist schon im Juni oder Juli aus und erhitzt sich leicht. Über den Herbst hängen bleibende Kätzchen enthalten meist tauben Samen. Zu trocken aufbewahrt, liegt der Same häufig über; dagegen keimt von selbst abgeflogener Samen oft schon im Juli des Jahres seiner Reife.

Die junge Birke ist anfangs sehr klein, wird aber mit einem Jahre bis 30 cm hoch und wächst von da sehr rasch weiter, läßt aber frühzeitig im Wachstum nach. Die Wurzeln der Keimlinge sind schwach und dringen nicht tief in den Boden. Die Birken leiden deshalb im ersten Jahre vielfach unter trockener Hitze, wenn auch entschieden weniger als die Buche; sind aber in höherem Alter dagegen fast unempfindlich und werden nie rindenbrandig.

§ 856. Abweichend von den beiden ihr botanisch nahe verwandten Erlenarten ist die Birke vorherrschend ein Baum der Samenbetriebe. Sie findet sich, wo sie in den Wäldern nicht ganz ausgerottet ist, trotz ihres großen Lichtbedürfnisses reichlich ein, indem sie in zufälligen Lücken des Mutterbestandes oder der Verjüngung anfliegt und vermöge ihres anfangs sehr raschen Wuchses die Hauptholzart einholt, wenn sie rechtzeitig Licht erhält. Wo durch Frost oder Hitze die vorhandene Besamung zugrunde geht, oder wo sie wiederholt fehlschlägt, da ist es fast immer die Birke, welche sich zuerst von selbst wieder einfindet, und nicht selten bildet sie dort reine Bestandsteile und selbst Bestände, wenn die künstliche Einbringung anderer Holzarten versäumt wurde.

Im allgemeinen giebt es indessen keinen Standort, in welchem neben der Birke nicht eine andere Holzart, und zwar in der Regel ohne Nachteil für die Birkenbestockung Platz finden könnte.

Die Erziehung reiner Birkensamenbestände ist deshalb ebensowenig notwendig, wie bei ihrer dünnen Belaubung und schlechten Streudecke irgendwie rätlich. Wo die Birke ohne Bodenschutz gedeiht, da ist der Standort für wertvollere Holzarten vollkommen geeignet, und wo ein Boden der bessernden Decke bedarf, ist keine Holzart schlechter zur Bildung derselben geeignet, als gerade die Birke. Die gleichen Eigenschaften verbieten auch ihre Erziehung als vorherrschende Holzart in Samenwaldungen.

§ 857. Die Hauptbedeutung der Birke im Samenwalde liegt in ihrem Werte als zeitweiliger untergeordneter Einsprengling in Beständen anderer Holzarten, viel weniger in ihrer Verwendung als Bestandsschutzholz an Stellen, auf welchen aus irgend einem Grunde die Hainbuche und Kiefer dazu nicht zu gebrauchen ist.

In ersterer Beziehung gilt bei ihr dasselbe, was in § 850 von der gleich ihr Jahrhunderte lang als Unkraut behandelten Schwarzerle gesagt ist, in erhöhtem Maße; sie erhält sich länger als diese, ihre Krone ist meist noch höher angesetzt, sie verdämmt noch weniger und ihr Holz wird in höherem Alter noch besser bezahlt, als dasjenige der Erle. Es ist deshalb geradezu ein Verbrechen am Vermögen des Waldbesitzers, wenn man sie, wie das vor wenigen Jahrzehnten noch Regel war, aus den Schattenhölzern eher heraushaut, als diese in ihre Kronen eingewachsen sind und von ihr in ihrem Wuchse beengt und durch Peitschen beschädigt werden. In Schattenholzbeständen ist jede Birke, welche Nutzholz zu geben verspricht, so lange erhaltungswürdig, als einerseits ihre Krone so hoch über denjenigen der Schattenhölzer steht, daß sie dieselben weder peitscht noch einengt und als sie selbst anderseits für sich betrachtet nicht hiebsreif ist.

Selbst in Lichtholzbeständen ist wenigstens der Schatten der einzelständigen stark vorwüchsigen Birke so wenig fühlbar, daß sie ohne Schaden sehr lange, in Eichenbeständen bis über das 40., zwischen Kiefern bis zum 25. Jahre übergehalten werden kann, und wo unmittelbar unter ihr Schattenhölzer stehen, läßt sie sich auch im Eichen- und Kiefernwalde ohne Schaden bis zum 80. bis 100. Jahre konservieren.

Die bei der Lehre von den Reinigungshieben (§§ 597 bis 604) gegebene Regel, zunächst die die Kronen des Hauptbestandes unmittelbar einengenden Exemplare der Nebenholzart hinwegzunehmen und die vorwüchsigen, soweit sie Nutzholz geben, möglichst lange stehen zu lassen und, um das zu ermöglichen, nötigenfalls aufzuasten, bezieht sich neben der Roterle hauptsächlich auf die Birke.

Als Bestandsschutzholz leistet die Birke ihres von früher Jugend sehr lichten Schirmes halber entschieden weniger als die Kiefer. Frostempfindliche Holzarten erfrieren unter ihr, wenn sie nicht ganz dicht steht, fast so häufig, als im Freien; auch hält sie den Unkräuterwuchs viel weniger zurück.

§ 858. Im Mittelwalde bildet die Birke ein sehr beliebtes Oberholz, welches man bis 100jährig werden läßt. Sie siedelt sich in demselben, ohne sich im Unterholze in großer Anzahl halten zu können, durch natürlichen Anflug da an, wo durch das Ausbleiben mehrerer Stöcke größere Lücken entstanden sind.

Hie und da sieht man die Birke auch in Niederwaldungen mit niedrigen, nicht über 20jährigen Umtrieben als vorherrschende Holzart und selbst in reinen Beständen. Sie liefert dort auf kräftigen Böden eine Menge gut bezahlter Kleinnutzhölzer, insbesondere Reifstangen, welche einen sehr hohen Ertrag abwerfen. In diesem Falle ist aber dichter Schluß zur Erziehung gerader astreiner Stämmchen, und da auch bei kürzestem Umtriebe immer eine Anzahl von Stöcken den Ausschlag versagen, regelmäßige Komplettierung erforderlich. Man sucht dieselbe, da die Birke sehr frühe Samen trägt, durch Stehenlassen einiger Laßreitel und Verwundung des Bodens auf natürlichem Wege hervorzurufen und hilft nötigenfalls durch Pflanzung nach.

§ 859. Wie bereits erwähnt, genügt bei der Häufigkeit der Samenjahre und der Kleinheit des Samens die Anwesenheit einiger weniger, wenn auch noch nicht über 20jähriger Birken in der Nachbarschaft der Samen-Verjüngungen, um auf zufällig unkraut- und oberholzfreien Stellen die Birke in für die Hochwaldwirtschaft genügender Zahl anfliegen zu lassen. Es ist deshalb in der Regel nicht nötig, auf die Verjüngung derselben besondere Rücksicht zu nehmen. Wo zum Zwecke der Verjüngung anderer Holzarten der Boden verwundet worden ist, fliegt sie sogar nicht selten zu reichlich an. Man thut deshalb meist schon ein Übriges, wenn man auf den Verjüngungsflächen selbst einzelne Birken als Samenbäume stehen läßt und von anderen Holzarten unbesetzt gebliebene Stellen oberflächlich verwundet.

Wo in der Nähe der Verjüngungsflächen die Birke in samentragenden Exemplaren fehlt, läßt sich auf Kahlflächen und oberholzfreien Lücken leicht durch Saat nachhelfen, indem man auf Stocklöcher, Feuerstellen, oder auf die Saat- und Pflanzstreifen oder -Platten hie und da gleich nach der Samenreife, womöglich auf frisch beregnetem Boden, eine Prise Birkensamen streut und zur innigeren Verbindung mit dem Boden festtritt. Man erreicht so frühzeitig eine Einzelmischung, zu welcher allein die Birke sich eignet. Einzelne Streifen im Innern des Bestandes ganz mit Birken zu besäen, erscheint, namentlich zwischen Kiefern, im allgemeinen nicht zweckmäßig. Der Hauptbestand schließt sich dann zu spät und bildet rechts und links von den Birkenstreifen starke Zweige, welche sich in dem lichten Schirme der Birke erhalten und sich zu spät und deshalb unvollkommen abschnüren, während gleichzeitig der Boden unter den Birken zurückgeht. Dagegen empfehlen sie sich an den Bestandsrändern und wohl auch in drei oder vier Reihen nebeneinander als Ersatz der Brandschneußen quer durch Kiefernschonungen.

Muß man den Boden besonders zur Birkensaat herrichten, so muß sich derselbe vor der Saat wieder gesetzt haben.

§ 860. Zur Pflanzung sind bei der Birke Wildlinge nur in der ersten Jugend, etwa bis zum 3. Jahre, zu gebrauchen. Die frühzeitig weit ausgreifenden flachstreichenden Wurzeln bilden sonst ein zu großes Hindernis bei der Pflanzung, welches ohne Schaden nicht entfernt werden kann, da die Birke an der Wurzel ebensowenig wie am Schafte beschnitten sein will.

Für gewöhnliche Zwecke genügen indessen 2 bis 3 jährige Pflanzen vollauf. Muß man stärkere anwenden, so bietet das Verschulen 1 und 2 jähriger Birkenwildlinge ein wohlfeiles Mittel der Pflanzenerziehung. Sind solche nicht zu beschaffen, so säe man den Samen (1 kg pro Ar) dicht in 3 cm breiten Streifen mit je nach der Zeit der Verwendung 15 bis 25 cm weiten Abständen sofort nach der Reife auf gut geebnete und festgedrückte Beete und übersiebe denselben so, daß er eben verschwindet, mit leichter Erde, welche man dann durch Auflegen der umgekehrten Saatbretter festdrückt. Einer Bedeckung bedarf der Birkensaatkamp höchstens in der Keimungsperiode zur Verhütung der Abschwemmung.

Bei der Pflanzung ist darauf zu achten, daß der Pflänzling nicht tiefer in die Erde gebracht wird, als auf seinem ursprünglichen Standorte. Die beste Pflanzzeit ist des frühen Laubausbruches wegen der Frühlingsanfang. Zur Klemmpflanzung eignet sich die Birke ebensowenig wie zur Stummelpflanzung. Zu ersterer sind ihre Seitenwurzeln von Anfang an zu stark, zu letzterer ihre Ausschlagfähigkeit zu gering. Im Ausschlagwalde verlangt die Birke tiefen zeitigen Hieb und kurze Umtriebe.

D. Die Weißulme (Flatterrüster).

§ 861. Das Holz der Weißulme (Ulmus effusa Willd.) ist sowohl als Nutz-, wie als Brennholz von geringem Werte; keine Holzart ist heutzutage so schwer wie gerade diese verkäuflich; dabei ist sie inbezug auf den Boden fast noch anspruchsvoller, als die Rotulmen, welchen sie im übrigen auch in waldbaulicher Beziehung ähnlich ist. Das ist der Grund, warum sie absichtlich nicht angebaut wird; der Standort, welchen sie verlangt, ist für sie zu gut. Dagegen findet sie sich an solchen Orten häufig von selber ein und bildet in Auwaldungen gerne mächtige Stämme, die an der höchst spanrückigen unteren Teile des Schaftes leicht erkennbar sind.

Obwohl sie die Umtriebszeiten der harten Laubhölzer vorzüglich aushält, wird sie im Samenwalde doch, wo immer sie wertvollere Holzarten unterdrückt, auf dem Wege der Reinigungshiebe entfernt werden müssen und zwar, wo sie hierbei mit Birke und Roterle konkurriert, vor diesen. Sie ist also gleichfalls ein bald verschwindendes Mischholz. Im Mittelwalde bildet sie ihrer relativ dichteren Belaubung halber ein ganz brauchbares, im Faschinenmittelwalde, bei welchem es auf die Qualität des Holzes wenig ankommt, sogar ein sehr gutes Unterholz, ist aber bei ihrer eigenen Wertlosigkeit der gleichen Eigenschaft wegen als Oberholz unbrauchbar.

Will man sie erziehen, so ist ihre Erziehung dieselbe wie diejenige der Rotulmen.

E. Die Linden.

§ 862. Die beiden deutschen Lindenarten, die kleinblättrige oder Winterlinde (Tilia parvifolia, Ehrh.) und die großblättrige oder Sommerlinde (Tilia grandifolia, Ehrh.) erwachsen unter günstigen Verhältnissen zu Bäumen erster Größe. Sie treiben einen geraden runden Schaft, der sich indessen im Freistande gerne in die Äste verbreitet. Der Nutzwert ihres Holzes ist insofern ein geringer, als derselbe zwar für gewisse nur in beschränktem Umfange vorkommende Verwendungen (feine Holzschnitzereien und dergleichen) fast unersetzlich, für die Massenverwendungen aber fast unbrauchbar ist.

Die Bewurzelung ist eine mächtige. Mehrere Herzwurzeln gehen, sich in Wurzelstränge verteilend, sehr tief in den Boden.

Beide Lindenarten verlangen daher einen tiefgründigen Boden, an dessen Zusammensetzung und Feuchtigkeitsgrad sie ähnliche Forderungen stellen, wie die Buche. Inbezug auf das Klima verlangt die Sommerlinde eine höhere Wärme, als die Winterlinde; erstere ist hauptsächlich in Süddeutschland und im Gebirge, letztere im Norden zu Hause.

§ 863. Gegen Spätfröste sind die Linden infolge ihrer großen Reproduktionskraft nicht sehr empfindlich; erfrieren auch die Blätter, namentlich der sehr früh austreibenden Sommerlinde häufig, so ersetzen sie den Schaden sehr rasch wieder. Beide Linden sind namentlich in der Jugend eher den Schatten-, als den Lichtholzarten zuzurechnen. Sie treiben auch im Halbschatten reichliche und sehr kräftig sich entwickelnde Stockausschläge, wie überhaupt ihre Reproduktionskraft an allen ihren Teilen eine sehr große ist. Sie lassen sich auch sehr leicht verpflanzen und ertragen das Schneideln sehr gut.

Die Linden tragen vom 30. bis 35. Jahre an fast alljährlich Samen. Der Same reift Ende Oktober, bleibt aber ziemlich lange hängen. Derselbe ist nicht geflügelt und etwas kleiner, als eine Erbse. Bei der Winterlinde wiegen 100 Körner nicht ganz 3, bei der Sommerlinde 5 bis 6 g. Zu trocken aufbewahrt, liegt derselbe gerne über.

Die junge Pflanze hat eine kräftige Wurzel, welche leichte Rasen zu durchdringen vermag. Die hellgrünen und handförmigen kräftigen Keimblätter dringen durch eine nicht allzustarke Decke. Der Wuchs ist mit Ausnahme des ersten Jahres, namentlich bei der Sommerlinde, ein sehr rascher. Letztere wird daher auch häufiger als Alleebaum gepflanzt, obwohl sie die Blätter in warmem Klima sehr frühzeitig, manchmal schon Ende August verliert.

§ 864. Die Linden unterscheiden sich in einer Hinsicht sehr wesentlich von den übrigen weichen Laubhölzern, mit Ausnahme der Weißulme: sie haben eine außerordentliche Lebenszähigkeit und halten die gewöhnliche Umtriebszeit der Hartholzarten vorzüglich aus.

Ihre Zahl im Innern der Bestände im Hauptbestande wesentlich zu vermehren, liegt indessen kaum im Interesse derjenigen Waldbesitzer, welchen es auf eine hohe Forstrente ankommt. Der geringe Bedarf an Lindennutzholz wird durch die Masse von Linden, welche in Parkanlagen und an Alleeen angebaut werden, vollauf gedeckt; was darüber hinausgeht, muß zu Brennholz aufgespalten werden und ist dann ebenso schlecht verkäuflich, wie Weißulmenholz. Will man sie darin erhalten, so werden sie in ähnlicher Weise zu behandeln sein, wie Rotulmen, welchen sie inbezug auf Lichtbedürfnis am nächsten stehen. In den Lichtungsbetrieben und in den Mittelwaldungen geben sie, rein waldbaulich betrachtet, ein wertvolles Unterholz. Ihre Produkte sind aber dort zu wertlos, um sie als solches absichtlich anzuziehen, wenn auch vorhandene Linden selbstverständlich dazu benutzt werden.

§ 865. Dagegen gehören die Linden zu denjenigen Holzarten, welche wie wenige zur Waldverschönerung geeignet sind. Sie werden deshalb in all den kleinen Anlagen nicht fehlen dürfen, welche an landschaftlich schön gelegenen Punkten, an den Kreuzungen von Wegen u. s. w. zu ästhetischen Zwecken gemacht werden und welche so sehr geeignet sind, die dem Walde so notthuende Freude des Volkes am Walde wachzurufen und wachzuhalten. Sie bilden, und zwar die allerdings langsamer wachsende und sich später begrünende Winterlinde entschieden mehr als die ihr Laub zu frühe verlierende Sommerlinde, schattige Alleeen und eignen sich zur Herstellung von solchen namentlich an den an den Waldrändern hinführenden Straßen. Bei der Nähe der menschlichen Wohnsitze gewähren sie dort nicht unbedeutende volkswirtschaftliche Vorteile, indem ihre Blüte eine ganz vortreffliche Bienenweide abgiebt.

§ 866. Infolgedessen werden die Linden fast nur als Heister, und zwar als obstbaumartig beschnittene Starkheister ins Freie verpflanzt. Sie ertragen diese Art der Pflanzung selbst als Wildlinge sehr gut, verlangen aber dabei tiefe Bodenlockerung und frischen, kräftigen Boden.

Im Kampe sät man sie, um das Überliegen zu verhindern, sofort nach der Samenreife, in Rillen von 20 cm Abstand mit $1^1/_2$ bis 2 cm starker Bedeckung. Im Frühjahre vor der Keimung werden die Kämpe zum Schutze gegen Frost und Hitze besteckt oder mit Saatgittern überstellt. Auch lassen sich Wildlinge sowohl als Keimlinge wie später mit Erfolg verschulen.

Die erste Verschulung findet in einjährigem, die zweite in 4- bis 5jährigem Alter statt, worauf dann die Pflanzung ins Freie bei der Sommerlinde etwa im 7. bis 9., bei der Winterlinde im 10. bis 12. Jahre stattfindet.

Bis zur Verpflanzung müssen die Linden, um sie zu guter Schaftbildung zu bringen, fleißig beschnitten und nicht selten an Pfählen angebunden werden, weil die Gipfelbetriebe in freiem Stande große Neigung zeigen, horizontal auszutreiben. Bis zur 2. Verschulung empfiehlt sich der Pyramidenschnitt, von da bis zur Pflanzung ins Freie muß der obstbaumartige Schnitt allmählich eingeleitet werden.

F. Die Aspe.

§ 867. Die Aspe, Espe oder Zitterpappel (Populus tremula L.) erreicht nur ausnahmsweise starke Dimensionen, obwohl sie im Höhenwuchs gegen die Hauptholzarten des Waldes kaum zurückbleibt. Sie wird in der Regel frühzeitig kernfaul, vielleicht nur deshalb, weil die vorhandenen meist aus Wurzelbrut hervorgegangen sind. Infolge davon vermag sie die gewöhnliche Umtriebszeit der Hochwaldbestände im allgemeinen nicht auszuhalten und wird dadurch trotz ihrer Brauchbarkeit zu technischen Zwecken zum Unkraute. Ihre Bewurzelung ist eine sehr flache, weit ausstreichende; ihr Lichtbedürfnis ist nur in der frühesten Jugend etwas geringer, als das der Birke. Sie geht ein, wenn sie nicht gipfelfrei erhalten wird.

Die Aspe liebt feuchte Luft und gedeiht weder auf dürrem Sand-, noch auf Moorboden. Gegen Spät- und Frühfrost ist sie unempfindlich und siedelt sich daher gerne in Frostlöchern an. Obwohl ihre Reproduktionskraft im übrigen nicht allzugroß ist, liefert sie außerordentlich reichliche Wurzelbrut, welche namentlich in Kahlschlägen oft sehr lästig wird.

Sie trägt frühzeitig, wenn männliche und weibliche Exemplare beisammen stehen, alljährlich, reichlichen sehr frühe reifenden Samen, welcher, obwohl ungeflügelt, durch die ihn umgebende Baumwolle außerordentlich transportabel gemacht wird.

§ 868. Die Aspe ist in noch geringerem Maße als die Birke zur Hauptholzart geeignet. Ihr Holz ist auch, wo es zu Nutzzwecken verwendet wird, wesentlich schlechter, als das der Birke; dabei hält sie noch weniger lange aus, liefert in reinen Beständen geringe Erträge und läßt den Boden unter sich verarmen und verangern. Sie ist auch in allen Betriebsarten nur Mischholz, und zwar ein solches, welches sehr frühzeitig aus dem Bestande verschwindet.

Immerhin ist aber ihr Holz, wenn es einmal Scheitholzstärke erreicht hat, zur Holzstofffabrikation sehr gesucht. Sie darf deshalb ebensowenig wie die Birke ohne weiteres als Unkraut behandelt werden. Sie wird vielmehr bei den Reinigungshieben wie die Birke behandelt werden müssen, nur daß, wo entweder eine Birke oder eine Aspe zu weichen hat, in der Regel die Birke als die länger aushaltende und wertvollere und als die seltener stockfaule stehen zu bleiben hat, und daß man die Aspe überhaupt längstens bis zum 40. Jahre, in welchem sie in der Regel schon rotfaul ist, aus dem Bestande verschwinden lassen muß. Im Mittelwalde kann sie als Lückenbüßer im Oberholze als Laßreitel stehen bleiben, wird aber bei dem zweiten Abtriebe in der Regel genutzt.

Ein Anlaß zur künstlichen Vermehrung der Aspe besteht nicht. Wo ihr der Standort zusagt, findet sie sich meist in größerer Menge ein, als dem Wirtschafter lieb ist. Bemerkt sei nur, daß sie sich abweichend von ihren Gattungsverwandten im Freien nicht durch Stecklinge vermehren läßt.

G. Die übrigen Pappelarten.

§ 869. Die übrigen deutschen Pappelarten, die Schwarzpappel (Populus nigra L.), die Silberpappel (P. alba L.) und Graupappel (P. canescens Sm.), sowie die aus Italien eingeführte Pyramidenpappel (P. pyramidalis Rozier), und zwar die deutschen Breitpappeln ihres runderen Schaftes halber mehr als die italienische Spitzpappel, sind in neuerer Zeit als Nutzholz zur Holzstoffbereitung und zu Brettern und Bohlen sehr gesucht; dagegen ist das Brennholz geringwertig. Sie erwachsen auf geeignetem Standorte in sehr kurzer Zeit zu sehr starken und hohen Stämmen, welche aber auch häufig frühzeitig kernfaul oder von Bockkäfer und Weidenbohrer durchlöchert werden. Sie treiben sehr weit ausstreichende, starke Wurzeln und liefern reichliche Stockausschläge und, mit Ausnahme der Schwarzpappel, noch mehr Wurzelbrut. Auch lassen sie sich durch Stecklinge vermehren. Samen tragen sie verhältnismäßig selten, die Pyramidenpappel in Deutschland, wo es nur männliche Exemplare giebt, niemals. Sie verlangen sämtlich lockere, frische Böden und mildes Klima und sind ausgesprochene Lichtpflanzen. Ähnlich verhalten sich die meist noch raschwüchsigeren, aus Amerika eingeführten kanadischen und Balsampappeln.

§ 870. Der große Massenertrag und ihr nicht unbedeutender Nutzwert machen diese Pappelarten im Gegensatze zu der Aspe zu unter Umständen um so wertvolleren Nutzhölzern, als sie sich auf die einfachste Weise, insbesondere durch Setzstangen, vermehren lassen, so daß sich aus ihnen in der kürzesten Zeit ohne übermäßige Kosten in Frostlagen ein wirksamer Schutzbestand herstellen läßt. Sie bilden dort auch ein ganz vorzügliches Treibholz und halten zwar gleichfalls die gewöhnlichen Umtriebszeiten der Hochwaldwirtschaft nicht aus, lassen sich aber wenigstens teilweise bis über das 80. Jahr hinaus gesund erhalten und bilden bis dahin mächtige, auf Brusthöhe bis meterdicke, im 30. Jahre schon zu Nutzzwecken taugliche Stämme. Sie werden deshalb im Hochwalde wenigstens zwischen Schatten ertragenden Holzarten ganz wie die Birke behandelt werden können, während sie ihrer weit ausladenden den schadenlosen Aushieb erschwerenden Krone halber in Lichtholzbeständen nur an den Rändern so lange wie diese stehen bleiben dürfen.

Ihre Hauptbedeutung haben die Pappeln indessen im Mittelwalde, in welchem sie ein vorzügliches, außerordentlich rasch zuwachsendes Oberholz, welches man bis zum 60. bis 80. Jahre stehen läßt, abgeben, sowie als Alleebaum auch innerhalb des Waldes.

Sie werden künstlich nur durch Stecklinge und Setzstangen vermehrt, ins Freie jedoch in starken Exemplaren meist als im Kampe aus Stecklingen erzogene bewurzelte Pflänzlinge verpflanzt. Im Ausschlagwalde verlangen sie tiefen Hieb.

Zur Kopfholzzucht sind sie zwar an sich sehr gut geeignet, liefern aber in den kurzen Umtrieben desselben nur sehr geringwertige Sortimente, so daß man sie im allgemeinen nur da als Kopfholz bewirtschaftet, wo die Stocklohden als Faschinen zum Uferschutze verwendet werden, wozu sie sich ihrer Neigung zur Bildung von Adventivwurzeln wegen sehr gut eignen.

H. Die Weidenarten.

§ 871. Die deutschen Weidenarten (Salix, L.) erwachsen nur zum kleineren Teile zu Bäumen II. und III. Größe; die meisten bleiben Sträucher und selbst staudenförmig. Ihr Holz ist geringwertig und sie haben, so weit sie überhaupt baumförmig werden, große Neigung, frühzeitig hohl zu werden. Dagegen sind von einer Reihe von Arten die ein- bis fünfjährigen Schößlinge als Bind- und Flechtweiden und zu Faßreifen vorzüglich geeignet. Nur diese Arten haben durch den Wert ihrer Produkte, andere ihres Wertes als Mittel zur Verlandung wegen, wirtschaftliche Bedeutung. Sie sind es auch, welche als Faschinenweiden zur Uferbefestigung vorzugsweise Verwendung finden.

Alle Weiden sind zweihäusig und haben große Neigung zur Bastardbildung; sie reproduzieren verlorene Teile leicht, treiben namentlich sehr reichliche Ausschläge, wo immer sie abgehauen werden; die meisten, obwohl weniger reichlich als die Pappeln, auch Wurzelbrut und fassen, mit Ausnahme der Gruppe der Sal- und Wasserweide, als Steckling und Absenker leicht Wurzel. Sie sind sämtlich ausgesprochene Lichthölzer und, soweit sie überhaupt baumförmig werden, in der Jugend sehr schnellwüchsig, aber nicht aushaltend. Mit Ausnahme der Salweiden und ihrer nächsten Verwandten sind alle strauch- und baumartigen Weidenarten an die Thäler und mit Ausnahme der Schimmel- und Steinweiden auch an feuchte Standorte gebunden; die Salweide folgt der Buche auf alle ihre Standorte.

§ 872. Unter Kulturweiden versteht man diejenigen Weidenarten, welche zum Zwecke der Erziehung des Materials zu Flechtwaren (Flechtholz), sowie zu Faßreifen (Bandholz) in den s. g. Weidenheegern in 1- bis 5jährigem Umtriebe als Niederwald bewirtschaftet werden.

Es gehören dazu durch Zuchtwahl veredelte Arten und Bastarde der Gruppen der oft baumartigen Mandelweiden (Amygdalinae, Koch[1]) und der Schimmel-, Blut- oder kaspischen Weiden (Pruinosae, Koch), sowie der stets strauchartigen Hanf-, Band oder Korbweiden (Viminales, Koch), der Purpur- oder Steinweiden (Purpureae, Koch) und ihrer nächsten Verwandten.

Eßlinger[2]) charakterisiert dieselben wie folgt:

1. die Gruppe der Mandelweiden (S. amygdalina, L. und hippophaefolia Thuill.) verlangt einen mittelfrischen bis feuchten, lockeren Boden und gehört sowohl, was technische Brauchbarkeit, als Ertrag anbelangt, zu den besten Sorten, die sich namentlich dadurch auszeichnen, daß sie von Insekten verhältnismäßig wenig zu leiden haben,
2. die Gruppe der Hanfweiden (namentlich S. viminalis, L.) beansprucht einen lockeren, feuchten Boden (verträgt am meisten Nässe), liefert bei sehr reichlichem Ertrag ein ganz gutes Flechtmaterial, leidet jedoch viel von Insekten),
3. die Gruppe der Steinweiden (S. purpurea, L. und rubra, L.) begnügt sich mit trockenem Boden, liefert zahlreiche, meistens jedoch schwächliche Ruten, die zu allen technischen Verwendungen sich eignen und von tierischen Feinden wenig angegangen werden,

---

[1]) Dr. W. D. J. Koch, Synopsis der deutschen und schweizer Flora. Frankfurt, 1838.
[2]) Verhandlungen des Pfälz. Forstvereins in Kandel. Bergzabern, 1882. S. 54.

4. die Gruppe der kaspischen Weiden (S. acutifolia Willd. und daphnoides Vill.) gedeiht auf trockenem Boden und treibt die stärksten, bis 3 m lange astreine, jedoch wenig zahlreiche Ruten, die sich in der Hauptsache nur zu größeren Flechtwaren eignen.
5. Außer den genannten Gruppen, welche botanisch scharf charakterisiert sind, wird noch eine Reihe von Bastarden angebaut, von denen namentlich die s. g. Gold-, Busch- und Blendweiden Erwähnung verdienen, die gleichfalls technisch brauchbar sind und zum Teil sehr reichlich lohnen.

Innerhalb dieser Gruppen giebt es nun, wie bei ihrer Neigung zur Bastardbildung nicht anders zu erwarten, zahlreiche botanisch kaum unterscheidbare, aber technisch sehr verschiedenwertige und in ihren Anforderungen an den Standort von einander abweichende Sorten.

Bei Bezug des Pflanzmaterials von auswärts ist deshalb Vorsicht notwendig. Man thut bei dem hohen Preise der Stecklinge (4 bis 8 M das Tausend) besser, mit kleinen Sendungen von auswärts zu beginnen und, wenn der Versuch gelingt, mit selbstgezogenem Material die Anlagen zu erweitern.

§ 873. Die Kulturweiden werden entweder in Weidenheegern gebaut, d. h. als Niederwald mit sehr kurzen Umtrieben oder, soweit sie Baumform annehmen, auch als Kopfholz bewirtschaftet.

Die Anlage der ersteren geschieht, wo man auf die Qualität der erzeugten Waare Wert legt, ausschließlich durch Stecklingpflanzung. Natürlicher Anflug, der übrigens meist nur auf nackter Fläche erscheint, giebt keine Garantie für die richtige Sorte.

Die Art der künstlichen Bestandsgründung ist eine verschiedene. Wo, wie in der Pfalz, in Franken und Schlesien alljähriger Schnitt Regel ist, also nur Flechtholz erzogen wird, ist Einzelpflanzung in im Herbste vorher 40 bis 50 cm tief rajolten, vorher entwässerten Boden in engen Verbänden (30 zu 50 bis 30 zu 30 und selbst 30 zu 10 cm) im Frühjahre in der in § 569 beschriebenen Weise allgemeine Regel.

Die Heeger werden dann im 1. Jahre sorgfältig von Unkraut reingehalten und bis 3mal, in den späteren 1mal im Frühjahre, behackt. Der Schnitt erfolgt im Winter möglichst tief am Boden, so daß höchstens 2 bis 3 cm jungen Holzes stehen bleiben, und erstreckt sich auch auf die kleinsten Ruten. Eßlinger giebt den mittleren Ertrag so behandelter Heeger auf 150 bis 350, im Mittel 250 Centner Flechtholz pro Hektar an, welche 1000 M brutto abwerfen, nach Burckhardt[1]) aber nach 12 bis 16 Jahren abgängig werden. Reuter[2]) empfiehlt, zu alt und hoch werdende Stöcke 3 bis 4 Zoll (8 bis 11 cm) tief aus der Pfanne zu hauen und will damit in 33 Jahre alten Heegern noch gute Erfolge gehabt haben.

§ 874. Wo dagegen, wie auf den Inseln und an den Ufern der unteren Elbe und Weser, die zur Herstellung von Faßreifen dienenden Bandstöcke eine gesuchte Ware sind, ist der Umtrieb ein 3 bis 5jähriger, meist 4jähriger.

Die Bestandsanlage erfolgt dort in mehr summarischer Weise durch Unterpflügen beim Herrichten des Bandholzes abfallender Zweige und Gipfel oder durch Einpflanzen von solchen in Gräben oder Nester; bei sehr lockerem Boden

---

[1]) Säen und Pflanzen. 4 Aufl. S. 441.
[2]) Die Kultur der Eiche und der Weide. Berlin, 1867.

auch wohl durch Einzelpflanzung in unvorbereiteten Boden oder auf Rabatten, zu welcher man dann 3 bis 4jähriges Rutenholz wählt, welches auf etwa 40 cm Länge gekürzt und schief, in Überschwemmungsgebieten natürlich die Spitze flußabwärts gerichtet, in mehr oder wenigen engen Verbänden in den Boden gesteckt wird. Um Rindenverletzungen vorzubeugen, werden auf kiesigem oder nicht hinreichend lockerem Boden mit irgend einem Instrumente Löcher vorgestoßen, am besten mit dem Weidenpflänzer (§ 569) und so das für nötig erachtete feste Aufsetzen der oberen Schnittfläche auf den Grund des Loches ermöglicht.

Der erste Abtrieb solcher Weidenheeger erfolgt behufs Kräftigung der Stöcke, wenn die Ruten 2jährig sind. Im ersten Jahre ist wiederholte Reinigung von Unkraut notwendig.

Zum Kopfholzbetriebe verwendet man zur Erzeugung von Band- und Flechtholz nur die Mandel- und kaspischen Weiden und allenfalls die als Dotterweide bekannte Varietät der weißen Weide; wo das Holz zu Faschinen oder Brennholz verwendet wird, auch die gewöhnliche weiße Weide (Salix alba, L.) und die Bruch- oder Knackweide (Salix fragilis, L.).

Ihre Bewirtschaftung richtet sich nach den in den §§ 568, 721 und 722 gegebenen Regeln. Nur sei bemerkt, daß bei gleichem Umtriebe die kaspische Weide und bei gleicher Holzart der längere Umtrieb die weiteren Verbände verlangt.

§ 875. Wo die Weiden hauptsächlich den Zweck haben, ein durch Flußkorrektionen gewonnenes Land über den Hochwasserstand der Flüsse zu erheben, da leistet die weiße Weide (Salix alba, L.) und die Dotterweide (Salix vitellina, L.) die besten Dienste. Sie siedeln sich auf solchen Flächen von selbst an, sowie dieselben sich über den Niederwasserstand erheben. Gehen sie anfangs auch durch Mittel- und Hochwasser zugrunde, so haftet doch der Schlamm an ihnen und erhöht das Gelände, bis sie sich schließlich erhalten können.

Dabei haben sie die Eigenschaft, im Wasser stehend, bis zur Oberfläche desselben Bündel langer Adventivwurzeln zu treiben, welche den Wasserabfluß hemmen und an welchen der Schlamm sich dann anhängt. Sie befördern so die Verlandung um so mehr, als sie selbst 8 Tage lang vollständige und, wenn der Gipfel frei bleibt, den ganzen Sommer über andauernde teilweise Überflutungen aushalten.

Sie kümmern auf flachem Kiese und ertragen dort nur ganz kurze bis 5jährige Umtriebszeiten, werden aber um so kräftiger, je höher die Schlammschichte wird, in welcher sie stehen, und ertragen, wenn sich der Boden bis fast zur Hochwasserhöhe gehoben hat, eine Umtriebszeit bis zu 30 Jahren. Sie erwachsen bei derselben zu stattlichen Bäumen, stellen sich aber bei denselben sehr licht und gestatten sehr frühzeitige Durchforstungen.

In diesem Stande siedeln sich unter ihnen Silber- und Schwarzpappeln und schließlich die harten Laubhölzer an, welchen sie dann das Feld räumen.

Die Anlage solcher Weidenbestände geschieht, wo der natürliche Anflug ausbleibt, durch Pflanzung von Setzreisern in Nester und Gräben (§§ 565, 566).

§ 876. Eine weitere Verwendung finden nicht allein die vorgenannten, sondern auch die übrigen strauchförmigen und baumartigen Weiden im Faschinenmittelwalde. Sie werden dort in 2- bis 3jährigem Umtriebe bewirtschaftet und ertragen verhältnismäßig nur wenig Oberholz, geben aber brauchbares Faschinenmaterial.

Überall sonst sind die Weiden im Inneren der Bestände nur ein lästiges Unkraut, welches durch Bodenverwurzelung die Bestandsgründung verteuert und durch Überwachsen die Jungwüchse beschädigt, ohne irgend nennenswerte Erträge zu liefern.

Das gilt insbesondere auch von der baumartigen Salweide (Salix caprea, L.), der Ohrweide (Salix aurita, L.) und dem Heere ihrer Verwandten mit Einschluß der auch in stehendem Wasser vorkommenden Wasserweide (Salix cinerea, L.). Sie schaden, weil sie ihren Höhenwuchs sehr frühzeitig abschließen, als Mischholz dem Hauptbestande am frühesten und fallen deshalb von allen bisher genannten Holzarten den Läuterungshieben zuerst zum Opfer und werden abweichend von Aspe und Birke nur so lange erhalten, als sie dem Hauptbestande nützlich sind.

J. Die übrigen strauchartigen Weichhölzer.

§ 877. Eine ähnliche Verwendung wie die Kulturweiden findet hie und da der Haselstrauch oder die Hasel (Corylus avellana, L.), deren 3 bis 4jährige Stockausschläge vorzügliche Faßreife liefern. Sie wird, da sie sehr reichlich vom Stocke ausschlägt, als Niederwald in entsprechendem Umtriebe bewirtschaftet und bietet namentlich oft ein Mittel, steilen Geröllwänden mit, wenn auch noch so sparsamer Beimischung fruchtbarer Feinerde, eine wertvolle Ernte abzugewinnen. Auch ist sie auf solchen Standorten, vermöge ihrer Eigenschaft, durch reichlichen Laubabfall den Boden zu verbessern, ein oft wertvolles Vor- und Bestandsschutzholz und im Eichenschälwalde, dessen gewöhnliche Umtriebszeiten sie aushält, ein bodenbessernde Mischholz.

Ein anderes in neuerer Zeit viel genutztes weiches Strauchholz des Waldes ist der Faulbaum, das Weinzapfen- oder Pulverholz (Rhamnus frangula, L.). Es dient zur Bereitung von Schießpulver und wird in Gegenden, in welchen die Fichte und Tanne fehlt, als Bohnen- und Erbenreisig viel benutzt. Er erträgt auf frischem Boden ziemlich viel Schatten und schlägt auch im Schatten alter Eichen und Kiefern kräftig aus, ohne selbst übermäßig zu beschatten. Infolgedessen bildet der Faulbaum im Hochwalde oft ein nicht unwillkommenes Unterholz, welches in 3 bis 6jährigem Umtriebe, wenn auch nicht bedeutende so doch immerhin nicht zu verachtende Vornutzungen liefert, ohne daß deshalb etwas für seine Vermehrung zu geschehen pflegt.

Dagegen sind die übrigen, in der Ebene und in Mittelgebirgen vorkommenden weichen Strauchhölzer, insbesondere der schwarze und der rote oder Trauben-Hollunder (Sambucus nigra, L. und racemosa, L.), sowie die Tamariske (Myricaria germanica, Desv.) im allgemeinen als Holz wertlose und als Vorholz kaum inbetracht kommende Mischhölzer, wenn es auch nicht richtig ist, daß sich, wie behauptet wird, speziell die Tanne unter dem Traubenhollunder nicht hält.

In dieser Hinsicht ist dagegen die in den Alpen bis zu 2000 m ansteigende strauchartige Alpenerle (Alnus viridis, DC.), im Hochgebirge auf feuchtem, wenn auch noch so steinigem Boden nicht ohne Bedeutung.

Kapitel V. Die Fichte.

a) Waldbauliche Eigentümlichkeiten.

§ 878. Die Fichte oder Rottanne (Abies excelsa, DC.) hat einen geraden, in der bis ins hohe Alter stets kegelförmigen Krone leicht erkennbaren Schaft. Ihre Äste sind verhältnismäßig schwach, stehen aber in großer Zahl symmetrisch um den Stamm herum. Sie treibt weder Pfahl- noch Herzwurzeln, sondern sehr flach ausstreichende, sehr verzweigte Seitenwurzeln, welche nicht tief in den Boden eindringen. Ihre Bewurzelung ist neben der der Birke und Aspe die flachste von allen deutschen Waldbäumen.

Sie leidet durch Rindenbrand und Dürre, verlangt kühle und sehr feuchte Luft und um so feuchteren Boden, je trockener die Luft ist. Sie liebt die höheren Lagen der Gebirge, in welchen sie bis auf 2000 m steigt. In Tieflagen zieht sie, obwohl sie stauende Nässe schlechter als die Kiefer erträgt, feuchte Orte und in niedrigen Gebirgen die Winterhänge vor, während sie umgekehrt in Hochlagen die Sommerhänge bevorzugt. Ihre Ansprüche an die mineralische Fruchtbarkeit des Bodens sind gering; sie wächst noch auf armem Sandboden, wenn er nur genügend frisch ist. Dagegen sind dürre, ebenso wie auch in den obersten Schichten sehr versauerte, durch stehendes Wasser naßgehaltene Böden kein Standort für die Fichte.

§ 879. Dieselbe trägt vom 40. bis 50. Jahre an an einzelnen Stämmen fast alljährlich rotbraunen, kleinen geflügelten Samen, der im Oktober reift, aber erst im Frühjahre ausfliegt und von Mäusen und Finken begierig gefressen und von letzteren während der Keimperiode von den Keimlingen, welche ihn mit aus der Erde nehmen, abgebissen wird. 100 Körner ohne Flügel wiegen 0,7 bis 0,8 g, von denen mindestens 60% keimfähig sein müssen. Volle Samenjahre treten nur alle 4 bis 6 Jahre ein. Es hat das aber weniger zu sagen, weil sich der Fichtensamen jahrelang aufbewahren läßt.

Die junge Pflanze erscheint 4 bis 5 Wochen nach der Saat, bei natürlicher Verjüngung im Mai, mit 7 bis 11 Keimblättern, welche ebenso wie die Primordialblätter fein gesägt sind. Die Pflanze ist sehr klein und leidet daher sehr unter Graswuchs; ihre Wurzel ist nicht imstande, verrasten Boden oder starke Laubdecken zu durchdringen und bleibt im ersten Jahre sehr kurz; dagegen hält sie sich bei feuchter Witterung längere Zeit in hohen Moospolstern. Bei trockenem Wetter geht sie darin zugrunde. Auf nacktem Boden leidet die junge Fichte durch Dürre im Sommer und friert im Winter gerne aus.

Ihr Wuchs ist anfangs ziemlich langsam, mit 5 Jahren ist sie gewöhnlich nicht über 25 bis 40 cm hoch.

§ 880. Die Äste der Fichte sind starr und an den Anheftungspunkten sehr spröde. Deshalb und infolge ihrer dichten Belaubung leidet die Fichte sehr unter Schnee-, Duft- und Eisanhang und ihrer schlechten Bewurzelung halber in geschlossenen Beständen auch unter Schneedruck. Sie ist dem Windbruche und mehr noch dem Windwurfe mehr als alle anderen deutschen Holzarten ausgesetzt und wird von zahlreichen Insekten in gefährlichster Weise befallen. Gegen Spätfröste ist sie nur in der Jugend empfindlich, indem ihre saftigen Triebe erfrieren; sie heilt aber auf günstigem Standorte Frostschäden bald wieder aus und verliert bei früh eintretendem Froste meist nur die vor den Gipfeltrieben austreibenden Seitentriebe. Der Keimling wird nur von sehr starkem Froste zerstört; dagegen leidet die ältere Fichte durch Rindenbrand.

Wie alle deutschen Nadelhölzer, mit Ausnahme der Eibe, schlägt die Fichte nicht vom Stocke und den Wurzeln aus; dagegen ersetzt sie verloren gegangene Triebe leicht dadurch, daß sich die schlafenden Augen in den Blattknospen entwickeln. Neue Wurzeln bildet die Fichte nicht leicht.

In ihrem Verhalten gegen Licht und Schatten steht die Fichte der Buche insofern fast gleich, als sie auf günstigem Standorte selbst ziemlich starken Schatten lange erträgt. Sie ist also auf guten Fichtenstandorten, d. h. in feuchter Luft und auf feuchtem Boden eine ausgesprochene Schattenholzart. Wo es an Feuchtigkeit fehlt, verlangt sie erleichterten Zutritt der wässerigen Niederschläge, also freie Stellung. Sie ist deshalb in solchen Lagen als Bodenschutzholz unbrauchbar. Ihre Nadeln behält die Fichte 4 bis 6 Jahre.

Das Holz der Fichte ist von hohem technischen Werte. Wenn auch sein Preis an den Verbrauchsorten nur ausnahmsweise den Betrag von 35 M pro Festmeter Rundholz überschreitet, so sind doch 70 bis 90 % ihrer Gesamtproduktion und namentlich fast das gesamte Vornutzungsmaterial Nutzholz.

b) Betriebsarten und Umtriebszeiten.

§ 881. Wie alle deutschen Nadelhölzer ist die Fichte nur zu den Samenbetrieben geeignet. Selbst zu Oberholz im Mittelwalde ist sie ihrer dichten Belaubung und ihrer geringen Sturmfestigkeit halber, besonders geschützte Lagen ausgenommen, nicht verwendbar.

Die letztere Eigenschaft schließt sie im allgemeinen auch von der Verwendung als Einzel-Überhälter im Hochwalde und als Hauptbestand in den Lichtungsbetrieben und in allen nicht sehr sturmsicheren Lagen von allen Betriebsarten aus, in welchen der obere Kronenschluß in bis dahin geschlossen gehaltenen Beständen auf größerer Fläche vorübergehend gelockert wird.

Die Erfahrung lehrt indessen, daß von Jugend auf horstweise ungleichalterig erwachsene Fichtenbestände den Sturmwinden und in noch weit höherem Grade dem Schneedrucke viel weniger ausgesetzt sind, als gleichalterige, weil sich dort die Wurzeln wesentlich leichter nach allen Seiten verbreiten können, als da, wo wie im gleichalterigen Bestande jeder Baum seine Wurzeln in den gleichen Bodenschichten auszubreiten bestrebt ist.

Nimmt man dazu, daß das Gedeihen der ganz flach wurzelnden Fichte mehr als dasjenige anderer Holzarten von der Beschaffenheit der Bodenoberfläche abhängt, welche in gleichalterigen Beständen schwieriger als in verschiedenalterigen in normalem Zustande zu erhalten ist, und daß alle die Fichte befallenden Insekten bestimmte Altersklassen bevorzugen, so daß ihre Vermehrung durch ausgedehnte Strecken gleichalterigen Holzes in Gefahr drohender Weise begünstigt wird, so wird nicht in Abrede gestellt werden können, daß gerade für die Fichte die gleichalterige Hochwaldwirtschaft die am wenigsten geeignete Betriebsweise ist und daß die Zukunft wenigstens in allen auf weniger guten Standorten stockenden Fichtenbeständen denjenigen Wirtschaftsmethoden gehört, welche den allgemeinen Verjüngungszeitraum des ganzen Bestandes möglichst weit ausdehnen und so möglichst verschiedenalterige Bestände schaffen.

§ 882. Diese Aufgabe erfüllen im höchsten Maße die geregelten Formen der Femelwirtschaft, und zwar sowohl der Saumfemelbetrieb, wie die Ringfemelwirtschaft und bei innerhalb des Bestandes sehr verschiedenwertigen, wesentlich verschiedene Umtriebszeiten bedingenden Standortsverhältnissen in nicht zu sehr exponierter Lage auch die Wirtschaft der kleinsten Fläche.

In den Stürmen sehr ausgesetzter Lage, sowie da, wo der Standort sehr gleichartig ist und die Bestände gleichmäßig bestockt sind, wo ferner der Standort sehr kurze spezielle Verjüngungszeiträume fordert, möchten wir dem Saumfemelbetriebe bei der Fichte den Vorzug geben, weil er zu keiner Zeit schon mehr herangewachsene Bestandsteile unvermittelt dem Winde preisgiebt, was auf solchem Standorte weder beim Ringfemelbetriebe noch bei der Wirtschaft der kleinsten Fläche ganz zu vermeiden ist.

Die Verjüngung wird dort in ganz schmalen Saumschlägen von der dem Winde abgewendeten Seite des Bestandes zu beginnen haben und, je nachdem der Standort im Übrigen die Stellung eines Besamungsschlages gestattet oder nicht, durch Vorverjüngung oder aber durch künstliche oder natürliche Nachverjüngung zu geschehen haben.

§ 883. Dagegen dürfte umgekehrt der Ringfemelbetrieb den Vorzug verdienen, wo zwar der Standort gleichartig, der jetzige Bestand aber bereits verschiedenalterig aufgewachsen ist und wo der Standort mit Rücksicht auf den Wind und auf das Lichtbedürfnis des Jungholzes eine weite Ausdehnung des speziellen Verjüngungszeitraumes (der einzelnen Verjüngungsfläche) gestattet.

Die jetzt schon, sei es vermöge ihres Alters, oder wegen eingetretener Verlichtung, hiebsreifen Bestandspartieen hätten dann als Verjüngungskernpunkte zu dienen, von welchen aus die Verjüngung langsam durch sehr allmähliche Nachhiebe nach allen Richtungen fortschreitet. Die Möglichkeit, die Endhiebe möglichst lange hinauszuschieben, würde dort die Folge haben, daß die jeweiligen Verjüngungsflächen für die in der Windrichtung anstoßenden noch unberührten Bestandsteile ähnlich wie Loshiebe wirken und dieselben allmählich an die freiere Stellung gewöhnen. Sie würde außerdem gestatten, die Verjüngungskegel so schmal zu machen, daß den im Winde liegenden unangegriffenen Teilen zuerst der in der Richtung, von welcher der Wind kommt, gegenüberliegende unberührte Bestand und später die heranwachsenden Centren der Verjüngungskegel selbst als vollkommen wirksamer Windmantel dienen.

§ 884. Die Wirtschaft der kleinsten Fläche wird, vorausgesetzt, daß die übrigen Voraussetzungen derselben, insbesondere die Möglichkeit kleiner Schläge gegeben sind, bei der Fichte endlich da am Platze sein, wo der Standort sehr ungleichartig, oder der Bestand horst- und gruppenweise sehr verschieden ist, die Rücksicht auf den Wind aber eine individuelle Behandlung der einzelnen Bestandsteile gestattet.

Diese Wirtschaft wird, wo der Standort nur für die Fichte geeignet ist, etwa die Form der unregelmäßigen Schachbrettfemelwirtschaft annehmen mit dem Unterschiede jedoch, daß die Horste eine die unschädliche Ausbringung des Holzes gestattende Form, im Gebirge etwa diejenige abwechselnd nach auf- und abwärts sich zuspitzender Keile erhalten, und daß in derselben nicht alle, sondern nur die der Fichte zusagenden Betriebsarten Anwendung finden. Es wird mit anderen Worten dort weniger eine Mischung der Betriebsarten innerhalb des Bestandes, als eine Verschiedenheit in der Verjüngungszeit und in der Verjüngungsweise, vielleicht wohl auch in der Zusammensetzung der einzelnen Horste und Kleinbestände Platz greifen. Es werden insbesondere in den geschützteren Bestandslagen und auf den besseren Böden möglichst langsame Vorverjüngungen, auf den exponierten ausschließlich Nachverjüngungen stattfinden; man wird in den geschützten Partieen scharf, auf exponierten schwach oder normal durchforsten und jeden Bestandsteil verjüngen, sowie er, für sich betrachtet, hiebsreif ist, soferne der durch rechtzeitige Verjüngung zu erreichende Vorteil die Nachteile desselben für den Rest des Bestandes übertrifft. Man wird auf diese Weise die besonders starken Sortimente, welche man im gleichalterigen Hochwaldbetriebe nur durch gewaltsame Verlängerung des Umtriebes des ganzen Bestandes erziehen kann, durch Verlängerung des Umtriebes und des speziellen Verjüngungszeitraums in besonders geschützter Lage heranzuziehen suchen.

§ 885. In geringerem, aber für besonders günstige Standorte, auf welchen die Üppigkeit des Wuchses der Insektengefahr spottet und die Fruchtbarkeit des Bodens durch eindringende austrocknende Winde weniger Not leidet, ausreichender Weise kann die zur Beseitigung der Windbruch- und Schneedruckgefahr allerdings auch in den gewöhnlichen Hochwaldbetrieben erreicht werden.

Möglichst langsames Vorschreiten der Verjüngung durch möglichste Verkleinerung der einzelnen Hiebsflächen und, wo das durch die Absatzverhältnisse unmöglich gemacht ist, durch zeitweises Aussetzen des Verjüngungsbetriebes in demselben Bestande ist dort das einzige Mittel, die zahlreichen Kalamitäten zu vermeiden, welche mit der Aneinanderreihung großer gleichalteriger Fichtenbestände verknüpft sind.

Es muß, und bei keiner Holzart ist das nötiger als bei der Fichte, mit der Idee gebrochen werden, als ob ein durch den Betriebsplan zur Verjüngung bestimmter Bestand notwendig auch im Laufe der ersten (20 oder 30jährigen) Forsteinrichtungsperiode verjüngt werden müsse. Je länger die Verjüngung des Bestandes dauert und je größer demgemäß der Unterschied im Alter der zuerst und der zuletzt verjüngten Bestandsteile ist, um so gesicherter ist der Bestand in der Jugend gegen Maikäfer und Rüsselkäfer, im Alter gegen Wind, Sonne, Nonne und Borkenkäfer. Zwei und noch besser drei 20jährige Perioden ist das mindeste, was für die Dauer der Verjüngung eines Fichtenbestandes von 25 ha verlangt werden muß, und es versteht sich von selbst, daß dem Wirtschafter zu diesem Zwecke in einem großen Walde entsprechend größere Flächen zur Verfügung gestellt werden müssen.

§ 886. Diese Ausdehnung des allgemeinen Verjüngungszeitraumes ist vollkommen unabhängig von der speziellen Verjüngungsdauer. Sie läßt sich im Kahlschlagbetriebe ebenso gut erreichen als mit der Samenschlagwirtschaft und in dieser ebensowohl beim Saum- wie bei dem ringweisen Dunkelschlagbetriebe.

Wird bei ersterem alle 5 Jahre nur $^1/_{10}$ des Bestandes abgetrieben und steht bei letzterem bei 10jähriger spezieller Verjüngungsdauer nur immer je $^1/_5$ der Fläche in Besamungs- und Lichtschlag, so vergehen 50 Jahre, ehe die Verjüngung durchgeführt ist, und die jungen Bestände zeigen im ersten Falle Altersunterschiede von 50, im anderen von 40 Jahren.

Auch hier wird in unregelmäßig bestockten Beständen in sturmsicherer Lage der ringweise Dunkelschlagbetrieb, bei gleichmäßig bestockten Beständen, wenn Boden und Wind die Vorverjüngung gestatten, der saumweise Samenschlagbetrieb, andernfalls die Saumkahlschlagwirtschaft am Platze sein.

§ 887. Die Fichte schnürt nur dünne Äste etwa bis zur Stärke eines Centimeters glatt ab, stärkere wachsen, namentlich wenn sie dürr geworden, ehe sie vollständig mürb sind, abgebrochen werden, wie das in bevölkerten Gegenden durch die Leseholzsammler geschieht, als Hornäste in den Stamm ein und verschlechtern die Qualität des erzeugten Holzes wesentlich. Da dieselben nun bei der Fichte als Schattenholzart sehr zählebig sind, so ist dichter Schluß der Fichtenverjüngungen von dem Augenblicke an, in welchem die Äste die Stärke von 1 cm erreichen, zur Erzeugung vollwertigen Holzes dringendes Bedürfnis.

Dieser Zeitpunkt dürfte je nach der Bonität zwischen dem 12. und 25. Jahre eintreten. Es muß daher bei der Bestandsanlage dafür gesorgt werden, daß bis dahin der Schluß hergestellt ist, wo nicht mit Rücksicht auf Verhütung des Schneedrucks auf die Produktion besten Holzes Verzicht geleistet werden muß.

5 bis 15 Jahre nach Herstellung des Schlusses, in dicht angelegten Beständen also früher als in sich später schließenden, wird dann mit den Durchforstungen begonnen werden können, welche anfangs mäßig geführt und allmählich so verstärkt werden können, daß sie etwa im 50. bis 70. Jahre das Maß kräftiger Durchforstungen erreichen. Bei sehr dichten Verjüngungen wird der Durchforstung und den Reinigungshieben oft eine mehr oder minder starke Durchreiserung (§ 609) vorherzugehen haben, da keine Holzart so sehr wie die flachwurzelnde Fichte zum Bürstenwuchs neigt.

Nur wo Schneedruckgefahr vorliegt, wird von Anfang an möglichst rasch mit starken Durchforstungen vorgegangen werden müssen.

Daß, wo die Absatzverhältnisse die Ausführung kleiner Schläge gestatten, bei den Durchforstungen immer nur das zu Hopfenstangen und anderem Kleinnutzholze taugliche Material genutzt, das dazu zu schwache aber bis zur Erreichung der nötigen Stärke verschont wird, haben wir bereits in dem Kapitel von den Durchforstungen erwähnt.

Grünastungen empfehlen sich bei der Fichte nur in Ausnahmsfällen und müssen dann sehr vorsichtig ausgeführt werden; dagegen sind bei ihr Trockenastungen in Beständen, welche zu spät in Schluß gekommen sind, empfehlenswert. Dieselben haben sich aber auf die Stämme zu beschränken, welche voraussichtlich noch lange stehen bleiben. Für in 10 oder 15 Jahren hinwegkommende ist sie zu teuer.

§ 888. Bei den Reinigungshieben kann bei der Fichte sehr radikal verfahren werden. Sie legt sich, wenn damit und mit der Durchreiserung nicht zu lange gewartet wird, nicht leicht um, und wenn sie auch bei plötzlicher Freistellung von allzu starkem Drucke etwas kränkelt, so erholt sie sich doch bald wieder.

Sie erträgt aber den Schirm vorwüchsiger Weichhölzer, so lange dieselben ihre Krone nicht unmittelbar einengen oder wie die Birke ihre Gipfeltriebe peitschen, auf nicht allzuschlechtem Standorte ohne Schaden. Dieser Zeitpunkt tritt vermöge des raschen die Weichhölzer bald einholenden Wuchses der Fichte auf guten Bonitäten im 20. und auf den schlechtesten Bonitäten im 30. Jahre ein. Bis dahin kann, wenn das Material der Reinigungshiebe vorher unverkäuflich ist, durch Aufastung der vorwüchsigen und Aushieb der der Fichte gleichwüchsigen Stämmchen des Nebenbestandes, der auch später wertlosen natürlich zuerst, der Fichte das nötige Licht gegeben werden.

Zu dem Material der Reinigungshiebe gehört im Fichtenwalde jedes einzelnstehende vorwüchsige Exemplar einer Schattenholzart, insbesondere die Buche, sowie ihre Krone von den Fichtengipfeln erreicht wird. Dagegen werden Nutzholz liefernde Lichthölzer, welche die Umtriebszeit der Fichte aushalten und besser als die Fichte bezahlt werden, wie Eiche, Ahorn, Esche und Lärche von denselben auch dann verschont, wenn sie die Kronen der Fichten unmittelbar beengen. Werden sie von der Fichte überholt, so können sie bei den Durchforstungen nachgeholt werden, wenn man sie nicht von den Fichten frei hauen will. Bei der Kiefer geschieht das nur dann, wenn dieselbe lokal mehr als die Fichte gesucht wird, und wenn sie nicht um so viel vorwüchsig ist, daß sie zum Wolfe werden kann.

§ 889. Mit anderen Holzarten findet man die Fichte teils in gleichalterigen Beständen, teils als jüngeres Unterholz gemischt; in ersterer Form hauptsächlich mit der Buche, Tanne, Kiefer oder Lärche oder mit mehreren derselben, in letzterer vorherrschend unter Eichen, Kiefern und Lärchen.

In der Mischung mit der Buche bildet die letztere zweckmäßig den Grundbestand, über welchem die ihr in höherem Alter stets wenigstens etwas vorwüchsige Fichte eine Art Oberholz bildet und nach welchem sich die Wirtschaft vorzugsweise richtet. Bei den Durchforstungen sucht man, die Buchen durch scharfe Durchforstungen im Fichtenbestande möglichst zu erhalten, und verschont mit dem Hiebe prinzipiell alle nur von Fichten überschirmte gesunde Buchen. Man fällt also bei den Durchforstungen alle unterdrückten und gegen Fichten zurückbleibenden Fichten und alle von Buchen unterdrückten oder eingezwängten Buchen.

Ist, was auf der Buche besonders günstigem Standorte, z. B. auf Grauwacke und Basalt, manchmal vorkömmt, die Buche anfangs vorwüchsig, so schafft man durch scharfe Durchforstungen und, wo nötig, durch Aufastungen und Entgipfelungen in den Buchen den Fichten wenigstens horstweise das nötige Licht. Sie werden dann bald in genügender Zahl über dieselben hinauswachsen.

Auf solchen Böden richtet sich die Verjüngung nach den Bedürfnissen der Fichte, auf allen anderen nach denjenigen der Buche, und man vervollständigt dort die Fichtenverjüngung nötigenfalls künstlich mit Buchen, andernfalls den Buchenaufschlag mit Fichten. Als Lückenbüßer in kleine Lücken zwischen Buchen ist, wo der Standort der Tanne nicht paßt, Fichte und Weymouthskiefer die beste Holzart. Nur darf, wo die flachwurzelnde Fichte eingebracht wird, der Boden nicht durch die Streunutzung oberflächlich vermagert sein. Keine Holzart ist für solche Stellen weniger geeignet, als die Fichte, welche ausschließlich in den obersten Bodenschichten ihre Nahrung sucht.

§ 890. Eine nicht minder häufige gleichalterige Mischung ist diejenige von Tanne und Fichte. In derselben ist die Fichte immer bedeutend vorwüchsig; die Tanne wird darin bei Einzelmischung immer zum Nebenbestande und erhält sich in derselben nur, wenn bei den Durchforstungen auf ihre Erhaltung Rücksicht genommen wird. Sie verschwindet aus dem Bestande, wenn bei der Durchforstung mechanisch verfahren und jede unterdrückte Stange, und das ist im Zweifel immer die Tanne, gefällt wird.

In solchen Mischungen die Tanne zu erhalten, ist aber schon um deswillen ratsam, weil sie bei richtiger Wirtschaft von Insekten fast gar nicht leidet und weil sie gegen Sturm, Schnee und Duftanhang entschieden unempfindlicher ist, als die Fichte. Solche Bestände müssen daher ähnlich wie die Mischungen von Fichte und Buche durchforstet werden, und es muß dahin gestrebt werden, daß durch allmählichen Aushieb der Fichten die Tanne gegen Ende der Umtriebszeit vorherrscht. Der Bestand wird dann, um der Tanne einen Vorsprung zu gewähren, auf Tannen verjüngt und die Fichte, soweit sie nicht von selbst anfliegt, nach dem Endhiebe künstlich eingebracht.

Es verdient dabei bemerkt zu werden, daß in dem natürlichen Verbreitungsbezirke der Tanne der Boden unter Fichtenstangenarten sich dicht mit Tannenanflug bedeckt. Wo die Lage ausnahmsweise gut geschützt ist, läßt sich dieser Umstand benutzen, mit der Fichte eine Art Lichtungsbetrieb zu treiben, welcher sehr hohe Erträge abwirft und gleichzeitig den Übergang zur Wirtschaft der kleinsten Fläche ermöglicht. Auch im Tannenwalde ist für kleine Lücken die Fichte ein vorzüglicher Lückenbüßer.

§ 891. In der gleichalterigen Mischung mit Kiefer und Lärche befindet sich umgekehrt die Fichte, wenigstens in den ersten 20 bis 30 Jahren, in der Stellung des Nebenbestandes. Um hier die Fichte zu erhalten und zu gedeihlicher Entwickelung zu bringen, müssen die Kiefern, bezw. Lärchen scharf durchforstet werden, sowie die Fichte in ihre Kronen einwächst. Eher damit vorzugehen, ist mit Rücksicht auf die Bildung astreiner Stämme der Lichtholzarten nicht rätlich und für die Fichte als Schattenholzart nicht nötig. Unterdrückte Fichten verfallen dort dem Hiebe nur, wenn sie von Fichten unterdrückt sind oder anderen Fichten schädlich werden.

Sind die Fichten in den oberen Kronenschluß der Kiefern und Lärchen eingerückt, was sie nur da thun, wo sie sich auch später in der Mischung erhalten können, so werden alle drei Holzarten bei den Durchforstungen als gleichwertig zu behandeln und die im Wuchse zurückbleibenden Stämme, einerlei ob Fichten, Kiefern oder Lärchen, bei den Durchforstungen herauszunehmen sein.

Bei der Verjüngung der Mischungen von Fichte und Lärche muß die Lärche vorwüchsig erzogen werden; der Vorsprung der Fichte, welche anfangs wesentlich langsamer wächst, als die Lärche, darf deshalb nicht zu groß bemessen werden und überschreitet zweckmäßig nicht den Zeitraum von 3 bis 4 Jahren. Bei größerem Vorsprunge der Fichte kommt die Lärche zu frühe ins Gedränge und ist dann verloren. Dagegen schadet es nichts, wenn die Lärche selbst einen Altersvorsprung hat. Sie treibt nicht zu sehr in die Äste und gedeiht am besten, wenn ihre Krone nach allen Seiten freisteht.

Bei der Mischung von Kiefer und Fichte dagegen darf der Altersvorsprung der Fichte in der Regel 2 Jahre nicht überschreiten, ein wesentlich größerer gefährdet die Kiefer. Der Kiefer einen Altersvorsprung zu gewähren, ist nur dann rätlich, wenn dieselbe so zahlreich vertreten ist, daß sie unter sich einigermaßen zum Schlusse kommt. Einzelständige, stark vorwüchsige Kiefern werden im Fichtenwalde zum Wolfe.

Als Lückenbüßer in schon so weit herangewachsenen Kiefern, daß nachgepflanzte Kiefern nicht mehr nachkommen, ist bei genügender Bodenfrische, wo der Standort der Tanne und Buche nicht zusagt und die Weymouthskiefer durch das Rehwild zu sehr leidet, die Fichte die geeignetste Holzart.

§ 892. Auch als Unterholz in den Lichtungsbetrieben und zu Zwecken der Bodenpflege hat man die Fichte vielfach unter Lichtholzbeständen angebaut. Der Erfolg war, wo im Boden genug Feuchtigkeit vorhanden war, um Fichte und Hauptbestand zu ernähren, bei einem Überschusse von Feuchtigkeit sogar ein vorzüglicher. Die Fichten deckten den Boden vollkommen und verhinderten die Verangerung und Verunkrautung des Bodens. Fehlte es dagegen im Boden an Feuchtigkeit und hatte der Unterbau den Zweck, ihm die eindringende Feuchtigkeit zu erhalten, so entwickelten sich die Fichten nur sehr langsam und zeigten sich, sowie sie in Schluß kamen, dem Hauptbestande geradezu schädlich, indem ihre auf der Oberfläche streichenden Wurzeln die wässerigen Niederschläge aus erster Hand aufsaugten und dem tiefer wurzelnden Hauptbestande entzogen. Die Fichte empfiehlt sich deshalb zum Unterbau nur bei übermäßiger oder doch reichlicher Bodenfeuchtigkeit.

Dagegen bildet dieselbe als Unterholz unter Lichthölzern oder zu stark durchforsteten Schattenhölzern an Waldsäumen und Schlagrändern vorzügliche Windmäntel gegen austrocknende Winde. Sie bildet dort unter dem günstigen Einflusse des Seitenlichtes dichte Wände, welche dem Winde das Vordringen zum Bestandsinnern versagen.

Die Umtriebszeit der Fichte beträgt, wo sie den Hauptbestand bildet, je nach dem Standorte, der Absatzlage und den Wirtschaftsabsichten des Waldbesitzers, 60 bis 120 Jahre, wobei in nach den Regeln der Reinertragstheorie bewirtschafteten Waldungen die höheren Umtriebe guten Standorten und schlechten Absatzlagen, die niedrigeren schlechten Standorten und guten Absatzlagen entsprechen.

c) Verjüngung und Pflanzenerziehung.

§ 893. Die Fichte gehört zu denjenigen Holzarten, welche bei sehr reichlicher Samenerzeugung als Keimling vorherrschend des Schutzes gegen Dürre und mit Rücksicht darauf auch gegen Gras- und Unkräuterwuchs bedürfen. Wo der Standort oder ein richtig gestellter Schirmbestand Schutz dagegen gewährt, stellt sich die Fichte leicht auf natürlichem Wege ein, wo immer der Same so nahe an den nackten Boden gelangen kann, daß die Wurzeln vor Eintritt greller Sommerhitze in ihn eindringen können und die Natur des Bodens oder sonstige Mittel das Ausfrieren der Pflänzlinge im Winter hindern. Spätfröste zerstören diese Besamungen nur da, wo sie aus anderen Gründen ohnehin kümmern, oder da, wo die Fichte gegen ihre Natur in Frostlagen derjenigen Gegenden erzogen wird, in welchen das Austreiben der Gipfeltriebe regelmäßig vor Beendigung der Frostgefahr erfolgt. Dagegen leidet die Fichte, namentlich auch der Masse der Insekten halber, welche sie befallen, sehr unter durch die Holzhauer oder durch von Windfällen veranlaßte Rindenbeschädigungen, und zwar um so mehr, je älter sie sind und je mehr Widerstand sie demgemäß dem Umbiegen entgegensetzen.

Es folgt daraus, daß sich die Fichte zwar unter einem regelmäßig gestellten Schutzbestand mit Erfolg verjüngen läßt, daß aber zur Durchführung dieser Verjüngungsmethode große Sorgfalt sowohl auf die Verhinderung des Auffrierens, wie auf die Abhaltung des Graswuchses, wie auf die Verhütung von Rindenverletzungen verwendet werden muß.

§ 894. Dazu ist vor allem nötig, daß der fallende Samen ein passendes Keimbett findet. Zu dem Ende sind in allen noch dicht geschlossenen und nur mit einer dichten Nadel- und Moosdecke und darunter mit einer hohen Humusschichte versehenen Beständen Vorbereitungshiebe unerläßlich, welche eine Zersetzung der zum Auffrieren besonders geneigten Humusschichte bezwecken.

Diese Vorbereitungshiebe sind 5 bis 10 Jahre vor dem Besamungsschlage, selbstverständlich auf der dem Winde abgewendeten Seite des Bestandes, einzulegen, dürfen aber nicht über eine größere Fläche ausgedehnt werden, als nach dieser Zeit von den Besamungsschlägen erreicht wird.

Bei denselben werden vorhandene geschlossene Vorwuchshorste, welche jedoch bei der Fichte viel früher, als bei der Tanne die Fähigkeit, sich zu erholen, verlieren und, einmal regenschirmartig geworden, nur bei ganz besonders vorsichtiger Behandlung sich erhalten lassen, nach Bedürfnis freigestellt und in den noch unbesamten Teilen so viele der langschaftigsten und anderen dem Windwurfe oder Windbruche ausgesetzten Stämme herausgenommen, als nötig sind, um auf dem Boden eine beschleunigte Zersetzung des Humus und die Bildung einer ganz leichten Grasnarbe hervorzurufen.

Wo der Boden sich bereits in diesem Zustande befindet oder gar schon verunkrautet ist, sind Vorbereitungshiebe in den noch unbesamten Teilen des Bestandes nicht nur unnötig, sondern sogar schädlich und auch über den erhaltungswürdigen Vorwuchspartieen auf das allernötigste, eintretendenfalls auf Aufastung der sie beschirmenden Althölzer zu beschränken. Die Bildung eines guten Keimbettes wird in diesem Falle zweckmäßig durch Anlage flacher Schutzfurchen (§ 249) eingeleitet.

§ 895. Der Besamungshieb darf bei der Fichte auf keinen Fall weiter ausgedehnt werden, als daß alle darin stehen bleibenden Samenbäume bis zum Endhiebe durch den vorliegenden, noch geschlossenen Bestand vollständig gegen Windbruch geschützt sind. Es empfiehlt sich indessen, anfangs eine geringere Breite der Hiebsfläche zu wählen, um in der Breite des Windschattens Raum für den Samen- und Lichthieb zu schaffen. Ist die Lage trocken, so darf seine Breite außerdem die Breite nicht überschreiten, auf welche der Seitenschatten des geschlossenen Bestandes reicht. Seine Längsrichtung hat womöglich senkrecht auf der vorherrschenden Windrichtung zu stehen und darf dieselbe höchstens in einem Winkel 60° schneiden.

Bei demselben kommt in den frischen und deshalb sehr graswüchsigen Standorten, weil auf ihnen die junge Pflanze am meisten Überschirmung erträgt, $^1/_3$, auf trockeneren Standorten bis zu $^2/_3$ der normalen Bestandesmasse, und zwar wiederum vorherrschend an dem Windbruche besonders ausgesetztem Material hinweg. Kurzschaftige Stämme sind dabei zu verschonen, aber, wo es zur Herstellung des erwünschten Lichtgrades nötig ist, entsprechend aufzuasten.

Erfolgt der Hieb in einem Samenjahre, so ist dafür Sorge zu tragen, daß der Schlag spätestens Mitte März geräumt ist.

Die Stöcke der gefällten Stämme werden, um den Boden wund zu machen und um den Rüsselkäfern und anderen Kulturverderbern die Brutplätze zu entziehen, gerodet, und zwar, wenn die Schlagräumung so frühzeitig stattfinden kann, daß auf eine Besamung durch den im Frühjahre nach dem Hiebe abfliegenden Samen gerechnet werden kann, mit oder gleich nach der Ausführung des Schlages, andernfalls im nächsten Winter, um dann mit ihnen die Brut der schädlichen Käfer vernichten zu können.

Auf stark moosigen und verunkrauteten Stellen werden die Bodenüberzüge in je nach ihrer Üppigkeit 30 bis 50 cm breiten Streifen mit 1 bis höchstens 1,20 m Abstand bis zur mineralischen Krume abgezogen. Es ist das besonders bei sehr hohen Schichten von Heidehumus, wie sie sich unter Heidelbeere und Heidekraut finden, nötig. Bleiben dieselben liegen, so verbreiten sich die Wurzeln in diesen sehr rasch austrocknenden Schichten, und die Pflanzen gehen durch Dürre zugrunde. Gleichzeitig werden zur Versumpfung neigende Flächen durch Anlage offener Gräben entwässert und mit dem Auswurfe übererdet.

Die bloßgelegte Krume wird zweckmäßig mit eisernen Rechen oder Eggen in der Zeit kurz vor oder kurz nach dem Abfliegen des Samens, also anfangs bis Mitte März, oberflächlich aufgekratzt, um so diejenige Bedeckung des Samens zu erreichen, welche bei Holzarten mit im Herbste abfliegendem Samen durch die Holzhauerei und das abfallende Laub in genügender Weise erzielt wird. Wo die Graswuchsgefahr groß ist, ist ein mehr oder weniger tiefes kurzes Umhacken der Streifen zweckmäßig.

§ 896. Die ersten Nachhiebe haben zu erfolgen, sobald der bei vermehrtem Lichtzuflusse sich verdichtende Graswuchs aufhört, den jungen Pflanzen gefährlich zu sein. Dieser Zeitpunkt tritt auf trockenem und deshalb weniger graswüchsigem Boden eher ein, als auf frischem, ist aber auch dort im 4. Jahre in der Regel erreicht. Wo der Graswuchs so stark zu werden droht, daß er in diesem Alter noch die Pflanzen gefährdet, da ist schon bei der Bodenvorbereitung durch größere Breite und tiefere Bearbeitung der Saatstreifen für Unschädlichmachung desselben zu sorgen.

Bei diesen Nachhieben empfiehlt es sich, wo das Holz nicht sofort nach der Fällung ausgerückt werden kann, nicht zuviel auf einmal zu nehmen. obwohl in diesem Stadium die Fichte eine starke Vermehrung des Lichtzuflusses gut erträgt. Bei der großen Länge, welche die Fichtenstämme gewöhnlich haben, bedeckt das Material eines starken Nachhiebes, wenn es nicht ausgerückt wird, weil man doch die wertvollen Stämme nicht einen auf den anderen werfen kann, den größeren Teil der Hiebsfläche, sodaß durch die Fällung und Abfuhr der größte Teil des Anwuchses wieder zugrunde gerichtet würde.

Man kommt mit den Nachhieben lieber öfter und nimmt jedesmal wenig, als daß man die Jungwüchse durch zu kräftige Nachhiebe allen Gefahren der Holzhauerei aussetzt. Man kann dann die nachzuholenden Hölzer zum größten Teile in die bei den ersten Nachhieben geschlagenen Gassen oder in die zur Ausbringung angebrachten Schleif-, Schlitt- und Fahrwege werfen.

Gestattet die Absatzlage solche wenig Material abwerfende Nachhiebe nicht, so muß entweder auf die Vorverjüngung verzichtet oder aber das anfallende Material und zwar jeder Stamm sofort nach der Fällung ausgerückt werden, eine Maßregel, welche sich übrigens überall, wo man mit dem Fuhrwerke nicht bis in die Hiebsfläche hinein fahren kann, durch entsprechend höhere Holzpreise bezahlt macht.

§ 897. Daß im Fichtenwalde, wo jedes beschädigte Stämmchen eine Brutstätte für den Weißpunktrüsselkäfer und andere Kulturverderber abgiebt, nicht allein von vornherein durch Auslegen von Fangkloben und Fangschalen, und nötigenfalls durch Eingraben von Fangknüppeln für die Vertilgung dieser Insekten Sorge getragen und noch mehr als bei anderen Holzarten darauf gesehen werden muß, daß bei den Nachhieben die Stämme mit den Kronen auf möglichst holzleere und, wo diese fehlen, auf mit dem schwächsten Holze bestockte Flächen und womöglich bergaufwärts geworfen werden müssen und daß die Fällungen nur bei weichem Wetter und womöglich bei Schnee ausgeführt werden dürfen, versteht sich von selbst.

Dagegen sind die Ansichten darüber geteilt, ob in diesem Stadium der Verjüngung eine Entästung der zu fällenden Stämme der Fällung vorauszugehen hat. Der entästete Stamm trifft allerdings eine wesentlich geringere Zahl von jungen Pflanzen als der mit der Krone gefällte. Er trifft sie aber mit viel größerer Gewalt und mit dem nicht nachgebenden Stamme, während der nicht entästete weniger schwer auffällt und die jungen Fichten nur mit den nachgebenden Zweigspitzen berührt. Die von dem entästeten Stamme getroffenen Pflanzen sind deshalb fast ausnahmslos verloren, während von der Krone getroffene sich häufig unbeschädigt wieder aufrichten.

Nach unseren Erfahrungen, ist so lange der Anwuchs so schwach ist, daß er von auffallenden Stämmen nur umgebogen, aber weder geknickt, noch aus der Wurzel gerissen wird, die Entästung nur bei denjenigen Stämmen nötig, welche sich nur bergab fällen lassen. Wird ein solcher Stamm mit der Krone gefällt, so wühlen sich, wenn er auch nach der Fällung nur wenige Schritte abwärts gleitet, seine Astspitzen tief in den Boden und reißen, weil ihr diese Bewegung „gegen den Strich" geht, mit sich, was ihnen in den Weg kommt, während die Äste eines bergaufwärts gefällten Baumes sich beim Abgleiten flach auf den Boden legen und schwache Pflanzen, über welche sie hinrutschen so gut wie gar nicht beschädigen.

§ 898. Dagegen wird die Entästung bei den Endhieben nur bei denjenigen Stämmen entbehrt werden können, welche mit der Krone in Wege und sonstige holzleere Stellen, oder in noch nicht oder erst vor wenigen Jahren angegriffene Bestandsteile geworfen werden können. Derselbe findet nämlich, obwohl die Fichte die völlige Freistellung im 4. oder 5. Jahre erträgt, zur Ausnutzung des Lichtungszuwachses selten vor dem 8. Jahre, also in einem Alter statt, in welchem die Stämmchen bereits aufgehört haben, so biegsam zu sein, daß sie der plötzliche Schlag eines mit der Krone fallenden Baumes nicht mehr knickt. Ein entästeter Stamm macht dann entschieden weniger Schaden, als ein nicht entästeter; denn er schlägt wohl in einer leicht wieder zuwachsenden Gasse seiner eigenen Breite alles nieder und reißt zuweilen die in diese Gasse hineinragenden starren Zweige benachbarter Stämmchen aus ihrer Basis, läßt aber alles andere unberührt.

Es versteht sich von selbst, daß mit Rücksicht auf diesen Umstand die bis zum Endhiebe stehen bleibenden Stämme, wo irgend thunlich, so ausgewählt werden müssen, daß sie bei der Fällung möglichst wenig Schaden machen.

Wo die Besamung eine wenigstens horstweise so vollständige ist, daß diese schlimmsten Falles meterbreiten Gassen die rasche Wiederherstellung des Schlusses nicht hindern, sowie da, wo die einzelnen Verjüngungsflächen sehr schmal sind, sodaß die Kronen der fallenden Bäume über ihre Grenzen hinausreichen, kann auf den besten Standorten behufs möglichster Ausnutzung des Lichtungszuwachses der Endhieb unbedenklich bis in das 15. Jahr der Verjüngung hinausgeschoben werden, wenn die bis zuletzt stehen bleibenden Stämme die Zahl von etwa 20 pro Hektar nicht übersteigen und den Bedürfnissen des Aufschlages entsprechend aufgeastet werden, und wenn außerdem alles Holz sofort aus den Gassen ausgerückt werden kann. Ein Umlegen der sich frühzeitig allein tragenden bis dahin durchschnittlich etwa 2 m hohen jungen Fichten ist dann nicht zu fürchten.

Wo dieses Ausrücken nicht möglich ist oder wo die Besamung zahlreiche kleine Lücken zeigt, welche Nachbesserungen nötig machen, endlich da, wo die Nachbesserung mit Lichthölzern erfolgen soll, darf ebenso, wie auf trockenem Standorte nicht so lange mit dem Endhiebe gewartet werden. Die Zeit, in welcher der Aufwuchs die Höhe von 1 m erreicht hat, ist in solchen Fällen der späteste Termin, in welchem die Räumung stattzufinden hat. Spätere Endhiebe erschweren die Nachbesserungen, welche man bei der Fichte nicht gerne eher vornimmt, als bis kein Holz mehr über ihren speziellen Standort gerückt zu werden braucht.

§ 899. Im allgemeinen dürfte indessen, wo die Vorverjüngung zulässig ist, namentlich in trockener Lage, auch bei der Fichte die löcherweise Verjüngung in der Weise, sei es des ringweisen Femelschlagbetriebes (§ 651), sei es der Ringfemelwirtschaft (§ 692), aber mit beschleunigter Freistellung der sich einstellenden Besamungen den Vorzug vor der Verjüngung unter gleichmäßig über die Fläche verteilten Samenbäumen verdienen und zwar deshalb, weil dadurch in die jeweiligen Verjüngungsstreifen größere Altersunterschiede gebracht werden, welche die daraus hervorgehenden Bestände sturmfester machen, weil ferner die Jungwüchse auf diese Weise früher und vollständiger in den Genuß der wässerigen Niederschläge treten und weil dieselben endlich frühzeitiger nachgebessert werden können und vor den bei späterer Räumung unvermeidlichen Holzhauereischäden bewahrt werden.

Der Lichtungszuwachs am Altholze geht bei dieser Art der Verjüngung keineswegs verloren. Er kommt bis zur Räumung der jeweiligen, wenn auch noch so kleinen Verjüngungsfläche, den darauf stehenden Samenbäumen und den dieselbe umgebenden Randbäumen und später den letzteren zugute.

Von hoher Wichtigkeit ist es aber auch bei dieser Verjüngungsmethode, daß nur im vollen Windschatten liegende Streifen behufs Verjüngung durchlöchert werden und daß ein zweiter Streifen nicht angehauen wird, so lange der erste noch dem Windwurfe ausgesetzt ist.

Als Kernpunkte dienen vorhandene geschlossene Vorwuchspartieen, welche, soweit nötig, freigestellt und je nach der Windgefahr mit 10 bis 20 m breiten in der Stellung des Besamungsschlages stehenden Streifen umgeben werden; fehlen solche Vorwuchspartieen, so werden neue Kernpunkte obigen Durchmessers in Samenschlag gestellt. Nach 2 bis 3 Jahren erfolgt in diesen Streifen der Nachhieb, gleichzeitig wird ein zweiter gleich breiter Streifen in Besamungsschlag gestellt. Der Endhieb in den Kernpunkten, bezw. ersten Streifen erfolgt im 5. bis 7. Jahre gleichzeitig mit dem Nachhiebe in dem angrenzenden und dem Besamungsschlage in einem weiteren Streifen. Unbesamt gebliebene Stellen werden dabei mit abgetrieben und sofort künstlich aufgeforstet.

Durch diese rasche Räumung der einmal angehauenen Horste wird außer den bereits erwähnten Vorteilen der erreicht, daß auch ausgesprochene Lichtholzarten, insbesondere die Lärche zur Nachbesserung verwendet werden können, welche bei späterer Räumung nur noch in größeren Schlaglücken Verwendung finden können.

§ 900. Auch die natürliche Nachverjüngung ist bei der Fichte vielfach im Gebrauche. Sie empfiehlt sich da, wo der Boden zwar ein gutes Keimbett liefert, aber so mit Felsen überlagert ist, daß die Nach- und Endhiebe die Besamung wieder zugrunde richten würden, sowie da, wo zur Ausbringung des Holzes Riesen gebaut oder andere nicht dauernde Anstalten getroffen werden müssen, welche sich nur rentieren, wenn bei denselben mehr Holz anfällt, als bei natürlicher Vorverjüngung anfallen würde.

Auch in diesem Falle sind die Schläge im Windschatten anzulegen und thunlichst schmal zu machen, nicht allein, um eine volle Besamung zu ermöglichen, sondern auch, um möglichste Altersverschiedenheiten in den jungen Bestand zu bringen. Wo der Standort sehr trocken ist, sollten die Schläge nie breiter gemacht werden, als der Lichtschatten des vorhandenen Bestandes reicht. In ebener Lage ist auf eine volle Besamung bei größerer Breite des Schlages ohnehin nicht zu rechnen.

Der Boden wird auf solchen Schlägen in der Regel durch Stockroden und das Anfarbeiten und Ausbringen des Holzes in genügender Weise verwundet, sodaß höchstens ein Übereggen des Bodens nach Abfliegen des Samens erforderlich wird. Fehlstellen sind spätestens im 3. Jahre künstlich in Bestand zu bringen.

§ 901. Auf künstlichem Wege verjüngt man die Fichte, vom Unterbau unter Überhälter oder Lichtungsbestände abgesehen, nur ausnahmsweise unter Schirmbeständen. Wo aus irgend einem Grunde nicht auf natürlichem Wege verjüngt werden kann, sind entweder die Samenbäume zu alt oder der Boden unter ihnen zu sehr zurückgekommen, als daß auf einen Lichtungszuwachs am Altholze zu rechnen wäre.

Das gilt nicht nur von zu verjüngenden Fichtenbeständen, sondern auch von in Fichten umzuwandelnden Beständen anderer Holzarten. Wo die vorhandene Holzart nicht genügt, ist auch ihr Lichtungszuwachs zu gering, um für die Beschädigungen der Fichte bei späterem Aushiebe Ersatz zu leisten.

Eine Ausnahme findet nur statt, wenn noch stark vom Stocke ausschlagende Laubhölzer in Fichten umgewandelt werden sollen. Wollte man unter solchen Umständen zur Nachverjüngung greifen, so würden die erfolgenden Stockausschläge die Fichte gefährden. Man thut deshalb gut, die Fichten vor dem Abtriebe durch Unterbau einzubringen und die umzuwandelnden Bestände durch eine scharfe Durchforstung und durch Aufastungen so weit zu lichten, als zur Erhaltung der Fichte nötig ist. Bei der Bestandsanlage ist, vorausgesetzt, daß alle die Fichten unmittelbar einengenden Zweige des Hauptbestandes und der gesamte Nebenbestand entfernt sind, die Lichtung auch unter Schattenhölzern vollkommen ausreichend, wenn in trockener Lage die Hälfte, in frischen $^1/_4$ der Bodenfläche von direkter Überschirmung frei ist.

Ein derartiger Schirmbestand bedarf aber einer häufigen, sich immer mehr verstärkenden Lichtung. Er kann vollständig abgeräumt werden, wenn die Fichte der Gefahr des Überwachsens durch die Stockausschläge entwachsen ist, und muß es werden, sowie die Fichten in seine Kronen hineinwachsen.

Besteht der Schirmbestand bereits aus Stockausschlägen, so ist die nötige Lichtung dadurch anzustreben, daß die Zahl der Ausschläge auf jedem Stocke allmählich reduziert, aber kein kräftiger Stock all seiner Ausschläge beraubt wird, so lange die neuen der Fichte gefährlich werden könnten. Genügt das nicht, so ist der Fichte durch scharfe Aufastungen der Ausschläge das nötige Licht zu schaffen.

§ 902. Man bedient sich bei der künstlichen Verjüngung der Fichte, einerlei ob mit oder ohne Schutzbestand, fast nur der Pflanzung.

Die Saat ist nicht um so viel billiger als die Pflanzung, daß man ihr zuliebe auf den Zuwachs der 2 bis 4 Jahre verzichten sollte, welche der Pflänzling in der Saat- und Pflanzschule zubringt; sie erstickt unter Schutzbeständen häufig unter dem Laube und geht im Freien ebenso häufig durch Hitze und Auffrieren zugrunde. Sie liefert deshalb bei geringer Samenmenge lückige, bei großer, wenn die ersten Jahre ausnahmsweise günstig verlaufen, so dichte Verjüngungen, daß um sie in Wuchs zu bringen, kostspielige Durchreiserungen ausgeführt werden müssen.

Sie ist jetzt im allgemeinen nur noch da, wo die zur Pflanzung nötigen Arbeitskräfte fehlen, sowie in Wildparken in Gebrauch, in welch letzteren man den Samen (etwa 12 kg pro Hektar) häufig auf umgepflügten Kahlflächen breitwürfig mit dem zur Wildfütterung gesäten Hafer einsät.

Sonst sind nur Streifensaaten, zu welchen man pro Hektar 8 bis 10 kg Samen normaler Keimfähigkeit verwendet, üblich; bei denselben wird die mineralische Krume, sei es durch Abziehen, sei es — und dann stets im Herbste vorher — durch Unterhacken des Rohhumus freigelegt, nötigenfalls vor der Saat aufgekratzt und nach derselben glatt gerecht.

Die Einsaat, bei welcher Säemaschinen und Saatflinte Anwendung finden können, geschieht im Frühjahre und zwar bei richtiger Bodenpflege stets im Frühjahre nach erfolgter Schlagräumung.

Das an manchen Orten übliche mehrjährige Liegenlassen der Hiebsflächen, um den Boden sich setzen zu lassen und so das Ausfrieren zu verhindern, hat den Verlust des Zuwachses dieser Jahre zur Folge und ist entbehrlich, wenn man die Vorsicht gebraucht, in Beständen, deren Boden als Keimbett noch zu locker und humusreich ist, rechtzeitig genügend scharfe Vorbereitungshiebe einzulegen. Selbst bei lichtester Stellung derselben verunkrautet darin der Boden nicht so sehr, als wenn er zu diesem Zwecke ganz kahl gehauen wird.

§ 903. Zur Pflanzung ins Freie verwendet man bei der Fichte in der Regel nicht unter 2 und nicht über 5jährige Pflänzlinge. Ältere lassen sich nur mit sehr großen Ballen und infolgedessen nur mit so großen Kosten verpflanzen, daß man davon nur zu Verschönerungszwecken Gebrauch macht; die Pflanzung einjähriger kostet aber nicht weniger als diejenige zweijähriger und ist im Freien um sehr vieles unsicherer.

Selbst zweijährige Pflanzen sind nicht überall anwendbar. Sie leiden noch zu sehr vom Graswuchse und sind noch nicht tief genug bewurzelt, um nicht unter Dürre und Auffrieren zu leiden. Man pflanzt sie deshalb nur an Stellen, an welchen, sei es durch den Schutz eines Schirmbestandes, sei es durch die vorhergegangene Bodenbearbeitung, der Graswuchs während der ersten Jahre von ihnen abgehalten wird und weder Dürre, noch Ausfrieren zu befürchten ist.

Zum Unterbau und zur Vorverjüngung auf noch nicht stark verrastem oder verunkrautetem Boden, sowie zur Plaggenpflanzung auf feuchtem oder vorübergehend nassem Boden und in frischem, aber nicht auffrierendem und dabei nicht verunkrautetem Boden in nicht zu rauher Lage sind 2jährige Pflänzlinge das beste Pflanzmaterial.

Man pflanzt dieselben entweder als Einzelpflanze mit entblößter Wurzel nötigenfalls nach vorheriger Lockerung des Bodens mit dem Spiralbohrer mittelst Klemmpflanzung oder in Büscheln, wo diese anwendbar sind (§ 385), mit dem Ballen durch Loch- oder Hügelpflanzung.

§ 904. Bei der Pflanzung ist darauf zu achten, daß die Fichte einen tiefen, oberirdische Stammteile in den Boden bringenden Stand absolut nicht erträgt und bei der Klemmpflanzung insbesondere, daß die Fichte, wenn auch weniger als die Kiefer, gegen starke Wurzelverbiegungen sehr empfindlich ist. Kulturinstrumente, welche nur ganz kleine Pflanzlöcher machen, wie das Steckholz, sind deshalb bei der Fichte zu vermeiden. Am besten sind die Instrumente, welche keine Löcher, sondern womöglich unten sich erweiternde Spalte machen wie der Keilspaten.

Bei der Plaggenpflanzung ist es bei der leicht austrocknenden Fichte von besonderer Wichtigkeit, daß, wenn die Rasenflächen noch nicht lange genug gelegen haben, um mit ihrer Unterlage fest zusammenzuhängen, wenigstens im Pflanzloche dieser Zusammenhang durch tiefes Einbohren des Spiralbohrers hergestellt wird. Ist der Boden oberflächlich versauert, so empfiehlt es sich, etwas gebrannten Kalk mit einzubohren.

Zur Verpflanzung als 2jährige Einzelpflanze verwendet man bei der Leichtigkeit, mit welcher die Fichte in großen Massen im Kampe erzogen werden kann, ausschließlich Kamppflanzen, zur Büschelpflanzung ausnahmsweise wohl auch Pflanzen aus dichten Saaten, aber wohl niemals Wildlinge, deren Herbeischaffung in der Regel weit teuerer als die Pflanzenerziehung im Kampe ist.

§ 905. Wo die Verhältnisse weniger günstig liegen, sind, wenn man nicht teuere Bodenvorbereitungen machen will, nur Pflanzen von mindestens 3 Jahren am Platze, welche man ohne Ballen und vom 4. Jahre auch mit Ballen, Notfälle ausgenommen, wohl niemals unverschult verpflanzt. Keine Holzart verliert, auf derselben Stelle stehend, so leicht, als die ihre Tagwurzeln frühzeitig sehr weit austreibende Fichte, die Eigenschaft eines guten Pflänzlings. Nur frühzeitige Verschulung ist bei ihr imstande, ihr Wurzelsystem so auf kleinen Raum zu konzentrieren, wie es zum sicheren Gedeihen der Pflanzung notwendig ist. Unverschulte Pflänzlinge dieses Alters wachsen zwar zum großen Teile an, kümmern aber, wenn sie nicht mit sehr großen Ballen verpflanzt werden, jahrelang, sodaß sie von später gepflanzten jüngeren Pflänzlingen überholt werden.

Das beste Pflanzmaterial an sich sind nach unseren Erfahrungen unzweifelhaft dreijährige, als Jährlinge nicht zu dicht verschulte, auf gutem Boden erzogene Pflänzlinge. Wir haben solche in exponierten Höhen von 1000 m in großer Zahl gepflanzt und nicht finden können, daß sie dort den Unbilden der Witterung schlechter widerstanden hätten, als in höherem Alter gepflanzte. Dagegen wuchsen sie dort wesentlich leichter an als diese, weil sie niedriger waren und deshalb weniger vom Winde gepeitscht wurden. Muß man ältere Pflänzlinge verwenden, so verwende man die schlanksten nur in geschützter Lage an Stellen starken Graswuchses und bringe in exponierte Lagen nur verhältnismäßig kurze stufig erwachsene Pflänzlinge.

Nur, wo der Graswuchs ein besonders üppiger ist, verdienen 4jährige, im Alter von 2 Jahren verschulte Pflänzlinge den Vorzug.

Bei der Pflanzung so starker Pflänzlinge ist die Klemmpflanzung nur auf sehr lockerem Boden und dann nur mittelst breiter Keilspaten zulässig.

Bei einigermaßen schwerem Boden drücken sich bei derselben die Wurzeln zu sehr zusammen. Man greift deshalb fast immer zur gewöhnlichen Lochpflanzung und, wenn die Beschaffenheit der Bodenoberfläche die Obenaufpflanzung nötig, zur Hügelpflanzung (§ 227).

Besonders tiefgehende Bodenbearbeitung ist bei der tiefwurzelnden Fichte, wenn dabei nicht Nebenzwecke wie Entwässerung, Beseitigung des Ortsteins u. s. w. verfolgt werden, in der Regel nicht angezeigt; 30 cm tiefe Löcher genügen bei ihr vollkommen, dagegen ist sie in trockener Lage für Beschattung des Fußes durch einen auf die Südwestseite einige Centimeter von der Pflanze aufgelegten Stein recht dankbar.

Die Alemann'sche Klapppflanzung ist für die Fichte ganz ungeeignet.

Beschnitten wird die Fichte vor der Pflanzung an den oberirdischen Teilen niemals, dagegen können einzelne allzulange Wurzeln unbedenklich eingestutzt werden. Ein Pflänzling, bei welchem der größere Teil der Wurzeln nicht ungekürzt ins Pflanzloch geht, ist jedoch unbrauchbar.

§ 906. Die Verbände wählt man bei dem hohen Werte der Vornutzungen der Fichte, wo diese abgesetzt werden können, nicht zu weit. Da in solchen Lagen schon im 30. Jahre sehr gut verkäufliche Kleinnutzholzsortimente aus dem Nebenbestande anfallen, so ist die Stammzahl des im 20. Jahre auf der betreffenden Bonität vorhandenen Hauptbestandes das Minimum der Pflanzenzahl, über welche man zweckmäßig nicht hinausgeht.

Da nun ferner schlanker Wuchs den Wert dieser Vornutzungen erhöht, so ist dort die Reihenpflanzung, bei welcher die Pflänzlinge wenigstens in der Reihe frühzeitig zum Schlusse kommen, den Quadrat- und Dreiecksverbänden um so mehr vorzuziehen, als die Fichte ordentliche Höhentriebe erst ansetzt, wenn ihre Zweige diejenigen der Nachbarpflanze berühren. Auf stark verrastem Boden kommt dazu, daß das gleichzeitige Abziehen der Bodenüberzüge auf zusammenhängenden Streifen viel billiger ist, als das Bloßlegen isolierter Pflanzplatten von gleicher Fläche.

Man pflanzt deshalb die Fichte in 1,20 bis 1,50 m von einander abstehenden Reihen mit Abständen von 0,60 bis 1,00 m in den Reihen. Nur, wo man auf die teuere Hügelpflanzung angewiesen ist, sowie da, wo die Absatzlage zu schlecht ist, um das Material der Vornutzungen verkäuflich zu machen, pflanzt man in weiteren Verbänden, mit welchen man aber gleichfalls über den Reihenabstand von 1,50 m nicht gerne hinausgeht. Selbst bei diesem Verbande kommt der Bestand vor dem 30. Jahre nicht in Schluß und erzeugt deshalb stark ästige Ware.

Bei der Pflanzung auf Plaggen, deren Herstellung durch reihenweise Anordnung häufig nicht erleichtert wird, sucht man die Herstellung des Schlusses dadurch zu beschleunigen, daß man 2 Löcher in dieselbe Platte bohrt und jede mit einer Pflanze besetzt.

§ 907. Im Kampe erzieht man die Fichte womöglich auf nicht auffrierendem Boden und im Seitenschutze nicht allzudichter Bestände durch Rillensaat in 2 cm tiefen und breiten, am besten mit dem Rillenbrette eingedrückte Doppelrillen von 10 bis 12 und, wenn die Pflänzlinge 2 Jahre im Saatbeete stehen, 15 cm Entfernung. Man sät so dünn, daß in Doppelrinnen auf jeder Seite eine Reihe Körner liegt, und benutzt zur gleichmäßigen Saat eines der in §§ 447 bis 450 beschriebenen Hilfsmittel. Man verwendet im ersten Falle 1250, im zweiten 1000 g pro Ar und kann dann auf 80000, bezw. 64000 Sämlinge rechnen.

Die beste Saatzeit ist Ende April, anfangs Mai. Die Bedeckung geschieht durch Einsieben sehr lockerer Erde, welche zweckmäßig nachträglich festgedrückt wird. Der Samen wird vor der Aussaat entweder mit Mennig gefärbt (§ 444) oder muß in anderer Weise, am besten durch Saatgitter so lange gegen Vögel geschützt werden, bis die Keimlinge die Samenhülle abgeworfen haben.

Der Keimling bedarf, wo der Kamp nicht einen sich frisch erhaltenden Boden hat, namentlich in den ersten Monaten dringend des Schutzes gegen Hitze, welchen indessen der Schatten anstoßender Bestände in ausreichender Weise bietet und im 2. und 3. Frühjahre auch gegen den Frost. Die Saatbeete müssen daher in der kritischen Zeit durch Schutzgitter oder Reisig beschattet werden. Im Herbste sind die Pflänzlinge zum Schutz gegen Auffrieren leicht anzuhäufeln oder durch Belastung der Zwischenstreifen dagegen zu schützen.

Stehen die Pflanzen nach Maßgabe der Zeit der Verwendung zu dicht, so sind sie durch Ausrupfen bei feuchtem Wetter zu lichten.

§ 908. Die Verschulung findet, wenn die Pflanze 3jährig verwendet werden soll, im 1jährigen Alter im Abstande von 12 auf 8 cm, bei späterer Verwendung in 2jährigem Alter im Abstande von 15 auf 10 cm oder im 3jährigen im Abstande von 20 zu 15 cm statt. Größere Abstände halten wir nur da für nötig, wo die Pflanzen später in sehr exponierte Lagen kommen sollen und deshalb absichtlich mit starker Beastung und kurzem Gipfeltriebe erzogen werden sollen. Dieselbe geschieht am besten mit der Verschulungslatte und dem Schmidt'schen Rillenpfluge und zwar in Ländern, in welchen die Pflanzreihen wagrecht laufen.

Schmitt[1]) empfiehlt das Einstutzen der Wurzeln 3jähriger Pflanzen auf 10 cm Länge.

Die Verschulung der Fichte in Einzellöcher, einerlei, ob mit Hilfe des Setzholzes oder eines Zapfenbrettes können wir in keiner Weise empfehlen.

---

[1]) Fichtenpflanzschulen. S. 69, 70.

Sie ist teuerer als diejenige in Gräbchen und ergiebt nur bei einer sehr zuverlässigen Arbeiterschaft ein gutes Material.

Daß bei der Verschulung die Wurzeln der Pflänzlinge bis zum Einsetzen ganz frisch erhalten werden müssen, versteht sich von selbst.

Frisch verschulte Pflanzen bedürfen nur, wenn der Kamp sehr warm liegt, bis in den Juli des Schutzes gegen Hitze und in jeder Lage bis zur Verpflanzung während der Frostperiode des Schutzes gegen Spätfrost.

Dagegen bedarf der Fichtensaat- und Pflanzkamp eines Schutzes gegen das Wild nicht, so daß bei der Fichte Wanderkämpe vielfach im Gebrauche sind.

Kapitel VI. Die Weißtanne.

Benutzte Litteratur: Fr. Gerwig, Die Weißtanne (Abies pectinata, DC.) im Schwarzwalde, Berlin, 1868. — E. Dreßler, Die Weißtanne (Abies pectinata) auf dem Vogesensandstein. Straßburg, 1880. — C. E. Ney, Im Bericht über die dritte Versammlung des elsaß-lothringischen Forstvereins in Colmar 1876. Straßburg. — Pilz, Desgleichen bei der Versammlung in Saarburg 1880. Straßburg. — Schuberg und Probst, Im Bericht über die 9. Versammlung deutscher Forstmänner in Wildbad. Berlin, 1881.

a) Waldbauliche Eigentümlichkeiten.

§ 909. Die Weiß- oder Edeltanne (Abies pectinata, DC.), gewöhnlich kurzweg Tanne genannt, erwächst wie die Fichte zu einem Baume erster Größe. Stämme von 45 selbst 50 m Höhe und über 1 m Stärke auf Brusthöhe sind in ihrem natürlichen Verbreitungsgebiete keine Seltenheit. Ihre Beastung ist eine sehr dichte, besteht aber aus schwachen, nicht weit ausladenden Ästen.

Ihre sich frühzeitig in mehrere Hauptstränge teilenden Wurzeln dringen tief in den Boden ein, wo ihr dazu Gelegenheit geboten ist.

Sie verlangt indessen nicht notwendig einen tiefgründigen Boden, wenn ihr in der vorhandenen Krume der zu ihrem Gedeihen nötige Grad von Bodenfrische geboten ist.

Trockene Böden sind ihr um so mehr zuwider, je trockener die Luft ist; ebenso meidet sie sauere Böden und erträgt stauende Nässe absolut nicht, ist aber inbezug auf die mineralische Bodenzusammensetzung, wo ihr sonst der Standort zusagt, entschieden anspruchsloser als die Fichte und bildet selbst auf dem unfruchtbaren Sandboden des Vogesensandsteins bei ausreichender Bodenfrische außerordentlich holzreiche Bestände.

Dagegen ist sie inbezug auf das Klima weit anspruchsvoller als die Fichte. Sie verlangt reichlich feuchte Luft und verhältnismäßig hohe Wärme, leidet aber, so lange die Rinde glatt ist, durch Sonnenbrand. Sie geht deshalb freiwillig weder in den Thälern so weit hinab, noch in den Bergen so hoch hinauf als die Fichte. In den Vogesen liegt ihre obere Grenze zwischen 1000 und 1100, ihre untere zwischen 250 und 300 m; im Thüringerwalde steigt sie bis zu 800 m hinauf, in Holstein bis zur Meeresküste hinab. In mehr kontinentalem Klima leidet sie in den Tieflagen durch die Spätfröste und durch die relative Trockenheit der Luft. Im Harze fehlt sie gänzlich.

Die Tanne ist von allen deutschen Holzarten mit Ausnahme vielleicht der Eibe die ausgesprochenste Schattenholzart. Sie geht auf günstigem Standorte selbst im stärksten Drucke nicht zugrunde und ist nach Jahrzehnte lang andauerndem Drucke noch imstande, sich normal zu entwickeln.

Sie verheilt Rindenverletzungen und ersetzt verloren gegangene Stammteile leichter, als die übrigen deutschen Nadelhölzer, erfordert aber wegen der Empfindlichkeit ihrer Saugwurzeln gegen Vertrocknung beim Verpflanzen sehr große Vorsicht.

§ 910. Etwas Tannensamen erwächst vom 60. bis 70. Jahre an alljährlich; auf volle und dann überreiche Samenjahre ist alle 4 bis 6 Jahre zu rechnen (z. B. 1871, 1874, 1882). Der Samenzapfen der Tanne steht aufrecht und zerfällt bei der Ende September stattfindenden Reife sehr schnell unter Zurücklassung seiner Spindel. Er muß deshalb kurz vor Eintritt derselben gebrochen werden.

Der Samen erhitzt sich leicht und verliert seine Keimfähigkeit sehr bald. Er ist relativ groß, aber durch große Flügel sehr beweglich; 400 Körner ohne Flügel wiegen $3\frac{1}{2}$ bis $4\frac{1}{2}$ g. Der Samen wird als gut bezeichnet, wenn bei der Keimprobe 50 bis 60 % keimen. Vögel und Mäuse sind dem Tannensamen sehr gefährlich. Er keimt in warmen Wintern sehr frühzeitig und geht, wenn die austreibende Keimspitze erfriert, zugrunde. Beim Keimen, welches bei der Frühjahrssaat nach 3 bis 5 Wochen erfolgt, treibt er 5 bis 6 lineale Keimblätter, welche auf der Oberseite mit 2 weißen Streifen versehen sind. Die Keimlinge vermögen dünne Decken zu durchbrechen; ebenso dringen die Wurzeln durch mäßig dünnen Rasen hindurch.

Der Keimling friert seiner langsamen Entwicklung halber häufig aus.

Der Wuchs der jungen Tanne ist ein sehr langsamer; eine 10jährige Tanne ist meist nicht höher als eine 4jährige Fichte, vom 8. bis 10. Jahre an ist aber ihr Wachstum ein sehr energisches.

§ 911. Gegen Windwurf und Schneedruck ist die Tanne weit weniger empfindlich als die Fichte; auch leidet sie viel weniger durch Insekten; dagegen wird sie von Wild und Vieh gerne angenommen und leidet, wenn sie eben ausgetrieben hat, sehr unter Spätfrösten, ohne denselben zu erliegen. In ihrem gewöhnlichem Verbreitungsgebiete entgeht sie denselben in der Regel dadurch, daß sie dort sehr spät austreibt. Trockene Hitze erträgt sie länger als die flacher wurzelnde Fichte; sie leidet deshalb auch entschieden weniger unter Graswuchs.

Die Tanne wirft, obwohl ihr Holz auf den meisten Märkten etwas billiger ist als das der Fichte, infolge ihres geraden, vollholzigen Wuchses außerordentlich viel Nutzholz ab und verdient deshalb, sowie wegen der Leichtigkeit, mit der sie sich selbst im geschlossenen Walde natürlich verjüngt, sowie wegen ihres mächtigen Lichtungszuwachses vermehrten Anbau in den ihr zusagenden Örtlichkeiten.

Die Tannennadeln haften 8 Jahre und darüber am Baume. Dieselben verwesen sehr rasch, so daß sie für sich niemals dichte Streudecken liefern. Dagegen bildet sich in guten Beständen in der Regel eine sehr reichliche Moosdecke.

b) Betriebsarten und Umtriebszeiten.

§ 912. Die Tanne hat in ihrem forstlichen Verhalten viele Ähnlichkeit mit der Fichte, ist aber entschieden sturmfester, erträgt unter gleichen Verhältnissen unmittelbare Überschirmung länger, heilt erlittene Rindenverletzungen leichter aus und wird ihrer biegsameren Äste halber durch die Holzhauerei entschieden weniger beschädigt. Ihre ganze Entwickelung ist außerdem eine langsamere.

Es folgt daraus, daß die Tanne in noch höherem Maße, als die Fichte sich zu dauernd oder vorübergehend mehralterigen Betriebsarten eignet und daß sie bei den Schirm- und Samenschlagverjüngungen entschieden längere Verjüngungszeiträume als die Fichte erträgt.

Man findet deshalb die Tanne und zwar mehr als alle anderen Holzarten in den **Femelbetrieben**, ferner in der gleichalterigen Samenschlagwirtschaft mit und ohne Überhalt und als Unterholz in den Lichtungsbetrieben und ausnahmsweise wohl auch in der Kahlschlagwirtschaft.

§ 913. Unter den Femelwirtschaften ist es der **Ringfemelbetrieb** mit sehr langsamer Erweiterung der Verjüngungskegel, welche der Tanne am meisten zusagt. Keine Holzart ist für diese Bestandsform in so hohem Grade geeignet wie gerade die Tanne mit ihrer Fähigkeit, bei genügendem Seitenlichte unter dichtester Überschirmung sich kräftig zu entwickeln.

Diese Wirtschaft gestattet eine ausgiebige Ausnutzung des Lichtungszuwachses, wenn man die Nach- und Endhiebe soweit hinausschiebt, als es die in dieser Hinsicht wenig empfindliche Natur der Tanne nach Maßgabe des Standortes nur irgend gestattet, und sie schafft, wenn man die jeweiligen Verjüngungsflächen so klein macht, wie sie die Tanne erlaubt, ein so dichtes Aneinanderrücken der Altersklassen, wie es nur immer im Interesse des Bodenschutzes wünschenswert sein kann.

§ 914. Nicht minder häufig sieht man die Tanne im **Samenschlagbetriebe**, und zwar sowohl im ringweisen, wie im gewöhnlichen. Sie verlangt dort ihrer größeren Sturmfestigkeit halber und weil sie viel weniger durch die Insekten leidet, keine so schmalen Schläge, wie die Fichte, erträgt sie aber in noch höherem Grade. Die Umtriebszeit von dem Einlegen eines Besamungsschlages zum anderen beträgt dort ebenso wie im Femelwalde 80 bis 120 Jahre. Bei diesen Umtrieben werden bei genügender Ausdehnung des speziellen Verjüngungszeitraumes ebenso starke Hölzer erzeugt, wie bei der Kahlschlagwirtschaft in Umtrieben, welche um das Anderthalbfache dieses Verjüngungszeitraumes länger sind.

Aus diesem Grunde ist die Tanne diejenige Holzart, welche neben der Buche am seltensten im Kahlschlagbetriebe bewirtschaftet wird. Diese Wirtschaftsmethode hat bei der Tanne nur auf sehr beschränkten Orten, nämlich da ihre Berechtigung, wo in sehr exponierter Lage der Boden so flachgründig ist, daß die Tanne ebenso wenig sturmfest ist, wie die Fichte. Überall anders kann wohl einmal die Kahlschlagverjüngung infolge sehr ungünstiger Beschaffenheit der Bodenoberfläche oder, weil der vorhandene Bestand zu alt ist, als daß bei ihm noch auf Lichtungszuwachs zu rechnen ist, ausnahmsweise geboten sein; man wird den neuen Bestand aber dann immer so zu erziehen haben, daß er bei der nächsten Verjüngung auf normale Weise verjüngt werden kann.

§ 915. Als eigentliches Unterholz sieht man die Tanne hie und da unter Lichtholzbeständen angebaut. Sie leistet aber dort weniger, als die Buche, weil sie sich anfangs viel langsamer entwickelt.

Dagegen ist sie, wo ihr der Standort zusagt, unzweifelhaft die geeignetste Holzart zur Ausbesserung kleiner und kleinster Lücken in sonst nicht mehr nachbesserungsfähigen Samenbeständen. Sie hält sich dort gesund und entwickelt sich, wenn ihr gelegentlich Licht gemacht wird, vorzüglich. Sie ist deshalb speziell in den Lichtungsbetrieben da am Platze, wo im Hauptbestande eine Lücke vorhanden ist, welche zu klein ist, um die Hauptholzart in ihr einzubringen. Sie wächst dann in den Hauptbestand ein und liefert bis zur Hauptverjüngung wertvolles Nutzholz, was die ihr als eigentliches Unterholz vorzuziehende Buche nicht thut.

Sie giebt ferner aus gleichem Grunde ein vorzügliches Mittel ab, in bisher gleichalterige Bestände die im Interesse des Bodenschutzes wünschenswerte Ungleichalterigkeit zu bringen und aus ihnen noch ungleichalterige zu erziehen. Werden nämlich im Gerten-, Stangen- und Baumholzalter alle in den Beständen entstehende, sich nicht mehr schließende Lücken mit Tannen ausgepflanzt, so lassen sich, der Tanne zusagenden Standort vorausgesetzt, die so entstehenden Horste und Gruppen als Kernpunkte benutzen, von welchen aus die Verjüngung seiner Zeit langsam weiter geführt werden kann, ohne daß der Bestandesschluß vorzeitig in schädlicher Weise unterbrochen zu werden braucht.

§ 916. Als Hauptholzart sieht man die Tanne in den Lichtungsbetrieben wohl niemals. Der Grund dieser bei einer Holzart von der Standfestigkeit, dem hohen Gebrauchswerte und dem starken Lichtungszuwachse der Tanne auffälligen Erscheinung ist, daß sich unter ihr bei einigem Schlusse außer der Tanne selbst keine Holzart halten kann. Sie selbst hält sich aber unter Stangenhölzern, welche nach der Regel der Lichtungswirtschaft regelmäßig durchhauen werden, so vorzüglich, daß sie nach Abtrieb des Hauptbestandes ohne weiteres zur Bestandsbildung verwendet werden kann.

Dadurch geht aber der Wirtschaft der Charakter der Lichtungsbetriebe verloren, auch wenn sie sich von der Lichtung bis zum Abtriebe ganz nach den Regeln derselben richtet. Der Lichtungshieb dient thatsächlich nicht als Mittel zur Ermöglichung der Anzucht eines Bodenschutzholzes, sondern als Samenschlag für die Erziehung eines neuen Hauptbestandes und der Zeitraum, während dessen sich der eigentliche Hauptbestand im Lichtungszustande befindet, als ein allerdings sehr lange ausgedehnter Verjüngungszeitraum der betreffenden Hiebsfläche.

Zu Oberholz im Mittelwalde ist die Tanne, weil sie Aufastungen leichter erträgt und sturmfester ist als die Fichte, zwar entschieden geeigneter als diese, aber als ausgesprochene Schattenholzart nur im Notfalle verwendbar.

§ 917. Das Holz der sehr engringigen Tannenzweige ist von noch größerer Dauer und Zähigkeit als das der Fichte. Sie schnürt deshalb dürr gewordene stärkere Zweige noch unvollkommener ab als die Fichte, und zeigt nur, weil sie überhaupt weniger Neigung hat, ihre Äste zu verdicken, seltener starke Hornäste, als diese.

Sie verlangt deshalb gleichfalls frühzeitigen und dichten Schluß und erträgt nur etwa vom 50. bis 60. Jahre an starke Durchforstungen ohne Benachteiligung der Qualität des Holzes.

Von da sind solche umgekehrt mit Rücksicht auf die Verstärkung der Dimensionen der Stämme geboten.

Finden sich bei den Durchforstungen Vorwüchse, welche mehr als die sie beschirmenden Bäume zu leisten versprechen, so ist über ihnen der Hauptbestand, soweit das ohne allzu starke Unterbrechung des Kronenschlusses sich ermöglichen läßt, so weit zu lichten, als zu ihrer Erhaltung nötig ist. Ebenso sind Krebstannen bei denselben immer zu entfernen, wenn der Bestand nach ihrer Hinwegnahme sich bald wieder schließt oder wenn aus dem Nebenbestande ein vollwertiger Ersatz für sie herangezogen werden kann.

Die in § 617 gegebene Regel, unverwertbares Durchforstungsmaterial, so lange es den Wuchs des Hauptbestandes nicht unmittelbar beeinträchtigt, nicht ohne Not zu fällen, hat bei keiner Holzart eine so große Berechtigung, als gerade bei der Tanne. Bei keiner Holzart ist in dem Grade wie bei ihr die Möglichkeit gegeben, daß ein heute wertloses unterdrücktes Stämmchen sich wieder erholt und zu recht wertvollem Material heranwächst.

Dabei sind Bürstenwüchse, wie sie bei der Fichte auf schlechtem Standorte nicht selten aus allzu dichten Saaten hervorgehen, bei der Tanne außerordentlich selten. Vielmehr zeichnet sich die Tanne auch dadurch aus, daß sich der Kampf um das Dasein zwischen anscheinend gleichalterigen Individuen in jugendlichem Alter entschieden leichter und rascher entscheidet, als bei anderen Schattenholzarten, wohl deshalb, weil dieselben bei der häufig Samen tragenden Tanne in der Regel thatsächlich recht verschiedenen Alters sind.

Wo daher mit Rücksicht auf die Absatzlage überhaupt erst spät mit den Durchforstungen begonnen werden kann, da thut man im Tannenwalde immer gut, das gesamte unterdrückte, aber noch grüne Material, so weit es noch kein Kleinnutzholz liefert, mit dem Hiebe zu verschonen und neben den kranken vorzugsweise den eingezwängten Hölzern zu Leibe zu gehen. Bis zu den nächsten Durchforstungen ist dann das jetzt verschonte Material häufig zu gut bezahlten Hopfenstangen oder Reb- und Baumpfählen herangewachsen, ohne bis dahin dem Hauptbestande auch nur den geringsten Schaden zuzufügen.

Mit den Durchforstungen beginnt man also bei der Tanne im allgemeinen erst, wenn bei denselben gut bezahltes Material anfällt, und beschränkt sie auf dieses.

§ 918. Mit den Reinigungshieben braucht man sich in Tannendickungen gleichfalls nicht zu übereilen. Selbst bei starker Beimischung der Nebenholzart genügt in der Regel eine starke Durchforstung derselben, um die Tanne so lange gesund zu erhalten, bis das Material erntewert geworden ist. Erst vom 25. bis 30. Jahre wächst die Tanne in den Kronenschluß der dominierenden Exemplare des Nebenbestandes ein und verlangt dann deren Entfernung.

Erwähnt sei, daß auf kalkreichen Böden, z. B. auf Grauwacke und labradorfeldspatreichen Granitvarietäten, die Buche zum besonders lästigen Unkraute in den Tannenverjüngungen wird. Sie findet sich dort in so großer Menge ein, daß sie über den Tannen dicht geschlossene Bestände bildet, unter welchen dieselbe sich nur mit Mühe hält und zum größten Teile eingeht, wenn ihr nicht durch Aushieb der sie unmittelbar einengenden Buchen Luft gemacht wird. Dagegen können stark vorwüchsige Buchen, so lange sie es bleiben, stehen bleiben. Die Tannen befinden sich unter ihnen sichtlich wohl.

Eine, wo der Tannenkrebs häufig vorkommt, unentbehrliche Maßregel der Bestandspflege ist die Vertilgung der s. g. Hexenbesen in jungen

Schonungen. Derselbe wird von demselben Weißtannenpilze veranlaßt, welcher die Krebskrankheit der Tanne hervorruft; die buschigen, gelbgrünen jungen Triebe, welche sich an denselben bilden, sind kurz nach ihrem völligen Austreiben Ende Mai mit den Sporenträgern dieses Pilzes häufig dicht besetzt, und die daraus ausfliegenden Sporen finden an den frischen Gipfeltrieben gesunder Tannen ein willkommenes Keimbett.

Schneidet man die Hexenbesen im Winter ab, so verdorren sie und mit ihnen der Pilz zwar in der Regel. Trotzdem gebietet es die Vorsicht, die Besen zu verbrennen, namentlich wenn das Abschneiden im Frühjahre geschieht. Während der Fruktifikation des Pilzes die Hexenbesen abzuschneiden, ist nicht rätlich; durch die damit verbundene Erschütterung verbreiten sich die reifen Sporen nach allen Richtungen.

c) Verjüngung und Pflanzenerziehung.

§ 919. Auch bei der Tanne hat in dicht geschlossenen Beständen der Vorbereitungshieb dem Besamungsschlage vorauszugehen. Derselbe hat aber mehr als bei anderen Holzarten neben der Schaffung eines guten Keimbettes den Zweck, brauchbare Vorwüchse zu erhalten, und dieser Begriff ist bei keiner Holzart ausgedehnter als gerade bei der Tanne, bei welcher sich nicht allein bereits förmlich regenschirmförmig gewordene Vorwüchse bei vorsichtiger Behandlung erhalten, sondern auch einzelne Vorwuchsstangen und bei den Durchforstungen vergessene schwache Stangen, vorsichtig freigestellt und, wo es für den Jungwuchs nötig ist, aufgeastet, durch den riesigen Lichtungszuwachs während der langen Verjüngungsdauer zu recht stattlichen Bäumen erziehen lassen.

Darin, in dem starken Lichtungszuwachse, in den daraus resultierenden hohen finanziellen und gesamtwirtschaftlichen Erträgen, in der Leichtigkeit der Verjüngung, in der Freiheit, welche der Wirtschafter bei allen Hiebsoperationen hat, und endlich in der großen Sicherheit der Tanne gegen äußere Gefahren liegt der Grund, warum fast alle Wirtschafter, welche Gelegenheit hatten, sie in ihrer Heimat eingehend kennen zu lernen, sie weitaus allen anderen Holzarten, namentlich aber der Fichte, vorziehen, und warum nicht wenige sie weit über ihren natürlichen Verbreitungsbezirk zu verbreiten suchen.

Auch wir glauben, daß die Tanne auch außerhalb ihrer Heimat weit mehr Beachtung verdient, als sie bis vor wenigen Jahrzehnten gefunden hat. Wir möchten aber doch dringend davor warnen, damit zu weit zu gehen und wie früher in eine Lärchen- und Fichtenmanie, so jetzt in eine Tannenmanie zu verfallen.

Die Tanne stellt ganz bestimmte Anforderungen nicht an den Boden, denn in ihrer Heimat ist sie darin wenig wählerisch, wohl aber inbezug auf das Klima. In Gegenden mit trockener Luft, namentlich aber in Lagen, in welchen die Vegetation sehr frühzeitig erwacht, zeigt die Tanne ihre guten Eigenschaften nur in sehr beschränktem Maße. Sie verjüngt sich dort, weil sie vor Eintritt der Frostperioden austreibt, und dann, sowie der Schutzbestand sich lichtet, fast alljährlich erfriert, nur sehr schwer und ist dort im Schatten lange nicht so lebenszähe, wie auf ihrem natürlichen Standorte. Dabei ist ihr Holz von wesentlich geringerem spezifischen Gewichte und darum geringerer Güte.

So sehr wir daher der Tanne das Wort reden als vorherrschende Holzart in ihrem natürlichen Vorbereitungsbezirke, als Einsprengling im Buchenwalde und als Lückenbüßer für kleine Lücken sonst nicht mehr nachbesserungsfähiger Bestände, ebenso dringend möchten wir vor der Anzucht der Tanne als vorherrschenden Holzart warnen, wo die Luft trocken ist oder wo die Tanne vor der Zeit der gestrengen Herren auszutreiben pflegt, namentlich wenn dieselben in der Regel Spätfröste bringen.

§ 920. Bei den Vorbereitungshieben, welche, soweit es sich um Freistellung vorhandener Vorwüchse handelt, zweckmäßig über den ganzen Bestand ausgedehnt werden, welche aber in jeder anderen Hinsicht besser auf diejenige Fläche beschränkt bleiben, welche in den nächsten 10 Jahren der Besamungsschlag erreicht, wird vor allem die schon bei den Durchforstungen eingeleitete Freistellung der Vorwüchse fortzusetzen sein.

Diese Freistellung hat aber nur den Zweck, die Vorwüchse gesund zu erhalten und sie, wenn sie bereits kränkeln, zu kräftigen, nicht aber sie auf Kosten des Hauptbestandes zu besonders kräftiger Entwickelung zu bringen. Man geht deshalb mit dieser Freistellung um so vorsichtiger zu Werke, je länger dieselben im Drucke gestanden haben und je länger es dauert, bis der Samenhieb bis zu ihnen vorrückt.

In der Regel wird der Aushieb einiger weniger zwischenständiger Stämme und die Aufastung einiger tiefbeasteter Randbäume zu diesem Zwecke genügen. Haben die Vorwüchse bereits sichtlich unter der Verdämmung gelitten, so ist häufig, namentlich wenn die Vorwüchse schon in die Gertenholzstärke eingetreten sind, der sofortige Aushieb zwischenständiger Stämme nicht einmal thunlich; vielmehr müssen die Vorwüchse erst durch Aufastungen im Altholze allmählich an die freie Stellung gewöhnt werden. Schließt sich der Bestand vor den Besamungsschlägen wieder zu sehr, so muß die Operation wiederholt werden.

In den mit Vorwüchsen nicht unterstellten Teilen des Bestandes beschränkt sich der Vorbereitungshieb auf die nach Aushieb etwaiger kranker Hölzer und der Samen tragenden Exemplare derjenigen Holzarten, welche man im jungen Bestande nicht haben will, noch eingezwängten und diejenigen unterdrückten Hölzer, welche die Fähigkeit bereits verloren haben, freigestellt sich rasch zu erholen.

§ 921. Was die Stellung des Besamungsschlages betrifft, so hat man in dem natürlichen Verbreitungsbezirke der Tanne bei derselben auf frischem, nicht übermäßig graswüchsigem Boden und in nicht regelmäßigen Frösten ausgesetzten Lagen eine weite Wahl. Die Verjüngung gelingt dort ebensowohl unter noch vollem Bestande an den Rändern gegen zufällige Bestandslücken, wie in lückenlosen Beständen unter einem kaum gelichteten Altholze, wie auf einer im Seitenschutze liegenden Kahlfläche und ebenso gut bei gleichmäßiger Verteilung der Samenbäume über die Fläche, wie bei löcherweisem Anhiebe. Bei letzterem findet sich bei eintretendem Samenjahre sowohl in den eingehauenen Löchern, wie in den geschlossen gehaltenen Partieen ausreichende Besamung ein.

Auf trockenem Standorte verdient dagegen die löcherweise Verjüngung mit sehr wenig Oberholz in den Löchern, in Frostlagen die Verjüngung unter gleichmäßig verteilten, ziemlich dicht stehenden Samenbäumen den Vorzug.

In all diesen Fällen ist es von Wichtigkeit, daß der Samenschlag nur in einem Samenjahre gestellt wird. Frischer Boden verunkrautet, trockener vermagert bei unzeitiger Freistellung.

Ein zweiter Punkt von Bedeutung ist die Rücksicht auf die vorhandenen Vorwuchshorste. Dieselben werden bei dem Besamungsschlage von ihren Centren aus freigestellt, und zwar, soweit es sich um lange unterdrückt gewesene Partieen handelt, mit aller Vorsicht, während bei noch jungen und die Spuren der Unterdrückung noch nicht an sich tragenden Horsten auch eine beschleunigte Freistellung zulässig ist.

§ 922. Im allgemeinen empfiehlt es sich jedoch, bei der Tanne die Besamungsschläge, bezw. die zur demnächstigen Verjüngung bestimmten Bestandsteile so dunkel zu halten, als es der Standort nur irgend zuläßt, nicht weil die Tannenjungwüchse eine so dichte Beschirmung verlangen, denn das ist höchstens in ausgesprochenen Frostlagen richtig, sondern deshalb, weil die Vorzüge der Tanne nur dann voll zur Geltung kommen, wenn eine möglichst große Zahl von Stämmen die Vorteile des Lichtungszuwachses genießt.

Man stellt deshalb den Besamungsschlag bei saumweiser Verjüngung in dem in Angriff genommenen Streifen, bei ringweiser zuerst in den Verjüngungskernpunkten und dann in den dieselben umgebenden Ringen auf frischem Boden nicht heller als nötig ist, damit die Samenbäume vor 4 bis 5 Jahren nicht wieder in Schluß kommen, macht bei löcherweiser Verjüngung die Löcher und später die sie erweiternden Ringe nicht breiter, als erforderlich ist, um die wässerigen Niederschläge vollständig zu den Jungwüchsen gelangen zu lassen, und unterläßt, wo sich eine ausreichende Besamung in der Umgebung der durch die Freistellung der Vorwüchse entstandenen Löcher in der zur rechtzeitigen Durchführung der Verjüngung nötigen Breite einzufinden pflegt, jede Lichtung über unbesamter Fläche.

§ 923. Wo in den zu besamenden Flächen der Boden nur mit einer dünnen Nadel- oder Moosdecke oder einer leichten Grasnarbe bekleidet ist, ist eine Bodenbearbeitung in der Regel nicht erforderlich. Der Samen arbeitet sich vermöge seiner Schwere während des Winters bis zum Boden durch und erhält durch die mit der Holzhauerei verbundene Bodenverwundung und durch den in den richtigen Tannenrevieren immer reichlich fallenden Schnee eine genügende Decke. Selbst auf solchen Bodendecken liegen bleibender Samen erreicht beim Keimen frühzeitig genug den Boden, um sich erhalten zu können.

Dagegen sind hohe, von den Widerthonmoosen und den hochstengeligen Astmoosen gebildete Moosschichten und Überzüge von Beerkräutern, Heidekraut oder dichtem Grase ein wirkliches Hindernis, wenn nicht der Keimung, so doch der gedeihlichen Entwickelung der Keimlinge. Dieselben halten sich zwar, wenn die ersten Jahre keine anhaltende Trockenheit bringen, entwickeln sich aber nur sehr langsam.

Solche Bodenüberzüge müssen daher streifenweise, und zwar eintretenden Falls, wenn die bloß gelegten Streifen nicht nachträglich behackt werden, mit der darunter liegenden Schichte von kohligem oder Heidehumus entfernt werden. Diese Streifen werden in Astmoosen mit hölzernen oder bei sehr hohen Lagen eisernen Rechen, in allen anderen Fällen in der in §§ 259 und 260 geschilderten Weise mit der Hacke, in letzterem Falle stets vor Samenabfall, angefertigt.

Sie erhalten im Moose eine Breite von 30 bis 40, sonst eine solche von 40 bis 60 cm. Hat man die Bodenbearbeitung vor dem Abfalle des Samens nicht bewältigen können, so kommt man bei Moosdecken auch durch nachträgliches streifenweises Abziehen des Mooses und Ausschütteln desselben über den Streifen zum Ziele. Das letztere Geschäft verteuert aber die Arbeit.

§ 924. In günstigen Jahren bedarf der Samen auch in diesen Streifen in der Regel einer Bedeckung nicht. Man kann dieselbe deshalb füglich unterlassen, wenn Samenjahre häufig sind. In Gegenden mit seltenen Samenjahren oder mit schneearmen Wintern thut man indessen gut, für eine Bedeckung des Samens zu sorgen, um so das Erfrieren der oft sehr frühzeitig austretenden Keimspitzen zu verhindern. Man erreicht dieselbe in ausreichender Weise durch ein kleinschollliges Behäckeln vor dem Samenabfall. Die Samen fallen dann in die Vertiefungen zwischen den Schollen und werden durch die von denselben von selbst oder durch die Holzhauerei abkrümelnden Erdteilchen in genügender Weise bedeckt. Kann die Arbeit erst nach dem Abfall des Samens bewirkt werden, so ist ein Unterrechen des Samens mit eiserner Harke erforderlich.

§ 925. Es versteht sich von selbst, daß diese Bodenvorbereitungen nicht über die Grenzen der Flächen ausgedehnt werden, welche man bei dem betreffenden Samenjahre verjüngen will, bei löcher- und ringweiser Verjüngung also nicht weiter, als nötig ist, um die Verjüngung in der beabsichtigten Zeit durchzuführen. Wir würden diese Regel nicht erwähnen, wenn wir nicht in von Anhängern der ringweisen Samenschlagwirtschaft durch Löcherhieb ausgeführten Samenschlägen die ganze zwischen den Löchern liegende Fläche hätten in Streifen legen sehen. Man rief so künstlich eine gleichalterige Besamung hervor, welcher rechtzeitig zu helfen, gar nicht in Absicht lag.

Beträgt beispielsweise im Saumfemelbetriebe die Umtriebszeit 100 Jahre und der mittlere Abstand der Samenjahre 5 Jahre, so werden die Bodenvorbereitungen bei jedem Samenjahre nicht über $^{5}/_{100} = ^{1}/_{20}$ der Fläche des Bestandes ausgedehnt werden dürfen, wenn die Verjüngung nicht vorzeitig durchgeführt werden soll. Werden ebenso im ringweisen Femelschlagbetriebe drei im Dreiecksverbande stehende, mit ihren Rändern x m von einander abstehende Vorwuchshorste als Kernpunkte benutzt, so wird bei einem Abstande der Samenjahre von n Jahren, wenn in die zwischen den Vorwuchshorsten zu begründenden Bestandsteile Altersunterschiede von y Jahren gebracht werden sollen, in welchen y n Samenjahre zu erwarten sind, der Abstand x in 2 (y n) — 1 Streifen zerlegt werden müssen, von welchen jeweils die beiden rechts und links an die ältere Verjüngung anstoßenden in demselben Samenjahre verjüngt werden.

Die jeweiligen Bodenvorbereitungen dürfen sich also, ebenso wie die Samenschlagstellung in diesem Falle nicht über x : [2 (y n) — 1] m breite Ringe um jeden Kernpunkt erstrecken, wenn an strikter Durchführung der in Aussicht genommenen Altersverschiedenheiten gehalten wird.

§ 926. Wo — unseres Erachtens dem Wesen der Tanne widersprechend — gleichalterige Tannenverjüngungsflächen angestrebt werden, da können bei der Tanne gleichzeitig entschieden größere Flächen in Angriff genommen werden, als bei der weit weniger sturmsicheren Fichte. In nicht ganz sturmsicherer Lage, namentlich wenn man es mit einem bei anhaltendem Regen sehr weich werdenden Boden zu thun hat, ist indessen auch bei der Tanne Vorsicht anzuraten und in analoger Weise wie bei der Fichte (§ 895) zu verfahren. Da die Tanne sehr häufig Samen trägt, liegt eine Veranlassung zu einer übermäßigen Ausdehnung der Angriffsflächen ohnehin nicht vor.

In exponierter Lage ist auch bei ring- und löcherweiser Verjüngung jetzt noch gleichalteriger Beständen Vorsicht geboten und eine neue Serie von Kernpunkten nicht einzuhauen, so lange nicht die ganze Umgebung der ersten von Altholz geräumt ist.

§ 927. Auch mit den Nach- und Endhieben hat man bei der Tanne auf frischem Boden ziemlich freie Hand. Man verschiebt sie deshalb so lange als möglich, um den Lichtungszuwachs möglichst vollständig auszunützen, obwohl auf vollwertigen Tannenstandorten der Endhieb ohne Bedenken schon im 6. bis 7. Jahre stattfinden könnte.

Nur sucht man es möglichst zu vermeiden, den Endhieb so weit hinauszuschieben, daß größere Holzmassen in Jungwüchse geworfen werden müssen, welche, von fallenden Bäumen getroffen, sich nicht mehr aufzurichten vermögen. Die Tanne befindet sich, einmal mannshoch geworden, also je nach der Bonität im 12. bis 20. Jahre in diesem Zustande.

Der Aushieb weniger nur einen kleinen Bruchteil der Bodenfläche bedeckenden Stämme schadet zwar auch in diesem Alter nicht viel. Wenn aber die Zahl der noch herauszunehmenden Stämme so groß wird, daß sie auch nur ein Fünftel der Bodenfläche bedecken, also beim Fällen ein Fünftel aller Stämmchen des neuen Bestandes zusammenschlagen, so wird dieser Bestand in einer seiner normalen Entwickelung sehr hinderlichen Weise gelichtet.

Die einfache Überlegung zeigt, daß, wo nur die unteren Teile der Mutterbäume bei der Fällung in solches, die Gipfel aber in wesentlich jüngeres Holz fallen, bedeutend mehr Samenbäume bis in dieses Alter stehen bleiben können, als da, wo auch die Gipfel in sich nicht mehr aufrichtende Dickichte geworfen werden müssen, und wir erblicken in diesem eine viel ausgiebigere Ausnutzung des Lichtungszuwachses gestattenden Umstande einen Hauptvorzug sehr schmaler Verjüngungsstreifen. Je schmäler dieselben sind, desto länger können die Samenbäume über ihnen ohne Schaden für die Verjüngung des Lichtungszuwachses genießen.

Darauf, und auf dem Umstande, daß auf schmälere Streifen das Seitenlicht von den abgeräumten Bestandsteilen her vollständiger einwirkt, beruht es auch vorzugsweise, daß Tannenwaldungen im Femelbetriebe, bei welchem naturgemäß die Verjüngung am langsamsten fortschreitet, wesentlich höhere Erträge abwerfen als im Samenschlagbetriebe und wiederum bei dem Ringfemelbetriebe, welcher den gleichen Bestand in doppelt so viele und deshalb halb so breite Verjüngungsstreifen teilt, höhere als bei der Saumfemelwirtschaft. Die Räumung kann dort ohne Bedenken bis in das 30. Jahr, und bei sehr schmalen Verjüngungsstreifen noch darüber hinaus verschoben werden.

§ 928. Auf Böden, welche eine so lange Hinausschiebung des Endhiebes gestatten, muß der erste Nachhieb eingelegt werden, wenn die Mutterbäume wieder in Schluß zu kommen anfangen, ein Fall, welcher, wo der Samenschlag sehr dunkel gehalten wurde, manchmal schon im 2. Jahre nach der Führung des letzteren eintritt.

Man nimmt dabei nicht mehr Bäume hinweg, als nötig sind, um jedem Mutterbaume wiederum freien Wachsraum zu schaffen, und wählt dazu, wie auch schon bei dem Samenhiebe selbst, neben kranken und keinen Zuwachs mehr versprechenden Stämmen, immer die schwersten bei späterer Fällung den meisten Schaden verursachenden Stämme.

Dadurch lockert sich der Bestand in einer Weise, welche auf 3 bis 4 Jahre weitere Nachhiebe entbehrlich macht. Der zweite Nachhieb findet also statt, wenn der Anwuchs 5 bis 6 jährig geworden ist. Die folgenden Nachhiebe folgen sich dann in Intervallen von 5 bis 6 Jahren und richten sich ebenso wie der erste Nachhieb auf die zuwachslosen und außer ihnen auf die stärksten Bäume. Die schwächsten Stämme, insbesondere die aus dem Nebenbestande oder aus einzelnen Vorwuchsstangen in den Samenschlag hinüber genommenen Bäume und unter ihnen wiederum die zuwachsreichsten und mit dem mindesten Schaden zu fällenden Stämme bleiben bis zur Räumung stehen und zwar, wo wie im Schwarzwalde mit der Erreichung einer bestimmten Dimension ein wesentlich höherer Wert erzielt wird, womöglich bis diese Dimension erreicht ist.

§ 929. Daß man bei jeder dieser Operationen nicht das Bedürfnis der speziellen Verjüngungsfläche allein im Auge haben darf, daß man vielmehr, wenn man einen neuen Besamungsschlag stellt, gleichzeitig in dem noch unangegriffenen Teile des Bestandes je nach Bedürfnis eine Durchforstung oder einen Vorbereitungsschlag einlegt oder früher gemachte ergänzt und in dem bereits früher verjüngten die nötigen Nach- und Endhiebe und, wo es nötig ist, auch die Reinigungshiebe, Durchreiserungen und Durchforstungen ausführt, versteht sich von selbst. Nur die gleichzeitige Ausführung aller in einem Bestande vorzunehmende Hiebsoperationen sichert im Femel- und ungleichalterigen Hochwalde vor einer schädlichen Zersplitterung des Betriebes und ermöglicht in schlechten Absatzlagen den prompten Verkauf des anfallenden Materials.

Höchstens die Kleinnutzholz liefernden Durchforstungen mögen der in hohem Grade wechselnden Nachfrage halber, wo dieser Wechsel besteht, zweckmäßig für sich vorgenommen werden.

Dagegen sind mit diesen Hauungen immer die nötigen Aufastungen am Altholze oder einzeln übergehaltenen Vorwüchsen, sowie der Aushieb solcher Vorwüchse zu verbinden, welche sich nach der Freistellung nicht mehr erholt haben.

§ 930. Wesentlich rascher verläuft die spezielle Verjüngungsdauer der einzelnen Hiebsfläche auf trockenem Standorte. Die Jungwüchse verlangen dort sehr frühzeitige Abräumung des sie direkt überschirmenden und die wässerigen Niederschläge von ihnen abhaltenden Altholzes. Spätestens im 8., auf sehr trockenem Standorte schon im 5. und 6. Jahre ist dort die Abräumung im Interesse der Jüngwüchse geboten. Man nimmt dort 2 Jahre nach dem Besamungsschlage in den Löchern den größeren Teil der Schirmbäume hinweg und läßt diesem ersten Nachhiebe nur auf nicht ganz trockenem Boden vor der Abräumung einen zweiten folgen. Eine volle Ausnutzung des Lichtungszuwachses in der in den vorigen Paragraphen geschilderten Weise ist auf solchem Standorte nicht zu erreichen. Man muß sich dort darauf beschränken, durch sehr langsame Erweiterung der Angriffsflächen die jeweiligen Randbäume der eingehauenen Löcher oder Saumstreifen den einseitig vermehrten Lichtzufluß möglichst lange genießen zu lassen. Man macht deshalb diese Saumstreifen und die als Kernpunkte der Verjüngung benützten Ringe so schmal als möglich, stellt sie aber möglichst bald völlig frei.

§ 931. Auch die natürliche Nachverjüngung mittels Saumkahlschlags ist bei der Tanne üblich. Wir können uns mit dieser Verjüngungsmethode aber nur da befreunden, wo der Bestand in den Südwestwinden sehr exponierter Lage sehr gleichalterig oder der Boden flachgründig oder mit so viel losem Gestein bedeckt ist, daß die Nachhiebshölzer nicht ohne völlige Zerstörung der Jungwüchse aus dem Schlage geschafft werden können.

In allen anderen Fällen ist, wo nach Maßgabe des Bodenzustandes und der Bestandsbeschaffenheit die natürliche Nachverjüngung möglich ist, die natürliche Vorverjüngung ebenso leicht und leichter durchzuführen; die erstere bevorzugen heißt dort, mutwillig den Hauptvorzug der Tanne die möglichste Ausnutzung des Lichtungszuwachses preisgeben.

Wo sie üblich ist, wird nach den Regeln der §§ 338 bis 341 verfahren, insbesondere, wo nötig, vorher ein Vorbereitungsschlag eingelegt.

§ 932. Auf künstlichem Wege wird die Tanne sowohl durch Saat, wie durch Pflanzung verjüngt.

Zur Saat greift man indessen in der Regel nur, wo ein ausreichender Schutzbestand vorhanden ist. Derselbe wird vor der Saat so licht gestellt, wie unter gleichen Verhältnissen der Samenschlag gestellt würde und, wenn auf einen Lichtungszuwachs von Bedeutung zu rechnen ist, nach denselben Grundsätzen abgeräumt. Steht, wie es in Tannenbeständen, welche künstlich verjüngt werden müssen, Regel ist, ein Lichtungszuwachs nicht zu erwarten, so bestimmt lediglich das Bedürfnis des Aufschlages das Tempo der Räumung, und man beschleunigt dieselbe, wenn dem Bestande noch Lichthölzer beigemischt werden sollen, welche die Tanne nicht mehr überholen, wenn der Vorsprung der letzteren zu groß ist. Man verzögert sie umgekehrt, wenn die Mischholzart, z. B. Fichte oder Buche, bei rascher Räumung der Tanne zu gefährlich werden sollte.

Ein Vorbereitungshieb wird der Tannensaat nur da vorauszugehen haben, wo dieselbe unter jetzt noch dicht geschlossene Laubholz- und Fichtenbestände gemacht werden soll. Wo im Tannenbestande ein Vorbereitungshieb zum Zwecke der Herstellung eines brauchbaren Keimbettes nötig ist, trägt derselbe noch so reichlich Samen, daß die künstliche Verjüngung entbehrt werden kann.

§ 933. Die Saat selbst erfolgt, wo das Altholz nur aus Nadelhölzern besteht, stets in Streifen oder Platten, wie sie zur natürlichen Besamung hergerichtet werden; wo es sich nur um Einsprengung der Tanne handelt, wohl auch auf Stocklöcher. Der Samen wird dort nach der Saat, welche bei Tanne immer am besten gleich nach der Reife erfolgt, untergeharkt.

Unter Laubholz werden derartige Saaten, namentlich wenn hohe Bodenüberzüge abzuziehen waren, zwischen welchen die Saatriefen und -Plätze sehr vertieft liegen, durch das abfallende Laub leicht erstickt. Man sät deshalb dort die Tanne am besten auf erhöhte Streifen (§ 230) welche so lange vor der Saat hergestellt werden, daß sich die Streifen gehörig setzen können. Versäumt man diese Vorsicht, so schauen nach dem Setzen des Bodens die Wurzelhälse aus demselben heraus, was der Entwicklung der jungen Pflanzen hinderlich ist.

Wo längere Zeit vor der Verjüngung zum Zwecke der Bodenpflege Horizontalgräben (§ 248) angelegt wurden, bietet der Grabenauswurf ein im Laubwalde vorzügliches Keimbett für die Tanne.

Ist das Terrain zur Herstellung erhöhter Streifen zu steil, so müssen die Saatstreifen wenigstens in der Art der Terrassen horizontal gelegt werden.

In letzterem Falle sät man den Samen (40 kg pro ha) auf den äußersten Rand der Terrasse, am besten in 3 bis 4 cm breite Rinnen, welche man, wenn sich der Boden genügend gesetzt hat, mit einem Häckchen oder dem Rillenzieher (§ 373) herstellt. Für Säemaschinen ist das Tannengebiet meist zu gebirgig.

Auch auf erhöhten Streifen und den Auswürfen der Schutzgräben wird die Tanne am besten in Rinnen gesät, welche man in gleicher Weise herstellt. Die in denselben aufgehenden Pflanzenreihen sind gegen trotzdem sich auflegendes Laub leichter zu schützen, als die über die Streifen zerstreuten Pflänzchen, wie sie bei der Breitsaat aufgehen. Letztere ist deshalb im Laubwalde für Tannen nur zulässig, wenn das Laub überhaupt nicht haftet oder wenn die Streifen so hoch über ihrer Umgebung liegen, daß kein Laub auf ihnen liegen bleibt.

Werden Tannensaaten trotzdem mit Laub überdeckt, so müssen sie im 2. und 3. Frühjahre vor dem Austreiben der Pflänzchen freigerecht werden.

§ 934. Die Tanne läßt sich ohne Ballen nur etwa bis zum 6. Jahre mit Erfolg verpflanzen. Wesentlich ältere Pflanzen wachsen nur mit sehr großen Ballen an. Da nun die Tanne als ausgesprochenste Schattenpflanze in Schlaglücken eines Altersvorsprunges nirgends bedarf, so ist auch die Pflanzung älterer Pflänzlinge nirgends im Gebrauche.

Auf der anderen Seite entwickelt sich aber die junge Tanne anfangs so langsam, daß man sie bei ihrer Empfindlichkeit gegen Trockenheit und dieselbe veranlassenden Graswuchs wohl niemals als Jährling und auch als 2 und 3jährige Einzel- oder Büschelpflanze nur unter Schutzbestand und auch dort nur an gras- und laubfreie Stellen verpflanzt.

Das zur Verwendung ins Freie geeignetste Pflanzmaterial sind ohne allen Zweifel 4 und 5jährige im Alter von 2 Jahren verschulte Einzelpflanzen. Sie wachsen so ungleich sicherer an und entwickeln sich um so viel rascher als Wildlinge, daß die ohnehin geringen Mehrkosten der Verschulung gegenüber dem mühsamen Aufsuchen der Wildlinge nicht ins Gewicht fallen. Von uns 1876 zwischen Wildlingspflanzungen aus 1871 und noch früher eingebrachte Schulpflanzen hatten diese schon nach 4 Jahren überholt. Dabei zeigten die mit aller Sorgfalt ausgeführten Wildlingspflanzungen großen, die Pflanzungen von Schulpflanzen so gut wie gar keinen Abgang.

§ 935. Bei der Tannenpflanzung ist Frischhalten der Wurzeln bis zum Momente der Pflanzung erstes Erfordernis. Bei einigermaßen trockener Witterung müssen deshalb die Pflänzlinge von den Arbeitern in teilweise mit Wasser gefüllten Töpfen nachgetragen werden. Wo solches in der Nähe nicht zu haben ist, sind die Pflanzen anzuschlämmen (§ 403) und bis unmittelbar vor der Verwendung eingeschlagen zu halten.

Das hie und da übliche Verteilen der Pflänzlinge in die Löcher vor Beginn der Pflanzung ist bei keiner Holzart weniger als bei der Tanne zulässig. Jede Pflänzerin hat einen kleinen Vorrat von Pflänzlingen, die Wurzeln in einem Topfe und in der Schürze wohlverwahrt, nachzutragen. Der Vorrat ist so zu bemessen, daß die Wurzeln auch der zuletzt verwendeten Pflanze frisch bleiben. Ein Arbeiter hat von Zeit zu Zeit die Vorräte sämtlicher Pflänzerinnen zu ergänzen.

§ 936. Tannenschulpflanzen werden fast ausnahmsweise durch Lochpflanzung in den Boden gebracht; zur Klemmpflanzung so starker Pflänzlinge sind nur breite Instrumente, wie der Keilspaten zu gebrauchen, und für diese ist der gewöhnliche Standort der Tanne meist zu steinig.

Dagegen lassen sich 2 und 3jährige Tannen auch im Gebirge mittelst Klemmpflanzung versetzen. Es genügen dazu kegelförmige Instrumente wie das Buttlar'sche Pflanzeisen (§ 523) und das Wartenberg'sche Stieleisen, (§ 527) welche noch auf etwas steinigem Boden durchdringen.

Bei beiden Arten von Pflanzungen will die Tanne nicht zu tief gepflanzt werden, wenn sie in dieser Hinsicht auch weniger empfindlich ist, als die Fichte.

Hügelpflanzungen zum Schutze gegen Wasser kommen bei der Tanne nicht vor. Standorte, auf welchen diese Pflanzmethode angezeigt ist, sind für die Tanne zu naß. Dagegen pflanzt man sie im Laubwalde gerne zum Schutze gegen das Laub auf zufällig, natürlich oder künstlich erhöhte Stellen, insbesondere auf erhöhte Streifen, auf die Auswürfe der Horizontalgräben und auf umgeklappte Rasen. Lockert man auf diesen die Pflanzstelle vorher mit dem Spiralbohrer (§ 279), so ist die Pflanze dafür besonders dankbar.

Ein Beschneiden der oberirdischen Teile des Pflänzlings findet, von Beseitigung von Gabelwüchsen abgesehen, nicht statt, dagegen können einzelne der Pflanzung hinderliche Wurzeln ohne Schaden gekürzt werden.

Die Verbände wählt man bei der Tanne ihrer langsameren Entwickelung halber etwas enger als bei der Fichte unter gleichen Verhältnissen.

§ 937. Im Kampe wird die Tanne in ähnlicher Weise wie die Fichte erzogen und sind bei der Tanne noch mehr als bei der Fichte frostfreie und im Seitenschutze liegende Beete erforderlich. Man erzieht deshalb die Tanne gerne in Wanderkämpen, am liebsten in verlassenen Kohlenmeilerstellen in Besamungsschlägen.

Den Samen sät man in schmale, einfache, am besten mit der Saatlatte eingedrückte Rinnen, womöglich im Herbste, Kern an Kern und bedeckt ihn 1 bis 2 cm hoch mit leichter Erde, am besten durch Einsieben. Bei dieser Art der Einsaat sind 10 kg Samen pro Ar erforderlich, welche 80 000 bis 100 000 Keimpflanzen liefern. Während des Winters bedarf die Saat des Schutzes gegen Mäuse und Finken und im Frühjahre gegen Spätfrost, gegen Hitze dagegen im Hochsommer nur, wenn der Natur der Tanne zuwider der Mittags- und Nachmittagshitze ausgesetzte Beete benutzt werden mußten.

Die Verschulung findet im 2, seltener im 3jährigen Alter statt. Jährlinge umzulegen, ist zwecklos, da 2jährige Pflänzlinge ebenso leicht zu verschulen sind und als Jährlinge verschulte zu lange im Pflanzkampe bleiben müßten. Tannenwildlinge, welche auf nacktem Boden in ebener Lage erwachsen sind, sind dazu, namentlich wenn sie auf gelockertem Boden erwachsen sind, vorzüglich geeignet. Dagegen möchten wir dringend davon abraten, an steilen Böschungen, insbesondere an den Thalböschungen der Waldstraßen, oder in hohem Moose erwachsene Schlagpflanzen zu verschulen. Die letzteren sind meist schwächlich und erholen sich nur sehr langsam, während die ersten zwar in der

Regel in den oberirdischen Teilen auffallend schön entwickelt sind, aber fast immer krumme Wurzeln haben.

§ 938. Nach unseren Erfahrungen ist, wenn die Pflänzlinge 4jährig ins Freie kommen, ein Abstand im Pflanzbeet von 12 zu 8 cm vollkommen ausreichend, bleiben sie bis zum 5. Jahre stehen, so genügen 10 auf 15 und bei Verwendung im 6. Jahre 12 auf 18 cm.

Auch für den Tannenpflanzkamp ist einiger Seitenschutz erwünscht. Wo er fehlt, ist im Jahre der Verschulung eine leichte Besteckung auch während der Sommermonate zweckmäßig. In freiliegenden ständigen Forstgärten empfiehlt es sich, die Tannen in die Eichenheisterkämpe zu verschulen; bei großem Pflanzenbedarfe verdient jedoch die Anlage besonderer, im Seitenschutze liegender Tannenkämpe entschieden den Vorzug.

Das von manchen Seiten empfohlene Einstutzen der Seitentriebe halten wir für unnötig. Unter den vielen hunderttausenden von Tannen, welche wir in der angegebenen Weise erzogen haben, befand sich nur ein ganz verschwindender Bruchteil, dessen Zweige auch nur dem Transporte einigermaßen hinderlich gewesen wäre. Wird dadurch wirklich, wie behauptet wird, der Höhentrieb besonders entwickelt, so halten wir es sogar für schädlich. Nach unseren Beobachtungen sind reichbeastete, mit kurzen, aber dicken Höhentrieben versehene, mit einem Worte stufige Tannen das denkbar beste Pflanzmaterial.

Ein Hauptaugenmerk ist in den Tannensaat- und Pflanzschulen auf den, den Tannenkrebs veranlassenden Tannenpilz zu richten. Exemplare, welche auf den jungen Trieben die leicht erkennbaren Sporenträger dieser Pilzart zeigen, sind auszureißen und zu verbrennen.

Kapitel VII. Die gemeine Kiefer.

a) Waldbauliche Eigentümlichkeiten.

§ 939. Auch die Kiefer, Föhre, Forle oder Forche (Pinus sylvestris. L.) erwächst zum Baume 1. Größe, wenn sie auch nur selten die Höhe der Tanne und Fichte erreicht. Ihr Schaft ist aber, weil die Gipfeltriebe häufig von Insekten zerstört werden, in der Regel nicht so gerade, vollholzig und astrein wie der der Fichte und Tanne, und mehr als bei diesen Holzarten zur Astverbreitung geneigt. Die Äste der Kiefer sind merklich dicker als die der Fichte, werden aber im Schlusse rascher dürr und schnüren sich dann leichter und vollständiger ab. Sie treibt eine sehr, im Schwemmlande bis zu 2,50 m, tief gehende, sich lange erhaltende Pfahlwurzel, wo Raum dazu vorhanden ist, accomodiert sich aber leicht flachgründigeren Böden durch Ausbreitung ihrer Seitenwurzeln. In stehendes Grundwasser steigen die Wurzeln der Kiefer nicht hinab. Ihre Bewurzelung ist deshalb auf Böden mit dauernd hohem Grundwasserstande eine sehr flache.

Inbezug auf den Boden ist die Kiefer weniger anspruchsvoll als die meisten anderen Holzarten. Sie erträgt stauende Nässe unter allen Nadelhölzern am besten und wächst auch auf dem dürrsten Sand und auf trockenem Moorboden, kümmert aber auf zu festem und giebt schlechteres Holz auf strengem Boden.

Gegen ein Übermaß an Luftfeuchtigkeit ist sie sehr empfindlich; auch meidet sie die Lagen, in welchen viel nasser Schnee fällt. In den Gebirgen steigt sie deshalb nicht so hoch hinauf; sie gedeiht dort in Süddeutschland nur ausnahmsweise in Lagen von über 750 m Höhe und bleibt in Norddeutschland fast ganz auf die Ebene beschränkt. Ihr Hauptverbreitungsbezirk ist die Ebene und in derselben geht sie weit über die deutschen Grenzen hinaus nach Norden und Süden.

Die Kiefer ist eine ausgesprochene Lichtpflanze und besitzt nur auf sehr gutem Standorte, namentlich bei ausreichender Bodenfrische die Fähigkeit, einigen Druck zu ertragen und aus Vorwüchsen brauchbare Hölzer zu erziehen.

§ 940. Die Kiefer giebt fast alljährlich etwas und alle 2 bis 3 Jahre sehr vielen kleinen, eiförmigen, geflügelten, von dem der Fichte durch die grünschwarze oder bräunliche Farbe zu unterscheidenden Samen, welcher erst im Oktober des 2. Jahres reift und im Frühjahr des 3. abfliegt, aber seine Keimfähigkeit, wenn auch stark geschwächt, mehrere Jahre beibehält. Der Samen keimt leicht und die junge Pflanze friert ihrer, auf tief gelockertem Boden im ersten Jahre bis zu 50 cm tief gehenden Wurzeln halber selten aus. Dieselbe hat 5 bis 6 nadelförmige glatte Keimblätter und gesägte Primordialnadeln. Sie keimt zwar auch in dichtem Moose, geht aber dort wegen Lichtmangels zugrunde.

Gegen Spätfrost ist auch die junge Kiefer fast ganz unempfindlich, ebenso bei nicht allzu flacher Bewurzelung gegen nicht übermäßig starke Hitze. Dagegen leidet sie sehr gegen die s. g. Schüttekrankheit, d. h. durch den mehr oder weniger vollständigen Verlust aller älteren Nadeln, welche unter normalen Verhältnissen erst im dritten Jahre abfallen. Starker Graswuchs ist ihr nur als Lichtpflanze schädlich. Gegen Schnee- und Duftanhang ist die Kiefer namentlich im Gerten- und Stangenholzalter, in welchem das Holz sehr brüchig ist, höchst empfindlich, ebenso auf flachem Boden und in Lagen mit hohem Grundwasserstande gegen Windwurf, während sie in tiefgründigen Böden ziemlich sturmfest ist. Durch Insekten leidet sie sehr viel namentlich als 2 bis 6jährige Pflanze. auch wird sie in sehr gut besetzten Revieren vom Rehwilde gerne verbissen.

Die Kiefer liefert bei ausreichend hohem Umtriebe bis 70 % des Derbholzanfalls Nutzholz. Junges Kiefernholz steht bei gleichen Dimensionen dem der Fichte und Tanne weit nach; in höherem Alter imprägnieren sich aber die Holzzellen mit Harz und geben dann als s. g. Herzholz ein Sortiment, welches an Dauer der Eiche gleich steht und an den Verbrauchsorten bis zu 70 M bezahlt wird. Man erkennt solche Stämme an der schuppigen glatten Rinde, welche mit zunehmender Verharzung des Holzes durch Abblättern der alten Borke zum Vorschein kommt.

Die von der Kiefer gelieferte Bodendecke ist bis über das Gertenholzalter hinein entschieden bodenbessernd und auch in höherem Alter dichter, als sich bei ihrer Eigenschaft als Lichtholzart erwarten läßt.

b) Betriebsarten und Umtriebszeiten.

§ 941. Als ausgesprochene Lichtholzart und wegen ihrer Unempfindlichkeit gegen Frost ist die Kiefer in sehr vielen Beziehungen waldbaulich das gerade Gegenteil der Tanne. Auf sehr vielen ihrer natürlichen Standorte erträgt sie gar keinen Schatten und ist dort nur zu den Kahlschlag- und Kahlschlaglichtungsbetrieben zu gebrauchen. Lange andauernde Überschirmung erträgt sie nirgends; sie ist deshalb auf keinem Standorte als bleibendes Unterholz zu gebrauchen und verlangt, wo sie in der Jugend etwas Druck erträgt, eine rasche Räumung des Altholzes.

Dagegen sieht man sie des hohen Wertes ihrer alten Stämme halber sehr häufig als Oberholz, sei es in den Überhalts- und Lichtungsbetrieben, sei es im Mittelwalde.

§ 942. Die bei der Kiefer häufigste Betriebsart ist die gleichalterige Kahlschlagwirtschaft, und leider giebt es eine Menge von Standorten, welche zu gering sind, um eine andere Wirtschaft zu erlauben. Der Boden ist dort zu arm und zu trocken, um das Einbringen eines Bodenschutzes zu gestatten, so notwendig gerade diesen Böden ein ausreichender Bodenschutz wäre. All unsere Schattenholzarten sind zu anspruchsvoll, namentlich inbezug auf Bodenfrische, um die Kiefer auf ihre geringsten Standorte zu begleiten. Die Einführung einer fremden bodenbessernden Schattenholzart, welche auf diesen Standorten den Schatten gelichteter Kiefern aushält, ist eine Aufgabe, durch deren glückliche Lösung sich unsere in fremden Ländern reisenden Botaniker ein unbezahlbares Verdienst um die deutsche Forstwirtschaft erwerben würden.

So lange diese Holzart fehlt, sind wir auf diesen Standorten wohl oder übel auf die Kahlschlagwirtschaft angewiesen, und es ist unsere Aufgabe, innerhalb des Rahmens derselben die damit verknüpften Nachteile nach Möglichkeit auf das geringste Maß zu beschränken.

§ 943. Der größte Nachteil gleichalteriger Bestände besteht in dem geringen Schutze, welchen dieselben dem Boden gegen Luft und Licht gewähren, und nirgends ist dieser Nachteil größer, als gerade auf den armen, dürren Böden, auf welchen nur die Kiefer und bei dieser nur die Kahlschlagwirtschaft möglich ist.

Diesen Nachteil einigermaßen zu vermindern, giebt es nur ein Mittel, und dieses Mittel heißt thunlichste Ausdehnung der allgemeinen Verjüngungszeiträume durch möglichste Verkleinerung der Hiebsflächen und möglichstes Hinausschieben der Inangriffnahme neuer, um auf diese Weise die zusammenhängende Fläche auch nur annähernd gleichalteriger Bestockungen möglichst zu verkleinern.

Leider ist dieses Mittel gerade auf den ärmsten Böden nur in sehr beschränktem Maße anwendbar. Die Kiefer kümmert dort selbst im Seitenschatten alter Bestände und verlangt, weil sie sich davon auch später nicht erholt, breite Hiebsflächen, zu welchen das Sonnenlicht ungehindert Zutritt hat.

Die bei der Fichte überall und bei der Kiefer auf mittleren Standorten zulässige Verjüngung auf ganz schmalen, noch im Seitenschatten des alten Bestandes liegenden Saumhieben auf der Nordostseite des Bestandes hat dort unvollkommene und sich spät schließende Verjüngungen zur Folge. Um dort die wünschenswerten kleinen Hiebsflächen zu erhalten, ohne die Verjüngung zu gefährden, bleibt nichts übrig, als denselben eine nahezu quadratige Form zu geben und statt beispielsweise einen 20 m breiten Streifen längs des ganzen Bestandes jeweils einen drei- oder viermal breiteren auf dem dritten oder vierten Teile seiner Nordostseite kahl zu legen.

Da nun eine Schlagfläche durch einen in der Richtung nach Süden vorliegenden Bestand fast den ganzen Tag über, von einem nördlich anstoßenden aber gar nicht beschattet wird, so wird die südöstliche Ecke des dieser Seite des Bestandes entlang laufenden Streifens zuerst und die nordwestliche zuletzt gehauen werden müssen. Bei der Kurzschaftigkeit der auf solchen Standorten erwachsenden Stämme ist eine wesentliche Vermehrung der Windbruchgefahr durch diese Art der Hiebsführung nicht zu erwarten.

Schwache, auf das wirklich unterdrückte Material beschränkte Durchforstungen unter Schonung selbst unterdrückter, randständiger Stämmchen und niedrige Umtriebszeiten von 40 bis 80 Jahren sind dort zur Erhaltung der Bodenkraft wünschenswert. Bei höheren Umtrieben werden die Bestände zu licht, ohne wesentlich wertvollere Sortimente zu liefern. Überhälter gefährden auf diesen Standorten die Verjüngung durch Verdämmung.

§ 944. Wo der Standort den Anbau von Bodenschutzholz gestattet, ist die Beibehaltung der reinen Kahlschlagwirtschaft nur da gerechtfertigt, wo schlechte Absatzverhältnisse zu extensiver Wirtschaft zwingen, wo insbesondere das bei den Lichtungshieben massenhaft anfallende schwache Material nicht zu verwerten ist.

Solche Standorte gestatten bereits ohne übermäßige Gefahr für den Boden einen der Natur der Kiefer mehr zusagenden energischeren Betrieb des Durchforstungsgeschäftes, längere Umtriebszeiten (bis zu 120 Jahren) und einen Überhalt je nach dem Standorte bis zu 10 Waldrechtern pro Hektar.

Muß dort die Kahlschlagwirtschaft beibehalten werden, so sind schmale Saumschläge und möglichste Ausdehnung des allgemeinen Verjüngungszeitraumes geboten.

In der Regel wird man indessen auf solchen Standorten die Kiefernbestände, soweit sie nach Maßgabe ihres Alters noch lange genug stehen bleiben, um einen Nutzen daraus entspringen zu sehen, sowie sie aufhören, selbst bodenbessernd zu wirken, selbst dann mit einem Bodenschutzholze versehen, wenn die Absatzverhältnisse oder die Rücksicht auf die Windbruchgefahr kräftige Lichtungen nicht gestatten. Die Bodenkraft erhöht sich unter dessen Einflusse und die einzelnen Stämme gewinnen an Zuwachs, auch wenn derselbe nicht durch den eigentlichen Lichtungszuwachs verstärkt wird.

In diesem Falle werden die Bestände von dem Augenblicke an, in welchem der Unterbau stattfinden soll, bis zur Haubarkeit stark durchforstet (§ 615) und in derselben Weise wie nicht unterbaute Kiefernbestände verjüngt.

§ 945. In diesen bloß unterbauten Kiefernbeständen leistet aber die Kiefer weder inbezug auf die Erzeugung von Starkholz, noch inbezug auf Geldertrag das, was sie nach Maßgabe des Standortes leisten könnte. Insbesondere wird der Produktionsaufwand im Sinne der Reinertragsschule ohne Not dadurch erhöht, daß eine Menge den bisherigen Kostenwert des Bestandes nicht mehr verzinsende Stämme bis zum Abtriebe des ganzen Bestandes stehen bleiben und dadurch das zu verzinsende Holzvorratskapital verstärken.

Wir zweifeln deshalb nicht, daß man in nicht sehr ferner Zeit in all dem Windwurfe nicht übermäßig ausgesetzten Beständen einen Schritt weiter gehen und von dem Unterbau mit kräftigen Durchforstungen zur förmlichen Lichtungswirtschaft übergehen wird, welche nicht allein, was für die Anhänger der Reinertragsschule von Gewicht ist, das Kapital rascher umschlägt, sondern auch höhere Durchschnittserträge liefert und wertvolleres Material in kürzerer Zeit produziert, was bei allen Waldbesitzern ins Gewicht fällt.

Man wird die Lichtungen eintreten lassen, sobald nach völliger Reinigung des vorerst bleibenden Hauptbestandes von Ästen das dabei anfallende Material, sei es als Hopfenstange, sei es als Grubenholz, seinen höchsten Wert erreicht hat. Die an verschiedenen Orten Deutschlands mit den Lichtungsbetrieben angestellten Versuche haben sehr befriedigende Resultate geliefert.[1])

§ 946. Ob die **Wiederverjüngung** dieser unterbauten Lichtholzbestände durch Kahlschlag oder auf dem Wege der Vorverjüngung vor sich geht, wird von den Umständen abhängen. Im allgemeinen wird aber zu erwägen sein, daß die Kiefer allen Schattenholzarten in der ersten Jugend so weit vorwüchsig ist, daß sie sich nur dann zu einem astreinen Stamme auswächst, wenn sie in vollkommenem Kronenschlusse erzogen wird, wenn sie also selbst in so großer Anzahl vorhanden ist, daß sie über der Nebenholzart bald in Schluß kommt oder wenn der letzteren ein Altersvorsprung gewährt wird, so daß sie in den Kronenschluß der Kiefern einwachsen kann. Auf der anderen Seite gehört die Kiefer ihres starken Nadelabfalls halber in der ersten Jugend selbst zu den bodenbesserndsten Holzarten und verliert diese Eigenschaft erst kurz vor dem Zeitpunkte, in welchem die Lichtung stattzufinden pflegt.

Es ist deshalb bei der Kiefer auf den Unterbau von Schattenhölzern gestattenden Standorten sowohl die Kahlschlaglichtungswirtschaft mit ausschließlichem Anbau der Kiefer bei der Hauptverjüngung, wie der Samenschlaglichtungsbetrieb mit Vorverjüngung der Schattenholzart und Nachverjüngung der Kiefer zulässig und es wird von den Preisen der Nebenholzart im Vergleich mit denen der Kiefer abhängen, ob sie bereits bei der Hauptverjüngung oder erst bei der Lichtung eingebracht wird.

§ 947. Das beste **Unterholz** für den Kiefernlichtungsbetrieb ist auf nicht zu feuchten Böden ohne Zweifel die Buche, welche ihr auch bei der Hauptverjüngung niemals schädlich wird. Neben ihr wird auf solchen Böden nur die Tanne und bei sehr frischen Böden die Fichte inbetracht kommen können. Beide leisten aber auf Standorten, in welchen sie sich im Unterholze so gut entwickeln, daß sie fühlbar höhere Erträge liefern, als die Buche, ohne die Kiefer mehr, als mit derselben.

Der Unterbau von Kiefernstangenhölzern mit diesen Holzarten charakterisiert sich deshalb meist als eine Umwandlung von Kiefern- in Tannen- oder Fichtenbestände mit anfangs reichlichem Überhalte von Kiefern, und man wird sich in der Regel hüten, wenn die Kiefern haubar geworden sind, den dann in dem Alter des besten Zuwachses stehenden Unterstand mit zum Hiebe zu bringen.

Dagegen bietet auf zeitweise nassem, namentlich oberflächlich versauertem Boden die Fichtenhügel- oder Plaggenpflanzung ein gutes Mittel des Unterbaues; ist solcher Boden nicht versauert, so ist die Hainbuche oft ein vorzügliches Bodenschutzholz.

§ 948. Wo die Kiefer anderen Holzarten untergeordnet beigemischt ist, darf sie unter keinen Umständen wesentlich vorwüchsig erzogen werden; sie erwächst sonst zu wertlosen, den Hauptbestand stark verdämmenden Wölfen mit weit ausstreichenden, starken Ästen.

---

[1]) Vergl. den Aufsatz von Schott v. Schottenstein in der Allg. Forst- und Jagdzeitung. Januar 1883, S. 1.

Dagegen wird sie, namentlich zwischen Schattenhölzern, zu einem höchst wertvollen, astreinen Nutzstamme, wenn sie erst so spät eingebracht wird, daß sie den Hauptbestand dauernd höchstens um 2 bis 3 Jahrestriebe überragt. Um das zu erreichen, wird die Buche und Tanne einen Vorsprung von 6 bis 8, die Fichte einen solchen von 3 bis 4 Jahren haben müssen. Als Lückenbüßer in Verjüngungen dieses Alters ist sie vorzüglich geeignet.

§ 949. Eine wichtige Rolle spielt weiter die Kiefer als Vor- und Bestandsschutzholz in Frostlöchern und besonders heißen Lagen und als Füll- und Treibholz für alle Holzarten, welche in der Jugend dichten Schluß verlangen, deren Anbau aber mit großen Kosten verbunden ist.

Durch Frost beschädigte oder von Vieh und Wild verbissene oder sehr weitschichtig gepflanzte Eichen- und Buchenverjüngungen kommen oft erst in Trieb, wenn zwischengepflanzte Kiefern oder andere Lichthölzer über ihnen in Schluß zu kommen anfangen.

Es versteht sich von selbst, daß, wo die Kiefer zu diesen Zwecken verwendet wird, die nötige Sorgfalt auf Erhaltung der Hauptholzart durch allmählichen Freihieb angewendet werden muß. In Lagen über 900 bis 1000 m ist sie als Bestandsschutzholz unbrauchbar, weil sie sich dort selbst kaum zu halten vermag.

§ 950. Gleichalterige Kiefernbestände sind in den trockenen Lagen, welche sie in der Regel einnehmen, bis sie sich von den unteren Ästen gereinigt haben, der Feuersgefahr in hohem Grade ausgesetzt. Wo irgend möglich, unterbricht man sie in solchen Lagen gerne durch ausschließlich mit Laubholz, auf geringem Boden mit Birken bestockte Sicherheitsstreifen, welche in der Breite von 10 bis 20 m quer durch den ganzen Bestand laufen, und faßt sie mit solchen Streifen ein.

Gestattet der Standort die Anlage derselben nicht, so sind 4 bis 6 m breite, den Bestand quer kreuzende Brandschneußen, welche unkrautfrei zu halten sind, in trockener Lage unentbehrlich.

Das sicherste Mittel gegen die Feuersgefahr ist jedoch die aus kleinen Hiebsflächen und langsamen Verjüngungsgange resultierende Beschränkung der zusammenhängenden Fläche nahezu gleichalteriger Bestockungen. Trifft das Feuer in seinem Laufe bald auf von den unteren Ästen gereinigtes Holz, so wird es zum leicht zu bewältigenden und meist unschädlich verlaufenden Bodenfeuer, während es in gleichalterigen Gertenhölzern stets zum Gipfelfeuer wird und häufig nur durch Preisgebung des größten Teiles des Bestandes gelöscht werden kann.

c) Verjüngung und Pflanzenerziehung.

§ 951. Zur Verjüngung bedarf die Kiefer in keiner Weise eines Schutzbestandes; auf den schlechtesten Böden erträgt sie nicht einmal dessen Schirm und verlangt als Lichtpflanze auch auf den besseren Böden baldige Räumung.

Unter diesen Umständen ist es klar, daß man bei ihr auf den geringsten Bonitäten auf die natürliche Vorverjüngung verzichten muß und auf den besseren Böden auf sie verzichten kann.

Im allgemeinen dürfte dieselbe nur auf den beiden besten Bonitätsklassen der Nachverjüngung vorzuziehen sein, weil sie nur dort einigen Druck so lange erträgt, daß an den Mutterbäumen auf einen ins Gewicht fallenden Lichtungszuwachs gerechnet werden kann. Auf den geringeren Standortsklassen ist der zulässige Grad der Dichtigkeit des Altholzbestandes zu gering und die zulässige Dauer des speziellen Verjüngungszeitraumes zu kurz, als daß der Gewinn am Zuwachse des Altholzes für die sonstigen Nachteile der Vorverjüngung entschädigen könnte.

§ 952. Wo die Vorverjüngung zulässig ist und in zufällig vorhandenen Bestandlücken in sich geschlossene und noch normale Gipfeltriebe zeigende Vorwuchshorste vorhanden sind, ist ein Vorbereitungshieb angezeigt, dessen Aufgabe es ist, diese Horste allmählich an den freieren Stand zu gewöhnen.

Bei Vorwüchsen, welche bereits eine merkliche Verkürzung der Gipfeltriebe zeigen, ist diese Freistellung ebenso zwecklos, wie diejenige im geschlossenen Bestande entstandener, mehr als 2 bis 3 jähriger Vorwüchse. Dieselben besitzen die Fähigkeit nicht, einmal verkümmert, sich wieder vollständig zu erholen. Außerdem gelingt es nur ausnahmsweise, die Althölzer ohne bedeutende Beschädigung aus unter geschlossenem Bestande erwachsenen größeren Horsten herauszuschaffen.

In größeren Lücken und Windbruchblößen gelingt das dagegen der geringeren Zahl der herauszunehmenden Althölzer sehr häufig, wenn man die Vorsicht gebraucht, dieselben vor der Fällung zu entästen, wenn ihre Kronen nicht über die Vorwuchshorste hinausgeworfen werden können.

Wir nehmen dort um so weniger Anstand, selbst nicht vollkommen geschlossene Vorwuchshorste bis ins hohe Gertenholzalter hinein in den neuen Bestand hinüberzunehmen, als die Böden, auf welchen solche Horste sich zwischen Altholz finden, sofortige Ergänzung der Horste mit Schattenhölzern gestatten.

Einzelständige oder sehr weitständige Vorwüchse überzuhalten, ist außer der Buche bei keiner Holzart weniger ratsam, als bei der Kiefer. Dieselbe bildet in dieser Stellung immer wertlose Wölfe, welche in weitem Umkreise keinen normal entwickelten Jungwuchs aufkommen lassen.

§ 953. Auch mit Rücksicht auf die Empfänglichmachung des Bodens für die Besamung ist manchmal, in reinen Kiefernbeständen allerdings nur ausnahmsweise, desto häufiger in mit Schattenholz gemischten oder unterbauten Beständen ein Vorbereitungshieb notwendig, welcher dann die beschleunigte Zersetzung der reinen Humusschichte zum Zwecke hat.

Noch häufiger ist es aber im Kiefernwalde der Zustand der Bodenverwilderung, welcher der Verjüngung hinderlich ist. Die junge Kiefer keimt nur sehr schwer und kümmert immer in dichten Unkräuter- und Graswüchsen. Eine brauchbare Besamung entsteht nur da, wo der Samen nackten Boden vorfand. Wo deshalb der Boden auch nur stellenweise verwildert ist, entstehen, wenn keine Bodenvorbereitung stattfand, lückige, lichte und auf kleiner Fläche sehr ungleichalterige Besamungen, während die Kiefer als Lichtpflanze nur gedeiht, wenn sie unmittelbar neben sich wenigstens annähernd gleichalteriges Holz hat.

Ein mindestens streifenweises Wundmachen verunkrauteten Bodens ist deshalb bei der Kiefer erstes Erfordernis zur Erzielung einer brauchbaren natürlichen Verjüngung.

Es ist demnach in den Kiefernbesamungsschlägen nach der Schlagräumung auf allen nicht ohnehin nackten oder durch die Stockrodung nackt gewordenen

Bodenpartieen der Bodenüberzug in 30 bis 50 cm breiten Streifen von 100 bis höchstens 120 cm Abstand bis zur mineralischen Erde abzustreifen, und der bloßgelegte Boden womöglich kurz vor dem im Frühjahre stattfindenden Ausfliegen des Samens flach zu behäckeln, damit der Samen durch das Zerfallen der Schöllchen eine die Keimung fördernde Decke erhält.

Wo aus irgend einem Grunde Bodenstreuwerk abgegeben werden muß, ist es das Material solcher Kiefernsamenschläge, welches sich am besten zur Abgabe eignet. Wir haben in solchen Fällen die ganzen Bodenüberzüge ein Jahr vor dem Samenschlage abgegeben und dann bis zur Ausführung des Schlages mit Schweineherden betreiben lassen, welche die Rohhumusschichten sehr vollständig in den Boden brachten und so ein vorzügliches Keimbett schufen.

§ 954. Was die Stellung des Besamungsschlages betrifft, so genügen 30 bis 50 gleichmäßig verteilte gute Samenbäume pro Hektar, namentlich wenn benachbarte Bestände sich an der Besamung der Hiebsfläche beteiligen können, zur vollen Besamung.

Bei dieser Stellung genießen aber weniger Althölzer die Vorteile des Lichtungszuwachses.

Wir ziehen es deshalb vor, eine wesentlich größere Zahl von Samenbäumen stehen zu lassen, diese aber so über die Fläche zu verteilen, daß sie 40 bis 50 m weite, mit sehr wenigen Oberholzstämmen durchstellte Löcher in 10 bis 20 m breiten Ringen umgeben, aus welchen sie, ohne in die entstehenden Jungwüchse geworfen werden zu müssen, abgeräumt werden können.

Sie genießen in dieser Stellung, wenigstens auf der Seite der eingehauenen Löcher, vermehrten Lichtzufluß und können ohne Schaden für die Verjüngung 10 bis 12 Jahre lang stehen. Unter ihnen können Schattenhölzer durch Vorverjüngung erzogen werden, zwischen welchen nach der Räumung noch Kiefern in genügender Zahl, wenn sie sich nicht von selbst einfinden, künstlich eingebracht werden können.

Die in den Löchern stehenden Samenbäume werden im 3. bis spätestens 4. Jahre abgeräumt und gleichzeitig durch Abräumung etwas überhängender Randbäume für vermehrtes Seitenlicht gesorgt.

Die so entstehenden Verjüngungen bestehen aus 50 m breiten gleichalterigen und durch 10 bis 20 m breite Streifen von Schattenhölzern und jüngeren Kiefern unterbrochenen Horsten.

§ 955. Wo die Standortsverhältnisse weniger günstig liegen, ist, wie gesagt, nur an Nachverjüngung zu denken. Höchstens können in größeren Lücken entstandene Vorwüchse zur Besamung benutzt werden.

Gestattet die Absatzlage die schon im' Interesse der Insektenvertilgung notwendige Stockrodung, so findet sich manchmal durch Seitenbesamung reichlicher Anflug ein, wenn man die Vorsicht gebraucht, die Schläge in Jahren auszuführen, in welchen in dem stehen bleibenden Bestandsteile reichliche, im nächsten Frühjahre sich öffnende Zapfen vorhanden sind, und sie nicht breiter zu machen, als der ausfallende Samen in genügender Menge fliegt.

Auf diese von der Natur gebotene Hilfe ganz zu verzichten ist nicht ratsam.

Ein vorsichtiger Wirtschafter wird daher dafür sorgen, daß in der Zeit, in welcher der Samen auffliegt, der Boden sich in für den Samen empfänglichen Zustande befindet, daß also nicht allein vor dieser Zeit die Stöcke gerodet, die Stocklöcher geebnet und die Schläge geräumt, sondern auch die zur künstlichen Bestandsgründung nötigen Arbeiten der Bodenbloßlegung bereits ausgeführt sind.

Er wird deshalb Kieferkahlhiebe gleich bei Beginn der Fällungszeit in Angriff nehmen, kurze Räumungstermine setzen und sofort nach der Räumung die zur künstlichen Aufforstung nötigen Streifen machen lassen.

Ist nach Maßgabe der Zahl der vorhandenen Zapfen auf reichlichen Anflug von Samen zu rechnen, so empfiehlt es sich mit Rücksicht darauf, daß auf trockenen Böden der Samen nur dann mit Sicherheit keimt, wenn er genügend bedeckt ist, die Stocklöcher und nackten Flächen entweder vor dem Samenabfluge ziemlich stark oder nach demselben ganz leicht mit dem eisernen Rechen, einer Egge oder einer durch den Schlag geschleiften Dornhecke zu verwunden.

Auf den Stocklöchern und anderen sich leicht von selbst besamenden Flächen unterläßt man die künstliche Aufforstung im 1. Jahre, wenn der Hieb in einem Samenjahre statthatte, und holt sie, wenn sie unbesamt bleiben, im nächsten Jahre nach.

Können in einem Reviere die Schläge regelmäßig nicht rechtzeitig geräumt werden, so sind dieselben statt in Samenjahren in Jahren zu führen, in welchen die Bäume viele einjährige Zapfen tragen, und es sind auf allen Kahlschlägen, so weit irgend möglich, die Stocklöcher von Holz freizuhalten, damit trotzdem anfliegender Samen keimen und sich erhalten kann.

§ 956. Künstlich wird die Kiefer sowohl durch Saat, wie durch Pflanzung, aber niemals unter Schutzbestand verjüngt.

Die Saat erfolgt, wo die Kiefer rein angebaut wird, im Gebirge in der Regel durch Breitsaat aus der Hand, auf Streifen von 100 bis 130 cm Abstand, von welchen der Bodenüberzug auf 30 bis 50 cm Breite bis auf die nackte Erde abgezogen ist.

Eine Lockerung des Bodens findet in der Regel nicht statt, obwohl sie sich auf oberflächlich verhärteten, sehr trockenen oder mit starken Schichten von Roh- oder Heidehumus versehenen Böden entschieden empfehlen würde. Die auf gelockertem Boden rasch in große Tiefen eindringenden Wurzeln sind dort gegen trockene Hitze viel besser gesichert.

In der Ebene ist vielfach zur Bodenvorbereitung der Pflug im Gebrauche. Sind zu dessen Anwendung die Bodenüberzüge zu stark, so werden dieselben entweder als Streu abgegeben oder durch Überlandbrennen (§ 262) abgesengt.

Bei der Leichtigkeit, mit welcher Kiefernbestände in Brand kommen, ist dabei aber besondere Vorsicht. Man macht deshalb die Isolierungsstreifen 6 bis 10 m breit und erweitert sie noch durch s. g. Vorbrennen rund um die Kulturfläche gegen den Wind, ehe man auf der Windseite die ganze Fläche in Brand setzt.

§ 957. Bei der Anwendung des Pfluges zum Zwecke der Saat ist darauf zu achten, daß die ausgeworfene Erde sich flach legt und keine zu tiefen Furchen zurückläßt. Ist tiefe Lockerung nötig, so bedient man sich eines dem Schwing- oder Waldpfluge folgenden Untergrundspfluges, welcher die Erde nicht auswirft. Steht ein solcher nicht zur Verfügung, so muß bei tieffurchiger

Bearbeitung der Saat ein Beeggen des Bodens vorausgehen oder dem Boden Zeit gelassen werden, sich wieder zu setzen.

Man sät deshalb nur bei flachem Pflügen auf die frische Furche, andernfalls im Frühjahre auf im Herbste gepflügten Boden.

Beim einfachen Pflügen ist volle, beim Doppelpflügen streifen- und bänderweise Bearbeitung der Fläche üblich. Im ersteren Falle erfolgt Vollsaat mit 6 bis 8, im anderen Streifen- und Furchensaat mit 5 bis 7 kg Samen, in beiden Fällen unter nachfolgender Bedeckung des Samens mit Hilfe des Rechens, der Egge oder einer Dornegge, oder wohl auch durch Eintrieb von Vieh aller Art bis zur Keimung des Samens, wenn bei der Saat keine Säemaschinen (§ 373) benutzt wurden, welche die Bedeckung des Samens gleichzeitig besorgen.

Auf zeitweise nassem Boden wird wohl auch auf Rabatten und rajolte Streifen gesät.

Man säet jetzt fast nur noch ausgeklengten und abgeflügelten Samen. Die vor der Vervollkommnung der Klenganstalten vielfach übliche Zapfensaat, d. h. das Ausstreuen der noch mit Samen gefüllten Fruchtzapfen auf die Saatfläche schlägt fehl, wenn im Frühjahre naßkaltes Wetter eintritt, weil sich dann die Zapfen nicht öffnen.

§ 958. Üblicher als die früher fast allgemein angewandte Saat ist, wo nicht besondere Verhältnisse, z. B. ein starker Rehwildstand, besonders dichte Verjüngungen nötig machen, die Pflanzung und zwar bei Neuanlagen fast ausnahmslos die Jährlingspflanzung, welche in der Regel nicht teuerer ist, als die Saat und seltener durch die Schütte leidet.

Die Pflanzung mit zweijährigen Pflänzlingen macht tiefere Bodenbearbeitung nötig und ist deshalb teuerer, ohne deshalb sicherer zu sein, als diejenige von gut entwickelten Jährlingen. Im Gegenteile verlangen solche Pflänzlinge ihres längeren Wurzelwerks halber sorgfältigere Pflanzung und kommen bei der für ballenlose Kiefernpflänzlinge allgemein üblichen Klemmpflanzung häufig mit gekrümmten Wurzeln in den Boden, was die Kiefer recht schlecht erträgt. Die Pflanzung 2jähriger Setzlinge ist deshalb überall da unsicherer, als die Jährlingspflanzung, wo das Arbeiterpersonal nicht unbedingt zuverlässig ist.

§ 959. Die Jährlingspflanzung geschieht nur bei besonders günstigen Bodenverhältnissen ohne Bodenvorbereitung; in der Regel läßt man ihr eine kräftige Bodenlockerung mit Hacke oder Pflug oder namentlich bei Plaggenpflanzung mit dem Spiralbohrer vorhergehen. Je energischer und tiefgehender die Lockerung, desto sicherer die Pflanzung.

Man wählt dabei nicht gerne weite Verbände und geht über 130 cm Reihenabstand und 60 bis 100 cm Abstand in den Reihen hinaus. Wo wie auf rajolten und tiefgelockerten Streifen und Platten, sowie bei der Plaggenpflanzung die Bodenvorbereitung teuer ist, vergrößert man die Abstände der Pflanzstellen, pflanzt aber bei Streifenkulturen in den Reihen noch wesentlich enger oder besetzt bei plätzeweiser Bearbeitung jede Pflanzstelle mit 2 und mehr Pflanzen.

Bei der Klemmpflanzung von Kiefern verdienen diejenigen Instrumente den Vorzug, welche die tiefsten und weitesten Löcher herstellen. Je enger das Loch, desto größer die Schwierigkeit, die Wurzeln senkrecht in demselben unterzubringen, was bei der Kiefer von besonderer Wichtigkeit ist. Auf steinlosem lockerem Boden verdient im allgemeinen der Keilspaten, auf steinigem oder starkverwurzeltem das Buttlar'sche und Wartenberg'sche Pflanzeisen, sowie das Klemmeisen weitaus den Vorzug vor allen Instrumenten kleineren Durchmessers, insbesondere vor dem Setzholze und dem Pflanzdolche.

Die Kiefer erträgt eine zu tiefe Pflanzung besser, als eine zu flache; auf sehr trockenem, losem und flüchtigem Boden pflanzt man sie als Jährling sogar zweckmäßig so tief, daß nur die Gipfelknospen aus der Erde herausschauen. Für derartige Böden wählt man außerdem besonders langwurzelige Pflänzlinge, weil dieselben früher in die nicht völlig austrocknenden Bodenschichten eindringen.

Auf bindigeren Böden ist indessen so tiefes Pflanzen in keiner Weise ratsam, noch weniger in feuchter Lage.

§ 960. Über 2 Jahre alte und unter besonders ungünstigen Verhältnissen selbst 2jährige Kiefern werden nur mit dem Ballen gepflanzt. Bei Neuanlagen verwendet man sie der hohen Kosten halber nur da, wo, wie auf zeitweise nassem Torfboden, ein Ausfrieren jüngerer Pflänzlinge zu befürchten ist, oder wo man, wie auf Flugsand, mit der Ballenpflanzung eine Verbesserung des Bodenzustandes beabsichtigt.

Um so häufiger kommt sie bei Nachbesserungen in Anwendung, welche bei keiner Holzart prompter als bei der Kiefer ausgeführt werden müssen. Bei dem raschen Wuchse dieser Holzart und bei ihrer großen Neigung zur Astverbreitung wird jede Kiefer nach der Seite hin, in welcher sich eine Lücke befindet, zum Wolfe und läßt nachträglich eingebrachte, wenn sie gegen dieselben einen Altersvorsprung von auch nur 3 Jahren hat, kaum mehr aufkommen.

Es lassen sich deshalb Kiefernverjüngungen mit Kiefern nur bis zum 4. Jahre mit Jährlingen, später nur mit älteren Pflanzen vervollständigen, und da die Pflanzung mit über 5jährigen Pflanzen der Größe der Ballen halber, welche sie erfordert, ganz unverhältnismäßig teuer ist, überhaupt nur bis zum 7. bis 8. Jahre vervollständigen. Zur Aufbesserung später entstehender Lücken sind nur Schattenhölzer zu gebrauchen.

Der gewöhnliche Verband von Kiefernballenpflanzungen bei Neuanlagen ist 120 zu 120 cm. Zum Ausheben und Löchermachen verwendet man bei 2jährigen Pflanzen den Hohlbohrer (§ 398), bei älteren den gewöhnlichen oder den Hohlspaten (§ 399).

§ 961. Die als Jährlinge zur Verwendung kommenden Kiefern erzieht man in vollkommen frei gelegenen, aber den Winden nicht zu sehr exponierten Kämpen mit lockerem fruchtbarem Boden durch Rinnensaat, am besten in mit dem bayerischen oder dem Danckelmann'schen Saatbrette (§ 439) eingedrückte Doppelrinnen von 2 bis 3 cm Tiefe und 10 bis 12 cm Reihenabstand mit einer Einsaat von 1 bis $1^1/_4$ kg abgeflügelten Samens pro Ar; sollen die Pflänzlinge 2jährig werden, so vergrößert man den Reihenabstand auf 15 cm und vermindert die Samenmenge auf $^1/_2$ bis $^3/_4$ kg. Man erzieht auf diese Weise 60000 bis 80000, bezw. 30000 bis 40000 Jährlinge pro Ar.

Sind die Pflänzlinge für sehr trockenen Boden bestimmt, für welchen man langbewurzelte Pflanzen vorzieht, so ist tiefe Bodenbearbeitung bis zur doppelten Spatenstichtiefe nötig und das Unterbringen des Bodenüberzugs in die Sohle zulässig. Man muß dann aber dem Boden Zeit lassen, sich wieder zu setzen.

Müssen windige Stellen gewählt werden, so ist die Gewalt des Windes durch Zäune, welche sonst am Kiefernsaatkampe entbehrlich sind, oder durch zwischen die Rillen, die Wurzelseite nach oben, gelegte schmale Rasenplaggen zu brechen. Muß armer Boden verwendet werden, so ist kräftige Düngung unentbehrlich. Man erzieht deshalb die Jährlinge nur in Wanderkämpen, wo kräftiger Boden für dieselben zur Verfügung steht.

Der Samen der Kiefer wird von den Finken gerne gefressen, welche ihn namentlich von den eben keimenden Pflänzchen häufig abbeißen. Derselbe muß daher entweder mit Mennig gefärbt oder nach der Saat in anderer Weise gegen die Vögel geschützt werden.

Nach dem Abfallen der Samenhüllen von den Pflänzlingen ist nach unseren Erfahrungen bei richtiger Wahl der Saatstelle ein Bestecken der Beete mit Reisig oder ein Überdecken derselben mit Saatgittern nicht nötig, und wenn der Schirm einigermaßen dicht wird, sogar schädlich.

§ 962. Die Kiefernballenpflanzen zu Nachbesserungen von Saatkulturen entnimmt man am besten der Saat selbst, wo der Boden im allgemeinen den Ballen hält; andernfalls sorgt man wohl auch für den nötigen Vorrat, indem man in der Kulturstelle vorkommende Stellen mit bindigerem Boden oder in Ermangelung von solchem feuchtere und deshalb sich schneller benarbende Stellen dichter besät.

Zur Nachbesserung von Pflanzkulturen ist dagegen die Erziehung von Ballenpflanzen in besonderen Pflanzbeeten häufig Bedürfnis. Man verschult dann gleichzeitig mit der erstmaligen Bepflanzung der Fläche an den Ballen haltenden Stellen in möglichster Nähe der Kulturfläche eine, dem wahrscheinlichen Bedarfe entsprechende Zahl von Jährlingen mit nicht allzulangen Wurzeln auf nur auf 20 bis 25 cm tief gelockertem Boden im Abstande von 20 zu 20 cm und unterläßt in diesen Pflanzbeeten jede den Boden lockernde Jätung im Jahre vor der Verwendung, wenn der Boden für sich nicht bindig genug ist, um den Ballen zu halten. Wo der Abgang bei der Pflanzung voraussichtlich ein großer ist, empfiehlt es sich außerdem, schon bei der Erziehung der Jährlinge auf Erziehung zum Verschulen geeigneter kurzwurzeliger Pflänzchen Bedacht zu nehmen und dieselben auf weniger tief bearbeiteten und oberflächlich gut gedüngten Beeten zu erziehen.

Kapitel VIII. Die Lärche.

§ 963. Auch die Lärche (Larix europaea. DC.) ist ein Baum erster Größe. Sie erwächst zu einem sehr hohen, mehr oder weniger vollholzigen Stamme, mit dünner, aus dünnen Ästen bestehender Krone, welche sich auch im freien Stande nicht übermäßig ausdehnt. Ihre Bewurzelung ist derjenigen der Kiefer auf tiefgründigen Böden ähnlich.

Ursprünglich Hochgebirgspflanze und in den Alpen bis zu 1700 m ansteigend, ist sie seit mehr als einem Jahrhundert überall in Deutschland mit sehr verschiedenem Erfolge angebaut worden.

Das Klima der Ebenen ist entschieden kein Hindernis des Gedeihens für die Lärche. Es sind uns in der Ebene als Randbäume in Buchenbeständen in 100 m Meereshöhe erwachsene Lärchen bekannt, welche bei ihrem im 96. Jahre erfolgten Abhiebe 30 bis 35 m Höhe und 70 bis 90 cm Durchmesser in Brusthöhe maßen. Umgekehrt kennen wir Lärchen mit nur sehr wenig befriedigendem und wiederum mit ausgezeichnetem Wuchse in allen Gebirgslagen, mit Ausschluß jedoch eingeschlossener nebelreicher Thäler, in welchen sie überall kümmert.

Im allgemeinen haben wir die Lärche in einem, die Leistungen der Kiefer erreichenden und sie übertreffenden Wuchse nur auf tiefgründigem, lockerem und nicht allzu trockenem und kalkarmem Boden gesehen. Wo solcher Boden zwischen den Gesteinstrümmern vorhanden ist, wächst sie auch in Geröllböden freudig. Stauende Nässe ist ihr in hohem Grade zuwider.

Wo der Boden an sich nicht frisch oder nicht trocken genug ist, gedeiht sie nur, wenn ihr der Fuß durch bodenbessernde Schattenholzarten warm gehalten wird, leistet dort aber in Einzelmischung, vorwüchsig angebaut, vorzügliches; in reinen Beständen verkrüppelt sie auf solchen Standorten ebenso, wie auf festen und flachgründigen Böden über nicht stark zerklüftetem Untergrunde.

Die Lärche ist unter allen deutschen Holzarten die ausgesprochenste Lichtpflanze; sie gedeiht auch auf besten Standorten nur im vollsten Lichtgenusse und kümmert auf geringem Standorte selbst in der Nachbarschaft gleich hoher Lichtholzbäume.

§ 964. Die Lärche bringt sehr frühzeitig nnd ziemlich häufig, von dem gleich großen der Kiefer und Fichte durch die hellrötliche Farbe unterschiedenen geflügelten Samen, welcher im Herbste nach der Blüte reift und im Frühjahre darnach, wenn auch lange nicht so vollständig, wie der der Kiefer und Fichte ausfliegt. Es ist das die Folge des auch die Samengewinnung erschwerenden Umstandes, daß sich die Zapfen sehr unvollständig öffnen. Dasselbe macht es notwendig, wenn man den Samen vollständig gewinnen will, die bis auf 40° C erwärmten Zapfen in mit eisernen Dornen ausgeschlossenen sich rasch drehenden Trommeln zu zerreißen.

Den besten Lärchensamen sollen nach Burckhardt[1]) die französischen Alpen liefern, wo der von selbst ausgeflogene Samen im März auf hart gefrorener Schneedecke zusammengekehrt wird.

Der Samen, welcher seine Keimkraft 3 bis 4 Jahre behält, läuft, weil die rauhe dicke Schale nur sehr langsam Wasser aufnimmt, sehr langsam auf. Frischerhalten des Samens im Saatbeete durch Saat in frischem bindendem Boden oder durch Festtreten in trocknerem oder durch Bedecken mit Reisig nach der Saat ist bei der Lärche erste Bedingung vollständiger Keimung, welche durch vorheriges Anquellen (§ 445) entschieden befördert wird. In trockenen Kämpen läuft oft ein großer Teil des Samens erst im 2. und 3. Jahre und noch später auf, so daß man häufig in längst verlassenen Lärchenkämpen noch 1jährige Pflänzlinge findet.

Die junge Pflanze hat glatte Keim- und Primordialnadeln und ist gegen Hitze ziemlich, dagegen gegen Spätfrost fast gar nicht empfindlich, wenn auch die Nadeln hie und da erfrieren. Sie friert dagegen leicht aus und leidet durch Dürre und Beschattung und deshalb auch unter Graswuchs. Gegen Sturm- und Insektenschaden ist die Lärche ziemlich unempfindlich, leidet dagegen durch Duftanhang und Schneebruch und wird vom Rehbocke mit Vorliebe gefegt.

---

1) Säen und Pflanzen S. 401.

Der Wuchs der Lärche ist ein sehr rascher, läßt aber viel früher als derjenige der Fichte und Tanne nach, so daß sie von ersterer im 30., von der Tanne im 40. bis 50. Jahre eingeholt wird.

Ihr Nutzwert ist ein sehr großer, ebenso ihre Massenproduktion da, wo sie naturgemäß erzogen wird. Sie giebt dann bis zu 80% des Derbholzanfalls Nutzholz, welches in den Städten mit 40—80 M bezahlt wird; das Brennholz steht gutem Kiefernholze am Werte gleich.

§ 965. Als ausgesprochenste Lichtholzart eignet sich die Lärche in reinen Beständen zu keiner der Betriebsarten, bei welchen, wenn auch nur vorübergehend, Hölzer verschiedenen Alters neben einander stehen. Die einzig mögliche Wirtschaft in reinen Lärchenbeständen ist der Kahlschlagbetrieb. Bei der äußerst lichten Belaubung der Lärche verwildert und vermagert aber in einigermaßen trockenem Klima der Boden unter reinen Lärchenbeständen in einer ihr eigenes Gedeihen in hohem Grade gefährdenden Weise.

Dagegen ist sie auf ihr zusagenden Böden rechtzeitig, d. h. so, daß sie immer vorwüchsig bleibt, eingebracht, ein ganz vorzügliches Mischholz und ein sehr brauchbares Treibholz in schutzbedürftigen Lichtholzbeständen.

Sie erreicht in unserem Klima, wenn ihr der Fuß durch Schattenhölzer warm gehalten wird, schon sehr frühzeitig starke Dimensionen und im Alter von 80 bis 100 Jahren die gesuchtesten Stärken. Das ist der Grund, warum man sie zwar häufig als Oberholz im Mittelwalde, aber niemals als Überhälter in den gewöhnlichen Überhaltsbetrieben sieht.

Sie läßt sich ihrer raschen Entwickelung und ihres die Höhe der Buche stets um 5 bis 6 m überragenden Wuchses halber in gleichalteriger Mischung im Buchenwalde bis über das 100. Jahr hinaus, im Fichtenwalde bis zum 30., im Tannenwalde bis zum 50. Jahre vorwüchsig erhalten und hat deshalb, wenn sie nicht im Übermaße eingemischt wurde, im Buchenbestande eine Lichtung nicht nötig. Der Tannen- und Fichtenbestand leistet aber, sowie er die Lärche eingeholt hat, für alle Arten von Waldbesitzern ohne die Lärche mehr als mit derselben; um sie wüchsig zu erhalten, müßten zu viele im besten Wuchse stehende Fichten und Tannen abgehauen werden, als daß man nicht vorzöge, lieber die Lärche aus dem Bestande herauszunehmen.

Man erzieht deshalb die Lärche jetzt im allgemeinen als reinen oder mit Fichte, Arve und Bergkiefer gemischten Bestand nur in den über die eigentliche Fichtengrenze hinausragenden Gebirgslagen, überall sonst nur als Mischholz, und zwar entweder als Oberholz im Mittelwalde, oder als auf die erste Hälfte des Bestandslebens beschränktes Mischholz in Tannen- und Fichtenbeständen oder als ständiges Mischholz im Buchenwalde und endlich als Treibholz und Bestandsschutzholz in Eichenverjüngungen. Die eigentlichen Lichtungsbetriebe sind, weil unnötig, bei der Lärche wenig gebräuchlich, wenn man auch sonstwo vorhandene reine Lärchengerten- und Stangenhölzer durch möglichst frühzeitigen Unterbau im Lichtungsbetriebe weiter bewirtschaftet.

§ 966. In reinen Lärchenbeständen scheidet sich bei nicht allzu weiter Bestandsanlage sehr frühzeitig ein Nebenbestand aus, welcher, wenn er nicht rasch genutzt wird, bald dürr wird. Infolgedessen zeigen 30 bis 40jährige reine Lärchenbestände bereits den Grad der Verlichtung, welcher um das doppelte älteren Kiefernbeständen gleichen Standortes eigen ist. Frühzeitige und häufige

Durchforstungen sind in denselben schon aus Gründen der Forstbenutzung geboten. Nicht ganz vorzügliche Böden gehen unter ihnen so rasch zurück, daß sehr kurze Umtriebszeiten von 30 bis 50 Jahren geboten sind, wenn nicht durch sehr frühzeitig auf natürlichem oder künstlichem Wege eingebrachtes Bodenschutzholz die Vermagerung des Bodens verhindert wird.

In den schwer zugänglichen Hochlagen der Alpen, welche die Heimat der Lärche sind, muß man zwar oft auch reine Bestände wegen mangelnder Absatzgelegenheit viel älter werden lassen. Die Lärche hält sich aber auch dort nur in der Mischung mit der sehr langsam wachsenden Arve und der niedrig bleibenden Legföhre, oder wenn unter ihr ein junger Fichtenanflug nachträglich entstanden ist, bis ins höhere Alter gesund.

Die Verjüngung der Lärche in diesen Beständen erfolgt fast immer auf künstlichem Wege, wenn auch hier und da auf natürlichem Wege Anflug sich einfindet. Die Eigenschaft der Lärche, nur zu keimen, wenn der Samen wochenlang feucht gehalten wird, macht die natürliche Seitenbesamung viel zu unsicher. In den zugigen Hochlagen der Alpen kommt dazu, daß der Samen nicht wie in geschützteren Lagen in der Nähe der Mutterbäume bleibt, sondern weit verweht wird, namentlich wenn sich die Zapfen, wie gewöhnlich, bei Eintritt der heißen Föhnstürme öffnen.

Wollte man ein reiches Samenjahr, bei welchem zufällig der Samen bei gelindem Winde abflog, benützen, so müßte der vorher oberflächlich verwundete Boden, etwa durch Eintrieb starker Herden, bis zur Keimung des Samens wieder festgetreten werden.

§ 967. Als Oberholz im Mittelwalde wird die Lärche nur auf künstlichem Wege, und zwar größere Blößen ausgenommen, immer nur als Halbheister und Heister eingebracht werden können. Lärchenlohden, so rasch sie wachsen, werden doch von den Stockausschlägen zu rasch überholt, als daß sie sich ohne häufige Nachhilfe gipfelfrei und damit lebensfähig erhalten könnten.

Im Mittelwalde läßt man die Lärche bis 120 jährig werden.

Als Mischholz im Tannen-, Fichten- und Buchensamenwalde muß die Lärche, wenn sie etwas Namhaftes leisten soll, stets so weit über ihre Umgebung hinausragen, daß nicht nur ihr Gipfel, sondern auch der größte Teil der Krone in vollem Lichte steht. Zu dem Ende muß sie in die Bestände eingebracht werden, ehe dieselben anfangen starke Gipfeltriebe zu entwickeln. Lärchen, welche nicht über den vorhandenen Bestand hinausragen, zwischen diese Holzarten zu bringen, wenn dieselben einmal anfangen, 40 cm und mehr auszutreiben, ist vollkommen zwecklos. Sie erheben sich dann nicht mehr über das Niveau ihrer Umgebung und leisten in dieser Stellung, wenn sie sich überhaupt erhalten lassen, weit weniger, als die sich in dichtem Schlusse wohlfühlenden Schattenholzarten.

In die ihr zusagende Stellung kommt die Lärche bei gleichalteriger Mischung mit allen drei Holzarten ohne weiteres. Mit der Buche und Tanne kann sie selbst noch mit Erfolg gemischt werden, wenn die letztere 6 bis 8, die Buche 3 bis 5 Jahre Vorsprung hat. Sie muß dann aber in Lücken gebracht werden, welche sich nicht eher schließen, bis die Lärche weit über sie hinausgewachsen ist. Die Zeiträume, während welcher die Lärche im Bestande verbleiben kann, verkürzen sich dann bei der Mischung mit der Tanne nicht unwesentlich. Der Buche bleibt sie auch dann dauernd vorwüchsig und kann in der Mischung mit ihr bis zur Verjüngung der Buche erhalten werden. Aus dem Tannen- und Fichtenbestande haut man sie heraus, sowie sie aufhört, gipfel- und kronenfrei zu sein.

§ 968. Als Treib- und Bestandsschutzholz für die Eiche hat die Lärche vor der Kiefer den doppelten Vorzug, einmal, daß sie ihres lichteren Baumschlages und geringeren Neigung zur Wolfbildung halber weniger verdämmt und deshalb länger über der Eiche stehen bleiben kann, und dann, daß sie nicht nur rascher wächst, sondern sich auch in stärkeren Exemplaren sicher verpflanzen läßt.

Man erreicht deshalb den Zweck des Bestandsschutzes mit der Lärche wesentlich rascher, als mit der Kiefer, und man hat bei ihr nicht, wie bei dieser nötig, sie im Interesse der Eiche zu verstümmeln oder vor Erreichung technischer Brauchbarkeit zu nützen. Auf guten Standorten erträgt die Eiche den Druck gleichalteriger und älterer Lärchen sehr lange, und wir kennen auf solchem Standorte 60 bis 70jährige Eichenbestände, welche mit 40 bis 60 gleich alten Lärchen pro Hektar durchstellt sind, ohne daß sich bis jetzt ein nachteiliger Einfluß der Lärche geltend gemacht hätte.

Sie stehen jetzt in vollkommen nutzbarem Alter und können gelegentlich der jetzt stattfindenden Lichtungshiebe genützt werden.

§ 969. Bei der Gründung reiner Lärchenbestände ist im allgemeinen nur künstliche Nachverjüngung und zwar durch Pflanzung üblich. Die Saat liefert bei ihr, wenn sie ausnahmsweise gelingt, zu dichte, andernfalls zu lückige Bestände und empfiehlt sich nur ausnahmsweise, und zwar da, wo in Geröllwänden Mangel an Feinerde und die Unmöglichkeit, solche in die Pflanzlöcher zu tragen, die Pflanzung unsicher macht. Es gelingt dort manchmal, die Lärche durch Saat in Löchern aufzubringen, welche man in der in § 295 geschilderten Weise hergestellt hat.

In allen anderen Fällen empfiehlt sich die Pflanzung um so mehr, als es keine Holzart giebt, bei welcher so weitschichtige Verbände wie bei der Lärche zulässig und geboten sind. In den Hochlagen, in welchen allein reine Lärchenbestände am Platze sind, ist an frühzeitige Durchforstungen nicht zu denken. Verbände von 2 zu 2, ja von 3 zu 3 m sind dort um so mehr am Platze, als die Lärche auch in dieser Stellung nicht zum Wolfe wird.

§ 970. Auch in der Mischung mit anderen Holzarten verdient die Pflanzung den Vorzug, wenn man auch nicht selten Lärchen auf Stocklöcher und Feuerstellen gesät sieht.

Diese Stellen, auf welche der Samen in kleinen Prisen ohne weitere Bearbeitung aufgesät und mit dem Fuße leicht bedeckt und festgetreten wird, dienen mehr zur Pflanzenerziehung, als zur unmittelbaren Bestandsgründung, da man auf einer solchen doch nicht mehr als eine gesunde Lärche stehen lassen kann. Läßt man ihrer mehrere wachsen, so hemmen sie sich gegenseitig im Wuchse und erreichen nie die Vollkommenheit, wie völlig einzelständig erwachsene Exemplare. Man sticht deshalb die überzähligen aus und verpflanzt dieselben anderwärts.

Die Verbände wählt man auch hier nicht zu enge, wenn auf einen Ertrag aus der Lärche gerechnet werden soll. In weniger als 2 m Abstand gepflanzte Lärchen kommen schon in wenig Jahren ins Gedränge; sie entwickeln sich lange nicht in der Vollkommenheit, wie vollkommen einzelständige und müssen nach 10 Jahren auf weniger als die Hälfte reduziert werden.

Für im Tannen- und Fichtenbestande eingesprengte Lärchen halten wir, wo nicht auf starken Abgang gerechnet werden muß, Quadratverbände von 8 bis 10 m Seite für die zweckmäßigsten, und gehen auch im Buchenwalde nicht gerne unter 5 auf 5 m. Enger, und dann in Verbänden von nicht weniger als 2 zu 2 m mag man die Lärche als Bestandsschutzholz zwischen Eichen pflanzen. Es wird dann aber in wenigen Jahren nötig, die Hälfte derselben auszuläutern.

§ 971. Die zweckmäßigste **Zeit** der Einbringung der Lärche in Vorverjüngungsschläge ist bei regelmäßiger Schlagstellung die der Räumung derselben unmittelbar folgende Kulturperiode, bei löcherweiser Verjüngung der Moment, in welchem die für die Lärche geeigneten Lücken aufgehört haben, im Seitenschatten zu liegen. Unter den Schirm und in den Seitenschatten der Mutterbäume zu pflanzen ist zwecklos. Die Lärchen erhalten sich günstigstenfalls lebend, entwickeln sich aber nicht in der zu ihrem Gedeihen nötigen Weise.

Wo die Verjüngungsdauer, wie in der Regel bei der Tanne, eine sehr lange ist, sind es nur die unbesamt gebliebenen und zuletzt besamten Bestandsteile, in welchen noch an die Einbringung der Lärche gedacht werden kann. Man bringt sie dann stets einzeln in die Mitte dieser Stellen und auf keinen Fall an von den Jungwüchsen auch nur stundenlang beschattete Standorte.

Die Aufastung und das Einstutzen der Äste erträgt sie weit besser als die übrigen Nadelhölzer und wird dadurch zu verstärkten Höhentrieben veranlaßt.

§ 972. Die Lärche läßt sich zwar als Jährling sehr gut **verpflanzen**, leidet aber durch die Hitze und ist bei den weiten Verbänden schwer wieder aufzufinden.

Man pflanzt sie daher selten jünger als 2jährig und dann nach unseren Erfahrungen zweckmäßig, nachdem sie ein Jahr vorher in ziemlich engem Verbande (15 zu 10 cm) verschult worden ist. Unverschult wächst sie zwar, wenn das Frühjahr nicht zu trocken ist, gleichfalls gut an, entwickelt sich aber weniger rasch, wie als verschulte Pflanze. In noch höherem Grade empfiehlt sich die Verschulung bei Verwendung in höherem Alter. Dieselbe bezahlt sich dann auch dadurch, daß man verschulte Pflanzen selbst als Heister ohne Ballen verpflanzen kann, ohne daß sie allzulange kümmern. Der Abstand im Pflanzbeete wird dann natürlich entsprechend vergrößert.

Im **Kampe** sät man die Lärche nur in schweren, nicht leicht austrocknenden Böden auf frisch gelockerte Beete: leichtere Böden müssen sich vor der Saat gehörig gesetzt haben oder müssen künstlich gedichtet werden. Ganz leichte Böden in trockener Lage taugen nichts für die schwer keimende Lärche.

Die Saat erfolgt in eingedrückte Doppelrillen von 1,5 bis 2 cm Tiefe wesentlich dichter als bei der Kiefer, aber zeitig im Frühjahre mit $1^{3}/_{4}$ kg Samen, welche im ersten Jahre selten mehr als 20000 Pflänzlinge liefern. Werden die Beete nicht frühe genug leer, so empfiehlt sich das Ankeimen des Samens. Die Rinnen werden mit nicht zu leichter Erde bis zum Rande ausgefüllt und diese dann mit dem umgekehrten Saatbrette festgetreten.

Eines Schutzes bedürfen die Lärchensaatbeete nur bis zum Abwerfen der Samenhüllen und zwar sowohl gegen Vögel, wie gegen Austrocknen. Später ist ihnen jede Beschirmung schädlich.

Kapitel IX. Die übrigen im Großen angebauten Nadelhölzer.

A. Die Schwarzkiefer.

§ 973. Die Schwarzkiefer oder Schwarzföhre (Pinus laricio Poir.), und zwar speziell die als österreichische Föhre (Pinus nigricans Link.) bezeichnete Varietät derselben, erwächst in Deutschland nur ausnahmsweise zu einem Baume erster Größe. Sie zeigt in allen nicht sehr warmen Lagen wenig Neigung zu starkem Längenwuchse und bleibt darin in unseren Klimaten gegen die Kiefer zurück. Dagegen verbreitet sie sich noch mehr als diese in die Äste. Ihre Bewurzelung ist der der Kiefer ähnlich, nur accommodiert sie sich noch leichter der Bodenbeschaffenheit und treibt auf flachgründigem Boden auch horizontal streichende lange Wurzeln.

Sie verlangt warmes Klima und trockene Luft; sie gedeiht auch auf sehr festem Boden und ist, obwohl sie kalkhaltige Böden bevorzugt, inbezug auf die mineralische Fruchtbarkeit des Bodens die genügsamste Holzart. Ihre Heimat ist Niederösterreich, wo sie in den Bergen bis zu 1300 m aufsteigt und die Sommerseiten bevorzugt. Sie ist unter gleichen Verhältnissen weniger lichtbedürftig als die gemeine und mehr als die Weymouthskiefer und verbessert den Boden in der Jugend in hohem Grade und zwar noch mehr als die Kiefer.

Der Schwarzkiefernsamen reift, wie der der gemeinen Kiefer erst im Oktober des 2. Jahres. Er ist von der Größe des Weymouthskiefernsamens, aber einfarbig nebelig-grau und behält seine Keimfähigkeit 2 bis 3 Jahre.

Die junge Pflanze sieht der der gemeinen Kiefer ähnlich, hat aber viel längere Keimblätter und Nadeln und kürzere Wurzeln und entwickelt sich in unserem Klima langsamer.

Von Insekten und dem Wilde wird sie weniger als die gemeine Kiefer befallen und ist gegen Trockenheit und Frost ebenso wenig, gegen Schnee- und Duftbruch ebenso sehr empfindlich als diese; ihre Zweige haben zwar zäheres Holz, sie werden aber ihrer stärkeren Benadelung halber mehr belastet.

§ 974. Die waldbauliche Behandlung der Schwarzkiefer ist derjenigen der gemeinen Kiefer ähnlich. Wie diese, läßt sie sich durch Seitenbesamung und auf guten Standorten auch unter lichten Schirmschlägen verjüngen; ihre Bestände werden aber meist nur durch künstliche Nachverjüngung und zwar in derselben Weise wie die der Kiefer begründet.

Als Mischholz in Schattenhölzern ist sie ihres bei uns relativ langsamen Wuchses und ihrer Neigung zur Astverbreitung wegen nicht geeignet. Dagegen mag sie ihrer bodenbessernden Eigenschaft halber als Mischholz im Kiefernwalde nicht ungeeignet sein.

Ihre Hauptbedeutung hat sie als Vorholz auf heißen, lange Zeit bloß gelegenen, sehr flachgründigen, festen oder erdarmen Böden von ziemlichem Kalkgehalte, insbesondere auf schwerverwitternden Muschel- und Tertiärkalkrücken und in schieferigen Sommerhängen. Die Kiefer und die Fichte leisten an solchen Stellen sehr wenig, während die Schwarzkiefer sich dort offenbar wohlfühlt, und wenn sie auch nur ausnahmsweise sehr ertragsreiche Bestände liefern wird, so verbessert sie doch durch ihren reichen Nadelabfall in verhältnismäßig kurzer Zeit den Boden so sehr, daß darauf wertvollere Holzarten angebaut werden können. Stellen, auf welchen solche ohne weiteres Gedeihen versprechen, sind in Deutschland kein Standort für die Schwarzkiefer.

B. Die Weymouthskiefer.

Benutzte Litteratur: Weise, in Bericht über die XII. Versammlung deutscher Forstwirte. Berlin, 1884.

§ 975. Der Wuchs der Weymouthskiefer oder Seidenkiefer (Pinus Strobus, L.) ist in früher Jugend dem der Kiefer ähnlich, nur erwächst sie rascher und zu einem geraderen Stamme und zu dichteren und holzreicheren Beständen; sie hat aber wie diese die Neigung, sich stark in die Äste zu verbreiten, welche bei ihr entschieden zählebiger sind, als bei der lichtbedürftigeren Kiefer. In höherem Alter unterscheidet sie sich aber sehr durch ihre kegelförmige dichte Krone mit meist durchgehendem Schafte. Ihre Bewurzelung ist der der Kiefer ähnlich.

Ursprünglich in Nordamerika heimisch, ist sie seit 100 Jahren auf allen Standorten Deutschlands von der Ebene bis zu 1200 m Meereshöhe und zwar mit Ausnahme harter Kalkböden mit Erfolg angebaut worden; auf sehr trockenem Standorte soll sie aber im Stangenholzalter plötzlich dürr werden.

Die Weymouthskiefer ist eine ausgesprochene Schattenholzart, wenn auch nicht in dem Grade wie die Tanne. Sie erträgt ziemlich starken Druck und verliert durch lange Überschirmung die Fähigkeit sich zu erholen nicht.

Die junge Pflanze sieht der jungen Kiefer ähnlich, ist aber kräftiger und schnellwüchsiger als diese.

Sie leidet durch Frost gar nicht, ebenso wenig durch nicht allzu starke Beschattung, scheint aber durch Hitze in ihrem Gedeihen gehindert zu werden. Ihr Wuchs ist ein sehr rascher und erreicht fast denjenigen der Lärche, vor welcher sie den Vorzug hat, daß sie als Schattenholz auch in kleinen Schlaglücken gedeiht.

Sie trägt frühzeitig Samen, welcher anfangs September reift und an warmen Tagen sehr vollständig und fast an allen Zapfen des Baumes gleichzeitig noch im Herbste ausfliegt. Der Samen ist geflügelt, von der Form des Kiefernsamens, aber schwärzlich marmoriert und größer. Er keimt leicht, liegt aber, wenn er alt ist, manchmal über.

Die Nutzholzausbeute ist eine sehr große; das Holz vorzüglich, in Deutschland aber des Anbaus in großen Abständen halber häufig durch zahlreiche Hornäste brüchig. Die Weymouthskiefer verdient daher vermehrten Anbau, aber in engerem Verbande als bisher.

Gegen Insektenfraß und sonstige äußere Gefahren ist sie ziemlich unempfindlich; nur vom Wilde wird sie sehr gerne verbissen und geschlagen.

§ 976. Die Weymouthskiefer hat vorerst ihre Hauptbedeutung bei uns als Mischholz und zwar vorzugsweise als Lückenbüßer in kleinen Lücken zwischen schon mehr herangewachsenen Jungwüchsen.

Insbesondere giebt es keine andere Holzart, welche in dem Grade wie sie geeignet wäre, auf nicht allzuschlechtem Standorte lückige Kiefernverjüngungen zu vervollständigen. Sie holt sie selbst bei einem Vorsprunge der Kiefer von 6 bis 8 Jahren bald ein und wächst dann vollständig in den oberen Kronenschluß hinein. Sie verlangt aber, und darin steht sie mit der Lärche im entschiedensten Gegensatze, um gutes Holz zu liefern, dichten Stand und wird durch denselben höchstens im Dickenwachstum zurückgehalten. Man pflanzt sie deshalb nur in ganz kleinen Lücken zwischen vorgewachsenen Jungwüchsen einzeln, sonst aber, namentlich wenn sie vorwüchsig werden kann, immer wenigstens in Gruppen, und zwar in engen Verbänden von nicht über 1 zu 1 m.

Auch im Buchen-, Tannen- und Fichtenwalde ist sie vorzüglich zur Ausfüllung kleiner Lücken geeignet, aber nur, wenn diese Holzarten so weit vorwüchsig sind, daß sie dieselben nicht zu frühe überwächst. Andernfalls wird sie frühzeitig zu einem dem Hauptbestande höchst schädlichen Wolfe von geringem Gebrauchswerte.

In größeren Lücken nimmt sie zweckmäßig die Ränder gegen den Hauptbestand ein, während man die Centren lichtbedürftigeren Holzarten einräumt. Wo man sie in größeren Mengen haben will, baut man sie besser allein an.

§ 977. Wo alte Weymouthskiefern vorhanden sind, bildet sich auf nackten Stellen des Bodens oft ein ziemlich vollständiger Anflug, sowohl unter dichtem Schutzbestande, wie auf anstoßenden Kahlflächen. Sie läßt sich dort ohne Zweifel auf natürlichem Wege und dann zur Ausnutzung des Lichtungszuwachses zweckmäßig ähnlich wie die Tanne verjüngen.

Bei künstlicher Verjüngung ist die Pflanzung Regel, und zwar bei nacktem Boden mit Jährlingen und 2jährigen, andernfalls mit 1jährig verschulten 3jährigen ballenlosen Pflanzen. Ältere Pflänzlinge pflanzt man besser mit dem Ballen. Die Pflanzmethoden und die Erziehung im Kampe sind dieselben wie bei der Kiefer. Nur bedingt die größere Schwere des Samens ebenso wie bei der Schwarzkiefer stärkere Einsaat.

C. Die Bergföhre. (Pinus montana, Duroi.)

§ 978. Von den mannigfachen Formen dieser vielgestaltigen, der gemeinen Kiefer nahe verwandten und wohl als Varietät zu ihr gehörigen Holzart sind im allgemeinen nur die niedrigen strauchartigen Formen mit niederliegendem Stamme in Deutschland weiter verbreitet und teils, wie die Legföhre oder Krummholzkiefer (var. humilis Link) und die Mughokiefer, (var. Mugus, Scop.), beide auch Alpenföhren oder Latschen genannt, als Hochgebirgs-, teils wie die Zwerg- oder Sumpfföhre (var. uliginosa Naum.) als Hochmoorpflanzen bekannt. Letztere sind fast vollkommen wertlos, und auch die Alpenföhren in engerem, auf die niederliegenden und kurzschaftigen Arten beschränktem Sinne besitzen, so wertvoll sie als Vorbeugungsmittel gegen Murbrüche, Abschwemmungen, Erdrutsche sind, waldbaulich nur einen Wert als allerdings vorzügliches Vor- und Bestandsschutzholz in sehr exponierter Lage. Ihr Holz ist da, wo sie wachsen, fast wertlos; aber sie schützen die zwischen ihnen aufwachsenden Fichten, Lärchen und Arven in der Jugend gegen die sie peitschenden und in gefrorenem Zustande brechenden Stürme und gegen die Massen von Duftanhang, welcher sich in solchen Lagen an sie ansetzt.

Die Latschen übersteigen in den Alpen die eigentliche Baumgrenze nicht unbedeutend. Sie gehen in den bayerischen Alpen bis 2100, im bayerischen Walde bis 1550 m, steigen aber nicht allzuweit in die eigentlichen Fichtenregionen hinab.

Sie ergänzen sich, da in ihnen kaum gehauen wird, auf zufällig entstehenden Lücken in genügender Weise von selbst, wo der reichlich fallende und, wie der der Kiefer, erst im 2. Herbste reifende Samen genug Feinerde findet.

Sie nehmen mit jedem Boden vorlieb, scheinen aber feuchte, nebelreiche Luft zu verlangen.

§ 979. Man hat sie ihrer hohen Unempfindlichkeit gegen die Witterungseinflüsse solcher Lagen halber vielfach als Vorholz bei der Aufforstung sehr exponierter überragender Hochlagen und der Meeresküsten verwendet, benutzt aber seit neuerer Zeit vorherrschend die in Deutschland sehr seltene, nur im Schwarzwalde heimische, aber in der Schweiz und mehr noch in den Pyrenäen und den französischen Alpen verbreitete, als Hackenkiefer (var. uncinata Ramond.) bekannte Varietät mit aufrechtem Stamme und hoher pyramidaler Krone.

Sie steigt in den französischen Alpen bis zu 2200 m auf und erhält sich dort bis zu 2500 m, geht aber dort nicht gerne über 1500 m herab. Es sind dort 160- bis 200jährige Stämme von 18 bis 25 m Höhe und 45 cm Brusthöhedurchmesser bekannt.

Sie scheint wie die Kiefer mit jedem Boden vorlieb zu nehmen und selbst auf zerklüfteten Felsboden zu wachsen. In sehr kräftigem Boden soll sie indessen nach Parade[1]) leicht rotfaul werden. Derselbe Schriftsteller lobt die Feinheit und Gleichfaserigkeit ihres Holzes, Nördlinger[2]) seine Dauer und Brennkraft.

Ihre Äste sind biegsam und werden deshalb von Schnee- und Duftanhang meist nur niedergedrückt. Auch widersteht sie, einmal angewachsen, heftigen Winden vorzüglich.

Der Wuchs dieser Kiefernart ist ein entschieden langsamerer als derjenige der gemeinen Kiefer. Kaysing[3]), welcher mit dieser Varietät seit 10 Jahren in den entwaldeten Teilen der oberen Vogesen in etwa 1300 m Höhe vielfach operiert, giebt ihre Höhe im 10. Jahre auf 1,05 m an.

Er erzieht sie auf lockeren Böden wie die gemeine Kiefer, am liebsten auf Grusböden der Quarzporphyre. Die Pflanzungen geschehen sowohl mit Jährlingen wie mit ballenlosen, 2jährig verschulten, 4jährigen Pflanzen; mit letzteren aber nur in gegen den Wind geschützter Lage. Er wählt enge Verbände, um den Höhenwuchs zu fördern.

Auch die Saat ist von ihm mit vorzüglichem Erfolge, mit derselben Samenmenge wie bei der Kiefer, selbst auf moorigem Boden angewendet worden. Nur mußten dort die Pflänzlinge im Herbste durch zwischengelegte Rasen gegen das Ausfrieren geschützt werden.

---

1) a. a. O. S. 158.
2) Deutsche Forstbotanik. Stuttgart, 1874. II. Band, S. 391.
3) Bericht über die 9. Versammlung des els.-lothr. Forstvereins. Barr 1883, S. 46 [illegible] nach brieflichen Mitteilungen.

Er empfiehlt der Hackenföhre, deren Samen 3mal teuerer ist, als der gewöhnliche als Bergkiefernsamen in den Handel kommende Samen der Legföhre, die letztere als untergeordnetes Füllholz beizumischen.

Sie hat vor der Krummholzkiefer den Vorzug, daß sie bei gleicher Unempfindlichkeit gegen rauhe Lagen selbst eine, wenn auch nicht allzu bedeutende Holzernte liefert und daß sie weil sie selbst zu einem, obwohl bei uns nur mittelhohen Baume erwächst, beigemengten schutzbedürftigen Holzarten länger Schutz gewährt.

D. Die Arve.

§ 980. Auch die Zirbelkiefer, Zirbe oder Arve (Pinus Cembra, L.) ist in Deutschland ein ausgesprochener Hochgebirgsbaum geringer Höhe und langsamen Wachstums, welcher in den Alpen erst in Erhebungen über 1500 m Bestände bildend auftritt. Der fast haselnußgroße Samen reift im Herbste des 2. Jahres und liegt über, wenn die Schale nicht künstlich gesprengt wird. Derselbe ist eßbar und wird von Tieren aller Art begierig aufgenommen.

Die daraus hervorgehende Pflanze wächst sehr langsam und erreicht in 10 Jahren kaum eine Höhe von 30 cm; sie ist aber gegen Spätfröste nicht, wohl aber gegen trockene Hitze empfindlich. Sie verlangt zum vollen Gedeihen frischen lockeren Boden und kühle Sommer, wächst aber auch auf auf moorigem und Felsboden und in wärmeren Klimaten. Sie scheint zu den Lichtpflanzen zu gehören. Ihr Holz ist vorzüglich, ihr Wuchs aber andauernd ein langsamer, so daß ihre Anzucht mit Ausnahme der über die Fichtengrenze hinausragenden Hochlagen, wo nicht Schutzzwecke des Waldes in Frage stehen, nirgends lohnend ist.

Man erzieht sie, da der vielen Feinde des Samens halber die Freisaat nicht wohl thunlich ist, zweckmäßig in gegen Mäuse und Vögel wohlgeschützten Saatbeeten; am besten in mistbeetartigen 40 cm tief in den Boden eingelassenen und mit aufgeschraubten Drahtgittern gedeckten Kästen durch Stecksaat. In diesen Kästen bleiben die Sämlinge 5 bis 6 Jahre und werden dann in Büscheln verpflanzt. Verschult läßt sich die Arve bis zum 15. Jahre verpflanzen. Ihr Standort sind frische Nordhänge in die Fichtenregion übersteigenden Hochlagen.

E. Die Eibe und der Wacholder.

§ 981. Zu den schönsten und langlebigsten Holzarten des deutschen Waldes gehört ohne Zweifel die günstigen Falles zu einem Baume III. Größe erwachsende Eibe (Taxus baccata, L.). In noch höherem Grade Schatten ertragend als selbst die Tanne, aber in der Jugend gegen trockene Hitze und selbst gegen direkte Besonnung recht empfindlich und auf den frischen Böden, die sie verlangt, leicht ausfrierend, fand sie in der regellosen Plänterwirtschaft der alten Zeit ihr volles Gedeihen und war in Deutschland weit verbreitet. Seit Einführung der Schlagwirtschaft hat sie sich im allgemeinen im Walde, obwohl sie sehr reichlich vom Stocke ausschlägt, nur da erhalten, wo die Kahlschlagwirtschaft auch vorübergehend niemals eingeführt war. Um im gleichalterigen Hochwalde nicht unterdrückt zu werden, ist ihr Wuchs zu langsam.

Ihre jetzige forstliche Bedeutung ist ihres außerordentlich langsamen Wuchses und der Schwierigkeit ihrer Erziehung halber gering. Dagegen wird sie als Zierbaum und -Strauch immer ihren Wert bewahren und wird da nicht fehlen dürfen, wo der Forstmann, um die Liebe des Volkes am Walde zu erhalten, auf die Verschönerung des Waldes bedacht nimmt.

Man erzieht sie in gegen Hitze wohlgeschützten Kämpen durch Saat in 3 cm tiefen Rillen. Der Samen liegt über und wird wie derjenige der Esche übersommert. Man verschult die Pflänzchen oft schon als Keimlinge in mistbeetartigen Kastenbeeten, welche man über Winter ganz geschlossen hält.

Zum vollen Gedeihen verlangt die Eibe frischen, kalkhaltigen Boden und feuchte Luft.

§ 982. Auch die andere, meist buschartig bleibende deutsche Nadelholzart, der Wacholder (Juniperus communis, L.), dient im Walde, wenn er auch wo er schon vorhanden ist, hie und da als Bestandsschutzholz benutzt wird, fast nur zu Dekorationszwecken, zu welchen er durch seinen pyramidalen Wuchs sehr gut geeignet ist. Auch bildet derselbe dichte und schöne Hecken.

Ziemlich viel Schatten ertragend, ist er gegen plötzliche Freistellung recht empfindlich. Darin und in dem Umstande, daß er frühzeitig eine starke Pfahlwurzel treibt, mag es liegen, daß die Pflanzung von Wildlingen oft mißrät.

Kamp- und Schulpflanzen, welche am besten unter leichtem Schirme erzogen werden, wachsen gut an. Im Frühjahre gesät, soll der Samen in der Regel überliegen, was er bei der Herbstsaat nicht thut.

Ähnlich verhält sich der Sevenbaum oder Seibenbaum (Juniperus sabina, L.), welcher sich ebenso wie die Eibe durch Stecklinge und Absenker vermehren läßt.

Kapitel X. Die Fremdlinge des deutschen Waldes.

§ 983. Außer den in den vorstehenden Kapiteln bereits erwähnten, im deutschen Walde schon förmlich heimisch gewordenen fremden Holzarten Kastanie, Akazie, Weymouths- und Schwarzkiefer, ist eine lange Reihe ausländischer Baumarten in Deutschland eingeführt worden.

Viele derselben scheinen unser Klima vorzüglich zu ertragen und leisten in ihrer Heimat, sei es inbezug auf die Holzmassenerzeugung, sei es inbezug auf den Gebrauchswert ihers Holzes, Außerordentliches.

Es lohnt sich deshalb der Mühe, durch systematischen Versuch festzustellen, welche derselben sich zum Anbau im Großen eignen.

Der Verein der deutschen forstlichen Versuchsanstalten hat unter denjenigen, deren Heimat ein inbezug auf die Wärmeverteilung dem unserigen ähnliches Klima besitzt, die nachfolgenden ausgewählt; dieselben sind in dem von diesen Anstalten ausgearbeiteten Arbeitsplane [1]), sowie in den sonstigen über dieselben erschienenen Werken [2]) wie folgt charakterisiert:

1. Die Pechkiefer, Pinus rigida, Miller, [englisch: Pitch Pine]. Eingeführt aus Nordamerika 1759, in ihrer Heimat nur auf gutem Standorte 24 m Höhe erreichend, genügsam, selbst auf geringem Sandboden; liebt frischen und feuchten, erträgt trockenen und nassen Boden, auch Überflutung durch Seewasser. Wahrscheinlich zum Anbau von Dünen geeignet. Winterhart. Unempfindlich gegen Spätfröste. Lichtholzart. Frühzeitig (schon mit

---

1) Ganghofer, Das forstliche Versuchswesen II. 1. Augsburg, 1882. S. 175.

2) Booth, Die Naturalisation ausländischer Waldbäume; Weise, Das Verkommen u. s. w.; Nördlinger, Forstbotanik; Heß, Die Eigenschaften u. s. w.

10 Jahren) samentragend. Ausschlagfähig. Nach unseren Erfahrungen dem Rehverbisse ausgesetzt. Anbau und Pflanzenerziehung wie bei der Kiefer.

2. Die Gelbe Kiefer, Pinus ponderosa, Douglas, [englisch: Yellow Pine]. Eingeführt aus Nordamerika 1826, in ihrer Heimat bis 90 m hoch werdend, genügsam, liebt tiefgründigen, lehmigen Sandboden. Meist winterhart. Keimlinge empfindlich gegen Spätfrost. Anbau wie bei der Kiefer. Pflanzenerziehung wie bei der Fichte. 2 kg Samen pro Ar.

3. Die Jeffreys-Kiefer, Pinus Jeffreyi, Engelmann, Murray, Balfour. Eingeführt aus Oregon und Kalifornien 1852, in ihrer Heimat bis 60 m hoch. Bodenvag. Genügsam, liebt Sandboden, erträgt bindigen Boden. Winterhart. Anbau wie bei der Kiefer 4 kg Samen pro Ar.

4. Die Korsische Schwarzkiefer, Pinus Laricio, Poiret, var. corsicana. Aus den Bergen Korsikas. Bodenvag. Genügsam. Liebt Kalkboden, tiefen, lockeren, frischen Boden, erträgt flachen, felsigen, verödeten, dürren und feuchten, leichten und strengen Boden. Bodenverbessernd durch starken Nadelabwurf, unterdrückt die Heide. Gedeiht im Flachlande, Hügellande, im unteren und oberen Berglande (Fichtenregion). Leidet mitunter durch Frost, jedoch ohne völlig zu erfrieren. Erträgt wenig Schatten. Mit 20 Jahren samentragfähig. Leidet durch Schneebruch; soll im Gegensatze zu der österreichischen Schwarzkiefer (§ 973) dem Wildverbiß nicht unterworfen sein. Anbau wie bei der gemeinen Schwarzkiefer.

5. Die Douglas-Tanne, Abies Douglasii, Lindley. Eingeführt aus Nordamerika 1826, in der Heimat bis 90 m hoch werdend. Genügsam (auf Dünensand); liebt losen und milden, durchlässigen und frischen Boden, gedeiht auf trockenem Boden, erträgt strengen, verhält sich ungünstig auf feuchtem und nassem Boden. In der Regel winterhart, mehrfach jedoch auch durch Winterkälte stark beschädigt; wegen späten Austreibens ziemlich geschützt gegen Spätfröste. Widerstandsfähig gegen die Einwirkung des Windes (Windschutzholz an Küsten). Anscheinend Schattenholz. Im Höhenwuchs der Fichte, Kiefer und Weymouthskiefer voraneilend. Frühzeitig (mit 25 Jahren) Zapfen tragend. Dem Wildverbiß wenig ausgesetzt. Dichtständig. Anbau wie bei der Fichte.

6. Die Nordmanns Tanne, Abies Nordmanniana, Steven. Link. Eingeführt aus dem Kaukasus 1845. Macht mittlere Ansprüche an die Bodennährfähigkeit, ist genügsamer als Buche und Weißtanne, begehrlicher als Kiefer, steht etwa der Fichte in dieser Hinsicht gleich; gedeiht auf lockerem und strengem, auf frischem und feuchtem Boden, erträgt trockenen, meidet nassen Boden. Schattenholzart, dem Wildverbiß stark ausgesetzt. Anbau wie bei der Weißtanne.

7. Die Sitcha-Fichte, Picea Sitchensis, Carrière. [Pinus Menziesii Douglas, Abies Sitchensis Bongard.] Eingeführt aus Nordkalifornien 1831, bis 60 m hoch werdend, liebt frischen, sandig thonigen, erträgt strengen Boden. Meist winterhart. Durch stachelige Benadelung gegen Wildverbiß geschützt. Anbau wie bei der Fichte.

8. Die Lawsons-Cypresse, Cupressus Lawsoniana, Murray. Eingeführt aus Oregon 1854, bis 60 m hoch werdend. Gedeiht auf trockenem, durchlassendem, sandigem Boden; feuchter Boden ist zu vermeiden.

Widerstandsfähigkeit gegen Winterkälte (vielleicht nach der Provenienz des Samens) verschieden, bald winterhart, bald durch Frost mehr oder weniger stark beschädigt. Gegen Spätfröste wenig empfindlich. Das wohlriechende Holz wird von Insekten nicht angegriffen. Anbau wie bei der Fichte.

9. Der Riesen-Lebensbaum, Thuja Menziessii, Douglas, Th. gigantea Hook. Eingeführt aus Nordwestamerika 1854, bis 70 m hoch werdend. Gedeiht auf leichtem und strengem Boden, liebt feuchten und frischen, erträgt trockenen Boden. Hat sich meist winterhart gezeigt. Vereinzelt sind indessen selbst ältere Exemplare im Winter 1879/80 durch Frost getötet. Raschwüchsig. Anbau wie bei der Fichte.

10. Der virginische Wachholder (rote Ceder), Juniperus virginiana, L. Eingeführt aus Kanada 1664, bis 20 m hoch werdend. Bodenvag. Liebt frischen und feuchten, erträgt trockenen Boden, gedeiht auf losem und strengem Boden, bevorzugt Kalkboden; recht wüchsig auf frischem, humosem Lehmboden. Fast überall völlig winterhart; hat sich in Norddeutschland nur mitunter empfindlich gegen Spätfrost gezeigt. Erträgt Schatten. Same liegt über. Erfordert große Sorgfalt, namentlich Feuchthaltung der Wurzeln beim Verpflanzen. Dem Wildverbiß ausgesetzt. Anbau wie bei der Fichte.

11. Der kalifornische Ahorn, Acer californicum (Torrey, Gray) [Acer negundo californicum, nicht Acer negundo, L.]. Vor etwa 20 Jahren aus Kalifornien eingeführt. Außerordentlich raschwüchsig in der Jugend. Mitunter durch Frost beschädigt. Brauchbar als Ausschlagholz. Sonstige Erfahrungen über waldbauliches Verhalten fehlen. Anbau wie bei dem Bergahorne.

12. Der Zuckerahorn, Acer saccharinum, Wangenheim, [A. nigrum Michaux]. Eingeführt 1735. Macht mittlere Ansprüche an die Bodenkraft, liebt frischen und feuchten Boden, gedeiht auf tiefem und mitteltiefem, auf mildem und strengem Boden. Völlig winterhart. Trägt frühzeitig (mit 15 Jahren) und fast jährlich Samen. Anbau wie bei dem Bergahorne.

13. Der weiße oder Silberahorn, Acer dasycarpum, Ehrhart. Eingeführt aus Nordamerika 1721, bis 20 m hoch werdend. Ziemlich genügsam auf feuchtem und trockenem, auf losem und strengem Boden. Völlig winterhart. Von sehr lebhaftem Wuchse, in der Jugend als Baumholz häufig sperrig. Frühzeitig (mit 35 Jahren) und fast jährlich Samen tragend. Reife des inländischen Samens Ende Juni. Leicht verpflanzbar. Anbau wie bei dem Bergahorne, aber Sommersaat.

14. Die Rotesche, Fraxinus pubescens, Lamarck. Gedeiht auf strengem, trockenem Boden. Same liegt nicht über. Anbau wie bei dem Bergahorne.

15. Die hainenblätterige Birke, Betula lenta, L. Eingeführt aus Neuschottland 1759, 20 m hoch werdend. Erfahrungen beschränkt. Gedeiht auf mildem und strengem, auch flachgründigem Boden. Hat sich fast überall unempfindlich gegen Frost bewiesen. Rasche Jugendentwickelung. Der Beschädigung durch Hasen ausgesetzt. Pflanzenerziehung wie bei der Birke; Bestandsanlage rein auf Kahlflächen.

16. Die weiße Hickory, Carya alba, Nuttal Miller, [Juglans alba Michaux und C. ovata Miller]. Eingeführt aus Nordamerika 1629, 24 m

hoch werdend. Ziemlich begehrlich; nicht auf armem Boden, erfordert tiefen oder mitteltiefen Boden, liebt feuchten, gedeiht auf frischem und nassem, meidet trockenen Boden; erträgt strengen Boden. Meist, namentlich in Süd- und Westdeutschland, widerstandsfähig gegen Winterkälte, nach unseren Erfahrungen empfindlich gegen Spätfrost, aber leicht wieder ausschlagend. Sehr starke Entwickelung der Pfahlwurzel (bis zu 1 m Länge) in den ersten Jahren; daher schwer verpflanzbar, im späteren Alter starke, weit verbreitete Seitenwurzeln: anfangs langsamer, später lebhafter Höhenwuchs, lang- und starkschäftig, vollholzig, etwas Schatten ertragend; frühzeitig (mit 30 Jahren) samentragfähig; große Ausschlagsfähigkeit; dem Wildverbiß ausgesetzt. Pflanzenerziehung wie bei der Kastanie. Bestandsanlage durch Stecksaat.

17. Die Bitternuß-Hickory, Carya amara, Michaux. Eingeführt aus Nordamerika 1800, bis 20 m hoch werdend. Nach den vorliegenden beschränkten Erfahrungen inbezug auf Bodenkraft begehrlich; gedeiht auf frischem, feuchtem, selbst nassem, mildem und strengem, tiefem und mitteltiefem Boden. Meist widerstandsfähig gegen Frost. Ergrünt später als die übrigen Hickory-Arten. Anbau wie vor.

18. Die weichhaarige Hickory, Carys tomentosa (Nuttal, Michaux, [C. alba Miller]). Erfahrungen über waldbauliches Verhalten sehr beschränkt. Hat durch den Winterfrost 1879/80 wenig oder gar nicht gelitten. Angeblich langsamer Wuchs. Anbau wie vor.

19. Die Schweinshickory, Carya porcina (Nuttal, Michaux [C. glabra Miller]). Eingeführt 1800. Erfahrungen über waldbauliches Verhalten sehr beschränkt. Gedeiht auf frischem, feuchtem, selbst nassem Boden. Hat im Winter 1879/80 durch Frost wenig oder gar nicht gelitten. Erwächst in ihrer Heimat zu großen Bäumen. Anbau wie vor.

20. Die schwarze Wallnuß, Juglans nigra, L. Eingeführt aus Nordamerika 1629. Ziemlich begehrlich inbezug auf mineralische Bodenkraft, liebt frischen und feuchten, lockeren, tiefen und mitteltiefen Boden (Sandlehm, Lehmsand), erträgt ziemlich trockenen Boden und strengen Boden. Winterhart; gegen Frühjahrs- und Herbstfröste empfindlicher. Einjährige Triebe erfrieren mitunter. Gleich anfangs starke Entwickelung der Pfahlwurzel. Langschäftig (über 30 cm), starkschäftig (über 1 m Durchmesser), im Schlusse astrein. Dichte belaubte, verdämmende Krone. Raschwüchsig. Beginnt mit 15 bis 20 Jahren fast alljährlich keimfähige Früchte zu tragen. Gerne vom Rehbock gefegt. Anbau wie vor. Kampsaat in weiteren Verbänden.

21. Die Roteiche, Quercus rubra, L. Eingeführt 1740 aus Nordamerika. Macht mittlere Ansprüche an die mineralische Bodenkraft; liebt frischen und feuchten, erträgt trockenen Boden; gedeiht auf lockerem und strengem, auf mitteltiefem und tiefem Boden. Winterhart, in den jüngsten Trieben gleich den deutschen Eichen empfindlich gegen Spätfröste.

Im Flach-, Hügel- und niederen Berglande (Buchenregion). Erträgt noch das Klima von Kurland. Eilt den deutschen Eichen im Wuchse meist voran. Frühzeitig (mitunter schon mit 20 Jahren) samentragfähig. Fruchtreife in dem auf das Blütenjahr folgenden Jahre. Ergrünt spät (ziemlich gleichzeitig mit den deutschen Eichen), dem Wildverbiß und namentlich der Beschädigung durch Hasen unterworfen. Zur Stummelpflanzung vorzüglich geeignet, geradschäftig. Anbau wie bei den deutschen Arten.

22. Die späte kanadische Pappel, Populus serotina, Th. Hartig. Wahrscheinlich Kulturspielart von monilifera. Macht mittlere Ansprüche an mineralische Bodenkraft, liebt feuchten, lockeren, tiefen Boden (Sandboden), gedeiht auf frischem, nassem und strengem Boden. Unempfindlich gegen Frost. Außerordentlich raschwüchsig. Ausgesprochene Lichtholzart; erfordert räumlichen Stand. Ergrünt spät. (Mitte Mai.) Anbau wie bei den deutschen Pappeln.

23. Die gemeine kanadische Pappel, Populus monilifera, Aiton. Verhalten wie bei P. serotina (Nr. 22). Männliche Exemplare sollen schnellwüchsiger sein. Anbau wie vor.

§ 984. In die zu ausgedehnten Versuchen bestimmte erste Anbauklasse gehören die Pechkiefer, die Douglastanne, die Nordmannstanne, die weiße Hickory und die schwarze Wallnuß; mit allen übrigen sollen nur Versuche im kleinen gemacht werden.

Außer diesen planmäßig zur versuchsweisen Bestandserziehung bestimmten Holzarten empfiehlt Booth zu gleichem Zwecke noch die durch die außerordentliche Dauer ihres Holzes bekannte Catalpa speciosa, Warder. aus Nordamerika für Süddeutschland, ferner den seit 1663 eingeführten und vollkommen winterharten Tulpenbaum, Liriodendron tulipifera, L., die nordamerikanische Weißeiche, Quercus alba, L., die Tsugo (Abies) Mertensiana Carrière aus Nordamerika und einige andere.

§ 985. Es unterliegt keinem Zweifel, daß die eine oder andere dieser Holzarten und möglicherweise auch noch einige aus den Hochgebirgen Centralasiens und Japans einzuführende Hölzer mit der Zeit eine wesentliche Bereicherung des dem deutschen Forstmanne zur Bestandsanlage zur Verfügung stehenden Materials zur Folge haben wird.

Es ist daher die Vornahme planmäßiger Versuche mit diesen Holzarten um so mehr mit Freude zu begrüßen, als bei ungenügender Kenntnis der Wachstumsverhältnisse dieser Holzarten und ihrer Anforderungen an den Standort von den Einzelnen angestellte Versuche fast mit Naturnotwendigkeit ein Vorurteil gegen oder für dieselben erwecken müssen. Insbesondere dürfte dadurch, daß diese Versuche von unseren Versuchsanstalten in die Hand genommen worden sind, dem vorgebeugt sein, daß der verwendete Samen aus Gegenden entnommen wird, deren Klima dem unserigen nicht entspricht. Bei dem bisherigen planlosen Vorgehen konnte es nicht ausbleiben, daß beispielsweise eine Holzart bei uns als nicht winterhart erschien, weil der Samen, aus welchem unsere Exemplare erzogen worden waren, aus dem südlichsten Teile ihres oft sehr weit ausgedehnten Verbreitungsbezirkes stammte. Die Pflänzlinge, welche von aus dem Süden bezogenen Kastanien herrühren, sind ja auch weit empfindlicher gegen unser Klima, als solche, welche von einheimischem Samen herrühren. Diese Planmäßigkeit der Versuche, insbesondere der Anbau im geschlossenen Kleinbeständen, wird auch verhüten, daß, wie dieses bei der Weymouthskiefer der Fall war, der Anbau in zu freier Stellung die Qualität des Holzes für geringer erscheinen läßt, als sie bei naturgemäßerem Anbau geworden wäre.

Ob diese Holzarten indessen in unseren seit Jahrhunderten ausgenutzten Waldungen an Massenertrag auch nur annähernd das leisten, was sie in dem jungfräulichen Waldboden ihrer Heimat hervorbringen, ist allerdings zu bezweifeln, wenn auch beispielsweise die Weymouthskiefer in dieser Hinsicht fast ebenso viel wie in Nordamerika zu leisten scheint.

§ 986. Auf alle Fälle werden die Versuche so lange in verhältnismäßig engem Rahmen bleiben müssen, bis die Versuchsflächen einen Winter wie denjenigen von 1879/80 durchgemacht haben. Eine Menge bis dahin für in unserem Klima winterhart gehaltene Holzarten sind damals durch den Forst vollständig zerstört worden.

So hat vor allem von der in manchen Revieren Südwestdeutschlands in Massen angebauten Seestrandskiefer oder Seekiefer, Pinus maritima major DC., aus Spanien und Südwestfrankreich kein einziges über den Schnee hervorragendes Exemplar jenen Winter überstanden.

Derselbe gilt von zahlreichen anderen Holzarten, welche wenigstens als Zierbaum den Weg in den Wald bereits gefunden hatten, so unter den Nadelhölzern von dem kalifornischen Riesenbaume, Wellingtoria gigantea, Lindl., der Sumpfcypresse, Taxodium distichum, Rich., der Aleppokiefer, Pinus halepensis Mill. und der Himalaya-Ceder, Cedrus Deodora, Loud. und unter den Laubhölzern von der schönblütigen Paulownia imperialis Sieb. et Zucc. und dem Trompetenbaume Bignonia catalpa, L. Sind diesem Winter, welcher einem sehr schlechten Sommer gefolgt ist, auch viele unserer einheimischen Obstbäume und im Walde sehr viele, namentlich unterdrückte, Eichen, Buchen, Tannen, Fichten und Kiefern unterlegen, so darf doch auf die Nachzucht von Holzarten, von welchen derselbe sämtliche Exemplare zerstörte, kein besonderes Gewicht gelegt werden.

Kapitel XI. Die Holzarten der Waldverschönerung.

§ 987. In den bisherigen Kapiteln haben wir nur diejenigen Holzarten besprochen, welche im Walde zum Zwecke der Holzzucht angebaut werden. Es bleiben noch diejenigen zu erwähnen, welche vorherrschend dem für manchen Waldbesitzer nicht minder wichtigen Zwecke der Waldverschönerung dienen.

Nichts ist mehr geeignet, das Interesse des Gebildeten für den Wald zu erhöhen, als gerade die verständnisvolle Obsorge für die landschaftliche Schönheit der von ihm am meisten besuchten Waldorte.

Die Einführung in dieser Richtung wirksamer fremder Baumformen in den Wald liegt neben der Erhaltung malerisch schöner Einzelbäume und Gruppen und neben der Zugänglichmachung besonders schöner Waldteile im wohlverstandenen Interesse aller Waldbesitzer, am meisten aber derjenigen, welche wie der Staat und die Gemeinden Grund haben, auf die öffentliche Meinung Rücksicht zu nehmen.

Je mehr Liebe die Bevölkerung zum Walde gewinnt, desto bereiter ist sie, die zum Schutze des Waldes nötigen gesetzlichen Bestimmungen zu unterstützen und desto energischer wird sie sich den Versuchen widersetzen, die Waldungen im öffentlichen Besitze zu reinen Finanzquellen zu erniedrigen.

§ 988. In dieser Hinsicht besonders wirksam sind diejenigen Holzarten, welche, sei es durch die Form, die Farbe, den Ton oder die Größe ihrer Blätter, sei es durch ihre Wuchsform von den einheimischen Arten abweichen, oder sich durch schöne oder besonders reiche Blüte oder Frucht auszeichnen.

Inbezug auf die Form der Blätter kommen insbesondere die Leguminosen mit glänzenden gefiederten Blättern, Sophora japonica, L., und Gleditschia triacanthos, L. inbetracht, ferner der eschenblättrige Ahorn, Acer Negundo, L., die Roßkastanie, Aesculus Hippocastanum, L., mit gefingerten und der bereits erwähnte Tulpenbaum mit leierförmigem Blatte. Nicht minder wirkungsvoll ist durch die Größe der gefiederten Blätter der wenigstens ortweise winterharte Götterbaum, Ailanthus glandulosa Desf. und unter den Sträuchern der virginische Hirschkolben-Sumach, Rhus typhina, L., ferner die breitblättrige Konifere, Gingko biloba, L., die feinblättrige französische Tamariske, Tamarix gallica, L. und im Laubwalde das Heer der wintergrünen Laub- und Nadelhölzer, insbesondere die Stechpalme und die Thujaarten.

Durch schöne Färbung der Blätter sind außer der einheimischen als Blutbuche bekannten Spielart der gemeinen Buche mit im Frühjahre schwarzrotem Blatte ausgezeichnet: die bereits erwähnte Roteiche und ihre nächste Verwandte die Scharlacheiche (Quercus coccinea, Willd.), mit im Herbste grellrotem Laube, die Spielart des eschenblättrigen Ahorns mit weißgestreiften, großen gefiederten und der deutsche Sanddorn mit graubereiften linealen Blättern.

Sie wirken, verständnisvoll mit den einheimischen Holzarten gemischt an Waldrändern und in der Umgebung schöner Aussichtspunkte, an Straßenkreuzungen und dergleichen angebracht, ungemein anregend.

Dasselbe gilt von den schönblütigen und schönfrüchtigen Bäumen und Sträuchern: der Roßkastanie, dem Tulpenbaume, dem Goldregen (Cytisus Laburnum, L.), dem falschen Jasmin (Philadelphus coronarius, L.), dem vielgestaltigen Hibiscus syriacus, L., der rotblühenden Johannisbeere, Ribes sanguineum Pursh. und den vielen Sträuchern aus der Gattung Spiraea, aber nur da, wo bebautes Land im Bereiche naher Aussicht liegt. Im Innern des Waldes macht die Blütenfülle dieser Sträucher und Bäume den Eindruck des Gekünstelten, während dort die einheimischen Waldbäume und Sträucher mit schöner Blüte und Frucht, insbesondere die Eberesche und der Weißdorn, an freien Stellen ganz am Platze sind.

§ 989. Die durch ihre Baumtracht auffallenden fremden Hölzer eignen sich insbesondere für Stellen im Inneren des Waldes, welche mit Rücksicht auf schöne Fernsichten gerne teilweise holzfrei gehalten werden.

An solchen Stellen machen von Jugend auf im Freistande erzogene Schwarzkiefern mit ihren starren dichtbenadelten dunkeln Zweigen, sowie hochstämmige Linden und die Platanen, Platanus vulgaris Spach, als Einzelstämme, und die Masse der Nadelhölzer, insbesondere die Hemlocktanne, Abies canadensis, L., mit ihren hängenden dunkelgrün glänzenden Zweigen in Gruppen für sich oder mit der Birke oder Lärche in Mischung und als Schirm für die Ruhebänke die Traueresche, Trauersophore und am Rande von Gewässern auch die Trauerweide (Salix babylonica, L.) einen äußerst wohlthuenden Eindruck, wenn ihre Stelle richtig gewählt ist.

Nirgends dürfen aber diese Anlagen den Eindruck des Gekünstelten zurücklassen, was immer der Fall ist, wo mitten im Walde ausschließlich im Garten erzogene Bäume und Sträucher zur Hilfe genommen werden, oder wenn an den Bäumen die Wirkung der Baumschere deutlich erkennbar ist.

Zu Alleebäumen eignen sich im Walde in mildem Klima und auf gutem Boden vorzüglich die Linden, die verschiedenen fremden Ahornarten, die Esche, die Feldulme, die Platane, die Roßkastanie, die Rot- und Scharlacheiche und die kanadischen Pappeln, auf schlechterem die Akazie und Gleditschie, in rauhem Klima bei schlechtem Boden die Vogelbeere und Birke.

Namentlich in den düsteren reinen Kiefernwaldungen des armen Sandbodens wirkt das frische Grün der Birke und Akazie ungemein wohlthuend. Der Waldbesitzer sollte es im allgemeinen Interesse nie versäumen, seine Waldungen durch Einfassung der den Wald kreuzenden Straßen und Wege zu verschönern. Die öffentliche Meinung wird sich ihm dankbar zeigen.

Sachregister.

(Die Ziffern bedeuten die Seitenzahl.)

Berichtigungen.

Seite 311, Zeile 12 v. o. Femelwirtschaft statt Fehlmelwirtschaft.
483, § 979 Zeile 3 v. o. ; statt , — ebenda. Zeile 10. geht aber nicht statt geht aber dort nicht.
484, § 980 Zeile 4 v. o. haselnußkerngroße statt haselnußgroße.
ebendas. Zeile 13 über die Fichtenregion hinausragenden statt über die Fichtengrenze h.
486, Zeile 11 v. o. nach Kiefer ein , zu setzen.
ebendas. Zeile 17 v. u. nach ausgesetzt einzusetzen , als junge Pflanze von dem Hasen verbissen, und statt dem Wildverbiß zu setzen Dem Verbisse durch Hochwild.
487 letzte Zeile Michaux statt Michaur.
490, Zeile 13 v. o. Dasselbe statt Derselbe.
491, Zeile 9 v. u. Platane statt Platanen.
491 Blutweiden statt Blutweiden.
496 Götterbaum 491.

www.ingramcontent.com/pod-product-compliance
Lightning Source LLC
Chambersburg PA
CBHW020856210326
41598CB00018B/1688
9783957006417